国家社科基金重大项目“东西方心灵哲学及其比较研究”
（项目批准号12&ZD120）研究成果

华大“韦卓民哲思”文丛

丛书主编/高新民　毛华兵

东西方心灵哲学及其比较研究

印度心灵哲学论稿

高新民　江　雨　徐　弢/著

科学出版社
北京

内 容 简 介

本书针对国际学界古印度心灵哲学研究中存在的问题，努力用标准的心灵哲学解读框架予以解读，并构建其学科体系。本书由三篇十八章构成。前面两篇在考察古印度心灵哲学的一般进程和特点的基础上，探讨了古印度心灵哲学特别是佛教心灵哲学的心理类型学，对其在心理大发现、心理地理学、心理标准论、心理结构论等方面的建树作了有充分文本依据的考释和思考；对其在人和世界的结构图景、是否能作二元划分、如何认识自心、他心的问题、具身性问题、心理现象学问题、有我—无我问题、人格同一性问题、意识问题、意向性、心理内容等领域的探讨作了考察和反思。最后一篇对佛教之外的其他八个派别的心灵哲学思想作了梳理和反思。本书在探讨和重估古印度心灵哲学理论贡献的基础上提出：古印度心灵哲学中包含着许多具有现代或后现代意义的思想，值得我们在建构新的心灵哲学理论体系时思考和批判借鉴。

本书适合哲学、东西方文化比较、宗教等领域的研究人员及广大读者阅读。

图书在版编目（CIP）数据

印度心灵哲学论稿 / 高新民，江雨，徐弢著. —北京：科学出版社，2022.1
（华大“韦卓民哲思”文丛 / 高新民，毛华兵主编. “东西方心灵哲学及其比较研究”系列）
ISBN 978-7-03-070321-7

Ⅰ. ①印… Ⅱ. ①高… ②江… ③徐… Ⅲ. ①心灵学-研究 Ⅳ. ①B846

中国版本图书馆 CIP 数据核字（2021）第 229398 号

责任编辑：邹 聪 唐 傲 / 责任校对：邹慧卿
责任印制：李 彤 / 封面设计：黄华斌

科学出版社 出版
北京东黄城根北街 16 号
邮政编码：100717
http://www.sciencep.com
北京虎彩文化传播有限公司 印刷
科学出版社发行 各地新华书店经销
*
2022 年 1 月第 一 版 开本：720×1000 1/16
2022 年 6 月第二次印刷 印张：50 1/4
字数：800 000

定价：328.00 元

（如有印装质量问题，我社负责调换）

总　　序

“华大‘韦卓民哲思’文丛”是为纪念和发扬韦卓民科学精神、展现华中师范大学哲学一级学科原创性学术成果而组织策划的。

本丛书以韦卓民先生的名字命名，是因为他用他的生命实践成功、生动地诠释了难得而又最为我们华中师范大学哲人、我们时代所需要的科学或学术精神。

韦卓民（1888—1976）生于广东中山县的一个茶商家庭，是我国现代著名的哲学家、翻译家、教育家和宗教学家，西方哲学史学科的奠基人之一，曾长期担任作为华中师范大学前身之一的华中大学的校长（1929—1951年）。曾留学于哈佛大学、伦敦大学、牛津大学、巴黎大学、柏林大学等著名学府，1927年获英国伦敦大学哲学博士学位。20世纪三四十年代，先生曾三次应邀赴美国长时间讲学，并受聘为耶鲁大学、芝加哥大学、哥伦比亚大学哲学和伦理学客座教授。其所讲的关于中国文化的系列讲座不久以“中国文化之精神”为书名在纽约以英文公开出版。

先生长期的哲学和逻辑研究折射出了一种只在作为民族脊梁的少数知识分子身上才能看到的文化和精神现象。其内隐藏着与“李约瑟难题”“钱学森之问”有异曲同工之妙的“韦卓民难题”。他以自己的人生实践和元方法论层面上的科学哲学探讨对之做了别具一格的回答。反思这些用实践写成的答案有助于我们理解今日知识界的种种反常、异常、异化现象，破解杰出、创新人才培养的重大难题。他的学术实践所诠释的科学精神是，以科学本身为目的，为学术而学术，殚精竭虑地敬重、维护、创新科学文化这一最高的社会价值，不仅不像今天许多人那样把它当作谋取金钱、财富、地位、权力的手段，或只做有利可图的学问，反而只要学术需要就毫不犹豫地奉献自己的一切，生为学术而生，死为学术而死。最为突出的是，他以不可思议的意志和毅力，自己戴着“右派”“反动学术权威”“牛鬼蛇神”等一顶顶可怕的帽子，在经常上五七干校、下农村改造的艰难处境下，完成了令人瞠目的著述和译作。仅逝世前短短二十年时间，就写下了近千万字的文字，其中大多数是一笔一画誊正清晰的完整手稿。最为感人的是，许多作品是在国人对学术不仅不需要反倒嗤之以鼻的背景下写出来的，例如，关于新康德主义和关于《判断力批判》的总批判两篇文章签署的时间地点分别是“1972 年 1 月 12 日政治系宿舍”和“1972 年 1 月 4 日政史连”。他关于黑格尔哲学的 10 多万字的英文稿，签署的时间也是 1972 年。1976 年春天的一天，先生对一位同事说争取在最近把他十分看重的《黑格尔〈小逻辑〉评注》写完。可惜的是，没过几天，他因患感冒而悄然离开了人世。

我们将铭记和发扬先生所践行的学术精神，不断拿出无愧于时代的成果，并通过本文丛陆续推出。

高新民　毛华兵

2019 年 3 月

前　言

古印度是文明发展最早的国家之一，早在公元前16世纪就有不俗的表现，从那以后，便绵延不绝。由于古印度有比较发达的本体论和语义学（如对句义的研究）以及随之而来的较为全面的本体论范畴体系，有热衷于思考心性、进行“有我—无我”之辩的传统，加之有与之相应、与之相互促进的抽象思辨能力，心灵哲学便在这片沃土上应运而生，茁壮成长。古印度的哲人智者不仅自觉产生了对心的形而上学的惊诧感，自觉对这一令人困惑的对象作出哲学思考，而且在发现大量其他民族没有注意或不太关心的心的样式的同时，形成了自己独具一格的、堪与西方今日心灵哲学相媲美的理论。

在西方哲学界，即使以前有人承认古印度有心灵哲学，一般而言，也要么将它们贴上神秘主义、唯灵论之类的标签，要么说其具有非逻辑非理性的特征，与西方心灵哲学无对话的可能。20世纪50年代以后，随着心灵哲学概念框架的变化尤其是放宽，以及对古印度思想了解的加深，西方对古印度心灵哲学的态度和认识发生了重大变化。其主要表现是：第一，研究古印度心灵哲学的论著逐渐增多，尤其是最近20年来，呈与日俱增之势，其内容既有概论性、思想史性质的，又有研究具体著作、人物、学派、学说的，还有比较研究方面的大量成果。第二，许多主流心灵哲学家开始关注这一领域。例如，著名心灵哲学家舒梅克（S. Shoemake）、史密斯（H. Smith）、奥尔波特（G. Allport）等都加入到了研究古印度心灵哲学的行列，另外，在心灵哲学、认知神经科学中颇有建树的弗拉纳根（O. Flanagan），不仅从心灵哲学和脑科学角度研究了佛教的禅定、幸福理论及实践，而且对佛教心灵哲学的广泛问题，如自我论、现象学、自然主义倾向、意向性等展开了深入研究，取得了诸多高水平的成果。熟悉心灵哲学历史和最新发展的脑科学家理查德·戴维森（R. J. Davison）开创了许多新的研究领域，如禅定引起的大脑和免疫功能的变化，科学家与佛教徒关于人性理论的比较研究等，论著也颇多。第三，许多学者用严格的心灵哲学的概念框架、问题视域来观察古印度心灵哲学，在其中发现了许多可与西方对话的问题，并对围绕这些问题而形成的观点、理论展开了专门研究。研究得较多的问题主要有：古印度心灵哲学是一元论还是二元论、多元论，有我—无我问题，意识问题，还原与非还原问题，意向性问题，具体的比较问题如休谟与佛教的无我论，西方的现象学与印度的现象学等。第四，西方学者还扬己所长，形成了许多新的研究领域，如佛教心灵哲学的实用主义、佛教的现象学、佛教与认知科学、佛教与自然化、心理类型学、心理生态学等，并在古印度心灵哲学中，发现了许多现代和后现代的元素。

看到西方学者在古印度心灵哲学中的作为与成果，中国学者都会油然而生紧迫感和使命感，都会萌发强烈的参与意识和争夺话语权、发言权的冲动。就本书而言，在中国开展对古印度心灵哲学的研究，既具有在国际心灵哲学舞台争夺话语权的意义，又是本书要完成的中印西心灵哲学比较研究的一个前提条件。还应看到的是：在中国从事这一研究有得天独厚的有利条件，因为古印度心灵哲学的史料现主要保存在巴利语佛典、藏语系佛典、汉语系佛典中。我们利用这些文献的条件显然优于西方学者。

值得我们关注和思考的一个有意思的现象是，印度学者一直在为古印度心灵哲学进入国际心灵哲学舞台以享有一席之地而奋斗。他们在这一领域研究的新的动向是：重视跨文化沟通，并就中印西心灵哲学之关系做了大量研究。另外，他们很重视用西方心灵哲学的框架来研究和重构古印度心灵哲学。在这方面，印度学者罗摩克里希纳（K. Ramakrishna Rao）的工作颇令人瞩目。他曾就学于印度安德拉大学，最初的主攻方向是心理学和超心理学，后热衷于对心理现象的跨文化研究，还在该大学建立了瑜伽和意识研究所。他的新看法是：心灵哲学不是西方人的专利，每个民族都可为世界的心灵认识作出特殊的贡献。事实也是如此，古印度的早于基督教一千年的奥义书就对人性作了独到的思考，甚至包含了优于西方思想的思想。他对西方一般教科书不提印度的心理学、心灵哲学极为不满。

国内关于古印度哲学的研究可谓代不乏人，晚近以来，梁漱溟先生、陈寅恪先生、许地山先生、向达先生率先开古印度哲学研究之先河，奠定了印度学在国内研究的基础。此后季羡林、饶宗颐、金克木等先生也一直从事这方面的研究，而且硕果迭出。“文化大革命”后国内古印度哲学研究更是取得了长足的进展，一些专门性的成果也先后问世，巫白慧、黄心川、姚卫群等都有着系统性的讨论与论述。就心灵哲学而言，梁漱溟、钱穆等先生都曾涉及了古印度的心灵哲学，钱穆先生的评介还有相当深度，但缺乏现代心灵哲学的视野。而侨居海外的学者以及港台的一些学者，如台湾大学的黄光国教授等在这方面则有很大改进。然而迄今为止，中国大陆对古印度心灵哲学的研究不说是空白，但至少可以肯定的是，站在当代心灵哲学发展的前沿，从“严格意义上的”心灵哲学的角度去研究的少之又少。这与我国作为文明古国、文化大国的地位是极不相称的。就此而言，全面、深入和系统地研究古印度心灵哲学是具有重要的学理意义的。

古印度的心灵哲学是随着古印度宗教—哲学的发展而发展的。一般来说，古印度哲学的发展经历了吠陀时期（前 16—前 9 世纪）、奥义书时期（前 9—前 6 世纪）、史诗时期（前 6—前 2 世纪）、经书时期（前 2—后 4 世纪）和新婆罗门教时期（4—9 世纪）。[①]吠陀时期是吠陀本集亦即狭义吠陀产生和初步流传的时期。“吠陀”是梵文“veda”的音译，原义指知识，是记录古印度宗教、文化历史的文献，由在不同时期产生的许多文献构成，被古印度人视为天启的圣典，也是婆罗门的经典。从语义上说，它有广义和狭义之别。广义的吠陀包括吠陀本集、梵书、森林书和奥义书；狭义的吠陀只指吠陀本集，由四部分构成：《梨俱吠陀》、《耶柔吠陀》、《沙摩吠陀》、《阿达婆吠陀》。它们都是关于神的颂歌、祷文、祭词和咒语等的汇集。从内容上说，吠陀表达的主要是这样一些宗教—哲学思想：人类的命运、自然界的现状都是由各种神及其意志决定的。当然，在决定人类命运、事件的作用中，不同神的作用是不一样的，因此

① 参阅姚卫群《印度宗教哲学概论》，北京大学出版社 2006 年版，第 3-5 页。

人们对它们的态度、崇拜也应不一样。吠陀也包含了一些初步的哲学思想。例如一些吠陀诗人提出了“彼一”（tad ekam）这样的本原概念。它是最初的、带有始基性质的存在，超越于“有”和“无”之上。奥义书时期是指公元前9—前6世纪这一诞生了真正具有宗教和哲学意义的大批奥义书的时期。奥义书虽属广义的吠陀文献的范畴，但又有自己的特点。首先，它是晚出的，大约出现在公元前800年左右，后又不断有补充，甚至有的是公元前后产生的。其次，它形成了比较成熟的哲学思想，涉及世界观和人生观等重大问题。最突出的理论有：关于梵我同一和轮回解脱的思想，以及关于世界的构成要素的理论等。史诗时期是古印度思想发展的鼎盛时期。其标志性的事件是出现了两大史诗：《摩诃婆罗多》和《罗摩衍那》。那一时期学术研究空前活络，新思想、新思潮不断涌现，如出现了大量的反婆罗门新思潮，有的说有数百种之多。最主要的人物是六部论师，最主要的派别是佛教、耆那教和顺世论。这三派的共同特点是向吠陀权威挑战，是典型的非正统派，被称作“异流三派”。经书时期的重大事件是出现了六大派别（正统六派）。正统派在前2世纪到公元4世纪的发展中，演变成的六个派别：数论派、瑜伽派、胜论派、正理派、弥曼差派和吠檀多派，它们的共同特点是维护吠陀权威。之所以被称作“经书时期”，是因为每个派别在这一时期都创作和发表了自己的经书。在“新婆罗门教”时期，婆罗门教完成了向新婆罗门教即印度教的转化。

古印度心灵哲学的突出特点是：在世界历史上，它是最早涉入心灵哲学这一领域的。奥义书中也有较丰富的心灵哲学思想。“梵”是奥义书中经常出现的词，它除了具有宗教神学的意义（如被看作造物主、最高崇拜对象等）之外，还有较明显的哲学意蕴，如被描述为一切事物的本体、最高的实在。许多奥义书认为，它不是具体的事物，也不具有个别事物的属性，而具有超越的、无限的性质，如广义奥义书说它不粗不细，不长不短，不红，不湿，非影非暗，非空非风，无内无外。从描述的角度说，它是人们无法用语言表述和理解的对象。但其作用却远迈一切有形事物，如作为识的梵有指引和支撑世界的作用，所有一切都由它所确立。这对后来佛教等派别形成“真心”的概念具有一定的铺垫作用。奥义书提出和关注的另一核心概念是“我”（ātman），进而在此基础上对之作了全面深入的思考。而这又为后来形成相应的心灵哲学思想提供了条件。ātman 一般音译为阿特曼。有两种指称，一是指人我，即在每个人的肢体、生命中作为主宰和中心起作用的东西，也可称作“小我”。另一所指是梵，即宇宙大我,它是世界万物的主宰。《唱赞奥义书》说：“才智者，以生气为先，以光明为形，以真理为念虑，以无极为自我，涵括一切业，一切欲，一切香，一切味，涵括万物而无言，静然以定。”[①]在“小我大我”关系问题上，奥义书一般持“梵我同一”，或“梵我一如”的观点，认为两者在本质上同一，梵是一切小我的本质。当然，由于小我之无明，因此小我便与大我相分离；一旦消除无明，两者便又能同一起来。

古印度的心灵哲学探讨还有维度较多、较全面的特点。从

---

① 转引自[印]德·恰托巴底亚耶：《印度哲学》，黄宝生、郭良鋆译，商务印书馆 1980 年版，第 43 页。

动机上说，由于古印度哲学和宗教的一个重要的动机是解决人的生存危机问题，探讨如何由此岸痛苦世界进至彼岸解脱世界的原理及方法，因此价值论、解脱论的维度在心灵的探讨中始终居于中心和枢纽地位。印度哲学家希里衍那说："印度哲学的目的在逻辑之外。这种特殊观点归因于这一事实：在印度，哲学不像在西方那样似乎产生于惊奇或好奇，相反，它产生于一种实际需要的压力，这种需要是由目睹生活中的精神方面和肉体方面的罪恶引起的。……解脱在一切体系中代表着一种境界。"[①]这就是说，古印度哲学和宗教关心的主要问题是人的现实的苦难及其拯救问题，与之相应的是，解脱、修道文化大行其道，因此探讨心灵对于做人、人生解脱的无穷妙用便显得格外突出。印度哲学家德・恰托巴底亚耶（D. Chattopadhyaya）说："见"在古印度被称作哲学，换言之，"称呼哲学的通用的印度词是见"。"印度设想的见或哲学，简单地说，就是有助于解脱的学科，按照印度的术语，就是解脱经。……唯独见是提供导致解脱的特殊知识。"[②]著名人类学家、宗教学创始人缪勒（F. M. Muller）说：在印度介绍哲学不是为了知识，而是为了人在此生能为之奋斗的最高目的。这目的就是发现并遵循越过轮回苦海，即罪孽的尘世生活，而到达彼岸之途径。[③]当然，古印度的心灵哲学又有明显而强烈的、与西方心灵哲学一致的求真性的、如实知的动机。在某种意义上可以说，这一动机更

① 转引自[印]德・恰托巴底亚耶：《印度哲学》，黄宝生、郭良鋆译，商务印书馆 1980 年版，第 32 页。
② [印]德・恰托巴底亚耶：《印度哲学》，黄宝生、郭良鋆译，商务印书馆 1980 年版，第 43 页。
③ 参见[印]德・恰托巴底亚耶：《印度哲学》，黄宝生、郭良鋆译，宗教文化出版社 2011 年版，第 43 页。

具根本性，因为要想弄清心对于人的作用，建立价值性或规范性的心灵哲学，其前提条件是弄清心的本来面目，如实知心。

这里当然有这样的问题，即在心灵哲学中开展对心灵之用、生存意义、幸福的研究是否合法和合理。在后面我们将看到，这样建构古印度心灵哲学既有事实根据，又有学理根据。西方心灵哲学最近也表现出了这样的关注。如随着蒯因（W. V. O. Quine）的“伦理学即工程学”口号的提出以及随之而来的自然化运动在英美的强劲发展，生存价值、幸福等的学术身份在最近发生了戏剧性变化，即摇身一变而成了非常严肃且专门的神经科学的对象，其结果是学科的大分化，出现了像神经伦理学、神经佛教学、神经现象学、神经存在主义、幸福的科学等五花八门的研究领域。弗拉纳根（O. Flanagan）是这一领域中最为活跃、成果最丰硕的有科学头脑的心灵哲学家。他精通东方哲学和宗教，做过大量有影响的比较研究工作，创造性地提出：心灵哲学和认知科学等的“真正的困难问题”不是查默斯（D. Chalmers）等人所说的“意识的产生问题”（这是最近20年来西方心灵哲学研究中最热闹的研究领域，其成果据说有几十万项之多），而是“意义”问题。这里所说的意义不是文本的意义。他强调：在“意义”的样式中，自然主义前此几乎没有触及的是“人的生活、存在的意义”，尤其是“幸福”这一“有意义”、“有价值”的生存状态。有鉴于此，弗纳拉根把“意义”看作是比“意识”更困难的难题。他承认心灵、意识怎么可能从物质世界中产生是困难问题，但他强调：“更困难的问题是解释意义怎么可能出现在这个物质世界。”“意义不像意识，不只是事物看起来是怎样的这样的令人困惑的特征……意义不涉及存在什么、不存在什么之类的问题。如果有意义这样的事物的话，那么它包含着比存在着什么更多的东西。最低限度上，它涉及对一个有限的人的生活的总的状况的事实性评价。”[①]他这里所说的意义主要指人的生活、生命的意义。他说：“我认为，怎样说明生命的意义是最困难的问题。”它之所以比意识问题更困难，是因为，“我们是这样的有意识存在，他们寻求有意义的活法。”[②]毫无疑问，这一概括极有见地，它向我们展示了一个同时有人生解脱论、幸福观和心灵哲学多重意义同时有极强可操作性的研究课题。

本书的目的和内容是在考察古印度心灵哲学的一般进程和特点的基础上，主要探讨佛教的心灵哲学。这是因为佛教对心灵哲学的探讨最为全面和深入，内容博大精深，举世无双，代表了古印度心灵哲学的最高成就。另外，由于佛教心灵哲学是在与古印度其他宗教—哲学派别的相互竞争、彼此渗透、批判融合的过程中形成和发展起来的，因此透过佛教心灵哲学之一斑也可窥古印度心灵哲学之全貌，至少可以看到古印度心灵哲学部分内容及特点。当然，鉴于其他宗教派别在心灵哲学中也有极有个性的贡献，因此我们将在下篇中探讨它们的心灵哲学。值得特别说明的是，由于古印度心灵哲学特别是其中的佛教心灵哲学研究在我国的学术研究中尚处在草创时期，因此为

① Flanagan O. *The Really Hard Problem：Meaning in a Material World.* Cambridge：The MIT Press，2007：xi.
② 转引自 Flanagan O. “Objective Happiness”. In Kalneman D，et al（Eds.）. *Well-being.* New York：Russell Sage Foundation，1999：xii.

了突出重点，避免什么都说、什么也没说的问题，我们的主要精力将集中在如何客观、准确、全面、深入再现古印度心灵哲学的本来面目这一课题之上，而用在分析、评价、对话、发挥性研究上的力量相对较少。这当然是需要我们进一步关注和研究的问题。

目　录

上 篇

佛教的求真性心灵哲学

佛教的心灵哲学不仅关注心的范围、标准、种类、本质等标准的心灵哲学问题，而且对其运作之机理、原理、道理作了独到的深掘，因此又可称作关于心“理”的哲学或心“理”学、心“理”哲学。

佛教的心理哲学尽管是古老的学说和实践，但相对于世间的心理学、心灵哲学来说，乃至相对于得到了极大发展、成就卓著的现当代西方心灵哲学来说，不仅有真正的心灵哲学意趣，而且还有自己殊胜的一面。当然，首先应承认：佛教心灵哲学在关注的范围上，有比世间心灵哲学小的一面，例如佛教不承认人身上有作为主体、实体、主宰的心灵或灵魂或“自我”，充其量只有对它的消解，而没有对它正面的研究。就此而言，佛教关于心的学说不能被称作心灵学或灵魂学。①正是基于此，我们有时把它称作佛教的心理学或心理哲学。这个名称应该是十分确切的。因为佛教不仅花极大的力气探讨一切心理现象的范围、表现、起源和实质，而且对其理体、机制、机理、原理、本末、体用、理事等投入了极大的力量，成果极丰。例如，相对于世间的相关学说而言，佛教心理学有三大重要“发现”。它所发现的这三种存在，直至今日，仍是世间心理学、心灵哲学遗忘或没有注意到的“新大陆”。第一是发现了常见的心理现象后还隐藏着一种“真心”。第二是在人们注意到的表层心理现象（佛教把它们称作“妄心”）之下又发现了许多没有为人们注意到的深层心理，如第八识、无明、第九识、第十识，等等。第三，在西方现象学诞生之前，佛教早就发现：除了自在的心理现象之外，世界上还存在着具有现象学性质，亦即作为高阶现象存在的心理现象，它不是外物的刺激作用，也不是自在的心理活动，而是在许多因素具足的前提下，实现或显现出来的心理现象。它们没有第一性的本体论地位，但却有客观的第二性的存在地位。还应说明的是，强调存在着现象学性质的心理现象尽管不是佛教独有的，但佛教在这里仍有自己的新发现，如发现了许多不为世间现象学

① 为避免对“心”一词产生实体化、主体化的理解，翻译家们在翻译佛教经论时一般不将其译作“心灵”“灵魂”等。当然也有例外，如《大佛顶首楞严经》中就有这样的译法：佛对阿难说，“汝之心灵一切明了。”（《大佛顶首楞严经》卷 1，《大正藏》第 19 册，第 107 页）在说阿难等不明白佛之深奥意义时，有这样的话：“如来知其魂虑变慴，心生怜愍。”（《大佛顶首楞严经》卷 2，《大正藏》第 19 册，第 112 页。）这样译，显然没有通常所说的“心灵”“灵魂”等意义。因此，笔者在有的地方，为说明某一观点或思想，也方便地使用“心灵”一词。当然，在佛教语境下，该词不带有实体性心灵的意义，是真正的 mind。

所知的现象学性质或状态，尤其是发现了圣者现证的空境或作为显现的真心，这是一种最高深、最神奇的心理现象。换句话说，即使是与今日的现象学相比，佛教所发现和关注的、有现象学性质的心理现象在范围上要广得多，在深度上要深得多，因为妄心和真心中都有对应的有现象学性质的心理现象。尤其是随着禅定的深入、随着空无化的心理操作的拓展和深化，会出现无限的、有现象学性质的心理现象。

佛教心理哲学范围大、深度深的又一表现是：佛教谈论心理现象像谈论空无一样，有两个维面，即不可说的维面和可说的维面。因此佛教心理哲学有两种：一是只能在圣者心与心之间，通过以心传心、以心印心方式传递的离言绝相的心理哲学；二是可言说的心理哲学。我们这里涉及的当然只能是第二方面，充其量只能通过这第二方面间接窥探、推究第一方面。

佛教心灵哲学的根本意趣是"实事求是"地弄清心、身、物等法（事物）的本来面目，例如是有就说其有，是无就说其无，相应地反对两种错误的态度：一是无中生有，此错即"增益"错，其表现是"于色等法实无事中，起增益执"，即于无、空起有执，头上安头；二是人为否认实有，此错可称着"损减执"，即"于色等法实有唯事，起损减执"，也就是于色等法中的实有体性（真如、真心等）起断空执，或于真有起无执，如否认真心的存在。在向心的本质、真实接近的过程中，佛教心灵哲学有这样一个突出贡献，即发现了名副其实的"真心"。在它看来，世人所知、所用的心，世俗科学、学说所研究的心是虚假之心、妄心。由此便有了佛教心灵哲学的这样一个任务，或建立之动机、因缘，即开显被众生、世间学说所遗忘的一种真正的存在，即"真心"。世人所知的心是肉团心、攀缘心，其实它不是人身上的真心。真心被人遗忘了。经云："一切众生，从无始来，生死相续，皆由不知常住真心。"[①] 遗此本明真心的后果是沉沦苦海、"枉入诸趣"（六道）。[②]此真心也可以说是如来之成为如来的密因。圆瑛法师说："如来密因，即是十方如来，得成果觉，所依之因心；亦即一切众生，所具之根性，为菩提涅槃，本元清净之体"，[③] 或者说是妙明真心。

---

① 圆瑛法师：《大佛顶首楞严经讲义》，宗教文化出版社 2012 年版，第 49 页。
② 圆瑛法师：《大佛顶首楞严经讲义》，宗教文化出版社 2012 年版，第 80 页。
③ 圆瑛法师：《大佛顶首楞严经讲义》，宗教文化出版社 2012 年版，第 3 页。

第一章
佛教心灵哲学与语言观、解释学

佛教心灵哲学相对于世间心灵哲学来说，有其难解的一面。这主要是因为，佛陀在阐述他关于心的思想时坚持了他一贯的方法论原则，即“不定说”或“差别说”。其意思是根据不同语境下的有不同根性和要求的受众，讲说不同的道理，因此即使是同一句话、同一个词在不同语境下被赋予的意义是不一样的，这就必然使佛教的言说具有“不定”的特点。既然如此，要客观再现和理解佛教心灵哲学，首先要研究它的语言观和解释学。

第一节　佛教的语言观

能够为我们所把握和理解的佛教心灵哲学思想像其他思想一样，主要是借语言而表达出来的。尽管佛教所用的语言也是平常的自然语言，但在佛教语境下，它们的形态、性质、角色、功能作用等又有其特殊性，最鲜明的表现是，佛教语言之运用在本质上是“游戏”，是暂用终弃的一种方便施设。

诚然，佛教在特定语境下也有高扬语言作用的一面，如强调：在解释时如果“离经一字”，那么“如同魔说”。佛陀作为说者，一再强调他的言说是“实说”，即真实不虚，传递的是如来所证的真理，乃至一字半句都不能轻视。圣人证得第一义，是“因言而入”。[①]菩萨虽“住无尽藏”，但仍须“以文字求于佛道”。[②]一

① 《大乘入楞伽经》卷3，［唐］实叉难陀译，《大正藏》第16册，第600页。
② 《佛说海龙王经》卷2，［西晋］竺法护译，《大正藏》第15册，第139页。

般想去凡成圣的人更必须将文字作为必不可少的跳板。经云："一切言说、咒术、记论，如来所说，为一切本。……一切咒术、言语所持真实法聚，童蒙众生从此字本学通诸法。"[①]意为，佛之一字一句都是真实佛法的会聚、载体，是众生理解佛法的出发点、必由之路。但是，佛有时又强调："如来真如之法不可说"，因为这类法是如来"自内身圣智境界"，[②]远离心意识，过诸见地。可为了度化众生，又不得不说，于是善巧方便而说。既然如此，"如我所说名字章句，莫如是取"，[③]即不能用通常的依文取义的方式去取义。佛有时还强调，他所说的语言文字是假名施设，并无实义。一切所说无所说，这才是"实语"。"于诸法中所有言说皆非如实。此是诸法如实句义。所有文字及以语业此二皆无。以无有故。无有真实开示演说。所言文字及以语业无真实者，即是诸法无差别句，无增胜句，无建立句，此甚深法不可宣说。"[④]这就是说，言语在述说佛所要传递的"实义"时是有其限度的。经云："若以言说得一切法本性、自性，无有是处……俱不可说，此不可说亦是如来假施设句。"[⑤]因此如《阿毗达磨大毗婆沙论》所说："不应如说而便作解。"[⑥]但理解者除了借语言去理解意义之外，还能有什么别的更好的办法呢？佛教中流传的一句口头禅如实道出了语言观和解释学的辩证法："依文解义，三世佛冤，离经一字，如同魔说。"

从比较研究角度说，佛教不仅强调"一切文字皆不废忘"，[⑦]而且对今日语言哲学关注的许多问题，如语言的种类、起源、本质、作用、指称、意义、名实关系等，均有自己的独到看法，因而有理由说，它有自己别具一格的语言哲学思想。这不仅已得到中外佛学界的普遍认可，而且通过广泛而深入的研究，取得了大量可喜的成果。现在网上可以搜索到西方学者用语言哲学解读框架写的数不胜数的研究佛教语言哲学的成果；中国在这方面的成果也不少。笔者认为，要科学理解佛教的语言观，有两点十分重要：一是要有对语言哲学本身的准确而到位的理解，二是要对包含有语言哲学思想的佛教文本有全面的了解和切实而深入的解读。基

---

①《佛说大般泥洹经》卷5，[东晋]法显译，《大正藏》第12册，第887页。
②《楞伽阿跋多罗宝经》卷7，[刘宋]求那跋陀罗译，《大正藏》第16册，第558页。
③《楞伽阿跋多罗宝经》卷7，[刘宋]求那跋陀罗译，《大正藏》第16册，第558页。
④《大宝积经》卷6，[唐]菩提流志译，《大正藏》第11册，第31页。
⑤《大宝积经》卷6，[唐]菩提流志译，《大正藏》第11册，第29页。
⑥《阿毗达磨大毗婆沙论》卷28，[唐]玄奘译，《大正藏》第27册，第145页。
⑦《大集大虚空藏菩萨所问经》卷3，[唐]不空译，《大正藏》第13册，第622页。

于这一认识，笔者对佛教语言哲学试图作出尽可能客观的重构，以就教于方家。

总的来看，佛教语言哲学虽然有世俗一般语言哲学的动机和维度，如也想回答关于语言的一系列本体论、认识论、语言观问题，但更重要和特殊的地方在于：它同时有解脱论或人生哲学的动机和维度，这是因为它试图通过对语言的探讨，揭示众生离苦得乐、去凡成圣的原理、出路和途径。诸如“言说文字皆解脱相”“以文字求于佛道”等足以说明之一点。

一、佛教语言的范围与样式

佛教作为宗教之所以载荷于语言，是因为佛陀通过自己的修证和探索，发现了一种真实的存在或唯一的“第一义谛”（也可称作客观真理）。它既是一般人所没有看到的、但确有本体论地位的实在，同时又是决定人们生存状态、是成圣还是做凡夫的关键。佛陀说：它“微细最微细，甚深最甚深，难见最难见，遍一切处，一味真实，我觉了已，为他解说，安立正教。”[①]意即佛陀如实觉了此实在，然后开示于众生，于是便有了佛教。佛陀要将自己所证的第一义谛传递给他人，显然必须通过适当的媒介。当机缘成熟时，如有能接受他教化的听众，佛的教化作为一种宗教便诞生了。佛传递思想、意义的通道在当时只能是言说和别的身体语言。

佛教所用的语言不同于非佛教语言的地方在于：前者是义语，表述佛所发现的一种特殊的实在或无为法的语言，后者是众生所用的表述种种有为法的语言。经云：“我所说者，义语非文。众生说者，文语非义。非义语者，皆悉空无，空无之言，无言于义，不言义者，皆是妄语。”[②]这里的“义”是一种特殊的所指，即空无或实相。而佛教所说的空无是无所有之有，实相是无相无不相。因此，“如义语者，实空不空。空实不实，离于二相，中间不中，不中之法，离于三相。不见处所，如如如说。如无无有，于有于无，如无有无。”[③]

由上可知，佛是因为有可说性才说的。佛是怎样说的？用哪些方式说？由于佛要传递的是甚深难解之法，因此佛不同于一般说者的地方在于：用了许多不同

① 《佛说解节经》，[陈]真谛译，《大正藏》第16册，第714页。
② 《金刚三昧经》，《大正藏》第9册，第371页。
③ 《金刚三昧经》，《大正藏》第9册，第371页。

方式去述说。换言之，佛的“言语”或“语言”有多种不同的形式。这些形式的本质与作用是不一样的。用《大集经》等经典的话说，语言有这样两类：一是世俗语言，二是第一义句、无分别句或不言之言。

佛教表述自己思想和意义的语言主要表现为世俗语言。例如佛常用摩揭陀语和其他语言讲经说法。这类语言的作用主要是述说世间的各种事物、性质和相状，但没法述说第一义谛。当然，如果由彻证实相的圣者说出，世俗语言也有传递第一义谛的作用。之所以这样，是因为它们有两面性：一方面，解脱无相、无边际，文字有相，因此“解脱者无所言说”；但另一方面，文字本身也有毕竟无相、空寂的体性，因此与解脱有一致之处，故可言说空性和解脱。从体性上说，文字本身就是解脱。“言说文字皆解脱相。所以者何？解脱者不内不外，不在两间，文字亦不内不外，不在两间。”因此“无离文字说解脱也。所以者何？一切诸法是解脱相。”“言说文字皆解脱相”。[①]文字也是一法，因此也有解脱相。由于言语文字与被说的空无或解脱有上述同质性，因此佛便能用前者去述说后者。

由于世俗语言与佛要传递的第一义有那种复杂的关系，加之作为受者的听众有不同根性，因此佛所说的语言的作用就不可能是一样的。例如，同是一语，如果为众生而说，那么即是方便之说，此说实为妄语。《法集经》云：“圣人以大悲心，舍真实法而说世间虚妄之语。”[②]如果是为圣人而说，或为圣人所理解，那么就是实说。此即“若为圣人，则说实法”。“圣实法者，菩提之法，本性常寂，名为真实，……一切诸法，亦如是相，是则名为圣人实法。”[③]佛的言语本身无所谓有，也无所谓无，其本性与诸法本性一样，体性空寂。不同的人听起来才有有与无的差别。在凡夫那里即是有形有相的语言，进而引起各种分别，因此方便之说便成了妄语。在圣者那里就不一样了，作为听者的圣者与佛心心相印，深知言语文字“性离”，实说即非说，即了知文字像其他一切法一样体性空寂，因此能于所听而顿生厌离之心，言语道断，心行处灭。

由文字入佛法的正确途径是：从文字知解入手，弄清名相，即“取语”，然后取文字中的义，最后于文字及其义不取不著。此即真正的“取义”。“取义”这个概念在佛教解释学中极为重要，表述的是佛教关于客观到位理解文本的标准。

---

① 《维摩诘所说经》卷中，[姚秦]鸠摩罗什译，《大正藏》第 14 册，第 548 页。
② 《佛说法集经》卷 6，[元魏]菩提流支译，《大正藏》第 17 册，第 647 页。
③ 《佛说法集经》卷 6，[元魏]菩提流支译，《大正藏》第 17 册，第 647 页。

具体而言之，只有超越于“取文”，于文字及其字面意义不取不著，在面对文本时，当即言语道断，心中一念不生，才是真正的“取义”。

佛教传递自己的思想的方式还包括不诉诸文字和声音之类的方式，如第一义句、无分别句或不言之言等。就此而言，佛教所说的语言的范围大于世俗语言哲学的范围。佛陀对名与实的关系有这样的看法：他既认为，存在着没有对应所指的语词，如有“龟毛”等语词，但其所指是无。经云：“亦有无法而说言语，谓免角、龟毛、石女儿等。”[①]佛同时还认为，有的有实在，但却没有对应的语言，例如他要传递的不可言说的第一义谛就是如此。既然是这样，说法就不一定要诉诸言语，例如有的佛国土，“直视不瞬，口无言语，名为说法。”“直尔示相，名为说法。”[②]再则，有的通过动眉相而说法，有的说法只动眼相，或只笑、只咳，等等。禅宗的棒喝等也是说法的方式。正如苏轼所说：“溪声尽是广长舌，山色无非清净声。”就此而言，佛教传递意义的媒介的样式是多种多样的，言教并不一定要局限于语言文字的范围之内。这也可看作是佛教语言哲学的一个特点。

佛还有一种言说的方式，即言而无言、说而无说，此是称法而说，也可称作妙说。这里要与之保持一致的“法”是诸法绝对不动不摇的空法，如果用一般的言说方式去说，便与那空法相违。佛为了“称法”，便用了这样一种妙说的方式。在日常经验中，这似乎是不可能的，但在佛那里却是事实。因为一方面，佛只要在言说时心行平直，不动不摇，于言离言，于念离念，那么他就可以做到口有所言而心实无言；另一方面，尽管语言是有为法，但也有空寂本性，所以可以在佛传递他的意义时发挥那种特殊的作用。因为文字的本性在于：从事相上说，文字是有，因为它们是从身口意出，有物质作为其载体。但从体上看，文字本身是无。“文字亦不从身出，不从心出，……文字无所依倚。”[③]

佛说法还常用秘密真实句、橛句、金刚句、清净句等形式。这类形式的言说不是方便说，而是实说，不是一般的说，而秘密之说。例如佛为文殊等大菩萨所说的秘密句就是如此。“秘密句如虚空，我身遍满虚空，一切法亦如是遍满虚空，

① 《楞伽阿跋多罗宝经》卷 4，[刘宋]求那跋陀罗译，《大正藏》第 16 册，第 534 页。
② 《楞伽阿跋多罗宝经》卷 4，[刘宋]求那跋陀罗译，《大正藏》第 16 册，第 534 页。
③ 《佛说海龙王经》卷 2，[西晋]竺法护译，《大正藏》第 15 册，第 138 页。

一切菩萨现前、不现前，都是一如。”①佛说的陀罗尼就是这类秘密说，乃至只要心心相印，佛的语默动静都是宣说此一如佛法的秘密语。佛的橛句，也是为大菩萨所说，只有他们能解。“不动贪法界，住一切法动，我不动大乘，不作种种世事，是名橛句。”②金刚句也是佛常用的方式。之所以被称作金刚句，是因为“金刚能断一切法，是名金刚句”。③

佛还有很多说法方式，如借助身体语言说法，最典型的是禅宗“拈花微笑”这一公案中所说的“拈花”与“微笑”两种动作。它们都是佛传递“正法眼藏、微妙大法”的媒介。就佛教而言，这种传递方式是最真实、最可靠的传递第一义谛的方式。另外，佛教中还常用“默然”这样的方式。经云：“以诸法等、不作等、不作不等，名圣默然。”④意即既然要说的法平等不二，言说纯属多余，因此默然是说这种法的最合适的方式。这样的事例很多，如《维摩诘所说经》中讲到：维摩诘以“默然”表达自己对“不二法门”的理解。在禅宗，只有“默然”的人，才通过了达摩祖师的考试，才被看作是“得我髓”，而其他以言语作答的，都只能得到这样一类“考试成绩”：“得皮”“得肉”“得骨”。

从权实角度说，佛的言说可分为如下三类：①如“随宜所说，意趣难解”“种种譬喻，广演言教，无数方便，引导众生”“种种分别，巧说诸法，言辞柔软，悦可众心”，⑤这一类言说属权说或方便之说；②宣陈佛所成就的“第一稀有难解之法”，⑥这类言说为实说，例如《法华经》中的言说就是如此；③诸佛亲证的实法，“是法不可示，言辞相寂灭。”⑦这一类说法方式是佛特有的，是不说而说、不言而言，例如佛的秘密语、“拈花微笑”等就是如此。尽管实说、权说都是有言之教，但只要如理如法地予以对待，它们还是可信的，因为它们传递了佛所证得的实义，是故佛告诫弟子：“汝等当信佛之所说，言不虚妄。”⑧“诸佛如来，言无虚妄”。⑨

---

①《佛说大乘随转宣说诸法经》卷中，[宋]绍德等译，《大正藏》第15册，第777页。
②《佛说大乘随转宣说诸法经》卷中，[宋]绍德等译，《大正藏》第15册，第777-778页。
③《佛说大乘随转宣说诸法经》卷中，[宋]绍德等译，《大正藏》第15册，第778页。
④《思益梵天所问经》卷3，[姚秦]鸠摩罗什译，《大正藏》第15册，第50页。
⑤《妙法莲华经》卷1，[姚秦]鸠摩罗什译，《大正藏》第9册，第5页。
⑥《妙法莲华经》卷1，[姚秦]鸠摩罗什译，《大正藏》第9册，第5页。
⑦《妙法莲华经》卷1，[姚秦]鸠摩罗什译，《大正藏》第9册，第5页。
⑧《妙法莲华经》卷1，[姚秦]鸠摩罗什译，《大正藏》第9册，第7页。
⑨《妙法莲华经》卷1，[姚秦]鸠摩罗什译，《大正藏》第9册，第7页。

总之，佛教文本的载体是语言，而这种语言是广义的。它既包括诉诸声音的口头语言、见诸文字墨迹的书面语言，还包括其他许多形式的语言。如佛有时诉诸无言之言、无说之说来传递自己的思想。

二、语言的本体论地位与名实关系的“哥白尼式转变”

这里所说的“本体论”是西方哲学所说的本体论（ontology），不是关于本原或本体的理论，而是关于存在本身或是关于世界上存在着什么、关于世界的存在者的“库存清单”的理论。从语言要表述的对象上说，佛之言说是义语，是称法之说，亦即是有对应所指的实说。很显然，虽然其所指有本体论地位，但是我们该如何看佛教的语言的本体论地位呢？佛教的基本回答是：不管哪种形式的语言，都是既空又有。因为从体性上说，它像其他一切有为法一样，是毕竟空寂的；从事相上说，它又有妙有的一面。在五大类存在样式（五位法）中，它介于色法与心法之间，是以行为、活动及其产物的形式表现出来的。名言尽管是假有，但无疑有自己的本体论地位。按佛教本体论范畴体系，名言属五位法中的心不相应行法，行法即是法中的一种。“行”有迁流、造作之义，行法是诸法中有造作、迁流性质的事物、活动、过程，相当于西方中世纪阿奎那赋予“存在”一词的意义：活动。由于行法与心不相应，如不同于与心王相应的心所法，不属于心法，因此被称作不相应行法。其实，它不仅非心，同时还非色，因此是介于心法、心所法和色法之间的法。唯识等宗派认为，此法是于色、心法之分位假立者，不是实法。窥基大师解释说：“此乃色心分位，盖依前三法（心法、心所法、色法）一分一位假立，得等之名。”[①]作为心不相应行法，言说主要表现为文身、名身、句身三种形式。文身指构成词语、句子的文字符号，“名身”即由两“名”组成的词，三个以上的“名”合成词即为“多名身”。“名”则是能表诠自性、自成一词的字，如人、马、牛、红等。“句身”指的是完整的句子。“名”一字的实质体现了包含名身、句身、文身在内的所有言说的实质，其实质在于：“于相所有增语”。[②]“增”即增益、外加，“语”即声音，意为名所表述、指示的对象（法相）本是迁流变化，不是一个可言说的事物，但由于人的妄想分别，于间取像，因此

① ［古印度］世亲：《大乘百法明门论解》卷下，［唐］窥基注解，［明］普泰增修，《大正藏》第44册，第51页。

② ［古印度］弥勒菩萨：《瑜伽师地论》卷72，［唐］玄奘译，《大正藏》第30册，第696页。

误把它们当作可言说的实在，为之安立名字。从根本上说，不是因为有所指而有名之创施，相反，是因为人为之安立名字，所以才有所谓的事物之现起。佛教所说的最高、最广泛的本体论范畴“法”最清楚地说明了这一点。“法”的本意是“轨持”，即任持自性、轨生物解。由于它能摄持自己的性质在一起，因此作为轨则让人把它当作一物来看待。其实它没有一刻不在变化，根本没有自体，不是一个东西，但由于人们没有看到此本质，才把它当作事物来理解。

从本质上说，语言有两面性。一方面，解脱无相、无边际，文字有相，因此“解脱者无所言说”；①但另一方面，文字本身也有毕竟无相、空寂的体性，就此而言，文字本身就是解脱。“言说文字皆解脱相。所以者何？解脱者不内不外，不在两间，文字亦不内不外，不在两间。”因此“无离文字说解脱也。所以者何？一切诸法是解脱相。”“言说文字皆解脱相”。②文字也是一法，因此也有解脱相。《楞伽阿跋多罗宝经》指出：如来的言语声音也是有为法，由诸因缘和合而生，即依无始熏习，通过口舌等而生出，其体性与别法一样，也是不生不灭的。既然如此，就不能停留在言词的表面意义之上，即“莫著音声言语之义”，而要通过文字进到如来说法的旨趣之中。唯其如此，才是“善解言语义”。③此旨趣即是让读者听者接触到语言之后，立即认识到言语、意义、诸法不一不异，生远离之心，空掉一切。“菩萨见言语声义不一不异，见义、言语、声不一不异。”“依言语声，证离言语，入自内身修行义”。如果能由此证得：“一切诸法不生不灭，自性本来入于涅槃”，④那么才是真正正解了佛说诸言语的根本意义之所在。“依名字说法，为实修习者”。⑤佛说诸言语的意义不在于诤讼，不在于故弄玄虚，也不在于建立什么理论，而在于要指导人们行动，通过行动，解决人生的离苦得乐的大问题。

关于佛语、佛所说的字的实质，《大萨遮尼乾子所说经》云：“说不可说，名之为字”“名不可语，说彼语者，名之为字。”“名不可名，说彼名者，名之为字”⑥这就是说，佛所证得真实本是不可说的，说此不可说、不可名的音声、言语，可称作“字”。既然如此，停留于字面，尽管得文、“取语”，但都无关于佛法大意，

① 《维摩诘所说经》卷中，[姚秦]鸠摩罗什译，《大正藏》第 14 册，第 548 页。
② 《维摩诘所说经》卷中，[姚秦]鸠摩罗什译，《大正藏》第 14 册，第 548 页。
③ 《入楞伽经》卷 5，[元魏]菩提流支译，《大正藏》第 16 册，第 534 页。
④ 《入楞伽经》卷 5，[元魏]菩提流支译，《大正藏》第 16 册，第 543-544 页。
⑤ 《入楞伽经》卷 5，[元魏]菩提流支译，《大正藏》第 16 册，第 547 页。
⑥ 《大萨遮尼乾子所说经》卷 9，[元魏]菩提流支译，《大正藏》第 9 册，第 361 页。

都是没有意义的。但同时又必须看到，理解佛教又不能完全撇开语言文字。只要有对真实的体悟，同时又处理好了名实关系，那么文字就有能说、能指称的巨大的、无挂无碍的功能，例如能让说者做到“法无碍、辞无碍、乐说无碍”。①佛的语言所要传递的义，即诸法实相，此实相即空。“所言义者，名不可说”。“不可动、不可知、不可戏论、不可分别、不可生、不可聚、非物非实、无我非起、非可取、非可依，远离一切依、言语、名字。”②这就是说，对于作为诸经之总持的空性，既有不可说的一面，同时又有可说、能说的一面，因为佛的言说具有述实和无所不说的特点。如偈所云：“如来无妄语，诸佛不虚说。”③“我今说真实，美妙甘露法。”④

如前所说，佛教所用的“语言”是广义的，包括人的一切言语活动形式。主要有两种：一是口头语言，即言说；二是书面语言，即“名”。两者的关系是后者是前者的所依。因此，佛教对语言本质的分析主要侧重于对名的分析。佛教认为，名也有种种不同的行相，即有不同的活动、作用方式，有不同的表现形式，之所以如此，既与安立名称的人有关，又与相有不同样式、“势力”有关。相有无量相，名也是如此，可大致概括为十二种，“一假说名、二实事名、三种类相应名、四各别相应名、五随德名、六假立名、七共所知名、八非共所知名、九显了名、十不显了名、十一总名、十二别名。”⑤

佛教探讨语言本质及其与所指关系的目的在于：破众生的“名言是缚”，让其由此得清净解脱。如偈所云：“愚昧思凡夫，于相为言缚”，⑥即由于不知名言本质，为其所缚，以为对应于名言，都有有自性的实在之物为其所指。此即“随言说、依假名言，建立自性。”⑦佛之所以由凡转圣，原因之一就是摆脱、超越了此缚。“牟尼脱言缚，于相得自在，清净见行者，安住于真智，于自性无得，不见彼此依。”⑧在名的本质以及与实在的关系问题上，佛教发起了名副其实的“哥白尼式转变”。我们知道，不管是哲学还是常识，在理解名实关系时都相信：名

① 《大萨遮尼乾子所说经》卷9，[元魏]菩提流支译，《大正藏》第9册，第361页。
② 《大萨遮尼乾子所说经》卷9，[元魏]菩提流支译，《大正藏》第9册，第361页。
③ 《大萨遮尼乾子所说经》卷10，[元魏]菩提流支译，《大正藏》第9册，第363页。
④ 《大萨遮尼乾子所说经》卷10，[元魏]菩提流支译，《大正藏》第9册，第364页。
⑤ [古印度]弥勒菩萨：《瑜伽师地论》卷72，[唐]玄奘译，《大正藏》第30册，第697页。
⑥ [古印度]弥勒菩萨：《瑜伽师地论》卷73，[唐]玄奘译，《大正藏》第30册，第704页。
⑦ [古印度]弥勒菩萨：《瑜伽师地论》卷73，[唐]玄奘译，《大正藏》第30册，第703页。
⑧ [古印度]弥勒菩萨：《瑜伽师地论》卷73，[唐]玄奘译，《大正藏》第30册，第704页。

总是有自性的实在的表述，名依实而有。换言之，因人知遇了实在，为了把它说出来，便造出语言名字。而这在佛教看来是颠倒的、是错误的。“一切愚夫于诸相中名言所缚故，当知如名、如言、于所诠事，妄执自性。”①为什么说是妄执自性？为什么说不存在与名对应的实在？道理很简单：于诸事中，喜乐皆不可得，意即与名言对应的所谓实在中根本不存在常一不变的自性。能取能得的东西，里面刹那生灭、展转相依而生。基于这样的对所指实在的理解，佛教提出了一个革命性的、空前绝后的观点：实因名而生、而有。其根据是：世界上根本就不存在有同一性的事物、实在，一切川流不息、刹那生灭，无有自性，“展转相依”，相无自性、生无自性、胜义无自性。只是由于人们错误地为本不存在的“事”安立了名字，因此世界上才有张三李四，山河大地。质言之，“名言为依，事可得生故，”②意即：所指之所谓的对象或实在是因为人为之安立了名字而有的。当然，世界确有这样的现象，即由于有事相，因此人们便为之命名，“要依有事，方得生起名言分别”，此即“事为依止，名言得生”，③但事又是如何生起的呢？按佛教的观点，世上本来一如一体，无此无彼，只因妄想分别，有名言计执，虚妄增语，才有“事起”。因此从根本上说，“名言为依，事可得生。”④就像在人静虑时，“如如意名言作意思维，如是如是有所知事。”⑤

按通常的理解，语言好像是随实而转、随义而转的，即是表述实义的，但其实只是显示自所增益。所谓“自所增益”是所指中本无这个实，但由于颠倒妄想，误把它作为一实，因此一般人所计执的所谓实在是人为增设的，由之所起的名言也便成了“假施设”。说名随义转，不外两种情况，一是“此名为于有义转”，二是“为于无义转”。由上面的分析可知，“于有义转且不应理”“若于无相义转，此非有义，但能显示自所增益，若取增益，即是执着。”⑥

这是我们理解佛教心灵哲学时务必谨记的。佛教所用的心理语言，如心、意、识、妄想、烦恼等，按一般的理解，都有对应之实，但从本质上说，人们所道说的心理语言并不是为表述心理实在而安立，而是相反，是因为人们先有心理语言，

---

① [古印度]弥勒菩萨：《瑜伽师地论》卷73，[唐]玄奘译，《大正藏》第30册，第704页。
② [古印度]弥勒菩萨：《瑜伽师地论》卷73，[唐]玄奘译，《大正藏》第30册，第704页。
③ [古印度]弥勒菩萨：《瑜伽师地论》卷73，[唐]玄奘译，《大正藏》第30册，第704页。
④ [古印度]弥勒菩萨：《瑜伽师地论》卷73，[唐]玄奘译，《大正藏》第30册，第704页。
⑤ [古印度]弥勒菩萨：《瑜伽师地论》卷73，[唐]玄奘译，《大正藏》第30册，第704页。
⑥ [古印度]弥勒菩萨：《瑜伽师地论》卷73，[唐]玄奘译，《大正藏》第30册，第704页。

所以为理解心理语言，才误以为它们有对应之实。质言之，所谓的心理实在其实是人们在语言的使用和理解中杜撰出来的。这与戴维森的解释主义、杰恩斯的意识理论何其相似！

三、语言的指称与意义

任何语言哲学都要回答关于意义本身的种种问题，进而才有自己的意义理论，佛教也不例外。不过它们意义理论极为特殊。这种特殊性有多方面的表现。

在佛经中，“义”或“意义”译自梵语 artha，巴利语 attha。这两个词可音译为阿他、阿陀。它的用法很多，大致来说，在不同语境中分别有真实、作用、意思、道理、意义、价值、利益等意。慧远大师在解释“依义不依语”时根据佛经对“义”的四种不同用法，把“义”的意义归结为如下四种。一对相显实，所以名义。意思是说，义的第一种意义是指现象后的真实。二对体彰用，义用名义。意即，义的第二意义是指本体的义用或作用。三对恶论善，义利名义。意即，义的第三种意义是指对人的利益、有利性、有用性。因善法对人有利，所以“善法名为义”“不善名为非义”“无记名为非义非非义”。四对因彰果，德义名义。种因必会得果，因此义的第四种意义是“得”或“德”。如菩萨所行，就是得方便，就是一种义，得无上菩提，也是义。总之，“诸经说义，具此多种。” 慧远还依据“语言的意义在于用法”的原则强调：“依义不依语”中的“义”的意义是指实相或“理法”。[①]从统计上说，佛教中所说的义或意义在大多数情况下指的就是这种理法。经云：“理不可说是名为义。”[②]

佛经中除了有这些用法之外，还常在言语、文本能表达的意思、意趣、旨归等意义上使用“义”。“义”作为佛教文本的意义，通常又有这样一些用法。“义”的第一种用法即是言说、文字的字面意义，如佛经中常说的一字一句具无量义，此处的义即是文字意义。这种义的样式很多，如《阿差末菩萨经》所说，义有近义、远义、正义、清义、深义、浅义之别。[③]“义”的第二种用法是指“度世之法”，它与识相对。如经云：“入于世法，是谓识者。度世之法，乃谓为义。”[④]义

① [隋]慧远：《维摩义记》卷 4，《大正藏》第 38 册，第 516 页。
② 《大宝积经》卷 52，[唐]菩提流志译，《大正藏》第 11 册，第 304 页。
③ 《阿差末菩萨经》卷 7，[西晋]竺法护译，《大正藏》第 13 册，第 609 页。
④ 《阿差末菩萨经》卷 5，[西晋]竺法护译，《大正藏》第 13 册，第 603 页。

的第三种用法是指经典、文本的可言说的旨趣。菩萨有一任务即到经典中取义。“若于经典致入道果，是谓取义。”“若于诸经，了了分别，清净章句，是谓取义。”①第四种用法指作为总持、作为诸经唯一主旨的义。此义可称作“第一义谛”或“胜义谛”。此义又有两种形式。一是可言说的或见诸言语的第一义谛，二是不可言说的第一义谛。两者的关系是主观意义与客观意义的关系，或者说，前者是后者的近似的反映，是为到达后者的类似于“指月之手”的东西。

从比较研究的角度说，佛教所说的作为文本、言语符号的意义，有点类似于西方语言哲学意义理论中的指称论所说的指称，或包含有指称论的元素。当然，又不能等量齐观。因为佛教所说的“义”，有一种是极为特殊的指称，是离言绝相的，甚至不关文字，不存在与言语文字的对应关系，所以严格地说，不是能指的所指。更重要的是，佛教所说的“义”，还有现象学的视角与意蕴。

先看第一种第一义谛。相对于世俗谛而言，此第一义谛是真谛。而相对于超语言的第一义谛来说，它属于世俗谛。因为所谓世谛是这样的真理，即承认有关于色受等五蕴、四大或六大、六根、六尘、六识、我的真理，还包括有见诸文字、言说的佛法，其中的最高的真理就是第一义谛，如空、菩提、涅槃、般若等。但相对于佛所亲证的不可言说的真理而言，这些都属世俗谛的范围。②佛说法四十九年，演说的就是这种第一义谛。用我们的话说，此义是文字所载荷的意义，其特殊性在于，佛教强调万法归一，强调文本的多义最后归趣为一义。质言之，佛教所有文本只具有一义性。这就是通常所说的佛法的一雨、一地、一味性。承认有这种意义，是佛教解释学的一个基本原则，也是佛教文本的一个特点。之所以这样说，是因为，一方面佛教文本既然是多，就一定像其他文本一样有多种多样的意义，另一方面，是由佛教的本体论、真理观、解脱论的特殊性所决定。佛教又强调：多种多样的文本及意义具有意义的唯一性或一义性。《佛说法集经》云：“譬如一切诸水入于大海，皆同一味，所谓咸味”，“菩萨亦复如是，入于第一义大海，所见一切诸法皆是一味，所谓真解脱味。”“一切诸法不违于空。”③若如是知，即等于真见菩提。诸法一味，即寂灭味、解脱味。“一切众流入大海已，为

① 《阿差末菩萨经》卷5，[西晋]竺法护译，《大正藏》第13册，第604页。
② 《大乘宝云经》卷6，[梁]曼陀罗仙、僧伽婆罗译，《大正藏》第16册，第272页。
③ 《佛说法集经》卷6，[元魏]菩提流支译，《大正藏》第17册，第644页。

一咸味”，同理，“一切诸法皆悉入于无著、无诤，同为一味，谓解脱味。”①

不可言说的第一义指的是佛所发现的一种特殊的存在，它无形、无相、无性，因此在本质上是空无所有，故可称作“空”或“无”；但它又不是绝对的无，因为它真实地为佛智证得了，所以又是真、是实。它是一般人没法知道的，只有具足十法，才能善解此第一义谛。十法是：“无生法、无灭法、不坏法、不增不减不出不入法、离境界法、无言说法、无戏论法、无假名法、寂静法、圣人法。”②这种实际除了有上述认识论上的不能为世俗智慧所把握的特点之外，还有客观存在性或自在性。经云：“第一义不生不灭，不败不坏，不增不减，文字章句所不能说，不可诠辩，绝于戏论。”“第一义者，无言无说，本性清净，一切圣人内自证得，若佛出世，若不出世，法性常尔。”③此第一义是无言、绝对的第一义谛，此即一切诸法的真实之相，实在之谛理，亦即是究竟法、无言语法、寂灭法、贤圣法。它“不生不灭，非坏非所作，亦非尽，非文字，亦非调戏所得。善男子，第一义谛非言语道，法相寂灭，贤圣之所证觉。”④不管诸佛出世还是不出世，第一义谛都在，这是“法相常尔。”⑤

从两者的关系上说，作为词语的“第一义谛”是真实存在的第一义谛的如实表述，因为“说法者当如法说”。⑥“如法说”，即按客观存在的法事物去说。既然如此，语言所表达的第一义谛就一定是真实存在的第一义谛的反映。这要符合、一致的第一义谛究竟是什么？回答是：“法无有我，离我垢故。……法离于相，无所缘故。……法无有说，离觉观故。……法无分别，离诸识故。……法顺空，随无相，应无作，法离好丑，法无增损，法无生灭，法无所归。……法常住不动。”⑦这些不同的表述，其实是从不同角度揭示了万法平等空寂的本性，质言之，客观的第一义谛即空义。

总之，佛教意义理论在意义的本质问题上，有这样一些独特的看法。第一，强调佛教文本有客观自在的意义。这种客观性表现在：①佛教文字、言语是“随

① 《大方广宝箧经》卷上，[刘宋]求那跋陀罗译，《大正藏》第14册，第467页。
② 《大乘宝云经》卷6，[梁]曼陀罗仙、僧伽婆罗译，《大正藏》第16册，第272页。
③ 《大乘宝云经》卷6，[梁]曼陀罗仙、僧伽婆罗译，《大正藏》第16册，第272页。
④ 《大乘宝云经》卷6，[梁]曼陀罗仙、僧伽婆罗译，《大正藏》第16册，第236页。
⑤ 《大乘宝云经》卷6，[梁]曼陀罗仙、僧伽婆罗译，《大正藏》第16册，第236页。
⑥ 《维摩诘所说经》卷上，[姚秦]鸠摩罗什译，《大正藏》第14册，第540页。
⑦ 《维摩诘所说经》卷上，[姚秦]鸠摩罗什译，《大正藏》第14册，第540页。

顺”实在而说，把汇集佛言教的典籍称作契经就足以说明这一点。所谓契经即契合谛理的经典。②佛的言教及其表达的思想一经说出，就有不以听者、读者、解释者意志为转移的内容，因此解释者的任务只能是如实通达文本的意义，否则就是任意的解读。佛在世时，经常让弟子复述自己所说思想的内容，说对了就会心微笑，或说“如是如是”，加以印可。说得不对便加以纠正。这都说明佛教言说及其意义的客观自主性。第二，佛教文本的意义有两方面，一是载荷于文字和思想中的以主观形式表现出来的意义；二是自在存在的意义，即诸法自在的本质。两者的关系是反映与被反映的关系。第三，佛教言说是多义性与一义性的统一。上述两种形式的意义都具有这种统一性。第四，佛教言说的多义性是服从于、服务于一义性的。因为一方面，诸法中决定性的东西是一义性；另一方面，佛是为开示悟入此一义性而出现于世的，所以佛的唯一大事因缘或唯一的出世本怀、“化意”就是向世界展示他所发现的这唯一的，既是真理、又可让人得究竟解脱的实相。此一义即空义、解脱义。因此佛说：“一空句总摄一切佛法”。[1]这个命题可看作是佛为自己的佛教解释学所制定的最高原则，它既让佛教的解释由难到易，又对教内教外的佛教解释作出了最基本的约束和限定。只有在这个框架内，才有可能对佛教作出客观到位的解释。最后，究竟的、自在的那个第一义谛具有不可思、不可言说的特点。就此而言，佛教的意义理论在包含有指称论的元素的同时又与之有重大的差异。

四、语言、思想与实在的关系

语言、思想与实在的关系问题是语言哲学的重要课题。强调把三者区别开来，是当今语言哲学为解决许多难解哲学问题的独到“处方”。佛教虽然诞生于两千五百多年前，但也曾对有关问题阐发了自己的一家之言。

先看佛教对语言与实在即名与实的关系的论述。佛陀经过自己的修行实践，的确发现了一种从不为人所知的存在，不妨把它称作真实或实相或谛理。可为它作这样的界定：“法绝情妄，名为真实”。[2]佛所发现的真实可分为两类：一是实法性，即真谛之理，法之体性；二是事法性，即世谛，或诸法自体。从事物的由

① 《大方等大集经》卷 17，［北凉］昙无谶译，《大正藏》第 13 册，第 119 页。
② ［隋］慧远：《大乘义章》卷 2，《大正藏》第 44 册，第 510 页。

浅入深的层次看，事物内有四个层次的实，即事、法、理、实。“事者所谓地水火风色香味等；法者所谓苦、无常等法之缘数；理者所谓诸法相空；实者所谓非有非无如实法性。”[①]四者的关系是：①“同体”；②“随义异分”。例如事是凡夫所认识到的现象，而后三者是圣所知，“摄以为实”。从相状上说，前二者有相，可称作“事性”，后二者无相，可称作“实性”。从本末上分，前三为事，后一为实。实也可叫作谛。谛即实，“穷其本性，非有非无，说之为实”。[②]对于实，既可根据法的浅深来解释，又可根据教宗来释。从前一方面说，实有五重：法相实（如苦集灭道当相实尔）、虚假实（苦集灭道赖因缘而成，因此是虚假之法）、无空实（苦集灭道，从理上说，本无所有，因此实是空寂）、自体实（亦名性实，有如实空和如实不空之别）、缘用实（苦集等是法界缘起的集用）。可见，实是万物的体性，还可称作“如”“法性”“实际”“理”。“法相虽殊，理实同等，故名为如。”[③]其他词，都从不同侧面揭示了诸法的唯一不变、湛然常寂的体性。

由于佛教强调有不同的言语形式，有不同层次的“实”，更准确地说，佛教所说的“实”极其特殊和复杂，因此佛教关于名实关系的理论极为复杂，须小心对待之。大致来说，有两种情况，一是可言说的名实关系，二是不可言说的名实关系。

从体性上说，或从究竟理体上说，世界本无什么名，也无什么实，更无什么名实关系可言。佛教言名、言实、言名实关系，都是不得已而为之，即盖因众生有迷惑，进而有对本无分别的世界的分别及对待。虚云老和尚说得好：众生“因迷惑而起物、有、色、妄、烦恼、众生等对待”，佛教才建立了种种名相，于是“立心、无、空、真、菩提、诸佛等假名。若根本不有迷，则物、色、妄、有、烦恼、众生等假名，固不能立，即心、无、空、真、菩提、诸佛等假名，亦何所立？”。[④]这就是说，“真心”“空”“诸佛”等像“物”“有”等词一样都是“因有妄物对待而立之假名”，[⑤]是为破有而作的假施设。在特定的意义上，也可以说这些名相有对应之实，如“物”对应的是因缘和合的假有，“真”等词对应的是清净本然的空性或真如，它离诸名相，无有方所，是本有自尔之性德。为了破妄有，还可进一步说，

① [隋]慧远：《大乘义章》卷2，《大正藏》第44册，第510页。
② [隋]慧远：《大乘义章》卷3，《大正藏》第44册，第511页。
③ [隋]慧远：《大乘义章》卷1，《大正藏》第44册，第487页。
④ 净慧主编：《虚云和尚全集（第1册）》，中州古籍出版社2009年版，第183页。
⑤ 净慧主编：《虚云和尚全集（第1册）》，中州古籍出版社2009年版，第180-183页。

此真如有不变和随缘之别。不变真如是：诸法的那个空无体性平等不变，无圣无凡，非善非恶，真实如常。随缘真如是指：诸法随缘生起，更改差别相，有圣有凡，有善有恶。总之，佛教为了破斥众生迷惑，救世度人，承认有名与实及其关系。

可言说层面的名实关系有这样一些情形。第一，就多义与唯一空义的关系来说，有两种关系：一是一义之中有若干义，是故味异义异；二是多义只一义一味，即多义中始终中贯穿着一义，也就是空义或空味或解脱味。第二，就文本的广泛意义与名称的关系而言，一是义一名异，二是义异名一，三是义异名异。第三，就唯一的空义与名称的关系来说，普遍存在的是多名一义的关系。就像三昧有多名，即无量心三昧，无相心三昧，无所有心三昧，空心三昧，但它们"为一义，有种种名。"因为四种三昧强调的不外是：把一切都空掉，如度一切无量识、入、处无所有，无所有心住，此即无所有心三昧。空心三昧是将世间空掉，如实观察，常住不变易，非我，非我所。①再就唯一的实义即空义来说，它有无尽的名称，甚至对于觉者来说，把它称作"有""物"也不为过。虚云老和尚说："一念迷惑时，心成物，无成有，空成色，真成妄，菩提成烦恼，诸佛成众生。""若一念觉悟时，物不异心，有不异无，色不异空，妄不异真，烦恼不异菩提，众生不异诸佛。"②既然如此，怎么述说，都无不可。

再来看佛教关于不可言说的、废诠归旨的第一义谛与名相关系的理论。首先，佛经的确有这样的观点，即认为，此唯一的第一义谛是不可说的，说即乖道。如经云："现证是法自性、彼法性相不可说。"③"施设文字，皆为魔业，乃至佛语，犹为魔业。"④"于菩提胜义谛中，即不能说。何以故？彼胜义谛，非语言、非诠表，亦非文字积集所行，尚非心、心所法而可能转，况复文字有所行邪（耶）？"⑤因为言说即是分别。"诸说法声皆是分别。"⑥所以文字言说不可能真说佛法深义。为什么要说呢？"为不可思议一切众生大悲转故，……于无文字、无语言、无记说、无诠表法中，为他众生及补特伽罗，假以文字，建立宣说。"⑦《宗镜录》强

---

①《杂阿含经》卷21，[刘宋]求那跋陀罗译，《大正藏》第2册，第149-150页。
② 净慧主编：《虚云和尚全集（第1册）》，中州古籍出版社2009年版，第181页。
③《大集大虚空藏菩萨所问经》卷3，[唐]不空译，《大正藏》第13册，第622页。
④《大集大虚空藏菩萨所问经》卷7，[唐]不空译，《大正藏》第13册，第642页。
⑤《佛说海意菩萨所问净印法门经》卷8，[宋]惟净等译，《大正藏》第13册，第494页。
⑥《佛说海意菩萨所问净印法门经》卷8，[宋]惟净等译，《大正藏》第13册，第494页。
⑦《佛说海意菩萨所问净印法门经》卷8，[宋]惟净等译，《大正藏》第13册，第494页。

调：文字不同于要传递的大旨。只有废掉才会接近大旨。许多宗派的祖师之所以不许学人看教，是因为“恐虑不详佛语，随文生解，失于佛意。”[1]佛之大旨又不能不看，事实也是如此，药山惟俨一生看大涅槃经，手不释卷，其他许多宗派的祖师也是“博通经论，圆悟自心”。[2]

如果说佛通过自己的智慧发现了一种被人们忽视或遗忘的“实”，它以无性为性，以无相为相，没有对应于任何语言的性质及特点，那么此实与名言之间就存在着一种特殊的名实关系，即名与实不相称的关系。具体而言之，此实不可能诉诸任何世俗语言，即使说了，如果其听者是没有“同情之默应、心性之体验”的人，那么说了也等于白说。

在理解这一类名实关系时，还要认识到：佛除了用世俗语言说法之外，还有许多特殊的言说方式，如前面说到的用秘密语、身体语、默然，等等。不理解这一点，就会发现一个矛盾。正如功德光，他就发现了这样的矛盾：“若法不可说，何故今言护持正法？”[3]如果知道佛有多种多样的说法方式，以及认识到了“不可说”有特定含义，那么就不会有上述疑惑。正如《佛说海意菩萨所问净印法门经》所述：“不可说者，谓以世俗文字语言，于无为法中而不可说。”[4]如果用咒语、指月的手指式的方式等，还是有可说和能说的，也有法要护持。“若以文字语言诠总持门，施设建立显明开示，乃有所说，此即是为护持正法。”[5]

如果用特定的言说方式、让心进至平等不二、于念离念、于言离言的状态，那么是可以述说那不可说的第一义谛的。例如可用“默然”“秘密句”“金刚句”“拈花微笑”等方式传递那不可说的第一义谛。事实上，佛菩萨也成功地做到了这一点。另外佛还能用第一义句、无分别句、诚实句、“清净句”、无变易句、谛句、通达句等来说不可说之第一义谛。因为它们无所言说，所以是第一义句；因为它们无限齐，所以是无分别句；因为它们无虚诳，所以是无诚实句；因为它们自相清净，所以是清净句；因为它们善能观察，所以是通达句；因为它们无动摇，所以是谛句。[6]当然能听懂这些言说方式所要表述的实的人，也只能是那些能做

---

① [五代]延寿：《宗镜录》，《大正藏》第 48 册，第 418 页。
② [五代]延寿：《宗镜录》，《大正藏》第 48 册，第 418 页。
③《佛说海意菩萨所问净印法门经》卷 9，[宋]惟净等译，《大正藏》第 13 册，第 496 页。
④《佛说海意菩萨所问净印法门经》卷 9，[宋]惟净等译，《大正藏》第 13 册，第 496 页。
⑤《佛说海意菩萨所问净印法门经》卷 9，[宋]惟净等译，《大正藏》第 13 册，第 496 页。
⑥《大集大虚空菩萨所问经》卷 2，[唐]不空译，《大正藏》第 13 册，第 620 页。

到心心相印、有相当修证的人。

总之，理解佛教关于名实关系的理论，是正确理解佛教文本意义的必不可少的条件。如果解读由此切入，并以此理论为理解前结构中的重要元素，那么就会发现佛教是简易教、易行法，同时也不会为下述成对概念表面上的矛盾所困惑，如可说—不可说、实说—妄说、乐说无穷—默然不语、不立文字—不离文字，等等。

再看佛教关于思想观念与实在关系的理论。如前所述，佛教所说的实在主要指诸法谛理，而与之有关的思想观念主是指佛陀的“化意”或言教中包含的思想。对此化意，佛自己在论义经中作了说明。《如来兴显经》就是这样的论义经，它不仅解释了如来的行、心、境界、慧等，而且论述了如来诸经、诸法的“所阐”。此“所阐”不外是教人如何“成等正觉”，如何“成佛道”。佛不外是证得等正觉、无极慧的人，或者说是现证法身的人。而证法身，说难也不难，因为只要入空到一定的境界，便即“入法身也”。换言之，只要“不舍心本”，知心无心，也就等于入法身、“致大道”。①根据《如来兴显经》，如来之开道或根本言教、“所闻”不外是：不舍诸行，而又了不二入，质言之，如来所阐扬的不外是空觉、平等觉。“诸所著行，而不犹豫。平等法味，了不二入。如来所阐则复游入于无想觉、无行之觉、无处所觉、无限中觉、无边际觉，……观一切文字音响，而无处所，于诸言声，而无言教，究竟尽极众生之行，奉平等觉。”②

言教中包含的化意或思想与实在的关系是能诠与所诠的关系。智顗说：“教是能诠，理是所诠。”③如果说佛的言教是文本的话，那么可以说：“理事之教，皆名为本。”④所谓理，即世界宇宙的真实之理，是法性实际或实相，用我们的话说即是客观真理。它是纷繁复杂的现象中所隐含的寂灭、实性或体性。从理的起源来看，理不是被创造的，被产生的，不是某一时刻才有的，而是自天而然，即本来有之，从来有之，永远有之。集不能染，苦不能恼，道不能通，灭不能净；如云笼月，云不可能妨害月，只能遮掩它，一当退去，它就会显现自身，同样，当众生烦恼消灭时，便能见到这一理。由于理甚深微妙，隐而不显，一般人执迷于现象、事相，迷失了这一理，因此无明烦恼充实着血肉之躯，为对现象的感觉、

①《佛说如来兴显经》卷3，[西晋]竺法护译，《大正藏》第10册，第610页。
②《佛说如来兴显经》卷3，[西晋]竺法护译，《大正藏》第10册，第609页。
③[隋]智顗：《维摩经玄疏》卷3，《大正藏》第38册，第534页。
④[隋]智顗：《妙法莲华经玄义》卷7上，《大正藏》第33册，第764页。

种种幻觉牵引着流转生死。既然如此，世界本有之理，我们每一个人都本有的本来面目就需要开显、诠释。这一来，理就成了所诠，即需要阐释的对象，或佛的言教所要会解的对象。

所谓“教”，智顗说：是“以诠理化物为义”。[①]也就是说，释迦如来说种种法、立无边无尽的教的本义、目的不外有二：一是把宇宙人生的本来的理揭示、显现出来，让迷失它的凡夫能找回它，证得它；二是化物，即用所证之理教化转化众生，使每个人转恶成善、转识成智、转迷成悟，一言以蔽之，转凡成圣。佛之所以来到世间，就是为了这一“大事因缘”，即诠理化物或开示悟入佛知见。

在智顗看来，教与理即能诠与所诠是统一的，因为“离理无教，离教无理”，[②]所以很显然，没有客观的真理，当然不会有真理的揭示和诠解，更无所谓佛教。反过来，如果没有教，也就不可能有理的开发、显现和向世人的诠释，因为理太深奥和复杂了，只有“随智妙悟”才能“得见经体”。[③]教与谛理既然是解释和被解释关系，那么前者就有对错的的问题。在智顗看来，其判断标准是“顺与不顺”，或“契与不契”，顺理或契理即为正解或正遍知，违理不仅是误，而且将使人陷入迷惑，进而沦为凡夫。

五、“不立文字”的理解问题

佛教有一个基本观点，即有言皆妄，言不关实。从名实关系上说，实相的一个特点是不可思、不可说。因此应不立文字、抛弃文字。该究竟理解不立文字呢？佛教心灵哲学所发现的“真心”、实相是不是绝对不可说呢？对此，《大方广佛华严经》作了十分圆满的回答，其基本观点是：实相既不可说，又可说。不可说的原因除了言不关实、名实不同质（一个有相、有性，一个无相、无性）等之外，还在于证得实相、安住实相的人一旦有言说的相法和表现，即是有念、有动，而念、动即非实相。因此安住实相的人是不可能用第一人称的方式、用语用学所说的执行式或以言行事性的语言来描述自己所证的实相的，是故必须说，佛所证的实相或空相“不可说”“不能说”，处在空果这样的境地的人一定是“不立文字”的。但是佛是有辞无碍、乐说无碍等大智的人，如经所说的那样：佛精通“一切

① [隋]智顗：《四教义》卷1，《大正藏》第46册，第721页。
② [隋]智顗：《维摩经玄疏》卷3，《大正藏》第38册，第534页。
③ [隋]智顗：《妙法莲华经玄义》卷8下，《大正藏》第33册，第782页。

世间诸语言，一字演说尽无余”“一句所说不思议”。[①]“了达一切诸语言，胜义谛理亦如是。”[②]另外，佛有像恒河沙一样多的言说、教化方式，如既可以以有著心而说，又可以以无著心而说。所谓以无著心而说，即是于言说时，尽管有言说，但心性不动不摇，毫无动散，仍保持平等寂然之心。再者，语言的传递力、表现力取决于说者和听者的“赋义”“受义”。说者只要清楚了自己要说的“实”或“所指”，那么他完全可以将它表现于适当的“能指”之上，把所有的意义、信息都放进能指之中，使能指的信息量与所指的内容完全一致，没有遗漏。听者只要心领神会，那么完全可以通过此能指领会它要传递的全部意义。正是因为有这样的事实，所以佛与证道弟子的交流既可借助语言来完成，例如佛的一字半句能让得法弟子彻悟佛法大意，又可不用语言，例如迦叶通过佛陀的“拈花微笑”便一毫不差地领悟到了佛的“正法眼藏、涅槃妙心”。最后，由于圣者有难言能言的特点，有秘密语，因此有办法述说那不可言说的真相，至于听者能否证知被述说的对象，那则取决于听者的智慧和修为。

真理、真如是否可说？这要看由谁说、怎样说。如果由佛以“如如如说”的方式说，是可以说的。经云：“我所说者，义语非文。众生说者，文语非义。非义语者，皆悉空无，空无之言，无言于义，不言义者，皆是妄语。如义语者，实空不空。空实不实，离于二相，中间不中，不中之法，离于三相。不见处所，如如如说。如无无有，于有于无，如无有无。有无于有，如有无不在，说不在说故。不在于如，如不有如，不无如说。”[③]这无疑是世界上最精彩、最深奥的有无之辩。尽管言词有点艰涩难解，但意义还是很清楚的，那就是，佛的言语说教不同于世人言说的地方在于：不是为文而文，而是为义而语，因此佛语是义语。所谓“义”者，就是那真实不虚的空。佛的言语要说的就是它，因此是义语，而非一般的文或非义语。一般的言说之所以是“非义语”，是因为它们没有触及空义或空实。故可说，“不言义者，皆是妄语。”佛语要说的义，是一般人难以理解、难以言说的一种真、一种如（无有变异、一如一体的东西），说实非实，说空不空，无性为性，无相为相。一般意义的“有”与“无”都无法述说它。当然，如果有对那个实的实证，如果赋予“有”和“无”等词以适当的意义，让它们对应、一致于

① 《大方广总持宝光明经》卷 2，[宋]法天译，《大正藏》第 10 册，第 889 页。
② 《大方广总持宝光明经》卷 2，[宋]法天译，《大正藏》第 10 册，第 890 页。
③ 《金刚三昧经》，《大正藏》第 9 册，第 371 页。

那个实或那个“如”（真实无变易的东西），那么这些言说就是“如如如说”，即与那个真实无丝毫差别、绝对等同之说。

这里的名实关系极为特别。这里的实即真心，对于绝大多数人来说是真正意义上的“没有”或“无”，原因在于：此实只对修证到极高程度的圣者开放或显现。没有相当修证的人，即使在语、文及其知解上是顶尖高手，就算竭尽全力，那也是无济于事的。反之，只要亲证此实义，用什么词去言说都会一清二楚。因此关键是要证实。证实了就有言说的自由。

不管用什么名，要说的只一实义，此实义可称作空义。“多名一义，不一不异，以名数故，但名但字，法不可得，不得之法，一义无文，无文相义，真实空性，空性之义，如实如如，如如之理，具一切法。”[①]本不可说，无能说、所说，名字性离。之所以要说此不可说之空义，是因为“众生在生”。[②]

在述说真心时，只要能做到于言说，心无所著，言而无言，说而无说，那么是可以立文字的。佛在这方面作了示范，例如佛入涅槃而不证、不住涅槃，于佛住而无住。在教化众生时，虽有所说，心亦不动。“住于佛住，而于佛住，不生执著，虽有言说，而于言说，心无所著，入众生趣，于众生趣，心无所著。”[③]“开化无数众，不兴诸想念”“于诸言声，而无言教。”[④]

第二节　佛教的解释学

从解释学上说，佛教文本所隐藏的心灵哲学思想是一种有现象学性质的现象，或者说是由解释者的理解前结构、文本的自在思想、具体的解读等多种因素共同决定的一种带有函数性质的东西，只要一个因素不同乃至发生一点微妙的变化，解释者所重构出的佛教心灵哲学就会判然有别。因此要尽可能客观再现佛教的心灵哲学思想，最重要的是找到佛教文本中所包含的解释学思想。以此为我们的解读框架才可少犯或不犯错误。

佛教不仅涉及和回答了西方解释学家所提出的解释学（hermeneutics）问题，

---

① 《金刚三昧经》，《大正藏》第 9 册，第 371 页。
② 《金刚三昧经》，《大正藏》第 9 册，第 371 页。
③ 《大方广佛华严经》卷 20，[唐]实叉难陀译，《大正藏》第 10 册，第 106 页。
④ 《佛说如来兴显经》卷 3，[西晋]竺法护译，《大正藏》第 10 册，第 609 页。

而且还提出和回答了关于理解和解释的不曾为西方解释学家所关注的哲学问题。之所以如此，主要是由佛教所面对的待解释的文本的许多特殊性所决定的，而这又是由佛教的特殊的本体论发现的以及与之密切相关的名实关系理论所决定的。例如佛所发现的作为解脱之基础的那个存在，或作为去凡成圣之根本的那个“真心”，“微细最微细，甚深最甚深，难见最难见，遍一切处，一味真实”。[①]从与语言的关系说，它有既可说又不可说的特点，正如《大方等大集经》所云：“如来正法实不可说，如来觉知不可说法，如是正法虽不可说而有字句，以字句故可得宣示。”[②]意即佛难言能言，让不可说的那个法见诸文字，于是便有了佛教。正是由于那实在有离言绝相的特点，因此便使佛之言教有了难言、难解的一面。其难解的最重要的表现是：人们对佛之言教有无真义，如果有，它是什么，产生了各不相同、乃至大相径庭的理解。佛在世时，这类解释学的问题就出现了，例如人们对佛教的“正义”“真义”存有混淆，或有不明正义的，或对此真义各持己见。许多人鉴于这一点，常请佛陀“敷演正义”，以澄清“真法”、返璞归真。当佛陀为满足弟子的这类需要而讲解自己的教法及所理解的原则与方法等问题时，佛教自己的解释学便应运而生了。佛教理解和解释的问题非但没有因此而消失，反倒因新的解释关系的出现和增加而变得更加复杂。这便成了后来佛教解释学不断发展的内在根源。这样说，绝不意味着佛教解释学只关注佛教文本的局域性的理解和解释的问题，相反，由于它对解释学的一般问题也发表了看法，因此也具有普遍的解释学意义。

一、佛教解释学的对象与独特课题

佛教的解释学对于佛教来说，是不可或缺和至关重要的，因为只有诉诸佛教的解释学，才能对佛教文本作客观而到位的解释。其他非佛教的解释学尽管可以对研究佛教的有关历史、经典的起源与演变、翻译理论、名相字词的考证等作出有益的贡献，但要真正理解佛教文本的微言大义或“法要”，尤其是那种既不离文字又不依文字的甚深意义或“顶义”、不可言说的“真义”，仅靠非佛教的解释学是远远不够的。佛教文本及其意义的特殊性决定了通常的依文解义的局限性。

---

① 《佛说解节经》（《解深密经》的简明异译本），[陈]真谛译，《大正藏》第 16 册，第 714 页。
② 《大方等大集经》卷 9，[北凉]昙无谶译，《大正藏》第 13 册，第 59 页。

有道是：依经解义，三世佛冤。文字、句法、修辞弄得再清楚，考据做得再精深、缜密，没有必要的心解、心心相印，没有起码的“同情之默应、心性之体会”，[①]是不可能接近文字后面的真实意义的。

佛教解释学的特殊性表现在：由于佛经要传递的意义有文字之上和文字之外的意义两方面，因此它的任务也有两方面，一是揭示、宣说佛教的可言说层面的意义；二是揭示、宣说不可言说层面的意义。这是佛教解释学独有的、不共的课题。

就第一方面的任务来说，佛教的文本多不胜数，“佛法藏，无有穷尽”，[②]每一经乃至每一句都有无尽的义。《菩萨璎珞经》云：“诸佛不可量，亦教亦无尽”，[③]所行亦各不同，门径多种多样。“众行不可尽”“所归门不同”“所行法亦然”。[④]既然如此，佛教解释学的任务就极为繁重，它必须把这一切字、一切句、一切经的意义弄清楚。事实上，为完成这一任务，佛教解释学也创造了“文句”之类的解释方法。另外，佛教解释学还有这样的问题，即无量经、无量义中有无统一的宗旨或意义？如果有，它是什么？回答是肯定的。《菩萨璎珞经》认为，诸经有“正要”，且“正要”唯一，因为诸经最终的归趣同一。“诸佛义广大，空慧非有异，彼此具成就，悉归解脱门。”[⑤]佛教解释学的一个任务，就是要从纷繁复杂的教本、行本、义本、法本中将此大法分辨出来。中国佛教的带有解释学性质的重要典籍《大乘义章》对佛教解释学的宗旨、任务也发表了契理契机的看法。该经认为，诸经所宣宗趣有同有异。“诸经部别，宗趣亦异。”[⑥]这表现在能诠与所诠，或所说与所表，两方面存有差别。就所表而言，“如彼菩提心经等，发心为宗”，而“华严、法华、无量义等，三昧为宗；般若经等，以慧为宗，”[⑦]等等。然而，从所说上看，“皆是大乘缘起行德究竟了义，阶渐之言，不应辄论。”[⑧]这就是说，尽管诸经宗趣有异，但也有同的一面，那就是昭示诸法谛理，这是没有阶渐、同异差别的。

再看不可言说的文本及其旨趣。如何理解和解释这种意义是佛教解释学独有

① 汤用彤：《汤用彤全集（第1卷）》，河北人民出版社2000年版，第655页。
②《大集大虚空藏菩萨所问经》卷3，[唐]不空译，《大正藏》第13册，第622页。
③《菩萨璎珞经》卷12，[姚秦]竺佛念译，《大正藏》第16册，第105页。
④《菩萨璎珞经》卷12，[姚秦]竺佛念译，《大正藏》第16册，第105页。
⑤《菩萨璎珞经》卷12，[姚秦]竺佛念译，《大正藏》第16册，第105页。
⑥ [隋]慧远：《大乘义章》卷1，《大正藏》第44册，第466页。
⑦ [隋]慧远：《大乘义章》卷1，《大正藏》第44册，第466-467页。
⑧ [隋]慧远：《大乘义章》卷1，《大正藏》第44册，第467页。

的课题。从表面上看，完成这一任务似乎是不可能的，但事实并非如此。佛教不仅作了探究，而且有关于这种意义及理解的完备而充分的解释学。不可否认，佛教解释学有这样的难题：作为说者的佛要宣说的真义有不可言说、不能见诸言说文字的一面。质言之，佛的出世本怀、唯一的化意或要传递的真实意义不是文本字面的意义，而是文本之外的东西。正是基于这一点，把握了佛教文本精髓的大德一再强调：依经解义，三世佛冤。《宗镜录》云："近代以来，今日学者，多执文背旨，昧体认名，认名忘体。"①这就是说，唐代以后的佛教解释中常见的现象是停留于文字名相，得文失旨。这样做，"岂穷实地？""徇文迷旨之者，何契道原？"②正是看到了依文解义的局限性，中国禅宗等宗派发起了佛教解释学的一大转向，即不离文字又超越文字，正本清源，直指宗趣，光复道原。

文字上的解释可称作文诠。文诠达到极致也只能"取文"，而不可能真正"取义"。文诠不外两种形式，即表诠和遮诠。以对心的解释为例，如果认为一切法即心自性，那么就落入了表诠。"表"相对于"遮"而言，"遮"即遣其所非，抛弃其非的方面，而"表"则是要显其所是。在这里，要解释一切法，就必须指出它们成立的条件。但由于它们没有自性，因此表诠为了显其是，便把心解释为它们的自性。遮诠在解释时则相反，重在指出、排遣它们所不是的东西，如指出：此自性非性。禅宗对任何事理的解释都试图超越于表诠与遮诠之上。因为它们都属文诠。而文诠往往得文失旨。"若能超遮表之文诠，泯即离之情执，方为见性，已眼圆明。"③

文诠对理解佛法真谛之所以不够，是因为佛说法有密意说与显意说之别，或有"无言之教"和"有言之教"之别。文诠充其量只能把握显意说、有言之教的意义，而不能触及密意说的意义。因为这种说是无说而说，说而不说。"自从光耀、终至鹤林，不说一字。……此是佛密意说。约本真法体，离言诠，故不说一字。即诸法寂灭相，不可以言宣。"④《海意菩萨所问净印法门经》指出："佛法义者，即不堕句义。不堕句义者，即寂静义。寂静义者，即是离义。离义者，即是空义。空义者，即无系著义。无系著义者，即实性义。实性义者，即真如义。

① [五代]延寿：《宗镜录》卷6，《大正藏》第48册，第448页。
② [五代]延寿：《宗镜录》卷6，《大正藏》第48册，第448页。
③ [五代]延寿：《宗镜录》卷6，《大正藏》第48册，第449页。
④ [五代]延寿：《宗镜录》卷37，《大正藏》第48册，第631页。

真如义者，即毕竟不生义。不生义者，即不灭义。不灭义者，即无住处义。”①

如果诸经有这样的法要或大义，那么诉诸一般的解释学是无法问津的。佛教有无办法说明这种法要呢？佛教自己的解释学对之是否也无能为力？换言之，佛教的解释学有无办法说明、领会、昭示这种法要？回答也是肯定的。其方式很多，如佛与弟子、弟子与弟子间的“拈花微笑”、以心传心、以心印心，再如得道圣者的“默然无语”（维摩诘在讨论到不二法门的终极境时所表现的“默然”就是如此），还有佛及弟子可诉诸“伐喻”“指月之手”之类的方式把握、揭示佛经之法要。例如《佛说法集经》卷第五记载了一些菩萨关于法集的不同理解和表述。他们各陈己见，然后求佛印证。如大目犍连认为，众生所执的实有，是妄虚之非，非是真实。真实的法是“不生分别”。此义即法集。富楼那弥多罗尼子对法集的表述是：诸法本性寂灭，无非解脱，因此菩萨不求解脱。摩诃迦旃延的理解是：“真法者，无所从来，无所至去”，“如实见非法，则是真如。”大迦叶的表述是：一切诸法不离寂静，“寂静者，则不二法，不二法者，不离诸法。”“一切法不二相，以自性空故。”须菩提说：眼见于色，而无诤讼、分别，此即是法，其他法句如此类推，“诸法平等，无所去，无所来。”阿尼律陀对文字本性的看法是：文字的体性也是空，“与一切法，其性平等”，如是知言语声音，当下即知诸佛所教，不为音声所障碍。一切音声，“皆是佛声，皆是空声。”②如此等等。诸菩萨说了这些理解之后，都问佛：我今所说法集，是否符合如来所说？佛一一作了肯定的回答。这些说明：不管是文字之外的意义，还是不关文字的意义，以及由非文字的媒介（如拈花微笑、扬眉瞬目、棒喝以及别的身体语言等）所载荷的意义，都具有特殊的可解读性。正是基于这种可能性，佛教建立了一种特殊的解释学。关于其具体内容，我们在后面的适当的地方再来考察。

二、佛教文本的本质特征

要完成上述任务，获得对佛教文本宗义的正确理解和解释，首先要对佛教文本及其本质特点形成可靠到位的认识。按此逻辑，佛教解释学建立了自己关于文本本质特点的理论。

---

①《佛说海意菩萨所问净印法门经》卷 8，[宋]惟净等译，《大正藏》第 13 册，第 493 页。

② 以上参阅《佛说法集经》卷 5，[元魏]菩提流支译，《大正藏》第 17 册，第 636-637 页。

有理由说，待解释的佛教文本的突出特点是它的无与伦比的错综复杂性。它不仅包括最原始的文本，即释迦佛的言说所组成的经教，如三藏十二部、四悉檀、无量的修多罗或契经，还包括释迦佛自己对它们的解释，如论义经；不仅有这些原始经典，还有后来一些大菩萨如龙树、世亲等人的著述，即论藏。其中，有些是论主的著述，而有些是对佛经的解释。通过这些菩萨的解经造论，佛教文本中又增添了新的待解释的文本。随着时间的推移，佛教文本与日俱增，例如解释经律论的典籍又反身为后来佛教解释的文本。更麻烦的是，这些解释反过来又成为新的解释对象，如此递进，以至无穷。其结果是，佛教文本呈急剧增长的态势。

与佛教待解释文本的这种复杂性、呈几何级数的剧增性特点密切相关的一个特点是：佛教文本内部交织着复杂的解释与被解释关系，由此所决定，其内又充斥着复杂的意义关系。第一个层次的解释关系是，佛的言教所组成的经典与其要把握、要宣示的事理构成了一种能诠与所诠的关系。智顗说："教是能诠，理是所诠。"①所谓理，即世界宇宙的真实之理，是法性实际或实相，用我们的话说即是客观真理。它是纷繁复杂的现象中所隐含的寂灭、实性或体性。从理的起源来看，理不是被创造的，被产生的，而是自天而然，本来有之，从来有之，永远有之。所谓"教"，是"以诠理化物为义"。②也就是说，释迦如来说种种法、立无边无尽的教的本义，目的不外有二：一是把宇宙人生的本来的理揭示、显现出来，让迷失它的凡夫能找回它，证得它；二是化物，即用所证之理教化转化众生，使每个人转恶成善、转识成智、转迷成悟，一言以蔽之，转凡成圣。在佛教中，教与理即能诠与所诠是统一的，因为"离理无教，离教无理"。③很显然，没有客观的真理，当然不会有真理的揭示和诠解，当然无所谓佛教。反过来，如果没有教，也就不可能有理的开发、显现和向世人的诠释，因为理太深奥和复杂了，只有"随智妙悟"才能"得见经体"。④

第二重解释关系是佛教的论义经与其他十一类经的解释关系。按佛自己的分类，佛教的经教可分为十二大部类。诸佛的顺理之解体现在十二部经中的除

---

① [隋]智顗：《维摩经玄疏》卷3，《大正藏》第38册，第534页。
② [隋]智顗：《四教义》卷1，《大正藏》第46册，第721页。
③ [隋]智顗：《维摩经玄疏》卷3，《大正藏》第38册，第534页。
④ [隋]智顗：《妙法莲华经玄义》卷8下，《大正藏》第33册，第782页。

论义类经之外的十一部经中。为了契机和随机教化，世尊有时自话自解，这一来便形成了一类新的经典，即“论义经”——佛自己对他亲口所说的其他经的自诠释。这样一来，便有了第二重解释关系，即佛自己通过论义经对其他十一类经的解释。天台祖师智顗说：“就总修多罗中随事分出十一部”，它们“直说法相”，[①]相对于论义经来说成了别相修多罗。对之作出解释便形成了“论义经”。后者的目的是“解释十一部经”，以“十一部经为经本”，[②]从而形成一种新的修多罗。

佛陀所说的一切法以及佛陀和后来圣哲对之所做的契理契机的解释就是佛教解释学的直接对象或文本。阿难、迦叶等菩萨在对它们结集时便形成了第三个层次的解释关系。他们的任务是如实把佛的言教记录下来，汇集起来。由于阿难等人的诵出受到世尊其他亲传弟子的检验、补充、印证，因此所形成的结集是真实不虚、无有疑义的，是佛的言教的真实再现。智顗认为，阿难所传诵的言教，无论是藏教，还是通教、别教、圆教，都“俗文不异名如”，即“俗文会真”，因此“与佛无异”。[③]

第四个层次的解释是佛灭度之后的大小乘论师及世界各地的诸大师所作的诠释。这种解释的结果就是佛教中的论藏。而论藏一经出现又形成了一种新的解释对象，也可称作修多罗。例如提婆的《百论》、龙树的《大智度论》等是解释般若类经的，但一经形成又成了新的解释对象。智顗说：“婆修槃驮解提婆《百论》，论为经本，亦名论为修多罗”。[④]这种解释关系还可以无止境地延绅下去。

由于后来的解释者所处的环境、所面对的对象、所受的教育及个人的背景知识、修证、兴趣爱好等各不相同，因此，解释的方式、风格各不相同，如有的分科段，有的不分；有的“随文解释”，有的“置序正流通”。不过，他们又都抱有这样的解释学目的：“意在达玄”，[⑤]即弄清并重新表述契经所传递的义理。此义理幽深广极，堪称为“玄”。目的、动机尽管一致，但结果却迥异。有的能契理契机抓住精髓，有的进到了血液之中，有的只能触及皮毛，有的沾点边，有的不

① [隋]智顗：《妙法莲华经玄义》卷6上，《大正藏》第33册，第752页。
② [隋]智顗：《妙法莲华经玄义》卷6上，《大正藏》第33册，第752页。
③ [隋]智顗：《仁王护国般若经疏》，《大正藏》第33册，第256页。
④ [隋]智顗：《妙法莲华经玄义》卷6上，《大正藏》第33册，第752页。
⑤ [隋]智顗：《仁王护国般若经疏》，《大正藏》第33册，第255页。

沾边，更有甚者，有的形成的是误解误读、不到位的解读。

为了说明佛教文本的本质特点，佛教解释学提出了“法本”“教本”“行本”“义本”等概念。由于解释关系不同，因此这组概念有不同的意义。就佛之言教这一解释对象来说，诸法谛理是佛所说言语或所说的法的“本”，即法本。换言之，法本即经体。智顗常说：经本一实，实是诸经之源头。“一切教法，无不入实。”[①]“一言唯实，巧喻兼权，权引归实。”[②]一切佛教解释的最高目的就是要昭示这法本，就是要让人“闻名得体”。[③]法本同时也是佛教文本无量义的源头。《无量义经》云：“无量义者，从一法生，”[④]此一法即无相无不相的实相或法本。当用言教把法本表达出来时，此言教就成了教本，以之修行即为行本，以之解释世界即为义本。后三本相对于法本即是能诠。能诠一经形成，载于言说或文字墨迹之中，又成了所诠，即反身为后来的佛教解释者的法本。由此又出了一种新的解释关系，即佛经解释者与佛经的新的解释关系，这就是包括我们在内的解释者对于我们的文本亦即由佛经所形成的法本的解释关系。这些不同层次的待解释的文本都能同时表现为法本、教本、行本和义本。

佛教文本还有一个其他文本所不具有的特点，即它的千经万论只有一实，或一个意义，简言之，它只有一义性，或者说是多义性与一义性的统一。关于这一点，容稍后予以解析。

三、“理解”的理解

任何解释学无疑有这样一个任务，即从哲学上对理解和解释的本质、构成、作用机理和发挥作用的条件作出最一般的说明。佛教也不例外。这里，我们拟以天台祖师智顗的有关论述为基础，探讨一下佛教的理解理论。从用法上说，佛教所说的“理解”有两种意义：一是对文字的知解；二是“顺理而解”。后一种关于理解的理解是佛教所独有的。先看前一方面的理解。

从名与实的关系看，如来的圣意既有不离文字的一面，又有不关文字、不能

① [隋]智顗疏，[唐]湛然记，[宋]道威入疏：《妙法莲华经》（经疏论合一本），上海古籍出版社1990年版，第222页。以下只注“《妙法莲华经文句》（合）”。
② [隋]智顗：《妙法莲华经文句》（合），第112页。
③ [隋]智顗：《摩诃止观》卷1上，《大正藏》第46册，第3页。
④《无量义经》，[萧齐]昙摩伽陀耶舍译，《大正藏》第9册，第385页。

与文字混同的一面。在智顗的心目中，文字在解释中的地位、作用是至关重要的，因为理以教显，而教以言诠，没有言语文字，就没法开示佛之圣意或知见。一当见诸文字，便有如何理解和解释的问题。如果对之理解不当，如固守于、执着于它，那么又会“害圆、诬罔圣意”。[①]为了让人获得对佛教文本的正确理解，释迦佛和后来的诸论师对这种理解的原理和条件发表了大量的论述。最突出的一点是，佛教特别强调对佛教的文字理解的特殊性。

对佛教的文字的理解之所以特殊，主要是由于佛教的名相及其要传递的“实”都有其不同于别的名实关系的独特性。首先，佛教认为，作为佛教文本的文字、名相都是有为法，本身没有自性，其体性没有同一性，刹那生灭，其表现力、能指力尽管不可否认，但十分有限，如可以指称具体的对象和一定抽象程度的形上对象，但对于只能诉诸证悟、心性之体验和默应才能见其蛛丝马迹的实相来说，是无能为力的。故智顗说：佛“虽作如此名字，是字不住，是字无所有故，如梦如幻。”[②]“诸法不可示，言辞寂灭相。”[③]其次，即使言语可述说所指，但直接能说的只是事，而非理。智顗说：“事以言辨”，[④]而理并不是事本身，只是事后面的东西。其特点独一无二，“若谓无者即妄语，若谓有者即邪见”，“不可以心知，不可以言辩。”[⑤]

另一方面，文字黑墨也有充分传递圣意、实相的作用，关键看它们由谁使用。智顗大师说：“黑墨诠无量教、无量行、无量理，黑墨亦是教本、行本、理本。”[⑥]其可能性的根据和条件在于：其一，佛是大智者，彻悟了宇宙人生之真理，且难言能言，难辨能辨，有能力、办法用语言将亲证之实理、微妙之圣意传递出来。其二，众生作为理解者都有自己的特殊根性，如耳根利者，通过听闻世尊的声音能得法悟道，眼根利者可通过阅读文字得法悟道，意根利者，“自能研心，思惟取决”。[⑦]事实上，也有一些人由文字得入佛道，甚至究竟涅槃。“我解一句乃至半句，得见佛性，入大涅槃。”[⑧]就此而言，言语文字作为万法中的一法，也是解

① [隋]智顗：《摩诃止观》卷1下，《大正藏》第46册，第9页。
② [隋]智顗：《妙法莲华经玄义》卷6上，《大正藏》第33册，第748页。
③ [隋]智顗：《妙法莲华经玄义》卷6上，《大正藏》第33册，第751页。
④ [隋]智顗：《妙法莲华经玄义》卷6上，《大正藏》第33册，第752页。
⑤ [隋]智顗：《摩诃止观》卷1下，《大正藏》第46册，第9页。
⑥ [隋]智顗：《妙法莲华经玄义》卷8上，《大正藏》第33册，第777页。
⑦ [隋]智顗：《妙法莲华经玄义》卷8上，《大正藏》第33册，第776页。
⑧ [隋]智顗：《妙法莲华经玄义》卷8上，《大正藏》第33册，第777页。

脱的法门，正像一色一香无非中道一样，一字一墨一声也是如此，通过一字通一切字，达一切法，“寄字诠理”，进入“自在无碍、平等大悲”的境地，通达于理，而“绝文字”。①总之，佛教文字理解的特点在于：由文字而超文字、绝文字。

佛教的理解理论的特殊性还在于：除了承认一般意义上的理解之外，还发现了一种“理解”，即对作为实相的谛理的解了，准确地说，是“解理”。这是解释学史上的一种全新的、空前绝后的理解。佛教强调：只有顺理的解了才是真正的理解，简言之，“顺理为解”。对于佛教解释来说，文本的字句弄得再清楚，解释学的各种技术、技艺用得再好，解释所用的话语说得再好，甚至超过文本本身，但如果没有触及诸法谛理，没有见到这谛理，就不能将其看作是合格的理解。只有心与理合、文字像指月的手指指向了谛理，顺乎谛理，才能看作是真正的理解。因此，是否顺乎谛理可看作是判断理解是否成功的标准。

这种理解虽有认识论、形而上学的意义，但更重要的是有解脱论的意义。众所周知，解脱无疑是一切宗教和非宗教的人生哲学所追求的最高境界，当然不同的体系所赋予的内涵、所构想的标准和条件是不一样的。理解是现当代使用频率最高的概念之一。一方面，它是心理学、认识论、心灵哲学、认知科学、人工智能尤其是解释学的重要而关键的研究对象；另一方面，由于它在减轻或消除冲突、构建社会和谐等过程中有着举足轻重的作用，因此受到了人们的普遍青睐，“理解万岁”在生活中的回荡就足以证明这一点。然而，把两者放在一起来思考，除了在佛教中可以见到以外，在其他地方似不多见。例如天台祖师智顗不仅把它们关联在一起了，而且把它们看作是目的与手段、事实与条件、体与用的关系，在特定的意义上，甚至把它们看作等同关系，或一体的两面、同一过程或结果的两种显现。笔者认为，把两者统一起来，既是智顗佛教解释学的基本原则，同时也是其世界观、本体论和解脱论乃至全部人生哲学的轴心或拱顶石。不注意到这一点，既不能理解他对佛教“圣意”或“大旨”、佛出世本怀的解释，也不能理解他自己的人生哲学和人生实践。关键在于：这里的“理解”有特定的含义。因为“理”指的是万事万物的本来面目或体性或实际或实相，即谛理。而谛理是“诸佛所师”，是诸佛要开示悟入的知见，因此是诸佛出世的唯一的“大事因缘”，或出世的本怀。佛之所以为佛，就是因为他们彻底解了、证得了这谛理，故智顗说：

① [隋]智顗：《妙法莲华经玄义》卷8上，《大正藏》第33册，第778页。

"相尽解极，即是为佛。"[①]这种解是诸种理解中的最高的理解，即"顺理"之解。故智顗常说："顺理为解"。反之，乖宗为惑，迷理即痴，即无明。做到了顺理而解，甚至达到了"解极"是体，其用是"累尽苦灭、寂然永乐"，[②]是彻底、究竟的解脱，亦即超凡入圣而成佛。反之，"邪心观理"必迷理，而迷理必"倒想纷然"，[③]执虚幻我法为实际，远离自己本具的谛理，"离家出走"，生起见爱等种种烦恼，直至轮回六道，苦不堪言。可见，理解与解脱密不可分。智顗说："从惑，因缘生生死，从解，因缘生涅槃。"[④]

教与理即能诠与所诠是统一的，因为"离理无教，离教无理"。[⑤]

教与谛理既然是解释和被解释关系，那么前者就有对错的问题。在智顗看来，其判断标准是"顺与不顺"，或"契与不契"，[⑥]顺理或契理即为正解或正遍知，违理不仅是误，而且将使人陷入迷惑，进而沦为凡夫。

四、客观理解的标准与条件

解释学所说的客观理解是指解释者所作出的与文本自在存在的客观意义相契合的理解。佛教的文本意义是与客观存在之谛理相一致的认识，是客观意义的文本反映。佛教文本一经诞生，也成了一种客观的存在，其所载荷的意义也具有客观性。如前所说，强调佛经文本意义的客观自在性、唯一性是佛教解释学的一个基本原则。既然如此，佛教文本的解释者对文本的诠释也便有客观与不客观或正确与不正确之分。什么是客观的诠释？其标准是什么？

如前所述，由于佛教有两种意义，一是不可言说的意义，即废诠归旨的第一义谛或胜义第一义谛，二是可言说的意义，因此对于这两种意义来说，客观理解的标准便既有共同性，又存在着不同。共同性表现在：两种意义正确理解的标准都强调"取义"，而非"取语"。所谓取语，即得到的是文字知解，充其量得到的是语言表层的意义。而"取义"即是体悟到文字后面的实义，即获得了与客观谛理相一致的意义认知。《奋迅王问经》指出，正确理解佛经的表现是："于一切字

① [隋]智顗：《金刚般若经疏》，《大正藏》第33册，第80页。
② [隋]智顗：《金刚般若经疏》，《大正藏》第33册，第77页。
③ [隋]智顗：《法界次第初门》卷上之上，《大正藏》第46册，第667页。
④ [隋]智顗：《妙法莲华经文句》（合）第334页。
⑤ [隋]智顗：《维摩经玄疏》卷3，《大正藏》第38册，第534页。
⑥ [隋]智顗：《妙法莲华经文句》（合）第334页。

唯取于义”，而“不取语。”[①]由于义有不可言说与可言说之分，因此两类理解的标准又存在差异。

先看关于不可说第一义谛的理解标准。这里的问题在于：既然第一义谛离言绝相，“约真无说，约说无真”“若不执妄，尚不说真”，[②]那么这里哪里有对与错、真与假、客观理解与非客观理解可言呢？因为有言无真，有真无言。除此之外，还有这样的问题：如果此谛不可说，不能见诸文字，那么它存在于何处？解释者应到哪里去寻找它？佛经的回答是：到佛法中去找，而一切都是佛法，不管是文字还是非文字，不管是言语还是非言语，不管是有为、有漏之法还是无为、无漏之法，所有一切都莫不是佛法。因此解释者随便碰到什么法，如一字一句，一草一木，都是在解读佛法大义。是否得到对此第一义谛的正确通达、解了，标准只能是：于任何一法能否做到一念不生，或不取不舍。《奋迅王问经》说得很清楚，是否理解了第一义谛，也是看是否“取义”，而是否取义，关键是看是否于诸法不取不著。经云：“见空义，不取不著。”[③]意即，只要不取不著，即为把握了空义这个不可言说的第一义谛。于佛教的言说文字中也可有这样“取义”。因为佛教之言说、文字是一种信号，即也是法。读者、听者如果能够一碰到它们，便当机立断，让心大休息，或让心彻底停下来、空无化，那么就是彻底解了第一义谛。《大方等顶王经》强调：真正奉持、证得此法深义的标志是：当下得无所得、心行平等。反之，若有言辞、义理在心，便是背义而驰，离义万里。“本末空故，从古以来，义不可逮，一切法然。奉持是门，法无可得。”[④]

再看判断可言说第一义谛理解对错的标准。对此问题，诸佛经以及后来的诸部派都作了大量的论述，例如赤铜鍱部强调两相标准，即看理解是否“依经、依律”；阿含经和法藏部等认为，应看是否依经、依律、依法。此即“佛语具三相”，理解符合经、律、法，即为对佛教的正确理解。这里所谓依法，即看是否符合法性。这是最终的判断标准，因为佛的言说是否正确最终也要看是否符合谛理，理解者对佛语的理解是否正确，最终当然要看是否随顺谛理。随顺了，即为客观的理解。《佛说海意菩萨所问净印法门经》表明：佛已为佛教正确解释颁布了这样

① 《奋迅王问经》卷下，[元魏]瞿昙般若流支译，《大正藏》第13册，第938页。
② [五代]延寿：《宗镜录》卷5，《大正藏》第48册，第439页。
③ 《奋迅王问经》卷下，[元魏]瞿昙般若流支译，《大正藏》第13册，第938页。
④ 《佛说大方等顶王经》，[西晋]竺法护译，《大正藏》第14册，第596页。

的标准，即如果“真实契顺如来之语”，[①]那么即为正确的理解。这样的契合之所以可作为标准，是因为佛语是真实语，是契合客观真理的言语，佛的言说所说的是这种实质或真实，佛是至真者。因此只要是“实法语”，[②]也可看作是对佛教文本的正确解释。

诸佛经不仅论述了正确理解佛经的标准和检验方法，而且还对解释学的这样一个方法论问题作了解答，即客观理解的条件是什么？方法是什么？

佛教对这类问题的探讨很多，也很深入，需专门考究。这里只拟略述大要。佛教解释学强调：第一，要正确理解佛经，首先要有对待佛之音声、言说、文字的正确态度。诸法本无，不可得、不可说。但为了让迷失此真理的众生醒悟过来，佛不得不诉诸语言。而这样的语言类似于“指月之指”或过河之筏。诉诸文字之所以能通达佛法深义，是因为述说诸法的名字的体性本身也是无，“字若无有于中无”。“说此诸法以声音，而法及声不可得，能入诸法一相道，无上胜忍便触证。”[③]通过文字进而证得所述说的对象的本性后，被迷失的世界本体便立马显现在面前。它一如一体，无二无别，文字声音也融合于其中，没有任何区别了。到此境界，即完成了由凡夫向圣智的转化，亦即获得了对佛教文本的正确理解。第二，要获得对佛教文本的正确理解，还要明白佛教语言的语境性。关注语境，重在看概念、语词所述说的“地”，即看它们是在因地中说的，还是在果地中说的。例如佛经常有这样的说法，一方面说佛大慈大悲、持戒精进，住甚深、究竟三昧、禅定，另一方面又常说，佛不持戒，不修禅，不行善。如不区分因地和果地，就会以为两说法陷入了矛盾。其实没有矛盾，因为前者说的是因地的佛，后者说的是果地的佛。“空”一词，也有这样两种不同的用法，如当说佛于因地修行时，诸经中常说佛实施各种空行，而在描述佛在果地的相状时，又常见对空的否定。第三，对于任何佛法，必须注意述说、观察、理解的层面。因为每一事项、概念、理论都可从方便和究竟两角度去看。例如佛转法轮，从方便、事相的层面看，佛是能转，所说法教是所转。但从理谛上着，既无能转，亦无所转，法轮本身空无所有，“其法轮者亦无有门”，[④]甚至连名称也没有。第四，要理解佛法，“直须妙

①《佛说海意菩萨所问净印法门经》卷9，[宋]惟净等译，《大正藏》第13册，第497页。
②《佛说海意菩萨所问净印法门经》卷9，[宋]惟净等译，《大正藏》第13册，第497页。
③《佛说诸法本无经》卷上，[隋]闍那崛多译《大正藏》第15册，第763页。
④《文殊支利普超三昧经》卷中，[西晋]竺法护译，《大正藏》第15册，第418页。

会”，[①]而不能停留于文字知解。最后，要理解佛法，关键是从多义中寻求佛法的一义一味。此一义一味即空义、空味。因此把握佛法大意或圣意的关键是“解了于空，信顺无相、无愿无求，于真实慧无所造作，毕竟无常，……无种种行相，等同一味。”[②]也可以说，通达佛法的关键是抓住“总持法”。这是佛教理解中的抓牛鼻子的方法。因为总持法门即总摄、贯穿、统率一切法一切义的法门，实即空门或不二法门。因为所谓“总持”是指无所不包，无所不统，无所不摄，就像大地能持受、育养万物一样，就像大地能生草木一样，总持法门也能包含、生发一切法。

① [五代]延寿：《宗镜录》卷 6，《大正藏》第 48 册，第 444 页。
② 《佛说海意菩萨所问净印法门经》卷 3，[宋]惟净等译，《大正藏》第 13 册，第 481 页。

第二章

佛教心灵哲学的动机、主旨与特点

佛教是一种十分特殊的宗教，其表现之一是特别重视“心”，乃至将心提高到最高、最胜、最尊的地位。如《舍利弗阿毗昙论》云：“心为法本，心尊心使。”①《大佛顶首楞严经》（我们这里不介入关于此经是否是伪经的争论）认为，心既是教之本，也是法之本。子璿说：《大佛顶首楞严经》“标此心为宗本故，一切因果、世界、微尘因心成故”。②这一点也体现在该经的经名之上。所谓佛即觉者，顶即“至尊、至极、无上无过诸佛所师之法”，③意为此经宣示的是顶法、大法，而此顶法即是心。“大之义不离一心，故名一心为大佛顶。”④用今日心灵哲学的概念框架说，佛教对心的探索、解了、论说大多数具有现代心灵哲学的意趣。正是基于此，我们才断言佛教有自己的心灵哲学。本章的任务是对佛教心灵哲学重视心的表现、关注心灵的动机和目的以及理解维度、一般特点作出概括说明。

第一节 心为“佛教心”

这里的第一个“心”字指的是作为心灵哲学之对象的心，第二个“心”指的是像人的心脏一样的具有根本重要性的东西，有“中心”“灵魂”等意。这个命题说的是，心灵是全部佛教思想、理论的中心，尽管佛在说法四十九年间说了无

---

①《舍利弗阿毗昙论》卷15，[古印度]昙摩耶舍、昙摩崛多等译，《大正藏》第28册，第628页。

② [宋]子璿：《首楞严义疏注经》卷第一之一，《大正藏》第39册，第824页。

③ [宋]子璿：《首楞严义疏注经》卷第一之一，《大正藏》第39册，第826页。

④ [宋]子璿：《首楞严义疏注经》卷第一之一，《大正藏》第39册，第826页。

量法，有各种各样的思想，但其主旨、中心是心灵，因此佛教是关于心灵的理论和实践体系。类似的表述在佛教中还有很多。

《楞伽阿跋多罗宝经》是佛教中公认的十分重要的一部经，其主要内容就是论述心，堪称人类心灵哲学的经典。其中，四卷本第一品就是“佛语心品”，讲的是诸佛关于心法的论述。主要内容是五法、三自性、八识、二无我。根据该经对佛教的总摄，佛教即是心教。它“究心之精要”，[①]即探究心灵的根本、实质、纲要、精义，“五法自性等众妙法门，是一切诸佛菩萨入自心境，离所行相，称真实义，诸佛教心也。”[②]根据佛教的一般观点，一般凡夫最大的问题是迷失了真心，因而沉沦苦海、流转六道。解决这一问题同时也是《大佛顶首楞严经》起教的诸因缘中的一个因缘。子璿云：该经起教的十因缘之一是“为开显妙明心故”。[③]通过开示，要让众生认识到：“心遍十方，诸所有物皆即菩提妙体，元明心遍含裹十虚，身、土、虚空，了无所得，唯一本妙，常住不灭。”[④]

《佛说海龙王经》也把佛教概括为心教，不过表述较为隐晦。经云：“佛道无文，佛言无言，佛教无迹，佛教无想，佛教无叹，佛教无化，佛教无正（止），佛教无名，佛教无思，佛教无心意识，亦无所念，是谓佛教。”[⑤]将一切无掉，连无掉也无掉，无能无，亦无所无，即是诸佛之所教。而此无所无的境界恰恰是真心显现的境界。

《佛说弘道广显三昧经》等认为，佛教以心为本，而此心本又是道本、法本，可称作诸佛法之“法要”或“总持法”。可见，佛教论心的特点在于，既是关于心灵本质的理论，又是以心为道本、法本的实践体系。而这两者又是统一的，因为只有了知心本，才能晓了如何修行，才有正确的前进方向。是故经云：诸佛一切法不外让人“得了心本，明晓道本及诸法本”，得此本即“自致成佛”。[⑥]所谓心，不外是一切包括淫怒痴在内的心理现象，所谓本，即根本、本体。“心本”说的是，一切心理现象以“以念、无念为本”。[⑦]质言之，它们的本质就是不生、

---

① [明]宗泐：《楞伽阿跋多罗宝经注解》卷1，《大正藏》第39册，第343页。
② [明]宗泐：《楞伽阿跋多罗宝经注解》卷1，《大正藏》第39册，第343-344页。
③ [宋]子璿：《首楞严义疏注经》卷第一之一，《大正藏》第39册，第823页。
④ [宋]子璿：《首楞严义疏注经》卷第一之一，《大正藏》第39册，第824页。
⑤《佛说海龙王经》卷1，[西晋]竺法护，《大正藏》第15册，第137页。
⑥《佛说弘道广显三昧经》卷4，[西晋]竺法护译，《大正藏》第15册，第504页。
⑦《佛说弘道广显三昧经》卷4，[西晋]竺法护译，《大正藏》第15册，第504页。

不起、不灭。而不生不灭即为清净。“为心本者，其本清净，斯为心本。”①以欲为例，尽管它有著、有求，不停驰逸，但其本性无著无求，“由是知欲亦为清净”，②痴、瞋、怒等可如此类推。世亲菩萨说：“诸法心为本，诸法心为胜，离心无诸法，唯心身口名。”③《阿毗昙毗婆沙论》云：“增长法中，识为根本，寂灭法中，智为根本”，它们是“元首法”，生死法中，识为元首，道品法中，智为元首。④

有些经，特别是大乘经，常倡导以大悲为本。这与以心为本的命题是何关系呢？文殊师利与一菩萨的对话对此作了回答。有菩萨问文殊师利：大悲以何为本？答曰：“以直心为本”。直心又以何为本？接下来的渐进回答分别是：以于一切众生等心为本→以无别异行为本→以深净心为本→以阿耨多罗三藐三菩提心为本→以六波罗蜜为本→以方便慧为本→以不放逸为本→以三善行为本→以十善业道为本→以摄六根为本→以正忆念为本→以正观为本→以坚念不忘为本。⑤简言之，菩萨诸行以大悲心为本，而要真有此心，必先识得或彻见心的本质，因此一切根本的根本是心。《法句经》云：“心为法本，心尊心使，中心念恶，即言即行，罪苦自追。……中心念善，即言即行，福乐自追。”⑥

“心是总持法”这一命题中所说的“总持法”，指的是“统御诸法”、总括统摄一切法的法。经云：“摄取一切不可思议诸法要谊（义），持诸法无所行、无行。”诸法即一切佛法，如四摄六度、文字、山河大地，等等。一切法的要义是：一切皆空、一切无想、一切无愿。“离诸所行，寂寞无形，悉无所有，亦无所觉，亦无所行，无有处所，亦无所生，亦无所起，亦无所趣，亦不灭尽。”总之，“一切诸法，住于无本”。⑦后面我们将看到，所有这一切描述，说的就是真心的本质特点。心之所以是“总持法”，是因为一切诸法“皆依于心，由心而牛，心为上首”。“若能摄心、调伏、制止，若达心性，则能摄得一切诸法，则能调伏一切诸法，则能通达一切诸法。”⑧

---

①《佛说弘道广显三昧经》卷4，[西晋]竺法护译，《大正藏》第15册，第504页。
②《佛说弘道广显三昧经》卷4，[西晋]竺法护译，《大正藏》第15册，第504页。
③ [唐]玄奘、窥基编译：《成唯识论》，《大正藏》第31册，第69页。
④ [古印度]迦旃延著、五百罗汉释：《阿毗昙毗婆沙论》卷5，[北凉]浮陀跋摩、道泰等译，《大正藏》第28册，第33页。
⑤《文殊师利问菩提经》，[姚秦]鸠摩罗什译，《大正藏》第14册，第482页。
⑥ [古印度]法救：《法句经》卷上，[吴]维祇难等译，《大正藏》第4册，第562页。
⑦《文殊支利普超三昧经》卷中，[西晋]竺法护译，《大正藏》第15册，第416-417页。
⑧《大乘宝云经》卷2，[梁]曼陀罗仙、僧伽婆罗译，《大正藏》第16册，第249页。

《大集大虚空藏菩萨所问经》的主题是宣示佛教文本的“决定之义”，而决定义即空义，空义即虚空，即心义。此决定义也可表述为这样的清静法印：“一切法离性、无性”“无二相”“无依处”“内外清静”“本无、涅槃”“性与虚空”。①这些词语都是心的本质的摹状词。

有些论典认为，心、心所法是世间第一法。“何故名世间第一法？答：如是心、心所法，于余世间法，为最为胜，为长为尊，为上为妙，故名世间第一法。”②意为，心是世间一切法中最重要、最微妙、最尊贵的法。因为世间第一法即最重要或第一重要的、属基础性的法。其内容是：“于诸心、心数法，次第得正决定，是名世第一法。”③用其他经论的话说，如实知心、心所法，即是世第一法。另外，人是成圣成凡、受苦受乐，皆系于心、心所法。例如人之所以能得正性，入正性，远离生死，皆因为人有心、心所法，因此心世间第一法。

在心、心所法中，心又是最胜的，心犹如王，“王来余人亦来”，④同理，有心王出现和存在，其余的心理现象（心所法）必结伴而行。百法中，心、心所为第一法，即最重要的法，“为最、为胜、为长、为尊、为上、为妙”。⑤其自性是等无间，其作用是帮人“入正性，离生”。⑥这意思是说，“此心、心所法，能入、见道。”⑦一切圣道皆是正性，亦是离生。等无间的特点是：“前生心聚”，⑧即先前出现的心是“后生聚”的等无间缘，似等非等，似同非同，前后相续，川流不息。“世第一法，相续现前”。⑨这里的相续有特定含义，表达的是佛教对心灵本质的一种独特看法。一般而言，相续有三种形式：①时间上的相续；②生起上的相续；③相似相续，即作为意识流的心理现象，其后念伴随前念而来像流水一样，因此是相续的。但这种相续不是因为里面有一贯穿前后的不变主体或实体，也不是因为前念与后念中有绝对不变的常性或同一性，也不能说前念与后念之间是绝

---

① 《大集大虚空藏菩萨所问经》卷1，[唐]不空译，《大正藏》第13册，第613-614页。
② [古印度]迦旃延：《阿毗达磨发智论》卷1，[唐]玄奘译，《大正藏》第26册，第918页。
③ [古印度]迦旃延著、五百罗汉释：《阿毗昙毗婆沙论》卷1，[北凉]浮陀跋摩、道泰等译，《大正藏》第28册，第15页。
④ [古印度]迦旃延著、五百罗汉释：《阿毗昙毗婆沙论》卷2，[北凉]浮陀跋摩、道泰等译，《大正藏》第28册，第15页。
⑤ [古印度]五百大阿罗汉：《阿毗达磨人毗婆沙论》卷3，[唐]玄奘译，《大正藏》第27册，第11页。
⑥ [古印度]五百大阿罗汉：《阿毗达磨大毗婆沙论》卷2，[唐]玄奘译，《大正藏》第27册，第7页。
⑦ [古印度]五百大阿罗汉：《阿毗达磨大毗婆沙论》卷3，[唐]玄奘译，《大正藏》第27册，第13页。
⑧ [古印度]五百大阿罗汉：《阿毗达磨大毗婆沙论》卷2，[唐]玄奘译，《大正藏》第27册，第9页。
⑨ [古印度]五百大阿罗汉：《阿毗达磨大毗婆沙论》卷5，[唐]玄奘译，《大正藏》第27册，第20页。

对的相异。准确说，它们的关系是非一非异的关系，可称作“相似”。作为世第一法的心，“无前二”种相续形式，“而有后一”。[①]

佛教之所以要重视心，乃是因为佛教的主旨是让众生重道、修道、入道、证道，简言之，“至道”。而要至道，其前提条件是如实解了心灵，因为“道从解心起”。[②]意为要明道、证道，必须从解了心灵入手。若“晓解心意本”，[③]那么便能认识到万物的起源及本质。“一切与等同，便有决大意，心解乃至道。”[④]这说明，佛教如实知心，既是认识上的需要，更是至道得解脱的必然要求。只有如实解心，才能至道。心不仅是至道之关键，而且是判断诸法之邪正的标准。经云：“了心即正法。”[⑤]意为只有如实解了心灵的理论、说教，才是正法，反之，偏离了这一主题的法，不管说得多么有道理，都不是佛法。

从心这一论题与佛教其他内容的关系，我们也可以看出心在佛教中的地位，以及佛教观察心、论述心的特点。如何概括佛教的内容？换言之，诸佛所教是什么？可这样概括，佛教的全部内容不外教人如何安心、调心。具体说，有二十条：一、甘露教为佛教，二、安隐教为佛教，三、无放逸教为佛教，四、无怨恨教为佛教，五、无受住教为佛教，六、正法藏教为佛教，七、无争讼教为佛教，八、无所起教为佛教，九、彼我无执教为佛教，十、不诽谤教为佛教，十一、救念拥护教是佛教，十二、寂寞恬然无所生教是佛教，十三、以净复净、淡泊无所然是佛教，十四、以正怀来平等明教是佛教，十五、无怒、善立教是佛教，十六、尊复尊、积诸善本佛教，十七、已脱复脱教是佛教，十八、化诸异道为佛教，十九、一切众欲慧者无有也，此教者为佛教，二十、无终始、死生教为佛教。还有多种这样的概括，其意思一样，不外教人如何做人、安心。[⑥]

基于上述考释，我们可以这样概括全部佛教的“真实义”（核心、决定义、了义、究竟义），即它是一种特殊的心灵哲学，一种关于心的理论和修证体系。对此，《大乘起信论》有精妙到位的概括。该论开宗明义地宣示：造此论的目的就是要弄清佛说法四十九年间究竟说了什么，揭示佛说法的根本而真实的旨趣。

---

① [古印度]五百大阿罗汉：《阿毗达磨大毗婆沙论》卷5，[唐]玄奘译，《大正藏》第27册，第20页。
② 《佛说法华三昧经》，[宋]智严译，《大正藏》第9册，第288页。
③ 《佛说法华三昧经》，[宋]智严译，《大正藏》第9册，第288页。
④ 《佛说法华三昧经》，[宋]智严译，《大正藏》第9册，第288页。
⑤ 《帝释所问经》，[宋]法贤译，《大正藏》第1册，第247页。
⑥ 参阅《文殊师利现宝藏经》卷下，[西晋]竺法护译，《大正藏》第14册，第459页。

此论就是“欲解释如来根本之义，令诸众生正解不误”。①根据该论的判释，全部佛教，尤其是大乘，其根本的内容不出法和义。法就是佛为“涵盖乾坤”，即统摄一切，而说的一切事物、现象。由于一切法不过是心的显现，因此可以说心即一切法。“所言法者，谓众生心，是心则摄一切世间法、出世间法。”②既然如此，弄清了心的本质，就等于彻底解了一切法的本质。由此可见，如果说佛教是一种学问、一种理论体系的话，那么它是以心为对象、为本体的。

佛教关心的范围不出心的范围。就佛法的“义”来说，它们不外两种：一是文本、理论的意义、主要内容；二是一切法（包括语言、文字、理论、学说）的真实面目、客观真理、真义。这里涉及的主要是后一种“义”。但它同时又是大乘所要弄清、解了、昭示的义。诸法的实质是什么呢？尤其是，心的“真义”、本质是什么呢？论云：“依于此心（即众生心）显示摩诃衍（大乘）义。何以故，是心真如相，即示摩诃衍体故。是心生灭、因缘相，能示摩诃衍自体相用故。所言义者，则有三种。云何为三？一者体大，谓一切法真如平等、不增减故。二者相大，谓如来藏具足无量性功德故。三者用大，能生一切世间、出世间善因果故。”③这实际上展示了佛教对心之体、相、用的全面、完整的看法，可看作是对佛教心灵哲学纲领、核心内容、概貌的一种表述。

佛教的心教也可表述为一心二门之教。“大乘教者，谓说一心二门等教”，④大乘教是能诠，旨在诠大乘理，“大乘理者，谓法与义。所言法者，谓即一心二门之法，所言义者，谓体、相、用三大之义。此法与义，是实所诠，皆无虚妄。”⑤

大乘教所揭示的是菩萨藏，菩萨藏是佛的“箧藏秘要”，⑥此藏即一切诸法之义的总汇，一切诸法“悉来归趣入菩萨藏”。⑦此藏“无不摄护”，其内装的秘要是：“睹于诸法，无有一法非佛法”，⑧而佛法即空法，空法即是佛教所要揭示的、为众生所遗忘的真心的另一表述方式。

根据龙树菩萨的解释，大乘义即大乘体，而此体即真如心，论云：心真如相，

① ［古印度］马鸣菩萨：《大乘起信论》，［梁］真谛译，《大正藏》第32册，第575页。
② ［古印度］马鸣菩萨：《大乘起信论》，［梁］真谛译，《大正藏》第32册，第575页。
③ ［古印度］马鸣菩萨：《大乘起信论》，［梁］真谛译，《大正藏》第32册，第575页。
④ ［唐］昙旷：《大乘起信论略述》卷上，《大正藏》第85册，第1089页。
⑤ ［唐］昙旷：《大乘起信论略述》卷上，《大正藏》第85册，第1089页。
⑥《文殊支利普超三昧经》卷中，［西晋］竺法护译，《大正藏》第15册，第417页。
⑦《文殊支利普超三昧经》卷中，［西晋］竺法护译，《大正藏》第15册，第417页。
⑧《文殊支利普超三昧经》卷中，［西晋］竺法护译，《大正藏》第15册，第418页。

是大乘体。而要显此真如，必须从妄心入手，只有这样，才能显示摩诃衍义，即大乘义。所谓摩诃衍就是大乘，其主旨是究心之实相。这是“摩诃衍总者”，亦“即是所入根本总体”。[①]把握此总体的前提是信。通过信，人们才有可能接近大乘的理体、理趣。此理体即真心或真如心。可从八个不同方面予以描述：一、一体一心摩诃衍。二、三自（自体、自相、自用）一心摩诃衍。三、无量无边诸法差别不增不减体大摩诃衍。四、寂静无杂、一味平等不增不减体大摩诃衍。五、如来藏功德相大摩诃衍。六、具足性功德相大摩诃衍。七、能生一切世间、出世间因果用大摩诃衍。八、能生一切出世间善因果用大摩诃衍。[②]简言之，摩诃衍的总体精神、中心课题就是心之体、相、用，因为这八个方面说的就是这三个中心课题。龙树菩萨的《释摩诃衍论》在概括马鸣菩萨的诸论之思想内容时说：十种义论能总摄佛教诸义。这十种义分别是：一、心遍满论。二、融俗归真论。三、法界中藏论。四、秘密微妙论。五、众命合一论。六、真如三昧论。七、心性清净论。八、不动本原论。九、甚深玄理论。十、大乘起信论。[③]十义即一义，即一心。

佛教的宗旨是帮助众生得究竟解脱，而要如此，务必“崇本息末”。一般人只关注身体，求身体安乐，此属崇末息本。佛教所崇的本就是心，其余旨是末。“夫善恶之本，皆心所为”。[④]着重身体的人“乃复舍本取其末耶”。[⑤]《佛说无言童子经》认为，佛教的解脱门或解脱道是慧解脱门、慧解脱道、心解脱门、心解脱道，简言之，佛所教的解脱门就是“一心脱门”。[⑥]

《维摩诘所说经》回答了学佛之人普遍关心的这样一个问题：解脱于何处求。其回答是：解脱“当于一切众生心行中求”。[⑦]解脱与否，皆在于心。若心染污，即不解脱。[⑧]

对于信徒来说，信佛就是要学佛、成佛。根据许多经论，学佛当先学心。“欲成佛道，当学佛心”。[⑨]例如首先要学的是四无量心。当然也可学六念心，因为“佛

---

① [古印度]龙树菩萨：《释摩诃衍论》卷1，[姚秦]筏提摩多译，《大正藏》第32册，第600页。
② [古印度]龙树菩萨：《释摩诃衍论》卷1，[姚秦]筏提摩多译，《大正藏》第32册，第600页。
③ [古印度]龙树菩萨：《释摩诃衍论》卷1，[姚秦]筏提摩多译，《大正藏》第32册，第592页。
④《分别功德论》（著者、译者不详）卷3，《大正藏》第25册，第40页。（失译，附后汉录）。
⑤《分别功德论》（著者、译者不详）卷3，《大正藏》第25册，第40页。（失译，附后汉录）。
⑥《佛说无言童子经》卷下，[西晋]竺法护译，《大正藏》第13册，第535页。
⑦ [古印度]维摩诘：《维摩诘所说经》卷中，《大正藏》第14册，第544页。
⑧ [古印度]尊者法救：《杂阿毗昙心论》卷1，[宋]伽跋摩等译，《大正藏》第28册，第872页。
⑨《佛说观佛三昧海经》卷6，[东晋]佛陀跋陀罗译，《大正藏》第15册，第675页。

心者，是六念心”，而六念心又“因六和敬而得”。[①]六和敬是佛教徒处理人与人关系、僧团内部关系的六条行为准则，即身和同住、语和无争、意和同悦、见和同解、戒和同修、利和同均。只要承认并行持六和敬，必生这样的六念心，即赞叹念佛、赞叹念法、赞叹令僧、赞叹念戒、赞叹念施、赞叹念天。[②]

学佛之所以要先学心，是因心乃诸佛成佛之终极原因。根据许多经论的看法，是圣是凡，皆系一心。因为心是一切的总根源，人的各种生存状态、不同的人格形象以及生在四圣六凡的哪一格位都由心所使然。如“心者误人，心杀身，心取罗汉，心取天，心取人，心取畜生，虫蚁鸟兽，心取地狱，心取饿鬼。作形貌者，皆心所为”，“心最是师，命随心，寿随命”，“今我作佛，为天上天下所敬，皆心所为。”[③]“所谓心者，招致众祸，使人入地狱、饿鬼、畜生之道。”[④]心也是人的身体是否健康的根源。“观病所兴，皆有因缘。究欲之原，斯在心意。”[⑤]另外，出家在家，不能看其形貌，例如无垢称（维摩诘）居士身在家，但他如法修心，故佛称其“真沙门”“真出家”，而对于那些“形似沙门、心常在家”的人，佛则批评说“非是沙门”。[⑥]不仅生命、寿夭、福祸、圣凡等由心所决定，而且众生所依的外部世界也是这样。经云：“心清净故世界清净，心杂秽故世界杂秽”，因此“佛法中以心为主”。总之，“一切诸法无不由心”。[⑦]

心的重要性还表现在：解心、知心是获得欢喜、幸福、究竟圆满境界的牛鼻子，只要解心，一切迎刃而解。“菩萨善解于心。菩萨如是解于心已，观见诸法如幻如梦，是法不善，是法是善，是法出离，是法不出离，作如是知，是等诸法皆依于心。”[⑧]意为只要善解于心，就能看清一切事物的本质，知道什么好、什么不好，怎样才能真正出离苦海，进入涅槃彼岸，甚至能知具体的出离方法。因为一切“皆依于心”“由心而生，心为上首，若能摄心调伏制止，若达心性，则能摄得一切诸法。”进而能“以心系心”“安心于心”，[⑨]最终得真正解脱。《大乘本

① 《佛说观佛三昧海经》卷6，[东晋]佛陀跋陀罗译，《大正藏》第15册，第675页。
② 《佛说观佛三昧海经》卷6，[东晋]佛陀跋陀罗译，《大正藏》第15册，第675页。
③ 《佛般泥洹经》卷上，[西晋]白法祖译，《大正藏》第1册，第165页。
④ 《出曜经》卷28，[姚秦]竺佛念译，《大正藏》第4册，第758页。
⑤ 《出曜经》卷28，[姚秦]竺佛念译，《大正藏》第4册，第758页。
⑥ 《大乘本生心地观经》卷4，[唐]般若译，《大正藏》第3册，第306页。
⑦ 《大乘本生心地观经》卷4，[唐]般若译，《大正藏》第3册，第306页。
⑧ 《大乘宝云经》卷2，[梁]曼陀罗仙、僧伽婆罗译，《大正藏》第16册，第249页。
⑨ 《大乘宝云经》卷2，[梁]曼陀罗仙、僧伽婆罗译，《大正藏》第16册，第249页。

生心地观经》宣称该经的主题就是要“敷演心地微妙法门”或“最胜秘密心地法门”。①此法门是“一切凡夫入如来地顿悟法门”“一切菩萨趣大菩提真实正路”。②心之所以要如此重要，是因为“界之中以心为主，能观心者，究竟解脱，不能观者，究竟沉沦。”③心有如此作用的机理在于：“众生之心，犹如大地，五谷五果从大地生，如是心法，生世、出世善恶五趣，有学、无学、独觉、菩萨、及于如来。以是因缘，三界唯心，心名为地。”④心不仅有上述作用，而且是决定修行效果的一个关键。《大佛顶首楞严经》说：许多人枉入诸趣、学不得法的总根源是，“皆由不知二种根本”，⑤其结果是犹如煮沙欲成嘉馔。一者无始生死根本，即以攀缘心为自性；二者遗失了本元真心。总之，形象地说，如来珍宝有三，即如来室、如来衣、如来座。佛子的义不容辞的责任是入如来室、着如来衣，坐如来座。但这三宝的准确所指是什么呢？经云：“如来室者，一切众生中大慈悲心是，如来衣者，柔和忍辱心是，如来座者，一切法空是。”⑥这是所谓“空”即诸法之体性，而此体性的别名就是“真心”。

鉴于这些，佛教便把知心、知佛心看作是第一要义。“知我心者，即身成佛。”⑦如前所述，佛教追求的知心是如实知，即要真正弄清心的真实面目和本质，尤其是找回被众生遗弃的真心。而要如实知心，先要“分别（析）心”。这思路与现代西方心灵哲学不谋而合。众所周知，对心的哲学研究之所以在19世纪末以后演变成了一门独立的哲学分支——心灵哲学，其根本原因是西方在对心的研究中引入了此后作为20世纪哲学之根本特征的“分析”。佛教也有重视心之分析的表现。在佛经中，“分析”一般被称作分别。尽管佛教强调凡夫的分别是凡夫不能解脱的一个认识论根源，但不反对在成圣的初级阶段运用这一方法。另外，分别的形式多种多样，例如凡夫和圣人都有自己的分析方法。圣人的分别的特点是：不起法及非法的区分，不求二，不求非二，“是名为圣分别选择”。“选择无作，无作不作”。⑧佛教不否认分别在心灵认识中的作用。例如，就经律论三藏来说，

---

①《大乘本生心地观经》卷8，[唐]般若译，《大正藏》第3册，第326-327页。
②《大乘本生心地观经》卷8，[唐]般若译，《大正藏》第3册，第327页。
③《大乘本生心地观经》卷8，[唐]般若译，《大正藏》第3册，第327页。
④《大乘本生心地观经》卷8，[唐]般若译，《大正藏》第3册，第327页。
⑤ 圆瑛法师：《大佛顶首楞严经讲义》，宗教文化出版社2012年版，第77页。
⑥《妙法莲华经》卷4，[姚秦]鸠摩罗什译，《大正藏》第9册，第31页。
⑦ [唐]遍智、不空编集：《胜军不动明王四十八使者秘密成就仪轨》，《大正藏》第21册，第33页。
⑧《集一切福德三昧经》卷中，[姚秦]鸠摩罗什译，《大正藏》第12册，第998页。

它们的共同性除表现在来源相同之外，即都从一智海、佛河出，还表现在都重分别，即对它们所重视的对象作出分别，如经藏重在对心作出分别说明，此即“分别心名修多罗”“经多说心法”，[①]或者说经主要是“分别心”或分析心，即对心作出分别，分别心的目的是调伏心，而“为分别戒名为毗尼（律），为分别慧名阿毗昙（论）。”[②]换言之，“修多罗中多说心法，毗尼中多说戒法，阿毗昙中多说慧法。”[③]可见，佛教尽管强调在理地、果地要言语道断，弃绝分析之能事，但并不反对在此之前的一定阶段适当地运用这一手段。另外，佛教所重视的分别有多种不同的形式。根据一种概括，“分别有三，一自性分别，二显示分别，三忆念分别。”[④]不同对象适用于不同的分别，如五识活动中离不开自性分别，而没有显示和忆念分别。

第二节 “心学”与“心”的用法分析

在原始佛教阶段，佛教对心的重视主要表现在探讨、揭示心的妙用以及如何开发心的资源、如何用心、治心等之上，尽管其不太关注乃至有时排斥对包括心在内的许多对象的形而上学层面的学理性探讨，但有理由说，原始佛教不仅开始了对心的理论探讨，而且已建构了自己的关于心的学说体系，即有自己成熟、完备的心灵哲学理论体系，甚至已为自己的理论安立了“心学”这样的名称。当然，这个名称在最初的用法中主要指定学，但定学毕竟是佛教心灵哲学的重要组织部分。

由于“心”在一种用法中被等同于识和意，因此心学有时被称作意学。这种用法最早出现在《杂阿含经》中。众所周知，全部佛教的内容不外“戒定慧”基本三学。而此三学如上节所说都是围绕心而展开的，因此其实质上是心学。经云：“有三学。何等为三，谓增上戒学、增上意学、增上慧学。”[⑤]增上戒学的要求是，

---

① [古印度]迦旃延著、五百罗汉释：《阿毗昙毗婆沙论》卷1，[北凉]浮陀跋摩、道泰等译，《大正藏》第28册，第1-2页。
② [古印度]迦旃延著、五百罗汉释：《阿毗昙毗婆沙论》卷1，[北凉]浮陀跋摩、道泰等译，《大正藏》第28册，第1-2页。
③ [古印度]迦旃延著、五百罗汉释：《阿毗昙毗婆沙论》卷1，[北凉]浮陀跋摩、道泰等译，《大正藏》第28册，第1-2页。
④ [古印度]世亲菩萨著、真谛释：《阿毗达磨俱舍释论》卷1，[唐]玄奘译，《大正藏》第29册，第168页。
⑤《杂阿含经》卷30，《大正藏》第2册，第213页。

具足威仪，于微细罪即生怖畏。增上心学的主要原则是：“离诸恶不善法，有觉有观，离生喜乐”，[①]四禅具足住，等等。增上慧学关注的是如何如实知四圣谛。不难看出，三学关心的都不出对心的本质挖掘、调适、修治、安顿、管理等问题，都可称作心学。此心学既有今日作为科学之一部门的心理学的意义，更具有心灵哲学的意义。因为它要找到管理心理的方法、途径、程序，必须首先弄清心的本质、心的运作原理、机理、机制、条件等，即必须有关于心之“理”、本的正确认识。

“增上心学”这个词颇耐人寻味。“增上”即是要让心往好的、上品的、健康的、优胜的、值得人去往的地方发展，具言之，是要将当下现实的识的状态转化为佛教所崇尚的智的状态，让人由现实的凡夫状态朝圣贤状态转化。《中阿含经》强调：如果懂得了佛教所说的道理，如理如法地去运心，那么让心增上就是容易的、“不难得”的。当然这种增上是一个由低到高的过程，主要有四个阶段，这就是四禅或四种增上心。为什么说圣弟子得四增上心容易、不难呢？回答是：“谓圣弟子离欲离恶不善之法，有觉有观，离生喜乐，逮初禅成就游，是谓圣弟子逮初增上心易不难得。复次，圣弟子觉观已息，内静一心，无觉无观，定生喜乐，逮第二禅成就游，是谓圣第子逮第二增上心易不难得。复次，圣弟子离于喜欲，舍无求游，正念正智而身觉乐，谓圣所说、圣所舍，念乐住空，逮第三禅成就游，是谓圣弟子逮第三增上心易不难得。复次，圣弟子乐灭苦灭，喜忧本已灭，不苦不乐，舍念清净，逮第四禅成就游，是谓圣弟子逮第四增上心易不难得。”[②]

后来的论藏尽管大大丰富、充实了佛教的心灵哲学，但仍未放弃“心学”的说法。在这里，“心学”仍主要指定学，但外延有扩大至全部戒、定、慧基本三学的倾向。虽说定，不外是让“心清净”，通过定来“洗心之缠垢”，但要真正达到心净、心无染垢这一佛教的最高目的，仅仅通过狭义的定学显然是不够的，必须三学兼治、兼弘。只有三学，才是通往圣学的必经之道。《解脱道论》云：“学可学，学增上学。学无学，名学。如是学此三学，谓伏解脱道。以三种学成就清净，所谓戒清净、心清净、见清净，于是，戒是戒清净，定是心清净，慧是见清净。戒者洗犯戒垢，是谓戒清净，定洗缠垢，是谓心清净，慧除无知垢，此谓见

① 《杂阿含经》卷 30，《大正藏》第 2 册，第 213 页。
② 《中阿含经》卷 1，[东晋]瞿昙僧伽提婆译，《大正藏》第 1 册，第 423 页。

清净。”[①]根据后来的大乘经论，戒在本质上应是一种心灵的革命，即摄心为戒。

《瑜伽师地论》把基本三学称作三胜学，三增上学。所谓增上是指：趣向真实义，趋近最胜义，向上接近真实。而要如此，必须三学并进。增上戒学的作用是“安住具戒等”。增上心学，有多种界定。①“谓离恶欲、不善法，有寻有伺，离生喜乐，入初静虑，具足安住，乃至能入第四静虑，具足安住。”②“诸无色及余所有，等持等至，亦皆名为增上心学。”通过生平等心、等等心、等同心、不分别心，让心安住。③“依静虑能最初入圣谛，现观正性离生，非全远离一切静虑，能成此事，是故静虑最为殊胜，故偏（遍）说为增上心学。”[②]可见，增上心学是关于心理调适之原理和方法的学问、实践，是兼容理论和实践的心灵哲学。增上慧学说的是：“于四圣谛等所有，如实智见。”[③]

三学还可以这样界定，因为增上有“所趣义”，向着它前进，所以可以说，“为趣增上心而修净戒，名增上戒学。为趣增上慧，而修定心，名增上心学。为趣烦恼断，而修智见，名增上慧学”。[④]三学当然也有依次派生的关系，如《决定藏论》云：“以依戒学生于心学，次生慧学。”[⑤]

作为佛教心灵哲学核心范畴的“心”，其用法和在汉语中的译法是复杂多样的。为避免研究中不必要的混乱，这里先来作一番辨析。

与中文“心”对应的词，在梵文中有多个。①citta，可音译为“质多”，相当于英文的mind，可意译为心法、心事、缘虑心。它有不同用法，一是指心王与心所法的总称，二是专指八识心王，三是指八识中的藏识。因它有积集作用，能生万法，故常称作集起心，而第七识被称作意，前六识被称作识。②hṛd，或hṛdaya，可音译为“汗栗驮”“肝栗大”“干栗多”等，可意译为肉团心、真实心、坚实心，是泛指心、精神、心脏等广泛对象的中性词，此种心甚至可为树木所具有，因此有指物之本质的意义。其最直接的意义是“事物的中心”“处中者”，还有“心髓”“精要”之义，如上节曾论及的“佛教心”就是这种意义的心（中心思想、核心内容）。

---

① [古印度]优波底沙：《解脱道论》卷1，[梁]僧伽婆罗译，《大正藏》第32册，第400页。
② [古印度]弥勒菩萨：《瑜伽师地论》卷28，[唐]玄奘译，《大正藏》第30册，第435-436页。
③ [古印度]弥勒菩萨：《瑜伽师地论》卷28，[唐]玄奘译，《大正藏》第30册，第436页。
④ [古印度]弥勒菩萨：《瑜伽师地论》卷28，[唐]玄奘译，《大正藏》第30册，第436页。
⑤《决定藏论》卷中，[梁]真谛译，《大正藏》第30册，第1025页。

前一种作为集起义的“心”在汉语中有下述不同译法。一是常见的译法，即被译作“心”。我们认为，为方便于与西方及中国心灵哲学的比较研究，不妨将其译作“心灵”（mind）乃至译为“灵魂”（soul）。因为中文的“心灵”“灵魂”都有集起、支持、执持之义，且有念起来较上口的好处。当然，应承认，佛教翻译家为避免对“心”一词产生实体化、主体化的理解，在翻译佛教经论时一般不译作“心灵”“灵魂”等。不过，也有例外，如《大佛顶首楞严经》中就有这样的译法，佛对阿难说：“汝之心灵，一切明了。”①在说阿难等不明白佛之深奥意义时，有这样的话：“如来知其魂虑变慑，心生怜愍。”②这样译，显然没有二元论所说的“心灵”“灵魂”等意义。因此之故，笔者在有的地方，为说明某一观点或思想，也方便地使用“心灵”一词。

在较早的佛典翻译中，还有这样一些译法，如有译为“神”或“神识”的，《增一阿含经》既说“七神止处”，又说“七神识住处”。③此七处是心的值得安顿的七个地方：人及天、梵迦夷天、光音天、遍净天、空处天、识处地、无有处天。也有说“心神”的，如《须摩提女经》云：“心神极为明，此名为般特。”④“般特”即此经讲说时在场的一个名为周利般特的尊者。也有说“心性”的，如偈云：“心性极清净，断魔邪恶念。”⑤

再看“神魂”的译法。《般泥洹经》云：如果自放恣，那么“身死魂神堕三恶道”，反之，如果“自检摄”，那么“身死神生天上福地”。⑥该经中也出现了“神心”的译法。如有这样的对佛的描述：“坐一树下，持神心道眼，见上诸天，使贤神守护此地。”⑦也有译为“魂神”的。后汉安世高译的《阿难问事佛吉凶经》就将“心”译为 “魂神”。如经中说，有这样的信徒，他们生病后，“了不念佛，使呼巫师，卜问祠祀，请乞邪神；……现世罪人，非佛弟子，死入泥犁，百毒掠治；魂神痛酷，不可得言”。⑧从这里可以看出，佛教是反对吉凶占卜的。经云：“为佛弟子，不得卜问、请符、咒厌怪祠祀，解奏畏忌不吉。受佛五戒者，是福

① 圆瑛法师：《大佛顶首楞严经讲义》，宗教文化出版社 2012 年版，第 56 页。
② 圆瑛法师：《大佛顶首楞严经讲义》，宗教文化出版社 2012 年版，第 150 页。
③《增一阿含经》卷 33，[东晋]瞿昙僧伽提婆译，《大正藏》第 2 册，第 730 页。
④《须摩提女经》，[吴]支谦译，《大正藏》第 2 册，第 840 页。
⑤《须摩提女经》，[吴]支谦译，《大正藏》第 2 册，第 841 页。
⑥《般泥洹经》卷上，[西晋]白法祖译，《大正藏》第 1 册，第 177 页。
⑦《般泥洹经》卷上，[西晋]白法祖译，《大正藏》第 1 册，第 177 页。
⑧《佛说阿难问事佛吉凶经》，[后汉]安世高译，《大正藏》第 14 册，第 753 页。

德之人，无所畏避。有所施行，常启三尊，无往不吉。”“戒贵则尊，所往常安。”“善恶由心，祸福由人。”[①]佛教之所以反对占卜等迷信，是因为佛教认为，吉凶祸福不由外力所决定，而由心态所决定。

经论中也有用单字“魂”来译“心”的，或用双字译为“魂虑”的。如《大佛顶首楞严经》说：众非无学者，茫然不知佛所说的见与法之关系的真义，而“魂虑变慑”。[②]

用“精神”去翻译的也不罕见，如有经云：“若诸女人及善男子，精神在无明熏渊下，久处于生死”，[③]如能读诵陀罗尼，久而久之，逐渐灭淫欲火、灭慢心，直至“心定”。此神咒还有让“失心者还得正念”的功用。《法句经》中也出现了“精神”一词的用法。如说：“心意品者，说意、精神，虽空无形，造作无竭。”[④]

难能可贵的是，有些经论中出现了“心理”的译法。如：“是心于心理不应有随喜回向，以无二心俱时起故，心亦不可随喜回向，心自性故。是故随喜回向之心及所缘事皆不可得。”[⑤]这里的“心理”当然不同于人们常说的心理，它指的是心的本质、根本、理体。

“心”的用法之所以值得一辨，是因为不同用法有不同意义，而这种不同所反映的所指，有时差异甚大，甚至有这样的情况：即使用了同一个“心”字，其所表述的却是两个或多个完全没有关系、理应由两个以上的词分别表述的对象。例如表示“中心”“坚实心”的“心”就只是一个“摄辞”，即将许多意义、内容概括组合起来的辞，类似于为文章所提炼的中心思想。有论云：“言心者，亦是摄辞，此中皆摄诸广义故”。[⑥]“心”有时还指因缘、真实之境。龙树菩萨《因缘心释论》中的“心”，指的就是“缘起、缘性”或此论所说的因缘、缘起性空，此即是“诸佛秘密心藏真实之境”。[⑦]必须注意的是，这类用法中所说的“心”就与佛教心灵哲学没有关系，因此我们不能一碰到佛教中关于心的谈论，就把它看作是心灵哲学思想，而应小心辨识。

---

① 《佛说阿难问事佛吉凶经》，[后汉]安世高译，《大正藏》第14册，第753页。
② 圆瑛法师：《大佛顶首楞严经讲义》，宗教文化出版社2012年版，第150页。
③ 《七佛八菩萨所说大陀罗尼神咒经》卷2，《大正藏》第21册，第545页。
④ [古印度]法救：《法句经》卷上，[吴]维祇难等译，《大正藏》第4册，第563页。
⑤ 《大般涅槃经》卷543，[北凉]昙无谶译，《大正藏》第7册，第791页。
⑥ 《因缘心释论开决记》(作者不详)，《大正藏》第85册，第1179页。
⑦ 《因缘心释论开决记》(作者不详)，《大正藏》第85册，第1179页。

还有一种情况也须小心对待，即许多经论中常说佛“无心”。有偈云：“诸佛虽无心，说摧他论法。”[①]这里的“无心”不是绝对的“无心”，主要指他没有妄心、妄念，或妄心不生。而妄心不生之日，恰恰是真心显现之时。在这个意义上，佛教经常说，无心即真心，真心即无心。这种心恰恰是佛教独有而重要的研究课题。

一般而言，表述佛教心灵哲学之核心作用对象的“心”主要有四种用法，即分别指肉团心、缘虑心（八识）、集起心（第八识）、真心。这一概括最初始于宗密的《禅源诸诠集》“序”，其后逐渐流传开来。楚山绍琦禅师也有相近的看法，如认为，“心”既可指肉团心、妄想缘虑之心，还可指虚明圆湛、广大无相之真心，以及中间的层次的心，即在妄心和真心之间的、由禅修而促成的不同层次的趋净心。[②]

第三节　佛教心灵哲学的动机与任务

我们之所以认为佛教包含有现代意义的心灵哲学思想及体系，是因为佛教对心的大量论述不仅涉及现代心灵哲学的一系列问题，更重要的是它有着同现代心灵哲学一样的动机、追求、旨趣。这主要表现在：努力践行着对心灵的“如实知”的承诺，并把主要的精力放在对心灵本质、本、体、奥秘、理的探求之上。而这恰恰是一种关于心灵的理论是否能被称作心灵哲学的判断依据。当然，我们也应承认：佛教心灵哲学有西方传统心灵哲学所没有的解脱论、价值论动机。[③]我们之所以把佛教的由这种动机而产生出的关于心灵的思想也看作是（价值性）心灵哲学，是因为这一动机与前一动机既有不一致性，又有统一性。更重要的是，由这种动机所促成的心的研究，对心灵本身的认识作出了不可替代的贡献。我们先看前一动机。

佛教的心灵哲学的求真性、如实知的表现是多方面的。第一，它有大量直接的表白。例如佛教的最高追求就是获得觉悟或无上正等正觉（阿耨多罗三藐三菩

---

① ［古印度］护法菩萨：《大乘广百论释论》卷6，［唐］玄奘译，《大正藏》第30册，第220页。
② 《皇明名僧辑略·开示五羊深禅人》。
③ 当代西方心灵哲学已现出了一种向东方心灵哲学趋同的倾向，即承认心灵哲学不仅应有科学、哲学上的求真性的认识动机，而且可服从于解脱论、幸福论动机。详见本丛书中的《西方心灵哲学最新发展研究》。

提），因为有此觉悟即为成佛。而是否得菩提，关键是看是否如实知心身。若于身心，如实觉知身心，如实觉了，即是菩提。胜义谛中，一切法皆无，当然无身心。这就是说，身心的本质是中道的毕竟空无，而此本质可称作“菩提”。“一切法是菩提，所以者何？菩提无处所，非语言诠表”。[①]《大毗卢遮那成佛神变加持经》的表述更明确：菩提即是如实知心身。

佛是佛教追求的理想人格，即众生要成就的人格形像。而佛的特点是“至真”，如经论常说：“如来至真”，其表现是他心行彻底平等，没有念想生起。“无若干想，亦无众念而令其心迷惑忘也。……如虚空土，不可穷尽。……如来至真，所行平等。”[②]该卷还列举了至真的许多表现，如于所观察的心或非心法，悉见根源；无有贪著；于一切无有偏颇；口所宣说，真实不虚；知过去、现在、未来，慧无挂碍，等等。[③]

《增一阿含经》说：佛是如实知者，是处如实知，非处如实知，此外，还如实知各种因缘、界、人、解脱。[④]《佛说宝网经》说：如来是至真之人。[⑤]例如在另一个世界，其名为拔济尘劳，在此世界中的佛就被称作“等行如来，至真等正觉”。[⑥]《顺权方便经》云：“如来至真，解畅本无”，[⑦]一切诸法皆住本无，而本无即真心。

用我们今天的话说，如实知就是获得了关于事物之本质、真实面目的真理。有意思的是，佛教中也出现了“真理”的概念。如《合部金光明经》卷二，在说明业障的体性时指出，从事上说，业障客观存在，由过去因缘所成，并必然产生相应业果，但从体性说：“一切法空，如来所说，亦无众生，亦无寿者，亦无我人，亦无生灭，亦无行法，……一切诸法皆依于本，是本亦不可说，何以故，过一切相故。若有善男子、善女人，如是入于真理，生于信敬，是名无众生而有于本。”[⑧]这里的真理就是客观真理，如果“入于”（逼近、完全把握）它，那么就获得了与其一致的主观真理。对心的如实知也是这样，只有入于心，才是如实知心，才是入于真理。

“如实知”就是要如其所是地认识把握心身、心物乃至包括心身的全部世界

① 《佛说大乘入诸佛境长智光明庄严经》卷3，[宋]法护译，《大正藏》第12册，第260页。
② 《大哀经》卷6，[西晋]竺法护译，《大正藏》第13册，第435页。
③ 《大哀经》卷6，[西晋]竺法护译，《大正藏》第13册，第435-440页。
④ 《增一阿含经》卷42，[东晋]瞿昙僧伽提婆译，《大正藏》第2册，第776页。
⑤ 《佛说宝网经》，[西晋]竺法护译，《大正藏》第14册，第81页。
⑥ 《佛说灭十方冥经》，[西晋]竺法护译，《大正藏》第14册，第105页。
⑦ 《顺权方便经》卷上，[西晋]竺法护译，《大正藏》第14册，第923页。
⑧ 《合部金光明经》卷2，[隋]宝贵合，《大正藏》第16册，第369页。

的真实性相、本来面目、实相，或作为客观真理的“义”或“真实义”。这真实的表现是多方面的，如按《瑜伽师地论》的说法，真实义也叫“真实性”“如是诸法真实性、一切性，应知总名真实义”。①有四种真实：一是世间极成真实，二是道理极成真实，三是烦恼障净智所行真实，四是所知障净智所行真实。按《妙法莲华经》的说法，有十真实或十如是：“所谓诸法如是相、如是性、如是体、如是力、如是作、如是因、如是缘、如是果、如是报、如是本末究竟。”②这十如是不是说一个对象有十个客观真理，而是说它的唯一的真实有十个维面，或者说，如果从十个方面去观察它，此真实将表现为十种性相。就身心而言，如实知就是要如实知心身之“自体相”或本来面目，它们可分别表现十种真实，如真实的因、真实的果，等等。《楞伽阿跋多罗宝经》是演说“心意识自体相”的杰作。以眼识为例，眼识的实相是本无，其妙有完全是由四因缘和合而生的，即根源于四缘，如，一、根缘：眼自身内有眼根，它的作用是朝处奔逸，攀缘色尘，取外境界；二、识缘：无始以来熏习在藏识中的执著、种子，同时，识以分别为性；三、色缘：有对象存在才有识之发生的条件；四、欲见缘：乐见种种色相。③

“如实知心”也可以说是要明了“心意识自体”。佛揭示这自体的程序是，先随顺世情说诸心之种类、相状、作用、利害。这相当于今日西方心灵哲学为解构错误的心灵观念，先对民间心理学来一番重构，然后从第一义谛，揭示、观照心意识自体。佛教之所以能如实知，最根本的原因是佛教有如实智。“因智如实，善知如来之藏。”④经云：如来能知心之自体，“知一切众生心使烦恼”“如实善能知解是相非相”，其表现是：“遍知一切智处”。⑤如来如实知心的又一重要方面是“究心之精要”“称真实义”。⑥所谓“称”即是与之相一致、相称、相符。

如实知心也可理解为“究心本”。根据许多大乘经，菩萨之所以参与众会说法，佛之所以要为众生“敷衍”，一个任务就是阐述心本。经云：佛菩萨“所诣众会，察其心本，应病与药，各为宣畅”。⑦心本也可称作谛本或真实之本。佛为

① [古印度]弥勒菩萨：《瑜伽师地论》卷36，[唐]玄奘译，《大正藏》第30册，第486页。
② 《妙法莲华经》卷1，[姚秦]鸠摩罗什译，《大正藏》第9册，第5页。
③ 《入楞伽经》卷2，[元魏]菩提流支译，《大藏经》第16册，第523页。
④ 《入楞伽经》卷1，[元魏]菩提流支译，《大正藏》第16册，第516页。
⑤ 《入楞伽经》卷1，[元魏]菩提流支译，《大正藏》第16册，第517页。
⑥ [明]宗泐：《楞伽阿跋多罗宝经注解》卷1，《大正藏》第39册，第343-344页。
⑦ 《阿差末菩萨经》卷5，[西晋]竺法护译，《大正藏》第13册，第601页。

众生说法，就是为了让他们“知谛本”。[①]当然，由于认识的深浅有别，众生根性各不相同，因此佛所揭示的心本是有程度上的差别的。如低层次的本是罗汉本，其特点是，“厌生死苦，摄意观法，断却五阴，守空行净，想灭、漏尽，便得解脱。”[②]最高级的是佛本，其特点是，“以觉因缘，便得成佛，……所入如来本者，从发意来，见身皆空，诸法清净，晓众生本惠德，……不起不灭，无往无来，不在泥洹，不离本无。”[③]简言之，入如来本的特点是空悲双运，既寂然不动，又度化有情。

佛教如实知心的一个不共世间心灵哲学的独有的方面是：不停留于对可经验的表层心理本质的揭示，而试图查明、弄清“心、意、意识深密之义”。所谓深密之义是指，人们通常信以为真的心意识，其实是体空的。如实知空，如实行空，就是如实知心的深密之义。不错，佛教的确花了大力气揭示心意识生起的原因、过程，但这样做的目的是不让它们现起，让它们彻底伏断。因为只有这样，行者才算走上了转凡成圣的征程，才算“知第一义谛”。故如是知心即为大菩萨。菩萨的特点就是伏断了这些认识，“不见内外意，不见内外法，不见内外意识，能如实知，……我说如是诸菩萨等善知第一义。……是故，我说菩萨应知心（阿赖耶）、意（末那识）、意识（前六识）深密之法。……菩萨如是解知心、意、意识深密之法已，我说是人是真菩萨。”[④]

佛教心灵哲学“至真”的另一特殊性表现在：不仅努力从认识上达真、如实知真，而且试图从行动上契真、证真。所谓真就是诸法体空，心亦如是。知真、证真，就是要让心也空寂。世界的真实本性、客观真实是：“本性义不生，无受无取者。……观性相无常，无我无有生。……本性实际空。”“欲求真实空，随学菩萨道。”[⑤]菩萨道即调心之道，让心如大地，能广受诸法，“常行无所著，一心住一意。悉观法平等，无彼亦无此。”[⑥]若能解空证空，即证真理，即获终极解脱，“若能达解空，……必得道如佛，……亦入大解脱。”[⑦]“诸菩萨积功累德，习志

---

①《佛说法律三昧经》，[吴]支谦译，《大正藏》第15册，第459页。
②《佛说法律三昧经》，[吴]支谦译，《大正藏》第15册，第459页。
③《佛说法律三昧经》，[吴]支谦译，《大正藏》第15册，第459页。
④《深密解脱经》卷1，[元魏]菩提流支译，《大正藏》第16册，第669页。
⑤《佛说千佛因缘经》，[姚秦]鸠摩罗什译，《大正藏》第14册，第71页。
⑥《佛说千佛因缘经》，[姚秦]鸠摩罗什译，《大正藏》第14册，第71页。
⑦《佛说千佛因缘经》，[姚秦]鸠摩罗什译，《大正藏》第14册，第71页。

调心，好慕佛道，诸度无极，植众善本，以求至真。”[①]简言之，真正的如实知心，既表现在认识上，也表现在行动上。这是佛教心灵哲学独有的特点。

佛教不仅有如实知的动机，而且对如何如实知作了大量理论探讨和实践。其特殊的看法是：从真实性相与认识的关系看，诸法真实性相不可被观察。因为任何观察的前提条件是：被观察者有性、有相，而实相以无相为相，以无性为性。一切法性之相本无、本清净、本远离，因此“不可以相而为观察”，[②]同样，一切法相之性，“不可以性而为观察”。“一切诸法无性无相，不可显示，不可言说，是为诸法真实性相。”[③]从与语言的关系看，作为实相的空是不可言说的“第一义谛”。经云：“第一义中则无言说。”[④]有为法是可言说的，因此属世俗谛。此第一义法无相、无作、无变化，因此不可说，是真正的第一义谛。明白了上述道理，就不难理解空的既可说又不可说的特点。《大宝积经》云：“所言空者，远离取执，胜义谛中，无法可得，由性空故，说名为空，如说太虚，名为虚空，而太虚性，不可言说。如是空法，说名为空，而彼空性不可言说。”[⑤]这就是说，空的不可说性和可说性表现在：真实体性存在于一切有为法和无为法之中，它远离取执，不可触知，不可取、不可得，体性空寂，因此不可说。但就其有此“有”、此“实”而言，此空又可说。

如实知，最重要的是要有智慧。这在表面上是一致于世俗心灵哲学的，但实质上有重大差别。因为佛教所看重的智慧不是科学具有的分别智，而是无分别的般若智。经云：“欲于一切法，等觉一切相，当学般若波罗蜜多。”[⑥]怎样学？“应以无住而为方便，安住般若波罗蜜多，所住、能住不可得故。……应以无护而为方便，圆满净戒波罗蜜多，犯、无犯相不可得故。……应以无取而为方便，圆满安忍波罗蜜多，动、不动相不可得故。……应以无勤而为方便，圆满精进波罗蜜多，身心勤、怠不可得故。……应以无思而为方，圆满静虑波罗蜜多，有味无味不可得故。应以无著而为方便，圆满般若波罗蜜多，诸法性相不可得故。”[⑦]

---

① 《贤劫经》卷 1，[西晋]竺法护译，《大正藏》第 14 册，第 11 页。
② 《大宝积经》卷 23，[唐]菩提流志译，《大正藏》第 11 册，第 127 页。
③ 《大宝积经》卷 23，[唐]菩提流志译，《大正藏》第 11 册，第 127 页。
④ 《大宝积经》卷 100，[唐]菩提流志译，《大正藏》第 11 册，第 558 页。
⑤ 《大宝积经》卷 39，[唐]菩提流志译，《大正藏》第 11 册，第 227 页。
⑥ 《大般若波罗蜜多经》卷 3，[唐]玄奘译，《大正藏》第 5 册，第 11 页。
⑦ 《大般若波罗蜜多经》卷 3，[唐]玄奘译，《大正藏》第 5 册，第 11 页。

在佛教看来，唯有般若智才是如实知心的如实智。如实智有两种：一是由如理作意所发，即通过听闻、闻思佛法，进而弄清教理所生发出来的如实智；二是由三摩地所发，即通过修禅定而生发的如实智。这两种智之所以能生发出来，又是因为每个人平等具有如来藏或般若实智。

再来看佛教心灵哲学的解脱论、价值论动机。这一动机可表述为：通过对心的探讨找到去凡成圣、由缚至解脱、获得真正美好价值的原理、条件、方法和出路，简言之，究心旨在得解脱。从否定的方面说，佛教立教旨在帮人断烦恼、离系缚，而要如此，就要关注直至进入心灵世界，寻找烦恼、苦难、轮回的总根源，寻找生死大苦的总根源。这根源不是别的，就是自心。用《大佛顶首楞严经》的话说，心是生死和一切不如意的根本。《大乘本生心观经》云："观一切烦恼根源即是自心。"①众生的最大问题是：其心染著，"不知烦恼根本""不知五境（色声香味触）从自心生"，众生凡夫"从无始至于今日，轮回六趣，无有出期，皆自妄心而生迷倒，于五欲境贪爱染著"。②

心灵哲学为什么能承载解脱论动机？究心为什么能帮人至解脱？心灵与人的解缚究竟是什么关系？佛教的看法是，众生是受系缚、沉沦生死，还是得究竟解脱，与心的状态息息相关。不得解脱的根本原因是迷失本心，以当下的思虑心为真心，因此只要帮众生找回真心，返妄归起，令失本心者"得本心""令住坚固心""令得究竟，住决定心"，③就能让众生离苦得乐，摆脱系缚而至究竟解脱。而要如此，就必须依靠相应的心学或心灵哲学获得关于心的正确认识，即获得对心的如实知。只要认识到：一切众生界皆悉如幻，当下的心意识不仅虚幻不实，而且是痛苦烦恼的总根源，进而在行动上"远离内外境界，心外无所见""离心意识""远离阴界入、心因缘，……唯心直进，观察无始虚伪，过妄想习气""思维无所有佛地"，④便能成佛得究竟解脱。总之，唯有了心，才能成正觉或成佛，得真正的解脱。"普了己心，能成正觉，则入法身也。所以者何，如来至真，不舍心本，乃至大道。"⑤佛的成功经验表明：佛之所以为佛，成正觉，入法身，是

---

①《大乘本生心观经》卷 7，[唐]般若译，《大藏经》第 3 册，第 324 页。
②《大乘本生心观经》卷 7，[唐]般若译，《大藏经》第 3 册，第 324 页。
③《大方等陀罗尼经》卷 3，[北凉]法众译，《大正藏》第 21 册，第 653 页。
④《楞伽阿跋多罗宝经》（四卷本）卷 1，[刘宋]求那跋陀罗译，《大正藏》第 16 册，第 483-484 页。
⑤《佛说如来兴显经》卷 3，[西晋]竺法护译，《大正藏》第 10 册，第 610 页。

因为他至真，即如实知己心，证得了心本，并安住心本。

与上述解脱论动机相一致，佛教心灵哲学还有近于健康心理学的调心、识心的动机，如让“心开悟，无有覆盖”，即清除覆盖心灵的污秽、染污，扫除不健康心理。在佛教看来，凡夫之所以为凡夫，就是因为其心上有覆障，不清净，不健康，其表现是：其上有“贪欲、瞋恚、愚痴垢、烦恼垢、障碍、覆盖、系缚、不善行垢”，因此其心“是障碍心、不开心、覆盖心，是蔽心，是起向缚不净心，是不白、不明了心”。而佛教心灵哲学的理论和实践上的任务帮助众生“明了心”，让心开悟，无有覆盖，[①]即是要找到这些染污心理形成的根源，进而找到调伏直至灭除的原理和方法。佛教心灵哲学这方面的动机也可这样表述：“系念”、把心捉住，即是要找到管控心理的原理和方法，让人真正成为自心的主人。经云：“智者应系念，除破五欲想。精勤执心者，终时无悔恨。心意既专至，无有错乱念。智者勤捉心，临终意不散。”[②]

佛教心灵哲学的解脱论动机之所以被看作是心灵哲学的动机，是因为这种动机也有认识心灵本身的作用。根据佛教的观点，佛教之所以从解脱论、圣学角度挖掘心灵，乃是有这样的断言或认知：心灵中包含有成佛之因。换言之，佛教要从解脱角度研究心灵，首先要回答关于心灵的内在构在、资源方面的问题，即要有对心灵本身的更深入的认识，勘察、查明自心所储藏的成佛之因或资源。佛在分析舍利弗等人过去“失大得小”的根源时指出：“本心不解，皆有是耳”，[③]此本也是人本、五阴本、六入本、十二处本。“人本者，无从出，无所受，无作者，无有主，无色无识，不生不灭。”“五阴本者，无有住处。”“六入本者，犹如空野。”“十二缘起，本无端诸，来无所从，去无所至。”[④]此本实即本无、空本、毕竟性空。正是因为有此本，所以人才有成佛之因。迷失此本，即堕凡夫。

总之，佛教心灵哲学的求真动机与人生解脱动机是统一的。因为只有如实知真实义，才能真断烦恼、得解脱。“为知真实义故，若不分别诸论，难可了知。以不知故，实知（实智）不生。实知不生，故不知真实。不知真实，故不见烦恼

---

① 《舍利弗阿毗昙论》卷 13，［姚秦］昙摩耶舍、昙摩崛多等译，《大正藏》第 28 册，第 618 页。
② ［古印度］马鸣菩萨：《大庄严论经》卷 8，［姚秦］鸠摩罗什译，《大正藏》第 4 册，第 302 页。
③ 《佛说法律三昧经》，［吴］支谦译，《大正藏》第 15 册，第 459 页。
④ 《佛说法律三昧经》，［吴］支谦译，《大正藏》第 15 册，第 459 页。

诸行过恶。以不见过，故堕于恶趣。与彼相违，则生天解脱。”[①]意为，用实智如实了知真实义，彻见自心本来面目、本有资源，让其圆满显现，就不会堕地狱等恶趣。若不知，就一定堕恶趣，反之，则得解脱。两者之所以是统一的，根源在于：“法不真正，无由出要。”“唯我释迦无上尊法，最为真正可得出要。”[②]

道理还在于：只有如是觉了，才能真发菩提心。执著有心，就不能证得阿耨多罗三藐三菩提。“若人发菩提心，应当观察是心空相。何等是心？云何空相？心名意识，即是识阴、意入、意界。心空相者，心无心相，亦无作者。何以故？是心相空，无有作者，无使作者。若无作者，则无作相。若菩萨解了如是法者，于一切法即无执著。”[③]只有如实知见，才能知了心意等是大患，知其患才知厌离，进而有解脱。反之，如果“不如实知味是味，患是患，离是离者”，则会“永住颠倒”。[④]众生正是不如实知心才沉沦生死的。“一切众生所以沉沦在于生死，而不能知出要之道，……众生所以不得解脱，皆由贪欲、瞋恚、愚痴，是故致令恒在生死。”[⑤]而有贪嗔痴，根源又在于“不如实知”。反之，如果能于色集、色灭、色著能“如实究竟知者，则于受想行识亦如实究竟知，而得解脱生老病死，忧悲苦恼”。[⑥]

总之，只有如实了知，进而“善调”“善修”“善覆”“善守”“善护”，才能“心正离欲，证得解脱”。[⑦]

第四节 佛教心灵哲学关注的问题及其特点

即便是根据现代严格的心灵哲学标准，我们也有充分理由说，佛教有真正意义上的心灵哲学。众所周知，19 世末以后，英美哲学中的心灵研究之所以被称作“心灵哲学”，乃是因为它以分析方法尤其是语言分析方法分析心理现象及概念，提出和回答关于心灵的一系列哲学问题。最新的一种倾向是：不仅继续关注对心

① [古印度]尊者法救：《杂阿毗昙心论》卷 1，[宋]僧伽跋摩等译，《大正藏》第 28 册，第 870 页。
②《长阿含经》卷 8，[后秦]佛陀耶舍、竺佛念译，《大正藏》第 1 册，第 49 页。
③ [古印度]天亲菩萨：《发菩提心经论》卷下，[姚秦]鸠摩罗什译，《大正藏》 32 册，第 515 页。
④《杂阿含经》，《大正藏》第 2 册，第 2 页。
⑤《摩诃摩耶经》卷上，[萧齐]昙景译，《大正藏》第 12 册，第 1007-1008 页。
⑥《摩诃摩耶经》卷上，[萧齐]昙景译，《大正藏》第 12 册，第 1007-1008 页。
⑦ [古印度]弥勒菩萨：《瑜伽师地论》卷 90，[唐]玄奘译，《大藏经》第 30 册，第 809 页。

理语言的分析，而且转向了对潜藏在一般人乃至心灵研究者心中的心灵观念的研究。这一研究就是所谓的“民间（folk）或常识心理学”研究。其实质在于，通过反思批判人们的心灵观念尤其是这一观念的“古生物学”“观念发生学”，来揭示心灵的本质和奥秘。令人难以思议的是，产生于两千多年前的佛教，不仅关注、探讨、回答了现代心灵哲学的一系列问题，如心身问题，传统的心物二分、心身二分是否合理、是否有“范畴错误”，[1]意识的困难问题或现象学性质问题，语言、思想的内容（意向性）问题，自由意志与情感问题，自我认识与他心知问题（心灵哲学的认识论问题），心理语言的语义学问题，心理现象的范围、标准和类型学问题，等等，而且也有对民间心理学的反思与批判。我们拟从这里开始，探讨佛教心灵哲学所关注的带有共性和个性的种种问题。

佛教关注的民间心理学主要是常识和外道的心灵观点。其核心思想是认为，众生除了有色受想行识五蕴和地、水、火、风四大等构成要素之外，里面还有一个独立的、能保持常一不变性、同一性的实体性心灵或自我（此论可概括为“离蕴论”）。佛教断然否定这一观点。首先，在批判之前，它像今日的西方心灵哲学一样，先用发生学、描述现象学方法，对民间心理学的起演、形成过程、主要内容、原则、理论概念及命题作了重构，然后逐一加以批驳。不同于当代西方心灵哲学的地方一是在于：佛教以独特方式揭示了民间心理学的“心”“识”之类的理论概念的认识论、心理学根源，认为它们是众生虚妄计执（遍计所执）的结果，例如它们作为世间法，本是无常法，但心偏把它们计执为常。“世间无常，无有牢固，皆当离散，无常在者。心识所行，但为自欺，恩爱合会，其谁得久？天地须弥，尚有崩坏，况乎人物，而欲长存？”[2]其次，把民间心理学的错误实质归结为颠倒。有论云：“彼种种心缘住，是名种种识，以六识差别颠倒。”[3]一有心识与所缘境的接触，便有颠倒、虚妄发生。因为世界本来无二无别，但当识去攀缘尘或境时，便产生彼与此的分别。这种分别就是颠倒、虚妄。诸识的见与所见都是虚妄，“如目有翳，则见毛轮等色，观有为法亦复如是，以颠倒见故”。

---

① 这是著名心灵哲学家、分析哲学家赖尔（G. Ryle）为批判传统哲学心物二分模式而提出的一个概念，认为心物二分充满着逻辑或范畴错误，即把不能并列使用的“心”“物”概念并列在一起了，就像儿童把不能并列的“师”“团”并列在一起一样荒唐。

② 《般泥洹经》卷上，《大正藏》第1册，第181页。

③ [古印度]天亲菩萨：《金刚般若波罗蜜经论》卷下，[元魏]菩提流支译，《大正藏》第25册，第792页。

结论是："诸识虚妄。"[①]最后，与此密切相关的一个特点是，佛教分析众生遍计所执的心的目的是为了断绝、彻底消灭它。例如，说五阴旨在断五阴。"但当自勉勤学力行，持清净心，趣得度脱。心识情休，则不死不复生……五阴已断，乃无饥渴寒热忧悲苦恼之患。人知正心，天上诸天，皆代人喜。当以降心柔弱自损，勿随心行心之行。"[②]

佛教承认心、心所法是"世第一法"，但它同时强调"世第一法得亦舍"，[③]意为即使得到了，最终也必须予以舍弃。也可以说，说心我，旨在离心我，而只有离心我，人才能得彻底解脱，是故佛说《金刚三昧经》旨在"令彼众生皆离心我"。[④]根据一般人的看法，离心我是不可能的。而佛教的看法恰恰相反，其根据是："一切心我，本来空寂，若得空心，心不幻化，无幻无化，即得无生。无生之心在于无化，""空寂之心，体无色相。"[⑤]

《解深密经》是佛教心灵哲学的重要原典。它分析心意识，旨在弄清其"秘密之义"，找到灭除的原理和方法，找到关于心意识的"秘密善巧"。[⑥]菩萨之所以为菩萨，就是因为他们掌握了此秘密善巧，例如能于心意识秘密善巧。佛世尊在本经中所作的论述有两点值得一提：一是说明了心意识的"深密之义"，以让人们知道这里的"一切秘密善巧"，[⑦]即掌握认识心意识甚深结构、奥秘的善巧方法；二是说明了人们对心意识应采取的实践上的态度。这就是所谓的"胜义善巧"或"第一义方法"。[⑧]此方法很简单，那就是于内个别的心意识，"不见"，或于念离念，见即远离。佛把能如是行的菩萨称作"胜义善巧菩萨"。[⑨]

佛教心灵哲学无疑有自己独有的视域和课题，但它们又没有偏离标准心灵哲学的主旨和范围。例如，佛教不仅重视对心的本质这一关键性问题的探讨，而且更热衷于探讨所有一切世间心理学所承认的心理现象之后的"真心"，此真心周遍法界、光明洞透，不仅是所有一切心理现象的总根源，而且是所有一切事物的

① [古印度]天亲菩萨：《金刚般若波罗蜜经论》卷下，[元魏]菩提流支译，《大正藏》第25册，第797页。
② 《般泥洹经》卷上，《大正藏》第1册，第181页。
③ [古印度]迦旃延著、五百罗汉释：《阿毗昙毗婆沙论》卷3，[北凉]浮陀跋摩、道泰等译，《大正藏》第28册，第21页。
④ 《金刚三昧经》，《大正藏》第9册，第366页。
⑤ 《金刚三昧经》，《大正藏》第9册，第366页。
⑥ 《解深密经》卷1，[唐]玄奘译，《大正藏》第16册，第692页。
⑦ 《解深密经》卷1，[唐]玄奘译，《大正藏》第16册，第692页。
⑧ 《解深密经》卷1，[唐]玄奘译，《大正藏》第16册，第692页。
⑨ 《解深密经》卷1，[唐]玄奘译，《大正藏》第16册，第692页。

本体，是生灭性中的不生灭性。根据这一观点，众生有生有死，但同时又有不死的一面。一般人只知道生死及一般的心，而不知众生身上还藏有真心及不死性。是故《大般泥洹经》云："当为汝等开不死门。"①《大佛顶首楞严经》也把揭示众生身上有"不生灭性"作为该经的一个任务。经云：众生之所以生死流转，"皆由不知二种根本"，②一是不知生死根本，二是不知每个人身上还天然具有"妙明之心"。③此心不生不灭。这是佛教心灵哲学独有的课题，非但没有偏离心灵哲学的航道，而且拓展了心灵哲学疆界和问题域。

与此密切相关的一个课题是，探讨表层心理（即一般心理学所知的知即六识、情、意等）之后的深层心理的构成、结构、本质、运作机理及作用。这主要体现在对末那识、阿赖耶识、阿摩罗识、一一心识、一切一心识等的探讨之上。《瑜伽师地论》说，佛教的一个任务是揭示"心意识秘密义"。④此秘密义之一是，阿赖耶识是众生生死、流转轮回之根本；之二是，阿陀耶识（阿赖耶识中摄持根身、种子等的一种功能）是诸识、根身的基石、依止、根本；之三是，阿赖耶识可转，有些功能可灭（详后）。

密切相关的另一课题是，探讨活着的众生是否可以做到无心，即有心与无心的问题。这也是佛教心灵哲学独有的问题。佛教的回答是肯定的，即认为人可以做到无心。佛教不否认人在大多数时候有常识心理学所说的心。如前五识在了别对象时是有心，有寻有伺是有心，无寻唯伺是有心。无寻无伺中，除无想定、灭尽定等以外，其余的都是有心，无心睡眠、无心闷绝也是有心，因为在这些过程中，七、八识仍在起作用。无心的情况主要有，在无想定、无想生、灭尽定中，人在特定意义上是无心的，因为这些过程中没有常识心理学所说的心理现象的发生。另外，任何现实存在的心理现象，都是众缘和合的结果，例如只有当根、境、识同时存在着并相互结合而起作用时，才有相应的心理现象发生。若缺一缘，便不会有相应的心生。因此人在没有这些条件共具时，可以说无心，例如人有时没有眼识、耳识等。这是相对意义上的无心。论云："若缘具，此心得生，名有心

---

① 《大般泥洹经》卷2，[东晋]法显译，《大正藏》第12册，第861页。

② 圆瑛法师：《大佛顶首楞严经讲义》，宗教文化出版社2012年版，第76-77页。（本书所引《大佛顶首楞严经》引文，除另附说明，皆出自这本书）。

③ 圆瑛法师：《大佛顶首楞严经讲义》，宗教文化出版社2012年版，第79页。

④ [古印度]弥勒菩萨：《瑜伽师地论》卷76，[唐]玄奘译，《大正藏》第30册，第718页。

地。若缘不具，彼心不生，名无心地。”[①]最后，无心有真假两种。例如人处在无余依涅槃中，是真正的无心，因为“诸心皆灭”，[②]而其他的无心，如无想定、灭尽定，这里的无心是“假名无心”，[③]因为相对于没有相应的转识而言是无心的，但在这些过程中，“第八识未灭尽”，[④]所以不是真无心。

佛教出自它的特殊的求真性和解脱论动机，还做了这样一种独特且重要的工作，即“真正、全面、透彻”地对一切心理现象做了“田野调查”，并在此基础上完成了对心理现象的“古生物学”研究，心理地质学、“矿藏学”调查。这样做的目的在于：在全面调查、考察的基础上区分它们的利弊得失，弄清它们对生命、生存的意义。之所以说“真正全面透彻”，是因为这种调查涵盖了一切方面，几乎没有什么遗漏。例如在共时态调查时，不仅没有遗漏动物、人类，而且关注天界众及生色界、无色界众生；不仅重视凡心，而且重视圣心。在历时性考察时，既注意到了个体心理和种系心理的发生过程及阶段，又关注每一心识的过程及阶段；既考察了活着生命的心理，又探讨了死亡、中阴过程中的心理。不仅考察了可触可知的妄心，而且还考察了深层的真心、无意识心理。

在对心理现象全面调研、分类的基础上，佛教特别将负面的、有漏有害的心理现象单列出来，对之再扫描，再分类，研究它们的根源、危害、作用机理、伏断的可能性及条件和方法等。佛教将这类现象统称为“烦恼”。许多经论花了极大篇幅予以讨论。有理由说，佛教心灵哲学建立了自己的“烦恼学”。最突出的是，佛教对烦恼有不计其数的分类，如“六根本烦恼”“二十随烦恼”“十二见缚”等（详后）。

值得特别一提的是，佛教价值性心灵哲学提出和探讨过佛心或圣心问题。我们可把这一探讨称作“圣心‘理’学”。因为它不仅探讨了圣人心理的标志、特点，成圣的心理条件、方法、途径等，而且真正深入到心的最深隐秘处去揭示成圣的“理”，即规律、原理、本质和奥秘。这种探讨无疑有心灵哲学的意义。据《佛说观佛三昧海经》记载：有一国王见佛后，从头顶到脚予以遍观，提出了这样的问题，“佛心内有何境界？有何相貌？修行何事？佛心所念为是何物？”[⑤]这

---

① [古印度]最胜子等：《瑜伽师地论释》，[唐]玄奘译，《大正藏》第30册，第887页。
② [古印度]最胜子等：《瑜伽师地论释》，[唐]玄奘译，《大正藏》第30册，第887页。
③ [古印度]最胜子等：《瑜伽师地论释》，[唐]玄奘译，《大正藏》第30册，第887页。
④ [古印度]最胜子等：《瑜伽师地论释》，[唐]玄奘译，《大正藏》第30册，第887页。
⑤《佛说观佛三昧海经》卷4，[东晋]佛陀跋陀罗译，《大正藏》第15册，第668页。

些问题正是佛教心灵哲学关注较多的问题，但无疑触及了心理的本质、范围、深层心理及其奥秘等标准的心灵哲学问题。

佛教心灵哲学的最重要、最独特的课题是价值性心灵哲学问题。在摩揭陀寂灭道场，有一菩萨，名普慧，向普贤菩萨提出了关于佛教教法、证法方面的数百个问题。其中有很大一部分属于心灵哲学方面的问题。而这些问题又有两类。一是求真性的，例如，何等为心，何等为眼耳鼻舌身识，何等为平等心、深心、直心，何等为习气，何等为众生心行。二是价值性的，例如，何等为成等正觉，何等为发心，何等为不动心，何等为佛菩萨住、行、依、境界，何等菩萨的身自在、境界自在、智自在、神通自在、神力自在，何等为圣者的圣行、圣心，何等为圣者的无畏、不共法，何等为圣者的净身口意之业，何等为离生，何等为出生佛道，何等为离忧心、无厌悔，何等为清净，何等为无著，何等为发无畏心，何等为灭除一切疑惑、发无疑心，何等为发无量无边广大心，何等为解脱，何等为明，何等为乐，何等为不可称量住、定住，何等为无懈怠心、正直之心，何等为调顺，何等为无垢，何等为四无量心，等等。①

佛教的价值性心灵哲学还涉及了广泛的课题，如如何管理、调御、制伏心身？佛教认为，要成圣，要心身健康，要获得真正的幸福，显然要制身，而要制身，先必制心。这类看法是建立在对众生心理的本质特点的认识基础上的。众生心理的特点是像猴子等动物一样，好攀缘、向外弛逸，一刻也不安宁。这些都应管制，也可如愿。论云："此五根者，心为其主，是故汝等当好制心。心之可畏，甚于毒蛇、恶兽、怨贼。……譬如狂象、无鉤（钩）猿猴，得树腾跃，踔踯难可禁制，当急挫之，无令放逸。……制之一处，无事不办。是故比丘，当勤精进，折伏汝心。"②去凡成佛的关键是不随妄心，端心正意。经云："既著心中，当端其心，弃恶心，受好心。……当于心诤，不当随心，心欲淫怒痴不得听，当自戒于心，不得随心。……当端心正意。"③持善心、慈心于天下，"心不复走，一心无所著"。④

佛教心灵哲学的任务是要为众生指出解脱之道，而解脱的关键是心解脱、心休息，是"真息"。学佛之人的任务是求道、证道，而求道、证道就是要让心休

① 《大方广佛华严经》卷36，[唐]般若译，《大正藏》第9册，第631-632页。
② [古印度]天亲菩萨：《遗教经论》，[古印度]真谛译，《大正藏》第26册，第285页。
③ 《佛般泥洹经》卷上，[西晋]白法祖译，《大正藏》第1册，第161页。
④ 《佛般泥洹经》卷上，[西晋]白法祖译，《大正藏》第1册，第163页。

息。例如沙门是出家修道之人，《分别功德论》为“沙门”下的定义是：“沙门者，心得休息，息移有欲，寂然无著，亦灭除馑。”[1]这就是说，沙门就是让心休息、移除欲念、无执无著之人，是除灭对爱的渴求、馑想之人。息有两种：一是常人、外道的息，侧重于形体的休息、形身的静；二是佛教追求的息——“真息”，是让“念休息”，让任何心念都不生不起，“心意想息，五欲不起，寂然永定。”[2]

对心如何行的探讨之所以也被列入了心灵哲学的范畴，是因为它既是佛教真心理论的必然延伸，同时又是真正认识心的本质、真心的一个条件。论云：行者应“于一切法离言自性，……唯取其事，唯取真如”。[3]再进一步，于取离取，“不作是念：此是唯事，是唯真如，但行于义，……于一切法平等，平等以真如慧，如实观察，于一切处具平等见，具平等心，得最胜舍。”[4]果如此，就达到了佛教心灵哲学的目的。

由上可知，佛教心灵哲学追求的是知行的统一。从认知上说，它旨在揭示心的自体、实质、本来面目，从修行实践上说，认识心意识，旨在“降一切外道邪论”“破一切虚妄邪见”“远离心意识，如实修行诸法实相”[5]“相障及真实，研习对治道，修住而得果，无上乘唯尔。”[6]据此，佛教关注的问题可概括为七个方面，需如实认知的有三个方面，即相或住、障、真实，后几个值得研究的方面都与修证有关，如第四研习烦恼、障碍之对治，第五是修住，第六是得果，第七是无上乘。总之，佛教心学的特点可概括为：如实知心，如理用心，回归真心，真心即佛。

既然佛教心灵哲学既有共世间的研究课题，又有其不共的方面，因此在解读时，我们就应坚持这样的原则，即既应根据世间心灵哲学的框架去解读，又应关注佛教心灵哲学切入心灵探究的独有视角、维度。唯如此，才不致犯削足适履的错误。例如佛教心灵哲学在揭示心灵结构时，既有共时性、历时性维度（这是共于世间的一面），但又试图从深浅、精细角度去揭示，这是它独有的；再如它特重对烦恼的研究。由于有这样的侧重，我们就不能因为世间心灵哲学没有这一领

---

①《分别功德论》卷 2，《大正藏》第 25 册，第 35 页。
②《分别功德论》卷 2，《大正藏》第 25 册，第 36 页。
③［古印度］弥勒菩萨：《瑜伽师地论》卷 36，［唐］玄奘译，《大正藏》第 30 册，第 487 页。
④［古印度］弥勒菩萨：《瑜伽师地论》卷 36，［唐］玄奘译，《大正藏》第 30 册，第 487 页。
⑤《楞伽阿跋多罗宝经》（10 卷本）卷 1，［刘宋］求那跋陀罗译，《大正藏》第 16 册，第 516 页。
⑥［古印度］弥勒菩萨：《中边分别论》卷上，［陈］真谛译，《大正藏》第 31 册，第 451 页。

域，而对之置之不理。

第五节 佛教心灵哲学的展开维度

这里所谓“展开维度”指的是思想呈现、内容展示出来的大的维度或方式。佛教心灵哲学有两种展开维度。一是分别从“破”和“立”两个维度展开的。本节后面的章节基本上是按这个框架所写的。“破”即破世间的心灵哲学，“立”即立自己的心灵哲学。二是按世俗谛和胜义谛两个维度展开的。这里稍作分析。

我们知道，佛教是佛这样的大圣人、大觉者所施的教化、言教，而他们施教的特点是“不定说”，即根据不同的对象说不同的法。形象地说，佛说法是“应病与药”①“随众生愚处，佛随所愚而解说之”。②众生愚痴的样式很多，如无明、疑心、染著于我、为见所覆，等等。《大智度论》认为，佛菩萨说的是不定法、差别法，因为他们“住二谛中为众生说法”，③二谛即世谛、第一义谛。因此佛教有这样的特点，即因材施教，法无定法。在佛所施的教化中，不存在绝对确定的言说、论断，不存在适用于一切众生的说教。佛的说教是因人而异的，是具体的。既然如此，离开了特定的语境、受众对象，就难以正确理解佛教的思想。佛教的心灵哲学思想也是这样，是佛在不同语境下、针对不同受众而宣示的关于心的思想。它们的宣示、展开方式千差万别。

佛通过自己的实证实修，发现了宇宙、人生的真理。正是因为有这一发现，以及安心于其上，佛才成了佛。佛为了让众生也成佛得解脱，便向众生宣说、展示自己所亲证的真理，于是便有了所谓的佛教。但是由于佛所证得的真理不关言语，离言绝相，因此佛便不得不用不同的善巧方便加以宣说。经云：“如实之义，不可言议。……我说法者，以汝众生在生说故，说不可说，是故说之。我所说者，义语非文，众生说者，文语非义。”④所谓义语，即是表述佛所证得的真理（义）的语。经云：“所言义者，名不可说，说不可说，名之为字。……所言义者，不可动，不可知，不可戏论，不可分别，不可生，不可聚，非物非实，无我非起，

---

①《阿差末菩萨经》卷5，[西晋]竺法护译，《大正藏》第13册，第601页。

②[古印度]迦旃延著、五百罗汉释：《阿毗昙毗婆沙论》卷3，[北凉]浮陀跋摩、道泰等译，《大正藏》第28册，第17页。

③[古印度]龙树菩萨：《大智度论》卷91，[姚秦]鸠摩罗什译，《大正藏》第25册，第700页。

④《金刚三昧经》，《大正藏》第9册，第371页。

非可取，非可依，远离一切依言语名字。”[①]简言之，那甚深之义“不可以身证，不可以心知”，[②]不可以言说。但是佛为了救度众生，又不得不说那难以言说的真理。事实上，佛恰好又有能言难言的才智，如有四无碍智，能以善巧方便去述说那难以言说的真理。例如他能用已有的世俗语言去指称、道说，就像以手指月那样，像以船筏度人到彼岸那样。另外，他能诉诸无言之说。“如来不以文义说法，无文字教而为说法，是故无文字则为佛教。佛所说法，不有所逮，灭一切，得佛所说法。是故无得为佛所言。”[③]以这种方式教人的、让人得的东西是“无得的”。这就是说，这种佛法是“说法无取法、无倚法……不想法、无所得法……无所行法”。[④]

佛说法的方式还有很多，如以偈语说，以身体语言说，无说而言，传禅宗之正法眼藏的“拈花微笑”，等等。在有的佛土，佛法须借言语说，但“非一切佛国土，言语说法”。[⑤]因为有的国土，“直视不瞬，口无言说，名为说法；有佛国土，直尔示相，名为说法；有佛国土，但动眉相，名为说法；有佛国土，惟动眼相，名为说法；有佛国土，笑名说法。”[⑥]这也就是说，佛展示、展开自己思想的方式多种多样。但从大的方便说，又可归结为两种。龙树菩萨概括说：“诸佛依二谛，为众生说法，一以世俗谛，二第一义谛。若人不能知，分别于二谛，则于深佛法，不知真实义。”[⑦]

这里所谓的“谛”既可以理解为我们所说的客观真理，即事物的本来的性相或客观的义理，又可理解为主观的真理，即与客观真实相一致的主观思想、认识。世俗谛即世间一般人所承认的真理，又可称作世谛、权说、方便说、善巧说等。第一义谛又可称作胜义谛、真谛、实说、究竟说等，它指的是涅槃、真如、空等。如论云：“第一义谛”是无生无灭，“第一义谛名为涅槃”，[⑧]而涅槃即空，谛是一相，一相即无相、无自体，如来性空。当然，在二谛各自所指的是什么、其具体

① 《大萨遮尼乾子所说经》卷 9，[元魏]菩提留支译，《大正藏》第 9 册，第 361 页。
② 《大萨遮尼乾子所说经》卷 10，[元魏]菩提留支译，《大正藏》第 9 册，第 362 页。
③ 《佛说海龙王经》卷 1，[西晋]竺法护译，《大正藏》第 15 册，第 137 页。
④ 《佛说海龙王经》卷 1，[西晋]竺法护译，《大正藏》第 15 册，第 137 页。
⑤ 《楞伽阿跋多罗宝经》卷 4，[刘宋]求那跋陀罗译，《大正藏》第 16 册，第 534 页。
⑥ 《楞伽阿跋多罗宝经》卷 4，[刘宋]求那跋陀罗译，《大正藏》第 16 册，第 534 页。
⑦ [古印度]龙树菩萨：《顺中论》卷 4，[古印度]无著菩萨释、[元魏]瞿昙般若流支译，《大正藏》第 30 册，第 32 页。
⑧ [古印度]龙树菩萨：《顺中论》卷下，[古印度]无著菩萨释、[元魏]瞿昙般若流支译，《大正藏》第 30 册，第 45 页。

内容有哪些、两者是何关系等问题上，即使是经论，所作的论说、概括也存在着很大的差别，更不用说后来的解释者所提出的理解。这里可略述有代表性的观点。

先看小乘的看法。《阿毗达磨俱舍论》把世间、常识所认可的实在称作世俗谛，把十二处或有恒常存在性的实在称作胜义谛。《成实论》认为，十二处与涅槃为真谛，余皆为俗谛。经部的看法是，由无漏之出世智及后得的世间智所认可的诸法为胜义谛，有漏智所认可的为世俗谛。就苦、集、灭、道四谛而言，它们可分为世俗谛和胜义谛两方便，但这二谛具体包括什么，人们的看法是不一样的。第一种观点认为，世间现见的诸世俗事是世俗谛，如苦集二谛所承认的事物就是。而灭道二谛是胜义谛。第二种观点认为，前三谛是世俗谛，因为如城、宫、彼岸等价值也是世俗谛所承诺的存在；后一谛是胜义谛。道谛之所以是胜义谛，是因为世俗谛中不涉及此事项。第三种观点认为，四谛都是世俗谛，只有讲一切法空、无我的理论才是胜义谛。第四种观点是有部所持的观点，认为四谛均有世俗、胜义两方面，即既有世俗四谛，也有胜义四谛。①

大乘诸经论、诸派的看法不仅不同于小乘，而且内部差异极大。

《涅槃经》的看法是，一般世人所知者为世谛，出世之人所证知者为第一义谛。知及智有三等：下智、中智、上智。下智是凡夫愚痴的表现。中智有知，其所知是世谛，即使知诸行无常、诸法无我、涅槃寂静，也只是中智。上智所知的是，世谛无量无边，不可称计，第一义无量无边，非诸声闻缘觉所知。佛的教化，“随言说则有二种，一者世法，二者出世法。……出世人之所以知者，名第一义谛，世人知者名为世谛。”②世谛承诺的是常识所肯定的存在，如五阴和合的某人，山河大地等，所包含的内容是常识的各种观点。第一义谛关注的是这些事物的体性，如强调五阴的体性是空，五阴和合的某人空有名字。“有名无实者即是世谛，有名有实者是第一义谛。”③具体而言，世法有五种：一者名世，即名词所对应的实在事物，如车马屋舍瓶等；二者句世，即四句一偈（是，非是，非是非非是，亦是亦不是）；三者缚世，即束缚众生的事物、思想、理论、道理等；四者法世，即约束人的制度、规定、法规、风俗习惯等，如吹贝报时，击鼓集合僧众，严鼓约束士兵等；五者执著世，即世间充满的各种执著，如不如实而知，看不到世法

① ［古印度］五百大阿罗汉：《阿毗达磨大毗婆沙论》卷 77，［唐］玄奘译，《大正藏》第 27 册，第 399 页。
②《大般涅槃经》卷 13，［北凉］昙无谶译，《大正藏》第 12 册，第 443 页。
③《大般涅槃经》卷 13，［北凉］昙无谶译，《大正藏》第 12 册，第 443 页。

的空性。第一义谛的特点是，如实知，心无颠倒，因此是实谛，是真实法。例如大乘无颠倒，能看到一道清净无有二，故是实谛，如来、虚空、佛性等也都是实谛。

《般若经》认为，可说、有得的即为世俗谛，不可说、无得的即为胜义谛，例如，“佛得无上正等觉时所证佛法，依世俗故说名为得，……若依胜义，能得所得俱不可得。”①

《大法鼓经》认为，佛随世谛而说，实即权说、方便说，随胜义而说即为实说。而实说又有两种。一是“有余说”，其特点是“随顺众生种种乐欲”，②故留有余地，不圆满究竟，或随句字说，或增异句子。“彼无慧人，趣向灭尽”，③因此多说空、无我，其辩证意义并未完全展示出来，故是有余说。二是“无上说”或“非有余说”。④此是圆满说、圆融三谛说。其特点是，既说诸法无常、无我，又说有常、有我。如佛所得大般涅槃既是寂灭，又是常住安乐。

《宝云经》强调：“假施设法名为世谛。”“世谛假设有，第一义谛则不可得，亦不取著；世谛假施有，第一义谛无有体相，亦不取著。”“但世谛中而有菩提，第一义谛则无菩提，亦无取著。”⑤第一义谛可从十个方面去理解或描述，即无生法、无灭法、不坏法、不增不灭法、不出不入法、离境界法、无戏论法、无假名法、寂静法、圣人法。“夫第一义，不生不灭，不败不坏，不增不减，文字章句所不能说，不可诠辩，绝于戏论。……第一义者，无言无说，自性清净，一切圣人内自证得。若佛出世，若不出世，法性常尔，不增不减”。⑥

《佛说海意菩萨所问净印法门经》认为，佛教有三个层次的实说：一是“法随法说，是为正说”，二是“真实契顺如来之语，是实法语”，⑦三是无说而说，因为无为法不可说。

《思益梵天所问经》认为，有两个层次的圣谛：一是方便言说层面的，二是究竟第一义的，其特点是，“知苦无生，是名苦圣谛，知集无和合，是名集圣谛，于毕竟灭法中，知无生无灭，是名灭圣谛，于一切法平等，以不二法得道，是名

①《大般若波罗蜜多经》卷478，[唐]玄奘译，《大正藏》第7册，第423页。
②《大法鼓经》卷下，[刘宋]求那跋陀罗译，《大正藏》第9册，第296页。
③《大法鼓经》卷下，[刘宋]求那跋陀罗译，《大正藏》第9册，第296页。
④《大法鼓经》卷下，[刘宋]求那跋陀罗译，《大正藏》第9册，第296页。
⑤《宝云经》卷6，[梁]曼陀罗仙译，《大正藏》第16册，第235页。
⑥《大乘宝云经》卷6，[梁]曼陀罗仙、僧伽婆罗译，《大正藏》第16册，第272页。
⑦《佛说海意菩萨所问净印法门经》卷9，[宋]惟净等译，《大正藏》第13册，第497页。

道圣谛。”[①]简言之，知苦集灭道毕竟寂灭，平等不二，是“真圣谛”。

《深密解脱经》认为，二谛各有不同的相。“世谛相者有三”，[②]即说人相，说分别体相，观诸法思维作种种业相。第一义谛相有七，即无始有为行相第一义谛，相第一义谛（我空、法空），唯识第一义谛，执著第一义谛（即苦谛），邪行第一义谛（即集谛），清净第一义谛（即灭谛），正修行第一义谛（即道谛）。

无著的界定是，“世俗谛者，谓名句、文（字）身，及依彼义一切言说，及依言说所解了义，又曾得世间心及心法，及彼所行境义。”[③]世谛即世间凡夫外道所承认的存在着的实在、客观真理，其范围是，语言文字，它们所指称的对象，世间或民间心理学所说的心、心的对象，心所依、所行的境界等。“胜义谛者，谓圣智及彼所行境义，及彼相应心、心法等。”[④]换言之，“一切言说，及因彼意解所得义，皆名世俗谛。若清净所缘，若清净性，若彼方便，皆名胜义谛。”[⑤]所谓清净所缘，所指四圣谛、真如，清净性指灭谛清净，方便者即道谛。简言之，安心于真如，不落言论，即胜义谛。世亲的看法是，“一切诸法无有自性，是为真实，于无自性法中说有自性，是名俗谛，以于无中假说有故。”[⑥]只有中道的有无观，才是佛教的有无观，而其核心思想是三性学说，即遍计所执性、依他起性、因成实性。《成唯识论》认为，“世俗有三，一假世俗，二行世俗，三显了世俗。……胜义有三，一义胜义，谓真如胜之义故，二得胜义，谓涅槃即义故，三行胜义，谓胜道为义故。”[⑦]也可说有四胜义，一是世间胜义，谓蕴处界等；二是道理胜义，谓苦等四谛，三是证得胜义，谓我法二空、真如，四是胜义胜义，谓一真法界。[⑧]

《三无性论》认为，俗谛有三个内容或二相：一是说我，即说有我、众生、寿者、行者、人、天、男、女等；二是说法，即是承认有色受想行识等诸法；三是说事，即承认有见闻生灭等事情。俗谛的基础是依他性。[⑨]

---

① 《思益梵天所问经》卷 1，《大正藏》第 15 册，第 39 页。
② 《深密解脱经》卷 5，[元魏]菩提流支译，《大正藏》第 16 册，第 685-686 页。
③ [古印度]无著菩萨：《显扬圣教论》卷 2，[唐]玄奘译，《大正藏》第 31 册，第 485 页。
④ [古印度]无著菩萨：《显扬圣教论》卷 2，[唐]玄奘译，《大正藏》第 31 册，第 485 页。
⑤ [古印度]无著菩萨：《显扬圣教论》卷 19，[唐]玄奘译，《大正藏》第 31 册，第 574 页。
⑥ [古印度]天亲菩萨：《佛性论》卷 1，[陈]真谛译，《大正藏》第 31 册，第 793 页。
⑦ [古印度]护法等菩萨：《成唯识论》卷 8，[唐]玄奘译，《大正藏》第 31 册，第 47 页。
⑧ 参阅[古印度]护法等菩萨：《成唯识论》卷 9，[唐]玄奘译，《大正藏》第 31 册，第 48 页。
⑨ 参阅《三无性论》，[陈]真谛译，《大正藏》第 31 册，第 871 页。

中观学派的看法是：世俗以为真的理论，即俗谛，佛教发现的真理，即真谛。也可以说，能把握空理的真理即第一义谛，只了知假名之法的真理，为世谛。究竟的说法是可言说者为世俗谛，不可言说者，无言之真理为真谛。还有人认为，世谛即世俗之人所承诺的“世法”或存在者，以及所承认的所谓真理，如四大、五阴等，它们实际上是假施设法，假名言说，名字论量，名为世谛，于世法中，无第一义。具足十法，便善解世谛。所谓假说有色，非第一义谛故，得于色法而不执著；所谓假说受想行识，非第一义谛故，虽得于识而不执著；所谓假说地界，非第一义谛故，虽得于世界而不执著；所谓假说水火风空识界，非第一义谛故，虽得于是界而不执著；所谓假说眼入，非第一义谛故，虽得眼入而不执著。世谛承诺的存在者还有耳、鼻、舌、身、意、我、众生、寿命、世间、佛法、菩提等，其本质可按上述模式推知。三论宗的二谛说以有、空为俗谛，以非有非无为真谛。有的地论师、摄论师以“有空、非有非空”的二、不二为俗谛，以“非有非空、非非有非非空”的非二、非不二为真谛。还有一些地论师、摄论师以依于言说的真理为俗谛，以“言亡虑绝”之绝对境界为真谛。

由于二谛中包含有不同的内容，因此对二谛可作进一步区分。《瑜伽师地论》认为，二谛可概括为一真四俗。一真即一种胜义谛，四俗是指：世间世俗谛、道理世俗谛、证得世俗谛、胜义世俗谛。《成唯识论》认为，二谛可概括为四真一俗。一俗即一种世俗谛，四种胜义谛分别是：世间胜义谛、道理胜义谛、证得胜义谛，胜义胜义谛。窥基把两者结合在一起，便提出了一种四重二谛说，认为每一谛各含四种谛。

还有一种四重二谛的概括，其表述略有不同，认为每一谛都有四重。如四重俗谛分别是：①假名无实谛（如瓶等只是假名而无对应实体），即世间世俗谛；②随事差别谛（如五蕴、十八界），此即道理胜义谛；③证得安言谛（四谛是依理证得的），此即证得世俗谛；④假名非安立谛（如人我二空之理）。四重胜义谛是：①体用显现谛（三科五蕴以实际体用显现），此即世间胜义谛；②因果差别谛（四谛有因果、迷悟差别），此即道理胜义谛；③依门显实谛（二空之理是依法门而显现之实理），此即证得胜义谛；④废诠谈旨谛（真如离言绝相）。

吉藏把各种二谛说概括为两大类。一是“于、教二谛”。“于”即“所依”义，指的是诸佛说法之所依，如六尘境界。如果视六尘为实有，即为俗谛，视之为空，即为真谛。此为“于二谛”。教二谛中的“教”指能依，即诸佛依六尘所说之教法。宣说真空妙有之理为教俗谛，宣说无所所得之理，为教真谛。另外，吉藏把毗昙、成实和两种大乘理论的二谛说合在一起，概括为四重二谛。一重是毗昙的二谛说，它以有为俗谛，以空为真谛。二重是成实论的二谛说，它以十二处和涅槃为真谛，余皆为俗谛。三重是中观派的二谛说，四重是三论宗的二谛说。

净影寺的慧远也提出了一种四重二谛概括，认为四谛有深浅不同。第一重是毗昙宗或立性宗的二谛，认为事为俗谛，理为真谛。第二重是成实宗或破性宗的二谛，认为因缘所生之假有是俗谛，无自性之空为真谛。第三重是破相宗即三论宗的二谛，认为一切诸法妄相之有为世谛，无相之空为真谛。第四重是显实宗或地论宗的二谛，认为，以所依据之义而言，以妄相之法为能依，乃妄有理无之世谛，以真如为所依，其相虽空，然有实体之存在，即为真谛。以缘起之义而言，真如之自体即为真谛，其依缘起所显之迷悟世界即为世谛。此宗由于辨明了真如之体，故可看作是大乘中的深说。

尽管有这些众说纷纭、莫衷一是的看法，但有一点是共同的，即不管是哪一概括，都表达了佛教的这样的特点，即佛教有自己的符合教育规律的教育学，那就是因材施教、应病与药，并在教化的过程中讲程序、重次第。世俗谛就是随顺初入门的初机受众所施的教育，第一义谛是针对有一定基础、有较好根性的受众所施的教化。从二谛的具体内容来说，尽管各种概括差异较大，但也有一致性，即相对于佛教的无言的、只能靠心传的真理来说，二谛所包含的真理都是相对真理。它们的差别在于，世俗谛是初级的相对真理，就佛教的心灵哲学来说，由于它的内容是依二谛说这样的教育学原则和方法论原则组织起来的，因此其体系结构有其不同于世间心灵哲学的一面，即一方面是随顺凡夫所作的对民间心灵哲学的描述、重构和分析批判，此即佛教心灵哲学中的世俗谛，另一方面是佛教阐述自己关于心灵的一系列问题的正面看法，此即佛教心灵哲学中的胜义谛。

既然胜义谛包含的是真理，而世俗谛概括的是世间关于诸法颠倒的观点，佛为什么不直说胜义谛而一开始就将世俗谛予以抛弃呢？《中观论》的回答是：以为“不须第二俗谛，是亦不然”，因为“若不依俗谛，不得第一义，不得第一义，则不得涅槃”。“若不依世俗，第一义谛则不可说。”[1]这就是说，前者是后者的必

① [古印度]龙树菩萨：《中论》卷 4，梵志青目释，[姚秦]鸠摩罗什译，《大正藏》第 30 册，第 32-33 页。

要准备，没有前者，对于一般人来说，是没法直接进入后者的。这是因为受众的认识、境界的提升是循序渐进的。认识和境界的提升都不可能、也不应该超越阶段。经云："彼土人民刚强难化，心劣意弱，难以一乘教救化度矣。以是之故，诸佛世尊善权方便而为说法。"[①]可见，二谛的安立是由教育对象的特点所决定的，就此而言，世俗谛是佛教教育学的不可或缺的环节和准备。当然，从究竟的角度看，说佛依二谛为众生说法，本身是方便善巧之说，即是不究竟的。因为"一切如来皆无所依"，所以一切如来"不依世谛，亦复不依第一义谛。如来说法，心无所依，何用多语"。[②]承认二谛，即等于承认两种真如或真理。问题是："真如尚不可得，何处当有二法真如而可得也？若说二谛，此如是说，不异世谛，而更别有第一义谛，以一相故，谓无相故。"[③]

二谛说的方法论、解释学意义在于：不懂二谛说就无法理解佛教，当然也无法理解和重构佛教的心灵哲学。因为在不同语境下，佛教的同一词被赋予了不同意义。这也就是说，佛之说教是"不定说"。例如"分别"，在多数情况下，佛教是反对分别的。但在佛教的解释实践中，又必有分别。甚至此分别是佛教解释学的一个归趣处。就像"兽归林薮、鸟归虚空、圣归涅槃"一样，佛法应"归分别""智者应于契经善分别义，不应如说而便作解"。[④]再如"厌离染""解脱""涅槃"，有时，它们是同义词，有时，它们有不同侧重点，因而有不同意义。"厌恶违逆，名厌，无所希求名离染，心无垢秽，名解脱，永舍重担，名涅槃。"[⑤]有时，它们有这样的意义："毁呰烦恼，名厌，毁呰恶行，名离染，于缘离系，名解脱，诸蕴永寂，名涅槃。"[⑥]还可以说，"厌见所断，名厌，离修所断，名离染，至无学果，名解脱，证永寂灭，名涅槃。"[⑦]

佛教心灵哲学也是从世谛和胜义谛两个角度展开的。因此对于佛教关于心的任何一种说法，都应注意要从两个角度去理解。不然，就会误以为佛教陷入了自

① 《阿惟越致遮经》卷上，《大正藏》第9册，第199页。
② [古印度]龙树菩萨：《顺中论》卷下，[古印度]无著菩萨释、[元魏]瞿昙般若流支译，《大正藏》第30册，第45页。
③ [古印度]龙树菩萨：《顺中论》卷下，[古印度]无著菩萨释、[元魏]瞿昙般若流支译，《大正藏》第30册，第45页。
④ [古印度]五百大阿罗汉：《阿毗达磨大毗婆沙论》卷28，[唐]玄奘译，《大正藏》第27册，第145页。
⑤ [古印度]五百大阿罗汉：《阿毗达磨大毗婆沙论》卷28，[唐]玄奘译，《大正藏》第27册，第147页。
⑥ [古印度]五百大阿罗汉：《阿毗达磨大毗婆沙论》卷28，[唐]玄奘译，《大正藏》第27册，第147页。
⑦ [古印度]五百大阿罗汉：《阿毗达磨大毗婆沙论》卷28，[唐]玄奘译，《大正藏》第27册，第147页。

相矛盾。例如舍利子听了佛关于心色等法本性空、平等无差别的说法之后，有这样的疑问：佛不是经常说“心色等法有种种异”吗？这两说不是自相矛盾吗？佛回答说：后一说法是“如来随顺世俗说”，而非随顺胜谛说。这就是说，断言心色等法本性空是随胜谛说，承认有种种心，对心作这样那样的分别，都是随顺世间而说。前者是胜义谛，后者是世俗谛，是对常识心理学的描述和重构。[①]

既然一切如如，平等不二，佛为什么要说心法、心所法呢？为什么对人作心身、五阴等区别？从体上说，佛的世界观是，世界万法一如一体，平等无二无别，以无性为自性，以无相为自相。既然如此，为什么又要施设心身、五阴等种种差别？只要明了佛根据二谛说施教，那么一切困惑便会冰释。佛施设心身及其差别，主要是为了更好破众生的颠倒妄想，拯救众生。《大般涅槃经》云：“无性法中不可施设诸法有异，无业无果，亦无作用，但诸愚夫不了圣法毗奈耶故，不如实知诸法皆以无性为性，愚痴颠倒发起种种身语意业，随业差别受种种身，依如是身品类差别，施设地狱、傍生、鬼界……，施设圣法及毗奈耶分位差别。”[②]

如果不懂二谛说，就有可能把佛教的心身学说与世间心身学说等量齐观。不错，佛教的确提出了关于心身本质及关系的较系统的理论，但是佛教这样做的目的只是随顺说，终极目的是要让人们超越它。论云：“应知诸法，离言自性。谓一切法假立自相，或说为色，或说为受，……乃至涅槃。当知一切唯假建立，非有自性，亦非离彼别有自性。”[③]意为说五位百法，说心、身、物（色）都是“假建立”，是名言施设，说它们有这相那样，都是“假立”的，目的是为了更好地破除它们，离弃它们。这里的论点与《唯识三十颂》开头的两句话——“由假说我、法，有种种相转。”[④]——是一个意思。

从表面上看，佛教也像世间心灵哲学一样大谈特谈心意识，乃至建立了在深度、广度、厚度、庞大性上堪无与伦比的关于心意识的理论。它从表面上看是要弄清心意识的差别，弄清“三界诸心意识一切杂染、清净道理”，[⑤]即说明心意识有杂染与清净之别，并进而揭示其根源、机理。但必须注意的是，这只是随顺说，

---

① 《大般若波罗密多经》卷 411，[唐]玄奘译，《大正藏》第 7 册，第 61 页。
② 《大般涅槃经》卷 478，[北凉]昙无谶译，《大正藏》第 7 册，第 420 页。
③ [古印度]弥勒菩萨：《瑜伽师地说》卷 36，[唐]玄奘译，《大正藏》第 30 册，第 488 页。
④ 参阅[日]进上玄真：《唯识三十颂讲话》，白湖无言译，新文丰出版公司 2011 年版，第 29 页。
⑤ [古印度]弥勒菩萨：《瑜伽师地说》卷 51，[唐]玄奘译，《大正藏》第 30 册，第 581-582 页。

充其量作了借题发挥。从胜义谛上说，这些论说，终非了义、究竟，最终是要破除、丢弃和超越的。论云："心意识八种，俗故相有别，真故相无别，相、所相无故。"①八识从俗谛说，是各不相同的，因各有自己的因缘、相状、特点、作用方式等。但从体性上说，它们是没有区别的，都是假言施设，无所谓相与非相。论云："依识所变，假说我法，非别实有。"②

说我与法的实质也是这样。佛教先是姑且承认它们是有、是实，但这只是随顺说。如护法等对《唯识三十颂》"由假说我法"的解释是："世间圣教说有我法，但由假立非实有性。"③说其有，仅只是世俗有，而非胜义有，"假立故，唯世俗有"。相比较而言，"识是假境所依事，故亦胜义有"。④

龙树菩萨也碰到了类似的问题，所作的回答有助于我们弄清佛教心灵哲学的根本意趣。佛的确说了十二因缘、五阴、十二入、十八界等，但后来的生在像法、末法中的人，对佛说这些法的根本意趣多生误解或多不明了。论云："人根转钝，深著诸法，求十二因缘、五阴、十二入、十八界等决定相，不知佛意，但著文字。"⑤在龙树菩萨看来，佛说这些法的目的最终是说明："一切法不生不灭、不一不异""毕竟空"，⑥因此对这些法的态度只能是：厌离、了断。

① [古印度]护法等菩萨：《成唯识论》卷7，[唐]玄奘译，《大正藏》第31册，第38页。
② [古印度]护法等菩萨：《成唯识论》卷7，[唐]玄奘译，《大正藏》第31册，第38页。
③ [古印度]护法等菩萨：《成唯识论》卷1，[唐]玄奘译，《大正藏》第31册，第1页。
④ [古印度]护法等菩萨：《成唯识论》卷1，[唐]玄奘译，《大正藏》第31册，第1页。
⑤ [古印度]龙树菩萨：《中论》卷1，梵志青目释，[姚秦]鸠摩罗什译，《大正藏》第30册，第1页。
⑥ [古印度]龙树菩萨：《中论》卷1，梵志青目释，[姚秦]鸠摩罗什译，《大正藏》第30册，第1页。

第三章
“世间心理学”之破除与“有我—无我”问题

尽管佛教心灵哲学形成于两千多年前，但它里面却包含大量有现代乃至后现代心灵哲学意趣的思想，其重要表现之一是，在“民间心理学”这一现当代西方心灵哲学的新兴领域，不仅多有涉足，而且探讨颇丰。

第一节　西方现当代的“世间心理学”研究与佛教的贡献

“folk”（民间）是西方心灵与认知研究中新造的、极难翻译和理解的一个概念。在过去，尽管人们尝试用不同的词去翻译这里的“folk”，如“民族”“大众”“常识”等，但都没有将其意义充分展示出来。有了佛教心灵哲学的视角，似乎多了一些值得考虑的选择，如可借用与“出世间”相对的范畴——“世间”——来译 folk。当然，应承认，“世间”在佛教中有不同的用法及意义，有必要对其加以限定。

所谓“世间”，梵文为 loka，有世俗、凡俗之意。世者，指迁流的时间，如过去、现在、未来三世；间者，即事物之间隔。合在一起的字面意义是指时空中的存在者，特定的所指则是：具有可毁坏、须对治、隐覆真理等特点的众生。佛教内部对如何界定“世间”的外延的看法差异很大，如一种观点认为，如果说众生可分为十界（四类圣贤和六类凡夫）的话，那么从迷悟角度看，只有彻悟的佛界才可称作出世间、绝对界，其余九界均未达到此境界，属相对界，是出世间之外的九种世间。从分类上说，世间有世间、出世间、出出世间三种，前者指欲界、色界和无色界这三界的众生，出世间的特点是离脱苦集之三界，出出世间众生指八地至十地的成就者。还有很多说法。我们这里拟用来作为对译 folk 的“世间”一词，就是上述“三世间”中的第一种“世间”，即欲界、色界、无色界中的有情众生。它比“民间”一词好，因为“民间”不包括官方、知识界、上流社会等含义，而世间一词则能予以涵盖，可泛指所有一切未真正摆脱常识、凡俗观点影响的众生，乃至能包括非佛教的各种外道。在下面，我们将把西方心灵哲学所说的 folk 心理学统一译为“世间心理学”，它指的是隐藏、潜伏在这些众生文化心理结构中的心理学、心灵哲学思想。

在西方现当代心灵哲学中，世间心理学指的是在原始灵魂观念的基础上自发形成的关于心理的内容、结构、原则、心身的关系的常识理论。自形成以来亘古不变，内化在每个正常人的心中，因此每个人都会自发地、驾轻就熟地使用它。不仅如此，它还成了哲学中的二元论的主要根源和基础，甚至哲学和其他社会科学中的诸多理论，如人学、法学、伦理学、文化学、人类学、历史学等都离不开它。例如它对人的心身二分以及关于心灵的功能作用、心为中心和主宰的观念，一直是许多学科、理论得以展开和建立起来的基础。因此，世间心理学是哲学、人文社会科学大厦的基石。然而这一天经地义、从来没有人觉得有必要质疑的基础在当今解构之风盛行的时代，却面临着灭顶之灾。罗蒂（R. Rorty）、斯蒂克（S. P. Stich）、丘奇兰德（P. M. Churchland）等著名哲学家通过对它的拆解、清理和重构，发现它是一幅关于人、人心的完全错误的地形学、地貌学、结构论、运动论和动力学图景。

世间心理学是当代心灵哲学在反思心灵哲学却未见实质性进展及其根源时，通过考察人的文化心理结构发现的一种内隐的观念体系。在人身上，我们稍加注意便可发现这样一些现象或事实：正常的人，不管他是否学过心理学，都会对心理概念进行归属，都会用心理概念作出描述，比如说“某人相信（或期盼、想望）什么”，而不会把这些词用到树木、房屋上面（除非以修辞为目的在文学作品中如此使用）；人们都会解释和预言人的行为，并且所采取的形式几乎都一样——要解释某人为什么拿着雨伞，就会说“他相信……”“他希望……”等，要预言某人在某种情况下将采取何种行为，就会摆出一系列的条件句——如果他有愿望 P，且这愿望不与别的愿望冲突，如果他相信某种行动将使 P 得到实现，如果他相信他有能力完成行为K，那么在其他条件皆同的情况下，那信念和愿望便会使他做出行动K。人们的这些描述和归属心理现象、解释和预言人的行为的实践，用埃卡德（B. Eckardt）的一个专门术语描述，即“民间心理学的实践”。[①]这是任何人都无法否认，也不会否认的客观事实。更为重要的是，这些归属、解释和预言常常是正确的。既然是事实，既然有可靠性，那么自然就有这样的问题：这些事实赖以成立的条件是什么？这些归属、解释和预言的基础是什么？为了回答这些问题，说明人们解释、预言实践所用的这些资源，心灵哲学家便造出了“世间心理学”这一概念。

心灵哲学家所说的“世间心理学”颇令人费解。它指的不是一种写于书本，为专家们所坚持、所讲授的学说，而是隐藏在每一个正常的人的心灵深处、体现在人的行为实践中的概念图式或能力结构，是一种有特定含义的“理论”。一般的人都会使用它，但如果没有接触过心灵哲学、认知科学的有关讨论，压根就不会知道它的存在。但它又太常见了，以至于每个正常的人在碰到人及其行为时都必然要用它，即使是持取消主义立场的哲学家也不例外。因此这种心理学是常识性的，是故有人称之为“常识心理学”。但必须注意的是，这种常识心理学不是科学心理学的常识化，而是有其特定含义的。从其存在和显现的方式来说，它是内在于人脑内部、外显于人的解释、预言等实践中的常识心理学知识。从其关系维度来看，它与常人所知晓的民间物理学、化学知识处在同样的层次，渗透、包含于常人关于人、自然、宇宙的概念图式之中。从其历时性结构来看，它“无师自通”、自发发生。从其共时性结构来看，它包含许多存在命题、普遍原则和大量的理论术语。例如前者有：人是有理性的存在，因此人的行为具有可解释性和可预言性；人有“我”或心灵，其内部有心理活动、状态和事件等。普遍原则主要有：心理状态与刺激、反应之间有因果关系；我们每个人都可以认识“他心”，等等。它包含的常识心理观或心理概念模式是：第一，信念等心理状态、事件是一种实在，像物理事实一样存在着，只是看不见，摸不着，没有形体性；第二，信念等像外物一样有存在的空间，那就是在“心灵里面”，这个“里面”像外部空间一样是非充实的，里面有心理的事件，它们要么是并列的，要么是先后相继

① Carrier M，Machamer P. K（Eds.）. *Mindscapes：Philosophy，Science，and the Mind*. Pittsburgh：University of Pittsburgh Press，1997：47.

的，相互之间可以互为因果，相互作用；第三，心理事件从属于因果律，由外部刺激所引起，进而又可引起人的行为；第四，信念等心理概念具有指向性，是“关于”某种事物的；第五，诸心理概念具有整体性、相互联系性，因而从其中某一个概念可推知别的概念。不难看出，它所代表的这幅心理图景既涉及心理世界的内部关系，又涉及心与身、心与外部世界的关系，因此是一幅关于人的概念图式，至少是常识世界观的组成部分或基础。

西方围绕世间心理学所展开的研究极为丰富和活跃，且呈发展之势，主要倾向是对之作反思、批判，激进一点的观点是颠覆、否定、离弃。有理由认为，反思心理语言和世间大众文化心理结构中内隐的心理观念，是现当代心灵哲学的根本特点，乃至可看作判断一种心理理论是否是心灵哲学的标准。笔者在许多论著中作过评介，[①]可参阅。

佛教心灵哲学也做了今日关心世间心理学的学者所做的工作。例如，它首先描述、重构了佛教以外关于心的一切观点、理论，将它们称作“分别之见”，即“一切外道、声闻、缘觉、毛道凡夫（形容凡夫的心念不定，犹如轻毛随风飘舞）分别之见”。[②]经云：“此诸众生为大愚痴之所迷惑。”[③]就人而言，众生的迷惑表现在：相信有我、有心、有实体、有中心，心有得有失，等等。其实，从第一义谛上说，既无愚痴，又无迷惑，何况有人、有我、有中心？为了令人信服地从根本上颠覆世间心理学的颠倒之见，佛教也做了西方心灵哲学家的工作，即对世间心理学作出描述和重构。这项工作也可被称作关于它的描述现象学研究。

佛教对非佛教的描述现象学研究以及所作的概括、重构，实即上一章所述及的“依俗谛说法”。佛教为什么要这样做？目的很简单，即“了俗由证真”，[④]了俗是入门方便，否则，见真、证真无从开始。从本质认识的方法论来说，要获得关于隐匿甚深的本质的认识，先必须知差别相。心灵哲学的主旨是要揭示心之本质。要如此，先得随顺世间，说“心相差别”，然后再在破除的基础上创立自己的理论。佛教既有了知“心差别相”的需要，又有其可能。而外道就做不到这一点。经云，“众仙外道为爱所缠，不能了知心相差别”，更不能认识“诸识微细迁

① 高新民、沈学君：《现代西方心灵哲学》，华中师范大学出版社 2010 年版，第 300-309 页。
②《楞伽阿跋多罗宝经》（10 卷本）卷 1，[刘宋]求那跋陀罗译，《大正藏》第 16 册，第 518 页。
③《大宝积经》卷 5，[唐]菩提流志译，《大正藏》第 11 册，第 29 页。
④ [古印度]护法等菩萨：《成唯识论》卷 10，[唐]玄奘译，《大正藏》第 31 册，第 56 页。

流速疾”。[①]

佛教心灵哲学围绕世间心理学所做的主要工作是颠覆、破除，即破迷惑、除颠倒。子璿在揭示《大佛顶首楞严经》的起教动机时认为，佛说此经有十方面的原因。其中有这样三个方面与破有关——第二、四、九个起因分别是：“破诸妄执”（如破人们关于心是实体、有定位的观点，破阿难执妄迷真，破匿王执常为断等）、“断众疑”（如在因缘、自然、生灭等问题上的疑惑）、“究竟妄想之源”。[②]这些动机其实就是佛教心灵哲学的部分动机。有理由说，佛教心灵哲学在这里的特点是，“逆”或“不顺”民间心理学，而顺无心论、无我论。《成唯识论》概括得好：“诸大乘经顺无我，违数取趣，弃背流转，趋向还灭。”[③]

佛教对世间心理学的描述和重构实即对世间心理观、心身观、世界观的描述、重构。所做的工作极为全面，如“八倒”“十种异论”“六十二见”“二十身见”等概括的就是其中的主要内容。

“八倒”概括的是众生在常乐我净问题上的八种片面见解。其中常人四倒是于非常，生常想；于苦，生无苦想；于不净，生净想；于无我，生有我想。亚圣四倒是：于非苦中，生苦想，非苦即如来；于常，生无常想；于净，生非净想；于我有，生无我想。“佛法有我，即是佛性，世间之人说佛法无我，是名我中生无我想”，[④]于净法，生不净想。正确的态度则是超越这八倒，在这四个问题上坚持中道的立场。

“十六种异论”说的是在我、空、死、实、因果等问题上的十六种世间观点。它们分别是：①因中有果论；②从缘显了论；③无因见论；④去来实有论；⑤计我论；⑥计常论；⑦宿作因论；⑧自在等作者论；⑨害为正法论；⑩有边无边论；⑪不死矫乱论；⑫断见论；⑬空见论；⑭妄计最胜论；⑮妄计清净论；⑯妄计吉祥论。[⑤]

根据佛教的观点，世间所执着的所谓心，其实不是自然产生的，而是在人的观念运动中，由人杜撰或虚构出来的。它没有自然发生史，只有观念发生史。具

---

① 《大乘密严经》卷中，[唐]地婆诃罗译，《大正藏》第16册，第734页。
② [宋]子璿：《首楞严义疏注经》卷第一之一，《大正藏》第39册，第823-833页。
③ [古印度]护法等菩萨：《成唯识论》卷3，[唐]玄奘译，《大正藏》第14册，第31页。
④ 《大般涅槃经》(40卷本）卷7，[北凉]昙无谶译，《大正藏》第12册，第407页。
⑤ [古印度]无著菩萨：《显扬圣教论》卷9，[唐]玄奘译，《大正藏》第31册，第521页。

言之，世间把攀缘心当作心的全部、当作真实，当作一实体性主体的作用。它是这样杜撰出来的，即把内部摇动不息（内独立意识）、向外攀缘、朝外奔逸的东西当作心性，聚缘（内尘）内摇（独头意识）、趣外奔逸（外识），昏扰扰相，以为心性。世间不仅把心构造出来了，而且还在身体上为它安立了一个处所或空间，此即“一迷为心，惑为色身之内”。从根源说，人的攀缘心或妄心发生的根源是最初的一念无明妄动。根据《大佛顶首楞严经》，真心本来湛然妙明，但人由于无明，以为它既然是明，就是可以认识的，因而就生起了认识它的念头。这样，有生灭的分别心与不生灭的真心结合，就产生了第八识见分或识精。随着它的出现，其他心理现象纷纷出现。经云：妄心及身色、山河、虚空大地等，“咸是妙明真心中物”。①“色心诸缘，及心所使，诸所缘法，唯心所现。”②它们的出现纯粹是历史的误会，是颠倒的产物。颠倒的表现有二：一是误将妄心身当作真心，二是不知它们是根源于无明妄动。“一切众生，从无始来，生死相续，皆由不知常住真心，性净明体，用诸妄想，此想不真，故有轮转。”③

西方的世间心理学是以心身二分的二元论为核心内容的。印度的世间心理学尽管比较复杂，如有的是多元论，有的是一元论，但可以肯定的是，二元论也是其中的一种倾向。根据佛教的看法，这种心身二分观也是颠倒的结果。经云：众生“不知身心，颠倒所在”，④把身心错认为真实，其实，它们是真心所现。“汝身汝心，皆是妙明、真精妙心中所现物。”⑤其根源在于：遗失真心，让虚妄心身为真实心身。圆瑛法师解释说：“一切法唯是真心所现，真心如镜，诸法如镜中缘而已。”⑥

根据佛教所作的描述和重构，世间心理学的主要内容有这样一些方面。

在有我—无我问题上，世间心理学要么陷入常见，即认为有情身上有一常一不变作为实体的我；要么主张断见或断灭论，即认为有情身上什么也没有，甚至没有作为轮回、受报之载体的东西。就断见而言，它否认“自体”，强调“自体无体”，把一切看作是如兔角一样不存在的东西，“如兔角无，诸法亦无。”⑦佛说，

① 圆瑛法师：《大佛顶首楞严经讲义》，宗教文化出版社 2012 年版，第 123 页。
② 圆瑛法师：《大佛顶首楞严经讲义》，宗教文化出版社 2012 年版，第 120 页。
③ 圆瑛法师：《大佛顶首楞严经讲义》，宗教文化出版社 2012 年版，第 49 页。
④ 圆瑛法师：《大佛顶首楞严经讲义》，宗教文化出版社 2012 年版，第 120 页。
⑤ 圆瑛法师：《大佛顶首楞严经讲义》，宗教文化出版社 2012 年版，第 120 页。
⑥ 圆瑛法师：《大佛顶首楞严经讲义》，宗教文化出版社 2012 年版，第 120 页。
⑦《楞伽阿跋多罗宝经》（10 卷本）卷 2，[刘宋]求那跋陀罗译，《大正藏》第 16 册，第 524 页。

这些观点“非我所说”，其错误的根源是“不见根本”“愚痴凡夫……恶见所害，邪见迷意，无智妄称一切智说。”①

这里，我们重点考察一下佛教对常我论的描述性研究。经云：“外道著我见，有我相，故虚妄分别，外道见有四大之相，而著色声香味触法，以为实有。”②这里的“我”是梵文 ātman 的意译，可音译为“阿特曼”。大致有如下用法：①凡夫所说的“我”，②外道所说的神我、大我，③三乘所说的假我、真我。前两种用法是非佛教的观点，后一用法是佛教所赞成的。如《大般涅槃经》所概括的，前两种用法对“我”有这样的共同的思想，“若法是实，是真，是常，是主，是依，性不变易，是名为我。”③即把“我”理解为一种真实的、常一不变的、有主宰作用、能为别的性质所依的实体，十分接近西方实体二元论所说的精神实体。例如正理派认为，自我是实法，觉是其德，而觉以末那（心）为工具进行了知，了知的方法是量，即度量、测量或认知。量的形式有现量、比量、譬喻量、声量或圣言量。

佛教之外的诸派，对“我”的探讨很多，建立了多种理论，广说有十三种或十六种。它们在对“我”作进一步探讨时，必然会涉及这样一些问题。第一，关于“我”的常与无常的问题，大致有四种回答：①我有常，②我无常，③我非有常非无常，④我亦常亦无常。第二，关于“我”的有限无限问题，大致也有四类观点：①我有限，②我无限，③我亦有限亦无限，④我非有限、非无限。第三，关于“我”有无后世、是否不朽的问题，也有四种观点，可如上类推；第四，关于“我”是从无生还是从有生的问题，也有四种观点，可如上类推。④这里选择其中有代表性观点，略作分析。

根据《成唯识论》的概括，关于“我”有三种有影响的观点：“一者执我体常周遍，量同虚空。”⑤即认为存在着无所不包的大我，神我；“二者执我，其体虽常而量不定，虽身大小有卷舒故。”⑥即认为众生的“我”，体虽是常，但其大小是不定的，可展开至很大，也可卷缩至极小；“三者执我体常，一至细，如一

---

①《楞伽阿跋多罗宝经》（10 卷本）卷 2，[刘宋]求那跋陀罗译，《大正藏》第 16 册，第 522 页。
②《楞伽阿跋多罗宝经》（10 卷本）卷 1，[刘宋]求那跋陀罗译，《大正藏》第 16 册，第 517 页。
③《大般涅槃经》（40 卷本）卷 2，[北凉]昙无谶译，《大正藏》第 12 册，第 618 页。
④《大楼炭经》卷 3，[西晋]法立、法炬译，《大正藏》第 1 册，第 289 页。
⑤ [古印度]护法等菩萨：《成唯识论》卷 1，[唐]玄奘译，《大正藏》第 31 册，第 1 页。
⑥ [古印度]护法等菩萨：《成唯识论》卷 1，[唐]玄奘译，《大正藏》第 31 册，第 1 页。

极微，潜转身中，作事业故。”[①]即认为我体为常，但细如极微，潜伏于身中，是身体各种功能作用的根源，可流转三世。数论派的“神我论”就属第三种观点。迦毗罗言：“从冥初生觉，从觉生我心，从我心生五微尘，从五微尘生五大（地水火风空），从五大生十一根。神为主常、觉相、处中，常住不坏、不败，摄受诸法。”[②]从认知上说，它能知二十五谛，知之即得解脱，优楼迦言：“实有神常，以出入息、视眴、寿命等相故，则知有神。复次，以欲、恚、苦乐、智慧等所依处，则知有神。是故神是实有。”[③]

胜论派关于实我论有这样的论证。一、如果承认有涅槃可证可得，那么就必须承认有实我，不然，是谁得涅槃。因此“我定有”。同样，如果承认人有生有死，有轮回，那么也能推出相同的结论。二、人都有我见，因此一定有实我。“若无我者，依缘何法而起我见”？[④]三、缘他身，我见无。空华等也不能生我见，说明我见的产生一定有它自身的根源，这就是每个人身上的那个实我。四、一身二心不能并起，只能先后继起，我见不能缘现自心，这也说明我见之后必有实我。五、人身上真的有忆、识、习诵、恩怨等。若无我，怎么会有这些事情发生？总之，“决定有真实我，由此为缘发生我见。”[⑤]

佛教否认这种实我论的根据及论证很多，其中最常见的一个根据是因缘和合说：如果说人有心灵、有“我”的话，它不可能是实体性的、常一不变的。“今觉（神）实无常，所以者何？相各异故，属因缘故，本无今有故，已有还无故。”[⑥]另外，实有的东西一定是可得的，而外道所说的神识 “不可得”，[⑦]故是虚幻不实。对于胜论派的观点及论证，佛教的颠覆性论证是：实我论只是“虚言”，并“无实义”，因为，第一，“我若是有，应如色等从缘而生，生定归灭，则非常住。”[⑧]

---

① [古印度]护法等菩萨：《成唯识论》卷1，[唐]玄奘译，《大正藏》第31册，第1页。
② 转引自[古印度]提婆菩萨：《百论》卷上，[古印度]婆薮开士释，[姚秦]鸠摩罗什译，《大正藏》第30册，第170页。
③ 转引自[古印度]提婆菩萨：《百论》卷上，[古印度]婆薮开士释，[姚秦]鸠摩罗什译，《大正藏》第30册，第170页。
④ 转引自[古印度]护法菩萨：《大乘广百论释论》卷2，[唐]玄奘译，《大正藏》第30册，第194页。
⑤ 转引自[古印度]护法菩萨：《大乘广百论释论》卷2，[唐]玄奘译，《大正藏》第30册，第194页。
⑥ 转引自[古印度]提婆菩萨：《百论》卷上，[古印度]婆薮开士释，[姚秦]鸠摩罗什译，《大正藏》第30册，第171页。
⑦ 转引自[古印度]提婆菩萨：《百论》卷上，[古印度]婆薮开士释，[姚秦]鸠摩罗什译，《大正藏》第30册，第173页。
⑧ 转引自[古印度]护法菩萨：《大乘广百论释论》卷2，[唐]玄奘译，《大正藏》第30册，第194页。

可见，外道执我为实、为常的言论不能成立。“若非缘生，应如兔角，无胜体用。”[①]若不从缘生，就不可能是实有。第二，从危害上说，我见是众生生死根本。正是因为有我见，所以才有众生的生死流转。“无智有情不了平等、空、无我理，唯于诸行，无始数习我、我所见。”[②]第三，若是实有，有圣智者也应有此见，也应流转生死，不得涅槃，事实是，他们没有我见，且超越生死而趋入涅槃。论云：“若此我见，称实而知，而无始来引生死者，圣智亦应引诸生死，则应究竟不得涅槃。”[③]事实恰恰相反。第四，从男女等的身相也推不出我见，因为这些身相不能成为我见的所缘。“男女等相，我中无故，即所立因，便为不定。”[④]

再看顺世论的我论。这一派是古印度诸宗教—哲学派别中非正统的派别，持唯物主义立场。它相信有实我，但又对之作了唯物论的解释，如认为诸法及其我性，以四大种为基。由其和合，便有我。“四大种外，无别有物，即四大种和合为我。”“身根和合，安立差别，为缘发起男女等心，受用所依，与我和合，令我体有男等相现，缘此我境，复起我见。”[⑤]佛教对此的驳斥是，顺世论承认，四大的性质没有根本的差别，正是因为如此，它们才既能和合生内法（心、心所、我），又能生外法。如果是这样，性质无别，那么由它们所生的内外法就应无别。而事实上是有别的，如心内的思想观念完全有别于身体及身外的诸法。论云：“若四大种本性无有男、女、非二，云何得有男等相生？男女等心何缘而起？受用所依，虽与我合，云何令我、男等相现？若我无有男女等相，云何我见？谓我是男、女及非二？若本性无，虽与他合，终不能令转成余相，亦不能令生余相心。如鲜白物，虽合余色，不成余相。……是故决定无有实我。”[⑥]

《大乘广百论释论》列举了外道的如下实我论：“一类外道，执我周遍于一切处，受苦乐，”“我无形质，亦无动作，不可随身往来生死，故知内我遍于一切。”[⑦]还有一类外道主张：“我若周遍如虚空者，不应随身受诸苦乐，应如空界无所往来，其性湛然，非作、受者，是故我性应如色等，随所依身，形量不定，虽无形

① 转引自[古印度]护法菩萨：《大乘广百论释论》卷2，[唐]玄奘译，《大正藏》第30册，第194页。
② 转引自[古印度]护法菩萨：《大乘广百论释论》卷2，[唐]玄奘译，《大正藏》第30册，第194页。
③ 转引自[古印度]护法菩萨：《大乘广百论释论》卷2，[唐]玄奘译，《大正藏》第30册，第194页。
④ 转引自[古印度]护法菩萨：《大乘广百论释论》卷2，[唐]玄奘译，《大正藏》第30册，第195页。
⑤ 转引自[古印度]护法菩萨：《大乘广百论释论》卷2，[唐]玄奘译，《大正藏》第30册，第195页。
⑥ 转引自[古印度]护法菩萨：《大乘广百论释论》卷2，[唐]玄奘译，《大正藏》第30册，第196页。
⑦ [古印度]护法菩萨：《大乘广百论释论》卷3，[唐]玄奘译，《大正藏》第30册，第201页。

碍，而有所依，转变随身，受诸苦乐。虽依形质，有卷有舒，而我体性无生无灭。如油滴水，随水广狭，虽有卷舒，而无增减。”[①]还一类外道认为：“我体住于身内，形量极细，如一极微，不可分析，体常无变，动虑、动身，能作能受。”[②]

佛教重构、分析我见的目的，旨在破除。而要如此，必须知其形成根源与过程。人身上没有实我，众生为什么形成了我见呢？从大的方面说，我见是因众生愚钝无知而虚妄形成的。“一切智者皆非所见，唯诸愚人恒深乐著。”我见“皆无实我以为境界，唯缘虚妄身等为境，随自妄想觉慧生故。”[③]就像有关于二月、空华的见解一样。具体而言，我见是这样形成的：“先缘诸蕴，然后和合，虚妄计度。”[④]我见有两种：一是俱生我见；二是分别我见。它们形成的过程分别是，俱生我见是与生俱来的，不须他教，之所以如此，是因为无始来，内因力恒与身俱，俱生我见任运而起。俱生我见又有两种：一是常相续，我见第七识恒缘第八识，并相续不断地将其执计为我；二是有见断的我见。第六识在缘五取蕴时，一定会出现或别或总的心相，由于无明，人们错误地以为它是我。此我见是间断的，因为六识的计度会因睡眠、未作意而间断。分别我见不是俱生的，“非与身俱”，而是在环境、教育的影响下形成的，例如受“邪教及邪分别”的影响，就会形成这样的分别我见。有些人的我见就是受胜论等外道的实我论的影响而形成的。此分别我见又有两种：一是缘邪教所说蕴相，起自心相，分别为我；二是缘邪教所说我相，起自心相，分别为我。

佛教认为，对于这两类我见，应该分别用不同的方法去破，例如对分别我见，就应借助圣智去谛观，或“修习胜无我观”，在它们现行时，看它们如何生起，如是谛观，便能除灭。相比较而言，两种分别我见较容易破除，而两种俱生我见，则“微细难断”。[⑤]因为它们的形成发生于无意识深心世界，非常微妙，只有长期不懈地修行，弄清第七识生起的原因及过程，然后勤修因缘等观，方可灭除。

世间心理学不仅认为色心复合体有其自体、自性，即“我”，而且认为它的每个组成部分，如眼耳等，也都是独立的个体，有其“我性”、实体性。佛教的

---

① [古印度]护法菩萨：《大乘广百论释论》卷3，[唐]玄奘译，《大正藏》第30册，第201-202页。
② [古印度]护法菩萨：《大乘广百论释论》卷3，[唐]玄奘译，《大正藏》第30册，第202页。
③ [古印度]护法菩萨：《大乘广百论释论》卷3，[唐]玄奘译，《大正藏》第30册，第196页。
④ [古印度]护法菩萨：《大乘广百论释论》卷3，[唐]玄奘译，《大正藏》第30册，第202页。
⑤ [古印度]护法菩萨：《大乘广百论释论》卷3，[唐]玄奘译，《大正藏》第30册，第196页。

“诸法无我”原则所要破除的理论中就包括这种观点。《杂阿含经》云：“若有说言眼是我，是则不然。”[①]因为眼是因缘和合而生的，故无我，说其他组成部分，如耳鼻等，有我性，亦复如是。

常识心理观的另一根深蒂固的观点是坚信心是实有、常住的。不管身体怎么变化，其内一定有一个起主宰作用、恒常不变的心，此心有“住相”。[②]《大佛顶首楞严经》所说的“七处征心”鲜明地再现了常识观点的这一特点。“七处征心”是《大佛顶首楞严经》中讲的一个故事，说的是阿难在七个可能有心存在的处所为心寻找“定位”，同时也记述了佛对每种观点的逐一批驳。在我们今天看来，这种批驳可看作是对民间心理学关于心之定位的看法的批驳。对话是这样开始的。佛问阿难：你用什么观佛三十二相？用什么去爱乐？答：用心、用目。佛接着追问：心在哪里呢？阿难的第一个回答是：在身内。佛驳斥说，如果心在身内，那么它便既能见外，又能见内，就像我们在室内，既能见内，又能见外，但心并不能见身内的心肝等内部机构，不能见爪的生长、毛发的生长、脉的运动等。因此结论是，心不在内。接着阿难说：心在身外，就像灯光在室外，就只能照室外、不能照室内一样，心像灯光只能照外。佛驳斥说：如果心在外，那么心与身、外境并不相干，这样一来，人就不可能有觉知。就像我吃饭不能让别人肚饱一样。另外，说心在外，太过背理，是故心不在身外。其他几种回答分别是：潜伏根里；开眼见明，闭眼见暗，心在内外明暗内；不在内外中三处，而在“随所合处”；既不在内，又不在外，当在中间；不在内、外、中间，其无所在，一切无著，名之为心。对这些看法，佛逐一作了批驳。[③]

常识心理观还坚信：心、心所法有许多具体表现形式，如心有眼识、耳识、鼻识、舌识、身识、意识等，心所法即伴随这些心识产生的情感、意志现象，如仅就欲望而言，佛教就述及了七百五十种，当然重点关注、分析的是财色名食睡等欲求。如说众生为“七百五十诸欲所牵，其心乱时不能自专，为一切所盖。”[④]常识认为，它们不仅是实有的，而且有真正意义上的“产生”，即从别的东西里

① 《杂阿含经》卷 13，《大正藏》第 2 册，第 87 页。
② 《大法炬陀罗尼经》卷 4，[隋]阇那崛多译，《大正藏》第 21 册，第 676 页。
③ 参阅圆瑛法师《大佛顶首楞严经讲义》，宗教文化出版社 2012 年版，第 59-72 页。
④ 《三曼陀跋陀罗菩萨经》，[西晋]聂道真译，《大正藏》第 14 册，第 667 页。

面变出来的那种“生”。其条件是因缘。经云：“愚夫异生依所缘境，起心、心所，执有所缘，执有一切心及心所。”[①]心、心所之所以生，是因为有所缘境。佛教心灵哲学有时尽管也说心、心所由因缘生，但同时又强调，这样说是“不了义”，是非实说。经云：“诸菩萨众知彼所缘及彼所起心、心所法，都无所有，是故不生心、心所法。菩萨如是观察一切心、心所法，本性清净，本性明白。”[②]从究竟理地上说：“心、心所法皆不得生。既不得生，亦无住灭。心、心所法本性明净，离诸杂染，清白可乐。心性不生，亦无住灭。”[③]

世间心理学最突出的内容是它的心身观。基本主张是：①心身像山河、国家一样实有；②本是破幻之车或苦舟，以之为乐车；③心身无常、无主宰，而常识以之为有常、有主；④心身能相互依存，有真正意义的因果关系。[④]《渐备一切智德经》的概括是：“自见贪身，倚于吾我，而计有人，依形寿命，诸阴种大，贪住众人，浮没高下，撰择狐疑，疲极之态，谓言我所，恃怙财业，实有处所。”[⑤]常识心身观把身、我、财等当作实在存在，拼命追逐，总是要与别人争高下，争来争去，不仅空无所获，还让自己疲苦不堪。

第二节 世间心理学之解构

佛教心灵哲学所做的类似于今日西方心灵哲学的一项工作，就是在对世间心理学作描述性现象学研究的基础上对之作出解构。这里的“解构”也带有这样的后现代意味：将世间心理学彻底“拆散”，刨根究底，然后连根铲除，就像小孩拆散钟表后不能再还原一样。佛教这样做当然是一致于它的让众生得正解、善入正法进而离苦得乐、彻底解脱的宗旨的。因为旧的不破，新的无从立，误解不清除，正解无能成。有经云，唯有澄清心理的本来面目，扫除迷惑，才能让人“解于自心攀缘境界，善知胜法，能随顺入”。[⑥]另外，只要执色受想行识等诸有为法为常、为实，众生就只能受缚，沉沦苦海，无有解脱之可能性，若予破除，就有

① 《大般涅槃经》卷 598，[北凉]昙无谶译，《大正藏》第 7 册，第 1096 页。
② 《大般涅槃经》卷 598，[北凉]昙无谶译，《大正藏》第 7 册，第 1097 页。
③ 《大般涅槃经》卷 598，[北凉]昙无谶译，《大正藏》第 7 册，第 1097 页。
④ 参阅《六度集经》卷 4，[吴]康僧会译，《大正藏》第 3 册，第 23 页。
⑤ 《渐备一切智德经》卷 2，[西晋]竺法护译，《大正藏》第 10 册，第 471 页。
⑥ 《大法炬陀罗尼经》卷 1，[隋]阇那崛多译，《大正藏》第 21 册，第 661 页。

新生的希望。《持人经》云：“凡夫贪著识阴，为识阴所缚”，[1]因此如作茧自缚，其他的对色阴、想阴、行阴等法的贪执都如同绳索牢牢地将众生囚禁于六道轮回之中。

世间心理学关于心物现象的占主导地位的思想是实有论，即主张诸心物现象，如六根、六识、心所法、心不相应行法等，皆为实有。而破斥这一观点对佛教极为重要：第一，这是如实认知心灵的需要；第二，是人生哲学的需要，因为人只有断实有论，才能离世间苦乐，进而得解脱。经云：“若有有，则有苦乐；无有，则无苦乐。……若无有者，谓般涅槃第一之乐，是故离苦，得般涅槃第一之乐，……是故，欲得般涅槃者，当求断有。”[2]所谓断有，即认识到常识和一般哲学及宗教所承认的那些有存在地位的一切有为法是不存在的，如梦如幻，进而远离、弃绝它们。《楞伽阿跋多罗宝经》等众经论通过对相、名、妄想的分析，得出了这样的结论：这些看似天经地义的认识，实即颠倒，即把不真实、毕竟空寂的东西当作了实有，而把本来的真实（如真心）当作虚无。

凡夫执着为实有的一切事物，如六识、六尘、六根，表面上是实有法，其实不过是“相”。《楞伽经》云：“相者，若处所、形相、色像等现，是名为相。”“彼相者，眼识所照，名为色，耳鼻舌身意，意识所照，名为声香味触法，是名为相”，[3]人的认知能力所照见的内（观念等）外法尘（色声、山河大地等），表面上实有，其实虚幻不实，都是心在有关因缘条件下变现出来的幻相。之所以不实，是因为，若有关的众缘缺一个，这些所谓的实有法便烟消云散。《金刚经》云：“凡所有相皆是虚妄。”[4]

名即表述事相的符号、名称。《楞伽阿跋多罗宝经》卷四云：“若彼有如是相，名为瓶等，即此非余，是说为名。”[5]根据包括常识心理学在内的常识科学、常识世界观的观点，名或名称、言语符号是对应的实在的指称方式，如“瓶”就是表示存在着的瓶的名称，“心”“灵魂”“我”“身”等也是如此，都一定有其对应的实在。而按照佛教的存在论，名所对应的所谓对象不过是梦幻泡影，因为它们不

① 《持人经》卷2，[西晋]竺法护译，《大正藏》第14册，第649页。
② 《大法鼓经》卷上，[刘宋]求那跋陀罗译，《大正藏》第9册，第292页。
③ 《楞伽阿跋多罗宝经》卷4，[刘宋]求那跋陀罗译，《大正藏》第16册，第511页。
④ 《金刚般若波罗蜜经》，[姚秦]鸠摩罗什译，《大正藏》第25册，第781页。
⑤ 《楞伽阿跋多罗宝经》卷4，[刘宋]求那跋陀罗译，《大正藏》第16册，第511页。

过是因缘和合体，但有名字，并无实义。《楞伽阿跋多罗宝经》卷四云：“施设众名，显示诸相，瓶等心、心法，是名妄想。”①《大智度论》卷十五云：“若诸法实有，不应以心识知故有。”②意为，如果诸法是实有的，那么它们应该是离开众生的认识而存在的。但问题恰恰在于：心不知，它们便不有。如地坚相，以身根身识知故有，若无身根身识知，则无坚相。对象的远近大小等都是这样，是因有人的认识才有的，且随观察的位置、角度的变化而变化。再以声音为例，人们所分别声者，非声自体，何以故？为根所取故。人们所说的“快乐”“烦恼”等称名所对应的所谓对象都是如此，但有名字，亦无实义。《大乘密严经》卷上云：“唯依相立名，是名无实事。”③《大法炬陀罗尼经》指出：“但诸凡夫，以愚痴故，自心所见，言我证知……无有所知法，所知唯是名。”④即把自心所认识的各种心理现象、色身现象当作真实的存在，这不过是愚痴的表现。其实，它们像别的一切法一样，“如是所说，不在彼此，不在两间，是平等中无证知者，既于三世去来现在，斯皆平等不可证说。”⑤既然如此，就不应分别：是谁所说，对谁而说，何处有说，云何可说。这就是说，常识和传统哲学所说的主客分别、关于思想加工的搅拌机模型、把心分为能与所、心里、心的产物等都是妄见，是毫无根据的。

与实有论相关的是关于心身的常一论。它认为，色法与非色法、心法与非心法都有其常性，如在一定时空中以同一不变的性相表现出来，作为一固定不变的东西存在。正如《大般涅槃经》概括的，世间理论执著的“有为之法，凡有二种，色法、非色法。非色法者，心、心数法。”⑥非色即非物质、非形体性的事物、现象，主要包括八识心王和由之所决定的许许多多的心所法。佛教认为，它们实际上没有持续一刻的同一性、恒常性，时刻都处在生灭之中。例如心法的特点是“无常”“何以故，性是攀缘、相应、分别”“眼识性异，乃至意识性异，是故无常”。同理，“色境界异，乃至法境界异，是故无常”“心若常者，眼识应独缘一切法，若眼识异，乃至意识异，则知无常”。⑦

---

① 《楞伽阿跋多罗宝经》卷 4，[刘宋]求那跋陀罗译，《大正藏》第 16 册，第 511 页。
② [古印度]龙树菩萨：《大智度论》卷 15，[姚秦]鸠摩罗什译，《大正藏》第 25 册，第 171 页。
③ 《大乘密严经》卷下，[唐]地婆诃罗译，《大正藏》第 16 册，第 767 页。
④ 《大法炬陀罗尼经》卷 2，[隋]阇那崛多译，《大正藏》第 21 册，第 667 页。
⑤ 《大法炬陀罗尼经》卷 2，[隋]阇那崛多译，《大正藏》第 21 册，第 667 页。
⑥ 《大般涅槃经》卷 14，[北凉]昙无谶译，《大正藏》第 12 册，第 445 页。
⑦ 《大般涅槃经》卷 14，[北凉]昙无谶译，《大正藏》第 12 册，第 445 页。

佛教还用类似于归谬法的方法驳斥了关于心的常有论、实在论。《大般涅槃经》指出：如果心是常，那么结论一定是，一个人在不同时间、地点的心，应是一样的，同一处境下的不同人的心也应是一样的，而事实并非如此。“心性异故，名为无常。”①例如声闻人的心性不一样，缘觉的心性不一样，而外道心有三种：出家心、在家心、在家远离心。即使他们面对同一对象，环境完全相同，而所得的认识可能完全不同。因此，“当知心性各各别异，有别异故，当知无常。”②同理，作为色法之一种形式的身体也是无常的，例如人在胎中就念念变迁，没有任何的同一不变性，一切都处在新陈代谢、生生灭灭之中。人的身体内的构成也是“随时而变”的。

再看佛教对心身有我论的破除。佛教的基本观点是：不管是身，还是心，都没有众生所执著的那种“我”。世间心理学由于承认心物现象是实有、有常性，自然便认为它们有“住相”。住相是常识所承认的“我”的一个特点或相状。“住”是有为法的四相（生、住、异、灭）之一，指的是它们的能持续的性相。经云：“诸众生横于如是无住法中，妄生住想，彼如是见色有住相，乃至受想行识皆有住相，如是诸阴有住相故，乃至十二入、十八界等皆有住相。如阴入界有住相故，乃至地水火风空识皆有住相，如地水等有住相故，及与彼身皆有住相”。③在佛教看来，事物的住相是幻觉，因为根据佛教关于事物的构成理论，一切事物都是合成性的，部分后有部分，极微后有极微，里面是找不到能保持住相的基质或实体。从时间上说，一切事物刹那生灭，即使是在事物变化的前后相续的两个时间点，都找不到持续不变的东西。既然住相是幻觉，那么常识心身观应予抛弃。这种抛弃，既是认识上的实事求是的表现，又有解脱论的意义。因为“若能于此离著、清净，即得圆满一切众相”。④

不仅住相是幻觉，生相、异相、灭相也是这样。因为名（心）、色都是空。名、色之所以生起，皆因无明及由之所引发的诸行。“诸行不起，则名色不生，名色不生，则一切诸相皆不可得。”⑤世界的本来面目是平等不二、无有差别的，

---

①《大般涅槃经》卷14，［北凉］昙无谶译，《大正藏》第12册，第446页。
②《大般涅槃经》卷14，［北凉］昙无谶译，《大正藏》第12册，第446页。
③《大法炬陀罗尼经》卷4，［隋］阇那崛多译，《大正藏》第21册，第676页。
④《大法炬陀罗尼经》卷4，［隋］阇那崛多译，《大正藏》第21册，第676页。
⑤《大法炬陀罗尼经》卷4，［隋］阇那崛多译，《大正藏》第21册，第676页。

而“诸凡夫于甚深法自心分别”，却分出心、身等差别法。“当知是中悉皆平等”，像虚空一样，“远离依止”，无边无际，无有别异。“诸凡夫妄生执著，于深佛法不信、不解、不谘智人，于世间事妄起分别，执著不舍。”①

包括心身在内的世界万法的本来面只能是：平等不二、如如一体。这是对世界及其万法的如实认知，亦即如实智或正智。“以此正智，不立名相，非不立名相，舍离二见，……知名相不生，是名如如。”②《大乘义章》卷三对此的解释是：“言如如者，是前正智所契之理，诸法体同，故名为如如，就一如，中体备法界恒沙佛法，随法辨如，如义非一，彼此皆如，故曰如如。”③

佛教还揭露了世间心理学的实有观、常一观的错误根源，那就是颠倒，即把假执为真，把幻化执为实有，把无常执为常。而这又根源于无始无明。由于无始无明的妄动，因此众生便形成了颠倒智及其相应的认知结构。“诸凡夫颠倒智取，不能识知”，所见的外法“但是心法”，“以不如实知彼种种境像，颠倒取颠倒法”。④从心理学、认识论根源来说，世间凡夫由于无明，进而有二相心、分别心，以为所见诸法为实为常。反过来，若心停下来，观诸法实相，一切便平等不二。“一切诸法自体相不生，是内身证圣智境界故。”⑤只要放下分别，如实谛观，如观“色如聚沫，受如水泡，观想如炎，行如芭蕉，观识如幻，是五虚妄欺诳之相。”⑥六入（眼耳鼻舌身意）也应如是观，即观它们的空，观它们的让“众生入恶道”的有害作用，直到达到这样的结果：“摄心所缘，系令不动”。⑦

《大乘起信论》云：“一切诸法，唯依妄念而有差别。”⑧意为世界万物本无丝毫差别，一如一体，只因心有妄念、有分别，才有此与彼、好与坏、心与非心、你与我等差别。根据《大佛顶首楞严经》的分析，众生执心物等法实有、常住，就像眼睛中有翳、有影子的人看事物一样：事物上本无影子，但由眼睛有问题而看到了影子。同理，世界本无色心等差别，一切如如，但众生由于有分别心，因此人为作出了关于色受想行识五阴的分别。“譬如有人，以清净目，观晴明空，

①《大法炬陀罗尼经》卷2，[隋]阇那崛多译，《大正藏》第21册，第668页。
②《楞伽阿跋多罗宝经》卷4，[刘宋]求那跋陀罗译，《大正藏》第16册，第511页。
③ [隋]慧远：《大乘义章》卷3，《大正藏》第44册，第523页。
④《深密解脱经》卷3，[元魏]菩提流支译，《大正藏》第16册，第675页。
⑤《入楞伽经》卷2，[元魏]菩提流支译，《大正藏》第16册，第526页。
⑥《达摩多罗禅经》卷下，[东晋]佛陀跋陀罗译，《大正藏》第15册，第320页。
⑦《达摩多罗禅经》卷下，[东晋]佛陀跋陀罗译，《大正藏》第15册，第321页。
⑧ [古印度]马鸣菩萨：《大乘起信论》，[梁]真谛译，《大正藏》第32册，第567页。

惟一睛虚，迥无所有。其人无故，不动目睛，瞪以发劳，则于虚空，别见狂华，复有一切狂乱非相。色阴当知，亦复如是。”[①]意为世界本无色之类的事物，它们的生起根源于认识的错误，即虚空中本无任何物体，但眼睛盯着虚空看，便有像狂花一样的事物出现在眼前。所谓的色或物就是这样出现的，其他四阴及眼耳鼻舌身意六入等都莫不如此。总之，常识世界观所看到的国土、众生的分别，“皆是无始见病所成”。[②]

佛教最有学理价值同时又有后现代意味的解构是对世间心理学的“常我论”的破斥。根据常我论，人之所以能作为统一体而存在，之所以有所谓的人格同一性，每个人之所以始终认同自己是同一个“我”，而不会把“我”与他人弄错，乃是因为人身上有一始终保持着同一性、单子性、实体性的存在，它就是“我”。现当代的取消主义者以及有心灵哲学头脑的脑科学家，如诺贝尔奖得主埃德尔曼（G. Edelman）、克里克（F. Crick）等对之作了有力的否定。他们的根据是观察和实证方面的。因为如果人身上有这样的“我”，科学的观察乃至解剖学家的手术刀就一定能把它找出来，但事实则不然。两千多年前的佛教所作的否定性论证同样精彩。《大涅槃经》指出：常识所理解的“我”不外这样的意思，它是一个东西，“不可破坏、裂打”，不会变化、“生长”，[③]从始至终都是一个样子。例如每个人可以承认头发、皮肤、感受的变化，但不会承认“我”的变化。如果承认，就等于承认自己身上有不同的“我”或多个“我”。《大涅槃经》认为，身内之所以无世间心理学所说的那种“我”，是因为心身都是因缘和合体。该经还逐一批判了常识、外道关于有“我”的几种论证。第一，外道认为，身内之所以有同一不变的“我”，是因为心内有一种特殊的念想，它专门盯着“我”，此念即“专念”。[④]佛教认为，这个论证是不能成立的。因为“若以专念为我性者，过去之事则有忘失，有忘失故，定知无我”。[⑤]意为，念头总是有停下来的时候，有亡失的时候，如果以专念为“我性”，那么就会得出“我”有时不存在的结论。第二，佛教认为，外道根据忆想解释“我”也不能成立。因为许多事情是没法忆想的，

① 圆瑛法师：《大佛顶首楞严经讲义》，宗教文化出版社 2012 年版，第 197 页。
② 圆瑛法师：《大佛顶首楞严经讲义》，宗教文化出版社 2012 年版，第 181 页。
③《大般涅槃经》卷 14，[北凉]昙无谶译，《大正藏》第 12 册，第 446 页。
④《大般涅槃经》卷 14，[北凉]昙无谶译，《大正藏》第 12 册，第 446 页。
⑤《大般涅槃经》卷 14，[北凉]昙无谶译，《大正藏》第 12 册，第 446 页。

“无忆想故，定知无我”。[①]例如人们经常有这样的自问，即想到自己曾见人的手有六个指头，然后问：我何处见到这类事情？这一问本身表明人无“我”，因为“若有我知，不应复问”。[②]第三，根据“有遮”解释也不行。遮有阻断、否定、止住、停止、隐覆、不显露之意，有点类似于西方经院哲学所说的“隐秘的质”。外道认为，若人身上存在着遮、隐蔽的东西，那么一定有“我”。佛教认为，如果“我”作为遮存在，就一定不会永远隐藏不出现。就像说一个人善于言辞或言说调达一样，如果他总没有言说，就不能说他调达。同理，“我亦如是，若定是我，终不遮我，以遮我故，定知无我。若以遮，故知有我者，汝今不遮，定应无我”。[③]第四，佛教批驳了“以伴、非伴定有我的论证”。伴即伴随，随之发生的东西。外道认为，如果有伴随物发生，就可推知有“我”。佛教认为，一切如如，空无所有，无所谓伴与非伴，因此无“我”。例如如来、虚空、佛性，“实无有伴”“以是义故，定知无我”。[④]第五，批判了“以名字故知有我”的论证。外道认为，有名便有实，既然有“我”名，便一定存在着“我”。佛教认为，“无我法中，亦有我名”，[⑤]一个分文无有的人，可起一个“富贵”的名字，此名便无其实。“以是义故，定知无我”。[⑥]第六，批驳了外道“以婴儿出生后便马上寻找乳汁”来论证有“我”的作法。小孩寻找乳汁并不能说明人有“我”，因为有“我”的话，他就不会吃粪便，而事实上，如果小孩拿着粪便也会吃。“若有我者，一切婴儿不应执持粪秽、火、蛇、毒药”。[⑦]第七，批判了外道“以相貌故知有我”的论证。外道认为，人的相貌以及人的进与退、行与停、俯与仰等行为方式证明有“我”。佛教认为，有相、无相与“我”无关。例如人在睡觉时，就没进止、俯仰等动作，有“我”的话，他睡时也应有这些动作。第八，外道有这样的论证：人在见他人吃果子时，口中会生涎，这证明人有“我”。《涅槃经》批判说：“我迹非涎、非喜、非悲、非久、非笑、非卧、非起、非饥、非饱，以是义故，定知无我。”[⑧]

总之，常人、外道妄计有“我”，“痴如小儿，无慧方便，不能了达常与无常，

---

① 《大般涅槃经》卷14，[北凉]昙无谶译，《大正藏》第12册，第446页。
② 《大般涅槃经》卷14，[北凉]昙无谶译，《大正藏》第12册，第446页。
③ 《大般涅槃经》卷14，[北凉]昙无谶译，《大正藏》第12册，第446页。
④ 《大般涅槃经》卷14，[北凉]昙无谶译，《大正藏》第12册，第446页。
⑤ 《大般涅槃经》卷14，[北凉]昙无谶译，《大正藏》第12册，第446页。
⑥ 《大般涅槃经》卷14，[北凉]昙无谶译，《大正藏》第12册，第446页。
⑦ 《大般涅槃经》卷14，[北凉]昙无谶译，《大正藏》第12册，第446页。
⑧ 《大般涅槃经》卷14，[北凉]昙无谶译，《大正藏》第12册，第446页。

苦乐净不净我无我。”[①]

《杂阿含经》对无我、体空作了譬如性论证。“譬如三芦立于空地，展转相依，而得竖立，若去其一，二亦不立，若去其二，一亦不立，……识缘名色，亦复如是。”[②]人看起来是一个统一体，好像里面有一个作为统率、主宰的“我”，其实，每个人都如同相互依靠的三根芦苇，即众多因素组合在一起的混合体。人的心识或精神也是这样，是由别的心理现象加上外在的色而成立的。“如两木相磨，和合生火，若两木离散，火亦随灭，如是诸受缘触集，……若彼彼触集故，彼彼受亦集，彼之触集灭故，彼彼受集亦灭止。”[③]

《修行道地经》从内在构成、发生学（个体和种系）等不同角度，对人无我作了全面论证，结论是：“是身中诸空，计体了无我，何况于外空，当复计有所。”[④]

中观学派的提婆的论证是：“如瓶等物，现见故是有，无为非现见故是无。何以故？无为无体相，故无法，舍有舍无。二俱舍故，能断我见，及我所见。”[⑤]意为从事相上说，“我”像瓶等物一样是有，但从体性上说，事物的本质是无体相，一切皆无，既无有，又无无，因此无我，无我所。

根据《大佛顶首楞严经》的概括，世间心理学所执著的“我”有三种。一是广大周遍的神我。此我既无经验根据，又无先验根据。二是微细我。它精细微密。“别观我心，精细微密，犹如微尘，流转十方，性无改移。”[⑥]所谓精是指八识种子，细是指流注莫见，微指虚受照应。虚受照应故说微，行相出隐故说密。佛教认为，这种我像广大神我一样，是不可能存在的。如果承认有“不变神我”，即为《楞严经》中所说的外道四颠倒中的一颠倒。在关于自他的常与无常问题上，佛教认为，自他都是无常的。而外道（如数论）认为，自我中有神我，故是常，他物是人心之变现，因此无常。佛教的观点是：以为是“究竟神我”，它通十方，疑明不动，是“堕落外道，惑菩提性”。[⑦]第三，承认补特伽罗的存在与变化。补特伽罗为梵语 pudgala 的音译，意为数取趣、人、众生，指轮回转世的主体。数

① 《大般涅槃经》卷 14，[北凉]昙无谶译，《大正藏》第 12 册，第 446 页。
② 《杂阿含经》卷 12，《大正藏》第 2 册，第 81 页。
③ 《杂阿含经》卷 12，《大正藏》第 2 册，第 82 页。
④ 《修行道地经》卷 4，[西晋]竺法护译，《大正藏》第 15 册，第 209 页。
⑤ [古印度]提婆菩萨：《百字论》，[元魏]菩提流支译，《大正藏》第 30 册，第 250 页。
⑥ 圆瑛法师：《大佛顶首楞严经讲义》，宗教文化出版社 2012 年版，第 788 页。
⑦ 圆瑛法师：《大佛顶首楞严经讲义》，宗教文化出版社 2012 年版，第 787-789 页。

取趣，意为数度往返五趣轮回者。补特伽罗之所以受生，是因为有生前所造诸业，即是因酬业或酬答宿业而受生。佛教认为，这种“我”显然也是子虚乌有，例如，当行者通过修习，达到行阴尽时，则会因亡果丧，超越生死。可见，这种“我”是不存的。如经云：“同分生机”，即十二类生命共同的生起始基，“倏然隳裂，沉细纲纽（生起之枢纽），补特伽罗，酬业深脉，感应悬绝。”[①]意为：修行到行阴尽时，生机的深细纲纽即破裂、终止，酬业的深潜脉络、生命的因果循环便告终结，随之超脱六道轮回，至此，当然不会有补特伽罗在六道中轮回。

《成唯识论》对实我论从逻辑上作了有力的破斥。第一，如果像一种实我论主张的那样，“我体常周遍，量同虚空”，[②]那么没法说明人事实上具有的这样的性质，“随处造业，受苦、乐”。[③]第二，如果认为“我体是常”，那么会得出这样的结论，其“量不定，随身大小有卷舒”，[④]而这显然与说体是常相悖。第三，执我体常，就没法说明我怎么可能随身造作诸业。论云：“执我常遍，量同虚空，应不随身受苦、乐等，又常遍故，应无动转，如何随身能造诸业。”[⑤]另外，若执有实我，还有许多问题无法解决，如一切有情是同是异。其他的难题还有：若我是常是实，“若言同者，一作业时，一切应作；一受果时；一切应受，一得解脱时，一切应解脱，便成大过。若言异者，诸有情我，更相遍故，体应相杂。又一作业、一受果时，与一切我处无别故，应名一切所作所受。若谓作受，各有所属，无斯过者，理亦不然，业果及身与诸我合，属此非彼，不应理故。”[⑥]还有：若我是常是实，我是可分还是不可分，我与蕴是即、还是离，还是非即非离的关系，我有思虑还是无思虑，有作用还是无作用，我能否见所缘境，等等，都没法得到合乎逻辑的解释。

世间心理学所说的“我”还有一种更为广义的用法，即指所有一切有为法（包括人以外的一切物质事物）中的常一不变的实体性存在，如说它广泛存在于受、受者、瓶、衣等一切法中。对人无我的论证，也适用于这种“我”，论云：“若人说有我，诸法各异相，当知如是人，不得佛法味。”[⑦]相关论述，这里从略。

① 圆瑛法师：《大佛顶首楞严经讲义》，宗教文化出版社2012年版，第802页。
② [古印度]护法等菩萨：《成唯识论》卷1，[唐]玄奘译，《大正藏》第31册，第1页。
③ [古印度]护法等菩萨：《成唯识论》卷1，[唐]玄奘译，《大正藏》第31册，第1页。
④ [古印度]护法等菩萨：《成唯识论》卷1，[唐]玄奘译，《大正藏》第31册，第1页。
⑤ [古印度]护法等菩萨：《成唯识论》卷1，[唐]玄奘译，《大正藏》第31册，第1页。
⑥ [古印度]护法等菩萨：《成唯识论》卷1，[唐]玄奘译，《大正藏》第31册，第1页。
⑦ [古印度]龙树菩萨：《中论》卷2，梵志青目释，[古印度]鸠摩罗什译，《大正藏》第30册，第15页。

世间心理学还有一种观点，即认为众生身上有“本住”。住即持续、保持其同一性，本住即住之本，是有情身上的具有根本地位的、持续不变的东西，其作用是让有此本住的事物以不同于他物的方式表现自身，如：一个念头之所以是一个不同于其他念头的东西，眼之所以不同于耳，我之所以不同于你，都因为里面有本住。《中论》认为，本住是不存在的，因为一切诸法从根本上说都不存在。既然如此，本住就没有存在和起作用的地方。《中论》通过对眼耳等的本性的分析得出了这样的结论：众生执著的本住或主宰压根就不存在。如偈云：“若眼耳等根，苦乐等诸法，无有本住者，眼等应亦无。”“眼等无本住，今后亦复无，以三世无故，无有无分别。”①如果有本住，它一定是可说、可知的，但事实上，人们并没有办法去说、去知它。例如，瓶、衣等外法之所以能被认识、被说为有，是因为有眼耳等根。若要说、知有本住，则先应有相应的主体，但事实上并没有这样的主体。如果说人是本住，也说不通，因为“以法知有人，以人知有法，离法何有人，离人何有法？”②在这里，法指的是眼耳等，人指的是本住，通常的观点是：以有法，故知有人，以有人故知有法。这其实陷入了循环论证，再说，“离眼耳等法，何有人？离人，何有眼耳等法？”③更重要的是，深入地分析，眼耳等法中并无本住或人。“一切眼等根，实无有本住，眼耳等诸根，异相而分别”，④里面根本就不存在作为主宰的东西。

佛教在揭示实我论的根源时，做了所有世间心灵哲学所未涉及的一项工作，即深入到深层的无意识心理世界，挖掘它的心理学和认识论根源，认为世间心理学执有实我的根源是“第七识缘第八识，起自心相”，⑤以为有我，有实心。至于具体的论证过程，我们留待后面考察关于第七识、第八识的理论时再一并予以讨论。

世间心理学在实我论的基础上，基于对我的小人式、人格化理解，建构出了一个关于心理世界的类似于手工作坊式的概念图式。根据这个图式，心有其空间，可称作“心里”，里面的作者、主人就是心。它借助诸认识器官，“领取”外在对

---

① [古印度]龙树菩萨：《中论》卷2，梵志青目释，[姚秦]鸠摩罗什译，《大正藏》第30册，第14页。
② [古印度]龙树菩萨：《中论》卷2，梵志青目释，[姚秦]鸠摩罗什译，《大正藏》第30册，第13页。
③ [古印度]龙树菩萨：《中论》卷2，梵志青目释，[姚秦]鸠摩罗什译，《大正藏》第30册，第13页。
④ [古印度]龙树菩萨：《中论》卷2，梵志青目释，[姚秦]鸠摩罗什译，《大正藏》第30册，第13页。
⑤ [古印度]护法等菩萨：《成唯识论》卷1，[唐]玄奘译，《大正藏》第31册，第7页。

象，把它们变成观念，储存于心中，然后借助思量等加工活动，形成思想、看法等“产品”。每一种心、每一种根也可看作是一个由小人控制的加工单位。以眼根为例，“眼等诸根，受等心法，此若有者，则有先住”。意为身体中的眼等诸根，以及感受之类的心法，如果是有，就一定生起了，并住于一定时空之中（即有先住）。若有住，就一定有能住的体，就像有织布的人在布之前就存在着一样。如偈云：“若取者无体，眼等不可得，以是故当知，先有此住体。”①这体就是心，就是我。佛教认为，这纯粹是一种虚构，因为人身内根本不存在作为取者的主体。有论云：“眼等取前”，即认识、占有对象之前，“无彼取者”，因为一切和合而生，眼根、心法等中不可能存在着能取的主体。“眼耳及受等，所从生诸大”，即从地水火风四大而来，“于彼诸大中，取者不可得。”“第一义中，取及取者体不成故。”如果说它们是有，也只能说它们是“名言施设”。②世间心理学关于心身结构的图景中还有很多构件，根据《杂阿含经》对此的重构，“身内有此识，身外有名色”，另外，还有“六识身、六触身、六受身、六想身、六思身”，③等等。佛教通过对它们的分析，得出的结论是，常识的这些看法都是虚妄、颠倒，因为名色、识都赖因缘而有，故无常、苦、空、无我，“纯大苦聚集”。④由于因缘和合，因此“六识身无、六触身、六受身、六想身、六思身无”。⑤若真的无掉了常识心理学执著的有，那么便能“无有当来生老病死、忧悲恼苦”。⑥

根据《大乘广百论释论》的看法，心、心所法都是因缘和合而成的东西，里面没有作为同一不变主体的“我”或作者，即没有小人式的心，没有能产生能动作用、能造业的作者。“尚无能动一毫之力，况能造业得名作者。”⑦“内我实非男，非女、非非二，但由无智故，谓我为丈夫。”⑧

外道把心灵设想为拥有能量、材料、能起作用的主体或作者，如《大乘广百论释论》所重构的，“有执我体常遍、无碍，能造万物，名为作者。”⑨佛教认为，

① [古印度]分别明菩萨：《般若灯论释》卷6，[唐]波罗颇蜜多罗译，《大正藏》第30册，第82页。
② [古印度]分别明菩萨：《般若灯论释》卷6，[唐]波罗颇蜜多罗译，《大正藏》第30册，第82-83页。
③《杂阿含经》卷12，《大正藏》第2册，第83-84页。
④《杂阿含经》卷12，《大正藏》第2册，第84页。
⑤《杂阿含经》卷12，《大正藏》第2册，第84页。
⑥《杂阿含经》卷12，《大正藏》第2册，第84页。
⑦ [古印度]护法菩萨：《大乘广百论释论》卷2，[唐]玄奘译，《大正藏》第30册，第197页。
⑧ [古印度]护法菩萨：《大乘广百论释论》卷2，[唐]玄奘译，《大正藏》第30册，第195页。
⑨ [古印度]护法菩萨：《大乘广百论释论》卷3，[唐]玄奘译，《大正藏》第30册，第201页。

“此亦不然”，因为“若汝执我有动作用，名为作者，即有无常及有质碍。”[①]只有有常性、有质碍性的事物才能够运动、起作用。而这样又违背了其基本原则：我体常遍、无碍。概而言之，世间心理学犯了两种错误：一是增益，即在对象、世界之中人为增加本不存在的法，如认为人身上有“我”“灵魂”就是如此；二是减损，即在对象中，人为否认客观存在着的东西，如否认真心、涅槃、菩提、不灭性的客观存在及作用。《大佛顶首楞严经》云：“徒获此心（妙明心），未敢认为本元心地。”[②]而以缘心为真我、真心，既不知其有，当然不能得其妙用，可悲可叹。《瑜伽师地论》对上述两种错误的概括是：“于彼所有色等想事，或起增益，或起减损。”[③]所谓“增益执”，即“于色等法实无事中”，[④]执之有我、有实、有常，所谓“减损执”，即“于色等法实有唯事”，[⑤]人为否定客观存在着的真实。

第三节 “真我”的迷失与寻回

在有我与无我问题上，佛教心灵哲学是极为辩证的。这表现在：既否定世间心理学的有我论，强调它所承诺的我是妄我，是虚幻不实的，在人身上根本找不到，又基于佛教对心身的如实知以及为解释的需要，而承认有特定意义的我，尤其是强调众生和世间心理学丢掉了人们身上的真我，进而从特定角度建立了自己的“有我论”。简言之，佛教心灵哲学既破我，又立我。这样做当然是在贯彻“如实知心”的心灵哲学最高原则，因为若事实上有我，而人为否定它的存在，即犯了上节所说的不如实知的一种错误——“减损执”。在这里，佛教心灵哲学通过自己的心理的“地质学”“地理学”勘探和发掘，获得了一项心理大发现，即发现了妄心后的真心、假我后的真我。由它既破又立这一特点所决定，佛教心灵哲学的心理语言学便有了这样一个特点，即它所用的心理语言没有绝对不变的“定义”，其意义永远是随着语境的变化而变化的，“我”一词亦复如是。这就是佛教关于“我”的“不定说”“差别说”。

① [古印度]护法菩萨：《大乘广百论释论》卷3，[唐]玄奘译，《大正藏》第30册，第201页。
② 圆瑛法师：《大佛顶首楞严经讲义》，宗教文化出版社2012年版，第125页。
③ [古印度]弥勒菩萨：《瑜伽师地论》卷36，[唐]玄奘译，《大正藏》第30册，第488页。
④ [古印度]弥勒菩萨：《瑜伽师地论》卷36，[唐]玄奘译，《大正藏》第30册，第488页。
⑤ [古印度]弥勒菩萨：《瑜伽师地论》卷36，[唐]玄奘译，《大正藏》第30册，第488页。

佛教立我有多方面的原因。一是佛教心灵哲学在对心的地毯式的搜索和钻井式的深掘过程中，发现了有情身上为世间心理学所不知的真我、真心及“不生灭性”。这就是我们前面所说的佛教心灵哲学的三大发现中的一个发现。如果真有此种真实性，而人为予以否认，便会犯减损执这一错误。二是有解释的需要。这表现在多个方面。第一，人事实上有客观的人格同一性，例如：《大佛顶首楞严经》中说到的波斯匿王与佛同岁，六十多岁的他知道他与小时的他是同一个“他”。这是为什么？人的心身作为有为法时刻在变化，刹那生灭，为什么每个人会把自己的变化的心身知觉为一个人？第二，人对外物的知觉。例如：对一个瓶的形状的知觉，有关的感觉信息、材料是在历时性过程中分别得到的，但一项知觉任务完成了，人便会形成一个关于瓶的超历时性的——具有共时态特点的统一的认识。这是如何可能的？如果里面没有不变的东西，那么就意味着知觉传入内部的信息分别给了变化着的东西，果如此，就不可能有统一的认识之发生。康德碰到了这个问题，为予回答，便提出了关于“先验统觉”或“先验自我意识”的理论。《大佛顶首楞严经》也是如此，为了解答，便提出并论证了关于真心、真我的概念。第三，若不承认有我，佛教的因果报应、解脱、涅槃理论便难以自圆其说。例如：如果无我，谁来受报？“若无我者，先所作事，云何故忆而不忘失？答曰：以有念觉与心相应，便能忆念三世之事，而不妄失。又问：若无我者，过去已灭，现在心生，生灭既异，云何而得忆念不忘？答曰：一切受生，识为种子，入母胎田，爱水润渍，身树得生，如胡桃子随类而生。此阴造业能成后阴，然此前阴不生后阴，以业因缘故，便受后阴，生灭虽异，相续不断。如婴儿病与乳母药。儿患得愈，母虽非儿，药之力势能得于儿，阴亦如是，以有业力便受后阴，忆念不忘。”①如果无我，谁得解脱，谁入涅槃？为回答这些问题，佛教又立我。须知，这并没有陷入自相矛盾。因为破我和立我所针对的对象、所发生的语境是各不相同的。破我要破的是世间心理学所说之“我”。经云：“为破世间我，故说无我义。”“入佛法已，信心增长，勤修精进，善学空法，然后为说常住安乐有色解脱。复次，或有世俗说有是解脱，为坏彼故，说言解脱悉无所有。”②也就是说，说空，说无我，说解脱悉无所有，是为破世俗对“我”、对解脱的理解的。为防止众生

① ［古印度］马鸣菩萨：《大庄严论经》卷1，［姚秦］鸠摩罗什译，《大正藏》第4册，第260页。
② 《大法鼓经》卷下，［刘宋］求那跋陀罗译，《大正藏》第9册，第296页。

从一个极端走向另一个极端，即为防止人们陷入把解脱理解为断灭空、把有情众生理解为绝对生灭之流的极端，也为回应上述难题，佛教又承认人能得解脱，有情身上有“我”。当然这个“我”根本有别于世间心理学所说的“我”。如经云：“我复见彼众生，见毕竟灭以为解脱，彼无慧人趣向灭尽，然后我复百千因缘，说解脱是有。”①能得解脱，就一定有得者，一定有常一不变的东西。“得解脱自在者，当知众生必应有常。譬如见烟必知有火，若有我者必有解脱。若说有我，则为已说解脱有色，非世俗身见，亦非说断常。”②意为这里的得解脱的“我”、解脱的色，已不是世俗所说的我和色，这里的断和常也不是戏论中的断与常。

佛教在立我时，先对否定有情众生有我的观点作了批判。根据宗喀巴大师的概括，绝对否定有我，主张我无自性、刹那生灭，有三种过失。第一，“忆念宿命，不应道理。”意为，认为我刹那生灭是没有道理的，因为人事实上能记得并回忆过去所做之事，甚至能忆念前世所做之事。用西方哲学的话说，人有关于自己在过去、现在、未来不同时间中的同一性的意识。“前者所受，后者能忆，虽性各异，然不相违”。如果我刹那生灭，那么每个人对于过去所做之事，就不能说那是自己所为。第二，“作业失坏。”意为，如果认为我刹那生灭，那么人所造之业就无受报者，人也都不会有责任意识，社会将陷入无序。“先造业果，应无人受，作业之我，当受果前已坏灭故，无余我故。”第三，“未作会遇。”意为，如果认为我刹那生灭，那么会得出这样的结论，即使每个人没有造某业，也会受其果报。“若尔，诸余补特伽罗未作少业，当受彼业果报因缘，亦当受余补特伽罗作业之果。”③部派佛教也认识到了这一点，强调如果完全无我，那么生命与非生命的区别，生命的自主性、自调适性，尤其是佛教基本原则的业报、轮回学说，就会因缺失载者、主体而难以自圆其说，因此“立我”是佛教理论建设的应有之义。

总之，在特定意义上，佛教承认有我和常住。《大般涅槃经》说得很辩证：“若我住者，即是常法，不离于苦，若无我者，修行净行，无所利益，若言诸法皆无有我，是即断见。”④当然应看到，佛教内不同经典、派别、论者对于这个“我”究竟是什么、如何界定，是有不同的看法的。不过，总的原则和精神是一致，即

①《大法鼓经》卷下，[刘宋]求那跋陀罗译，《大正藏》第9册，第296页。
②《大法鼓经》卷下，[刘宋]求那跋陀罗译，《大正藏》第9册，第296页。
③ [元]宗喀巴：《宗喀巴大师集（第1册）》，法尊译，民族出版社2001年版，第485-486页。
④《大般涅槃经》卷14，[北凉]昙无谶译，《大正藏》第12册，第410页。

不承认有情众生身上有一“离蕴”的、绝对独立的、实体性的、只有常性而没有无常性的“我”。如后面将看到的，佛教所立的“我”是既有常性、同一性，又有无常性、非同一性的东西。还应注意的是，佛教在特定意义上承认的“我”，有两种所指或意义。这应根据其具体用法来分析。一是佛经中常说的“小我”（如“如是我闻”）；二是“大我”，即用来说明涅槃德性和万物体性时所说的“我”。这又有两种情况，一是把“我”看作是证得了真心或涅槃时一种妙用，如作为涅槃四德的“常乐我净”中的“我”就是如此；二是把此真我等同于真心。《大佛顶首楞严经》中用了许多词来述说真心，如清净、无上菩提、性觉、本觉、妙明、真我、本觉、妙明真心，它们所指的是作为诸法体性的本我、大我。[①]

先来看第一种意义的“我”。对此，佛教内部的看法不统一，差别很大。不过，有一点是共同的，即一般不承认佛教肯定的“我”是五蕴之处的另一独立的东西，不承认它是实体或单子性存在，而认为它是与五蕴有关的东西，要么是五蕴之和合作用，要么是某一蕴，至少与蕴有关。

根据《阿毗昙毗婆沙论》的概括，佛教关于“我”的界定，有二十种观点，论云：“佛经因阴说二十种我见。”[②]因为阴有五种，对于每种阴可形成四类我见，一是认为阴是我，二是认为阴异我，三是认为阴属我，四是认为我在阴中。所以四种对五阴的我见，合起来便是二十种。《本事经》等也作了类似概括、梳理，认为对“我”的说明不外四种：我即蕴、我有五蕴（五蕴属我，我包含五蕴）、五蕴中有我（我在五蕴中）、我中有五蕴（此即大我，五蕴在梵我之中）。《杂阿含经》卷五说有二十种我见。因蕴有五种，每种蕴与“我”有上述四种关系，所以乘五有二十种说明。如，就色与“我”的关系而言，有四种说明：①色是我；②色异我；③色在我中；④我在色中，其他四蕴与我的关系可类推。《瑜伽师地论》卷六十五将常见的对我的说明概括为四种：①即蕴我；②离蕴我；③蕴中我（我异于诸蕴，住诸蕴中）；④我非即蕴、非离蕴。部派中对“我”的诠释方式很多。它们一方面坚持诸法无我（补特伽罗）、破外道之离蕴我，另一方而又立我，重新解释我，一般认为，如果说有我的话，我要么是某一蕴，要么是诸蕴之和合。“自续派以下，虽不许如外道所计离蕴而外有余事我，然许安立即蕴我。有部中

① 参阅圆瑛法师《大佛顶首楞严经讲义》，宗教文化出版社 2012 年版，第 182-190 页。
② [古印度]迦旃延著、五百罗汉释：《阿毗昙毗婆沙论》卷 4，[北凉]浮陀跋摩、道泰等译，《大正藏》第 28 册，第 26 页。

之一类正量部，许蕴和合为我。伽湿弥罗有部及经部立识相续为补特伽罗。唯识派主阿赖耶为补特伽罗。中观自续派立意识为补特伽罗。应成部即不许上所立理”，而“安立此能执为执自相有，彼能执之境为自相有”。[①]

就部派佛教的立我论而言，如前所述，它们的共同的思想是，反对外道所说的常一不变之实体性我，认为这种我是主观增益的，即无中生有。犊子部尽管承认有实我，但此实我是粗分相似性我，即不是绝对同一之主体，而是只在变动中保持相似性的我。[②]从肯定方面说，诸派为了随顺世情以及为了解答佛教理论化进程中出现的有关问题、完善佛教理论的需要，又“立我”，即对经论中所说的“我”或“补特伽罗”作出解释。

上座部分支犊子部提出并论证了所谓的“胜义我”，认为“补特伽罗非即蕴、离蕴，依蕴处界假施设名……诸法若离补特伽罗，无从前世转至后世，依补特伽罗可说有移转。”[③]意为众生之所以有三世移转，是因为有补特伽罗这种“我”，此我的特点是：不是蕴，但又不离蕴。这种非即非离的微妙实在即是“胜义我”。化地部认为有三种蕴。一是念顷蕴。这类蕴刹那生灭，随念灭马上即灭，因此不可能是轮回、业报之主体。二是一期生蕴。所谓“一期”是从生至死这一时期，是无限生命系列中的一个大的阶段。这种蕴只能持续一期，“至死恒随转”，不能延续至下一期，因此不可能成为轮回之主体，不是“我”。三是穷生死蕴，即能在此一期生命、死亡过程、中阴直至下一期生命中贯穿、“随转”的蕴，即便是在“得金刚喻定”中，它仍在“随转”。当然，在最终解脱时，此蕴会断。正是它，才可被看作是“我”。[④]

经量部也承认有三种蕴：有蕴、有根边蕴、一味蕴。其中，只有一味蕴才可成为轮回之主体。所谓一味缊即存在于心识深层隐秘处的微细意识。它有不变的性质，是外在性质和构成的基质，因此可称作“根本蕴”。当然此细意识又不是独立的实体，而是第六识之细分。其粗分即可显现于经验、内知觉面前的意识；细分则是潜在的、隐匿的。经量部对此的论述很丰瞻，如：有时把它规定为“异熟果识”，认为它不仅是身心诸功能的根据，生命流转的主体，而且是一切种子

① [清]善慧法日：《宗教流派镜史》，刘立千译，王沂暖校，西北民族学院研究室 1980 年版，第 13-14 页。
② [清]善慧法日：《宗教流派镜史》，刘立千译，王沂暖校，西北民族学院研究室 1980 年版，第 15 页。
③ [古印度]世友菩萨：《异部宗轮论》，[唐]玄奘译，《大正藏》第 49 册，第 16 页。
④ [古印度]无性菩萨：《摄大乘论释》卷 2，[唐]玄奘译，《大正藏》第 31 册，第 386 页。

的载体。根据《大乘成业论》的记载，该派认为，“异熟果识具一切种子，从初结生乃至终没，展转相续，曾无间断，彼彼生处由异熟因，品类差别相续流转，乃至涅槃方毕竟灭。”[①]作为经量部之前驱的譬喻论师也有类似的思想，如：认为众生心中有一种“细心”，它隐匿不见，在灭尽定时，即使一切染污、粗心都灭尽了，此细心仍不灭，正是它，是众生的“我”。[②]

正量部认为，经中所说的“我”、佛教可承认的“我”，是不离蕴，不即蕴，与蕴不一不异的、不可说的我。据《入中论》载：此宗强调，在诸蕴之外，不可能有我存在，因此非离蕴有补特伽罗。但又不能由此说，我就是诸蕴，因为身体的任何组成部分都不可能成为我。既然如此，只能说，我与蕴的关系是非一、非异；非常、非无常的关系。但又必须承认人有我，至少应从名言上立“我”，不然就没法解释轮回业报。如果有业、有报、有轮回，就必须承认，业有其作者，报、轮回有其受者。同理，若承认有生死与涅槃、系缚与解脱，也必须承认它们的系属。是故《异部宗轮论》云：“补特伽罗非即蕴、离蕴；依蕴处界假施设名”。[③]部派佛教中，持类似看法的还有犊子部、贤胄部、密林部、法上部等。

印度其余部派及大乘诸宗在解释“我”时，一般用蕴来解释补特伽罗，认为我就是某一蕴，或我就是蕴之集合。具言之，有这样一些不同看法。①毗婆沙论师认为，五蕴和合即是我。成实师也有类似思想。②经量部中，随教行俱舍师和顺根本经部师认为，心即是我。此宗的随理行师、土官和宝无量的《土官呼图克图的四宗要义》则坚持相续识为补特伽罗。所谓相续识即指相续不断的第六识。

《阿毗达磨俱舍论》的看法是：“执我有无，俱边见摄，如次堕在常、断边故。”[④]因为执有我，则堕入常边见，若执无我，则堕断边见。两种边见都会碰到无法摆脱的难题。例如，执有我，会碰到与事实的矛盾，因为在人身上找不到常一不变的我；若否认我，又无法说明生死流转，无法解释佛为什么常把自己称作“我”，如常说：今我于昔为世导师。为解释这类现象，《阿毗达磨俱舍论》说，生命的流转像燎原的火，虽刹那生灭，但前后相续不断，有情之所以生死相续，是因为

---

① [古印度]世亲菩萨：《大乘成业论》，[唐]玄奘译，《大正藏》第31册，第784页。
② [古印度]五百大阿罗汉：《阿毗达磨大毗婆沙论》卷152，[唐]玄奘译，《大正藏》第27册，第774页。
③ [古印度]世友菩萨：《异部宗轮论》，[唐]玄奘译，《大正藏》第49册，第16页。
④ [古印度]世亲著、真谛释：《阿毗达磨俱舍论》卷30，[唐]玄奘译，《大正藏》第29册，第156页。

五蕴聚在一起有接续不断的特点。“如是蕴聚假说，有情爱取为缘，流转生死。”①这就是说，生死流转中有补特伽罗，但此补特伽罗该作何理解？它是何物？佛说的“我”是什么？该论的回答是，“昔我即今体应常住，故说今我昔为师”，这样说的意思是：“显昔与今是一相续”。②这无相续体的相续性就是我，它远离断常二边，既不是作为实体的真实的我，又不是非我，而是流动的、变化的相续。

应看到的是，在“有我”与“无我”问题上，有些部派也有中道的色彩，即一方面强调没有常见所说的那种实体性、有自性的我或补特伽罗；另一方面又承认五取蕴和合在一起可称作“我”。因此既反常见，又力避断见，其表现是：像诸佛经一样，“但说名色，而无有情及补特伽罗”，“仅于五取蕴存在之时而名有情及补特伽罗，于第一义中，观察一一法，则无执著者的所谓‘我’或‘我是’的有情，只是第一义的名色而已。”③如果不这样，要么堕常见，要么堕断见。“如果舍此如实之见，而执‘有情’者，则认为（自己）有灭或不灭，认为不灭者则堕常见，认为灭者，则堕断见。”④

大乘佛教对“我”的界定、解释更为中道、辩证。瑜伽行派认为，阿赖耶识是第七识所执著的假我，是我执的境事，权可施设名言为“我”。《唯识三十颂》云：“由假说我、法，有种种相转。”⑤中观自续师认为，意识即我。清辨的《分别炽然论》云：“我等于名言中亦于识上安立我名，由识能取后有，故识是我。”⑥意即意识能将储存在心中的、由感知得到的观念、表象（后有、内法）作为材料提取出来，对之作出加工、处理，因此如果说有我的话，可把识安立为名言我。中观应成派则假立现前五蕴身为我，即把现前的五蕴身权当作是“我”，假立名言为“我”。它并不是一个统一不变的实体，不是外道所说的实我，而只是一个名言我，亦即世俗假有。基于此，它反对这样的我论，如：离蕴实有我、我即蕴自性、我为诸蕴之所依、诸蕴为我之所依、我性有诸蕴、诸蕴积聚为我、诸蕴和合为我，等。善慧法日法师说：“佛法中破补特伽罗我——破神我，破常一自在及独立实有我，不堕常见；各

① [古印度]世亲著、真谛释：《阿毗达磨俱舍论》卷30，[唐]玄奘译，《大正藏》第29册，第156页。
② [古印度]世亲著、真谛释：《阿毗达磨俱舍论》卷30，[唐]玄奘译，《大正藏》第29册，第156页。
③ [古印度]觉音：《清净道论》，叶均译，中国佛教文化研究所1991年版，第557-558页。
④ [古印度]觉音：《清净道论》，叶均译，中国佛教文化研究所1991年版，第557-558页。
⑤ 井上玄真：《唯识三十颂讲话》，白湖无言译，新文丰出版公司2011年版，第29页。
⑥ [清]善慧法日：《宗教流派镜史》，刘立千译，王沂暖校，西北民族学院研究室1980年版，第81-82页。

宗派依自宗见，据正理量及圣教量，成立依蕴我，不堕断见。”[①]

龙树菩萨关于我的中道的、辩证的理解代表的是佛教的正义。先看他对业、果报的究竟理解。“如经说，一切众生皆随业而生，恶者入地狱，修福者生天，行道者得涅槃。”[②]但须知这是方便而说，不究竟，不了义。如果不适当地予以理解，如承认业、果是实，住于一定时空中，便会倒向承认业、果是常的边见。“业若住，至受果报，即为是常，是事不然。何以故？业是生灭相，一念尚不住，何况至果报。”反之，“若谓业灭，灭则无”，[③]进而走向另一极端，绝对否认业报，又堕断见。正确的中道的理解是：“虽空亦不断，虽有亦不常，业果报不失，是名佛所说。”[④]有了对业与果的中道理解，就不难形成关于我的中道之见。根据龙树的看法，既然业与果报有存在的一面，就一定有能造业的主体，有受报的载体。这就是我。只是这里的“我”，不是实体性的我，而是非一非异、非断非常的我。龙树不仅承认有我，而且通过分析三世中流转的识及其本质特点，具体说明了它不是什么，是什么。从否定方面看，它不是一实体，不是一极微，不是保持着自己同一性、资源的实在。他说：“无有极微等法，从于此世，移至他世。”[⑤]如果认为有这样的心识，即陷入了有常论，“成常过”。[⑥]从肯定方面说，在三世中肯定有能流转的心识，可把它看作是我，只是它是不一不异、非断非常，既有差异性、又有同一性的一种力量。它刹那生灭，但又连绵不绝，也像湍急的水流，不停流动，新生新灭，以至没有人能两次踏进同一条河流，但它毕竟是同一流水。

“即”与“离”这对范畴的确是说明我与蕴之关系的重要范畴。即指的是等同、等于；离指的是分离、不相同。外道也常常用到它们，如外道也有各有特点的“即蕴论”（我就是蕴）和“离蕴论”（我不是蕴，而是异于蕴的实在），因此应细心辨析，将佛教与非佛教的观点区别开来。根据关于我的中道见，我与蕴是非即非离、亦即亦离的关系。所谓离，指我与五蕴不能绝对等同，但这又不同于外道所说的离。因为这种离不是绝对的无关，只是强调我与蕴毕竟有差别。尽管有差别，有离的一面，但同时又有相即或不可分离的一面。中观学派认为，关于

① [清]善慧法日：《宗教流派镜史》，刘立千译，王沂暖校，西北民族学院研究室1980年版，第82页。
② [古印度]龙树菩萨著：《中论》卷3，梵志青目释，[姚秦]鸠摩罗什译，《大正藏》第30册，第21页。
③ [古印度]龙树菩萨著：《中论》卷3，梵志青目释，[姚秦]鸠摩罗什译，《大正藏》第30册，第22页。
④ [古印度]龙树菩萨著：《中论》卷3，梵志青目释，[姚秦]鸠摩罗什译，《大正藏》第30册，第22页。
⑤ [古印度]龙树菩萨：《因缘心论释》，《大正藏》第32册，第491页。
⑥ [古印度]龙树菩萨：《因缘心论释》，《大正藏》第32册，第491页。

神或神我、神识，有两种理解：一是“即论”，认为神即是五蕴或五阴；二是“离论”，认为神我不是五阴，而是五阴之外的、但又居住在身中的独立的实在。《中论》认为，两论皆错。如果说神识是五阴，那么就会得出神识生生灭灭的结论。而事实是神识可轮回。“神若是五阴，五阴无常”，即生生灭灭，无常败坏，结论就会是：“神亦应无常生灭相，但是事不然”。认为神不是五阴，“离五阴”，[①]即认为神无五阴相。这便会产生另一个问题：若是离五阴，就不会有任何法。因为人是五阴和合，没有五阴，哪有别法呢？龙树提出的关于神我的中道理解是：亦有亦无，亦实亦不实，从事上说，神我是有，是实，从理体上说，神我是无，毕竟空，是实相、寂灭相。“诸法实相中，无我、无非我。……一切实、非实、亦实、亦非实，非实、非非实，是名诸佛法。”[②]

龙树还用比喻说明了五蕴与我的关系，认为它们的关系像薪与火一样，不一不异。薪与火既不同一，又非不同一。我与身体上五蕴的关系也是这样，我像火焰，五蕴身像燃烧的薪。它们是不一不异的关系。“离身不见法，离法不见身，不一亦不异，应当如是见。”[③]这就是说，佛教在强调我即蕴时，是不能与非佛教的“我即蕴论”相混同的。因为尽管都承认我即蕴，但各自所作的赋义不同。这表现在：佛教理解始终是中道的、辩证的。佛教强调的我，是非一非异的我，即既具有刹那生灭性又具相对同一性的我，而非佛教所说的“我”则是有自性、实体性的我，即非中道、不辩证的我。非佛教的“我论”以及“我即蕴论”由于不具有这一特点，因此是错误的。根据宗喀巴大师的概括，非佛教的我即蕴论有三方面的过失。第一，“计我无义。”这里的“义”既指义理，又指利益。具言之，“若许我、蕴二性是一，妄计有我，全无义利，以是蕴异名故，如月及有兔。”意为，非佛教的观点由于缺乏中道见效，因此像它们那样把我解释为蕴在义理上是错误的，在实践上是有害的。第二，如果像外道那样计执我为蕴，那么会得出“我应成多”的结论，因为有情身上有五蕴。既然有五蕴，我亦有五。而这样说我显然是行不通的。第三，如果像外道那样认为我即蕴，那么会得出“应有生灭”的结论，如断言此时有我，彼时无我，而这样说也不通的，因为蕴刹那生灭。[④]

① [古印度]龙树菩萨著：《中论》卷3，梵志青目释，[姚秦]鸠摩罗什译，《大正藏》第30册，第24页。
② [古印度]龙树菩萨著：《中论》卷3，梵志青目释，[姚秦]鸠摩罗什译，《大正藏》第30册，第24页。
③ [古印度]分别明菩萨：《般若灯论释》卷7，[唐]波罗颇蜜多罗译，《大正藏》第30册，第86页。
④ [元]宗喀巴：《宗喀巴大师集（第1册）》，法尊注，民族出版社2001年版，第484-485页。

宗喀巴强调：相对于外道否认我有依于蕴的一面来说，佛教坚持认为，我有即蕴的一面。但必须注意，不能简单地说，我可以完全等同于蕴。因为我有异于蕴的一面。若将它们同一，实有大过，因为“此数取趣，受如是身，蕴是所取，我是能取，若许彼二是一，作业、作者亦当成一”，[①]这种等同就像把瓶与制瓶的人混同一样荒谬。但是，我又不离蕴，或者说，两者有相即的一面。这表现在，蕴有生灭相，我亦如是。因为“我若不具生灭之相，即应是常；常则无变，全无作为。”如果是这样，计执有我，既无认识上的意义，又无实践上的利益。此即“毫无义利”。因此主张我离蕴、异蕴的理论，也“不应理”。[②]

综上所述，佛教关于我与蕴的关系的理论根本有别于两种极端的看法。一者主张我即蕴，是同一的；二者主张我离蕴、两相异。佛教认为，两论皆不可取，因为“若计是一，究竟过难，谓火薪等、作者与业，皆当成一。……如是若异，应如色心各别可见，”[③]而事实并非如此。关于我与蕴的关系，还有一种错误的观点：认为我尽管不是蕴，但依于蕴，或者说蕴依于我。换言之，一个是能依，一个是所依。在佛教看来，此说也不能成立，因为如前所说，它们不仅具有相离、相异的关系，而且具有非异或相即的关系。“然无异性，故无所依及以能依。”另外，还有观点认为，诸蕴之和合即是我，“此亦非理。”[④]因为五蕴合在一起有色形之特点，如果断言我即诸蕴和合，也会得出我心有色形的结论，这显然也是错误的。还应小心对待的是，佛教为破斥外道所主张的我是蕴之外的独立实体（离蕴论），有时也说我即蕴。这与非佛教的我即蕴的说法根本不同。因为佛教说我即蕴，并不是说我可以等于蕴，而是说：我是依蕴的假名，此处“我”并无实指，只是一个假施设。简言之，是“依蕴假名为我”。[⑤]

佛教所说的“我”具有辩证的特性，它既是无常的、此起彼伏、生生灭灭，又像火焰、流水一样相续不绝，既非绝对的同一性，又非绝对的相异性，是一既具有生灭性、又有非一的相续性的实在。就其不是实体性、无自性存在者而言，就其因缘和合而言，它是假我，如《四百论释》云：“诸因果法，应离分别、一

① [元]宗喀巴：《宗喀巴大师集（第1册）》，法尊注，民族出版社2001年版，第487页。
② [元]宗喀巴：《宗喀巴大师集（第1册）》，法尊注，民族出版社2001年版，第488页。
③ [元]宗喀巴：《宗喀巴大师集（第1册）》，法尊注，民族出版社2001年版，第488页。
④ [元]宗喀巴：《宗喀巴大师集（第1册）》，法尊注，民族出版社2001年版，第489页。
⑤ [元]宗喀巴：《宗喀巴大师集（第1册）》，法尊注，民族出版社2001年版，第490页。

性、异性，由因差别果相显现，惟有诸行相续无常，能取假我，随念宿生，应正道理。”①

从作用上说，佛教承认的我，尽管是假我，但其体毕竟空，仍是有其特定作用的东西，例如，它是三世轮回、因果报应的载体，是心身绵延、等无间流动的根源。但它不是常一不变的实体、主宰，同样要服从因果定律。《佛说圣法印经》云：“因缘所合致神识者，此皆无常，无有根本，此神识者，依倚无常而有妄想，故有缘起十二因缘也，皆归于尽，无常、苦、空，毁坏别离，离欲灭尽。晓了是知，乃知无本。”②

佛教有时也把有心称作“我”，但这是假说。契经常说：由善调伏我，智者得生天。此处的“我”即指心。世尊常说：“应善调伏心，心调能引乐。”“但于心，假说为我。”③

佛教承认的另一种意义的我，即作为宇宙、人生之本体的大我、真我、真心。此我也可称作涅槃、佛性、菩提、般若。它之所以被称作我，是因为它有觉性、明性。只是这明性是彻底的、广大无边的洞彻妙明，非一般人心之明性所能比；是不依于主客二分、无须分别的本明。如果说妄心的明是依于知和分别的有知之明，那么真心的明是无知之明，是真正的大光明。当然，这种真我只在佛身上现实显现，而在一般凡夫身上，由于无明、烦恼聚积太深太厚，真心只是默默地、不自觉地发挥它的作用，如随染缘，变现染法，随净缘，变现净法，因此是以潜在的形式存在的。《大般涅槃经》说：如来尽管“不进不止、不俯不仰、不视不眴、不苦不乐、不贪不恚、不痴不行”，但“如来如是真实有我”，④而凡夫是无意识地有此真我。

《大方等大集经》指出：进入佛菩萨的世界观、平等观，或如佛一样觉观世界，自他、你我、心身的界限便会荡然无存，在这时，真我便会如实显现。“若有能作如是思维，我随意观，色即是见，色即是我心，我心即色。”“我是色相，……因四大起，虚空、风、色，等无差别，……观自、他性，亦复如是。……言虚空者，即是我也，即是净我，即是我心，我者无色，如空无边。”⑤意思是，此真我

① 转引自[元]宗喀巴：《宗喀巴大师集（第1册）》，法尊注，民族出版社2001年版，第487页。
②《佛说圣法印经》，《大正藏》[西晋]竺法护译，第2册，第500页。
③ [古印度]世亲著、真谛释：《阿毗达磨俱舍论》卷2，[唐]玄奘译，《大正藏》第29册，第9页。
④《大般涅槃经》卷14，[北凉]昙无谶译，《大正藏》第12册，第446页。
⑤《大方等大集经》卷33，[北凉]昙无谶译，《大正藏》第13册，第224页。

极为奇特，只要有同佛一样的知见，如是想，如是行，人面前就会出现这样的景象，我是我，山河大地是我，一切外法无不是我，整个世界就是我。是故，此真我常被称作大我，至大无外，至小无内。

《大法鼓经》辩证地说明了我与无我、涅槃寂灭与常住不灭的关系，阐释了“有非有法门”。“如来毕竟涅槃，而实如来常住不灭。般涅槃者非毁灭法。”“如来常住及有如来藏，而不舍空，亦非身见空，空彼一切有为自性。”“如来涅槃而复常住，一切无我而复说我。”①此我即“大我常住法身”。②

既然每个人都有这样妙明的真我，为何人们没有看到？因为它作为众生的真我、佛性、如来性，为无量烦恼所覆障了。就像有眼翳的人，其眼本来有视力，没有视力是因为眼有覆障。只要去掉翳，其目自然得明。人的真我也是这样，“若遇诸佛、声闻、缘觉，乃知真我。”真我还像为乌云遮住的明月一样，“性不明净，若离一切烦恼云覆，如来之性净如满月。”③

《大佛顶首楞严经》不仅肯定众生身上有真心，而且用近似于康德的方法对之作了认识论证明。经云：“我今示汝，不生灭性”。以看恒河水为例：佛告诉波斯匿王，既然你三岁、十三和今天六十二岁时看恒河都“宛然无异”，那么，你身中一定有同一不变者。“观河之见，有童耄不？”此不变者即不变性，或为真心或为真我。“彼不变者，元无生灭。”“汝虽面皱，而此见精，性未曾皱，皱者为变，不皱非变。”④圆瑛法师解释说：“即第八识识精，性即元明之性；因在眼故曰见精，此见精之性，即本来面目。”⑤如此类推，第八识识精在耳可曰听精，在鼻可曰嗅精，等等。此识精可理解为真我，因为它本是妙明真心。当然，严格讲，它只真心离我们较近的显现，还不是真正的真心。因为真心纯粹是无生灭性，而识精是生灭与不生灭的结合。如果把真心比作月亮本身或第一月的话，那么可把识精比作人在捏眼后所见的第二月。

《大佛顶首楞严经》还描述了一种关于真心的论证，即佛引导波斯匿王思考：你年龄在变，面容在变，但颜貌也有不变之处，“汝今生龄，已从衰老，

① 《大法鼓经》卷上，[刘宋]求那跋陀罗译，《大正藏》第9册，第290-291页。
② 《大法鼓经》卷上，[刘宋]求那跋陀罗译，《大正藏》第9册，第292页。
③ 《大法鼓经》卷下，[刘宋]求那跋陀罗译，《大正藏》第9册，第297页。
④ 圆瑛法师：《大佛顶首楞严经讲义》，宗教文化出版社2012年版，第114-115页。
⑤ 圆瑛法师：《大佛顶首楞严经讲义》，宗教文化出版社2012年版，第115页。指见精。

颜貌何如童子之时？”[①]为什么你我都把过去和现在的你当作同一个人？顺着这个线索云寻找同一性的根源，最终就会发现：其最原始的根源是，里面有真心。

《大佛顶首楞严经》还通过分析听闻声音这样的具体事例，论证了真我的存在。如，只要敲击物体，人就能听到声音。敲击过后，再敲，人又能听到声音。佛教认为，这类事例可以说明：人有听闻的能力。人为什么有这种能力，追索下去，会发现不同层次的根源，如表层的能力——见性——真性——我真性。真正的能闻的能力不是眼耳诸根，而是人的见性或“真性”。佛教认为，只要承认人有对物的“见”或认识，就能证明人有见性。“若汝见时，是汝非我。”[②]圆瑛法师解释说：“此见总不属于物，亦不属于我，非汝真性，而是谁耶？”[③]此见性也就是特定意义的“我”。“若此见性，必我非余”。[④]若有此见性，它就一定是我，或我之真性，而不是别的。见性的妙用无穷也可以说明真我的存在。如见性的能力范围可远可近，可上可下、可大可小。对此，阿难有这样的疑问：见性其体周遍一切，但为什么有时“唯满一室”，即只在一室中？为什么有时大，有时小？有时为墙壁所隔？佛告诉阿难，见性是法尘无法障碍的。“见性不变，不因境碍，而有缩有断，又见性随缘，在大见大，处小见小。”[⑤]

阿难在听闻了佛教关于“无我”的思想后提出的问题代表了一般人的疑问：“若此见听”，即众生的六根的见闻觉知等作用，“离于明暗、动静、通塞，毕竟无体，犹如念心离于前尘，本无所有”，“微细推求，本无我心，乃我心所”[⑥]，一言以蔽之，如我及各种心所都是空无所有，那么是谁去求无上觉果呢？为帮助阿难等人消除疑惑，佛邀请与会听法的人做了一个实验：击钟。其声音肯定有生有灭，人的听闻的活动也随之有生有灭。佛引导人家思考，听闻的活动中有没有不生灭的东西呢？通过细密分析，佛最后得出结论：“闻性本身无生灭”。如果否认这一点，那么就会陷入矛盾困境。经云：“声销无响，汝说无闻，若实无闻，闻性已灭，同于枯木，钟声更击，汝云何知？……岂彼闻性，为汝有无？闻实云

---

① 圆瑛法师：《大佛顶首楞严经讲义》，宗教文化出版社 2012 年版，第 112 页。
② 圆瑛法师：《大佛顶首楞严经讲义》，宗教文化出版社 2012 年版，第 139 页。
③ 圆瑛法师：《大佛顶首楞严经讲义》，宗教文化出版社 2012 年版，第 139 页。
④ 圆瑛法师：《大佛顶首楞严经讲义》，宗教文化出版社 2012 年版，第 139 页
⑤ 圆瑛法师：《大佛顶首楞严经讲义》，宗教文化出版社 2012 年版，第 141 页。
⑥ [宋]子璿：《首楞严义疏经注》卷第四之二，《大正藏》第 39 册，第 889 页。

无，谁知无者？”[①]佛还通过分析梦中听木响、石响的人的事例说明：“其形虽寐，闻性不昏”，即根尘尽管并舍，但闻性常存。佛由此进一步质问道：“纵汝形销，命光迁谢，此性云何为汝销灭？”[②]意为：即使众生形体可以消灭，命光即命根会迁变代谢，人的闻性怎么会随之消灭而消灭呢？人身上会变化、消灭的是根身、所对境和识心，而真常之心是不会消灭的。此见性、识性正是是每个人身上的真性、真我。

关于见性或真我，《大佛顶首楞严经》还提供了许多论证。①即使没有六根，也有此见性。如阿尼律陀——佛的堂弟，听佛说法常好睡眠，受佛呵斥后，心生懊悔，七日不睡，致使双目失明，但佛授金刚三昧，得天眼，因此能观十方。这足以说明，六根可无，而见性不失。②诸菩萨能见百千界，十方如来，能穷尽微尘。这类事例说明，他们有其见性。③通过许多例子证明：所见物尽管有差别，但见性无殊，此精妙明，诚汝见性。[③]

《大佛顶首楞严经》还说明了见或真我的不同假我的如下本质特点：见无大小、舒缩，一定广大周遍，不因境碍。具体的知见之所以有大有小，根源在于：众生“从无始来，迷已为物，失于本心，为物所转。”[④]如果众生发明本心，那么就会像菩萨和佛一样：“诸菩萨等，见百千界；十方如来，穷尽微尘，清净国土，无所不瞩。”[⑤]应注意的是，佛教所说的真心或真我，不是一个独立的东西，不是精神性单子，不是妄心之外的另一个心，而就是其空无的体性，可准确地称作“无心”。有人问菩提达摩：若无心，是谁见闻觉知，是谁知“无心”。答曰：“还是无心”。此无心说的是心的体性，此无心全体有觉知之用。故曰：“我虽无心，能见、能闻、能觉、能知”。[⑥]

概言之，只要从语言哲学的角度看问题，“有我”与“无我”问题就好解决。这就是说，关于“我”的意义问题，我们不能在没有对之作语言分析的前提下，来断言佛教对此是什么态度，佛教的“我论”是何内容。例如，如果把“我”理解为一个指称因缘和合之对象的名称，那么佛教承认众生有我；如果把“我”理

① 圆瑛法师：《大佛顶首楞严经讲义》，宗教文化出版社 2012 年版，第 391 页。
② 圆瑛法师：《大佛顶首楞严经讲义》，宗教文化出版社 2012 年版，第 393 页。
③ 圆瑛法师：《大佛顶首楞严经讲义》，宗教文化出版社 2012 年版，第 135-137 页。
④ 圆瑛法师：《大佛顶首楞严经讲义》，宗教文化出版社 2012 年版，第 142 页。
⑤ 圆瑛法师：《大佛顶首楞严经讲义》，宗教文化出版社 2012 年版，第 135 页。
⑥ [古印度]菩提达摩：《无心论》，《大正藏》第 85 册，第 1269 页。

解为同一性、恒常性之“主宰”或主体等，那么佛教就会说：“诸法无我”。因为“我者不可破坏、裂打、生长，以是义故，知色非我，非色之法亦复非我。”[①]在“我”的第一种意义上，可以说如来、佛性有我，众生有我。如果把“我”理解为起主宰作用、实体性的东西，那便不能说佛和众生有我。如果执著有主体、实体之心，佛便予以破斥，破斥此缚用的方法是十二因缘观。“若有我者，若有心者”，“令观十二因缘。十二因缘本从因果，因果所起，兴于心行，心尚不有，何况有身？”因此用此观可“令彼众生出离斯缚”。总之，“若有我者”，就要设法“令灭有见”。反之，若持断见，否认真我、真心之存在，便要设法“灭无见”。“灭是见性，即入实际”。[②]还要注意的是，不能因为佛说有我，如说我者即是性，就断言：佛教空说有我。对此，佛批评说：这种断言不解我意。也不能因佛论证无断，而断言佛教空说无我，如果这样理解也是“不解我意”。总之，理解佛教在这个问题上的思想，一是要看语境、环境、条件，二是要注意语词的实际用法，注意特定的名实关系。

① 《大般涅槃经》卷 14，[北凉]昙无谶译，《大正藏》第 12 册，第 446 页。
② 《金刚三昧经》，《大正藏》第 9 册，第 366 页。

第四章

心理现象的范围、标准、分类与佛教的心理“地理大发现”

心理现象的范围、标准和分类问题是当今西方心灵哲学的重要且颇有争论的研究领域。这里的三个问题密切相关、相互纠缠，尤其是范围和标准问题之间似还存在着“问题循环”。因为要弄清心理现象的范围究竟有大多，哪些现象属于心，哪些不属于心，要划清心理现象区别于非心理现象的界限，首先必须找到心理现象的标志性特征，或找到心区别于非心的标准。而要抽象出这样的标志，似又必须有关于心理现象的大量样本，有关于心理范围的认识。要知道范围，又得知道有关标准。如此循环，以至无穷。就单个问题而言，每个问题本身就十分复杂，幽隐难解。例如，就心理现象的标志问题来说，传统的占主导地位的观点是布伦塔诺所提出“意向性标准”。根据这个标准，只有具有意向性（指向性、关于性、有心理内容）的现象，才可说是心理现象。这一观点在当今受到了尖锐挑战。有的认为，应把“感受性质”（quale）或现象学性质作为心理标志。有的认为，可同时把意向性和感受性质当作标准。只要一种现象符合其中一个标准，或同时符合两个标准，就可被看作是心理现象。我们这里不拟介入“循环问题”，[①]而将先考察佛教关于心理范围的思想，然后再来探讨它关于标准、分类的思想，最后讨论佛教在这些问题上的理论贡献，尤其是分析它新发现的、不为别的心灵哲学体系所注意的心理现象，特别是它的“识精论”。

① 关于此问题，可参阅高新民:《本质认识的元问题与宗教的本质》,《江海学刊》2006 年第 4 期，第 5-12 页。

第一节 心理现象的范围问题

佛教心灵哲学关注的心理现象的范围较之世间心灵哲学不仅要大得多，而且强调心理现象本身具有变化性、生成性的特点。例如，由于随着修行的深入，随着由凡向圣的转化，随着成圣的心理过程的进步，会陆续派生出许多以前所没有的心理现象，因此心理现象的范围不是固定不变的，而是具有开放性特点。

佛教关注的心的范围大于世间心灵哲学关注的范围。其表现之一是，佛教不仅像一般心灵哲学那样承认，人和高等物身上会出现心理现象，而且认为他们之外的许多生命体都有心理现象。世间心灵哲学充其量只关注人及高等动物的心，而佛教心灵哲学除了承认低等动植物有心之外，还广泛论及三界范围内的心（这当然是值得从科学和哲学上重新加以探讨的）。佛教心灵哲学认为，除欲界众生有心之外，色界的天、无色界的圣者都有心。无色界的众生尽管没有有形体的色身，但也有一种特殊的心，甚至特殊的身，如意生身。更重要的是，超越三界的圣人也有其心，这心主要表现为无漏心以及带有现象学性质的真心。“无色既无通（神通），即唯是定力”，[①]由入定力所变。神通力离不开色身，由“先加行思维方乃得生，故心引起变化事等，定力但是任运生故”。[②]“无色现色，但定所生”，[③]即是说无色界也可有所变身器，不过它们是无形质的，而且“内身多续，少分间断”。[④]

具体而言，欲界是充满欲望（食欲、淫欲、睡眠欲）的、为欲望所支配的、充满着有形物质的世界，或者说是有欲望的众生居住的世界，其中居住的众生包括地狱、饿鬼、畜生（所有有情识的生物）、阿修罗、六欲天（四天王天、三十三天、焰摩天、兜率天、化自在天、他化自在天）。欲界众生的心就是一般心理学所说的知情意等心理过程和性格气质等个性心理。相对色欲和无色界为定心地而言，欲界为散心之地。

色界是在六欲天之上的，由无欲望、仅有色形的众生所居住的世界。此界依

① [唐]窥基：《成唯识论述记》卷3，《大正藏》第43册，第325页。
② [唐]窥基：《成唯识论述记》卷3，《大正藏》第43册，第325页。
③ [唐]窥基：《成唯识论述记》卷3，《大正藏》第43册，第325页。
④ [唐]窥基：《成唯识论述记》卷3，《大正藏》第43册，第325页。

入定的深浅次第分为四地，前三地各有三天，第四地有八天，共有十七天。这里的众生没有欲望，但有物质性身体。他们的心理尽管少了欲望，但欲望以外的心理还是有的。另外，相对于欲界众生，他们的心理又有多的一面，即有伴随修禅定而出现的各种善心、不善心和既不善又不恶的无记心。

无色界是既无欲望又无色形差别的世界。此界众生无色形区别，无欲望，但有别的心理，如心等相续，但依胜定。所谓胜定主要指修厌离物质的四无色定（空无边处定、识无边处定、无所有处定、非想非非想处定）。这里的众生无色，故无色依。其所依是命根和众同分。所谓众同分是指，像命根一样，有一体，遍与一切身份为依，有同界、同生、同趣等意。命根与众同分不仅是无色界众生的依止，而且他们还“互相依而转”。①他们之所以能超越色相，是因为他们有定力，如四无色定。他们尽管没有欲望，但有特定的心、心所法。这些心理都与定有关，因此范围与前两界众生相比，既有增加（由于有定及相伴随的心，因此有前两界众生所没有的心），又大大减少，即没有前两界众生的那些染污之心。当然，仍有微细无明烦恼之类。这一世界简单得多，只有定、命、众同分和有关的心、心所法。故论云：“同分及命、心等同依”，“无色虽无有身，心等定依同分及命。”②此界众生的心的形式很多，如有变化威仪心（如定心），于一切色及大自在，亦有变化心，如依定起行与住，这类心是善心、无漏心。③

从共性上说，三界都有贪嗔痴，但形式不同，如欲界的贪是欲贪，即欲占有色、食等。色界、无色界无欲，因此他们的贪不表现为欲贪。色界众生的贪尽管不是占有欲，但仍有贪性，即仍是色身的贪，而无色界众生的贪则表现为无色贪。论云：“身中所有贪名欲贪。此所随增，名欲界系。色界十八处，无色界四处，有情所有贪，名色、无色贪。”④可见，三界之中，不只是人和动物有心理，而且其他的众生都是表现心理现象的主体或载体。就拿欲界天人的心理来说，它们的快乐比人的多，但仍有贪、嗔、嫉、恼等苦，有道是：诸阿修罗众，见天人福乐，自然生嗔恨，恼心受剧苦。天人欲求不能满足时也会表现痛苦心理，与阿修罗战斗时亦有身心之苦，被杀伤、驱逐、死亡之时也有痛苦发生。色界、无色界的天

① [唐]法宝：《俱舍论疏》卷8，《大正藏》第41册，第585页。
② [唐]法宝：《俱舍论疏》卷8，《大正藏》第41册，第585页。
③ [唐]遁伦：《瑜伽论记》卷14下，《大正藏》第42册，第627页。
④ [唐]法宝：《俱舍论疏》卷8，《大正藏》第41册，第586页。指在欲界中。

人没有这些苦恼，但仍会死，于投生处时没有自在，仍有堕入恶趣之苦，如福报受尽时就是如此。在欲界、色界，心识与根、根所依密不可分，如六识依于六根，六根中有浮（扶）尘根（可见器官）和胜义根（微观），但无色界众生的心识是纯粹的，不依于物质性器官，只依于前面据说的命根和众同分。如偈云："有色界有种、有根及根所依，无色唯有种子，无根及扶根尘。"①三界之心的差别还在于：其中的众生的心量有大小差别。如无色界不仅有心，而且其心广大，"欲界心名为小心，色界等心名为大心"，"欲界身狭小，色界身广大，空处、识处以上，赖耶但缘种子。"②空处和识处是无色定的所处，这里一无所有，无量无边，是无色界的特点。在这里，有阿赖耶识，但它没有形色物质可缘，只能以种子为所缘。可以说它"缘无量"，由此可推知，识之外，"无若色、非色可得"。③"于无色界，亦变器身。""厌离色故，至此色为境，""无色无色，厌离色故，无业果故。"④

佛教不仅承认三界都有心理现象出现，而且还从价值论、解脱论角度，对它们的相状和特点作了分析，如认为三界之心可作这样的划分：①欲界系善心、欲界系不善心、欲界系有覆（为烦恼所覆）无记（无善恶性质）心、欲界系无覆（不为烦恼所覆）无记心；②色界系善心、色界系有覆无记心、色界系无覆无记心；③无色界系善心、无色界系有覆无记心、无色界系无覆无记心。⑤

觉音的《清净道论》说得更全面、更具体。他认为，三界心从道德性质说有八十九种之多。它们可分善心、不善心和无记心三大类。

（1）善心共二十一种。其中欲界善心有八种，即喜俱智相应无行、喜俱智相应有行、喜俱智不相应无行、喜俱智不相应有行、舍俱智相应无行、舍俱智相应有行、舍俱智不相应无行、舍俱智不相应有行。色界善心有五，都与禅定有关，即与寻、伺、喜、舍、定相应的善心：以超寻为特点的善心，超伺的善心，离喜的善心，灭去乐而与舍、定相应的善心。无色界善心有四种，都与四无色定相应，即与空无边处相应的善心，与识无边处相应的善心，与无所有处相应的善心，与非想非非想处相应的善心。出世间善心有四种，分别与预流果、一来果、不来果

① ［唐］遁伦：《瑜伽论记》卷 13 上，《大正藏》第 42 册，第 597 页。
② ［唐］遁伦：《瑜伽论记》卷 13 上，《大正藏》第 42 册，第 598 页。
③ ［唐］遁伦：《瑜伽论记》卷 13 上，《大正藏》第 42 册，第 598 页。
④ ［唐］遁伦：《瑜伽论记》卷 13 上，《大正藏》第 42 册，第 327 页。
⑤ 参阅［古印度］提婆设摩《阿毗达磨识身足论》卷 5，［唐］玄奘译，《大正藏》第 26 册，第 553 页。

和阿罗汉果相应。

（2）不善心有十二种。依贪根的有八种，即喜俱邪见相应无行、喜俱邪见相应有行、喜俱邪见不相应无行、喜俱邪见不相应有行、舍俱邪见相应无行、舍俱邪见相应有行、舍俱邪见不相应无行、舍俱邪见不相应有行。依嗔根的不善心有二种，即忧俱嗔恚相应无行，忧俱嗔恚相应有行。依痴根的有二种，即舍俱疑相应，舍俱掉举相应。

（3）无记心有两大类，一是异熟，共三十六种，二是唯作，有二十种。

总之，善心二十一种，不善心十二种，无记心五十六种，总共八十九种。

佛教心灵哲学关注的心理范围大的第二个表现是，承认在死亡进行时，以及在死亡发生后与下一期生命开始之间的所谓中阴阶段仍有识神存在。这也就是说，心理现象不只是发生在活着的躯体上，而且在死亡的尸体上、在无躯体的情况下，也可有心理现象出现。如论云：“死生位非是在定，亦非无心。”①识神在中阴阶段离体而存在，在下一期生命发生时，由过去业力的作用，而去往相应的载体。例如，受闻报（耳识造业所受的恶报）的人，在临终时，识神会离开身体，“降注乘流，愈沉愈下，入无间狱。”经云：“亡者识神，降注乘流，入无间狱。”②受思报（意识造业所受的恶报）的人也要入无间狱，但路径不同，如识神离开身体，先飘至上空，“被吹上空，旋落乘风，坠无间狱。”③

从历时性过程看，众生的生命尽管是由生起到转灭、再生再转灭的循环往复的过程，但其心理和意识既有灭的方面，如许多念头刹那生灭，又有不灭的方面，这就是神识或阿赖耶识。由于有它的支撑、摄持，因此众生的心理才能像流水一样川流不息。这个过程也是一个循环往复的过程，如一期生命的意识可分为十四个阶段，经过中阴之后，随着新的一期生命的开始，心识又开始它的新的循环。觉音说：“依十四种行相而转起”④。它们分别是：①结生，有情生于六欲天或人中，转起八种有因的欲界异熟。其他诸界都有其结生、转起。②有分。③转向。④见。⑤闻。⑥嗅。⑦尝。⑧触。⑨领受。⑩推度。⑪确定。⑫速行。⑬彼所

① ［唐］法宝：《俱舍论疏》卷10，《大正藏》第41册，第613页。
② 圆瑛法师：《大佛顶首楞严经讲义》，宗教文化出版社2012年版，第672页。
③ 圆瑛法师：《大佛顶首楞严经讲义》，宗教文化出版社2012年版，第677页。
④ ［古印度］觉音：《清净道论》，叶均译，中国佛教文化研究所1991年版，第423页。心有八十九种，每一期循环有十四个阶段。

缘。⑭死。[①]

佛教心灵哲学关注的心理现象范围大的第三个表现是，强调三界之外还有心理现象。因为世界除了三界之外，还有出世间、出出世间这样的世界。按三种世间的说法，三界只能算是充满苦难的世间（有时空等特性的众生生存的居所），除此之外还有出世间，即脱离苦和苦的根源、具有无漏智慧功德的二乘众生所属的世间，以及出出世间，即八地至佛地的快成佛或成佛的人和佛所属的世间。后两个世间的众生尽管没有一般凡夫俗子所具有的那些以染污、虚妄为特征的心理现象，如贪、嗔、痴、疑、慢，知、情、意等，但他们新获得了一些心理现象，这些现象以清净、无染污、真实为特征。随着向佛的接近，隐藏在一切妄心后的真心逐渐显现出来，到佛位则完全显现。一当如此，佛唯有真心，而无别的心理。而在凡俗众生身上，真心完全隐匿，从不为人觉知。

第四个表现是，佛教承认魂、魄、精、神、志等，但又认为它们在凡夫与修行者身上的地位、作用、特点不一样，它们是人身上的精微力量。圆瑛法师结合中国的医学理论，对之作了解释。从定位上说，魂藏于肝，魄藏于肺，意藏于脾，志藏于胆（或者说左肾），精藏于肾，神藏于心。从它们的自身相状来说，它们都是精微之气。外物禀之为阴、阳、晦、明、风、雨之气，而在人身上则表现为魄、魂、意、志、精、神。气之上升者为魂，下沉者为魄，类似阳阴二气，气之敛静者为志，气之散动者为意，类似天地晦明之气。气之主和者为神，气之浸润者为精，宛似天地风雨之气。随着禅定功夫、反闻功夫的加深，上述六因素会发生异常变化。例如，第一，它们除了继续为身执受之外，会发生“余皆涉入、互为宾主”的变化，所谓“余皆涉入”是指，在一般情况下，魂为主，是上升势，魄为宾，呈下沉势，而在甚深禅定中，魂魄的地位、相状则倒过来了，即魂涉入魄，魄深入魄。第二，这六要素还会“递相离合”。[②]“离”指它们离开自己的本位（如魂位于肝），“合”指它们离开本位，与别的位合在一起，如魂离开自己的位置（肝），而进到别的五位。这些表明，随着定力增胜，出现了一种内外虚融、无碍通达的境界。但应注意的是，这种境相是“暂得如是”，[③]且不是圣境，不是究竟解脱之境，如果以之为圣境，便可说是走火入魔。

① [古印度]觉音：《清净道论》，叶均译，中国佛教文化研究所 1991 年版，第 423 页。
② 圆瑛法师：《大佛顶首楞严经讲义》，宗教文化出版社 2012 年版，第 736 页。
③ 圆瑛法师：《大佛顶首楞严经讲义》，宗教文化出版社 2012 年版，第 737 页。

第五个表现是，佛教承认有些世间心灵哲学不认可的这样的心理，如无色质、无形碍的纯精神，即神鬼精灵。它们一般表现为：神鬼（岳渎城皇、魑、魅、魍、魉），精灵（山、海、风、精等），祠庙土地等。《大佛顶首楞严经》这样描述它们的生起及其根源：“由因世界，罔象（若有若无）轮回，影颠倒故，和合忆成，八万四千，潜结乱想，如是故有想相羯南，流转国土，神鬼精灵，其类充塞。”[①]圆瑛法师说，这类事物的特点是，“但有想心，而无实色，……缘想不息，故成轮回性。……谬执影像，邪妄失真，与法身实相相背。……忆即爱念忆想，然后托阴，故名和合忆成，即业也。”[②]如是故有生起和流转。

佛教心灵哲学还认为，心理现象的范围是变动的，既可生成扩大，又可缩小，如修行者的妄心逐渐减少，甚至断除，只剩下一个真心。这里重点剖析一下前一方面。我们知道，佛教是心地法门。为了让人进入美好的心理状态，抛弃或规避负面的、对人不利的心理状态，佛教所做的一项极有意义的工作，就是尽可能全面地把一切心理状态调查清楚，然后对之好与坏、利与不利等价值属性作出判断，如判定它们是善法还是不善法（根本烦恼、随烦恼），还是中性的无记法。《大方广佛华严经》在这方面做了许多工作，如对圣者随着境界的提升而新发生的心理状态做了全面的扫描，然后用“十”数对之归类，如十种发心、十种周遍心，十种根、十种深心、十种勤修、十种决定解，等等。[③]这是不难理解的，因为随着内在操作方式的变化，人身上可以出现许多在常规状态下不可能见到的心理状态，而这些是常规的心理学和心灵哲学所没有注意也不可能注意到的现象。例如，进到圣者的解脱境界会出现许多“诸胜心”，即各种美好的、殊胜的心态，如：“所谓畅适心、调善心、柔软心、清净心、离尽心、完善心、归依佛心、归依法心、归依众心、不动菩提心、不退转心、无等心、无等等心、超过一切三界心、于一切众生起十慈心、起大悲心、起大喜心、起大舍心、起一切佛法器心、坚心、固心、不可坏心、不朽败心、舍离声闻独觉地心、成立一切菩萨地心。”[④]这些心实即一心，即证空之心或平等之心或等虚空之心。

从所依根看，心理现象的范围一定有这样的趋势，即呈现出扩大的趋势。因

① 圆瑛法师：《大佛顶首楞严经讲义》，宗教文化出版社 2012 年版，第 608 页。
② 圆瑛法师：《大佛顶首楞严经讲义》，宗教文化出版社 2012 年版，第 608 页。
③《大方广佛华严经》卷 56，[唐]般若译，《大正藏》第 10 册，第 297-299 页。
④《大宝积经》卷 36，[唐]菩提流志译，《大正藏》第 11 册，第 204 页。

为随着修行境界的转深，行者会在十九种有漏根的基础上让三种潜在的无漏根现实化，使自己表现出二十二根。所谓“根”即器官、能力或根机等。具体而言，“根”有这样一些意义：①是能表相的主，②有能生起之义，③能被习用。可能在众身上出现的根共有二十二种。只有出世间的圣者才有可能全面拥有这些根，三界众生只会拥其中的一部分，有些根，如定根、慧根，只会为其潜在拥有。眼根、耳根、鼻根、舌根、身根、意根，这些是能产生相应认知现象的根。从修行成圣的角度说，只要利用得好，这些根也可成为成圣的资具，因为它们能被用来服务于“善知内法而证得圣地”。[①]接下来的是与有情之生理功能、生命维护有关的三根，即男根、女根、命根。“女根、男根的作用是处置男女的形状、相貌、态度及行动的方式”，“命根的作用是保护俱生的（色、心、心所）诸法”。[②]也可以说，命根是表现寿命、暖、识的主体。有论云：“命根体即寿，能持暖及识。”[③]喜、忧、苦、乐四受作为心理现象也有自己的所依根。唯识学认为，八识中的种子是生起这些现象的基础。藏密认为，它们以气脉为根。它们的作用是产生有关的情感及体验。如善加利用，这四根可在去凡成圣中发挥相应作用，如帮助克服负面的心理，促进健康心理的形成。再看舍根，它是只为修行者才拥有的根，其作用是帮助有情“获得寂静、胜、中庸的行相”。[④]信、精进、念、定、慧作为善法也是如此，它们以八识中的相应种子为根。这五根的作用是，帮助“克服其反对的（不信等），并使其相应的（心、心所）诸法获得信乐等行相的状态”。[⑤]未知当（欲）知、已知、具知属三种无漏心，因为八识中的无漏种子随着修行境界的提升，有情会出现低级境界所没有的、以无漏为特点的心理现象。有三无漏心，一定有它们所依的三无漏根。不过，这三根只在超出三界、进至出世间的圣者身上出现。所谓未知当知根，顾名思义，它当下不知道四谛法，但它将知道。它的作用是断除三结（有身见结、戒禁取结、疑结），使相应的心、心所趋于舍断。已知根，即已知四谛法，其作用是减少直至断弃贪嗔痴等烦恼。此外，它还能影响所有心、心所法，令其发生转变。具知根的作用是获得四谛智，并让漏尽生起。

① [古印度]觉音：《清净道论》，叶均译，中国佛教文化研究所1991年版，第459页。
② [古印度]觉音：《清净道论》，叶均译，中国佛教文化研究所1991年版，第459页。
③ [古印度]世亲菩萨：《阿毗达磨俱舍论》卷5，[唐]玄奘译，《大正藏》第29册，第26页。
④ [古印度]觉音：《清净道论》，叶均译，中国佛教文化研究所1991年版，第460页。
⑤ [古印度]觉音：《清净道论》，叶均译，中国佛教文化研究所1991年版，第460页。

所谓漏尽即指一切烦恼断尽。“舍断对一切作用的热望，及使其相应的（心、心所法）趋向于不死（涅槃）。”①

如前所述，二十二根是众生所具有的根，但由于业力和修证等方面的原因，因此它们不可能平等地出现在三界的每一个众生身上。这就是说，有的具有全部二十二根，有的只有其中一部分。由此所决定，三界众生身上表现出的心理现象的样式和数量就是不一样的。具体而言，二十二根在三界及出世间的具体分布是——眼根、耳根、鼻根、舌根、身根、女根、男根、乐根、苦根、忧根只会出现在欲界众身上。换言之，这些众生的心理相对于其他界的众生来说，心理现象的范围有小的一面，种类样式不如后者多。意根、命根、舍根、信根、精进根、念根、定根、慧根则会出现在欲界、色界、出世间四处众生的身上。喜根只会出现在欲界、色界、出世间众生身上，无色界众生无此根，相应地没有喜乐这样的心理。其余的三无漏根，只会出现在出世间众生身上，相应的三种心理也只会出现在他们身上。②

心理现象范围变化的又一表现是，随着行者如理如法的修行的进步，行者身上会出现一般凡夫所没有的心，或让在凡夫身潜伏存在的心理变成现实。佛教一般认为：当人脱离凡夫转入圣位时，会表现出这样一些心理——慈心、悲心、喜心、舍心、广大心、平等心、恭敬心、卑下心、无散乱心、菩提心、仁慈心、大爱心、乐心、清净心、定心、常一心、专心、柔顺心、金刚心、解脱心、心开意解心等。

最后，由于佛教看待心理现象早就用上了现象学的视角和观点，因此看到了自然、素朴观点所没有看到的大量的带有现象学性质的心理现象。它们是自在世界所没有的，是人在进入与世界、人、别的心理现象的关系时所派生出、突现出的心理现象。大致说有两大类，一是带有现象学性质的妄心，这相当于今日西方心灵哲学所重视的以感受性质、现象学经验表现出来的心理现象，例如，人当下经验到的疼痛、痛苦、烦恼等；二是带有现象学性质的真心，即在禅修等心理操作中出现的不同程度的真心显现。这留待后面第四节讨论心理分类时再予详述。

---

① [古印度]觉音：《清净道论》，叶均译，中国佛教文化研究所1991年版，第459-460页。
② [古印度]觉音：《清净道论》，叶均译，中国佛教文化研究所1991年版，第460页。

第二节 心理与非心理区分的标准问题

大多数心灵哲学家承认，心是不同于非心的，但对于如何确定区分它们的标准，则众说纷纭。例如，有两种极端的看法：一是所谓的沙文主义标准，其特点是只承认人类有心理现象，因而被反对者认为犯了人类沙文主义错误；二是所谓的自由主义标准，认为只要一自主体有接受和加工信息的能力，就可认为它有心。根据后一标准，老鼠夹子也有心理。其错误显然是把标准无原则地放宽了。根据佛教的看法，心与非心是不能混同的，因为它们之间有明确的界线。这界线是什么呢？佛教的看法介于上述两极端之间，即既不宽又不严，认为心理现象有两大类，一是真心，二是妄心（详后）。不管什么心，所有一切心理共有的最一般的、不同于非心的特点是具有明性，或觉性。所谓明是指有情在有心理现象时，不仅知道它发生了，而且只要愿意，就能明白其发生的过程、相状、性质、特点等。这种明有两种情况，一是真心的“自明”“本明”，此明与真心的寂然的特点一如一体、无二无别，如一般常说的，真心寂而常照（明），照而常寂。圆瑛法师说：“心以灵知不昧为性，有觉照之用。”[①]二是妄心的明，即依赖于心动的明，这种明离不开能（主）与所（客）的关系，即只要有此种明发生，就必然有能明与所明。这就是《大佛顶首楞严经》所说的妄能与妄所。这种明实即世间哲学所说的经验自我意识或反省，其特点一是能明与所明的二分，二是有心念的动变。如，一心理活动发生了，与此同时让注意力关注此活动，进而便有对第一活动的明了或觉知。这种明了的活动是第一个活动（妄心）之上的又一妄念。而第一种明，即真心的明，则不同，它超越能所，不依赖于心念的动变，不是又一个妄念，可称作“妙明”。一旦想从外面去明，有明的念头生起，便是“因明立所”，进而因所妄立，而有妄能之立。这就是说，由于心有二门（任何一心都有二门），即有两种显现方式，要么表现为真心，要么表现为妄心，因此它们的标志性特点尽管都是明，但明的方式是不一样的，于是便分别有两种区分心的标准和方式。只要具备两种明中的一种，就可看作是心，否则就是非心。例如，如果有本明的特点，寂而常照、灵明不昧，就可说有此特点的事物是真心，如果是依于心动的明，此

① 圆瑛法师：《大佛顶首楞严经讲义》，宗教文化出版社 2012 年版，第 12 页。

被明了或觉知到的心便是妄心。

由于大多数心理都是以妄心的形式表现出来的，因此佛教讨论得较多的是妄心的区分方法。佛教认为，判断一种心是不是妄心，除了上述区分标志之外，还有很多辅助性的区分方法。

第一，可看它们是否具有特定的整体论特征。例如，世界上不可能有孤立的心理现象发生，在一个人身上，不可能只出现一种心识（如八识中的某个识），而不伴有别的随附性的心所法（情感、情绪、意愿、信念等）之发生。这就是说，心、心所法是和合而起、相辅相成的，或说“和合而起，故名相应”，意为不可能有孤立的心理现象发生，就像束芦（捆扎好的芦苇）“要多共束方能得住”一样，单根不能站立。心、心所法也是这样，“要多相依，方能行世”。“曾不见有一大地法（如触、作意等像地一样的能生别法的法）独起作。”①其根源在于：“诸有为法性羸劣故，辗转力持，方能起作。”②质言之，一个人不可能只出现一种心理现象。有一心生，必有别的心同时生起。任何一种心理都是作为一心理网络或系统中的一个有机的要素而出现的，离开了它的系统，它便不复存在。这是心不同于非心的一个特点。“此心若依、若缘、若时起，彼心共俱心数法等聚生。”③意为若某心在某时依某些缘出现了，与此心相应，一定还有别的心一同发生了。心、心所法之所以是整体论事件，是因为它们一定互为因缘。这里的因有五种，即相应因、俱有因、同类因、遍行因、异熟因；缘有四种，即因缘、等无间缘、所缘缘、增加上缘。心的特点不仅表现在它是在心理世界中发生的、以别的心为条件的整体论事件，而且表现在它是心身世界乃至心物世界中的更大的整体论事件。因为心、心所法与地水火风等“大种”之间也有因缘关系，例如，大种可成为心、心所法的因缘、增上缘，同时大种也可成心、心所法的因，即异熟因。没有这些因缘，不会有心理现象的发生。

心的第二个标志性特征是展转相依，即前心是后心因，“后心是前心因，所以者何？如水流时，后水能逼前水驶流。”④是故，前后二心不俱生。“众生一一

① ［古印度］五百大阿罗汉：《阿毗达磨大毗婆沙论》卷16，［唐］玄奘译，《大正藏》第27册，第80-81页。
② ［古印度］五百大阿罗汉：《阿毗达磨大毗婆沙论》卷16，［唐］玄奘译，《大正藏》第27册，第81页。
③ ［古印度］尊者法胜：《阿毗昙心论》卷1，［古印度］僧伽提婆、［东晋］慧远合译，《大正藏》第28册，第810页。
④ ［古印度］迦旃延著、五百罗汉释：《阿毗昙毗婆沙论》卷5，［北凉］浮陀跋摩、道泰等译，《大正藏》第28册，第35页。

心，次第生，不得有二”。[①]就像羊圈只有一扇小门，众多羊必须一只接一只出来一样。这当然是从现象学角度说的。对于内觉知或意识而言，只能有心念的接续出现，而不可能有两个心念同时出现。尽管“无二心辗转相因”，但有“二心辗转相缘”，[②]即前心可缘后心。用现代心理学的话说，心具有“意识流”特点，如不具有此特点，就不是心理现象。

第三个特点是：等无间，即相续很紧，绵绵密密，无有间断。当然这是大部分世俗心的特点。就全部心理现象来说，有这样几种情况：第一种情况是“除定初刹那及余有心法，诸余定及出定心，是谓心次第，非心无间。”第二种情况是心无间，非心次第，例如，定初刹那，及余有心法，生住无常；第三种情况，心、次第，亦心无间，如定初刹那，诸有心法；第四种情况，非心次第，非心无间。除定初刹那及有心法，生住无常，诸余定刹那及出定心，生住无常。[③]

第四，心“犹如猕猴，舍一取一”，[④]念念贪著、攀缘，只要处在清醒状态，没有一刻安宁的，不是想这，就是想那，总要攀附在一个东西上。这说的当然是妄心的特点。“心不专定，心亦如是，前想后想所不同者。以方便法不可摸则（测），心迴转痴，是故诸比丘凡夫之人不能观察心意。”[⑤]用西方心灵哲学的术语说，此特点是心的意向性特点。

第五，心有随转的特点，即随别法的作用而生、住、转，同时又作为因影响别法。如心与心随转，心与非心随转。因此可以说，心为“随转法”。[⑥]

第六，心不同于有质碍性、占有空间的身体和外物，无形无相。如智顗大师所说：“不见色质”，[⑦]但又不能因其无色质而断言其是无，必须“适言其有”。[⑧]这是佛教的近于现代量子力学的本体论。这种本体论对立于以有形体特性或以广延性为判断存在与否的标准的本体论，而认为无形之物也有存在地位。佛教还认为，虽然心对身有一定的依赖性，但不能由此得出结论说，一切心都离不开身，必依

① [古印度]迦旃延著、五百罗汉释：《阿毗昙毗婆沙论》卷6，[北凉]浮陀跋摩、道泰等译，《大正藏》第28册，第37页。
② [古印度]五百大阿罗汉：《阿毗达磨大毗婆沙论》卷10，[唐]玄奘译，《大正藏》第27册，第47页。
③ [古印度]迦旃延著、五百罗汉释：《阿毗昙毗婆沙论》卷6，[北凉]浮陀跋摩、道泰等译，《大正藏》第28册，第40页。
④《增一阿含经》卷4，[东晋]瞿昙僧伽提婆译，《大正藏》第2册，第562页。
⑤《增一阿含经》卷4，[东晋]瞿昙僧伽提婆译，《大正藏》第2册，第561页。
⑥ [古印度]世亲菩萨：《阿毗达磨俱舍论》卷6，[唐]玄奘译，《大正藏》第29册，第30页。
⑦ [隋]智顗：《妙法莲华经玄义》卷1上，《大正藏》第33册，第685页。
⑧ [隋]智顗：《妙法莲华经玄义》卷1上，《大正藏》第33册，第685页。

身而转，只能说在有色形的有情众生身上有如此现象，在无色有情身上则不存在心对身体的依赖性。因为他们虽然没有色身，但照样有心。他们的心依赖的是“命根、众同分及余如是类心不相应行”。①“众同分”即多样性事物（众）的共性或共因，“心不相应行”指不与心相应的行法，如生、老、住、无常。其实，色界、欲界众生的心也有对命根、共因及心不相应行法的依赖，只是因为他们的心主要依身而转，才说心依身转。这样说并不意味着心只依身转。例如，眼识从表面上看依于眼根，但同时还以“无间灭意”为所依。另外，还有更微观的、看不见的所依，例如，眼根依赖于地水火风四大种所构成的身根，而身根又依大种命根、众同分。由于有命根，因此才有生、老、住、无常等行法。这些行法也是眼识必不可少的条件。意识的所依也是如此，它以“无间灭意为依及所依，以眼根所依大种身根，及身根所依大种命根、众同分，得生、老、住、无常等为依，非所依。”②

从心与身的关系来说，妄心有依于四大、六根的一面，在特定意义上甚至可以说，妄心实即四大、六根的组合模式，经云：“六根、四大，中外合成，妄有缘气，于中积聚，似有缘相，假名为心，……此虚妄心，若无六尘，则不能有，四大分解，无尘可得。”③《菩萨璎珞经》指出：心识尽管无形质，是人身上的无形事物，因此根本有别于四大合成之身体，但两者又有关联。经云：“此三句义，常存不变”，④既有为，又无为，既有，又空。体性无为、空，表象是有。因此“在空为空，在形为形，在有为在，在相为相”。⑤就作为现象的识来说，它是有为法。故说：“识从有为，不从无为。”⑥就其体性来说，它是无为法，故可说：“识从无为。”⑦

最后，心是世界上最为复杂的现象，因为它们的生、住、异、灭依赖的因素最为复杂，是众多的因素共同作用的产物。以眼识为例，它“缘眼、缘色、缘明（照明、光亮）、思惟，以此四缘生识”。⑧这四缘说的当然只是主要条件，如前所述，任何心意识的产生都是整体论事件。意识的产生是三缘合力的结果，即意根、法尘和思惟在众缘具足的情况下共同作用的产物。从构成上说，意识有共时性构

① [古印度]五百大阿罗汉：《阿毗达磨大毗婆沙论》卷27，[唐]玄奘译，《大正藏》第27册，第137页。
② [古印度]五百大阿罗汉：《阿毗达磨大毗婆沙论》卷27，[唐]玄奘译，《大正藏》第27册，第137页。
③《大方广圆觉修多罗了义经》，[唐]佛陀多罗译，《大正藏》第17册，第914页。
④《菩萨璎珞经》卷2，[姚秦]竺佛念译，《大正藏》第16册，第12页。此三句指识、神、寿。
⑤《菩萨璎珞经》卷2，[姚秦]竺佛念译，《大正藏》第16册，第12页。
⑥《菩萨璎珞经》卷3，[姚秦]竺佛念译，《大正藏》第16册，第21页。
⑦《菩萨璎珞经》卷3，[姚秦]竺佛念译，《大正藏》第16册，第21页。
⑧《舍利弗阿毗昙论》卷1，[姚秦]昙摩耶舍、昙摩崛多等译，《大正藏》第28册，第526页。

成，如有相分、见分、自证分、证自证分。从历时性结构看，任何一个独立的心念一定有前后相续的五个心所构成，它们分别是：率尔心（根境相遇时突然生起的感觉）、寻求心（主动去分别）、决定心（形成确定的认识）、染净心（伴随发生的心）、等流心（储存起来，以后一有机会便会引发同类的认识）。

总之，根据佛教关于心理标准的理论，只要抓住心的“明性”这一根本特点，再辅之以上述附带的标准，就能建立说明心与非心区分的标准体系，就能把心与非心区别开来。因此心与非心的区分也是一种整体论性质的工作。

第三节 心理现象的“人口普查”

如前所述，佛教心灵哲学的解脱论的任务是探讨众生由凡转圣、成佛作祖的心理机制及方法，而要如此当然要“如实知”心之本质、心之真实性。宗喀巴大师说：“欲求成佛者，应当寻求自心本性。”“若了知者，应与光明都无差别”，唯有知心本性，方能调好心、治好心，方能证菩提、成佛。因为正如《大毗卢遮那成佛神变加持经》所说：“言菩提者，谓如实遍知自心。”是故诸经“皆说须通达心真实性”。[①]就此而言，佛教不是迷信，因为它坚持认为，只有掌握真理或只有如实遍知的人才能离苦得乐，才能成就解脱大业。信神信鬼与佛教追求的解脱没有任何关系。

而要知心之真实性，要治心，必不可少的是了心，尽知一切心，即对所有一切心理现象有全面的认识、把握。十方诸佛之所以究竟解脱，正是因为他们如实遍知一切心，获得了关于心的真理。例如，通过累世的实证亲历，通过大量的对心理的“田野调查”“古生物学研究”“心理地理、地质普查”，进而运用逼近心理现象本质的方法，即“观心心法”（即观察一切心理的心法、要诀）或“心相观法”或“观尽法”（能将一切心法观尽）[②]，尤其是用特殊的智慧内证自心，最终获得了关于心的本来面目的如实遍知。所谓如实遍知，如经云：“于一切相，若形若显，若复色蕴受想行识，若复色尘声香味触，若有执受，若无执受，若十二入，若十八界，如是等法，观察、推求。”[③]如实知心之所以如此重要，因为心为万事万物之本，是世界、人生的真正的“牛鼻子”。只要如实了知这个本，其

---

① [元]宗喀巴：《宗喀巴大师集（第4册）》，法尊注，民族出版社2001年版，第336页。
② 《增一阿含经》卷5，[东晋]瞿昙僧伽提婆译，《大正藏》第2册，第569页。
③ 《守护国界主陀罗尼经》卷1，[唐]般若、牟尼室利译，《大正藏》第19册，第528页。

他一切问题便会迎刃而解。

佛教用这种类似于“人口普查”的“观尽法”所要把捉的心理现象当然是经验性的、作为有为法表现出来的东西。相对于真心来说，它们都属妄心，即真心之显现、之妙用。从范围上说，它们属于五位法中的心法、心所法，以及行法中的部分法。从价值属性上说，不出如下三类：一是于己、于人有害的，负面的，不健康的，消极的心理现象；二是有益有利的、正面的、积极健康的心理现象；三是没有善恶两性的、中性的心理现象，即无记心法。

佛教的最为全面的本体论范畴体系，即“五位百法”，从宏观方面概括了、穷尽了心理现象的范围。根据这一范畴体系，心理现象主要包括在心法、心所法和部分行法之中。心法主要是八识心王（详见本书第六章），心所法是指“依止于心，系属于心，依心而转，扶助于心”，[①]即伴随诸心王而出现的派生性心理现象，主要属世间心理学所说的情绪、情感、个性心理、意欲等的范畴。就广义的行蕴而言，心所法是两种行蕴之一（即心相应行法、心不相应行法）。关于心所法的分类很多，如《佛说寂志果经》把它分为十六种，有部《发智论》说有八类五十五心所，南传上座部《摄阿毗达磨义论》说有三类或七类共五十二心所，《大乘阿毗达磨集论》卷一列举五十五种心所，《百法明门论》《成唯识论》说有六类五十一心所。密宗《大毗卢遮那成佛神变加持经》说有一百六十种世间心，无上瑜伽说有八十种心，南传佛教说有八十九心。

心不相应行法中有一些法带有心理现象的性质。“行”指的是由能量、材料、作用力的实在所做的“功”，所起的作用，所产生的结果。最广义的行，指的是有为法，包括无为法外的四类法（色法、心法、心所法、心不相应行法），如三法印中所说的“诸行”就是指的一切有为法。《阿毗达磨俱舍论》云：“诸行即是一切有为。”[②]范围稍小的行法的是五阴中的行阴，最狭义的是五位法中的心不相应行法。五阴中的行法，有五类，即尘、别住、不净、清净、事。“六种思聚胜力牵果是名行尘。生老住等不相应行和合积聚名别住行……三毒等行名为不净。信等善根名为净行。如前五种，知与尘等，是名为事。”[③]这里所说的贪、嗔、痴“三毒”以及信等善根要么本身就是心理现象，要么与心理有关，或是心理的构

① [古印度]尊者舍利子：《阿毗达磨集异门足论》卷3，[唐]玄奘译，《大正藏》第26册，第379页。
② [古印度]世亲菩萨：《阿毗达磨俱舍论》卷4，[唐]玄奘译，《大正藏》第29册，第19页。
③《决定藏论》卷下，[梁]真谛译，《大正藏》第30册，第1030页。

成要素，或是心理的条件。即使是心不相应行法中，有些要么属心理现象，要么与之有关，如无想定、灭尽定就是一种心理状态，而名身、句身、文身等则与心有关，是心理活动的产物。

在心理现象的“人口普查”中，说一切有部的许多论著做出了不可磨灭的贡献，不仅努力对一切心理现象作尽可能全面的考察、调查，而且依次按照三分法、四分法……十分法的顺序将它们排列出来，以建立一个全面完善的“汇总表”。这里，我们拟把诸经论、大小乘的工作整合在一起，按关于心的有害、有利和无记三大门类，加以概述。

先看它们关于有害心理现象的汇总。

关于有害心理的三分法很多，如三火：贪火、嗔火、痴火。[①]三爱：①欲爱，即于诸欲生贪执；②色爱，即于十八界等诸名色法，贪著不舍；③无色爱，指对无色法的贪著、爱乐。另一种关于爱的三分法是：①欲爱；②有爱，即对色界和无色界中的法的贪爱；③无有爱，于无有中，诸贪所生起的贪执。还有一种概括是，欲爱是以欲界诸行为缘而产生的对欲界杂污的希求，色爱是以色界诸行为缘而产生的对色界杂污的希求，无色爱是以无色界诸行为缘而产生的对无色界杂污的希求。

三漏（漏即泄漏，有烦恼）分别是：①欲漏，是与欲界有关的系缚、烦恼、随烦恼；②有漏，与色界、无色界之有为法有关的烦恼；③无明漏，其表现为于三界无智、愚痴。三求分别是：①欲求，追求欲界的法；②有求，即对色界无色界的法的追求；③梵行求，梵行即清净行，如行于八圣道，希求、追逐这些清净法即梵行求。三有分别是：欲有、色有、无色有。三黑暗身也是对有害心理现象的一种概括。此处的身指的是疑，黑指的是无智，由无智故暗、故愚钝。因此三黑暗身即三疑，如过去黑暗身、未来黑暗身、现在黑暗身。三怖：病怖、老怖、死怖。三受：苦受、乐受、无记（不苦不乐）受。三苦性：①苦苦性，指欲界诸行由于苦苦而表现出的苦；②坏苦性，指色界诸行由坏苦而致的苦；③行苦性，指无色界诸行由行苦所致的苦。三慢类：[②]①我胜慢类，即以为自己所在的种族高贵；②我等慢类，以为自己的种族在诸方面都等于别的种族，由之所生的心；

① 参阅[古印度]尊者舍利子《阿毗达磨集异门足论》卷4-5，《大正藏》第26册，第382-386页。
② 慢类指对于自己所生类别的三种慢心。

③我劣慢类，以为自己的种族在诸方面不于别的，由之而生起的心。三结：即贪、嗔、痴三种根本烦恼。三不善根：贪不善根、恚不善根、痴不善根。三有漏：欲有漏，恚有漏，痴有漏。

再看关于有关心理的四分法。四流：①见流，有三十六种。②欲流，即各种像流水一样的贪欲，有二十九种，即爱五、恚五、慢五、疑四、缠十。③有流，即像流水一样的有为法，有二十八种。④无明流，有十五种。四流合起来一共一百零八种。四受：欲受（三十四种）、戒受（六种）、见受（三十种）、我受（三十八种），总共也是一百零八种。四缚[①]，即欲爱身缚（五种）、嗔恚身缚（五种）、戒盗身缚（六种）、我见身缚（十二种），共二十八种。四取，[②]即欲取、见取、戒禁取、我语取。[③]

以五分法含摄的心理现象有：五盖，盖是指覆盖心性的染法，它们有障心、蔽心、镇心、隐心、缠心、裹心的作用。有五种覆盖，即贪欲盖、嗔恚盖、昏沉盖、睡眠盖、掉举恶作盖、疑盖。[④]五结：贪结、嗔结、慢结、嫉结、悭结。五见：萨迦耶见，即把五蕴看作是我，或我所，即是有身见，以分别、染污慧为特性；边执见，即在常与断、一与异等问题上，片面执著一边；邪见，如谤因、谤果等，善恶不分；见取，把自己的见解看作是最胜、最上、最极的；戒禁取见，于诸禁戒及彼所依诸蕴，执著为清净、解脱、出离。[⑤]五妙欲，即对欲望的一种分类，是根据欲所指向的五种外在对象，即色声香味触，所作的分类，如色欲、声欲、香欲、味欲、触欲。五悭：住处悭（意想某处住属我，别人不能沾边）、家悭（意想施主家只能供养我，不能供养别人）、色赞悭（只想自己占有某微妙好色）、利养悭、法悭（只想由自己宣扬正法）。[⑥]五心栽，心栽即心的未作栽决。有五种：于大师所，不能作栽决，“心栽未断、未遍知”；于正法所，不能作栽决；于所学，心栽未断，未遍知；于教诫，心栽未断，未遍知；于有智梵行，心栽未断，未遍知。五心缚，心缚即缠绕心的枷锁、绳索。它们分别是：于身未离贪而形成的心缚；于诸欲境未离贪而形成的心缚；于诸事务共兴起，究竟随转而形成

---

① 缚是指心受束缚、不自由，是解脱的反面。
② 取即趋向、动机、执取，试图占有、得到、领受，属意志行为。
③ [古印度]尊者舍利子：《阿毗达磨集异门足论》卷8，[唐]玄奘译，《大正藏》第26册，第399页。
④ [古印度]尊者大目犍连：《阿毗达磨法蕴足论》卷3，[唐]玄奘译，《大正藏》第26册，第468页。
⑤ [古印度]世亲菩萨：《大乘五蕴论》，[唐]玄奘译，《大正藏》第31册，第849页。
⑥ [古印度]尊者舍利子：《阿毗达磨集异门足论》卷11，[唐]玄奘译，《大正藏》第26册，第415页。

的心缚；于诸学处不乐受学，心不行法，由之而起的心缚；于取得了微小进步而骄傲，止步不前，由之而出现的心缚。[①]五种愚：义愚、见愚、放逸愚、真实义愚、增上慢愚。[②]阿含经说过：心有五弊，如狐疑心（于如来所说心存动摇）、疑心于正法、疑心于圣众、犯于禁戒不自悔过、心意不定而修梵行。五结是：懈怠不求方便，恒喜多妄贪睡眠，意不定、多乱，根门不定，喜热闹不喜静处。[③]

再看关于有害心理的六分法。六顺退法，即于六种对象不生恭敬心，必会导致六种退转。故名。例如，于佛不恭敬住，于法不恭敬住，于僧不恭敬住，于学不恭敬住，具恶言，遇恶友。[④]六喜近行：于色声香味触法六尘，分别生起的六种喜乐心，不知厌离，这是众生执迷不悟的表现。[⑤]

关于有害心理的七分法有多种。这里兹列举其三两种，如七非妙法：一不信，二无惭，三无愧，四懈怠，五失念，六不定，七恶慧。[⑥]七随眠：欲贪随眠，瞋恚随眠，有贪随眠，慢随眠，无明随眠，见随眠，疑随眠。七种无知：世愚、事愚、移转愚、最胜愚、真实愚、染净愚、增上慢愚。再细一点分，则有十九种无知，这里从略。

关于有害心理的九分法也有多种。这里列举其中的一种，即九结。结即烦恼，令人不快的情绪，它们使人闭气、不舒服。九结分别是：爱结、恚结、慢结、无明结、见结、取结、疑结、嫉结、悭结。[⑦]

关于有害心理的十分法也有很多，兹看：①十烦恼使，即见烦恼使，疑烦恼使，戒盗烦恼使，爱烦恼使，嗔恚烦恼使，嫉妒烦恼使，悭惜烦恼使，无明烦恼使，骄慢烦恼使，掉烦恼使。②十烦恼结，即见烦恼结，疑烦恼结，戒盗烦恼结，欲染烦恼结，嗔恚烦恼结，色染烦恼结，无色染烦恼结，无明烦恼结，慢烦恼结，掉烦恼结。③十想，即嗔恚想，害想，贪想，讥论想，内外想，国土想，卑想，不善想，若干想，依贪想。④十见，即萨迦耶（有身）见，边执见，邪见，见取见，戒禁取见，贪见，恚见，慢见，无明见，疑见。

---

① [古印度]尊者舍利子：《阿毗达磨集异门足论》卷12，[唐]玄奘译，《大正藏》第26册，第416-418页。
② [古印度]弥勒菩萨：《瑜伽师地论》卷9，[唐]玄奘译，《大藏经》第30册，第322页。
③《增一阿含经》卷49，[东晋]瞿昙僧伽提婆译，《大正藏》第2册，第817页。
④ [古印度]尊者舍利子：《阿毗达磨集异门足论》卷15，[唐]玄奘译，《大正藏》第26册，第429页。
⑤ [古印度]尊者舍利子：《阿毗达磨集异门足论》卷15，[唐]玄奘译，《大正藏》第26册，第430页。
⑥ [古印度]尊者舍利子：《阿毗达磨集异门足论》卷17，[唐]玄奘译，《大正藏》第26册，第436页。
⑦ [古印度]尊者舍利子：《阿毗达磨集异门足论》卷19，[唐]玄奘译，《大正藏》第26册，第446页。

关于有害心理的十一分类法也有很多，如十一心垢：疑是心垢，不思惟是心垢，怖是心垢，悲是心垢，恶是心垢，睡眠是心垢，过精进是心垢，软精进是心垢，无能是心垢，若干想是心垢，着色是心垢。①

《大毗卢遮那成佛神变加持经》等将凡夫的心概括为如下六十种：贪心、无贪心、嗔心、慈心、痴心、智心、决定心、疑心、暗心、明心、积聚心、斗心、净心、无净心、无心（心能随念成就）、阿修罗心（乐处生死之心）、龙心（思量广大）、人心、女心（随顺情欲之心）、自在心（如意、如愿）、商人心（顺修初收聚、后分析）、农夫心（其特点是须初广闻、后求法）、河心（顺修依因二边法）、陂池心（随顺渴无厌足法）、井心（思维不断深入）、守护心、悭心、狸心（顺修缭进法）、狗心（得少便喜足）、迦楼罗心（随顺朋党之法、人云亦云）、鼠心（思维如何断诸系缚）、歌咏心、舞心（修如是法以为可得神变）、击鼓心（顺修是法，我常击法鼓）、室宅心（顺修自护身法）、狮子心（修行一切无怯弱法）、鸺鹠心（常暗夜思念）、乌心（总是惊怖思念）、罗刹心（于善中发起不善）、刺心（时常发邪恶心）、窟心（顺修为入窟法）、风心（遍一切处，发起为性）、水心（顺修、洗濯一切不善法）、火心（炽盛炎势为性）、泥心、显色心（类彼为性）、板心（顺修随是法，舍弃善法）、迷心（思、执均异）、毒药心（顺修无生分法）、罥索心（一切处为我所缚）、械心（二足止住为性）、云心（常作降雨思念）、田心（常如是修事自身）、盐心（越思念，越想思念）、剃刀心（唯如是依止剃除法）、弥卢等心（常思维心高举）、海等心（常如是受用自身而住）、穴等心（先决定彼、后又变更）、受生心（诸有修习行业彼生）、猿猴心（散乱心）。其中，有一些心属善心，如慈心、明心等，但从究竟理地说，它们都属妄心，仍是有害的，因为有念皆妄，只是它们属微细妄念而已。

较多的一种概括是把妄心分为一百二十八种。它由十种烦恼分别迷执十二种谛，再加另外八烦恼而成。②更多的一种是把有害的烦恼、妄心概括为八万四千种。最多的一说是认为众生有无量的烦恼。

再看佛教心灵哲学对积极有利的心理现象的全面调查及分类。

按三分法汇集的分别是：（一）三学。这里概括的尽管是佛教理论的三个组

①《舍利弗阿毗昙论》卷20，[古印度]昙摩耶舍、昙摩崛多等译，《大正藏》第28册，第655页。
②［古印度]弥勒菩萨：《瑜伽师地论》卷8，[唐]玄奘译，《大藏经》第30册，第313页。

成部分，但它们分别涉及了佛教所关注的三大类心理现象。①增上戒学，它强调这样的心理品质和行持，即安住具戒，守护律仪，轨则所行，悉该具足，于微小罪过，都能生大畏怖。②增上心学，它强调精勤修定、常一其心。③增上慧学，它强调如实了知四圣谛。（二）三修，即于戒定慧三门精勤修持。（三）三住，说的是善心的这样三种住处，即天住、梵住、圣住。（四）三定，即三种摄心的定法：有寻有伺定、无寻唯伺定和无寻无伺定。（五）三清净，即身清净、语清净、意清净。（六）三增上，增上即前进、进步，有三种让心灵成长和进步的方法，即世增上、自增上、法增上。（七）三寂默，寂默即让人平静、不动乱，有三方面，即身寂默、语寂默、意寂默。（八）三无上，即行无上、智无上、解脱无上。①（九）三慧，即闻所（听闻佛法）成慧、思所成慧、修所成慧。另一关于慧的三分法是：学慧、无学慧、非学非无学慧。（十）三仗，仗即通过聚集而形成的资源，仗之可发妙用，一闻仗，二离（通过厌离而形成的资源）仗，三慧仗。②

再看关于健康积极心理的四分法。（一）四念住，念住指的心念的住处，或摄持、管制心理的方法，即观身不净、观受是苦、观心无常、观法无我。（二）四想，即四种能获妙乐的观察、思维方法。①小想，即思维微观世界或“狭小诸法”，如思维四大。②大想，即着意思维宏观世界，如广大但有边的诸色。③无量想，对无限对象的思考。④无所有想，即显示无所有处的思想。③（三）四无量心，即慈悲喜舍四种广大心、无量心。（四）四智。大小乘有多种不同分类。大乘的常见的说法是：妙观察智、平等性智、大圆镜智、成所作智。《阿毗达磨集异门足论》分类是：法智、类智、他心智、世俗智。还有一分类是：苦集灭道四智。（五）四力，即四种有利于身心健康、有利于事业成就的心理力量，分别是：信力、精进力、定力、慧力。（六）四处，即四个安心的最佳地点：慧处、谛处、舍处、寂静处。（七）四蕴，蕴即蕴涵、聚焦。这里的四蕴说的是无漏、出世的四蕴，是四种好的心理，即戒蕴、定蕴、慧蕴、解脱蕴，若加解脱智见，即成五蕴。④另外，还有四正断、四神足、四静虑、四圣谛，等等，不一而足。

---

① [古印度]尊者舍利子：《阿毗达磨集异门足论》卷5-6，[唐]玄奘译，《大正藏》第26册，第388-390页。
② [古印度]尊者舍利子：《阿毗达磨集异门足论》卷5，[唐]玄奘译，《大正藏》第26册，第387-388页。
③ [古印度]尊者舍利子：《阿毗达磨集异门足论》卷6，[唐]玄奘译，《大正藏》第26册，第391-392页。
④ [古印度]尊者舍利子：《阿毗达磨集异门足论》卷7，[唐]玄奘译，《大正藏》第26册，第393-394页。

关于积极心行的五分法是：（一）五能忍功德——不暴恶、不忧悔、众生爱乐、十方善名流布、身坏命终当生善趣。（二）五成熟解脱想，即常从五方面思考、想问题，就能成就解脱。一无常想，二无常苦想（想人世间无乐可言、一切皆苦），三苦无我想（想一切法无我），四厌逆食想（于形质的段食，如粮食等，作不净想，从而生起厌离心），五死想（于自身命极，善作意思维）。[①]（三）五根，根指的是有增上、能生作用的机能、能力，分别是：信根、精进根、念根、定根、慧根。（四）五力，即五种好的心理力量：信力、精进力、念力、定力、慧力。[②]

关于积极心理的六分法有：（一）六恒住，六种不让心动摇、持续地住于一处的六种方法，即让心恒住于色、声、香、味、触、法六尘之上，不喜不忧，具念正知，恒安住舍，例如于所见色，心不动摇。此是圣者的心行。（二）六出离界，即能超越世间生死烦恼的六种定心方法，一慈心定，二悲心定，三喜心定，四舍心定，五无相心定，六远离我慢。此六法都有出离的作用，故名。[③]

关于健康心理的七分法有很多，这里只略说七妙法，即七种妙心、好心，一信，二惭，三愧，四精进，五念，六定，七慧。[④]

关于积极健康心理八分法主要有：（一）八道支——正见、正思维、正语、正业、正命、正勤、正念、正定。（二）八解脱——一解脱，有色观诸色；二解脱，内无色想，外观诸色；三解脱，净解脱身作证，具足住；四解脱，超一切色想，灭有对想，不思维种种想，入空无边处住；五解脱，超一切空无边处，入无边识处，识无边处具足住；六解脱，超一切识无边处，入无所有处，住于此处；七解脱，超一切无所有处，入非想非非想处，住于此处；八解脱，超一切非想非非想处，入想受灭，安住此处。[⑤]

智或慧不仅本身是积极、美妙、健康的心理，而且是好的心理的根源、基础。因此佛教特别重视开发它。由于有这样的开发，加上本有的各种慧，因此佛教面前的慧的样式就特别多。根据《清净道论》的一种概括，慧有九大类。其实每一大类都是从特定方面对慧的一种分类。一世间慧、出世间慧，二、有漏慧、无漏

① [古印度]尊者舍利子：《阿毗达磨集异门足论》卷13，[唐]玄奘译，《大正藏》第26册，第420-424页。
② [古印度]尊者舍利子：《阿毗达磨集异门足论》卷14，[唐]玄奘译，《大正藏》第26册，第425页。
③ [古印度]尊者舍利子：《阿毗达磨集异门足论》卷15，[唐]玄奘译，《大正藏》第26册，第430-431页。
④ [古印度]尊者舍利子：《阿毗达磨集异门足论》卷17，[唐]玄奘译，《大正藏》第26册，第437页。
⑤ [古印度]尊者舍利子：《阿毗达磨集异门足论》卷18，[唐]玄奘译，《大正藏》第26册，第441-443页。

慧，三名差别慧、色差别慧，四喜俱慧、舍俱慧，五见地慧（须陀道蕴）、修地（斯陀含、阿那含、阿罗汉三道）慧，六思慧、闻慧、修所成慧，七内住慧、外住慧、内外住慧，八、苦智、苦集智、苦灭智、苦灭道智，九四无碍智，或四无碍辨，即法无碍辨，义无碍辨，辞无碍辨，辨无碍辨。①

《阿毗达磨大毗婆沙论》认为，三界有不同的慧，其得到方式各不相同。“欲界有二，谓闻所成慧、思所成慧；色界有二，谓闻所成慧、修所成慧；无色界唯有修所成慧。”②智即决定义，有了智这样的心理结构和资源，众生的心行就有了正确的前进方向，就一定或确定无疑地有好的结果。也可以说，智慧是照亮通往解脱之道的智灯或慧灯，“智灯者即是破暗，无暗者即是破疑，破疑智即是慧灯，慧灯者即是诸法无二相也。”③《瑜伽师地论》关于智有多种描述，其中一种是二智说，即一是断烦恼的、离垢的、不随缚于一切烦恼的智，二是“于一切所知无碍无障智。”④

智的形式还有很多，据《大集经》的例举有69种之多，如：了了智、不疑智、不失智、不挽智、不随智、无闇智、圣智、猛利智、捷疾智、分别智、广大智、纯一智、种种智、过去智、未来智、现在智、三世平等智、三界智、三解脱门智、三慧智、三宝智、三乘智、三眼智、三垢智、三滓智、三聚智、心意识智、阴入界智、因缘和合智、见毕竟智、如法界智、自相智、第一义智、方便智、一切声语智、一切字智、无碍智、不坏智、能说法智、知下中上根智、无作无受智、一切咒智、一切医智、一切世事智、庄严陀罗尼智、日月三昧智、入三昧智、圣智、圣三昧智、金刚三昧智、无诤三昧智、心等三昧智、坏魔三昧智、日光三昧智、无想三昧智、宝幢三昧智、一切法门三昧智、一切法器三昧智、无边光三昧智、福德三昧智、无住三昧智、乐见三昧智、善见三昧智、无尽器三昧智、毕竟尽智、一切智、无动智、那罗延三昧智、一切见智。

较多的一种说法是以万为单位，如仅就三昧智来说就有六万之多，其种类不可胜数。⑤最多的一种说法，是说有无量无边的智。

---

① [古印度]觉音：《清净道论》，叶均译，中国佛教文化研究所1991年版，第404-408页。
② [古印度]五百大阿罗汉：《阿毗达磨大毗婆沙论》卷42，[唐]玄奘译，《大正藏》第27册，第218页。
③《大方等大集经》卷12，[北凉]昙无谶译，《大正藏》第13册，第80页。
④ [古印度]弥勒菩萨：《瑜伽师地论》卷38，[唐]玄奘译，《大藏经》第30册，第498页。
⑤《大方等大集经》卷12，[北凉]昙无谶译，《大正藏》第13册，第80页。

最完善、最高级、最殊胜的智慧是作为佛菩萨内在心理品格的四智，它们也可理解为四种最佳心态，或者说与四智相应有四种心态，故可称作四智相应心品。①大圆镜智相应心品。“此心品离诸分别，所缘行相，微细难知，不妄不愚，一切境相、性相清净离诸杂染，纯净圆德，现种依持，能现能生身土智影，无间无断穷未来际，如大圆镜现众色缘”，[①]有照了，但从不分别，从不留念，因此是随一切染净诸缘而始终能保持不动的最好的心态。②平等性智相应心品，此心品的特点是：“观一切法、自他有情，悉皆平等，大慈悲等恒共相应。”[②]有这种心境，不仅自己得究竟大安乐，而且能够无缘大慈，同体大悲，无分别地利益一切。③妙观察智相应心品。“此心品善观察诸法自相、共相，无碍而转，摄观无量总持之门及所发生功德珍宝，于大众会，能现无边作用差别，皆得自在。”[③]④成所作智相应心品。“此心品为欲利乐诸有情故，普于十方示现种种变化三业，成本愿力所应作事。”[④]

佛教经常说的禅定或三摩地也是一种美好的心态。“谓心增上所起，心住等住，近住安住，不散不乱，摄止等持，心一境性，是名三摩地。”[⑤]禅定的形式无穷无尽，每一种在实际操作时，由于行者的见地、根性、能力、慧根、工夫、境界等千差万别，因此在深浅的程度上便有无量差别，与深浅不同的禅定相应的是各种各样的心态。这就是说，随着禅定的行进，会出现许多在非禅定生活中不可能碰到的心理现象。佛教对此也作了全面的扫描。例如《大佛顶首楞严经》后面几卷对各种“阴魔”（实即在不同层次禅定中出现的心理境像）的论述就是这一工作的成功的范例。

第四节 心理的“地理新发现”与“识精”论

佛教心灵哲学无疑是人类心理“地理探险”“地理大发现”的一支重要生力军。人类心理学和心灵哲学正是因为有多种力量的共同努力，才有新的心理现象

① [古印度]护法等菩萨：《成唯识论》卷10，[唐]玄奘译，《大正藏》第31册，第56页。
② [古印度]护法等菩萨：《成唯识论》卷10，[唐]玄奘译，《大正藏》第31册，第56页。
③ [古印度]护法等菩萨：《成唯识论》卷10，[唐]玄奘译，《大正藏》第31册，第56页。
④ [古印度]护法等菩萨：《成唯识论》卷10，[唐]玄奘译，《大正藏》第31册，第56页。
⑤ [古印度]尊者大目犍连：《阿毗达磨法蕴足论》卷5，[唐]玄奘译，《大正藏》第26册，第473页。

的不断被发现。而这又为心灵哲学在更宽更广的层面上更为科学地抽象心理现象的本质与规律提供了动力和材料。有了对本质的新的认识，又可能引领心灵哲学对心理新大陆作出新的发现。总之，人类对心理的认识就是在这个过程中向前行进的。就个例和心理新大陆的认识来说，发现的进程直至今日仍未终结，例如，今日西方心灵哲学争论得不可开交的“感受性质”（quale）就是一个新的发现。佛教心灵哲学不仅在这一工程中作出了独到贡献，而且有些发现在今日仍有领先性和现实的学理意义，例如，它所发现的“识精”及其理论建树就是如此。

佛教所发现的、并作了专门研究的心理个例很多，概括说，主要有三大类：一是在妄心中所获得的发现；二是于真心中所作的发现；三是发现了介于两者之间的心理现象。由于这些现象都是佛菩萨凭借他们独有的“观心心法”所发现的，带有鲜明的现象学性质，因此从现象学角度看，是真实不虚的。既然如此，世间心灵哲学对之置之不理便是没有道理的。因为这样做既人为限制了自己的研究视野，也会妨碍对心理一般本质的真正全面科学的认识，若遗漏了这些心理现象，将使所建立的心灵哲学失去它的“哲学”意义。如果西方心灵哲学新发现的“感受性质”值得重视，那么佛教所发现的那些有真实存在地位的心理现象也是如此。

我们先来看佛教在妄心中的新发现。这一发现有双重意义。一是有利于如实知人心。因为若这些为佛教所发现的妄心是真实存在的，不予关注显然有背认识的实事求是原则。二是有利于人的离苦得乐、究竟解脱。因为要调治心身，实现心理健康，直至彻底解脱，首先要知道有哪些有害、不健康的心理。而佛教的心理新发现可满足这一需要。

随眠（anuśaya）是世间心理学、心灵哲学未予注意的一种现象。它有二义：一是有部所说的根本烦恼，其作用微细、随逐众生而起，隐藏很深，作用是让人昏迷；二是唯识宗所说的隐藏、沉睡在阿赖耶识中的烦恼种子。《阿毗达磨俱舍论》云：“业由随眠方得生长，”甚至可说“随眠是诸有本”，[1]人之所以造业，根源是有随眠这样的根本烦恼。用今日的话解释，随眠即微细有害的、束缚人让人不得解脱的心理，论云：“微细义、随增义、随缚义”。[2]眠即睡得很深，随眠即在粗陋心理（如垢、染污识）等后面的微细、常不直接显现的心理。例如，欲、

① ［古印度］世亲菩萨：《阿毗达磨俱舍论》卷 19，［唐］玄奘译，《大正藏》第 29 册，第 98-99 页。
② ［古印度］五百大阿罗汉：《阿毗达磨大毗婆沙论》卷 50，［唐］玄奘译，《大正藏》第 27 册，第 257 页。指随眠的特点。

贪等就是隐藏很深的心理，有时则以无意识形式存在。这种心理还有一个特点，即有增长性、膨胀性，如微细有漏心理都会随着环境条件变化而增长。具体而言，可从自性、果、补特伽罗三方面分析随眠。所谓自性即事物自身固有的性质。各种随眠都以毒害为自性，例如，见随眠的危害是让人迷失前进的方向。从因相上说，随眠的后果是让人趣生恶道，如贪欲就会让人生于畜生道。从补特伽罗角度分析随眠，就是分析它们的相状、特点，如论云：“嗔恚随眠缘气嘘……慢随眠如傲土。”[①]随眠的样式很多，一种分法是六随眠说，即认为有贪、嗔、痴、慢、疑、见六种根本烦恼。由于每种随眠又有若干种，因此随眠总共可分为九十八种。其中，欲界三十六，色界和无色界各三十一。从善恶二性角度看，其中三十三为不善的，六十四为无记，一个为不定，如欲界见苦所断无明随眠，可能是不善的，可能是无记的。也有说七随眠的，[②]这已在前面分析过。

再看慢心。它是这样的心理，即觉得“己胜”或自己优于别人、强于别人、以自我为中心的心理，有七种。一是慢，“于等谓已胜，或于胜谓己等”，[③]对于比自己稍劣的，以为自己强、自己优胜，对于与自己相等的，以为我与其等。二是过慢，对于与自己相等的，自以为我胜。三是慢过慢，即于胜谓已胜，明明是别人优胜，偏以为我胜。四是我慢，把五蕴当作我、我所，枉生骄慢心。五是增上慢，即未证得圣道，却说自己证得了。六是卑慢，即在与他人比较时，总觉得别人劣多，而自己劣少。七是邪慢，自己实际上无德，但偏以为自己有德，尤其是，自作恶行，反以恶行可恃，并生轻慢心。[④]

略心是佛教以外的心理学、心灵哲学从未涉及的一种心理。略即侵犯、占领，略心指的是这样一种有害的心理，即人正行于内时，所缘虑的东西系缚其心，或者说，是为所缘虑事物所束缚、占领的心。

掉举心也是常见但未引起常人注意的心理。它包含两种心理，一是掉心，“谓大举故，掉缠所掉”，[⑤]掉即沉下，即提起来（举）后的失落心、昏沉之心。二是举心，举即上升，此心是掉心的反面，轻挑浮躁，妄念纷飞。“于举时，及于略

---

① [古印度]五百大阿罗汉：《阿毗达磨大毗婆沙论》卷50，[唐]玄奘译，《大正藏》第27册，第257页。
② [古印度]五百大阿罗汉：《阿毗达磨大毗婆沙论》卷50，[唐]玄奘译，《大正藏》第27册，第261页。
③ [古印度]五百大阿罗汉：《阿毗达磨大毗婆沙论》卷43，[唐]玄奘译，《大正藏》第27册，第225页。
④ [古印度]五百大阿罗汉：《阿毗达磨大毗婆沙论》卷43，[唐]玄奘译，《大正藏》第27册，第225页。
⑤ [古印度]弥勒菩萨：《瑜伽师地论》卷28，[唐]玄奘译，《大藏经》第30册，第440页。

时，得平等舍。”[①]意为，心忐忑不安、起伏不定，亦即“不寂静、不止息、躁动掉举”，“心躁动性是为掉举”。[②]

无明是佛教谈论最多的一种心理。它“别有实体”，[③]意即无明属于烦恼，但不是所有烦恼，而是其中的一种。“此体其相云何？谓不了知谛实、业果”，[④]即迷失真理。也可以说，无明是明、觉的反面，是心中充满黑暗，于真理不知、不觉。明即光明、明了真理，觉即觉悟真理。就作用而言，无明“染污于慧，令不清净”，[⑤]因此是不能解脱的总根源。当然，从其体性说，它本身毕竟空寂，“其无明者，无内无外，计其法者，亦无所有，亦无字也。其无明者，不至后世，亦无还返。其无明者，亦无有起，亦无有灭，其无明者，亦无形像。”[⑥]尽管说它为十二因缘之首，为诸有为法之总因，但从体性上说，此说“甚为可奇，至未曾有”，[⑦]意即无明本身是无，“所兴而不可及”。[⑧]无明有多种不同的分类，常见的是把它分为无始根本无明和枝末无明。从心理的起源看，根本无明是人类的第一个妄心，有它才有心的从细到粗的发生过程，如有三细六粗。因此这种无明属于我们所说的最深层的无意识心理，即心底的底。它有如下本质特点：①无始、无因，②是最初想从外面去把握真心的那个觉明的根源。无明就是不知真心本来妙明，由于无明，进而便有去明了真心的一念妄动，随之而来的是各种妄心纷纷产生出来，世界万物纷纷产生出来，因此无明是万法生起的总根源。因根本无明而起三细六粗之惑业，所以为枝末无明。不管什么无明，从本质上说，它们本来空、毕竟空。真觉性中，本无无明。另外，无明可灭、有终，例如，如来得妙空明觉、成佛之后，永不再起无明。[⑨]

“结”在佛教心灵哲学中也是一个心理语词，有世间心理学所说的“情结”的部分意义。“结”本来是指绳索之类的东西缠在一起，解不开，用于表述心理状态，即指那些困扰人、令人闷绝的心理。论云：“系缚义是结义，合苦义是结

① [古印度]弥勒菩萨：《瑜伽师地论》卷28，[唐]玄奘译，《大藏经》第30册，第440页。
② [古印度]五百大阿罗汉：《阿毗达磨大毗婆沙论》卷42，[唐]玄奘译，《大藏经》第27册，第219页。
③ [古印度]世亲菩萨：《阿毗达磨俱舍论》卷10，[唐]玄奘译，《大正藏》第29册，第51页。
④ [古印度]世亲菩萨：《阿毗达磨俱舍论》卷10，[唐]玄奘译，《大正藏》第29册，第52页。
⑤ [古印度]世亲菩萨：《阿毗达磨俱舍论》卷10，[唐]玄奘译，《大正藏》第29册，第52页。
⑥《佛说梵志女首意经》，[西晋]竺法护译，《大正藏》第14册，第940页。
⑦《佛说梵志女首意经》，[西晋]竺法护译，《大正藏》第14册，第940页。
⑧《佛说梵志女首意经》，[西晋]竺法护译，《大正藏》第14册，第940页。
⑨ 圆瑛法师：《大佛顶首楞严经讲义》，宗教文化出版社2012年版，第313页。

义，杂毒义是结义。”[①]系缚即被束缚，无自由。“合苦”意思是：欲界之结使欲界有情与欲界苦合，无乐可言。“杂毒”意即解脱等胜妙处中夹杂着烦恼之类的毒，亦即里面结合着毒物。因此结心是指：心理的可生烦恼的、有害的情绪、结缚。就心理层次而言，结心的特点是微细，是粗妄心后的微细妄心。“若相微细，系缚坚牢，可立为结。”粗大心理是其反面，如“垢相粗动，系义不坚、故不立结。”[②]其分类有多说，一是认为有九结：爱结、恚结、慢结、无明结、见结、取结、疑结、嫉结、悭结。此外，还有三结、五结、九十八结（详后）等不同分类。三结分别是：有身见结、戒禁取结、疑结。若断三结，能证预流果。五结是指：贪、嗔、慢、嫉、悭五结。[③]

在佛教心灵哲学中，“缚”和“使”像“结”一样都是心理语言。它们的安立或在心灵哲学中隐喻式地使用，表明佛教有一项重要的心理发现，即人心本来广大无边，无挂无碍，本来自由自在，清净无染，但由于一念无明妄动，因此平静的心便从此变得不平静了，心便“异化了”，由真心随缘现起的妄心变成奴役、束缚、囚禁心灵的力量。为说明心灵的这种不自由的状态和特点，佛教便借鉴了“结”之类的词语。这里所说的“缚”其实就是结的另一种描述方式，它要突出的是结心的不自由的特点，有三缚，即欲缚、嗔缚、痴缚。它们像绳索一样将人心牢牢捆住，同时还是别的负面心理产生的根源。“使”也是描述这类负面心理的词语，只不过，用了“使”便突出了这类心理的原因、派生、驱使作用。“使”的本义是指过去押犯人的人，他们常被用绳子与犯人捆在一起。有一些心理像被绳子束缚一样，使心不能出离三界。简言之，使是将人囚禁于三界的毒性心理。有七使，即欲受使（五种）、嗔恚使（五种）、有爱使（十种）、慢使（十五种）、无明使（十五种）、见使（三十六种）、疑使（十二种）。[④]七大种合起来共九十八种，因此也可说九十八使或九十八结。论云：“七使摄九十八使。”[⑤]

再看佛教对真心及其相关心理现象的发现。严格说来，尽管真心无处不在，

---

① [古印度]五百大阿罗汉：《阿毗达磨大毗婆沙论》卷46，[唐]玄奘译，《大正藏》第27册，第237页。
② [古印度]五百大阿罗汉：《阿毗达磨大毗婆沙论》卷50，[唐]玄奘译，《大正藏》第27册，第259页。
③ [古印度]五百大阿罗汉：《阿毗达磨大毗婆沙论》卷46，[唐]玄奘译，《大正藏》第27册，第236-237页。
④ [古印度]尊者世友：《众事分阿毗昙论》卷1，[古印度]求那跋陀罗、菩提耶舍译，《大正藏》第26册，第627-628页。
⑤ [古印度]尊者世友：《众事分阿毗昙论》卷3，[古印度]求那跋陀罗、菩提耶舍译，《大正藏》第26册，第637页。

甚至与我们的言语动静、吃饭睡觉须臾不离，但是作为一种现象学的事实，只能为佛接触到。质言之，真心只能为佛所亲证，其他的人充其量只能看到它闪现的某些光亮。我们这里所说的“佛教在真心中的发现”指的是佛教修行者逼近真心时所出现、亲历的开始摆脱妄心束缚的清净心、纯洁心、善良心。它们也有许多形式。这里从远至近、从粗至细略加分述。当追求成佛的人如理如法地迈上修行的征程时，他必然依次出现许多以前不曾有的、世间心灵哲学不曾注意到的心理现象，如策心，它是圣者在修行时出现的鞭策自己向更高净心前进的一种状态。例如，于修心一境性时，不让心头生起，观照时，随取一种净妙举相，殷勤策励，庆悦其心。①再如，还会出现“刹那心，谓初心见道，一念相应，速还忘失，如夜电光，暂时即灭，故云刹那”，②这是“初心”，即见道之心，但持续时间极短，不能持续。依次还会出现“流注心。既见道已，念念加功相续不绝。如流奔注，故云流注。”③这种心的特点是通过用功，而达到让净念持续、绵延或像流水一样流注。修行到了一定火候，必然出现“甜美心。谓积功不已，乃得虚然朗彻，身心轻泰，翫味于道，故云甜美。”④接下来的心光显现是“摧散心。为卒起精勤，或复休废，二俱违背，故云摧散”。⑤明镜心更是真心的显现。“既离散乱之心，鉴达圆明，一切无著，故云明镜。”⑥从心与理体的关系、心趣理的程度看，行者的心是一个不断从背理心向佛心转化的过程。初始心是背理心，即凡夫之心，它迷理、背理。接着，随着认识的进步，便会有向理心，即声闻心，其特点是，厌恶生死，以求涅槃，趋向寂静、理体。再进一步是入理心，即菩萨心，特点是：虽复断障显理，但能所未亡，即还有主客体分化及其意识，心上还有尘劳，当然有微细妄心。最后必然会出现理心，即佛心。此理非理外之理，非心外之心。理即是心，心即是理，心理平等，契合实性，不见生死与涅槃、凡与圣有何区别，智境无二，理事俱融。⑦

从禅定的角度看，行者在行禅时只要如理如法，一般会经历这样的心理净化、

---

① 参阅[古印度]弥勒菩勒《瑜伽师地论》卷29，[唐]玄奘译，《大藏经》第30册，第443页。
②《无畏三藏禅要》，《大正藏》第18册，第945页。
③《无畏三藏禅要》，《大正藏》第18册，第945页。
④《无畏三藏禅要》，《大正藏》第18册，第945页。
⑤《无畏三藏禅要》，《大正藏》第18册，第945页。
⑥《无畏三藏禅要》，《大正藏》第18册，第945页。
⑦ 参阅[北宋]净觉《楞伽师资记》，《大正藏》第85册，第1284页。

进步过程，或可体验到这样一些心理：①安住心，心一境性；②摄住心，即收摄心意，不令外驰；③解住心，使心不生对外物的知解；④转住心，使知解心安住下来；⑤伏住心，即伏断修禅中出现的厌倦之心；⑥息住心，止息内心动乱；⑦灭住心，灭除贪爱等心；⑧性住心，通过知心本性而让心安住；⑨持住心，积集禅定功德，让心安住禅定中。这些现象学性质的健康心理在非禅定状态中是碰不到的，但在有关条件具足时，它们的出现又是客观的事实。这九点也可理解为行者的九种安心方法：①安住心，即安心所缘不令离；②摄住心，即把乱心收摄住；③解住心，即觉心外广，让内尽量简略；④转住心，即见功德，转乐住；⑤调厌心，即设法降伏其心；⑥息住心，即见乱过失，令心正息；⑦灭住心，即若贪等心起，即予灭除；⑧性住心，即让心安不动，本性流动，所作任运成自性；⑨持住心，即不由作意得总持。[①]

佛教中的圣人除了部分具有凡夫的心理之外，还有许多特殊的不为一般人所知的心理。发现并研究它们，是佛教心灵哲学独有的工作。就此而言，世间心灵哲学是关于凡俗心理的哲学。这里只略述菩萨和佛独有的心理。其他圣贤的心理留待讨论佛教的价值性心灵哲学时一并予以探讨。菩萨作为仅次于佛的阶位来说，其总的人格特点是能自利利他、自觉觉他。菩萨之所以能进入亚圣的阶位，是因为他们的心转化成了一种特殊的心理。此心绝对真实，是菩萨时刻持有并表现出来的，可用许多名称来描述，如可称作“坚心”。[②]坚心即不住于一切诸法，如如不动。另外，坚心也可理解为坚住、坚精进。再者，还可用比喻方法把菩萨之心描述为电光心、金刚心。我们知道，电光的特点是一闪过即灭。之所以称圣人心为电光心，是因为他们的心像电光一样，“暂现色像，速还隐没”。[③]这种心是证得了“阿那含果”的表现，“暂能照了，速还隐没。”[④]金刚的特点是自身坚固，不能为别物所动，但又能摧折他物。圣者之心也是如此。他们通过精进修行，证得了这样的“寂静心定”，“彼心意识证得无学果，无结缚等，而不能坏”，“依是定心，能尽诸漏”，能伏诸烦恼习气，“证得无漏心慧解脱”。[⑤]用今日心理学的

① [古印度]无著菩萨：《大乘庄严经论》卷7，[唐]波罗颇蜜多译，《大正藏》第31册，第624页。
②《大方广三戒经》卷下，[北凉]昙无谶译，《大正藏》第11册，第699页。
③ [古印度]尊者舍利子：《阿毗达磨集异门足论》卷4，[唐]玄奘译，《大正藏》第26册，第379页。
④ [古印度]尊者舍利子：《阿毗达磨集异门足论》卷4，[唐]玄奘译，《大正藏》第26册，第379页。
⑤ [古印度]尊者舍利子：《阿毗达磨集异门足论》卷4，[唐]玄奘译，《大正藏》第26册，第379页。

术语说，金刚心的特点是具有绝对好的抗风险、抗挫折品质，不管内外环境如何变化，心灵永远是平静、充实、极乐的，用苏东坡的话说，是“八风吹不动，端坐紫金莲”。[①]以文殊师利的金刚心为例，它不是像石头一样无知无觉，而是活泼的，如大圆镜，既动又不动，既照又寂。一方面，他的心像金刚一样不动，“志若金刚，其所宣说，无有章句，亦无处所，心咸了达，无所遗馀”。[②]另一方面，他的心又“不刚”。为什么这样？他回答说：“吾自放意，心安柔忍，是故不刚。……吾以恣心，入声闻地，处缘觉境，是谓放心。吾又恣心，入诸尘劳、生死之内，而亦不恶贪恚痴等烦恼过患，是谓放心。”[③]即是说，尽管他心行寂然，但又放纵自心于诸染法之中，不舍染法，勇敢面对染法，其目的一是接受考验，二是救度生活在染法中的众生。还应注意的是，他放心于染法，但又能始终保持心安柔忍，此即于动保持不动。

菩萨之心也可称作自在心。这是九地菩萨才能达到的心地。其特点是于他心得自在，于自心得无碍智。其他圣者当然也有自在心，如佛心绝对自由存在，这种自由当然不是一般人所理解的自由，而是彻底摆脱、超越有挂碍的妄心，完全证得了真心之后的一种绝对等虚空、绝对平等的心灵状态。阿罗汉由于灭尽三界见思烦恼，除尽一切障碍束缚，因此也能心无牵挂，自由运作，只是程度上要比佛低许多。

从历时性过程看，菩萨的金刚心、自在心是通过逐步进步、转化而形成的。“诸菩萨所有发心皆名深心；从一地至一地，故名为趣心；增益功德，故名为过心；得无上事，故名为顶心；摄取上法，故名为上心；现前得诸佛法，故名为现前心；集利益法，故名为缘心；通达一切法，故名为度心；所愿不倦，故名为决定心；满所愿，故名为喜心；身自成办，故名为无侣心；离败坏相，故名调和心；无诸恶，故名为善心；远离恶人，故名不杂心；以头施，故名难舍心；救破戒人，故持难戒心；能受下劣加恶，故名难忍心；得涅槃能舍，故名难精进心；不贪禅，故名难禅定心；助道善根无厌足，故名难慧心；能成一切事故，名度诸行心；智慧善思维故，名离慢、大慢、我慢心；不望报故，是一切众生福田心；观诸佛深法故，名无畏心；不障阂故，名增功德心；常发精进故，名无尽心；能荷受重担

① [宋]苏轼：《东坡志林》。
② 《大宝积经》卷150，[唐]菩提流志译，《大正藏》第11册，第589页。
③ 《大宝积经》卷150，[唐]菩提流志译，《大正藏》第11册，第589页。

故，名不闷心。又深心义者，等念众生，普慈一切，供养贤善，悲念恶人，尊敬师长，救无救者，无归作归，无洲作洲，无究竟者为作究竟，无有侣者，能为作侣。曲人中行于直心，败坏人中行真正心，谀谄人中行无谄心，不知恩中行于知恩，不知作中而行知作，无利益中能行利益，邪众生中行于正行。……”①

菩萨尽管是了不起的圣人，但尚不是人的完成，唯佛是人格完满、一切最圆满价值具足的人。由菩萨至佛要经过十地②。因此可以说，十地是成佛阶梯中的登顶十阶段，或者说是接近顶点的楼梯。要登顶观境，只能“因梯而上”。而由低到高的过程实即心灵不断净化、升华的过程。要想由下一级升至上一级，就要舍弃某些心，建构、成就某些心。例如，一地是欢喜地，此地的心理特点是，由于开始超越凡夫妄心，发中道之智，因此产生了圣人的欢喜心。二地是离垢地，即离贪嗔痴诸烦恼，离十不善道罪业之垢，让直心、堪用心（观诸法实相，心则能堪大用）、柔软心、降伏心、寂灭心、真妙心、不杂心、不贪心、广快心、大心具足。③其他地相对于前一地都有心性的提升，从略。

再看菩萨的六心。佛教认为，若人如闻而修，如理而行，依次可得六种心，此亦是菩萨前进、进步的心路历程。论云：“次起六种心。偈曰：想名及了句，思义亦义知，法总亦义求，六心次第起。”④首先兴起的心是“想名”，即“根本心”，因为通过闻法、观察、思维能明白这样的道理：世界本来什么都没有，只有“想”和“名字”，此心是根本心。然后是“了句”，即按照佛所说的语句真实思维观察，了其所指的真实，随之修习，也就是“随行心”。三是是“思义”，即“观察心”。四是“义知”，即“实解心”，是如实思维其真实义。五是“法总”，说的是“总聚心”，意为聚集前法，进而予以总观。六是“义求”，即“悕望心”，求法之义趣、求其真实之心。

再看佛心。佛之所以是极圣，是因为他修心达到了极至，即让真心圆满无缺地显现出来了。其表现是：“诸佛要集，心如空界”。诸佛的根本特点就是心如空界，或平等，⑤故可说，“佛名平等”。⑥具体而言，佛心有“八味”或八种圆满的

---

① ［古印度］龙树菩萨：《十住毗婆沙论》卷1，［姚秦］鸠摩罗什译，《大正藏》第26册，第24页。
② 对于十地，佛教常见的有两种说法，这里依据的是《华严经》和《仁王般若经》等的说法。
③ ［古印度］龙树菩萨：《十住毗婆沙论》卷13，［姚秦］鸠摩罗什译，《大正藏》第26册，第94页。
④ ［古印度］无著菩萨：《大乘庄严经论》卷7，［古印度］波罗颇蜜多译，《大正藏》第31册，第625页。
⑤《菩萨从兜术天降神母胎说广普经》卷2，［姚秦］竺佛念译，《大正藏》第12册，第1023页。
⑥《菩萨从兜术天降神母胎说广普经》卷2，［姚秦］竺佛念译，《大正藏》第12册，第1024页。

特点，即喜味、尽味、定味、到味、静味、相味、不动味、不究竟味。[①]《大宝积经》对如来心的描述是："如来之心，于三摩地，未曾有起，故名此定为无回转心、无所行心、无观察心、无动虑心、无流荡心、无摄众聚心、无散乱心、无高举心、无沉下心、无防护心、无覆藏心、无欣勇心、无违逆心、无萎悴心、无动摇心、无惊喜心、无昏沉心、无分别心、无异分别心、无遍分别心。又此定者不随识心，不依眼心，不依耳鼻舌身意心，不依色心，不依声香味触法心，不趣诸法心，不起智心，不观过去心，不观未来心，不观现在心。"[②]

"佛的心中心"这一概括对我们理解佛心极为重要。所谓"心中心"指的是佛心的关键、实质。如果抓住了此中心，当即是佛。哪怕是凡夫、诸神鬼，只要"能行我心，即得我通。……不行我此心法者，欲贪我通，无有是处"。[③]佛还描述了此心中心的相貌。它"不离一切众生，有十二种心，是佛心中心事"，"一者自身相苦而不辞苦，……自身不见苦与法，无所得，……。二者观一切苦，如观前想而不动转，观一切苦作不定想，……一切怨家来作父母想，……。三者将自心事（等）同他心行，将他心事同自心行，乃至一切身分与已身分等……。四者于佛念处作成佛想，我将住持，常不放舍，……亦如十方众生同一世界，……。五者能于诸佛一一言句、辨论，……堪作下劣想，……为大千界是似信非信，但无所损。……若能如是者，即得五眼清净，明见世界。六者于六度中摄诸心，……于动乱时即以禅波罗密摄入，……如是诸想即以无畏所摄，但行大悲，……。七者于七菩提分，我常勤求，所修功德，常施一切，……。八者于八圣道中常无厌足，常生十信，常存十善行，……如愿教行，不失本心，……。九者不欺众，不嫌法，……常行质直，……。十者须存十信具足，……。第十一心者，于诸法中一切言论义，辨慎忽自赞，……深观菩萨如在目前，……。第十二心者，深观自身若有少慢，自当加持，……若有多欲，当观臭肉，若行污秽，先观牢狱，若能如是者，是佛心中法决定。"[④]简言之，佛心中心，"即是佛境界"，"若有众生境界同此十二心者，此心非众生行处"。[⑤]"十方现化事，皆是心中心，乃至于有顶，

① 《菩萨从兜术天降神母胎说广普经》卷 3，[姚秦]竺佛念译，《大正藏》第 12 册，第 1027 页。
② 《大宝积经》卷 37，[唐]菩提流志译，《大正藏》第 11 册，第 214 页。
③ 《佛心经》卷下，[唐]菩提流志译，《大正藏》第 19 册，第 12 页。
④ 《佛心经》卷下，[唐]菩提流志译，《大正藏》第 19 册，第 12-13 页。
⑤ 《佛心经》卷下，[唐]菩提流志译，《大正藏》第 19 册，第 13 页。

亦是随心生。”①

前面所述的心要么是善心，要么是不善心，因此是有善恶标记的。有无无此标记的无记心呢？佛教的回答是肯定的。接下来，我们便来考察佛教关于处在善与不善、缘与不缘之间的心理现象的思想。《宝云经》云：“此心起时，不缘外、不缘内，不缘善、不缘不善，不从定、不从智，如从眠起，目视不了，不缘善恶，名为无记。”②例如，常有这样的心理，人在观看，但又没有觉察，此即为无记心。最典型的是，刚从沉睡中苏醒的人到处看，但什么也没看到。认识论上的许多心理现象也是没有善恶性质的，例如，触知就是如此。论云：“三和合故有触”，③即由根、境、识三种因素和合而生，如眼对境的触知，是由眼识、眼根、色尘共同作用而生。有三种：苦触、乐触、无记触。众生的二十二根中，有的是有记的，如忧根、慧根，有的是无记的，即无记爱、无记见、无记慢、无记无明。

寻与伺是更为典型的无记心，同时也是世间心理学完全没有注意的心理现象。它们的不同在于，一个粗，一个细。寻（vitarka）即寻求、推度，旧译为觉，是对于事物之粗略思考。《阿毗达磨俱舍论》卷四云：“心之粗性名寻。”④《成唯识论》卷七云：“寻谓寻求，令心忽遽，于意言境，粗转为性。”⑤相比较而言，伺（vicāra）即对事理的细密的思考。“若观待无寻唯伺识，则有寻有伺识名粗。”“若观待有寻有伺识，则无寻唯伺识名细。”“若观待无寻无伺识，则无寻唯伺识名粗。”“若观待无寻唯伺识，则无寻无伺识名细。”⑥从大的方面来说，“寻伺即心”，属无记心所法。就其个性来说，它们是与思虑有联系，但又有其独立的性的心理现象。之所以说有联系，是因为寻伺中一定伴有思维之类的理性活动。其不同在于，寻伺不仅出现在理智性活动中，还可发生在非理智活动之中，如情感、意志活动之中。论云：“诸心寻求、辨了、显示、推度、构画、分别性、分别类，是谓寻。”⑦寻有上述不同之样式，但体无别，即都是要显了寻自性。所谓伺是诸心这样的作用，即“伺察随行、随转、随流、随属”，⑧其样式尽管不同，但体无

---

①《佛心经》卷下，[唐]菩提流志译，《大正藏》第19册，第14-15页。
②《大乘宝云经》卷2，[梁]曼陀罗仙、僧伽婆罗译，《大正藏》第16册，第216页。
③［古印度]提婆设摩：《阿毗达磨识身足论》卷3，[唐]玄奘译，《大正藏》第26册，第545页。
④［古印度]世亲菩萨：《阿毗达磨俱舍论》卷4，[唐]玄奘译，《大正藏》第29册，第21页。
⑤［古印度]护法等菩萨：《成唯识论》卷7，[唐]玄奘译，《大正藏》第31册，第35页。
⑥［古印度]尊者舍利子：《阿毗达磨集异门足论》卷11，[唐]玄奘译，《大正藏》第26册，第414页。
⑦［古印度]五百大阿罗汉：《阿毗达磨大毗婆沙论》卷42，[唐]玄奘译，《大藏经》第27册，第219页。
⑧［古印度]五百大阿罗汉：《阿毗达磨大毗婆沙论》卷42，[唐]玄奘译，《大藏经》第27册，第219页。

异，即都是要显了伺自性。两者的差别在于：“心粗性名寻，心细性名伺”，[①]意为伺是更为细密的心理活动，而寻相对粗犷。就像钟、铃之类的铜器被敲击，先出现的声音，后慢慢变细，寻伺亦如此，也像人吹贝，先大后微。

还有一类心理现象是介于真心与妄心之间的或真妄兼有的心理现象，如接近真心的但又没有脱离妄心的中间性的心理现象，即较细妄心。它是修行达到相当高的境界人才会碰到的心理现象。在这种境界，粗劣心理尤其是分别心已没有了，但仍有微细妄念。它们的特点如《大佛顶首楞严经》卷第四所云：“乃至分别都无，非色非空”。这里的非色非空，如贪嗔痴等已灭，但又不是《心经》所讲的下述真心境界：“色不异空、空不异色，色即是空、空即是色，……空中无色。”[②]圆瑛法师说：“非色非空”，“犹如真心，切勿错认”，因为这里的意思是：内守幽闲，法处灭尘境界，已离六尘粗相，故非色；犹如寂静细境，故非空，另外，“非色”还有“非同色界四禅天定”之意，“非空”有“非同空处空无边处灭定”之意。[③]

佛教发现的最重要的、介于真妄之间的、既具有心理哲学和认识论意义又具有人生解脱论价值的心理现象，就是“识精”。佛教对它的探讨、论述全面而精深，我们有理由把有关思想称作“识精论”。概括地说，它有如下要点：①本是真心，由一念妄动，与生灭和合，成第八识见分，此见分即识精；②全体是真，只略带无明之妄；③如第二月；④众生根性，处染不染，随缘不变；[④]⑤识精不是诸根，但不离诸根。下面，拟就重要之点略作考释。

先看关于识精的多种表述方式。圆瑛法师在解释“精、明、净、妙、见元”时说：“万象不能混曰精，万象不能蔽曰明，万象不能染曰净，万象不能变曰妙。此四乃见元义相，即本觉所具性功德相。此曰：‘见元’，上曰见精，有曰见性，名虽各出，乃随语便，同指众生识精元明，即二根本中真本，与物同体。”[⑤]在《大佛顶首楞严经》卷第四中，佛用了多种语词来述说“识精”，如“见性”“心性”“第二月”“无分别性”“能缘之心”“见精明元”，等等。

识精尽管有一点妄，但不同于一般的妄心，因为它本是真心；但它又不同于

---

① [古印度]五百大阿罗汉：《阿毗达磨大毗婆沙论》卷42，[唐]玄奘译，《大藏经》第27册，第219页。
②《大般若波罗蜜多经》卷5，[唐]玄奘译，《大正藏》第5册，第22页。
③ 圆瑛法师：《大佛顶首楞严经讲义》，宗教文化出版社2012年版，第128页。
④ 圆瑛法师：《大佛顶首楞严经讲义》，宗教文化出版社2012年版，第94页。
⑤ 圆瑛法师：《大佛顶首楞严经讲义》，宗教文化出版社2012年版，第147页。

真心，因为它带有微细妄念。因此识精是真正的真妄和合，或生灭与不生灭和合。

佛教为什么要重视并讨论识精？因为纯真之心不涉事用，且离一般人遥不可及，难以显示，只有佛才能真正体验到此真心。但是众生要想成佛，就不能不知道它。为了让众生领略它，佛便开方便法门，显示靠近真心的识精。因为就其近而言，所以可把识精称作第二真心。如果说本来的月亮是第一月的话，那么捏眼睛看到的月亮就是第二月。后者略有一点妄性，但毕竟与第一月有关，根本有别于水中月。识精类似第二月，真心类似第一月。通过显此识精（第二月），就可让人去认识真心（第一月）。圆瑛大师概括说：“纯真无妄之心”，“即使如来，亦所不能显示”，“纯真之心，清净本然，未涉事用，并无众生之名”。为显真，佛也只能得“带妄显真”，这里显示的真，“即是八识精明之体”，即《大佛顶首楞严经》前面所说的“识精元明”，类似于“第二月”。这样做，是可行的。因为“识精本是妙明真体，因最初一念，无明妄动，不生不灭，与生灭和合，成阿赖耶识，全体是真，不过略带无明之妄；如第二月，亦全体是真，略带捏月之妄。此之识精，即是众生根性，处染不染，随缘不变。”①

佛教是怎样发现这一深藏在众生心理底层的心理新大陆的呢？首先，深入分析五阴中的想阴，可看到识精，因为在想阴尽时，它的表现最为充分。例如，透过想阴十境之人，心像大圆镜智，一切内外境相、法尘可映现于其中，但不留任何踪影。此心只“虚受照应”，其中的旧习气也消失殆尽，因此只剩“惟一精真”。②此真精就是识精或第八本识。其次，分析人的见识，探寻其根源，也可追溯至识精。从表现层次看，见识是人的眼根与外尘对应的产物。但《大佛顶首楞严经》又认为，存在着无眼而见的现象，即没有眼根也可有见识，因此眼识一定还有更深的根源，那就是“见精”或“识精”。例如，盲人没有正常的眼根，但却可以见黑暗。尽管见不到具体的事物，但毕竟有其所知。因此结论是：“如是见性，是心非眼。”③

根据《大佛顶首楞严经》，可通过下述步骤逼近识精。第一步，切入“见中”，如经云：“今吾将汝，择于见中”，即抓住当下任何一见，如对明宫、七金山、种种光等的见识。其实，抓住其他感官得到的知觉也可以。第二步，对见识作出剥

① 圆瑛法师：《大佛顶首楞严经讲义》，宗教文化出版社 2012 年版，第 94 页。
② 圆瑛法师：《大佛顶首楞严经讲义》，宗教文化出版社 2012 年版，第 780 页。
③ 圆瑛法师：《大佛顶首楞严经讲义》，宗教文化出版社 2012 年版，第 98 页。

蒜头似的分析。通过这种分析就会发现：能见的我体和被见的物像。第三步，到我体中去分析，会进一步发现："诸有物性，虽复差殊，同汝见精，清净所瞩。"意为对象尽管千差万别，但都是由你的同一个见精所看到的。"见性无殊，此精妙明，诚汝见性。"[①]此见精的特点是本明、本妙。遍见诸物，故明，与物不杂，故妙。

就识精的自性、自相或本质特点来说，识精的第一个特点是无还，是众生身上的真主人。无还是相对于有还而言的。有还是指有来有去，有变化、生灭，例如，通塞、明暗、同异、清浊八相各有所还。清除障碍物即变为通，有物搬进来即为塞；明来自日，暗根源于无光。这些都是有条件的、变化的。但见性本身无还，即不会像光明在灯光消失时回到黑暗中，它没有要去的地方，因此"见性无还，乃为真主人"。[②]就主客来说，客人来了总有还，而主人不会还。被认识的东西来来去去、此生彼灭，而识精就一个，不动不变。若有变、有来去往还，它就没法得到关于同一对象的认识。这一道理也为后来的康德所认识到，其先验自我意识学说就是证明。佛教肯定见性无还这一特点，也是基于类似的认识论根据。经云："能见之性，湛然盈满，……明来见明，乃至清来见清，昭然不昧，凝然不动，无差无别，无往无还。"[③]。

识精的第二个特点是：本妙明净。所谓本妙，是指众生日用不离它，但它又不为诸相所迁，因此不同于缘虑心。本明，是指它不为诸相所蔽。本净，是指它不为诸相所染。

第三个特点是，识精的体所依是真心，因此它与万物同体，或者说与万物同一真法界，无有亦无非，本无是非二相。"此见妙明，与诸空尘，亦复如是"，即"于中实无是非二相"。[④]妙明即灵光不昧，"本是妙明无上菩提，净圆真心"，[⑤]意为：见精与空、尘是妙明、真心。这里讲的是所变（见精、空、尘）与能变之体（真心）的关系，见精所依即真心。从识精的起源看，它既不是由因缘和合而生，又非自然而有。"如是精觉妙明，非因非缘，亦非自然，非不自然，无非不非，

① 圆瑛法师：《大佛顶首楞严经讲义》，宗教文化出版社 2012 年版，第 137 页。
② 圆瑛法师：《大佛顶首楞严经讲义》，宗教文化出版社 2012 年版，第 132 页。
③ 圆瑛法师：《大佛顶首楞严经讲义》，宗教文化出版社 2012 年版，第 132 页。
④ 圆瑛法师：《大佛顶首楞严经讲义》，宗教文化出版社 2012 年版，第 154-155 页。
⑤ 圆瑛法师：《大佛顶首楞严经讲义》，宗教文化出版社 2012 年版，第 155 页。

无是非是，离一切相，即一切法。”[①]尽管其体是妙明真心，但由于它有一念妄动，因此它又属妄想。经云：“观见（见精）与尘，种种发明，名为妄想。”“见之与尘，元是一真。”[②]

从认识论上说，识精是各种认识的真正主体，是它们所以可能的最后根据，是意识有同一性的根源，但它还不是真心。尽管可以说它是心性，非色非空，离诸法缘，无分别性，但仍不是真心，因为它只离了粗分别，仍是微细流注。这种心仍属妄心，只是更加细微而已。如前所述，识精与真心的关于是第二月与第一月的关系。“佛告阿难：且汝见我，见精明元，此见虽非妙精明心”，但它“如第二月，非是月影”。“妙精明心”或“妙明元本”即真心，妄心就像水中的“月影”，而“见精明无”则像第二月，即捏目后所成之月。此月尽管不是真月，但近于真月，根本有别于水中月。藕益大师认为，识精通指八识之自证分，圆瑛法师则认为，识精是第八识的见分。[③]

就识精的作用及重要性而言，它是认识的真正主体，是认识和人格同一性的根源。也可以说，它是众生身上的最根本的存在，其他的构成部分像客人都有来有去，而唯它与真心常一不变，因此“无还”。当然，它不是外道所说的实体性、单子性存在，而是生灭与不生灭相结合的东西。“此见之精，即妙明真性，无来无去，不生不灭”，“见性、真心，虽缘而恒不变”。[④]另外，它也是种子受熏之地。见闻觉知所熏的种子都储存在它之中。经云：“湛不摇中，念念受熏。”[⑤]对于佛教信徒来说，认识到它极为重要，因为，若认识到它不生不灭，便能成佛作祖，否则，“丧本受沦，于生死中，常被漂溺”。[⑥]意为，迷失它，就意味着远离了真正的主人，而让妄心作主。果如此，无异认贼作父，注定要沉沦生死苦海。

识精在人身上只有一个，但它又可以分化到诸根之中，进而表现为不同的作用，或以有不同功能作用的样式显现出来。确切地说，它可出现在眼耳鼻舌身意六根之中，分别表现为六种识精。正是因为有它，这本来无觉知能力的、由四大和合而成的物质性六根才根本有别于别的物质性实在，而有了自己的认识作用。

① 圆瑛法师：《大佛顶首楞严经讲义》，宗教文化出版社 2012 年版，第 162-163 页。
② 圆瑛法师：《大佛顶首楞严经讲义》，宗教文化出版社 2012 年版，第 156-157 页。
③ 参阅圆瑛法师：《大佛顶首楞严经讲义》，宗教文化出版社 2012 年版，第 129-130 页。
④ 圆瑛法师：《大佛顶首楞严经讲义》，宗教文化出版社 2012 年版，第 132-133 页。
⑤ 圆瑛法师：《大佛顶首楞严经讲义》，宗教文化出版社 2012 年版，第 828 页。
⑥ 圆瑛法师：《大佛顶首楞严经讲义》，宗教文化出版社 2012 年版，第 132 页。

因为“见精”即为八识精明之体。圆瑛法师解释说：“元者本也，故出其名曰：见精明元，即二根本（真心和生死根本）中真本，识精明元是也。体即第八识见分，映在六根门头，在眼曰见精，在耳曰闻精，在鼻曰嗅精，在舌曰尝精，在身曰觉精，在意曰知精。本具精明之体，而有了境之用，但体受妄熏而有二种颠倒，见妄未除，精明尚欠于妙，故曰：‘虽非妙精明心’。”[①]六种识精的关系是，体同用异，意为，六种识精本来只有一个，即是一体的，但分别映在六根中，便有六种妙用，如见、闻、嗅、尝、觉、知。这也就是说，元以一精明，分作六作合。[②]

识精尽管接近真心，但它本身还不是真心，其表现之一是，它不像真心那样绝对不生不灭，而是除了有不生灭的一面之外，还有生灭的一面。是故我们常说，它是生灭与不生灭的和合。其有生灭的表现是，它既有自己的发生学，又有自己的灭亡学。如前所述，世界最初只有妙明真心。它本妙本明。所谓妙是指真心照而常寂，即使处染、处于动变，仍寂然不动。所谓明是指它虽寂然但灵明不昧，此明是不假外来的照了而本具的大光明、大觉性。若想外加明于它，当下即转变为妄心。识精正是在对真心的无明、不如实了知的驱使下出现的，即由于有想从外面去明了真心的妄动，此生灭心与不生灭的真心相结合，因此导致了识精的出现。就六种识精的具体的、个体的发生来说，它们产生的过程及原因可概括为：黏湛发见，依湛而有。其总根源是无明，即试图加明于妙明、本明，此明即觉明。“明妄非他，觉明为咎”。这种妄明是一切有为法的总根源。圆瑛法师说：“妄觉妄明，乃为众妄根本，前之世界，后之业果，均由此勿生，由此相续也。”[③]由此妄明，八识中的业相便转化为“所”。此即“因明立所”，意为由于想从外面去明了真心，于是误把不是对象（所）的东西转化成了对象。有所必有能（认知主体），这个能就是第八识的见分。这里的所和能的体都是业相之本体。故经言：“明理不踰”，意即能的体（理）不出业相的体。这里的能所都属妄心，圆瑛法师说：“俱属妄心，以见分所见，但是业相晦昧空，尚未涉境”。[④]

六种识精生起的前提是有六尘，而六尘是这样生起的，即“业相为因，转相为缘，以此因缘，自心取自心，非幻成幻法，遂结暗为色”。其他五尘的产生过

① 圆瑛法师：《大佛顶首楞严经讲义》，宗教文化出版社2012年版，第130页。
② 圆瑛法师：《大佛顶首楞严经讲义》，宗教文化出版社2012年版，第183页。
③ 圆瑛法师：《大佛顶首楞严经讲义》，宗教文化出版社2012年版，第305页。
④ 圆瑛法师：《大佛顶首楞严经讲义》，宗教文化出版社2012年版，第305页。指由业相转化而成的能所。

程是：“随其五尘，对至即现”。“由是粗境已成，即法生故，种种心生，遂于一精明之体，分开见闻觉知该尝嗅二精六用”。[①]例如：见精映色，结色成眼根，知精映法，揽法成意根。总之，依一精明之体，分成六种识精。

六种识精的具体发生过程是：一念无明妄动，妙明体性出现了明暗、恬变、离合、生灭等对立。真妄和合，由此体性生出了六种识精，即八识见分。见精是这样生起的：“由明暗等，二种相形，于妙圆中，黏湛发见。”湛即妙明、湛然清净之真心，黏湛即依于真心，从真心上截取心光。由于黏湛，进而在眼根中映现，因此便有了见精。听精的生起过程是，“由动静等，二种相击，于妙圆中，黏湛发听。”嗅精、尝精、觉精、知精的生起过程分别是，“由通塞等，二种相发，于妙圆中，黏湛发嗅。”“由恬变等，二种相参，于妙圆中，黏湛发尝。”“由离合等，二种相摩，于妙圆中，黏湛发觉。”“由生灭等，二种相续，于妙圆中，黏湛发知。”[②]

佛教心灵哲学的独特贡献是：在论述识精的发生学时，还一并讨论了与诸识精密不可分的相应的根（认知器官）的发生学。在佛教看来，它们是一同发生的。因为有现实能力的诸根除了有相应的构成部分及结构之外，一定还离不开里面有能起作用的机制，也就是识精。这里我们只拟以意根为例，考察佛教关于意根及其识精的发生过程。经云：“由生灭等，二种相续，于妙圆中，黏湛发知。知精映法，揽法成根，根元目为，清净四大。因名意思，如幽室见，浮根四尘，流逸奔法。”[③]意即，真体与生灭相续之妄法相结合，产生了知觉。知精映对法尘，揽取法尘，进而产生了胜义意根。这种根是清净四大合成，它们极其微细，是意识器官中的微观的结构。这种意根在人身中的位置是思量处，故说“因名意思”（指意根在思量处）。它的形态如《正法念处经》所说：“状如莲华，昼开夜合。”[④]这种意根的特点是，像在幽暗之室中照明一样。因为它不像眼根等一样有外在的构成，它在人体之内。它内照法尘，识别、思量法尘，奔逐法尘之境，只能像在暗室中照物一样。同时又是浮尘根的本源。这里的浮尘根是由粗四尘（即色香味触）所合成的，亦是意根表层构造。用我们今天的话说，浮尘根就是肉团心。可见，有现实功能作用、活的意识机能是由识精、胜义根、浮尘根共同构成的。

① 圆瑛法师：《大佛顶首楞严经讲义》，宗教文化出版社 2012 年版，第 305 页。
② 圆瑛法师：《大佛顶首楞严经讲义》，宗教文化出版社 2012 年版，第 378-380 页。
③ 圆瑛法师：《大佛顶首楞严经讲义》，宗教文化出版社 2012 年版，第 380 页。
④ 转引自圆瑛法师：《大佛顶首楞严经讲义》，宗教文化出版社 2012 年版，第 380 页。

把见精放在与有关事物的关系中加以分析，也有助于我们把握它的本质特点。先看它与色、空的关系。在这个问题上，有三种看法：一是认为它们是同一的，此为“是义”；二是认为它们是不同一的，此为“非是义”；三是佛的看法，认为它们一如一体，非一非异，非即非离。从事相上说，它们是有相的，或会通过具体的事物表现出来，但从理体上说，它们都毕竟空寂。见与见缘，并所想相，如虚空华，本无所有，即无“是义”，又无“非是义”，只有一真心，绝诸对待，惟是一真。

再看识精与身心、万物的关系。佛教认为它们是一体、不即不离的关系：物不是识精，身体中胜义根和浮尘根本身都不是识精，但识精又不能离开这些物，因为识精不可能以纯粹的形式起作用。是故经云：“无有见精，离一切物，别有自性。”①“是万象中，微细发明，无非见者。”②总之，见与物有一体不离的关系。

见精与作为对象的诸法的关系是主体与客体关系，而这种关系也是非一非异的关系。一方面，见精既离一切相、法；另一方面，又即一切相、法。③“无有见精，离一切物，别有自性。”“是万象中，微细发明，无非见者。”以被看见的树和空为例，所见之树、空，离不开见，但又非是见。因为若是见，为什么又见到了树？“若树非见，云何见树？若树即见，复云何树？如是乃至，若空非见，云何见空，若空即见，复云何空？”④可见，见与被见到的树、空，非一非异。非一，即它们有差别、不同。非异，即它们无差别。

就识精与六根的关系来说，它们也是不即不离的关系。识精本身显然不是六根，因为识精别有自体，但又不离六根，这已在前面分析过了。六根的每一根都有三部分：浮尘根（器官）、胜义根（微观结构、机理）和识精，它们相辅相成，非一非异。

识精与真心的关系最为重要。若如实理解，既有助于理解双方的本质，又有重要的解脱论意义。因为两者及其关系是佛教的“心中心”或枢纽。识精或见性一致于真心，而根本的别于根尘。《大佛顶首楞严经》卷三云：“如是见者，是眼非灯……如是见性，是心非眼。”人能见物，自有其体性，但此体性不是眼，而

① 圆瑛法师：《大佛顶首楞严经讲义》，宗教文化出版社2012年版，第148页。
② 圆瑛法师：《大佛顶首楞严经讲义》，宗教文化出版社2012年版，第149页。
③ 圆瑛法师：《大佛顶首楞严经讲义》，宗教文化出版社2012年版，第149页。
④ 圆瑛法师：《大佛顶首楞严经讲义》，宗教文化出版社2012年版，第149页。

是人的心本身。因此即使是无眼的盲人，如圆瑛法师所说：此“能见体性，有何亏损？”“此佛就无位真人赤肉团上，指出一只金刚正眼，正所谓无明窟里，有个大光明藏也。”①意思是说，人之所以有见性，尽管与物质性身体有关，但根本的决定因素却是见性自身。见精不是眼，不是根、尘。圆瑛法师云：“能见之性，不假眼缘，是脱根也。……不假明缘，是脱尘也。”②虽然如此，别有自体，但又不离眼。道理很简单，没有眼睛的人照样可以有见性。人之所以有见性，是因为人有识精和真心。人身上的一切作用无不根源于此见性。但此见性又不是真心本身，而是直接由见精承担的。《正脉》云：“见乃是心，而此见精，离彼肉眼，别有自体。”③

尽管识精与真心同属一心，如它像真心一样微细幽隐，甚至有湛然之性，若无不无，似有非有，“罔象虚无”，但两者还是有明显的区别的，即两者有非一、非即的关系，这表现在：此识精如第二月，“但多一捏而已，放手即真。”④意即如捏眼睛时看到的第二月。不捏，让眼正常，所看到的就是真月。其妄的表现是：“如急流水，望如恬静，流急不见，非是无流。”因此“此湛非真”。⑤经云：“湛不摇处，名恒常”，⑥意为它纯一无杂，横竖洞彻，浮相已尽，迁扰俱停，因此似一似常，元是根本识阴，体通真心或如来藏性。不过，它毕竟不是真心，因为它略带一点妄性。从其构成来说，它既有真性，又杂妄习。正是因为包含妄习，所以可使人产生遗忘、回忆、现起等心理现象。从它的能记忆、不遗忘的作用可以看出，它是人的认识不变性的主体，人的同一性的根源。因为“此精了湛不摇中”。圆瑛法师云：“精了即精明也，亦即现前见闻觉知，同一无分别性，名湛不摇中。”⑦此识精之所以不是真心妙明，原因还在于，它不是无始无终的，而真心无始无终。它是由一念无明妄动（欲明真心）而有，它之所以有终，是因为只要六销（或解）一亡，它便随之消灭。“六销”指的是六根消亡，不起作用。这里的六根像一花巾绾的六个结，而一花巾则可比作一涅槃。“一亡”是指涅槃随着六销的发生，

---

① 圆瑛法师：《大佛顶首楞严经讲义》，宗教文化出版社 2012 年版，第 97-98 页。
② 圆瑛法师：《大佛顶首楞严经讲义》，宗教文化出版社 2012 年版，第 97 页。
③ 转引自圆瑛法师：《大佛顶首楞严经讲义》，宗教文化出版社 2012 年版，第 99 页。
④ 圆瑛法师：《大佛顶首楞严经讲义》，宗教文化出版社 2012 年版，第 829-830 页。
⑤ 圆瑛法师：《大佛顶首楞严经讲义》，宗教文化出版社 2012 年版，第 829 页。
⑥ 圆瑛法师：《大佛顶首楞严经讲义》，宗教文化出版社 2012 年版，第 828 页。指精明。
⑦ 圆瑛法师：《大佛顶首楞严经讲义》，宗教文化出版社 2012 年版，第 828 页。

也将不复存在。因为六根聚积而现生死，生死与涅槃乃是相对的，所以只要生死之六结解开了，消亡了，则涅槃之一巾亦随之不存。经云：“非汝六根互用开合，此之妄想，无时得灭。”[①]意为，只要有六根，甚至有六根的互用，如眼睛不仅可视物，而且可像耳朵一样听声音，余可类推，就一直会有妄想。而一当六根消亡，涅槃现前，此识精也将随之消亡。这就是说，识精在生灭方面是不同于真心的，后者不生不灭，而识精既有生，又可伏断、消灭，当然，这是有条件的。经云：“如世巧幻师，幻作诸男女，虽见诸根动，要以一机抽，息机归寂然，诸幻成无性。六根亦如是，元依一精明，分成六和合，一处成休复，六用皆不成。尘垢应念销，成圆明净妙。”[②]意思是，由明觉，生起了一识精或精明。圆瑛法师解释说：“元依一精分成六用，在眼曰见，乃至在意曰知。”既然精明是六根六用之枢纽、机关，是成妄之根本所在，因此只要“息机”，让它休息、返源，那么六根自然返源，六用皆不成，一切妙用当即现前，成圆明净妙。至此，识精便完成它的历史使命，而返还为真心。

另外，真心与识精的关系还有真金与矿石的关系。要取真金，必须先找到矿石。同理，要识取本来面目，就要先见到见精。真心只有佛才能证得，连等觉菩萨，都由于有一分无明未破，因此无法亲见真心，更不用说凡夫、小乘之人。因此可以说，要想切近真心，就应先明见性，即先找到识精。

《大佛顶首楞严经》的翻译中还出现了“心魂”一词。它是近于识精的一种心理，即十分靠近真心，是真心在特定条件下的显现。当然，它只会出现在修行达到一定境地的人身上。就其出现的条件来说，一是反闻功夫达到相对高的地步的人才会出现。如圆瑛法师解释云：“行人以此禅定心中，精研功胜，妙心益明，澄露皎彻，似始觉之智，定光融透也，内光发明，似本觉之理，心光显现也。”[③]到此心地，往往出现诸佛显前之境相。二是过去有听闻《维摩诘所说经》等诸经的经历，由其“灵悟所染”，才有此“心魂”出现。此心魂的特点是：有心光发明，照诸世界，但尚不是真心，尚不究竟，只是“暂得如是”，因此“非为圣证”，若执着，即立马着魔。

---

① 圆瑛法师：《大佛顶首楞严经讲义》，宗教文化出版社 2012 年版，第 829 页。
② 圆瑛法师：《大佛顶首楞严经讲义》，宗教文化出版社 2012 年版，第 528-529 页。
③ 圆瑛法师：《大佛顶首楞严经讲义》，宗教文化出版社 2012 年版，第 737 页。

第五节　心理现象的分类

由于佛教承认的心理现象的个例多，范围大，远非任何世间心灵哲学所能比，因此所面临的分类工作便比一般的要繁难许多。这里，我们先尽可能全面地略述佛教心灵哲学从不同角度所作的分类，然后再从中选择重要的、有代表性的分类予以剖析。

第一，从真妄角度，佛教常把心分为真心和妄心两大类。这一分类在《大佛顶首楞严经》《大乘起信论》等论典中较突出，中国化佛教对此阐发尤为充分、完备，禅宗甚至把它看作是理论根基。这一分类在前面已有述介，这里不重复。

第二，从心与烦恼的关系看，心可分为相应心（与烦恼相应）和不相应心。

第三，从心的管理、调适的角度看，心可分为定心与散乱心。

第四，从心的表现形态看，心可分为肉团心、思虑心、集起心、真实心。

第五，从任何一个心理现象尤其是认知性心理经历的时间过程看，它会表现为下述依次继起的五种心理：①率尔心（始对外境所起之心）；②寻求心（欲知之心）；③决定心（决断之心）；④染净心；⑤等流心（前后念念相续，无有间断，可引出后续之心）。就善心来说，它们由萌芽至成就要经历八个阶段或八种心，即种子心、芽种心、疱种心、叶种心、敷华心、成果心、受用种子心、婴童心。

第六，按时间分，有过去心、未来心、现在心。

第七，根据是否有受，可把心识分为内识（有识受）和外识（无识受）。

第八，根据心识在体验时是否清晰、是否分明，可把心识分为粗识和细识。若识与欲界有关，涉及欲界，则是粗识；若与色界有关，或与无色界既有关又无关，则为细识。

第九，根据心识的载者、持有者来分，可把心分为人心、天心、龙心[①]、夜

① 谓思念广大资财者。谓数作是念，获如是广大资财胜妙珍宝。有此多贪无厌之想。是龙趣之心也。亦本从龙趣中来。

叉心[①]、阿修罗心、迦楼罗[②]心、紧那罗[③]心、摩睺罗伽[④]心、地狱心、畜生心、饿鬼心、声闻心、缘觉心、菩萨心、佛心，等等。[⑤]

第十，按心的价值属性、道德属性分，心可分为染污心与清净心，或善心、不善心与无记心，或顺烦恼心与背烦恼心。

第十一，按深浅层次，心可分为心与浅表心。能为经验直接接触到、体验到的心即为浅表心，如眼耳鼻舌身意六识以及随之而来的各种欲望、情感、意志现象。所谓深心即是远离经验意识的心，不仅包括西方精神分析学派所说的无意识的欲望、观念、思想，还包括一般世间心灵哲学所没有注意到的末那识、阿赖耶识、庵摩罗识、一一心识、一切一心识，最深的心是根本无明和真心。[⑥]

第十二，按心理发生时的相状、作用方式，一是把心分为受想行识四种，这是佛教最常见、也是讨论最多的一种分类。所谓受是有觉受特点、相状的现象；想是有想念特点、相状的现象；识是有识知、了别特性、相状的现象；行是有行作特点、相状的现象。这里的行主要指心之行、动。二是五位法中的心法、心所法和部分行法。

第十三，从心的指向性分，可把心为证他心与自证心。所谓证他心是指，指向心外对象的识，外缘识，或关于外界的认识，如外知觉。除自证分以外，五根现识、意现识、瑜伽现识，以及一切分别心，都属此类。再放大一点，即是由外界所引起的心理现象，包括知情意等。所谓自证心，即向内的识或内缘识，或关于自心的认识，如内知觉，再放大一点，则包括由内心所引起的心理现象，有知情意等样式，也可以说是内知觉中所显现的一切心理现象。

第十四，根据所取境，心可分为三大类。①以总义为所取境的心识。这里的义指分别心中所取的彼义影像，如听到“诸法无我”这句话时，心中随之出现的关于此命题的意义显现。不仅义能引起心中出现相应的影像，声或广义的名称也

① 关于夜叉有不同说法，一种说法是，夜叉与罗刹同时由大梵天的脚掌中生出，双方通常相互敌对。夜叉与罗刹不同，对人类持友善态度，因而被称为“真诚者”。《维摩诘所说经·佛国品·注》：夜叉有三种，一在地，二在虚空，三天夜叉。

② 天竺方言，唐意译为金翅鸟。

③ 在梵语中是“人非人”之意。形态和人无异，只是头上多生出一只角，所以被称为“人非人”。他擅长歌舞，是帝释天的乐神之一。

④ 大蟒神，人身蛇头，又被称作地龙，是佛教神祇的八部天龙之一。

⑤《大萨遮尼乾子所说经》卷7，[元魏]菩提留支译，《大正藏》第9册，第352页。

⑥《大萨遮尼乾子所说经》卷8，[元魏]菩提留支译，《大正藏》第9册，第352页。

是如此，是故可说：“声义可合缘”，意为事物的名称及意义可结合在一起，成为缘，进而引起相应的心理影像。②以自相为所取境而形成的无分别、不错乱识，即“于自现境不错乱的明显了别”。这种识和现识相同，其形式有五根现识、意现识、自证现识、瑜伽现识。③以无体明现为所取境而形成的无分别错乱识，即“于自观境错乱明现、了别”，类似于无分别邪智，其形式有，有属根识、有属意识。[①]

第十五，按修行境界从上到下分，有“诸佛心、菩萨心、金刚心、诸天心、四果圣人心、四海龙藏心、龙王心、天王心、日月星宿心、药叉罗刹心、一切鬼神王乃至世间隐形伏匿心、世间众生心”。[②]

拟重点剖析的分类法，主要有这样几种。

一、染净无记三分法。这是根据是否修行，是否对心作净化处理，所作的分类。这又有不同的分类和说法。如《阿毗达磨蕴足论》对净心和染心的界定分别是，净心是指，“依出家、远离所生善法”，[③]所生起的具足善性的心意识，即通过出家修道、远离诸恶法而产生的一种善法。染法是未作厌离、远离的心意识。有的把染心称作有漏心，如欲界有四种，即善心、恶心、有覆无记、无覆无记；色界有三种，即善心、有覆无记、无覆无记；无色界有三种，即善心、有覆无记、无覆无记。净心即无漏心，它有两种，即有学无漏心、无学无漏心。染心和净心合在一起共十二种心。它们在具体的有情身上，可相互派生，进而会出现二十种心。[④]其中，欲界有八种，即方便善心、生得善心、不善心、有覆[⑤]无记[⑥]心、威仪心、工巧心、报心、通果心；色界有六心，即方便善心、生得善心、有覆无记心、威仪心、报心、通果心；无色界有四心，即方便善心、生得善心、有覆无记心、报心。无漏有二心，即学心、无心学。[⑦]

还有经论把净心和染心分别称作胜心识和卑或劣心识。若识是善的，并能得善报，即为胜识，反之为卑识。[⑧]太虚法师的《大佛顶首楞严经研究》在分析欲

---

① 法尊法师：《法尊法师佛学论文集》，中国佛教文化研究所 1990 年版，第 170-171 页。
②《佛心经》卷下，[唐]菩提流志译，《大正藏》第 19 册，第 10 页。
③ [古印度]大目犍连：《阿毗达磨蕴足论》卷 5，[唐]玄奘译，《大正藏》第 26 册，第 473 页。
④ [古印度]世亲著、真谛释：《阿毗达磨俱舍论》卷 7，[唐]玄奘译，《大正藏》第 29 册，第 39 页。
⑤ 烦恼覆障。
⑥ 无善无恶。
⑦ [古印度]迦旃延著、五百罗汉释：《阿毗昙毗婆沙论》卷 6，[古印度]浮陀跋摩、道泰等译，《大正藏》第 28 册，第 40-41 页。
⑧《舍利弗阿毗昙论》卷 1，[古印度]昙摩耶舍、昙摩崛多等译，《大正藏》第 28 册，第 526 页。

望时有类似说法，如把欲望分为“有染性的劣欲”和“无漏的清净胜欲”。[①]《增一阿含经》以对子的形式具体列举了染心和净心的具体样式。它们分别是：有欲心——无欲心，有嗔恚心——无嗔恚心，有愚痴心——无愚痴心，有爱心——无爱心，有受心——无受心，乱心——无乱心，散心——无散心，少心——无少心，广心——无广心，无量心——有量心，定心——无定心，解脱心——无解脱心，[②]《涅槃经》也作了类似的工作，如：

净心——染心

平等心——不平等心

大慈心——嗔恚心

大悲心——恼害心

大喜心——嫉妒心

大舍心——偏党心

恭敬心——骄慢心

质直心——谄诈心

调柔心——刚彊心

利益心——不利益心

安乐心——不安乐心

无碍心——有碍心

如父母子女心——非父母心

朋友心——非朋友心

同学心——非同学心

预流、一来、不还、阿罗汉心——非罗汉心

独觉心——非独觉心

菩萨心——非菩萨心

如来心——非如来心

恭敬、赞叹、尊重、供养心——非供养、赞叹心

救济、怜悯、护持心——非救济、怜悯、护持心

---

① 太虚讲述：《大佛顶首大佛顶首楞严经研究》，《广东佛教》编辑部赠印 2012 年版，第 2 页。

②《增一阿含经》卷 48，《大正藏》第 2 册，第 811 页。

毕竟空无、所有不可得心——非空无心、求得心

三解脱心（空、无相、无愿心）——非三解脱心[①]

施心——悭贪心

戒心——犯戒心

安忍心——贪恚心

精进心——懈怠心

静虑心——散乱心

般若心——愚痴心[②]

二、世间心与出世间心。这种分类的依据也包含有心的染净的因素，但主要是根据心理现象出现的空间界限而分的。世间心的特点是有为、有造作，因此是有漏心，故言“有漏，堕有心”。[③]具体而言，世间心有八种或十种。这是从心的成长过程分的，因为从最初的善心种子到结果要经过八个阶段。此八阶段即八心：种子心、芽种心、疱种心、叶种心、敷华心、成果心、受用种子心、婴童心（世间最上之位）。加上殊胜心、决定心两阶段，则有十心。此八心描述的是善心次第醇熟，它们的行为表现分别是：持离、六斋日施六亲、施非亲识者、施与高德者、欢喜施、发亲爱心而供养之、护戒生灭、殊胜心。[④]较多的一种概括是把世间心概括为一百六十种。它是按二分法、依五步分析贪嗔痴疑慢所成。凡夫面对任何事物不守中道，可出现是和非两种行为。对贪嗔痴疑慢这五法也是如此，因此第一次分，这五心便成十心，在十心上再按二分法分，便成二十，在二十上再分成四十，在四十上再分便成八十，在八十上再分便成一百六十。是故经云：“一二三四五再数，凡百六十心。”[⑤]龙树的《回诤论》描述了一百一十九种法，其中大多属世间心，如：受、想、觉、触、观察、欲、信解脱、精进、忆念、三摩提、慧、舍、修、合修、习、得、成、适、勤、思、求、势力、不嫉、自在、不悔、悔、少欲、不少欲、不思、不求、不愿、疑、恭敬、寂静，等等。[⑥]出世心的特点是“无漏、断有心”，[⑦]或由离染、转染而成，“越世间三妄执，出世间心生”。尽管它有

① 参阅《大般若波罗蜜多经》卷324，[唐]玄奘译，《大正藏》第5册，第657页。
② 《大般若波罗蜜多经》卷326，[唐]玄奘译，《大正藏》第5册，第666页。
③ [古印度]五百大阿罗汉：《阿毗达磨大毗婆沙论》卷5，[唐]玄奘译，《大正藏》第27册，第20页。
④ 顾净缘、吴信如：《密乘一品一论讲略》，民族出版社2002年版，第79页。
⑤ 转引自顾净缘、吴信如《密乘一品一论讲略》，民族出版社2002年版，第104页。
⑥ [古印度]龙树菩萨：《回诤论》，[后魏]毗目智仙、瞿昙流支译，《大正藏》第32册，第16页。
⑦ [古印度]五百大阿罗汉：《阿毗达磨大毗婆沙论》卷5，[唐]玄奘译，《大正藏》第27册，第20页。

超凡脱俗的特点，但仍不离众生，即住于五蕴和合成的身体之中，是故经云：“出世间心住蕴中。”当然，它的产生和存在是有条件的，如离不开人的智慧、修为。其条件是，“若于蕴等发起离著，当观察聚、沫、浮、泡、芭蕉、阳焰、幻等，而得解脱。谓蕴处界、能执、所执，皆离法性，如是证寂然界，是名出世间心。”①

与上述分类相关的分类是把心分为圣心与非圣心。圣人之所以为圣人，是因为他完成了圣心的建构，或者说完成了由凡心向圣心的转化。圣心的特点在于“心无漏”，即心性净而无染。无染的表现是无求、不取著、无胜过心。具言之，圣人之心回复了清净的本性，离妄心而返回真心。真心本是凡圣共有的，但凡夫由于无明，不知真心，圣人相反，彻见自心。论云：“心性清净，为客尘染，凡夫未闻故，不能如实知见，亦无修心。圣人闻故，如实知见，亦有修心，心性清净，离客尘垢。”②用比喻说，圣心如金刚，凡心如闪电。③后者“心有漏”，即心性为客尘所污染。染的表现是：心有求，常追取不已，心常怀胜他人之想。圣心与凡心的区别还很多，如圣心无欲、离欲、无恚、无痴，凡心有欲、有恚、有痴；圣心是解脱心、定心，凡心是不解脱心、不定心；圣心是有觉心、喜心、忍相应心，凡心是不觉心、无喜心、非忍相应心，等等。④

三、根据心的显隐、粗细的分类法。根据佛教的心理观，众生心是一个有多种向量的巨系统。不仅广大，乃至无量无边，而且有深浅的维度。根据这个维度，心理现象可分为浅表的六识及其心所，与深层次的根本无明，第七、八、九、十识，加上识精、真心等。前一类心理，在前面已有分析，这里只略述后一类心。深层心识的特点是，微细、甚深、常人无法觉知，即使禅定，不到一定境界也难识见。只有佛和见道菩萨才能了知。《阿含经》已论述过：六识之下还有这样的识、心，它们是“意处”“名色”以外的识，如灭尽定所依“灭界”“阿赖耶”“解脱心”“涅槃识”，等等。部派佛教讨论了这样的深层心识：意根、细意识、有分心、根本识、一味蕴、穷生死蕴、果报识、实法我、胜义补特伽罗、异熟果识、根本蕴、非即蕴非离蕴补特伽罗，等等。大乘经（如《楞严经》《楞伽经》和《华严经》）的论述更全面、具体和深入。《楞严经》云：通过禅修，可使表层心识销

①《大毗卢遮那成佛神变加持》卷1，[唐]善无畏、一行译，《大正藏》第18册，第3页。。
②《舍利弗阿毗昙论》卷27，[古印度]昙摩耶舍、昙摩崛多等译，《大正藏》第28册，第697页。
③《舍利弗阿毗昙论》卷27，[古印度]昙摩耶舍、昙摩崛多等译，《大正藏》第28册，第698页。
④《舍利弗阿毗昙论》卷27，[古印度]昙摩耶舍、昙摩崛多等译，《大正藏》第28册，第698页。

尽，但其后还有心识存在，即微细妄心和各种深层次的净心，它们“如急流水，望如恬静，流急不见，非是无流”。[①]藏传佛教在这方面也有重要的贡献。例如，噶举派将心分为三层，一是粗心或妄心，二是细心，指与贪等八十种本能心理活动（八十性妄）有关的一切心，相当于阿赖耶识及其所伴随的心所，三是最细心，或本来心、本无心，相当于第九识。宁玛派的“大菩提心”、萨迦派的“本无俱生智”、觉囊派的“胜义有”都可看作是第九识。

四、根据现象学性质所作的分类。现象学性质即在意识面前显现出来的性质，既与对象有关，又与经验主体的体验息息相关，因此是多种因素相互作用所形成的不可还原的突现性质，或函数。例如被刀刺伤的疼的感觉就是如此。这是当代西方心灵哲学研究的热点和焦点对象。殊不知，佛教不仅早有关注，而且研究颇为深细。从现象学性质角度对心进行分类，就是佛教在这方面探讨的一个成果。从此角度看，心有自在之心与有现象学性质的心之别，而这两种心中，又分别有妄心和真心之别。值得强调的是，佛教在这里表现出的现象学视角比西方现象学的范围大、样式多。因为作为现象世界之本原的心，或佛教所说的“因心”“能缘心”，在佛教那里是多样化的，有不同的层级，如《大佛顶首楞严经》等一般经论说有真心和妄心两种，来果禅师在讨论参禅进入细心、静心阶段之后的不同“用心”或“心用”时，实际上指出了这样的事实，即从妄心到真心之间还存在着多种不同的“用心”。既然如此，当真心、妄心以及中间的各种能缘心发挥作用时，就都会建立自己的不同的现象学世界。例如当真心发挥作用时，会出现一个了无分别、一如一体、平等不二的现象学世界，这是佛所面对的，也只有佛才能了知的世界。妄心发挥作用时，成就的是凡夫的现象学世界。西方的现象学所关注的主要是这个世界，而不可能关注佛所关注的世界。

来果禅师说到的中间层次的“因心”实质上是行者基于自己的禅定工夫在真心上所截取的不同等级的心光，工夫越高，截取的心光越接近于真心、越细、越专一、越纯净。来果禅师说：“由诸而一，由一而专，其心也。”[②]由低到高的不同“用心”分别是：①有心用。这里的有心不是凡夫的有心、妄心，因为它已开始向纯净方向前进。具言之，这时所用的心是在“入深禅、心法俱静”[③]的前提

① 圆瑛法师：《大佛顶首楞严经讲义》，宗教文化出版社 2012 年版，第 829 页。
② 释来果：《来果禅师语录》，黄山书社 2006 年版，第 63 页。
③ 释来果：《来果禅师语录》，黄山书社 2006 年版，第 63 页。

下出现的，是从真心上截取的心光，当然还很初步。其特点是，像黑夜的探照灯一样，紧紧盯住面前这片杂草丛生、充满着各种豺狼虎豹的心地。来果禅师说："故凡用功，留心于动静"，[①]即让那个心光死死盯住心里出现的动静。如"有心追审穿衣吃饭，用意坚持，走路必紧提撕。"[②]当这样用心时，心面前出现的心将是"打成一片"[③]的现象学世界。②散心用。这里的散心不是凡夫、初禅之人的散乱之心。散心有两种，一是业识纯熟心，其特点是：心散于业识，跟着感觉、情感、思想走，任运漂流，因此"其心难一"。[④]这是凡夫的散心。二是工夫纯熟心，其特点是：心散于工夫。这种散心尽管仍有散的一面，就像被牧童放牧的牛一样，时不时偷吃田里的庄稼。但行者的工夫一上来，散心就会收回来，因此"心散于工夫，其心易收"，[⑤]例如，只要将一句"念佛是谁"，一口咬住，散心就会不散，相应地，会有一定的现象学境界现前，如"万别千差，同归于尽，千枝万叶，一扫全空"。[⑥]③把持用。这时提取的心较之散心用中的心，要细、要专、要明，其特点是此时的心较柔顺，较听话，较易把捉、把持。由于有此可能性，因此用工时，"一任往返出入"，[⑦]让这个"用心之心"[⑧]专一，不动摇，不乱窜，死死盯住心中的境界。果如此，就会出现这样的现象学性质："坚持密用，二六时中，行住坐卧，无暇间歇"，[⑨]但相对于更高境界来说，"虽知念佛是谁，工用幽深，究不尽知其受用与否，复不知得力与不得力。"④得力用。这时所用的心在前一阶段的基础上有这样的进步，它能"切实审讨，作一尝试，如是端身正坐，疑情自起，妄（心）不能近，睡亦远离，此是工夫得力也"。[⑩]⑤放心用。这时所用的心的特点是："毫无假借，亲亲切切，密密绵绵"，[⑪]心全在工夫之上，"朝精夕进，久不改行，能将心放到工夫上用。"[⑫]⑥亲切用。前面的放心用中的心尽管把持得力，放心用于一切处，但未免"触途成滞，用心之心，随缘一相，纵不迁

① 释来果：《来果禅师语录》，黄山书社2006年版，第63页。
② 释来果：《来果禅师语录》，黄山书社2006年版，第63页。
③ 释来果：《来果禅师语录》，黄山书社2006年版，第63页。
④ 释来果：《来果禅师语录》，黄山书社2006年版，第64页。
⑤ 释来果：《来果禅师语录》，黄山书社2006年版，第64页。
⑥ 释来果：《来果禅师语录》，黄山书社2006年版，第64页。
⑦ 释来果：《来果禅师语录》，黄山书社2006年版，第64-65页。
⑧ 释来果：《来果禅师语录》，黄山书社2006年版，第64-65页。
⑨ 释来果：《来果禅师语录》，黄山书社2006年版，第64-65页。
⑩ 释来果：《来果禅师语录》，黄山书社2006年版，第65页。
⑪ 释来果：《来果禅师语录》，黄山书社2006年版，第66页。
⑫ 释来果：《来果禅师语录》，黄山书社2006年版，第66页。

去，定遭鼓动，被一相隔”。[1]要更上一层楼，就得让所用之心更细、更专一，这就是亲切用心。其特点是，心不为相所隔，乃能打成一片，如身之转变不能隔，寤寐睡觉不能隔，赞叹和毁谤都不能隔。故名此心为亲切心，“世界身心、存亡梦寐能不隔者，曰亲，实真办到者，曰切。”[2]第六、七、八、九、十种用心分别是间断心用、粗心用、绵密心用、不间断心用、细心用。它们是一个不断细密、专一的过程，后一种比前一种更清净、更寂然、更明亮。如不间断心的特点是：“工夫做到外无尘境可忘，内无身心可守，一味念佛是谁”。[3]细心的特点是：“从前一切用心之法，如大地土，一抛空外；如世界尘，一帚扫清。仰之不见虚空，微尘一同扫去；俯之不睹大地，寸土抛向他方。”[4]这是一个越来越接近佛菩萨现象学世界的世界。⑦无心用。无心之前，风云雷电雨，尽在空中，无心之后，砖石瓦块，悉归大地，此名真无心也。“无心者，非无自心，亦非无道心，正是无成佛作祖心”，[5]即是无各种妄心、缘虑心，只有那高高挂起的观照之心，它看到妄心不起，于是自己也不动不摇，因此像没有心一样。⑧真心用。这里的真心尚不是佛菩萨所用、所证得的真心，只是比前述心光更纯净、更接近佛菩萨真心的心。其特点是：“初后之心不异，初后之用亦然”，[6]初后一同，所显现的世界也是这样，“初后之法一同”。[7]再往前进，就会有真心的显现，那将是佛心和佛的境界。

五、心的认识论—逻辑学分类法。在因明中，心被赋予的意义是“觉”“了别”，意思是说，心是明了、见境的能力或作用。当然，这里的作为对象的境，不一定实有，如人想到“兔角”“龟毛”，确有其心理对象，但此对象在现实世界不存在。人在觉知对象时，所完成的心理活动或过程，也可称作“量”。所谓量即测量、量知、了别、显现、思虑、推度，用现在的话说，即是一种把握对象相状、性质的认知作用。[8]

量有不同的形式、有不同的分类。法称的分类是把量分为量与非量。先看量。

---

① 释来果：《来果禅师语录》，黄山书社 2006 年版，第 66-68 页。
② 释来果：《来果禅师语录》，黄山书社 2006 年版，第 66-68 页。
③ 释来果：《来果禅师语录》，黄山书社 2006 年版，第 66-68 页。
④ 释来果：《来果禅师语录》，黄山书社 2006 年版，第 66-68 页。
⑤ 释来果：《来果禅师语录》，黄山书社 2006 年版，第 69 页。
⑥ 释来果：《来果禅师语录》，黄山书社 2006 年版，第 70 页。
⑦ 释来果：《来果禅师语录》，黄山书社 2006 年版，第 70 页。
⑧ 释法尊：《法尊法师佛学论文集》，中国佛教文化研究所 1990 年版，第 163 页。

量的定义是："新证、不欺诳的了别"。[①]新证是直接把握，对立于已决智，不欺诳是相对于思察而言。

量又可分现量和比量。法称所说的现量不同于现识（玄奘法师认为现识皆现量），认为现量是现识中的一种。所谓现识即"离分别不错乱的了别"。[②]"不分别"是"分别"的对立面，"不错乱"相对于"乱识"（如见一月为二月，即为错乱眼识）而言。现识有四种：①五根现识，其定义是，"依自不共增上缘之有色根而生，离分别不错乱的了别。"[③]即分别缘色、缘声、缘香、缘味、缘触的五种现识。②意现识，可定义为"依自不共增上缘之意根而生，离分别不错乱的了他智。"[④]所谓了他智是相对于"自证现识"而言的。③自证现识，可定义为"离分别、不错乱的能取行相。"[⑤]④瑜伽现识，可定义为"依自不共增上缘之止观双运三摩地而生，圣者身中离分别、不错乱的了他智"，[⑥]即是圣者借助禅定等形成的现识，有量和已决定两个特点，不存在"显现而未确定"[⑦]的问题，也就是正确无误的对事物体性的把握。故可说："大慧于所见，一切种决定。"[⑧]再看现量。现量的定义是："离分别、新证、不欺诳的了别。"[⑨]有四种形式：①自证现量，即"唯向内缘的单纯能取，离分别、新证、不欺诳的了别"，[⑩]实即是关于内在世界的正确把握或正确的内知觉。②根现量，即"依自不共增上缘之有色根而生，离分别、新证、不欺诳的了别"，[⑪]实即由五根所形成的关于对应对象的正确知觉。③意现量，即由意根而形成的关于内部法尘或观念等的正确认识。④瑜伽现量，即是圣者借助三昧等特殊把握事物本质的方式而形成的了他认知，或"现前新证、微细无常及粗细补特伽罗无我随一的了他智"，[⑫]有三种形式，即现证微细无常的现量，现证粗人（心身）无我的现量，现证细人（心身）无我的现量。有一种量类似于现量，但充满错误，故不是现量，常被称作"似现量"，可定义为"于自

① 释法尊：《法尊法师佛学论文集》，中国佛教文化研究所 1990 年版，第 163 页。
② 释法尊：《法尊法师佛学论文集》，中国佛教文化研究所 1990 年版，第 163 页。
③ 释法尊：《法尊法师佛学论文集》，中国佛教文化研究所 1990 年版，第 163 页。
④ 释法尊：《法尊法师佛学论文集》，中国佛教文化研究所 1990 年版，第 164 页。
⑤ 释法尊：《法尊法师佛学论文集》，中国佛教文化研究所 1990 年版，第 164 页。
⑥ 释法尊：《法尊法师佛学论文集》，中国佛教文化研究所 1990 年版，第 164 页。
⑦ 释法尊：《法尊法师佛学论文集》，中国佛教文化研究所 1990 年版，第 164 页。
⑧ 释法尊：《法尊法师佛学论文集》，中国佛教文化研究所 1990 年版，第 164 页。
⑨ 释法尊：《法尊法师佛学论文集》，中国佛教文化研究所 1990 年版，第 164 页。
⑩ 释法尊：《法尊法师佛学论文集》，中国佛教文化研究所 1990 年版，第 164-165 页。
⑪ 释法尊：《法尊法师佛学论文集》，中国佛教文化研究所 1990 年版，第 165 页。
⑫ 释法尊：《法尊法师佛学论文集》，中国佛教文化研究所 1990 年版，第 165 页。

所现境，错乱了别”，类似于错乱识。其样式有，六种有分别，一种无分别。六种有分别的是：错乱分别（如计声为常）、世俗分别（如知声是无常的分别）、比度分别（缘因心的分别）、比量所生分别（比量后随起的分别）、随念分别（现在追念过去）、计度分别（现在预想未来）。无分别的似现量有多种形式，有的属于根识，即无分别识，例如依四种（因、处、境、无间缘）错乱根缘，产生错觉，如眼中有翳，所看的对象上似也有影子或斑点。

再看比量。比量是由已知之境比附量度，正确推知未现前或未知之境，或以已知真理，通过推论、比附而形成的关于未知事物的正确的理性认知。也可这样定义：“由自所依的正因，直接引起的新证、不欺诳的著智”。著智即分别、了别，由于分别心取境时有坚著的力量，故把分别称作著智。由于此种认知依于正因，进而引起新的分别，但这是通达宗义的不错误心，故说“新证、不欺诳的著智”。有三种比量。①事力比量，根据事物力量，经推论所形成的正确认识。②世许比量，例如以分别境中的所有为因，通达怀兔是月的比量，即为世许比量。③信顺比量，如以经观察证实的言教为因，通达“施感财富、戒感善趣”等言教，对自所说义，皆无欺诳。另也可把比量分为“自义比量”和“他义比量”，前者是依正因而通达宗义，后者可称作“真能立语”，即能让论辩产生比量智的论式。

量还可分为由自决定的量和由他决定的量。前者的定义是：“凡量，若自所量性于境上非有，自即不生，由自力能引决定者。”[①]有五种样式，即现见有作用根现量、串习根现量、自证现量、瑜伽现量和比量。后者的定义是：“凡量，若自所量性于境上非有，自即不生，要由他力所生决定者。”[②]有三种样式，即最初现量、未注意现量和有错乱因现量。

量的另一分类是：①士夫量，如大师世尊，②语量，如四谛法轮，③智量，即现量和比量。《瑜伽师地论》卷十五和《显扬圣教论》卷第十一将量分为：现量、比量和圣教量三种。所谓圣教量即至教量、正教量，是一切智所说的言教。

与量对立的是“非量”。这种量又被称作似量，指的是错误的觉知和推论，如把雾看作烟，进而推论说，那里有火发生了。法称的定义是：“非新证、不欺诳的了别。”[③]它们也是感性认识和理性认识，但由于不是新证，因此不具备成为

① 释法尊：《法尊法师佛学论文集》，中国佛教文化研究所 1990 年版，第 167 页。
② 释法尊：《法尊法师佛学论文集》，中国佛教文化研究所 1990 年版，第 167 页。
③ 释法尊：《法尊法师佛学论文集》，中国佛教文化研究所 1990 年版，第 168 页。

量的条件，故名非量。有五种样式。①已决智，即通达已通达事的了别。有三种已决智，如现识已决智、分别已决智、俱非彼二的已决智。②思察，即“于自境有欺诳性的合理著智”。[①]所谓“合理”意为，思察于所计的义理是正确的认识。“欺诳”意为：思察于所计义理是没有确定性的认识。“著智”说的是：思察属有分别的觉智。有五种思察，如没有理由的思察、理由相违的思察、理由不定的思察、理由不成立的思察、虽有理由但未经证实的思察。③现而未定的非量，即“若自所趣境的自相法明了显现，但对于自所趣境自相法，不能引起定解的了别”[②]。④疑，可定义为：“由自立犹豫二边的了别。”[③]有三种——理疑（如疑声无常）、不如理疑（如疑是常）、等分疑（既疑声常，又疑其无常）。⑤邪智，可定义为：“倒取自境的了别。”[④]

《瑜伽师地论》的“本地分”对现量、比量也作了全面系统的论述。根据该论，现量有三种：①非不现见现量，即五种感官各自直接把握对象所形成的感知；②非已思应思现量，指感官接触对象时的一刹那，应排除思想的干扰；③非错乱境界现量。感性的错乱有七种，如目眩、形错乱、显错乱、业错乱、心错乱、见错乱等。非错乱境界现量即是克服了这些错乱的认识。比量有下述五种：①相比量，即根据已知事物的相状，并依据事物的相属关系而作的推论；②体比量，如以现在比类过去，以过去比类未来；③业比量，即由事物的功能、作用推论事物的存在；④法比量，即由一事物的相邻性质推知另一相邻性质；⑤因果比量，即由因推果或由果推因的推论。

还有一种关于量的分类是，把它分为真与似，前者是正确的。由于量有现量与比量之别，因此它们分别又有两种，即真现量与似现量，真比量与似比量。先看两种现量。由感觉直接形成的关于对象的感知，里面不掺入理智的分别作用、概念思维成分，即为真现量，例如眼睛直接看到的对象的颜色，鼻闻到的气味。如果加入了思想的分别作用，则成了似现量，它包括迷乱的邪智和有分别作用掺杂的认识。可见，真现量与似现量的区别在于：第一，是否完全由感知能力所亲证。根据商羯罗等人的看法，不掺杂分别作用的感知不会发生错乱，可称作“正智”。

① 释法尊：《法尊法师佛学论文集》，中国佛教文化研究所 1990 年版，第 169 页。
② 释法尊：《法尊法师佛学论文集》，中国佛教文化研究所 1990 年版，第 169 页。
③ 释法尊：《法尊法师佛学论文集》，中国佛教文化研究所 1990 年版，第 169 页。
④ 释法尊：《法尊法师佛学论文集》，中国佛教文化研究所 1990 年版，第 170 页。

第二，无迷乱或无错乱。沈剑英先生概括说：“佛家以‘无迷乱’‘无分别’的纯感觉知识为真现量；因此，它将迷乱的‘邪智’和有分别的现量看作是似现量”。①

再看真比量和似比量。真比量是正确的推论。要如此，它必须借“因三相”去推论。因的第一相是：“遍是宗法性”，因即中词，是宗（推论的结论）的主词的属性，换言之，中词的外延必须包含小词。因的第二相是“同品定有性”，意为作中词的因必须包含于宗的谓词（大词）之中，即必须是谓词所断定的属性的事例的一部分，质言之，中词必须被大词所包含，或与大词重合。因的第三相为“异品遍无性”，意为作为中间的因“必须完全不存在于与宗的谓词（大词）相排斥的事例中”。如果借助上述因三相，由已知推未知，那么此推论即为真比量。反之，“如果以‘似因智’（即不成、不定、相违等多种过失因）去证成宗（结论），这个宗就是‘似义智’（错误的结论），所以称之为似比量。换言之，就是在内心推度的过程中，出现了过失因，因而‘不能正解’”。②

宗喀巴大师对量做了更为全面的分类，现概述如下：

- 量
  - 从定数方面分
    - 现量
      - 根现量　五种
      - 意现量　五种
      - 自证现量
      - 瑜伽现量
        - 声闻量
        - 缘觉量
        - 大乘量
    - 比量
      - 物力比量
      - 世许比量
      - 信解比量
  - 从引生定解方面分
    - 自定解之量识
      - 比量
      - 自证比量
      - 显功能现量
      - 具串习现量
    - 他定解之量识
      - 由他力引生之比量
      - 由他力引生之三种现量（除自证量之外）

① 沈剑英：《因明学研究》，东方出版中心 2002 年版，第 8 页。
② 沈剑英：《因明学研究》，东方出版中心 1996 年版，第 8-9 页。

第六节　心的结构分析

佛教对心理现象的结构分析既有对作为整体的心的结构分析，又有对作为部分的心的结构分析，还有对作为个例的心的结构分析。

先看对作为个例的心的结构分析。这主要体现在对现量的分析之中。现量相当于我们所说的感性认识，即对对象的直接量度、观察。每个感性认识看似简单，但其实有复杂的构成和结构。从历时性角度看，它包括率尔心、寻求心、决定心、染净心、等流心五个依次继起的构成。从共时性角度看，它有三方面：能量，即能测度、量知对象之能力或主体；所量，即被测度、量知的对象；量果，即经量知而形成的结果。就像在度量一个线段的长度时有三种构成一样，如被度量的线段为所量，尺度为能量，实际测得的结果为量果。另外，唯识宗关于心识之四分（见分、相分、自证分、证自证分）的思想与此三分密要相关，相分即所量，见分为能量，自证分为量果。

不管是心法，还是心所法，作为一种有现象学性质的现象，一定可作这样的分析，即分出能显现和被显现两方面。当然这种现象学结构究竟该如何分析，不同论者有不同的看法。大致说来，唯识学派内有四家。一是一分家安慧的思想。《成唯识论述论》卷一指出：安慧认为菩萨以下一切众生的心识自体就是自证分，即有能见他物并能自见的功能，由于它摄心识之全体，故无必要说心识还有别的构成要素。

二分家难陀认为，心识、心所有见相二分。根据这种理论，识一经现实发生，就成了多因素组成的复杂的、活的统一体，即是一现象学实在，而非自然态度所说的自在的、静止的东西。首先，它一定有相分，即它的所缘境，因为境一被知，出现在识中，就成了识的有机组成部分，即相分。这里的相分尽管由所缘境引起，但本身不再是外在的境了，因为它已成了显现在意识中的东西。很显然，这是真正的现象学性质。见分说的是能识知的功能，或对相分的了别、把握。[①]唯识家之所以对心识作现象学的见相二分，是因为他们看到了这样的事实，即心识的作用或本性就是转变、转化，即把感官得到的信息转化为心中的东西，让它们显

① [唐]玄奘、窥基编译：《成唯识论》卷2，《大正藏》第31册，第10页。

现在意识面前。既有转变，便有能变和所变之别。论云：“皆能变似见、相二分，立转变名，所变见分说明分别，能取相故，所变相分，名所（被）分别，见所取故。”①

三分家陈那在二分之上增加了自证分。《成唯识论》卷二云：“相、见所依自体名事，即自证分。此若无者，应不自忆心、心所法。”②

四分家护法在三分之上再加证自证分，把它看作是这样的最内在的心灵作用，即人在识别思虑对象、自知识别活动时内隐的能证知这些作用的证知者。见分的对象是相分，自证分所照的对象是见分，证自证分的对象则是自证分。《佛地经论》卷三引亲光话说：“定有见分照所照境，有自证分通照见分、证自证分，证自证分照自证分，故亦定有。若无如是三分差别，应无所缘，应不名智。”相分是所缘，见分是识的行相，“相见所依自体名事，即自证分。”若再细分，还应加上证自证分。因为若无此分，“谁证第三？”即谁证自证分？“心分既同，应皆证故。”③四分的关系是，相分与见分是外，后二分是内。就此而言，任何一念心都有此内外两大方面。如论云：“众生心二性，内外一切分，所取能取缠，见种种差别。”④也可这样归纳，后三分都是见分的进一步细分，因此都属见分，“具是能缘性故，皆见分摄。”⑤

唯识宗对心识的现象学分析，不管是一分、二分，还是三分、四分，目的除了要揭示心识的本来面目之外，还旨在说明心不是实体，进而破斥外道关于心识的种种异说。从表面的构成来说，诸识不是实物，不是精神实体，而是多种因素的和合体，从深层本性上说，一切心识“皆无”。论云：“是诸识转变，分别所分别，由此彼皆无，故一切唯识。”⑥诸识的本性在于：转变，而转变一定有能变和所变，或能取、能见（见分）与所取、所见（相分），除此之外，什么也没有，当然不会有永恒不变之实体，不会有“实我法性”，因此“皆无”。即使是根据安慧的一分法，也能得出类似的结论，因为他认为，心识的了别对象和自我觉知的能力都是心识本身的能力，与实体、主体无关，也用不着承诺这样的东西。这一

① [唐]玄奘、窥基编译：《成唯识论》卷7，《大正藏》第31册，第38页。
② [古印度]护法等菩萨：《成唯识论》卷2，[唐]玄奘译，《大正藏》第31册，第10页。
③ [古印度]护法等菩萨：《成唯识论》卷2，[唐]玄奘译，《大正藏》第31册，第10页。
④ [唐]玄奘、窥基编译：《成唯识论》卷2，《大正藏》第31册，第10页。
⑤ [唐]玄奘、窥基编译：《成唯识论》卷2，《大正藏》第31册，第10页。
⑥ [唐]玄奘、窥基编译：《成唯识论》卷7，《大正藏》第31册，第38页。

思想仍是现象学的思想，十分类似于今日新现象学代表人物扎哈维（D. Zahavi）等所说的“前反思自我意识理论”。

再看佛教心灵哲学对妄心结构的分析。佛教对妄心的扫描和重构有三方面的工作：一是从共时性角度扫描了诸妄心，然后概述了它们的共时态结构；二是作了历时性的扫描与分析；三是从心身关系角度作出了描述和分析。

关于妄心的共时态结构的重构，包含在佛教的五位百法理论之中。而五位百法的基本思想和原则已出现在了《大佛顶首楞严经》《楞伽阿跋多罗宝经》《解深密经》《大乘密严经》等之中，后经各代论师的发展，逐渐完备起来。概括地说，一切有意识、无意识的妄心不外这样几类，一是八识（详后），二是心所有法，里面又包括这样几类：遍行（作意、触、受、想、思）、别境（欲、胜解、念、定、慧）、善位（信、精进、惭、愧、无贪、无瞋、无痴、轻安、不放逸、行舍、不害）、根本烦恼（贪、嗔、痴、慢、疑、恶见）、随烦恼（小随烦恼——忿、恨、覆、恼、嫉、悭、诳、谄、害、憍，中随烦恼——无惭、无愧，大随烦恼——掉举、惛沉、不信、懈怠、放逸、失念、散乱、不正知）、不定心所（悔、眠、寻、伺）。还有一种说法，就是把妄心概括为六十种，如据《大日经疏》卷二记载，大日如来将瑜伽行者的心相分为六十种，如贪心、无贪心、嗔心、慈心等，前面已有分析。从性质上说，妄心包括善性的（如不放逸等），恶性的（如贪等）和无记的、中性的（如寻、伺等）三类心。佛教之所以把善心也看作是妄心，是因为它们从本质上说是虚幻不实的，是因缘和合的，是分别心。从转化和伏断上说，一般凡无是不可能断除妄心的，必须在转凡成圣的过程中随着修行位次的提高逐渐加以伏断，只有到十住菩萨的第十住才可断除这六十种妄心。①

《大乘义章》也有一种关于妄心的概括和分类。它根据诸经论，论述了与生存状况有关的、负面的、有害的心理现象，并把它们分为障、烦恼、结、使、缠、缚、流、惑、漏、垢等类别。每一类中又有许多子类。障即妨碍人得解脱的障碍，如三障：皮、肤、骨。烦恼即是众生身上最常见的负面有害的心理，有根本烦恼和随烦恼之分，最严重的是三毒，即贪、嗔、痴。结指系缚众生、使之不得解脱的结集，如通常所说的九结：爱结、恚结、慢结、无明结、见结、取结、疑结、嫉结、悭结。使，指的是烦恼之性，随而系缚，名之为使，使有三种，即害伴使、

①《大佛顶首楞严经》卷 2，《大正藏》第 19 册，第 110 页。

羸使、细使。漏即泄漏、染污、有烦恼，如欲、有、无明。缚即解脱的反面或不自由，有四缚，即欲、有、无明、见。取是由爱取所导致的烦恼，有四种，即欲取、我语取、戒取、见取。盖有覆盖之意，是心的污染，有五盖：贪欲盖、嗔恚盖、睡眠盖、掉悔盖、疑盖。悭即小气，不能行布施，有五悭，即住处、家、施、称赞、法。①

心识是一切心理现象中的主干、核心、基础，或者说是心灵大厦中的顶梁柱，别的心理都由它们而起，围绕它们而组织起来，是故佛教把诸识称作“心王”。一般认为，识有八种，即八识，而关于八识的具体内容又有不同的说法。如《菩萨璎珞经》所说的八识可分为三大类：一是六种有为识（六根所生之识）；二是无为识，即法识，它能知法之本性；三是慧识（空识）。在这八识中，前六识一般都很熟悉，而后两种识较罕见。所谓无为识的特点是“清净”，②其作用是：趣道慧、识宿命、趣分别慧、入空门、观心本。要想得此识，就要修梵行、不染生死、行三解脱法等。所谓慧识是通过知空而得般若智慧的识。较常见的八识说认为，后二识分别为末那识和阿赖耶识。

从历时性角度说，妄心这类心理现象（心、心所法）有这样一个区别于非心理现象的特点，即前后接续的心理现象具有等无间性。这是佛教的心理结构学说中的最有个性而又最有学理价值的思想，值得世间心灵哲学思考。所谓等无间性是指，在前的心对于后续的心是等无间缘。《阿毗达磨俱舍论》卷七云：除阿罗汉临涅槃时的最后心、心所法之外，诸余已生心、心所法，是等无间法。此缘生法，等而无间，依是义立“等无间”名。由此，色等皆不可立等无间缘。因为“等”指前心与后心之间、生与所生之间，“生无杂乱”，平等一致。“无间”意为前后之间没有他法阻隔。③

这里的问题在于：前心与后心既然不能同时，又不是同一体，怎么可能有前后的相续，尤其是怎么可能有这样的事实发生，如善根之增长？更麻烦的是，此增长怎么可能圆成无上正等正觉？佛以灯烧炷的譬喻作了回答与说明。佛强调说：正像燃烧着的灯炷以及它上的火既有间断性、又有连续性一样，人之所以受报、有正觉之圆成，是因为存在着不即不离的因缘义。心已灭了，是不能再生起

① [隋]慧远：《大乘义章》卷5，《大正藏》第44册，第564-570页。
② 《菩萨璎珞经》卷3，[姚秦]竺佛念译，《大正藏》第16册，第21-22页。
③ [古印度]世亲菩萨：《阿毗达磨俱舍释论》卷7，[唐]玄奘译，《大正藏》第29册，第36页。

的。心生起了，就是灭，换言之，生是刹那顷灭尽的。而灭法，又是不灭的。即是说，灭相是不灭的。就像灯上燃烧的火的生灭既断又续一样。进一步的问题是：此不灭如果是一种住，那么它是不是像真如那样的住？回答是：是真如那样的住，但不是常住的。①

在佛教心灵哲学中，心既可表现为一期生命中的个体的心，又可表现为多世的连续生命历程中的心。前一种心，又分两种：一是当下的任何一个心念；二是众生一期生命中从生到死的前后相续的心理历程。这些形式的心都有自己的历时性结构。如一般认为，一念心的历时性结构有五个相互衔接的环节，此即"五心轮"说。这五心轮分别是：率尔心（即根境相遇突然形成的感觉）、寻求心（意识主动对所触境作出了别、审察）、决定心（通过了别形成确定的认识）、染净心（确定认识形成后产生的有染净属性的心念或决断）、等流心（同类相续的心，认识一经形成就储存起来，以后有相应刺激，就会生起同类的认识）。天台宗《摩诃止观》卷二所说的四运心说也表达了类似的思想。运为动之意，实即运动的过程、阶段。有四运，即未念、欲念、念、念已。"未念名心未起，欲念名心欲起，念名正像境住，念已名正像境谢。" 南传佛教《清净道论》《摄阿毗达磨义论》等认为，一念心大分有生住灭三阶段。每一阶段还可再分为生住灭三小阶段。此三个大的刹那为一心刹那。细分有十七刹那，即有分心、有分心起、五识引发、见心、领受、推度、安立、势用、返缘、有分心等。"天下人心如流水，中有草木，各自流去。"②意为心像流水，心中的观念、思想、情感像水中漂浮的草木，稍纵即逝。"不相顾望，前者亦不顾后，后者亦不顾前，草木流行，各自如故。人心亦如是，一念来，一念去，"③因此天上天下，无可乐想。

历时性分析像共性性分析一样也可以进至微观世界。例如从微观角度分析一念心的历时性过程就可如此。《大佛顶首楞严经》说一念有九十刹那、一刹那有九百生灭。《仁王般若经·观尝品》云："九十刹那为一念，一念中一刹那经九百生灭。"④大量论典对一念的历时性结构作了不同的重构，有的分为九阶段（即九轮），有的分为五轮。所谓轮即轮子。识的运行像轮子转动一样，要经历自己的过程和

① 《大明度经》卷 4，[吴]支谦译，《大正藏》第 8 册，第 496 页。
② 《佛说阿含正行经》，[后汉]安世高译，《大正藏》第 2 册，第 884 页。
③ 《佛说阿含正行经》，[后汉]安世高译，《大正藏》第 2 册，第 884 页。
④ 《佛说仁王般若波罗蜜经》卷上，[姚秦]鸠摩罗什译，《大正藏》第 8 册，第 826 页。

阶段。僧伽婆罗译的《解脱道论》卷十、窥基著的《成唯识枢要》中论述的九轮分别是：有分心、转向、五识见心、领受心、分别心或推度心、确定心、速行心、彼所缘心、有分心。

人的一期生命实即一个大的心理发生、发展阶段，因此也有自己的历时性结构。南传佛教把一期生命的心理过程分为十四行相，实即十四个阶段，即结生、有分、转向、见、闻、嗅、尝、触、领受、推度、确定、速行、彼所缘、死（即此一生的最后一念心，或死亡心）。这就是说，人一生的心理进程不外是从相续不断的有分心不断对尘境产生心念、形成异熟心的像轮子转动一样的绵延不息的过程。

心理现象不仅在一个体之内具有等无间性，而且在有轮回关系的前后接续的、无数个体之间也有这种等无间性。因此对心的历时性结构分析，既可以专注于个体的人的一期生命，也可以把目光投向具有更大跨度的从无始以来的生命链条。当然，这种跨越多世生命的心理等无间性主要表现在阿赖耶识之上。例如阿赖耶识在离开前一个体之后，到一定的时候，可通过受胎进到下一个新的个体之中。如果是这样，两个体的阿赖耶识就无疑是连续的。使这种连续性发生和不断的根源是无始以来的无明及其所引出的业力。基于这种认识，佛教认为，生命流转不息，轮回往复，整个世界也是如此，无始无终，生生灭灭，无有穷尽，“前后有无，聚散起止，念念相续，循环往复”。①

把妄心放在心身关系中考察，也有助于我们认识妄心的构成及结构。部派佛教中的有部在这方面做了有益的解释。这里以此为代表，略作分析。《宗教流派镜史》云：“有部于观察色心等后，认为有所寻得，于色边际，见有无分微尘”，②即认为在色或物质（如身体）的接近虚空的交会处，存在着不可再分或“无分”的微尘。“于心边际，见有无分刹那。于是，遂许无分微尘为诸粗分之构成质素，无分刹那为相续心之构成质素。”③意思是说，粗重物质的最后构成元素为无分微尘，而相续心是具有历时性结构的意识流性质的实在，由不可分的无分刹那所构成。物的结构既可从空间上描述，又可从时间上揭示，而心的结构只能相对于人的认知从时间上去揭示。在心的边际，即临近无心的地方，存在着不可再分或“无

---

①《大方广圆觉修多罗了义经》，[唐]佛陀多罗译，《大正藏》第17册，第915页。
② [清]善慧法日：《宗教流派镜史》，刘立千译，王沂暖校，西北民族学院研究室1980年版，第14页。
③ [清]善慧法日：《宗教流派镜史》，刘立千译，王沂暖校，西北民族学院研究室1980年版，第14页。

分”的刹那，它们前后衔接在一起就构成了心识，因此心识的基本构成质素是无分刹那，就像物质的基本构成质素是无分微尘一样。

佛教不仅单独考察身和心的结构，而且还把它们结合在一起作为一个整体加以考察。从这个角度看，心身统一体中有根、处、识、触、受、想、思等构成因素，而每一因素中又有六个方面，因此可用许多六分法来描述身心的结构。一是内六处，即六根。二是外六处，即六尘或六境。三是六识，即六根所获得的关于六尘的六种认识。四是六触身，这里的触身指的是六识中每一识产生时都有触的发生，而触是因缘和合的结果，如眼触之生起，离不开眼根（增上缘）、色（所缘缘）、前识的作用（等无间缘），“三和合故触”。[①]可见，“触”这个范畴概括的是身心统一体中的带有综合性的整体论性质，其中既有身体中的因素，又有心灵中的因素，是融多因素于一体的突现性产物。由于它产生后，有其相对独立性，因此被称作触身。共有六种触身，即眼触身、耳触身、鼻触身、舌触身、身触身、意触身。五是六受身，即六识的六种受，例如眼触发生后便有相应的受。“三和合故触，触为缘故受。”[②]其余五受可类推。六是六想身，即伴随六识的六种想。以眼为例，眼根和色和合有眼识生，进而有触，以触为缘，进而便有想。“眼触所起，作意相应，于眼所识色，诸想、等想，现前等想，已想当想。”[③]其余五想可类推。七是六思身，即伴随六识、六触所生的六种思。如眼识在因缘作用下有触发生，触作缘，可引起思。其余五思可类推。八是六爱身，即是伴随六识、六触、六受而发生的六种爱，例如眼识发生后，必伴有眼触和眼受，相应地有对色的贪爱。余爱可类推。

佛教心灵哲学的最有个性的心理结构分析是对心之深浅结构的分析。在做这种分析时，佛教还作出了这样一些贡献，即像探矿师一样在心理的中层、底层找到了许多不为人们所知的心理现象，如前面提到的末那识、阿赖耶识，再如在菩萨和佛的心中找到了许多深心。三地菩萨具有的深心是：净心、猛利心、厌心、离欲心、不退心、坚心、明盛心、无足心、胜心、大心。[④]六地菩萨具有的深心是：决定心、真心、甚深心、不转心、不舍心、广心、无边心、乐智心、慧方便

① ［古印度］尊者舍利子：《阿毗达磨集异门足论》卷15，［唐］玄奘译，《大正藏》第26册，第429页。
② ［古印度］尊者舍利子：《阿毗达磨集异门足论》卷15，［唐］玄奘译，《大正藏》第26册，第429页。
③ ［古印度］尊者舍利子：《阿毗达磨集异门足论》卷15，［唐］玄奘译，《大正藏》第26册，第429页。
④《大方广佛华严经》卷24，［唐］般若译，《大正藏》第9册，第551页。

和合心。[①]其他层次的圣人都有自己相应的、独特的心理。

就八识的结构而言，由粗位到细位可这样描述：六识及各种心所法——末那识——阿赖耶识，五遍行心所。作意、触、受、想、思这五遍行心所“亦异熟摄，最极微细，世聪慧者亦难了故”。[②]八识的关系是，本识即阿赖耶识、末那识次之，后六识和一切心所法处在心理结构的表层。从粗细角度看，本识最细，末那次之，其余心、心所法粗重。论云：“无性（无解脱可能性）有情不能穷底故说甚深”；“趣寂种性”或一类人，“不能通达，故名甚细。”[③]关于八识的常见和通行的说法是，前六根之识加上末那识和阿赖耶识。后两种识是众生心理结构中的深层结构或根本，尤其是阿赖耶识，它是一切根本的根本，是最能代表心理特点的识。我们这里只重点考释《解深密经》和《大佛顶首楞严经》关于阿赖耶识的有关思想。

阿赖耶识亦名为心，“以彼心为色声香味触法增长故，”依此识，“能生六种识”，[④]意即它是诸法诸识的根源。从其自身的相状上说，它里面储藏着川流不息的种子，它自身也是变动不居的，恒转如瀑流，既是无常的，又有相对的常性，因为它毕竟在生命的流转中表现为一个变化着的不变者。它有不同的功能作用，如有执持根身和其他识的作用。由于有此作用，它又被称作“阿陀那识”。这是阿赖耶识中专司执持根身和诸种子这类功能的部分。《大佛顶首楞严经》云：“陀那微细识，习气成瀑流。”[⑤]此识有依止、建立的作用，如经云：“此识于身，随逐执持。”[⑥]当然此识在色界和无色界中的表现是不同的。色界中的生命有二种执受：一是执受诸根；二是执受各种名言习气。无色界中的生命没有这两种执受。因此这两界中的阿陀那是不同的。第八识还可称作阿赖耶识（第二名）。之所以如此称呼，是因为它有藏的功能，如能藏、执著、所藏，“于身摄受、藏隐、同安危。”[⑦]它还可被称作“心”，之所以如此称呼，是因为它有积集滋长的作用，如“色声香味触等积集滋长”。[⑧]它由以前的行为所留下的种子而集成，因此是一

① 《大方广佛华严经》卷 25，[唐]般若译，《大正藏》第 9 册，第 559 页。
② [古印度]无著菩萨：《显扬圣教论》卷 17，[唐]玄奘译，《大正藏》第 31 册，第 566 页。
③ [古印度]护法等菩萨：《成唯识论》卷 3，[唐]玄奘译，《大正藏》第 31 册，第 14 页。
④ 《深密解脱经》卷 2，[元魏]菩提流支译，《大正藏》第 16 册，第 669 页。
⑤ 圆瑛法师：《大佛顶首楞严经讲义》，宗教文化出版社 2012 年版，第 404 页。
⑥ 《解深密经》卷 1，[唐]玄奘译，《大正藏》第 16 册，第 692 页。
⑦ 《解深密经》卷 1，[唐]玄奘译，《大正藏》第 16 册，第 692 页。
⑧ 《解深密经》卷 1，[唐]玄奘译，《大正藏》第 16 册，第 692 页。

种果（异熟果）。同时，它又能成为后面的报的因（异熟因），因此心也可称作“异熟识”。

在多种名称中，“阿赖耶识”一词说的是第八识的自相，即藏识。藏有三义，即能藏、执藏、所藏，执藏义为正，即阿赖耶命名的正义。佛教之所以深入地解剖阿赖耶识，是因为佛教的目标是让一切众生去凡成圣、得解脱。而此识中隐藏着去凡成圣的机制。要去凡成圣，就必须于灵魂深处闹革命，让它发生转化，让凡夫的阿赖耶识转变成佛的大圆镜智。在凡夫中，以及在圣者中的八地、小乘无学位之前，第八识有三名，即同时具足三种功能：一为第七识所执，此功能可称作阿赖耶；二为异熟识，据此可把它称作心，这里的心有积集之意；三为阿陀那，即执持根身、种子的功能，以及保持生命相续不断的功能。这就是说，七地以前的菩萨和众生，二乘的无学以前的众生，都具有这第八识的三种功能。而由于在八地以上的菩萨和二乘的无学身上，这第八识即没有阿赖耶的功能，因此他们的八识只有其余二名，而不能被称作阿赖耶识。到了证得佛果时，这第八识只有阿陀那的功能，即只能称作“阿陀那识”，而不能用另外两名称呼。明白了上述道理，转凡成圣便有了前进的方向和心理学上的操作方法。由上不难看出：佛教心理哲学不同于西方心灵哲学的一个重要特点就是，不仅有求真的一面，而且有价值论、人生解脱论的诉求。

从整体上说，阿赖耶识还不是最后、最细的识，因为其后还有一一心识、一切一心识、庵摩罗识，所有一切心识最后的根本是真心，此心才是“心中心”。“心及心中心，及毗俱多罗，作此法加持，穿贯珠鬘已，当心一一度，与莎诃齐声”。[①]总之，基于上述分析可这样描述心的从浅至深的结构：①粗妄心，②细妄心，③八识内部及其细心（见分、相分、所藏种子识），④识精，⑤真心。

就世界全体而言，无限世界构成的整个大世界就是“一心”，其基础、本质就是真心，其他所有一切都是它的用，它的变现。经云：“诸物所熏是心，非诸物熏是心，眼是心，非眼是心，耳是心，非耳是心，鼻是心，非鼻是心，舌是心，非舌是心，身是心，非身是心，意是心，非意是心，色是心，非色是心，声是心，非声是心，香是心，非香是心，味是心，非味是心，触是心，非触是心，法是心，

①《观自在如意轮菩萨瑜伽法要》，[唐]金刚智译，《大正藏》第20册，第215页。

非法是心。”[①]总之，一切都是心，一切即是一心。也可以说，真心是本，其余为末、为枝干、叶子。这是把心、世界看作一种由本末构成的结构。例如人有愚痴心、爱欲心、嗔恨心，其本则是其空无本性。“爱欲心之本无爱欲心”，“嗔恚心之本无嗔恚心”，“愚痴心之本无愚痴心”。基本者“无所住，亦无所从来灭”，“其心者本净故亦无有想”。[②]妄心像别的一切法一样，“无有作者，一切皆本无，亦复无本无”。[③]

佛教常见的一种结构描述是把心看作一种像由染水、净水构成的水一样的结构。例如唯识宗对心体结构、真心与妄心的关系的看法与《楞伽阿跋多罗宝经》等经同出一辙，它们都把心看作类似于水的东西，妄心似沉渣、污秽，它们不离真心，真心如清水。但清水不是浊水外的水，将污秽清除，即是清水。心也是这样，将妄心清除，即显真心。“譬如清水浊，秽除还本清，自心净亦尔，唯离客尘故。”[④]“故说心性净，而为客尘染，不离心真如，别有心性净。”[⑤]“心无心、心者净”。[⑥]“客尘不染故，自然清净”，[⑦]之所以如此，是因为其上的诸烦恼覆障被清除了。果如此，心清净便自然解脱。本来清净心的特点是，“不染、非不染，非净、非不净，心本清净故，烦恼客尘故。”[⑧]作为心之根本的真心有二相。一是离染清净相。这是清净心的本然相状，自在之性。“谓即此心自性不染，又出客尘烦恼障得清净。”[⑨]譬如虚空、水等，其内有尘埃，但它们的自性并无染著。“如是一切众生自性无差别心，虽贪等烦恼所不能染，然犹远离贪等故，其心得清净。”[⑩]“自性清净心而有染污，难可了知”。“心自性清净，自性清净心本来清净，如彼心本体。”[⑪]二是自法所成相，指的是自性清净心为一切善法所依，“即以一切白净法而成其性。”[⑫]

心的构成也可比作有灰尘的镜子。真心犹如无尘的镜面，妄心好比是其上的灰尘。将覆盖其上的灰尘清除掉，即显干净的镜面。心也是这样，妄心一除，真

---

①《大威德陀罗尼经》卷7，[隋]闍那崛多译，《大正藏》第21册，第787页。
②《道行般若经》卷5，[后汉]支娄伽谶译，《大正藏》第8册，第449页。
③《道行般若经》卷5，[后汉]支娄伽谶译，《大正藏》第8册，第453页。
④［古印度］无著菩萨：《大乘庄严经论》卷6，[唐]波罗颇蜜多译，《大正藏》第31册，第622页。
⑤［唐］澄观：《大方广佛华严经随疏演义钞》卷43，《大正藏》第36册，第336页。
⑥《摩诃般若钞经》卷1，[姚秦]昙摩蜱、竺佛念译，《大正藏》第8册，第508页。
⑦［古印度］天亲菩萨：《中边分别论》卷上，[陈]真谛译，《大正藏》第31册，第453页。
⑧［古印度］天亲菩萨：《中边分别论》卷上，[陈]真谛译，《大正藏》第31册，第453页。
⑨［古印度］坚慧菩萨：《大乘法界无差别论》，[唐]提云般若等译，《大正藏》第31册，第892页。
⑩［古印度］坚慧菩萨：《大乘法界无差别论》，[唐]提云般若等译，《大正藏》第31册，第892页。
⑪《究竟一乘宝性论》卷2，[元魏]勒那摩提译，《大正藏》第31册，第827页。
⑫［古印度］坚慧菩萨：《大乘法界无差别论》，[唐]提云般若等译，《大正藏》第31册，第892页。

心自显。经云："习气覆心，生种种戏论，意与意识及余诸识，相续而转，五法（名、相、分别、正智、如如）三性（遍计所执性、依他起性、圆成实性），二种无我（人无我，法无我）恒共相应。譬如瀑流为风所击、起诸波浪。……阿赖耶识在于世间，亦复如是，无始习气犹如瀑流，为境界风所飘动，起诸识浪，恒为断绝。"①在最底层，则是清净之心或心性，"心性本净，不可思议，是诸如来微妙之藏，如金在矿。"②此心性也是阿赖耶识的体性。它虽是"能熏种子"和别的心法的基础，执持"一切染净种子"，但与别法一样同时具有"止住性""恒明洁"，如"海常住波潮转移"③之中一样。

① 《大乘密严经》卷上，[唐]地婆诃罗译，《大正藏》第16册，第727页。
② 《大乘密严经》卷上，[唐]地婆诃罗译，《大正藏》第16册，第727页。
③ 《大乘密严经》卷上，[唐]地婆诃罗译，《大正藏》第16册，第727页。

第五章
深层妄心与天赋问题

弗洛伊德、荣格等精神分析学家的一个巨大贡献是发现了人们能体验到的表层心理之后深藏的无意识心理。佛教不仅早就认识到了深层心理的客观存在，而且看到了精神分析学派所没有注意到的更隐秘的深层心理形式，如深层的根本无明、枝末无明、末那识、阿赖耶识、阿摩罗识、如来藏和真心。这些深层的心理大致有两类：一是深层的妄心或染污识，即无明、末那识和阿赖耶识；二是真心或净识，如阿摩罗识等。本章考察佛教关于前一方面的思想及其所具有的对天赋问题解答的意义。下一章再来研究佛教的真心理论和关于心理本质的思想。

之所以说阿赖耶识是深层心理，是因为它隐藏太深，一般的人和科学家都不曾注意到它们。即使在二乘的灭尽定中，它们也不能被觉知，更不会灭除。修至灭尽定的人往往以为诸识皆灭，并进入了正受，其实，在此定中，被灭除的只是六识。因为在这种定中，六识不取尘境，当然不生，但里面的“熏集种子心”即第八识依然存在不灭，因为习气种子不灭，恒转如暴流。[①]

这里要特别说明的是，佛教所说的妄心和真心并非两种独立的心理种类或个例，毋宁说是一体的。如前所述，真心是体，妄心是此体的一种用或显现。如经云：“真如种子为妄所翳，舍离妄心，净心清白。”[②]迷而不觉，随缘奔逸，心即表现为妄心；觉而不迷，一念不生，无有染污，此心即表现为真心。澄观解释说：“离心，心如”，或“心无心相，即是真心”，“生心即妄”，[③]只要有生、有动、有

① 参阅《入楞伽经》卷2，[北魏]菩提流支译，《大正藏》第16册，第523页。
②《金刚三昧经》，《大正藏》第9册，第371页。
③ [唐]澄观：《大方广佛华严经随疏演义钞》卷9，《大正藏》第36册，第68页。

念起，即是妄心；一念不生，离心，即是心体，亦即是如如不动之真心。不生即真心，“不生即佛”。[①]总之，只要有心念生，哪怕是念想涅槃、菩提，也是妄心，“纵生菩提、涅槃，观心见性，亦曰生心，并为妄想。念想都寂，方曰不生。寂照现前，岂不名佛！”[②]

第一节 概念辨析与关于心意识的一般性问题

为了准确理解佛教关于阿赖耶识等深层心理的思想，有必要对佛教关于表层心理及关于心意识的一般理论作一铺垫性考释。

从解释学上说，佛教中的“大乘”其实是对佛教文本所要表达的义理的一种解释、揭示。而根据大乘的判释，唯识论及其所包含的关于阿赖耶识的思想则是佛教的“体”，如《摄大乘论本》云：阿赖耶识是大乘的“所知依体”，三性学说是大乘的“所知相体”，唯识论是大乘的“入所知相体”。[③]在特定意义上，佛教的确是一种唯识论或唯心论。所谓唯识，这里的“识”既可以是染识，也可以是净识。在佛教看来，世界上如果说有真实的存在的话，那么它只能是识。至于识之外的万法，不过是识的应用或显现，是心的随缘所生。所谓唯心，如上章所说，全部世界就是一心，因为一切个体，一切世界都是心的妙用。《成唯识论》云：“真如亦是识之实性”[④]，此处所说的识是广义的，包括心王和心所。“此中识言，亦说心所，心与心所定相应故。”[⑤]说唯识，也可理解为“净唯识”，所谓净唯识是指：“显唯识理，极明净故。”[⑥]从究竟理体上说，唯识就是要揭示、突出识的理体，此理体纯净无染，“极明净”[⑦]。

佛教为何要强调唯识？为何那么重视心？为何要以心为本？这是由于众生是因为心智沉迷而深陷苦海的，以有妄心而不得解脱的。“诸愚夫迷执于境，起烦恼业，生死沉沦，不解观心勤求出离。哀悯彼，故说唯识。”[⑧]

---

① [唐]澄观：《大方广佛华严经随疏演义钞》卷9，《大正藏》第36册，第68页。
② [唐]澄观：《大方广佛华严经随疏演义钞》卷9，《大正藏》第36册，第68页。
③ [古印度]无著菩萨：《摄大乘论本》卷上，[唐]玄奘译，《大正藏》第31册，第133页。
④ [古印度]护法菩萨等：《成唯识论》卷10，[唐]玄奘译，《大正藏》第31册，第59页。
⑤ [古印度]护法菩萨等：《成唯识论》卷10，[唐]玄奘译，《大正藏》第31册，第59页。
⑥ [古印度]护法菩萨等：《成唯识论》卷10，[唐]玄奘译，《大正藏》第31册，第59页。
⑦ [古印度]护法菩萨等：《成唯识论》卷10，[唐]玄奘译，《大正藏》第31册，第59页。
⑧ [古印度]护法菩萨等：《成唯识论》卷10，[唐]玄奘译，《大正藏》第31册，第59页。

当然，说心生万法有方便说与究竟说之分。从随顺世情的角度，佛教方便说心生万法；但从究竟的角度则不这样说，因为诸法无生无灭，心本身亦复如是。经云：“是心所生法，是法能所取，如醉眼空华，是法然非彼。”[①]意为，从究竟理地上说，说法由心生，犹如醉酒的人眼中的空花，实际并非如此。之所以要说法由心生，不过是为了破众生对法的颠倒看法。“法本无有无，自他亦复尔，不始亦不终，成败则不住。”[②]

从范畴上说，我们这里要剖析的阿赖耶识和末那识，属于识的范畴，但识与心、意是何关系呢？要理解这一点，我们必须注意佛教语言观中所说的“不定说”或“差别说”。这种语言观与西方现代的“意义在于用法”的“用法论”十分相近。它强调，佛教所用语言都是针对特定语境或特定根性的受众所作的“方便施设”，没有绝对确定的意义，是根据不同对象所作的有差别的说教。对于“心”“意”“识”等概念亦应如是理解。当然，要注意的是，尽管心、意、识三词在大多数情况下是予以区别对待的，但在许多佛教文本中，它们有时是作为同义词使用的。

在三个概念中，含义较广的词首推“心”，但它有不同的用法及意义，如“心”的下述十个名号足以说明这一点：广大神王、真如一心、金刚神王、出生龙王、方寸、如来藏、一法界、摩诃衍、中实、一心。一般来说，它的广义的用法是指包括真心、妄心以及介于两者之间的中间心在内的所有一切心理现象，甚至包括佛教所发现的广深的具有现象学性质的一切心。有时，它也有狭义的用法，这又有多种情况，如只指妄心，或只指真心，更狭义的用法是专指阿赖耶识。

“意”也有广狭二义。狭义既可单指第七识末那识，也可单指第六识，即六识中的意识，如忆念、思量、考察等心理活动或过程。最典型的意识是思与虑，它们“文虽有异”，但“两体无别”，即都属于意的作用。就区别而言，“思者业，虑者慧，是谓差别。复次，思是造作相，虑是观察相”，如观察诸法之空相。“复次，能分别爱、非爱果，令无杂乱，是思相；能分别诸法自相、共相，令无疑惑，是虑相。”[③]广义指六、七、八识。之所以有广义用法，是因为六、七、八识有同一性，这表现在：六、七、八识，同依意根。所谓意根即意识活动所依赖的物质

① 《金刚三昧经》，《大正藏》第 9 册，第 373 页。
② 《金刚三昧经》，《大正藏》第 9 册，第 373 页。
③ 《阿毗达磨大毗婆沙论》卷 42，[唐]玄奘译，《大正藏》第 27 册，第 216-217 页。

基础，由两部分构成，一是以肉团心形式出现的浮尘根，二是作为微观结构和机制的胜义根。从对象上说，它们不同于前五识，因为它们“所依非色”[①]，即不以外物为对象，而只能以观念性、精神性现象为所缘境或对象。前五识都与了别外在的五色尘（色声香味触）有关。

识也有广狭二义。广义的用法是泛只一切心理现象，狭义的用法是只指八识心王，即前六识加末那识和阿赖耶识。

根据《阿毗达磨大毗婆沙论》的界定，心、意、识的差别有如下几方面。首先，它们对于生命的作用各不相同，如“续生是识业”[②]，意思是说，生命的转生、续生根源于识业，是其用的表现。“彩画是心业”[③]，意为究竟生在哪一趣（三善道、三恶道），是由心业决定的，生命的样式就像彩画，完全由心来画。“归趣是意业”[④]，各别五根、所行、境界均由意业所决定。其次，它们的认知功能各不相同，如了别由识所承当，了别即分别解了。即是说，识的功能是了别各种境、事，生命之滋长是心的功能，意的功能是思量。最后，从善恶性质上说，心意识之功能的性质是不一样的，如心的滋长功能是有漏的，此心即有漏心。意的思量是有漏，也可说思量是有漏意，思维是无漏意。分别是有漏识，解了是无漏识。

法救对三概念所作的区分是：“集起是心义，思量是意义，别知是识义。”从业上说，“远知是心，前知是意，续生是识。”从三世上说，“过去世是意，当来世是心，现在世是识”[⑤]。

在唯识论语境下，“心者聚义，意者忆义，识者现知义”[⑥]。也可以说，狭义的心就是阿赖耶识。遁伦说：“赖耶是心，以能集起三界生死、色心法故。”[⑦]其作用是将诸识所作熏习成种子，然后生起著成善恶业。狭义的意就是末那识。遁伦解释说：“末那名意，以与六识为同时，根生六识故。”[⑧]它恒审思量心的流转，引起贪嗔痴，是诸业之根，另外，末那识除是自我意识之外，还有为六识作“根”的作用，即是生六识之根。狭义的识有两类，一是前五识，其作用是对能接触到

---

① [古印度]最胜子等：《瑜伽师地论释》，[唐]玄奘译，《大正藏》第30册，第885页。
② 《阿毗达磨大毗婆沙论》卷72，[唐]玄奘译，《大正藏》第27册，第371页。
③ 《阿毗达磨大毗婆沙论》卷72，[唐]玄奘译，《大正藏》第27册，第371页。
④ 《阿毗达磨大毗婆沙论》卷72，[唐]玄奘译，《大正藏》第27册，第371页。
⑤ [古印度]法救菩萨：《杂阿毗昙心论》卷1，[刘宋]僧伽跋摩等译，《大正藏》第28册，第872页。
⑥ 《文殊师利问经》卷上，《大正藏》第14册，第495页。
⑦ 转引自程恭让释译：《深解密经》，东方出版社2018年版，第100页。
⑧ [唐]遁伦：《瑜伽论记》卷20下，《大正藏》第42册，第773页。

的五尘或五境，作出分别、认识，二是第六识，即通常所说的意识作用就是分别和思量前五识（诸识）所提供的法尘（观念）。如偈云：“心名采集业，意名广采集，诸识识所识，现等境说五。”①意为心的作用是将诸识所作熏习成种子，然后生起著成善恶业，第七识的作用是恒审思量心的流转，引起贪嗔痴，是诸业之根，意识的作用就是分别和思量前五识（诸识）所提供的法尘（观念），前五识缘现前的五尘。

由于阿赖耶识和末那识都属于识的范畴，因此有必要对“识”及其分类作专门分析。须知，佛教对识有多种分类，如六识说（眼、耳、鼻、舌、身、意），七识说（六识加末那识）、八识说（七识加阿赖耶识）、九识说（八识加阿摩罗识），多种十识说（详后）。不管是哪一说，都是方便之说，是为重构世谛法或世间心理学以及揭示有情成凡成圣的内在机理、奥秘、本质而作的方便安立。《大乘义章》云：“所言识者，乃是神知之别名也，”②种类无量，从作用上分，大致分为八类。“随义分别，识乃无量，今据一门，且论八种”③，即通常所说的八识。在这里，《大乘义章》根据《楞伽阿跋多罗宝经》将第七识称作“阿陀那识”，认为前六识随根立名，后二识就体立名。另外，八识、九识等的不同，也是“方便安立”。因为圣人本无名字，为方便度化，所以针对不同根性，“假名相说”。经云：“至理无名，圣人无名相中为众生故，假名相说，欲令众生因此名相，悟无名相，如悬峰可陟，要假绳梯。”④意思是，佛教的最终目的是要了悟世界本无名相，乃至一切皆空，由此而入圣道、得解脱，但要达此目的，须借心意识之类的名相作为梯子。不仅如此，如来藏、第九识等表示净法的名称也都是“方便安立”，而安立的目的是要度化众生、对治众生的业病。⑤同理，《新华严经论》说业种子识为如来藏，也是如此，“直为根熟者说第八识业种为如来藏。”⑥

识是一个比较广泛的概念，思量、思考、观察、了别等都可看作识的作用。换言之，当意、想、分别等不同作用独立发生时，它们便表现为识的不同形态，如意识、前五识等。论云：“忆想分别起，从识而生，有所识故，名之为识。”⑦由

① 《楞伽阿跋多罗宝经》卷 1，[刘宋]求那跋陀罗译，《大正藏》第 16 册，第 484 页。
② [隋]慧远：《大乘义章》卷 3，《大正藏》第 44 册，第 524 页。
③ [隋]慧远：《大乘义章》卷 3，《大正藏》第 44 册，第 524 页。
④ [隋]吉藏：《胜鬘宝窟》卷上，《大正藏》第 37 册，第 1 页。
⑤ [唐]李通玄：《新华严经论》卷 1，《大正藏》第 36 册，第 723 页。
⑥ [唐]李通玄：《新华严经论》卷 1，《大正藏》第 36 册，第 723 页。
⑦ 《持世经》卷 2，[姚秦]鸠摩罗什译，《大正藏》第 14 册，第 648 页。

于识是多种心理形式的会聚、集合，因此佛教常说“识阴”，经云：“以识诸物故（前五识），以起心业故（第七识），以思惟故（意识），众缘生相故，起种种思惟故（第八识），数名识阴。”①

佛教对一般的识的讨论既有解脱论、心理学意义，也有心灵哲学意义。佛有一弟子名贤护，提出了这类问题：识有何形？究竟怎样关闭于身中？人死时，识往何处？自性如何？其色相如何？为什么能舍离此身而载于别身？为什么能让所受报身表现种种不同差别之相？今生福业为什么能让来生得之？为什么能滋生于身？佛回答说：“识之运转迁灭往来，犹如风大，无色无形，不可显现”，但又“能发动万物，示众殊状”。“以因缘故，显示种种功用殊异”。“众生死此，受觉法界、识界皆舍离身。……受余身者，譬如风大吹众妙花，花住于此，香流至远。风体不取妙花之香。香体、风体及与身根，具无形色，而非风力，香不远至。……众生身死，识持受觉法界以至他生，因父母缘而识托之。受觉法界皆随于识，亦复如是。如从花胜力而鼻有嗅，从嗅胜力而得香境，……如是从识有受，从受有觉，从觉有法，遂能了知善与不善。……如是识智无形而生六色。”②识之所以抛弃此身，而受生于他身之上，是因为识为业障所缠。它怎样迁流，去往何身，所受身将成为什么样子，与身如何结合，其善与不善、福与非福，皆由前身所造业力所决定，“我某乙生平所作事业，临终咸现忆念明了，身之与心，二受逼切。”③

“识是何义？识名为种，能生众类杂报身牙，知觉想念，同苞于识，知苦知乐，知恶知善，及善恶境，故名为识。”④由于它包藏着由业力所决定的各种种子，因此决定了来身的生存状态和生活道路。由于种子不同，因此所受身便不同，“各随其种，所生便异，如是一识法界，生于一切生死之身。”⑤就识的相状而言，识无手足，无支节言语，即上所说的，识不同于有形事物的本质特点是无形无相。尽管如此，它又是存在的，且有不可思议的作用，如人的认识世界的作用、创造性思维等都源自于它，更重要的是，人之能流转三世，也是以它为中介，例如由法界中念力强大，众生死时，识弃此身，识与念力为来生种。

---

①《持世经》卷2，[姚秦]鸠摩罗什译，《大正藏》第14册，第648页。
②《大乘显识经》卷上，[唐]地婆诃罗译，《大正藏》第12册，第180页。
③《大乘显识经》卷上，[唐]地婆诃罗译，《大正藏》第12册，第180页。
④《大乘显识经》卷上，[唐]地婆诃罗译，《大正藏》第12册，第180页。
⑤《大乘显识经》卷上，[唐]地婆诃罗译，《大正藏》第12册，第180-181页。

识也可称作意或心。它们“皆是意业分别，故识阴所摄”。[①]从作用上说，识的特点在于分别，它们随事攀缘，分别六尘。从归属上说，识属于五阴中的识阴。从存在方式上说，识不是单子式、点式存在，而表现为意识流或相续性存在。这里的“相续”一词十分贴切，准确再现了识的本质特点。它有三义：摄前不失，感果成就，妄虑遍缘。[②]

识的定位是，既“不在身内可见，亦不离身而有彼识”。[③]就像大火：火产生后，便可见其色。此色不是因为热而可见，也不是因为赤而可见。“彼神识以成就身故言有识，亦不由受故可见，亦不由诸行故可见。”[④]识由于无形，不是实物，因此必有所依。“识所依著，名识住。”识的依或所住极为复杂。一方面，它依于四大所成之色身，尤其是依于大脑。就此而言，它有一致于唯物主义的地方。另一方面，佛教又强调识与身、脑又有非一或有相离的一面。质言之，识与身、脑非即非离，亦即亦离。其复杂性还在于：识在某种意义上是依蕴而住的，如依于色、受、想、行，如论云，它依色住、依受住、依想住、依行住。就此而言，识不是单子性存在，而是弥散性、分布式现象。识与所住的关系就像王与王座、乘船人与船的关系。所住，即“识所乘御”。[⑤]但从体性上说，识与蕴又有离或非即的一面，所谓离，就是没有依赖关系。因为它们都是因缘和合体，本性皆空，不存在依赖与非依赖的问题。

应看到的是，佛教关于识既不在身内又不离身的辩证思想具有十分强烈的现代色彩，并将佛教与二元论明显区别开来了。因为它否定了二元论把心理解为一个独立存在体的观点。更值得一提的是，佛教这里表达的思想与当代心灵哲学外在主义的新心灵观有一致之处。根据这种心灵观，心不在大脑之内，不是单子性、实体性存在，而是存在于主体间的弥散性现象，既弥散于全身，又弥散于主客体间，乃至能充斥于广大的空间。

识既然有存在或妙有的一面，当然就有其可被分辨的相状、性状及特点，即有它的性质（“彼性”），例如它有“受性、取性、诸行性、忧愁性、思惟性、恼

① 《持世经》卷 2，[姚秦]鸠摩罗什译，《大正藏》第 14 册，第 648 页。
② [古印度]龙树菩萨：《释摩诃衍论》卷 4，[姚秦]筏提摩多译，《大正藏》第 32 册，第 630 页。
③ 《大宝积经》卷 110，[唐]菩提流志译，《大正藏》第 11 册，第 621 页。
④ 《大宝积经》卷 110，[唐]菩提流志译，《大正藏》第 11 册，第 621 页。
⑤ [古印度]世亲菩萨：《阿毗达磨俱舍释论》卷 8，[南梁]真谛译，《大正藏》第 29 册，第 43 页。

性、喜性、不喜性”，[①]等。从价值论角度看，它“有本性可观”，它以“善心、不善心等为本”，[②]即它有好与坏、利与不利、善与不善、健康与不健康等价值属性。

就相状而言，识有三相。一是转相，指无始以来的熏习，使本觉之心转变成了不觉、无明妄心。这就是说，诸识有一相状，即由真心转化而来。二是业相。由于不觉，由此诸识必然有动变，而动变即造业。这就是说，识以造业为相。三是真相，指诸识尽管有转相、业相，但其体性清净无染污。此相即诸识的真实之相。此真相能随缘变现，但又随缘不变。

识的相状、特点，还可从其起源、产生、“识相、识行、识性”等不同角度去分析。从起源上说，识“从众因缘生，无自性，次第相续生，念念生灭”。[③]由于它生灭无常，因此没有固定不变的相状，是故应说，“识阴生相不可得，决定相亦不可得。”[④]由此不难明白它的这样的本质特点，“从颠倒起，虚妄缘所系，从先业有，现在缘所系，属众因缘。”[⑤]触、爱等心理现象也都是因缘和合的产物。“六处和合，故有其触”。六处即眼、耳、鼻、舌、身、意，每一根与境、识的和合，便有相应之触发生，“随触领纳故有其受；受生欣喜故有其爱；即爱增广，说名为取；……于内热恼，说名为愁；发言怨嗟，说名为叹；五识相应不平安受，说名为苦；意识相应不平安受，说名为忧；其心热恼、扰恼、焦恼，说名扰恼。”[⑥]

从识与身的关系看，两者不是绝对对应的。首先应肯定，在欲界众生身上，识有对身的依赖的一面。这已如前所述。正像已掉的头发不可再植入头皮中一样，识不会寄存于尸体之中。“已弃之尸，识亦不可重托受报。”[⑦]其次，能成为识的所依的身体不只是人的身体，因为识可以载荷于不同的身体上，如出业的作用，识可“取天身，乃至取地狱身”。[⑧]最后，识可以以纯粹的形式存在，如中阴中的识就是如此，真心、以及通过修行让六根销尽的心也是如此。是故《大宝积经》认为，识有这样的特点：“此识冥寞玄微，无质可取，无状可寻。”[⑨]

---

① 《大宝积经》卷110，[唐]菩提流志译，《大正藏》第11册，第621页。
② 《大宝积经》卷110，[唐]菩提流志译，《大正藏》第11册，第621页。
③ 《持世经》卷2，[姚秦]鸠摩罗什译，《大正藏》第14册，第648页。
④ 《持世经》卷2，[姚秦]鸠摩罗什译，《大正藏》第14册，第648页。
⑤ 《持世经》卷2，[姚秦]鸠摩罗什译，《大正藏》第14册，第648页。
⑥ [古印度]提婆设摩菩萨：《阿毗达磨识身足论》卷3，[唐]玄奘译，《大正藏》第26册，第547页。
⑦ 《大宝积经》卷110，[唐]菩提流志译，《大正藏》第11册，第614页。
⑧ 《大宝积经》卷110，[唐]菩提流志译，《大正藏》第11册，第614页。
⑨ 《大宝积经》卷110，[唐]菩提流志译，《大正藏》第11册，第614页。

识尽管无形，但有巨大作用，如像大风能摧枯拉朽一样。“彼风界软弱无色体，彼识亦复然。软弱复无色身，然其无妨能成就大身，能成就微细小身。”[①]风界即四大中的风大，它看起来软弱、无物质的构成，但有撼动房屋的能力。心也这样，能成就大身及小身。

识的本质很简单，即体空、无常。因为识因缘和合，不可得，所以识本是空。“假借强名，是心、是意、是识”。[②]世界上根本就没有与“识”相对应的实在。既然识是因缘和合的产物，那么意识实有论就是无稽之谈。“究竟求之，实无本末，不可得之。”“意识所在，无去无来，无所存立，意无所住。”“以能如是观法界者，则察意识，而无有识。”“计其意识，无所有故，虚伪不实，合于颠倒，从意念有，故曰意识。”[③]其他心现现象都是这样，由因缘和合而有，“皆从缘起，从颠倒兴”，“众生本心，从是缘现”。[④]

总之，说有意识与意尘，有能识之意根，所意之法尘，以及思量后所得的意识，等等，都是随顺说、方便说、不了义之说。方便地说，意识之生起有其种子，就像谷物生长得靠种子一样，“从其意业，显现种矣，故有意界。”[⑤]其实，种子及意识，“则无所成。”因为“意界虽别，因缘和成，其意界者，无内无外，意无中间，皆由宿命本行所立，悉由意业因界合会，现在因缘之所和生，故假曰意。”[⑥]意思是说，意界及里面的所谓种子，没有不变的实在，充其量是因缘和合而生的。因缘和合故无常，无常故空。因此意识实无，但有名字。“意界虚无，不有真实，悉无所有。”[⑦]

对识的分类很多，如可把它分为智识与非智识、法识与非法识。前一分类较清楚，这里只略述后一分类。非法识是凡夫具有的识，如眼识、耳识等，它们的对象是有为法。法识是能识别诸法本质的识，是圣人所具有的识，有五种作用：趣道慧、识宿命、善分别慧、入空门、观心本。法识是通过五种途径形成的：①修梵行不倚三毒；②处胞胎不染生死；③行三解脱门；④修神通；⑤立觉意，一相

① 《大宝积经》卷110，[唐]菩提流志译，《大正藏》第11册，第619页。
② 《持世经》卷2，[姚秦]鸠摩罗什译，《大正藏》第14册，第649页。
③ 《持人菩萨经》卷2，[西晋]竺法护译，《大正藏》第14册，第631页。
④ 《持人菩萨经》卷2，[西晋]竺法护译，《大正藏》第14册，第631页。
⑤ 《持人菩萨经》卷2，[西晋]竺法护译，《大正藏》第14册，第631页。
⑥ 《持人菩萨经》卷2，[西晋]竺法护译，《大正藏》第14册，第631页。
⑦ 《持人菩萨经》卷2，[西晋]竺法护译，《大正藏》第14册，第631页。

无相。下述五事可使法识清净，①定灭本垢，不见处所；②念无量空寂；③建道本；④心断念，求坐道场；⑤修福田，蠲除妄想。[①]

常见的分类，是把识分为眼耳鼻舌身意六识。这是唯识和中观之外的大小乘经论中较常见的一种分类方法。这里的意识有时只包括狭义的意识，有时同时包括末那识和阿赖耶识。六识的共同本质在于："种种心流转，离于念处故，彼无持常转，故说为虚妄"。[②]它们的特点可概括为"无陀罗"。此音译的词有二义，即流动、无持，准确揭示了识的区别于非心的特点，意为，一切识本身川流不息，稍纵即逝，同时，它们不属于一固定不变的东西，没有什么东西能拥有它。

另一分类是把识分为八识，即前六识加末那识和阿赖耶识。大乘经论中最常见的分类是八分法，即把识分为八种识。在这里，立八识，既有随顺世谛、重构民间心理学的一面，也有独立的根据。佛教承认有八识的独立的依据是，第一，"生依止"，意为承认有第八识是因为世界上有诸法、诸识的真实的生起，此生起之所以是真实的，是因为它们有真实的依止，即根源、基质，这依止即种子识。就此而言，只要承认诸法以及诸识有生起的事实，就得承认有第八识。第二，鉴于有染污，而染污必有其依止和根源，于是必须承认有末那识。第三，鉴于有对色等对象的生起，便立前五识或五根。第四，鉴于有对前五识的思量、整合，便立第六识。[③]

在八识中，前五识的作用是了别或分别，而分别有如下七种，即有相分别（以名言等对有为法的分析）、无相分别（如没有语言能力的婴儿所作的分别）、任运分别（随现前境界而转）、寻求分别（即对诸法寻求、观察）、伺察分别（对已寻求、观察的事物再作思考）、染污分别（于过去顾念，于未来希乐，于现在执著）、不染污分别（即出离分别）。以眼识为例，佛教从不同角度对眼识的构成及本质作了全面分析，例如从自性、所依、所缘、助伴、作业五个方面去分析。这种分析可同时适用于五识中的其余四识。眼识的自性是依眼了别色。眼之所以能形成关于颜色的认识，一是因为它有所对之对象，即色；二是有眼根这一俱有依；三是以意为等无间缘；四是依种子、阿赖耶识等为增上缘。在这里，佛教发现了一

①《菩萨璎珞经》卷3，[姚秦]竺佛念译，《大正藏》第16册，第21-22页。

②［古印度］无著菩萨、世亲菩萨：《能断金刚般若波罗蜜多经论释》卷中，[唐]义净译，《大正藏》第25册，第881页。

③［唐］遁伦：《瑜伽论记》卷13上，《大正藏》第42册，第592页。

般哲学、心理学没有注意到的条件，那就是阿赖耶识或种子识。《瑜伽师地论》云："一切种子识，谓无始时来乐著戏论，熏习为因，所生一切种子异熟识。"[①]意思是说，眼之所能认识色，除了其他条件之外，还因为心中储存着相应的种子，此种子即是某一关于某对象的认识由可能向现实转化的可能性根据。此外，在增上缘中，佛教还看到，还有这样一些因素在眼识形成中作"助伴"作用，如"相应诸心所有法，所谓作意、触、受、想、思，及余眼识俱有相应诸心所有法"。[②]

这种分析识的模式可以类推到对耳识、鼻识、舌识、身识及其自性的分析之中。例如身识的自性也可从俱有依、等无间依、种子依、所缘缘等角度来分析。其俱有依是身根，等无间依是意，种子依是摄持一切种子的阿赖耶识，所缘缘即触，即是事物中的可感知的轻性、重性、滑性、涩性、冷性等。

作为第六识的意识及其自性也可从自性、所依、所缘、助伴、作业等方面加以分析。例如其自性是心意识，心指的是一切种子所随依止性，所随性或所依附性，体能执受，异熟所摄阿赖耶识。意指的是恒审思量，识指的是了别。意识的所依是意根，等无间依是意，种子依是一切种子阿赖耶识，所缘者即内法尘，亦即是储存在记忆中的观念、印象、思想等，助伴即作意、触、受、想、思五种遍行心所，有时还离不开欲、胜解等别境心所，以及信、惭等心所法的作用。[③]就意识的生起、种类来说，论云："依阿赖耶识，说有无明、不觉而起，能见、能现，能取境界，起念相续，故说为意。"[④]意有五名。①业识，由于无明，进而不觉有心动，有动即是造业，因此意识是能造业之识。②转识，依于心动，能见相，因而能转相而成识。③现识，即能现一切境界。④智识，因为它能分别染净法。⑤相续识，这是就其自相而言的，指的是意识念念相扣，相续不断，业力不失，果报不违。

就相互关系言，八识有相互包含、渗透、转变的关系，因此诸识有不定的一面。例如，"阿赖耶识非定阿赖耶，末那非定末那，意识非定意识。以无定故，藏识末那，末那藏识，意识藏识，藏识意识，亦皆藏识，皆是末那，皆是意识，亦复皆非。如是无定故，皆是无常，无常故，非真实，……故自性空无，自性空

---

① [古印度]弥勒菩萨：《瑜伽师地论》卷1，[唐]玄奘译，《大正藏》第30册，第279页。
② [古印度]弥勒菩萨：《瑜伽师地论》卷1，[唐]玄奘译，《大正藏》第30册，第279页。
③ [古印度]弥勒菩萨：《瑜伽师地论》卷1，[唐]玄奘译，《大正藏》第30册，第280页。
④ [古印度]马鸣菩萨：《大乘起信论》，[南梁]真谛译，《大正藏》第32册，第577页。

故，决定寂灭。”[①]意为，藏识可以同时是末那识、意识，意识等也可以这样，甚至还可说说，一切识都是第八识，一切识都是意识，如此等等。由于不确定，因此体性无常，是空。

为了从整体上把握八识，佛教根据它们的不同特点，对它们作了大的区分，如或者把它们分为两大类（二分），或者分为三大类（三分）。

二分法是：如来藏识和前七识。如来藏识即第八识；前七识统称为“分别事识”，它们以分别、思量为特点。如来藏识由于“随缘”不同，即既可随净缘，此时它就表现为真识，又可随染缘，此时它就表现为识藏或现识，即在众生身上现实起作用的第八识。阿赖耶识与七转识（前七识）的关系是非异非不异的关系。佛经常用泥团与微尘（其构要素）的关系说明这一点。泥团由微尘构成故不异，但毕竟是两类不同的存在，因此又有区别。藏识与诸转识的关系也是这样。

三分法是把八识可分为三大类，即分别事识、现识（即在染缘下出现的第八识）和真识。[②]现识和分别事识的特点是：有坏相、不坏相，它们展转相续，互为因果。坏指它们念念生灭，不坏指藏识含藏种子不遗失、不丢弃。它们虽然有坏和不坏的特点，各不相同，但展转相因。就此而言，它们又有非异和非不异的特点。从关系上说，后两类识都是真识如来藏的随染缘的变现，如如来藏随染缘故有阿赖耶识，然后又随缘次第生出其他诸识。有了八识，便“全真成妄、全理成事”[③]了。如倒过来，通过修行，为真识提供净缘，又会由妄返真。

还有一种三分法是这样区分的：一类是六转识，二类是第七识，三类是第八识。它们有相互作用的一面，一方面，意识等六识“执著、取境界生，生已，种种熏习增长阿赖耶识”，[④]意为，六转识缘诸境，起种种分别，会熏习种子，从而起到增长阿赖耶识的作用。另一方面，诸识在发挥作用时，离不开阿赖耶识的作用。因为诸识之所以能缘诸境，生起诸认识，离不开阿赖耶识中种子的显起，所以在诸识形成的因缘体系中，阿赖耶识的作用居于主因的地位。经云，第七识和前六识，这“二种识，无差别相，以依阿赖耶识因，观自心见境，妄想执著，生

① [古印度]龙树菩萨：《释摩诃衍论》卷4，[姚秦]筏提摩多译，《大正藏》第32册，第630页。
② [明]宗泐：《楞伽阿跋多罗宝经注解》卷1上，《大正藏》第39册，第350页。
③ [明]宗泐：《楞伽阿跋多罗宝经注解》卷1上，《大正藏》第39册，第350页。
④《入楞伽经》卷4，[北魏]菩提流支译，《大藏经》第16册，第538页。

种种心。”[①]如偈云：“识与心作因，为识之所依，如水流枯竭，波浪则不起。”[②]意为诸识与八识心的关系像波浪与水的关系，八识心是其因，有此因，才有诸识像波浪一样的起伏、动转。若心枯竭，余识亦不生起。

再看九识说。瑜伽行派的有为依唯识学坚持八识说。即便该派也承认有阿摩罗识，但认为它是阿赖耶识中的清净体。无为依唯识学是唯识论中的一部分与佛教如来藏思想合流的产物，坚持九识说，认为法性心或真如心或阿摩罗识是不同于前八染污、有为识的净识，因此除前八识之外，还应承认有第九净识。

十识论有多种形式。一是将第八识分为三种识，加上前七识，即成十识。其区分是这样展开的：将第八识区分为杂染分和清净分，其中杂染分即阿赖耶识，此为一切杂染种子体。清净分又有两方面。一是劣清净之阿赖耶识。它是一切劣清净种子之体，所依持的是这样的劣清净种子，即除如来种子之外的清净种子，因劣于如来纯净种子，故名劣种子，二是胜清净之阿摩罗识（无垢识），所摄持的种子是纯清净或胜清净的种子，即如来之种子。“由于杂染、劣清净、胜清净不能混杂，其相种子必须有各自之当体，所以即有三识之区分。这样，通过将八识一分为三，而形成了十识。”[③]

第二种十识说是中观学派与密宗中所持的看法。所说的十识是在八识之上增加多一识心、一一识心。前九种心不缘真理，后一种心即一一识心，得缘真理，以之为境界。“甚深真理，非余境界，唯自所依，缘为境界故，毕竟平等，无有变异，不可破坏。”[④]作为第九识的多一识心又名一切一心识。有二义：①一是一一心，此是根据所作所立的名字；②一切是一切心，此是根据能作所立的名字。“其心体性非大非小，非法非非法，非同非异，非一非一切。”[⑤]其特点是，它尽管也是非常、非无常之心念，但不以真理为所缘境界。第十识即一一识心，有多名，如一一心、一心一心识。“此识有种种力，能作一切种种名字，而唯一识，终无余法。”[⑥]一一识心，即真如所入之识，为非常、非无常之念，故又名俱非念、寂灭寂静念。密宗依《释摩诃衍论》将此识立为十识中的第十识，赋予了这样的

---

① 《入楞伽经》卷 4，[北魏]菩提流支译，《大藏经》第 16 册，第 538 页。
② 《入楞伽经》卷 4，[北魏]菩提流支译，《大藏经》第 16 册，第 538 页。
③ 周贵华：《唯识通论》，中国社会科学出版社 2009 年版，第 203-204 页。
④ [古印度]龙树菩萨：《释摩诃衍论》卷 2，[姚秦]筏提摩多译，《大正藏》第 32 册，第 606 页。
⑤ [古印度]龙树菩萨：《释摩诃衍论》卷 2，[姚秦]筏提摩多译，《大正藏》第 32 册，第 604 页。
⑥ [古印度]龙树菩萨：《释摩诃衍论》卷 2，[姚秦]筏提摩多译，《大正藏》第 32 册，第 611 页。

意义：真如门所依之心与实相一味之理会合，故称识心。又由于真如之体通一切有情、无情，且为唯一者，故称一心，意为全部一切法界就是一心。《释摩诃衍论赞玄疏》卷二云："第十识心，即真如门所依本法，而唯能缘自门真理，体能鉴用，照体独立，故说为缘。"①不同于第九识即一切一心识的地方是：第十识缘真理为境界。

就十识的关系言，契经强调有这样十种情况。一是以一种识总摄一切识，又有四种情况，即分别用一切一心识、阿赖耶识、末那识、意识总摄诸识。例如阿赖耶识具足障碍义和无障碍义，无所不摄，因此可以用它总摄诸识。二是以二识总摄诸识，如用阿赖耶识和意识总摄诸识。三是以三识总摄诸识，如在前二种上加末那识。四是以四识总摄诸识，如在前三上加上一心识。五是以五识总摄诸识，如在前四识上增加随顺遍转识。此识不是别识，但又遍于别的识之中。六是以六识总摄诸识，即以六识（眼、耳、鼻、舌、身、意）总识一切识。七是以七识总摄诸识，即以前七识总识一切识。八是以八识总摄诸识，即以前八识总识一切识。九是以九识总摄诸识，这里的九识即是在八识上加上阿摩罗识。十是以十识总摄诸识，在前九识之上，加上一一识心。

第二节　阿赖耶识及其体相用

阿赖耶识与弗洛伊德等人所说的无意识心理尽管同属深层心理，但前者比后者要深得多，隐秘得多。因为不仅一般常人不知，就连认识、修行达到圣人境界的声闻、缘觉也没法"入种种稠林阿赖耶识窟"。②因此不曾识知，唯佛菩萨能知。"稠林"本意为稠密的树林，在这里是用来比喻众生以烦恼为特征的心理世界的错综复杂性。它之所以复杂，不仅是因为烦恼交络繁茂，而且因为里面有阿赖识这样的深窟。尽管难知难识，但阿赖耶识对佛教又太重要了，《瑜伽师地论》说它是"佛世尊最深密记"，③因为它隐藏着众生成圣成凡的秘密。无著认为，它是大乘独有十大主题、原则（"大乘十义""十胜相"）中的一个。这个原则可表述

① [辽]法悟《释摩诃衍论赞玄疏》卷2，《大正新纂卍续藏经》第72册，第447页。
②《入楞伽经》卷2，[北魏]菩提流支译，《大正藏》第16册，第523页。
③ [古印度]弥勒菩萨：《瑜伽师地论》卷51，[唐]玄奘译，《大正藏》第30册，第579页。

为："阿赖耶识说名应知依止相。"[①]意为，此识是大乘的"应知"，之所以应知，是因为它是诸法的"依止相"。"诸法依藏住，一切种子识，故名阿赖耶，我为胜人说。"[②]所谓"为胜人说"，即只对有相当根基的人才说此法，而对一般受众则不说，以免让他们把阿赖耶识执著为我。世尊说："阿陀那识甚深细，一切种子如瀑流，我于凡愚不开演，恐彼分别执为我。"[③]由于上述原因，因此一般经论不说此识。有一种观点甚至认为，般若等经不论七、八识。因为它们即使有，也可归之于意识。其实，般若类经所说的只是没有《楞伽阿跋多罗宝经》等多，论述还是有的。例如在说明如来因般若波罗蜜多而如实了知无量众生之心行时，经云：如来如实了知众生的散心、摄心、无尽心、染心、离染心、能缘心。[④]在揭示能缘心的根源时，经云："云何如来知众生能缘心耶？须菩提，所谓了知阿赖耶等诸能缘心、无能缘心相，是故如来因般若波罗蜜多故，能知无量无数众生如是能缘心。"[⑤]

一、阿赖耶识的名与义

从字面说，"阿赖耶识"有着落处、依处、窟宅、家、藏、根本识等意，是佛教在向深层心理、微观意识深掘中所发现的一种心理样式。其别名很多，如第八识、本识、宅识、一切种子识、异熟识或果报识（将业力转变为果报的识）、初刹那识或初一念识（形成生命最初一刹那的识）、心体、识主、心王、无没识（贯穿过现未三世而没有一时消停）等。之所以被称作阿赖耶识，是因为它是一切业行的果，一切后来新产生的法（如身体、心）的因。"一切有生不净品法，于中隐藏为果故，此识于诸法中隐藏为因故，复次，诸众生藏此识中，由取我相故，名阿赖耶识。"[⑥]意思是说，由于"阿赖耶"是有执持作用的心，因此有情在任何时候所作的事情都以种子形式储存在它之中，为它所持有。以后只要所需条件成熟，里面的种子就会作为原因变现成相应的实在。这些种子是众生后来所拥有的一切东西（包括身心状态和周围环境）的根本原因。以此为起点，众生又会

① ［古印度］无著菩萨：《摄大乘论》卷上，［北魏］佛陀扇多译，《大正藏》第31册，第113页。
② ［古印度］无著菩萨：《摄大乘论》卷上，［北魏］佛陀扇多译，《大正藏》第31册，第114页。
③ ［古印度］弥勒菩萨：《瑜伽师地论》卷51，［唐］玄奘译，《大正藏》第30册，第579页。
④《佛母出生三法藏般若波罗蜜多经》卷12，［北宋］施护译，《大正藏》第8册，第629页。
⑤《佛母出生三法藏般若波罗蜜多经》卷12，［北宋］施护译，《大正藏》第8册，第629页。
⑥ ［古印度］无著菩萨：《摄大乘论》卷上，［北魏］佛陀扇多译，《大正藏》第31册，第114页。

造业，而造业又会熏习种子。如此递进，以至无穷。此识不仅是身体的根本、基础，而且是人有现实的意识的根源。经云："阿赖耶识与寿命、暖、触和合而住，意住于此。"[①]即是说，有此和合便有意识之作用，而余五了别识依意识而有，故说"识复住意"。[②]

它的其他名称都从特定方面反映了它的一个或多个特点。例如，从作用上说，由于此识为种子所依，因此可称作"种子依"，[③]即是说它是诸种子会聚的地方，"多种熏习种子所聚"，[④]故名为心。因它恒常被第七识执取，当作是"我"，"是故阿赖耶识成就为意"，"依此以为种子，余识得生"，[⑤]故名为识。因此心意识体一，而用殊、相殊。

它之所以被称作阿陀那识，是因为它能执持一切有色诸根，一切受生取依止。阿陀那者，即第八执持之义，是第八识专司执持功能的部分。据遁伦解释，此执持作用又有三方面，"一以执持名执，谓能持名相、等种，令不失故。二以执受名执，谓能执受色根依处，令生觉受故。三以执取名执，谓能执受结生相续。"[⑥]此识执持诸根不坏不失，乃至执持到下一辈子，或相续后际。人在受生时，究竟采用什么样的构成部分，究竟表现为哪一道的众生，以什么样的样式表现出来，都由此识所决定。[⑦]《瑜伽师地论》云："阿陀那识为依止，为建立故，六识身转。"[⑧]《解深密经》认为，心之甚深处，有起执受作用的识，这就是阿赖耶识。它有两种作用，即执持诸根，执持名言种子、业力种子。此识"亦名阿陀那识，何以故？由此识，于身随逐执持故。亦名阿赖耶识，何以故？由此识，于身摄受、藏隐同安危义故。亦名为心，何以故？由此识，色声香味触等积集滋长故。"[⑨]《成唯识论》认为，阿陀那识是第八识中专司摄持根身、诸识功能的部分。换言之，就它有这方面的作用而言，被称作阿陀那识，颂曰："依止根本识，五识随缘现，或俱或不俱，如涛波依水。"[⑩]意为五识之所以现起，是因为它们依止此根本识，它

① 《大乘密严经》，[唐]地婆诃罗译，《大正藏》第 16 册，第 742 页。
② 《大乘密严经》，[唐]地婆诃罗译，《大正藏》第 16 册，第 742 页。
③ [古印度]无著菩萨：《摄大乘论》卷上，[北魏]佛陀扇多译，《大正藏》第 31 册，第 114 页。
④ [古印度]无著菩萨：《摄大乘论》卷上，[北魏]佛陀扇多译，《大正藏》第 31 册，第 114 页。
⑤ [古印度]无著菩萨：《摄大乘论》卷上，[北魏]佛陀扇多译，《大正藏》第 31 册，第 114 页。
⑥ [唐]遁伦：《瑜伽论记》卷 13 上，《大正藏》第 42 册，第 592 页。
⑦ [古印度]无著菩萨：《摄大乘论》卷上，[北魏]佛陀扇多译，《大正藏》第 31 册，第 114 页。
⑧ [古印度]弥勒菩萨：《瑜伽师地论》卷 76，[唐]玄奘译，《大正藏》第 30 册，第 718 页。
⑨ 《解深密经》卷 1，[唐]玄奘译，《大正藏》第 16 册，第 692 页。
⑩ [古印度]护法等菩萨：《成唯识论》卷 7，[唐]玄奘译，《大正藏》第 31 册，第 37 页。

们既可同时表现，也可不同时表现，因为五识尽管依于此根本识，但有时由于缘不俱而不出现。五识与阿陀那识的关系就像波浪与水的关系，波浪依于水，但并不一定经常表现为波浪，因为水有时在无风时便无波浪，五识亦然。故言："根本识者阿陀那识，染净诸识生根本故，依止者谓前六转识，以根本识为共亲依。"①

严格说，"阿陀那"说的只是第八识的三个功能之一（另两个是藏识、异熟识），即执持根身和种子，"以能执持诸法种子，及能执受色根依处，亦能执取结生相续，故说此识名阿陀那。"②根据《大佛顶首楞严经》的说法，阿陀那有这样几个特点。第一，此识本是如来藏。只有一点不同，它有生灭性，是不生不灭与生灭的和合，进而成了含藏、执持识，因此严格地说，它亲依如来藏。第二，从体上说，它是真本，即菩提元清净体。从真妄上说，它真妄和合、其体全真，但掺杂了无明习气之妄。因此不能孤立地说它真，否则，就容易让人迷妄为真；也不能说它就是妄，因为这样说容易让人迷真为妄。第三，从作用上说，它执持一切染净种子及心身世界，不令散失，是生死本，是本来人。第四，从它与识藏（能藏）的关系看，圆瑛法师说："此识即如来藏，受无明熏，转如来藏，而成识藏。"③第五，从相状和认知上说，其体渊深，微细难知，二乘不能知其源，等觉未能窥其际。唯佛能知。若不具足相应条件时，佛不向人演说。此即"我常不开演"。④第六，从它与生死的关系看，它是生死转换的枢纽，它能受习气熏染，或受熏种子，同时又能引生诸趣，因此如暴流恒转不息。圆瑛法师说："习气即无明种子，展转熏变，妄上加妄，渐起诸结，而成生死暴流。"⑤第七，从它与身体的关系看，尽管它摄持根身，但也有对根身依赖的一面，即总是住于某一根身之中，在其中运行，"虽无分别，依身运行。"⑥

窥基依据古印度的有关经论把阿赖耶识的"多名"概括为六个方面。①心义。梵云质多（citta），意为集起，即聚集、生起种子，或为积集，即由种种法积集种子。②阿陀那，即执持各种有色根。凡夫和圣贤都有根身，因此，此阿陀那是不会

① [古印度]护法等菩萨：《成唯识论》卷7，[唐]玄奘译，《大正藏》第31册，第37页。
② [古印度]护法等菩萨：《成唯识论》卷3，[唐]玄奘译，《大正藏》第31册，第14页。
③ 圆瑛法师：《大佛顶首楞严经讲义》，宗教文化出版社2012年版，第404页。
④《大佛顶首楞严经》卷5，[唐]般剌蜜帝译，《大正藏》第19册，第124页。
⑤ 圆瑛法师：《大佛顶首楞严经讲义》，宗教文化出版社2012年版，第404页。
⑥《大乘密严经》，《大正藏》第16册，第741页。

断灭的。③所知依。“所知依是阿赖耶识之别名也。”[①]“所知”即被认知的一切有三性（遍计所执性、依他起性和圆成实性）的法或事物，“依”指成为三性法的依托，意即三性法皆依此识。④种子识，意思是它积集、生起种子。⑤异熟识，也是从引果的角度说的，意为它是能产生异类结果的识，如让众生受生六道，受各种各样的果报。异熟即引果的因与所引果不同类。“异熟习气为增上缘，感第八识，酬引业力，恒相续，故之异熟名。”“我爱执藏，持杂染种，能变果识，名为异熟。”[②]“有漏无记，名为异熟，与因异故，从异熟因所生起故。”[③]二乘有学、无学，以及十地以下的菩萨都有异熟识，而十地以上的圣者则能断灭此功能。因此它不像阿陀那识，而像藏识一样，是可伏断的。⑥无垢识，这是就阿赖耶识的体性而言的，尽管它执持染净种子，但其体是毕竟清净的，“唯无漏依，体性无垢”。[④]因此从体性上说，阿赖耶识可被称作净识阿摩罗识。阿赖耶识和阿摩罗识是同一识，前者是就其表象而言的，后者说的是它的体性。正是基于这一点，有些论师不承认有第九识。“此无垢识，是圆镜智相应识名，转因第八心体得之。”[⑤]尽管阿赖耶识都有无垢识作为其体性，但在一般人身上是隐匿的，寻常看不见，唯如来能知。

隋慧远认为，阿赖耶识有八种意义。他说：“此方正翻，名为无没，虽在生死，不失没故。”随义傍翻，有八种不同。①藏识，“如来之藏为此识故”，此识中涵含法界恒沙佛法故名为藏识。②圣识，是大圣诞生之地，“出生大圣之所用故”。③第一义识，“以殊胜故”。④净识，亦名无垢识，体不染故。⑤真识，体非妄故。⑥真如识，心之体性无所破故。⑦家识或宅识，是虚妄法所依处。⑧本识，是虚妄心之根本。前六义涉及此识的六种认知作用，即有了别等作用，它们“有所了别，可名为识”。为什么后两种也被归于识的范畴？慧远据诸经论答曰：“后二虽非了别之因，而是了体，故名为识。”[⑥]有的据此认为，此识的八义都有了别义。

① ［唐］窥基：《成唯识论述记》，《大正藏》第43册，第344页。
② ［古印度］护法等菩萨：《成唯识论》卷2，［唐］玄奘译，《大正藏》第31册，第7页。
③ ［唐］窥基：《成唯识论述记》卷3末，《大正藏》第43册，第343页。
④ ［唐］窥基：《成唯识论述记》卷3末，《大正藏》第43册，第344页。
⑤ ［唐］窥基：《成唯识论述记》卷3末，《大正藏》第43册，第344页。
⑥ ［隋］慧远：《大乘义章》卷3末，《大正藏》第44册，第524-525页。

二、阿赖耶识的“存在”及其证明

佛教的辩证法在于：既重空，又重有。尽管佛教经论中说空的地方较多，但在特定条件下，有的地位胜于空，例如为破片面的空论，佛教就会突出有。欧阳竟无大师说：“佛法善巧方便，不在说空，而在说有。本为破有而明其空，乃多破空而谈于有。”[①]从难易上说，证有比证空还难。从究竟理地或就佛教的无言之教而言，一切如如，绝对平等，无所谓有，无所谓无，言有言无，都悖理、乖道。但从有言之教的角度看，有与无是可说可辩的。就此而言，佛教所说的有或存在，有两种：一是真正的有，例如实相或真如、真心就是如此；二是相对的假有或妙有，如所有一切有为法就只有这种有，因为它们就其有特定的相状和作用来说，是有的，但就其体性来说，则是空无，因为它们因缘和合，而因缘和合故无常，无常故空。就心灵哲学来说，佛教为破人们对阿赖耶识的否认或无知，便对它的有或存在作了别开生面的证明。这种证明有两个维度。一是证明它的体是真心或如来藏，因此有其真有的一面。二是证明：它尽管从来没有显现它的“庐山真面目”，但它是一种不可否认的有为法。一般来说，诸经论重在证明后一方面。因为只有澄清这一点，才有可能证明它的体上的真有。

《瑜伽师地论》的证明是从八个方面展开的：①根身的执受、种子的依止，足以为证；②众生有生灭，足以为证；③意识有明了性，如能忆念过去接触过的境，足以为证；④种子存在着，足以为证；⑤业用存在着差别，足以为证；⑥身受有差别，足以为证；⑦人能进入无心定，足以为证；⑧命终时，识能迁移，足以为证。

《决定藏论》对阿赖耶识之有无问题作了这样的自问自答：“阿赖耶识普为种本，云何知有？”“盛识普种本，深细流如溢，不为凡人说，恐生我见故。”[②]可从八方面证明其有。如偈云：“执持本分明，种本非是事，身受无识定，亦非气绝者。”[③]结论是：“以此八种因缘知有阿赖耶识”。[④]这里只略说其中的几个论证。例如，从诸根的存在可推知作为本识的阿赖耶识是有，不然无法说明诸根的存在。

---

① 见欧阳竟无为梅光曦编的《相宗纲要正续合编》所写的“序”，福建莆田广化寺佛经流通处印行。

②《决定藏论》卷上，[南梁]真谛译，《大正藏》第30册，第1018页。

③《决定藏论》卷上，[南梁]真谛译，《大正藏》第30册，第1018页。

④《决定藏论》卷上，[南梁]真谛译，《大正藏》第30册，第1018页。

“因阿赖耶识，是故诸根名有”。[①]再如，从前六识的产生可推知阿赖耶识是有。“若离阿赖耶识，眼等六识互为本者，则无是处。”[②]只有以阿赖耶识为本，才说得通。再者，有身受可作证明。“离阿赖耶识有身受者，则无此义。”[③]另外，无想定可作证明。“若入无想定，入无识定者，六识皆灭”，[④]如不承认有阿赖耶识，便会得出入此空者不是活人，而事实不然。最后，气绝之人的存在也可证明阿赖耶识是有。“善恶二人临命终时，善人足冷暖上至顶，顶若冷时，人命即灭。恶人死时，从顶冷至足，暖气灭时，此人命终。意识常在身，阿赖耶识持身故。阿赖耶识灭而身即冷，便不觉触。”[⑤]

三、阿赖耶识的种类

龙树从构成和作用上把阿赖识归纳为十种。这既是对阿赖耶识种类的分析，又是对甚深之心识的微妙结构、功能、特性和奥秘的揭示。因此有理由说，龙树的分析和归纳是对阿赖耶识的全面、透彻、深邃的解剖。由于阿赖耶识有十种潜在结构及作用，因此可说有十种阿赖耶识，或者说它有十种显著特点。（一）大摄主阿赖耶识，这是就其总相而言的，因为它摄持的种子是后来的现实世界的总根源。（二）根本无明阿赖耶识，此是别立，指的是它的根本无明的一面或染分。由于有这一方面，因此它同时是诸妄想之本。（三）清净本觉阿赖耶识，此是就其有自然本智、本觉而别立。所谓本觉，即“自体净佛阿赖耶识，具足无漏圆满功德，常恒清净，常恒决定，无受熏相，无变异相，智体不动，具足白品，是故名为独一净识故，……与虚空等，犹如净镜”。[⑥]（四）染净本觉阿赖耶识，意为它本具染净本觉，或是以染净本觉的形式存在的。所谓染净本觉，即不守自性智或陀罗尼智。不守自性，意为真如迷妙明为无明，陀罗尼有总持、无所不包、能持等意，作为智悲，其特点是能记住一切，令不忘失，尤其是能忆持法要。因此这是一种卓越的记忆力。就像楞伽王，虽不是众神，但遍满众神中，令他们于一切时处共转。此智亦复如是，“能受一切无量无边烦恼染法，鬼神众熏，不相舍

---

①《决定藏论》卷上，[南梁]真谛译，《大正藏》第 30 册，第 1018 页。
②《决定藏论》卷上，[南梁]真谛译，《大正藏》第 30 册，第 1019 页。
③《决定藏论》卷上，[南梁]真谛译，《大正藏》第 30 册，第 1019 页。
④《决定藏论》卷上，[南梁]真谛译，《大正藏》第 30 册，第 1019 页。
⑤《决定藏论》卷上，[南梁]真谛译，《大正藏》第 30 册，第 1019 页。
⑥ [古印度]龙树菩萨：《释摩诃衍论》卷 2，[姚秦]筏提摩多译，《大正藏》第 32 册，第 612 页。

离，而俱转故。”[①]（五）业相业识阿赖耶识，意即阿赖耶识有业相，能作为业识起作用。所谓业即是心动、行为造作。由于不觉，因此有无明业相。此为业相之根本。业识是决定业的心识，如无明、不觉。论云：“阿赖耶识无能了作，无所了作，不可分析，不可隔别，唯由精动、隐流义故，名为键摩故。”[②]键摩即作业。另外，由于它不觉，因此有三相，即①由不觉而有无明业相，②由心动故有业，由动故能见，因而有第二能见相，③境界相，即由于能见，因此便有境界之现起。（六）转相转识阿赖耶识，这是就它有转相功能、作为转识起作用而言的。转相指境界在能见之心的作用下转变为心面前的境相，转识即是此能见之识，其作用就是“转”。（七）现相现识阿赖耶识。这是就它有显现境界之作用或有“现相”作用而言的。它是现识，如能把别异、相异显现出来。论云：“别异，别异现前地转；相异，相异具足行转，是故名为阿赖耶识。”[③]（八）性真如理阿赖耶识，这是就其体而言的，它的体就是真如。这是可为正智证得和把握的。“所谓正智所证，清净真如。”[④]此真如既是阿赖耶识的体性，同时又无所不包，无所不摄，足以含摄一切诸法。就此而言，诸法同体，同此真如。“有识是识，非识识摄。”[⑤]意为，若是识，如六识、七识等，它们一定是阿赖耶识，若不是识，就一定是它的变现，因此可为其所摄。总之，一切都为“清净般若、质境真如”[⑥]所摄。（九）清净始觉阿赖耶识。它不仅是本觉，而且也是始觉，因为有无明，有不觉之出现，就有断无明的智和行，到了一定的时候，就会出现这样的结果，即“始觉”。所谓始觉就是对不觉的否定。这是从果德上对阿赖耶识的解剖。始觉与本觉的关系是：“自然始觉阿赖耶识，当常不离清净本觉；清净本觉，当常不离始觉净识。随是（此）彼有，随彼是有。”[⑦]本觉是对始觉而言的，始觉即是本觉，是本觉的回归。（十）染净始觉阿赖耶识，指的是随缘始觉般若。由于有无始无明，因此本觉之上便会出现不觉之用，“依不觉故说有始觉，又以觉心原故，名究竟觉，不觉心原故，非究竟觉。”[⑧]因此阿赖耶识是本觉与始觉、染与净的统一。此识“能

---

① [古印度]龙树菩萨：《释摩诃衍论》卷2，[姚秦]筏提摩多译，《大正藏》第32册，第612页。
② [古印度]龙树菩萨：《释摩诃衍论》卷2，[姚秦]筏提摩多译，《大正藏》第32册，第612-613页。
③ [古印度]龙树菩萨：《释摩诃衍论》卷2，[姚秦]筏提摩多译，《大正藏》第32册，第613页。
④ [古印度]龙树菩萨：《释摩诃衍论》卷2，[姚秦]筏提摩多译，《大正藏》第32册，第613页。
⑤ [古印度]龙树菩萨：《释摩诃衍论》卷2，[姚秦]筏提摩多译，《大正藏》第32册，第613页。
⑥ [古印度]龙树菩萨：《释摩诃衍论》卷2，[姚秦]筏提摩多译，《大正藏》第32册，第613页。
⑦ [古印度]龙树菩萨：《释摩诃衍论》卷2，[姚秦]筏提摩多译，《大正藏》第32册，第613页。
⑧ [古印度]龙树菩萨：《释摩诃衍论》卷2，[姚秦]筏提摩多译，《大正藏》第32册，第613页。

摄一切法，能生一切法”，[①]一定有两方面，即觉义和不觉义，进而具足两种圆满，即功德圆满（觉义字句能摄一切功德，能生一切功德）和过患圆满（不觉字句能摄一切过患，能生一切过患）。具体究竟表现为什么性质和作用，取决于缘。因为作为体性的真心不变随缘，变现各种染净诸法。

这十种阿赖耶识是就它的十种构成和作用而列举的。从特定意义也可以说，阿赖耶识是在有情心灵世界中隐藏得最深的一部分，因此它就是一种识，但它里面有不同的构件和功能作用。上述“十种阿赖耶识说”揭示的就是这个微观世界的这些方面。

四、阿赖耶识的识的特性与结构

阿赖耶识既然主要是作为执持、摄受、异熟转变的机制而起作用的，看不出有认识论和逻辑学上的作用，那么为什么把它称作八识中的一种呢？佛教的看法是，从本质上说，它也有一般心识共有的构成、结构及功能，如它也有一般心识所具有的见分和相分这样的构成，因此也是一种识，只是这种识有自身的特殊性而已。[②]具体而言之，它以意识为见分，不过，此意识只是一种能缘作用，而没有前六识的那类了别、思量作用，因为它“不能分别诸相貌”，[③]它也不能缘这样的相貌。但如果放宽对“了别”的理解，也可说，这种见分在特定意义上也是一种了别作用。根据对放宽了的“了别”的理解，了别有三种：（一）事相了别。只有前六识有此功能。（二）妄相了别。第七识属这种了别，如执第八识为我。（三）真实自体了别。第八识有此功能。正是因为包括阿赖耶识在内的八种识都有了别的功能，因此佛教便把它们都称作识，如说八识。《楞伽阿跋多罗宝经》卷二云：“譬如藏识，顿分别知自心现，及身安立受用境界。”[④]意谓它也有了别作用，相当于因明学所说的“现量”如一有境出现，当即去了别，并作出处理和储存。

应注意的是，阿赖耶识的了知、分别功能不同于一般的了别，因为它的知是顿知，而非渐知。“阿赖耶识分别现境、自身资生、器世间等，一时而知，非是

---

① [古印度]龙树菩萨：《释摩诃衍论》卷2，[姚秦]筏提摩多译，《大正藏》第32册，第613页。
② 关于见分和相分，我们将在后面讨论“意向性”时予以具体分析，这里从略。
③《决定藏论》卷上，[南梁]真谛译，《大正藏》第30册，第1019-1020页。
④《楞伽阿跋多罗宝经》卷2，[刘宋]求那跋陀罗译，《大正藏》第16册，第46页。

前后”。[①]正是因为佛教看到了它的知的这一特点，因此佛教才能顺理成章地解释一般世间哲学所不能解决的这样的难题：历时性送来的各种认识材料为什么能被加工成共时性的认识？前六识的认识都是历时性的，如果只有前六识，人对对象的统一性意识就是不可能的。而由于第八识的了知是超时间的顿知，因此历时性认识向共时性、统一性认识的转化就有其根据。

第八识之所以也是识，是因为它也有自己的相分。作为该识之相分的被了别的境，有三种：一是种子境，即熏习于心中的能生别法的种子；二是根身境，即自己的六根与身体；三是器世间境，即众生所生存于其中的生活世界，如山河大地、社会文化环境。前两方面属内境，后一方面是外境。玄奘译的《摄大乘论世亲释》卷第四云：“于阿赖耶识亦得安立相、见二识，谓阿赖耶识以彼意识及所依止为其见识，眼等诸识为其相识，以一切法皆是识故。”该论隋译略有不同，但基本思想一致：“亦成立阿赖耶识为相、见二识，意识及依止是阿赖耶识见分，眼等识及一切法是相分，此等即是阿赖耶识体故。”相分与见分，也可理解为所取与能取，如《成唯识论》卷第八云：“三界心及心所，由无始来虚妄熏习，虽个体一，而似二生。谓见、相分，即能、所取。”[②]

五、阿赖耶识的相状与特点

其相状可描述为“恒转”，或有“转相”，即总处在生生灭灭的转变之中，始终相续不断，没有一时停顿。其“转相”可从四方面加以说明。

第一，从其所缘来说，它因两种所缘而转。①在有色界，它所缘或了别的是一切内在执受，如遍计所执自性妄执习气，以及诸色根、根所依处，在无色界，它了别的只是习气。②它了别外无分别器相，即以内执受的外在依止为所缘。阿赖耶识不管是缘内，还是缘外，都有这样的特点：“于所缘境，念念生灭，当知刹那相续流转，非一非常。”[③]“非一非常”这个概念极为重要，准确地把阿赖耶识的自相及特点揭示出来了，同时又把佛教关于心之主体和基质的思想与世间心灵哲学的实我论与断灭论区别开来了。根据实我论，有情身上有一个独立于五蕴和合的身体的实体性的、起主宰作用的、能维持有情之同一性的精神实体或我。

①《入楞伽经》卷2，[北魏]菩提流支译，《大正藏》第16册，第525页。
②［古印度]护法菩萨等：《成唯识论》卷8，[唐]玄奘译，《大正藏》第31册，第523页。
③［古印度]弥勒菩萨：《瑜伽师地论》卷51，[唐]玄奘译，《大藏经》第30册，第580页。

而根据断灭论，有情身上完全没有我或心灵。佛教的观点介于两者之间，承认有情身上有我，但这个我非一、非常，即不是实体性的、常一不变的存在，它生生灭灭，变动不居，同时，它又非异、非无常，即有其相对的常性，就像流水一样，后水与前水不是同一个水。古希腊哲学家赫拉克利特也有类似的看法，如说人不能两次踏进同一条河流。但前后相续的水毕竟有其相对的同一性，不同于分别装于不同地方的水。

第二，阿赖耶识与五种遍行心所法（作意、触、受、想、思）“恒共相应”，① 这也是它的一种“转相”。以受为例，它也有受，只是一向为“不苦不乐无记性”② 所摄。与其他遍行心所的恒相应可如此类推。

第三，阿赖耶识不仅有其能缘性，即能缘内外诸法，以它们为所缘境，而且还能成为别的心法（其余七转识）的所缘。此一特点即是它的“二缘性”，或者说是它与诸转识“互为缘性转相”。③因为它储有种子，同时又是别法的所依，所以能成为别的转识的所缘。由于别的所有转识在流转时，都要动用它储存的种子，因此必须以它为缘。另外，由于它执受色根，因此五种识才能依之而流转。

第四，阿赖耶识还能与其他转识“俱转”，④即同步流转。这有不同的情况，例如在一切时处，它与末那识俱转，因为后者始终要以前者为所缘境界。在有的情况下，它也可与二识俱转，例如与末那识、意识俱转，有时也可与三识俱转。

《显扬圣教论》认为，它有“五相”。一是所缘相。首先，它缘两种境相或了别两种境相而得以运转，即既了别内执受，缘内各种根身、心、心所法等，又了别外无分别相器，即于一切时无有间断地缘器世界相，但又不作分别。此识缘境的特点首先是，不废时、不间断、无变易，“从初执受刹那，乃至命终，一味了别而流转。”⑤其次，这种不间断的了别又不是固定不变、凝固不动的，而是非一非异、非断非常，“念念生灭”，“当知刹那相续流转，非常非一。”⑥二是“相

① [古印度]弥勒菩萨：《瑜伽师地论》卷51，[唐]玄奘译，《大藏经》第30册，第580页。
② [古印度]弥勒菩萨：《瑜伽师地论》卷51，[唐]玄奘译，《大藏经》第30册，第580页。
③ [古印度]弥勒菩萨：《瑜伽师地论》卷51，[唐]玄奘译，《大藏经》第30册，第580页。
④ [古印度]弥勒菩萨：《瑜伽师地论》卷51，[唐]玄奘译，《大藏经》第30册，第580页。
⑤ [古印度]无著菩萨：《显扬圣教论》卷17，[唐]玄奘译，《大正藏》第31册，第566页。
⑥ [古印度]无著菩萨：《显扬圣教论》卷17，[唐]玄奘译，《大正藏》第31册，第566页。

应转相”，[①]即它与别的心、心所法的关系是：恒与作意、触、受、想、思五遍行心所法相应。后五法也属异热，最极微细。三是互为因相。对于别的识来说，阿赖耶识以两种因起作用：一是种子生因，即阿赖耶识的种子是别的所有转识生起的原因；二是所依因，即别的识、心所法，乃至根身都以阿赖耶识为依托、基础或依止、依靠阿赖耶识。尤其是，此识是意识的意根，前五识都以四大和合的微细色为根，唯有意识以此识为根，“由此意根为依止，故意识得生。”[②]反过来，七转识也以两种因的形式，作用于阿赖耶识：一是于现法中长养种子，即由于诸转识的作用，将各种种子熏习于阿赖耶识中，从而使阿赖耶识得以相续运转；二是于后法中摄植种子，即熏习种子，能引摄未来异熟阿赖耶识。四是阿赖耶识与转识一同流转，形成“俱转相”。[③]所谓俱转指它与别的心法在相互作用中一同流转。当然这里的俱转相状比较复杂，有时是时间上的恒俱转，即从无始来就一直俱转，如末那识与阿赖耶识就是一同流转，相应地，阿赖耶识还恒与我痴、我慢、我见、我爱相应、流转，因为末那识恒以阿赖耶识为所缘境界。有时，阿赖耶识只在一定时间内与某些转识俱起。因为前六识有时停止运转，如睡眠、昏迷时就是如此，但只要它们起作用，就一定有阿赖耶识的俱转。五是阿赖耶识有杂染还灭相。这一相状说的是阿赖耶识的既染又净的本质，以及伏断的位次。首先，它是一切杂染法的根本，原因在于：它是有情世间生起根本，能生诸根、根所依处及转识，亦是器世间生起根本，同时还是一切有情互相生起的根本。其次，由于它储藏一切种子，因此在现世以苦谛为体，在未来还是苦谛的生因，在现在世是集谛的生因。这也足以证明它是杂染之根本。再次，由于它同时执持有各种无漏种子，因此它又是众生能得解脱的一个基础、条件。论云：“摄持顺解脱分及顺抉择分等善根种子，……所余世间所有善根，因此生故，转复明净”。[④]由于有这样的种子，由于这些种子有由染转净的功能、势力，因此涅槃、解脱、菩提等诸善法就能“转明净生”。[⑤]最后，由于此识中有种种界，或有成种种界的可能性，如有未来转变成四圣六凡共十界的可能性种子，因此通过修习，为之提供相应的

① ［古印度］无著菩萨：《显扬圣教论》卷 17，［唐］玄奘译，《大正藏》第 31 册，第 566 页。
② ［古印度］无著菩萨：《显扬圣教论》卷 17，［唐］玄奘译，《大正藏》第 31 册，第 566 页。
③ ［古印度］无著菩萨：《显扬圣教论》卷 17，［唐］玄奘译，《大正藏》第 31 册，第 567 页。
④ ［古印度］无著菩萨：《显扬圣教论》卷 17，［唐］玄奘译，《大正藏》第 31 册，第 567 页。
⑤ ［古印度］无著菩萨：《显扬圣教论》卷 17，［唐］玄奘译，《大正藏》第 31 册，第 567 页。

条件，就有可能不让恶趣或六有漏界发生，而让善趣发生，乃至能转染成净、转凡成圣。论云："阿赖耶识以修习善法故，即得转灭。"[①]转即让可能性转变为现实，灭即灭染污法，从而让净法生。到最高的境界，阿赖耶识还有断灭的可能性，当然只是它的执持种子、异熟的功能断灭。因此只要提供相应的条件，如"缘真如境智"，[②]其成佛的可能就会变成现实。论云："以缘真如境智，修习、多修习故，所依止转转依无间，当知已断阿赖耶识，由此断故，当知已断一切杂染。"[③]至此，就完成了转凡成圣的宏伟大业，圣境便现前，如舍弃能取所取这二取，"其身虽住，犹如变化"，[④]因为未来后有的苦因已被斩断，一切烦恼因被斩断，"唯有命缘暂住"，[⑤]其受的特点是，只身边际受、命边际受，甚至灭尽一切所受。

《决定藏论》用四句话概括了阿赖耶识的特点："境界相赖起，更互为因缘，得共相应生，与烦恼俱灭。"[⑥]

第一句话中的"境界"说的是它的这样的本性，即执持境界。这又有两方面：一是在内执持内境界，如"执著邪我见习势力，与根色俱时而执持者，即为境界"；[⑦]二是在外执持器物，但又不能对它们的相貌作出分别。"阿赖耶识于境界中，念念生灭，在欲界中取境微小，于色界中取境广大，于无色界无量空处、无量识处，取无量境，于无所有处取微细境，于非有想、非无想，取境甚深微妙。"[⑧]这说明在甚深禅定中，尽管六识不起作用，但仍有心一境性等心理操作。之所以如此，乃是因为有阿赖耶识的存在及作用。"相赖起"，说的是其他心理现象对于阿赖耶识的依赖性，揭示了它作为诸心根本这样的本体论地位。前五识乃至触受等五遍行心所法都依赖于它而得生。论云："阿赖耶识与五心数法相赖生，思、触、受、想及于作意，……同报相赖故，微细相赖故，……知有阿赖耶识相赖而起。"[⑨]

"更互为因缘"的意思是：它与别的心法互为因缘。一方面，它通过别的心法而表现自己，更重要的是，它是别的心法的基础、靠山、作用的源泉。这体现

① [古印度]无著菩萨：《显扬圣教论》卷17，[唐]玄奘译，《大正藏》第31册，第567页。
② [古印度]无著菩萨：《显扬圣教论》卷17，[唐]玄奘译，《大正藏》第31册，第567页。
③ [古印度]无著菩萨：《显扬圣教论》卷17，[唐]玄奘译，《大正藏》第31册，第567页。
④ [古印度]无著菩萨：《显扬圣教论》卷17，[唐]玄奘译，《大正藏》第31册，第567页。
⑤ [古印度]无著菩萨：《显扬圣教论》卷17，[唐]玄奘译，《大正藏》第31册，第567页。
⑥《决定藏论》卷上，[南梁]真谛译，《大正藏》第30册，第1019页。
⑦《决定藏论》卷上，[南梁]真谛译，《大正藏》第30册，第1019页。
⑧《决定藏论》卷上，[南梁]真谛译，《大正藏》第30册，第1019页。
⑨《决定藏论》卷上，[南梁]真谛译，《大正藏》第30册，第1019页。

在两个方面。一是“种本”，意为它是别的心理得以生起的种子、根本。“诸善、不善、无记等识，皆因阿赖耶识以为种本。”①二是“依托”，一方面，由于它执持根身，而余识都有对根身的依赖性，因此它是诸识的最终基础、依托；另一方面，它又依赖于别的心法，以它们为缘。这已如前所述。

“得共相应生”的意思是阿赖耶识在与其他有关因缘共在的前提下，让有关心理现象得以现实发生。例如人之所以有我慢心，是因为此心“取阿赖耶识为境”。②

“与烦恼俱灭”说了三层意思：一是说阿赖耶识“是一切烦恼根本”，③因为它能生“众生世间根本，能生五根及于六识，亦起国土世界根本，一切业起诸因缘故”，所以它在“现在世中是苦谛体，未来世中能生集谛”；④二是说它是一切善恶的根本，即是“一切种本”，“阿赖耶识中有种种性故”；⑤三是说明了此识的伏断。作为执持根身的阿陀那识是不会断灭的，但作为藏识，作为善恶根本的阿赖耶识以及异熟识则有断灭。其断的方法就是：“修善法”，让烦恼灭尽。果如此，“此识则灭”，是故说“与烦恼俱灭”。⑥

《瑜伽论记》对它的特点作了这样的概括：从存在方式说，它深细难测。从作用上说，有储藏、摄持种子的作用，就此而言，它是种子识或狭义的阿赖耶识，就其能摄持根身、诸识心而言，它是阿陀那识。“阿陀那者，即第八执持之义”。⑦就其是一切万法的根本来说，它被称作本识。从认识上说，它不能为地前菩萨认识和通达，是故佛不向一般众生乃至二乘行人宣说此识。即使有人“随教生解”，⑧也没法了达。只有登地菩萨凭借其特殊智慧才能了达。这就是说，阿赖耶识尽管存在，但要认识，非由特定的人用特殊方式才能认知。由于太深、太细，因此一般凡夫无法知，“如是微细阿赖耶识行，除佛如来及入地诸菩萨摩诃萨，诸余声闻、辟支佛、外道修行者不能知”。⑨他们即使入一般的三昧也不能知，因为他们

① 《决定藏论》卷上，[南梁]真谛译，《大正藏》第30册，第1019页。
② 《决定藏论》卷上，[南梁]真谛译，《大正藏》第30册，第1019-1020页。
③ 《决定藏论》卷上，[南梁]真谛译，《大正藏》第30册，第1020页。
④ 《决定藏论》卷上，[南梁]真谛译，《大正藏》第30册，第1020页。
⑤ 《决定藏论》卷上，[南梁]真谛译，《大正藏》第30册，第1020页。
⑥ 《决定藏论》卷上，[南梁]真谛译，《大正藏》第30册，第1020页。
⑦ [唐]遁伦：《瑜伽论记》卷13上，《大正藏》第42册，第592页。
⑧ [唐]遁伦：《瑜伽论记》卷13上，《大正藏》第42册，第592页。
⑨ 《楞伽阿跋多罗宝经》（10卷本）卷2，[刘宋]求那跋陀罗译，《大藏经》第16册，第523页。

“不能入种种稠林阿赖耶识窟”。[①]唯佛、菩萨才能“得见心、意、意识自心自体境界”，“分别生死大海”，[②]真见自心中虚妄见。窥基说：“无性有情，不能穷解其源底，故说为甚深；……若凡若圣不能通达，谓不能证，故名甚细。”唯佛菩萨，“谓无漏道”，[③]才能真正证得。它“体相微细难知”，[④]未见真实的人，由于心迷而无法了知。

六、阿赖耶识的作用

根据佛教的心灵哲学，阿赖耶识不仅有存在或本体论地位，而且有妙有的地位；不仅有能把它与别的事物区别开来的性相特点，而且有巨大、广泛、根本性的作用。有情众生之所以是其所是，他们的心理，他们的外在世界、生活世界之所以是其所是，与阿赖耶识是密不可分的。甚至可以说，它在这些过程中起着根本性的作用。如果说有本原的话，它可看作是名副其实的本原。就它是塑造有情心理世界的根本力量而言，它完全有理由成为心灵哲学的理所当然的课题。前面的分析已涉及佛教对它的一些作用的揭示，这里再作综合性说明。

第一，阿赖耶识是凡夫身上根本的根本。众生的根身，一切心、心所法，以及所缘的一切外部世界，都以它为依止、为因缘。《成唯识论》云：“无始时来，与一切法等为依止”，[⑤]同时也是众生流转生死、还灭的根本。所谓还灭是指：众生能够灭除生死烦恼进而返还、回归寂然本性。众生究竟是流转生死还是还灭，都以此识为其可能性根据。“此识足为界趣生体，是遍、恒续，异熟果故，无劳别执有实命根，然依亲生此识种子，由业所引功能差别，住时决定，假立命根。”[⑥]界即欲界、色界、无色界。趣即地狱、饿鬼、畜生、人、天，或加阿修罗为六趣。生即胎生、卵生、湿生、化生。识为阿赖耶识，是这些界，趣、生所依的体，普遍存在，永恒流转，相续不断，且能引生异熟果，因此没有必要说另有独立的命根。所谓的命根实际上就是阿赖耶识所藏的种子在业力牵引下所产生的不同功能作用，这些作用在一定时间确定无疑，故可假说为命根。

---

① 《楞伽阿跋多罗宝经》（10卷本）卷2，[刘宋]求那跋陀罗译，《大藏经》第16册，第523页。
② 《楞伽阿跋多罗宝经》（10卷本）卷2，[刘宋]求那跋陀罗译，《大藏经》第16册，第523页。
③ [古印度]护法菩萨等：《成唯识论》卷4，[唐]玄奘译，《大藏经》第43册，第350页。
④ 《大乘密严经》卷中，[唐]地婆诃罗译，《大藏经》第16册，第738页。
⑤ [古印度]护法菩萨等：《成唯识论》卷3，[唐]玄奘译，《大藏经》第31册，第14页。
⑥ [古印度]护法菩萨等：《成唯识论》卷1，[唐]玄奘译，《大藏经》第31册，第5页。

第二，《入楞伽经》认为，阿赖耶识是诸法缘起的总根源。因为“身、资生、器世间、去来自体相”，[①]是阿赖耶识的影像，是它的能取、所取二种相的显现，所以此识是诸识、诸身根的基础、总根源。经云：“是意等诸法、习气所依，为分别心之所扰浊。若离分别，即成无漏。无漏即常，犹如虚空”[②]。佛教分析阿赖耶识的目的，就是要转化它，让它去掉污泥、有漏，回复清净，变为无漏。怎样才能达到这一目的呢？从其有漏的根源可找到转化的方法。其根源是：无明以及随之而来的念动和分别。众生的心性本来寂灭、清净、无漏。由于无明等的作用，心便成为有漏，如果不分别，即转成无漏。而要做到不分别，则必须借助三昧等修行。经云：“若诸菩萨于阿赖耶而得三昧，则生无漏禅定，解脱方便力自在神通。”[③]

第三，阿赖耶识也是虚妄分别的总根源。经云：“内外境界，心之所行，皆唯是识惑乱而见。此中无我，亦无我所，……一切皆是意识境界，依阿赖耶如是分别。”[④]一方面，分别本是一种心理习性，是一种心理作用，它必有其依止，这依止就是阿赖耶识。另一方面，分别是心的一种现实的作用，而任何现实性都以可能性根源为其前提，都有相应的种子作为它的出发点。分别的可能性根源就在阿赖耶识中，只要有让分别变成现实的因缘条件，众生心上就会出现现实的分别活动。可见，作为许多妄心之根源的分别心也是以阿赖耶识为总根源的。

第四，众生之所以能“一念三千”，如一念同时具足四圣六凡十法界，或具足十八界，是因为阿赖耶识中有成为这些界的种子。“有眼界、色界、眼识界，乃至有意界、法界、意识界，由于阿赖耶识中有种种界故，”[⑤]现实世界中才有种种界，种种差别。从心理学上说，众生之所以有种种个性差别，人性之所以不同于物性、兽性，其中的一个根源是阿赖耶识。

第五，阿陀那识既是实体，又是主体。当然，这样说有特定的意义。人之所以以聚合体形式存在，是因为里面有此识把诸身根、其余诸心识组合在一起，成为它们的依止或依托。是故应说：“阿陀那识为依止，为建立。”[⑥]同时，心意识

① 《入楞伽经》卷 2，[北魏]菩提流支译，《大藏经》第 16 册，第 526 页。
② 《大乘密严经》卷下，[唐]地婆诃罗译，《大藏经》第 16 册，第 741 页。
③ 《大乘密严经》卷下，[唐]地婆诃罗译，《大藏经》第 16 册，第 741 页。
④ 《大乘密严经》卷中，[唐]地婆诃罗译，《大藏经》第 16 册，第 737 页。
⑤ [古印度]弥勒菩萨：《瑜伽师地论》卷 51，[唐]玄奘译，《大正藏》第 30 册，第 581 页。
⑥ 《解深密经》卷 1，[唐]玄奘译，《大正藏》第 16 册，第 692 页。

的统一，生命的流转，也是以之为轴心的。由于有它，因此才有“六识身转”。[①]另外，它也是别的一切心理现象生起的总根源，例如眼识之出现，除依于根与境（色）的作用外，还离不开内心深处的识，“此中有识，眼及色为缘，生眼识。”[②]不仅如此，正像康德所说的先验自我意识能伴随一切认识，而没有哪种认识能永远伴随先验自我意识，阿赖耶识也是这样，能伴随一切心理现象，即“俱随行”，[③]而不能相反。

第六，它不仅是生起万法之总因，而且也是圣人成圣之根本。“一切凡夫及诸圣人，依彼阿赖耶识，故有生有灭。以依阿赖耶识故，诸修行者入自内身圣行所证，现法乐行而不休息。”[④]人之所以既可以成凡，乃至在六道中轮回，又可以成圣，如在四圣中变化，原因在于：人的阿赖耶识中储存着各式各样的种子，如既有成为饿鬼的种子，又有如来、涅槃种子。如果为人提供的是让人成为饿鬼的种子变成现实的条件，人就成为饿鬼；为其提供的是成佛的条件，人就成佛。余可类推。

第七，从本原上说，诸识是万法之本，而阿赖耶识又是诸识之本。遁伦说：“第八既是诸法如实因缘，此乃唯识之本，故为大根得说本识。”[⑤]总之，此识是根本的根本。

七、阿赖耶识的生灭及其与成圣成凡的关系

关于阿赖耶识的生起，我们将在论述心灵的起源一章中专门予以考释，这里只略述大概。根据《大佛顶首楞严经》等经论，该识不是从来就有的，其生起是这样发生的：由于无明，因此有这样的一念妄动发生，即试图把本明的真心当作对象，从外面加以认识（明）。这一来，人为地制造了一个本不是对象的对象（所）。此即“因明立所”。既然“所已妄立”，便随之生起了“妄能”。[⑥]此妄能正是阿赖耶识的见分。这是有情身上最先出现的妄心。有此妄心，在相应条件下，其他的心理便不断派生出来。质言之，由无明、染缘，真识转变成了识藏或现识，即现

① 《解深密经》卷 1，[唐]玄奘译，《大正藏》第 16 册，第 692 页。
② 《解深密经》卷 1，[唐]玄奘译，《大正藏》第 16 册，第 692 页。
③ 《解深密经》卷 1，[唐]玄奘译，《大正藏》第 16 册，第 692 页。
④ 《入楞伽经》卷 7，[北魏]菩提流支译，《大藏经》第 16 册，第 556-557 页。
⑤ [唐]遁伦：《瑜伽论记》卷 13 上，《大藏经》第 42 册，第 593 页。
⑥ [明]宗泐：《楞伽阿跋多罗宝经注解》卷 1 上，《大正藏》第 39 册，第 350 页。

实的阿赖耶识，进而依次转出末那识和其余六识。逐染缘故，如来藏转名识藏，次第转生诸识，此全真成妄，全理成事也。

有生必有灭，阿赖耶识也不例外。阿赖耶识是一种最广泛的心理现象，“通三界内外，故通漏、无漏”，[①]即三界众生都有此识，从性质上说，此识通有漏与无漏。从因果关系上说，它不是本有的，是在无明、惑、业等的共同作用下生起的。因此是“果报心”。[②]当然生起后，它又依次派生出别的心、心所法。它有生，就一定有灭，即是可灭的，例如：当修成金刚心，此生死果报心便会随之消失。再说，佛教心灵哲学的主旨在于：伏断包括该识在内的一切妄心。唯其如此，才能断除一切烦恼，得究竟解脱。烦恼的最终根源是心中有烦恼种子。因此只有伏断阿赖耶识才能最终断烦恼。当然，此识的伏断与其他识有一点不同，即不可能全断，例如，它执持根身的功能就不可能断，即阿陀那识不会灭，即使是佛也有此阿陀那识。能灭且需要灭的是它的其余功能，如储藏种子的功能（识藏）和异熟的功能（异熟识）。佛教认为，菩萨道修至八地，小乘证得阿罗汉果位，便可断烦恼，“阿罗汉舍，断种永伏现行烦恼，皆已尽故，并名为舍。”“由斯永失至第八识体。”“不复执藏，说名为舍，非是第八识体全无，名舍识。”[③]这里断灭的只是有执藏功能的阿赖耶识，至于执持根身的阿陀那识，即使至佛位也是不舍的。

佛教不仅肯定阿赖耶识有灭除的可能性和必要性，而且对其灭除的机理与过程作了深刻的分析和揭示。论云：“诸凡夫人起善思惟，而取诸识以为境界，进行安心初观诸谛，若证四谛得眼智明慧，则能破坏阿赖耶识，未见四谛则不能破。”[④]具体言之，菩萨入不退地，通达法界，则能得见四谛，即证得苦、集、灭、道四种真理，进而灭除阿赖耶识。之所以如此，是因为圣者在此境界，能亲见一切诸烦恼聚，“得真如智境”，见本地风光，“断阿赖耶识，即转凡夫性”。“此识灭故，一切烦恼灭”。阿赖耶识不仅是烦恼、生死的根本，同时也是人们离苦得乐、证得涅槃的根源、根据。“由有此识，故有涅槃证得。谓由有此第八识故，执持一切顺还灭法，令修行者证得涅槃。”[⑤]这当然不是说涅槃依于此识，而只是

---

① [隋]吉藏：《中观论疏》卷8，《大正藏》第42册，第120页。
② [隋]吉藏：《中观论疏》卷8，《大正藏》第42册，第120页。
③ [唐]窥基：《成唯识论述记》卷3末，《大正藏》第43册，第343页。
④《决定藏论》卷上，[南梁]真谛译，《大正藏》第30册，第1020页。
⑤ [古印度]护法菩萨等：《成唯识论》卷3，[唐]玄奘译，《大正藏》第31册，第14页。

说，八识中储存有涅槃种子，执持着让人回归寂灭本性（还灭）的可能性根据。因为此识同时是杂染法和清净法的依止。杂染法主要包括苦谛、集谛，清净法则是道谛和灭谛。这些清净法，尤其是涅槃种子，正是众生证得涅槃的可能性根据，同时正是因为有了它，行者才知道去修行。“能所断证，皆依此识，是与还灭作依持用。”①

如前所述，凡圣之所区别开来，各行其道，其内在根据就是他们都有阿赖耶识，而他们成凡还是成圣，则是因为他们为他们所具有的种子提供了不同的实现条件。具言之，凡夫之所以为凡夫，是因为他们提供的是有利于杂染种子变成现实的染污条件，对于他们来说，“阿赖耶识是真爱著处”。②圣人之所以为圣人，是因为他们依所持的无漏种子，如理修行，进而让这类种子开花结果。

当然，由于现实的个体的人的阿赖耶识是在漫长的时间过程中逐步形成的，被熏习的种子既多又错综复杂，真的犹如稠林，犹如难以见底的深窟，因此要予伏断，非一日之功。对于一般根性的众生来说，必定是一个漫长的、渐进的过程。就阿赖耶识本身来说，它有不同功能，只有一个功能、一个功能地予以转化、伏断，才能最终达到灭除阿赖耶识的目的。很显然，每个功能的转化都绝非易事，更何况全部功能的调节及伏断。行者只有经过长期的如理如法修行，进到相应的位次，有关的功能会才发生相应的变化，如有的功能不断变得清净，有的可逐渐趋于消失。一般而言，阿赖耶识有三种功能或有三位。“一我爱执藏位，名阿赖耶，”③其作用是能藏，即储藏由人所造之业转化而来的种子。相对于七识来说是所藏，相对于种子来说是执藏。二善恶业果位，名异熟识，从形成上说，是善、不善业所根集，从作用上说，可招感异熟果。三是相续执持位，名阿陀那，其作用是执持根身，使之不坏失。

在上述三种功能中，执持种子的功能，即以识藏形式表现出来的狭义的阿赖耶识，是可以彻底断除的。换言之，它并不普遍存在于每个众生身上，而只存在于所有凡夫和部分圣贤身上，例如大乘的七地菩萨以前的一切凡圣，小乘到有学圣者之前的一切众生，都有阿赖耶识，都起我执现行，即第七识恒把阿赖耶执持为我。到八地菩萨及无学圣者，第七识不再起我执现行，因此永舍我执的名。至

① [古印度]护法菩萨等:《成唯识论》卷3，[唐]玄奘译，《大正藏》第31册，第14页。
② [古印度]护法菩萨等:《成唯识论》卷3，[唐]玄奘译，《大正藏》第31册，第15页。
③ [唐]窥基:《般若波罗蜜多心经幽赞》卷下，《大正藏》第33册，第539页。

此，第八识不能再被称作阿赖耶识，其我执的功能销尽全无。广义阿赖耶识中的异熟也是可以伏断的。它的作用是让善恶的异熟业转化成相应的异熟果，因此是一种转化的功能。在行者得佛果之前，第八识有异熟的功能，可称作异熟识。但得佛果后，此识便失去其异熟的作用，纯善无漏，不再产生由有漏业所支配、招感的无记异熟果，因此当行者证得佛果时，异熟识便不复存在了。在阿赖耶识的三种功能中，阿陀那识是不会断除的，也用不着断除，因为它的作用是相续执持染净种子、根身器官。从凡夫到佛，此识都在起作用，因为即便是证得究竟佛果的修行者，也还可能有五根，或示现根身。有五根就需要有东西来摄持。这起摄持作用的东西正是阿陀那识。总之，阿赖耶识的“三位”或三种作用在每个人身上是不一样的。如一切人都有阿陀那识，但八地、无学以及至成佛前的圣者没有我执，只有异熟和执持。当成佛后，阿赖耶识就只剩阿陀那的执持五根的功能。

八、阿赖耶识与如来藏、第九识、真心的关系

这是一个十分复杂的问题，就是佛教内部都在表面上有不同的看法。先看《楞伽阿跋多罗宝经》的看法。经云：“阿赖耶识如来藏。”[①]这是就阿赖耶识体性空寂同时有执持一切染净诸法之作用而言的。如来藏也有这类本性和作用，因此两者有一致性。另外，它们与诸识的关系也相同，例如它与阿赖耶识一道“共七种识”。[②]有偈云：“甚深如来藏，与七识俱生，取二法（人我）则生，如实知不生。如镜像现心，无始习所熏。”[③]用比喻说，阿赖耶识与七识的关系是：“与无明七识共俱，如大海波常不断绝。”[④]第八识是海水，前七识是波浪。也可以说，第八识是心法的体性，前七识是心法的表象，如第八识“离无常过，离于我过，自性清净。余七识者，心、意、意识等，念念不住，是生灭法”。[⑤]如来藏与前七识的关系也是这样。从根源上说，其余七识源于阿赖耶识，也可以说源于如来藏，“妄想为因，境相为缘，和合而生。”[⑥]就它们与现实的染净诸法的关系来说，它们是后者的根源或因。《楞伽阿跋多罗宝经》的唐译本说得很明白：“如来藏是善、不

---

① 《入楞伽经》卷 7，[北魏]菩提流支译，《大藏经》第 16 册，第 557 页。
② 《入楞伽经》卷 7，[北魏]菩提流支译，《大藏经》第 16 册，第 557 页。
③ 《入楞伽经》卷 7，[北魏]菩提流支译，《大藏经》第 16 册，第 557 页。
④ 《入楞伽经》卷 7，[北魏]菩提流支译，《大藏经》第 16 册，第 556 页。
⑤ 《入楞伽经》卷 7，[北魏]菩提流支译，《大藏经》第 16 册，第 556 页。
⑥ 《大乘入楞伽经》卷 5，[唐]实叉难陀译，《大藏经》第 16 册，第 619 页。

善因，能遍兴造一切趣生。”[①]阿赖耶识当然也是这样。但应注意的是，它们是因，但不是外道所理解的“作者”。因为它们的本质是：“无始虚伪，恶习所熏，名为藏识，生于七识，无明住地。譬如大海而有波浪，其体相续，恒注（住）不断。本性清净，离无常过，离于我论。”[②]总之，就本性而言，阿赖耶识即如来藏。

但就处在染污环境中的现实的阿赖耶识来说，又不能把它等同于如来藏。因为阿赖耶识有受熏习的一面，有不空的一面，有刹那变化的一面，所以有染污性。而“如来藏是清净相”，“如来藏是如来境界”。[③]就阿赖耶识是污染之源而言，“如来藏识不在阿赖耶识中”，[④]因为如来藏不生不灭，绝对清净。就此而言，它是纯净无染的真心或真如等的同义词。据此，许多经论把阿赖耶识和如来藏明确区分开来，强调它们是两个不能混同的概念。

佛教在这里是否陷入了自相矛盾呢？回答是否定的。因为阿赖耶识一体两面，一面是作为相用的染污法，一面是其体性，就像污水的尘垢被清除后表现为清水一样。阿赖耶识的体性是清净的，此体性即如来藏。换言之，第八识有两种表现形式，此即“开藏识为二”。[⑤]一者现识或识藏，亦即是由于真识逐染缘而成的现实的阿赖耶识。此识是在染缘之下由真识转变而来的。“名转而体不转”，[⑥]意即表现为识藏，但真如体性不变，以真识为体。二者真识，即是自在的未受染污的如来藏识，有两种情况，一是未进入染污环境中的真识，即自在的、潜在的真识，二是经净化过程、将染污清除掉后所返归的真识。“若能随于净缘，了达诸识皆即真智，如来藏无复转名，则即事而理，反妄归真矣。”[⑦]因此说阿赖耶识就是如来藏，是就它的体性而言的。就其现识来说，它又不能与如来藏等量齐观。

再看阿赖耶识与阿摩罗识或第九识的关系。陈兵先生说：“究竟是第八识所转，还是八识底层的最深心灵构件第九识，或是心识的体性，是中国佛教界直到今天尚有争议的重大问题。”[⑧]首先，应看到，即使是在唯识宗中，也有不承认第九识的，如只唯识旧学承认，唯识今学不立第九识。笔者认为，承认与不承认之

---

① 《大乘入楞伽经》卷5，[唐]实叉难陀译，《大藏经》第16册，第619页。
② 《大乘入楞伽经》卷5，[唐]实叉难陀译，《大藏经》第16册，第619页。
③ 《入楞伽经》卷7，[北魏]菩提流支译，《大藏经》第16册，第556页。
④ 《入楞伽经》卷7，[北魏]菩提流支译，《大藏经》第16册，第556页。
⑤ [明]宗泐：《楞伽阿跋多罗宝经注解》卷1上，《大藏经》第39册，第350页。
⑥ [明]宗泐：《楞伽阿跋多罗宝经注解》卷1上，《大藏经》第39册，第350页。
⑦ [明]宗泐：《楞伽阿跋多罗宝经注解》卷1上，《大藏经》第39册，第350页。
⑧ 陈兵：《佛教心理学》，南方日报出版社2007年版，第67页。

间并没有通常所设想的那种对抗或矛盾，因为它们的不同不是根本性的不同，而是侧重点和角度的不同。就第八识概念已承认第八识有清净体来说，可以不再说有第九识。肯定有第九识的人则是为破斥某种片面的观点，才立第九识。这两说都是对的，只要记住他们各自赋予自己观点的具体内容而不弄混，就不会得出自相矛盾的结论。两说并无矛盾，因为今学的第八识包含了第九识，把它当作此识的体，这在《楞伽阿跋多罗宝经》和《解深密经》中都有清楚的论述。《佛地论》像《功德庄严经》等一样，把八识的无垢体等同于大圆镜智，如卷四云："谓诸如来第八净识，能现能生智等影像，如大圆镜能现世间一切影像。"卷四云："此应名大圆镜心，以智相应说名为智。"①本应称作心，因为与智相应，有此心必伴相应的照而不动的智，故大圆镜心可称作大圆镜智。②

《阿含经》承认有第九识，其名称略有不同，如说"涅槃识""涅槃心""涅槃界""解脱心"等。在诸经论中，除称作阿摩罗识的之外，还有许多异名，如：无垢识、清净识、自净识、如来识。陈隋之际的摄论师在译古印度大乘典籍时，有主张第九识为真如或实性、如如的。《三无性论》云：它"独无变易，故称如如。"③真谛译《转识论》云："实性即是阿摩罗识。"《十八空论》云："阿摩罗识是自性清净心，但为客尘所污，故名不净，为客尘尽，故立为净。"④无著的《大乘庄严经论》卷六云："说心真如，名之为心，即说此心为自性清净，此心即是阿摩罗识。"⑤吕澂解释说："此清净心，旧时所谓第九识也。依此文义，乃以真如当之，而显其本净离垢之相。盖真如虽非是心而是心性，因是心性复假说名心。"⑥如《佛地经论》云："此心本性清净光洁，心之法性说名为心，非离心法性，有异性净心。"吕澂解释说："故真如名心、名识，并无不惬。且依唯识古学之义，一切法皆为识性而后成其唯识，故于真如亦立识名，而可说有九识。此一义也，善即由真如、法界、心性、本净心之义理次第，而不得不立者。"⑦

第九识尽管在特定意义上是实有的、真实不虚的，但对于未成佛的修行者来

① [古印度]亲光菩萨等：《佛地经论》卷4，[唐]玄奘译，《大正藏》第26册，第309页。
② 参阅吕澂《吕澂佛学论著选集》（第1册），齐鲁书社1991年版，第83页。
③《三无性论》，卷上，[南梁]真谛译，《大正藏》，第31册，第872页。
④ [古印度]龙树菩萨：《十八空论》，[南梁]真谛译，《大正藏》第31册，第863页。
⑤ [古印度]无著菩萨：《大乘庄严经论》卷6，[唐]波罗颇蜜多罗译，《大正藏》第31册，第623页。
⑥ 参阅吕澂《吕澂佛学论著选集》（第1册），齐鲁书社1991年版，第82页。
⑦ 参阅吕澂：《吕澂佛学论著选集》（第1册），齐鲁书社1991年版，第82页。

说，它充其量是一种可能性，即只能以潜在的形式存在于他们身上，而不可能在他们身上实现，为他们所体认。只有佛才能亲睹其本来面目，因此严格说来，它是唯佛能知的佛识。智顗在《金光明经玄义》中解释说："庵摩罗识，是第九不动识，若分别之，即是佛识。"①

从阿赖耶识与阿摩罗识的关系看，两者有一致性或同一性。如前所述，阿赖耶识的本性、体性当然是真如、真心、清净本，就此而言，阿赖耶识包含着庵摩罗识，或者说，它的体性是庵摩罗识。但就现实的阿赖耶识来说，就其事相来说，它"是无常，是有漏法"，"是粗恶苦果之所追逐"，②而阿摩罗识则不同，它"是常，是无漏法"，"阿摩罗识无有一切粗恶苦果"，只有"得真如境道"，才能"证阿摩罗识"。③它的灭意味着"证阿摩罗识"。"阿摩罗识是常，是无漏法，得真如境道，故证阿摩罗识"。④从构成上说，阿摩罗识纯粹清净，无丝毫染污，而阿赖耶识染净兼有。从生灭上说，阿赖耶识，至少其中的部分功能是有生有灭的，是生灭与不生灭的和合，只有灭除了染污的、有生灭的一面，才能转化为阿摩罗识。这就是说，灭意味着现证阿摩罗识。而阿摩罗识则不生不灭。从价值论上说，阿赖耶识是烦恼根本，不能成为圣道基础，至少其中的染污种子是这样，阿摩罗识则相反，全体是真、是净，是"圣道依因"。⑤

阿摩罗识和阿赖耶识尽管都可作为根本，但其内容和作用是不一样的。阿赖耶识是一切烦恼根本，一切世俗法的根本，而阿摩罗识是"一切诸法、出世间者、无断道法"的"种本"。⑥

尽管两者有差别，但有能转化的一面。例如，只要清除阿赖耶识之上的尘垢，至彻底明净时，它就转化成了或回归为阿摩罗识。因为它本来就是阿摩罗识。第八识的染污性完全是人为的，经过清净处理后，其后的无垢识就会显现。换言之，此识在如来地就表现为无垢识，在此之前就表现为阿赖耶识。论云："无垢识，最极清净，诸无漏法所依止故，此名唯在如来地有。菩萨、二乘及异生位，持有漏种，可受熏习，未得善净第八识。""如来无垢识，是净无漏界，解脱一切障，圆镜智相应。"⑦

---

① [隋]智顗:《金光明经玄义》卷上,《大正藏》第39册，第4页。
②《决定藏论》卷上，[南梁]真谛译,《大正藏》第30册，第1020页。
③《决定藏论》卷上，[南梁]真谛译,《大正藏》第30册，第1020页。
④《决定藏论》卷上，[南梁]真谛译,《大正藏》第30册，第1020页。
⑤《决定藏论》卷上，[南梁]真谛译,《大正藏》第30册，第1020页。
⑥《决定藏论》卷上，[南梁]真谛译,《大正藏》第30册，第1022页。
⑦ [古印度]护法菩萨等:《成唯识论》卷3，[唐]玄奘译,《大正藏》第31册，第13页。

九、阿赖耶识之本质

由于它能作诸识之依，诸身根之基，因此似有人们常识的“我”的作用。外道正是这样看的。是否真的如此？如果这里的“我”指的是独立于色身的实体性我，那么佛教不会承认此识是我。如果按佛教的原则去重新界定，那则要另当别论。《大乘密严经》云：“一切外道，于阿赖耶所生我见。”其实，人身上“唯有识心及心法，无别有我，如盘中果，如笼中灯，……但以因缘，心、心法生”。①意为，阿赖耶像别法一样，也是因缘和合而生，无常、体空。“微妙一相，本来寂静”。②如偈云：“能知诸识起，无有所知法，所知唯是名，世法悉如是。……譬如金石等，本来无水相，与火共和合，……藏识亦如是，体非流转法，诸识共相应，与法同流转。”③

说阿赖耶识因缘和合，主要表现在：佛教一直强调的它是生灭与不生灭的和合。说它有生灭，是因为它是像流水一样的幻法，说其不生不灭，是因为它是真心在一念无明妄动时转化出来的，所以它之内也有真心之清净体性，即有不生灭性。经云：“心之体性不可思议，……一切众生阿赖耶识，本来而有圆满清净，出过于世，同于涅槃”，④像月亮一样，好像有时不圆，其实“月体性未尝增减”，“藏识亦尔，普现一切众生界中，性常圆洁，不增不减。”⑤

再看阿赖耶识的断与常。古印度对于识神，有主张常恒的，有主张断灭的，佛教的观点是：“非断、非常、以恒转”。⑥先看恒。恒的意思是强调它至常、无间断，恒转即像水一样不停地变化。非断即是有常性、有连续性的一面，但此常是由不停的生生灭灭所构成的，因此又有间断性。以作用上说，它“性坚、持种，令不失”。⑦由于坚，因此它才能受持种子，也能成为新熏种子的所熏之地。如果像六、七识那样不坚，那么就不能受熏。再看转，“转谓此识至前后变异”，⑧即转动、转变、转化。此字强调的是该识的无常的、间断的一面，既如此，它就不是通常所说的我、

① 《大乘密严经》卷下，[唐]地婆诃罗译，《大正藏》第16册，第739页。
② 《大乘密严经》卷下，[唐]地婆诃罗译，《大正藏》第16册，第739页。
③ 《大乘密严经》卷下，[唐]地婆诃罗译，《大正藏》第16册，第739页。
④ 《大乘密严经》卷中，[唐]地婆诃罗译，《大正藏》第16册，第737页。
⑤ 《大乘密严经》卷中，[唐]地婆诃罗译，《大正藏》第16册，第737页。
⑥ [唐]窥基：《成唯识论述记》卷3末，《大正藏》第43册，第337页。
⑦ [唐]窥基：《成唯识论述记》卷3末，《大正藏》第43册，第337页。
⑧ [唐]窥基：《成唯识论述记》卷3末，《大正藏》第43册，第337页。

一、实体。由于它既断又常，因此它的行相“极不明了”，[①]不可能有形而上学所要求的那种片面的明确性、确定性。同理，人们也没法分别它的“违顺境相”，因为它“微细一类，相续而转”。[②]论云：“阿赖耶识为断为常，非断非常，以恒转故，恒谓此识无始时来，一类相续，常无间断，是界、趣、生施设本故，性坚、持种，令不失故。转谓此识无始时来，念念生灭，前后变异，因灭果生，非常一故”，[③]即不是常一不变、不是能保持不变同一性的实体，而是既断又常的如流水般的实在。“如瀑流水，非断非常”，非一非异。简言之，“此识恒转如流。”[④]

龙树的说明极为清楚，它“不生不灭与生灭和合，非一非异，名为阿赖耶识”，[⑤]近乎《大佛顶首楞严经》对识精和阿赖耶识之见分的定义。此识有二义，能摄一切法，生一切法。“一者觉义，二者不觉义”，[⑥]所谓不觉，是指依阿赖耶识有无明、不觉生起。这就是说，它是生生灭灭与不生不灭的统一，从现象上说，它们刹那不住，但从体性上说，三际（过、现、未）不动，四相（生、住、异、灭）不迁，真实常住，自性清净，具足圆满，无所缺失，与法界无二无别，唯是一相，即无相，无相亦无相。[⑦]法藏说：“若依终教，于此赖耶识得理事融通二分义，故论但云，不生不灭与生灭和合，非一非异，名阿赖耶识，以许真如随熏和合，成此本识。”[⑧]如楞伽云，如来藏为无始恶习所熏，名为藏识。用比喻说，它像“暴流”，“暴谓卒暴，即汎暴水，前能引后，名曰非常。后水续前，称为非断。”“一流因至一浪生，名浪因至多浪起，故名暴流。”[⑨]

从染净角度看，阿赖耶识有染有净。所储藏的有漏种子像污泥，无漏种子像像污泥中的莲花。因此此识有“皎洁清净、离诸尘垢”的一面，“出习气泥而得明洁”。[⑩]清净的最重要的表现是，诸如来清净种子就藏在里面，因此是“诸如来清净之藏”。[⑪]阿赖耶染污的原因是：它本来是清净的，不动的。就像海水一样，

① [古印度]护法菩萨等：《成唯识论》卷3，[唐]玄奘译，《大正藏》第31册，第12页。
② [古印度]护法菩萨等：《成唯识论》卷3，[唐]玄奘译，《大正藏》第31册，第12页。
③ [古印度]护法菩萨等：《成唯识论》卷3，[唐]玄奘译，《大正藏》第31册，第12页。
④ [古印度]护法菩萨等：《成唯识论》卷3，[唐]玄奘译，《大正藏》第31册，第12页。
⑤ [古印度]龙树菩萨：《释摩诃衍论》卷2，[姚秦]筏提摩多译，《大正藏》第32册，第612页。
⑥ [古印度]龙树菩萨：《释摩诃衍论》卷2，[姚秦]筏提摩多译，《大正藏》第32册，第612页。
⑦ [古印度]龙树菩萨：《释摩诃衍论》卷4，[姚秦]筏提摩多译，《大正藏》第32册，第627页。
⑧ [唐]法藏：《华严一乘教义分齐章》卷2，《大正藏》第45册，第485页。
⑨ [唐]法藏：《华严一乘教义分齐章》卷2，《大正藏》第45册，第485页。
⑩《大乘密严经》卷下，[唐]地婆诃罗译，《大正藏》第16册，第741页。
⑪《大乘密严经》卷下，[唐]地婆诃罗译，《大正藏》第16册，第741页。

本不动，但由于海风而动。阿赖耶识亦复如是，受其余诸识的分别作用，便有其动，变成了染污之场所。“阿赖耶海，为戏论粗重所系，五法三性，诸识波浪，相续而生。所有境界，其相飘动”。[①]慧思云：“此心随染故，能摄持熏习之气，复能依熏显现染法。即此心性能持、能现二种功能，及所持所现二种染法，皆依此一心而立。与心不一不异，故名此心以为法身。”[②]从此角度，可把阿赖耶识区分为两种，一是子时阿赖耶，二是果报阿赖耶。“此能持之功能与所持之气和合，故名为子时阿赖耶识也。依熏现法之能与所现之相和合，故名为果报阿赖耶识。”[③]此二识的关系是，体一、用异。

从染净性质上看，阿赖耶识有二分，即染分和净分。前者是表象，后者是体性。“阿赖耶中即有二分，一者染分，即是业与果报之相，二者净分，即是心性及能熏净法。”[④]《解深密经》云：“从无始来，为戏论、熏习、诸业所系，”“随于自识现众境界，……变似众境，弥于世间，染意攀缘，执我我所。”[⑤]从时间上看，它是轮回之体，“轮回不已，如海因风起诸识浪，恒生恒灭，不断不常”，“为生死法之所摄持，往来诸趣（如地狱、畜生等），非我似我”，“如摩尼宝，体性清净，……阿赖耶识亦复如是，是诸如来清净之藏”。[⑥]由于储藏净与染、无漏与有漏两类种子，因此可产生两种变现。一是与习气合，变似众色，同与世间，即由于所执藏的习气种子，因此在一定条件下可变现种种色、境界。二是若与无漏种子相应，便“雨一切诸功德法”。[⑦]“雨”指雨水，而雨水有滋润万物的作用。阿赖耶识也这样，它持有的无漏种子只要有相应的条件，就会产生相应的功德，如让人离苦得乐，乃至让人成佛作祖。不仅如此，人所生活的外部世界也有由阿赖耶识决定的一面。质言之，这个世界之所以有善与恶、净与染的差别，皆根源于阿赖耶识。就像有翳之眼把无影子的事物看作了有影子的事物一样，“以习气翳住藏识，眼生诸似色”，[⑧]即由于藏识中藏有诸色种子，眼根便把本来空无的世界看成是有形质的世界。因此世界之有形色，皆源于阿赖耶识。清净、美好的世界也是如此。

---

① 《大乘密严经》卷下，[唐]地婆诃罗译，《大正藏》第16册，第742页。
② [南北朝]慧思：《大乘止观法门》卷1，《大正藏》第46册，第644页。
③ [南北朝]慧思：《大乘止观法门》卷1，《大正藏》第46册，第644页。
④ [南北朝]慧思：《大乘止观法门》卷1，《大正藏》第46册，第644页。
⑤ 《大乘密严经》卷下，[唐]地婆诃罗译，《大正藏》第16册，第741页。
⑥ 《大乘密严经》卷下，[唐]地婆诃罗译，《大正藏》第16册，第741页。
⑦ 《大乘密严经》卷下，[唐]地婆诃罗译，《大正藏》第16册，第741页。
⑧ 《大乘密严经》卷下，[唐]地婆诃罗译，《大正藏》第16册，第741页。

最后，可用无著菩萨对阿赖耶识体、相、性、用的概括，作为本节的总结：“谓先世所作增长业、烦恼为缘，无始时来戏论熏习为因，所生一切种子异熟识为体。此识能执受、了别色根、根所依处及戏论熏习，于一切时，一类生灭，不可了知。又能执持、了别外器世界，与不苦不乐受等相应，一向无覆无记，与转识等作所依因，与染净转识、受等俱转，能增长有染转识等为业，及能损减清净转识等为业。”[①]

第三节 末那识与自我意识溯源

末那识是与“我之有无、形相、作用”等问题密切联系在一起的一个概念。人身上除了物质性肢体和器官之外，是否还有一个“我”？这一直是哲学和宗教中争论不休的一个人学、心灵哲学和本体论的问题。绝对居于主导地位的观点是承认有这种存在，因此大多数人都陷入佛教所说的“我执”。有我执是一个普遍的客观事实，但是否真有我存在则是值得探讨的问题。佛教不匆忙对此作出结论，而是先作细致的分析工作，如分析我执及其根源，分析自我意识或关于我的观念（即末那识）的生起过程及根源，等等。这种研究自我的程序和方法无疑开了西方今日自我研究的“认识论转向”和“现象学转向”的先河。

从心理发现的角度说，末那识是佛教在心灵的深掘中所找到的又一个有助于说明常人的我执、我慢、自我意识等表层现象的深层心理。表述它的名称很多，最多的一种概括是说它有十一名。其实，这十一名各有侧重，分别从不同方面体现了它的相状、作用和特点。这十一名分别是：根本无明、业相、转相、现相、智相、相续相、业识、转识、现识、智识、相续识。有时，它也被称作“意”。因为它依赖于阿赖耶识，依之而有这样的活动：起无明、不觉，有能见、能现、能取境界的作用，念念相续。由于有念相续、恒转如瀑流的特点，故被称作意。[②]

《大乘义章》从词义学和翻译角度说：“此方正翻，名为无解。体是无明，痴暗心故。”[③]如果“随义旁翻”，则有八种差别。①无明识，体是根本无明。②业识，能依无明心、生起心念变动的识，如起惑造业，是业行之根本。③转识，作出种种转化的识，如依前业识，心相渐粗，转起外相，分别、取执。④现识，所

① [古印度]无著菩萨：《显扬圣教论》卷1，[唐]玄奘译，《大正藏》第31册，第480页。
② [古印度]龙树菩萨：《释摩诃衍论》卷4，[姚秦]筏提摩多译，《大正藏》第32册，第629页。
③ [隋]慧远：《大乘义章》卷3末，《大正藏》第44册，第524页。

起妄境，应现自心，如明镜中现影像。⑤智识，于前现识所现境中，对染净、违顺作出分别，即是分别智。⑥相续识，这是从其自身相状而言的，它恒执八识，随之恒转，相续不断。⑦妄识，虚妄分别，不真实。⑧执识，缘八识，恒执为我。

第七识尽管也可称作“意”，此“意”尽管也是一种思量作用，但显然不同于作为第六识的意识。因为，第一，它的对象只有一个，即恒缘第八识的见分为我。第二，它的思量根本不同于第六识的思量，因为后者是间断的，且不会持续太久，尤其是在睡眠时会停下来，而前者一刻也不中断，只要人活着，就一直盯着第八识，以为它是自我。故经论在概括它的特点时常说“恒审思量”。[①]第三，它尽管是意识的一种形式或“分位”，如论云：“末那识即是意识微细分位，无别体耳”，[②]但它比一般的第六识要深、要细，例如远离粗浅的自我意识，故一般人的事实上都有此识，但却不知有它。是故，我们可把它看作是表层心理之后的一种深层心理。

从它与第八识的关系看，它们“非同非异，离二边故，譬如日与光明，水与波浪，非同非异”。[③]这就是说，第八识如水、日，七识如水上波，日上的光。第七识因第八识而有，以之为前提和基础，同时始终伴随着第八识，如波浪不离水一样。“如是七转识不从内来，不从外来，不从中，唯藏识体变作。”[④]意为末那识是藏识的表现、作用，当意识把藏识执持为对象时，就产生了末那识。因此末那识是意识和藏识的分位或子类。

从自相上看，“思量为性相”。思即思虑，量即考量、量度、思考。如前所说，第七识思量具有恒审的特点。这句话的意思是，第七识的本质特点就是恒常不断、没有停息地计执阿赖耶识。《瑜伽师地论》云：“若有心位，有无心位，常与阿赖耶识一时俱转。”意即不管是有意识（有心），还是无意识，不管是清醒、昏厥、睡眠、处胎、入无想定（无心），第七识都在不停地与阿赖耶识一同运作。它的思量不须六识的了别，也不指向阿赖耶以外的别的对象，不向外寻伺，不关心外境，也不指向六识，只盯住阿赖耶，“恒缘阿赖耶识为其境界”。“其性唯心隐没

① 《注大乘入楞伽经》卷 2，《大正经》第 39 册，第 444 页。
② ［古印度］龙树菩萨：《释摩诃衍论》卷 4，［姚秦］筏提摩多译，《大正藏》第 32 册，第 626 页。
③ ［古印度］龙树菩萨：《释摩诃衍论》卷 4，［姚秦］筏提摩多译，《大正藏》第 32 册，第 627 页。
④ ［古印度］龙树菩萨：《释摩诃衍论》卷 4，［姚秦］筏提摩多译，《大正藏》第 32 册，第 627 页。

无记，任运而起”，意为它无善恶性，在深层隐秘处自然起作用。再一特点是：川流不息，没有间断，是“无间灭识”，永不间断地运作，灭了又生，生了又灭，而且像灯上的火光一样绵延不绝，故也可称作“行意”，即是行蕴所摄的意。①

从与其余七识关系看，它依现行的阿赖耶识为根本依，以阿赖耶识所藏第七识种子为种子依。与第八识的同异表现在，它们都有恒的一面，但第七识同时还有审和思量的作用。与前五识的关系是：前五识非恒、非审、非思量。与第六识的关系是：第六识能思量，但没有恒与审的特点。从联系上说，末那识是意识的所依根，可称之为“意处”“意门”“意界”或“意根”。因为意识由于末那识才有了了别的作用。意识之所以产生，除了有境（所缘缘）、能识的作用存在（能缘）及因缘之外，还离不开等无间缘，后一缘正是由末那识所提供的。这种作为意识之根的末那识本身无染净，因此可称作“无记末那”。诸经论比喻说明它们的关系，如说：“犹如猛风吹境心海而识波生不断。”②对此，可作这样的解释：“心体如海，八识如水流注，七识如暴流，六识如波浪，今依八识流动，得有眼等转识浪生，如眼识、余五根，至于一微尘、一毛孔，皆与识俱生。”③

由于末那识是我痴、我执、我爱、我慢的根源，因此又有染污的一面，这种末那识是“染污末那”。《瑜伽师地论》云：“末那名意，于一切时执我、我所及我慢等，思量为性。”④

从生命运行和生理作用上说，末那识是一个人自我维护、保护的根源，陈兵先生说：“末那识恒常不失的我执、我爱，可以看作使众生把自我和世界、他人分隔的原始二元分裂力量，及不自觉地维系个体生命、不断新陈代谢、自我复制的根本动力。”⑤如果说每个人都有自己的人格同一性，都能在变化无常的肉身上意识到自己有不变恒常的一面的话，那么其根源也在于有此“无间灭”“等无间”的末那识。当然此“似实似恒”，又根源于它的所缘境——第八识。《成唯识论》卷第四云：“即以第八为境，似一常，似实我相，故缘第八”。⑥《成唯识论》还

---

① [古印度]弥勒菩萨：《瑜伽师地论》卷51，[唐]玄奘译，《大正藏》第30册，第580页。
② 《入楞伽经》卷2，[北魏]菩提流支译，《大正藏》第16册，第523页。
③ [明]宗泐：《楞伽阿跋多罗宝经注解》卷1，《大正藏》第39册，第353页。
④ [古印度]弥勒菩萨：《瑜伽师地论》卷63，[唐]玄奘译，《大正藏》第30册，第651页。
⑤ 陈兵：《佛教心理学》，南方日报出版社2007年版，第51页。
⑥ [唐]玄奘、窥基编译：《成唯识论》卷4，《大正藏》第31册，第19页。

把它放在与有关现象的关系中揭示了它的本质、特点，指出：“依彼转、缘彼”。① 它之能转变，是因为它依止于第八识；它之所以成为第七识，是因为它以第八识为所缘，永恒执著它为我。从性相来说，它有思量的特点，即恒以第八识为思量的对象。从它与其他心、心所法的关系看，“四烦恼常俱，谓我痴、我见，并我慢、我爱”，②同时还与触、作意、受、想、思等遍行心所结伴而行，不相分离。从道德性质上看，它为烦恼所覆，有非苦、非乐的无记之性。从伏断位次上说，“阿罗汉、灭定，出世道无有。”③《显扬圣教论》云：“谓从阿赖耶识种子所生，还缘彼识，我痴、我爱、我我所执、我慢相应，或翻彼相应，于一切时，恃举为行，或平等行，与彼俱转，了别为性。”④

关于末那识的所依根究竟是什么，佛教内部历来有争论。可以肯定的是，心意识都有自己的所依根。如，尽管六识依止于第八识，但同时又都“住自根”，“心意及识住于诸蕴，为业所牵，流转不息。”⑤由于第七识与第六识、第八识有错综复杂的关系，因此我们先分析第六识的根。有这样几种说法：①唯识宗以末那识为意识之所依根。《瑜伽师地论》卷五一：“由此末那为依止故，意识得转。”②《大佛顶首楞严经》强调：意识也有自己的扶尘根（肉团心）和胜义根（像幽室）。⑥③阿含经有这样的看法，它的根是非物质的精神作用。《杂阿含经》卷十三云：“意内入处者，若心、意、识，非色，不可见、无对，是名意内入处。”⑦说一切有部认为，意根是等无间缘或“无间灭意”。经量部的世友论师根据经中所说灭尽定者识不离身之言，立一“细心”或“细意识”为意根。④南传佛教认为，意根有心法和色法两种，心法指意界，即有分心或“意门”（manodvāra），色法即肉团心或心脏。

关于末那、阿赖耶的根，也有不同说法。①第七识的所依根是第八识。《成唯识论》卷四云：“第七意识俱有所依，但有一种，谓第八识，藏识若无，定不转故。”第八识反过来又以第七识为根，因此两者相互为根。该论卷七云：“阿赖

① [古印度]护法菩萨等：《成唯识论》卷4，[唐]玄奘译，《大正藏》第31册，第19页。
② [古印度]护法菩萨等：《成唯识论》卷4，[唐]玄奘译，《大正藏》第31册，第19页。
③ [古印度]护法菩萨等：《成唯识论》卷4，[唐]玄奘译，《大正藏》第31册，第19页。
④ [古印度]无著菩萨：《显扬圣教论》卷1，[唐]玄奘译，《大正藏》第31册，第480页。
⑤《大乘密严经》，《大正藏》第16册，第742页。
⑥ 参阅圆瑛法师《大佛顶首楞严经讲义》，宗教文化出版社2012年版，第380页。
⑦《杂阿含经》卷13，《大正藏》第2册，第91页。

耶识俱有所依，亦但一种，谓第七识。彼识所无，定不能转。”②《大佛顶首楞严经》承认：第八识是无生灭和生灭的和合。妙明精元揽色即成第八识。《大乘起信论》也持此立场：“依如来藏，故有生灭心，所谓不生不灭与生灭和合，非一非异，名为阿赖耶识。”[①]③第八识以第九识为根，而第九识以自身为根，此即“根之根”。④《瑜伽师地论》卷一认为，阿赖耶识有其最初的依托处，即内心，人死时，心识便从此离去。南传佛教明确承认肉心是心识的所依处。⑤密宗的看法是，肉团心（hṛd）为阿赖耶识之处所，认为此肉团心像八叶莲华。《胜集密王五次第教授善现炬论》卷四云：“心之主要所依，即是心脏”。无上瑜伽部认为，末那识乘持命气，住于心间或脐下三脉交结处。《甚深内义根本颂》说：末那识以持命气为根。阿赖耶识住于中脉内如黄豆大小的机构中，以不坏明点为体。《甚深内义根本颂自注》云：“脐下由母所得明点，名为短阿字，阿字之中住有第八识，及其所依大命气充满，中空如虚空。”笔者认为，第七识作为有为法无疑是因缘和合体。既然如此，它的所依根应有两个大的方面：一是以第八识为所依；二是依于色身的某个关键部位，要么是肉团心，要么密宗所说的明点（身内明点和身外明点）之类。

从解脱论上说，末那识有障道、令人无法解脱的作用。经云：它由虚妄因所生，即不知第八识恒转如瀑流的本质，偏把它执著为有情身上不变的、有同一性和主宰作用的实体，“不能如实分别诸法，观于高下、长短形相故，执著名相故，能令自心见色相故，能得苦乐故，能离解脱因故，因名相生随烦恼贪故”，[②]是生灭法，是障道法。

用现今的术语说，此识实际上就是一般人客观拥有的自我意识的根源，是一种关于人的存在结构的根深蒂固的本体论观念，位于世间（folk）心理学所承诺的心理现象的底部。[③]其作用或特点是，坚定不移地相信人身上除肉体存在之外，还有“我”存在。由于“我”在身体中最为关键和重要，至尊至贵，因此有此意识的人都有我痴、我见、我慢和我爱的心理和行为表现。对于这个“我”的构成、性质、作用、特点等，人们还有大致相同的看法，即认为它有同一性，不随身体

① [古印度]马明菩萨造：《大乘起信论》[南梁]真谛译，《大正藏》第32册，第576页。
② 《入楞伽经》卷7，[北魏]菩提流支译，《大正藏》第16册，第556页。
③ 关于世间心理学，参见高新民：《人心与人生——广义心灵哲学论纲》，北京大学出版社2006年版，第105-144页。

变化而保持自己的同一性，如不会把由小孩变来的、年龄增长了的“我”，看作是另一个“我”。此外，它还有单一性、主宰性、恒常性等特点。有此意识是事实。而人们对此事实有两种不同的态度，一是真的承认有与此意识相对应的实在，于是接下来的任务就是探讨其构成、结构、根据、机制、功能作用。这是通常科学和哲学的态度。二是佛教坚持的相反的态度，认为执我的根源是末那识，而末那识是一种错误的意识，根源是在认识中发生了颠倒。《唯识三十论颂》分八段十门即分别从十个方面作了深入细致的剖析。第一是“举体出名门”，主要是从体和名称上分析众生关于“我”的观念。从名称上说，众生所持的那个关于“我”的观念可称作末那识，从体上说，它是能变，即能变现诸法。第二是“所依门”，主要是从依止上分析末那识。依即依止、仗托，即它是依止于第八识而相续转起的，意即末那识是以阿赖耶识为基础的，其相续、流转是根源于后者。第三是“所缘门”，讲的是这识的所缘之境。此境从大的方面来说，不出阿赖耶识或藏识，即以第八识为所缘之境。①但不同派别说法不一，如，有的认为，它只缘藏识的见分，由缘此见分而起我执。有的认为，它缘的是藏识的心王和心所。第四和第五是“体性门和行相门”。概括地说，末那识以思量为其体性和行相。思量即思虑、度量，亦即是末那识的体性和相状。当然末那识的思量有其特点，即恒审思量。相较而言，第八识恒审而不思量，前六识思量而不恒。“恒”指的是末那识的这样特点，即以为有一个不变的“我”，它恒常不变、单一、有主宰作用。第六和第七是“心所相应门”，即说明随自我意识而发生的心理现象，说明它与有关心所的关系。它必然伴有四种主要的烦恼（我痴、我见、我慢、我爱）和若干次要的烦恼（掉举、惛沉、不信、懈怠、放逸、散乱、不正知等）。第八是“三性分别门”。从价值上看，它为烦恼所覆盖，但本身无所谓善恶。第九是“界系分别门”，即说明它所处的界系。它究竟在三界九地中的哪一界地，全由第八识决定。第十是“伏断位次门”，即认为末那识是可灭的，如论中说：“阿罗汉灭定，出世道无有”，即修行到三个位地就消灭了末那识，一是证得阿罗汉果位，二是入灭尽定位，三是出世道位。

末那识尽管是幻觉，但它毕竟现实地存在于每个凡夫之上，就像世间心理学尽管是虚幻地沉积在常人的文化心理结构中但毕竟客观存在着一样，也像有些鬼

① 参见[日]井上玄真《唯识三十论讲话》，白湖无言译，新文丰出版公司2011年版，第100页。

神，尽管不存在但人们毕竟相信它一样。从种系发生学上说，末那识是最初出现有情身上的心理现象之一，即是紧接着阿赖耶识的产生而产生的。阿赖耶识产生后，由于它执持种子、根身，是有情的根本和主宰，恒转如瀑流，生生灭灭，但又自类相续，甚至在三世流转中也不断，因此意识由于无明的作用，便把它执著为我，这样便形成了末那识。

既然有生，就一定有灭。从解脱论上说，只有伏断、消灭或转化此识，如将它转化成人生的真正智慧，人的真正解脱才有可能。当然，这非一曰之功，唯有经过累世的刻苦的修行，才有可能。而且转化本身是一个渐进的、漫长的过程。唯识宗所说的末那识的“三位”实际上就是转此识为平等性智、转凡成圣的三个阶位。一是我执相应位，名有覆末那，这是凡夫的状况，是凡夫之位，其特点是恒缘阿赖耶识，将其执为我。二是法执相应位，名无覆末那。至此位，有情便迈上了成圣的征途。其特点是：缘毗播迦（异熟），执之为法。三是思量性位，但名末那，缘阿陀那，起思量。①

末那识之所以能转能灭，是因为它不真实；之所以不真实，是因为它没有独立的存在。它是由于愚痴而在第八识的基础上虚妄生起的一种幻觉，因此人们相信其存在的那个“我”是不存在的，是恒常地错误地把第八识想象为不变实体的结果。之所以虚妄，还因为第八识也不是真实的、恒常不变的存在，它不过是储藏名言、业力种子的容器，由于这些种子恒常变化、川流不息，因此第八识在体性上也是没有自体、自性的，即本身也是不存在的。既然如此，末那识基于它恒时相续没有间断而把它看作常一不变的主宰，以为是实我，那当然是没有根据的。

从认识论根源说，心意识之所以本空，是因为它们是虚妄分别的产物。它们好像存在，好像有这用那用，实际上，它们是无明加上种种因缘，虚妄产生出来的，没有真实性，只是“虚妄分别之相”。②怎么才能知道这种虚妄及其相状呢？佛告曰：“欲知自心离虚妄分别、能取可取境界相，当离愦闹、离睡眠盖，初夜后夜常自觉悟，修行方便，离诸外道一切戏论。”果如此，便能“通达自心，现见虚妄分别之相”。③换言之，只要如理如法修行，便能在知万法唯心的基础上，知心亦无有，如经云：“心、意、意识，如实觉知，无法可取，亦无能取，是故

① [唐]窥基：《般若波罗蜜多心经幽赞》卷下，《大正藏》第45册，第33页。
② 《入楞伽经》卷2，[北魏]菩提流支译，《大藏经》第16册，第524页。
③ 《入楞伽经》卷2，[北魏]菩提流支译，《大藏经》第16册，第524页。

智亦不能分别而取。”[①]形象地说，众生的心就像一支由万众所组成的军队一样，里面并无统一的实体，心识也是众缘和合之体，因此“识者是无我相，彼识亦非为我所依”。阿赖耶识也是这样，并不是实体。“譬如大海众流所归，阿赖耶识所依亦然”，它所依的东西像大海所依的众流一样，依赖的是前七识和其他诸行的造作。如是观它，就能看到它的“意识流”的本性，“所言心者，而但有名，彼名亦复无别可得，但以表了故”。菩提心亦复如是，“自性如幻，若内若外，及二中间，求不可得，无法可取，无法可舍。”[②]

总之，从本质上说，心性没有实体，变化无常。“由十四因，应知心性决定无常。”[③]十四因主要有：加行、相应、威仪路、工巧处、身业、语业、意业、因缘、等无间缘、增上缘、染不染、受差别、所作事业展转异。这里讲的是一切心理现象的总合性原因。具体到某一种心理现象则不一定都涉及这些原因，可能是其中的若干种。每种心理现象普遍共有的、作为必要条件的是四种因缘，即因缘（根）、等无间缘（前后相续的心理现象，尤其是在前的心念）、所缘缘（尘）、增上缘（使之增进的有利条件）。例如眼识就有此四缘，即因缘、等无间缘、所缘缘、增上缘（除自性外的别法）。[④]心意识作为十八界中的成员，一定有它们共有的本质规定性，往大的说，它们有十八性实，概括地说，只有一性，即空性。例如“意性”，“意性无决定，根本无所有故，意性中无意性，无决定性”。[⑤]就像种子种于大地，种子可发芽，但芽并不是从种子中出，而是由因缘和合而成的，因此芽中无种子。意性可生意业，可显示意识，但它们都是因缘和合的，无常性、无自性，因此是空。这就是佛教关于心理现象（不管是表层心理还是深层心理）的、根本有别于一切世间心灵哲学的“本质论”。

第四节　种子、一念三千与天赋心灵问题

在传统哲学中，天赋问题主要是一个认识论问题。在现当代，它已进入了认

---

① 《入楞伽经》卷 5，[北魏]菩提流支译，《大藏经》第 16 册，第 546 页。
② [古印度]龙树菩萨：《菩提心离相论》，[北宋]施护译，《大藏经》第 32 册，第 542 页。
③ [古印度]提婆设摩：《阿毗达磨识身足论》卷 3，[唐]玄奘译，《大正藏》第 26 册，第 547 页。
④ [古印度]提婆设摩：《阿毗达磨识身足论》卷 3，[唐]玄奘译，《大正藏》第 26 册，第 547 页。
⑤ 《持世经》卷 2，[姚秦]鸠摩罗识译，《大正藏》第 14 册，第 652 页。

知科学家和心灵哲学家的视野，成了多学科的共同问题。这一领域的新的变化是：肯定有先天知识资源的天赋论已改变了它过去被动挨打的局面，而在得到了许多人的肯定的同时，重新建构，并主动反击。即使是新经验论也不再完全对立于它，而承认并利用它的新的成果。随之而来的是，对它的正面的深入研究及相关成果纷至沓来，出现了活跃的、令人欣喜的局面。有这样一种观点，它认为当今认知科学有力地证明了天赋论，并断言如果不承认存在着厚实的天赋资源，那么就没法解释认知能力。其根据之一是，要说明下述与经验无关的概念，即关于不可观察事物的概念，那些不可触的但在人们心目中又享有崇高地位的概念，如真、善、美、民主等，还有形式系统中所用的概念，如逻辑学中的量化、否定、析取等，就必须承认天赋论。连新经验论也不得不承认：有特定认知功能的细胞，如视网膜中的细胞，就有天赋的模块。儿童生来就有天赋的“民间理论”，如民间哲学、民间心理学、民间力学、民间数学理论等。根据这种观点，婴儿的心灵就像一所大学，它可分为不同的系。每一个系都有自己的课题、课程，有自己阐释这些课题的原则。就民间哲学来说，婴儿生来就有自己的本体论承诺。就民间力学来说，婴儿生来就知道许多东西，例如：因为儿童先天知道事物后面有原因，才会经常问为什么。既然有天赋的知识，其中就一定有天赋的表征。认知科学家普林兹（J. Prinz）说：“概念经验论承认这些类型的天赋表征。”[①]还值得关注的是，西方天赋研究最近发生了从认识论向心灵—认知哲学的转向。其显著的标志是，它不只关心天赋的认识，而且关心它以外的一切天赋的心理条件。简言之，它以天赋心灵为对象，聚焦的是心灵本身。因为要回答人有无天赋的认识、情感等，首先得弄清心灵是什么，怎样来的，有何结构与机制，不仅要弄清个体的初始的心灵，而且要研成人的心灵。卡拉瑟斯（P. Carruthers）等来自各个相关科学的数十位科学家、哲学家花近十年时间完成的浩大工程最终以《天赋心灵》为标题结集出版三卷本论文集，足以说明这一点。他们在预言天赋论与经验论争论的未来走势时指出：“两个阵营中的研究者在争论中取得进步的最好的办法就是，尽可能设法提供关于心灵及其发展的详细的、令人信服的图景。”[②]他们合力完成的《天赋心

① Prinz J. *Furnishing the Mind：Concepts and Their Perceptual Basis（Representation and Mind）*. Cambridge：The MIT Press，2002：195.

② Carruthers P，Laurence S，Stich S . *The Innate Mind：Structure and Contents（Evolution and Cognition）*. Vol. 1，Oxford：Oxford University Press，2005：6.

灵》一书的目的也是想在认识心灵本身方面有所作为，他们说："这实际上是他们想做的事情。"[①]换言之，它的侧重点不再是泛泛争论有无天赋、经验论与天赋论谁是谁非的问题，而转向了这样的研究，即探讨足以决定人的认知发展的心理结构的样式、组成、本质、特点等，[②]特别是所谓的"原初（primary）心灵"。所谓"原初的"，可这样界定：一属性是原初的，当且仅当对这属性的获得不可能有正确的心理科学解释。因为它对心理科学是初始的，是人的后天发展的基础。佛教对阿赖耶识特别是其中所包藏的种子的探讨不仅非常接近于西方新开辟的这一领域，而且有超越和突破。

佛教有自己丰富而深刻的天赋思想，甚至有近于西方今日转型式的天赋心灵研究。就类型来说，它既对立于经验论或后天环境决定论，又根本有别于主张心灵中有现成知识的先验论或遗传决定论，而比较接近于莱布尼兹和康德的理论。不过，又有很大不同。其表现之一是，佛教关心的天赋问题本身大大超越于他们所关心的问题。莱氏关心的主要是真理性知识有无先天根据、种子这类认识论问题；康德的问题尽管从认识论问题扩展至审美判断和人的道德知识及实践有无先天基础等广泛的问题；佛教的天赋问题除了包含上述内容之外，还提出并着力探讨了下述问题：幸福、快乐，特别是那些无漏、究竟的幸福、极乐、大乐，究竟在哪里？是不是本来就在众生的心中？其他最美好、最殊胜的价值，如真理、正知正见、般若、涅槃、正义、佛的相好庄严等，无疑都可成为客观的事实或结果。如果是这样，其因果制约因素究竟有哪些？有无先天的根源？同理，人的心理学上的气质、能力、性格等也可作为结果客观想出存在，决定它们的原因系统中有无先天的因素？人的做人、人格也有这个问题，他们事实上分别表现为四圣六凡中的一种。为什么同是人，做人有这么大的差距？人性为什么如此不同？有无先天的原因？如果有，它们是什么？

佛教的天赋说包含在它的多种理论中，如在深挖阿那耶识时所建立的种子说不仅有其佛教理论建构的意义，更有重要的解答天赋问题的意义。另外，佛教的"一念三千说"和如来藏理论等也包含有丰富的天赋思想。十分巧合的是，佛教

---

① Carruthers P，Laurence S，Stich S. *The Innate Mind：Foundations and the Future（Evolution and Cognition）*. Vol. 3，Oxford：Oxford University Press，2008：7.

② Carruthers P，Laurence S，Stich S. *The Innate Mind：Foundations and the Future（Evolution and Cognition）*. Vol. 3，Oxford：Oxford University Press，2008：4.

的天赋论不仅在表述方式上十分接近于西方近代著名哲学家莱布尼兹的“大理石花纹说”，如其核心概念就是种子，而且在内容上也有许多相似之处，如都承认种子是天赋的，是近于潜质、可能性条件、禀赋之类的东西，不是现成的知识、品质、能力，但都是这些现实的东西得以形成的先天的条件。

先看种子说。要弄清佛教所说的种子是什么，有必要先弄清种子不是什么，或弄清佛教所否定的种子论。它一是否定把种子看作真如的观点。“旧人云：真如是诸法种子。”[①]二是不赞成正量部不承认种子有连续性、有“非断”的一面。正量部认为，种子有无为、无取、无与、无转变四相，是刹那生灭的，没有任何连续性、一贯性，后有的胜功力与前位的东西没有关系。后来的大乘佛教认为，这样说毫无道理。因为“若谓后时有胜功力，初位无者，初亦应有，体一故。”[②]因此，种子是断与常的统一，既刹那灭，又具有内在的连续性，既相异又同一，像流水一样，由于后面的水不是前面的水，因此人不能两次踏进同一条河流，但前面的水与后面的水又不是隔绝的，而有它的连贯性、相续性、一体性。“故体才生，无间即灭，名为种子，有胜功力，才生即有，非要后时。”[③]这就是说，种子不是诸行中的一个不动不变的实体或实物，而是一种有生果功能的、不一不异的实在或元素。“诸行如是种性，如是等生，如是安布，名为种子。”[④]即能决定事物及变化、运动走向的一种力量。相对于过去的业来说，种子是果，相对于未来能引生的东西而言，即名种子。三是不赞成外道这样的观点，即认为种子之所以有作用，是因为它有它的自性，以神我等常法为因。佛教认为，种子尽管有引果的功能，但这作用不是因为它里面有神我作为作者。一切因缘和合，没有这样的作者。种子的构成和本质也是这样，“种子体无始时来，相续不绝。性虽无始有之，然由净不净业差别熏发。”故论说：“望数数取异熟果，说彼为新。”[⑤]自从有情识的生命诞生以来，种子就客观存在于阿赖耶识之中。当然，它之作为现实的种子出现在八识中，一方面是根源于它的“性”，此性是无始以来就有的，但此性本身还不是种子，只是成为种子的可能性。另一方面是净和不净业，由此不

① 转引自[唐]窥基《成唯识论述记》卷3，《大正藏》第43册，第309页。
② [唐]窥基：《成唯识论述记》卷3，《大正藏》第43册，第309页。
③ [唐]窥基：《成唯识论述记》卷3，《大正藏》第43册，第309页。
④ [古印度]弥勒菩萨：《瑜伽师地论》卷52，[唐]玄奘译，《大正藏》第30册，第588页。
⑤ [古印度]弥勒菩萨：《瑜伽师地论》卷2，[唐]玄奘译，《大正藏》第30册，第284页。

同业力的熏发，种子才现实出现在八识之中，并具有生果的功能。因此就性而言，种子是无始就有的，相对于享有种子的生命体在不同趣或道（数数取）上的流转来说，相对于种子的所生果来说，种子又是“新”的。因此种子中没有不变神我，本身是因缘和合体，非一非异，非断非常。

综上所述，从因果关系上说，种子是由阿赖耶识中“无始就有的性”和后天的各种不同的净或不染业力熏习而在八识中的，能产生各种性质的现象、事物（果）的一种功能，或者说，是有此功能的一种非常微妙的实在。但须注意的是，此实在不是不变的实体，而具有其特定的性质或标志性特点，只有具有它们，才是种子，否则就不是。为防止把佛教所说的种子与别的实在或外道所说的种子区别开来，佛教制定了这样一些区分标准，它们是佛教所说的种子的标志性特征，因此足以成为区分的标准。①刹那灭，即它不是永恒不变的，而是刹那生灭的，但它又具有同一性，因而既生生灭灭，又相续不断，正因为如此，它才有生果的功能。有为法有生灭故，于转变位能取与果，有胜功能，方成种子。②果俱有，即种子和它所生的果俱时和合而有。③恒随转。长时间内，其性一类，自类相生，前种生后种，相续不间断。第七识尽管也恒时相续，但没有自类相续的特点。④性决定。指熏习种子的法具有何性质，如善、恶、无记，决定了它生起、现行的法的性质。换言之，熏习它的业是什么性质（善、不善、无记），它所生的果就具有相应的性质，这是一定的、确定无疑的。⑤待众缘。种子生果的功能有赖自他众缘，只有在条件成熟时，可能变现诸法的种子才现实地变现相应的法。“种子要待众缘和合”，才现行诸果作用。⑥引自果。种子只能引生自类的果，如色法的种子只能生色法，心法的种子只能生心法，等等。[①]《摄大乘论》把这些特征称作种子的内在相，即内在本质性的相状或标志性特征。

从种子与有关实在的关系看，种子是佛教在心灵深处所发现的一种特殊的有特定本体论意义的东西。

从种子与阿赖耶识的关系看，种子聚集在一起，即为阿赖耶识，或者说阿赖耶识是能藏，种子是所藏，是执持种子之体，而种子是被储藏的禀赋、潜能、可能性根据等。种子存在于阿赖耶识之中，是阿赖耶识能生起现行的功能差别，“阿

① 参阅[唐]窥基《成唯识论述记》卷3，《大正藏》第43册，第309-311页。

赖耶识如是而生，有能生彼功能差别，名一切种子识”。[1]

就种子与习气的关系来说，两者既有一致性，又有差别。习气又可称作气分、余习、残气。习即串习，反复起某种作用之意，气即串习所遗留下来的影响。在阿含类经中，习气指的是烦恼在内心所留下的气分；至晚期部派佛教和大乘佛教时，其适用范围大大扩展，泛指一切有为法熏习的余气势分。从烦恼与习气的关系来说，两者有互生的关系，如烦恼熏生习气，习气反过来又催生烦恼。在部孤经量部中，习气由色、心所摄；在唯识学中，习气只为阿赖耶识所摄，即一切现行法熏习阿赖耶识所形成的余气、势分。习气熏习在阿赖耶识中，作为内境界、相分而存在。在这种意义上，可以说，种子即习气。分析“习气”和“功能”的关系有助于说明这一点。它们有近于因果功能主义所说的“功能”的地方。佛教所说的功能即由业力熏习的种子在适当条件下所起的作用。这样的从因到果的作用过程也可以说就是习气。“熏本识，起自功能，即此功能，说为习气，是业气分熏习所成，简会现业，故名习气。如是习气展转相续，至成熟时招异熟果。”[2]习气甚至也是决定生死流转的作用。《成唯识论》云：“生死相续，由诸习气”。[3]习气有三种：一是名言习气（表义名言，显境名言），它们是有为法的亲种；二是我执习气，即虚妄执有实我、我所的习气（俱生我执、分别我执）；三是有支习气，即能招三界异熟业的习气。它又有两种，一是有漏善，即能招可爱果的业；二是诸不善的有支习气，即能招非可爱果的业。

再看种子与因的关系。原因广说有五因（如生因、和合因、住因、增长因、远因）或十因（如菩萨为证涅槃而修的十法即十因，也就是信、戒、近善友、寂静等）。严格意义的因就是种子，因为只有它才是一切现实出现的事物的直接原因、亲因、发生因、潜隐性原因。“体相沈隐名之为因，故唯在种，体用显现立为果。”[4]就种子与现行果法的关系来说，它们“俱时现有”。所谓现行果法，即是在众生身上和周围世界的现实出现的一切。有什么样的种子，只要条件成熟，就会有相应的果法现起。例如：只要心内有某一念头现起，与之同时的一定有一个相应的种子存在。此存在即“现有”。“现”有“显现、现有、现在”三义。显

---

① [古印度]无著菩萨：《摄大乘论》，[北魏]佛陀扇多译，，《大正藏》第31册，第134页。

② [古印度]护法菩萨等：《成唯识论》卷8，[唐]玄奘译，《大正藏》第31册，第43页。

③ [古印度]护法菩萨等：《成唯识论》卷8，[唐]玄奘译，《大正藏》第31册，第43页。

④ [唐]窥基：《成唯识论掌中枢要》卷上，《大正藏》第43册，第629页。

现即有果显现，“现有”是相对于因而言的，因有业力熏习，故有此作为种子的果；“现在”是相对于因与果而言的，故可说“现在通因果”。[①]

就种子之自相、特征而言，它有许多鲜明的可识别之处。①相对于所变现的实在来说，种子潜沉而稳在，此即沉稳性。②相对于粗显的现行来说，极微细，此即微细性。③尽管生生灭灭，是有为法，但“一类坚住相续”，[②]此即坚住性。④种子的差别具有无量性。⑤种子作为整体积集在阿赖耶识，非零乱、杂散，此即有序性。⑥种子构成相似相续的种子流，且具有无始性，此即无始的相续性。

种子尽管是潜在的生果功能，但它的作用不可小视。佛教对它的作用的挖掘和清理正是对天赋问题的回应。它的作用表现在：第一，它有决定生命的流转的作用。人之所以生与死，生命之所以生生不息，之所以在再生时于六道中轮回，这此完全取决于种子的作用。“若果已生，说此种子为已受果。由此道理，生死流转，相续不绝。”[③]第二，生命的后天的一切状况，如智商的高低，财富、形貌的状况，生活的顺利与否，都与种子的作用有关。种子的“决定性”特点足以说明这一点，业力的善、不善、无记必然烙印在种子之上，而种子在现行时，又必然将上述性质体现出来，于是便有种瓜得瓜的现象发生。用西方哲学的术语翻译这里的思想，可以这样说，种子决定了众生及其现实世界的可能与不可能的范围和程度。一个人没有成为音乐家的种子，再努力也白搭；一个人适合学文科，偏偏要去学理科，结果只能是事与愿违；一块大理石，上面的纹路适合于雕刻某些人的像，就只能顺势而为，否则就一定是适得其反。第三，种子甚至也是转凡成圣的内在根源。人之所以能证得无漏智，能让第八识转变为大圆镜智，让前五识转变为妙观察智，让七识转变为平等性智，让第六识转变为成所作智，乃至能成佛作祖，都是因为第八识中有相应的种子，这些种子是八识本有的。生死之所以能转变为涅槃也是如此，也是因为种子发生了相应的转变。之所以有这样的转，是由种子的可能性决定的。如论云：“般涅槃时，已得转依，诸净行者，转舍一切染污法种子，所依于一切善、无记法种子，转令缘阙，转得内缘自在。”[④]第四，

① [唐]窥基：《成唯识论述记》卷3末，《大正藏》第43册，第309页。
② [古印度]无著菩萨：《摄大乘论》，[北魏]佛陀扇多译，《大正藏》第31册，第138页。
③ [古印度]弥勒菩萨：《瑜伽师地论》卷2，[唐]玄奘译，《大正藏》第30册，第284页。
④ [古印度]弥勒菩萨：《瑜伽师地论》卷2，[唐]玄奘译，《大正藏》第30册，第284页。

种子的作用。从现象学角度言，人面前的世界及其构成（一切有为、无为、善恶诸法）都由种子变现而成。“一切法生，皆从自种而起，”[①]意为，六根面前出现了什么样的法，感知到了什么对象，获得了什么知识，皆由相应的种子所决定。即使四大按不同的比例和合形成不同的事物（造色），也离不开种子的作用。因为“一切内外大种”[②]（种子）及所造色也都有对种子及其所依附的相续心的依赖性。四大之所以形成这样那样的事物，都与心识中有相应种子有关。种子的作用还体现在种子的不同名称之上，“谓名界，名种姓，名自性，名因，名萨迦耶（有身）……见所依止处，名我慢所依止处。”[③]界有多义，可指原理、范畴、领域等，这里所说的界是指先天的因。众生在出生后有何性格特点，有什么样的知识及结构，他们的命运如何，周围世界是怎样的，尽管也受后天因素的影响，但主因还是先天的、内在因素，可称作界，也可称作“种”。在这里，性种性和习种性两概念特别值得我们关注，因为它们包含有绝对先天和获得性遗传的思想。性种性即绝对先天的成佛之种性；习种性即后天习得的相对先天的种性。“性种性者，从体为名，无始法性说之为性，此之法性本为妄隐，说之为染，随修对治，离染始显，说以为净，始显净德，能为果本，目之为种。此乃显性以成种，故名为性种。……性种性者，无始法尔。”[④]总之，性种性是无始以来就有的显德、成佛的种子，为法性所使然。“习种性者，从因为名，方便行德，本无今有，从习而生，故名为习。习成行德，能生真果，故名习种，性义同前。”[⑤]习种性是通过修习、熏习而积淀在心中的能生真果的相对先天的种子。承认习种性就一定会承认有绝对先天的性种，因为习种之所以形成，是有绝对先天的性种的缘故。“真识在染，与妄和合，起作生死，在净随治，集起行德，行德初立，能生后果，说为习种。"[⑥]慧沼对这些概念的界定是：“如来藏及识藏，一切有情皆平等有，即此名性种性，亦名本性。”“后熏习者”，即习种性，“名为客性，由新熏故。”“性种性者是其（即八识）无漏本有种子。”[⑦]习种性根源于性种性，后天知识也离不

① [古印度]弥勒菩萨：《瑜伽师地论》卷3，[唐]玄奘译，《大正藏》第30册，第290页。
② [古印度]弥勒菩萨：《瑜伽师地论》卷2，[唐]玄奘译，《大正藏》第30册，第290页。
③ [古印度]弥勒菩萨：《瑜伽师地论》卷2，[唐]玄奘译，《大正藏》第30册，第284页。
④ [隋]慧远：《大乘义章》卷9，《大正藏》第44册，第651页。
⑤ [隋]慧远：《大乘义章》卷9，《大正藏》第44册，第651页。
⑥ [隋]慧远：《大乘义章》卷9，《大正藏》第44册，第652页。
⑦ [唐]慧沼：《能显中边慧日论》卷2，《大正藏》第45册，第425页。

开先天性种性，“要有法尔无漏种子，方名习种性，若无本性，习性何生？”①

在佛教看来，天赋肯定是存在的，需研究的是众生身上有哪些天赋的东西，它们以什么形式储存于第八识之中。佛教的回答不同于中国的生而知之说和西方的回忆说，而近似于莱布尼兹的看法，即认为，天赋的资源不表现为现成的知识，而是以可能性的形式存在。佛教在对种子进行分类时表达了自己对有关问题的看法。总的来说，佛教是从三个角度对种子进行分类的。一是把种子分为业力种子与名言种子两类，二是分为有漏种子与无漏种子两类，三是分为本有种子与新熏种子两类。第一类，有关论著说得较多，且与我们关注的天赋问题关系不太密切。我们只拟考释后两种分类。首先应注释的是，后两种分类是相互包含的，即是说，“诸法种子有漏、无漏，各有二类”，②即本有与新熏。这样说是“不违经”的。同理，本有和新熏种子也各有有漏、无漏两种。

先看有漏和无漏种子。无漏种子是“法尔成就”，即由事物本性所决定的、生来就有的。当然，先天无漏种子可受后天经验、环境影响，如或增长，或覆蔽加深。论云：“心性净者，说心空理所显真如，真如是心真实性故，或说心体非烦恼故，名性本净，非有漏心性是无漏，故名本净。由此应信，有诸有情无始时来有无漏种，不由熏习，法尔成就。”③清净种子最典型的形式是菩提种子。“菩提心种子者，一切世间善法、穀生所依住处，如大地故，一切圣者法宝出处，如大海故，一切诸佛道树之所从生。”④其次是涅槃种子，即有情生来就有能证得涅槃的内在根据或本性。只要为其提供相应条件，就可让行者“趋入自性”，证得涅槃。“本性成就涅槃种子，若于尔时，有佛出世，生于中国”，随佛出家，听闻佛法，依法修行，到一定的时候，涅槃种子就能引生胜果，如“获得最后有身，谓住于此，得般涅槃，或能趣入正性离生”。⑤佛性种子、般若种子可如此类推。“无始来，依附本识有无漏种，由转识等数数熏发，渐渐增胜，乃至究竟得成佛时，转舍本来杂染识种，转得始起清净种识，任持一切功德种子。由本愿力尽未来际，起诸妙用，相续无穷。”⑥

① ［唐］慧沼：《能显中边慧日论》卷 2，《大正藏》第 45 册，第 425 页。
② ［唐］窥基：《成唯识论述记》卷 2，《大正藏》第 43 册，第 309 页。
③ ［古印度］护法菩萨等：《成唯识论》卷 2，［唐］玄奘译，《大正藏》第 31 册，第 9 页。
④ ［古印度］坚慧菩萨：《大乘法界无差别论》，［唐］提云般若等译，《大正藏》第 31 册，第 895 页。
⑤ ［古印度］弥勒菩萨：《瑜伽师地论》卷 21，［唐］玄奘译，《大正藏》第 30 册，第 399 页。
⑥ ［五代］延寿：《宗镜录》卷 74，《大正藏》第 48 册，第 826 页。

有漏种子和无漏种子也可分别称作杂染种子和清净种子。“杂染、清净诸法种子之所集起，故名为心。”[①]正因为有不同性质的种子，所以有不同的因果链。一方面，有清净因果链，如本有无漏种子、新熏清净种子，将导致诸清净果，杂染种子由邪恶业行熏习而成，将引恶果，导致六道轮回。“故应信有能持种心，依之建立染净因果。”[②]总之，佛教承认的天赋的种子的范围是十分广泛的，如佛性、菩提、真心等都可以是天赋的，许多具体的心相、心性、心行也有天赋的一面。如惭愧，有两种，一是本性惭愧，即发自内心、不需修习所具有的；另一方面是依处，即依于某时某处的修习所形成的惭愧。“言自性者，谓诸菩萨于罪现行，能正觉知我为非法，内生羞耻，是名为惭。”[③]如果自己做了错事时马上意识到其错，即表明有本有的惭品格。所谓自性愧是：“即于其中，能正觉知，于他敬畏，外生羞耻。”“菩萨羞耻本性猛利，况复修习如是。”[④]

佛教对本有种子和新熏种子的论述表达了佛教对天赋的形式的看法，认为天赋有两种情况：一是从来就有的，此为绝对先天的资源；二是后来在经验的过程中习得并随着阿赖耶识的流转而在一代一代人身上传递的种子，此为相对先天的资源。前一资源即“本有种子”，后一资源即“新熏种子”。

在佛教中，本有和新熏两个概念是围绕种子的来源或产生及其原因问题而形成的。对此问题，佛教内有三种不同的看法。一是护月论师的本有种子说。该论认为，种子是八识本来具有的，后天的熏习尽管也有作用，但只有增长或延续的作用。其根据记录于《瑜伽师地论》卷二中，如论云：“性虽无始有之，然由净、不净业差别熏发。”[⑤]二是难陀、胜军二论师的新熏说，即主张种子不是本有的，而是在后天的经验中由人所造之业熏习而成的。三是护法论师的折中看法。他认为，种子有两种，一是本有，二是新熏。一般认为此看法是佛教的“正义”或正确、标准的看法。用近现代天赋论的术语说，本有种子是康德所说的绝对先天、绝对与生俱来的资源，而新熏种子则是相对先天的资源，是获得性遗传的产物，这种获得既可发生一个人过去的经验积累，又可发生于两代或多代之间，还可发

① [古印度]护法菩萨等：《成唯识论》卷3，[唐]玄奘译，《大正藏》第31册，第15页。
② [古印度]护法菩萨等：《成唯识论》卷3，[唐]玄奘译，《大正藏》第31册，第16页。
③ [古印度]弥勒菩萨：《瑜伽师地论》卷44，[唐]玄奘译，《大正藏》第30册，第537页。
④ [古印度]弥勒菩萨：《瑜伽师地论》卷44，[唐]玄奘译，《大正藏》第30册，第537页。
⑤ [古印度]弥勒菩萨：《瑜伽师地论》卷2，[唐]玄奘译，《大正藏》第30册，第284页

生于一个人的前世。它可能是过去经验、教育的产物，但一经形成，又积淀在人的内在文化心理遗传载体之上，变成了内在的可能性种子。就此而言，“种子”概念本身包含着对天赋论的承诺。

这里我们重点剖析一下种子的熏习。因为它包含有获得性遗传或康德所说的“相对的先天”这类十分珍贵的思想。佛教强调：种子熏习即是人建构新的天赋知识、潜能。“熏者发也，或由致也，习者，生也、近也、数也，即发致果于本识内，令种子生近，令生长故。”[①]意思是，七转识将习气留存于第八识之中，使之成为种子。有熏习发生，一定离不开三个条件，即有能熏、所熏和种子生长。所谓能熏，即能将种子熏习于第八识中的力量。一力量要成为能熏必须符合以下四个必要条件：一是有生灭转变，唯其如此，才能生果；二是有胜用，如有能缘的作用，有强盛的作用；三是有增减，即有能熏作用的东西，是可以变化的，有增有减；四是能熏与所熏同时、同处。符合这四个条件的是七种转识，而在因位的第八识、心所法，不能成为能熏。窥基说：“唯七转识至可是能熏。”[②]所熏也有四个条件：一是坚住性，即始终一类相续，不会一时是这法，一时是那法；二具有无覆无记性，即不具有善恶性质，没有烦恼覆蔽；三是有可熏性，即能为种子之熏习提供场所，而只有确定的、自在的、坚密常住的法才能具有可熏性，例如心所法、无为法不符合此条件，因此不能成为所熏；四是与能熏具有共和合性，即与能熏法同时、同一身，不相离。符合上述四条件的只有第八识，其他心法、色法都不能成为所熏处。“唯第八识具此四义，可是所熏。”[③]

熏习有两种，即见分熏和相分熏。前七转识作为能熏，有两个方面：一是能缘的见分，如见分、证分、证自证分；二是所缘的相分，以及所缘托的种子。每一识在自缘其境时，它们的自体与有力能缘的见分，就留下了能缘的习气。此过程即见分熏。熏所缘的种子的，名为相分熏。正是因为有这两种熏习，所以第八识虽没有强盛的作用，色法虽没有能缘的势用，但是七转识能缘此成为所谓相分熏，故便有新熏种子出现。从本质上说，两种熏习，都是把能缘、所缘的影子留于第八识之中，[④]使之成为新的天赋成员。

---

① [唐]窥基：《成唯识论述记》卷 3，《大正藏》第 43 册，第 312 页。
② [唐]窥基：《成唯识论述记》卷 3，《大正藏》第 43 册，第 314 页。
③ [唐]窥基：《成唯识论述记》卷 3，《大正藏》第 43 册，第 313 页。
④ [唐]窥基：《成唯识论述记》卷 3，《大正藏》第 43 册，第 313 页。

从新熏种子与本有种子的关系看，前者有依赖于后者的一面。“本有种望新熏种，非其因缘，现行能熏，为因缘故”，意即现行是新熏种子的因缘，当然现行与本有种子有关，“本有唯望现行，现行唯望新熏为因缘故。”①从与染净种子的关系看，本有种子都是无漏种子。而新熏的种子由于离不开染净两种条件，因此被熏习的种子既可能是染污的，也可能是清净的。全面地说，新熏种子的根源，一是先天作用，如“法力熏习”一词所说的，众生本具心真如不仅是真如理，而且是本觉的心，它能从生命中跃起，起熏习的作用；二是后天环境、习气的作用，“无漏起时，复熏成种，有漏法种，类此应知。”②

染熏习的形式主要是受贪瞋贪痴及其相应行业的熏习。净熏，如闻佛法。“此闻之熏是极清净”。③能持净熏习种子的是法界，“法界即是如来法身。……界即因也，是出世间诸法之界”。④它也能断烦恼、所知二障及别的习气，“名极清净”。⑤

《大乘起信论》对熏习的范围的看法要大得多，如认为，就能熏而言，有四种法熏习，一者净法，名为真如，二者一切染因，名为无明，三者妄心，名为业识，四者妄境界，所谓六尘（四法可合为两大类，即净和染，后三为染法）。所谓熏习，如世间衣服本来无香气，若人以香熏习衣服，它上面便有香气。因此熏习指的不过是习得、培养，即通过一定的途径让原本没有某性质的事物新生此性质。从本质上看，熏习概念讲的不过是有利、有害的心理是如何产生的（因缘、过程与机理），间接说明了如何降伏有害心理，如何让有利心理长住心田的道理。熏习要发生，一定要有三种现象共同出现，即能熏（如香气）、所熏（被熏的衣服）和熏果（衣服上新得到的香气）。上面四法都能成为能熏，所熏即被熏习的东西。后三种熏习讲的实际上是，染法即对人有害的现象的起源、发生及其因缘，而以真如为能熏的熏习，讲的是净法的生起及因缘，或讲的是如何去凡成圣、离苦得乐的过程及道理。

种子毕竟只是可能性，与后来的现实性显然有根本差别。如果离开了相应的条件及转化过程，种子无异于虚无。就像每个人都有佛性，但事实上绝大数人并

① [唐]窥基：《成唯识论述记》卷3，《大正藏》第43册，第310页。
② [古印度]护法菩萨等：《成唯识论》卷2，[唐]玄奘译，《大正藏》第31册，第9页。
③ [古印度]迦称：《手杖论》，[唐]义净译，《大正藏》第32册，第506页。
④ [古印度]迦称：《手杖论》，[唐]义净译，《大正藏》第32册，第506页。
⑤ [古印度]迦称：《手杖论》，[唐]义净译，《大正藏》第32册，第506页。

不是佛。这是为什么呢？种子怎样才能变成现实？业怎样转化为种子？为说明这类问题，佛教提出并论证了“成就”范畴。这是佛教的本有种子说或天赋论中的关键范畴，与莱布尼兹天赋论中的“可能性之变成现实”十分相近。这里的“成就”实即现实化，或可能性转变成现实。有三种成就，即种子成就，自在成就，现行成就。种子成就有二义，一是业力变成了种子，二是种子生果，如生欲界，是由种子变成现实所致，故说“由种子成就故成就”。①自在成就，即是由修行而让佛性变成现实，也指各种修法得以实现。现行成就，即种子在所需的条件下变成了现实，如与诸蕴处界的出现相应，出现了各种或善、或不善、或无记的法。它们的成就是随现行成就而出现的。可见，种子的成就是离不开条件的，只有为之提供了所需的一切条件，种子才会由可能性转化为现实。因为种子尽管是后天品质、能力、知识等得以现实形成的重要自小内在的根据，但若缺乏相应的条件（缘），则它们只是纯可能性，乃至近于虚无。例如人人都有成佛的种子，但由于大多数人没有让此种子变现的条件，因此都不是佛。质言之，种子现果赖众缘，“虚状种子不能独现果”，“和合方现虚状果也，是故虚状果中还具似识（六、七识）、似尘、虚妄无明妄执。”②因此，要成佛，就要为我们本具的成佛种子提供它所需的一切条件。要实现我们有学问、有智慧、事业有成等愿望，也必须这样。可见，这一观点不仅是高深的哲学理论，而且是实践的指南，它无疑为我们追求事业的成功以及为我们实现去凡成圣的大愿指明了前进的方向和具体的操作方法。

天台宗的“一念三千”概念也有丰富而宝贵的天赋论意义。智顗大师说：“一心具十法界，一法界又具十法界、百法界，一界具三十种世间，百法界即具三千种世间，此三千在一念心。若无心而已，介尔有心，即具三千，亦不言一心在前，一切法在后，亦不言一切法在前，一心在后。”③

人们都一定会自觉或不自觉地思考如何做人、做什么样的人的问题。从大的方面说，我们想成为的人不外十种可能，即去往十法界，这可分为两大类：一是六凡，即地狱、饿鬼、畜生、人、阿修罗、天人；二是四圣，即声闻、缘觉、菩萨和佛。再细分，不外百法界、一千如是，进一步还可分为三千如是。此三千可

① [古印度]无著菩萨：《大乘阿毗达磨集论》卷3，[唐]玄奘译，《大正藏》第31册，第673页。
② [南陈]慧思：《大乘止观法门》卷1，《大正藏》第46册，第643页。
③ [隋]智顗：《摩诃止观》卷5上，《大正藏》第46册，第54页。

“收一切善恶依正”。[1]这就是说，我们每个人同时具有这么多的可能性，既可成佛、得彻底解脱，又可下地狱、受无尽之苦。做人为什么有这么大的差别呢？根源、奥妙何在？根据佛教的一法具万法理论，我们每个人的任何一念心中都包含有这么多的可能性根据或种子，在现实生活中，之所以有的人是佛，有的人是凡夫，完全是由每个人为其提供的条件决定的。这就是智顗大量师的一念三千思想的主要内容。就其渊源来说，智顗的思想是对《法华经》等经论的中国式解读和发挥。

与三千诸法相对的心主要是指人们认识、觉知、思虑、抉择之主体，也指与六根（眼耳鼻舌身意）、六尘（色声香味触法）相对、相关联而产生的六种认识，以及人对所谓的自我的执着与认识（自我意识）和储藏业力种子和名言种子的阿赖耶识（藏识）。念就是主体自己可以在心内体验、内省到的川流不息、稍纵即逝的观念、想法、念头、意念等，如有时内观可以看到自己正有某一想法或念头，接着又想到要做什么事、要得到某东西，然后支配身体做出相应的动作以及在对动作的意识的基础上对动作作出调节。这是一连续的心理历程，由各别的纷至沓来的心念所组成。因此心并不是什么实体，而是一串观念或由一系列的念头组成的川流不息的意识流。而每一心念则是构成意识或心的基本元素。不仅如此，心念也是宇宙万法中的一分子。从终极本质上来说，它也同其他一切法一样是即空即假即中，亦即三谛圆融。因为当去看它时，可以发现它“过去已灭，现在不住，未来未至，三际穷之，了不可得”。[2]也就是说，它生灭变化，毕竟空寂，没有不变的自相、自性，不是不灭不朽的实体。随因缘生而生，随因缘灭而灭，根尘未对，识本不生。心念既如此，心之外的法就更是如此，因为后者又是随心生而生、随心灭而灭的。智顗告诫求解脱的人说：“当知唯心，无外境界”，“若无有心，则一切法皆无。”[3]

与一念相对的“三千”泛指心外千差万别的一切事物及其性相体用。智顗认为：宇宙万物不外是以众生为中心、互为依存条件的有机整体。或者从果报的角度看，众生及其所生活的世界不过是众生过去的共业和别业所感召的果报，其中

① [隋]智飲疏、[唐]湛然记、[宋]道威入疏：《妙法莲华经》（经疏论合一本），上海古籍出版社1990年版，第80页。

② [隋]智顗：《童蒙止观校释》，李安校注，中华书局1988年版，第30页。

③ [隋]智顗：《童蒙止观校释》，李安校注，中华书局1988年版，第30页。

众生自己是过去业力的正报，他们所依止的一切环境、事物都是依报，因此整个宇宙实际上是依正不二的和合体。在此和合体中，具体地加以区分，可以说包含有三千种法或世间。为什么这样说呢？智顗解释说："夫一心具十法界，一法界又具十法界、百法界。一界具三十种世间，百法界即具三千种世间。若无心而已，介尔有心，即具三千，亦不言一心在前，亦不言一切法在前，一心在后。"[①]要明白这段话和"一念三千"的真实含意，我们得从十法界说起。在智顗看来，有情众生即有情识的生命体。从真谛的角度看，在本质上是毕竟空寂。但从俗谛的角度看，又有"存在"或"妙有"的一面，各有其特定的性相体用，这正是他（它）们能互相区别开来的标志。根据各自所具有的别相、因果、苦乐、性德、缚脱或清净解脱的程度可以区分为十类，即十种法界，它们分别是：地狱、饿鬼、畜生、阿修罗、人、天、声闻、缘觉、菩萨和佛。前六类是凡夫俗子，故称六凡；后四类则证得了大智慧，故称为四圣。之所以把十类众生称为十法界，原因有三：第一，十数是能依，法界是所依，能所合称，故说十法界；第二，此十法各有因果，各各界畔分齐，相互不同，故称为十法界；第三，十法中的每一法都是体，都是法界，因此十法就是十法界。

智顗认为：十法界中的每一法界都具有其余九法界的德性。也就是说，每一法界在有自身的别相的同时，又具有其余九法界的性相，例如人作为人有不同于其他九界的特殊性，但同时又有畜生、天、佛菩萨等的性质，即既有动物性、又有佛性。其他每一界也一样具有他（它）以外的九界的性德。这就是所谓的"十界互具"。既然一法界具十法界，那么十个十法界就可组成一百法界。百法界的每一法界又各具"十如是"。所谓"十如是"就是实相的十种别相或具体表现形式，也是把一切事物相互区别看来的十种别相或特殊标志。如前所说，万事万物的实相就是它们即空即假即中的真如本性，而这真如本性虽无相，但又无不相，即必然要通过特定的性相体现出来。具体地说，就是通过事物特定的相、性、体、力、作、因、缘、果、报、本末究竟体现出来。因此智顗认为，十如是即十如实相，其重要性不容小视。智顗说："当知十如，乃是法华之理本，诸教之端首，释义之关键，众生之依止，发心之凭仗，权谋之用体，迷悟之根源，果德之理本。"[②]

---

① [隋]智顗：《摩诃止观》卷5上，《大正藏》第46册，第54页。

②《妙法莲华经（经疏论合一本）》，[隋]智顗疏、[唐]湛然记、[宋]道威入疏，上海古籍出版社1990年版，第80页。

由于百法界的每一法界有上述十如是，因此百法界与十如是相合就有一千种法。又由于十法界众生由以构成的要素有不同的特点，所生活的空间或所依存的环境有不同的形式，因此又表现为三种不同的世间。此处“世间”有二义。第一，“世”有迁流、破坏、覆真之义，“间”为中之义。堕于世中之事物，谓之世间。第二，有间隔之义，世之事物，各个间隔而为界畔。就此而言，世间即世界。三种世间分别是：一是五阴世间，就是色、受、想、行、识五阴或五蕴所组成的世间，有十界有漏、无漏的差别，故名五阴世间；二是众生世间，指的是四圣六凡十类，他（它）们五阴和合，众共而生，假立名字，从因至果，一期十时差别，所得各不相同，故说众生世间；三是国土世间，指的是众生所依存的条件、自然社会环境。由于十法界各自所依的国土各不相同，故名国土世间。既然有三种世间，而每一法界的三种世间各不相同，因此十法界就有三十种世间，百法界就有三千种世间。此即智顗常说的“百界千如”。百界千如，三千世间或三千诸法等概念一方面表明众生及其所具有的相性、所依存的事物、将有的发展趋势的多样性和复杂性，另一方面又可泛指宇宙万有或一切事物（法），泛指心以外的千变万化、无穷无尽的对象。它们与我们的心意识或心念是什么关系呢？

它们之间的关系非常简单，即一心念具足三千的关系，简言之，“一念三千”。虽然三千世界各不相同，纷繁复杂，但它们是每一刹那生灭的心念所本自具足的，亦即是存在于生灭变化的心念中的。或者说，无间相续的任何一刹那生出的心念奥妙无穷，本来就具足它以外的一切事物、一切法界及其相性作用以及所依存的一切事物。法不离心，心不离法，没有先后、纵横关系，只是具足的关系。为什么说没有先后关系？因为所谓先后关系就是一个在前、一个在后、后由前所引出、所产生的关系。而心念与诸法没有这种关系，因为在智顗看来，心念从始至终都具足一切，哪怕是“介尔”有心，即极弱之心，也是如此。为什么说没有纵横关系？智顗说：“若从一心生一切法者，此则是纵；若心一时含一切法者，此即是横。纵亦不可，横亦不可。只心是一切法，一切法是心。故非纵非横，非一非异，玄妙深绝，非识所识，非言所言，所以称为不可思议境，意在于此。”[①]也就是说，一念具足三千不能理解为一念产生或包含三千，只能理解为一念就是三千，三千就是一念。即使是一极微小、极短暂的念头也是三千具足。同样，世界万法中的

① ［隋］智顗：《摩诃止观》，《大正藏》第46卷，第54页。

任何一法也是如此，都毫无例外地具足其他一切法。这也就是智顗在论述一念三千说的基础上常说的：一心具一切心、一切法，一法具一切法，一行具一切行，一粒微尘含摄整个宇宙。这些听起来神妙难解，但像三谛圆融一样，也是宇宙万法的本来面目或实相，真实不虚。当然这些道理是离言绝相的，不可思议的，只能由般若智慧所证悟到。

从理与事的角度看，一念三千又有“立理具三千”和“事造三千”之别。从理、从实相上说，一切法不是人、天所作所造，一念具三千也不是佛、更不人天所使然，而是本自具足，是宇宙本具的实相、实理。因为世界上没有造物主、救世主，佛也只是众生中的一员，不可能任意决定世界的规律和如何运行。一念具三千，性具实相是法之自给自足，是法性中所有物，任运恒具，其体融妙无量无边。这就是立理具三千。从事相上说，当一念心本具的三千遇缘现起时，诸相宛然而立，百界千如即成现实，如一念贪欲心起，即落在地狱法界，一念愚痴心起即落在畜生法界。其他法界之现起可如此类推。不仅如此，此十法界，界界互具，圆融相摄，与十如是一起，成百界千如。因此一念心起，三千法界即起。这可称之为事造三千。这样的事与前述的理具三千，同是一个具足三千。此事与理圆融相即，是一非二，因此理具无外，全指事造，事造无外，全指理具。简言之，一念具三千就是实相，就是法性，是法性所使然，或性所具之实相。智顗说：“观念念心，无非法性、实相。”[①]智顗还用了一个比喻说明究竟是什么具三千的道理。例如梦的依持，单说心不对，说睡眠也不对，说两者共生梦也不对，说离心离眠故有梦也不对。质言之，梦与做梦的东西不是依持与被依持的关系。同理，三千与一念也不是依持关系，而就是“是”“具”的关系。在这里，心相当于法性，梦喻阿赖耶识。有什么理由说法性、阿赖耶识生一切法？当知四句求心不可得，求三千法亦不可得。从究竟理地上看，说心灭生三千、心亦灭亦不灭三千、非灭非不灭生三千，都是错误的，故横纵求三千法、亦横亦纵求三千法均不可得。“言语道断，心行处灭。故名不可思议境。”“当知第一义中一法不可得，况三千法。”[②]

总之，诸法是心念本具的。当根尘相对，一念心起，本具的各种事物及性相差别便宛然现前，在我们心中有识生起的同时，我们面前也就有了事物及其千差

① [隋]智顗：《摩诃止观》卷7下，《大正藏》第46卷，第100页。
② [隋]智顗：《摩诃止观》卷5上，《大正藏》第46册，第54页。

万别。因此一般常人所追求、执着的在心之外的先于或后于心的、绝对的外物是不存在的。一念心具足一切。因此到心外去寻找幸福解脱或以为地狱、畜生等恶报在已心之外、与已无干是愚蠢的。

如果一念真的具足三千，一法真的具足一切法，那么佛性作为一种法存在于众生的根性之中便得到了证明，有些论者否认一部分人能成佛，便也失去了根据。智顗说："有师判法华十如，前五如属凡是权，后五属圣为实。"根据这一看法，"凡无实永不得成圣，圣无权非正遍知，此乃专辄之说，诬佛慢凡耳。"[①]如果理解了一念三千的真谛，那么就不难明白，众生在去凡成圣的先天根据、内因上是完全平等的，凡圣所具有的佛性与所具有其他可能性是一样的，在凡不减，在圣不增。

"如来藏"这个概念本身具有十足的天赋论色彩。所谓如来藏，即藏如来种子的地方。"赖耶中有彼如来无染种子，能藏多果，名如来藏。"[②]所谓如来藏，也可理解为真心、菩提心等。它有如下特点。一是体大，即广大无边，体性湛然寂静。二是用大，即能生人的现实世界的一切果，人现实地是什么样子完全由如来藏里的资源所决定，"成就诸妙乐，能变化一切"。[③]之所以如此，是因为它有相大这第三个特点。所谓相大，是指如来藏本来具足一切功德种子，染的、净的、不染不净的，无不尽收其中。因此我们的如来藏不仅藏有成为如来的种子或天赋的资源，而且同时有成为非佛的可能性资源。现实如何，完全取决于我们为其提供的条件。由于在别的章节，我们会专门考释如来藏，因此这里不拟详述。

---

① [隋]智顗：《摩诃止观》卷5上，《大正藏》第46册，第53页。
② [唐]遁伦：《瑜伽论记》卷13上，《大正藏》第42册，第592页。
③《金刚不空三昧大教王经》卷6，[北宋]法贤译，《大正藏》第8册，第822页。

第六章

心的本质问题与真心论

心的本质问题是多学科关注的共同问题，例如脑科学、心理学、认知科学、计算机科学、人工智能科学等都要么直接、要么间接地给予关注。毋庸置疑，这一问题当然是最能代表心灵哲学个性的核心和关键问题，是必须优先和倾全力予以关注的重中之重。尽管多学科都在研究此问题，但心灵哲学的特点在于：多视角、多侧面、多方法切入对它的研究。这表现在：在回答该问题的过程中，心灵哲学除了要运用科学和传统心灵研究的方法，如利用有关科学材料和类比方法、隐喻方法、反省方法、直接的经验观察方法等之外，还常用这样的方法：第一，语言分析法，即通过分析人们对心理学语言的运用、用法，澄清有关语词的所指和意义。这是现代心灵哲学最为宠爱也最为得心应手、最有成效的一种方法。它看似没有直接关注心灵本身，但往往能收到事半功倍的效果。第二，重视分析一般人的常识性的心理观念，看这些观念是怎样形成的。今日盛行的民间或世间心理学研究就属这类研究。第三，描述现象学视角。它用现象学还原或加括号的方法，将传统哲学的“物质”“心灵”及“两者的因果关系”等悬置起来，关注自己和他人的心理经验及其呈现。最后，还有心理语言发生学、心理观念发生学研究。其特点是不关心心理的自然发生史，而热衷于研究心理语言和观念的发生学。这样做往往能收到自然发生史研究所不可能有的奇妙效果。①

佛教心灵哲学尽管古老，但也具有标准心灵哲学的许多特点。当然，它在体现这些特点的同时，又有自己的独到之处，例如借助禅定观察心灵就是它的不共

① 参阅高新民、刘占峰：《心灵的解构》（下篇），中国社会科学出版社 2005 年版。

的特点，再如它的心理本质探讨有两个大的方面：一是从浅表、可感的心理现象入手，向内层层透入，以揭示假有之心理的虚幻、空无本质；二是直接谛观，如借助佛教特有的般若智慧，直接进到真心面前，进行“真心直说”。

第一节　由浅入深的心理本质分析

佛教像现当代许多心灵哲学理论一样，对世间心理学进行了颠覆性、解构性分析，但又没有像取消主义那样得出关于心理语词、心理观念、心理现象的取消论结论。取消主义是当今心灵哲学中的一种极端、彻底的唯物主义形式，在对待世间心灵哲学的态度上有近于佛教的地方，如两者都对世间心灵哲学的根源和错误作了深刻的分析、批判。所不同的是，佛教的批判只是为了清理建构心灵哲学的地基，并不一概抛弃，所得出的结论是：心理现象只是“体空”。所谓体空，是佛教从理体上在心理现象中所看到的本质。佛教看问题除了从理体上去看之外，还同时重视从事相上看问题。这两者同样重要，且并行不悖。因为佛教对事理关系坚持的是“事理不二”的原则。基于此，佛教在强调心理现象体空的同时，又从事相上给予心理现象以特殊的本体论地位，即承认它们有“妙有”的地位。根据事理不二原则，体空不碍妙有，正所谓“究竟理地，不立一法，佛事门中，不舍一法”。总之，佛教关于世间心灵哲学所承认的心灵现象的态度是辩证的，其具体表现可概述如下：

第一，世间心灵哲学所关注的心理现象，即佛教所说的部分妄心，是浅表的、可直接感知的心，而这些心是非色的，即无形貌特征。所谓色指的是有质碍性、物质性的存在，由地水火风四大构成，因此有广延性、形体性、质碍性。就此而言，心根本有别于以形体、广延为本性的物质性存在。但佛教的本体论不像一般本体论只承诺物质有存在地位，而同时认为，不仅色是妙有，有存在地位，且非色的心也是如此。当然它们只是妙有、假有、特定意义上的有，因为它们体空。经云：“无形貌，悉不可得。”“心无住处，心亦无存处。”“无内无外，无有中间。”“无合心者，无有散者。”[①]“是心无形色，不可抱持，犹之如幻，不可言说，非

①《持人菩萨经》卷3，[西晋]竺法护译，《大正藏》第14册，第634页。

内、非外、非两中间而可得之。”这就是佛教的“第一义谛”。[①]这样的论述还有很多，如：“观察此心，速疾生灭，无有状貌及无住处，亦不在内亦不在外，不在中间”，[②]其体是无心。如果回向菩提，“于自体相，无心所了，无心所观，无心所入”。[③]证得此体，即成阿耨多罗三藐三菩提。此菩提心即真心。它像洁白无瑕的月轮，“无垢明净，内外清澈，最极清凉。……尘翳无染，妄想不生。”[④]质言之，它们因缘和合、无常，就其有组成要素、有和合体来说，是有。“以因缘现，而有所念，其心计之。”[⑤]但就其没有固定不变的体、没有常一性、不可得来说，其本性又是空，是无。它只是此生彼灭的意识流，里面没有能得、不变的体。如经云：“心无所绝”，[⑥]即具有等无间性或连续性，心中没有常识赋予的那种我、那种主体性。

第二，从时间上说，通常所说的心，“无过去，无有将来，不得中间”。[⑦]相对于认识来说，心无能见者，心不自然，心不清净，心不知心。

第三，从定位上说，心既然是非物质的，自然就没有定位，即不占有空间、位置。经云：“心无形相，亦无住处。”[⑧]“心无处所，清净无止，无有起处，识无处所，清净无动，无有缘别，性皆空寂，性无有觉。”[⑨]

第四，从认识上说，相对于深层心理，浅表心是直接可知的，但相对于身色等存在来说，“意微难见，……独行远逝，覆藏无形。……心无住息，……有身不久，皆当归土，形坏神去。……往来无端。”[⑩]

第五，从俗谛上说，心有生有灭，因为它是因缘和合的产物；但从胜义谛上说，心无生无灭，连因缘都是假立的、随顺而说的，非了义、究竟。以眼识为例，它就无生。“无生者，眼识等空，本无有物，其中推觅，一个物无”，即无有一物，“是故不生，以不生故，故空无物”。[⑪]无明是妄心的一种形式，也是无生的，无

---

① 《大方广宝箧经》卷下，[刘宋]求那跋陀罗译，《大正藏》第 14 册，第 477 页。
② 《大乘菩萨藏正法经》卷 16，[西晋]竺法护译，《大正藏》第 11 册，第 876 页。
③ 《大乘菩萨藏正法经》卷 16，[西晋]竺法护译，《大正藏》第 11 册，第 876 页。
④ 《大乘本生心地观经》卷 8，[唐]般若译，《大正藏》第 3 册，第 328 页。
⑤ 《持人菩萨经》卷 3，[西晋]竺法护译，《大正藏》第 14 册，第 634 页。
⑥ 《持人菩萨经》卷 3，[西晋]竺法护译，《大正藏》第 14 册，第 634 页。
⑦ 《持人菩萨经》卷 3，[西晋]竺法护译，《大正藏》第 14 册，第 634 页。
⑧ 《大乘本生心地观经》卷 8，[唐]般若译，《大正藏》第 3 册，第 328 页。
⑨ 《金刚三昧经》，《大正藏》第 9 册，第 368 页。
⑩ 《法句经》卷上，《大正藏》第 4 册，第 563 页。
⑪ 《力庄严三昧经》卷下，[隋]那连提耶舍译，《大正藏》第 15 册，第 721 页。

生即无因。“根本痴暗，慧解无因”，“无始系缚，爱恋色身”。[①]

第六，从性相上说，心像其他有为法一样也有三性或三相，即分别性或遍计所执性、依他而有性、真实性或圆成实性。所谓“真实”是指“能取，所取，二无所有，真实有无故，犹如虚空。”[②]这就是说，尽管可以说，妄心有其真实性，但此真实性就是体空，就是无，既无三有（欲有、色有、无色有，即三界），又无二我（人我与我法）。尽管佛教常说唯识无境，但这里的识也是空。如论云：“亦无唯识光，得离名解脱。”[③]意为从体性上说，所唯的那个识及光本身也是无，只有离识、断识，才有真正的解脱。“自无（诸法自然无）及体无，及以体不住，如执无体故，法成无自体。”[④]

第七，心里面没有实体、主体，其本身也不是实体、主体。佛教的这一观点无疑开了后现代主义解构传统主体论、实体论的先河。在古印度，主体论、实体论也极盛行，如有外道认为，存在着作为实体的心极微；也有外道认为，此心非一个东西，而是弥漫性实体，遍一切处。同时，心也不是根的作用，不是色的作用，它尽管有对它们的依赖性；还有外道认为，“微细心，身中恒有”。[⑤]佛教对这些观点都持批判否定态度，其在这类问题上的肯定的观点是，心是由根、尘、第八识等诸因素的共同作用而形成的一种现象。佛教把想、受、思、识等称作蕴或阴足以说明这一点。“蕴”就是多因素的聚集或和合体。由于是和合体，因此是假非真。以想为例，佛教是为显此慧依多法成，是假非真，故说想蕴。其余的受、思、五识、六识，皆是如此。“眼色等为缘，如幻生诸识。”[⑥]“如诸幻事，体实虽无，而能发生种种妄识。”[⑦]从体性上说，心的深处是本净、寂然，而本净只有在见到心无所有，或见到无心的前提下，才会出现。有经云：“心无有心，则曰本净。”[⑧]论云：“心已清净，不随尘劳，不为污染。所以者何？知除所有，心则清净。……心有所著，便为尘劳。心以解明，则致清净。”[⑨]意思是说，心有

① [古印度]圣勇菩萨、寂变菩萨、圣天菩萨：《菩萨本生鬘论》卷11，[宋]绍德、慧询等译，《大正藏》第3册，第363页。
② [古印度]天亲菩萨：《中边分别论》卷上，[南梁]真谛译，《大正藏》第31册，第451页。
③ [古印度]无著菩萨：《大乘庄严经论》卷5，[古印度]波罗颇蜜多译，《大正藏》第31册，第614页。
④ [古印度]无著菩萨：《大乘庄严经论》卷5，[古印度]波罗颇蜜多译，《大正藏》第31册，第615页。
⑤ [古印度]护法菩萨：《大乘广百论释论》卷7，[唐]玄奘译，《大正藏》第30册，第228-229页。
⑥ [古印度]圣天菩萨《广百论丰》，[唐]玄奘译，《大正藏》第30册，第185页。
⑦ [五代]延寿集：《宗镜录》卷54，《大正藏》第48册，第732页。
⑧《持人菩萨经》卷3，[西晋]竺法护译，《大正藏》第14册，第634页。
⑨《持人菩萨经》卷3，[西晋]竺法护译，《大正藏》第14册，第634页。

两种，即染心或妄心和净心或真心。但它们不是两个心，而是同一心的两种不同显现。当心有所著时，心便表现为染心；当心明了事物本性、不取不著时，心就表现为净心。“观心如是，逮得柔顺心，意止也。”①因此，心的本性是既空无，又妙有。例如：一方面，它“犹如幻化，无有一法而可施”，“如梦所见，其相寂静”，犹如阳焰，究竟灭尽，“不可取得，不可睹见”；②但另一方面，此心又能布施一切众生，能发起一切正勤，“能修习一切静虑解脱三摩地”。③既然如此，它一定有有的一面。

佛教在论述心的本质时还有一个特点，即既着力从求真的角度分析心，又注重从价值论维度论述心，如强调世间心灵哲学所说的心对于人是有害无利因而应予清除的东西。其负面有害的意义在修饰词中可见一斑。如佛教经论常说识为“乱识”，“一切世间，但唯乱识”，④它是虚妄的、虚无的、不真实的。之所以虚妄，是因为“境不实”，“体散乱”，⑤显现出来似尘、似我、似根、似识，而此四物毕竟无。最常见的是说“妄心”，妄心之所以有害，应予清除，是因为它是众生起惑、造业进而受苦受难的根源。经云：“菩萨如是求心，何等是心？若贪欲耶，若瞋恚耶，……是心非内非外，亦非中间，是心无色，无形无对，无识无知，无住无处，如是心者，十方三世一切诸佛，不已见，不今见，不当见。若……不见，云何常有？但颠倒想故。心生诸法，种种差别，是心如幻，以忆想分别故，起种种业受、种种身。……心如虚空，客尘污故；心如猕猴，贪六欲故；心如画师，能起种业因缘故；心不一定，随逐种种诸烦恼故；心如大王，一切诸法增上主故；心常独行，无二无伴，无有二心能一时故；心如怨家，能与一切诸苦恼故；心如狂象，蹈诸土舍（房屋）、能坏一切诸善根故；心如吞钩，苦中生乐想故；是心如梦，于无我中生我想故；心如苍蝇，于不净想中起净想故；心如恶贼，能与（给予）种种考掠苦故；心如恶鬼，求人便故；心常高下，贪恚所坏故；心如盗贼，劫一切善根故，心常贪色，如蛾投火；心常贪声，如军久行，乐胜鼓音；心常贪香，如猪喜乐不净中卧；心常贪味，如小女人乐著美食；心常贪触，如蝇著油。”⑥

---

①《持人菩萨经》卷3，[西晋]竺法护译，《大正藏》第14册，第634页。
②《大宝积经》卷53，[唐]菩提流志译，《大正藏》第11册，第308页。
③《大宝积经》卷53，[唐]菩提流志译，《大正藏》第11册，第308页。
④［古印度]世亲菩萨：《中边分别论》卷上，[南梁]真谛译，《大正藏》第31册，第451页。
⑤［古印度]世亲菩萨：《中边分别论》卷上，[南梁]真谛译，《大正藏》第31册，第451页。
⑥《大宝积经》卷112，[唐]菩提流志译，《大正藏》第11册，第635页。

从本质上说，心相不可得，出三世，非有非无。既然非有非无，因此不起。不起即无性，无性即无生，无生即无灭，无灭则无所离，无所离则无来无去，无来无去则无行业，无行业则无为。无为即一切诸圣之根本，是中无有持戒破戒。总之，心的本性是离一切法，随顺涅槃。“是性清净，远离一切烦恼垢故；是性无我，离我我所故；是性无高下，从平等生故；是性真谛，第一义谛故；是性无尽，毕竟不生故；是性常住，诸法常如故；是性安乐，涅槃为第一故；是性清净，离一切相故；是性无我，求我不可得故；是性真净，从本以来毕竟净故。”①

综上所述，佛教关于妄心或常见心理现象的本质的观点可概括一个字，即“空”或“无”，即使是深层次的阿赖耶识也不例外，它也是因“毛道凡夫分别心”而有的，“非圣证智以为可见”，②即使是有，也不是圣人所说的真有。它像别的妄心一样不过是镜中所见影像，“水中影、自见影”，③虚幻不实，因此不应执著分别。这里为彰显佛教这一关于心的空无本质的独特思想，我们不妨再摘引一些经论的论述及论证。比喻性描述有：“心如流水不暂住，心如飘风过国土，亦如猿猴依树戏，亦如幻事依幻成。如空飞鸟无所碍，如空聚落人奔走，如是心法本非有，凡夫执迷谓非无。”④“心从缘起，悉知诸法；心如画师，画一切像，而心不知；心集诸业，善恶所由；心如循环，如旋火轮；心如火种，燃三有（欲界、色界、无色界）薪；心能生物，犹如大水；……当知心相是大患。”⑤“一切心行，不过无相，体寂无生。……眼、眼触，悉皆空寂，识亦空寂，无有动、不动相，内无三受，三受寂灭。”“意识及末那、阿赖耶识，亦复如是，皆亦不生。心常寂灭，无功无用。不证寂灭相，亦不住于无证。”⑥《大乘宝云经》的论述最全面、最丰富，如：“心去如风，于非境界，远行难收；心如流水生灭不住；心如灯炎，众缘故有；是心如电，刹那不停；心如虚空，客尘烦恼之所障碍；心如猕猴，取一舍一，遍诸境界。”⑦

这一观点与佛教的另一基本观点，即三界唯心、心生万法，有无矛盾呢？回

---

①《大宝积经》卷112，[唐]菩提流支译，《大正藏》第11册，第635页。
②《入楞伽经》卷1，[北魏]菩提流支译，《大正藏》第16册，第518页。
③《入楞伽经》卷1，[北魏]菩提流支译，《大正藏》第16册，第518页。
④《大乘本生心地观经》卷8，[唐]般若译，《大正藏》第3册，第328页。
⑤《大乘宝云经》卷4，[南梁]曼陀罗仙共僧伽婆罗译，《大正藏》第16册，第230页。
⑥《金刚三昧经》，《大正藏》第9册，第368页。
⑦《大乘宝云经》卷7，[南梁]曼陀罗仙共僧伽婆罗译，《大正藏》第16册，第280页。

答只能是否定的，因为佛教的言教常从两个维度展开：从胜义谛或从理体上说，包括心在内的一切有为法都毕竟空无；从世俗谛或从相用上说，心不仅有妙有的一面，而且有变现一切内外诸法的作用。如偈云："若能观心体性空，或障不生便解脱。"为帮助众生解脱，佛既直接用实语对此体性空的心作了刻画，又"以众喻明定义"。佛说："如是所说心、心所法，无内、无外、亦无中间，于诸法中求不可得。……如是空性，不生不灭，无来无去，不一不异，非断非常，本无生处，亦无灭处。……心法之体本不可说，非心法者亦不可说。何以故，若无为是心，即名断见，若离心法，即名常见。……无为法中，戒无持犯，亦无大小，无有心王及心所法，无苦无乐，如是法界自性无垢。……是无为法性平等……尽同一味无别相。……此无垢性非实非虚……无尽灭相，体本不生。"[①]如果众生如实修习此心地观法，当即顿得无上正等正觉。

对于一般读者来说，佛教在心之有无问题上的思想似存在着自相矛盾，因为它既说其无，又说其有。该怎样看待这个问题呢？笔者认为，要理解佛教这方面的思想，关键是坚持佛教的不定说。因为佛教在不同语境下有不同说法，即有时说有，有时说无，有时说既有又无，有时说非有非无，有时说离四句、绝百非。而且不同语境下所说的"有""无"的意义不完全一样，如有时说的是假有、假无，有时说的是真有、真无。概括地说，佛教这里的思想，有这样几种情况。

第一，从究竟理地或废诠谈旨胜义谛的角度说，心非有非无，不可以有无去述谓，因为它的体性离言绝相，非言语所能述。

第二，出于循序渐进地教化众生的需要，为说明更深刻的道理，佛教又在特定意义上说心是无，或说其是有。

第三，说心是有的语境是针对一般凡夫，或持关于心的断灭见（绝对否认心的存在地位）的外道。为了引导他们，让它们认识心的真正本质，佛便说心是实有或妙有。这里的"有"是指人面前出现的因缘和合的事物，它们只是有关因素的堆积，因而不是持续的、恒常的有，里面更不可能有起主宰作用的实体性的有。就其"有"或存在的方式来说，心不是单子性存在，不是单个的事物，而表现为相续、绵延。论云："心相续，假立识名"，[②]就像灯上存在的只是焰火的生灭相

---

① 《大乘本生心地观经》卷 8，[唐]般若译，《大正藏》第 3 册，第 327 页。
② [古印度]世亲菩萨：《阿毗达磨俱舍论》卷 30，[唐]玄奘译，《大正藏》第 29 册，第 157 页。

续，但为方便言说，而假立其为灯。佛并不否认世谛所承认的下述观点，即身根为识之因，认为这是“天授”的，但应注意，佛教并不承认身体中有一主体专司了别的职能，只是随顺说。论云：“谓天授能了，然诸圣者为顺世间言说理故，亦作是说”。[①]另外，佛不承认能了的识是根源于某个主体，而只是认为，“诸识能了所缘，识于所缘为何所作，都无所作，但以境生，如果酬因。”[②]还应注意的是，心的相续性不是同质性的相续，而是非同非异的相续，既前后相异，如此念不同于前念，“微细相续，后必异前”，[③]又前后相似相续。“身心相续，相似而生”，[④]后念与前念具有某种程度的相似性。总之，识由因缘和合而生，非如外道所说，“诸心生时，皆从于我”。“我于识生，都无有用。”[⑤]相对于真有来说，这种有是假有。在佛教看来，心有这种意义上的存在地位，或者说是由世俗而有，因为人有作梦、感知能力，有劳倦、身有触觉等，足以证明这一点。就此而言，佛教不赞成外道的这样的主张：我应无心。

第四，从胜义谛上说，由于心也是因缘和合，因此体性空寂。论云：“胜义故空。”[⑥]诸法众缘成，性（住）羸无自在，虚假依他立，故我法皆无。这样说也是有针对性的，即是为破那些坚持心是实有的片面的“常见论”或“实有论”。从中道上说，心非有非无，非空非不空。说有心识的意思是：“我法非有，空识非无，离有离无，故契中道。”[⑦]识像一切法一样既有又无，非有非无。颂曰：“虚妄分别有，于此二都无，此中唯有空，于彼亦有此，故说一切法，非空非不空，有无及有故，是则契中道。”[⑧]

第五，从更高的胜义谛的角度说，除了假有之外，也有一种真有，它指的不是外道所说的实体性的、以独立存在形式表现出来的东西，而是一切有为法的真实不虚的、绝对恒常的体性，这就是佛教所说的真如或实相或实际或本来面目。这种真有不是一个东西，本无法用言语来描述，如硬要去述说它，只能说它就是体空或本无，或如虚空一样的东西。就此而言，一切妄心也同时有这种意义的有。

① [古印度]世亲菩萨：《阿毗达磨俱舍论》卷30，[唐]玄奘译，《大正藏》第29册，第157页。
② [古印度]世亲菩萨：《阿毗达磨俱舍论》卷30，[唐]玄奘译，《大正藏》第29册，第157页。
③ [古印度]世亲菩萨：《阿毗达磨俱舍论》卷30，[唐]玄奘译，《大正藏》第29册，第157页。
④ [古印度]世亲菩萨：《阿毗达磨俱舍论》卷30，[唐]玄奘译，《大正藏》第29册，第157页。
⑤ [古印度]世亲菩萨：《阿毗达磨俱舍论》卷30，[唐]玄奘译，《大正藏》第29册，第157页。
⑥ [古印度]圣天菩萨、护法菩萨：《大乘广百论释论》卷7，[唐]玄奘译，《大正藏》第30册，第229页。
⑦ [古印度]护法菩萨等：《成唯识论》卷7，[唐]玄奘译，《大正藏》第31册，第39页。
⑧ [古印度]护法菩萨等：《成唯识论》卷7，[唐]玄奘译，《大正藏》第31册，第39页。

质言之，妄心从表象上说，虚幻不实，从体性上说，它们又具有此毕竟体空的真如本性，此本性也可以说，就是真心。经云："识体若无限量，无色无形，不可显现，无碍无似，无住无表。"①但它不是断相，而是形而上之绝对真实存在。就像香气一样，它无形无色，但绝非是无。若言其无，其断，将无从解释像生死之类的很多现象。"识体若断，即无生死了别之相。……当知识体至妙清净，而为客尘之所染污"。"识体净妙，无色无量，无所执碍，客染秽现，亦复如是。"②此心本即道心、真心、理心，"道心者，德本不朽。所以者何？其心清净，虽处三界而无所著。"③关于真心，在下节，我们将具体予以探究。

第六，从废诠谈旨胜义谛或佛教的离言之教的角度看，说妄心有真实体性，有其真有的一面，如里面有真心，这都是针对关于心的片面的断灭之见所提出的方便言说，是为破有关观点所作的方便安立，因此仍是不究竟的。有道是，究竟理地，不立一法，言语道断，心行处灭，一切如如，既无妄心，又无真心。这方面的具体内容等下节再予详述。

总之，心既有又无。因为佛菩萨随顺世间，权说为有，是故一切能诠所诠，俗有真无，不应固执。④尘、根、我、六识、本识都只有相似之处，既有又无。从识与其他诸法的关系看，识是有，余法是无。从体性上说，诸法既然是无，识也是无。"识所取四种境界，谓尘、根、我及识所摄，实无体相，所取既无，能取"也是如此，因为能取是"乱识"。⑤心尽管体性空无，但能随缘变现，生出万事万物。尽管能生、能变，但又能随缘不变。如偈所云："依止妄业有世间，爱非爱果恒相续。""心有大力世界生，自在能为变化主，恶想善心更造集，过现未来生死因。"⑥

第二节　真心直说

佛教最富个性、也最值得我们回味的是它的真心论。从现代心灵哲学的概念

①《证契大乘经》卷上，[唐]地婆诃罗译，《大正藏》第16册，第655页。
②《证契大乘经》卷上，[唐]地婆诃罗译，《大正藏》第16册，第655页。
③《阿差末菩萨经》卷6，[西晋]竺法护译，《大正藏》第13册，第608页。
④ [古印度]圣天菩萨、护法菩萨：《大乘广百论释论》卷7，[唐]玄奘译，《大正藏》第30册，第235页。
⑤ [古印度]天亲菩萨：《中边分别论》卷上，[南梁]真谛译，第31册，第451页。
⑥《大乘本生心地观经》卷8，[唐]般若译，《大正藏》第3册，第328页。

框架来说，它属于关于心理本质的理论。不同于前一节所述的心理本质理论的地方在于：它认为众生的心除了有妄心的构成之外，还有所谓的真心。尽管真心论强调真心与妄心不是两个独立的心，两者不能分开，因为妄心必以真心为体，真心必以妄心为其用、常通过妄心表现出来，但真心论跳过表层，直接进到了心的内在本质之中，将其和盘托出，是故可称作“真心直说”。当然这里的“说”，奥秘无穷，值得一“辩”。

按佛教的观点，能直观、直说真心的人，只能是达到妙觉果位的佛。因为只有在妙觉中，真心才会完全无差别地显现出来。一般的人充其量只能看到它闪耀出的光亮。真心说是佛教的秘密之藏，甚深难解。之所以如此，是因为一般理解者没有关于真心的经验，没有相应的参照物、类比物。即使是对证得了真心的佛来说，他对真心的言说也只是不得已而为之，充其量是权说、方便之说。此说类似于“筏喻”或“指月之手”。之所以不可说，是因为真心至真，而至真无形，无任何可诉诸言语的相貌、特征，那里什么也没有，一切如如。经云：“心亦不有，亦不无，亦不能得，亦不能知处。”“如是亦不有亦不无，亦不有有心，亦不无无心。”①“心无所著，心无所出、无所入。”②另外，即使佛能直说，但其言说有游戏的一面，即为了度化众生而施设的善巧或方便言说，在本质上近于为哄哭闹的小孩而施的手段。虚云大师说：“真心亦不过因有妄物对待而立之假名，究其实，所谓真心亦非是。”佛教立真心论，乃是因为众生“一念迷惑时，心成物，无成有，空成色，真心成妄”，③若超越了迷惑，真心之类的假名自然无用、应废。再者，佛的言说还有言而无言、不言而言等特点。既然如此，一般人包括笔者是没有资格述说真心的。但是为了了解佛教在人类心灵认识史上的创造性探索与贡献，我们又不得不说。尽管这种述说有其不可避免的局限性，但只要明白佛教所说的“筏喻”和刚说的“以手指月”的道理，再辅之以必要的“同情之默应”“心性之体验”，我们还是有可能窥探和欣赏佛教真心论的部分奥妙的。

要述说真心，我们不得不诉诸言语。但一般的言语是没法指涉真心这一特殊的所指的。因为言语能说的是可说的性相，而真心没有这类性相。不过，如果能如实了知佛所说言语的实质，那么又可通过这些媒介去体悟佛的言语所要达到的

① 《道行般若经》卷1，[后汉]支娄迦谶译，《大正藏》第8册，第425-426页。
② 《道行般若经》卷1，[后汉]支娄迦谶译，《大正藏》第8册，第427页。
③ 净慧法师主编：《虚云和尚全集》（第1册），中州古籍出版社2009年版，第180-181页。

目的。根据佛教的语言观，所有一切表法的词，如真心、妄心、佛、菩萨、众生、空、心、意、识等，都“但有名字”，并无实指。“以不可得空，但随世俗假立客名。”①因此对待佛教言说真心的语言的正确态度只能是：于言离言，认识到能言、所言皆不可得，一切毕竟空无，当下心行平等。若能真正做到这一点，就能接近乃至亲证佛所说的真心的微言大义。如经云：“以不可得空故，……是菩萨摩诃萨于名、所名俱无所得。”②质言之，佛所说的话、字的实质在于：“平等，性语平等，性入诸字门。”③“此诸字义，不可宣说，不可显示，不可书持，不可执取，不可观察，离诸相故。”④“菩萨摩诃萨于诸言音，所诠所表，皆无挂碍，于一切法平等空性，尽能证持，于众言音，咸得善巧。”⑤质言之，要理解佛教关于真心的心理语言，所用的方法不能是“取语”，而必须是“取义”。这里的取义又不能是依言取义，而必须是于言离言，于语离语，唯其如此，才能真取文本后面的义。有道是：依经解义，三世佛冤，离经一字，如同魔说。这就是佛教语言理解的辩证法。

佛教强调有真心，是为破除众生对妄心的执著，若破除了，真心便自然显前。而此现前的真心实即无心，实即毕竟空无。下述对话说明的就是这个道理。解空第一的须菩提问佛：既然此心如幻，那么菩萨怎么可能得阿耨多罗三藐三菩提心？不错，佛的确常说人心如幻，但同时也常说可证菩提心。这两说表面上的确是矛盾的，但事实上则相反。因为这两说都是有条件的，例如佛为破众生对实体之心的执着，便说诸心如幻，同理，佛针对众生不知有更高的觉性、真心，便说有菩提、真心。若超越此条件，对它们生执著之心，便会出现上述疑惑。为帮须菩提解惑，佛反问须菩提：“汝见是心如幻不？”须菩提说：“不也”，“我不见幻，亦不见心如幻”。佛进一步启发说：“若无幻，亦无心如幻，汝见是心不？”须菩提说：“不也”。⑥佛问：既然离幻离心如幻，那么你还有办法证得阿耨多罗三藐三菩提吗？回答自然是否定的。既然心如幻，当然就没有能得此菩提的主体。结论只能是：“若有若无，是法相毕竟离故，不随有，不堕无。若法毕竟离者，不

① 《大般若波罗蜜多经》卷 4，[唐]玄奘译，《大正藏》第 5 册，第 17-18 页。
② 《大般若波罗蜜多经》卷 4，[唐]玄奘译，《大正藏》第 5 册，第 18 页。
③ 《大般若波罗蜜多经》卷 490，[唐]玄奘译，《大正藏》第 7 册，第 489 页。
④ 《大般若波罗蜜多经》卷 490，[唐]玄奘译，《大正藏》第 7 册，第 490 页。
⑤ 《大般若波罗蜜多经》卷 490，[唐]玄奘译，《大正藏》第 7 册，第 490 页。
⑥ 《摩诃般若波罗蜜经》卷 19，[姚秦]鸠摩罗什译《大正藏》第 8 册，第 359 页。

能得阿耨多罗三藐三菩提。无所有法，亦不能得阿耨多罗三藐三菩提。……一切法无所有，是中无垢者，无净者……以是故，般若波罗蜜毕竟离，……乃至阿耨多罗三藐三菩提毕竟离。若法毕竟离，则不应修、不应坏，行般若波罗蜜，亦无有法可得，毕竟离故。”①

总之，从体性上说，一切无所有，一如一体，不可得，不可离，毕竟平等。说心如幻，以及说能得菩提、真心，都是方便权说。一当破除有关执着的目的达到，便应言语道断，心行处灭。

上述思想，停留于文字，诉诸思议，是不可思议的，但若付诸于行动，那么则会通达无碍。佛要说的不外是：只要当体即空，将心彻底停下来，就行了。这样做既是在行般若波罗蜜多，又是在证阿耨多罗三藐三菩提，同时又是在毕竟离。“若菩萨摩诃萨闻是深法，心不惊没，当知是菩萨摩诃萨行般若波罗蜜。何以故，色离即是众生离，受想行识离即是众生离，色离即是六波罗蜜离，受想行识离即是六波罗蜜离，乃至一切智离即是六波罗蜜离。若菩萨摩诃萨闻是一切诸法离相，心不惊、不没、不怖、不畏，当知是菩萨摩诃萨行般若波罗蜜。”②质言之，无得即得真心，如无得即得菩提一样。经云：“菩提者，是皆言说、俗数、施设，……菩提者，非言说、非俗数、非施设。……于一切法得无所得，是名得菩提心。”③“不得之法，一义无文，无文相义，真实空性，空性之义，如实如如，如如之理，具一切法。”④

既然为度众生，必须述说真心，因此佛为了达到述说的最好效果，便用不同方式去述说，这样便出现了一实多名的现象，即为了让人明白那本不可说的真心的本来面目，佛用了许多不同的述说方式。仅在《大佛顶首楞严经》中，表示真心的异名就有：妙明、真精、妙心（不变随缘，随缘不变，不可思议）、本妙（本来自妙，不假修为）、圆妙明心、圆妙明性、心性（自其本寂而言谓之性）、佛性、般若、法身、毕竟空、真如、涅槃、妙明心、本之心地、如来藏、常住（本无来去）、不动（本无生灭）、周遍（无处不遍）。关于真心的摹状词有：寂照不二、耀古腾今，性无妄染、纯一无杂，不变随缘、随缘不变、不可思议，等等。

①《摩诃般若波罗蜜经》卷19，[姚秦]鸠摩罗什译，《大正藏》第8册，第359页。
②《摩诃般若波罗蜜经》卷19，[姚秦]鸠摩罗什译，《大正藏》第8册，第360页。
③《大方广菩萨十地经》，[北魏]吉迦夜译，《大正藏》第10册，第963页。
④《金刚三昧经》，《大正藏》第9册，第370-371页。

表述真心的最常用七名是：菩提、涅槃、真如、佛性、庵摩罗识、空如来藏、大圆境智。它们名异实一，“称谓虽别”，但所指不外这样一实：“清净圆满，体性坚凝，如金刚王，常住不坏。”①当然，这七名又从不同侧面突出了真心的相应的本质特点，如作为果位的菩提强调的是智德，由断烦恼、所知二障所成。涅槃突出的是断德，出分段、变易二种生死所证。真如突出的是天然性，无妄曰真，不异曰如。佛性突出的是众生心中有本觉真心这一成佛的因性。庵摩罗识即无垢识，或曰白净识，它突出的是真心的这样的特点，即善能分别一切诸法，而又无染著。它与阿赖耶的关系是，在迷位、凡位中，它表现为阿赖耶，在佛果位中，即为净识。空如来藏强调的是毕竟真空这一体性。大圆镜智与无垢识的关系一是同一，即都是转阿赖识所成，不同在于：无垢识能分别一切而无染，大圆镜智圆明万法而无分别。

《贤劫经》在描述圣者所证真理时，用了“道元”等词表述他们所证的自性真心，如说他们“消诸阴盖、无挂碍业，了本清净，不疑诸法，……深入玄妙无极道元，……无际心行，逮致圣忍，……强而有势，心如虚空，功熏普流，行如金刚。”②

从解脱论、价值论角度说，真心可替换为下述表述式，“利益心，能与一切众生乐故；哀悯心，不作诸恶故；大悲心，堪任荷负诸众生故；大慈心，消灭一切诸恶道故；白净心，不求余乘故；无爱心（没有贪爱之心），离于一切结使浊故；是净心，其性净故；如幻心，无有物故；无所有心，离所有故；坚固心，不动摇故；不退转心，达诸法故”。③也可以说，这些词表述的是作为真心之妙用的心，意为只要证得真心，一定会有大悲心等妙用显现。

要知真心是什么，首先要知真心不是什么。第一，真心不是外道所说的神我。外道之神我是常一不变的实体，能造作，离系自在，永不灭。佛说的真心或如来藏恰恰是为破神我论而说的。正所谓：“但为降伏外道辈执我语者，故以方便说如来藏”，“故以方便说无分别、无所对碍如来藏门”，④是胜慧方便善巧，是以多妙巧文句言辞譬喻而说，既可把那万物之空性，说成如来藏，也可说成无我法，

---

① 圆瑛法师：《大佛顶首楞严经讲义（上）》，明旸法师校，宗教文化出版社2012年版，第386页。
②《贤劫经》卷1，[西晋]竺法护译，《大正藏》第14册，第1页。
③《菩萨行方便境界神通变化经》卷上，[刘宋]求那跋陀罗译，《大正藏》第9册，第302页。
④《大乘宝要义论》卷9，[古印度]法护译，《大正藏》第32册，第70-71页。

或“无我藏法”。[①]它指的不是常一不变之实体，而是指的诸法之空、无相、无愿之体性，亦即是“实际涅槃、无生、空、无相、无愿等”。[②]第二，真心不是通常的有和无。论云：“何者是法相？……无体相者，即是体相。问曰：云何无体相、为体相耶？答曰：空名无体相。问曰：云何名空，以有为空，以无为空耶？答曰：我不以有义故名空，亦不以无义故名空，以离于有无。故名为空。”[③]此空性即真心。第三，真心不是任何实在、任何相、任何性、任何作用，因此不可得，不可说。“一切法自性离取舍，若智若愚，若色若心，住平等性，离妄无分别，是即名真如。”“实际者，即菩提性一切如量如实，离诸分别，……于我蕴等性，毕竟无所得，复于他量而不可言说。”[④]真如、实际也可以说就是“无相”。诸法、诸相一相，即无相，即诸法的平等自性或第一义自性。此无性、无相也可以说就是法界。“法界者，即十力等果法及诸因法，乃至一切法自性所依，是即法界，此法界中远离一切虚妄颠倒分别相等，明慧现前，如实照了，是名法界。”[⑤]第四，真心不是表层可感知的心或妄心，不是一个独立的心，更不是实体性的心，而就是妄心本身，当然只是妄心的体性。不是业界之外的世界，而就是全部世界本身。

从肯定方面，对真心可作这样的概括性描述：广大无边、周遍法界、不动不变、明明白白、妙明圆湛、不一不异、不来不去、不断不常、不生不灭、广大圆满，像澄清百千大海。也可简单说为，妙明、寂照、本寂、本明。龙树认为，心即自然。因为心本是无始无因的，若说有因，此因即自然。“既是自然，即应许是心是自然。”[⑥]“是心”即这里所说的心。

真心的首要特点是妙明、寂常，即通常所说的寂而常照，照而常寂。“妙”即寂然不动，明即觉、即照，灵明不昧。真心的明与寂的特点在于：不是两个东西的简单相加，而是一体的，寂本明，明本寂。阿难闻佛阐述关于“心是见性”的思想时，经历了认识进化的过程，先是知道缘心不寂不常，非妙非明，因此别求寂常妙明之心。在《大佛顶首楞严经》第三卷中，通过佛开示见性为心，始明此见为心，灵光独耀，已具妙明之义，但未知此心亦具寂常义。《大佛顶首楞严

① 《大乘宝要义论》卷9，[古印度]法护译，《大正藏》第32册，第71页。
② 《大乘宝要义论》卷9，[古印度]法护译，《大正藏》第32册，第70页。
③ [古印度]坚意菩萨：《入大乘论》卷上，[北凉]道泰等译，《大正藏》第32册，第41页。
④ [古印度]觉吉祥智：《集大乘相论》卷下，[刘宋]施护译，第32册，第149页。
⑤ [古印度]觉吉祥智：《集大乘相论》卷下，[刘宋]施护译，第32册，第149页。
⑥ [古印度]龙树：《十八空论》，[南梁]真谛译，《大正藏》第31册，第862页。

经》卷第四云："悟妙明心，元所圆满。"① "心以灵知不昧为性，有觉明之用。""若真汝心……则如亭主常住，并所所去。"②

佛教之所以把诸法的真如空寂体性称作心，乃是因为它有一般心的明、觉的特性一。所不同的是，这里的明，有自明、自见之功德，且是不依于心动、念动的寂明，如"见眚"之本性，"彼见真精，性非眚者，故不名见。"③这种见是真是精，无妄即真，纯一无杂曰精，其性不变随缘，随缘不变。④

从定位上说，真心不在大脑之中，不局限于人之上，而周遍法界。就此而言，它与妄心迥然有别。妄心只存在于有情身上。由于一念无明妄动，识精及以此为基础的妄心便随之发生，于是心便囿于色身之内。这就是说，凡夫的妄心囿于一身之中。而真心周遍法界。圆瑛法师说："众生，自从无始以来，一迷为心，决定惑为色身之内，心本不局身中，由迷执故，非局而局，生局现阴，死局中阴，无时不局于身。"⑤根据佛教的心灵哲学，妄心的这种局于身的特点是可以改变的，即可以返回原来的状态的，如修三摩地，透过色阴、受阴，又可否定之否定，进至不局于身的境地，如经云："受阴尽者，虽未漏尽，心离其形，如鸟出笼，……得意生身，随往无碍。"⑥所谓心离其形，意为真心周遍，不再局于身体，亲见离根之体。而离根之体即是第八本识，既得此识，便能觉了一切诸法自性如幻，都是识之变现。

从真心与本觉、不觉、始觉的关系看，本觉即本来觉悟、自明，而非外在的加明，如不同于用妄心对它的照明。妄心尽管也有明或觉的功能，但其特点一是建立在主客或能所分别的基础上，因此妄心的明是外加于对象的明，而真心的本觉或本明是自明；二是妄心的明依于心念的运动，是有知之知，而真心的明是寂而常明，是无知之知。从作用上说，妄心最初的那个欲明真心的明，正是识精和别的心理现象发生的总根源。真心是本觉的，如欲从外去觉它，即为妄动。由于人有无始无明，受无明制宰的人都不知道有此真心，这种无明、无知即是不觉。

① 圆瑛法师：《大佛顶首楞严经讲义》，宗教文化出版社 2012 年版，第 125 页。
② 圆瑛法师：《大佛顶首楞严经讲义》，宗教文化出版社 2012 年版，第 127-128 页。
③ 圆瑛法师：《大佛顶首楞严经讲义》，宗教文化出版社 2012 年版，第 183 页。
④ 圆瑛法师：《大佛顶首楞严经讲义》，宗教文化出版社 2012 年版，第 184 页。
⑤ 圆瑛法师：《大佛顶首楞严经讲义》，宗教文化出版社 2012 年版，第 743 页。
⑥ 圆瑛法师：《大佛顶首楞严经讲义》，宗教文化出版社 2012 年版，第 756 页。

由于存在着不觉，要认识那作为本原的真心，就需要通过一定智慧。当用智慧去认识此真心时，始觉便出现了。随着对真心认识的深化，真心便会以不同的形式显现出来，此显现出来的真心即为不同净性的现象学性质的真心。在妙觉之前的所有阶位，真心都是以现象学性质的真心表现出来的。等觉也不例外。随着证真阶位的提升，此真心越来越真实、完满地显现出来。因此它显现的完满程度体现的是证真、成圣的程度或阶位。经云："从干慧心，至等觉已，是觉始获，金刚心中，初干慧地。"[①]干慧心是金刚初心，经过十信、十住、十行、十回向、十加行和十地，方到等觉。所谓等觉是指始觉与本觉称齐，而尚未完全合同。在这个阶次，欲爱干枯，根境不偶，现前残质不复续生，如澄浊水，沙土沉底而清水现前，妙明真心借始觉显现出来了，但还有始觉与妙明本觉的不完全统一。此等觉于金刚心中开始获得初干慧地。这里的干慧地不同于前述干慧地，是指等觉以坚利定慧破最初生相无明之惑体。在这里，无明已开始干枯，但尚未与究竟如来妙庄严海水相接。当进到了妙觉果位，真心便完全回归自己的本然状态，不再是始觉所把握的对象。"方尽妙觉，成无上道。"圆瑛法师说："尽者，穷极之义；众生迷真起妄，从此法界流，菩萨返妄归真，……得成无上真正菩提涅槃之道。等觉只但称齐，始本尚未合一，今于最后一刹那间，证入斯位；但惟本觉，无别始觉，寂照一如，理事相即，三如来藏性之体全彰，四无碍法界之用显现，穷玄极妙，不可思议。"[②]这里不再有能显的真心、始觉和被显的真心、本觉之别，而是寂照一如，始本合一、理事相即、体用不二。"本觉体者，取于一心随缘门中无念真性，而此真性本无不觉，故云觉者心体离念。"[③]此本觉亦即是法身。因为依此本觉，当显法身，此被显法身即是果位法身。其因位就是本觉。简言之，始觉是相对于无明或不觉而言的。不觉即是不明了心的体性，不知心如如不动，非一非异，进而把它当对象去分别，于是有了最初的能所分别，进而就有了种种心动，及妄念的生生灭灭。不觉根源于本觉，是本觉之用。"依本觉有不觉也"。[④]由于有不觉，加之本觉中有觉的先天的可能性及其资源，因此必定有始觉之发生。其机缘条件是：净业的熏习，而此熏习正是根源于本觉中有净熏习的先天可能性。

---

① 圆瑛法师：《大佛顶首楞严经讲义》，宗教文化出版社 2012 年版，第 642 页。
② 圆瑛法师：《大佛顶首楞严经讲义》，宗教文化出版社 2012 年版，第 643 页。
③ [唐]昙旷：《大乘起信论略述》卷上，《大正藏》第 85 册，第 1095 页。
④ [唐]昙旷：《大乘起信论略述》卷上，《大正藏》第 85 册，第 1095 页。

“以本觉内熏力故，渐有微觉起厌求等，乃至究竟还同本觉故，依不觉有始觉也。”[①] 作为心之特性的觉，不是一般的知觉，而是无上正等正觉，是向本觉的无差别回归，与本觉没有任何差异。本觉即前面所说的妙明。

根据龙树解释，“所言觉义者，谓心体离念相，离念相者，等虚空界，无所不遍，法界一相，即是如来平等法身，依此法身说名本觉。”[②]可见，说心的本质是空，是觉，是平等，是法身，都是一个意思。觉之体相是：如虚空等，犹如净镜。觉有四义：一、如实空镜，远离一切心境界相，无法可显，非觉照；二、因熏习镜，意为如实不空，一切世间境界能现于其上，不出不入、不失不坏、常住一心，现染法而不为其所染，智体不动，具足无漏；三、法出离镜，谓不空法出烦恼碍、智碍，离和合相，纯净明亮；四、缘熏习镜，谓依法出离，遍照众生之心，令修善根，随念示现。在龙树看来，觉有不同的形式，本觉、始觉、不觉、始觉、究竟觉、非究竟觉。本觉即是本来即觉，是自然而有。可从两方面说，一是清净本觉，“本有法身，从无始来，具足圆满过恒沙德，觉明净故。”[③]“心体离念相者，即是清净本觉，心谓即是自性清净心，体谓即是本有法身体，如是心体即是本觉，离念相者，即是显示清净之义。”[④]二是染净本觉，其意思是：自性净心受无明熏，流转生死，无断绝。始觉也有清净和染净之分。不觉是由于无明的作用而产生的愚痴、迷失。究竟觉是指彻觉心原，非究竟觉是不觉不明心原。不觉及其与本觉的关系是：“不如实知真如法一故，不觉心起而有其念，念无自相。”它也是根源于本觉，是本觉随缘变现的产物，故可说“不离本觉”。[⑤]不觉也可说就是无明。无明的意思是：不能通达实相，不能显了、观照实相，不能让其现前，但其体性仍是明本身。

真心也常被描述为清净，或等同于清净心。这里的清净是指绝对的无念，没有任何心念出现。有一念即像白纸上有一污点，便与真心相去甚远。经云：“人心本净，纵处秽浊，则无瑕疵，犹如日月，不与冥（暗）合；亦如莲花，不为泥尘之所沾污；譬如虚空，无能污者。”[⑥]但又应注意的是，“所言清净其心，清净

---

① ［唐］昙旷：《大乘起信论略述》卷上，《大正藏》第85册，第1095页。
② ［古印度］龙树菩萨：《释摩诃衍论》卷3，［姚秦］筏提摩多译，《大正藏》第32册，第613页。
③ ［古印度］龙树菩萨：《释摩诃衍论》卷3，［姚秦］筏提摩多译，《大正藏》第32册，第613页。
④ ［古印度］龙树菩萨：《释摩诃衍论》卷3，［姚秦］筏提摩多译，《大正藏》第32册，第615页。
⑤ ［古印度］龙树菩萨：《释摩诃衍论》卷4，［姚秦］筏提摩多译，《大正藏》第32册，第623页。
⑥《文殊师利净律经》，［西晋］竺法护译，《大正藏》第14册，第452页。

亦不可得”。[1]“一切诸法犹如虚空，若能劝助此德本已，则无有本，已离诸本，不可护持。”[2]

真正的真心是这样的生存状态：“专志一心，所行安隐，顺住法界，而常永存。……自然寂静，悉无所著。”[3]若有所著，有所动，哪怕是著真心、为真心而喜而乐等，都有悖真心。因此真心即如如、空心。“若得菩提，亦无菩提可得，是名如如。”[4]所谓真心即空心，意思是其上绝对平静，无任何念头、动变。“烦恼妄生，为妄空故，诸法不自生，法亦空故，此心但有空名，心亦不可得，心亦空故。”[5]

无心是妄心之源，因此真心也可以说是无心。菩提达摩说：“无心者即真心也，真心者即无心也。”[6]因为迷即有心，悟即无心。“昔日迷时为有心，尔时悟罢了无为。虽复无为能照用，照用常寂即如如。”[7]有心，有两种，一是有妄心，二是有真心。有真心即无心，无心即是无有妄心。“无心名菩萨，有心名众生，无心亦是心，有心亦是心。有心不见心，无心是泥洹。有心即见心，不名泥洹心。无心见无心，无心是有心。有心有心故，是名非无心。无心无心故，不名为无心。不见有无心，不住不有无，不住不来去，不离于来去。无心非无心，有心非有心，住是如如心。”[8]

从价值论上说，真心对于发了此心的人来说，就是究竟解脱之心。发此心，即得究竟解脱。经云：“云何为心？若心无结、无怨、无恚、无诤，彼心与慈具，遍满一方成就游。如是二三四方，四维上下，普周一切，心与慈俱。……如是悲、喜心与舍俱，无怨、无恚、无诤，极广甚大。”[9]证得了真心就一定有这样的用，即大慈大悲、普度众生，因此真心既是空心，又是利益心、救护心，此心就是菩提心，具有空悲双运的特点。“菩提心离取舍故，则法无我，自性平等，本来不生自性空故。”[10]一切法平等无我，自性寂静，空、无相、无我，“菩提心亦然”。

---

①《文殊悔过经》，[西晋]竺法护译，《大正藏》第14册，第444页。
②《文殊悔过经》，[西晋]竺法护译，《大正藏》第14册，第444页。
③《文殊悔过经》，[西晋]竺法护译，《大正藏》第14册，第445页。
④《佛说法王经》，《大正藏》第85册，第1385页。
⑤《佛说法王经》，《大正藏》第85册，第1385页。
⑥ [古印度]菩提达摩：《无心论》，《大正藏》第85册，第1269页。
⑦ [古印度]菩提达摩：《无心论》，《大正藏》第85册，第1270页。
⑧《佛性海藏经》卷上，《大正藏》第85册，第1393页。
⑨《中阿含经》卷38，[东晋]瞿昙僧伽提婆译，《大正藏》第1册，第669页。
⑩《菩提心观释》，[北宋]法天译，《大正藏》第32册，第562页。

就其“性”来说，菩提心以空为性。“复云何性，答曰：空性。空云何性？谓如虚空故。”“菩提之名，非性非相，无生无灭，非觉非无觉。”[①]但是，菩提心同时又是大悲心、利益心。因为发了菩提心之人，必定方便观于众生，觉知他们于自性不如实知，进而起颠倒执著，以至轮回苦海。觉者如是观已，便必发大悲心，进而教导、引领众生去发菩提心。就此而言，菩提心同时又是“利益心、安乐心、最上心、法界善觉心，以如是智摄诸众生故，名菩提心”。[②]

根据《大佛顶首楞严经》的概括，真心的特点还有很多，如①精、明、净、妙。它们是从不同角度对真心的描述，意思是，“万象不能混曰精，万象不能蔽曰明，万象不能染曰净，万象不能变曰妙。”②圆。圆有圆元、圆融、圆明、圆常等意。元即诸法统归，融即万化含蓄，明表彻体虚朗，常表究竟坚牢。圆当然有程度的差异，在历破五十阴魔中，每向上升一阶梯，其实就是圆满的程度增加一份。[③]③随缘不变，不变随缘。意为真心能随缘变现各种妄觉、现象、世界，但它本身不变。它尽管不变，但又能随缘生起万法，因此它是万法生起的总根源。例如毕陵伽婆蹉由观痛觉而得解脱。在观痛觉时，能观到这样的能知觉者，即有痛之妄觉。“虽有能觉之心，与所觉之痛，而身根中无分别清净觉心，本无所觉之痛，与能觉之痛觉也。”[④]④本无迷悟。“人之悟迷，不出一心，见虽迷执颠倒，而真心实不曾依之。”[⑤]⑤从生灭上说，真心无所谓生与不生，本来就有，无生无灭。自心本来而不生。但由于无明，妄加明于本心，因此便派生出了妄心所、妄心能，及一切心法、心所法。就此而言，心（当然是妄心）又有其起源和发生学过程。即使如此，从体性上说，生无所生。“随有所生，亦复平等，自心增上，入真实义，瑜伽行门所出生故，此中应知，彼后所依，而无实体，此即名为净心现行。”[⑥]这就是说，即使有心生起，但其后并无作为其依托、基础的精神实体，就此而言，一切被产生出来的心，都是平等不二的，都以空、无相为体。最后真心还有不动不变的特点。《大佛顶首楞严经》指出：一切都是见性或真的用、变现，例如见闻觉知，都根源于见性，但见性本身不动不变，不静、非不静。有例

---

① 《菩提心观释》，[北宋]法天译，《大正藏》第32册，第562页。
② 《菩提心观释》，[北宋]法天译，《大正藏》第32册，第562页。
③ 圆瑛法师：《大佛顶首楞严经讲义》，宗教文化出版社2012年版，第812页。
④ 圆瑛法师：《大佛顶首楞严经讲义》，宗教文化出版社2012年版，第430页。
⑤ 圆瑛法师：《大佛顶首楞严经讲义》，宗教文化出版社2012年版，第122页。
⑥ [古印度]龙树菩萨：《菩提心离相论》，[北宋]施护译，《大正藏》第32册，第542页。

为证。第一，如来屈五轮指，有屈有开——动、不住。阿难看到了，但阿难认识到“见性不动”。“手自开合，非我见性”，“佛手不住，而我见性，尚无有静，谁为无住？”[①]第二，阿难随着佛发来的宝光，头左右摇动。尽管有头之转动，但阿难认识到：头在动，见性不动。“我头自动，而我见性，尚无有止，谁为摇动？”[②]总之，“头自摇动，见无所动，”“手自开合，见无舒卷。”[③]“是诸近远，诸有物性，虽复差殊，同汝见精，清净所瞩，则诸物类，自有差别，见性无殊，此精妙明，诚汝见性，若见是物，则汝亦可，见吾之见？”[④]

许多经论还用比喻对真心的本质特点作了说明。如《大佛顶首楞严经》把真心比作大讲堂——空。大讲堂可现明暗、通塞、同异、清浊八相。心也是这样，尽管心不动不变，不生不灭，但可现八相：明暗、通塞、同异、清浊。圆瑛法师云：“此大讲堂，喻妙明元心，不动不变之体，为大总相法门，八相，喻心体随缘，现一切别相。总言之，随迷、悟二缘，而现染、净诸相。……此心不拒诸相发挥，能为诸相所依，若讲堂然，人人皆有此大讲堂”[⑤]。另外，经论常用客与主、尘与空说明妄心与真心的关系。这个比喻极为重要，其表现是，以善解著称的娇陈那就是“因悟客尘二字”而证果的。“不住名客，住名主人，以不住者名为客义。”客人（妄心）来来去去，而主人（心性）不动不变。“尘质摇动，虚空寂然”，“澄寂名空，摇动名尘，以摇动者名为尘义。”[⑥]尘劳（妄心）纷纷扰扰，虚空（真心）不动不变，其中的尘劳纷纷攘攘。真心与妄想本来就是一心，由于起心动念，因此有妄想尘劳。本是妙明无上菩提、净圆真心，妄为色空及闻见。由于“妄”起，才有分别，

最常见的比喻是把真心比作大虚空。虚空毕竟空无，但却能生出万法。“此虚空生出一切，清净识心，变复如是，此心无心”，[⑦]即像人虚空一样，什么也没有，无形无质，无挂无碍，正因为如此，它才能生出一切法，成为它们的根源、依止。能被觉知的心都是烦恼妄心，真心本无，不动不变。“若有一切粗重分别

① 圆瑛法师：《大佛顶首楞严经讲义》，宗教文化出版社 2012 年版，第 104 页。
② 圆瑛法师：《大佛顶首楞严经讲义》，宗教文化出版社 2012 年版，第 106 页。
③ 圆瑛法师：《大佛顶首楞严经讲义》，宗教文化出版社 2012 年版，第 107 页。
④ 圆瑛法师：《大佛顶首楞严经讲义》，宗教文化出版社 2012 年版，第 137 页。
⑤ 圆瑛法师：《大佛顶首楞严经讲义》，宗教文化出版社 2012 年版，第 131 页。
⑥ 圆瑛法师：《大佛顶首楞严经讲义》，宗教文化出版社 2012 年版，第 100-104 页。
⑦ [古印度]善寂：《集诸法宝最上义论》卷上，[北宋]施护译，《大正藏》第 32 册，第 151 页。

心起，当知皆是烦恼差别所生。其能了烦恼性，离分别心，即生死、涅槃二俱清净，此清净性即诸法性，是性亦复名为真如，名为实际，亦名为空。”[①]

第三节 真心与妄心、外法的关系

真心概念的设立旨在破除众生对两种“根本”的迷失。第一，以攀缘心为真实自心、自我，这无异于认贼作父，却恰恰是众生流转生死的根本。第二，不知妄心后还有更深层的本质，即迷失了真心这一根本。此偏颇正是凡夫不能成圣的根本。既然真心如此重要，就有必要真正把它弄清楚，不然修行就没有正确的方向。为了帮众生把握它的实质，佛教心灵哲学除了着力揭示它的自相及本质特点之外，还注意把它放在与妄心、外法的关系中予以考释。

妄心如前所说，也有多名，如攀缘心、缘虑心、生灭心、覆障心等。它们都从特定的侧面反映了妄心虚妄不实的特点。就真心与妄心的关系来说，它们不是两个心，而是同一个心，是同一心的两个方面。这两个方面的关系可从多角度加以描述。

第一，它们是覆障和被覆障的关系。妄心就像镜面上的灰尘，真心就像无尘的镜面，只要将尘埃清除干净，镜面就会显其本来面目。如前所述，真心或法性心“即有情自性，如是还属诸法因缘，无动无作及无主宰”。[②]速疾生灭、能被觉知和体验的心即覆障心，因而它像覆盖在镜子上的尘埃一样，故称覆障。有动有作的心像覆障一样，覆盖在其上，但两者不共相应，“是故应知，此法性心亦不共行”，[③]即不随生灭心转动、变化。就像清净的镜面不会因上面的灰尘的变化而变化一样。“若复以一切所有，回向遍覆庄严佛刹，是心覆障，如彼幻化。”但法性心“于刹那顷，最极寂静”。[④]妄心尽管千变万化，但其体性毕竟空寂，因此不是真心外的另一个心。它犹如梦想，毕竟尽尽无余；犹如阳焰，毕竟离身心相；如水中月，无执无见；无色无见，无对无表；无生无灭。这些也是真心的特点。不动即为真心，有动变即为妄心，例如一有心动，哪怕是在行六度时的动念，即

① [古印度]善寂：《集诸法宝最上义论》卷上，[北宋]施护译，《大正藏》第32册，第152页。
② 《佛说大乘菩萨藏正法经》卷36，[西晋]竺法护译，《大正藏》第11册，第876页。
③ 《佛说大乘菩萨藏正法经》卷36，[西晋]竺法护译，《大正藏》第11册，第876页。
④ 《佛说大乘菩萨藏正法经》卷36，[西晋]竺法护译，《大正藏》第11册，第876页。

堕妄心。若行精进时，有能精进、所精进的分别，即是生起了覆障心。同理，若行禅定时，有回向诸佛之念，若行般若时，有宣说、行的意念，有回向诸佛智慧的意念，若于善根善行有间断，若于佛境界有断灭，都是覆障心之现起。只是它们属于细妄心。

第二，真心与妄心就像净水与污水的关系。有污泥，水就表现为污水。尽管如此，净水的无染的本性还在那里。经云："一切诸法界，法界体性"，[①]法界体性即空无之性，无缚无脱、无净无染之性，而"法界体性无污染"。[②]之所以有不净之法，是因为众生有心动，有造业，进而有各种染净之果报。"是诸众生身见颠倒，安住我胜、我所胜，是凡夫人发起我想，是众生等执著我想，……造作诸业，若善、不善。是诸众生行业因，故获得果报。……若已有生，即有染污。"[③]尽管心有染污，但其体性清净无染。经云："性净之心，光明照耀，无有烦恼，彼心常住，本性空寂，亦无照耀。"是心不与烦恼相应，因为"是心无二亦无二分，本性清净，……皆不可得。"[④]从体上说，心本净，从用上说，随缘随境变现，因此有动、有变易、有染污，有沉渣浮起。"心本净故，理无秽故，以染尘故，名为三界，三界之心名为别境。是境虚妄，从心化生，心若无妄，即无别境。"[⑤]这种离妄返真的心即是心之本来面目、体性。此心净时，则无三界。《大佛顶首楞严经》以水为喻，对真心与妄心的关系作了精彩的说明。妄心能以想阴、行阴、识阴等形式表现出来，想阴如洪波，行阴如细浪，识阴如无浪流水，真觉体性如湛然止水。因此真心与妄心的关系就像止水与波浪的关系，体用不二、非一非异。真心与妄心实即一体，迷理即表现为无明、烦恼等浊相，顺理，即为清相。"同一真如，无有异体，但违空理故起惑著，烦恼染乱故名为浊。若不违二空，与如一相，则不起无明，烦惑不染，所以假号为清。"[⑥]"如来性在烦恼中无所染污。"[⑦]

怎样看待"心性本净"与"心性不净"这两个看似矛盾的命题呢？众所周知，它们都为佛经论所肯定。看似矛盾，其实不然。两说都无错，但意义不同，因为

① 《大宝积经》卷 26，[唐]菩提流支译，《大正藏》第 11 册，第 143 页。
② 《大宝积经》卷 26，[唐]菩提流支译，《大正藏》第 11 册，第 143 页。
③ 《大宝积经》卷 26，[唐]菩提流支译，《大正藏》第 11 册，第 143 页。
④ 《大宝积经》卷 5，[唐]菩提流支译，《大正藏》第 11 册，第 29 页。
⑤ 《金刚三昧经》，《大正藏》第 9 册，第 369 页。
⑥ [古印度]天亲菩萨：《佛性论》卷 2，[南陈]真谛译，《大正藏》第 31 册，第 796 页。
⑦ [古印度]天亲菩萨：《佛性论》卷 2，[南陈]真谛译，《大正藏》第 31 册，第 797 页。

两个命题中所说的“心”的意义不同，一指真心，一指妄心。真心本净，妄心不净。[①]

第三，真心与妄心是常与无常、不动不变与有动有变的关系。未成圣的凡心总会随缘变动，生生灭灭，川流不息，但不管如何变，变动心、无常心后的心体则是不动不变的，坚如金刚。“金刚心地，坚住不移，寂静无为，无有分别。”“如是法相，不合成、不独成，不羁不绊，不聚不散，不生不灭，亦无来相及以去住。”[②]“心如法理，自体空无。”“真如之法，虚旷无相。”[③]“空性无生，心常无生，空性无灭，心常无灭，空性无住，心亦无住，空性无为，心亦无为，空无出入，离诸得失，……心如不著，亦复如是。”[④]意为心就是诸法的空性，其特点是“常”，是“如”，既然是常，心当然就是无生、无灭、无住的。“心不在内，亦不处外，不于道法，不住于俗，亦不住有，亦不住无。不见起灭动摇之处，心无崖畔，广普无底。亦无音响，本末悉尽。”[⑤]

第四，真心如虚空，妄心如其中飞扬的尘埃。“一切智心，无所不入，以是之故，名曰空寂。”[⑥]“是识常寂灭，寂灭亦寂灭。”[⑦]“心如虚空，亦无偏党。”[⑧]证得此境，即为真心现前。如果妄心当道，真心则退隐，但不等于无，只是不为行者所知。真心妄心实即一心，当心不动，即是真心，当心一动，真心便为妄心。佛菩萨之所以为佛菩萨，就是因为他们的心坚固如金刚，无有妄心现前。“其心永安，不可动转，志行寂静，亦无错乱，若兴心行，亦无能及。”[⑨]一念不生，即是真心，真心即道，而有念动即为妄心，妄心背觉合尘，即是乖道。“道者非生，生亦非道，无想是道，想亦非道，有欲成道，斯亦非道。无著是道，著者非道。”[⑩]有动有想有欲，都是背觉合尘，都属非道，都是离真入妄。

第五，真心与妄心是一心二门的关系。自《大乘起信论》提出“一心二门”说之后，佛教中就盛行着由此角度说明真心与妄心关系的传统。经过历代大德的努力，这一说明模式愈来愈完善。根据这一模式，真心或真如心与妄心或生灭心

---

① [古印度]诃梨跋摩：《成实论》卷 2，[姚秦]鸠摩罗什译，《大正藏》第 32 册，第 258 页。
② 《金刚三昧经》，《大正藏》第 9 册，第 369 页。
③ 《金刚三昧经》，《大正藏》第 9 册，第 370 页。
④ 《金刚三昧经》，《大正藏》第 9 册，第 373 页。
⑤ 《十住断结经》卷 1，《大正藏》[姚秦]竺佛念译，第 10 册，第 969 页。
⑥ 《十住断结经》卷 1，《大正藏》[姚秦]竺佛念译，第 10 册，第 972 页。
⑦ 《金刚三昧经》，《大正藏》第 9 册，第 372 页。
⑧ 《十住断结经》卷 3，《大正藏》[姚秦]竺佛念译，第 10 册，第 989 页。
⑨ 《十住断结经》卷 4，《大正藏》[姚秦]竺佛念译，第 10 册，第 996 页。
⑩ 《十住断结经》卷 4，《大正藏》[姚秦]竺佛念译，第 10 册，第 997 页。

本来就是一心，世上本来只有一心，但它有两个方面（门）。“如来藏一总源心，含其二义。一约体绝相门，谓一心性非染净等差别诸相。……二随缘起灭门，”①即真心随缘变现出有生灭性的诸法。尽管能随缘变现，但它本身随缘不变。

其实，一心二门的思想在佛经中早已有之。例如《未曾有正法经》以无明（妄心）与明（真心）为个案说明了它们的一体而有不同表现的关系。经云：“皆依我身见住，颠倒分别。由分别故起惑造业，以造业故不得解脱”。②而身见、颠倒的根本又是无明。此流转过程是：无明→身见→颠倒→起惑→造业→受报→轮回→无解脱。无明的根本又是什么？是源于不平等心，此不平等心是于平等心不能如理作意，不能如实知。没有如实知便有不平等心，便有不如实知。此不如实知正好就是无明。经云：“不如理作意。”③是无明之根本。而不如理作意又根源于不平等心。所谓不平等心是指：“无始时来，不如实知”，④例如于无计有，于苦计乐，于无常计常，于无我计我。就其体而言，它又离不开真心，仍是真心之用。龙树对此的解释相当深入、细密。他说：“心真如者即是一法界大总相法门体，所谓心性不生不灭，一切诸法唯依妄念而有差别，若离心念，则无一切境界之相。”“唯是一心，故名真如，以一切言说，假名无实。”“言真如者，亦无有相，谓言说之极，因言遣言，此真如体无有可遣，以一切悉皆真故。”⑤真心的特点是：空、不空（真心常恒不变、净法满足）、空不空（真空不碍妙有）。“性真如理，平等平等，唯同一相，亦无一相，亦无多相。无一相故，远离同缘，无多相故，远离异缘，以此义故名为真如。”⑥

心真如门有十种门或十个特点或十个说明的角度。所谓十种门指的是真如心的十个特点，或者说，要说明一心二门中的心真如门，要从十个方面入手。一者，如来藏门，无染乱故。二者名为平等不二门，无差别故。三者名为一道清净门，无异歧故。四者名为不起不动门，离作业故，即心本无造作，不动不变。五者名为无断无缚门，无治障故。六者名为无去无来门，无上下故。七者名为出世间门，无四相（生住异灭）故。八者名为寂静、寂灭门，无往向故。九者名为大总相门，

① [唐]昙旷：《大乘起信论略述》卷上，《大正藏》第85册，第1093页。
② 《未曾有正法经》卷3，[西晋]竺法护译《大正藏》第15册，第437页。
③ 《未曾有正法经》卷3，[西晋]竺法护译《大正藏》第15册，第437页。
④ 《未曾有正法经》卷3，[西晋]竺法护译《大正藏》第15册，第437页。
⑤ [古印度]龙树菩萨：《释摩诃衍论》卷1，[姚秦]筏提摩多译，《大正藏》第32册，第605页。
⑥ [古印度]龙树菩萨：《释摩诃衍论》卷3，[姚秦]筏提摩多译，《大正藏》第32册，第614页。

无别相故。十者名为真如门，无虚伪故。[①]

心生灭门即真心遇缘表现为生生灭灭的妄心，也有十名，即可从十个角度分别揭示它的相应的十个特点或十种表现方式。一是藏识门，摄持一切染净法故。二是如来藏门，覆藏如来法身体故。三是起动门，相续作业故。四是有断有缚门，有治障故。五是有去有来门，有上下故。六是多相分异门，染净之法过恒河沙故。七是世间门，四相俱转故。八是流转还灭门，具足生死及涅槃故。九是相续具成门，无自成法故。十是生灭门，表无常相故。[②]

第六，唯识宗对真心与妄心关系的说明也很到位，认为它们实即一心。妄心的形式很多，如贪、信等。真心一般不显现，偶有心光显现，显现即为真心之用，如能取（能认识、能攀缘）、所取（被认识）。“能取及所取，此二唯心光，贪光及信光，二光无二法。”[③]贪嗔痴等染法，加上信等净法，都是心光的表现，本身并不独立存在。因为“不离心光，别有贪等、信等染净法故。”[④]从与三性的关系说，妄心与真心实即一心表现出来性质。根据唯识宗，任何一念心像一切事物一样都有三性，即遍计所执性、依他起性、真实体性（即圆成实性）。前两性实即妄心的性质，而圆成实性即是真心。“一切心及心所，由熏习力所变二分，从缘生故，亦依他起，遍计依斯妄执：定、实、有、无、一、异、俱、不俱等，此二方名遍计所执。”[⑤]不管妄心如何依他而起，如何分别计执，如何被大家普遍视为真实的存在，其究竟的体性是圆满真实的清净本性，亦即空性或“真性”。“一切皆名遍计所执。依他起上，彼所妄执，我法俱空，此空所显识等真性名圆成实。是故此三（性），不离心等。”[⑥]

从与三无性（三无自性）的关系说，三无性就是妄心的本质，而此本质就是真心。[⑦]所谓三无性即相无性、生无性、胜义无性，是说就生、住、实性等方面说，识毕竟空寂，了无所得。此即识的真如本性。“初即相无性，次无自然性，后由远离前，所执我法性。此诸法胜义，亦即是真如。常如其性故，即唯识实性。”[⑧]

---

① [古印度]龙树菩萨：《释摩诃衍论》卷3，[姚秦]筏提摩多译，《大正藏》第32册，第604页。
② [古印度]龙树菩萨：《释摩诃衍论》卷3，[姚秦]筏提摩多译，《大正藏》第32册，第604页。
③ [古印度]无著菩萨：《大乘庄严经论》卷5，[唐]波罗颇蜜多译，《大正藏》第31册，第613页。
④ [古印度]无著菩萨：《大乘庄严经论》卷5，[唐]波罗颇蜜多译，《大正藏》第31册，第613页。
⑤ [古印度]护法菩萨等：《成唯识论》卷8，[唐]玄奘译，《大正藏》第31册，第46页。
⑥ [古印度]护法菩萨等：《成唯识论》卷8，[唐]玄奘译，《大正藏》第31册，第46页。
⑦ [古印度]护法菩萨等：《成唯识论》卷8，[唐]玄奘译，《大正藏》第31册，第46页。
⑧ [古印度]护法菩萨等：《成唯识论》卷9，[唐]玄奘译，《大正藏》第31册，第47-48页。

所谓胜义即真如。“此诸法胜义亦即是真如，真谓真实，显非虚妄，如谓如常，表无变易，谓此真实于一切住，常如其性”。[①]

从与无为法的关系看，真心就是无为法。按大乘的看法，无为法有六种：虚空无为、择灭无为、非择灭无为、不动灭无为、受想灭无为、真如无为。从施设上看，则可归纳为两种。“一依识变，假施设有，谓曾闻说虚空等名，随分别有虚空等相。”“二依法性，假施设者。谓空、无我所显真如。有无俱非，心言路绝，与一切非一异等，是法真理，故名法性。”[②]就六无为法来说，它们不是六种独立的存在，而是对诸法体性或法性的六个方面的展示。由于此体性离诸障碍，因此名虚空。因简择力灭诸杂染，究竟证得，故名择灭。不由择力，本性清净，故名非择灭。苦乐受皆灭，故名不动。想受都无，故名想受灭。“此五皆依真如假立，真如亦是假施设名，遮拨为无，故说为有，遮执为有，故说为空，勿谓虚幻，故说为实。理非妄倒，故名真如。”[③]

第七，相对于有心众生的自觉来说，真心在妄心中的显现或真心与妄心的结合有四种情况。或者说，真妄本一体，但由于真心在妄心中显现的程度不一样，因此这种合一体有四种具体表现形态。①唯真心——诸佛如来之心，真心在佛面前完全显现，佛心唯是真心。②唯妄心——无明所起之八识心，此即外道凡夫之心。至少相对于凡夫自己的认知而，他们只知自己有这些心，唯显妄心，无真心显现。③从真起妄心——由真如而缘起之妄心，别教以上之下的人不知此心。④妄即真心——妄心即真心，初地菩萨以上的菩萨的心。

总之，真心与妄心有这样几重关系：①类似于主人与客人的关系，例如旅店的主人不动不变，而客人来去匆匆。“不住名客，住名主人”，“自无攸往”，“以不住者，名为客义”。[④]人的内心世界也是这样，一主一客，主即不动不变的真心，客即杂乱无章、变化无常的各种妄心。②类似于空间与其中的微尘的关系。尘埃动变无常，此起彼伏。虚空尽管可为尘埃提供动变的场所，但自身永驻，不动不变。“尘质摇动，虚空寂然。” “澄寂名空，摇动名尘。”[⑤]真心像虚空一样，永

---

① [古印度]护法菩萨等：《成唯识论》卷9，[唐]玄奘译，《大正藏》第31册，第48页。
② [古印度]护法菩萨等：《成唯识论》卷2，[唐]玄奘译，《大正藏》第31册，第6页。
③ [古印度]护法菩萨等：《成唯识论》卷2，[唐]玄奘译，《大正藏》第31册，第6页。
④《大佛顶首楞严经》卷1，[唐]般刺蜜帝译，《大正藏》第19册，第109页。
⑤《大佛顶首楞严经》卷1，[唐]般刺蜜帝译，《大正藏》第19册，第109页。

无变化，并能为妄心、妄念所居、所覆，也可不为其覆，而妄心像尘埃一样来去匆匆、生灭不已。③不是真心之外另有妄心，也不是妄心之外别有真心。妄心本身就是真心，即是真心的用或随缘变现。“触、作意、受、想、思、欲、胜解、贪、定、慧，如是等心所有法，比比皆是菩提之相，而彼一一自性清净。”[①]④《大乘密严经》指出：“心有八种或复有九种，与无明俱，为世间因。世间悉是心、心法现。”[②]八识心和其他心理现象的特点是：皆如瓶等一样，坏灭为性，“微细迁流速疾”。[③]除这些妄心之外，当然还有一根本心，它是上述变动不居的心念中的不动者。它尽管为妄心所居、所覆，但本身清净无染，甚至不为诸业习气之所染著，如莲花出水，如虚空无尘。它就是诸佛的心。众生也不缺此真心，只是由于深深地被埋藏在妄心的下面，因此仿佛离开了众生，其实丝毫不差。⑤《未曾有正法经》指出：看破妄心、识得妄心，即住真心。“心无形相，非眼所观，心无所住，内外中间俱不可得。”[④]在某种意义上可以说，真心即妄心。因为“心之自性非染非净，无所增减，无所动转。是故大王，当如实观，勿生疑惑，住真实法，此心真实故。”[⑤]可见，真实之心并不是妄心之外的另一种心，而是妄心之体性。只要妄心归于寂灭，真心当即现前，人便住于真实心之中。换言之，妄心停止转动、不再分别，人即回归真心。

《大佛顶首楞严经》等还讨论了真心与它之外的诸法的关系，认为五阴、十八界、生死去来等一切法不外是真心的随缘显现，甚至可以说，是以真心为本的。经云：“本如来藏常住妙明，不动周圆，妙真如性”。[⑥]一切诸法，如五阴，都是虚妄不实的，“非因缘、非自然性”。就像“瀑流、波浪”一样，它们表面上有“相续，前际、后际，不相逾越”，其实，此流性“不因空生，不因水有，亦非水性，非离空水”。[⑦]因此一切诸法都是本无，如幻如化。既然如此，它们便与如来藏常住妙明不一不异，即都是空无。在特定意义上还可以说，一切法都是如来藏，如五阴是如来藏，六阴也是如此，经云：“目与劳同是菩提，”“见精本无自性，”[⑧]“二

---

① ［古印度］善寂菩萨：《集诸法宝最上义论》卷下，［北宋］施护译，《大正藏》第32册，第153页。
② 《大乘密严经》卷中，《大正藏》第16册，第734页。
③ 《大乘密严经》卷中，《大正藏》第16册，第734页。
④ 《未曾有正法经》卷5，《大正藏》第15册，第442页。
⑤ 《未曾有正法经》卷5，《大正藏》第15册，第442页。
⑥ 《大佛顶首楞严经》卷2，［唐］般剌蜜帝译，《大正藏》第19册，第114页。
⑦ 《大佛顶首楞严经》卷2，［唐］般剌蜜帝译，《大正藏》第19册，第114页。
⑧ 《大佛顶首楞严经》卷3，［唐］般剌蜜帝译，《大正藏》第19册，第114页。

俱虚妄，本非因缘、非自然性。”[①]其他的根或入，如耳鼻等也是这样。六根加六尘组成的十二处也本来就是如来藏、妙真如性。如“见与色，空俱无处所，即色与见二处虚妄，本非因缘、非自然性”。[②]

如果认为见精是一物，那么应说：“无有见精”，因为离一切物，不可能有独立存在的见精或自性，人也不可能指示、说出见精。经云：“必无见精，受汝所指。”[③]因为若见精或自性是一个东西，那么人们就能于“微细披剥万象”中找到它，或能于万物中“析出”或“剖出”它。而这是不可能的。总之，见元或自性只能是一切诸法的体性。它与诸法的关系是不即又不离的关系。

真心与万法还可以说是万法唯心或心生万法的关系。经云：“色心、诸缘及心所使、诸所缘法，唯心所现，汝身、汝心皆是妙明真精妙见中所现物。”[④]这里所说的“心”有不同的意义，如“唯心”的心和后面所说的“妙心”即作为体性、本体的心，也可称作“空”“本无”“实相”“真如”，而“色心”之“心”，“汝身、汝心”中所说的“心”，即是妄心，包括八识和各种心所法、心不相应行法，它们以及它们所缘虑的外法、内法，所变现、派生的一切法，都是“心中所现物”，[⑤]即都是本心的显现、本心的用。如果细分的话，这里有两层关系：一是真心与妄心的关系，即体用或主客、空尘关系；二是真心与心外诸法的关系，它们也是体用或主客、空尘关系。如经所云：“色身外泊山河、虚空大地，咸是妙明真心中物。”[⑥]

在特定意义上可以说，整个世界及其所充满的法就是一心。因此不管是一法还是一切都不出这样的结构，即它们都由法体和法尘构成。这里的法体就是真心或法性，法尘即物质性构成。“一切烦恼、随烦恼等唯是客尘，法性寂静，不来不去，是故法性非客非主，法性平等。”[⑦]如果准确予以理解，真心也可称作实体。这里的实体当然不是二元论所说的单子性本原，而是真实之体。经云：“实体即真如，真如即如来，是故如来名得涅槃。……诸佛如来究竟实际。”“不生为实，余生灭法即是颠倒虚诳妄语。”“空者都是法，法者即是法身，法身者即是如来。”[⑧]

① 《大佛顶首楞严经》卷3，[唐]般剌蜜帝译，《大正藏》第19册，第116页。
② 《大佛顶首楞严经》卷3，[唐]般剌蜜帝译，《大正藏》第19册，第116页。
③ 《大佛顶首楞严经》卷2，[唐]般剌蜜帝译，《大正藏》第19册，第112页。
④ 《大佛顶首楞严经》卷2，[唐]般剌蜜帝译，《大正藏》第19册，第110页。
⑤ 《大佛顶首楞严经》卷2，[唐]般剌蜜帝译，《大正藏》第19册，第110页。
⑥ 《大佛顶首楞严经》卷2，[唐]般剌蜜帝译，《大正藏》第19册，第110页。
⑦ 《佛说法集经》卷1，[北魏]菩提流支译，《大正藏》第17册，第611页。
⑧ 《佛说法集经》卷1，[北魏]菩提流支译，《大正藏》第17册，第611页。

《大般若波罗蜜多经》云：一切都是心，如五阴、六根、六识、六尘、佛、菩萨、佛十八不共法等都是如此。而“是心非心，本性净故”。[①]既然如此，菩提心、无等等心、广大心等都只能“应知不应著”。[②]怎样理解“是心非心、本性清净？”答言：“是心，本性非贪相应非不相应，非嗔相应非不相应，非痴相应非不相应。”此心是有心还是非心性？“非心性中，有性无性既不可得，如何可问是心为有心非心性不？”[③]因此只能说，心非心性。经云：“于一切法无变易、无分别，是名心非心性。”其根据是，心无变易、无分别，色受想行识、“大慈、大悲、大善、大舍、十八佛不共法乃至无上正等菩提亦无变易、无分别邪。”[④]怎样理解一切法本性清净？“谓一切法空相，离有所得故。一切法无相相，离忆想分别故，一切法无作相，不取不舍、无求无愿、毕竟离自性故。是名性常清净。以是常净相，知生死性即是涅槃，涅槃性即是一切法性，是故说心性。”[⑤]心性像虚空一样，无污无垢，故曰清净。虚空“虽为烟尘云雾覆翳，不明不净，而不染污虚空之性。……凡夫心亦如是，虽邪忆念起诸烦恼，然其心相（性）不可垢污，性常明净，……是故心得解脱。”[⑥]

佛教为什么把万法的体性、空性称作真心或心性？根据佛教的心理标准理论，心的不同于非心的标志性特点是有明性或觉性或智性，真心或真如或空性也有这一特性，故被称作心。当然，如前所述，在梵语中，表示真心的词与表示心理学意义上的心的词不是一个词，前者除了有觉性这一意义之外，还有“中心”“根本”等意。另外，真心的明性与一般心的明性也不完全相同，例如前者的明是广袤无边的明，是不来自于外力的自明、本明，是常寂本有的常明。只要真寂、真空，就一定是明明白白的。昙旷解释说：“性有智故名为心。”[⑦]这里的性即法性或心性或真心，它因有智性、清净性、明白性，故名为心。圆瑛法师认为，真如之所以被称作心，是因为它有觉性、明性。“虚灵朗鉴，洞彻法界。”[⑧]

《如来三昧经》认为，真心的特点是无、明。“无有能断，无有能断者；无有

① 《大般若波罗蜜多经》卷 33，[唐]玄奘译，《大正藏》第 5 册，第 202 页。
② 《大般若波罗蜜多经》卷 33，[唐]玄奘译，《大正藏》第 5 册，第 202 页。
③ 《大般若波罗蜜多经》卷 33，[唐]玄奘译，《大正藏》第 5 册，第 202 页。
④ 《大般若波罗蜜多经》卷 33，[唐]玄奘译，《大正藏》第 5 册，第 202 页。
⑤ 《思益梵天所问经》卷 3，[姚秦] 鸠摩罗什译，《大正藏》第 15 册，第 51 页。
⑥ 《思益梵天所问经》卷 3，[姚秦] 鸠摩罗什译，《大正藏》第 15 册，第 51 页。
⑦ [唐]昙旷：《大乘起信论略述》卷上，《大正藏》第 85 册，第 1093 页。
⑧ 圆瑛法师：《大佛顶首楞严经讲义》，宗教文化出版社 2012 年版，第 311 页。

生，无有生者；无所属，无所属者，便已轻。已轻者，便净洁；已净者，便无垢。已无垢，甚明甚朗。甚明者是心本。”①真心即“无本”。“诸法无本，其无本者则无所生，无所生者则亦无本，其无本者等无差特。”②一切法以无为本。如六根六入等都是如此，“无有染污，亦无所净”。“心者大王，无有染污，亦无所净。心之自然为无本故。无本自然则曰心矣。”③“心无形色，亦不可见，无所危害，无有处所，无有言教，譬若如幻，不处于外，不处于内。心者本净，而自然明。设心净者，则无染污，亦无所净。”④说其上有尘垢，为其所染，乃方便之说，实不究竟。因为“心本之净，自然显明，则不可以尘烟、焰、云雾蔽碍污之。”⑤譬烟、尘住于虚空，终不染污虚空。这意思说，真心本净，并不夹杂污染之心。

真心与万法的关系也可以说是非即非离的关系。“非即”意为两者不是同一个东西，“非离”意为不相分离，或非即的反面。圆瑛法师云：“与万法非即非离，惟其非即也，故能灵光独耀，迥脱根尘，身界无干，生死不系”。“惟其非离也，故能尘刹普融，万物一体，用弥法界，色心不二。”⑥

由上分析，佛教引出了一个关于心的数量的独一无二的观点。万法有人心之清净性，同此清净性，故从体性上看，万法皆有真心，而真心在古往今来的世界只有一个。有经云：“心不知心，心者自然，则为清净。诸法亦然，自然清净，法界清净，得不动转，……如是心乃自在。”⑦由于心是清净心，因此一切心皆是一心。“若知诸心皆是一心，如是菩萨名得净心。”⑧这是佛教心灵哲学关于心的数量的一个独有的观点，即就心的生灭门来说，或就妄心来说，世界有无量无边的心，但只要完成了“六根返源”“返妄归真”的操作，只要真正地明心见性了，行者看到的就只有一个心，即诸心皆是一心。质言之，从体上说，世界只有一心，所有一切有心、无心众生和无生命物都共此一心，同一法身。

---

①《伅真陀罗所问如来三昧经》卷上，[后汉]支娄迦谶译，《大正藏》第15册，第352页。
②《文殊支利普超三昧经》卷下，[西晋]竺法护译，《大正藏》第15册，第421页。
③《文殊支利普超三昧经》卷下，[西晋]竺法护译，《大正藏》第15册，第421页。
④《文殊支利普超三昧经》卷下，[西晋]竺法护译，《大正藏》第15册，第422页。
⑤《文殊支利普超三昧经》卷下，[西晋]竺法护译，《大正藏》第15册，第422页。
⑥ 圆瑛法师：《大佛顶首楞严经讲义》，宗教文化出版社2012年版，第148页。
⑦《魔逆经》，[西晋]竺法护译，《大正藏》第15册，第115页。
⑧《商主天子所问经》，[隋] 阇那崛多译，《大正藏》第15册，第120页。

第四节 自在真心与现象学真心

从究竟理地来说，立与破一样，建构、重构与解构一样，都属有为法，都是妄想分别。不仅心之想、身之行是妄，而且有言皆妄，有动皆妄。同理，在这个不可言说、不能言说的层面，真心与妄心、觉心与非觉心，都是假施设、假名号，一切本无可说之处。之所以不可言，是因为一切本来一如一体，无质像可观，无名字可立，不存在可说之征。就此而言，谈论真心也是不如法的或非法的，同样，强调佛教在破除、抛弃的基础上"建构"了自己的心理哲学，也是错误的。要这样说，至少要辅之以特殊的限制和说明。因为，如《永明智觉禅师唯心诀》所云："详夫心者，非真妄、有无之辨，岂文言句义之能述乎？"[①]从究竟理地上说，一切如如，本不可说，说即不中，说也是白说，因此无所谓妄心与真心，无所谓解构与建构。但是，佛为了救世度人，为了让有情皆入那不可言说的空寂理地、究竟解脱之境，佛又方便而说，方便而言、而建、而构。由此便有可言说层面的、在本质上类似于"指月之指"、诳小儿之空拳一样的"真心"与"妄心"，以及所谓的建构性的心理哲学。这就是说，佛通过千辛万苦的修行，终于亲证了诸法的谛理或实相或本来面目。它尽管是真实，但本是不可言说的，因为它没可述说的性与相，所以不存在用日常语言加以宣说的可能性条件。但佛为了让众生接近它、亲证它，以便由此而离苦得乐、进入究竟解脱之境，佛又难言能言，所有的方式方法类似于"筏喻""以手指月"。佛经过49年的苦口婆心的说教，于是便有了蔚为壮观的佛教（佛所施之教化）。必须认识到的是，这些言说，不是真实理体本身，而只是接近它的善巧方便。一当目的达到，就应像通过船筏到达河的彼岸后将船筏丢弃一样，所有言语、观念都应扫除干净。佛教的心灵哲学也是这样。至少对于佛教的实践者是这样。这是它不同于世间心灵哲学的一个特点。

从教化的角度说，真心有两种，一是自在的，二是证得的。"一者自性清净，二者离垢清净"。前者指："性解脱无所舍离，以彼自性清净心体不舍一切客尘烦恼。"[②]它与妄心、客尘烦恼自然地结合在一起，当然本然清净。这相当于西方哲

---

① [五代]延寿：《永明智觉禅师唯心诀》，《大正藏》第48册，第993-994页。

② 《究竟一乘宝性论》卷4，[北魏]勒那摩提译，《大正藏》第31册，第841页。

学所说的自在的实在。后者指："得解脱"，此解脱不离一切法，"如水不离诸尘垢等而言清净，以自性清净心，远离客尘诸烦恼垢更无舍故，又依彼果离垢清净故。"①用现代哲学的术语说，这一真心具有现象学性质，因为它是修行者通过如实知、通过修行实践证得的，是显现出来的真心。用《中边分别论》的话说，真心有能显真实及所显真实两方面。能显真实是根本真实，而根本真实就是分别性、依他性、真实性这三性，由此三性，其余真实才得以显现，其作用是像能照物的镜子一样。所显现的真实就像镜中显现的对象一样，是现象学实在，具言之，又有十大类：无增上慢所显真实，对治颠倒所显真实，声闻乘出离所显真实，辟支乘出离所显真实，大乘出离所显真实，诸说堕负处所显真实（正道理、依正譬喻，能令诸说堕下负处），一切种所知摄一切法所显真实，显了不如及如所显真实，我执依处法一切义意入所显真实。②

自在真心可称作"真如""菩提"。当然更准确地说，真如等同样有自在与现象学之别。自在的真如不可得、不可说、无色相、无事业，而这都是"真如""菩提"的所指。为什么说真心、真如、菩提不可得？因为"菩提及心同真如故，能证所证皆平等"，"如是知者，乃得名通达诸法"。③真心也可称作清净心。因为它尽管不离妄心，是通过妄心等有为法体现出来的，但真心性净或本来清净，"亦无垢染，亦无净者。心不在此，亦不在彼，不在异处，犹如虚空，亦无等伦"。它不可言说，也不能作为靠山或寄托，是故《文殊支利普超三昧经》强调："有明知者不当依倚。"它本身无求无向，即"无诸趣"，尽管如虚空，是本无，但它又真实不虚，妙用无穷，如它是"如来密因"，佛正是因之而"成最正觉，了知法界"。④菩萨若能"闻深妙法，解畅心本"，⑤便会让本具的清净本性显现，乃至成佛、得究竟解脱。

如前所述，佛教的本体论所承诺的空无或本无或无本，不同于世俗的无（如此箱子内没有大象），因为它尽管没有任何可言可触的性、相、质料等，但又不是绝对的无，而毋宁说就是一种真或实。此实又可称作平等、实相、法性、本体

① 《究竟一乘宝性论》卷 4，[北魏]勒那摩提译，《大正藏》第 31 册，第 841 页。
② [古印度]天亲菩萨：《中边分别论》卷上，[南陈]真谛译，《大正藏》第 31 册，第 458 页。
③ 《金光明最胜王经》卷 3，[唐]义净译，《大正藏》第 16 册，第 419 页。
④ 《文殊支利普超三昧经》卷下，[西晋]法护等译，《大正藏》第 15 册，第 424 页。
⑤ 《文殊支利普超三昧经》卷下，[西晋]法护等译，《大正藏》第 15 册，第 424 页。

等，还可称作常住真心、性净明体，或真如。此无任何性相的真心的真实性，还可从其作用上加以证明。例如佛由于现实地证得了它，因此由凡转圣，而凡夫由于迷失了它，因此苦不堪言。《大佛顶首楞严经》在总结众生轮回的原因时说：众生轮回的原因就是不知道世界上存在着“常住真心”，[①]迷失了此真心。就此而言，佛教的重构性心理哲学也可看作是一种特殊的本体论。因为它发现了一种真实的存在：真心或性净妙体、精性、心性、妙明真精妙心，此心是被一般本体论所遗忘的存在，此心即空、实相、真如、如来。

从用上说，真心有双重作用：一是当人识得它便人让获彻底解脱，“见性成佛”说的就是此道理；二是有认知作用，即既能通过不分别之知而知，又能通过识精或见精认识外物。此见精如前所述是人之“妙性”。如果人的见精是同一的，为什么人的认知作用不一样？如有的为物所蔽，而有的能含受一切。原因在于：他们的种子不同、缘分不同。正如《大乘起信论》所说：真心有不变和随缘两大特点，由于随缘，同一真心便表现为不同的用。

佛教在论述具有现象学性质的心理现象时的一项空前绝后的工作是：发现并探讨了真心的显现。从这个角度说，佛教所说的真心有两种：一是自在的、作为一切诸法之体性的真心；二是作为现象学性质的真心。正如法身有两种状态一样，真心也是如此。就法身而言，尽管众生皆有法身，且与诸佛同具一法身，但凡夫之所以为凡夫，是因为他们身上的法身没有被他们现证，所以没有现实开发或显现，而佛的潜在的法身被现证了，由于得法身，因此便成佛了。佛性、菩提、涅槃等都是真心的另外的表述方式，因此也都有潜在存在和现实显现之别。借用现象学的术语来说，如果真心、佛性等在行者面前变成了有现象学性质的实在，那么得此性质的人当即便由凡转圣。这样说的文本根据很多。如《大佛顶首楞严经》指出：佛所证得的真性或真心既不是因缘性的东西，也不是自然性的东西，而是本觉中显现出来的平等空性、大虚空性、法界性。由于显现出来的空性中包含有觉性的作用，是众多因素相互作用的产物，因此它就不再是自在的存在，也不能还原为组成它们的要素，是故经中常说：它性非因缘，非自然性。在显现出来的空性或真心中，如果没有觉性的作用，此真心就应是一种自然性。正是由于这个真心依赖于觉性的“觉”或“明”或“见”，因此此真心常被称作菩提、本觉、

① 《大佛顶首楞严经》卷1，[唐]般剌蜜帝译，《大正藏》第19册，第106页。

明性、妙明、圆觉、觉元、妙净见精、见性、精觉妙明、如来藏。经云："清净本心，本觉常住。"[①]这就是说，有两种真实或实相或真心：一是自在的实相、真心，它们具有自然性，是故经中常说，本无、空无即自然；二是显现出来的或被证得的实相、真心。此真心具非自然性。因为它离不开见性、觉性的作用，具有菩提性。[②]当然，这里的明或觉又不是来自于真心之外，更不是妄心的明，如果是外加的，那么本身就是妄念，就是真心起妄、转妄的开始，而是真心的不假念动的明，是与寂然体性完全合一的明。质言之，真心的明的特点是：寂就是明，明就是寂。正所谓寂而常照，照而常寂，寂照不二。

在理解上述思想时，《大佛顶首楞严经》所说的"清水现前"这个比喻显然值得注意。它通俗地以比喻的方式说明了潜在真心转化为现实的真心过程、特点以及显现性真心的本质。经云："欲令见闻觉知，远契如来常乐我净，应当先择死生根本，依不生灭，圆湛性成，……无生灭性为因地心，然后圆成果地修证，如澄浊水，贮于净器，静深不动，沙土自沉，清水现前，名为初伏客尘烦恼。去泥纯水，名为永断根本无明，明相精纯，一切变现，不为烦恼，皆合涅槃清净妙德。"[③]这就是说，成佛入涅槃的空无化操作有两步。一是以无生灭心，将心停歇，就像澄清浊水一样，让混浊下沉，让清水现前。至此，即进到了初伏烦恼的果位。二是将沉下去的泥渣连根抛弃，即断无明根本。果如此，真心即会完全显现。换言之，到了这一步，一切"变现"，即为度众生而示入生死海以及所示现的心身世界，都不再会为四缠五浊所碍，皆合"涅槃清净妙德"。更重要的是，到了这一步，即使行者不离烦恼，出入于污泥，但他的真心永远不会有烦恼。身在烦恼，也可圆满无缺地让真心显现。可见，从心理学角度说，转凡成圣的关键或枢纽是把妄心清除干净或不让它们变现，而让清水现前，让真心显现或做主。

怎样显真心呢？要显真心，就要学会摄心，即常行直心。《大佛顶首楞严经》云："我教比丘，直心道场。……因地不直，果招纡曲。……若诸比丘，心如直弦，一切真实入三摩提，永无魔事，我印是人成就菩萨无上知觉。"[④]《十住断结经》指出：

---

① 《大佛顶首楞严经》卷2，[唐]般剌蜜帝译，《大正藏》第19册，第113页。
② 《大佛顶首楞严经》卷2，[唐]般剌蜜帝译，《大正藏》第19册，第113页。
③ 《大佛顶首楞严经》卷4，[唐]般剌蜜帝译，《大正藏》第19册，第122页。
④ 《大佛顶首楞严经》卷6，《大正藏》第19册，第133页。

尽管众生有潜在的不堕倒见、不处生死的本性，但由于无明，这种性质便在那里睡大觉，因此沉沦生死。菩萨之所以为菩萨，是因为按“法要”去修证，进到了不堕倒见、不处生死、甚至不念中道见证的状态。此状态显然是由潜在性所变成的现实性。经云：“吾我空者，诸法亦空，诸法空者，六思念法亦复如是，不堕倒见，不处生死，亦复不念中道取证，是谓菩萨深了法要。”①简言之，诸佛法、诸经之法要，就是无著，连佛、中道也不著。深达此义，即达法要。

上述思想在中国禅宗中得到了发扬光大。禅宗告诉我们：除本心、妄心之外，还有一个被证得的、显现的真心。就此而言，未被证得的那个（不染不净、不生不灭）真如心即自在的真心，而显现出来的真心则是现象学性质的真心。属禅宗牛头派的玄挺禅师对《金刚经》的“应无所住而生其心”的解释足以说明这一点：“无所住者，不住色、不住声，不住迷、不住悟、不住体、不住用。而生其心者，即是于一切处而显一心”。②这里的“显”显然是今日现象学所说的显现，是标准的现象学术语，因此，此显现的一心既是真心，又不再是自在的真心，因为它包含了显现的成分，有觉性的作用在里面。《宗镜录》所说的对第一义（即真如门）的“证”，即是这种心。“若此一心推末归本者，谓证第一义，则得解脱。第一义是缘之性，若见缘性，则脱缘缚。”③这种被证得的真心，尽管是归本，与本真之心合一，但毕竟有一个新的维度或方面，例如里面包含有证、显、见的成分。因此两种心有一定的差别。质言之，证得的真心不同于自在的真心，因为后者非净非染，不动不变，而前者的特点是：“若照之，则心心寂灭，圆证涅槃。”④里面有照、证的成分，有显现的特点，即是显现出来的一味真心。

由上述心理学的分析可找到转凡成圣的关键，那就是通过调心、摄心，让真心显现，即让潜在真心转化为现象学性质的真心。《佛说法集经》强调：“诸法直心、深心，以为根本”。⑤既然如此，凡夫欲成佛，必须扫掉尘埃，让自心的直心、深心显现，否则就是“远离诸佛妙法”。⑥

由于人的觉悟不同，亲见作为本来面目或真心的大小、圆偏、程度必然各不

① 《十住断结经》卷5，[姚秦]竺佛念译，《大正藏》第10册，第1001页。
② [五代]延寿：《宗镜录》卷98，《大正藏》第48册，第944页。
③ [五代]延寿：《宗镜录》卷4，《大正藏》第48册，第435页。
④ [五代]延寿：《宗镜录》卷5，《大正藏》第48册，第439页。
⑤ 《佛说法集经》卷6，[北魏]菩提流支译，《大正藏》第17册，第644页。
⑥ 《佛说法集经》卷6，[北魏]菩提流支译，《大正藏》第17册，第644页。

相同，因此所证的现象学性质的真心也就不可能一样。从量化的角度说，《大佛顶首楞严经》说至圣的过程有六十阶位，那么此显现的真心也应有大致相近的阶次。最理想的状态是，佛百分之百地证得了真心，连等、同的因素都没有，是绝对的回归，因此只有佛达到了妙觉。仅次于妙觉的等觉之所以不是佛的觉，是因为这种对真心的显现尚有一点不圆满，即有等、有合的成分，就像用电焊焊过的接头一样，佛的妙觉对真心的显现就像无缝焊接一样。

《大佛顶首楞严经》所描述的六十成佛阶位，指明了每一阶位的现象学性质或特点，因此为转凡成圣指明了方向，同时也指出了每一阶位存在的问题，这又为进一步的对治进而向上攀登指明了出路。经云：六十阶位为“无上正修行路”，可让人“从于凡夫，终大涅槃”。因此“直诣如来大涅槃者”，“先当识此众生世界二颠倒因”。①所谓众生颠倒，性妄见生，从毕竟无成毕竟有，“本此无住，建立世界及诸众生，迷本圆明，是生虚妄。……展转发生，生力发明，熏以成业，同业相感，因有感业，相灭相生，由是故有众生颠倒。”②即是说，本来没有众生，原本妙性圆明，一切如如，后由于颠倒妄见，因此便有众生。有众生之后，便作诸业行，进而展转相生，无有间断。此即一颠倒。二颠倒是世界颠倒，在佛教看来，世界的出现也是一种颠倒。从界（空间）与世（时间）的发生过程就可明白其中的道理：“是有、所有，分段妄生，因此界立。非因、所因，无住、所住，迁流不住，因此世成。三世四方，和合相涉，……是故世界因动有声，因声有色，因色有香，因香有触，因触有味，因味知法。六乱（上述六尘法）、妄想成业性故，十二区分（十二因缘）由此轮转。是故世间声香味触，穷十二变为一旋复。乘此轮转颠倒相故，是有世界卵生、胎生、湿生、化生。”③

要除二颠倒、诸乱想，须得修三渐次。三渐次是成佛的最初的三个阶次：一是第一增进修行渐次，旨在永断五辛，如蒜葱等；④二是严持戒律，以断淫心等，刳其正性；三是于外六尘不放逸，做到根尘脱离。因为“尘既不缘，根无所偶”。⑤果如此，便能获无生法忍。

---

① 《大佛顶首楞严经》卷7，[唐]般剌蜜帝译，《大正藏》第19册，第138页。
② 《大佛顶首楞严经》卷7，[唐]般剌蜜帝译，《大正藏》第19册，第138页。
③ 《大佛顶首楞严经》卷7，[唐]般剌蜜帝译，《大正藏》第19册，第138页。
④ 五辛或五荤有不同说法，此处依据的是《楞严经》。
⑤ 《大佛顶首楞严经》卷8，[唐]般剌蜜帝译，《大正藏》第19册，第141-142页。

第四位是乾慧地。如果修三渐次取得了成功，便能进入乾慧地。“乾”有“干枯”的意思，指欲爱心之清除，慧即智慧充满。经过上述的修习，便有这样的结果发生：“欲爱乾枯，根境不偶，现前残质，不复续生，执心虚明，纯是智慧。……乾有其慧，名乾慧地。”①是故，此地常被称作干慧地。

接下来是十信位。它们分别是：①信心。灭尽一切妄想、中道纯真。②念心。一切圆通，三界无碍，得无遗妄。③精进心。努力进趣真妙圆明之心。④慧心。心精现前，纯以智慧。⑤定心。寂妙常凝，心不动不摇。⑥不退心。荧光发明，明性深入，唯进无退。⑦护法心。心进安然，保持不失，十方如来，气分交接。⑧回向心。心光密回，获佛常凝，安住无为。⑨戒心。心回向佛，则于净戒，安住不失。⑩愿心。住戒自在，所去随愿。

十信之后的阶位是十住。十住的目的是要以善巧方便安立已心。经过十种心理调适，便能由凡夫转变为佛子。可见十住的作用是将人转化成佛子。而十住实即调适心灵，节制心灵，让心性上的尘垢不断减少，让被覆蔽的真心逐渐显现出来。去一份妄心，清除一点灰尘，真心就显现一点。因此十住的操作，实即心灵的空无化操作，真心的返真、回归过程。它们分别是：①初发心住。即努力做到圆成一心。②治地住。即努力发明自心的本性，让清净本性显露。③修行住。即前二住元智供明了，游履十方无障碍。④生贵住。即行与佛同，受佛之气分。⑤方便具足住。即习无量之善根，自利利他，方便具足，相貌无缺。⑥正心住。让容貌、心性像佛的容貌和心性一样空寂。⑦不退住。即入于无生毕竟空界，心常行空无相愿，身心和合，日日增长。⑧童真住。即自发心起，始终不倒退，不起邪魔破菩提之心。（至此，佛之十身昊相乃一时具足）。⑨法王子住。即相形具足，于二焉出胎。⑩灌顶住。即佛以智水为之灌顶。

十行分别是：①欢喜行，即作大施主，能舍一切，三时无悔，令他欢敬。②饶益行，即持净戒伏众魔，令一切众生立无上戒，得不退地，饶益自他。③无嗔恨行，又名无恚恨行或无违逆行，即修忍辱离嗔，谦卑恭敬，不害自他，对怨能忍。④无尽行，又名无屈挠行，即多劫受诸剧苦，仍勤修精进，求法济生，广摄善法。⑤离痴乱行，又名无痴乱行，即常住正念不散乱，于一切法无痴乱。⑥善现行，即知一切法无所有，三业寂灭，无缚无著，而亦不舍教化一切众生。⑦无

① 《大佛顶首楞严经》卷 8，[唐]般刺蜜帝译，《大正藏》第 19 册，第 142 页。

著行，即历诸尘刹供佛求法，心无厌足，且以寂灭观诸法，故于一切无所著。⑧尊重行，又名难得行，即尊重善根智慧等法，悉皆成就，由之更增修二利之行。⑨善法行，即得四无碍陀罗尼等法，成就种种化他善法，以守护正法，令佛种不绝。⑩真实行，即成就第一义谛之语，如说能行，如行能说，语行相应，色心皆顺。[①]

再看十回向。回即回归，向即趣向。十回向讲的都是心之行法，或心寻求安住之处的方法。①救护一切众生离众生相回向：度众生时灭除度相，回无为心，向涅槃路，此即在救护众生的同时又离众相的回向。②不坏回向：坏其可坏，远离诸离。③等一切佛回向：本觉湛然、觉齐佛觉。④至一切处回向：精发明，地如佛地。⑤无尽功德藏回向：世界如来，互相涉及，得无挂碍。⑥随顺平等善根回向：于佛地中生清净因，依因发挥，取向涅槃道。⑦随顺等观一切众生回向：视众生为我本性，性圆成就，不失众生。⑧如相回向：即一切法，离一切相，对于此即和此离，都无所著。⑨无缚解脱回向：真得所如，十方无碍。⑩法界无量回向：性德圆成，法界量灭。[②]

四加行是《大佛顶首楞严经》开示的六十阶位中的较高的四个位次。它强调：以上述四十种住心为一心，即成下述四种圆妙加行。①暖地位：以佛之觉用为已心，若出未出，犹如鑽火，欲燃其木，即为暖地。②顶地位：以已心成佛之行，似依非依，如登高山之项，身入虚空，下有微碍，名为顶地。③忍地位：心佛等同，善得中道，如忍事人，非怀非出，名忍地。④世第一位：觉迷具销，达到世间的最高境界。[③]

再看十地。它们分别是：①欢喜地，进到了圣贤的境界、得大菩提。②离垢地，异性入同，同性亦灭。③发光地，净极、明生。④焰慧地，明极、觉满。⑤难胜地，一切同异所不能至。⑥现前地，无为真如，性净明露。⑦远行地，尽真如际。⑧不动地，只是纯一的真如之心。⑨善慧地，发真如之用。修习至此，功德圆满，又可称作修习位。⑩法云地，慈阴妙云，覆涅槃海。[④]

最后两个位次分别是等觉和妙觉。它们位于十地之后。修好十地，进一步加

---

①《大佛顶首楞严经》卷 8，[唐]般刺蜜帝译，《大正藏》第 19 册，第 142 页。
②《大佛顶首楞严经》卷 8，[唐]般刺蜜帝译，《大正藏》第 19 册，第 142 页。
③《大佛顶首楞严经》卷 8，[唐]般刺蜜帝译，《大正藏》第 19 册，第 142 页。
④《大佛顶首楞严经》卷 8，[唐]般刺蜜帝译，《大正藏》第 148 页。

以圆满，“顺行而至觉际”，[①]即为等觉。到等觉位，此觉即金刚心，但尚未完全证得真心。进一步前进，成无上道，即为妙觉，或无上正等正觉。

成佛的六十阶位实际上是渐次入空或由潜在真心转化为现实真心的过程。如果除去乾慧地和四加行住，即为五十五。五十五阶位或六十阶位不外是空行的由浅入深、由圆满到不圆满的过程，即由信空到解空、行空、证空、究竟空理的过程。对此，《大佛顶首楞严经》卷第八有这样的表述：“是种种地，皆以金刚，观察如幻十种深喻。”[②]所谓十种深喻，即是为了说明一切诸法之空寂本质，而用的十种比喻，如：如焰、如幻、如化、如水中月等。该经云：“奢摩他中，用诸如来毗婆舍那，清净修证，渐次深入，……善能成就五十五位真菩提路，作是观者，名为正观。”[③]

如果再细化，转凡成圣过程中出现的现象学心理将至无穷。例如在禅定中，心中的妄念每清除一个，就将出现一种新的现象学境界。一般而言，禅修的过程是一个从外住的杂念纷飞，到内住的逐渐纯化的过程。在后一阶段，又有一个从杂念纷飞到多念、少念、一念、净念相继、无念的过程。每一小的阶段又可分出许多小阶段。每一阶段都有可描述的对应的现象学特点。我们这里以禅宗的参话头为例来略加考释。

所谓话头即念头、话语的源头，亦即一念未生之前的本然的心理状态。虚云大师说：“话头即是一心，你我此一念心，不在中间内外，亦在中间内外，如虚空不动而一切处。”[④]参话头即照顾话头。“照顾此一话头，看到离念的清净自心，再绵绵密密，恬恬淡淡，寂而照之。”[⑤]参话头的最终目的是要让真心或法身现前，让本心由潜在变为现实。参话头的基本方法是：观妄想从何而起？“妄想无性，当体立空，即复我本无的心性，自性清净法身佛，即此现前。”[⑥]

要达到最高目的，在参禅的初、中级阶段，务必让疑念现前。即是说，在此过程中，显现的不能再是妄念，而必须是一念，即疑念。此即以一念制万念。虚云大师说：“在‘谁’字上发起轻微的疑念，但不要粗，愈细愈好，随时随地，

① 《大佛顶首楞严经》卷 8，[唐]般刺蜜帝译，《大正藏》第 19 册，第 142 页。
② 《大佛顶首楞严经》卷 8，[唐]般刺蜜帝译，《大正藏》第 19 册，第 142 页。
③ 《大佛顶首楞严经》卷 8，[唐]般刺蜜帝译，《大正藏》第 19 册，第 142 页。
④ 净慧法师主编：《虚云和尚全集》（第 1 册），中州古籍出版社 2009 年版，第 162 页。
⑤ 净慧法师主编：《虚云和尚全集》（第 1 册），中州古籍出版社 2009 年版，第 160 页。
⑥ 净慧法师主编：《虚云和尚全集》（第 1 册），中州古籍出版社 2009 年版，第 162 页。

单单照顾定这个疑念，像流水般不断地看去，不生二念。”“渐渐狂心收笼了，念头也有点把得住了，才叫做参；再渐渐功夫纯熟，不疑而自疑，……单单疑念现前，不间不断，这才叫做疑情。”[①]此即“真疑现前”。[②]

虚云大师把参禅的过程分为四个阶段。在这四个阶段中，每一阶段都有现象学心理出现。第一个阶段是刚入门的阶段，其特点是：话头看不上，不是妄想纷飞，就是昏沉摇摆。二是老念着“念佛是谁”这个话头，成了念话头，其实是在话尾上用心。三是会看话头，“蓦直看到无念心相，逐渐过了寂静，粗念既息，得到轻安，就有了种种境界出现”，[③]如觉得身子轻飘飘地上腾了，有的人则能见到可怕的境界。四是走上了正轨的，“清清爽爽，……正好振起精神，用功向前”，[④]如能让疑念现前，绵绵密密。努力向前挺进，会有这样的觉照：“直至高高山顶立，浑浑海底行，再撒手纵横去。”[⑤]

以上现象学境界都不究竟。即使是正确的解释或说法，也都是方便而说，其实质是以毒攻毒。究竟的境界是离言绝相的。如虚云大师所述：“唯传一心，直指人心，见性成佛。不落阶级，不假修证，一言半句即了，无一法可得，无一法可修，当下就是，不起妄缘，即如如佛”[⑥]。与此相应，对于圣贤的具有现象学性质的心境也只能作这样的不得已的描述：“一切圣贤，能转万物，不被万物所转，随心自在，处处真如。”正如《大佛顶首楞严经》所云：“若转万物，即同如来。”[⑦]例如老参有这样的心理状态显现：“老用心到真疑现前的时候，有觉有照，仍属生死；无觉无照，无落空亡。到这境地实在难，很多到此洒不脱，立在百尺竿头，没有进步的。”[⑧]

据戒尘禅师回忆，虚老在与戒尘师对话之后批评说：“汝乃学语之流，……不信，你我同坐一时，始见真实功夫。”[⑨]虚老说罢即入定，一坐七日，而戒尘师“则妄念波腾，加以八识中有漏种子发现，到此全不得力，半日亦坐不住”[⑩]。虚

① 净慧法师主编：《虚云和尚全集》（第1册），中州古籍出版社2009年版，第168-169页。
② 净慧法师主编：《虚云和尚全集》（第1册），中州古籍出版社2009年版，第173页。
③ 净慧法师主编：《虚云和尚全集》（第1册），中州古籍出版社2009年版，第174-175页。
④ 净慧法师主编：《虚云和尚全集》（第1册），中州古籍出版社2009年版，第175页。
⑤ 净慧法师主编：《虚云和尚全集》（第1册），中州古籍出版社2009年版，第175页。
⑥ 净慧法师主编：《虚云和尚全集》（第1册），中州古籍出版社2009年版，第175页。
⑦ 净慧法师主编：《虚云和尚全集》（第1册），中州古籍出版社2009年版，第259页。
⑧ 净慧法师主编：《虚云和尚全集》（第1册），中州古籍出版社2009年版，第173页。
⑨ 净慧法师主编：《虚云和尚全集》（第1册），中州古籍出版社2009年版，第373页。
⑩ 净慧法师主编：《虚云和尚全集》（第1册），中州古籍出版社2009年版，第373页。

老在禅中是有知还是无知？有知不名为定，而如果无知即为枯定。虚老是怎样处理这个矛盾的呢？虚老曰：“须知禅宗一法，原不以定为究竟，只求明悟心地。若是真疑现前，其心自静。以疑情不断故，不是无知；以无妄想故，不是有知。又虽无妄想之知，乃是针杪堕地皆知之，但以疑情力故，不起分别，虽不分别，以有疑情不断故，不是枯定；虽不是枯定，乃是功用路途中事，非为究竟。又此七日，只是觉得一弹指顷；一落分别，便起定也。须以此疑情，疑至极处，一日因缘时至，打破疑团，摩着自家鼻孔，方为契道无生。”①

参话头的较高境界是：只有一个话头，它“灵光独耀”，或就像黑夜的探照灯，历历孤明，湛然明彻，“以我不动的话头，如金刚王宝剑，佛来佛斩，魔来魔斩，心来心斩，众生来众生斩，即是绵绵密密地参去，惺惺寂寂地看住。”再进一步，“一到机缘成熟时，看清了，参透了，忽然惺惺寂寂的化境现前！即是顿寂寂底，骇悟大彻！……这样一来，已打破了本来的面目，已得了深深的见处。未破本参的禅德有这样的彻悟，是破本参的见处；破了本参的人有这样的彻悟，是透重关的见处；透了重关的人有这样的彻悟，是出生死牢关的见处；出了生死牢的人有这样的彻悟，是踏祖关的见处；乃至是八相成道、入般涅槃的见处。”②

我们再来看其他大德所经历的现象学心理。寒山大师参禅时出现了这样的现象学境界：“高高山顶上，四顾极无边。”虚老对此的解释是：“说独露真常，不属一切，尽大地光皎皎地，无丝毫挂碍。”“静坐无人识，孤月照寒泉。泉中且无月，月是在青天。”其意思是：“真如妙体，凡夫因不能识，三世诸佛也找不到我的处所，故曰无人识。”“吟此一曲歌，歌中不是禅。”意即：“怕人认指作月，故特提醒我们，凡此言说，都不是禅呀！”③莲池大师（云栖袾宏）开悟的心得是：“二十年前事可疑，三千里外遇何奇，焚香掷戟浑如梦，魔佛空争是与非。”④憨山大师开悟前有这样的先兆：坐在桥上参禅，初则小声宛然，久之动念即闻，不动即不闻。一日，坐桥上，忽然忘身，则音声寂然，自此众响皆寂，不为扰矣。一日粥罢经行，忽立定，不见身心，唯一大光明藏，圆满湛寂，如大圆镜，山河

① 净慧法师主编：《虚云和尚全集》（第1册），中州古籍出版社2009年版，第374页。
② 净慧法师主编：《虚云和尚全集》（第1册），中州古籍出版社2009年版，第356页。
③ 净慧法师主编：《虚云和尚全集》（第1册），中州古籍出版社2009年版，第173页。
④《憨山大师年谱》，新洲报恩寺1993年印行，第53页。

大地，影现其中，及觉，则朗然，自觉身心了不可得。即说偈曰：瞥然一念狂心歇，内外根尘俱洞彻，翻身触破太虚空，万象森罗从起灭。自此内外湛然，无复音声色相为障碍，从前疑念，当下顿消。[①]可见，不同的修行人，有不同的现象学境界。

我们再来看佛菩萨所体悟到的现象学真心。概括地说，那就是不著相，求空即求法，《维摩诘所说经》云："求法者，不著佛求，不著法求，不著众求。……法名寂灭。……法名无染。……法无取舍。……法名无相。……法名无为。……若求法者，于一切法应无所求。"[②]至此境界，万法、众生皆如幻化。"譬如幻师见所幻人"，[③]能见所见皆幻，如空中鸟迹，如石女儿，如化人起烦恼，"菩萨观众生为若此。"[④]楚山绍琦禅师说："旷劫至今，本无生灭，原非染净，孤光皎皎，脱体无依，妙用真常，廓周沙界。"一切无声无相，"若了此心，法亦不有。"[⑤]观音菩萨通过修证耳根圆通法门，心身发生了根本变化，如见闻觉知无分隔，"获妙妙闻、心心精遗闻，见闻觉知不能分隔，成一圆融清净宝觉。"[⑥]即是说，六根的见闻觉知功能不再分别由某一根担当，其界限不再分隔，而转化成了清净本觉的功能，即成一圆融清净宝觉。

综观前面几节可以说，诸法、妄心与真心的关系是：妄心像虚空中出现的空花，是由错觉所致，真心就像大虚空，由于无明等缘在其上出现了，因此其上才有妄心随缘而现。如果能"净觉随顺"，便能清除妄心，"了达无明"，知其像空花，进而让真心显现，"平等不动转"。[⑦]也可以说，真心与妄心的关系是体用不二的关系。如《万善同归集》所云："真实心为体，缘虑心为用。用即心生灭门，体即心真如门。约体用分二，惟是一心。即体之用，用不离体。即用之体，体不离用。开合虽殊，真性不动。"[⑧]

从究竟理地上说，言外法，言潜在真心、现实真心和妄心，都不过是方便而说，就像手指与被指月亮的关系。说真说妄都是为了让人明白那不可言说的

① 《憨山大师年谱》，新洲报恩寺1993年印行，第46-48页。
② [古印度]维摩诘：《维摩诘所说经》卷中，《大正藏》第14册，第546页。
③ [古印度]维摩诘：《维摩诘所说经》卷中，《大正藏》第14册，第547页。
④ [古印度]维摩诘：《维摩诘所说经》卷中，《大正藏》第14册，第547页。
⑤ 《开示五羊深禅人》，见[明]莲池《皇明名僧辑略》卷一。
⑥ [北宋]子璇集：《首楞严义疏注经》卷6，《大正藏》第39册，第906页。
⑦ 《大方广圆觉修多罗了义经》，[唐]佛陀多罗译，《大正藏》第17册，第913页。
⑧ [五代]延寿：《万善同归集》卷下，《大正藏》第48册，第991页。

存在。因此不能停留于言说之上。否则，就是误把手指当月亮。《大佛顶首楞严经》云："若复观指以为月体，此人岂唯亡失月轮？"因为他同时亡其指，"亦复不识明之与暗。何以故？即以指体为月明性，明暗二性无所了故。""若以分别我说法音为汝心者，此心自应离分别音有分别性。"①虚云老和尚说得好："真心""妄心"都是妄语。因为"佛明三界本无一法建立，皆是真心妄起，生万种法；'真心'亦不过因有妄物对待而立之假名。"②就像水与波浪，平静时称作"水"，动时称为"波浪"，都是相对地所立的假名。真心与妄心也是这样。"一念迷惑时，心成物，无成有，色成空，真成妄，……若一念觉悟时，物不异心，有不异无，色不异空，妄不异真。……所谓唯心、唯物、有神、无神，皆是识心分别计度耳。"③

总之，从语言上说，心灵哲学的解构、建构有三个话语层次。一是世俗话语层次。如果在这个层次讨论心灵哲学问题，那么在佛教看来，只是在妄心、妄语中兜圈子，充其量只是方便之说。二是真谛话语层次，这个层次的心灵哲学的特点在于：区分开了真心、妄心，区分开了潜在真心与显现真心，发现了两种真心这两种特殊存在。三是废诠、默然的层次，亦即佛菩萨证果或入极果的层次。这种心灵哲学的作用在于：让人废诠归实、离言绝相，甚至认识到"真心""妄心"都是妄语，是不得已的方便施设。果有此认同，便必然像维摩诘居士在讨论不二法门时的表现那样，默然不语。此状态即成佛的状态。

佛境界就是一种现象学真心，因此此境界即大空界、大平等。佛始终面对或依住的是："无心意识，无相离相，断一切相，不著彼，不著此，不住此岸，不住彼岸，不住中流，不可思议，非不可思议，非思维所及。不高不下，无系缚，无解脱，非有智，非无智，非烦恼，非不烦恼，不真实，不虚妄，非智，非非智，不可思议，非不可思议，非行，非不行，非念，非不念，非心，非不心，非意，非不意，非名，非不名，非色，非无色，无取，无不取。……非可见，非不可见，非得果，非不得果，无心无体，无量无边。"④

①《大佛顶首楞严经》卷2，[唐]般剌蜜帝译，《大正藏》第19册，第111页。
② 净慧法师主编：《虚云和尚全集》(第1册)，中州古籍出版社2009年版，第180页。
③ 净慧法师主编：《虚云和尚全集》(第1册)，中州古籍出版社2009年版，第181页。
④《度一切诸佛境界智严经》，[南梁]僧伽梁罗等译，《大正藏》第12册，第251页。

第五节 真心与如来藏、菩提、真如

真心、如来藏、菩提和真如等佛教的独有话题，也可理解为佛教探讨心灵本质和奥秘的不同视角。正是在此意义上，我们把佛教所建立的关于它们的理论看作是人类心灵哲学的有机组成部分。

如《大佛顶首楞严经》所述，真心与如来藏等名称是同实异名的关系，即是说，这些词形式不同，但所指其实是同一的对象，即万事万物的寂而常照、照而常寂的体性。当然，各自的切入点、侧重点、所反映的特点略有不同，即都分别从不同的方面揭示了心乃至世界的本质和奥秘。

在前面诸节，我们已多侧面考释过真心这一概念，这里先来看如来藏。佛教对如来藏的探讨之所以有心灵哲学的意义，是因为这一探讨有近于莱布尼兹和康德哲学的地方。他们对心的基本本体论承诺是，心内不是白板，不是什么也没有，而是有先天的资源的，是有“纹路”和许多禀赋的。这种对心内原始构成的深挖无疑是心灵哲学的应有之义。事实也这样，西方最近经历了从认识论到心灵—认知转向的天赋论，他们把这一研究称作对原初心灵的研究。佛教的如来藏思想也是这样。该词的“如”有“不变”之意，指的是万事万物的真实不变的体性、实相，也可称作真如。有两种如：一是如如智，第一个“如”字有“像”之意，如如智即如实观照真如理体的智慧；二是如如境，即是真如的境地，事物的本来面目，如实际一样，无人为增减。“来”即来自、源自。“如来”即从真如体性而来。“藏”有宝藏、隐藏等意。从字面上说，“如来藏”指的是藏佛珍宝的地方，或像藏宝室一样的实在，亦即如来之藏。论云：“一切众生悉在如来智内，故名为藏。”①就这个概念的内涵来说，“如来藏义有三种应知”，②即是说，可从三方面揭示如来藏的本性和构成。①所摄藏，或所藏，意即一切众生是如来藏。“所摄名藏者，佛说约住自性如如，一切众生是如来藏。”③住自性即众生本具的体性、真如，或如如不变之性，佛据此说众生都藏有如来。②隐覆藏，或隐覆为藏。其意思是：

---

① [古印度]天亲菩萨：《佛性论》卷2，[南陈]真谛译，《大正藏》第31册，第796页。
② [古印度]天亲菩萨：《佛性论》卷2，[南陈]真谛译，《大正藏》第31册，第795页。
③ [古印度]天亲菩萨：《佛性论》卷2，[南陈]真谛译，《大正藏》第31册，第795页。

“如来自隐不现，故名为藏。”[①]众生都有如来本性，但在条件不成熟时，是不会显现的，只会像地下的宝藏一样沉睡、隐覆或隐藏着。就此而言，如来对众生是隐藏着的。③能摄藏，或能摄为藏，指的是果地的无数功德。在这些功德没有现实化之前，即在“应得未得”时，如来是能摄，且“摄之已尽”，[②]分毫不差，在至果时，这些功德会圆满显现。如来是能摄这一切功德的圣者。如来之得不是始得，而是本有。

佛与众生都有如来藏，所不同的是，如来藏在众生身上是潜在的，在佛身上，则现实化了。经云：“一切众生，虽在诸趣烦恼身中，有如来藏常无染污，德相备足，与我无异。……若佛出世，若不出世，一切众生如来之藏，常住不变，但彼众生烦恼覆故。”[③]在众生身上，如来藏之所以未显现，是因为它为烦恼覆盖着。佛教的任务就是要开发这个宝藏。如偈云：“一切众生身，佛藏安隐住，说法令开现。”[④]“譬如真金堕不净处，隐没不现。”[⑤]尽管不为人所知，但真金客观存在，不坏不变。只要方法运用得当，定能让其显现。

每个人都有心，而心中生来就有其资源和结构，不然它就不是区别于他物的东西。如来藏就是心的资源的组成部分。其中之所藏就是成佛的先天资源，可能的无漏种子，或如如智、如如境，或无量性功德，是故被称作待开发的真金。经云：“彼如来藏清凉无热，大智慧聚妙寂泥洹，名为如来应供等正觉。”[⑥]也可以说，此如来藏就像金身上被黑土覆盖的佛像。佛像客观在其内，只是由于被灰土覆遮，才没有显现。如偈云：“譬如大冶铸，无量真金像。愚者自外观，但见焦黑土。铸师量已冷，开摸令质现，众秽既已除，相好尽然显。”[⑦]

佛教不仅承认心中有宝藏，而且对其具体内容或所藏的具体珍宝进行了具体的勘探和开发。《佛说不增不减经》强调，如来藏有三法，即有三方面的体性、构成。①“如来藏本际相应体及清净法”。[⑧]“本际”即本来的、实际的，意思是说，如来藏作为无为法如实不虚，不离不脱，有空寂之本体，智慧清净，是真如

① [古印度]天亲菩萨：《佛性论》卷2，[南陈]真谛译，《大正藏》第31册，第796页。
② [古印度]天亲菩萨：《佛性论》卷2，[南陈]真谛译，《大正藏》第31册，第796页。
③《大方等如来藏经》，[东晋]佛陀跋陀罗译，《大正藏》第16册，第457页。
④《大方等如来藏经》，[东晋]佛陀跋陀罗译，《大正藏》第16册，第457页。
⑤《大方等如来藏经》，[东晋]佛陀跋陀罗译，《大正藏》第16册，第458页。
⑥《大方等如来藏经》，[东晋]佛陀跋陀罗译，《大正藏》第16册，第458页。
⑦《大方等如来藏经》，[东晋]佛陀跋陀罗译，《大正藏》第16册，第459页。
⑧《佛说不增不减经》，[北魏]菩提流支译，《大正藏》第16册，第467页。

法界、不思议法，无始本际以来，“有此清净相应法体”，[①]有能生种种善法的清净种子。②“如来藏本际不相应体及烦恼缠不清净法”。[②]意即，从无始本际以来，如来藏与烦恼等不清净法不相应，本身不是不清净法，但为不清净法所覆所染。尽管如此，仍自性清净。③“如来藏未来际平等、恒及有法。”[③]意即就未来来说，如来藏永远都一样，都是平等不二的，都不生不灭，常恒清净，且住持一切法、摄持一切法。

从作用上说，如来藏尽管是潜在的可能性宝藏，但它是佛由凡转凡的根本、基础，是如来心所依处、所行处，因此是真正的第一义谛、是甚深义。这里的“义”即客观真理、实际。经云：“此甚深义乃是如来智慧境界，亦是如来心所行处。……此深深义者即是第一义谛。第一义谛即是众生界，众生界者即如来藏，如来藏者即是法身。”“此法身是不生不灭法，非过去际，非未来际，离二边故。……如来法身恒，……如来法身清凉，……如来法身不变。”[④]如来藏对成佛之所以重要，是因为它是人心中的成佛的因或种子。我们知道：佛心的特点是恒常寂灭。这种如金刚一样的心是不能来自于刹那不住的有为法的，就像金子不能来自于破铜烂铁一样，而必须以有恒常不变、非刹那生灭性的资源为根据。这根据正是来自于如来藏。如前所述，如来藏有本际相应体。此体常住，因此才能成为心灵转化的基础，才能成为人们由凡转圣的根据。经云：“若刹那不住者，一切圣者不成圣人”，如来藏有本际相应体，圣者才能以此为基础由凡转圣。它是“如来证法，非刹那不住。”[⑤]

还应认识到的是，如来藏“离我、我所”，无生无灭，犹如虚空，既是世界上有真善美福等美好价值的因，是众生的成佛之因，同时也是一切不善法、负面价值的因，乃至六道轮转也离不开此因。因此它是一切现实性的根、因。为什么是这样呢？道理在于：它是一切法的所依因，它里面储存的东西具有无限的可塑性。“如来之藏是善、不善因故，能与六道作生死因缘。”[⑥]这意思是说，如来藏体如虚空，因此具有无限的可塑性，你为它提供净缘，它就生净法，乃至成为成

---

① 《佛说不增不减经》，[北魏]菩提流支译，《大正藏》第16册，第467页。
② 《佛说不增不减经》，[北魏]菩提流支译，《大正藏》第16册，第467页。
③ 《佛说不增不减经》，[北魏]菩提流支译，《大正藏》第16册，第467页。
④ 《佛说不增不减经》，[北魏]菩提流支译，《大正藏》第16册，第467页。
⑤ 《入楞伽经》卷8，[北魏]菩提流支译，《大正藏》第16册，第559页。
⑥ 《入楞伽经》卷7，[北魏]菩提流支译，《大正藏》第16册，第556页。

佛之因，你为它提供的是染缘，它就生染法，乃至让你下地狱或变饿鬼。就像一堆泥巴，尽管可被捏成许多人的像，甚至还可造成别的无数的形态，但究竟被捏成什么样子，完全取决人具体的捏的活动。如来藏也是这样，它的资源具有无限的可塑性，究竟是让它成为善法还是不善法，完全取决于人们为它提供的缘或条件。它能随缘变现一切，但由其永恒不变的体性所决定，它永远是随缘不变的。

如来藏尽管是心中的深层构造，是心的根本和基础，众宝具足，有巨大的能动作用，但它不同于外道所说的神我。它尽管也是“常恒清净不变”的，但不同于外道所说的恒常不变的实体，“因为，我说如来藏常，不同外道所有神我，……我说如来藏空、实际涅槃、不生不灭，无相无愿等。文辞章句，说名如来藏，”“而如来藏无所分别，寂静无相。”①它不是一个实体，不是一个东西，只是说名为如来藏。“不应执著有我之相”。②彼法无我，离诸一切分别之相。可以把它称作涅槃或无我、实际等。

如来藏的多种名称都从特点方面体现了它的特点。如可以说，如来藏是如来境界，是清净心，“如来藏者是法界藏，法身藏，出世间上上藏，自性清净藏”，③是不思议如来境界。它为客尘烦恼所覆，所染，但作为真心其本身是清净的，本身不是烦恼，是故可说：“烦恼不触心，心不触烦恼。”④

从种类上说，如来藏有五种。①如来藏，即自性是其藏义，一切诸法不出如来自性，而自性以无我为相。②正法藏（法界藏），因是其藏义，即一切圣人所持的正法，如四念处等，都以如来自性为境。质言之，正法含藏，体现的是如来自性。③法身藏，其意义是至得。“至”有至极之意，至得即圆满获得。圣人“信乐正性”，通过信解行证，圆满证得法身，获得如来一切胜妙功德，“故说此性名法身藏”。④出世藏（出世间上藏），真实是其藏义，如来藏能令世人出离世间，是出世的宝藏，故名真实。⑤自性清净藏，以秘密是其藏义。⑤

从如来藏心与染污法、心的关系看，“如来藏自性清净，具三十二相，在于一切众生身中，为贪嗔痴不实垢染阴界入衣之所缠裹。”⑥在众生身中，如来藏就

① 《入楞伽经》卷3，[北魏]菩提流支译，《大正藏》第16册，第529页。
② 《入楞伽经》卷3，[北魏]菩提流支译，《大正藏》第16册，第529页。
③ 《胜鬘师子吼一乘大方便方广经》，[刘宋]求那跋陀罗译，《大正藏》第12册，第222页。
④ 《胜鬘师子吼一乘大方便方广经》，[刘宋]求那跋陀罗译，《大正藏》第12册，第222页。
⑤ [古印度]天亲菩萨：《佛性论》卷2，[南陈]真谛译，《大正藏》第31册，第796页。
⑥ 《入楞伽经》卷3，[北魏]菩提流支译，《大正藏》第16册，第529页。

像人的身体，穿着的是贪等之类的衣服。不难看出，如来藏实即为染污心所覆盖的清净真心。其不同于真心概念的地方是，侧重于突出真心之妙用的根源，这就是，真心尽管体空，但藏有如来种子，因此既能随缘变现万法，也能为众生成佛提供先天的可能性根据。

再看菩提。菩提的实质在于：毕竟空无，但有名字言语。“何以故？……无有是菩提，无根是菩提，无住是菩提，无垢是菩提，无尘是菩提，无我是菩提，不可捉是菩提，无色是菩提，无形是菩提，……无忧是菩提，无恼是菩提，无著是菩提，无染是菩提，无为是菩提。”[①]总之，空掉、无掉一切就是菩提。

从究竟理地上说，有言说仍是有妄心，还算不上真正的菩提，只有“无性无说”才可名为菩提，“无有诸相，若一若异，是名菩提。”得此菩提心，“以是心故，名为菩萨。”[②]为什么说菩提本无？其论证是：如果有菩提，一定有其得者，此得者要么是身，要么是心。如果是身，身本是四大和合，而和合体“必归败坏”，它里面没有得者，因此“菩提但有名字，世俗故说，无形无色，无定无相，无向、无入、无道。”“若以心得，心从众缘有，众缘生故空如幻”，“是故于是法中，无有得者，无有用法，亦无菩提。”[③]如是通达，知菩提无得者，无所得，毕竟空无，但有名字，“是则名为阿耨多罗三藐三菩提。”到了最高的果位，菩萨“应灭诸发菩提心”，[④]无发才是真发菩提心。

就菩提与真如的关系来说，菩提“如彼真如，无不遍至”，“菩提相同彼真如”，[⑤]当然这是不得已的说法，这些说法是假施设。

从与诸法的关系上说，菩提即诸法体性。经云：“一切法是诸佛菩提”，[⑥]这是就世俗假名言而说。这就是说，菩提是诸法。“菩提之相，实无有法而可知”，“无见无闻，无得无念，无生无灭，无说无听，如是菩提性相空寂，无证无知，无形无相”。[⑦]就此而言，不能说得菩提。如佛常说，佛于法界不证阿耨多罗三藐三菩提。

---

① 《大乘同性经》卷上，[北周]阇那耶舍译，《大正藏》第16册，第644页。
② 《佛说华手经》，卷3，[北宋]鸠摩罗什译，《大正藏》第16册，第141页。
③ 《文殊师利问菩提经》，[后汉]支娄迦谶译，《大正藏》第14册，第481-482页。
④ 《文殊师利问菩提经》，[后汉]支娄迦谶译，《大正藏》第14册，第482页。
⑤ 《大宝积经》卷39，[唐]菩提流志译，《大正藏》第11册，第227页。
⑥ 《大宝积经》卷77，[唐]菩提流志译，《大正藏》第11册，第440页。
⑦ 《文殊师刊所说摩诃般若波罗蜜经》卷上，[南梁]曼陀罗仙译，《大正藏》第8册。第728页。

从与法界的关系来说，菩提是特定意义的法界。我们知道上，法界有多义，如既可指众生的类别，如四圣六凡十法界，也可指对事物的分类，如十八界，还可指事物的空无体性。此体性也可以说是菩提，甚至是佛。经云："法界之相即菩提，何以故，是法界中，无众生相故，一切法空故，一切法空即菩提，无二无分别故。"①

菩提也可以说是心，至少是心的构成，甚至是心的本质，是故佛教常说菩提心。什么是菩提心？菩提心就是妄心的体性或觉性。因为心性本觉，此觉性即菩提。经云："菩提中，心不可得；心中，菩提亦不可得？离菩提，心不可得；离心，菩提亦不可得。菩提者无色无相，不可言说，心亦无色无相，不可显示，众生亦尔，皆不可得。""菩提者，本无名字言说，何以故？于菩提中，名字言说不可得故。心及众生亦复如是。若如是知，名菩提心。"②

怎样得菩提心？回答很简单，因为菩提心毕竟空、不可得，所以"于一切法都无所得，是名得菩提心"。③所谓"得"，是随俗说。从究竟理地上说，"一切法皆无所得"。"为欲引摄初业菩萨故说菩提心。"④一切都无，甚至无如来，无如来名。为摄引众生，方便而有如此这些言说。"于其中，无心，无心名；无菩提，无菩提名。……无如来，无如来名，……无无为，无无为名。"⑤

从菩提与真实、实际的关系看，它们不一不异。"一切诸法更无所住，惟依实际而住。"⑥所谓实际即眼前能见、未见的一切法。我是实际，你是实际。但此实际从体性上说是"空无所有"，是真实或菩提。"言实际者，亦非实际，如是际非际，无内无外，不来不去。""一切法无所有，但有名字言说。诸法无此无彼，皆无所有。此彼无所有者，即是如。若是如者，则是真实，若是实者，彼则是菩提。"⑦用数学符号表示说：实=真实=无所有=菩提。

从言说层次说，佛依世谛说有菩提，依第一义说，"所证菩提法者，如是诸法但有名字，但假名说，但和合名说，依世俗名说，无分别分别说。假成无成，

①《文殊师利所说摩诃般若波罗蜜经》卷上，[南梁]曼陀罗仙译，《大正藏》第 8 册，第 728 页。
②《大宝积经》卷 115，[唐]菩提流志译，《大正藏》第 11 册，第 648 页。
③《大宝积经》卷 115，[唐]菩提流志译，《大正藏》第 11 册，第 648 页。
④《大宝积经》卷 115，[唐]菩提流志译，《大正藏》第 11 册，第 648 页。
⑤《大宝积经》卷 115，[唐]菩提流志译，《大正藏》第 11 册，第 648 页。
⑥《入法界体性经》，[隋]阇那崛多译，《大正藏》第 12 册，第 234 页。
⑦《入法界体性经》，[隋]阇那崛多译，《大正藏》第 12 册，第 235 页。

无物离物，无取、不可说、无著，彼处无人证，无所用证，亦无法可证。如是通达，是则名为得阿耨多罗三藐三菩提。”①

如果菩提是假名，菩提有何相？云何于菩提发心住？佛回答说：“菩提相者出于三界，过一切世俗名字语言，过一切响，无发心发。灭诸发，是发菩提心住。”“过一切发，是发菩提心”。“无障碍住是发菩提心住，……如法性住是发菩提心住，……不执著一切法是发菩提心住。”②简言之，一念不生是真发菩提心住。

菩提心像般若、如来藏一样有不同的种类。如般若有实相、观行、名字般若三种形式；如来藏有空、不空、空不空如来藏三种形式；实相有无相、无不相、无相无不相三种。菩提也可说有三种形式，一是体菩提——真心、涅槃、理体、本觉；二是因菩提——道心、觉心、始觉；三是果菩提——等觉、妙觉。人们常说的发菩提心就是因菩提，体菩提即自在真心，果菩提即现象学真心。《大毗卢遮那成佛神变加持经》所说的“如实知自心即菩提”，③这里的菩提也属现象学真心。当然，还有很多分类形式。如从层次上说，菩提有能言的菩提、能得的菩提、离言的菩提、不可得的菩提等。

再看真如。真如实即真心。真即真实，“如”即不变动、常一，遍布于宇宙中的真实之本体，万有之源。汉译有多名，例如：如如、法界、如实、法性、实际、实相、如来藏、法身、佛性，早期汉译佛典还有译为“本无”的。真如有时与心字连用，如说“心真如”，它指的也是诸法之不生不灭、不来不去、不断不常、不一不异之体性。各种法都有自己的真如，如过去法、现在法、未来法的真如，乃至心也有其真如。但诸真如只有一个，即”心真如”。④

真如是诸法真实不变的体性。经云：“真如无念，亦无所念，真如不退，真如无相，……过去真如不可得，未来真如不可得，现在真如不可得，乃至心真如不可得，……更无有法在真如外而可显说”。⑤就此而言，真如可等同于清净法界。“一切法空、无我性，所显真如，永离二障（烦恼所知二障），本性清净，今复离染，能为一切善法所依，是故说明清净法界。”⑥

① [古印度]天亲菩萨：《文殊师利菩萨问菩提经论》卷上，[北魏]菩提流支译，第26册，第329页。
② [古印度]天亲菩萨：《文殊师利菩萨问菩提经论》卷上，[北魏]菩提流支译，第26册，第330页。
③ 转引自英武《密宗》，巴蜀书社2009年版，第67页。
④《文殊师利巡行经》，[北魏]菩提流支译，《大正藏》第14册，第510页。
⑤《文殊师利巡行经》，[北魏]菩提流支译，《大正藏》第14册，第510页。
⑥ [古印度]亲光菩萨等：《佛地经论》卷7，[唐]玄奘译，《大正藏》第26册，第322页。

真如也可说是一切法的真实本性。“真如即是诸法实性、无颠倒性。与一切法不一不异，体唯一味。”[①]如果说法有善、不善、无记三类，那么可以说，“真如是此三法真实性”。[②]每类法都有其真如，如心真如。但诸真如又无异，实即一真如。

说真如的心灵哲学意义在于，这个概念也有揭示心灵本质的作用。如果说真如指的是事物的如如不动的体性，那么这一说法也适用于心灵。是故佛教常说，心的本性就是真如。“本性真实，本性清净，心本性者，即是真如。”[③]众生心性平等，此性即真如性。“由空性故，说心平等。”“心本性者，即心法性遍在一切众生心性，是故说明心平等性。”[④]

当然，心的真如本性有潜在和现实之别。对于一般凡夫来说，心的真如性是潜在的，因为它为妄心覆盖，不为凡夫所知，而如来之心则是现实的真如之心。“如佛自心，真实清净，本性光洁，本性净。”[⑤]以诸识与真如的关系为例，“一切境相皆是自识变异、显现，非别实有。”“真如虽非识变，亦不离识，识实性耳。”[⑥]意即真如不是识的变现，但与识密不可分，因为真如是诸识的体性。

真如的种类很多，有说七真如的，这是按真如的存在处所来分的。因为真如即是“如所有性”，是一切染净诸法中的不变易的本性。有七种染净法，因此有七种真如：一是流转真如（变化中的无先后性），二是相真如（一切法中的无我性），三是了别真如（一切行，唯是识性），四是安立真如（苦圣谛），五是邪行真如（集圣谛），六是清净真如（灭圣谛），七是正行真如（道圣谛）。[⑦]“如此七种真如，即是一切法之体性，以是体性故，故说为我，即是常乐净我四德也。”[⑧]之所以把如是七种真称作真如，是因为它们同是一味，即同是第一义谛真实性。《成唯识论》则有十真如之说，它们分别是：遍行真如（一切法的体性）、最胜真如（于一切法为最胜）、胜流真如（由此真如所形成的教法对别的教法同样殊胜）、无摄受真如（无系属、非我执所依取）、无别真如、无染净真如、法无别真如、

① [古印度]亲光菩萨等：《佛地经论》卷7，[唐]玄奘译，《大正藏》第26册，第323页。
② [古印度]亲光菩萨等：《佛地经论》卷7，[唐]玄奘译，《大正藏》第26册，第323页。
③ [古印度]亲光菩萨等：《佛地经论》卷3，[唐]玄奘译，《大正藏》第26册，第305页。
④ [古印度]亲光菩萨等：《佛地经论》卷3，[唐]玄奘译，《大正藏》第26册，第305页。
⑤ [古印度]亲光菩萨等：《佛地经论》卷3，[唐]玄奘译，《大正藏》第26册，第305页。
⑥ [古印度]亲光菩萨等：《佛地经论》卷4，[唐]玄奘译，《大正藏》第26册，第310页。
⑦《解深密经》卷3，[唐]玄奘译，《大正藏》第16册，第699页。
⑧ [古印度]龙树菩萨：《十八空论》，[南陈]真谛译，《大正藏》第31册，第864页。

不增减真如、智自在真如、业自在等所依真如。[①]

再看佛性及其与真心的关系。真心也可说就是佛性。佛性也可以说是佛的种性。种是类别，性即本质属性，种性即一类共同体的共同本性，由于有此性，即有关诸法成此一种或一类；通俗地讲，种性即修行人的资质、宝藏。种性有多种形式，如：一、断灭种性，即断灭了善根、无惭无愧、无有羞耻、没有慈悲心的众生。说他们没有善种性，并不等于说他们没有佛种性。由于他们的佛种性丝毫不差，只是被覆盖太深，因此成佛的时间可能极长。二、不空种性，即随环境和外缘转变的人，其变数较大，随善知识可转善，随恶知识即成恶。三、声闻种性。四、缘觉种性。五、大乘种性。佛性是能成佛的种性。

佛性的本质特点在于：体空、无为、绝对清净。《大般涅槃经》云："佛性无为是故为常。""空者即是佛性，佛性者即是如来，如来者即是无为，无为者即是常。"[②]佛性具有能思难思性。佛性本无所有，因此难见，甚至根本不可见，既如此，佛便不想让众生"见佛性"。"佛性非是可作、可造、不修、可得"，但为度众生，又必"使一切众生知有佛性"。[③]从字面上说，佛性即是众生成佛的可能性根据或内在先天的原因。由于一切皆有佛性，一切皆有成佛的可能性，因此只要为之提供所需条件，可能性就会变成现实。

就世界上的事物来说，适宜于为成佛可能性提供条件的是有情众生，其中，人又为最适者。因此佛教讨论佛性主要局限在有情尤其是人的范围内，例如佛教常说五阴皆有佛性。就其中的识阴来说，"识因缘故，获得如来平等之心，众生意识虽复无常，而次第相续不断，故得如来真实常心。如火热性，火虽无常，热非无常，众生佛性亦复如是。"[④]五阴及其和合体的佛性也可以说是真我。"离阴有我，我是佛性"。[⑤]

心作为一类法，也有其种性或佛性。心的种性即是众生之共同心性，共同的本质规定性，其中，最根本的就是它们的法性或毕竟寂灭、不动的体性。这体性就是佛性。能证悟此种性的方法即"不动处种性法门"，行此法门可迷得"无生

① [古印度]护法等：《成唯识论》卷10，[唐]玄奘译，《大正藏》第31册，第54页。
② 《大般涅槃经》卷4，[北凉]昙无谶译，《大正藏》第12册，第445页。
③ [古印度]世亲：《涅槃论》，[古印度]菩提达摩译，《大正藏》第26册，第279页。
④ [古印度]世亲：《涅槃论》，[古印度]菩提达摩译，《大正藏》第12册，第556页。
⑤ 《大般涅槃经》卷32，[北凉]昙无谶译，《大正藏》第12册，第556页。

法忍”。从事上说，“一切众生，其心皆一，是名种性。”①从理体上说，众生心无心即为种性，“一切众生皆无有心，缘性不可得故，是名种性。……一切众生皆同一量，是名种子（性）。”为什么是这样？“佛言：一切众生皆如虚空量，终归无障碍。”②一切众生皆是一相，即毕竟不生，离诸名字，一与异均不可得。再深入一点说，构成众生的色受想行识等一切法都是种性，因为一切皆一相，即虚空相、寂灭相、解脱相。例如色，“譬如镜中像，虽目可见，而无有实，一切色亦如是，虽见无实，但诳眼、诳心，虚妄不实，是故色名种性。”③余法可类推。

诸法的种性也可以说就是清净，换言之，清净即诸法的“一性”，一性即无性，“一切法一性，非二性，……是（此）一法性，是亦无性。是无性即是性。是性不起不作。”④简言之，一性即无性，无性即无起无作，绝对如如不动。

实相是佛教的重要概念，说的是一切事物的真实的本性、相状，“甚深达者，即法实相”。⑤就其地位言，可以说，实相是大乘之本。这一概念也常用来说明心的本质。根据这种说明方式，心也有其实相，这就是心的本来面目。在特定的意义上也可以说，实相就是真心。这里的实相既可以是方便言说层面的空、无相、无愿，也可以指离言的本体。就后者来说，说空、无相、无愿，仍不究竟。“若取法空即是妄取，若取无相是则为相，若取无愿是亦为愿。”⑥因此后一意义的实相是超越断灭意义的空与不空的法性，“法性本来，不增不减。”⑦实相有多名，如佛即空、即无生、无灭等。“诸佛无所从来，去亦无所至。何以故？诸法如（意即不变易）、不动相，诸法如，即是佛。……无生法无来无去，无生法即是佛。无灭法无来无去，无灭法即是佛。”⑧实际法、空、无染、寂灭、虚空性，都具此本性，故都是佛。

实相也可说是清净。而“清净有种种名字，或名如法性实际，或名般若波罗蜜，或名道，或名无生无灭、空、无相、无作、无知、无得，或名毕竟空等。”“过汝所见，一切法中毕竟净，无所著，乃至净体亦不著，是名毕竟清净。”“是净

---

①《诸法无行经》卷上，[姚秦]鸠摩罗什译，《大正藏》第15册，第755页。
②《诸法无行经》卷上，[姚秦]鸠摩罗什译，《大正藏》第15册，第755页。
③《诸法无行经》卷上，[姚秦]鸠摩罗什译，《大正藏》第15册，第755页。
④［古印度］龙树菩萨：《大智度论》卷64，[姚秦]鸠摩罗什译，《大正藏》第25册，第509页。
⑤《佛说华手经》卷6，[姚秦]鸠摩罗什译，《大正藏》第16册，第171页。
⑥《佛说华手经》卷6，[姚秦]鸠摩罗什译，《大正藏》第16册，第171页。
⑦《佛说华手经》卷6，[姚秦]鸠摩罗什译，《大正藏》第16册，第171页。
⑧［古印度］龙树菩萨：《大智度论》卷99，[姚秦]鸠摩罗什译，《大正藏》第25册，第744页。

甚深。”①

就实相与法身、佛性、般若、涅槃关系来说，它们体一名异，即都从不同角度揭示了一切事物的最深刻的本质。如“对虚妄故名之为实，用之为身，目为法身。诸佛以此为性，称为佛性。远离二边，名为中道。照无不净，目为般若。累无不寂，称为涅槃”。②实相与真心也是体一名异的关系。真心就是诸法实相。

真心也可理解为如来法身。所谓法身，但有名字，“彼法不生。以不生故，彼法不灭，以不灭故，彼法则如虚空平等。……虚空非因非果，……彼法则为不可观察，……彼法过诸一切戏论。若过一切诸戏论者，名如来法身。”③法身有二种相，一是“所谓法身离诸戏论”，④如不能说其有、常，亦不能说其无、无常，若非要这样说，就是戏论；二是 “离诸一切有为行相”。⑤

世界上个别的法尽管无量无边，但法身只有一个，换言之，一切法共一法身。《法身经》云：法身“纯一无二，无漏无为。……如是真实无净无染，无念无依，离诸方便而与众生作大依止”。⑥法身尽管是一，但又有不同的表现形式，如可以说有这样两种法身，即“言说法身，证得法身”。⑦前者指的是修多罗或佛经，相当于般若中的名字般若。证得法身又有二种，即智相、福相，实即是我们所说的证得的真心、具有现象学性质的真心，类似于般若中的观行般若。当然，相对于证得法身而言，也可以说存在着自在的法身，它潜在也存在于一切众生身上。

涅槃也可理解为描述真心的一种方式。因为涅槃的实质在于：完成了心识的彻底转灭。经云：“言涅槃者，转灭诸识法体相故，转诸见熏习故，转心意阿赖耶识法相熏习，名为涅槃。”⑧很显然，这里的涅槃定义是它的多种定义中的一种，即是从心理学角度对涅槃的界定。“我所说者，见虚妄境界分别识灭，名为涅槃。”⑨即八种识灭，名为涅槃。它从根本上区别于外道所说的下述四种涅槃：一者自体相涅槃；二者种种相有无涅槃；三者自觉体有无涅槃；四者诸阴自相同、相断、

① [古印度]龙树菩萨：《大智度论》卷63，[姚秦]鸠摩罗什译，《大正藏》第25册，第507页。
② [隋]吉藏菩萨：《十二门论疏》卷上本，《大正藏》第42册，第177页。
③《入楞伽经》卷6，《大正藏》第16册，第550页。
④《深密解脱经》卷5，[北魏]菩提流支译，《大正藏》第16册，第685页。
⑤《深密解脱经》卷5，[北魏]菩提流支译，《大正藏》第16册，第585页。
⑥《法身经》，[北宋]法贤译，《大正藏》第17册，第699页。
⑦ [古印度]无著菩萨：《金刚般若论》卷上，[隋]达磨笈多译，《大正藏》第25册，第757页。
⑧《入楞伽经》卷3，[北魏]菩提流支译，《大正藏》第16册，第533页。
⑨《入楞伽经》卷4，[北魏]菩提流支译，《大正藏》第16册，第538页。

相续涅槃。佛教从心识转灭角度所说的涅槃，正好就是一切心的本质，这样的涅槃就是真心的显现。

如果严格界定“智”“智慧”等，也可以说真心就是智慧。《百论》云：“智慧名诸法相中，心定不动。”[①]其利益最大。例如佛的智慧就是心无相，“无相智慧，最第一。无相名一切相不忆念，离一切受，过去、未来、现在法，心无所著。一切法自性无故，则无所依，是名无相。”[②]这种智慧显然就是真心。

最后再来看般若与真心的关系。般若是智慧中最重要、最奇特、最根本的一智慧，也是佛教着力弘扬的一种智慧。作为一个语词，它有多种用法，大致说有五种，相应地有五种般若：实相般若、观照般若、文字般若、眷属般若（戒定慧、暖位、顶住、忍住、世第一位等都是般若的眷属）、境界般若（对象并无实性，随识而变）。般若可用来描述诸法的寂而常照、本净本明的体性，这样的体性就是实相般若，而实相般若也是一切心的本质，也可以说就是真心。另外，在因地和果地，般若与真心也是一致的，即它们不一不异。在因地，以般若为依止就是以真心为依止，唯其如此，才能真正速疾证得被迷失的真心。如经云：“心安住智”，“心无扰浊，离见所作，得陀罗尼，趣入妙智”。[③]在果地，证得了涅槃，就会有法身、般若、解脱等德性的显现，而这些显现正好就是真心的显现。

最后，真心还可以说是如来境界。因为“如来法身是如来不思议境界”，“如来藏者是如来境界”，[④]如前所述，如来法身就是诸法的体性，而此体性就是真心。关于如来境界的具体内容，我们在本书的“佛教的价值性心灵哲学”等章中再予论述。

第六节　真心的认知

真心的认知问题包含这样一些子问题，即究竟有没有佛教所说的那种真心？如果有，如何予以证明？能否用经验科学的方法或通常的由感性认识到理性认识的方法来认识？通常的逻辑思维、科学的分析智慧和有巨大能动性的理性在把握

① ［古印度］提婆菩萨造，婆薮开士释：《百论》卷上，［姚秦］鸠摩罗什译，《大正藏》第30册，第169页。
② ［古印度］提婆菩萨造，婆薮开士释：《百论》卷上，［姚秦］鸠摩罗什译，《大正藏》第30册，第170页。
③《寂照神变三摩地经》，［唐］玄奘译，《大正藏》第15册，第726-727页
④《胜鬘师子吼一乘大方便方广经》，［刘宋］求那跋陀罗译，《大正藏》第12册，第221页。

真心的过程中有无作用？佛教的基本观点是：真心离言绝相，不是一般的认识对象，因而不能用通常的方法予以认识和证明。前面曾述及的《大佛顶首楞严经》中关于识精起源的思想就说明了这一点。根据这一思想，硬要用通常的方法去认识，就会人为制造主客体的分化，如“因明立所”，进而“立汝妄能”，结果是由真起妄，直至引起虚幻世界的发生。但这又不是说，真心是不该认识的、不能认识的。相反，佛教对认识真心的重要性和可能性给予了详尽的论述。例如就重要性来说，佛教强调：第一，不知真心是众生沉沦苦海、流转生死的总根源。经云：“一切众生从无始来，生死相续，皆由不知常住真心，性净明体。”[①]第二，不知真心，是人们错乱修习、前进中事与愿违的根源，例如在不明真心的情况下修行，恰如想“煮沙成馔”。经云：“诸修行人，不能得成无上菩提，乃至别成声闻、缘觉，及成外道，诸天魔王，及魔眷属，皆由不知二种根本”，即：一是不知攀缘心是众生的生死根本；二是不知真心的客观存在，或遗失了这一妙明。第三，真心是成佛之根本，因为十方如来都是以证得真心而成佛的。因为“若不识知，心目所在，则不能得，降伏尘劳”，[②]即不能断除对外界事物（尘劳）的迷恋、攀缘，而有攀缘，就不能出离生死，就不能成佛。所以识知真心，是了生死、出离生死的关键。圣人之所以为圣人，是因为发明了自己的心性，并安住真心，十方如来同一道故，出离生死，皆以真心。

认知真心之所以是可能的，是因为真心就客观存在于我们每一个人身上，在圣不增，在凡不减。更重要的是，真心对于我们每个人本来是清清楚楚的，是因为有无明烦恼的覆障，才被我们遗失了。只要扫除了覆盖真心的尘埃，我们就能够亲见真心的庐山真面目。但是，由于真心是一种极为特殊的认识对象，例如它没有与人的一般认识能力相对应的性相特征，对于人的一般认识能力是封闭的，什么都没有，不可得，因此要接近它，要把握它，又绝非易事。要想接近和把握真心，既需要用特殊的智慧去如实知，又离不开如理如法的实证实修。因此有理由说，真心的认知问题既是一个心灵哲学的认识论问题。因为它要回答的是如何如实知妄心之本质、如何知真心等问题，同时它又是一个实践或实证实修的问题。因为要如实知，仅靠认识是远远不够的，必须如理如法地去修证，即必须用汤用

① 圆瑛法师：《大佛顶首楞严经讲义》，宗教文化出版社 2012 年版，第 49 页。
② 圆瑛法师：《大佛顶首楞严经讲义》，宗教文化出版社 2012 年版，第 52 页。

彤先生所说的“同情之默应、心性之体验”之类的功夫。既然真心证知的问题有这两方面，因此具体的方法就是多种多样的。

第一，悟客尘及其关系是明心见性的重要途径。憍陈那号称悟解第一，在谈开悟因缘时，曾陈述了自己悟道、识知真心的方法和过程。《大佛顶首楞严经》卷一云：“时憍陈那，起立白佛：我今长老，于大众中，独得解名，因悟客、尘二字成果。”[①]意为他是因了悟客尘本质及关系而证圣果的。客是相对于主人而言的，客的特点是来去不定，类似于妄心，主的特点是固定不变，相当于真心。同样，虚空中的尘埃相当于妄心，虚空类似于真心。这里的意思是，要悟真心，最重要的是从把握真心与妄心的关系入手，而这又可通过领悟客尘的道理入手。

第二，要用特定方法观心。如可从能接触到的心念入手，观察它的过去、未来与现在。如是观察，长久用功，日积月累，就可明：心“无有处所，亦无方面，不知安住，……无集聚处，……心亦不立于身之内，亦不由外，而无境界，不处两间，不得中止。……亦无五色青赤黄白黑。……亦不退转，无有言教，不可执持，……不可分别，不可解了。……心无生死行，亦无所作，亦无所现，……心者清净，亦无垢染。……犹如虚空，亦无等伦。……勿云吾我。……设心清净，而无垢染，则无诸趣。”[②]“诸法无相，谓虚空相，作是观已，名胜义菩提心。”[③]如法观心，到一的时候，就会亲见自心无心这一本来面目。有此证悟，即是真心显前。人到这时的境界是：“知一切法空，已悟法本无生，心体自如，不见身心，住于寂灭、平等、究竟、真实之智，令无退失。妄心若起，知而勿随。妄若息时，心源空寂。万德斯具，妙用无穷。”[④]质言之，止息妄心、妄念，是悟真心的一个途径。

第三，根据《大佛顶首楞严经》的思想，由于真心太深，即通常所说的“甚深甚深”，因此可用这样的一种变通方法，即从妄心出发，先如实知妄心后的见精或识精，等认识了识精后，再去解了真心。因为一方面，识精是生灭与不生灭的和合，离我们又稍近一些，例如它就在六根的后面；另一方面，识精本身就是真心，只略带一点妄心。所以只要见到了识精，再要见到真心就不是那么困难。

---

① 《大佛顶首楞严经》卷 1，[唐]般刺蜜帝译，《大正藏》第 19 册，第 109 页。

② 《文殊支利普超三昧经》卷下，[唐]竺法护译，《大正藏》第 15 册，第 424 页。

③ 《金刚顶瑜伽中发阿耨多罗三藐三菩提心论》，[唐]不空译，《大正藏》第 32 册，第 573 页。

④ 《金刚顶瑜伽中发阿耨多罗三藐三菩提心论》，[唐]不空译，《大正藏》第 32 册，第 573 页。

明交光大师《楞严正脉疏》云："佛初惟心见为性，而曲明其不与身心万物为侣，以谓见独真，而余皆妄，令人独依见性也。今乃论妄，则降见性同是空华。论真，则升诸法，同为真体"①。以阿难对真心的认识过程为例，他在破识心或妄心之后，"便乃舍妄求真，如来欲示真心，特向眼根指出，意令阿难认见为心，故独显见性（即识精）为真心也。然见性即陀那细识，不生灭与生灭和合，体虽元明，用终带妄，而众生舍此，别无纯真之心可指，既不可认为非真，亦不可认为全真。"②

第四，可作这样的二重观，即在唯心识观后再作真如观。经云："一实境界"，③当行二种观，一唯心识观，即观一切诸法唯心造，二观心之真如实相，亦即"真如实观"。④《深密解脱经》介绍了识真如的三种观法。三种观法即用三种工具去观真心。这三种工具分别是闻慧、思慧、修慧。经云："三种观心，能识真如"。⑤

第五，善知真心无心。真心即无心。只要证得无心境界，当下即入真心。从体性上说，"妄本不生，无妄可息，知心无心，无心可止，无分无别，现识不生，无生可止，是则无止，亦无非止。"⑥"菩提之心，灵明廓澈，无自性，无挂碍，亦无所住，一切皆空，亦复远离一切戏论"，⑦即不能说其有，说其无，说其常，说其无常，不能说其长短、大小、赤白、圆方等。这样说，均是戏论。远离了戏论，就有可能见到真心的本来面目。"菩萨观心，了本无心，为意止行，立于道心，以得立心。以已意慧求其心本，不见内心，不见外心，不住内外，察其心本，不见五阴，无诸种，无诸入，其心寂定。"⑧只要真的做到了这些，特别是"其心寂定"，真心就自然现前。因为此停下来的、寂定了的、如如不动的状态就是真心、心之本。"心不可见，心相自然"，"其心寂然，明识无本"，"心无所住，亦无所行"。⑨心有住、有行、有知觉、有异，就离真心，或真心转妄心了。反之，妄心就转化为真心。总之，观心无心，于观即意止，当下所证即为真心、本心。此心也可以说是道心，因为"道心本净"。⑩基于此，佛语重心长地告诫一切众

---

① 转引自圆瑛法师《大佛顶首楞严经讲义》，宗教文化出版社 2012 年版，第 153 页。
② 圆瑛法师：《大佛顶首楞严经讲义》，宗教文化出版社 2012 年版，第 153 页。
③《占察善恶业报经》卷下，[隋]菩提灯译，《大正藏》第 17 册，第 908 页。
④《占察善恶业报经》卷下，[隋]菩提灯译，《大正藏》第 17 册，第 908 页。
⑤《深密解脱经》卷 3，[北魏]菩提流支译，《大正藏》第 16 册，第 677 页。
⑥《金刚三昧经》，《大正藏》第 9 册，第 366-367 页。
⑦《外道问圣大乘法无我义经》，[北宋]法天译，《大正藏》第 17 册，第 934 页。
⑧《大宝积经》卷 117，[唐]菩提流志译，《大正藏》第 11 册，第 662 页。
⑨《大宝积经》卷 117，[唐]菩提流志译，《大正藏》第 11 册，第 662 页。
⑩《大宝积经》卷 117，[唐]菩提流志译，《大正藏》第 11 册，第 662-663 页。

生："应亲近一法，云何一法？一切诸法悉无所有。"[①]证得此境界，即证得了真心。

第六，如果能于一切时、处，于多心、乱心，而得一心，那也是证得真心的境界。问题是，当于何处而得一心？云何名一心？回答是："推求法时，不见一法，"[②]不得一法，不见色声香味触等，"虽言一切法不实，亦复不得"，既然如此，便"终不生心"，不得心，"若不得心，是名一心"。[③]另外，若能在一切认识实践活动中，真正落实"一切诸法悉皆空寂"[④]这一佛教的最高原则，那么也能得一心、得真心。因为这一原则就是空法，而空法既是理法、教法，又是行法。只有如理而行，才有可能真证真心；只说不行，永无希望。例如有愚痴人"虽解空法，为人宣说，而于空法，不如说行，以无行故，去空义远"。[⑤]只要按照所说的去行持，就能真正解了空法。

第七，要善于都摄六根，不分别，不起心动念，斩断分别心的根源，不让阿赖耶识起作用。果如此，就能如实知诸法的本来面目，即第一义相。所谓第一义相，即"诸法真如之体"，[⑥]亦即是真心。清除了阿赖耶识等识的作用，其实就像有眼翳的人清除了眼中的翳一样，"譬如有人眼净无浊，离眼翳过，即彼眼见自性境界，不生迷惑。"[⑦]有诸分别心在起作用，人看到的就只是事物的虚幻表现，而让真心回归本然状态，没有障碍、污染，它就能如实显现世界不一不异、平等不二的本然境界。也可以说，第一义相即不动相、离相，如实知此实相、清净相，即为菩萨。"诸法常不动，离相名菩萨"。[⑧]而在阿赖耶识作用下以六识去认知，认识到的就只能是世界的虚妄的动相、分别相，这些相状是人为的强加，就像有眼翳的人看物一样，物上本无影子，他偏以为有影子。总之，只要于一切心念，不起心动念，绝对无分别，就能亲见真心。"心者不自知，有心不见心，心起想则痴，无心是涅槃。"[⑨]

---

① 《大方广三戒经》卷中，[北凉]昙无谶译，《大正藏》第 11 册，第 691 页。
② 《大方广三戒经》卷下，[北凉]昙无谶译，《大正藏》第 11 册，第 697 页。
③ 《大方广三戒经》卷下，[北凉]昙无谶译，《大正藏》第 11 册，第 697 页。
④ 《大乘方广总持经》，[隋]毘尼多流支译，《大正藏》第 9 册，第 380 页。
⑤ 《大乘方广总持经》，[隋]毘尼多流支译，《大正藏》第 9 册，第 381 页。
⑥ 《深密解脱经》卷 2，[北魏]菩提流支译，《大正藏》第 16 册，第 669 页。
⑦ 《深密解脱经》卷 2，[北魏]菩提流支译，《大正藏》第 16 册，第 669-670 页。
⑧ 《深密解脱经》卷 2，[北魏]菩提流支译，《大正藏》第 16 册，第 670 页。
⑨ 《般舟三昧经》，[后汉]支娄迦谶译，《大正藏》第 13 册，第 899 页。

第八，有等见或正见，也是逼近真心的途径。等见，即平等之见，在看一切事物时，看到的不是差别，而是它们的一如一体、平等不二的体性。此等见就是正知正见。圣人之所以为圣人，就是他以等见看万法，即把一切看作平等一味的存在。“其正见者，无高无下，等观诸法，又是见者等不异故，故名正见。何谓为等？眼即涅槃，不离眼有涅槃，眼及涅槃，是二同等。以何故等？非眼眼等，非涅槃涅槃等。何以故，眼中无眼，眼及涅槃无二无别。无二别故，故名为等。”[①]其他一切法，如生死与涅槃，烦恼与菩提，等等，都无二无别，平等一如。另外，能见诸法性空，平等不二，也可称作正见。

第九，《大方广圆觉修多罗了义经》所说的圆觉也是把握真心的工具。该经的主题是应邀为与会者讲“如来本起清净因地法行”，[②]以及菩萨应怎样发清净心、远离诸垢、不堕邪见。佛因地所用的清净法门就是“圆觉”。所谓圆觉即圆照清净觉相，此法门即无上法王有大陀罗尼门。因为“一切如来，本起因地，皆依圆照清净觉相”。[③]此圆照觉相的特点是，“净觉随缘”，[④]即从最根本的无明照起。“一切诸如来，从于本因地，皆以智慧觉，了达于无明，知彼如空花，即能免流转。”[⑤]如是观已，便能入“圆觉清净境界”。[⑥]圆照法门的出发点是妄心、幻化。目的是找回真心，或“求如来净圆觉心”，途径是“正念”、“远离诸幻”。从幻入手，“知幻即离”，“离幻即觉”。[⑦]此觉即是真心或圆觉妙心。它们从方便的角度说是实是真，但从究竟理地说，说真即说幻，“觉心不动，依幻说觉，亦名为幻，若说有觉，犹未离幻，说无觉者，亦复如是。是故，幻灭名为不动。”[⑧]根据该经，真心与妄心的辩证关系是：妄心即幻，幻灭即真心，即不动，即“圆觉妙心”，故“一切众生种种幻化，皆生如来圆觉妙心”，只要能“即幻即离”，[⑨]那么就进到了这样的境界：“离幻即觉”。[⑩]这也就是说，圆觉净心与诸幻化、妄心的关系是，人能接触的身心都是“幻垢”，但净心不离幻垢，“圆觉净性现于身心，随类

---

① 《佛说华手经》卷 7，[姚秦]鸠摩罗什译，《大正藏》第 16 册，第 180 页。
② 《大方广圆觉修多罗了义经》，[唐]佛陀多罗译，《大正藏》第 17 册，第 913 页。
③ 《大方广圆觉修多罗了义经》，[唐]佛陀多罗译，《大正藏》第 17 册，第 913 页。
④ 《大方广圆觉修多罗了义经》，[唐]佛陀多罗译，《大正藏》第 17 册，第 913 页。
⑤ 《大方广圆觉修多罗了义经》，[唐]佛陀多罗译，《大正藏》第 17 册，第 913 页。
⑥ 《大方广圆觉修多罗了义经》，[唐]佛陀多罗译，《大正藏》第 17 册，第 913 页。
⑦ 《大方广圆觉修多罗了义经》，[唐]佛陀多罗译，《大正藏》第 17 册，第 914 页。
⑧ 《大方广圆觉修多罗了义经》，[唐]佛陀多罗译，《大正藏》第 17 册，第 914 页。
⑨ 《大方广圆觉修多罗了义经》，[唐]佛陀多罗译，《大正藏》第 17 册，第 914 页。
⑩ 《大方广圆觉修多罗了义经》，[唐]佛陀多罗译，《大正藏》第 17 册，第 914 页。

各应”。[①]从究竟理地说，“一切如来妙圆觉心，本无菩提及与涅槃，亦无成佛及不成佛，无妄轮回及非轮回。”[②]“圆觉自性，非性性有，循诸性起，无取无证，于实相中，实无菩萨及诸众生。”[③]因此真心与妄心本来无别，“一切障碍即究竟觉；得念、失念，无非解脱；成法、破法，皆名涅槃，智慧、愚痴，通为般若，……无明、真如，无异境界。”[④]既然如此，让真心显现的方法既明了，又简单，即“以净觉心，取静为行，由澄诸念，觉识烦动，静慧发生，身心客尘从此永灭，便能内发寂静轻安，由寂静故，十方世界诸如来心，于中显现”。[⑤]进一步，为增进净心，可进一步以净觉心，去知觉心性，亲证诸根尘的如幻实质，如“不取幻化及诸净相，了知身心皆为挂碍”，[⑥]最后，便能超越碍、无碍境。

第十，寂静能知真心。什么是寂静？怎样实现寂静？答案很简单，即如幻如梦、自性空无所有即是寂静，“寂灭者即是自性清净，自性清净者即是不可得，不可得者即是无处，无处者即是实，实者即是虚空。”[⑦]既然不可得，为何佛教人得菩提？佛答曰：“无根无住，如来如是得菩提。”[⑧]菩提不可以身得，不可以心得。因为得者、所得皆空，例如身顽碍，无觉无心，心如幻，空无所有，而菩提即诸法之空性。所谓真如、真心，也是这样的实性，“是性寂静，过诸名相。性是真实，远离颠倒。性不变异，故称真如。”其作用是：“一切圣法由此成熟，因是性故，显现圣者。诸佛如来，无边功德，不共之法，从此性生。诸佛菩萨甚深般若波罗蜜多，从此性出。”[⑨]寂静也可理解为不颠倒心、常住心。“若一切法无所得，即一切法平等，若法平等即法常住，若常住即无动，若无动即无依，若一切法无所依止，即心无所住，心无住故，即无生而生，若如是观，即心、心所转而不颠倒。”[⑩]此境界即是真心的境界。

第十一，要体证真心，务必空悲双运，即心空而不舍大慈大悲之心，大悲而不离心空。《大宝积经》把此法称作佛之“心密”。“心行清净，不失神通，造立

①《大方广圆觉修多罗了义经》，[唐]佛陀多罗译，《大正藏》第17册，第914页。
②《大方广圆觉修多罗了义经》，[唐]佛陀多罗译，《大正藏》第17册，第915页。
③《大方广圆觉修多罗了义经》，[唐]佛陀多罗译，《大正藏》第17册，第917页。
④《大方广圆觉修多罗了义经》，[唐]佛陀多罗译，《大正藏》第17册，第917页。
⑤《大方广圆觉修多罗了义经》，[唐]佛陀多罗译，《大正藏》第17册，第917页。
⑥《大方广圆觉修多罗了义经》，[唐]佛陀多罗译，《大正藏》第17册，第917页。
⑦《如来庄严智慧光明入一切佛境经》卷下，[北魏]昙摩流支译，《大正藏》第12册，第245页。
⑧《如来庄严智慧光明入一切佛境经》卷下，[北魏]昙摩流支译，《大正藏》第12册，第245页。
⑨《大般若波罗蜜多经》卷569，[唐]玄奘译，《大正藏》第7册，第937页。
⑩《佛说大乘入诸佛境界智光明庄严经》卷3，[西晋]竺法护等译，《大正藏》第12册，第258页。

慧业，神通自娱，在所示现。正住神道，建立大哀无极之业，以神通化无央数变。……智慧为室，现目睹见一切诸法，是则菩萨正真之法。……是为菩萨心密之业，心行清净。” “其心平等，犹如虚空，……是为心密。广行六度万行，心无所动，是为心密。”①

佛是言传身教的表率，不仅苦口婆心地教导众生，而且现身说法。例如他为了让阿难看到此真心，循循善诱，从日常知见出发，层层追溯其后的根源。他先做出这样的动作，如举臂屈指，然后问阿难：见者是谁。阿难说是眼。在佛的不断责难、追问下，阿难最后说是心。其根据是：“我以心推穷寻逐，即能推者，我将为心”。②佛断然否定了阿难的推究，指出：此推究者不是“汝心”，因为它不过是“前尘虚妄相想，惑汝真性”。③它充其量是妄心，而非真心。

阿难坚持认为，这推究者就是他的心，不仅如此，他还强调：供养如来、承事诸佛、发大勇猛、行诸一切难行法的，也正是这个心。他正是用此心，才有这些作为的。即使是谤法、退善根，也得靠这个心。“若此发明不是心者，我乃无心，同诸土木。”④佛一针见血地指出：阿难所说的这个心并不是真正的心，实际上如同幻相。如果把它当作真心，那就是“执此生死妄想，误为真实”。⑤要真正认识到这个真实，还得进一步追溯。它不是妄心，但又不离妄心，就像“草叶缕结，诘其根元，咸有体性”⑥一样，人有见闻觉知，有各种妄心，就一定有其体。不然的话，各种妄心就不会出现。因此人的真心一定是客观存在的，不是虚幻，也不会因人有性别、老幼、地位高低的差别而有不同。道理很简单，人能修证佛法，这是一个客观的事实，而此事实正是根源于人的那个妙明真心。若此心像龟毛兔角，“则汝法身，同于断灭，其谁修证无生法忍？”⑦经佛的引导，阿难始才明白：自己之所以多闻而不能开悟，根源在于：视妄心为真心，而“不知寂常心性”，“失我本心”。⑧

《大佛顶首楞严经》所阐释的上述道理实际上就是禅宗所高扬的直指人心、

---

①《大宝积经》卷 9，[唐]菩提流志译，《大正藏》第 11 册，第 48 页。
②《大佛顶首楞严经》卷 1，[唐]般刺蜜帝译，《大正藏》第 19 册，第 108 页。
③《大佛顶首楞严经》卷 1，[唐]般刺蜜帝译，《大正藏》第 19 册，第 108 页。
④《大佛顶首楞严经》卷 1，[唐]般刺蜜帝译，《大正藏》第 19 册，第 108 页。
⑤《大佛顶首楞严经》卷 1，[唐]般刺蜜帝译，《大正藏》第 19 册，第 109 页。
⑥《大佛顶首楞严经》卷 1，[唐]般刺蜜帝译，《大正藏》第 19 册，第 109 页。
⑦《大佛顶首楞严经》卷 1，[唐]般刺蜜帝译，《大正藏》第 19 册，第 109 页。
⑧《大佛顶首楞严经》卷 1，[唐]般刺蜜帝译，《大正藏》第 19 册，第 109 页。

见性成佛的文本根据。如果心性迷失，让妄心作主，那么人就会成为妄心的奴隶，进而沉沦生死。因此“失却本心”，即为凡夫。经云：“性心失真，认物为已，轮回是中，自取流转。”①反之，逆生死而行，将客尘扫去，将覆盖真心的妄心清除干净，让心性现前，那么便会顿超六道，见性成佛。因此佛与非佛的区别在于：是真心显现还是妄心作主。

波斯匿王有这样的问题，即怎样发明、证知此真心，进入心不生灭地？佛为了启发提问者，反问波斯匿王：你的身体会变化、坏灭吗？回答是肯定的：“我此无常变坏之身，……念念迁谢，新新不住，如火成灰，渐渐销殒，殒亡不息。”②佛接着问：你灭时，你是否知道身中有不灭的东西？后者答道：不知。于是佛便向后者“示汝不生灭性”。③佛通过两个例子说明了人变迁不息的身体中有不变之性、乃至有不生灭的东西，并强调：正是因为人身中有这样的不生不灭的东西，人才能于“身后舍生趣生”。④第一个例子是：同一个人在不同年龄段看恒河水，如一次是三岁的时候，一次是六十岁的时候，尽管相隔很久，但他可以不费力气地对被看的恒河的异与同作出判断，如知道现在看到的水不是以前看到的水，过去的水早就流走了，但有一点是没变的，即两次看的是同一条河流。如果是这样，那么就可据此推断：变化着的身心内部有不变的东西，不然的话，怎能作出比较？怎么能判断同异？能作这样的判断本身就表明：变化着的身体内部有不变的东西，或有一个持续的同一体，是它保留着比较所需的过去的资料，并让比较基于它的同一性而得以发生。如果比较是在两个不同的东西中进行的，那么就不会有结论出现。第二个例子是：人的面部会随着年龄的增长产生皱纹，而每个人都知道以前没有皱纹。有此知识也足以表明：其内有不变的东西。这就是见识之内的“精性”。⑤佛总结说：人的面容“虽皱，而此见精性未曾皱。皱者未变，不皱非变，变者受灭，彼不变者，元无生灭。”⑥既然如此，此精性、真心也不会“受生灭”。⑦这个论证的变体在两千多年后出现在了康德的关于先验自我意识的主观演

①《大佛顶首楞严经》卷 1-2，[唐]般刺蜜帝译，《大正藏》第 19 册，第 109-110 页。
②《大佛顶首楞严经》卷 2，[唐]般刺蜜帝译，《大正藏》第 19 册，第 110 页。
③《大佛顶首楞严经》卷 2，[唐]般刺蜜帝译，《大正藏》第 19 册，第 110 页。
④《大佛顶首楞严经》卷 2，[唐]般刺蜜帝译，《大正藏》第 19 册，第 110 页。
⑤《大佛顶首楞严经》卷 2，[唐]般刺蜜帝译，《大正藏》第 19 册，第 110 页。
⑥《大佛顶首楞严经》卷 2，[唐]般刺蜜帝译，《大正藏》第 19 册，第 110 页。
⑦《大佛顶首楞严经》卷 2，[唐]般刺蜜帝译，《大正藏》第 19 册，第 110 页。

绎之中，所不同的是，佛教论证和强调的是真心，而康德尽管有力地证明了存在着客观同一的统觉，但此统觉仍属妄心。

阿难的新的疑惑是：人的见识为什么会随着对象的变化而变化，而佛不是这样。例如当人进入房间时，人的见识就会“缩大为小”。[①]另外，人的见识会因墙壁的阻挡而断绝，如看不到外面的东西，但佛却没有这样的限制，甚至能于一毛端而含受一切，即能于一毛端或一微尘而看到整个世界，无不遍知。凡夫的见识为什么受对象的限制，而佛能于一毛端含受一切？这是为什么？佛回答说：其原因在于人“失于本心”，人的心“为物所转”。[②]如果回归本心，“能转物”，则会像如来一样，看到整个法界。《大佛顶首楞严经》云：“一切众生从无始来，迷己为物，失于本心，为物所转，故于是中，观大观小。若能转物，则同如来，身心圆明，不动道场，于一毛端遍能含受十方国土。”[③]

① 《大佛顶首楞严经》卷 2，[唐]般刺蜜帝译，《大正藏》第 19 册，第 111 页。
② 《大佛顶首楞严经》卷 2，[唐]般刺蜜帝译，《大正藏》第 19 册，第 111 页。
③ 《大佛顶首楞严经》卷 2，[唐]般刺蜜帝译，《大正藏》第 19 册，第 111 页。

第七章

心物二分图式之超越与心身关系论

心灵哲学的关键、核心问题是心理现象的本体论地位问题。这是心灵哲学区别于别的也以心理现象为对象的心理学、认知科学等的标志性问题。其子问题有：心理现象有无存在地位，如果有，它们以什么方式存在？与非心理的存在有何不同？在关于全部世界的范畴论体系中，心居何种地位？与物理现象是依赖关系、随附关系、平行关系，还是同一、还原关系？或是别的什么关系？围绕这些问题，产生了两大类理论，一是一元论，二是二元论。前者有唯物论和唯心论两种形式。后者也有多种形式，如实体二元论、属性二元论、自然主义二元论等。[①]从影响面来说，二元论是较普遍被认可的理论。心灵哲学的世间（folk）心理学研究表明：一般人包括大多数科学家、哲学家的文化心理结构中不知不觉地隐藏着民间心理学，而民间心理学在本质上是二元论图式。赖尔（G. Ryle）说："有一种关于心的本质和位置的学说，它在理论家乃至普通人中非常流行，可以称其为权威的学说。大多数哲学家、心理学家和教士都赞同它的主要观点。"这主要观点是："每个人都有一个躯体和心灵。"[②]罗蒂（R. Rorty）也表达了类似的看法，认为在面对人时，包括哲学家在内的大多数人由于继承了笛卡尔的遗产，因此都会"毫不踌躇"地作出心物二分的划分，如强调除了"物质的我"之外，人还有一个由信念等命题态度和无意识观念所构成的内在的"精神的我"。无论是在哲学家群体中，甚至坚持激进物理主义的哲学家中，还是在普通人群中，经常可以听到这

① 参见高新民《心灵与身体——心灵哲学中的新二元论探微》，商务印书馆 2012 年版，第 1-2 页。
② ［英］吉尔伯特·赖尔：《心的概念》，刘建荣译，上海译文出版社 1988 年版，第 5 页。

样的叮嘱：既要注意身体健康，又要注意心理健康。因此可以说“笛卡尔的直观仍然存在着”。[①]值得强调的是，这种直观不是一般地存在着，而是极为广泛地、神不知鬼不觉也存在着，大多数人都心照不宣地、潜移默化地接受了它，并运用着它，当然一般人是全然不知的。而有意思的是，许多哲学家在心底里明明承诺了它，然而却又对之极尽批判之能事。

今日心灵哲学中的方兴未艾的民间心理学研究的一个有意义的结果是：引发和推进了对二元论尤其是潜藏在大多人无意识世界中的心物二分图式的批判性反思。参与此研究的人尽管有一些仍倾向于二元论，但主旋律是批判、解构、超越。当然，要真正实现解构特别是超越，那是极其困难的，因此二元论在西方心灵哲学中仍有市场，特别是要清除人的文化心理结构中的民间心理学那更非易事。佛教尽管诞生在古代，但也有解构的倾向。本章的任务是，在考察它对二分图式超越的基础上，论述它关于心理现象之本体论地位和心身关系的理论。

第一节　心物二分图式之解构与超越

根据前述赖尔等人的一种观点，将人劈成心身两半，或将全部世界的现象概括为心理现象和物理现象两大类，表面上合理合法，实际上是有严重的问题的，至少有逻辑问题，是到了该严肃反思和认真清算的时候了。它似乎天经地义，但疑惑重重。这种二分的依据或根据究竟是什么？把世界区分为心物两个子类真的符合逻辑吗？按其他的标准或根据对世界所作的分类都不难理解，如根据是否具有人性可把世界分为人的世界和非人的世界，根据时间可把它分为史前和史后的世界，根据空间关系可把世界分为太阳系和太阳系以外的世界，等等，它的被分类后的子类及性质等都是清楚和稳定的。而心物二分的区分则是令人费解的。正是看到了这一点，许多分析哲学家对之作出了许多批判性的反思。赖尔在《心的概念》一书中也作了独到有分析。他一针见血地指出：常见的心物二分包含着“范畴错误”。在分析心理概念和陈述时，赖尔强调的是类似句法分析的逻辑分析，即不考虑陈述的经验内容，不考察陈述与实在的关系，而只分析句子本身的逻辑句法，其目的是要确定心理概念的逻辑地理学，亦即使用这些概念的命题的逻辑。

① [美]理查·罗蒂：《哲学与自然之镜》，李幼蒸译，三联书店 1987 年版，第 14-15 页。

一个概念的逻辑类型就是逻辑上合理应用它的一套方法。如果弄错了类型，把类当作自身所属的成员，或把适用于一类的范畴错误地用在另一类上，那么就犯了所谓的“范畴错误”。所谓“范畴错误”，就是把属于一种范畴的事实用适合描述属于另一范畴的事实的说法表达出来，或者说就是把“概念放进本来不包括它们的逻辑类型中去”。[①]这就是说，无论是从形式本体论还是从逻辑学上说，用二分法把全部存在物分为心和物两大类肯定是不妥的。这种不妥主要表现为把本来具有包含关系的两范畴看作是并列关系。例如一个小孩观看一个师参加的阅兵式，等到别人告诉他已看过了各个营的表演之后，他就问什么时候能看到师。这里的范畴错误就是把“师”“营”这两个概念放进了本来不应包括它们的范畴类型中去了。即它们不是属于并列关系的一类范畴，而是属于包含关系。将它们放在一起并列起来，就是范畴错误的一种表现。

如前所述，佛教心灵哲学有两大部分，一是破邪法或摧邪法，二是立正法。前者在某种意义上更重要、更根本，因此佛教“以破、立为宗，言生、智了为体，摧凡、小之异执”，[②]凡即凡夫及其观点，小即小乘，“定佛法之纲宗”。[③]为何要破？道理很简单，不破不立。“欲显正宗，先除邪执”。[④]执我（心）、法（物）实有，承认它们是并列的、独立的存在，这种心物二分图式正是佛教所要破除的邪法中的一个内容。佛教破除所用的方法既有接近于现当代心灵哲学的地方，也有其独立不共的内容。

佛教在这里的思想是极其复杂和深奥的。原因在于：佛教在这里仍贯彻了它的“不定说”或“差别说”。如前所述，佛陀是随二谛展开自己的言教的，而二谛中有又有不同的层次，前面所说的“四重二谛”足以说明这一点。从世俗谛上说，佛教承认心有本体论地位，至少有“假有”“妙有”的一面，有时还将它与身、物（色）并列使用（但这不等于佛教赞成二元论，详后）。从胜义谛说，佛教对同样问题的看法又根本不同。而胜义谛又有两大类，一是可言说或依言的胜义谛，二是不可言说或离言的胜义谛。先看后者。

从离言胜义谛来说，佛教的基本观点是，一切离言绝相，不可得、不可说，

---

① ［英］吉尔伯特·赖尔：《心的概念》，刘建荣译，上海译文出版社1988年版，第5页。
② ［五代］延寿：《宗镜录》卷52，《大正藏》第48册，第720页。
③ ［五代］延寿：《宗镜录》卷52，《大正藏》第48册，第720页。
④ ［五代］延寿：《宗镜录》卷46，《大正藏》第48册，第684页。

整个世界绝对平等，一如一体，不可说一元，同样也不可说二元、三元、多元。说之即乖。心也是如此，“心者，非真妄、有无之所辨，岂文言句义之能述乎？”[①]若有言说，都是权说、方便说，游戏说。“千途异说”，都是“随顺机宜”。[②]当听者悟得所说之实，所有言说都应像人由船筏渡过河之后，不能再把船筏带在身上一样。即使所谓的真谛也是如此，二分、三分等更是如此。从究竟理地上说，佛教一谛也不立，哪有立二谛、三谛。同理，一元不立，更何况立二元、多元。

若就差别言，佛教有四教仪、四教法，五味教。就五味教来说，它指的是佛教的由浅至深的五个阶段，像奶、生酥、醍醐等一样。前一阶段是后一阶段的铺垫，最后都要汇入最高阶段。不同教门“意在开教，悉入醍醐。”“本迹虽殊，不思议一。”[③]佛教的“不二法门”也说明了这一点。“二”即对统一体作出区分，“不二”即是不承认有二分。二分的形式很多，相应地，佛教有许多“不二法门”，如色心不二、内外不二、修性不二、因果不二、染净不二、依正不二、自他不二、三业不二、权实不二、受润不二，等等。这些“不二”是从不同角度对不一不异的世界的描述，如第一门是从境上说的，第二、第三是从智行上立名的，第四是从位法上立名的，第五、第六、第七是从感应神通上立名的，第八、第九是从说法上立名的，第十是从眷属、利益上立名的。[④]

如果说世界上有本原性存在，那么根据佛教的观点，这不可能是二元论所说的两个本原，而只能是一个本原，即要么是识，要么是心。正是由于强调这一点，因此佛教要么可归结为唯识论，要么可归结为唯心论。而这都是对立于心物二元图式的。

唯识论的基本原则是唯识无境。这里的境即是心之外的一切有为法，包括身体和外物。无境不是说绝对没有事物，而是说它们离开了心识就不存在。因此境是依识而有。具言之，外尘之现起离不开六识，六识离不开第七识，第七识离不开第八识。众生之身以及一切外法都依心而转。“六趣生死，彼彼有情，或在四生身分生起，于中最初一切种子心识成就。”由于有心识，“六识身转，如依暴水而有浪生，依净明镜有影像起”，[⑤]因此有外法的生起与转变。不难看出，“唯识

① [五代]延寿：《永明智觉禅师唯心诀》，《大正藏》第48册，第993页。
② [五代]延寿：《永明智觉禅师唯心诀》，《大正藏》第48册，第993页。
③ [唐]湛然：《十不二门》，《大正藏》第46册，第702页。
④ [唐]湛然：《十不二门》，《大正藏》第46册，第703页。
⑤ [唐]智周：《成唯识论演秘》卷1，《大正藏》第43册，第811页。

论”的目的、实质是遮境有，破除人们在空有问题上的混乱、错谬，“归心泯相，总言唯识”。[①]之所以强调唯识无境，是要“遮境有”，[②]即破除人们对境有的执著。而随着人们对心识的体、相、性、用认识的到位，人们在真正认识了心识本身的毕竟空无的体性之后，又会连心识一起予以破除。因此佛教的唯识论不同于一般的唯心论，它既解构关于物质的实有观，又超越关于心的实有观，同时还阻止人们“滞空”。[③]因为滞空也“乖其实”。[④]由此，唯识论有这样的特点：“悟彼有、空，高履中道。”[⑤]

理解时还应注意的是，唯识论尽管强调唯识，但并不像常见的唯心论、唯物论那样，要么把心识、要么把物质看作绝对真实的存在。佛教强调唯识无境，不是最终目的或结论，而是为着论证空有不二或毕竟空的中道义，毋宁说，强调唯识是论证整个世界毕竟空无的一种方式。不仅妄识、乱识是空，而且作为乱识之体的真心也是不可得的，也是空。既然如此，哪有什么二分、三分？窥基通过对“成唯识”几字的解释说明了这一点。所谓“成”有这样的意思：“成乃能成之义，以成立为功，唯识所成之名。……安教立理，名之为成。”“识谓能了，诠五法故。”[⑥]“唯”有多义，如除了“识诠五有，唯简二空”[⑦]之外，“唯”还有简持义，如有心空境是唯义。简去境，持取心，故说简持。另外，“唯”还有决定义、显现义。

在依言胜义谛上，佛教也可以说是唯心论，当然是“异类”的，这表现在：佛教所说的 “唯”“心”都有特殊的意义。“唯”是暂时的、权宜的、有条件的唯，当某种论证目的达到时，就不会再唯这个唯。“心”就更特殊了，如前所述，它非有无之能辩，而且它的意义是不定的。如果说心有深浅、净染之别，那么佛教当然更重视深心、净心。吕澂先生说：“全体佛学均建立在心性本净一义上。”[⑧]全体佛法无不以如来藏为“心要”。“如来藏者心也。是心何心耶？即众生平常之心，非于此外有一特殊心也。”[⑨]真心不是心之外的心，而就是众生心本身。根据

① [唐]窥基：《成唯识论述记》卷1，《大正藏》第43册，第229页。
② [唐]窥基：《成唯识论述记》卷1，《大正藏》第43册，第229页。
③ [唐]窥基：《成唯识论述记》卷1，《大正藏》第43册，第229页。
④ [唐]窥基：《成唯识论述记》卷1，《大正藏》第43册，第229页。
⑤ [唐]窥基：《成唯识论述记》卷1，《大正藏》第43册，第229页。
⑥ [唐]窥基：《成唯识论掌中枢要》卷上，《大正藏》第43册，第609页。
⑦ [唐]窥基：《成唯识论掌中枢要》卷上，《大正藏》第43册，第609页。
⑧ 吕澂：《吕澂佛学论著选》（第1册），齐鲁书社1991年版，第257页。
⑨ 吕澂：《吕澂佛学论著选》（第1册），齐鲁书社1991年版，第257页。

吕澂对佛教心要的概括，心有深浅，如来藏属心之深层构造。他说：“吾人现前能自知之心相，只是心之表面，犹海上波浪，但是转识而已。如来藏心相如在海水深处，须澄净到底方能领会。”这就是一般人平常为何不知有此心的原因。“然此深心平时虽不见，都非无有。”表示此心的有许多名称，如真如等，但如来藏所述的有其特殊之处。第一，是从境界上立名的。“心有能知，有所境，所境在内（内境），而不在外。剋实即离妄想无所有境界，如来藏由此境相立名也。”因此“如来藏必从境相言”。第二，“如来藏就染位而言”，因为以位言，有染位、染净位、净位之别，“如来藏相则在染与染净位说之也。是佛因位，故谓之藏。”“经中说具三十二相入一切众生身中为垢衣所缠，染位之意。”此与第一点便一致起来。因为“以其谈染位，故无能知之智慧在，而必从境相本具以言如来藏也”。第三，“如来藏就性寂而言。如来藏说境界，说染位，自必说道性寂，性寂者即经云不生不灭、本来寂静、自性涅槃也。”总之，佛教所说的“一心”可这样理解，不管怎样区分心，如染心与净心、浅表心与深层心，但无论如何只有一心、此心即是每个人当下能觉知到的心。但此一心有不同的层次。其第一层次是能执、所染之心。“此心无一刻离执，能边起执，所边即是染相。”第二层次的心是“所净心”，“表面是染，而深处净相仍存”。第三层是法界清净之体。“谓此为净者，以其相同于清净法界也，清净法界即心相圆净，诸佛所证者也。”[①]

佛教的“唯心论”无论是内涵还是作用，都有相对性。一方面，认识到万法唯心，不仅是如实知诸法的表现，而且有重要的生存论意义，因此若证得万法唯心，当体即见佛，即得解脱。智周说：“若人知心行，普造诸世间，是人则见佛，了佛真实性。”[②]但另一方面必须看到的是，佛教说唯心，是依世俗谛而说，是为破众生对外法和妄心的执著而方便说、随顺说。一当目的达到时，佛会进一步告诫众生：心本身也是空的，也不可得。如是认识心，才是如实知心。

佛教的“不定说”还表现在：为破有，而说空。而当人们执著空时，佛又“谈于有”。就此而言，佛教“不在说空，而在说有”。[③]在说有时，佛教根据自己的“存在”或“有”的标准（只要有作用、有势力，不管是否有无广延、空间、形体，都可授予其存在地位），认为心尽管无形无相，但也有存在地位。智顗大师

① 吕澂：《吕澂佛学论著选》（第1册），齐鲁书社1991年版，第264页。
② [唐]智周：《成唯识论演秘》卷1，《大正藏》第43册，第811页。
③ 见欧阳渐无为梅光曦编的《相宗纲要正续合编》所写的“序”，福建莆田广化寺佛教流通处印行。

说："适言其有，不见色质；适应其无，复起虑想。"[①]心尽管无色形，无质碍性，但不能说其是无，至少必须承认其是妙有、假有，因为它有思想等作用。既然如此，心在关于存在的本体论范畴体系中就有其一席之地。

佛教在建构关于存在或有的范畴体系时，有时尽管也有二分法的思想，但不是心物二分。佛教认识到：由于世界上的存在样式很多，很复杂，随着关系的复杂化，还有许多存在样式在不断产生出来。这就是说，佛教也认识到了存在的多样性、开放性、无穷的生长性。正是考虑到这些因素，佛教便有对存在或有的多种多样的分类。这种分类是如实知法相的一个表现。知法相即是知世界上的一切法的种类、相状、特点，以形成对全部世界的整体性认知。其意义在于："若知诸法相，正觉开慧眼。"[②]佛就是典型：佛知法无常、无我、无乐、不净，因而得无漏心、无漏行。"有常我乐净，离诸有漏行。"[③]佛对法相的整体性认知的表现是，一方面知无量无边的世界同时又是一，因为它们有共性、有"同分"，即有共同的构成部分，有共同的性相，有共同的本质或实性。这就是说，一切法有"同分"，即唯是一法界，"一切法皆为无我。"[④]另一方面，一法界同时又是多，而多有不同的层级和种类，这便为对它们作出划分或分类提供了基础。佛教对诸法的分类有很多体系，其共同点在于：超越心身/心物二分。

先看二分法。佛教不赞成心物二分，但非心物的二分法很多。佛教最常见的一种分类是根据法或存在着的事物是否有造作、是否有作为、是否有变动，把法分为有为法和无为法。有为法中可分为三（不是二），即心法（包括心王、心所）、色法（物质）、非色非心的不相应行法。"此之三种，同名有为。"[⑤]无为法主要是指虚空、真如、择灭无为、非择灭无为等法。另一种相近的分类是法是根据法是否有染污，把法分为有漏法和无漏法。论云："略有二种，谓有漏、无漏"。[⑥]无漏法包括道谛和三无为（虚空、择灭、非择灭）。其余都是有漏法。

其他的二分法还有很多，它们比心物二分好，因为它们都是周延的，因此合乎逻辑。①色法与非色法的二分，这种分类"能摄一切法"，可帮人全面了解诸

① [隋]智顗：《妙法莲华经玄义》卷1上，《大正藏》第33册，第685页。
② [古印度]法胜菩萨：《阿毗昙心论》卷1，[东晋]僧迦提婆、慧远译，《大正藏》第28册，第809页。
③ [古印度]法胜菩萨：《阿毗昙心论》卷1，[东晋]僧迦提婆、慧远译，《大正藏》第28册，第809页。
④ [古印度]世亲菩萨：《阿毗达磨俱舍论》卷2，[唐]玄奘译，《大正藏》第29册，第10页。
⑤ [隋]慧远：《大乘义章》卷2，《大正藏》第44册，第491页。
⑥ [古印度]世亲菩萨：《阿毗达磨俱舍论》卷1，[唐]玄奘译，《大正藏》第29册，第1页。

法。若分心物，或把法分为心法、色法、则会遗漏无为法。色由四大构成，又有二十一种：长、短、方、圆、好、不好、高、下、青、黄、赤、白、光、影、明、暗、云、烟、尘、雾、虚空。非色法即不由四大所构成的法，如心法、无为法等。②可见法与不可见法的二分。③有对法与无对法的二分。有对法即有其配对的法，如眼法对应的是色法，如此类推，五内入（眼耳鼻舌身）与五外入（色声香味触）是一一对应的。有对法有三大类：一是障碍有对（如以手打手，相互障碍），二是境界有对（如眼对色），三是缘有对（如心法、心所法，各有其所缘）。无对法是指：两法的关系不存在障碍、境界、所缘的关系，如意与法就是无对法。④有漏法与无漏法的二分。

佛教还常用三分法对诸法进行分类，其主要形式有：①从时间上把法分为过去法、现在法、未来法；②从染净性质上把法分为善法、恶法、无记法；③从境界上分为如下三类法："一者世间法相，二者出世间法相，三者出世间上上胜法相。"[①]

佛教超越二元图式的一个重要表现是，将视野拓展至色界、无色界，看到了存在着不与形体对应的心。而世间哲学所说的心是与有形物质相对应的心。不错，佛教在论述欲界、色界之有情的构成时，随顺世俗谛承认他们有色心两个大的组成部分。但佛教承认的有情不只这些，因为佛教还承认无色界存在着有情生命。他们有心，有生命，但没有由质碍性物质构成的形体。当然，也可以说他们有特殊的身体，这表现在：构成身体的是光性的东西。他们也有行为，会造业，但他们成就的是无漏身语业。总之，无色界无有诸色。即使可方便说他们也有色，但此色非四大和合之色。论云："世尊弟子生无色界，所成就无漏色非大种所造。"[②]

另外，佛之所以不赞成心身二分，还因为有的生命有心，但可以无身。例如佛就是这样。因为只要彻证涅槃，便无生无死，所以当然无身。这也就是说，佛不适合作心身二分。当然，佛也可以表现为有身，如以有形的化身表现出来。但佛的心身与一般生命的心身不可同日而语。"所以有身，为欲福度诸天人故。若其无身，则诸天世人，无所恃怙，犹如多罗树断其头者，则不复生。佛亦如是，已断生死，永不复生。"[③]

① 《入楞伽经》（10卷本）卷7，[北魏]菩提流支译，《大正藏》第16册，第554页。
② 《阿毗达磨大毗婆沙论》卷134，[唐]玄奘译，《大正藏》第27册，第695页。
③ 《长阿含经》卷15，[姚秦]佛陀耶舍、竺佛念译，《大正藏》第1册，第94页。

对一切存在最全面、最细致的分类的是“五位百法”。根据这一分类，世界万物可分为一百小类、五大类。这种分类的根据是“同分”基础上的“别分”。所谓同分，即指一类事物中所包含的共同的成分（性质、构成因素、相状等）。同分有两种：①无差别、等同的同一性。如众生都是有情、有佛性，“诸有情有情同分，一切有情各等有。”[①]②有差别同分，例如诸有情在界、地、趣、生、种姓、男女、学、无学等方面各不相同，但里面又有同一性，此即“各别同分。”[②]“别分”是指诸法在相、性、生起、住、灭等方面的特殊性。根据一切法的相、生、住、灭等大的方面的不同，可把它们分为五大类，即“色、心、心所、心不相应行。”[③]

五种法分别从不同侧面反映了同一世界或同一存在者的不同的存在方面，如心法是诸法自体，色法是其变现，心所法是其伴随，心不相应行法是其分位，无为法是心之体性。尽管有这种关联，但由于它们反映的方面都有其存在地位，因此这样划分又不违反逻辑。就心不相应行法而言，它表面上指的是事物的作用、作为，属于属性范畴，但由于它一当现实表现出来，就不能再还原或归结为产生它的关系系统，因此有相对的独立存在性，可单列为一类存在。从否定方面看，行蕴不是色法，不是无为法，非心的行蕴不是这样一些心法、心所法，如不是作意、触这两种遍行法，不是欲、胜解、念、定、慧五别境心所法，不是根本烦恼，不是随烦恼，不是诸善心所法，也不是寻、伺等无记心所法。从肯定方面说，行法是通过六思身的思而做出的各种善行、恶行。六思身有眼触所生思，以及别的五触所生的思。简言之，行是“思作分位差别”，[④]即由思考或自由意志而产生的各种行为。它们与心、心所法有关，但没有直接的对应、伴随关系，因此是“心不相应行”。[⑤]这里所谓“相应”是指有关联、有引起被引起的关系。有六种相应，即不相离相应，如具体的色法离不开极微，此种关联即相应，此外还有和合相应、聚集相应、俱有相应（互不相离、一方不能离开另一方而有）、作事相应、同行相应。心不相应行指的是这样的行法，即与心不同行、不直接依赖于心、心所法

---

① ［古印度］世亲菩萨：《阿毗达磨俱舍论》卷5，［唐］玄奘译，《大正藏》第29册，第24页。
② ［古印度］世亲菩萨：《阿毗达磨俱舍论》卷5，［唐］玄奘译，《大正藏》第29册，第24页。
③ ［古印度］世亲菩萨：《阿毗达磨俱舍论》卷4，［唐］玄奘译，《大正藏》第29册，第19页。
④ ［古印度］无著菩萨：《大乘阿毗达磨集论》卷1，［唐］玄奘译，《大正藏》第31册，第664页。
⑤ ［古印度］无著菩萨：《大乘阿毗达磨集论》卷1，［唐］玄奘译，《大正藏》第31册，第664页。

的行法，[①]因此它是非色非心的法，带有中间的性质。与心相应的行法是心所法。除此之外还有不相应的行法。由于不相应，因此非心，但又由于无质碍性，如命、无心定等就是如此，因此非色。可从五方面分析。第一，就名称意义言，“体非质碍，故名非色，又非情虑，称曰非心，不同想等诸心数法与心相应，名不相应。有为集起，称之为行”。[②]第二，就其相状、性质而言，它共有二十四种，每种都有其特定行相。如无想定，是外道的行法，可得无想报，外道以为此是涅槃。为进入这种所谓的涅槃，便修无想定。第三，从道德性质上看，无想定、灭尽定是善性的，有的是不定的，如此等等。第四，就它们与三界的关系看，无想定发生在色界中，灭尽定发生在无色界中，其余大多发生在欲界之中。第五，就其舍去、消失来说，无想定、灭尽定退时舍，命根随命终而舍，其余许多可在修道中舍。如此等等。[③]

再看关于世界的六分法。如果说三界是有情所生活的世界的话，那么它们可分为六种三界：诸行三界、有为三界、无为三界、有住三界、无住三界、皆空三界。三界的每一界又可按上述模式加以区分，如分为六种欲界、六种色界、六种无色界。[④]

关于世界的分类还有很多，如三科，即关于世界万物概括、分类的三个科目，或者说是分别从三个方面对世界万物进行分类。一是把世界上居住的有情分为色受想行识五个方面（五阴，详后）；二是把构成万物的要素分为十二处，其中内六处是六根（眼耳鼻舌身识），外六处是色声香味触法；三是把构成万物的要素分为十八界，即十二处加上六识。这些分类较常见，一般的佛学书籍说得较多，这里从略。只重点说说“五阴”。

五阴是关于有情之构成的五分法。它尽管是对心身进一步再分的结果，但由于这被区分开的五个方面都有相对独立的存在地位，因此其本身具有超二元模式的意义。五阴又可称作五蕴。阴或蕴有聚合、复合、类别之意。现实的个别存在者都是复合体，整个世界也是如此。它们都由下一级的要素所构成。就有情众生及所生活的世界来说，它们也是如此。而它们的构成要素可称作阴，即也是复合

① [古印度]无著菩萨：《大乘阿毗达磨集论》卷3，[唐]玄奘译，《大正藏》第31册，第673页。
② [古印度]无著菩萨：《大乘阿毗达磨集论》卷1，[唐]玄奘译，《大正藏》第31册，第664页。
③ [隋]慧远：《大乘义章》卷3，《大正藏》第44册，第496页。
④《月灯三昧经》，[北齐]那连提耶舍译，《大正藏》第15册，第623页。

体。如色由四大因缘和合而成，想、识等也是因缘和合体。五阴法在佛法中的地位很重要。如有弟子问：戒成就比丘当思惟何等法？答曰："当思惟五盛阴"。怎样思惟？"当思惟五盛阴无常、为苦、为恼、为多痛畏。"[①]如果须陀洹（初果）如是思惟，则证斯陀含果（二果）。进一步如是思惟则证阿那含果（三果），进一步如是思惟则能证阿罗汉果。这就是说如实思惟五阴法是去凡成圣的重要途径。

佛教的五阴理论看似简单，其实不然。它不是简单地把诸法分为五类就完事，而有更深的理论意趣。经云："此义甚深广大，无量无边，非算数所及。"[②]要知五阴法，关键是把握其要义。其要义是：知五阴生、灭、味、过、出要。这要义实即五阴的奥妙与本质，是我们认识五阴时必须把握的方面。如来之所以不同于凡夫，是因为如来如实知五阴的这些要义。如就五阴中的色来说，如来"知色因，知色灭，知色味，知色过，知色出要。如实知之。……能知色、我死此生彼，乃至非生非非生彼，悉皆不著。受想行识，亦复如是"。[③]《阴持入经》对五阴做了多维透视。如从五阴的构成、认知、相貌等不同角度对五阴做了分析。就五阴的构成来说，它们由色、痛（受）、想、行、识五种复合体组成。其中，色阴又包括十种现色入或十种色种，即眼、色、耳、声、鼻、香、舌、味、身、乐。受阴又叫痛种，有六种，即眼知痛、耳知痛、鼻知痛、舌知痛、身知痛、心知痛。简言之，六种受阴实即六根的六种感知。想阴即人的思虑、思想，也有六种：色想、声想、香想、味想、更（身）想、法想。行阴即人的意志活动与身口行为。该经把行称作"身六更"，意为与身体有关的更改行为，也有六种，它们分别是：色所更、声所根、香所更、味所更、触所根、法所更。识阴即身体六根所形成的六种心识，即眼识、耳识、鼻识、舌识、身识、心识。再看五阴的本质、特点及其认知。根据该经，五阴具有无常、苦、空、非身四种本质。无常、空和非身说的是它们的实相或自性，而苦这个概念说的则是它们的负面有害的价值属性。这四种性质可分别通过两种方式来认识。一是慧知。通过慧知，可看到它们的无常、苦、空、非身性质。二是断知，从这个角度去知，到一定的程度，可达到断爱欲的结果。该经在论述五阴的相貌时指出：其相状或相貌可概括为积，意为五阴是有关因素的聚集，换言之，它本身持有有关因素。这些因素可称作它的本持。共

---

① 《增一阿含经》卷 26，[东晋]瞿昙僧伽提婆译，《大正藏》第 2 册，第 689 页。
② 《别译杂阿含经》卷 9，《大正藏》第 2 册，第 443 页。
③ 《别译杂阿含经》卷 9，《大正藏》第 2 册，第 443 页。

有十八本持，可分为六组，每组三个，眼、色、识，耳、声、识，鼻、香、识，舌、味、识，身、更（触）、识，心、法、识。①

佛教分析五阴、六根等的独特的目的在于：不仅要如实知世界和人，更重要的是，要不为其所欺。“人常为目所欺，为耳所欺，为鼻所欺，为口所欺，为身所欺。目但能见，不能闻，……是五者皆属心，心为本”，②即是因心而有。因此只要认识心的本质，就会通达五阴、六根，不为其所欺。另外，佛教分析五阴不同于世间学术的地方还在于：更重分析“五阴成败、所趣”。③即重视从价值观、解脱论角度观五阴。其结论是：“五阴”是有毒性的实在。④例如五阴即五患，色是无常、苦、变易法，受想行识亦复如是。⑤

在五阴的有无问题上，佛教反对两种片面的观点：一是断见，它认为五阴即法界，即空无所有；二是常见，它认为五阴都是实法。佛教的中道的看法是：五阴能现法界，法界是五阴，因此五阴是有，但它们同时又体空，“五阴非有，不从因缘生。……无名、无相、无因、无缘，无有境界，无有譬喻，始终寂静，本来自空，是故五阴能现法界。”⑥“诸蕴本空”，“皆悉灭尽”。⑦之所以空，是因为它们由因缘和合而生，如“由因缘故，而生诸识，即彼因缘。及所生识，皆悉无常。”⑧因此，菩萨在般若波罗蜜中看到的五阴迥然不同于常识心理学所说的五阴。“般若波罗蜜不示五阴破，不示五阴坏，不示生，不示灭，不示垢，不示净，不示增，不示减，不示入，不示出，不示过去，不示未来，不示现在。何以故？空相不破不坏，无相相、无作相不破不坏……不起法、不生法、无所有法法性不破不坏，相如是示。”⑨这里所示的相当然是五阴的体性，即它们的空、无相、无作、不生不灭的本性。从体性上说，五阴还具“真如相”。“色真如，无生无灭，亦无住异而可施设，是名色真如相，受想行识真如，无生无灭，亦无住异而可施设，是名受想行识真如相。”⑩也可说，五阴具实际相，“无色际，是名色实际相，无

① 《阴持入经》卷上，[后汉]安世高译，《大正藏》第15册，第173页。
② 《佛说阿含正行经》，[后汉]安世高译，《大正藏》第2册，第883页。
③ 《修行道地经》，《大正藏》第15册，第181页。
④ 《修行道地经》卷7，《大正藏》第15册，第229页。
⑤ 《杂阿含经》卷2，[刘宋]求那跋陀罗译，《大正藏》第2册，第500页。
⑥ 《合部金光明经》卷4，[隋]宝贵合译，《大正藏》第16册，第380页。
⑦ 《佛说法印经》，[北宋]施护译，《大正藏》第2册，第500页。
⑧ 《佛说法印经》，[北宋]施护译，《大正藏》第2册，第500页。
⑨ 《摩诃般若波罗蜜经》卷14，[姚秦]鸠摩罗什译，《大正藏》第8册，第323页。
⑩ 《大般若波罗蜜多经》卷461，[唐]玄奘译，《大正藏》第7册，第329页。

受想行识际，是名受想行识实际相。”[1]

总之，五蕴既有又无，既常又无常。“色为无常、苦、变易法，此则是有，色为常住不变不坏，此则是无，”[2]受想行识，亦复如是。

佛教的超二元模式的最重的表现是强调，就欲界有情众生的内在存在来说，其内有本体论地位的存在者不只心、身两方面，还有很多。例如就身以外的无形存在者来说，至少还有心、神、寿。“无形者，识也、神也、寿也，此三句义常存不变，在空为空，在形为形，在有为有，在相为相，在无相为无相。无形之识，空性自然，斯乃名曰无形自然。”[3]识、神、寿三者是自然的存在样式，其特点之一是：本身无形，其二是依赖于有关的条件，此条件既可以是有形、有相、有为的东西，也可以是无形、无相、无为的东西。《成唯识论》也认为，有生命众生的必要条件是心、命、寿，或寿、暖、识。其中的暖、寿、命很难说是纯物理的现象。《中阿含》卷五八云：“意依寿住，寿依暖住。”《佛般涅槃经》卷上云：命随心，寿随命，三者相随。《成唯识论》卷三云：寿暖识三，更互依持，得相续住。如果对人作心物二分，将会把它们排斥在外。正是据此，佛教反对对人或世界作心物二分。

《大般若波罗蜜多经》还承认人身上有精气等，这也是没法归入心物二分中的实在，如经云：“慈悲护念，以妙精气冥注身心，令其志勇，体充盛故”。[4]此精气很难说是属于心或属于身。就无形来说，就判为心，但它又具有气这样的形态，而气是佛教所承认的带有根本性的自然现象，因此是佛教对心进行“自然化”的科学依据。再就非心法来说，它们中的一些很难有根据地被归入色法或物质之中。非心法的范围很广，大致有两大类：一是内，如饥、渴、老、病、死、无想定等；二是外，如寒、热、风、雨等以及心不相应行法中一些法，如名身、句身、文身、无想报、意义等。其中的许多，如老、死、名称及其意义等显然不是严格的心物中的成员。总之，对有情众生的心物二分是错误的，[5]要么犯了把不该并列的东西并列在一起的逻辑错误，要么遗漏了许多存在者。

---

①《大般若波罗蜜多经》卷 461，[唐]玄奘译，《大正藏》第 7 册，第 329 页。
②《大宝积经》卷 36，[唐]菩提流志译，《大正藏》第 11 册，第 207 页。
③《菩萨璎珞经》卷 2，[姚秦]竺佛念译，《大正藏》第 16 册，第 12 页。
④《大般若波罗蜜多经》卷 127，[唐]玄奘译，《大正藏》第 5 册，第 695 页。
⑤ [古印度]龙树菩萨：《大智度论》卷 15，[姚秦]鸠摩罗什译，《大正藏》第 25 册，第 168 页。

即使是就心来说，它也不具与身或物根本对立的意义。因为心的构成本身非常复杂，有些心是纯粹的，有些是不纯粹的、界限不分明的，甚至是跨类的，如介于心物之间的，所以这样的心不能成为把有情众生区分为心身两大割裂开来的部分的依据。为了理解佛教的超心物二分的实质与特点，我们有必要专门考察一下佛教对心的构成及分类的看法。在作这样的考释之前，“心数法”这个概念值得一辨。该概念是一个涵盖一切心理现象的最高概念。它包括两部分。一是起主导作用的心理现象，它们就是“心”。而其余的心理即为数。作为主的心，是变动的，如既可以说识阴为心，如果是这样，它以外的心理现象即为数，如果六识是心，其余的即为数，如果说受为心，那么余还为数。可见，心与数是有相对性的一面的。二是还应认识到的是，对心可作整体理解，这就是讨论心理的开合时的所谓“合”。从合上理解，全部心理“总为一，谓一心聚”。[①]问题是，这一心聚并不完全与物聚对立，因为它中间的成员有些具有居中的性质，例如真心、识精就是如此，它们可成为一切心物现象的本体。

传统心物二分图式的最大问题是，其区分标准用新的观点看，是有严重问题的。例如一般是根据是否占有空间、是否有广延性或形体性而把世界上的事物区分为心物两类的，但问题是世界上存在着不具有形体性的物质或色法。佛教早就认识到了这一点。由于下节我们在讨论佛教对心的本体论地位的看法时会涉及这一点，因此留待下面一并予以以考释。

第二节 心理现象的本体论地位问题

标准心灵哲学的一个前提性问题是关于心灵的本体论地位问题，即辩心之有无问题，或心在世界上有无存在地位的问题。佛教对此也作了深入的探讨，但所提出的思想极具个性，根本有别于一切非佛教的观点。

根据佛教心灵哲学，作为法的心，不管是八识心，还是五十一心所法，其不同于有形物质事物的特点是，都没有形体性、质碍性，用现代科学术语说，它们不占有空间，不具有广延性。如经云：“视之无形，听之无声，逆之无前，寻之

① 参阅《大乘义章》第2卷。

无后，深微细妙，形无丝发。”[①]这里我们之所以在“物质之前”加了“有形”二字，是因为佛教和当代科学都认识到存在着无形的物质。

佛教对心的本质不同于非佛教学说的看法是，这样的心，从体性上说，毕竟空无，不可得，不可说。但根据佛教的中道观，它们又不是纯粹的无，而具有“存在”或“有”的一面，用哲学本体论的术语说，它们同样享有本体论地位。根据传统哲学的本体论的存在标准，一事物只有占有空间，或有形体性、广延性，才能说其是有，是存在。如果是这样，佛教所界定的心便无存在地位。佛教为什么要赋予它们存在地位呢？其根据何在？

第一种论证是，心是非色法，而非色法也可以是存在的。这可通过对色法的如理观察而证明。例如当行者“对于色，次第澄清、去结，而极清净之时，则以彼（色）为所缘的非色法亦自明了”，[②]先前的障碍烦恼随之消失，“如无浊泥之水，心得清净”。[③]就像用沾满灰尘的镜子照自己，只要不停摩擦，随着镜面的清净，自相便会显现于其上，非色法、清净之心，也是这样。只要看到了色的空无本质，那么以此色为所缘的清净心就会显现。

第二种论证是通过分析“存在”或“有”的不同意义而予以证明。根据这种分析，“有”有不同的意义。一是“实有”，它“不待名言，此余根境，是实有义。一切皆是实有，为舍执著实有我故。”[④]意为说六根六境实有，是针对断言法有我、人有我的实有观而提出的，为破斥、抛弃它们，才说十二处实有。所谓“一切”，只包括此十二种，不包括“我”。它们之所以实有，是因为它们不待言说而有。二是“假有”，“待名言此余根境，是假有义，一切皆是假有，为舍执著实有我故。”[⑤]这种有是名言上的有，据说为有，并非真实有。三是“世俗有”，[⑥]即杂染心、妄心所缘的境，是世俗所承认的有，并非实有、真有，因为它们因缘和合，了不可得。四是“胜义有”，[⑦]亦即是真正的有，至少是胜义谛所承认的有。“清净所缘，是胜义有义”。[⑧]根据这种标准，只有诸法的清净本性、真如才是这种有。

---

①《大安般守意经》“序”，《大正藏》第 15 册，第 163 页。
② [古印度]觉音：《清净道论》，叶均译，中国佛教文化研究所 1991 年版，第 555 页。
③ [古印度]觉音：《清净道论》，叶均译，中国佛教文化研究所 1991 年版，第 555 页。
④ [古印度]无著菩萨：《大乘阿毗达磨集论》卷 2，[唐]玄奘译，《大正藏》第 31 册，第 667 页。
⑤ [古印度]无著菩萨：《大乘阿毗达磨集论》卷 2，[唐]玄奘译，《大正藏》第 31 册，第 667 页。
⑥ [古印度]无著菩萨：《大乘阿毗达磨集论》卷 2，[唐]玄奘译，《大正藏》第 31 册，第 667 页。
⑦ [古印度]无著菩萨：《大乘阿毗达磨集论》卷 2，[唐]玄奘译，《大正藏》第 31 册，第 667 页。
⑧ [古印度]无著菩萨：《大乘阿毗达磨集论》卷 2，[唐]玄奘译，《大正藏》第 31 册，第 667 页。

根据这些分析，尽管不能说心是实有，但至少可以说它们是假有、妙有。因为它们依一定因缘而起，不可能绝对一无所有。另外，它们在人的现象学直观中，总有相状显现，足以说明它们不是纯无。最后，从根源上说，包括心识在内的一切法都是真如实性的随缘变现，而真如是真实不虚的，作为其妙用、相状的心识也一定有特定意义的存在地位。佛教的三自性学说也说明了这一点。包括心在内的有为法，尽管它们是非色法，但也是有，因为它们也有三自性，即遍计所执性、依他起性、圆成实性。从圆成实性上说，尽管心法、心所法无形质，由因缘和合而生，但不缺圆成实性，即不缺真如实性。欧阳竟无居士认为，佛教所立的有之所以是有，其根据在于：缘生根于缘起，幻有根于转变，相状根于体性。心识等由于根于缘起、转变、体性，因此也有“有”的一面。总之，佛教的本体论的特点在于：承认无形质法是有。无形质法既可以是自然的，也可以是因缘和合而生的，还可以是化现的，例如如来依其不思议神力，能“化现无形质法”。[①]

不过，承认心是有，又不能走极端，如不能否认此有在体上的空无。因为说心本无也是佛教本体论的组成部分。如前所述，佛教分析心身旨在揭示其虚幻、污染本质。经云：“有漏身三十七种不净秽恶，是不可爱，是不坚牢，当观此身，犹如坏器。……又观自身，息秽不净，犹如死狗。……又观自身，如无量薪为火烧爇，然是猛火曾无厌足，我身亦尔，以贪爱火烧五欲薪，其心增长，亦复如是。”[②]因此心身的本性是，但有名字，乃至佛、菩萨等一切“但有名字”。“应如是观，菩萨但有名，佛但有名；……色但有名，受想行识但有名；眼处但有名，耳鼻舌身意处但有名；色处但有名，声香味触法处但有名。……眼识界但有名，耳鼻舌身意识界但有名；眼触但有名，耳鼻舌身意触但有名；眼触为缘所生诸受但有名，耳鼻舌身意触为缘所生诸受但有名；……如我但有名，谓之为我实不可得。如是有情、命者、生者、善者、士夫、补特伽罗、意生、儒童、作者、使作者、起者、使起者、受者、使受者、知者、见者，亦但有名。……以不可得空故，但随世俗假立客名，诸法亦尔，不应执著。”[③]这意思是说，说存在着受想行识等心理现象，像说有佛菩萨等一样，这些词是纯粹的语言游戏，在世界上找不到与其对应的实在。

① [古印度]护法菩萨等：《成唯识论》卷10，[唐]玄奘译，《大正藏》第31册，第58页。
② 《大乘本生心地观经》卷6，[唐]般若译，《大正藏》第3册，第321页。
③ 《大般若波罗蜜多经》卷4，[唐]玄奘译，《大正藏》第5册，第17-18页。

佛教分析、分别心身、五阴，旨在不分别，旨在揭示被分别的事物与别物的无一无异的本质。经云："观自身心，犹如枯树、墙壁、瓦砾，等无有异，于一切法无有分别。我观身心犹如幻梦，中无有实，念念衰老。……是身无常，速起速灭，是身虚假，终不久停，如是身中无我、我所，无有情，无命者，无养育者，……无补特伽罗者，无作业者，……如是等相，本来空寂，犹如虚空，亦如泡沫。"[①]

根据佛教的"实事求是"理论，如是看心身，就是实事求是，就是如实观心身。罗睺罗问佛："如何看待识身及外境界？"佛回答说："彼一切悉皆非我，不异我，不相在，如是平等慧正观"，即是"如实观"。[②]再如，若见色受想行识等一切法既无我又不异我，即是"如实观""如实知"。[③]

还要认识到的是，佛教分析心识的本体论地位既是服务于如实知的目的，又有价值论的动因，如旨在揭示众生众痛苦的根源，进而予以彻底的铲除。以眼识为例，如果任由眼逐色、缘色，那么便是苦难的开始，"眼识著色、缘著故，以生苦受，苦受故，不一其心，不一心故，不得如实知见，不得如实知见故，不离疑惑，不离疑惑故，由他所误，而常苦住。"耳鼻等诸识"亦复如是"，[④]如果攀缘它们的对象，那么便"常苦住"。[⑤]原因在于，让它们分别、攀缘，心就不能专一，不专一就必定依次产生这样的后果：不如实知、迷惑、常住于苦。反之，只有认识到包括心在内的一切法毕竟空无，心才能专一、平静，进而无苦。经云："无明如虚空，行、识、名色、六处、触、受、爱、取、有、生、老、死、愁、叹、苦、忧、恼如虚空。所以者何。舍利子，如虚空前际不可得、后际不可得、中际不可得。"[⑥]

它们空寂，但又无"散失"，即由因缘的作用而聚合在一起，因此不是绝对的虚无。如经云："诸法寂静，亦无散失，何以故，若法寂静，无尽性故。……色寂静，亦无散失，受想行识寂静，亦无散失。"[⑦]"诸法清净亦无散失"，[⑧]五阴、六根、六识等亦复如是。

①《大乘本生心地观经》卷6，[唐]般若译，《大正藏》第3册，第319页。
②《杂阿含经》卷1，[刘宋]求那跋陀罗译，《大正藏》第2册，第5页。
③《杂阿含经》卷1，[刘宋]求那跋陀罗译，《大正藏》第2册，第7页。
④《杂阿含经》卷11，[刘宋]求那跋陀罗译，《大正藏》第2册，第75页。
⑤《杂阿含经》卷11，[刘宋]求那跋陀罗译，《大正藏》第2册，第75页。
⑥《大般若波罗蜜多经》卷63，[唐]玄奘译，《大正藏》第5册，第356-357页。
⑦《大般若波罗蜜多经》卷68，[唐]玄奘译，《大正藏》第5册，第382页。
⑧《大般若波罗蜜多经》卷69，[唐]玄奘译，《大正藏》第5册，第388页。

佛教关于妄心之本体论地位的思想还有这样一个特点，即承认：在有情从死到下一期生命开始的中间阶段（中有），心识仍可以是存在的。“临终时最后念心是异熟法者，谓死有心，唯是赖耶异熟无记。”①这就是说，这里的心没有善恶性质，表现为异熟识，它不是一个不变的实体，不是绝对同一的实在，而是如暴流一样的非一非异的东西。当然，它毕竟是一种有。之所以被认为是有，是因为它具备有的三个条件。遁伦说：一法成为异熟，须符合下述三条件，一是要有力量，二是不被损害，三是受用未尽。人死时的识符合这三条，因此是异熟，是有。

不仅如此，在身体死后的旧身和新身之间，即所谓的中阴阶段，识并不会死，仍有其存在地位。就像下到田里的种子，种子碰到相应的条件上会长出芽来。中阴中的识也是这样，碰到相应的机缘，就会进到新个体之中。但问题是，是种子灭了才生芽，还是芽生了种子再灭？回答是：“其子若灭，其芽即生，非先子灭，然后牙生，非先生牙，然后子灭。”②意思是说，种子灭时当即有芽生，而非前面两种情况，因为灭与生紧相邻，甚至是灭即生，中间“无断绝”，像流水一样，“此之神识，见前有中，生处了已”，③即见身体不再能延续下去、邻近消灭时，“识即令移，托就于彼”，④即紧接着马上迁移到新的存在体之中，“间无断绝。”⑤

如果说人或别的有情身上存在着心，这心是一还是多呢？经论中在不同情况下有不同的说法：有主张一心说的，如说一心多用，或心一为多业；也有主张多心说的，即认为人身上的心是多。《成实论》认为，这些说法不矛盾，因为语境不同，说的是不同的意义。⑥这就是说，可以根据不同的语境，说心是一，或说心是多。

如前所述，由于心所关联的生命体有凡夫与圣贤之别，因此心便有两种存在处所，进而有两种心，一是存在于凡夫身上的染污之心或妄心，二是存在于圣人身上的清净之心或真心。当然这不是说，凡夫之心是与真心割裂开的心，是纯粹的妄心。因为妄心是离不开真心的，其体就是真心，只是凡夫的真心被妄心覆盖了，不为凡夫所知、所用，所以没有变成现实，他们开的只是“心生灭门”。圣

① [唐]遁伦：《瑜伽论记》卷18上，《大正藏》第42册，第718页。
② 《大乘同性经》卷上，[北周]闍那耶舍译，《大正藏》第16册，第642页。
③ 《大乘同性经》卷上，[北周]闍那耶舍译，《大正藏》第16册，第642页。
④ 《大乘同性经》卷上，[北周]闍那耶舍译，《大正藏》第16册，第642页。
⑤ 《大乘同性经》卷上，[北周]闍那耶舍译，《大正藏》第16册，第642页。
⑥ [古印度]诃梨跋摩：《成实论》卷5，[姚秦]鸠摩罗什译，《大正藏》第31册，第278-279页。

人的真心是经清除妄心而“返回”的。就凡夫的妄心来说，它们“在内，不在外。心依内种得见外种，而起因缘。神有六界，眼耳鼻口身心之识也。”①以眼识为例，它由因缘和合而生，既然如此，眼识便有这样的本质：“无常、苦、空、非我之物”。②

在人类心灵哲学的本体论探讨中，佛教的探讨是极有个性的，这表现在：它根本有别于一切理论，如既不赞成实在论，又断然否定虚无主义或取消主义，更不同于二元论。但是由于它坚持“不定说”“差别说”，尤其是坚持依二谛阐发自己的理论，又使它的理论有兼容别的有关理论的一面。具言之，在俗谛中，它既在特定意义上承认其实有，又在特定意义上承认其无，在胜义谛中，它强调一切作为有为法的心是体上空，但如果证得了这种空，又会明白，此体空正是真正的有。在更高一级的胜义谛中，又必须超越有无之辩，既不能说其是有，又不能说其是无。总之，佛教关于心灵的本体论地位的思想是复杂的、不定的，应根据特定的语境去理解它的思想。为了强化这一解释学，我们这里再引有关经论中对圣者之心的本体论地位的精彩论述。

毫无疑问，圣者的心是一种有特殊存在形式的心，主要表现为佛心或如来心、菩萨心。他们的心在有言之教的层面，既可说是有，又可说是无，更可说非有非无。例如佛心的特点是定心，此定心即《大佛顶首楞严经》所说的大定，体性之定，不假修证之定。经云：“佛心恒在定。”③这种心的本体论地位上的特点是：“其心平等，无有亦有，无有去来而亦去来，不破不坏，不断不绝，不出不灭，非主亦主，非有非无，非觉非观，非字非不字，非定非不定，不可见，了了见，无处亦处，无宅亦宅，无暗无明，无有寂静而亦寂静，是无所有，不受不施，清净无垢，无争断争，住无住处，不取不堕，非法非非法，非福田非不福田，无尽不尽，离一切尽，是空离空，虽不常住，非念念灭，无有垢浊。无字离字，……非一非异，非像非相，诸相庄严，非勇非畏，无寂不寂，无热不热。如来度脱一切众生，无度脱故，能解众生，无有解故，觉了众生，无觉了故，如实说法。无有二故，不可量，无等等，平如虚空。……”④

佛既有心，此心即净心，又无心，因为它无掉了一切妄心，所以无心即净心、

---

①《修行道地经》卷4，[西晋]竺法护译，《大正藏》第15册，第210页。
②《修行道地经》卷4，[西晋]竺法护译，《大正藏》第15册，第210页。
③[古印度]诃梨跋摩：《成实论》卷10，[姚秦]鸠摩罗什译，《大正藏》第31册，第57页。
④《大般涅槃经》卷3，[东晋]法显译，《大正藏》第12册，第383页。

真心。“诸佛世尊，而无有心。因慧名心，心本清净。”[①]“如来者，非心意识生起所显”。[②]因为如来没有凡夫的这样的邪记加行，如计有我，计有我见、我闻、我作、我染、我净，等，简言之，如来“没有心法生起”，[③]所以回归本然真心状态。当然在特定意义上，也可说如来有心，因为如来常行般若，常修戒定，这些活动也属心理活动。从究竟理论上说，如来“非是有心，亦非无心”。[④]因为说其有心或说其无心都是方便、权宜之说，是为破除错误的知见而作的方便安立，只是语言游戏而已。

再看菩萨之心。从价值角度说，此心的特点是善解脱，因此肯定有存在的一面。“贪瞋痴心，永断灭故，是名菩萨心善解脱。”[⑤]菩萨也是善慧解脱之人，其表现是：“于一切法知无障碍，是名菩萨慧善解脱。”[⑥]当然这样说，还不究竟，仅进此境界还不够，还应更上一层楼。怎样更上？别无他法，只有进一步于心离心、于念离念，进一步否定和超越。“如佛所说，心解脱者，是义不然。何以故？心本无缚，……云何而言心善解脱？”[⑦]只有彻底无缚无脱，才是真解脱，真解脱实即无解脱。因此正确的态度是，即使进入解脱之境，也无解脱之念，心心平等，无有心生。

直质心是菩萨所具备的心，其特点是平直、质朴，不管外面世界怎么变化，此心常恒平静。就此而言，菩萨有心。“菩萨摩诃萨于诸众生作质直心，一切众生若遇因缘，则生谄曲，菩萨不尔。何以故？善解诸法悉因缘故。菩萨摩诃萨虽见众生诸恶过咎，终不说之，何以故？恐生烦恼。”[⑧]相反，遇众生有一点点进步，菩萨便于赞叹。质直心也可以说就是直心，共有十种。它们分别是：不染世间法直心、不染声闻缘觉直心、随顺菩提直心、不违一切智道直心、一切众魔不能沮坏直心、不染如来圆满清净智慧直心、随所闻法悉能摄受直心、于一切受生处无所择直心、深入细微智慧直心、善巧修习一切佛法直心。

菩萨还常有这样的十种心：一是大地等心，持一切众生诸善根；二是大海等

---

① 《持心梵天所问经》卷 2，[西晋]竺法护译，《大正藏》第 15 册，第 15 页。
② 《解深密经》卷 5，[唐]玄奘译，《大正藏》第 16 册，第 710 页。
③ 《解深密经》卷 5，[唐]玄奘译，《大正藏》第 16 册，第 710 页。
④ 《解深密经》卷 5，[唐]玄奘译，《大正藏》第 16 册，第 710 页。
⑤ 《大般涅槃经》卷 25，[东晋]法显译，《大正藏》第 12 册，第 515 页。
⑥ 《大般涅槃经》卷 25，[东晋]法显译，《大正藏》第 12 册，第 515 页。
⑦ 《大般涅槃经》卷 25，[东晋]法显译，《大正藏》第 12 册，第 515 页。
⑧ 《大般涅槃经》卷 26，[东晋]法显译，《大正藏》第 12 册，第 517-518 页。

心，即等同于大海一样宽广的心，能受持一切佛智慧；三是须弥山王等心，能令一切众生安住无上善根；四是摩尼宝心，能远离烦恼，清净心灵；五是金刚心，坚固、能了知一切法；六是坚固金刚围山心，诸魔外道不能坏；七是莲华等心，一切世法不能染；八是优昙钵华等心，一切劫难皆可值遇；九是净日等心，除灭众生贪嗔痴；十是虚空等心，无边无际，绝对平等。正是因为此十心，菩萨才能成就诸佛无上清净大心。[①]还可以说有这样十种心，即勇猛心、无懈怠心，勇健力心，正思维心，不退转心，性清净心，知众生心，住佛法心，空、无相、无愿、无行心，金刚庄严心。[②]还常有这样十种意，即上首意，随顺佛教意，深入意，内意（深入众生愿望），不乱意，清净意，善调伏意，正思惟业意，调伏诸根意，深定意。[③]

凡心和圣心的关系可用比喻来加以说明，如可以说“凡人心如合莲华”，[④]即未开放的莲华，它以妄心表现出来，但真心丝毫不差，只是像未开放的莲花一样，未得显现而已；“佛心如满月”，[⑤]即真心得到了圆满显现，极圆极明，“如是真实心，故佛所宣说”；[⑥]菩萨的心像十三、四的月亮，接近圆满。从这个意义说，尽管一切心在本质上是无心，但又有实有的一面，妄心和真心、凡心和圣心都是如此。

第三节　身体观：身体形态的多样性

讨论心灵的存在、本质及其关系，必然要涉及身体。正是由此所决定，世间心灵哲学一般都绕不过心身关系问题。佛教尽管反对简单的心身二分模式，但由于心身关系毕竟是心在有情身上会碰到的多种关系中的一种，因此佛教也有自己的心身关系学说。要讨论心身关系，首先要回答这关系中的两个方面的本体论地位及本质问题，即要先建立相应的心灵观和身体观，尤其是有关于心身本体论地位问题的肯定回答。佛教的心灵观已于前面考释过，这里重点剖析佛教的身体观。

---

①《大方广佛华严经》卷40，[东晋]佛驮跋陀罗译，《大正藏》第9册，第652页。
②《大方广佛华严经》卷41，[东晋]佛驮跋陀罗译，《大正藏》第9册，第657页。
③《大方广佛华严经》卷41，[东晋]佛驮跋陀罗译，《大正藏》第9册，第658页。
④《金刚顶瑜伽中阿耨多罗三藐三菩提心论》，[唐]不空译，《大正藏》第32册，第574页。
⑤《金刚顶瑜伽中阿耨多罗三藐三菩提心论》，[唐]不空译，《大正藏》第32册，第574页。
⑥《金刚顶瑜伽中阿耨多罗三藐三菩提心论》，[唐]不空译，《大正藏》第32册，第574页。

佛教的身体观也很有特点。由于它承认有不同的世界，即像现今的许多宇宙学和哲学一样承认多世界（当然具体内容大不相同），如世俗世界（欲界、色界、无色界）和清净世界（佛、菩萨等圣者居住的世界），世间、出世间、出出世间，因此一定承认不同世界众生有不同的身体构成及形态。至少有这样一些不同的身体类型：欲界众生的身体、色界众生的身体、无色界众生的身体、佛菩萨的身体。

世俗世界包括欲界、色界、无色界，是凡夫俗子居住的世界。这里有三十八种众生种类。欲界中有十二种：地狱、饿鬼、畜生、人、阿修罗、四天王天、三十三天、夜摩天、兜率天、化乐天，他化自在天、魔身天。色界有二十二类：梵身天、梵辅天、梵众天、大梵天、光天、少光天、无量光天、光音天、净天、少净天、无量净天、遍净天、广天、少广天、无量广天、广果天、无想天、无烦天、无恼天、善见天、善现天、阿迦腻吒天。无色界有四类：空无边天、识无边地、无所有天、非想非非想天。[①]这些众生的身体的构成成分各不相同，如有的有色质，有的无色，以光或别的形式存在。容后面再具体分析。

先看欲界众生的身体的形成及构成。他们的身的形成根源于业力与四大的和合。“从因缘起而报应成，从造行转因于四大，……受于四大而成色阴。因得假托，所以名曰身者何。已自造作，故曰为身，心以依之，故曰为身；罪福所为，故曰为身；……众因缘成身，适小安，便复坏败，不得久长。”[②]再就其本性来说，身无思想，身不知身，无内无外，亦无中间，因此是“非真之有”，“身如聚沫”，[③]如是观之，便不会贪身。从价值上说，欲界众生的身体是众苦众难的根源，因此应“知身为患”。“是身如宅，八十种虫，是身迫恼，无数百病，是身无救。……是身苦器，受诸危厄。”[④]

由于欲界杂居着凡夫与圣贤，因此此界充斥的身体有不同的各类。凡夫的身体是粗重染污之身，其形成的原因是无明、颠倒、起惑造业。正是由这些所决定，他们的身体才表现为粗重身。作为生物体，这类身体有这样的生物倾向，如执着有我、有我所。这里的“我”是指身体的中心、主宰。执我即以我为中心，本能地维护和保存自己。“我所”即是属于我的东西。其内容有相对性，从近到远，

①《起世经》卷8，[隋]阇那崛多等译，《大正藏》第1册，第348页。
②《持人菩萨经》卷3，[西晋]竺法护译，《大正藏》第14册，第634页。
③《持人菩萨经》卷3，[西晋]竺法护译，《大正藏》第14册，第634页。
④《持人菩萨经》卷3，[西晋]竺法护译，《大正藏》第14册，第634页。

依次有：身体的内部器官及结构、外部器官及结构、与自己血缘关系近的同类、远的同类，等等。生物的身体在自身得到保护的同时，还会顾及我所。这是所有生命的生物本能。论云："于粗重身，执著诸法，补特伽罗（众生或我），自性差别，随眠妄见，以为缘，故计我、我所，由此妄见，谓我见、我闻、我嗅、我尝、我触、我知、我食、我作、我染、我净。"[①]欲界圣者的身体有不同的情况，如有的断粗重身，最极清净。有的显现为有质碍性的色身，但极为清净。之所以如此，是因为圣者"如实知"身，如知其因缘和合，空无所有，进而如法修行，不住一切相，心灵清净，身体轻安，所以最极清净。还有的干脆无色身。后面再来讨论。

这里重点剖析一下作为凡夫的人的身体。人不是从来就有的，而有其开始。这一看法与一般科学和宗教的看法相同，只是对具体的起源及过程的看法不同罢了。从事相的可言说的层面，佛教不仅不否认肉身的存在，而且强调它们处在循环往复的流转之中。在描述此流转时，佛教还表达了许多超前的思想，如用发生学的观点看问题，认为身体的功能不是从来就有的，不是固定不可变的。在追溯生命及自然事物起源时还包含有近似于宇宙大爆炸理论的思想。

从个体的人的身体的发生过程来看，肉身发生的起点是由先前业力所决定的入胎。入胎有四种方式：①正念入，正念住，正念出；②正念入，正念住，不正念出；③正念入，不正念住和出；④三皆不正念。[②]入胎后，接着有受身和出身。在佛教看来，这三者皆苦。佛教通过对入胎过程的细密描述和分析，所得的结论是："受此身者，实为大苦。"初出胎时，被水洗涤。"是故当知，此身皆是不净众苦之所成就"。[③]出生后，"八万户虫依止此身，昼夜食啖，亦复能令气力虚弱，颜容憔悴，种种病苦皆集此身，复令其心忧悲热恼。"[④]苦的严重性及根源在于："生死有海，苦哉痛哉，猛焰烧然，极大炎热，无一众生不被烧煮，斯等皆由眼耳鼻舌身意炽盛猛火，贪求前境色声香味触法。"[⑤]

佛教对个体的人的发生学作了详细、具体的论述。据此，个体的新生命及其身体的产生过程是这样的："于受生时，父母精血，于尿道中，识生受胎，业风所集，

①《解深密经》卷5，[唐]玄奘译，《大正藏》第16册，第710页。
②《大宝积经》卷57，[唐]菩提流志译，《大正藏》第11册，第332页。
③《大宝积经》卷55，[唐]菩提流志译，《大正藏》第11册，第325页。
④《大宝积经》卷55，[唐]菩提流志译，《大正藏》第11册，第325页。
⑤《大宝积经》卷57，[唐]菩提流志译，《大正藏》第11册，第333页。

和合动之，七日一变，名阿浮陀。阿浮陀中，以于先世不杀生故，识心不灭不烂。第二七日中，名伽那身，烦恼痴识，不坏不灭。如是七七日（四十九天），名曰肉团。住在胎中，屎尿之间。”①以后慢慢长出两手、两脚、头等，十月左右，即从胎中出，来到世间受大苦恼。身体灭亡的过程是身体形成过程的逆过程，如经云：“临命终时，一切皆烂，脓血流出，互相逼迫，一切皆动，如两山压。……如是水大，破坏其身。”②当诸阴和合而成的身体不能再维继时，心识便离此而去，相续于别的地方，此期生命即告终结。经云：“现阴既尽，而心受生”，“缘心相似，而受生身”。③

佛教生命观的独特之处在于：强调生命不是一次性的，甚至认为生命是永恒的，不存在绝对意义的死亡，常人所说的死亡，不过是生的另一种表现方式。另外，由于凡圣的因缘不同，因此生命转化的方式是不一样的。圣者尤其是极圣超越了生死。而凡夫生命转化的方式是生生死死，生死循环往复。其根源不在外面，而在自心。《大佛顶首楞严经》云：“当知一切众生，从无始来生死相续，皆由不知常住真心，……用诸妄想，此想不真，故有轮转，”④这就是说，生的根源是“迷本圆明，是生虚妄”。什么是虚妄？“妄性无体，非有所依”。⑤因此世界及众生的生起是无生之生，即不是真正的生。事实上，世界上也没有真正意义上的生。因为世界的体性是“了无根本”。所以所谓生是假施设。“从毕竟无，成究竟有。此有、所有，非因、所因，住、所住相，了无根本。”⑥在此基础上，《大佛顶首楞严经》还描述了众生和世界的发生过程。

具有而言之，生死轮回、堕大苦海的原因有两方面，即不知两种根本：一是误把攀缘心当作是生死根本，此即“用攀缘心为自性”；⑦二是不知无始菩提、涅槃、元清净本。此元清净本即是众生的“识精元明”。⑧众生本具此元明，但由于无明，由于随缘逐境，因此让妄心覆盖起来了，以致让众生觉得并无此心。这种迷失是众生生死轮回的根本原因。经云：“由诸众生遗此本明，……枉入诸趣。”⑨

---

①《正法念处经》卷70，[北魏]瞿昙般若流支译，《大正藏》第17册，第412页。
②《正法念处经》卷67，[北魏]瞿昙般若流支译，《大正藏》第17册，第398页。
③《正法念处经》卷67，[北魏]瞿昙般若流支译，《大正藏》第17册，第398页。
④《大佛顶首楞严经》卷1，[唐]般刺蜜帝译，《大正藏》第19册，第106页。
⑤《大佛顶首楞严经》卷7，[唐]般刺蜜帝译，《大正藏》第19册，第138页。
⑥《大佛顶首楞严经》卷7，[唐]般刺蜜帝译，《大正藏》第19册，第138页。
⑦《大佛顶首楞严经》卷1，[唐]般刺蜜帝译，《大正藏》第19册，第108页。
⑧《大佛顶首楞严经》卷1，[唐]般刺蜜帝译，《大正藏》第19册，第108页。
⑨《大佛顶首楞严经》卷1，[唐]般刺蜜帝译，《大正藏》第19册，第108页。

佛教也有关于人的种系发生学，认为人来自于天人。据说，有一种叫光音天的天人，他们住于色界第二禅的第三天，在开口时，能发出清净的光明，这光明能变成声音，故名光音。其中一部分，来到地上，由于贪食地上的食物便变为有形体的人，“众生食此自然粳米，……彼众生等便生若干形，或有众生而生男形，或有众生而生女形。”①“众生”的名称也可说明上述道理。“众生”即指和合体，有二义，一是其生由众因缘所使然，二是其构成离不开众要素，如六大（地水火风空识）、五阴、六入等。“众生者，众缘和合名曰众生。所谓地、水、火、风、空、识、名色、六入，因缘生。又众生者，犹如束竹，缘业故报，缘业得果，我、人、众生、寿命、畜养众数、知者、见者、作者、触者、受者，是名众生。”②

人的身体，也可称作色身。所谓“色身”是指此身体是由色构成的。色有三种。一是有形色，即有形体性的事物。二是无形色，是存在的事物，但没有形体性，如现在造的业，未来必定受报，即产生相应的身体（正报）以及身体所依存的环境（依报）。这类色显然是无形体的。三是增大色，过去、现在、未来存在的色法不是固定不变的，经常增减，此为“色有不穷”，③即不可穷尽，总有新增加的色。

人的身体，至少是凡俗之人的身体，显然是由有形色构成的。而有形色是由极微、微尘构成的。最小不可分的构成元素是极微。“极微是最细色，不可断截、破坏、贯穿，不可取舍、乘履、抟掣，非长非短，非方非圆，非正不正，非高非下，无有细分，不可分析，不可睹见，不可听闻，不可嗅尝，不可摩触。”④尽管如此，它们又能成为上一级的事物的构成单元，如“七极微成一微尘”。⑤微尘是天眼、转轮王眼等所能看到的最细色，而一般肉眼不可睹见。

佛教还用“大种”说明了物质不同于非物质的特点。所谓大种是指一切色法的能造因，有四种大种，即地水火风，它们分别以坚、湿、暖、动为其性相：地以坚为相，水以湿为相，火以暖为相，风以动为相。四大也有自己的“业”。业指的是四大的作用，如地以持为业，水以摄为业，火以熟为业，风以长（增长）

①《中阿含经》卷39，[东晋]瞿昙僧伽提婆译，《大正藏》第1册，第675页。
②《大乘同性经》卷上，[北周]阇那耶舍译，《大正藏》第16册，第642页。
③《菩萨璎珞经》卷2，[姚秦]竺佛念译，《大正藏》第16册，第19页。
④《阿毗达磨大毗婆沙论》卷136，[唐]玄奘译，《大正藏》第27册，第702页。
⑤《阿毗达磨大毗婆沙论》卷136，[唐]玄奘译，《大正藏》第27册，第702页。

为业。上面讲的相是它们的自相、别相，除此之外，它们还有共相，这就是以色为共相。“大种”可分开理解。它们合在一起成就了物质事物或色法的本质特点。如大有这样的特点，即有“体、相、形、量（或重）”，[①]即有体性、相状、形貌、重量，“遍诸方域，成大事业”，[②]即遍一切处，能形成各种事物，因此名之为大。种的特点是：能灭、能增、能损、能益体、有起尽。意思是，这种元素是有形质色法的所依，能让这些色法（体）增、损、生、灭，故名为种。正是大与种各自的属性让色法或物质与非物质区别开来。非物质包括无为法和无质碍性的有为法，如心、心所法、行法等。它们之所以不同于物质，是因为它们没有“如是大种相”，例如“无为法大而非种”，[③]其余有为法有“种”的特点，但没有“大”的特点，是故，物质自成一类。它们是被造的，其能造就是四大种。可见，各种色法都离不开四大，是四大按一定比例构成的。问题是，这里的“造”是因义还是缘义？回答是：“为是因义”，[④]这里的因当然不是因缘的因，而是这样的五因，即生因、依因、主因、持因、养因。

有人问：此身四大，地水火风，何由而灭？佛以偈答曰：“何由无四大，地水火风灭？何由无粗细，及长短好丑？何由无名色，永灭无有余？应答识无形，无量自有光，此灭四大灭，粗细好丑灭，于此名色灭，识灭余亦灭。”[⑤]

从生理学、解剖学角度说，人的身体是由许多生理元素构成的复合体，如有三百六十骨。有偈云：“在此人身中，古佛之所演，我今亦说之。筋有五百枚，脉数亦如是。虫有八万种，九万九千毛。当视身如是，比丘勤精进。……此法皆空寂，愚者之所贪，智者心欢悦，闻此空法本。”[⑥]当然经论对有关构件的数量的说法是不一样的，如有论云：“如佛语，人身中有三百二十骨，有六百节，七十万脉，九十万毛孔。一孔入，九孔出，泄漏不净。”[⑦]

借助禅定可看到身体的宏观和微观结构。如从外往内看，依次可看到：外皮、内皮、薄皮（九十九重）、厚皮（九十九重）、膜（九十九重）、肉（九十九重），

① 《阿毗达磨大毗婆沙论》卷 127，[唐]玄奘译，《大正藏》第 27 册，第 663 页。
② 《阿毗达磨大毗婆沙论》卷 127，[唐]玄奘译，《大正藏》第 27 册，第 663 页。
③ 《阿毗达磨大毗婆沙论》卷 127，[唐]玄奘译，《大正藏》第 27 册，第 663 页。
④ 《阿毗达磨大毗婆沙论》卷 127，[唐]玄奘译，《大正藏》第 27 册，第 663 页。
⑤ 《长阿含经》卷 16，[姚秦]佛陀耶舍、竺佛念译，《大正藏》第 1 册，第 102 页。
⑥ 《增一阿含经》卷 30，[东晋]瞿昙僧伽提婆译，《大正藏》第 2 册，第 714 页。
⑦ 《分别功德论》卷 2，《大正藏》第 25 册，第 33 页。（著者、译者均不详，失译附后汉录）

如芭蕉叶，中间有虫，细如秋毫，虫各有四头四口，九十九尾。再往内，便是骨，颜色皎白，九十八重。脉有四百四十入其骨间，流注上下，犹如芭蕉。接下来可看到的是髓，有九十八重，如虫网丝。接下来，可从上往下观。在头中可看到头骨，四百四十脉都会聚在这里的头发之下。头也有皮、肉、骨，其层次与身体中的皮肉骨无异。不同的是，脑膜只有十四重。往下观可看到，脉入心中。头下有喉咙、肺、肝、脾、心脏、大肠、小肠、生熟二脏等。[①]

在用“洗心观”治心脉颠倒等禅病时，可如是观：“先自观心，令渐渐明，犹如火珠，四百四（十）脉，如毗琉璃黄金芭蕉，直至心边，火珠出气，不冷不热，……想身毛孔出三珠光，极为清净，身心柔软，入火三昧。”[②]

“循身观”也是佛教发明的观身方法，其特点是借助特殊的智慧如实观，如从外向内逐一如实观。如是如实观，便能“实见已身，不为诸恶之所乱也，能断眼耳鼻舌身意”。[③]可见佛教的观身方法除了有世间心灵哲学的目的（如实认识身体构造）之外，还有人生解脱论的动机，那就是得解脱，经云：“如是循身观，能到涅槃”，“不住于魔之境界，能舍烦恼。”[④]有两种具体的观法，一是共时态的结构观察，此观又有两个层面的观，①观整个身体的宏观构件，“如实观身，此身唯有毛发、爪齿、薄皮、脂血、筋肉、骨髓、生藏、熟藏、黄白痰瘾、冷热风病、大肠小肠、屎尿不净、肝胆肠胃、脂髓精血、涕唾目泪、头顶髑髅。”[⑤]②深入到具体的组成部分，观察它们的微观构成及结构，如观眼怎样由四大构成，等等。特别值得一提的是，该经以较大篇幅论述了四大的每一大在身体的相状、特点作用等。另一观法是从历时性角度，观察身体怎样在业力的牵引下形成、变化、终了，弄清“孰为其本，云何顺行，谁为救护，云何而住”。[⑥]就根源而言，身体“以业为本，由业顺行”。[⑦]就救护而言，要观报应的根源，这就要从业入手进行观察。如是观察就会明白：由善业，而有相应的身体正报；由恶业，必有苦不堪言的正报。既如此，要救护，就必须去恶扬善。

---

① 参阅 [刘宋]沮渠京声《治禅病秘要法》卷上，《大正藏》第 15 册，第 334 页。
② [刘宋]沮渠京声：《治禅病秘要法》卷上，《大正藏》第 15 册，第 333-334 页。
③《正法念处经》卷 64，[北魏]瞿昙般若流支译，《大正藏》第 17 册，第 379 页。
④《正法念处经》卷 64，[北魏]瞿昙般若流支译，《大正藏》第 17 册，第 379 页。
⑤《正法念处经》卷 64，[北魏]瞿昙般若流支译，《大正藏》第 17 册，第 379 页。
⑥《正法念处经》卷 64，[北魏]瞿昙般若流支译，《大正藏》第 17 册，第 379 页。
⑦《正法念处经》卷 64，[北魏]瞿昙般若流支译，《大正藏》第 17 册，第 379 页。

《正法念处经》还对众生为什么有睡眠现象提出了解释，认为那是因为众生身体中有嗜睡之虫。根据该经，睡眠不是人独有的现象，六道“一切众生悉为睡眠”。嗜睡虫“其形微细，状如牖尘”。[①]可住在一切脉、骨髓、肌肉等许多地方。它疲倦了，生命便有睡觉的要求。在这时，它住于心中，而“心如莲花，昼则开张，无日光故，夜则还合，心亦如是，虫住其中，多取境界，诸根疲极，虫则睡眠，虫睡眠故，人亦睡眠”。[②]

根据常见的观点，重视气、脉、明点，是后来密宗尤其是藏密的一大特点。其实，早期佛典中也有重视气与脉的地方。例如《正法念处经》认为，身体内脉很多，主要的是十三脉。它们分别是：命流脉、随顺流脉、水流脉、汗流脉、尿流脉、粪流脉、十流脉、汁流脉、肉流脉、脂流脉、骨流脉、髓流脉、精流脉。身体的肥悦与否，与脉内的流注有关。“若脉流注，令身肥悦。”[③]就像庄稼，田里的水流注充满，它们就长得快。

佛教身体观中的独有理论是它的“根论”。所谓根即身体内能起主宰、主体、增上作用以及让诸部分及功能现起的东西。“增上义是根义，明义是根义，现义是根义，……主义是根义。”[④]人身上共有二十二根。认知上的根，有眼耳鼻舌身意六根。性命上的，有女根、男根、命根三根。情感上的，有苦根、乐根、忧根、喜根、舍根五根。意志信念方面的，有信根、精进根、念根、定根、慧根五根。道德性质的，有未知当知根、已知根、具知根三种无漏根。[⑤]

这里只重点分析几种不常见的根。

先看命根，“命根体是一物，有一命，故名有命”，[⑥]既有命，就一定有其基础或所依体，这体就是命根，“命根体是一物”，正像有眼识一定有眼根一样。从来源上说，“此命根唯是异熟、不相应行”，[⑦]意思是，命根属五类法中的行蕴，且是异熟，即由别的异类的事物转化而来，由于造业，因此它又能转化为不同类的事物。命根有两种，一依具足身，二依不具身。由于有两种，因此人断手足便

---

①《正法念处经》卷64，[北魏]瞿昙般若流支译，《大正藏》第17册，第383页。
②《正法念处经》卷64，[北魏]瞿昙般若流支译，《大正藏》第17册，第383页。
③《正法念处经》卷64，[北魏]瞿昙般若流支译，《大正藏》第17册，第383页。
④《阿毗达磨大毗婆沙论》卷42，[唐]玄奘译，《大正藏》第27册，第730页。
⑤《大乘菩萨藏正法经》卷11，[西晋]竺法护译，《大正藏》第11册，第805页。
⑥《阿毗达磨大毗婆沙论》卷27，[唐]玄奘译，《大正藏》第27册，第138页。
⑦《阿毗达磨大毗婆沙论》卷27，[唐]玄奘译，《大正藏》第27册，第138页。

不一定死，而断头和腰则必死，之所以如此，头是眼等诸根之所依，腰是息气所依止处，因此断此二处，命根必断。①

再看三无漏根。它们能知四谛，因此是无漏的三种根，是圣者才有的根。一般凡夫充其量只有其可能性种子。从形成条件说，它们是意、乐、善、舍、信、勤、念、定、慧九根依见、修、无学三道而立的根。三无漏根分别是：一是未知当知根。它是上述九根在见道而立的根，其特点是试图知所未曾知的四谛之理，并有所行动。虽对欲界五蕴苦有现观，但非已知，正因为不知，便设法去知，故名。二是已知根。它是九根在修道而立的根，其特点是虽已了知四谛之理，但仍不满足，而努力断除所余的烦恼，数数了知四谛之境。三是具知根。它是九根在无学道而立的根，特点是对四谛之理已具足知解。②

根要起作用，一般是离不开相应的实体的。二十二根中，有些有独立的实体，有些共别的实体。男根、女根、三无漏根等无别的实体，只以别的体为体，如男女二根以身根为根，或由整体所决定；三无漏根由意根、乐根、舍根、信根、喜根等九根的共同作用所决定。是故，根有二十二种，或二十二名，但只有十七个有实体。

人的身体有生必有死，而死有分段死和变易死两种形式。分段死是分段身必然具有的死。六道果报、三世分异，名为分段，即有时间的分别、段形的差别。所谓分段身是指有寿命长短、肉体大小等方面特点的身体，其因是有漏的善恶业，其缘是烦恼障。分段之法，始起名生，终谢称死。这是身体作为有为法的生死。变易死是变异身的死。所谓变易身，亦即意生身，这种身体再没有段别的差别，是三界之外的殊胜细妙果报之身，有此身体的人，若借悲愿力，可自由地改变寿命与肉体，而无形体、时间的限制，故被称作变易身。之所以被称作意生身或意成身，是因为这种身体不是由精血肉所合成，而纯依意识、意志而成。《楞伽阿跋多罗宝经》卷二云："意生者，譬如意去，迅速无碍。"③这是只有圣智才有的身体，圣者修到一定的境界，可不依血肉、只凭意识而形成自己的身体。它没有五阴之构成。例如菩萨为了救度六道众生，可以随意受生，示现意生身。变易死有二种：一是微细生灭无常，念念迁异即变易，变易是死；二是缘照无漏所得法

①《阿毗达磨大毗婆沙论》卷 27，［唐］玄奘译，《大正藏》第 27 册，第 137 页。
②《阿毗达磨大毗婆沙论》卷 146，［唐］玄奘译，《大正藏》第 27 册，第 734-735 页。
③《楞伽阿跋多罗宝经》卷 2，［刘宋］求那跋陀罗译，《大正藏》第 16 册，第 489 页。

身，神化无碍，能变能易，变易是死；三是真证法身，隐、显自在，能变能易，故言变易，变易非死，只此法身。未出生灭，犹是无常死法，所随变易身上，有其生死，名变易死。①

佛教还以比喻的方式说明了人身的结构。人就像这样的场景，有一海边，里面有树，树中有猕猴，海水上有聚沫，高数十丈，像雪山。众猕猴不知其实际，想上山头玩耍。先有一猴上去，结果沉没海底，人也是这样。“海者谓生死海也，沫山者五阴身也，猕猴者人识神也。不知五阴无所有，爱欲痴著，从是没生死海，莫有出期。”②

值得特别强调的是，佛教身体观不仅有如实知的追求，而且有独特的价值论视角。这主要体现在它对身体作了价值判断。身有两种情况，一是身力，即某身体通过修行所获得的正面、积极、有利的价值，身力即是“诸身勇猛、强健、轻捷，能有所辨”，③其相反的情况是“身劣”，即“诸身不勇、不猛、不强不健、不轻不捷，无所能辨。”④两者的区别在于，身力是精进，身劣是懈怠。从本质上说，人的身体像一切有为法一样，空有不二，即既有妙有的一面，又有体空的一面。“一切众生，禀识之类，悉皆如是，终为无常之所灭坏，体难保信，念念迁移，诸烦恼身，无可爱乐，谁有智者不生厌离？”⑤从作用上说，“身为患本，无常所随，镇被死亡之所驱逼。”⑥

佛教身体观独有的内容是对人身构成的空无、无我本质的揭示。这一认识是建立在多种分析途径之上的。如通过分析六识，可如实知身无我、不异我的实质。因为“六内入处无我”，“六外入处”也“无我”，“六识身如实无我”，例如像眼根生眼识，有能缘、所缘、等无间缘等因缘。只有有这样的条件，才有眼识，因缘一经分离便无眼识，其他诸识亦复如是。人细分有外六入处（六根的皮肤之外的地方）、内六入处（皮内的肉）、六识身、六触身、六受身、六爱身。它们都是因缘和合、无常无实，因为它们就像依赖于油、器皿、灯炷的灯光一样，有这些因素便有灯光。一当分离，灯光“随灭息没”。因此六识身等“如实无我”。就六触入处而言，正确的态度是：“当观集灭”，不执著、“心不缘著”，果如此，便当

① 参阅[隋]慧远《大乘义章》卷8，《大正藏》第44册，第615页。
②《杂譬喻经》卷下，[后汉]支娄迦谶译，《大正藏》第4册，第509页。
③《阿毗达磨大毗婆沙论》卷30，[唐]玄奘译，《大正藏》第27册，第154页。
④《阿毗达磨大毗婆沙论》卷30，[唐]玄奘译，《大正藏》第27册，第154页。
⑤《佛为胜光天子说王法经》，[唐]义净译，《大正藏》第15册，第126页。
⑥《佛为胜光天子说王法经》，[唐]义净译，《大正藏》第15册，第126页。

下“心得解脱”。[①]

从根源和形成过程看，包括色身在内的诸法唯心所现，例如三界，本无所有，完全是“因无始世来，虚妄分别戏论而有”，人的色身也不例外。甚至，能变现诸外在境界（如三界、色身）的心也是虚妄不实的。只要“次第随入，从地至地三昧境界”，就会知道并深信：“三界、自心幻故”。如果能将颠倒再颠倒过来，“远离阴界入、心因缘和合法”，“远离生住灭、虚妄分别戏论”，“观如来地寂静不生”、“进趣内身圣行”，[②]那么便能速证如来第一义心，终至究竟解脱。

总之，身体像诸无为法一样本无。“已身本无，一切诸法亦复本无。诸法本无，又解已身，以归本无。”“诸法本无，已身自然亦归本无。”[③]色受想行识亦本无，甚至生死也是本无，“如来本无，如来无像，归斯本无”。[④]“身无所有，悉无有实，是身以空，自然虚无。”“菩萨观身，如是无身。”[⑤]

以上分析的是欲界众生的身体及本质，再来看色界众生的身体。它们极为特别，如不是以粗四大为构成单元的，但又有色的构成。它们本有妙色意生，一切支节诸根具足，以喜为食，自身光明，升于虚空，净色久长。它们的构成色之所以净，是因为色的净妙及其程度是取决于食地味的多少的，我等若食地味多者，便生恶色，食含地味少者则得净色。地味越少，色的清净程度越高。

色界众生尽管仍有色身，但此色身是没有形体的。这就是说，构成它们的色是一种特殊形式的色。如前所述，色有多种形式，如有显无形之色（如颜色、事物的影子等），有形无显之色，有形有显之色，还有无显无形之色（如微尘）。[⑥]色界众生之所以有色无形，是因为构成他们的是无形之色。[⑦]按《宗镜录》的分类，色有如下几种。①极略色。其体是极微。此色是在将五根、五尘、四大分析到极微时所出现的色。②极迥色。是在分析光影明暗等粗色至极微时所见的色，也是细色，即是构成光影等的细色。③受所引色，亦名无表色，如心以无表色为体。④遍计色，即人们普遍认可、执著的色。⑤定果色，即是定中所现的境。色界众

---

①《杂阿含经》卷 11，[刘宋]求那跋陀罗译，《大正藏》第 2 册，第 75 页。
②《楞伽阿跋多罗宝经》卷 2，[刘宋]求那跋陀罗译，《大正藏》第 16 册，第 522-523 页。
③《大宝积经》卷 8，[唐]菩提流志译，《大正藏》第 11 册，第 45 页。
④《大宝积经》卷 8，[唐]菩提流志译，《大正藏》第 11 册，第 45 页。
⑤《持人菩萨经》卷 3，[西晋]竺法护译，《大正藏》第 14 册，第 634 页。
⑥［古印度］提婆设摩：《阿毗达摩识身足论》卷 11，[唐]玄奘译，《大正藏》第 26 册，第 583 页。
⑦［古印度］世友菩萨：《众事分阿毗昙论》卷 1，[刘宋]求那跋陀罗、菩提耶舍译，《大正藏》第 26 册，第 627 页。

生和下面要说的无色界众生的身体都是由受所引色和定果色构成的。①

无色界的众生也有其存在方式。由于他们有情感、思想，但没有形色，因此被称作无色界。那里有四个层次，即空无边处（无量室入处）、识无边处（无量识入处）、无所有处（无所有入处）、非想非非想处。

佛教还承认有一种特殊的身体，例如如来在观想达到究竟境界时，出现了“意生身”，菩萨如法修行也可获此身。经云：“菩萨住不动地，……观察不可思议诸佛法及自本愿力……，入自内身圣智证法真实境界，……入于如来意生身智。”②这里的意生身不是前面所说的一般的变易身，而是指通过心理运作而修成的“真空法性身”，是登地菩萨才能够拥有的身体。经云：初地菩萨如法修行会出现三种意生身。一是得三昧乐正受意生身。这里的正受是三地、四地、五地的三昧正受。在这里，自心寂静安住心海，起浪识相不生，知自心所显境界性非性。得此意生身菩萨，在三地、四地断见惑，在五地至七地断思惑，至此可得三昧真空之乐。在这阶段的菩萨，其心不同二乘心生昧著，为相风所动，故曰安住心海；又不同于凡夫所起的六识波浪，因为他们解了一切境界为自心所现，皆无自性。③二是觉法自性性意生身。只有八地以上菩萨才能证得此身，因为他们觉了诸法如幻，悉无所有，身心发生根本转变，证得如幻三昧，有无量相力自在明，随入一切佛尘，通达自性法。简言之，这种身是八地以上菩萨通过观察、觉了诸法如幻、悉无所有而成就的自性身。由于觉了一切如幻，身心转变无碍，“一切色种种支分具足庄严，随入一切佛刹大众，通达自性”，④“是名觉法自性性意生身”。三是种类俱生无行作意生身。所谓种类俱生，意为了佛证法即入中道，从而进入了佛的种类。“无行作”的意思是“智转、行融”。⑤意思是得此意生身的菩萨觉一切佛法，缘白得乐相。所谓自得乐相，意为了达诸佛自证法相，即我自之心。

佛不仅有特殊的心理结构，而且有不可思议的身体。佛示现为人当然也有生死，不过，与凡夫的生死又有不同。例如示现了色身的佛陀作为和合之法，也有生老病死，因此“和合之法必有离散”。“有为诸法、生法、有法、觉知法、因缘

① [五代]延寿：《宗镜录》卷55，《大正藏》第48册，第733页。
②《楞伽阿跋多罗宝经》卷7，[刘宋] 求那跋陀罗译，《大正藏》第16册，第556页。
③ [明]宗泐：《楞伽阿跋多罗宝经注解》卷3，《大正藏》第39册，第386页。
④ [明]宗泐：《楞伽阿跋多罗宝经注解》卷3上，《大正藏》第39册，第386页。
⑤ [明]宗泐：《楞伽阿跋多罗宝经注解》卷3，《大正藏》第39册，第386页。

法、灭坏法”，[①]都有坏灭。但另一方面，由于佛证得了法身，因此又常住不变，无生无死。这是佛与凡夫的根本差别。另外，佛由于现证法身，因此如来遍一切处。如来身“遍一切处、遍一切众生、遍一切法、遍一切国土”，[②]就此而言，如来之身无身，但“为众生故”，又“示现其身”。[③]这就是说，佛已证得了涅槃，已无所谓生与死，但为了度众生，佛便示现色身。作为示现的如来有三身，即法身、报身、化身，或者说有两身，一是金刚不坏之身：“如来身者是常住身，不可坏身，金刚之身，非杂食身，即是法身。”此身一般人不可得见。“非身是身，不生不灭，不习不修，无量无边，无有足迹，无知无形，毕竟清净，无有动摇，无受无行，不住不作，无味无杂，非是有为，非业非果，非行非灭，非心非数，不可思议。”[④]二是杂食身，即可见之身。此身“唯见无常、破坏、微尘、杂食等身”。[⑤]

其实，众生也有法身，只是未被现证而已。证得法身即为佛。菩萨也证得了法身，但与佛的法身有同有异。同表现在：“身无差别”，体性无差别。不同在于：“功德有异”，[⑥]即菩萨所证法身由于不尽完满，因此所体现的妙用就有某些限制。而佛的法身是显现一切净妙功德的法身。

从表相上看，释迦牟尼佛尽管也有同凡夫一样的身体，但须知，那只是为了证明佛教所说的道理而作的一种示现。换言之，有形色的身体并非一般人的身体，但又是真实的身体。其特点在于：非身是身。一般的“身”以生灭聚积为义，如来身无此特点，故“非身”，但如来确有其真身，此身以无形不形，无生不生，以非身为身。除此之外，还有下述特点：无量无边、不生不灭、不集不修、无知无形、毕竟清净、无有动摇、无受无形、非业、非果、非灭、无暗无明、无有去来、不破不坏、不断不绝、不可见、了了见、住无住位、清净无垢、无争断争、无处亦处、无宅亦宅、非心非数、无识离心。这里的识、心当然是指妄识、妄心。识即分别，心即能生后有，就此义而言，佛身无识无心。但为了把佛身与木石区别开来，《大般涅槃经》又强调：“离心不离心，其心平等，无有亦有。”[⑦]《大般涅槃

① 《大悲经》卷 2，[北齐]那连提耶舍译，《大正藏》第 12 册，第 952 页。
② 《大方广佛华严经》卷 50，[唐]实叉难陀译，《大正藏》第 10 册，第 266 页。
③ 《大方广佛华严经》卷 50，[唐]实叉难陀译，《大正藏》第 10 册，第 266 页。
④ 《大般涅槃经》卷 3，[北凉]昙无谶译，《大正藏》第 12 册，第 382-383 页。
⑤ 《大般涅槃经》卷 3，[北凉]昙无谶译，《大正藏》第 12 册，第 383 页。
⑥ 《宝云经》卷 4，[南梁]曼陀罗仙译，《大正藏》第 16 册，第 229 页。
⑦ 《大般涅槃经》卷 3，[北凉]昙无谶译，《大正藏》第 12 册，第 383 页。

经集解》对此“平等”特点的解释是：“虽知而无知相也，……绝高下故，故言平，无优劣故，故言等。”“无生无灭，故非有，智周三世，故亦有也。”①

佛身还有五分法性，即这样五种性质：常、空、不变、有佛、无佛。它既有灭的一面，如身灭、相灭、色灭；也有不灭的一面，例如，如来仍有身名，此“身名不灭”，②另外其法性不灭。

如来色身示现的原因在于：“譬如金师得好真金，随意造作种种诸器，如来亦尔，于二十五有，悉能示现种种色身。”③二十五有是指众生有三界中流转轮回的二十五种界域。佛之所以能如此，目的是要度化众生，拔其痛苦。佛色身的体性是法身。“虽复示现种种诸身，亦名常住无有变易。”④之所以说佛身非身，是因为佛身已离一切不净秽恶、筋骨血肉、流散漏失、染污法，自性明亮，清净莹洁，永离一切烦恼垢染，积集无量福智妙行，如大圆镜智照而常寂，如虚空界普摄一切，诸漏已尽，一切三界最胜之身，因此是无等等身、不可喻身、自性光明身。⑤

之所以不应用通常的观法看佛身，是因为佛身有四十不共之法。如“一者飞行自在，二者变化无量，三者圣如意无边，四者闻声自在，五者无量智力知他心，六、心得自在，七、常在安慧处，八、常不妄误，九、得金刚三昧力，十、善知不定事，十一、善知无色定事，十二、具足通达诸永灭事，十三、善知心不相应无色法，十四、大势波罗蜜，十五、无碍波罗蜜，十六、一切问答及（受）记具足答波罗蜜，十七，具足三转说法，十八、所说不空，十九、所说无谬失，二十，无能害者，二十一，诸贤圣中大将”，⑥第二十一至第二十五是四种不守护，第二十六至第二十九是四种无所畏，第三十一至第三十九是佛的十种力，四十是无碍解脱。另外，佛身的特点还有众所周知的三十二相和八十种好。

佛身之所以非身，是因为佛身是金刚不坏之身。“如来身者，金刚之体，诸恶已断，众善普会”，⑦因此无疾无恼。如果说佛有疾，外道就会借题发挥：“何名为师？自疾不能救，而能救诸疾？”“诸如来身即是法身，非思欲身，……佛

① [南梁]宝亮等：《大般涅槃经集解》卷10，《大正藏》第37册，第422页。
② 《菩萨璎珞经》卷2，[姚秦]竺佛念译，《大正藏》第16册，第19页。
③ 《大般涅槃经》卷9，[北凉]昙无谶译，《大正藏》第12册，第421页。
④ 《大般涅槃经》卷9，[北凉]昙无谶译，《大正藏》第12册，第421页。
⑤ 《大乘菩萨藏正法经》卷7，[西晋]竺法护译，《大正藏》第11册，第795页。
⑥ [古印度]龙树菩萨：《十住毗婆沙论》卷10，[姚秦]鸠摩罗什译，《大正藏》第26册，第71-72页。
⑦ 《维摩诘所说经》卷中，[姚秦]鸠摩罗什译，《大正藏》第14册，第542页。

身无漏，诸漏已尽；佛身无为，不堕诸数，如此之身，当有何疾？当有何恼？”①佛身之所以是金刚不坏身，是因为“护持正法，功德为因”。②所谓护持，是指：“非为五戒，亦非习行贤者律仪”，而是“于恶世中不惜身命，执持利器防护，法师、诸持戒者，是为护法。”③

怎样才能得金刚坚固不坏身？“心无分别，故得坚固。无来无去，故长寿。不可说，故不坏。无流动，故坚固。”④

佛身的特点还在于：不一相，不异相；不自相，不他相；不此岸，不彼岸；不来不去、不出不入；非四大起，同于虚空；同真际，等法性；无浊恼；无作无起；无生无灭。“五相成身”，意为佛之身是由五方面构成的，如通达心、菩提心、金刚心、金刚身、证无上菩提获金刚坚固身。“此五相具备，方成本尊身也。”⑤

佛身不同于凡夫肉身的地方还在于：佛有三身，即报身、化身和法身。“如是三身，虽皆具足无边功德，而各有异，谓自性身（即法身）唯有真实常乐我净，离诸杂染，众善所依，无为功德，无色心等差别相用。”⑥怎样才能真见佛之法身？如是观即能如愿：“尽生死际，最后边身，是常住身，非无常也。……如是常身，当云何观？……如自观已法性之身，……是身为色，不可如色见故。是身为心，不可如心知故。是身为炬，性不暗故。是身勇健，降众恶故。是身为力，无降伏故。是身无违，性平等故。是身为空，离见闻故。是身无相，离觉观故。是身无愿，出三界故。是身一相，无异相故。是身如虚空，无相似故。是身非生，从缘生故。是身非灭，本不生故。是身非住，非三世故。是身非方，不离方故。是身非众生，不离一切众生故。……如是观者，名观常身，名见法身。”⑦“自受用身（报身）具无量种妙色心等真实功德。若他受用及变化身（化身）唯具无边似色心等利乐他用化相功德。”⑧如来身本无来无去，无形无像，但为度众生而示现种种色身，“随诸有情乐见，如来色身差别，如来示现如是色身。”⑨例如“如来虽

---

①《维摩诘所说经》卷中，[姚秦]鸠摩罗什译，《大正藏》第14册，第542页。
②《大般泥洹经》卷2，[东晋]法显译，《大正藏》第12册，第866页。
③《大般泥洹经》卷2，[东晋]法显译，《大正藏》第12册，第866页。
④[古印度]世亲菩萨：《涅槃论》，[北魏]菩提达摩译，《大正藏》第26册，第277页。
⑤《金刚顶瑜伽中发阿耨多罗三藐三菩提心论》，[唐]不空译，《大正藏》第32册，第574页。
⑥[古印度]护法菩萨等：《成唯识论》卷10，[唐]玄奘译，《大正藏》第31册，第39页。
⑦《大萨遮尼乾子所说经》卷9，[北魏]菩提流支译，《大正藏》第9册，第358页。
⑧[古印度]护法菩萨等：《成唯识论》卷10，[唐]玄奘译，《大正藏》第31册，第58页。
⑨[古印度]亲光菩萨等：《佛地经论》，[唐]玄奘译，《大正藏》第26册，第315页。

居无戏论位，由平等智、增上力故，大圆镜智相应净识，现琉璃等微妙色身。”如来示现种种色身，是由“悲愿力”所使然。[①]

从利益上说，法身能自利利他，因为它寂静安乐，无动作，报身唯属自利，化身唯属利他，是为他而现的。从构成、体性上说，法身依法性土，此佛身土俱不为色所摄，不属于有色碍的那种事物，“虽不可说形量大小，然随事相，其量无边”。报身常依之而住，“诸根相好，一一无边”。“功德智慧既非色法，虽不可说形量大小，而依所证及所依身，亦可说言遍一切处”。[②]化身也依自土，能依身量，亦无定限。“诸佛各变为身、为土，形状相似，不相障碍。”“此诸身、土，若净、若秽，无漏识上所变现者。同能变识，俱善无漏。”[③]

佛身还可表现为这样十种身，即不来身（于一切趣不受生）、不去身（一切趣求不可得）、不实身、不虚身、不尽身（未来际不可断）、坚固身（众魔不能坏）、相身（示现清净百福相）、无相身（法相究竟无众相）、普至身（与三世如来等齐）、不动身（众魔外道不能动）。[④]

佛成佛后，本只有法身、非色心，之所以同时也有受用身、应化心，是因为佛要教化、度众生，所以其他二身是“为化他方便”[⑤]而作的示现。在这个过程中，佛尽管也表现出此智、彼智，但须知，这些只是“假说智名，体实非智，但说平等、成所作智能现受用三业化身”。[⑥]佛有时也示现种种业，如贪嗔痴等。论云：佛之“变化身及他受用，虽无真实心及心所，而有化现心、心所法，无上觉者神力难思，能化现无形质法，若不尔者，云何如来现贪嗔等？”[⑦]

佛法身金刚不坏，但为现身说法，证明佛所说的诸法无我、诸行无常的真实性，佛便示现色身。这示现足以说明：一切法有生必有灭，佛之色身亦不例外。是故佛在入灭时告诉阿难：“止莫忧悲”，因为“生法、有法、有为法、坏法，若不灭者，无有是处。我昔告汝，一切所爱称意等事，必有离散。”[⑧]在世界上，这样的事情是没有的，或者说，这样的断言“无有是处”：“生者不生、老者不老、

① [古印度]亲光菩萨等：《佛地经论》，[唐]玄奘译，《大正藏》第26册，第315页。
② [古印度]护法菩萨等：《成唯识论》卷10，[唐]玄奘译，《大正藏》第31册，第58页。
③ [古印度]护法菩萨等：《成唯识论》卷10，[唐]玄奘译，《大正藏》第31册，第58页。
④《大方广佛华严经》卷40，[东晋]佛驮跋陀罗译，《大正藏》第9册，第651页。
⑤ [古印度]护法菩萨等：《成唯识论》卷10，[唐]玄奘译，《大正藏》第31册，第58页。
⑥ [古印度]护法菩萨等：《成唯识论》卷10，[唐]玄奘译，《大正藏》第31册，第58页。
⑦ [古印度]护法菩萨等：《成唯识论》卷10，[唐]玄奘译，《大正藏》第31册，第58页。
⑧《四童子三昧经》卷下，[隋]阇那崛多译，《大正藏》第12册，第945页。

病者不病、死者不死、尽者不尽。”①

总之，应辩证地看如来身。一方面，“如来身有其色身，唯见无常、破坏、微尘、杂食等习”，既如此，如来身“当入于涅槃”。②另一方面，其体性无常，“悉不可见”，经云：“如来身者是常住身，不可坏身，金刚三身，非杂食身，即是法身。”“无量亿劫，坚牢难坏。”③之所以如此，“非身是身，不生不灭，不习不修，无量无边，无有足迹，无知无形，毕竟清净，无有动摇。……无识离心，亦不离心。”④

第四节 佛教的身心关系论

由于身、心在凡夫与圣者身上的存在形态不一样，因此佛教所说的身心关系自然有两种：一是圣者的清净的心身关系；二是凡夫身上的染污性身心关系。《无所有菩萨经》云：如理如法地信解、观佛，可“得胜身心、得妙身心、得净身心”。⑤这说明身心关系不只世间心灵哲学所说的那一种。当然，我们这里只讨论凡夫的身心关系，因为圣者的身心关系在上节已有述及。这种关系较简单，即清净身与清净心的关系。但在佛教，说有清净身和清净心只是方便言说，它们实际上是一体的。

值得注意的是，佛教讨论的作为有为法的心身及其关系，与世间心灵哲学关注的有根本的不同。这种不同表现在，首先，佛教的讨论是建立对心身二元图式的解构与超越之上的，即是说，这种讨论不以心身二分为前提。其次，佛教不同于一般世间哲学的地方还在于：佛教并不认为心身可概括人身上的一切，即不承认这种划分是周延的、合乎逻辑的。佛之所以予以讨论，主要是随顺世情，而随顺的最终目的是破世人的虚妄执著。最后，佛教论述心身及其关系，只是从人身上的多重构成中取出心身了这两个方面。这样做是不违反逻辑的，因为在一个同时存在着多种因素的情况下，只抽出其中的两个单独予以分析，而不及其余，是允许和合理的。总之，佛教有特殊的心身关系学说，它不具有二元论的意趣。

佛教关于心身关系的理论有随顺世情和超越二分的特点。它从权巧方便的角

---

①《大悲经》卷2，[北齐]那连提耶舍译，《大正藏》第12册，第951页。
②《大般涅槃经》，[北凉]昙无谶译，《大正藏》第12册，第383页。
③《大般涅槃经》，[北凉]昙无谶译，《大正藏》第12册，第383页。
④《大般涅槃经》，[北凉]昙无谶译，《大正藏》第12册，第383页。
⑤《无所有菩萨经》卷3，[隋]阇那崛多等译，《大正藏》第14册，第691页。

度，随顺世间，承认心身或物心二分，如经常说“色（物质）心”“名（心）色”，在论述五阴时，强调五阴由心身二分“开出”，即色受思行识五阴是对色心二分中的心的进一步区分的产物，如将心进一步分解便有后四阴。应注意的是，佛教在这里即使承认心身二分，但与二元论的二分根本不同，因为佛教乃至东方的许多哲学和宗教体系说有二分是建立关于人体的多分的基础上的，且一般不承认心身之间有逻辑上的对立关系，更不认为它们各源于自己的独立本原。因此它们从根本上超越和突破了世间心理学和外道的心身二分法。佛教在这方面的表现是多方面的。第一，佛教关于人和世界的全面的分类主要体现在五位百法、两重世界（佛国净土、三界）区分等法畴体系之中。第二，佛教认为，世界是多，在有些世界，并不存在作出心物或心身二重区分的事实根据，例如，在无色界和佛国净土就只有纯精神，即使有身，也只是意生身，因此没有出现通常所说的心身关系。第三，佛教的真心与妄心理论表明：如果要追索本原，只能找到一个，而不会找到二元论所说的两个。这本原只能是心，而心要么是真心，要么是妄心，“唯识无境”说的就是这个道理。第四，佛教的丰富而发达的现象学理论也是对立于二元论的。

佛教即使承认心身二分，也并不像二元论那样认为它们是二元并列的关系，而具有多重复杂的关系。这种复杂性是由人的复杂的构成所决定的。佛教的三相说（或三性或三自性说）、三心说和三身说及其相互关系足以说明这一点。心从时间上说，有过去心、未来心和现在心三种心；从共时态角度说有起事心、依根本心和根本心三种心。就身来说，圣人有现实的三身，即法身、报身和应身；而一般凡夫潜在地拥有三身，如凡圣共有一法身，只是凡夫没有证得它而已。另外，“一切凡夫为三相”，[①]即都有三相或三性，而这三相不属于心身的任何一方面。此三相是：“一者思惟分别相，二者依他起相，三者成就相。”[②]思维分别相即是通常所说的遍计所执性。它强调的是，那被看作是存在的实体相或性其实是虚妄的，是分别计度的产物。依他起相或性即是因缘和合相，每个人表现出来的表面上的实有相，其实是依因依缘而故有的，因此是依他的，而无自相或自性。成就相指的是表面的性相后存在着真实的体性，正是它随缘变现出了表面的相状。但

①《合部金光明经》卷1，[隋]宝贵合，《大正藏》第16册，第363页。
②《合部金光明经》卷1，[隋]宝贵合，《大正藏》第16册，第363页。

这本性毕竟无。这三相与三身、三心的关系是：人若能解三相、灭三相、净三相，就能灭三心，让三身现实显现，果如此，即为圣贤。如果灭起事心，即得化身，如果灭依根本心，便得应身或化身，如果灭根本心，便至法身。否则，就让自己的心成为妄心，即具体表现为前述三心。有三心，即为凡夫。经云："如是诸相不能解故，不能灭故，不能净故，是故不得至于三身。"①不达三身就必有三心。

说有色法、心法，是随顺世情而说，而非真实之论，因为佛教坚持的是"无性"原则。所谓无性，即一切色法和心法在本质上是以空无为其体性的。当然，在特定意义上佛教又承认"有性"。"有性者，建立施设假名自性，久远已来，世间计著，一切忆想虚妄根本，所谓是色，是受想行识，眼耳鼻舌身意，地水火风，色声香味触法，乃至涅槃，如是世间假名有自性法，是名为有。"②质言之，有性即是世人所错误相信的存在着的性与相，或有假有的一面。既然是有，它们之间就会发生关系，例如，就可讨论心身之间的关系，当然还可讨论其他的关系。

标准的心灵哲学关心的心身关系问题，源于这样的困惑，即心与身在实事上是不同的，这种不同根源于什么？是什么把心与身区别开来？换言之，如果心与身是两种不同的存在，它们各自的本质规定性或标志性特征是什么？两者的区分标准是什么？一种在古今中外普遍流行的看法是：心与身的不同，主要体现在一个无形或无广延，不占有空间，另一个则相反。笛卡尔的观点最有代表性，认为心的本质特点是能思而不占有空间，身的本质特点是占有空间而不能思维。如果说这符合古典物理学的观点的话，那么是不能得到现代物理学的支持的，因为量子力学等在研究中发现，世界上有许多物理的东西存在着并有作用，但并不是有形的事物，如能量场等。佛教也有类似的看法。佛教认为，尽管外显的粗重色身是有形貌体的，的确有别于无形的心灵，但问题是，色身的形式多种多样，从大的可见的方面说，至少有两种：一是指有色碍、形质的肉身；二是指诸法聚集而成的复合体，"依体聚义故名为身，如六思身、六识身等。"③如上节所述，有的色有显无形（如颜色、事物的影子等），有的色有形无显，有的色有形有显，还有色无显无形（如微尘）。④按《宗镜录》的说法，色的形式有，极略色、极迥色、

①《合部金光明经》卷1，[隋]宝贵合，《大正藏》第16册，第363页。
②《菩萨地持经》卷2，[北凉]昙无谶译，《大正藏》第30册，第893页。
③《正法念处经》卷64，[北魏]瞿昙般若流支译，《大正藏》第17册，第383页。
④[古印度]提婆设摩：《阿毗达摩识身足论》卷11，[唐]玄奘译，《大正藏》第26册，第583页。

受所引色、定果色和人们普遍计执的粗重有形之色。既然如此，佛教就不可能把是否有形看作是区分心身的标准，而只会根据对色的本质和形式的分析得出这样的结论：就色身中存在着有形色而言，色身与心有不同的一面，但就色身中存在着无形色而言，身与心之间又存在着同一性，正是因为有这种同一性，心与身之间才有相互派生和相互作用的关系。这一观点十分后现代。近十年，美国著名心灵哲学家麦金（C. McGinn）为了说明非物质的心如何可能从物质性的身体中产生出来这一所谓的“意识难问题”或“产生问题”，在借鉴改造大爆炸宇宙学成果的基础上提出：从大爆炸中诞生的物质由于继承了此前的非空间性，因此在具有空间性的同时，也具有非空间性，正是因为有这样的二重性，所以物质事物才能派生出意识。新旧两种理论的共同之处在于承认：物质中存在着无形性或非空间性。

为了说明心身之间事实上的不同，西方还有一种理论：认为心之所以不同于身，是因为它有意向性。这一理论得到了较多人的支持，可以说是主流的理论。当然，反对者也是大有人在。佛教在这类问题上的观点是，心身的确有区别，其区别主要不是根源于它们是否有形，或是否有意向性，而是根源于：心具有物所没有的明性或觉性。除此之外，心还有作意、触、受、想、思五种，即“遍行于”一切心理现象又不为色身具有的特征。关于这一点，我们在后面将设专节予以讨论。

在心身两者的关系问题上，佛教尽管承认心身是两种不同的存在——一个主要表现为有形，一个则是无形的——但也认为它们之间有依赖关系。“身”一词本身表明了这一点，因为它有基础、依托的意思。经云：“心以依之，故曰为身。”①佛教还认为，心直接所依的物，或专门负责心理运行的物被称作“有”。“有”即意界和意识界依止的“特相”。这特相保持了意界和意识界的“味”，其作用是让意识等心理现起。就定位言，它“在心脏中，依止血液而存”。②就构成来说，“由四大种的保持等的作用所资助，由时节及心和食所支持，由寿所守护，恰好为意界、意识界及与它们相应的诸法的所依处。”③另外，心有执持诸色法的作用。例如外物和人自己的色身之所以存在于自己的认识面前，之所以是有，是离不开心

① 《持人菩萨经》卷3，[西晋]竺法护译，《大正藏》第14册，第634页。
② [古印度]觉音：《清净道论》，叶均译，中国佛教文化研究所1991年版，第413页。
③ [古印度]觉音：《清净道论》，叶均译，中国佛教文化研究所1991年版，第413页。

的作用的。论云："诸色法为心、心所之所执持。"[①]前者是后者的对象，没有后者的执持就没有前者。当然，后者也离不开前者，因为没有前者，后者不能有现实的作用、转变。"由托彼故，心、心所转。"[②]它们还有"同安危"或同起同灭、同增同损的关系。"同安危者，由心、心所任持力故，其色不断、不坏、不烂，即由如是所执受色，或时衰损，或时摄益，其心、心所亦随损益。"[③]

从识与地水火风空五大的关系也可看出，心有对于身的依赖性。"大成就识"，[④]识依于五大。离五大，"识无所在"。[⑤]如果把构成色法的大种概括为四大，则可说心识依于四大。经云："察心所倚，倚于四大"，[⑥]但四大无主、无常，"四大还本，则亦无名。"[⑦]从产生上说，识是由别法产生出来的，彼有故此有，因此"识非常识"，[⑧]即不具有常一不变性。再如，佛六次令大地震动，其中一个目的就令众生心便得和悦，为什么？"心随身故，身得乐事，心则欣悦。"[⑨]

佛教为有关现象所立的根也可说明这一点，如六识都离不开它们各自所依的扶尘根和胜义根。根据《大佛顶首楞严经》，六根的每根由三部分构成。第一个构成要素是识精。识精即由最初一念要明真心的无明妄动而形成的心，它介于真心和妄心之间，是生灭和不生灭的和合，既真又妄，它本是真心，但由于那个无明妄动，因此便成了识精（前有阐释）。六根的第二个构成因素是由清净四大所成的胜义根。例如眼睛中的胜义根是"眼体"，即眼睛的微观结构和内在运作机制。它极其微细，只有天眼方能看到。其他根的胜义根可如此类推。从起源上说，胜义根是这样来的，即识精对映色尘、揽取色尘，结外色而成内四大，四大进一步结合便为胜义根。以眼睛为例，见精映色，结色成根，根元目为清净四大，最终形成的是作为"眼体"的胜义根。第三个构成要素是浮尘根。它是依赖于胜义根的，由色香味触四尘结合而成，在眼表现为眼珠子，在耳表现为可见的外耳，在鼻表现为外显的鼻子。余可类推。在六根的诸构成因素中，识精为根源、关键，而胜义

① [古印度]弥勒菩萨：《瑜伽师地论》卷100，[唐]玄奘译，《大正藏》第30册，第880页。
② [古印度]弥勒菩萨：《瑜伽师地论》卷100，[唐]玄奘译，《大正藏》第30册，第880页。
③ [古印度]弥勒菩萨：《瑜伽师地论》卷100，[唐]玄奘译，《大正藏》第30册，第880页。
④《菩萨璎珞经》卷2，[姚秦]竺佛念译，《大正藏》第16册，第19页。
⑤《菩萨璎珞经》卷2，[姚秦]竺佛念译，《大正藏》第16册，第19页。
⑥《成具光明定意经》，[后汉]支曜译，《大正藏》第15册，第453页。
⑦《成具光明定意经》，[后汉]支曜译，《大正藏》第15册，第453页。
⑧《菩萨璎珞经》卷3，[姚秦]竺佛念译，《大正藏》第16册，第21页。
⑨ [古印度]龙树菩萨：《大智度论》卷8，[姚秦]鸠摩罗什译，《大正藏》第25册，第117页。

根又是浮尘根的本元，因为后者是由于前者而有的。

佛教对六根具体形成过程的分析也从特定角度说明了心身之间的复杂的依赖关系。佛教认为，世界上本来是没有六根的，六根的确是后来逐渐派生出来的。万物起源的最初根源是无明妄动。接着，便于本来圆湛的真空之上产生了晦昧空，物质所依存在的空间正是由之而来的。再接着，由于瞪久发劳，看到暗昧，进而结暗成色，因此有了各种物质。这些东西与识精相结合，便有了六根。它们的具体的发生过程分别是：①眼根。“由明暗等，二种相形，于妙圆中，黏湛发见，见精映色，结色成根，根元目为清净四大，因名眼体，如葡萄朵，浮根四尘，流逸奔色。”[①]意为由明暗二种色尘，于妙圆真心中，真妄和合，黏起或依靠湛然真心之体，进而形成了见精，见精对映色尘，结色尘而成内四大，进而有胜义根。再进一步，依胜义根，而有了色香味触四尘所成的浮尘根。三者合在一起便有了能追逐、认识色尘（流逸奔色）的眼根。关于其他诸根的生起，这里只抄录经文，不作解释，其意义可类推。②由动静等二种相击，于妙圆中，黏湛发听，听精映身，卷声成根，根元目为清净四大，因名耳体，如新卷叶，浮根四尘，流逸奔声。③由通塞等二种相发，于妙圆中，黏湛发嗅，嗅精映香，纳香成根，根元目为清净四大，因名鼻体，如双重爪，浮根四尘，流逸奔香。④由恬、变等，二种相参，于妙圆中，黏湛发尝。尝精映味，绞味成根，根无目为，清净四大，因名舌体，如初偃月，浮根四尘，流逸奔味。⑤由离合等，二种相摩，于妙圆中，黏湛发觉，觉精映触，抟触成根，根元目为清净四大，因名身体，如腰鼓颡，浮根四尘，流逸奔触。⑥由生灭等，二种相续，于妙圆中，黏湛发知，知精映法，揽法成根，根元目为清净四大，因名意思，如幽室见，浮根四尘，流逸奔法。[②]

意根不同于其他五根的地方在于：尽管意根的浮尘根是由四尘所成的肉团心，但它的胜义根非常微妙，因此此经这里不说“意体”，而只说“意思”。此词意为“意动和思虑的地方”。这意味着，有思量处即为意根所在之处。其次，意根不照外，只照内，它照内就像在暗室中看物一样，故说“幽室见”。

六根的三种构成元素既可以分离，也可以合一。合一即为凡人六根。分离即可为圣者。例如佛一弟子阿那律陀尽管眼失明，但通过修“不循根之法”，即乐

① 圆瑛法师：《大佛顶首楞严经讲义》，宗教文化出版社 2012 年版，第 377 页。
② 关于耳等诸根的起源，参阅圆瑛法师《大佛顶首楞严经讲义》，宗教文化出版社 2012 年版，第 377-380 页。

见照明金刚三昧，终证得天眼通，“精真洞然，如观掌果”。意为他不用肉眼，但凭见精，就能观照大千，洞达无碍。此时的见精的特点如圆瑛法师云：“精即乐见之见精，旋妄复真，洞达无碍。”①可见，人的心灵、认识在特定的条件下又有不依赖于物质性器官的一面。

这里有这样一个问题，即眼识、耳识、苦受、乐受等都有其根，为何不为想、思等立根？它们有没有所依的物质性器官？佛教的回答是：它们没有直接的物质性的根，就它们依赖于有物质性的根的别的心法而言，它们有对物质性的根的间接的依赖性。这也就是说，不是一切心识都有对物质的直接依赖性。因为根有其根相，即有其客观存在性，有此相才说某物为根，此相即是拥有某种势力，并据此而起作用。所以可以说，“根者自力转”。所谓根即执受自身力量的东西，且有其相续性。由于想不是由这样有自力的东西产生的，而是“由他转”，即是由于有别的心法时，因此才派生出了、转变出了想心。例如只有在当有受、识等领纳、了别的基础上，才有想的发生。烦恼也是这样，因无根相，故不立，只有在有染身中才有烦恼。

根既然有“最胜义”，涅槃作为一种无为的心理现象，当为最胜，为何不为涅槃立根？回答是：涅槃是诸根灭尽后才生发的，就像饼坏了不名为饼一样，诸根已灭，不能再说其有根。故“根尽灭处，不名为根”。②

由上可知，身与心的依赖关系是有条件的。在欲界、色界，心有对身的依赖性；在无色界和佛国净土，心可以不依于身，例如登地菩萨的意生身或变易身就是纯由意识所成就的身，完全没有形体性、质碍性。即使是妄心，也有这样的情况，即有些识依于身，有些不这样，如 “有色界中，心依身转，无色不尔”，③无色界的心与身无关。

佛教所看到的心身关系还有：心依赖于身，但心同时又是身体有生命的根本。命之所以在某一身体，是因为命流脉在正常工作，而命流脉之所以如此，又根源于心，故云：“见命流脉，心为其本。”④

佛教当然还承认：心身可以协调一致。例如佛教认为，心身不仅是人独有

① 圆瑛法师：《大佛顶首楞严经讲义》，宗教文化出版社 2012 年版，第 426 页。
②《阿毗达磨大毗婆沙论》卷 143，[唐]玄奘译，《大正藏》第 27 册，第 736-737 页。
③ [唐]窥基：《瑜伽师地论略纂》卷 1，《大正藏》第 43 册，第 2 页。
④《正法念处经》卷 64，[北魏]瞿昙般若流支译，《大正藏》第 17 册，第 383 页。

的结构，而且是一切三界（无色界有意生身）有情共有的构成。不仅如此，它们还有一致性，例如，首先是大小一致，“身形广大者”，如色究竟天，“心亦广大”，“身形狭小者，如蚊蚁”等，“心亦狭小”；[①]其次是速度的一致，如马鹿猫猩等，行动捷速，心生灭也快，蚯蚓等行动迟缓，其心生灭亦迟缓。最后是行住坐卧的样式与心也一致。有的生命的威仪轻躁，变化极快，其心性的表现是：觉慧漂转如波上日，有的则敦重，犹如山岳，其觉慧的特点是沉静，如密室灯。

佛教也承认心身之间的相互作用，例如，认为身体有病、不舒服，会“恼乱其心”，使其“不得专一”。[②]如果风、气息不调顺，会令身体阻滞，进而“妨于修禅，得大苦恼，心意散乱，识不安隐，不能观法。以身苦故，不能念法”。[③]一方面，根据佛教的一般因果学说，也可推出这个结论。经云：“心为一切法之因缘”，当然，是身体这种法的因缘。但另一方面，心又离不开身体的作用。例如眼识等六识就依于六根，同时心会随着身体内诸法的增长而增长。“一切内法增长，心亦增长”。[④]

心灵如何发挥对身体的作用？它既然无形无相，无材料，无物质能量的储存，它怎么可能成为有作用的主体？这是所有承认心灵是无形之物的理论都共同的、难以回答的问题。佛教对此有自己的看法。从事相上说，心对身的确有反作用，如让其动作、造业。但佛教认为，由于心身都是因缘和合之法，内面没有我、没有作者，没有像小人一样的我，既然如此，心如何能驱使身，使其有作为呢？佛教对此问题以及常见的哲学难题作了巧妙的回答，颇值得我们思考。佛教的解答是：由于心不是单一体，而是和合体，因此里面只要有一个因素运动变化，此和合体就会动起来。只要如此，它就能产生作用。论云：“自有动，方能动他。”可见，心理的作用根源是它自身的动。有动就有作用，进而通过风，就可产生对身体以及外部世界的作用，如让身体有作为。论云：“心及心法唯能生风，风与身合，方能造业。”[⑤]概言之，心身相互作用的机理及过程是：心有动，进而有风，

---

① 《阿毗达磨大毗婆沙论》卷 151，[唐]玄奘译，《大正藏》第 27 册，第 769 页。
② 《正法念处经》卷 64，[北魏]瞿昙般若流支译，《大正藏》第 17 册，第 389 页。
③ 《正法念处经》卷 64，[北魏]瞿昙般若流支译，《大正藏》第 17 册，第 389 页。
④ 《正法念处经》卷 67，[北魏]瞿昙般若流支译，《大正藏》第 17 册，第 399 页。
⑤ [古印度]护法菩萨：《大乘广百论释论》卷 2，[唐]玄奘译，《大正藏》第 30 册，第 197 页。

这些是引起身体运动的根源。这当然是顺世谛而说。“风界势力能生动作，谓由风界诸行流转，于异处生相续不绝，依世俗理，说名动作。”[①]但若依此推理，说其后有作者，则行不通。

用比喻的方式说，人的心身的结构如骑手和车骑的关系。“如是身之车，彼以界（如十八界）和合，复有根和合，识见彼身车，脉节等和合，喉脉根系缚，发骨齿头等，甲皮之所覆，肋及肠处胃，并心脏于肺。彼一切和合，具足故名身。识王身为车，身车中行坐，一切法皆知，如是名为识。”[②]在两千多年后，也诞生了类似的比喻，如弗洛伊德把自我、本我、超我的关系比作骑手（自我）与两匹烈马（本我与超我）的关系。在他看来，一个人的人格究竟是什么样子，是好人还是坏人，就看骑手骑在哪匹马之上。根据佛教的比喻，一个人做得如何，就看作为骑手的心王有何作为。由于骑手和车骑各有不同构造及特点，两者有无限的关系形式，因此现实的人各式各样，没有两个人是重复的，正像世界不存在两片完全相同的树叶一样。

佛教认为，心物还有能转物与为物所转两种关系。众生的特点是，为物所转，即心随境的变化而变化，不能自己作主。其原因是，迷失了真心。经云：“一切众生从无始来，迷己为物，失于本心，为物所转。……若能转物，则同如来身心圆明，不动道场，于一毛端遍能含受十方国土。”[③]这就是说，除了为物所转的凡夫以外，还有一类圣贤，他们由于身心圆明，见自真心，因此心能转物。

根据佛教的心身关系论，心身还有理事不二的关系。“有为、无为一切诸法，皆从心出，无不心也……理者心也，事者身也，从本已来，色心无二，如是身心无碍。”[④]此无碍即事理无碍。

从价值论角度看，心与身尽管可以有依赖关系，但对人来说，这种依赖性不一定是好事。这是佛教的心身关系论的一个独特视角和结论。在中国早期的佛典翻译中，心有时被译为“魂神”。它若依于四大所成之身，就会变得不清净，即成为染污之心。经云：“是四大身，从父母身，魂神所依。”“其身所有，见有名

① [古印度]护法菩萨：《大乘广百论释论》卷3，[唐]玄奘译，《大正藏》第30册，第201页。
② 《毗耶沙问经》卷上，《大正藏》第12册，第227页。
③ 圆瑛法师：《大佛顶首楞严经讲义》，宗教文化出版社2012年版，第142-143页。
④ [五代]延寿：《宗镜录》卷27，《大正藏》第48册，第568页。

色，四大合成，从父母生，衣食所养，为虚伪覆，有何坚固？……魂神所依。”[①]这说的是凡夫心身关系的现实状况。凡夫由于无明，随波逐流，看不到身的虚伪本质，因此有妄心发生。但如果不顺生死，超越无明，思考一下自己身体的起源与本质，那么就会看到身体不过是四大的聚合，无有坚固，进而便会生起对身心的厌患和远离，久而久之，必见本性，如“不见有身”。至此境界，就有这样的革命性转向，即“其心无垢”“欢喜得度”。[②]也就是说，妄心依赖于身体，并不是固定不变的，不是命定的，而是有条件的，是可以变化的。当真正修到色阴尽销、看清四大和合的本质时，妄心就失去了依止，原有的身心关系便宣告解体。这并不是悲剧，恰恰是新生、解脱的开始，也可以说是心的回家，即由妄心而返回真心，染污心转化为清净心。

佛教心身关系理论的特点还在于：分析心身关系的目的，旨在让人们看清它们的体空的本质，进而不迷念、攀缘它们，直至厌离断除它们，例如看清眼的空的本质，就不再会去追逐身色。“眼以空者，不知求色”，“意则为空，解自然空则为道矣。”“意以空者，则不识求”，[③]耳鼻舌身等亦复如是，“分别空者，则为道矣”。[④]心意识也是如此，“无欲者，亦无净者，无有尘倚，本际清净”，[⑤]因此停歇下来，住无所住，即是道，当下得大自在。质言之，讨论、研究色心就是为了抛弃色心。之所以要抛弃，是因为“色心影幻，斯谓苦本”，[⑥]色心犹如火宅，让人受无尽苦。诸识的根也是众苦的一个根源，例如它们与烦恼、不解脱有关，换言之，有根就不能得涅槃，诸根（除三根之外）断方名涅槃。在佛教看来，断除它们，实际上是生命形式和质量的根本转化，或者说是由凡向圣的质变。有道是：“圣慧见已，方能断”，世俗智、世俗道是不能伏断的。当然，由于诸根的构成、作用各不相同，因此其断与不断，如何断，应具体情况具体分析。具体而言之，有三根是不能断除的，例如三无漏根是断不了的，也不能断。有九根，通过修便可断，如七种色根（眼根、耳根、鼻根、舌根、身根、男根、女根）加命根、

① 《佛说寂志果经》，《大正藏》第1册，第275页。
② 《佛说寂志果经》，《大正藏》第1册，第275页。
③ 《佛说大净法门经》，[西晋]竺法护译，《大正藏》第17册，第818页。
④ 《佛说大净法门经》，[西晋]竺法护译，《大正藏》第17册，第818页。
⑤ 《佛说大净法门经》，[西晋]竺法护译，《大正藏》第17册，第819页。
⑥ [唐]道世：《法苑珠林》卷2，《大正藏》第53册，第277页。

苦受根。有十根则应分别对待。例如如意根，既可通过见断，也可通过修断；还有不断的情况，例如无漏意根就不会断。舍根、乐根、喜根、忧根、信根、精进根、念根、定根、慧根，亦是如此，既有可能通过见来断的，也有可能通过修来断的，还有不会断的。[1]关于心灵和色阴的伏断，在后面，我们将辟专门章节来讨论，这里从略。

①《阿毗达磨大毗婆沙论》卷 144，[唐]玄奘译，《大正藏》第 27 册，第 742 页。

第八章
心之起源与生灭

心理现象如何生起、持续（住）、转化、消灭，这是所有一切心灵哲学的共有课题。佛教心灵哲学除对它们作出了带有共性的研究之外，还提出并探讨了这样的问题：能否人为断除或消灭有情所表现出的一切心理现象？如果能，怎样予以实现？佛教的回答是肯定的，认为人可以不具有所有一切心理现象，同时又保有生命。当然，这是一个漫长的、由低到高、循序渐进的过程。心理断除是佛教修行的最高目的或最后要做的事情，如经云："因诸乱意，菩萨以故习自伏心。"[①]其前期的工作是调适、治理、摄持、驾驭其心等，如常护其心，调伏其心，安住其心，清净其心。这些工作与心理学所说的心理健康及治疗有相似之处，但人为伏断绝对是佛教独有的心灵哲学子课题。就此而言，我们有理由认为，佛教建立了关于心理伏断的必要性、可能性、内在机理、方法途径等的完整、系统的理论，即"心理伏断论"。这里之所以把它归入心灵哲学的范畴，是因为它对有关问题的解答必然涉及对心理本质、内在奥秘和机理等问题的回答。这就是说，要回答如何调（适）、治（理）、伏断不好的心理等问题，关键是如实知心。具体而言，一是要知心之本质、实相，特别是要认知、通达、证得真心，即要达（通达）心、晓（了）心、知心。如经云："当晓是心，而不可尽，……当达是心，不令懈怠，则知其心为不可尽。"[②]这里当"达"的"心"是指真心、智心，只有达此心，才有可能调节心，乃至伏断心。而真心的一个特点是犹如虚空，广大无边，犹如大

① 《阿差末菩萨经》卷3，[西晋]竺法护译，《大正藏》第13册，第594页。
② 《阿差末菩萨经》卷2，[西晋]竺法护译，《大正藏》第13册，第587页。

海，难见其底，因此对于一般凡夫来说是不可能究尽的，不可能彻底认识的。要晓了它，一是要严格要求自己，不懈怠，不放逸；二是要知妄心的生灭原理及本质。

本章的任务就是探究佛教关于心理之生与灭的理论，尤其是还原、重构佛教关于为何要灭心、灭心如何可能以及怎样灭除的理论。佛教认为，要知心理为何能灭，必须知道心、身以及它们所组成的整体是如何生起的。因此本章将花一定篇幅论述佛教的心身（生命）起源理论。

第一节 “凡有所说，皆为息病”

佛之所以兴教，建立种种言说，一个重要目的就是要“息病”。这里的“病”就是众生当下能感知道的一切心理现象或妄心。吉藏大师说：“凡有所说，皆为息病。”①因为唯有息灭一切妄心，才能得解脱或成佛。

纵观经论，到处都充满着对“息心”或伏断诸心这一主题的论述。最突出的表现是：很多经都设有“治心品”。根据佛教的观点，心灵之灭，有两种形式。一是自然灭。这种灭对于人来说，本身还是一苦，且是最可怕的苦。麻烦还在于：一是它灭了还会再来、再生，因此顺着这种生灭流转，人永无出离苦海的希望；二是人为灭，即为达到解脱或成佛目的而有意识、有目的、有步骤自觉予以断灭，甚至永远断灭，不令再生。可见，人为灭不同于自然灭。下面略加分析。

自然灭是凡夫心识或妄心相续流转的一个环节，开始于生，中经住驻、变异，最后随着一期生命的结束而走向消灭。这种消灭不是真正的消灭，而是心识离开原先寄存的身体。就其失去此身体，在此身体中不能再继续而言，它消失了。正像有生必有灭一样，有这样的灭又必然有相续的生，因为只要因缘具足就一定会如此。自然灭又有两种形式，“一者相灭，二者相续灭”。②求那跋陀罗译本把“相续”译为“流注”。③相灭是指：“阿赖耶识虚妄分别，种种熏灭，诸根亦灭，”④意为没有种子之熏习，眼耳鼻舌身意诸根便随之消灭。相续灭是指，心理活动像流水一样，前后相续，一当前面的“相续因灭”，“相续缘灭”，后面的相续就会停

① ［隋］吉藏：《中观论疏》卷 2，《大正藏》第 42 册，第 27 页。
② 《楞伽阿跋多罗宝经》卷 2，［刘宋］求那跋陀罗译，《大正藏》第 16 册，第 521 页。
③ 《楞伽阿跋多罗宝经》卷 1，［刘宋］求那跋陀罗译，《大正藏》第 16 册，第 483 页。
④ 《楞伽阿跋多罗宝经》卷 2，［刘宋］求那跋陀罗译，《大正藏》第 16 册，第 522 页。

止。心识的自然灭是由因果规律决定的，尤其是由摄持心识的载者及其因缘关系决定的。对于心识的载体或能持，佛教内是有不同看法的。第一种看法认为，它为色所持，即以色身为载体。问题是：如果是这样，无色界便无识，而事实不然。第二种看法认为，暖为所持，意为暖是心识的基础。此说也行不通，因为在中阴中，有识而无暖。第三种看法是，识“从始至终，皆是异熟”。[①]世亲的观点是：寿为能持。而寿要成为心识的依持，又必依其寿体。所谓寿体是指，“三界业所引同分住时势分，由三界业所引同分住时，势分相续决定，……此势分说为寿体。”[②]寿体实际上是寿或命根，由众生在三界所造业所牵引，是由业力所形成的有共同作用的势力。由于此势力客观存在，因此可看作是一“实物”。如偈云：“命根体即寿，能持暖及识。”[③]这个偈告诉我们：“命根即寿”，命根即“三界寿”。[④]它的根源、形成过程和自体相状是：“由先业于彼彼处，所生自体，所有住时，限量势分，说名为寿、生、气、命根。”[⑤]从作用上说，寿是暖和识的能持，或者说，众生之所以有暖性和识性，是因为有寿体。当此寿体由业力的作用而发生转灭时，生命的暖性便消失，识性便离开一身体，进入中阴。

对于某一有情而言，寿尽管有尽，即有情会死，但这种死不是绝对的，而是寿命的载体发生变化，即从一载体转化为别的载体，《阿毗达磨俱舍论》引《发智论》云：“此寿当言随相续转。”[⑥]所谓相续是指既有同一性又有变异性的变化过程，包括生、灭、转或住等阶段。“相续初名生，灭谓终尽住，中随转名住，住异前后别。”[⑦]这说明寿命的本质在于：相续不断。其实，有情的生与死也是如此。

当然，这里的自然生或因缘生，完全是随顺世谛而说。若依胜义谛，一切无生、无灭，妄心也是如此，因为其体性就是不生不灭的真如。每一法都有其真如，而这些真如实即一真如，如佛如来真如即蕴处界真如。“自性真实，以无净故说名真如……诸法虽生，真如不动。真如虽生诸法，而真如不生，是名法身。法身不变，如虚空无，等等。……清净离垢，本来不染。自性明净，自性不生，自性

① [古印度]世亲菩萨著、[陈]真谛释：《阿毗达磨俱舍论》卷5，[唐]玄奘译，《大正藏》第29册，第26页。
② [古印度]世亲菩萨著、[陈]真谛释：《阿毗达磨俱舍论》卷5，[唐]玄奘译，《大正藏》第29册，第26页。
③ [古印度]世亲菩萨著、[陈]真谛释：《阿毗达磨俱舍论》卷5，[唐]玄奘译，《大正藏》第29册，第26页。
④ [古印度]世亲菩萨著、[陈]真谛释：《阿毗达磨俱舍论》卷5，[唐]玄奘译，《大正藏》第29册，第26页。
⑤ [古印度]弥勒菩萨：《瑜伽师地论》卷52，[唐]玄奘译，《大正藏》第30册，第587页。
⑥ [古印度]世亲菩萨著、[陈]真谛释：《阿毗达磨俱舍论》卷5，[唐]玄奘译，《大正藏》第29册，第26页。
⑦ [古印度]世亲菩萨著、[陈]真谛释：《阿毗达磨俱舍论》卷5，[唐]玄奘译，《大正藏》第29册，第27页。

不起。”[1]真如与心意识的关系是，“在心意识，非心意识”，[2]意为真如在心意识中，但又不是心意识，因为真如只是心意识的本质或体性。此性“即是空、无相、无愿，遍虚空界，诸有情处，一切平等。……非色受想行识，不离色受想行识。……不在心意识，不离心意识”。[3]

从世谛上说，识没有绝的消灭。身体尽管有死，但识不会随之而死，而会在业力的牵引下，带着前世所熏的种子，去往另一身体之中，如借父母精血的外缘而受生，形成一个新的识。故经云：“转彼有识而现后心。”[4]在特定意义上可以说，神识不坏，随业尽处，在新的载体中显现自己。因为离身的识，一定会重新进入下一个身体，要么是在人间道，要么是在其他道。从第一义谛上说，这个在两生中迁移的识本身也是空的，因为不可能有这样的法或事物，“从此世间至彼世间而受生也。”“灭后识心，是名为名，是初心识如托生者，是彼后生，……转彼识时，彼法实不从彼处来而至于此。初识生已，亦无所至。何以故？法性相故。……最初心识是初识空，所生之处，是生处空。”[5]意即在两处迁移的识看似同一个识，实即生生灭灭的变动之流，例如新生的识之所以不是原来的识，是因为它是新的因缘关系（其中包括父母的和合）的产物。从体性上说，初生的识由于因缘和合，因此是无常的，是空的，“无所至”。总之，前识灭时，无有去处，后识起时，无所从来，本性皆空。

就生死而言，一方面，佛教佛顺世谛承认有生有死，生死相续，展转为因。“由生老死相续不息，展转为因，初起灭定，是故无际无边，成立世谛中说。”[6]另一方面，佛教又强调，这样看待生死，“非第一义谛”，第一义谛的生死观是：“若谛观察生死涅槃，于第一义中，无毫厘差别。”[7]意为，从体性上说，众生无生无死，因为生死即涅槃。

另外，还要注意的是，佛教说“心生”“心灭”“伏断妄心”都是不定说、

---

①《大般若波罗蜜多经》卷569，[唐]玄奘译，《大正藏》第7册，第937页。
②《大般若波罗蜜多经》卷569，[唐]玄奘译，《大正藏》第7册，第937页。
③《大般若波罗蜜多经》卷569，[唐]玄奘译，《大正藏》第7册，第937页。
④《佛说转有经》，[元魏]佛陀扇多译，《大正藏》第14册，第949页。
⑤《佛说转有经》，[元魏]佛陀扇多译，《大正藏》第14册，第949页。
⑥ [古印度]龙树菩萨著、清辨菩萨注：《般若灯论释》卷7，[古印度]波罗颇蜜多罗译，《大正藏》第30册，第87页。
⑦ [古印度]龙树菩萨著、清辨菩萨注：《般若灯论释》卷7，[古印度]波罗颇蜜多罗译，《大正藏》第30册，第87页。

方便说，必须以中道的观点，根据二谛论解释学框架予以理解。因为从究竟理地上说，一切如如，无所谓生与死、灭与不灭，诸法本来清净，体性寂灭，若说灭、断，甚或有灭和断的念想与心理操作，本身就是在生妄念，本身就是乖道背理的。《大佛顶首楞严经》云：一般所见的众生及各种色心诸法，“同是觉明、无漏妙心”。所见的现象，如“见闻觉知，虚妄病缘”，好像有生有灭，其实是“和合妄生，和合妄死”。圆瑛法师对此解释说：“于无生中，虚妄有生，此有乃为幻有，非实有所生。因缘别离，和合终尽，于无灭中，妄虚名灭。此灭但有其名，非实有所灭”。[①]论云：“诸缘生者，皆是无生。由彼都无生自性故，若说缘生，即说空性。”“若知缘生，即知法性，若知法性，即知空性，若知空性，即见智者。”[②]

但是，由于众生有各种妄念生起，进而沉沦于生死流转之中，因此佛为度众生出苦海，于是随顺世情，依世俗谛，说种种心法、心所法，说灭除它们的方法。就此论云：“诸缘生者，皆是无生。由彼都无生自性故，若说缘生，即说空性。”“若知缘生，即知法性，若知法性，即知空性，若知空性，即见智者。”而言，若否认有心法及其灭除的必要，便必然偏离中道，堕入断见、片面的空见。中观、中道的特点在于：既强调一切法空无所有，因而根本不同于世俗谛的常见，但又要安立无自性的缘起，以及由缘起而有的各种心法，承认世俗谛包含有片面的真理。世俗谛承认的常、有，有如下必要条件：第一，是名言识所共许的，即一般人的诸识、名言都承认的，如世上有山河大地，这是谁都不否认的。第二，无余名言量妨难。所谓名言量是指正确的名言识。例如晚上看到的草绳，错乱识把它看作是蛇。如果能看到它是绳，而非蛇，那就是名言量。此符合名言量，不会为其非难的认识即为世俗谛。第三，无观真实量妨难。所谓观真实量即是观诸法是否实有的正量。如果仅承认外物是有，不进一步说它们有自性，那么这样的认识不会受到观真实量的非难。这样的认识即是世俗谛。[③]总之，随俗谛说有生死和生灭，但随胜义谛说，则无所谓生与灭。“生死者，但随俗说有，……死者，诸根隐没，生者，诸根新起。非如来藏有生老死。”[④]

① 圆瑛法师：《大佛顶首楞严经讲义》，宗教文化出版社2012年版，第186页。
② [古印度]清辨菩萨：《大乘掌珍论》卷上，[唐]玄奘译，《大正藏》第30册，第269页。
③ 法尊法师：《法尊法师佛学论文集》，中国佛教文化研究所1990年版，第277页。
④ [古印度]坚慧：《大乘法界无差别论》，[古印度]提云般若等译，《大正藏》第31册，第893页。

《杂阿含经》早就表明：佛谈心、识的目的是为了破、厌离、灭尽，其根据是，包括心识在内的一切有为法都是无常的。“如是过去、未来受想行识无常，况现在识。圣弟子，如是观者，不顾过去识，不欣未来识，于现在识厌离，欲正向灭尽。”[①]同理，说我旨在灭我，“非我者亦非我所，如是观者名真实观”。“厌故不乐，不乐故得解脱”。[②]之所以要离色受想色识，是因为它们是“祸患”，如果不能“如实知味是味，患是患，离是离”，那么将“永住颠倒”，[③]无有解脱。“若于识患，随顺觉，则于识患，以智慧如实见。”[④]既然如此，就“宜速断除”色受想行识诸大患。“色者非我所，宜速断除。受想行识非我所，应宜速断除。以义饶益，长夜安乐。”[⑤]是故《持心梵天所问经》把灭尽妄心看作是“圣谛”。“苦无所起，斯谓圣谛”，“其灭尽法，不起不灭，斯谓圣谛。”[⑥]

解剖佛的心理结构也可让人明白灭除妄心的重要性。佛之所以为佛，是因为他没有众生的心意识。“佛无心意识，作一切众事，如来不思议，能信者亦然。”[⑦]《大方广十轮经》从原理、机制上揭示了灭除妄心的重要性。根据该经：佛之所以为佛，是因为他让真心、本心如实显现，即彻底、完全清除了覆盖在其上的妄心。而凡夫之所以为凡夫，是因为让妄心作主，以妄心为真我，因而迷失了本心。经云：“疲极懈怠，颠狂放逸，忘失本心，贪欲、瞋恚、愚痴、疾忌、悭吝、邪痴、骄慢、睡眠等恶，皆悉炽盛。”[⑧]忘失本心，也可叫“狂乱失心”，相应地，有这样的苦：“诸根丑陋，手足不足，常乏财产，无有福缘，不为一切之所喜乐，”[⑨]即总乐不起来，心意颠倒，趣三恶道。

《大方等大集经》从心之染净角度作了同样的论证。妄心即是本心被染污了，让其上有尘垢，有此心即成凡夫。“心性常净，而凡愚众生不能如实知见。以不能如实知见故，言是垢。能正知见故，便言是净。”[⑩]《大智度论》强调：尽管净

---

①《杂阿含经》卷1，[刘宋]求那跋陀罗译，《大正藏》第2册，第1页。
②《杂阿含经》卷1，[刘宋]求那跋陀罗译，《大正藏》第2册，第2页。
③《杂阿含经》卷1，[刘宋]求那跋陀罗译，《大正藏》第2册，第2页。
④《杂阿含经》卷1，[刘宋]求那跋陀罗译，《大正藏》第2册，第2页。
⑤《杂阿含经》卷1，[刘宋]求那跋陀罗译，《大正藏》第2册，第3页。
⑥《持心梵天所问经》卷1，[西晋]竺法护译，《大正藏》第15册，第6页。
⑦《文殊师利问经》卷上，[梁]僧伽婆罗译，《人正藏》第14册，第494页。
⑧《大方广十轮经》卷1，《大正藏》第13册，第684页。
⑨《大方广十轮经》卷2，《大正藏》第13册，第687页。
⑩《大方等大集经》卷18，[北凉]昙无谶译，《大正藏》第13册，第124页。

受到染污，但“诸法实相本自清净”。[①]此清净心非佛所作，非人所作，“有佛无佛，常住不坏相”。[②]之所以有不清净，是因为它“为心、心数法所缘”。[③]由所缘，即被污染，故不清净。

《楞伽阿跋多罗宝经》强调：佛是有最佳心态的人，而最佳心态实即“一心”；而一心则是心之寂灭，即是灭除了一切妄心，让妄心彻底停下来了，让妄心“大休息”了。“寂灭者名为一心，一心者名为如来藏。”[④]因此“汝当应离，见自心相，以为非实”。[⑤]

“阿毗昙”或“阿毗达磨”是佛之三藏中的论藏，狭义是指部派佛教中对佛法的整理、分析，以及从训诂和注释方面所做的研究工作。在阿毗昙论典中，关于灭除各种心法的论述占了很大篇幅。它们的方法是先扫描、梳理各种心理现象，然后探讨断除的原理及方法。例如《阿毗达磨俱舍论》的九品中，有五品（分别界品、分别根品、分别世品、分别业品、分别随眠品）就是在对心与身作出“分析”（分别），并探讨它们产生的根源，进而由此揭示灭除的原理及方法。该论强调：断的方法主要是两方面，一是要见谛，二是要修行。如偈云：“已说烦恼断，由见谛、修故。”[⑥]学佛成圣就是要断除不好的心理，如嫉忌、忿恨、幸灾乐祸等。之所以要断，是因为有这些心理必堕三恶道。如论云：“心常怀忿毒，好集诸恶业，见他苦欣悦，死作琰魔卒。”[⑦]唯有心灭，才有心解脱。“心得解脱，唯诸蕴灭，更无所有。”[⑧]只有真正无事、无为，才有出期，因为无为即解脱。

众生不解脱的心理根源在于：有无明，进而有倒见；由倒见，心里便焦热炽盛。“四颠倒自体，谓从于三见，唯倒推增故，想心随见力。”[⑨]意思是，由无明便有关于常与无常、乐与苦、净与不净、有我与无我的四种颠倒见，由这些见，便有心的胡思乱想，有想必有行，有行必有报，故众生沉沦流转，无乐可言。“由有想乱倒，故汝心焦热。”[⑩]反过来，灭除这些心，由妄返真，心便得清净。“远

① [古印度]龙树菩萨：《大智度论》卷63，[姚秦]鸠摩罗什译，《大正藏》第25册，第507页。
② [古印度]龙树菩萨：《大智度论》卷63，[姚秦]鸠摩罗什译，《大正藏》第25册，第507页。
③ [古印度]龙树菩萨：《大智度论》卷63，[姚秦]鸠摩罗什译，《大正藏》第25册，第507页。
④《楞伽阿跋多罗宝经》卷1，[刘宋]求那跋陀罗译，《大正藏》第16册，第519页。
⑤《楞伽阿跋多罗宝经》卷2，[刘宋]求那跋陀罗译，《大正藏》第16册，第525页。
⑥ [古印度]世亲菩萨著、[陈]真谛释：《阿毗达磨俱舍论》卷22，[唐]玄奘译，《大正藏》第29册，第113页。
⑦ [古印度]世亲菩萨著、[陈]真谛释：《阿毗达磨俱舍论》卷11，[唐]玄奘译，《大正藏》第29册，第58页。
⑧ [古印度]世亲菩萨著、[陈]真谛释：《阿毗达磨俱舍论》卷6，[唐]玄奘译，《大正藏》第29册，第35页。
⑨ [古印度]世亲菩萨著、[陈]真谛释：《阿毗达磨俱舍论》卷19，[唐]玄奘译，《大正藏》第29册，第100页。
⑩ [古印度]世亲菩萨著、[陈]真谛释：《阿毗达磨俱舍论》卷19，[唐]玄奘译，《大正藏》第29册，第101页。

离彼想已，贪息心便净。”①

《阿毗达磨识身足论》是一部论述六识及别的心理现象的专著，其不同于同类经论的特点在于：侧重于从价值论、解脱论角度切入。而这样分析、考察的目的，又旨在探讨每种心是该保护发展，还是该削弱、减轻直至灭除，进而探讨相应的方法。例如，它将心分为十种心、十五种心，就体现了此特点。十五种心中的欲界五心是：欲界系见苦所断心，欲界系见集所断心，欲界系见灭所断心，欲界系见道所断心，欲界系见修所断心。色界和无色界也分别具有五种心，三界合起来共十五种心，其样式可按上述模式类推。②

佛教论典中最长的论著（约百余万字）《阿毗达磨大毗婆沙论》中的许多内容都是围绕负面有害心理的种类、性质、相状、断除原理及方法而展开的。如“结蕴”部的第五十三卷都是讨论诸妄心及其伏断的。该论云：“染污心，心所法，或先断后离系，或断时即离系，或有九品，谓上上乃至下下，前八品先断后离系，下下品断时即离系。”③

佛教有教法和证法两部分。教法主要是解决妄心的本质、灭除的原理及根据等理论问题，证法主要是论述断心的方法、途径等，如三十七助道品，其中的八正道，“能断去、来、今苦，永无生分，灭尽离欲，得寂灭涅槃。”得涅槃的根本就是要断“使心”。所谓“使心”即让（使）人不得解脱的心。有四种办法可断使心。论云：“以四事故，诸使断，一知缘故断，二断缘，三断后缘，四得对治断。”④

大乘经论更重视对心之伏灭、断除及其原理和方法的探讨。《佛性论》云：“所言灭者，即是真智正能除惑故，与灭名尽者，即惑无时名为解脱，故与尽称。”⑤《佛性论》还对佛教“妄心断灭论”的纲领、主要内容及其结构作了画龙点睛的揭示。首先，该论认为，妄心断灭论的首要课题是要论证断灭妄心的必要性、重要性，这表现在：它是成佛得解脱的必要条件。因为只有妄心不生，才能成佛。“若无三识，则无分别，分别既无，亦无不正思维等，既无三识，则不得起无明，是以如来法身离不正思维故，则不起无明，若不起无明，十二有分不为生缘，故

① [古印度]世亲菩萨著、[陈]真谛释：《阿毗达磨俱舍论》卷19，[唐]玄奘译，《大正藏》第29册，第101页。
② [古印度]提婆设摩：《阿毗达磨识身足论》卷5，[唐]玄奘译，《大正藏》第26册，第555页。
③《阿毗达磨大毗婆沙论》卷53，[唐]玄奘译，《大正藏》第27册，第275页。
④ [古印度]迦旃延、五百罗汉：《阿毗昙毗婆沙论》卷12，[古印度]浮陀跋摩、道泰等译，《大正藏》第28册，第91页。
⑤ [古印度]世亲菩萨：《佛性论》卷3，[古印度]真谛译，《大正藏》第31册，第801页。

名不生”，[①]亦即超十二因缘链，进而超越生死。其次，妄心断灭论必须回答，妄心有无被灭除的可能性。《佛性论》认为，这完全有其可能性。因为它们是生起法。而有生必有灭。“于无生无灭法中，心意及识，决定不生”。[②]最后，要弄清它们生起的起源、原因和条件，进而揭示它们不生的原理、途径及方法。世亲认为，唯灭才得解脱。“乱识虚妄性，由此义得成，非实有、无故，灭彼得解脱”，[③]彼即各种乱识，尤其是本识。“已说烦恼障，及一切智障（所知障），是摄一切障，尽彼得解脱”。[④]“彼”即一切烦恼，断尽、扫除它们，即是解脱。如《般若经》等经所云：“彼一切法不起不灭，名为如来。”[⑤]事物的辩证法在于：只有从根本上断除爱欲等妄心，才能让心于一切法真正做到不起不灭。“彼处一切爱灭尽，故彼名无起，彼若无起，彼即菩提。……佛不出世，亦不涅槃，从本已来，无起灭故。”“已解彼诸因，无起亦无灭，虽行彼世间，世法不能染。”[⑥]“普断诸分别，灭一切戏论，能拔除有根，巧说真实法。于非言语境，善安立文字。破恶慧妄心，是故稽首礼。”[⑦]分别是心的认识上的特性，戏论是人的个性心理，具言之，戏论有三义，即能违碍实事、虚诳世间、障隔解脱。对分别，有多种分类，如分为贪爱、我慢、诸见三种。还可分为如下九种，即通计我、的（确）计是我、计我应生、计我不更生、计我有色应生、计我无色应生、计我有想应生、计我无想应生、计我非想非非想应生。[⑧]佛教立教就是要断除这些东西。这就是佛教所认识到的真理或真实。果能灭除一切法，人便能于一切法，“皆遮无起”。[⑨]

窥基大师对佛如来立教的宗旨作了这样的概括：“如来大悲以甘露法，授彼（即众生愚夫）令服，断妄狂心，弃执空有，证真了义。”[⑩]

总之，之所以要识心，因为心是“牛鼻子”。是缚是脱，是圣是凡，皆系一

① [古印度]世亲菩萨：《佛性论》卷3，[陈]真谛译，《大正藏》第31册，第801页。
② [古印度]世亲菩萨：《佛性论》卷3，[陈]真谛译，《大正藏》第31册，第801页。
③ [古印度]世亲菩萨：《中边分别论》卷上，[陈]真谛译，《大正藏》第31册，第451页。
④ [古印度]世亲菩萨：《中边分别论》卷上，[陈]真谛译，《大正藏》第31册，第455页。
⑤ [古印度]龙树菩萨著、清辨菩萨注：《般若灯论释》卷2，[古印度]波罗颇蜜多罗译，《大正藏》第30册，第59页。
⑥ [古印度]龙树菩萨著、清辨菩萨注：《般若灯论释》卷2，[古印度]波罗颇蜜多罗译，《大正藏》第30册，第59页。
⑦ [古印度]龙树菩萨著、清辨菩萨注：《般若灯论释》卷1，[古印度]波罗颇蜜多罗译，《大正藏》第30册，第51页。
⑧ [古印度]世亲菩萨：《佛性论》卷3，[陈]真谛译，《大正藏》第31册，第803页。
⑨ [古印度]龙树菩萨著、清辨菩萨注：《般若灯论释》卷2，[古印度]波罗颇蜜多罗译，《大正藏》第30册，第58页。
⑩ [唐]窥基：《成唯识论述记》卷1，《大正藏》第43册，第230页。

心。“此心犹彼王，于世得自在，能令诸众生，堕于深险难，……智者善持心，住最上安乐。”“若人善制心，则不随心转”。①“又彼心为本，能生解与缚”。②因此要得解脱，务必治心、调心，但心又是最难治的，“心如火中火，最上难调伏”。③《忠心经》认为，识是牵引众生入生死轮回道的主因。“人身中有五贼，牵人入恶道。……一者色，二者痛痒，三者思想，四者生死，五者识”。④六根六识也是让人离真致妄的根本，“人常为目所欺，为耳所欺，为鼻所欺，为口所欺，为身所欺”。⑤因为它们所获取的信息是片面的、虚妄的，如眼只能看，不能承担听说等功能，“是五者，皆属心，心为本”。所以“欲求道者，当端汝心”。⑥

第二节　断灭妄心的可能性根据与心身起源论

如前所述，妄心有两种灭，一是人为灭，二是自然灭。我们这里关心的当然是佛教从心灵哲学角度所讨论的妄心的人为生灭的问题。

对于解脱、成佛来说，断灭妄心的确有必要性。但问题是：这是否有可能性呢？如果有，根据、机理何在？佛教从多方面作了解答，其中最重要的根据是它关于心理、生命乃至整个世界的起源理论。

第一，伏灭心灵之所以是可能的，关键在于心灵是由相应因缘具足才有生和住的。其生、住分别有两种形式：一是相生、相住；二是流注或相续生、流注住。真心或真如妙性本无生灭，但众生由于无明及颠倒、造业，而有诸识生起，进而有住、有变化（异）、有灭。生即是由因缘作用而产生，住即停下来，异即变异，灭即消灭。诸识的生、住、灭各有两种，即相灭和流注（别的译本译此为“相续”）灭，流注意为妄心像流水一样川流不息，后念紧接前念，无有停息。流注的生、住、灭的特点就是相续不断。相的生、住、灭，指相显于外，由根尘结合而起的生相、住相、灭相。

有业力在阿赖耶识中的熏习，便有心识的相生、相住。有前因后果的链条，

① [古印度]观无畏尊者集：《诸法集要经》卷5，[宋]日称等译，《大正藏》第17册，第481页。
② [古印度]观无畏尊者集：《诸法集要经》卷5，[宋]日称等译，《大正藏》第17册，第482页。
③ [古印度]观无畏尊者集：《诸法集要经》卷5，[宋]日称等译，《大正藏》第17册，第481页。
④《忠心经》，[东晋]竺昙无兰译，《大正藏》第17册，第550页。
⑤《忠心经》，[东晋]竺昙无兰译，《大正藏》第17册，第550页。
⑥《忠心经》，[东晋]竺昙无兰译，《大正藏》第17册，第550页。

便有心识的相续生起、相续住相。既然如此，若不提供或斩断相应的因缘，相应的心识便不会有其生起和住相。以前六识的生起为例，它们除了依赖于相应的所依根、所缘尘之外，还根源于阿赖耶识，经云："依彼阿陀那识，能生六种识，所谓眼、耳、鼻、舌、身、意识身。"①人之所以有六根，是因为有能执持它们的阿赖耶识。不仅如此，六种根缘境产生相应的识，也离开阿赖耶识的作用。阿赖耶识尽管是无分别意识，但它始终伴随它们，与它们一同存在。"若一境界现前，一识身起，无分别意识即共眼识，一时俱生。"②眼识外的其他识的生起可类推。

《成唯识论》卷二至卷五列举了识之生起的九个必要条件（缘），当然，有的识离不开这九缘，有的只需其中的部分条件。九种缘分别是：明缘（明指日月之光，眼识之缘）、空缘（空，指荡然无碍，眼识与耳识之缘）、根缘（根指眼、耳、鼻、舌、身五根，五根为五识之缘）、境缘（境指色、声、香、味、触五尘之境，为五识之缘）、作意缘（作意即心所法，有觉察之义，为眼等六识之缘）、根本依缘（根本即阿赖耶识，六识与第八识之缘）、染净依缘（染净依即末那识，是眼等八种识之缘）、分别依缘（分别即第六识，为眼等八种识之缘）、种子缘（种子即八识之种子，是诸识之缘）。具体而言，眼识要生起，这个九个条件必须同时具足，耳识的生起，离不开光明以外的八个条件，鼻舌身三识要生起，必须有除明缘、空缘之外的七个条件，意识的生起离不开除明缘、空缘、根缘之外的六缘，第七、第八二识的生起，有作意缘、根本依缘、染净依缘和种子缘四缘即可。反之，若缺少相应的一缘，特定的心识就不会生起。《瑜伽师地论》把心产生所依的缘归结为七种，指出："心不生因，略有七种。……谓缘阙故，心不得生，如是作意阙故，未得故，相违故，断故，灭故，已生故，心不得生。"③意为缺少七缘，心识就不会生起。第一，若缘阙，即若心产生所需的缘不具备，便不会有心生。眼识若眼根坏，或作为对象的色尘没有出现，随便缺一缘，便不会有眼识发生。第二，作意阙，也不会有心生。因为作意或注意、专注是心产生的必要条件。第三、第四、第五、第六、第七分别是未得、相违、断、灭、已生。

南传佛教的《发趣论》认为，识之生起赖二十四缘。它们分别是：因缘、所缘缘、增上缘、无间缘、相续缘（即能于此念灭后导致下一念生起的念）、俱生

① 《深密解脱经》卷 1，[元魏]菩提流支译，《大正藏》第 16 册，第 669 页。
② 《深密解脱经》卷 1，[元魏]菩提流支译，《大正藏》第 16 册，第 669 页。
③ [古印度]无著菩萨：《瑜伽师地论》卷 63，[唐]玄奘译，《大正藏》第 30 册，第 652 页。

缘、相互缘、依止缘、亲依止缘、前生缘、后生缘、重复缘、业缘、果报缘（异熟缘）、食缘、根缘、禅那缘、道缘、相应缘、不相应缘、有缘、无有缘、离去缘、不离去缘。[①]这些缘当然不是所有心理现象产生所必须的缘，其中有些是某些心理现象特别需要的缘。就普遍的必要条件来说，只有四种，即因缘、等无间缘、增上缘、所缘缘。三缘说认为，心意识是根境识三缘和合的产物。譬如有人置珠日中，或因钻燧而生于火，此火非是珠、燧所生，亦非人作。心意识亦复如是，根、境、作意和合而生。《大佛顶首楞严经》则认为，一切心意识是根尘偶合的产物，一当根尘不偶，便走上了入圣的征程。安慧菩萨认为，心理的产生依赖于下述十力，即串习力、乐欲力、方便力、等至力、引发力、因力、境界力、忆念力、作意力、相续力。[②]

关于心识生起的因缘还有多说，但宗旨都是一样的，即认为心识不是从来就有的，而是因缘和合的产物，既如此，只要让缘灭或不出现，心识便必然会灭。

第二，从心识的直接所依来说，心识之产生和存在离不开身体的存在，而身体又有阿赖耶识的执持。若舍离阿赖耶识，那么，各种心识自然随之断灭。论云："故知唯有阿赖耶识能执持身。此若舍离，即于身分冷触可得，身无觉受，意识不尔。"[③]《深密解脱经》认为，有识生起，人就有妄想分别，就流转生死，要超越生死，就必须六销（不让六根对境、产生分别）一亡（识精不发生作用），要如此，必须找到识之产生的总根源。通过分析，该经找到了其根源，那就是阿赖耶识在后面作祟，既然如此，出路便有了，那就是不让它发生作用，经云："菩萨不见内外阿陀那，不见阿陀那识，能如实知，不见阿赖耶，不见阿赖耶识，……不见内外意识，"菩萨便"善知第一义"，[④]进而六销一亡，最终伏断各种妄心。

心识尽管是一切生命出现的总根源，但它不是从来就有的。既然如此，只要弄清了它的生起根源及过程，就有办法从源头上入手，通过斩草除根的方式，不让它发生。根据大乘的观点，一切事物的产生都有其可能性根据，即种子，是从

① 陈兵：《佛教心理学》，南方日报出版社 2007 年版，第 301-303 页。
② ［古印度］安慧菩萨：《大乘阿毗达磨杂集论》卷 5，［唐］玄奘译，《大正藏》第 31 册，第 714 页。
③ ［古印度］无著菩萨：《瑜伽师地论》卷 51，［唐］玄奘译，《大正藏》第 30 册，第 579 页。
④《深密解脱经》卷 1，［元魏］菩提流支译，《大正藏》第 16 册，第 669 页。

可能到现实的过程。例如，于六趣生死，彼彼有情堕彼彼有情众中，或在卵生，或在胎生，或在湿生，或在化生，身分生起，于中最初一切种子，心识成熟，展转和合，增长广大。这就是说，个体生命的发生是从种子开始的，依次心识成熟，进而有形体的从小到大。其实，这种起源发生论，既适用于说明种系，又适用于说明个体。而种子也是因缘和合的产物。在它的多种决定因素中，先前的业力熏习最为重要。既然如此，把好这一关，不起惑造业，就有可能从根本上截断心识之相续流。

第三，根据关于生灭流转的十二因缘说，众生由于有痴，便有行、识、六入直至触、受、老死等，一当灭痴，后面的因缘就不复存在。因此心识的人为灭除是可能的。经云："从痴因缘，令有行，从行令有识，……"反过来，"痴已尽，便行尽；已行尽，便识尽……"。[①]这就是说，妄心产生的总根源是无明，是对真心的不知不觉，或者说，痴是一切心身现象的总根源。由它依次派生的心身现象主要有：由痴所生的行有六种，即六种望受，亦即身体对六种对象的欲望及其感受，这六种对象就是色、声、香、味、触、法。由行可产生六种身识，即眼识、耳识、鼻识、舌识、触识、心识。识可缘"名字"，即五阴。这里的"名字"是佛教专门用语，有特定所指，如"字"指的是五阴中的色阴，"名"指的是四种非色阴，即受想行识。名字派生的是身六入受，即身体的六根的六种感受（眼受、耳受、鼻受、舌受、身受、心受），此六受又可派生出六根的六种思望（眼思望、耳思望、鼻思望、舌思望、身思望、心思望）。六思望可派生出六根的六种痛或触，如眼触等，六触进而可引出六身爱，即色爱、声爱等。此六爱可派生出四受，即欲受、见结受、戒愿受、身结行受。此四受可派生三有或三界，即欲界、色界、无色界。既然总根源找到了，伏断的方法就自然清楚了。

第四，《大佛顶首楞严经》等经论对妄心产生的总根源有另一种看起来差别很大的揭示和描述方式，但其精神实质与前述的说明没有不同。它们认为，包括妄心在内的一切有为法都根源于真心"随缘"变现。其中，真心是基础，而缘则是条件。两者的结合就有了妄心的起源。在导致妄心的诸缘中，最重要的缘就是最初在无明作用下试图从外部去明了真心的那个"妄动"或妄念。世界本来一如

① 《阴持入经》卷上，[后汉]安世高译，《大正藏》第15册，第174页。

一体，无非妙明真心，它本寂、本明。由于最初的“妄动”，即想从外面去明了那本来不能成为认识对象的本明性觉或真心，因此便在产生主客分化的同时，产生出了最初的妄心，即由真心转化来的、略带一点妄性的识精，或第八识的见分。如圆瑛法师所云：“妄为明觉，转妙明而为无明，转真觉而成不觉，起为业识，诈现见、相二分。”[①]有迷惑、有业识，进而由惑造业，由业感果，进而不断派生出种种妄心和一切外在的有为法。根据《宗镜录》的概括，妄心的根源可这样描述：“本心湛寂，绝相离言，性虽自尔，以不守性，故随缘染净。……烦恼入故令心浊，诸慈业等善法入心，令心清净。然后净不定，真妄随缘。”[②]这段话把各种染心和净心的起源淋漓尽致地揭示出来了。根据这段话，真心因遇上了染缘或净缘，便再没法守住它不动的自性，因此随不同性质的缘变现出了不的心理现象。

子璿依《大乘起信论》和《大佛顶首楞严经》对妄心由迷失真心而生起的因缘、过程、阶段作了这样的描述：①一心为本源。②一心可开为二门，即一心有两个方面，一是真如，也就是心性不生不灭；二是心之生灭，谓依如来藏与生灭和合而有阿赖耶识。③依此识可明二义，一是觉义，即心体离念，明明白白；二是不觉义，其表现是，不如实知真心，因而有想从外面去明了真心的妄动或妄念，进而因明立所，所既妄立，生汝妄能。④由于心动，便生三细，一是依不觉故心动，而有业相；二是依动故能见，因而有转相；三是依见故境妄现，因而有现相。⑤有现相，进而有如下六粗，一是智相（依境分别而有种种相，法执俱生）；二是相续相（依智起念不断，即法执分别）；三是执取相（心起著故有我执之生起）；四是计名字相（我执分别，有种种名字）；五是起业相（种种执取、造业）；六是业系苦相（业之果报）。[③]

第五，从认识论角度说，妄心之所以生起，是因为六根攀缘六尘。若都摄六根，关闭六根，不令它们与对象发生关系，心识及别的情感之类的心理便不会生起。可见，心识是可灭的。经云：“不著形色，不纵其心，……不取诸阴，不著诸入，不思维诸界，不贪生处，”[④]妄心便当体伏断。

---

① 圆瑛：《大佛顶首楞严经讲义》，宗教文化出版社 2012 年版，第 156 页。
② [五代]延寿：《宗镜录》卷 5，《大正藏》第 48 册，第 439 页。
③ [宋]子璿：《首楞严义疏注经》卷第一之一，《大正藏》第 39 册，第 824 页。
④《大方等大集经贤护分》卷 1，[隋]闍那崛多译，[古印度]阇那崛多译，《大正藏》第 13 册，第 875 页。

第六，事实证明妄心的因缘是可了、可断的，妄心是可了、可断的。因为许多人事实上已做到了这一点。例如“一切如来，皆悉平等，来今往古，降伏志性，……心意如是，而有殊特，以能清净”，[①]勤苦诸恼，皆可灭尽。心性本净之所以能如此，是因为妄心本是颠倒的产物。因此只要再颠倒，便会让妄心伏断，净心显现。佛菩萨正是这样做了，才成了佛菩萨。另外，修行佛法的人的心理变化也足以说明这一点。他们只要如说而行，到一定时候，即使不能像佛菩萨那样彻断妄心，但他们的贪嗔痴等心理肯定比不信不修的人要少。

第七，也是最重要的理论的根据就是佛教关于心物的起源论。这种起源论涉及到极为广泛的对象的起源，如心识、身体、生命、外法乃至整个世界。先看《大佛顶首楞严经》关于心理及其所依根身之起源的论述。

根据该经，世界原本就只有一真心，它性觉妙明，本觉明妙，寂而常照。由于无明、执着，而有虚妄心身之见生起。“其病皆在执之一字。……执情不化，则为性颠倒。”众生“云何遗失本妙心性，而起迷认？乃由最初一念妄动，迷性明故，而成无明，故曰晦昧即无明也。由此无明，将灵照洞彻之真空，变为冥顽晦昧之虚空”。[②]这虚空就是能成为事物运动之条件的空间。它是这样产生的，“晦昧为空”，将真空变为晦昧之虚空。空间中的有质碍性的、非空间的事物，如心、身、物，是怎样发生的呢？该经的回答是：“空晦暗中，结暗为色。”[③]意为，于此顽空中，晦昧暗中，依无明之力，转本有之智光，为能见之妄见，是为转相。想见，瞪见发劳，遂结暗境，而成四大之色。有了能造万物的材料，进而便有山河大地乃至整个世界的发生。

该经还论述了心身、外物的认识、知见发生的过程。须知，这里表达的发生学是关于心身的观念发生学，而不是关于它们的自然发生学。其结论是：“晦暗为空，空晦暗中，结暗为色。色杂妄想，想相为身，聚缘内摇，趣外奔逸，昏扰扰相，以为心性，一迷为心，决定惑为色身之内。不知身色，外洎山河，虚空大地，咸是妙明真心中物。”[④]圆瑛法师解释说：“妙明明妙之心性，本无迷、悟、

① 《持心梵天所问经》卷2，[西晋]竺法护译，《大正藏》第15册，第2页。
② 圆瑛法师：《大佛顶首楞严经讲义》，宗教文化出版社2012年版，第122页。
③ 《大佛顶如来密因修证了义诸菩萨万行首楞严经》卷2，[唐]般剌密帝译，《大正藏》第19册，第110页。
④ 《大佛顶如来密因修证了义诸菩萨万行首楞严经》卷2，[唐]般剌密帝译，《大正藏》第19册，第110页。

世界、身、心等相。”[①]之所以有所谓心灵观、心身观、心物观、世界观，完全是根源于“最初一念妄动，迷性明故，而成无明。”[②]无明即晦昧。有晦昧，灵明洞彻之真空，就变为冥顽晦昧之虚空。结暗境，便成四大之色，于是有了色或物质。色与妄想合，想与相（色）合，即成身（此身包括心，因此是人、众生）。聚缘内摇，趣外奔逸，以为心性，说的是心性的发生过程。

就构成人的心身的五种聚合体即五阴的产生过程而言，该经认为，先出现的是识因，如不生不灭，与生灭和合，成第八识。第八识有见分和相分，它的见分即识精。次成行阴即第七识，再次成想阴即第六识，进而成受阴——前五识，最后成色阴，即内面的根身，外面的世界。[③]就八识的自然发生或现象学发生来说，紧接着那最初的无明妄念出现的是阿赖耶识。圆瑛法师依经解释说：“既有身相，妄有六根，分汝湛然周遍，妙觉明真心，不生不灭与生灭和合，成阿赖耶识。”[④]有了第八识这一现实的人的总根源，其他的构件，包括其余七识，便纷至沓来。如经云：“汝身中，坚相为地，润湿为水，暖触为火，动摇为风，由此四缠，分汝湛圆妙觉明心，为视、为听、为觉、为察，从始入终，五叠浑浊。”这就是说，真心因人试图从外面去明它，“一念妄动”，便有识精。接着，识精为四缠所分有，即“映在六根门头”，于是有了六根六识。“元为一精明，分成六和合。”[⑤]

六根既是六识的物质基础，也是身体的重要组成部分。从根源上说，六根也是圆妙心体的妙用，来自于性觉妙明，但生成的根源则是那个“妄明”，即试图认识“性觉妙明”的那个“明”。此明是攀缘心的动用，而非心体的本明之用，因此仍是妄念，只是它是最初的妄念，即是从外加于觉明的明。六根的产生过程大致是，由无明妄念，起明暗二种相形，然后附黏在湛然体性之上，依次成识精、胜义根、浮尘根，进而有了世人的眼耳等六根。六根出现的实质是，转妙明而成无明，转性觉成妄觉，于是由真起妄，妄起真隐，那真正的“精了”（真心、真明）便隐伏起来了。真心本是明、本是了，现在由于妄明，因此“失彼精了”。

---

① 圆瑛法师：《大佛顶首楞严经讲义》，宗教文化出版社 2012 年版，第 122-123 页。
② 圆瑛法师：《大佛顶首楞严经讲义》，宗教文化出版社 2012 年版，第 122 页。
③ 圆瑛法师：《大佛顶首楞严经讲义》，宗教文化出版社 2012 年版，第 403 页。
④ 圆瑛法师：《大佛顶首楞严经讲义》，宗教文化出版社 2012 年版，第 356 页。
⑤ 圆瑛法师：《大佛顶首楞严经讲义》，宗教文化出版社 2012 年版，第 356-357 页。

此妄明，即是第八识的见分。“体虽本真，用终常妄”。至此，真性隐于妄尘之后，出现了一种新的存在，它就是见分。其实质是“黏妄发光”。意即真性黏妄尘，而发见分之光。六根本是一精明，由于揽尘结根，而成六根，一精明分明映在六根之中，便有六种根的形成与作用。怎样看待六根的形成？从进化论上说，它们的出现似乎是生物进步的表现，实即倒退。因为在佛教看来，没有六根，人会看得更多、更清，因为人的见性本来周遍法界，无不洞彻。意为，在此之前，真心无所不明，在此之后，要见就得要眼，无眼则无见。经云：“如彼世人，聚见于眼。”圆瑛法师解释说：“彼世间之人，但聚见于眼，见性本来廓周法界，只因众生，黏湛发见，结色成根，遂聚见必依于眼，离眼无别有见。”[①]例如把眼睛闭上，就没法看清面前站的人的头与足。这就是说，眼睛的产生表现上是人的进步，实则是倒退，因为没有眼睛，人可看得更深、更远。其余诸根的倒退可如此类推。更重要的是，没有六根，人不会有烦恼、生死。

再看《大佛顶首楞严经》关于整个现象世界的发生学。值得注意的是，佛教明确提出了关于世界的发生学问题，即它由说法第一的富楼那所提出。他问佛：“若复世间，一切根尘，阴处界等，皆如来藏，清净本然，云何复生山河大地、诸有为相？”[②]佛在回答时，先设法回到世界最初的相状或本来的相状，认为世界最初是“性觉妙明，本觉明妙”。性觉本觉实即一真觉，约一真理体谓之性，天然、本然谓之本。妙明、明妙，寂而常照，因而是明。它照而常寂，因而是妙。佛接着说明了世界发生的总根源、直接原因与万物发生的起点（主客分裂）。这里的对主客体及其关系的发生学描述有接近德国古典哲学家谢林的思想的一面，当然也有根本的不同，可比较。佛认为，万物起源的总根源是无始无明、妄想，直接原因是觉明。觉明有两种：一是真心本具的性明、本有之明；二是外加的明，即真心体外的加明、妄想。正是借助第二种觉明，万物才开始了它的从无到有的发生过程。如经云：“性觉必明（自明，本具妙明明觉），妄为明觉（欲明妙明觉性，即是妄念）。觉非所明，因明立所。所既妄立，生汝妄能。”[③]当有此妄明（能）生起时，不是所明的本明就成了对象。接着，由无明力，转本有之智光，于是便

① 圆瑛法师：《大佛顶首楞严经讲义》，宗教文化出版社2012年版，第384-385页。
② 圆瑛法师：《大佛顶首楞严经讲义》，宗教文化出版社2012年版，第292页。
③ 圆瑛法师：《大佛顶首楞严经讲义》，宗教文化出版社2012年版，第297页。

有妄能，这一来就有了最初的主体和客体。接下来，就有虚空（同，没有界限）与界限（异，有界限差别，有事物）的产生。这种产生实即同异分化。如经云："无同异中（本无同无异），炽然成异，异彼所异，因异立同，同异发明。"①由于因明立所，即有心动，因此有了空与界限、同与异的区分。最初的物质和虚空（原子、虚空）是这样发生的，"如是扰乱，相待生劳。劳久发尘，自相浑浊，由是引起尘劳烦恼。起为世界，静成虚空。"②意为由于藏识中有心动、扰乱，于是就有了空间和内面的物质（尘劳）的发生。空间即妄空，妄空即能填充实物的虚空。此空是妄见所使然，是迷真实性空的产物。以其妄所既已成立，则转本有之智光，而成能见之妄见，欲见本识，不知本识，卒不可见，遂未性空，而妄成顽空，故曰"迷妄有虚空"。本无客体（所），本空也不是对象，但能所一经成立，便错乱认识，如把性空、本空当作空，这样就有了妄空。物质世界发生的直接原因是，"依空立世界"。虚空中本无物色，但妄能既立，它就想有所认识，当它指向虚空，久久盯视，于是"瞪目发劳，依虚空晦昧，结暗境而成四大之色法。"实际上是"想澄成国地，知觉乃众生"，③妄想凝结，成无情国土，相应地，妄想知觉成了有情众生。"由汝妄想，迷理为咎，痴爱发生，生发遍迷，故有空性，化迷不息，有世界生。"总根源是无始无明和无明妄想，前者即痴，后者即动。二者同时，同称无始。这里的"痴爱"即无明和妄想（妄动）。圆瑛法师说："不觉心起动也，而有其念，即名为爱，如前性觉必明，妄为明觉，盖即指欲明觉体之念，为爱边。由爱故真妄和合，变起赖耶本识，名坚曰发生。所谓以依不觉故心动，说明为业。"所谓"生发"，"谓依前业所生业识，发起能见见分，所谓依动故能见，如前云，所既妄立（因明立所），生汝妄能，是乃以妄能为生发也。遍迷者，谓由能见，故于前本觉真心，全成晦昧，不见真觉，唯见顽虚，是曰故有空性。……化迷不息者，以见对空，转觉迷闷，多起化迷之心，遂于空中，见有色相，是曰有世界生。"④

再看众生身体的发生和"世界"的发生。这里的世界是指众生身体的时间性和空间性（广延性）是如何发生的。其过程是："是有、所有，分段妄生，因此

① 圆瑛法师：《大佛顶首楞严经讲义》，宗教文化出版社 2012 年版，第 298 页。
② 圆瑛法师：《大佛顶首楞严经讲义》，宗教文化出版社 2012 年版，第 300-301 页。
③ 圆瑛法师：《大佛顶首楞严经讲义》，宗教文化出版社 2012 年版，第 512 页。
④ 圆瑛法师：《大佛顶首楞严经讲义》，宗教文化出版社 2012 年版，第 728 页。

界立。非因所因，无住所住，迁流不住，因此世成。”[1]“是有”即能有之无明，“所有”即众生之根身，由无明妄力，揽尘结根，于是有分段之妄身之形成。由此虚妄，便有前后、左右等界限出现，即有世界之出现。

再看风大与万法的起源，《大佛顶首楞严经》云：“观此世界及众生身，皆是妄缘，风力所转。”[2]万法之所以现起，最初的根源是一念无明妄动。有动即有风。这说明了风大的起源，即是由于本觉妙明，随缘起念，一念妄动，自蔽妙明。有风大进而有空有的区分。如有时间的演变，有界限、虚空与晦暗的区分。十方世界皆由风力执持，世之流动，三世推迁，皆由风力密移，身之动止，行住坐卧，皆由风力所使，心之动念，生住异灭，莫非风力所推。圆瑛法师说：“风大即一念，心中动相耳，情器世间，一切诸风，莫不资始于此，故曰皆是妄缘”，[3]风力所转。

再看有情及人类的起源。根据这种起源论，一劫是世界运行变化诸循环中的一个循环。“天地始终谓之一劫”，[4]有成住坏空四个阶段。先看器世间的发生。器世间是有情居住的国土世界，只有先有此世界，才有有情的产生。其产生是这样的，二十中劫以前的某个时候，“一切有情业增上力故，世间复成。尔时，最初于虚空中，第三静虑器世间成。”[5]器世间产生后，有情众生，如天人，居住在诸天。他们以光为身，光明透体，无暗、无障碍。欲界有情有形众生是从极光天的天人转化而来。其转化的根源和过程是：“器世间成已，有诸有情，从极净光天，众同分（共性、共相）没，来生此中。……此皆由感劫初业。”[6]之所以转化，是由劫初所造业决定的。“此业第一最胜微妙，欲界所摄。唯于此时，此业感果。……尔时有情名劫初者。又，彼有色从意所生。”[7]他们最初没有形色，也没有家宅、聚落。后来，“由诸有情福业力，故有地味生”，[8]接着有植物、庄稼等的产生。有庄稼之果，如谷等，他们以之为食物，吃后便逐渐有粗重的身体，“于是有情方现摄受，次由受用味等资缘，有情之类恶色便起，光明遂灭，其多食者

① 圆瑛法师：《大佛顶首楞严经讲义》，宗教文化出版社 2012 年版，第 603 页。
② 《大佛顶首如来密因修证了义诸菩萨万行首楞严经》卷 5，[唐]般剌密帝译，《大正藏》第 19 册，第 127 页。
③ 圆瑛法师：《大佛顶首楞严经讲义》，宗教文化出版社 2012 年版，第 448 页。
④ [南梁]僧旻、宝唱等：《经律异相》卷 1，《大正藏》第 53 册，第 4 页。
⑤ [古印度]无著菩萨：《瑜伽师地论》卷 2，[唐]玄奘译，《大正藏》第 30 册，第 286 页。
⑥ [古印度]无著菩萨：《瑜伽师地论》卷 2，[唐]玄奘译，《大正藏》第 30 册，第 287 页。
⑦ [古印度]无著菩萨：《瑜伽师地论》卷 2，[唐]玄奘译，《大正藏》第 30 册，第 287 页。
⑧ [古印度]无著菩萨：《瑜伽师地论》卷 2，[唐]玄奘译，《大正藏》第 30 册，第 287 页。

恶色愈增，身极沉重。此诸有情，互相轻毁，恶法现行。”①

要追溯人类的起源，则要上溯至本劫劫初的光音天。光音天是色界二十三天之一。②此天居住的是以光为身的天人。人类来自于此天中的这样的众生，他们作为天的福报已尽，正好又吃了不该吃的段食，即有色碍性、物质性的食物（他们原以禅食、思食为食），“时光音诸天，或有福尽来生，或乐观新地性，多轻躁，以指尝之，如是再三，转得其味，食之不已，渐生粗肌（他们原先以光为身，而没有有色碍性肌肉骨骼），失去妙色，神足妙色，冥然大暗。”③

日、月的起源过程是：在与光音天众生转化为人类的同时，大黑风吹海水，飘出日月，于须弥山的日月道中，然后绕山旋转，普明四天下。自此以后，便有昼夜晦明、春秋岁数。由于有日月，水足土肥，粮食半沛，“甘泉自涸，地上生肥”。所产食物，“其味香美，有若甘露”。④因此一些天人纷纷来食，“食之多者，顿食威仪，体重生骨，食之少者，身轻无累，尚能飞行”。⑤人的美丑、心理、男女是这样发生的，食地里长生庄稼多的人，便变丑，食少者仍保持少量的妙色。“美丑好丑，渐渐而生，骄慢嫉忌，次第而起，忿结争竞，相续不绝”。⑥男女分别的原因在于欲望，欲多者变成女人，反之成则男。人的心理的发生也与周围环境有关，例如人的懈怠是这样来的，“地肥转入土中，自生粳米，鲜净无皮，既香且美，食者肥白，朝采暮生，人渐懈怠，……极情恣欲，无有时节”。⑦

如果说前面的起源论论述的主要是有情生命的种系发生的话，那么下面考释的则是佛教的个体发生论。其基本观点是，个体的人的发生是虚妄发生，因此是空。但从事相上说，个体的心身是有其发生发展过程的。其原因是，“三事和合，得受是身，一父，二母，三中阴。”⑧就像一般的植物的生长一样，它们的生出是离不开种子的。人的心身也是如此，其种子就是前生业力熏习所成的、依附于第八识的习气。此携带种子的识神进到父母精血结合体中，只要条件具备，就会开

---

① [古印度]无著菩萨：《瑜伽师地论》卷2，[唐]玄奘译，《大正藏》第30册，第287页。
② 对于光音天，不同的经论有不同的说法，如有的说四禅地十七天，有的说为二十二天，等等。这里取的是一种常见的说法。
③ [南梁]僧旻、宝唱等：《经律异相》卷1，《大正藏》第53册，第5页。
④ [南梁]僧旻、宝唱等：《经律异相》卷1，《大正藏》第53册，第5页。
⑤ [南梁]僧旻、宝唱等：《经律异相》卷1，《大正藏》第53册，第5页。
⑥ [南梁]僧旻、宝唱等：《经律异相》卷1，《大正藏》第53册，第5页。
⑦ [南梁]僧旻、宝唱等：《经律异相》卷1，《大正藏》第53册，第5页。
⑧《大般涅槃经》卷34，[北凉]昙无谶译，《大正藏》第12册，第566页。

始新的生命的发生过程。它在胎儿最初阶段的演变过程是，“与色平等增长，俱渐广大。”[①]意即在与构成色的四大的互动中，不断变化、增长，例如“由地界故，依止造色，渐渐增广。由水界故，摄持不散。由火界故，成熟。坚鞕，由无润故。由风界故，分别肢节，各安其所。”[②]《大法炬陀罗尼经》对此过程的描述是，“父母因缘和合，当于是时，识支托胎，成迦罗逻大”，此大属水，“谓水界名为加罗逻”，[③]过七日便成頞浮陀，再过七日成蜱罗尸，以后再七日则成伽那。再过七日又是迦罗逻、蜱罗尸、伽那等。经过这些变化后，心理现象在投胎而来的识神的基础上逐渐派生出来，如先出现受。而“此受本来无实，唯有虚妄，虚妄因缘和合而生。因由此故，一切身分支节得生”。[④]身上的这些部分因是因缘虚妄和合，因此“皆无所从来，无有住处。悉从因缘和合而有”。[⑤]之所以说它们虚妄，是因为“若此识不与一滴精水和合处胎中者，形色等物皆不得成。又若不与十二因缘相和合，乃至老死亦不得生”。[⑥]不难看出，心灵乃至身体的断灭、销尽都在所不难，因为只要不提供因缘，连老死都可超越，更何况妄心。

《大宝积经》描述了个体的生死、死生迁流的过程及根源。“众生随业获报，识流相续，持身不绝。期毕报终，识弃舍身，随业迁受。……众生命尽，以业力故，形骸与识及诸入界，各各分散，识为所依，以取法界及法界念，并善恶业，迁受地报。”[⑦]由此也可找到灭除妄心的可能性的根据及途径，那就是让妄心所依赖的和合体“各各分散”。心识在“期毕报终”即一期生命完结之后，并不会消失，因为若不从根本上了脱生死，见自本心，识弃此身后，就会入中阴。有两种情况：一是善业人的境况；二是恶业人的境况。前者是识“取法界受及诸善业，弃此身界，受于中阴，得天妙念，见六欲天，……此善业人舍身受身，安乐无苦，如乘马车，弃一乘一”。[⑧]而恶业人则相反，将受恶身。

中阴中的心识取何色像？这是大甚深佛之境界，只有如来才能了知，退一步

---

① [古印度]无著菩萨：《瑜伽师地论》卷2，[唐]玄奘译，《大正藏》第30册，第284页。
② [古印度]无著菩萨：《瑜伽师地论》卷2，[唐]玄奘译，《大正藏》第30册，第284页。
③《大法炬陀罗尼经》卷6，[隋]阇那崛多译，《大正藏》第21册，第684-685页。
④《大法炬陀罗尼经》卷6，[隋]阇那崛多译，《大正藏》第21册，第685页。
⑤《大法炬陀罗尼经》卷6，[隋]阇那崛多译，《大正藏》第21册，第685页。
⑥《大法炬陀罗尼经》卷6，[隋]阇那崛多译，《大正藏》第21册，第685页。
⑦《大宝积经》卷110，[唐]菩提流志译，《大正藏》第11册，第613页。
⑧《大宝积经》卷110，[唐]菩提流志译，《大正藏》第11册，第613页。

说，只有得慧眼的人才能“具见五道识神往来，所堕善恶处”。[①]根据佛经，中阴中的心识就像“人影像之于水”，也是不可执持的，“非有无辨，如刍洛迦形，如渴爱像”，[②]所谓渴爱，如人看到了自己喜欢的颜色，便想亲近，此态度即为渴爱。也可这样比喻：如持明镜，看自己的像，将镜子拿走，已像便不复存在。“识之迁运，亦复如是，善恶业形与识色像，皆不可见。……身中渴爱受想与念，皆不可见。身之诸大、诸入、诸阴，彼皆是识。诸有色体，眼耳鼻舌及身，色声香味触等，并无色体，受苦乐心，皆亦是识。”[③]就像人知觉到食物的味道，尽管舌与食物有形色，但味觉无形。识的位置，不在眼等诸根之中，因为若在其中，将眼剖开便能见到识，但事实上看不到。总之，“恒沙诸佛，见识无色”，[④]即是说，诸佛一致认为，识不是色，没有色形。识尽管是人的罪报、福报的载体，但识福、识罪都无形，受胜报、恶报，都是如此，“识资罪业，获识苦报。”因此“识无形质”。[⑤]

就中阴中的心识的依存条件来说，“譬如因花生果，花中无果，果生花灭，如是因身显识”。[⑥]在人活着的时候，识不是身，但活的肉身可以显识，在中阴中也大致相同，那里的识也依赖于身，只是这身不是粗重的色身，而是无形无色的中阴身。但若“循身求识”，[⑦]又没法见到识。因为识业果生，身便谢灭。“以业力生，识获身果”。[⑧]

尽管心识离不开身，但同时又有对身的一定决定作用，如决定身的出现及状态、质量、善恶、罪福，因此心身是相互依赖、相互决定的。经云：“无色识成就大色身。”[⑨]识尽管无色，但色身之出现、成就则由识所决定，故可说“因识，故现色身”。[⑩]具体的成就过程是，“彼识以父母和合故，成就受身，其识亦不在身内可见，亦不离身而有彼识。”[⑪]

心识进入中阴后，未来的走向空间极为广大，如至少可在六道中选择。人死

---

① 《见正经》，[东晋]竺昙无兰译，《大正藏》第17册，第741页。
② 《大宝积经》卷110，[唐]菩提流志译，《大正藏》第11册，第614页。
③ 《大宝积经》卷110，[唐]菩提流志译，《大正藏》第11册，第614页。
④ 《大宝积经》卷110，[唐]菩提流志译，《大正藏》第11册，第614页。
⑤ 《大宝积经》卷110，[唐]菩提流志译，《大正藏》第11册，第614页。
⑥ 《大宝积经》卷110，[唐]菩提流志译，《大正藏》第11册，第614页。
⑦ 《大宝积经》卷110，[唐]菩提流志译，《大正藏》第11册，第614页。
⑧ 《大宝积经》卷110，[唐]菩提流志译，《大正藏》第11册，第614页。
⑨ 《大宝积经》卷110，[唐]菩提流志译，《大正藏》第11册，第620页。
⑩ 《大宝积经》卷110，[唐]菩提流志译，《大正藏》第11册，第620页。
⑪ 《大宝积经》卷110，[唐]菩提流志译，《大正藏》第11册，第621页。

后，识神的暂歇处是中阴，“彼识无形，至于转徙，……识之转徙，住在中阴。”①

《佛说巨力长者所问大乘经》的描述大同小异，指出生命是通过胎生、卵生、湿生、化生四种方式发生的，其一般的过程是，“初有一切种子心生，和合不同，差别增长。”②意为由最初一念无明妄动（因明立所，所既妄立，生汝妄能），便有阿赖耶识的见分之生起，或此处所说的作为该识之一种功能的阿陀那识（执持生命、根身）的生起，然后与不同因缘作用结合，便有不同的生命。随着进化，因缘在经常变化，因此后续生命（增长身）也经常在变化。这类变化，即“差别增长”。之所以有色界出现，是因为除了种子心和有关因素的作用外，还有两种不同的“取”在发挥作用，一是依色心根取，二是依不分别相取，如言语戏论，熏集而取。无色界没有这两种取，因此此界有无形质之特点。再看五阴四大的起源。诸有情，颠倒妄念，构造业因，外借众缘，积集成就。五蕴四大，先业为因，招感势力，积集诸种，住识藏中，假彼父母情感，和合贪善俱极，最后各出浓厚精血，可称作羯罗蓝（即父母之两精初和合凝结者，是托胎后最初七天的状态，可意译作凝滑、和合）。识神最初就是依止于这个东西的。过几天后，精血交结，不净凝成，处于胎中。所历诸位，业风内吹，肢相增长，由业势力渐渐所资，色身四大诸根具足，心识烦恼，亦共俱生。

《阿毗达磨俱舍论》对中阴的论述则表述了佛教关于识在生死流转中的生灭过程。“死生二有中，五蕴名中有。未至应至处，故中有非生。”③意为，在死有和生有（当来的下一生）之间，有一中间的生命阶段，即中有或中阴。它未生，当生。因为没有到它应到的地方，故名非生。但它必然有生，去往该去之处，这是由业力所定的，故当生。论云：“业能引当所往趣。”④意为业力将把中有带到它该去的那一道中。中有之所以为有，是因为它仍是五蕴和合，故可说五蕴即中有，“一切中有皆具五根”，⑤只是中有身极微细罢了。在中阴中，神识具体向何处去，在哪一道中受生，成为什么样的心身合一体，一般众生是作不了主的，必须听凭业力的摆布。当然，有修为者则不同，尽管仍由业力牵引，但在业力许可的范围

① 《见正经》，[东晋]竺昙无兰译，《大正藏》第17册，第740页。
② 《深密解脱经》卷1，[唐]玄奘译，《大正藏》第16册，第669页。
③ [古印度]世亲菩萨著、[陈]真谛释：《阿毗达磨俱舍论》卷9，[唐]玄奘译，《大正藏》第29册，第44页。
④ [古印度]世亲菩萨著、[陈]真谛释：《阿毗达磨俱舍论》卷9，[唐]玄奘译，《大正藏》第29册，第45页。
⑤ [古印度]世亲菩萨著、[陈]真谛释：《阿毗达磨俱舍论》卷9，[唐]玄奘译，《大正藏》第29册，第46页。

内，有一定的选择自由。该论云：“有诸有情，多集福业，勤修念慧，故死时，念力所持正知无乱。”[①]由于正知无乱，在入胎、住胎、出胎时，均有正知，而福智少的人，则“皆不正知”，[②]因此就只能是随波逐流。

《毗耶沙问经》通过考察施者必得福报这样的事实表达了识“如影随形”的道理。其机理在于：识和合身中，和合根大界中。识就像弃此城得彼城的大王。识在人死时，便弃此身，经过中阴，必摄取舍他身。识转身的过程是，“识转舍此身，得第二身，初在胎藏，一七日中，如是忆知，我某处退，而未至此，亦能忆知前所作业。……若作善业，心则生喜，既住藏中，母心喜笑，多有胜相。……众生如是有福德识，住母肋中，如是现相。”[③]若无福识受生时，一七日中则能忆知，如果忆起的是所作恶业，那么心则忧愁，进而出现种种异相，最严重的是出胎时杀母，或死胎中，等。“此识微细，无色无质，非是可见，识有色，非是青等色，色中无根，识若离根，则无境界。”[④]其作用是产生情感、认知之类的活动，“若人心中，惊动怖畏，若疑、思量，如是一切，皆是识力。”[⑤]

第三节　可断灭的心理现象的范围及阶次

对于想转凡成圣的人来说，如实知心、如理证心的任务，就是如实知一切染污心理的本质及危害，进而通过实证实修，像打扫镜面上的灰尘一样，将所有一切妄心清除干净，让其后的真心显现出来，成为自己的主人或主宰。此过程即佛教常说的去妄返真或返朴归真的过程。而对于圣人中的极圣来说，这仍不究竟。因为所谓真心仍不过是针对执著妄心为真我的人所安立的假名。有此观念和名言，与成为极圣仍隔着一道墙，仍必须进一步突破或舍妄，直至完全进至言语道断、心行处灭、绝对平等的状态。此状态用虚云老和尚的话说是：“平等不变，离差别相，无凡无圣，非善非恶，真实如实，不变真如也。”[⑥]在这种状态，真心亦应舍应离，否则乖道。虚云老和尚说：“‘真心’亦不过因有妄物对待而立之假

---

① [古印度]世亲菩萨著、[陈]真谛释：《阿毗达磨俱舍论》卷9，[唐]玄奘译，《大正藏》第29册，第47页。
② [古印度]世亲菩萨著、[陈]真谛释：《阿毗达磨俱舍论》卷9，[唐]玄奘译，《大正藏》第29册，第47页。
③《毗耶沙问经》卷上，[元魏]瞿昙般若流支译，《大正藏》第12册，第227页。
④《毗耶沙问经》卷上，[元魏]瞿昙般若流支译，《大正藏》第12册，第227页。
⑤《毗耶沙问经》卷上，[元魏]瞿昙般若流支译，《大正藏》第12册，第227页。
⑥ 净慧法师主编：《虚云和尚全集》（第1册），中州古籍出版社2009年版，第183页。

名，究其实，所谓真心亦非是。譬如大海，……假使根本不有汹涌之相，波浪（妄心）之假名固不能立，平静（真心）之假名亦何由生立？……一念迷时，心成物，无成有，空成色，真成妄，……若一念觉时，物不异心，有不异无，色不异空，妄不异真。……若根本不有迷，则物、色、妄、有、烦恼、众生等假名，固不能立，即心、无、空、真、菩提、诸佛等假名，亦何有立？此谓唯心、唯物，有神、无神，皆是识心分别计度耳。”[①]概言之，一切心，只要是有相、有念，不管真心、妄心都在佛教的“奥卡姆剃刀”的扫荡之列。当然这是一个由低到高、由粗心到细心、由浅至深、由妄到真，直至最后扫除真心的过程。这也就是说，灭心的过程，像搞革命、建设一样，必须循序渐进，从初级阶段开始，经中间阶段，慢慢进到高级阶段。

如上所述，从佛教的离言之教或废诠谈旨胜义谛的角度来说，佛教要离弃、伏断的是所有一切心，甚至包括真心。但这是最后要做的事情，或者是圣人们的事情，而在初、中级阶段，或对于想转凡成圣的人来说，伏断的范围则要小得多。这就是说，佛教的心理伏断论在最高阶段之前要伏断的心的范围只能局限于妄心或染污心、不净心之内，要做的事情是存真去妄，即通过清除妄心，让真心显现出来，以明心见性，见性成佛。这就是说，它在初、中阶段并不想灭一切心，而只是要灭除所有一切妄心。当然这也是一个循序渐进的漫长而艰难的过程。例如，在刚开始只能灭粗浅的妄心，如贪嗔痴疑慢等，而且在对治它们的过程中，开始只能是努力将觉照之心训练出来，即开发和提高自己的返观自观能力或“反闻闻自性”的能力，以便有可能用这种能力去盯住要对治的妄心。

断妄心的更高一级的工作是伏断非善非恶、非染非净的所谓“无记”心理。这些心理就“妄心”的狭义意义而言，不属妄心，但按照“有念即妄”这样的标准，这些心仍属妄心。无记心既然是妄心，因此也属伏断的对象。按《阿毗达磨大毗婆沙论》的说法，不仅中性、无记的心理现象，如清醒时无意识的看、想等等，而且被看作美好的、善良的、清净的心理，如施舍、救世之心等，有念、有动、有生，也都在灭除之列。寻与伺所对的触（感触、触知），可能是染污的，也可能是无记的。不管具备什么性质，都在应灭除的范畴。如“依四定或依未至

① 净慧法师主编：《虚云和尚全集》（第1册），中州古籍出版社2009年版，第180-181页。

灭”，[①]可予灭除。

离苦得乐是佛教心灵哲学的一项重要追求。因为苦、烦恼、忧愁等心理都逼迫众生，害伤众生，是使其难受的，而喜乐、愉悦是有利于众生的。所以众生修行的一定阶段的任务就是清除有害、负面的心理，获得有益的喜乐心理。即便如此，仍未超出成圣的初级阶段。要进步，或要进到较高的修行阶次，喜乐之类的心理也应离应断，如第四禅或第四静虑就既要断苦，又要断乐，甚至舍弃妙乐，其目的是进入不苦不乐的清净境地。论云：“断苦断乐，先喜忧没，不苦不乐，舍念清净。”[②]为何要断乐？因为“乐多诸过患，炽盛坚牢”。[③]对于更高的境界来说，它也是“障碍、系缚”。[④]四禅的由低到高的程序足以说明这一点。初禅的出发点是：已出离欲界进而获得了相应的喜乐，但仍有寻、伺之类的较细的心理，它们正是初禅要对治的心理。果能如理修行，便能得到更高级的喜乐之类的初禅之果。从构成来说，初禅由觉、观、喜、乐、一心这五方面构成。如果能进一步，便会进入二禅。它由内净、喜、乐、一心四支所构成。通过对治更细的妄心可获得正信之类的“内等净”。由于此禅进入了更高级的心一境性或定境，因此所得的禅悦是相应的喜乐，可称作“定生喜乐”。三禅要对治的是二禅所得的喜乐，目的是住于非苦非乐的“行舍”境地，获得正念和正知，进而进入“离喜妙乐”的境地。三禅由舍、念、慧、妙乐、一心所构成。四禅的最高阶段是第四禅。其要舍弃的是三禅所得的乐，唯念修养功德，此即“舍清净”（由舍得清净）、“念清净”。所得的境界是“舍念清净地”。此禅由不苦不乐、舍、念、一心四支构成。尽管这一心境较一般凡夫高得多，超越了欲界，但仍在凡俗世界，即停留在有漏的色界之内。要成圣，仍有更细的妄念值得断除。

再看五盖之断。五盖即五种障覆心灵的五种染法，即贪欲、嗔恚、惛眠、掉举恶作、疑。有四种方法可断五盖：一是见苦集谛，能断自界缘，见灭道谛，断无漏缘；二是见苦集谛，断他界缘，因自界缘能缘于彼，所以能缘若断，他界缘必随断；三是见灭道谛，断有漏缘；四是用对治的方法去断这些盖。对治方法有

① 《阿毗达磨大毗婆沙论》卷 129，［唐］玄奘译，《大正藏》第 27 册，第 671 页。
② 《阿毗达磨大毗婆沙论》卷 81，［唐］玄奘译，《大正藏》第 27 册，第 417 页。
③ 《阿毗达磨大毗婆沙论》卷 81，［唐］玄奘译，《大正藏》第 27 册，第 417 页。
④ 《阿毗达磨大毗婆沙论》卷 81，［唐］玄奘译，《大正藏》第 27 册，第 417 页。

四种，如断对治、持对治、远分对治、厌患对治。[①]

对于追求更高境界的行者来说，不仅众生追求的喜、乐应灭，甚至能产生喜、乐的喜根、乐根也应灭除。怎样灭？喜根可依前二定灭，也可依未至灭定灭，乐根可依前三定灭，也可依未至灭定灭。舍根以及触食、思食、识食，[②]也是可灭除的，方法是诉诸第七定。灭除了这些东西看起来是割爱、牺牲，实即是让人提升生命的质量，进入更高的人生境界，例如断喜根的人可住阿罗汉果或无学果，或无所住，即入正性、离生。[③]

妄心之所以毒害众生，是有其根源或“结根”的。要彻断妄心，还必须斩断此结根。这是断妄心征途中更高阶段的工作。阿难问佛：“今日心身，云何是结？从何名解？”[④]佛的回答是：使人们轮转的“生死结根，唯汝六根，更无他物”。“汝复欲知，无上菩提，令汝速证安乐解脱，寂静妙常，亦汝六根，更非他物。”“根尘同源，缚脱无二，识性虚妄，犹如空华。阿难，由尘发知，因根有相，”而“相见无性，同于交芦”。[⑤]意为，六尘之相和六根之见都没有独立自性，就像这样的芦苇，两芦苇因合在一起而站立，失去一方，便无另一方，也无“交芦”。总之，根尘从体性上说是空是无。“真性有为空，缘生故如幻，无为无起灭，不实如空华。”[⑥]意为根、尘等有为法由于因缘和合毕竟空无，其体性就是无为，就是无生无灭。

明白了根尘等诸法体性，就不难找到解脱之法。“结解同所因，圣凡无二路。汝观交中性，空有二俱非。迷晦即无明，发明便解脱。解结因次第，六解一亦亡；根选择圆通，入流成正觉。”[⑦]结即结缚，解即解脱。结解的因是相同的，都在六根之中。迷晦此六根即凡夫，发明其体性，六解一亡即解脱，即成圣。所谓六解，即是六根返源。一亡的“一”不是指真体（真体非一非六），而是六根的妄体，就像一只毛巾打成六结一样。如果六结之相不有，那么自然能让那“一妄体”也消亡。而六解一亡的具体行法又是，随选一根，做“入流亡所”的工夫。

---

① [古印度]世亲菩萨著、[陈]真谛释：《阿毗达磨俱舍论》卷21，[唐]玄奘译，《大正藏》第29册，第111页。
② 众生四种食的方式中的后三种。
③《阿毗达磨大毗婆沙论》卷129，[唐]玄奘译，《大正藏》第27册，第673页。
④ 圆瑛法师：《大佛顶首楞严经讲义》，宗教文化出版社2012年版，第396页。
⑤ 圆瑛法师：《大佛顶首楞严经讲义》，宗教文化出版社2012年版，第398-399页。
⑥ 圆瑛法师：《大佛顶首楞严经讲义》，宗教文化出版社2012年版，第401页。
⑦ 圆瑛法师：《大佛顶首楞严经讲义》，宗教文化出版社2012年版，第402-403页。

佛还用解结巾的例子说明了生命解脱的原理和方法。佛用一根花巾一个结一个结地打，直至打了六个。以此比喻人的六根（六结）。它们也是这样一个接一个地形成的。要解结必须解“结心”，生命解脱也是如此。“若欲解除，当于结心”。①这里的“结心”就是真心不守自性，随缘生出各种事物。解结的方法最好就反闻闻自性，即超越空有的中道。从构成上说，六根由地水火风四大所构成，因此要真正做到“六解一亡”，必须让四大分散。根据佛教的观点，这是可以做到的，如四大在下述禅定中就可消失殆尽。论云：“依四定或依未至灭定（为了得禅定之初禅而作的预备性修行），或名道，名行迹，或名对治，或名作意，义无差别，灭或名断。”②

也可以说，伏断妄心是从粗妄心开始的，随着心理控制能力的提高，或随着心性自主性、柔顺性、“听话性”的提高，逐渐过渡到伏断细心，直至最细心。佛教的“粗细妄心”这一概念是说明妄心的妄性、染污性、晦暗性、迷惑性、危害性程度的概念。明性、自觉性、自主性差的，危害大的，即为粗妄心或妄念，反之，即为细妄心。两者有程度的差别。妄心就像混浊的水，染污、泥沙越多，水就显得越混浊，随着水里污染的不断清除，水就将变得越来越清净。粗妄心就像泥水，染污越多，妄心就越粗，而细妄心就像开始变清的水，里面的染污越少，妄心就越细。只要里面有泥沙，哪怕很少，就还是有染污的水。心由粗变细的过程，只能是如法修行的过程。因此正确的修行的过程一定是心灵净化的过程，或心由粗变细的过程。为了使心变细，变纯净，提高其觉性、明性，行者常采取以毒攻毒的方式，即有意识地在心里生起细妄念，如数息或念佛等，然后尽可能守一不移。久而久之，粗妄念就会变细，变得清楚分明，变得“听话”、柔顺。那被守住的一念尽管是让人进步的工具，但仍属妄念。下面要予重点分析的“五十阴魔”相对于愚昧凡夫的粗妄心来说，就是细妄心，尤其越往后，其心越细。因为它们不会出现在一般凡夫身上，只会出现在有一定禅定功夫的人身上。

要理解五十阴魔，首先要知道色受想行识这五阴。它们尽管是众生生命的五种构成因素，但在佛教看来，要成佛，这五阴也必须灭除。《阿含经》早就论述过这个问题。经云：“于受乐著灭，著灭故取灭，取灭故有灭，有灭故生灭，生

① 圆瑛法师：《大佛顶首楞严经讲义》，宗教文化出版社 2012 年版，第 412 页。
②《阿毗达磨大毗婆沙论》卷 129，[唐]玄奘译，《大正藏》第 27 册，第 671 页。

灭故老病死忧悲恼苦灭，如是纯大苦聚，皆悉得灭，是名色灭、受想行识灭。”[①]《大佛顶首楞严经》在讨论五十阴魔的对治时，全面系统论述了五阴灭除的可能性根据、原理及方法。这里略加剖析。

魔，梵语为catvāro mārāḥ，巴利语为cattāro mārā，有扰乱、破坏、障碍等意。在佛教中，泛指扰乱身心、损人慧命、破坏好事、障碍善法的力量。有四种魔。一是阴魔，五阴的每一阴在一定条件下都会产生出十种境界，故通常称作五十阴魔。二是烦恼魔或欲魔，指身体中百八种烦恼，它们会恼乱众身心神，损伤慧命。三是死魔，指能让众生四大分散、夭丧殒没、让人无法延续慧命的力量。四是天子魔或他化自在天子魔，即欲界第六天中的魔王，能障碍、破坏善事，干扰修行人的修行。它们实际上就是妄心、妄念，只不过是出现在禅定中的妄心。这是《大佛顶首楞严经》讨论最充分、详细的一个论题。

五十阴魔生起的根源是：“成就破乱，由汝心中，五阴主人。主人若迷，客得其便。”[②]意为阴魔的作用再大、再坏，也不过是客尘烦恼，即缘虑心成了五阴的主人。本来，人身上的主人是真如心体及其寂照之智。阴魔能否生起，起什么样的作用，完全取决于五阴中的主人是觉还是迷。如果迷失本心，观智稍亏，正念丢失，让缘虑心成为主人，以之为真我，作为客人的魔事便会乘虚而入。因为魔扰行人，如客贼劫主，主若深居不动，贼乃莫测，愈近愈恐。

明白了上述道理，尤其是认识到了魔与真心、妄心的关系，认识到了魔与心中由谁作主的关系，那么也不难明白对治五十阴魔的一般的、根本的方法，那就是让心处于觉悟状态，凝心不动，让真心作主，而不让妄心作主。经云：“汝妙觉中，如风吹光，如刀断水，了不相触。汝如沸汤，彼如坚冰，暖气渐邻，不日消殒，徒恃神力，但为其客。”[③]意为阴魔毕竟是客尘，只要“觉悟无惑”或“明悟”，[④]只要凝心不动，那么此心便如沸汤，阴魔便如坚冰，前者浇到后者上，后者便很快消失。佛告诉弟子：“当处禅那，觉悟无惑，则彼魔事，无奈汝何。阴消入明，则彼群邪，咸受幽气，明能破暗，近自消殒，如何敢留、扰乱禅定？”[⑤]

① 《杂阿含经》卷3，《大正藏》第2册，第17页。
② 圆瑛法师：《大佛顶首楞严经讲义》，宗教文化出版社2012年版，第731页。
③ 圆瑛法师：《大佛顶首楞严经讲义》，宗教文化出版社2012年版，第730页。
④ 圆瑛法师：《大佛顶首楞严经讲义》，宗教文化出版社2012年版，第731-732页。
⑤ 圆瑛法师：《大佛顶首楞严经讲义》，宗教文化出版社2012年版，第731页。

“魔境现前，汝能谙识，心垢洗除，不落邪见。阴魔销灭，天魔摧碎，大力鬼神，褫魄逃逝，魑魅魍魉，无复出生。直至菩提，无诸少乏，下劣增进，于大涅槃，心不迷闷。”[①]这些话的意义可简要概述为如下诸方面：①心垢得到洗涤、除灭，就能谙识魔事，而不至于落入邪知邪见。②如能洗涤心垢，那么在禅定中，各种心魔就不会出现，外魔不会来打扰破坏。③进一步，还可能证无上菩提，各种功德一份不少。④即使下劣二乘也能回小向大，碰到佛所证之大涅槃也会清明而不至迷闷。

在禅定中，如不能如理如法操作，五阴的每一阴都会产生十种心境或境界，五阴合起来就是五十阴魔。这些都是应予伏断的妄心。当然，相对于禅外凡夫的粗妄心来说，它们只能说是细妄心。而要予伏断，则必须具体情况具体分析，如具体弄清它们是怎样生起的，出现的条件和区域是什么，具体的相状、特点如何。

先看色阴及其所伴随的十种阴魔。它们发生的区域或地方是：行者的禅定已到一定的火候，从判位上说，只有进到了观行位的行者，才有可能碰到色阴十魔。之所以如此，是因为这个层次的人定力不深，理境乍入。在这个时候，行者的最大问题是：如明目人，处大幽暗之室，由于心光未发，因此所见之处是无边幽暗。在这种情况下，禅定中就会出现十种由色阴变现的十种心理境相。由于它们会妨碍禅定深入，伤人慧命，故是行者面前的魔事。经云：“汝生道场，销落诸念，……当住此处，入三摩地，如明目人，处大幽暗，精性妙净，心未发光，此则名为色阴区域”，[②]即是十种色阴魔事发生的地方。

十种色阴魔境分别是：①身能出碍。经云：“当在此中，精研妙明（精细反观闻性妙明），四大不织（四大所成之身分解），少选（顷刻）之间，身能出碍。”此境不究竟，“非为圣证”，“若作圣解，即受群邪”，[③]即为魔事所困。②内彻拾虫。③精魄离合。精、魄、意、志、精、神，在一般情况下，各在其位，各司其职，但在禅定到达一定深度时，此界限像六根的界限一样可以被打破，例如没有任何障碍，或魂离本位，合于精，或反之，此境非圣证，如以之为圣证，即是着魔，即是禅定中的微细妄念。④境变佛现。⑤空成定色。⑥暗中见物。⑦身同草木，忘身如遗。⑧遍见无碍。⑨遥见遥闻。⑩妄见妄说。

---

① 圆瑛法师：《大佛顶首楞严经讲义》，宗教文化出版社 2012 年版，第 821 页。
② 圆瑛法师：《大佛顶首楞严经讲义》，宗教文化出版社 2012 年版，第 733 页。
③ 圆瑛法师：《大佛顶首楞严经讲义》，宗教文化出版社 2012 年版，第 735 页。

以上十种色阴魔境的共同特点是，皆与五阴中的色阴有关。具言之，禅定所现起的境都是色阴的变形，有形质特点，只是这类形质特点都是心中所显现的景象。其根源是："如是十种，禅那现境，皆是色阴，用心交互，故现斯事。"[①]意思是，出现色阴十魔的人见理未彻，正定不纯，因此禅观与妄想必然交互、混杂。"此名迫心，逼极飞出。"[②]意思是，由于禅定迫心，返到极处，遂令心光飞出。圆瑛法师解释说：这些阴魔"皆行人反闻照性，于定心中，逼极所发，各种境界，不作圣心，名善境界。"[③]若是禅观暂胜妄想，故得心光泄露，善境发现。境相出现，一方面，说明心在向真心返回，但另一方面，又意味着"见理未彻，正定未纯"。[④]

色阴魔境的出现是用心不精、方法不当造成的，反过来，只要用心得当，方法正确，又可于禅定中让色阴消尽，让阴魔不出现。例如通过观修可破、可尽色阴，其尽的标志是：光明遍照，"见诸佛心，如明镜中，显现其像。"换言之，到此境界，即是"色阴尽"。[⑤]

受阴十魔出现的区域或条件是："若有所得，而未能用，犹如魇人，手足宛然，见闻不惑，心触客邪，而不能动，此则名为，受阴区宇。"[⑥]"若有所得"是指前面十色阴已尽，进到了相似位，虽见本有妙觉明心，近其体，但未能发自在之用。由于自心本具佛心，所有德相宛然，见闻不迷惑，心虽明了客邪，但力不自由。在这种情况下，就可能出现受阴十魔。它们分别是，①抑已悲生。通过禅定的深入，得到了善心开发，"当在此中，得大光耀，其心发明，……发无穷想。"对此感受，如果觉悟观照，没什么过失，继续前进，将不断接近圣境。但它毕竟不究竟，"非为圣证"，"若作圣解，则有悲魔入其心腑，……失于正受，当从沦坠"。[⑦]②扬己齐佛。行人见色消，受阴明白，胜相现前，忽于其中，先无限勇，以为自己志齐诸佛。此受尽管是修行中的一个进步，但毕竟不是圣证，如果以为是圣证，便入邪魔。③定偏多忆。行人色阴消，受阴明白，进入了较深定境，但智力衰微。如果觉悟，则无咎，如果作圣解，则"失于正受，当从沦坠"。[⑧]④慧

① 圆瑛法师：《大佛顶首楞严经讲义》，宗教文化出版社2012年版，第741页。
② 圆瑛法师：《大佛顶首楞严经讲义》，宗教文化出版社2012年版，第740页。
③ 圆瑛法师：《大佛顶首楞严经讲义》，宗教文化出版社2012年版，第740页。
④ 圆瑛法师：《大佛顶首楞严经讲义》，宗教文化出版社2012年版，第741-742页。
⑤ 圆瑛法师：《大佛顶首楞严经讲义》，宗教文化出版社2012年版，第742页。
⑥ 圆瑛法师：《大佛顶首楞严经讲义》，宗教文化出版社2012年版，第743页。
⑦ 圆瑛法师：《大佛顶首楞严经讲义》，宗教文化出版社2012年版，第745-746页。
⑧ 圆瑛法师：《大佛顶首楞严经讲义》，宗教文化出版社2012年版，第746页。

偏多狂。此受阴魔境的表现与上一受魔恰恰相反，即是慧力过定，或慧多定少。如果以为是圣境，即堕魔事。⑤历险生忧。其表现是：色阴尽、受阴明白，妄心已亡，但自生畏怖，进退维艰，忧愁不已。在此境界，悟则无咎，但若以为圣解，则堕魔境。⑥觉安生喜。由于色阴尽，处清净中，因此心得安稳，欢喜轻安。在此境界，悟则无咎，如作圣解，则为魔所缠。[①]⑦见胜成慢。当色阴已尽、受阴明白时，自以为证得极果，进而生大我慢。如果觉悟，则无问题。但若作圣解，则为魔所附。⑧慧安自足。“见色阴消，受阴明白，于精明中圆悟精理，得大随顺。其心忽生，无量轻安，已立成圣，得大自在。”[②]在此境地，悟则无咎，反之，以为成圣，则堕魔窟。⑨著空毁戒。“见色阴消，受阴明白，于明悟中，得虚明性，其中忽然，归向永灭，……空心现前，乃至心生，长断灭解。”[③]悟则无咎，若作圣解，即入魔境。⑩著有恣淫。“色阴消，受阴明白，味其虚明，深入心骨，其心忽有，无限爱生，爱极发狂，便有贪欲。此名定境，安顺入心，无慧自持。”[④]若悟无咎，若作圣解，即入魔境。受阴魔的根源是，“如是十种，禅那现境，皆是受阴，用心交互，故现斯事。”[⑤]

克服受阴十魔的方法是，在修定中有正知正见的指导，然后渐次修证。经云：“遍令修定者，开悟了知斯义，不为魔惑，得其方便，使得保持末法，覆护正修，以便渐次修证，而成无上之佛道也。”[⑥]果如此，便得受阴尽。受阴尽的表现是：虽未漏尽，心离其形，如鸟出笼，已能成就。从是凡身上历菩萨六十圣位（五十五阶位加三渐次、干慧地和妙觉），得意生身，随往无碍。[⑦]意生身有三种，一是乐意生身，二是性意生身，三是无作意生身。这里的意生身是指性意生身，即普入佛刹，以法为自性。

受阴尽，得意生身，进一步禅定，如果出偏差，就会出现想阴十魔。可见，这阶段的禅定是以受阴尽为起点的。想阴魔事出现的条件和地方是：“是人虽则，无别所知，其言已成，音韵伦次，令不寐者，感悟其语。”[⑧]想阴未破的人也是这

① 圆瑛法师：《大佛顶首楞严经讲义》，宗教文化出版社2012年版，第749页。
② 圆瑛法师：《大佛顶首楞严经讲义》，宗教文化出版社2012年版，第751页。
③ 圆瑛法师：《大佛顶首楞严经讲义》，宗教文化出版社2012年版，第752页。
④ 圆瑛法师：《大佛顶首楞严经讲义》，宗教文化出版社2012年版，第753页。
⑤ 圆瑛法师：《大佛顶首楞严经讲义》，宗教文化出版社2012年版，第754页。
⑥ 圆瑛法师：《大佛顶首楞严经讲义》，宗教文化出版社2012年版，第755页。
⑦ 圆瑛法师：《大佛顶首楞严经讲义》，宗教文化出版社2012年版，第756页。
⑧ 圆瑛法师：《大佛顶首楞严经讲义》，宗教文化出版社2012年版，第757页。

样，虽未亲证真如妙理，但其所现是真实的。这个阶段出现的魔境即为想阴十魔。其十魔分别是：贪求善巧、贪求经历、贪求契合（追求与妙体、妙用的契合）、贪求辨析、贪求冥感、贪求宿命、贪求静谧、贪取神力、贪求深空、贪求永岁。想阴十魔的共同特点是：皆言已成正遍知，未证言证。“是十种魔，于来世时，在我法中，出家修道，或附人体，或自现形，皆言已成正遍知觉。”[①]想阴十魔的根源是：“如是十种，禅那现境，皆是想阴，用心交互，故现斯事。”[②]

通过如理如法的修证，想阴是可尽的。想阴尽的标志是：“修三摩地，想阴尽者，是人平常，梦想消灭，寤寐恒一，觉明虚静，犹如晴空，无复粗重前尘影事。”[③]由于没有想阴，因此以前显现在面前的诸尘诸影便无所依之体，进而自然不起。“观诸世间、大地山河，如镜鉴明，来无所粘，过无踪迹，虚受照应，了罔陈习，惟一精真。”[④]心像大圆镜，山河大地显现其中不留任何痕迹，“虚受照应”，只剩一个真精，即第八本识。“若动念尽，浮想销除，于觉明心，如去尘垢，一伦生死，首尾圆照，名想阴尽。”[⑤]

行阴十魔是比想阴十魔更微细的动相。其出现的前提条件是：行者已透过想阴十境，动念正终，浮想已灭，无梦无想。始终不起爱求，常住定性。由于法尘或粗重尘影以想阴为体，想阴既尽，因此至此境界的行者便无粗重尘影，如镜鉴明，来无所粘，过无踪迹。望想阴为终修，望行阴为始修。由于透过想阴十境，因此以前为想阴所覆盖的作为行阴根本的、作为一切生灭之基础的第八识及其所含的七识种子，便得到“披露”或显露。在这里，虽没有通达十二类众生受命的头绪，但七识种子、同分生基，犹如野马奔腾不息。这就是说，透过想阴，其后的更根本的东西（如以前被覆盖的八识及其所包含的种子）就会显现自身。当它们在禅定深境中表现自身时，行阴的十境就会依次出现。八识及其种子的显现正好就是经文所说的“行阴区宇”。[⑥]

行阴十魔的特点是，动相更加微细，如果说想阴如水波的话，那么可以说行阴如细浪，因为行阴十境是无意识八识的显现。另外，行阴十魔不表现为十境，

① 圆瑛法师：《大佛顶首楞严经讲义》，宗教文化出版社2012年版，第777页。
② 圆瑛法师：《大佛顶首楞严经讲义》，宗教文化出版社2012年版，第779页。
③ 圆瑛法师：《大佛顶首楞严经讲义》，宗教文化出版社2012年版，第779页。
④ 圆瑛法师：《大佛顶首楞严经讲义》，宗教文化出版社2012年版，第779-780页。
⑤ 圆瑛法师：《大佛顶首楞严经讲义》，宗教文化出版社2012年版，第757页。
⑥ 圆瑛法师：《大佛顶首楞严经讲义》，宗教文化出版社2012年版，第780页。

因为行阴十魔发生在生灭的根源处，即八识之中，这里没有外境魔事扰乱，只有自心作孽。因此这里的魔只是心魔。它们不表现为十境，而表现为行阴的十种邪计，即邪解计度。它们是穷究十二类众生生灭根本时产生的计度。如经所云："奢摩他中，诸善男子，凝明正心，十类天魔，不得其便，方得精研，穷生类本"，即穷十二类众生的根本之由。当求十二类众生的本元时，生灭的根元即行阴便会显露。此即"于本类中，生元露"。[①]

行阴十魔分别是：①第一魔即第一计度就是二无因论。经云："观彼（行阴）幽清（幽隐轻清），圆（指十二类生）扰动元（扰动之根元），于圆元（一切扰动之根本）中，起计度者，是人坠入，二无因论"，[②]即陷入两种无因论这样的邪计。一是本无因论，二是末无因论。前者只见死此生彼、业行迁流，没有看到真正的根本，故错误以为众生本无因。后者往后推，以为末尾也无因。"由此计度，亡正遍知，堕落外道，惑菩提性，是则名为，第一外道，立无因论。"[③]②第二邪计是执四种遍常，一计心境二性遍常，二计四大种性为常，三计识性恒常，四计生之根元为常。"由此计常，亡正遍知"，[④]成第二外道。③第三邪记是四颠倒见。一计我心性为常，彼生灭者无常，二计劫坏处无常，不坏处为常，三计微细我为常，计由之流出的身为无常，四计行阴为常，色受想阴为无常。④四种有边邪记。于四种分位，即过未现三际分位、见闻分位、彼我分位、生灭分位，生四种计度，于是堕入四有边论。一是于三际分位，计过未有边、相续心无边。二是于见闻分位，计八万劫前无边有众处有边。三是于我他分位，计我能周遍了知，于诸法中，得无边之性，而彼一切众生皆现我之中，得有边心性。四是从生灭角度计有边与无边。⑤四种矫乱，矫乱是遍计，因为实义，所以是戏论。一是八亦矫乱（总是用亦变亦恒、亦生亦灭、亦有亦无、亦增亦减来回答问题），二是惟无矫乱（悟一切法皆无，故用无来回答一切问题），三是惟有矫乱，四是惟有无矫乱。⑥是计死后有相。⑦计死后无相。⑧计死后俱非。⑨计死后断灭。⑩计六欲、初禅、二禅、三禅、四禅这五处皆现在涅槃。

尽行阴十计度或十阴魔的出路在于："教其身心，开觉真义，于无上道，不

---

① 圆瑛法师：《大佛顶首楞严经讲义》，宗教文化出版社 2012 年版，第 782 页。
② 圆瑛法师：《大佛顶首楞严经讲义》，宗教文化出版社 2012 年版，第 782 页。
③ 圆瑛法师：《大佛顶首楞严经讲义》，宗教文化出版社 2012 年版，第 784 页。
④ 圆瑛法师：《大佛顶首楞严经讲义》，宗教文化出版社 2012 年版，第 786 页。

遭枝歧（落入外道、邪道），勿令心祈，得少为足，作大觉王，清净标指。”[①]一念不生即是清净，果如此就能作大觉王，成人天标榜。

行阴十计的根源是：“如是十种，禅那狂解，皆是行阴，用心交互，故现斯悟。”[②]但行阴是可尽的，其标志是：“六根虚静，无复弛逸”，因为受尽，故虚，想尽，故静，行尽，故无弛逸，“内外湛明，入无所入”，“销磨六门，合开成就”，六根发生了这样的变化，即可合，又可开，合之六根为一根，开之六根各别发挥其用，乃至可互用，此即“见、闻通邻，互用清净”。[③]“若此清扰，熠熠元性，性入元澄，一澄元习，如波澜天，化为澄水，名行阴尽。是人则能，超众生浊，观其所由，幽隐妄想，以为其本。”[④]“诸世间性，幽清扰动，同分生机，倏然隳裂，沉细纲纽，补特伽罗，酬业深脉，感应悬绝。”[⑤]当行阴尽时，世间性即行阴生灭性以及一切生生灭灭的有为法，加上幽隐轻清、扰动之根源，以及十二类众生的共同产生基础，都突然破裂、毁灭，深沉微细的纲纽，让众生数数取著于诸趣的中有身，深潜的脉络，因亡果丧，不再受生。总之，行阴尽的人进到了准涅槃这样的阶位，离究竟涅槃不远了。如果说证得涅槃是天亮，那么行阴尽就是快天亮，已有天亮的“精色”显现。“于大涅槃灭，将大明悟”，“六根虚静，无复弛逸，内外湛明，入无所入”。[⑥]行阴尽不同于涅槃的唯一差别在于：真心之上还有识阴覆盖着。

识阴出现的前提条件和区域是：行阴已尽，如六根虚静，无复弛逸，内外湛明，入无所入，已达十二种类的受命根元。这里出现了歧路。如果认识到受命根源是无明幻力，并在行动上离于依他起性，那么就不会出现识阴十魔，而可顿超其上。这一来，就不存在识阴覆盖真心的问题，不会得准涅槃，而现证真涅槃。但问题恰恰在于：行者选择了另一条进路，即把此受命元由看作是本元真心。这就是所谓的“观由执元”。由之所决定，行者就不可能超越识阴。尽管识阴未破，但毕竟行阴已尽，果报不牵，“诸为不召”，即不在十二类中轮回。识阴没有超越的表现是：见十方世界同一识性，同是识的一体变现，无别法可得。故说“已获

① 圆瑛法师：《大佛顶首楞严经讲义》，宗教文化出版社 2012 年版，第 801 页。
② 圆瑛法师：《大佛顶首楞严经讲义》，宗教文化出版社 2012 年版，第 800 页。
③ 圆瑛法师：《大佛顶首楞严经讲义》，宗教文化出版社 2012 年版，第 802-804 页。
④ 圆瑛法师：《大佛顶首楞严经讲义》，宗教文化出版社 2012 年版，第 781 页。
⑤ 圆瑛法师：《大佛顶首楞严经讲义》，宗教文化出版社 2012 年版，第 802 页。
⑥ 圆瑛法师：《大佛顶首楞严经讲义》，宗教文化出版社 2012 年版，第 802-803 页。

其同”。其“精色不沉，发现幽秘”，[1]意为识精常常现前，虽未大明，但已有精色显现，能见出暗隐秘处，能见暗中之物。这就是识阴的“区域”。识阴十魔表现为十种邪执。

（1）因所因执。“是善男子，穷诸行空，于识还元，已灭生灭，而于寂灭，精妙未圆。……若于所归，立真常因，生胜解者，……是人则堕，因所因执”。[2]行者通过禅定做到行阴尽时，已灭七识迁流生灭之性，回归八识之源。其欠缺在于：于寂灭体性未达到圆满的证悟，进而把本不是本元的“所归”，即八识，执着为真常因。因此当认识到“唯识无境”“一切是识的变现”时，如不再百尺竿头更进一步，那么实际上是陷入了“识阴十执”之一，即“因所因执”。[3]在这一境界，寂灭之性尽管现前，但其真精妙明尚未发光，尤为识阴所覆，而识阴毕竟不是真因、真本。

（2）能非能执，即执所归识元为自体。如经云：“善男子，穷诸行空，已灭生灭，而未寂灭，精妙未圆，若于所归，览为自体”，以为虚空及所有一切众生都是从我身中流出。如果以为这是究竟胜解，那么就陷入了第二邪执，即“能非能执”。之所以这是邪执，是因为它把本不是本元真心的八识之能（它是“非能”）立为真正的“能”或真心（“立能为心”）。这违远圆通，背涅槃城，因此是邪执。[4]

（3）常非常执，即把本不是常（非常）的东西执为常，如把所归之识元（七识所归的八识）看作真常身，看作我所归依处。“若于所归，有所归依，自疑（以为）身心，从彼流出，十方虚空，咸其生起，即于都起，所宣流地，作真常身、无生灭解。”[5]

（4）知无知执，即把本无知的东西执著为能知，如认为十方草木与人无异，此为谬计无情有知。如经云：“若于所知，知遍圆故，因知立解，十方草木，皆称有情，与人无异，……生胜解者，知无知执。”[6]这样做，便成了认为一切有情无情都有知觉的外道（如婆吒、霰尼）的伴侣。

（5）生无生执，即把没有产生能力的东西执著为有产生能力的东西。这是迷

① 圆瑛法师：《大佛顶首楞严经讲义》，宗教文化出版社 2012 年版，第 803 页。
② 圆瑛法师：《大佛顶首楞严经讲义》，宗教文化出版社 2012 年版，第 805 页。
③ 圆瑛法师：《大佛顶首楞严经讲义》，宗教文化出版社 2012 年版，第 805 页。
④ 圆瑛法师：《人佛顶首楞严经讲义》，宗教文化出版社 2012 年版，第 806 页。
⑤ 圆瑛法师：《大佛顶首楞严经讲义》，宗教文化出版社 2012 年版，第 807-808 页。
⑥ 圆瑛法师：《大佛顶首楞严经讲义》，宗教文化出版社 2012 年版，第 809 页。

正理的一个表现。正理是：心生万法，非四大生万法，四大并非生万物之真因。如果“观尘成就，各各崇事（如或尊供崇火、或尊崇尚供水等），此群尘，发作本因，立常住解，人则堕，生无生执”。[①]

（6）归无归执，即把本不是归依之根的东西看作所归，如根据识阴是诸法变现的根源便把它看作是因明、中虚，把永灭群化所依空看作永灭依。殊不知，这空仍是虚无不实之境，不是实有可归依处。如经云：“若于圆明，计明中虚，非（毁）灭群化（群尘所化），以永灭依，为所归依。生胜解者，是人则堕，归无归执。”[②]

（7）贪非贪执。圆常有程度的差别，圆妙真心是真正的圆常，周遍法界，不生不灭。而通过修空达到行阴尽后而证得的圆常不过是第八识，其“精妙未圆”，如果把此圆常执为究竟，以为它长不倾逝，贪执于此，即是贪非贪执。如经云：“若于圆常，固身长住，同于精圆，长不倾逝。生胜解者，是人则堕，贪非贪执。”[③]

（8）真无真执。妄执业识命元为真常，它实非真常。“观命互通，却留尘劳，恐其销尽，便于此际，生莲华宫，广化七珍，多增宝媛，恣纵真心。生胜解者，是人则堕，真无真执。”[④]

（9）定性声闻。经云：“于命明中，分别精粗，疏决真伪，因果相酬，惟求感应，背清净道，所谓见苦断集，证灭修道，居灭（居灭谛涅槃之乐）已休（心满意足），更不前进。”[⑤]以为所作已办，生死已了，不求大乘中道。若作胜解，是人则堕定性声闻。定性即不发回小向大之心，定性声闻实即钝阿罗汉。

（10）定性辟支。“若于圆融，清净觉明，发研深妙，即立涅槃，而不前进。”[⑥]发研深妙指发心研究深妙义理的人有两种：一是独觉，他们寂居观化，无师自悟；二是缘觉，他们通过观察因缘而悟明寂灭之理。他们把所悟的不究竟的理，立为涅槃，以为归息处，而不再前进。这种人就是定性辟支。他们尽管“圆觉吻心，成湛明果”，但“违远圆通，背涅槃城，生觉圆明，不化圆种”。[⑦]

① 圆瑛法师：《大佛顶首楞严经讲义》，宗教文化出版社 2012 年版，第 810 页。
② 圆瑛法师：《大佛顶首楞严经讲义》，宗教文化出版社 2012 年版，第 811 页。
③ 圆瑛法师：《大佛顶首楞严经讲义》，宗教文化出版社 2012 年版，第 812 页。
④ 圆瑛法师：《大佛顶首楞严经讲义》，宗教文化出版社 2012 年版，第 813 页。
⑤ 圆瑛法师：《大佛顶首楞严经讲义》，宗教文化出版社 2012 年版，第 814 页。
⑥ 圆瑛法师：《大佛顶首楞严经讲义》，宗教文化出版社 2012 年版，第 815 页。
⑦ 圆瑛法师：《大佛顶首楞严经讲义》，宗教文化出版社 2012 年版，第 815-816 页。

十识阴魔的根源在于："如是十种禅那，中途成狂，因依迷惑，于未足中，生满足证，皆是识阴，用心交互，故生斯位。"[①]意为如湛深禅定中，于未足、不究竟处，生满足证，未证言证，之所以如此，又是由禅观与妄想的共同作用所致。

尽识阴、百丈竿头更进一步的出路在于："汝等存心，秉如来道，将此法门，于我灭后，传示末世，普令众生，觉了斯义。无令见魔，自作沉孽，保绥哀救，消（灭）息（掉）邪缘。令其身心，入佛知见，从始成就，不遭歧路。"[②]

要尽识阴，必须知道识阴尽的标志："则汝现前，诸根互用，从互用中，能入菩萨，金刚干慧，圆明精心，于中发化。如净琉璃，内含宝月，如是乃超十信、十住、十行、十回向、四加行心，菩萨所行，金刚十地，等觉圆明。入于如来，妙庄严海，圆满菩提，归无所得。"[③]众生六根的每一根其实本具其余五根之用，当识阴尽时，一根可同时具六根之用。此境界是圆教初位、圆通之位。耳根圆通，名为金刚三昧，乾慧（纯智慧）亲依而立，故可称作金刚乾慧。如果六根能互用，那么当即进入乾慧地。"圆明精心"是指广大圆满、寂明无边之妙心，"于中发化"是指可于初住至等觉的中间发起神通变化。此精妙心像净琉璃，像宝月一样，具无量神通变化，以至能以初住为能超，中间诸位（十信、十位等）为所超，直至等觉圆明之位。在这里，菩提圆满，智慧究竟，由于契合性真本有，得不从外得的究竟之理。

《大佛顶首楞严经》还在关于五阴的发生学的基础上，论述了五阴灭除之顿渐差别及方法。例如，佛在回答阿难的问题时涉及了这一点。这些问题是："为并销除，为次第尽？如是五重，诣何为界？"[④]

要破五阴，显然要知其生起根源。为此，佛说明了妄想的生起及其根源："精真妙明，本觉圆净，非留生死，及诸尘垢，乃至虚空，皆因妄想，之所生起。"[⑤]这就是说，五阴均以妄想为本。真心本来纯一无杂，绝对净明，至真无妄，没有界内分段生死和界外尘垢、虚空等差别的，没有眼前的尘劳世界的。由于有妄想分别，因此有我们所生活的现实世界。而现实世界从根本上说不外五阴的和合，

① 圆瑛法师：《大佛顶首楞严经讲义》，宗教文化出版社 2012 年版，第 816 页。
② 圆瑛法师：《大佛顶首楞严经讲义》，宗教文化出版社 2012 年版，第 817 页。
③ 圆瑛法师：《大佛顶首楞严经讲义》，宗教文化出版社 2012 年版，第 818-819 页。
④ 圆瑛法师：《大佛顶首楞严经讲义》，宗教文化出版社 2012 年版，第 822 页。
⑤ 圆瑛法师：《大佛顶首楞严经讲义》，宗教文化出版社 2012 年版，第 822 页。

如，界内的分段生死即受想行三阴，界外变易涅槃即是识阴，依正乃至虚空即色阴。后来之所以有这些现象，皆根源于妄想。五阴的实质在于："斯元本觉，妙明精真"，[①]即本来是本觉，但由无明妄想而得以发生。其发生如演若达多这一怪物，迷头认影，即在照镜子时，把头看作影子，进而疯狂出走。总之，"五阴本因，同是妄想"，[②]五阴实即五种妄想。

接着佛具体说明了五阴的每一阴生起的具体过程。先看色阴。色阴包括五根六尘，其特征是有形体、质碍，其性坚固。而所有一切色都源于坚固妄想，如人的形体是色之形式之一，它因父母爱欲妄想而生。由此妄想，便有赤白二谛。由此流爱、纳想加上人自己的想，便有命根的传续。经言："汝体先因，父母想生，汝心非想，则不能来，想中传命。"[③]圆瑛法师解释说："流爱为种，纳想成胎，务必父母与已，三想感应和合，而未想中，传续命根也。"[④]佛用比喻说明了色因妄想而生、而有的道理。例如，心里想到醋味，口里便涎生；心里想到登至高高山顶，足心就发酸，足就发抖。人的身体也是因父母和自己在中阴心中的想而有的。"是故当知，汝现色身，名为坚固，第一妄想。"[⑤]

再看受阴的发生。还是以上述例子为例，想到登至山巅，足就有发抖等形体表现，而且有受阴的发生，即"临高想心，能令汝形，真受酸涩"。[⑥]受不外苦乐二受或二现，它们也是根源于想念。"二现驱驰，名为虚明，第二妄想"。[⑦]

想阴即人的念虑、取像，如心生形取。人之所以取像，根源在于六根中有念想。经云："则汝妄想，摇动妄情，名为融通，第三妄想。"[⑧]意为妄想念念不息，驱使妄情，想阴与其他五根五识互融互通，此即是第三妄想。

经文对行阴的生起是这样描述的："化理不住，运运密移，甲长发生，气销容皱，日夜相代，曾无觉悟。阿难！此若非汝，云何体迁，如必是真，汝何无觉？则汝诸行，念念不停，名为幽隐，第四妄想。"[⑨]行是幽隐妄想，比受、想更深更

① 圆瑛法师：《大佛顶首楞严经讲义》，宗教文化出版社 2012 年版，第 823 页。
② 圆瑛法师：《大佛顶首楞严经讲义》，宗教文化出版社 2012 年版，第 824 页。
③ 圆瑛法师：《大佛顶首楞严经讲义》，宗教文化出版社 2012 年版，第 824 页。
④ 圆瑛法师：《大佛顶首楞严经讲义》，宗教文化出版社 2012 年版，第 824 页。
⑤ 圆瑛法师：《大佛顶首楞严经讲义》，宗教文化出版社 2012 年版，第 825 页。
⑥ 圆瑛法师：《大佛顶首楞严经讲义》，宗教文化出版社 2012 年版，第 825 页。
⑦ 圆瑛法师：《大佛顶首楞严经讲义》，宗教文化出版社 2012 年版，第 826 页。
⑧ 圆瑛法师：《大佛顶首楞严经讲义》，宗教文化出版社 2012 年版，第 825 页。
⑨ 圆瑛法师：《大佛顶首楞严经讲义》，宗教文化出版社 2012 年版，第 827 页。

细，是变化之理体（化理不住），其幽隐的表现是：一念有九十刹那，一刹那有九百生灭。其作用是让身体变化，如指甲长出来，头发生出来等。在产生这些作用时，人是没法知道的。但它肯定属于人。因为它如果不属于人，怎么会让人的身体发生变化（体迁）呢？行阴的特点是幽隐、念念不停。

识阴更加隐秘，其相状和发生学更加幽隐复杂。其相状特点是：纯一无杂，横竖洞照，故可说“精明”，浮想已尽，迁扰俱停，故可说“湛不摇处”。“名恒常者，于身不出，见、闻、觉、知”。[①]这就是说，根本识阴体通如来藏性，迷暗之人不知此真实，只知自己的表层妄心。从作用上说，此识阴有见闻觉知等功能。但必须同时认识到，识阴尽管有精明、湛然的一面，但也有混浊、虚妄的一面。例如，某一被忘记的事情，在人后来看到某一物时，又突然被记起了。之所以如此，是因为此识中被熏习了各种种子。经云：“则此精了，湛不摇中，念念受熏。”[②]既然如此，就应认识到，作为识阴的精明、湛然不能与作为真心的精明相提并论。因为“此湛非真，如急流水，望如恬静，流急不见，非是无流。”[③]意思是说，此识阴恒转如瀑流。“此之妄想，无时得灭。故汝现在，见、闻、觉、知，中串习几，则湛了内，罔象虚无，第五颠倒，微细精想。”[④]人的见闻觉知念念受熏，相互贯穿，虽习气几微，但湛然不摇中，若无不无，似有非有，凡夫视作命根，二乘认作涅槃，虚而作实，无而为有，故可说它是颠倒的微细妄想。

佛对五阴的因界之浅深的论述是：“惟色与空，是色边际。惟触及离，是受边际，惟记与意，是想边际。惟灭与生，是行边际，湛入合湛，归识边际。”[⑤]界即十八界，由于它们都能生出别法，因此界也即是因。浅深是边际之浅深，即历五阴而各有，因此讨论因界浅深实际上是要说明五阴与十八界的关系，五阴如何开为十八界。在色阴中，有相即是色，无相为空，色空之间是色边际。若离诸色相，则栖心空净。但只是尽色，而未尽空，即仍未出于色阴边际。其余诸阴可类推。

接着，佛开示了破除五阴的方法及次第，先看次第。经云：“此五阴元，重叠生起，生因识有，灭从色除。”[⑥]这就是说，灭五阴的顺序应与生起的顺序相颠

① 圆瑛法师：《大佛顶首楞严经讲义》，宗教文化出版社 2012 年版，第 828 页。
② 圆瑛法师：《大佛顶首楞严经讲义》，宗教文化出版社 2012 年版，第 828 页。
③ 圆瑛法师：《大佛顶首楞严经讲义》，宗教文化出版社 2012 年版，第 829 页。
④ 圆瑛法师：《大佛顶首楞严经讲义》，宗教文化出版社 2012 年版，第 829 页。
⑤ 圆瑛法师：《大佛顶首楞严经讲义》，宗教文化出版社 2012 年版，第 830 页。
⑥ 圆瑛法师：《大佛顶首楞严经讲义》，宗教文化出版社 2012 年版，第 832 页。

倒。生起的顺序是从识到行，再到想、受、色，即从细到粗，从内到外，要除灭五阴，先应灭色，然后依次灭受想行识。灭除的方法既可用顿法，又可用渐法。经云："理则顿悟，乘悟并销；事非顿除，因次第尽。"①从理体上说，五阴都本于妄想，因此只要一念顿悟，认识到妄想本空，那么就可同时除灭五阴。此即五阴的顿灭之法。就事相而言，色心之法不能顿除，必须自浅至深，次第除之。

根据《楞伽阿跋多罗宝经》，应予断灭的对象是各种妄想烦恼、三有（欲界、色界、无色界）之生死苦、无明无知、思惑即爱、业缘（即众善恶业缘）。这些都是可灭的，只要知其因，就可断其源。其因就是无明妄心，就是自心，因为所有这些烦恼苦果都是妄心之变现。"皆是自心所现虚幻之境。若能了达如幻，则诸境自灭。"②不仅烦恼可灭，阴界入也是如此，如在圣人身上，它们是"已灭"，对于行者来说，只要如说而行，它们就一定会"今灭、当灭"。"自心妄想见无因故，彼无次第生，若谓五阴、十八界、十二入已灭，则是无因。今灭则是无果。当灭则复无因。"道理很简单，"彼因（自心妄想）既无，则无次第相续生矣。"③就识心的灭除来说，只要做到不住于色，即可灭识心。即使有色生起，"纵有余心随彼色生，苟心不住于色，复何所缘而生？为其念念不住而亦不取故，是心虽有色，亦无生性。"④不仅如此，作为一切识心之根本的无明也是可转可灭的。因为其根源是迷理、不觉，只要解理、觉理，就断了无明之根。经云："以迷明故起无明，若解无明即是于明。……无明转即变为明。"⑤就此而言，无明即是明，因为其体性就是如此。"当知不离无明而有于明。"⑥总之，在有言之教的层面，真心是不灭、不尽的，而一切妄心、妄识甚至包括作为它们依止的本识都是应断应灭且可断可尽的。例如，只要让无明灭或转化为明，就可如此。"无明灭故，真无所从，不成本识故，本识尽故。论说言：四修满时，本识都尽。"⑦四修即信心、般若、三昧、大悲。⑧修证四项圆满时，本识就可灭尽。本识尽后，我执不

① 圆瑛法师：《大佛顶首楞严经讲义》，宗教文化出版社2012年版，第832页。
② [明]宗泐：《楞伽阿跋多罗宝经注解》卷1上，《大正藏》第39册，第351页。
③ [明]宗泐：《楞伽阿跋多罗宝经注解》卷1上，《大正藏》第39册，第352页。
④ [明]宗泐：《楞伽阿跋多罗宝经注解》卷4下，《大正藏》第39册，第421页。
⑤ [隋]智顗：《妙法莲华经玄义》卷5下，《大正藏》第33册，第743页。
⑥ [隋]智顗：《妙法莲华经玄义》卷5下，《大正藏》第33册，第743页。
⑦ [隋]慧远：《大乘义章》卷3末，《大正藏》第44册，第530页。
⑧ 关于四修，有不同说法，如有的认为是恭敬修、无余修、无间修和长时修；还有说法是得修、习修、除去修和对治修，等等。

生，于是阿陀那识尽。进而也可让六识尽。灭无明也可用顿灭和渐灭两种方式。经云："渐渐伏灭，以生灭心得无生灭，此心若灭，即无明灭。"渐灭的意思是："依唯识第十，修所断中，烦恼即伏，所知即灭，于十地中，地地皆示，故言渐灭。"①意为十地的从低到高，实即灭除心念的渐进过程。"烦恼障所有现起，地前渐伏，初地已上皆能伏尽。随于诸地，智障相应，如初地贪，二地嗔等，地地伏故，此障种子至金刚定，一切顿断"。②所知障的伏灭也是渐进过程。在地前的修行中，伏灭它的工程已经开始，经过十地的不断降伏，"至十地，方永断尽"。③八地以上，六识俱伏，第七识至法空智果出现时便会被伏断。无明习气最顽固，恒依第八识，因此无明之灭，最为艰难。只有灭第八识，才能灭无明烦恼。它是可灭的，但也须渐次灭。只有到无念无住时，它才能被伏灭。其过程大致是："以随分觉生灭之心，修证不已，得至究竟无生灭故，此心（第八识）若灭，即无明灭"。④例如，至菩萨十地之上的等觉位中，金刚喻定现在前时，满足方便即方便道，一念相应即无间道，觉心初相，即业相心因本无明业相动念，业相心灭，即无明灭。

总之，根据佛教对心理现象的本质及生灭机制的探讨，像禅定中的那些极微极细的心念都可灭除，甚至连无明、第八识也是如此，因此将其他表层的、较重的心理现象加以转化，甚至加以灭除，当然在所不难。

第四节　烦恼学：佛教心灵哲学的独有视界

烦恼是妄心的体验上的特征，是任何人都避之不及的心理。断除妄心，实即断除烦恼。而要如此，必须研究烦恼的种类、形成原因、过程、表现方式、危害，弄清烦恼与别的心理以及与众生苦难的关系，揭示烦恼与涅槃、解脱的关系以及断灭烦恼的方法及途径等。佛教为从根本上铲除烦恼，对这些问题作了全面、深入、独到的探讨，形成了自己的理论。完全有理由说，佛教有关于烦恼的完备理论体系，或建立了名副其实的"烦恼学"。它不仅从哲学角度，把烦恼作为整体

① ［唐］良贲：《仁王护国般若波罗蜜多经疏》卷2下，《大正藏》第33册，第510页。
② ［唐］良贲：《仁王护国般若波罗蜜多经疏》卷2下，《大正藏》第33册，第510页。
③ ［唐］良贲：《仁王护国般若波罗蜜多经疏》卷2下，《大正藏》第33册，第510页。
④ ［唐］良贲：《仁王护国般若波罗蜜多经疏》卷2下，《大正藏》第33册，第510页。

的统一对象予以研究，而且对大量典型的烦恼个案作了深度解剖。例如，在研究与末那识相应的因惑或因烦恼（我痴、我执、我慢、我爱）时发现：它们不是后天习得的，而是“俱生”的。从存在的时空性来说，它普遍恒时存在于一切心理现象之中。就其善恶性质而言，它们是有覆无记的，即为客尘而覆，但本身是非善非恶的。就其作用来说，这些烦恼是让持有此烦恼的凡夫沉沦生死苦海的一个原因，也是他们的一个本质属性。就其伏灭位次来说，由于它们俱生、愚顽不化，因此只有到成圣的最后阶位才能被断灭。如偈云：“意相应因惑，遍行而俱起，无记最后灭，随所生彼性。”①

佛教之所以倾巨力探讨烦恼，是因为破斥烦恼在佛教中享有特殊的地位。我们知道，《阿毗达磨俱舍论》全面概括了佛教涉及的主题及理论，因此可称作佛教的百科全书。根据该论，佛教最为关注的问题不外是界、根、世、业、随眠、贤圣、智、定、破我执等。其中，很多内容本身就是对烦恼的分析，如随眠与破我执这两大部分就是如此，都与破烦恼有关。在该论中，这样的内容在三十卷中占据五卷的篇幅，且不算其他卷附带对它们的讨论。据圆晖疏，《阿毗达磨俱舍论》“大意”有三，其中之一就是“为众生断烦恼”（另二为：令智者慧解加深、弘持正法领住）。②之所以如此，是因为有无烦恼是凡圣的区分标志。而去凡成圣是佛教的宗旨和根本任务。有一丝烦恼，就不名圣人。从心理体验的角度来说，烦恼是令众生最难受因而最不愿看见的东西，是众生追求幸福生活的最大障碍。因此无论是从世俗谛还是从胜义谛上说，断除烦恼都是当务之急。所谓烦恼，就是逼恼众生、让他们不能出离三界、在其中流转受苦的广泛的心理现象。要予断除，就得靠智慧，故该论花大量篇幅“论正诠慧”。有情沉沦，由惑未灭，欲求出离，须断惑缘，断惑正因所谓净慧。意为净慧是断惑断烦恼之正因。

《大乘义章》共五大部分，即教聚、义法聚、染法聚、净法聚、杂聚。染法聚即是讨论烦恼的，在该书中占了约四分之一的篇幅，分别从烦恼的语词意义、相状、性质、体性、产生根源、发生演变过程、断伏等不同方面对烦恼作了全面的研究。

“断灭诸心”这一主题在《涅槃经》中表现得最为突出。根据元晓师的解释，

---

① [古印度]无著菩萨：《显扬圣教论》卷19，[唐]玄奘译，《大正藏》第31册，第572页。

② [唐]圆晖：《阿毗达磨俱舍论颂疏论本》卷1，《大正藏》第41册，第814页。

该经的中心就是探讨烦恼之择灭的。“言择灭者，断除为义，佛智能断一切烦恼，故名为灭。”“佛穷到无住之原，是处能断一切烦恼，断烦恼处故名为灭。”[①]大量论典也有类似的思想，强调道依涅槃，能使烦恼未来不生，现在不灭因中说果，故名涅槃为无生灭。元晓解释说：“菩萨亦不生，诸佛亦是断。……不生烦恼，乃名涅槃。”[②]

有理由说，烦恼问题是佛教心灵哲学独有的主题。它既主要表现为价值性心灵哲学的问题，但同时又有求真性心灵哲学的意味。因为对烦恼的地毯性搜索和挖地三尺的探讨必然涉及心理的本质与生灭等问题。从“沙门”一词的含义可略见一斑。“沙门”从指称上说指的是佛教的出家信徒。其真实内涵意义是：“此翻勤息，谓勤劳息断烦恼故。瑞应经云：“息心达本源，故号沙门。”[③]由于息灭妄心有数量、质量上的差别，沙门便有不同的类别。大致有四类，即藏通别圆四教沙门。他们各自的特点是：“若乃息见思之妄心，达真谛之本源，藏通沙门也。息尘沙之妄心，达俗谛之本源，别教沙门也。息无明之妄心，达中道之本源，圆融沙门也。”[④]

烦恼学的逻辑进程是：先扫描，次归类，再分析它们的性质特点、产生条件及原因，最后讨论伏断的原理及方法。根据遁伦的解释，《瑜伽师地论》在讨论烦恼时有这样的思想：“初列九门，次依门释，自性者烦恼体，……不寂静是诸烦恼共相”，然后“明断”及其具体方法。[⑤]窥基对《瑜伽师地论》卷八中关于“烦恼”界定的解释是：烦恼即杂染。“与染相应，染谓烦恼”。[⑥]这就是说，烦恼的本质特点是心理染污不净，或与之相应，或缘缚，或等起，或间生，或俱起，“名杂染”。从字面意义说，烦是扰义，恼是乱义，扰乱有情，故名烦恼。它对众生的危害最大，“唯烦恼障发业润生，体是缚法”，[⑦]即烦恼是造业和生死流转的根源，对众生是像系索一样的东西，令众生不得解脱。

从烦恼与相关概念，如垢、惑、障等的关系看，过细分别，每词都有特定意

① [新罗]元晓师：《涅槃宗要》，《大正藏》第38册，第241页。
② [新罗]元晓师：《涅槃宗要》，《大正藏》第38册，第241页。
③ [宋]智圆：《涅槃玄义发源机要》卷1，《大正藏》第38册，第15页。
④ [宋]智圆：《涅槃玄义发源机要》卷1，《大正藏》第38册，第15页。
⑤ [唐]遁伦：《瑜伽论记》卷2下，《大正藏》第42册，第352页。
⑥ [唐]窥基：《成唯识论述记》卷1，《大正藏》第43册，第235页。
⑦ [唐]窥基：《成唯识论述记》卷1，《大正藏》第43册，第235页。

义。它们所指的尽管都是染法，但分别从不同角度概括了妄心的不同形式，如劳乱名烦恼，随逐系缚即为使，结集生死或结缚众生即为结，能缠行人即为缠，羁系行为即缚，等等。当然从本质上说，则可把它们看作同义词。因为它们说的都是广义的烦恼。与之相近的词还有很多，如：障、流、枙、取、漏、垢、惑等。正因为没有大的区别，故可用“或”将它们联系起来，如说烦恼或障或惑。“今随一义，且说为障”。①

烦恼的体或自性是“不寂静”，“不寂静转，是烦恼相”。②佛教认为，尽管诸烦恼的性质、特点和作用等各有差别，但一切烦恼个例中有共同的相状和特点，即一切烦恼有共相或共性。首先，一切烦恼都有不寂静的特点。然后，烦恼是一个相续的过程。其起点是相应的种子碰到所需的条件，便“现行”，即现实表现出来。由于现行是有作有为，是造业，因此又将种子熏习在心中，等以后条件成熟时又借业力而发生转动。“由烦恼起故于相续恶业而转。……由此生故，身心相续，不寂静转。”③最后，就烦恼表现出的“感受性质”来说，它们有这样六种共相，即散乱、颠倒、掉昏沉、放逸、无耻、不寂静性。

烦恼也可说就是随眠。“随眠”一词从一个侧面体现了烦恼的这样的特点，即隐藏在生命的深处（沉睡），随逐有情而不离。随眠有二义，一指根本烦恼，二指隐藏在阿赖耶识中的烦恼的种子。说“烦恼随眠”就是说烦恼的根源、种子。有二十种，如不定地随眠、定地随眠、随逐自境随眠、随逐他境随眠、被损随眠、不被损随眠、随增随眠、不随增随眠、具分随眠、不具分随眠、可害随眠、不可害随眠，等等。④

佛教还认为，观察烦恼的角度，或烦恼的显现方式，有五种，即自体相、因相、果相、品类相、于境心乱相。⑤

烦恼现起时会做十件事情，也可理解为它们的十种危害作用或十种坚根本。坚即坚固，意为烦恼能令有害的东西转盛，变坚固。有十种这样的作用。一是烦恼是诸惑业的根本。因为它们现起时，迷惑就会转强盛，此作用可称作“坚固根

① [隋]慧远：《大乘义章》卷5，《大正藏》第44册，第561页。
② [唐]窥基：《瑜伽师地论略纂》卷3，《大正藏》第43册，第43页。
③ [唐]遁伦：《瑜伽论记》卷2下，《大正藏》第42册，第353页。
④ [古印度]无著菩萨：《显扬圣教论》卷19，[唐]玄奘译，《大正藏》第31册，第573页。
⑤ [古印度]无著菩萨：《显扬圣教论》卷19，[唐]玄奘译，《大正藏》第31册，第573页。

本”。二是立相续。烦恼是造成生命像水流一样的相续现象的根本，如一有烦恼，便会让相续的诸念、诸惑连续现起。三是治自田。自田即烦恼现行之所依止身，烦恼能令此依止身跟着烦恼转。四是引等流。各种随烦恼，如不信、不惭等，是根本烦恼的等流，或同类的现象，烦恼有引生、决定它们的作用。五是发业有，即发起能引果报的业，此业又能导致依正等诸果报。六是摄自具。自具即自备的资源，例如与惑相应的心、心所，烦恼能摄持这些心理。七是迷所缘。迷于所缘，能害自身正觉慧故。八是导识流。即引起相应心识的发生、流转。九是越善品。即让诸善法不生或退失。十是广缚义。它们像绳索一样将自己捆住，不能超越自身，让自己困在染界之内，即有画地为牢之用。①凡夫心的特点在于：被缚。“由三因故说心被缚，一于所缘境不自在故，二安住垢恶所依止故，三随众缘力而转变故。”②而被缚正是由烦恼所使然。

烦恼在不同的世界有不同的表现方式，例如在欲界，它们有二十种现行方式：第一是随所欲缠现行，即出现在在家人身上；第二是不随所欲缠现行，即出现在出家人身上。如此等等。③

烦恼作为有为法不是从来就有的，而是仰仗一定的因缘而产生的。缺少一个必要条件，它们就不会出现。一般而言，导致烦恼产生的缘有二十种，如苦、乐、不苦不乐、欲、寻、触、不近亲善友、不听闻正法、不如理作意、不信、懈怠、散乱、放逸烦恼等。④

烦恼作为心理现象，也有其所缘境。此境共有十五种，如缘有事境、缘无事境、缘自相境、缘共相境、缘现见境、缘不现见境、缘自类境、缘他类境，等等。

从程度上说，烦恼有粗重烦恼与非粗重烦恼之分。前者即表现得明显、严重，同时是对众生伤害较大的烦恼。共有二十种，如性执粗重、性业粗重、定障粗重、业障粗重、报障粗重、盖障粗重、不正寻思粗重、愁恼粗重，等等。⑤

烦恼学最重要的一项工作是为断除烦恼而建立了关于烦恼的详尽的“库存清单”或“系谱”。这一工作也可理解为佛教在对烦恼的全面的“田野调查”的基

① [唐]普光：《阿毗达磨俱舍论记》卷19，《大正藏》第41册，第291页。
② [古印度]无著菩萨：《显扬圣教论》卷18，[唐]玄奘译，《大正藏》第31册，第568页。
③ [古印度]无著菩萨：《显扬圣教论》卷19，[唐]玄奘译，《大正藏》第31册，第573页。
④ [古印度]无著菩萨：《显扬圣教论》卷19，[唐]玄奘译，《大正藏》第31册，第573页。
⑤ [古印度]无著菩萨：《显扬圣教论》卷19，[唐]玄奘译，《大正藏》第31册，第573页。

础上对烦恼的分类或“修谱”。天台智顗认为，各种烦恼在无明和贪爱的生育抚养下，组成了“爱心眷属”。“无明为父，痴爱为母，出生烦恼之子孙”。[①]李师政认为，诸烦恼可被归入“过患品”，其样式很多，如二边、五欲、四倒、五盖、四惑（我见、我爱、我慢、无明，由七识所生）、八邪（邪见、邪思惟、邪语、邪业、邪命、邪方便、邪念、邪定）、三障（烦恼障、业障、报障）、三漏（欲障、有漏、无明漏）、四魔（阴魔、烦恼魔、死魔、天魔）、十缠（无惭、无愧、睡、悭、悔、嫉、姤、眠、忿、覆）、六十二见，等等。[②]

无著的《大乘阿毗达磨集论》描述的烦恼“系谱”是，结有九种，即爱、恚、慢、无明、见、取、疑、嫉、悭。缚有三种，即贪缚、嗔缚、痴缚。缚即束缚众生的枷锁，亦即是心灵痛苦的表现及根源。如“由贪缚，故缚诸有情令处坏苦，由嗔缚，故缚诸有情令处苦苦，由痴缚，故缚诸有情令处行苦”。[③]随眠有七种，即欲贪随眠、嗔随眠、有贪随眠、慢随眠、无明随眠、见随眠、疑随眠。如前所述，随眠的意思是，隐藏很深，但危害深重，由于贪等根本烦恼深重，故把它们称作“随眠”。缠有八种，即无惭、无愧、嫉、悭、悔、眠、掉举、惛沉。“数数增盛，缠绕心，故名缠”。[④]暴流有四，即欲暴流（欲界中的欲求）、有暴流（色、无色界中的烦恼）、见暴流、无明暴流。所谓暴流是指强劲地、相续不停地流动，让众生漂浮在风口浪尖上，捣鼓众生，令其苦不堪言。因此“随流漂鼓，是暴流义，随顺杂染故”。[⑤]“轭”表述的也是一种烦恼。此词本指套在牛马脖子上、让它们干活的器具，现指套在心上的枷锁、障碍、系缚。“障碍、离系是轭义，违背清净故”，[⑥]即让心不清净的东西，让心变得沉重的包袱。轭有四种：欲轭、有轭、见轭、无明轭。“取”也是表述烦恼的心理语言，其意思是，“执取诤根、执取后有”。[⑦]也有四种：欲取（即“由贪著欲系缚为因，诸在家者更相斗争，此争根本是第一取”），后三取为出家者所有，即见取、戒禁取、我语取。系也是烦恼，“以能障碍定意性身，故名为系”，[⑧]也有四种，贪欲身系、嗔恚身系、戒禁取身

① [隋]智顗：《妙法莲华经玄义》卷6上，《大正藏》第33册，第757-758页。
② [唐]李师政：《法门名义集》，《大正藏》第54册，第195-196页。
③ [古印度]无著菩萨：《大乘阿毗达磨集论》卷4，[唐]玄奘译，《大正藏》第31册，第677页。
④ [古印度]无著菩萨：《大乘阿毗达磨集论》卷4，[唐]玄奘译，《大正藏》第31册，第677页。
⑤ [古印度]无著菩萨：《大乘阿毗达磨集论》卷4，[唐]玄奘译，《大正藏》第31册，第677页。
⑥ [古印度]无著菩萨：《大乘阿毗达磨集论》卷4，[唐]玄奘译，《大正藏》第31册，第677页。
⑦ [古印度]无著菩萨：《大乘阿毗达磨集论》卷4，[唐]玄奘译，《大正藏》第31册，第677页。
⑧ [古印度]无著菩萨：《大乘阿毗达磨集论》卷4，[唐]玄奘译，《大正藏》第31册，第677页。

系、此实执身系。它们能成为心乱之因，如贪爱财物令心乱，争斗、行为不正令心乱，于难行禁戒苦恼令心乱，不如理推求境界令心乱。盖这种烦恼说的是，令善法不得显示的遮蔽，有五种，即贪欲盖、嗔恚盖、惛沉睡眠盖、掉举恶作盖、疑盖。“株杌”是佛教为表示它所发现的烦恼形式而创造的新心理语言。“株”应为诛，即诛杀，“杌”，指令心等不安的东西。它主要指贪嗔痴三毒中的毒性、危害性。之所以称它们作株杌，是因为人依靠这三毒，“先所串习为方便故，成贪等行心不调顺，无所堪能，难可解脱，令诸有情难断此行”。[①]简言之，这三种株杌是让人不得解脱、杀人慧命的根本力量。垢即污垢，有三种，即贪垢、嗔垢、痴垢。由贪嗔痴所形成的三种心不净。“烧害”指贪嗔痴所形成的对心灵的烧烤、伤害，有三种，即贪烧害、嗔烧害、痴烧害。“箭”指由贪嗔痴派生的深层的追求。这种烦恼总是像箭一样，指向它的猎获物，“相续不绝，于佛法僧苦集灭道，常生疑惑”，[②]有三种，即贪箭、嗔箭、痴箭。“漏”指心像激流一样流注不绝，或者说，“令心连注，流散不绝”。有三漏，即欲漏、有漏、无明漏。“依外门流注，故立欲漏，依内门流注，故立有漏，彼依二所依门流注，故立无明漏”。[③]“匮”指由贪嗔痴所引起的贫乏之类的苦恼，如想财物（资生具）而总是匮乏，得不到，于是必有相应烦恼。“于有及资生具，恒起追求，无有厌足，常为贪乏众苦所恼”。[④]有三种，即贪匮、嗔匮、痴匮。恼即是由贪嗔痴所派生的种种忧苦热恼、煎熬心灵的力量，有三种，即贪恼、嗔恼、痴恼。“燃”即贪嗔痴所形成的对心灵的伤害，像被火烧一样。有三种，即贪燃、嗔燃、痴燃。“稠林”指由贪嗔痴所派生出的这样的现象，“于诸生死根本行中，广兴染著，令诸有情感种种身，流转五趣”。[⑤]有三种，即贪稠林、嗔稠林、痴稠林。烦恼的分类还有很多，如还可从烦恼之对治、断除上分。这样分，可分为两大类：一是见所断烦恼，里面又有一百一十二种之多；二是修所断烦恼，有十六种，如欲界修所断有六，色界修所断有五，无色界修也是五。

《大乘义章》等论典综合佛教经论的论述从数字的由小到大，对佛教关于烦

① [古印度]无著菩萨：《大乘阿毗达磨集论》卷4，[唐]玄奘译，《大正藏》第31册，第677页。
② [古印度]无著菩萨：《大乘阿毗达磨集论》卷4，[唐]玄奘译，《大正藏》第31册，第677页。
③ [古印度]无著菩萨：《大乘阿毗达磨集论》卷4，[唐]玄奘译，《大正藏》第31册，第678页。
④ [古印度]无著菩萨：《大乘阿毗达磨集论》卷4，[唐]玄奘译，《大正藏》第31册，第678页。
⑤ [古印度]无著菩萨：《大乘阿毗达磨集论》卷4，[唐]玄奘译，《大正藏》第31册，第678页。

恼的系谱作了这样的概括：

（1）三分法，其中又有很多种。如，第一，三根、三毒，即贪嗔痴。第二，三障即三无明。按障法身的深浅，可分为皮烦恼障（浅表无明）、肉烦恼障（较深无明）、心烦恼障（深层无明）。第三，三使。所谓使是指："随而系缚，名之为使。"[①]三使分别是，①害伴使或粗品使，即能生现起诸烦恼结，所生烦恼与彼能生粗使烦恼为伴。②羸使，即不能发生现起烦恼，即为羸。③细使烦恼，即残余习气。三分法还有很多，恕不全述。

（2）四分法也有很多，这里只列举四缚，即欲缚、有缚（色、无色界一切除无明外的烦恼）、无明缚、见缚。

（3）以五分法概括在一起的烦恼也很多，如五盖，即贪欲、嗔恚、惛眠、掉悔恶作、疑。

（4）以六分法概括在一起的烦恼，如六垢，即恼、害、恨、谄、诳、憍。

（5）以七分法概括在一起的烦恼，如七漏，漏指的是烦恼流注不绝、犹如疮漏，七漏分别是：见、修、根、恶、亲近、受、念。再如七使，使即随逐系缚，它们分别是：欲爱、恚、有爱、慢、无明、见、疑。再看七颠倒，如想倒，即于无常计有常，取相而转；见倒，于妄想境界，建立执著，主要表现为身见、常见、戒取见；心倒，以贪等为性，能染恼心，其体是贪染心炽盛，因此"贪名心倒"，[②]如此等等。

（6）以八分法概括在一起的烦恼，有八慢，自举损他名之为慢，即如慢、慢慢、不如慢、增上慢、我慢、邪慢、憍慢、大慢。另还有八恶觉，邪心思想，名之为恶觉，八恶觉分别是，欲觉、嗔觉、害觉、亲里觉、国土觉、不死觉、族姓觉、转侮觉。

（7）以九分法概括在一起的烦恼，有九结，烦恼暗惑，结缚行人，故名为结，又名缚心，亦名为结，亦能结集一切生死，故称为结。九结分别是：爱、嗔、慢、无明、见、取、疑、嫉、悭。[③]

（8）以十分法形式概括在一起的烦恼有十使，即身见、边见、邪见、见取见、戒取见（于有漏法，取为能净，故云戒取）、贪、嗔、痴、慢及疑。十缠，恼缠

① [隋]慧远：《大乘义章》卷5，《大正藏》第44册，第565页。
② [唐]遁伦：《瑜伽论记》卷2下，《大正藏》第42册，第354页。
③ [隋]慧远：《大乘义章》卷5，《大正藏》第44册，第580页。

心，名为缠，或缚行人，也称作缠。十种缠分别是，无惭、无愧、嫉、悭、悔、眠、掉举、惛沉、忿、覆。[①]另还有十障：凡夫我相障、邪行与众生身等障、暗相与闻思修等诸法忘障、解法慢障、身净我慢障、微烦恼习障、细相习障、于无相有行障、不能善利益众生障、于诸法中不得自在障。[②]

不正见、邪见能恼害众生，因此也可以说是烦恼，最多的一种关于邪见的概括，是把它们概括为六十二见。它们是这样构成的，即本劫本见有十八见，末劫末见有四十四。本劫即过去的时间，本劫本见即于过去所起的常见，末劫即未来，未见即于未来所起的断见。本劫见中，常论有四，如过去多少劫的众生常聚不散，共有四种常见。常无常论四，边无边论四，种种论有四，另加两种无因而有的见解，共十八种。末劫见的四十四种是这样来的，有想之论有十六见，无想论中有八见，非有想非无想论有八见，断灭论中有七见，现在涅槃有五见。[③]

其他的分类、概述还有很多。下面，我们再来选择烦恼中的典型样式作个案研究。先看散乱。有六种散乱，如①自性散乱，即五识之自性逐驰外缘，不能静定，②外散乱，随外境界，纵心流散，③内散乱，由于昏沉、睡眠所致的散乱，或在定中随烦恼、杂念而散动。④相散乱，依止外相，作意思维内境相貌。⑤粗重散乱，即以内作意为缘，生起诸受，由粗重身故，以为是我、我所。⑥作意散乱，即依外教作意修习，不得证悟、反生散乱。

再看随眠。《阿毗达磨俱舍论》对随眠的形成条件、起源、发生过程、种类、作用、实质、断除等作了全面的剖析，认为其实质是："欲贪体"，[④]而欲贪是其他烦恼的根源，欲贪又是以随眠为根本。就其断除而言，随眠是随欲贪之断除而断除的。"欲贪缠遣除，外别说，并随眠断。"[⑤]普光的《阿毗达磨俱舍论记》解释说："随逐有情名随，行相微细名眠，如人睡眠，行相难了。"[⑥]这种烦恼指的是伴随有情众生的一系列深层次的、微细的负面心理现象（如微细烦恼等），与缠垢有关，但不同，如随眠的力量比缠垢更"强胜"。法宝的《阿毗达磨俱舍论

---

① [隋]慧远：《大乘义章》卷6，《大正藏》第44册，第589页。
② [隋]慧远：《大乘义章》卷6，《大正藏》第44册，第590页。
③ [隋]慧远：《大乘义章》卷6，《大正藏》第44册，第597页。
④ [唐]普光：《阿毗达磨俱舍论记》卷19，《大正藏》第41册，第291页。
⑤ [唐]普光：《阿毗达磨俱舍论记》卷19，《大正藏》第41册，第292页。
⑥ [唐]普光：《阿毗达磨俱舍论记》卷19，《大正藏》第41册，第291页。

疏》解释说，随眠“行相微细，随缚、随增，是随眠义”。[①]从因果上说，随眠是业果、果报之因。众生之所以有种种不同，其直接原因是业，而业又是根源于随眠。“业复由随眠方得生长，离随眠之业，无感有果功能。”[②]这里的因果关系是，随眠发诸业，诸业引招诸果报。因此“随眠是诸三有（即欲、色、无色三界）根本。”[③]在随眠与相应法的关系问题上，佛教内部有不同看法。有的认为，随眠属不相应行法，有部则认为，是“心相应，非不相应”。根据是：第一，诸随眠染烦心；第二，覆障心；第三，违善法。[④]对随眠的分类有多种，如有的概括为七随眠，有的则说有三十六随眠甚至九十八随眠，等等。

慢这种烦恼也是经论讨论较多的对象。它指的是这样心理，即“令心高举”，或在进行自他比较时，心里出现的这样心态，如心生高举，居高临下，自以为了不起，自命不凡，时时事事总觉得优于别人、胜于别人。有如下七种慢，①慢，即使别人胜了，也以为自己胜。②过慢，总以为自己胜别人、过别人。③慢过慢：于胜谓胜，此慢过于过慢，故名。④我慢，即贡高我慢，执我起慢。⑤增上慢，未证言证，未得言得。⑥卑慢，以为自己不卑劣，心生高举。⑦邪慢，无德谓己有德，恃恶高举。另一分类是将慢分为九。要离苦得乐，必须断除慢，因为它有烦恼性，能害心、恼心。即使“耽求诸可意事，无有颠倒，应非烦恼”，但它的生起，“能染恼心，既许成贪，是烦恼性”。它能令心“高举染恼”，因此可称作“慢烦恼”。[⑤]

再看缚。缚即是使心身失去自由自在本性的枷锁，“五阴是能缚，众生是所缚”。[⑥]例如行阴中，烦恼是能缚，五阴或五蕴是所缚，简言之烦恼是缚五阴的绳索。[⑦]《瑜伽论记》云：“拘碍其心，故名为缚。”[⑧]能缚心的既可以是诸烦恼、外境，也可以是五蕴。既然“烦恼缚五阴”，[⑨]因此应断。“但立烦恼迷境、障智，缚于众生，称之为缚”。[⑩]有两种：一是果缚，如两种生死（分段、变易）名为果

① [唐]法宝：《阿毗达磨俱舍论疏》卷19，《大正藏》第41册，第687页。
② [唐]普光：《阿毗达磨俱舍论记》卷19，《大正藏》第41册，第291页。
③ [唐]普光：《阿毗达磨俱舍论记》卷19，《大正藏》第41册，第291页。
④ [唐]普光：《阿毗达磨俱舍论记》卷19，《大正藏》第41册，第292页。
⑤ [唐]法宝：《阿毗达磨俱舍论疏》卷19，《大正藏》第41册，第694页。
⑥ [隋]吉藏：《中观论疏》卷7末，《大正藏》第42册，第115页。
⑦ [隋]吉藏：《中观论疏》卷7末，《大正藏》第42册，第115页。
⑧ [唐]遁伦：《瑜伽论记》卷5上，《大正藏》第42册，第406页。
⑨ [隋]吉藏：《中观论疏》卷7末，《大正藏》第42册，第115页。
⑩ [隋]吉藏：《中观论疏》卷7末，《大正藏》第42册，第113页。

缚，或有果报身名为果缚；二是子缚，五位烦恼名为子缚。五位烦恼又称五位地惑，指三界九地（除佛地以外的六道加声闻、缘觉、菩萨）的生死之惑或烦恼，有五种：一是见一处住地惑，此是三界的见惑；二是欲爱住地惑，此是欲界的思惑；三是色爱住地惑，此是色界的思惑；四是有爱住地惑，此是无色界的思惑；五是无明住地惑，此是三界的无明。

"三心"是二种常见的烦恼，有不同说法：一是指过去心、现在心和未来心这三心；二是指起事心、依根本心、根本心。①这里分析一下后一种三心。凡夫的特点是有此三心，未得拔除。而有此三心，就不能证三身。所谓起事心是指见、修一切烦恼诸相应心，或者说，能产生诸业、诸果的心，有作、有为的心，即起事心。有起事心就不能显化身。怎样灭起事心？"修道伏除，烦恼折伏"，②即依诸伏道，而灭起事心。"起事心灭，故得显随类化身"。③所谓依根本心，即与善、不善业相应的心，因为业是趣生诸道所依的根本，此心即是能导致六道轮回的业心。有此心便无应身显现。相应地，此心灭，即有佛应身显现。要让其伏断，就应修圣道。"修圣道，便断诸业"，④进而断此心。所谓根本心即与三界苦果相应的心，或说导致生死发生的根本心。有此心便无法身显现，此心灭即显法身，而要灭此心，得"依胜拔道。"⑤

再看障。障即把人隔离在生死牢笼中、不让其超越的障碍。一种分类法是把障分为烦恼和所知二障。"障者覆义、阂义，由所知障覆所知境，令智不生，由烦恼障，阂大涅槃，令不现证。"⑥障以二障现行，以种子、习气、业果为体性。烦恼所知二障各有俱生和分别两种，即有俱生烦恼障和俱生所知障，分别烦恼障和分别所知障。这些障可在不同的位次得到伏断。分别烦恼障现行，可在资粮位中渐次伏断，在加行道中顿伏尽。俱生烦恼障现行，地前渐伏，初地以上能顿伏尽。所知障中分别现行，亦资粮道中渐伏，加行道中顿伏尽。⑦

无明是著名的根本烦恼，甚至是其他一切烦恼的总根源。从无明与明的关系

① [唐]窥基：《大乘法苑义林章》卷7，《大正藏》第45册，第361页。
② [唐]窥基：《大乘法苑义林章》卷7，《大正藏》第45册，第361页。
③ [唐]窥基：《大乘法苑义林章》卷7，《大正藏》第45册，第361页。
④ [唐]窥基：《大乘法苑义林章》卷7，《大正藏》第45册，第361页。
⑤ [唐]窥基：《大乘法苑义林章》卷7，《大正藏》第45册，第361页。
⑥ [唐]窥基：《大乘法苑义林章》卷2，《大正藏》第45册，第282页。
⑦ [唐]窥基：《大乘法苑义林章》卷1，《大正藏》第45册，第263页。

说，无明根本有别于明，尤其是真心的妙明，它是寂而常照，本自常明，朗然洞彻，也可以说是本觉、妙觉。而无明恰恰是它的反面，即不知除妄心外还有妙明真心，对之不知不觉。当然从无明的体性说，它与妙明又是一如一体的。《大乘义章》云："明、无明二，无明实性即是明。明亦叵取，离一切数，心如虚空，离数如空，即是真心无分别义。"①"不了第一义谛，号曰无明。""因不了之所盲，成惑业之众苦，了无明之实性，成涅槃之妙心。"②无明即不知真心一如一体、不动不变的本性，试图把它作为对象去明，于是便有心动。"忽然念动名为无明，此是现根本无明，最极细微，未有能所、王数差别。"无明的特点是"不与心王、心所（数）相应"，没有能所差别。它是"染法之原"，"无明之前，无别有法为始集之本，故云无始。"③之所以说无明是根本烦恼，是因为别的一切妄心、烦恼都由它派生而来。例如由无始无明，最初生出三种细识。它们是最初、最早的妄心，即由不觉而引起的动念，而生起的三种微细识。论云："依于觉故，而有不觉，生三种相，不相舍离。"一是无明业相，以依不觉，而有心动，"心动名业"。此动念即是最初的一个微细识，"极微细，是精动、隐流之义"，也可以说是赖耶识的自证法。二是能见相，心依心动，能见境界，亦即转相，依前业相转成能见。不动即无见，一动就有能见、所见及其分别。能见即是第二细识。三是所见相或境界相，亦即现识。依前转相，能显境界，故云依见故境界妄现。④有了能与所或主体与客体的分别，其他妄心便接踵而至。

佛教对三界中的烦恼及其特点还作了研究。我们知道，烦恼存在于染污的世俗世界，而此世界又有欲界、色界、无色界三种。因所欲对象不同，故三界中烦恼的数量、样式、特点等不尽相同。欲界的除无明之外的一切烦恼表现为欲爱，色界的除无明之外的一切烦恼表现为色爱，无色界的除无明之外的一切烦恼表现为有爱。烦恼的危害表现在：为"苦谛"所摄，烦恼生起即是苦。同时有让人迷执、并障谛理的作用，因此"烦恼亦名迷执，亦名障碍，体一义殊"，"烦恼生时，皆有能迷、能障谛理。"⑤

---

① [隋]慧远：《大乘义章》卷3末，《大正藏》第44册，第527页。
② [五代]延寿：《宗镜录》卷77，《大正藏》第48册，第840页。
③ [五代]延寿：《宗镜录》卷57，《大正藏》第48册，第744页。
④ [五代]延寿：《宗镜录》卷56，《大正藏》第48册，第739页。
⑤ [唐]遁伦：《瑜伽论记》卷2下，《大正藏》第42册，第353页。

通过以上搜罗，可得出这样的结论："诸如是烦恼义门，差别无量。"①意为烦恼现象极为复杂、奥秘无穷，其行相、种类、表现、特点、原因、危害等。

《大乘阿毗达磨集论》还分析了诸烦恼与别的心理的关系，指出：在欲界，贪与乐、喜、舍相应，即有联系，有相互作用，如贪可以导致乐、喜、舍，嗔与苦、忧、舍相应，慢在欲界与喜舍相应。邪见在欲界与忧、喜、舍相应，在色界、无色界，与随所有受皆相应。疑在欲界与忧、舍相应，在色界、无色界，与随所有受皆相应。无明有两种：一是相应无明，它在三界与一切烦恼、一切受都相应；二是不共无明，它在欲界与忧、舍相应。在其余二界，与随所有受皆相应。②

在烦恼的断灭这个问题上，《大乘阿毗达磨集论》认为，烦恼是可以断灭的，只是这是一个长期、艰苦的过程，要通过不同的修证方法，来逐渐断不同的烦恼。"如此差别断，由此作意为断，从此而得断。如此差别断者，谓遍智故、远离故、得对治故。"③

伏断也可理解为解脱。解脱有两种：一是心解脱，其标志是断除爱结；二是慧解脱，其标志是断除无明。④"烦恼尽处名之为断，断是智果，果仍因名，故号断智。""虽智是智，断是智果，故说断智。"⑤共有九种，如欲界地苦集谛下烦恼断处，即是断智，灭道谛下烦恼尽处分别有两种断智，等等。这里讲的是作为果的断，即断尽后的结果，此结果即是转识成智。还有作为因的断或断智。

《大乘义章》总结了佛教及其诸宗在断结问题的思考与理论。断结的界定是："烦恼暗惑，结集生死，名之为结，又复烦恼，结缚众生，亦名为结，解生结尽，目之为断。"⑥各宗派对断灭结缚等烦恼都有自己的契理契机的发挥，故可说："宗别不同，说断亦异。"⑦要断结，要对结作描述性现象学研究，故说："于中先明所断之结，后明治断。"⑧从所断的角度说，"断者不续义，由无漏道，断其种子令不相续，名之为断，及由有漏无漏道力伏其现行，令不相续。"⑨从能断上说，

① [古印度]无著菩萨：《大乘阿毗达磨集论》卷4，[唐]玄奘译，《大正藏》第31册，第678页。
② [古印度]无著菩萨：《大乘阿毗达磨集论》卷4，[唐]玄奘译，《大正藏》第31册，第678页。
③ [古印度]无著菩萨：《大乘阿毗达磨集论》卷4，[唐]玄奘译，《大正藏》第31册，第678页。
④ [隋]慧远：《维摩义记》卷2，《大正藏》第38册，第457页。
⑤ [隋]慧远：《大乘义章》卷13，《大正藏》第44册，第736页。
⑥ [隋]慧远：《大乘义章》卷9，《大正藏》第44册，第641页。
⑦ [隋]慧远：《大乘义章》卷9，《大正藏》第44册，第641页。
⑧ [隋]慧远：《大乘义章》卷9，《大正藏》第44册，第641页。
⑨ [唐]窥基：《大乘法苑义林章》卷2，《大正藏》第45册，第282页。

“断者是除害义，由无漏道除二障种，及由有漏无漏道力，害二现行，令不生起。”[①]从体性上说，“断者体性”，即是诸法体性，“能令障法不生，不生义是断义，性即真理，理是断性，道是断用，障是所断。”“若所灭，若能灭，若灭性，是三转依，理名断。”[②]

窥基大师认为，要断烦恼，必须知根，根即我执。“我执为根，生诸烦恼。若不执我，无烦恼故。证无我理，我见便除，由根断，故枝条亦尽。”[③]所知障也是妄心，其根源是法执，因此破法执便能断所知障。《唯识三十颂》在讨论每一识的性、相、因相、果相等之后，专门有一个主题就是讨论在何位次才能伏断它们。它的整体结构也可说明心之伏断问题在佛教心灵哲学中的地位。唯识宗对识的讨论分这样几个阶段：一是唯识相；二是识之伏断；三是唯识位及其修证。

第五节　妄心的本质与灭除的原理及方法

从起源上说，无明尽管也属妄心，但它是所有一切妄心中的根本妄心，也可理解为哲学意义上的次级本原。除此本原之外，还有真心这一本原。妄心之所以生起，是因为有无始无明的存在。所谓无明即痴或不明白、不觉，像冥中见冥，即像禁闭在暗室中欲见幽暗一样，终将一无所知。具体而言，无明则表现为“不解四谛”（无常、苦、空、无我），不觉真心。因此痴实即不解、无慧、不见、不相应。[④]从关系上说，无明是明或见道的反面。经云：“夫见道者。譬如持炬。入冥室中。其冥即灭。而明独存。”[⑤]从作用上说，“无明能覆障众生智慧，造作后有、诸行。”[⑥]例如，误把真心当作对象（所）试图加明于真心，这样便有一系列妄心的依次随起。之所以说真心也是本原，是因为包括妄心在内的一切都是真心的随缘（无明是根本的缘）变现。

从佛教的现象学上说，世界万物对于人来说都是一个样子，即一相。由无明、

---

① [唐]窥基：《大乘法苑义林章》卷2，《大正藏》第45册，第282页。
② [唐]窥基：《大乘法苑义林章》卷2，《大正藏》第45册，第282页。
③ [唐]窥基：《成唯识论述记》卷1，《大正藏》第43册，第235页。
④《阴持入经》卷上，[后汉]安世高译，《大正藏》第15册，第175页。
⑤《佛说四十二章经》。
⑥ [古印度]龙树菩萨著、清辨菩萨注：《般若灯论释》卷15，[古印度]波罗颇蜜多罗译，《大正藏》第30册，131页。

分别心生，才有彼此、我他的分别。用德国哲学家谢林的话说，人的认识经历了一个从绝对无差别同一到主客二分、自他二分的发生过程。佛教认为，“世间无实，从分别起。此分别故，分别心生，由此心为因，即有身生，是故有身行于世间。蕴所成故，名之为身。”[①]这就是说，从现象学角度看，万物的分别根源于主客体的分别，而此分别又根源于有分别心生。《持人菩萨经》云：无明即痴，痴即不知诸法本性，本性即无。“不了无处，故曰无明。”[②]

从解脱论角度说，众生的生死循环过程是由一系列因缘条件（十二因缘）决定的，而“无明为首”。既然如此，要超越生死，要伏断妄心，必须从源头上入手，即断除或消灭无明，而这又是可以做到的，因为无明虚伪不真。只要有明智，并如实观察、如实心行，如“晓了本际则达无际，不起思想，亦不无想，便断众想，以断众想故，不倚无明。”“以消无明，则曰明业。何谓消无明者？解一切法悉无所有，假托有耳，是则曰以断无明。”[③]

伏灭妄心的认识论前提是如实知自心，尤其是知心之本质，知妄心后的真心，即真正地明心见性。如前所述，从动机上说，对治心身是佛教心灵哲学两大宗旨之一，即解脱论动机，另一宗旨是“如实知心”，亦即认识论动机，或科学、哲学动机。这两大动机是统一的。因为只有如实知，才能有效对治。法尊法师说：“内明即佛学”之要。此宗要就是要对治身心。“身心既对治有方，自能断除烦恼，而得解脱。”[④]而要如实知自心，必须对佛教心灵哲学有足够、到位的认识，特别是要明白佛教所说的关于真心与妄心关系、客尘关系的理论。

伏断妄心的根本性、前提性方法是有空见、空观，或努力做到“无相”。因为只有断尽一切相，只有如实证得诸法的空性、无常性，才能接近心的本质，才能如实知心，进而才有可能断除一切妄心。中国禅宗说得好：觉诸空相，心自无念。念起即觉，觉之即无。吉藏说：“以一切相尽，则心无所取，故取相心断。又心则是相，求一切相不可得故，则无心相。无心相故无能取。此则于外无取，于内无心。彼已寂灭，名为涅槃也。”“然相既无，亦相无相，非相无相亦无，故

① [古印度]龙树菩萨：《大乘破有论》，[宋]施护译，《大正藏》第30册，第254页。
② 《持人菩萨经》卷2，[西晋]竺法护译，《大正藏》第14册，第632页。
③ 《持人菩萨经》卷2，[西晋]竺法护译，《大正藏》第14册，第633页。
④ 法尊法师：《法尊法师佛学论文集》，律铁钢、胡和平编，中国佛教文化研究所1990年版，第322页。

四境绝、四心断、四言寂，则是实相、法身、佛性、法界也。”①到了这步境地，才是真正的如实知心。以对治我慢为例，“了知我见本来无有，彼若一心专注能断，是人速疾心得清净。”②于其他一切法，都可如是操作。果如此，都能当下清净。其前提是：要有空见，将一切空掉，即了知一切本来无有。然后做到一心谛观，如专注能断、能观之心，当下便得清净。

唯识宗提出的证空方法完全符合人的认知规律，颇值得关注。其步骤是：先通过论证唯识无境，证明外法皆空无所有；然后再来分析识本身，如分析它们的三性（遍计所执性、依他起性和圆成实性）；最后足可证明，“此乱识不能自起，由他功力，他既不成，起义何在？”③

理解了佛教的心学，就不难明白：行空、证空直到得究竟解脱是具有充分的可能性的。其可能性的根据在于：心性本寂、本净，本是佛，只因其上有妄想执著，让真心埋没了，不能做主，人才生活于水深火热之中，甚至沉沦六道轮回。因此只要清除其上的妄念、尘劳，让心性返璞归真，让妄心后的真心显现，重操主导大权，那么人当即转凡成圣，乃至成佛作祖。因此可以说，调适心态，清除尘劳，变妄心为真心是离苦得乐、转凡成圣的必由之路。是故经中常说：“以心得解脱”。“若断一切动念、分别，是则名为住于圣道，住无畏道，住安稳道，住安乐道。……此道如空，遍一切处，能至无上大宫殿中”。“此大宫殿即大涅槃”，而大涅槃中，“已灭有为，已舍无为”。④由于此如大宫殿的心清凉寂静，因此本身就是涅槃。“如理清净，则不分别、非不分别。而于分别、不分别中，平等知见。若见有法可求可觅，则不平等，不住如理清净知见。以无分别、无不分别，于彼分别、不分别中，而无执取。以无执取远离分别及不分别，于此道中，无有怜悯，无有施为，亦无增益，亦无取舍，住平正道，亦不分别。”⑤只要将心调适至这样的无分别、无不分别（连不分别也空掉了、舍弃了）的平正状态，那么就进到了通常所说的“即心即佛”的状态。当然，又必须看到：调心的方法简单而难行，好说而不好做。尽管这里方向明确，理路清晰，上手的方法也历历在目，

① [隋]吉藏：《十二门论疏》卷下之本，《大正藏》第42册，第201页。
② [古印度]法称：《大乘集菩萨学论》卷19，[宋]法护译，《大正藏》第32册，第126页。
③ [古印度]陈那：《解卷论》，[陈]真谛译，《大正藏》第31册，第884页。
④《大宝积经》卷22，[唐]菩提流志译，《大正藏》第11册，第121页。
⑤《大宝积经》卷22，[唐]菩提流志译，《大正藏》第11册，第120页。

例如只要抓住当下一念，在其上下功夫，让其清净就行，但问题是此清净的过程和效果的显现，比登天还难。

尽管调心、证空很难，但又不是不可能做到的。其方法很多，《大宝积经》在这方面的奉献是：介绍了许多菩萨常行的“心法”。这些方法的基本要求和操作要领是：无念无求，淡然自守。“立在一处，亦无合离，使永执心莫知所存，不见形象、音声往来，亦无犹豫，所应如心，众无合散，不知住处，亦无所适，……于内亦无处，处亦无有住，如幻如化，虚无处、无处无所处，达士睹之，了无所有，便自执心无念无求，见若不见，闻若不闻，淡然自守。是为菩萨等观游于心法。”①简言之，要做到以心行空、以心得解脱，关键是让心住无所住，处无所处，真正地淡然自守，让心游于或安于平等、平正的状态，无动无摇。

要调心于平正或空寂，首先要知道如此心行的入处。寂慧菩萨问金刚手菩萨曰：“如来解脱际处而在何处？”金刚手菩萨回答说：“如来解脱际处在无明、有爱际处。”②这就是说，心行空寂的入处就在心念的当下，即任一当下都可觉知到的心灵状态，这些状态的特点是无明、烦恼。因此，无明烦恼就是去凡成圣、转妄心为真心的入处。无明烦恼、有爱处的本质是什么？在哪里？《佛说如来不思议秘密大乘经》回答说：“毕竟无生、无起际处”。此际处则“在无表了处”。③就是说，它们的体性空无所有，因此无可言说。“一切诸法，无言无说。善男子，若有人言有所说者，彼即非说”。④为什么一切妄心的本质或本体就是空，就是真心，不可言说？因为一切不可得。“我、人、众生、寿者，悉无所得，彼蕴处界，亦无所得，乃至善、不善，有罪、无罪，有漏、无漏，世间、出世间，有为、无为，若染、若净，生死涅槃，皆无所得”。⑤寂慧菩萨问得了授记的金刚手菩萨：“若法无所得，云何是中有授记？”⑥意即：既然一切皆空，不可得，又怎么有得授记这回事？金刚手菩萨说：“由无所得故，即于是中以通达智而授记。”⑦意即：正是由于无所得，才由通达智、基于被授记者证得了无所得的通达智而给予授记。

---

①《佛说普门品经》，[西晋]竺法护译，《大正藏》第11册，第771页。
②《佛说如来不思议秘密大乘经》卷14，[宋]法护译，《大正藏》第11册，第736页。
③《佛说如来不思议秘密大乘经》卷14，[宋]法护译，《大正藏》第11册，第736页。
④《佛说如来不思议秘密大乘经》卷14，[宋]法护译，《大正藏》第11册，第736页。
⑤《佛说如来不思议秘密大乘经》卷14，[宋]法护译，《大正藏》第11册，第736页。
⑥《佛说如来不思议秘密大乘经》卷14，[宋]法护译，《大正藏》第11册，第736页。
⑦《佛说如来不思议秘密大乘经》卷14，[宋]法护译，《大正藏》第11册，第736页。

空之心行的根本方法是于一切不取、不著，即空掉所执、能执之法。例如，就每个人当下所能体验到的识或念头来说，它们都有能执和所执两方面。如果清净觉照之心不取于它们，将其空掉，安心于平正，当下即有真心显现，当下即得解脱。故《大宝积经》言："若不取著，即是最上，若是最上，是即解脱。""行者尔时离散不积，舍而不取，舍故寂灭，解脱除遣。"①

于一切法"无想"也是以心行空的好办法。《大方广三戒经》云："于一切法，应无所得，无所依倚，生诸善根。迦叶，若有菩萨求于无上正真道时，若有相著，或于佛法而起妄想，……当说是人不名为向于无上道。"②因为有著、有希求，就是没有断有，而有"有"则必为其所害，所以进而有流转。"起于妄想分别之心，不能度得无上正道"。③同理，著于无想、非想、非非想，也有背于无上道。因为若有关于无想、非想、非非想的希求、意识，哪怕只有一点点念想，那么都是背道而驰的。只有于"一切诸法无想"，才是"胜法"。④

"不动"也是合于无上道的心行方法。《大宝积经》云："诸佛世尊，于此甲胄、此乘、此道"，即于大乘道，"得不动已而般涅槃"。⑤意即，只要让心行于无动，那么当下即是般涅槃。"何以故？一切诸法不可动故。""一切诸法无性、无相，不可显示，不可言说，是为诸法真实性相"。⑥安心于此真实性相，让心等同于此性相，无有动摇，就是般涅槃。

"菩萨摩诃萨成就十法"是"行大乘、住大乘"的具体方法。而大乘行、大乘住，即让心行于空、住于空。行大乘的十法是：一、信成就，二、行成就，三、性成就，四、乐菩提心，五、乐法，六、观正法行，七、行法慎法（即观法顺法），八、舍慢及大慢（如舍弃贡高我慢等），九、善解如来秘密之教，十、心不希求声闻、缘觉乘。这十法讲的是以心行空、证空的具体过程。例如，要证空，第一步是要有对空的本质和作用的信仰，然后再依次落实于行动。而行的关键是以心行空、以心住空。怎样行空、住空呢？行空、住空的关键是要"作如是观"，即观"一切法如幻，诳凡夫故；愚痴覆心，无正慧故；一切法虚妄如梦，以唯念故；

---

①《大宝积经》卷35，[唐]菩提流志译，《大正藏》第11册，第201页。
②《大方广三戒经》卷上，[北凉]昙无谶译，《大正藏》第11册，第688页。
③《大方广三戒经》卷上，[北凉]昙无谶译，《大正藏》第11册，第689页。
④《大方广三戒经》卷上，[北凉]昙无谶译，《大正藏》第11册，第689页。
⑤《大宝积经》卷23，[唐]菩提流志译，《大正藏》第11册，第127页。
⑥《大宝积经》卷23，[唐]菩提流志译，《大正藏》第11册，第127页。

一切法如水中月，非有事故；……一切法生灭，因缘成故；一切法不生，真如性故；一切法不灭，以无生故；一切法无作，以无作者故；一切法如虚空，以无染故；一切法寂静，体性无染故；……一切法如芭蕉，以不实故；一切法如水沫，性无力故”。①

心之空行的方法还有很多，如“观一切法性空故，无名故，无相故，无愿故，无生故，无作故，厌故，离故，灭故，出故，得法光明，……得道清净，获无生忍”。②还可这样表述：“不住于处，不为相覆，知一切法同于虚空，生如空生，性如空性，无有少相而为挂碍。”③

灭除妄心是一项系统工程，即必须依据戒定慧基本三学，广行六度万行。而其中的关键之关键、中心之中心，是于念离念、于相离相。经云：“若菩萨摩诃萨欲摧伏悭贪心、不起犯戒心、除去恚怒心、弃舍懈怠心、静息散乱心、远离恶慧心，当学般若波罗蜜多。”④学般若波罗蜜多，就是要与之相应，与空相应。“诸相应中，与空相应最为第一，与般若波罗蜜多相应最尊最胜。……相应故，毕竟不起悭贪心，不起犯戒心，不起忿恚心，不起懈怠心，不起散乱心，不起恶慧心”。⑤

菩萨是灭除妄心的典范，因此对他们的心行作出解剖，有助于找到伏灭妄心的出路。根据诸经论，菩萨的一个特点是，于一切不取著，连菩提心也不取著。“以诸菩萨为欲证得一切智智，发菩提心、无等等心、不共声闻独觉等心，于如是心亦不取著，由此义故名摩诃萨”。⑥心彻底空掉，不见有法生、法灭，不见有法增与减、净与染，不见有声闻心、如来心，这样的人即菩萨摩诃萨。换言之，菩萨即是于心离心之人。因为菩萨之由凡夫变为菩萨的心理根源是“于所发起大菩提心、无等等心、不共声闻独觉等心，不恃不执，于色、非色乃至十八佛不共法，无取无著，由此义故名摩诃萨”。⑦从事上说，菩萨是行六度万行之人，而菩萨之所以为菩萨，是因为在行一切行时，心不取不著，如在行布施时，“一心趣向一切智智”。⑧所谓一切智智，即是一切智者之智，亦即是佛智。修净戒行时，

①《大宝积经》卷28，[唐]菩提流志译，《大正藏》第11册，第153页。
②《大宝积经》卷22，[唐]菩提流志译，《大正藏》第11册，第122-123页。
③《大宝积经》卷22，[唐]菩提流志译，《大正藏》第11册，第123页。
④《大般若波罗蜜多经》卷402，[唐]玄奘译，《大正藏》第7册，第9页。
⑤《大般若波罗蜜多经》卷403，[唐]玄奘译，《大正藏》第7册，第17页。
⑥《大般若波罗蜜多经》卷411，[唐]玄奘译，《大正藏》第7册，第61页。
⑦《大般若波罗蜜多经》卷411，[唐]玄奘译，《大正藏》第7册，第62页。
⑧《大般若波罗蜜多经》卷411，[唐]玄奘译，《大正藏》第7册，第63页。

皆不例外，“虽护净戒，而都不见持犯差别”，“以一切智智相应作意”。[①]在修精进、禅定时，“于六波罗蜜多相不取不著”，“以无所得而为方便”，“修静虑时静心行施，乱心、悭悋不复现前”。[②]“修行般若波罗蜜多时，于六波罗蜜罗相不取不得”。[③]

菩萨修行六波罗蜜多时，虽有种种行相，但心行平等，无取无著。心广大无边，等于虚空，因此是“行相广大，无二无量，无怨无害，无恨无恼，遍满善修胜解，周普充盈十方，尽虚空、穷法界，慈心胜解，具足而住”。[④]

由于菩萨行六波罗蜜多时的心理操作方法是绝对平等，无所分别，不取不著，因此能断除一切妄心，连六波罗蜜多乃至菩提心都不得、不取，更何况得妄心、有妄心。经云：“大悲为首，用无所得，而为方便。虽乘布施波罗蜜多而不得布施波罗蜜多，不得施者、受者、施物及所遮法；虽乘净戒波罗蜜多，而不得净戒波罗蜜多，不得持戒及犯戒者并所遮法；虽乘安忍波罗蜜多，而不得安忍波罗蜜多，不得能忍及所忍境并所遮法；虽乘精进波罗蜜多，而不得精进波罗蜜多，不得精进及懈怠者并所遮法；虽乘静虑波罗蜜多而不得静虑波罗蜜多，不得修定及散乱者，不得定境及所遮法；虽乘般若波罗蜜多，而不得般若波罗蜜多，不得能慧及愚痴者，不得善、不善、无记法，不得世间、出世间法……。”[⑤]于得、不得、乘、不乘，都无分别，做到一心不动。这种心行即菩萨心行。菩萨之所以不取、不得，是因为包括妄心、真心在内的一切，“但有假名施设、言说，菩提及萨埵，俱不可得”。[⑥]色、识乃至佛的十八不共法都是如此。

要伏断妄心，关键是守心，让心凝固不动。经云：“为仁不杀，……慎言、守心。……常行慈心，……安止无忧。”[⑦]“举动、行步，常自将护而复察之”，[⑧]即在一切活动中，把心护持好、管理好，不让其驰散，并对之作出如实的观察。有念生起，立马觉知，看它从哪里来，观久、观熟，它来无所来，去无所去。至此，妄心自然不生，当即灭除。“心适起已，寻便消灭。无常住处，不住在内，

① 《大般若波罗蜜多经》卷411，[唐]玄奘译，《大正藏》第7册，第63页。
② 《大般若波罗蜜多经》卷411，[唐]玄奘译，《大正藏》第7册，第64页。
③ 《大般若波罗蜜多经》卷411，[唐]玄奘译，《大正藏》第7册，第65页。
④ 《大般若波罗蜜多经》卷412，[唐]玄奘译，《大正藏》第7册，第66页。
⑤ 《大般若波罗蜜多经》卷412，[唐]玄奘译，《大正藏》第7册，第67页。
⑥ 《大般若波罗蜜多经》卷412，[唐]玄奘译，《大正藏》第7册，第67页。
⑦ 《法句经》卷上，法救撰，[吴]维祇難等译，《大正藏》第4册，第561页。
⑧ 《阿差末菩萨经》卷6，[西晋]竺法护译，《大正藏》第13册，第607页。

亦不在外，不两间得。吾从初始发菩萨心已来……其无无处，不可处之。……无处不处，不可分别。"[①]如此观察心行，便无心念生起。至此便进到了观心无心的境界。经云："心者不知心，心者不见心，心心不相待。"如是观心，便必得"意止"。[②]

抓住阿赖耶识这个"牛鼻子"，也是断伏妄心的行之有效的途径。诸经一致认为，心所法是根源于、依赖于八识心王的，而在全部心理现象中，第八识又是王中之王，即居于主导、统帅地位。如果能通过观心证得第八识的空无本性，令其断灭，那么包括心所法在内的一切妄心也一定如此。所以，这里只要将第八识的本性认识清楚了，将它解构了，那么便将依赖于它的心理现象也一同予以解构了。总之，解脱、成圣的心理机制在于：断阿赖耶识。凡夫之所以为凡夫，之所以流转生死，是因为有阿赖耶识在起作用，例如让此生所造业熏习为种子，储存于此识之中。种子既被熏习，就不会消灭，当条件成熟时，便会现起，让其持有者受相应的报应。如果熏习的是染污种子，将会遭恶报。论云："阿赖耶识是一切杂染根本。所以者何？由此识是有情世间生起根本，能生诸根、根所依处及转识等。"[③]意即有情众生身上的所有构件及结构，所有心理特点、性格及机制，后天的生存状态，都是由阿赖耶识中储存的种子决定的。所有心理现象所具有的、不为非心理现象所具有的那种明性、觉性都是分有它的见分作用的结果。不仅如此，众生所生活的外部世界（器世间）也是由它决定的。故论云："亦是器世间生起根本，……亦是有情互起根本。"之所以如此，是因为阿赖耶识"能持一切法种子故"。[④]由上分析不难明白断除妄心、摆脱恶趣直至超越生死的出路。既然染污种子之熏习是苦难命运的根源，因此从源头上着手，不造业，一念不生，便斩断了生死轮回的祸根。论云："此杂染根本阿赖耶识，修善法故，方得转灭。"[⑤]意思是，阿赖耶识是可以转变的，其熏习染污种子让众生轮回生死的功能也是可以断灭的，只要勤修善法，如"以缘转识为境，作意方便住心"，到一定程度，"或入声闻正性离生，或入菩萨正性离生，达一切法真法界已，亦能通达阿赖耶识，

①《阿差末菩萨经》卷6，[西晋]竺法护译，《大正藏》第13册，第607页。
②《阿差末菩萨经》卷6，[西晋]竺法护译，《大正藏》第13册，第607页。
③［古印度］无著菩萨：《瑜伽师地论》卷51，[唐]玄奘译，《大藏经》第30册，第581页。
④［古印度］无著菩萨：《瑜伽师地论》卷51，[唐]玄奘译，《大藏经》第30册，第581页。
⑤［古印度］无著菩萨：《瑜伽师地论》卷51，[唐]玄奘译，《大藏经》第30册，第581页。

当于尔时”，[①]看清内在微细相状，能见自本性，得真解脱。因为进一步修观行就会发现：“阿赖耶识是一切戏论所摄诸行界”，只要在修行中“缘真如境智，修习多修习”，[②]就会发生转依，进而断杂染，断阿赖耶识。另一方面，众生之所以能离苦得乐、转凡成圣，也与阿赖耶识储存的种子有关，因为它不仅储存着新熏的染污种子，还天生有得解脱、成圣的涅槃、解脱种子。这就是说，阿赖耶识不仅摄持染污种子，也摄持清净种子。论云：“阿赖耶识所摄持顺解脱分，及顺抉择分等善法种子。”[③]这些种子当然是别的善法得以生成的重要条件。“由此种子故，故彼诸善法转明盛生。又复能感当来转增、转胜可爱可乐诸异熟果。”[④]更重要的是，阿赖耶识中本有断妄心、证真心以及成佛的种子。有这样的种子，众生便有断除妄心、回归真心、转凡成圣的先天可能性。

《成唯识论》认为，至阿罗汉位可舍阿赖耶识。这里的阿赖耶识是狭义的，即指第八识执藏种子的功能。由于不再熏习这些种子，因此能断烦恼障。当然第八识的异熟、执持根身（阿陀那识）的功能还不会舍。“阿罗汉位方究竟舍。谓诸圣者断烦恼障究竟尽时，名阿罗汉”。[⑤]此处所说的阿罗汉包括进入三乘无学果位的一切圣者。这就是说，“阿罗汉、独觉、如来，皆不成就阿赖耶”。[⑥]其标志是断烦恼种子，若未断，阿赖耶识就仍会继续存在并起作用。八地以上菩萨也达到了此要求。“此菩萨虽未断尽异熟识中烦恼种子，而缘此识我见爱等，不复执藏为自内我，由斯永舍阿赖耶名。”[⑦]还有这样的菩萨，他们已得殊胜智慧，并断分别二重障，但为度众生，一行中起诸行，现起诸烦恼，甚至未断尽俱生烦恼。不过，他们没有烦恼的过失，不会把分别我见等执持为自内我，因此也属不退菩萨，也舍了阿赖耶识名。

其余七识当然也在要断除的妄心之列。要灭它们，如灭第八识一样，首先应弄清它们的生起根源及本质。这已如前所述。然后，要明了识之三相。它们分别是，真相、转相（由真识转变而来）、业相（造作）。灭心识要灭的是后两相。果

① [古印度]无著菩萨：《瑜伽师地论》卷51，[唐]玄奘译，《大藏经》第30册，第581页。
② [古印度]无著菩萨：《瑜伽师地论》卷51，[唐]玄奘译，《大藏经》第30册，第581页。
③ [古印度]无著菩萨：《瑜伽师地论》卷51，[唐]玄奘译，《大藏经》第30册，第581页。
④ [古印度]无著菩萨：《瑜伽师地论》卷51，[唐]玄奘译，《大藏经》第30册，第581页。
⑤ [唐]玄奘、窥基编译：《成唯识论》卷3，《大正藏》第31册，第13页。
⑥ [唐]玄奘、窥基编译：《成唯识论》卷3，《大正藏》第31册，第13页。
⑦ [唐]玄奘、窥基编译：《成唯识论》卷3，《大正藏》第31册，第13页。

如此，灭除的任务就大功告成。因为这两相一灭除，真心便当即显现，亦即完成了由妄返真、由凡转圣的逆工程。诸经把此过程称作“覆”，意为翻转，如说，“若覆”，便有真识之显现。怎样做到相灭、相续灭？若将由真起妄的过程倒转过来，返照真识，则爱见、妄想自然泯灭。妄想即根本无明，是能熏种子、起惑造业的因，此因一灭，所熏的根识便自然灭。诸根识既无，其转相、自相、业相亦无。只要依灭、缘灭，识的相续相便自然灭。因为识的相续依赖于“依”（或因）和“缘”。①因即根本无明，缘即自心所见的境界或所缘的诸尘。

六识的伏断相对于第八识和第七识来说要容易得多。例如，在下述情况下，意识就不现起：在无想天，在灭受想定、无想中，在睡眠与闷绝时，就没有意识发生。故颂云：“意识常现起，除生无想天，及无心二定，睡眠与闷绝。”②

灭除妄念并不难操作，只要从当下可抓住的任何一念入手，便可达到目的。文殊师利指出了这样一种循序渐进、类似于中国禅宗“参话头”式的方法，即于任何一念，应发如是观、如是念：“此是空，此不净，求（追寻）此欲心生处、灭处，从何所来，去至何所，是中，谁染、谁受染者、谁为染法，如是观时，不见能染，不见所染，不见染事，以不见故，则无有取，以不有取故，则无有舍，以不舍故，则无有受。不舍不受，则名离欲、寂灭、涅槃。”③至此境界，即使用利刀斩人头颅，也可看作是梵行。因为只要持这样的心就行了，无能斩、所斩、斩事。证得此境，口中毁谤佛法也可看作是梵行。因为只要存这样的心就行了：“佛法僧非可得”。“若人不见佛，不闻法，不识僧者，彼为不背佛，不谤法，不破僧。何以故，以其不得佛法僧故。”④

《大宝积经》论述了二十种破心魔（实即妄念）、成就三昧的方法。它们分别是：一、诃毁贪欲，破坏贪心；二、诃毁嗔怒，破坏嗔心；三、诃毁愚痴，破坏痴心；四、诃毁嫉妒，破坏嫉心；五、诃毁憍慢，破坏慢心；六、诃毁诸盖，破坏盖心；七、诃毁热恼，破坏恼心；八、诃毁想念，破坏想心；九、诃毁诸见，破坏见心；十、诃毁分别，破分别心；十一、诃毁取事，破坏取心；十二、诃毁执著，破坏执心；十三、诃毁诸相，破坏相心；十四、诃毁有法，破坏有心；十五、诃

① [明]宋泐：《楞伽阿跋罗多宝经注解》卷1，《大正藏》第39册，第350页。
② [唐]玄奘、窥基编译：《成唯识论》卷7，《大正藏》第31册，第37页。
③《大宝积经》卷105，[唐]菩提流志译，《大正藏》第11册，第588页。
④《大宝积经》卷105，[唐]菩提流志译，《大正藏》第11册，第589页。

毁常法，破坏常心；十六、诃毁断法，破坏断心；十七、诃毁诸阴，破坏阴心；十八、诃毁诸入，破坏入心；十九、诃毁诸界，破坏界心；二十、诃毁三界，坏三界心。①

见，尤其是各种邪见、偏见、边见等，也是妄念，也应断。而要断见，则应依空。此空是究竟空。因为它连空见也要空掉。“一切诸见，见空得出”。“一切诸见，皆因如来说苦故断”。②烦恼、怨恨等的断除也应仰仗这种空。

《佛说佛名经》论述了灭三障的方法。障即障碍，是阻止妨碍众生去凡成圣的障碍。三障是指烦恼障、业障、果报障。灭此三障有七种方法，实即七种心理操作。经云：“先当兴七种心以为方便。”“一者惭愧，二者恐怖，三者厌离，四者发菩提心，五者怨亲平等，六者念报佛恩，七者观罪性空。”③

再看憎爱及其灭除方法。人世间刀刃相见的根源是什么？主要是憎爱。憎爱的因缘是什么？“此憎爱烦恼，怨亲为因，怨亲而集，从怨亲生，怨亲为缘”。④怨亲的因缘又是什么呢？是有贪欲；贪欲又因“疑惑”而有；疑惑“以虚妄为因，从虚妄而集”。⑤怎样灭虚妄呢？有六法可灭，如眼观色，耳听声，鼻闻香，舌了味，身觉触，意分别法。在这个过程，一步步往前观，往深处观，就会见到它们的空无、不可得的本性。至此，妄心自然不生。

伏断妄心当然是一个由粗至细、由低到高的复杂而漫长的过程。《阿毗达磨大毗婆沙论》认为，灭染污妄心，要通过几个阶次逐渐实现。“诸染污心、心所法，九品渐断”。⑥九品即烦恼在粗细方面所表现出的九个等级。从修行的角度说，九品是根据修行者的罪业、根性、修行境界，或根据贪、嗔、慢、无明四种修惑的粗细不同，所区分出的九个阶位。这阶位从大的方面分，有上中下三品，而在每一品中又有上中下三级。合起来即为九品。要伏断妄心，必须依次进行。综合诸经论的论述，可这样描述伏断妄心的由低到高、由粗至细的过程。首先要明白的是，断伏妄心实即善心增进、真心逐渐显现的过程。在此过程中，信心是其起

---

①《大宝积经》卷 103，[唐]菩提流志译，《大正藏》第 11 册，第 579 页。
②［古印度］无著菩萨：《顺中论》卷上，［古印度］菩提流支译，《大正藏》第 30 册，第 40 页。
③《佛名经》卷 1，《大正藏》第 14 册，第 188 页。
④《佛说帝释所问经》，[宋]法贤译，《大正藏》第 1 册，第 248 页。
⑤《佛说帝释所问经》，[宋]法贤译，《大正藏》第 1 册，第 248 页。
⑥《阿毗达磨大毗婆沙论》卷 53，[唐]玄奘译，《大正藏》第 27 册，第 274 页。

点。信心何来？“见诸贤圣能生信心；得信心者成就欲心”。[1]欲心即是想得善法的愿望。而此欲心者能成就“不断心”，“得不断心者成就义心。得义心者成就增上心”。[2]然后依诸波罗蜜修行，能得相应圣果，例如，修禅定，可“成就调柔心”，[3]修般若可成就超越一切世间智的智慧，修方便波罗密能让于一切无障无碍，心行自在；修三昧方便，能让心变得寂静，修不高心者，能让一切智圆满。

华严部诸经的最大特点是以较大的篇幅全面完整地展示了从凡夫到成佛必须攀登的五十二级阶梯或阶位。“位”也可称作“心”，如十信位可称作十信心，十回向位可称十回向心，余可类推，因此成佛的五十二阶位实即成佛的由低到高的心路历程。此心路历程实即空行落实于心行的具体过程，或者说是空无化操作的渐进上升过程；妄心一点一点地清除、真心或本地风光一点一点地显现出来的过程；凡夫习气一点一点地去掉、圣人风范一点一点地展现出来直至最后成佛得极果的过程。五十二由低到高的上行阶位依次是：十信（信心、念心、精进心、慧心、定心、不退心、回向心、护法心、戒心、愿心）、十住心（详后）、十行心（详后）、十回向心（详后）、十地心（详后）、等觉=入法界心、妙觉=寂灭心。

即使到十地的菩萨仍有微细心理需要断除。不可否认，每一地菩萨较之此地以下众生，其心理有许多殊胜之处，而较之在上的菩萨，其心理又有许多欠缺，这些是处此地的菩萨要改进、要予圆满的。例如，一地菩萨的心尽管已入圣位，但仍有微细妄心。其表现是，有十种微细障。有粗心，仍为无明所困，行有相道，此行体现的是无明障碍，而畏怖生死也是无明的表现，此是初地障。因无明有微细罪过，有种种业行相，此是二地障。因无明，不能闻持陀罗尼，未得胜利，有涌动，此是三地障。有微细乐生心、爱著心、著禅定味，是四地障。因无明，要么一意欲入涅槃，要么一意欲入生死，有关于涅槃和生死的思维，是五地障。由于有微细无明，前行法的相续，有其了了显现，法相数数，行至于心，此为六地障。微细诸相或现，或不现，此为七地障。于无相法多用功力，执相自在难可得度，是八地障。四无碍辩智未得自在，未能摄持无量智、无量句，是九地障。未得最大神通，微妙秘密之藏修行未足，是十地障。

只有到佛地，才能彻断杂染，包括断其根，如末那识以及八识中的阿赖耶识。

① 《佛说法集经》卷1，[元魏]菩提流支译，《大正藏》第17册，第609页。
② 《佛说法集经》卷1，[元魏]菩提流支译，《大正藏》第17册，第609页。
③ 《佛说法集经》卷1，[元魏]菩提流支译，《大正藏》第17册，第609页。

“赖耶持种，由断赖耶，当知已断一切缘种之根”。到这时，就会发生根本性的变革或转变，即通常所说的“转依”。“由缘真如境，起修习、多修习故，而得转依”。[1]此转依有三种或三个表现。“一心转依，谓真如转作所依也。二道转，即无分别智，此是能转也。三灭性，即择灭无为，此之所缘即择灭，由此缘之智，缘真如所得，故而建立”。[2]

① [唐]遁伦：《瑜伽论记》卷13上，《大正藏》第42册，第604页。
② [唐]遁伦：《瑜伽论记》卷13上，《大正藏》第42册，第604页。

第九章
佛教论“自我”认知和“他心知”

自我认知或自我意识与他心知问题是心灵哲学的标准问题。它们要回答的是，自心和他心是否如常识所说的那样是有？如果是这样，那么它们是如何被认知的？它们作为认识对象与别的对象是何关系？人们用特定方法得到的关于自心和他心的认识有无对错？如果有，其标准是什么？这些问题通常被看作是心灵哲学的认识论、方法论问题。具体而言，这一领域有两大类问题。一是他心知问题（the problem of other minds）。它包含的子问题有：如果我们相信“我”以外有他心，那么如何予以证明？或者说我们能否认识自己以外的他心、他人的心理活动、状态和事件？如能认识，是怎样认识的？其基础、根据、性质和过程等是什么？也可以这样说，一个人如何确定自己以外的某东西——异己的造物、复杂的机器人、有社会能力的计算机或他人——是不是社会的、有感情的、有意识的存在？如何判断一种无意识的自动机，它的行为是由不同于真正的心理状态的某种东西引起的？怎样把这种行为与人的行为区别开来？二是所谓的内省与自我意识的问题。它的子问题有：有意识的存在怎样得到关于自己的感觉、情感、信念、愿望乃至自我、心灵（如果有心灵的话）等的直接的知识？这种知识如何可能？这种知识有什么价值？其性质如何，是不是绝对正确的？我们是否能够认识自己心里的一切？这种认识与对他心的认识相比，是否更详尽、更丰富、更正确？随着心理内容或意向性问题研究的深入，自我认知问题派生出了许多新的难题。我们知道，自从笛卡尔以来，占主导地位的观点是：人在从事各种心理活动时，人能同时知道自己的活动及其内容。不仅如此，人认识自己的心理状态有别的人无可比拟的优越通道，例如，能直接认识，无须借助中介和推论。另外，关于外物的思想的内容可能是错误的，但认识到自己是否在思想，思想的是什么，这是不可错的。个体主义在批判反个体主义时据此指出：反个体主义与优越通道论是不可调和的。这就是通常所说的“优越道论”或“第一人称认识不可错论”。当代有一部分哲学家认为，优越通道是不可否认的。而普特南（H. W. Putnam）、柏奇（T. Birge）等则尖锐地指出：优越通道完全是一种幻觉。在《论他人的身体》一文中，柏奇利用普特南的思想实验指出：地球上的奥卡和孪生地球上的奥卡尽管是分子对分子的孪生人，因而有完全相同的内在状态，但是由于它们所面对的水在化学构成上不同，因此他们所说的“水是湿的”便有不同的宽内容，如一个指的是 H_2O，一个指的是 XYZ。这种宽内容显然不是由内在的东西决定的，而是由他们与他们环境中的别的人及事物的外在关系所决定的。在柏奇看来，上述反个体主义结论与优越通道论显然是矛盾的，如果前者是对的，后者就一定是错的。因为根据前者，人是否进入某认知状态，不是内在地决定的，而是由外在的事实决定的，人本身只能通过经验研究才能知道自己之外的事实。所以人不能先天地知道自己处在什么样的认知状态之中，人也没有什么优越的认识自我的通道。因为人的自我、心灵有外在的、社会的构成。[①]他还认为，一个人有什么思想，依赖于他与环境所具有的关系。既然思想不是纯内在的东西，本身就包含有社会性的、环境中的因素，我们能够怎么通过直接的、非经验的、优越于他人的方式去认识呢？佛教的心灵哲学中尽管看不到“自我意识”和“他心知”之类的表达式，但它不仅涉及了西方心灵哲学这两个领域的许多问题，而且作了别具一格的解答。

第一节　菩提即是“如实知自心”

世间心灵哲学对于能不能自知其心、怎样知自心，除了上面所述及的“优越通道论”之外，还有多种不同的看法。优越通道论可看作是以乐观主义形式表现出来的可知论。其对立的观点是悲观主义的不可知论。例如，休谟的建立在彻底

① Burge T.“Other Bodies”. In Woodfield A（ed.）. *Thought And Object*: Essays on Intentionality. Oxford: Clareudon Press，1982：97-100.

经验论基础上的怀疑主义认为，对于自心，我们充其量能知的是显现在内知觉面前的观念或经验，如果说有自心的话，它充其量是一串观念。至于观念后有无心，这心是个什么样子，人自己是没法知道的。还有一种观点认为，认识人的心有两种方式。一种是内省或反省之类的自我意识，可称作第一人称方式。对此，人们又有两种不同的态度。一是肯定它能为认识自心提供可靠的资料及途径。此即前述的优越通道论的观点。二是否认它的作用，认为它提供的资料是主观的，没有科学价值。另一种认识自我的方式是对人的从外面所作的客观的实验和观察，可称作第三人称方式。对此，也有不同的态度，有的认为它是认识自心的客观有用的方式；有的认为，它只能认识心的表象或客观的征兆，不能认识心本身，例如无法认识经验或现象学性质。

佛教的自我认知理论属于可知论，且带有优越通道论的色彩，但具体观点及论证有自己的鲜明的个性。例如，它首先强调，人不仅能自知自心，而且能如实知。更重要的是，这种知是知他心的前提条件，即有这种知就有对一切心的知。这是一种十分独特的可知论。因为一般的可知论只承认人能认识人心理的具有现象学性质的东西，即认识显现在内知觉面前的心，而没法进到心本身。首先，佛教明确指出：作为果的菩提就是佛所证得的最高觉悟、智慧，而这智慧的特点则是“如实知自心”。正是因为这种知是如实知，所以才是菩提，才是正知正见。这个命题简明扼要地表达了佛教关于自我意识诸问题的可知论立场。当然它的问题和思想内容十分丰富，其中有些一致于世间心灵哲学，有些是自己独有的。其次，如实知心是佛教心灵哲学的宗旨，而如实知只能通过自知来完成，因此佛教不仅坚持认为自知是优越的通道，而且强调自知是人类认知心灵的唯一通道。就此而言，佛教的心灵认识论是“唯一通道论”。尽管佛教承认，人有认识他人心理的必要性和可能性，但对心理本质尤其是真心的认识只能通过自知的方式完成。例如，佛教强调的“明心见性”，只能是明自己的心，见自己的性。自己没有办法去明别人的心，见别人的性。更关键的是，明心见性的途径只能是“反闻闻自性”，或反观观自性，即当自己有见闻觉知等心理活动发生时，提取觉照之心，或从真心上截取一道心光，反观自照，盯住那从心中流过的心念，去观察那能闻、能知的心，去追索心念的自性或源头，如果是心中的一句话，就去追索“话头”。只有通过这样的功夫，才有可能逼近真心，甚或彻见自心。而这样的工程是人的向外的认识活动无法完成的。他人的真心只有靠他人自己识取。事实也是这样，佛是通过向自身内证，才如实见到了真心，进而建立了佛教。最后，佛教的如实知自心与自我修行、自我解脱是统一的，或者说，如实知自心，就是在实践人生解脱的理想，就是在如理如法的修行。其结果也是统一的，例如只要如实了知自心之本来面目，人也就完成了转凡成圣的任务。如实知自心之日，即是成佛作祖之时。

从目的上说，佛教自我认知理论一致于世间哲学的地方在于：都追求如实知自心，都试图通过认知自心认识一般心理的本质。不同在于：第一，佛教理解的心理现象的范围大大宽于世间哲学所理解的范围，因此要如实知的自心的范围也一定如此；第二，佛教不仅试图揭示科学、常识所承认的心理现象的本质，而且试图通过谛观自心进至一般凡夫不可企及的深层心理之中，如第七、第八、第九、第十识之中；第三，佛教认为，常人及世间心灵哲学只注意到了妄心，以为此妄心就是人的唯一的、真实的心。其实，真心在其后面，一般不显现，常为妄心所覆盖、遮蔽。如实知自心的目的之一就是要找到、"回归"此真正的真心。

强调能通过自我认识的方式认识真心，这是佛教自知理论的一大特点。所谓真心就是现象后的无际、实际、自在际即边际，实际即真实、不虚妄，"实际之法，法无有际，无际之心，则入实际"。①无际即无崖，"无崖之心，心得自在"。②此心即坚心，犹如金刚。它不同于凡夫的软心。软心的特点是："以内外使"，③即受内外境相的驱使、牵制，因此没有自在性、自由性。"随使流注，滴沥成海，大风鼓浪"，④因此总不安宁、"多喘"⑤、扰动。

真心有三位，即在因位、道位、果位三位有不同的表现。因位的真心，如法尊法师所说，是"无始真理，没有被生死涅槃心念所接触过，没有被错乱垢秽所染污过，真理独露不曾迷惑，不曾通达，都无所有"，⑥但又能生一切。这可理解为我们所说的自在的真心。道位的真心是："把这现前的'了'性舒缓安住时，都离善恶无记三种分别，空虚如清净虚空。"⑦这就是证真心的道行。有道行，且

---

① 《金刚三昧经》，《大正藏》第 9 册，第 370 页。
② 《金刚三昧经》，《大正藏》第 9 册，第 370 页。
③ 《金刚三昧经》，《大正藏》第 9 册，第 370 页。
④ 《金刚三昧经》，《大正藏》第 9 册，第 370 页。
⑤ 《金刚三昧经》，《大正藏》第 9 册，第 370 页。
⑥ 法尊法师：《法尊法师佛学论文集》，吕铁钢、胡和平编，中国佛教文化研究所 1990 年版，第 72 页。
⑦ 法尊法师：《法尊法师佛学论文集》，吕铁钢、胡和平编，中国佛教文化研究所 1990 年版，第 72 页。

如理如法，当究竟时，便有真心如实显现，此即是果位的真心，即我们所说的有现象学性质的真心。也就是说，果位的真心，是如实显现在认知者面前的心的本来面目，它广大无边，寂然不动，但又湛然明了。“由已现证一切修道功德，无明错觉都自消灭，现证法界，这就是果德。”①

概括地说，佛教自我认知理论的目的和任务就是“如实了自心”。这里的“了”包括认识论意义上的了知、认知、认识，但远不止此，因为“了”还有绝无差别的证得、回归、等同的意思，有“让真心完全显现”的意思。密宗的大圆满的教授部强调，“了”不同于“心”，这里所谓“心”，即是随无明而起的、能为人当下内省到的、具有现象性质的现实心、妄心。若能直了心之净分，让其现前，此心即是妄心后的真心。法尊法师说：“不被无明所染，远离二取戏论，认识明空无取的空理的是‘了’。”“若由知境为心，知心为空，知空为无二双运，而通达一切法都是‘了空’的，是见悟者认识‘了’的界限。”②大圆满的心要恰恰在于：让真心现前。而现前的标志是：“若将现前明空无取的无垢自心‘了’性，不加拘束（不执著），任运散缓，任他起什么分别境相，都不去辨别好恶破立，直修‘了空’，”③心体凝然不动，一如一体。

如实知自心对于佛教来说具有至高无上的重要性。其突出的学理性表现是：如实知自心，即如实知一切心。如此类推，如实知自心本质、如实知自己染污心后的真心，即是如实知一切心的本质及真心。有话说得好：“了悟心的意义，即了悟了一切。”④为什么如实知自心有如此的作用呢？佛教如此断言的第一个根据是它关于共性、一般（众同分或共相）与个性、特殊（别相）的关系的理论。它认为，所谓共性即众同分，即众多事物中相同的成分或性质，它以具体个别的成分或身分为依托。有情众生作为一类事物也一定有他们的同分，这就是都有心。而每个个体的心尽管千差万别，但也有它们的同分，这就是有共同的本质，这就是世界上的唯一的真心。“有情同分，犹如命根体是一物，遍与一切身分为依”。⑤第二个根据是佛教的“一念具万念、一法具万法”的互具论。经云：“一念之中

① 法尊法师：《法尊法师佛学论文集》，吕铁钢、胡和平编，中国佛教文化研究所1990年版，第72页。
② 法尊法师：《法尊法师佛学论文集》，吕铁钢、胡和平编，中国佛教文化研究所1990年版，第71页。
③ 法尊法师：《法尊法师佛学论文集》，吕铁钢、胡和平编，中国佛教文化研究所1990年版，第72页。
④ 罗卓泰耶：《要点提纲》，转引自咏给·明就仁波切：《根道果：禅修的方法与次第》，海南出版社2010年版，第12页。
⑤ 五百大阿罗汉等造，《阿毗达磨大毗婆沙论》卷27，[唐]玄奘译，《大正藏》第27册，第138页。

悉知心”，[①]因为任何一念一尘，无不是真心的随缘变现，由一念深入进去，即可知一切心的本来面目。既然如此，若能如实知自心的真实性相、结构与本质，也一定同时知一切心的真实性相、结构与本质。不仅如此，我们还能从一念心入手，知全部世界。如经云：“欲了知妙世界即是粗世界，粗世界即是妙世界；……小世界即是大世界，大世界即是小世界；广世界即是狭世界，狭世界即是广世界；一世界即是不可说世界，不可说世界即是一世界；不可说世界入一世界，一世界入不可说世界；秽世界即是净世界，净世界即是秽世界。欲知一毛端中一切世界差别性，一切世界中一毛端、一体性，欲知一世界中生出一切世界，欲知一切世界，无体性，欲以一念心，尽知一切广大世界，而无障碍故，发阿耨多罗三藐三菩提心。”[②]也就是说，只要真发菩提心，就能通过知一毛端而知一切世界。因为“一切如来，同一法界，一法身，一戒、一定、一慧、一解脱、一解脱知见。作是念已，当知若礼一佛，……即是供养十方诸佛”。[③]

如实知自心的重要性还表现是：如实知自心即得菩提，即成佛。“欲知菩提，当了自心，若了自心，即了菩提。何以故，心与菩提真实之相，毕竟推求俱不可得，同于虚空故，菩提相即虚空相，是故菩提无所证相，无能证相，亦无能所契合之相。何以故，菩提毕竟无诸相故”。[④]“了悟心，即是佛”。[⑤]佛正是如实知自心才成佛的。“佛本学时在佛树下，所达诸法成最正觉，畅解一切众生境界，悉无颠倒，晓了诸法，皆为自然，不著无处。……如来至真”。[⑥]

与上密不可分的是：全部佛教，即佛所宣示的教法、证法，都是建立在如实知自心的基础之上的。佛说：“我依内身证法、说法。”意思是，佛所证的真理（法），所宣说的真理，是通过对内身的谛观、深掘、发明而得到的，是依圣智内证的。是故可说，佛法说的就是佛“自内身圣智境界”。[⑦]佛类似的说法还有很多，如：“我为圣人，说我内身自所证法，为诸凡夫说觉观境界。”[⑧]所证真理，即第一义谛，而第一义谛即是超越一与异的真理。它具有第一义相，不一不异。“一切处

①《大方广佛华严经》卷6，[东晋]佛驮跋陀罗译，《大正藏》第9册，第434页。
②《大方广佛华严经》（八十卷）卷17，[唐]实叉难陀译，《大正藏》第10册，第89页。
③《大宝积经》卷106，[唐]菩提流志译，《大正藏》第11册，第595页。
④《守护国界主陀罗尼经》卷1，[唐]般若、牟尼室利译，《大正藏》第19册，第527页。
⑤《须臾智经》，转引自咏给·明就仁波切：《根道果：禅修的方法与次第》，海南出版社2010年版，第37页。
⑥《佛说济诸方等学经》，[西晋]竺法护译，《大正藏》第9册，第377页。
⑦《楞伽阿跋多罗宝经》卷7，[刘宋]求那跋陀罗译，《大正藏》第16册，第558页。
⑧《深密解脱经》卷1，[元魏]菩提流支译，《大正藏》第16册，第667页。

一味，等味，第一义相”。[①]“我说胜义是诸圣者内自所证，寻思所行。”[②]“胜义谛相，微细最微细，甚深最甚深，难通达、最难通达，遍一切，一味相。”[③]许多经论的宗旨是“为令一切了自心”。[④]

佛教中有这样的故事：大富盲儿由于不知墙上、地板上镶嵌的都是珍宝，因此过着穷困乃至乞讨的生活，后来有人告诉他实情，于是他始知他本来就有财富。其实，每个人都有真心这一无与伦比的财富，它有无穷妙用，是包括真理、美丽、幸福、极乐、至善等在内的一切价值的基础和源泉。然而凡夫由于无明愚昧，常到外面去寻找幸福，因此总是空手而归。人们挂在口边的问题：“幸福在哪里？”足以证明这一点。对于佛教来说，心的本来面目，妄心后的真心，只适合于由自己来认识，而不适合用第三人称方式去认识。每个人只要如理如法地“自内身证”，就能如愿证得自己的真心。一旦清除蔽障，如实了知，每个人就会现实地成为一切最美好价值的拥有者，就会真正过上富足、幸福和快乐的生活。有人说得好，“只要一天没有认出自己的真实本性，就会一直受苦：认出自己的真实本性之后，就能从痛苦中解脱。”[⑤]可见，只有如实知自心，才能获得人们孜孜以求的幸福、快乐。据《宝云经》载：除盖障菩萨问佛，什么是快乐？自在？如何获得？佛没有正面回答，只告诉他，先去思考心本身。意思是，一旦我们把心本身弄清楚了，快乐自在会来到我们的身边。这是佛的经验之谈，因为佛正是如实知自心，才成为佛的，才“不随于心，能为心师”，即能为心的主宰者、统御师、调御大夫。[⑥]

由上可知，佛教在坚持自我意识的“优越通道论”这一点上，较别的同类理论走得更远。这特别体现在：佛教强调只有通过自知，或像佛那样向内自证，才能如实知心。因为要知别人的心，尽管可诉诸他心智（详下节），但知他心的基础是如实知自心。如果是这样，自然会有这样一个不可回避的、带有普遍性的理论难题：怎样判断对自心的认识的对与错？如实知自心的标准是什么？什么样的认识才是如“实”？是“事实”、是真实？佛教承认这里有认识论问题，但又认

---

① 《深密解脱经》卷 1，[元魏]菩提流支译，《大正藏》第 16 册，第 668 页。
② 《解深密经》卷 1，[唐]玄奘译，《大正藏》第 16 册，第 689 页。
③ 《解深密经》卷 1，[唐]玄奘译，《大正藏》第 16 册，第 691 页。
④ 《守护国界主陀罗尼经》卷 1，[唐]般若、牟尼室利译，《大正藏》第 19 册，第 528 页。
⑤ 罗卓泰耶：《要点提纲》，转引自咏给·明就仁波切：《根道果：禅修的方法与次第》，海南出版社 2010 年版，第 44 页。
⑥ 《大乘宝云经》卷 5，[南朝梁]曼陀罗仙、僧伽婆罗译，《大正藏》第 16 册，第 266 页。

为它们不只是认识论问题，而同时是一个实践的、实证的、行动的问题。基于此，佛教认为，判断自我认知对错的标准有两方面：一是认识上的标准；二是实证实修的标准。所谓认识上的标准是：是否如实知自心，要看是否认识到妄心的因缘和合性、无常性，质言之，是否真见诸心的空性。这个标准当然是佛教独有的。因为佛教对心的本质有独特的理解，这就是认为，心的本性是空性。认识到这一点，逼近了心的空无本质，才是如实知，若只接触了心的这特征那相状，充其量只触及其表层或较深层本质，而未接近它的最深层本质。经云："知自性如幻、阳焰、影响、旋火轮……，彼如是舍、无我，心主自在，觉自心本不生，……心前后际不可得。"①到这个境界，才算是进到了心的底层。因此是否见空、证空，才是判断是否如实知心的认识论标准。当然，是否体验到无量无边的大虚空，是否真正见到心内的无我本性，是否见到整个世界的平等不二的本性，也都是判断是否如实知心的标准。因为这些说法名异实同。正是基于这一点，诸经论也把证虚空、证无我等看作是如实知心的标志。如经云："法离于分别，及一切妄想，若净除妄想，心思诸起作，我成最正觉，究竟如虚空。""思惟菩提心，清净中无我。"②

实践上的标准是看认知者是否回归自己的真心。而是否回归，又要看是否常在定中。若"心常在定"，便"不失本心"，"若失本心，当即悔忏，忏悔之法，是为清凉。"③也可观心有无这样的结果体验，即是否证得或"契合"心之本来面目或真实心性。此心性可称作清净心、如来藏、本性光明心、心金刚等，"安立名言有其多种"，但意思只有一个，即心的本来面目就是毕竟空。④若有与此空性不一不异的体验，行亦禅，坐亦禅，语默动静体安然，八风吹不动，端坐紫金莲，有这些标志性特点，就是如实证得了真心。由于证得真心是一个事实问题，因此佛教发明了许多检验方法，例如禅宗祖师对弟子的考功夫就是如此，其他宗派也都有自己的检验、考试方法。《宗教流派镜史》云："若契会彼自心明空双融，泯除能所二取，平等而住，此见则名为道生死涅槃无别。"⑤意思是，是否真的认识

①《大毗卢遮那成佛神变加持经》，[唐]善无畏、一行译，《大正藏》第18册，第3页。
②《大毗卢遮那成佛神变加持经》，[唐]善无畏、一行译，《大正藏》第18册，第5页。
③《金刚三昧经》，《大正藏》第9册，第374页。
④[清]善慧法日：《宗教流派镜史》，刘立千注，王沂暖校订，西北民族学院研究室1980年版，第105页。
⑤[清]善慧法日：《宗教流派镜史》，刘立千译，王沂暖校订，西北民族学院研究室1980年版，第105页。

了真心，修证上的检验就是看行人是否能于一切有利不利的环境，平等而住，能否做到无能所或主客的分别。

若真入庵摩罗识，也可看作是真正的如实知自心。庵摩罗识即我们前面所说的净识或第九识。入此识，就是心回归自己的本性，变得彻底清净了，无丝毫的染污、心念。有一念想，哪怕是极微细的念想，都算不上是入净识。这个检验标准和方法是最清楚的，也是最好操作的。每个人都可据此检查自己对真心的认识所到达的程度，甚至检查自己在返妄归真征程上的进步。正是在此意义上，佛教常说，是否真的回归清净真心，恰如人饮水，冷暖自知。

怎样以一觉而入庵摩罗识呢？一觉实即回复众生的本觉。而只要彻证或彻底认识到自心空寂无生，认识到一切法本来不生、不灭、不动，就等于证得了本觉，或等于本觉。怎样彻底认识？没别的办法，只能从自心入手，抓住任何一个心念，由粗至细、由浅入深地观它的的生起，观它的变化，绵绵密密，尽可能地认识得清清楚楚、明明白白。久而久之，就有望回到本觉。从表象上看，心识缘境而生，但此缘、此境都是虚妄，因为从体性上看，“一切境本空，一切识本空，空无缘性，如何缘起？”诚然，根尘相遇常有心识生起，其实，此心识是假象，佛言：“见即为妄，”因为“一切万有，无生无相，本不自名，悉皆空寂，……一切众生，身亦如是，身尚不有，云何有见？”①

证得了此境界，就是证得了一觉、本觉，就见证了万法的这样的本性：“不毁不坏，决定性故，非空非不空，无空不空。”“觉亦如是，无有处所。”“觉本无生，离众生垢，觉本无寂，离涅槃动，住如是地，心无所住，无有出入。”②有这样的觉，进到了这样的境界，就是入庵摩罗识。简言之，只要心无所住，当下就是等本觉，当下就由染污八识转化成了清净庵摩罗识。因为庵摩罗识就是心灵的绝对无念，而无念之心即像无尘垢的清净之水一样。

当然，如果在入庵摩罗识时，还有这样的念想，如有入的想法，有能入和所入之分，那么还算不上入庵摩罗识，因为这些仍是有心念在动，仍是染污，尽管是微细的。真正的入庵摩罗识是入无所入，住无所住。“庵摩罗者……本无出相，今即非入，昔迷故非无，今觉故非入”。③只要有念，仍不是庵魔罗识，因为一念

①《金刚三昧经》，《大正藏》第9册，第368页。
②《金刚三昧经》，《大正藏》第9册，第368页。
③《金刚三昧经》，《大正藏》第9册，第369页。

心动，五阴俱生。真正入庵摩罗识的标志是：安生心神，住金刚地，静念无起，心常安泰，即无一念。其心安泰即本觉利，利无有动，常在不无，无有不无，不无不觉，觉知无觉，本利本觉，觉者清净，无染无著，不变不易。

问题还在于：如果菩提即虚空，真心即无心，那么于何处识真心、求智体，一切智智当于哪里生？佛答曰："一切智体当于心求，一切智智及与菩提，从心而生。何以故，心之实性本清净故。善男子，此心之性不在内，不在外，不在中间。"[①]离四句，绝百非，如非青非黄，非男非女……，"不住于眼，亦复不住耳鼻舌身意，于三世中亦不可见。何以故，此心同于虚空相故。以是义故，远离一切粗细分别。何以故，此虚空性即心性故。如其心性即菩提性。"[②]

佛教自我认知理论的最丰富的内容是关于如何如实知自心的探讨。由于它如实知的目的是由妄心入手，认识诸妄心的本质，直至回归由于有妄心后而迷失的真心，因此它关于如实知方法论及途径的探讨自有不同于世间哲学的地方。后者重在如实知妄心，而佛教重视对妄心的认识不过是为着识取真心，不过是要返妄归真。

要如实知自心，首先要破斥传统哲学和常识的心理学、心灵哲学，因为它混淆了视听，把理论是非弄乱了，这又主要表现在它们对心的认识存在着"颠倒"。一种颠倒是认妄心为真心，以为自己当下的思虑心、攀缘心就是自心的全部，就是真实的自心。这就是《大佛顶首楞严经》所说的"认贼作父"。这种颠倒恰恰是让众生沉沦生死的"根本"。第二种颠倒是把真心当作是妄心，例如，不相信佛教所发现、所宣扬的真心，以为它是虚构的或人为杜撰的。既然如此，佛教心灵哲学的内容便有两方面，或说逻辑进程有两步，其第一个必要步骤或核心内容就是"破"妄见，颠覆旧说，将颠倒再颠倒过来。要颠覆，先要描述和重构。佛教诸经论中对心理现象的搜集、分类等属于这部分的内容。然后在此基础上建立自己的"真心学说"。

如实知自心当然是一个循序渐进的过程，而且不同的人需要采用不同的方法和路径。大致说来，有两大类人，"一者成就，二者未成就"。[③]所谓成就是指过去的因缘好，根利慧明，有较好的基础。这一类人就适合用顿法，如像禅宗所说

---

① 《守护国界主陀罗尼经》卷 1，[唐]般若、牟尼室利译，《大正藏》第 19 册，第 527 页。
② 《守护国界主陀罗尼经》卷 1，[唐]般若、牟尼室利译，《大正藏》第 19 册，第 527-528 页。
③ 《守护国界主陀罗尼经》卷 2，[唐]般若、牟尼室利译，《大正藏》第 19 册，第 530 页。

的“直指人心，见性成佛”。有的上根利智之人，听闻一字或半句就能开悟。对后一类人，佛推荐的方法是：“以善方便，随顺世谛，譬喻言词，说一乘法。”例如，菩提心本无色相，但“为未成就诸众生故，说如月轮”。“以坚牢智谛观自心以为月轮，当于鼻端不令驰散，清净圆满，色如凝雪、牛乳、水精”。[①]这也就是说，这一类人在知自心时，只能用渐法，如由观妄心入手，训练自己由浅入深、由粗至细、由妄返真的更高级的观心能力。到了有一定成就后，再逐渐观深心、细心，直至观到无心之境。从方式途径上说，如实知自心有两种方式：一是从理上知，当体即空即知自心；二是从事上知，即广行六度万行，该做的“事”（如皈依三宝、敬香、礼佛等）必须一件不落地做好，正所谓“究竟理地，不立一法，佛事门中，不舍一法”。如经云：“应先发起大慈悲心，普为众生归依三宝，受菩萨戒发菩提心，至诚忏悔，作如是言”，[②]广修一切法门。

不管是成就者，还是未成就者，知自心的出发点一无倒外地是当下的随便一念心。经云：“或意所乐处，观彼菩提心，乃至初安住，不生疑虑意，随取彼一心，以心置于心，证于极净句，无垢安不动，不分别如镜，现前甚微细，若彼常观察，修习而相应，乃至本所尊，自身像皆现。”[③]随取当下的一念心，死死抓住，然后去“谛观”。所谓谛观，即是如实地观察，看它从哪来，流向何处，观得清清楚楚、分分明明。这是佛教认识自心所用的根本方法。不管是用什么方法，选择何种路径与操作，都必须用到或贯穿这一方法。

观心的方法有很多。下述两种方法是较常见的。如经云：“于心身中，作二种观。”[④]即一是有常观，二是无常观。有常观是：“观于自身菩提之性，不忘不失，正念不乱。”[⑤]无常观是：“是心性者，生已即灭，念念不住，不在内入，不在外入，不在内外入，不在阴中，不在界中。作是思惟，如是心缘，为异、不异。若心异缘，则于一时中有于二心，若心即缘，不应复能观于自心，亦如指端不能自触。心亦如是。作是观已，见心无住、无常、变异，即知是心非从缘生，非不缘生，非常非断，非内非外，非有非无。菩提之心，亦复如是。是心非色，不可

①《守护国界主陀罗尼经》卷2，[唐]般若、牟尼室利译，《大正藏》第19册，第530页。
②《守护国界主陀罗尼经》卷1，[唐]般若、牟尼室利译，《大正藏》第19册，第528页。
③《大毗卢遮那成佛神变加持经》，[唐]善无畏、一行译，《大正藏》第18册，第18页。
④《大萨遮尼乾子所说经》卷7，[元魏]菩提留支译，《大正藏》第9册，第349页。
⑤《大萨遮尼乾子所说经》卷7，[元魏]菩提留支译，《大正藏》第9册，第349页。

睹见，如幻如化，无所挂碍。”[①]

圣人在观心时常做的工作是“观尽法”，即观一切法，观其究竟。此方法唯圣人能行。“有爱欲心，便自觉知有爱欲心，亦爱欲心，便自觉知无爱欲心”。[②]该经列举的心还有很多，它们都可成为此“观尽法”所适用的对象，如有嗔恚心——无嗔恚心，有愚痴心——无愚痴心，有爱念心——无爱念心，有受入心——无受入心，有乱念心——无乱念心，有散落心——无散落心，有普遍心——无普遍心，有大心——无大心，有无量心——无无量心，有三昧心——无三昧心，未解脱心——已解脱心。

有了一定的观心能力后，如何向内心深处进发？怎样通过修“自身内证圣智”而通达真心？方法很多，如“离语言名字，离诸戏论”，“在寂静处，独坐思惟，自内智慧观察诸法，不随他教，离种种见、虚妄之相，当勤修行入如来地上上证智”。[③]此智实即不分别智、平等性智。此修法很简单，就是一个字：离。深心观察自心，于念离念。甚至将“离”也离掉。此修法就是“一乘道相”。经云：“如实觉知一乘道相，谓不分别可取、能取境界，不生如是诸法相住。”[④]另外，四摄六度也是通达真心之方便途径。密宗的许多密法，如“无上续”等也是这样，即是“通达心性之殊胜方便”。[⑤]这里如实知的关键是，在观心时，要心生远离，或于念离念。果如此，就能达到通达真心的目的。宗巴喀大师说：“生心远离，是为通达心真实义。”[⑥]

如实知自心的基本工具或手段是般若。因为它是度达彼岸、通达心相的智慧明灯，实即知心的能力、方法、技术。般若也可以结果的形式出现，例如证得了真心就必有般若智慧，因此是否真有般若智慧可看作是检验是否通达真心的标准。如经云：“观心知心，通达心相，是般若波罗蜜。”[⑦]

禅定当然是观心的重要手段。如存三守一如来禅可让心平静、回归本性。存三即虚空解脱、般若解脱、金刚解脱，守一即“守一心如”，或守一不移，让心

---

①《大萨遮尼乾子所说经》卷7，[元魏]菩提留支译，《大正藏》第9册，第349页。
②《增一阿含经》卷5，[东晋]瞿昙僧伽提婆译，《大正藏》第2册，第568页。
③《楞伽阿跋多罗宝经》卷4，[刘宋]求那跋陀罗译，《大正藏》第16册，第539页。
④《楞伽阿跋多罗宝经》卷4，[刘宋]求那跋陀罗译，《大正藏》第16册，第540页。
⑤ [元]宗喀巴大师：《宗喀巴大师全集（第4册）》，法尊法师译，民族出版社2001年版，第337页。
⑥ [元]宗喀巴大师：《宗喀巴大师全集（第4册）》，法尊法师译，民族出版社2001年版，第363页。
⑦《佛说首楞严三昧经》卷上，[姚秦]鸠摩罗什译，《大正藏》第15册，第633页。

如如不动。行者即使不出家，不行六度，只要做到“自心无为自恣”，或“一切境界、意言分别，制之一处、众缘断灭”，便能“获胜果”。①“一念净心，决定明白”，“顺心玄入”，“如彼心地，八识海澄，九识流净，风不能动”。“善用其心，则获一切胜妙功德”。②其中包括现证真心，或明心见性。怎样善用其心？“一切能舍，心无爱著，……得不退法，心无障碍，……心无所染，具大仙道，……救护一切，自归于佛，……以定伏心，……心无怯弱，……离我净心”。③如果能进行这样的心理操作，就能如实知自心。

佛是如实知自心的成功典范，因此他的心行值得作个案研究。例如他的住心方法就是知心方法。有人问：无生之心住何法相？佛答言：“无生之心，不取不舍，住于不心，住于不法。”④可见，佛的住心方法，就是住无所住，不住而住，或住于不心，以无所住的方法来安顿自已的心灵。所谓住于不心，就是不生于心，住于不法，就是不生于法，只要做到一念不生，一法不理，心如金刚，就是最好的住心、安心方法。如经云：“无起无作，无彼无此，……五阴六入，悉皆空寂，……不依三界，不住戒相，清净无念，无摄无放，性等金刚，……空心不动。”⑤果证如此，即真得阿耨多罗三藐三菩提，如前所述，得此菩提，即等于如实知心。反之，“若有说心有得、有住及以见者，即为不得阿耨多罗三藐三菩提。”⑥

把心调到“无心”的状态，也是如实知心的理想方法。所谓无心，即是无妄心、无妄念，心中没有任何念想，绝对空寂，等于什么也没有的大虚空。把心观到这步田地，真心就自然显现。“观心无心。从颠倒想起，如此想心，从妄想起，如空中风，无依止处，如是法相，不生不灭。何者是罪，何者是福？我心自空，罪福无主”。⑦“观识之实性，亦不在身内，亦不在身外，而可有是识，于一切法中，识性不可得。而于此身中，无形无处所，能如是知识，识性无所有”。⑧知其无所有，即是知其本质或本来面目。

空既是知心的手段，又是知心的目的。就空作为手段来说，空是证涅槃的方

---

① 《金刚三昧经》，《大正藏》第9册，第370页。
② 《大方广佛华严经》（80卷本）卷14，《大正藏》第10册，第69页。
③ 《大方广佛华严经》（80卷本）卷14，[唐]实叉难陀译，《大正藏》第10册，第69-70页。
④ 《金刚三昧经》，《大正藏》第9册，第367页。
⑤ 《金刚三昧经》，《大藏经》第9册，第367页。
⑥ 《金刚三昧经》，《大藏经》第9册，第367页。
⑦ 《观普贤菩萨行法经》，[刘宋]昙无密多译，《大正藏》第9册，第392页。
⑧ 《广博严净不退转轮经》卷5，[宋]智严译，《大正藏》第9册，第279页。

便之道，是智因。真实空见是证圆满无上智因，又是永灭一切无义（余）涅槃方便。此方便道是不思议功德生处，由是辗转疾证菩提。[①]疾证涅槃、菩提等，都是如实知心的不同的表述方式。

无量义法也是如实自知心灵的方法。此法的特点是含摄一切法、一切客观真理（义），因此也可称作总持法。根据佛教的意义理论，无量义实即一义，一义即空寂义、真心义。只要知一切义，就一定如实知自心。“是一法门，名为无量义。菩萨欲得修学无量义者，应当观察一切诸法，自本来今，性相空寂，无大无小，无生无灭，非住非动，不进不退，犹如虚空，无有二法”。[②]只要证得一切法毕竟空寂，即是证得了自心的本来面目，因为真心遍一切处，真心就是一切法的本质。此本质就是空无所有。“菩萨一切心相本来无本，本无本处，空寂无生。若心无生，即入空寂。空寂心地，即得心空”。[③]意为，众生所体验到的一切心理现象，从体性上说，都无常本空，如幻如化，皆属虚妄。只要通过修习，做到一念不生，那么当下现前的就是那空寂之心，此心即真心、真如。

每个人的真实之心即是不动之心，亦即是如来藏。入如来藏，就是如实知自心。“心常空寂，空性无住，心无有住乃是无生。……菩萨无生之心，心无出入，本如来藏，性寂不动，亦非有学，亦非无学，无有学不学”。[④]“如来藏者，生灭虑知相，隐理不显，是如来藏性寂不动”。[⑤]所谓生灭虑知相是指人的千思万虑，它们的特点是生灭不息，此生彼灭。尽管如此，它们后面隐而不显的理体则是永远不动、常一不变的。如果让心停下来，则能彻见此心体。“若无思虑，则无生灭，如实不起，诸识安寂，流注不生”。[⑥]此状态就是如来藏性寂不动。无动即无妄，“若无有妄，即入如来，自觉圣智之地”。[⑦]因此要如实知自心，就应该“当用其心，观心见心，心眼见性，了了分明，见性无见，心净意寂，识用性静，寂照静无，见尘灭定，俱等身中，澄寂澄静”。[⑧]真入如来藏或菩提心的标志是：不

① [古印度]护法：《大乘广百论释论》卷6，[唐]玄奘译，《大正藏》第30册，第219页。
② 《无量义经》，[萧齐]昙摩伽陀耶舍译，《大正藏》第9册，第385页。
③ 《金刚三昧经》，《大正藏》第9册，第366页。
④ 《金刚三昧经》，《大正藏》第9册，第366页。
⑤ 《金刚三昧经》，《大正藏》第9册，第366页。
⑥ 《金刚三昧经》，《大正藏》第9册，第366页。
⑦ 《金刚三昧经》，《大正藏》第9册，第366页。
⑧ 《大乘瑜伽金刚性海曼殊师利千臂千钵大教王经》卷4，[唐]不空译，《大正藏》第20册，第741页。

动不见，“则名现证菩提心观。”[①]只要像佛一样心行平等，即证佛心。“若有众生能持此法，即如来心”。[②]如偈云：“久远诸如来，同我此一心，此心非诸心，此心即是佛，若行此心事，无不离世间，……下愚凡夫类，能持我此心，速证无生忍，更不住世间。”[③]佛心即是我们每个人的真心，这个心只有一个，我们共此真心。其作用是，“一一佛神力，……复有无量佛，一一佛神足，皆从佛心起，一一佛心中，摄入心中心，如此心中心，说佛不可说，一一不可说。”[④]“谓此心性于一切相，若形若显，若复色蕴受想行识，若复色尘声香味触，若有执受，若无执受，若十二入，若十八界，如是等法观察推求，竟不可得。善男子，若诸菩萨如是了知，即得成就第一清净法光明门，住此门已，任运得此不可思议一切智智诸佛境界甚深三昧。菩萨获此三昧已，与一切佛平等平等。……远离断常六十二等一切邪见，正见圆明。”[⑤]总之，只要于任一法，现证其体性空寂，便是了知自心，便是佛，因为佛是如实了知自心之人。

佛教各宗派都发明了自己的观心、觅心法。这些方法既是关于自心的认识方法论，又是修证的方法论。如藏传佛教中的萨迦派，“觅心之法，摄心内观”，[⑥]与噶举派觅心法相似。其基本要求是，抓住自心中的任一心念，追思“观心在于何处，作何色何状。如是寻觅，见其了无可得，但得名言中之心，显现唯明、睡觉、唯动之明了感受而已。由内略生自然之态，此名为明了心之性相，是悟证心德三分之一”。[⑦]尽管只识自心本性的三分之一，但这是觅心的初步成果。只要再接再厉，必有更多发明。如“若更推求，则可了知离生住灭三者之自心空性，此名为空乃心之自性，是悟证心德三分之二。觉受如是空性之时，又非如虚空全无所有之断空，而是唯明唯觉一切皆可显现，乃凝观此本相，复全无自性可得，则决定其为空性，如是明空虽二，然非隔别，心之自性本是空，然而寻觅空者之动熊宛然，此即为明。因而即明之时为空，即空之时为明，决定此自然生起之明空双融，则名为双融截定也。……若觉受生时，此则名为非造作心性，是悟证明空双运心

①《大乘瑜伽金刚性海曼殊师利千臂千钵大教王经》卷4，[唐]不空译，《大正藏》第20册，第741页。
②《佛心经》卷下，[唐]菩提流志译，《大正藏》第19册，第11页。
③《佛心经》卷下，[唐]菩提流志译，《大正藏》第19册，第11页。
④《佛心经》卷下，[唐]菩提流志译，《大正藏》第19册，第11页。
⑤《守护国界主陀罗尼经》卷1，[唐]般若、牟尼室利译，《大正藏》第19册，第528页。
⑥[清]善慧法日：《宗教流派镜史》，刘立千译，王沂暖校订，西北民族学院研究室1980年版，第105页。
⑦[清]善慧法日：《宗教流派镜史》，刘立千译，王沂暖校订，西北民族学院研究室1980年版，第105页。

德之全分矣，此次第名为共同直会。”①

噶举派的大手印是契会佛文如如妙智的方法。大手印可分为四个阶段，即四瑜伽，“一、专缘内心，名为专一；二、由内证心离戏论，名为离戏论；三、由证心境一味，名为一味；四、无有相修，名为无修。”②最终可契会真心，此真心即“本元之心体，即谛实故，今把握空寂心性”。③当然，若细分，此派大手印法可作显密二分。“显教之大手印，是就心体之上，专一而住，修无分别，令成住分。如是成就安住所缘之心，明明了了，即应寻觅此心，为在身内，或在身外，遍处寻觅，心之体相，了不可得，尔时决定此心无实。因此无实，在已成特殊之心体上，专一而住，即许此为修遮非性之法。”“密教之大手印，是指风息于中脉中，入、住、融后所生之大乐明，此有最有名之七部修法，三种心要。”④例如，先现见最微细之心或本心——阿赖耶识，然后风息入、住、融于中脉。因此应先参证本心体相，即于此之上，专缘而住，于是风息入、住、融于中脉。再依此力，脐密之处，拙火炽燃，由此引起化乐，生发四喜，本心转成大乐体性。此时境与空性，成无分别，成空乐智。再专注此智，历四瑜伽次第，成最胜悉地，进而契会真心。

宁玛派的大圆满也是觉了自心的方法。法尊法师对此法的解释是：“‘大圆满’是指众生身中现前离垢的‘空明觉了’（即是内心的清净分）。这派说众生的心本有染净二分，染分叫做‘心’，净分叫做‘了’”，或“空明觉了”。⑤该派把心之真心和妄心解释为净分和染分，十分精准，说明了真心和妄心非一非异的关系，至少可以阻止人们把心理解为两个，即一真心，一妄心。净分之所以被称作大圆满，是因为“这‘空明觉了’中，本来具足生死涅槃一切法”。⑥证得这净分的意义在于：能解脱生死。因此“了知这‘空明觉了’，就是解脱生死的最上方便，再没有别的方便解脱生死能超过这‘空明觉了’，因此名为‘大’。这就是说，众生身中的无始本有的清净心性为大圆满。众生因迷此而流转生死，若悟此就证得涅槃。”⑦大圆满有两种表现方式。一是“本具”于众生心中，作为净分隐藏在染

① [清]善慧法日：《宗教流派镜史》，刘立千译，王沂暖校订，西北民族学院研究室1980年版，第105页。
② [清]善慧法日：《宗教流派镜史》，刘立千译，王沂暖校订，西北民族学院研究室1980年版，第77页。
③ [清]善慧法日：《宗教流派镜史》，刘立千译，王沂暖校订，西北民族学院研究室1980年版，第72页。
④ [清]善慧法日：《宗教流派镜史》，刘立千译，王沂暖校订，西北民族学院研究室1980年版，第74-75页。
⑤ 法尊法师：《法尊法师佛学论文集》，吕铁钢、胡和平编，中国佛教文化研究所1990年版，第70页。
⑥ 法尊法师：《法尊法师佛学论文集》，吕铁钢、胡和平编，中国佛教文化研究所1990年版，第70页。
⑦ 法尊法师：《法尊法师佛学论文集》，吕铁钢、胡和平编，中国佛教文化研究所1990年版，第70页。

分后面，尽管没现前，但“本来具足生死涅槃一切法，所以名为‘圆满’”。[①]二是通过修证而让其“现前”，迷而不悟即为凡夫，“若能悟此”，即让其现前，即“证得涅槃”。[②]而此证得也就是如实彻见自心之本质，或明了自心的净分。

大圆满的修证方法实即现证空明觉了真心的方法。这主要体现在三部之中，即心部、陇部、教授部。三部尽管都是围绕如何明心而展开的，但在明心时的侧重点略有不同，如心部偏重于深“空”，强调直观心性本空。该派强调：任何外境都是心，只要知心之本性，即知诸法本性，因此要解脱生死，重在观心。教授部偏重于广“明”。该派强调：只要了性现证法性境，就能自证金刚锁身。它所提倡的法门是大乐道，其关键是断绝一切思虑，自然现证诸法实性。这个道修智身、虹身，不是先化粗分三业为微细身，而是由究竟“尽法性光明”，将粗细三业完全销化于身智中。陇部则同时兼顾。该派强调：一切法离不开法性普贤陇，破离法性陇更无其他法。在修证中，行者应安住于永离所缘甚深无功用，用深明观运智，修成虹身的金刚身。

禅宗祖师菩提达摩提出并实践过的七种观心方法也是如实知自心的可靠方法。它们分别是——一、住心门：专摄念住，让散动心止于一处，无有去动。二、空心门：看心转追，觉心空寂，无去无来，无有住处。三、心无相门：心澄净，无有相貌，湛然不动。四、心解脱门：知心无系无缚，一切烦恼不生。五、禅定门：行住坐卧皆寂静。六、真妙门：觉心无心，等于虚空。七、智慧门：识了一切，名之为智，契达空门名之为慧。[③]

第二节　“如实知自心”方能“如实知他心”

在他心知问题上，佛教坚持的也是可知论。这种可知论的本体论前提是肯定：大千世界有无量有情众生，他们都有像我一样的心理，或者说，我以外的其他有情身上存在着心。“有情”（sattva）这个概念本身就包含着佛教对我以外的生命体有无心灵的回答。这里的“有情”即指有情识，情即情感，识即有识知能力，因此有情众生即指一切有情感和意识的生命形式，或有灵魂的众生，即除无情识的

① 法尊法师：《法尊法师佛学论文集》，吕铁钢、胡和平编，中国佛教文化研究所1990年版，第70页。
② 法尊法师：《法尊法师佛学论文集》，吕铁钢、胡和平编，中国佛教文化研究所1990年版，第70页。
③《南天竺国菩提达摩禅师观门》，《大正藏》第85册，第1270页。

植物、低等生命以外的一切生命体。只要是这样的生命，便皆有情识。“有情同分”这个词也可说明这一点。“同分”即共同的成分，相当于世间哲学所说的共性或共相。有情同分有两种：一是无差别同分，这种同分是一类别中的一切个体共有的东西，正是它们使这些个体成为一类（有情识就是这种同分）；另一同分是有差别同分，指的是大类中的子类所具有的共性，如有情中的人、牛、马等就是这种同分。正是鉴于有后一同分，佛教承认：不同类型的有情，其心理的形式和内容是不一样的，例如十界有情，从低到高可分为六凡（地狱、饿鬼、畜生、人、阿修罗、天）和四圣（声闻、缘觉、菩萨、佛）。他们之所以相互区别开来，是因为他们不仅有形体上的差别，更关键的是心的形式和内容各不相同，尤其是心的染净程度、显真程度相互有别。

佛教尽管承认：有不同智慧的人的他心知能力相互区别，但只要有心、有情，就有其起码的他心知能力。其可知论的根据是多方面的。一是上一节有所说的互具论，二是上面提到的关于“同分”的理论。根据这一理论，每个事物尽管由于自己的特殊的因缘而区别于别的事物，即有自己的特殊性、个性，但每类事物，乃至所有一切事物又都有其共性。有情尽管有十界差别，但他们有其“同分”，即共同具有一些成分、相状、性质、特点和本质。这又有两种情况。一是就他们都是有情来说，他们都具有无差别的同分。例如，每个有情都有共同的由己及他的他心知能力。这种能力也可称作他心智。二是就其各有自己的性相特点而言，又有其有差别的同分。例如，就他心知来说，有情的他心智在不同子类或不同界别的众生身上是存在着大小、高低的差别的，如十界中的佛，具有圆满的他心智，其他界别的众生则依次递减。三是佛教的法性论、法身论。根据这一理论，所有一切有情，尽管表层心理各不相同，但都有相同之法性。所谓法性即诸法体性、实性、实相，它在凡不减，在圣不增，不仅如此，所有众生同一法身、同一真心。只要真正证得了此法性、法身，便会获得无所不知的般若智慧，有此智慧，便能如实知他人的一切心。此能力即他心智。佛菩萨就是其典型。当然，现实的有情，其真心现证、显现的状况是大不一样的，或者说，此真心为妄心覆盖的情况是不一样的，有的完全被覆盖，以至完全不为其持有者所知。这样的有情的他心智就可能表现得极为微弱。随着“心灵大扫除”的推进，他心智会逐步显现。染污扫除得越多，他心智就会越高。至佛位，此智会完满无缺地表现出来。经云：“一切如来应正等觉，依深般若波罗蜜多，由法性故如实知彼诸有情类略心、散心。”[①]由于同样的原因，如来知众生一切种类的心、心所法。“观诸一切众生心性如自心性，如自心相，一切众生心性、心相亦复如是。知自心空，一切众生心空亦尔。观自心平等，观诸众生心性平等，亦复如是。”[②]佛的他心智的实质是正等觉，即平等知觉一切法、一切心，包括己心他心，看不到它们有什么区别，看到的是一如一体的等同、平等。对于有为法、无为法、染法、净法，“如是等一切诸法，如来悉能平等正觉，是故名为正等觉者。”[③]

他心知对于佛教心灵哲学来说极为重要。因为这是佛教追求的“如实知心”的必然，同时，也是佛教教育学的基本要求。根据这种教育学，如实知众生的心，是度化众生的前提。因为度众生实即救护其心灵，拯救其心灵，帮他们找回迷失的真心。而要如此，其前提条件就是如实知其现实的心理状态。只有这样，才能因材施教、应病与药。正因为菩萨有知他心的需要，所以菩萨都尽力修行圆满，以得他心知智。在八地菩萨应修的四法中就包括应“圆满悟入一切有情心行”。[④]如果能如实知众生有贪心、离贪心，能如实知众生有贪嗔痴心，非有贪嗔痴心，非离贪嗔痴心，能如实知众生心、心所法，若出若没，若屈若伸，那么便能应机施化，取得最为理想的教化、救度效果。[⑤]如维摩诘居士在说法时，先识众心，然后说法。对于不识者，便通过入三昧，让他们“自识宿命”。这样做的教育学效果是最佳的，其表现是，如此教化的听者“即时豁然，还得本心”。[⑥]究其根源，显然是因为施教者如实知他人之心。佛更是这样。《妙法莲华经》云：“唯有如来，知此众生种相体性，念何事，思何事，修何事，云何念，云何思，云何修，以何法念，以何法思，以何法修，以何法得何法，众生住于种种之地，唯有如来，如实见之，明了无碍。”[⑦]因为有这样的对他心的如实知，加之佛不是以妄心说法，而是以真心说法，所以佛是最成功的人天导师。

佛教的他心知理论尽管可判入可知论的范畴，但它是一种十分独特的他心知

---

① 《大般若波罗蜜多经》卷 510，［唐］玄奘译，《大正藏》第 7 册，第 602 页。
② 《大萨遮尼乾子所说经》卷 7，［元魏］菩提留支译，《大正藏》第 9 册，第 349 页。
③ 《大宝积经》卷 39，［唐］菩提流志译，《大正藏》第 11 册，第 223 页。
④ 《大般若波罗蜜多经》卷 490，［唐］玄奘译，《大正藏》第 7 册，第 491 页。
⑤ 《大般若波罗蜜多经》卷 442，［唐］玄奘译，《大正藏》第 7 册，第 227-229 页。
⑥ ［古印度］维摩诘：《维摩诘所说经》，［姚秦］鸠摩罗什译，《大正藏》第 14 册，第 541 页。
⑦ 《妙法莲华经》卷 3，［姚秦］鸠摩罗什译，《大正藏》第 9 册，第 19 页。

理论。因为从认识论上说，他心是我要知的对象或所缘，但这对象对于不同的他心知理论来说，其范围是完全不同的。例如，西方心灵哲学关心的他心知对象主要是我以外的他人的心，充若量会涉及智能机器有无他心、如何认知等问题，但由于佛教承诺的有心的生命体远远多于世间哲学的承诺，因此佛教他心知的范围便极为广泛。例如，佛教不仅关心他人的心的认知问题，同时还要探讨人以外的其他有情众生的心的认知问题。这就是说，佛教的他心知的对象推广到了三界、世间、出世间一切众生的心之上。如前所述，这些众生既有无差别同分，又有有差别同分，因此对他心的认识既会涉及对他心之共性的认识，也会涉及对他心之千差万别的个性的认识。就此而言，佛教他心知理论远较世间他心知理论复杂。

佛教他心知理论的特点不仅表现在对对象有不同的看法之上，还表现在对主体的看法也有其独特的一面。就对象言，由于众生有三界之别，因此每界众生，其心是不一样的，如欲界众生只有不广大心，而余二界众生有广大心，这些心都是他心知的所缘。三界所缘心的差别在于：欲界心是“小所缘”，色界无色界的心是大所缘，道果是无量所缘。而道果作为所缘，只能为圣智他心智所知。当然，佛教他心知对象的复杂性还有其他许多表现。后面再述。从他心知的主体来说，由于有情的智慧不一样，因此这主体及其所能知的范围和深度也各不相同。根据佛教的观点，有情之所以有他心智能力，是因为他们有特有的他心知智慧。这智慧是有情的多种智慧之一。圣人也是这样，有多种智慧，而他心智是其中之一。由于圣者所入阶位不一样，他们的他心智也是有差别的。例如证得他心通的阿罗汉可知他下面的一切众生的心。而凡夫不能知初果（须陀洹）的心，须陀洹不能知斯陀含的心。不管是关于智的四智之分，还是十一智之分，他心智都是其形式之一。如四智包括：“法智、未知智、等智、知他人心智”。[①]十一智包括：“苦智、集智、灭智、道智、尽智、无生智、法智、类智、世俗智、他心智、如说智。”[②]十明即十智，他心智明也是其中之一。十明是：善知他心智明、无碍天眼智明、深入过去际劫无碍宿命智明、深入未来际劫无碍智明、无碍清净天耳智明、安住无畏神力智明、分别一切言音智明、出生无量阿僧祇劫色身庄严智明、一切诸法真实智明、一切诸法灭定智明。[③]这十明中，大多属于他心智的形式。

---

① 《长阿含经》卷 8，[后秦]佛陀耶舍共竺佛念译，《大正藏》第 1 册，第 51 页。
② 《大般若波罗蜜多经》卷 489，[唐]玄奘译，《大正藏》第 7 册，第 487 页。
③ 参阅《大方广佛华严经》卷 28，[东晋]佛驮跋陀罗译，《大正藏》第 9 册，第 578-580 页。

最低级的他心智是凡夫的他心智，他们只能借肉眼知他人的表面的妄心、染污之心。在此之上的较高级的形式是天人或有一定修行的人所具有的他心智。他们能以天眼观他心的心血。这里的心指的是肉团心，即相当于一般所说的心脏。尽管这是物质性的心脏，但由于它是精神性心灵的生理基础，因此也属于广义的他心知的范围。通过对这种心的认识，有可能进到更高的他心知。天人正是这样，从这种认识出发，他们便根据心血的特点去推知他人的心理状态，因为不同的血色对应的是不同心理状态。觉音说：“心欢喜时，则血红……，若心忧悲时，则血黑……，若心舍时，则血清如麻油。于是他观看了他人的心脏的血色，分别这种色是从喜根等起的，这种色是从忧根等起的，这种色是从舍根等起的。寻求他人的心，加强了他的他心智。”高一级的他心智形式则不停留于这样的间接认知，而有所超越，如借特殊智慧直接去认知。当然这种智慧是在上述推知智慧的经常运用中逐渐发展起来的。例如，当认知主休经过反复实践获得了“强有力的”他心智时，“则不必见心脏的血色，亦能从心至心的展转次第了知一切欲界心、色界心及无色界心。”①只要愿意，他们就能知道三界中任何一处的他心。

最高形式的他心智，无所不知，即能绝对自由地进行他心知。之所以如此，是因为他们彻底地返妄心而回归真心了。此真心体大、相大、用大。只要彻证此真心，或“其心清净”，其证知者便获无所不知的他心智。因为他心知是妙用，证真心是体。经云：“比丘以是三昧正受，其心清净，无有瑕秽，除去尘劳，柔濡无欲，坚住不动，神足之慧，已逮得证神通之慧，心无增减。”②至此境界，便能自然涌现他人知等妙用。如“心清无瑕，至于证智，逮得神通，心无所著，眼能彻视，……耳能彻听，闻诸天人所语，及蚑行喘息，人物之声，……通耳彻听诸天人善恶所归，皆悉闻知。用得道证神通，普彻知他人心所念善恶，有欲无欲，有怒无怒，有慈无慈，有痴无痴，……有尘劳无尘劳，得道证不得证，乱心静心，进者怠者，功德智慧，有量无量，皆悉知之。譬如郡国县邑，不远有大棚阁，若高楼，人住其上，见无数人行来出入，智者见之，观出入者，比丘如是，见他人心所念善恶是非，普及一切世间形类。”③

佛菩萨的他心智不仅能知现世、此地他人的心，还能知他国、他时的他心。

① [古印度]觉音：《清净道论》，叶均译，中国佛教文化研究所 1991 年印行，第 376 页。
② 《佛说寂志果经》，[东晋]竺昙无兰译，《大正藏》第 1 册，第 275 页。
③ 《佛说寂志果经》，[东晋]竺昙无兰译，《大正藏》第 1 册，第 275 页。

“其比丘得神通者，念过去无央数世事，慧心痴心，见一世、十世、百千世、万世、千万世、无数世，往来周旋，天地成败，是人本生，彼来生此，其所在处，土地名字，种姓名色，长短、好丑、善恶，彼没生此，此没生彼，悉了知之。”①

佛的他心智的特点不仅表现在所知对象的广大、遥远或时空的无限之上，还表现在有完全充分的自由之上，例如他“了有情心，如掌中”。②另外，“如来以他心智观他人心，知此人成就善法，亦成就不善法，如来后时以他心智多观此人心，知此人灭善法，生不善法，……余有善根而不断绝，从此善根，当复更生善。”③

从时间上说，佛的他心智能知众生三世相续心。“如来如实了知，一切有情随其往因，以此因故，如是有情众生来生于此，……又能了知一切有情，于过去世，诸心相续，此心无间，缘如是境，如是心生，由是所缘不具足故，如是心灭。”④

禅定也是得他心智的条件和方法。是故，佛陀常常在定中完成他的他心知。如经云：“世尊坐已，即便入定，以他心智观察众心。”⑤禅定之所以是他心知的手段，是因为进入禅定后，心便得清静，而清净即有慧发。正所谓，慧由定生。他心智也可在此过程中生发。有此知，就可如实知他人的心理内容、状态等，如他人有贪心，便知其有贪心。“彼如是心得等持……安住不动时，引导其心倾向于他心智，彼以已心，悉知其他有情及其他补特伽罗之心。”⑥《长阿含经》指出：修“一心”法可证“他心智”。所谓“一心”即禅定。“以心定故，天耳清净，闻二种声。……彼以定心，清净无秽，柔顺调伏，住无动地，一心修习，证他心智，彼知他心，有欲无欲，有垢无垢，有痴无痴，广心狭心，小心大心，定心乱心，缚心解心，上心不心，至无上心，皆悉知之。譬如有人，以清心自照，好恶必察，比丘如是，以心净故，能知他心。”⑦可见只要通过禅定，让心纯一、清净，他心智就会生发，从而知他人的一切心，不管是善心还是恶心。

了“诸法本”三昧也有上述作用。诸法本即诸法自性、真如、真心，或道元。以彻了此本为旨归的三昧即为“了诸法本三昧”。⑧此三昧的要求是，“身清心净，

---

① 《佛说寂志果经》，[东晋]竺昙无兰译，《大正藏》第1册，第275页。
② 《大集大虚空藏菩萨所问经》卷1，[唐]不空译，《大正藏》第13册，第615页。
③ 《中阿含经》卷27，[东晋]瞿昙僧伽提婆译，《大正藏》第1册，第601页。
④ 《大宝积经》卷38，[唐]菩提流志译，《大正藏》第11册，第221页。
⑤ 《中阿含经》卷29，[东晋]瞿昙僧伽提婆译，《大正藏》第1册，第610页。
⑥ [古印度]觉音：《清净道论》，叶均译，中国佛教文化研究所1991年版，第375页。
⑦ 《长阿含经》卷8，[后秦]佛陀耶舍共竺佛念译，《大正藏》第1册，第51页。
⑧ 《贤劫经》卷1，[西晋]竺法护译，《大正藏》第14册，第2页。

口言柔和，犹如甘露，心念解明，犹如日光。”[①]坚行六度，在行时一念不生。“去于颠倒，心行坚强，修贤圣行，观照心本，……施无希望，戒无所念，思无所想，精进不失，禅无所生，智慧无道，奉正真法，诸度无极，入平等住”。[②]这种三昧之所以能彻了一切诸法之本，是因为它通过调伏心性，让其完全进入无思无念、平等一如的状态，如在行布施、持戒时，一念不生。而此状态实际上就是诸法的本性。

入“共证知他心定”也是知他心的一种途径。此定的特点是：先“取自心相”，观“我心何因生、何因灭，何亲近、何远离。比丘如是取自心相已，令心向他心证知，比丘如是不放逸观，及其证知他心定，心住正住。”[③]如是定，如是观，便“能知人心如所思、如所觉、如所思维，悉皆知之”。[④]

根据佛教关于共相与个性关系的原则，要如实知他心，首先要如实知自心。经云：菩萨“如实知自心，以如实知自心故，如实知一切众生心”。[⑤]在这个问题上，佛教是不赞成用第三人称的客观的方法去认识他心的。客观方法的特点是，以各种外知觉器官为基本工具，辅之以一些科学的仪器、设备等，或利用脑电图之类的无创伤地观察大脑内部状态的工具，尽量排除观察者的主观观点，然后对他心的行为线索作出所谓的客观观察，以获得关于他心的具有科学价值或符合科学要求的客观材料。佛教认为，在认识他心时，眼等六根具有根本的不可克服的局限性，充其量只能接触他心的外在行为表现，而无法进至他心本身。有论云：“如是彼眼根，不能见自体，自体既不见，云何得见他？”[⑥]要认识他心，就必须进到心中。而真正允许被直接进入的心只能是自己的心。但由于自心在本源处，即在最底层，与他心是相通的，甚至，所有一切众生共此真心。因此通过进入自心，然后一步步往深处推进，直至进到最底层，即进至真心，就可进到认识他心的理想境界。因此通过如实知自心来实现如实知他心不仅是完全可能的，而且是行之有效的。

---

①《贤劫经》卷 1，[西晋]竺法护译，《大正藏》第 14 册，第 2 页。
②《贤劫经》卷 1，[西晋]竺法护译，《大正藏》第 14 册，第 2 页。
③《舍利弗阿毗昙论》卷 30，[姚秦]昙摩耶舍共昙摩崛多等译，《大正藏》第 28 册，第 713 页。
④《舍利弗阿毗昙论》卷 30，[姚秦]昙摩耶舍共昙摩崛多等译，《大正藏》第 28 册，第 713 页。
⑤《佛说法集经》卷 2，[元魏]菩提流支译，《大正藏》第 17 册，第 619 页。
⑥ [古印度]龙树菩萨著、清辨菩萨注：《般若灯论释》卷 4，[古印度]波罗颇蜜多罗译，《大正藏》第 30 册，第 66 页。

认识自心之所以是认识他心的前提条件，理由还在于：认识他心离不开他心智，尤其是要认识他心的本质，认识妄心后的真心，离不开最高级的他心智，即佛智或无上他心智，而要获得这样的智慧，又离不开明心见性，彻见自己的本心或本来面目。而要如此，又必须如实知自心。概言之，如实知自心，方能如实知他心。

如上所述，无上他心智的证得是以识取真心或返妄归真为前提条件的，或者说，这两者是如实知自心的两个结果。当然，如实知自心、彻见真心绝非易事，因为严格说来，只有佛才能彻证真心。经云："真如之法，虚旷无相。……六行之士，乃能知之。"[①]六行即十信行、十住行、十行行、十回向行、十地行、等觉行。证真心尽管难，但不是没有办法的。求心就是方法之一。为何要求心？求心能"生精进"，是去凡成圣之所必需。如何求心？回答是：于诸念中去求，如观过去心、未来心、现在心。只要如实观，便有这样的求证：诸心如幻。"是不在内，不在外，不在中间，觉故如是心求不可得，……是心无色无形、无住、无相、无记、无著。"[②]若能在观心时观到了心的这些"本无"的特点，那么就等于求得了、证得了真心。

"心存在法"也可让人知真心、现真心，让迷失的真心回到眼前。这里的"存在"是真存在，是显现真实的存在。众生的心表面上存在，实即不存在，因为它们处在不停的生灭之中。这里的心存在法是菩萨调心的方法。其基本要领就是让妄心离去，让真心现前，让真心从可能性变为现实性，即让真心真实地存在于自己面前，真正地当家做主。其基本操作就是让心停下来，让"意止"，即让心存在于空。因此心存在法就是通过观诸法空相而让心停下来的方法。根据这种方法，行者应如实观诸法像梦幻泡影一样的本质，观"一切诸法本性空"，[③]尤其是观心中的一切念想生灭无常，本来是空，不可得，不可捉摸。如是观，便会"得法意止"，得心意止，"诸根寂然"，[④]于一切法而无所住。只有住无所住，才是心的真正的住或存在。

去心之污垢也是证真心的方法。心的垢与净是心的两面。形象地说，修心的

① 《金刚三昧经》，《大正藏》第9册，第370页。
② 《大宝积经论》卷3，[后魏]菩提流支译，《大正藏》第26册，第223页。
③ 《持人菩萨经》卷3，[西晋]竺法护译，《大正藏》第14册，第635页。
④ 《持人菩萨经》卷3，[西晋]竺法护译，《大正藏》第14册，第635页。

过程就是清除心灵的污垢、让其净化的过程。就像澄清水中的泥沙一样，先让泥沙沉淀下来，然后倒掉。心的由染变净、由妄心变真心也是这样。之所以要这样，是因为，心有染污即沉沦生死苦海，反之，即离苦得乐，乃至转凡为圣。经云：“心垢众生垢，心净故众生净。心亦不在内、不在外、不在两中间，如其心然，罪垢亦然，诸法亦然，……一切众生心相无垢。妄想是垢，无妄想是净；颠倒是垢，无颠倒是净；取我是垢，不取我是净。”①可见，本来就一个心，当心有念有想时，此心即表现为垢心、妄心，反之，当一念不生时，此心即为净心、真心。

念佛也能让心灵明亮，让人明心见性。《佛说灭十方冥经》云：“念十方佛，一心自归，心中坦然，如冥睹明，无复恐惧。”②至此，十方的冥暗便随之灭除。去凡成圣的过程实即让心从昏暗（冥）不明到明明白白的过程。如果在念佛中，专注于自心，从心上发力，观心、净心，心就会慢慢从黑暗中走出来，即“如冥睹明”。因此，了心的过程实即了诸法无相无性之本性或“空无所有”之本性的过程。是故，《灭十方冥经》也可被称作“了无相经”或“空无所有经”。

既然对他心的认知依赖于智慧，因此要更好地知他心，出路只能在于：锻炼、提升智慧，直至获得如同佛智一样的智慧。因为只有具有这样的智慧，才能真正完满地了知他心。例如，佛之所以如实知众生的摄心、乱心、染心、恼心、痴心，如实知无染心、无痴心、无嗔心，关键是佛有般若智慧。“佛因般若波罗蜜知众生摄心、乱心”③等。怎样才能有高级的他心智，尤其是获得无上的他心智？得这种智的方法途径很多，乃至多达八万四千，或多不胜数。归根结底，六度万行中，随选一行，如理如法地践行，就可如愿。例如，学般若、行般若，就有此功效。是故经云：“当学般若波罗蜜”。④因为般若是大智慧，有此智慧必有他心知功能。它“觉知由路，知所见者，知无所起，晓了诸法，分别无我，晓了柔和，终没之事，自知其心，了知他人心，是谓为慧”。⑤

要获得这种智慧，最重要的是要修、要行。空说于事无补。只有修般若波罗蜜多，如实行持，才能引发他心智通。修到一定程度，就“能如实知十方各如殑

①《维摩诘所说经》，[姚秦]鸠摩罗什译，《大正藏》第 14 册，第 541 页。
②《灭十方冥经》，[西晋]竺法护译，《大正藏》第 14 册，第 107 页。
③ [古印度]龙树菩萨：《大智度论》卷 69，[姚秦]鸠摩罗什译，《大正藏》第 25 册，第 543 页。
④《光赞经》卷 1，[西晋]竺法护译，《大正藏》第 8 册，第 149 页。
⑤《光赞经》卷 7，[西晋]竺法护译，《大正藏》第 8 册，第 194 页。

伽沙界他有情类心、心所法，所谓遍知他有情类”，[1]是贪心知其贪心，是离贪心，如实知其离贪心，若有觉心，如实知其觉心。佛的成功的实践也说明了这一点。佛之所以有无上的他心智，靠的就是般若。经云：“佛因般若波罗蜜知众生摄心、乱心，……染心、瞋心、痴心……。”“云何佛知众生摄心、乱心相？以法相故知。用何等法相故知？须菩提，是法相中尚无法相相，何况有摄心、乱心。……以是法相故，佛知众生摄心、乱心”。佛是怎样知道的呢？“以尽相故知，以无染相故知，以灭相故知，以断相故知，以寂相故知，以离相故知。”[2]而认识到事物的尽相、无染相、灭相、断相、寂相、离相，一言以蔽之，空相，靠的就是般若。

从上面的分析，可引申出这样的结论，即空心是他心知尤其是认识他心的最深本质的前提。佛的弟子阿那律陀在介绍自己的成功经验时说：“我已得如是空心，清净无秽无烦，柔软善住，得不动心，……以他心智知他心如真，有欲心知有欲心如真，无欲心知无欲心如真，有恚无恚、有痴无痴、有秽无秽、合散高下小大、修不修、定不定，不解脱心知不解脱心如真，解脱心知解脱心如真。”[3]简言之，由于心空，因此众生的一切心理秘密无不知晓，是什么样子，就知其是什么样子。

佛教尽管不提倡神通，但如果经修行随缘获得了神通，也有助于他心智。神通有六种，他心通是其中一种。“有菩萨摩诃萨他心智证通，能如实知十方各如殑伽沙界他有情类心、心所法，所谓遍知他有情若有贪心，如实知有贪心；若离贪心，如实知离贪心；若有瞋心如实知有瞋心；若离瞋心，如实知离瞋心。……”[4]众生的其他心、心所法也都能如实而知。这些心的形式主要有：爱心、离爱心、有取心、离取心、聚心、散心、小心、大心、举心、不举心、掉心、不掉心、下心、寂静心、不寂静心、定心、不定心、解脱心、不解脱心、漏心、无漏心、上心、无上心，等等。只要它们出现在众生心中，就一定能为有他心智神通的人知晓。

最后的问题是，佛教有这样的原则，唯识无境，这一原则与他心智理论是否存在着有些人所说的矛盾呢？不错，两者都为佛教所倡导，都是佛教的原则，后者强调的是：圣者修行到一定的时候，有如实知他心的智慧，例如他人有何心，

① 《大般若波罗蜜多经》卷404，[唐]玄奘译，《大正藏》第7册，第23页。
② 《摩诃般若波罗蜜经》卷14，[姚秦]鸠摩罗什译，《大正藏》第8册，第323页。
③ 《中阿含经》卷19，[东晋]瞿昙僧伽提婆译，《大正藏》第1册，第553页。
④ 《大般若波罗蜜多经》卷9，[唐]玄奘译，《大正藏》第5册，第45-46页。

圣者都知道。前者强调的是：只有自心，他心如作为所缘，皆是虚幻。从表面上看，两者似乎陷入了矛盾。因为一个说无他心，无外物，唯识无外境、外缘，而一个强调存在着他心、外境，并可被他心智认知。其实，两者一点也不矛盾。《成唯识论》既客观陈述了这里的所谓矛盾，也对这一矛盾作了澄清。该论云：“若但有心，无外境界，此义不然，何以故？他心智者，观察他心、他众生心，是外境界，云何说言无外境界？又复有难，他心智者，为实知心，为不实知？若不知者，云何说言知他心？”怎么能说此知他心的能力是他心智？“若实者，云何说言无外境界？”唯识宗认为，这里不存在矛盾。有偈云：“他心知于智，不如实觉知，以非离识境，唯佛如实知。”[①]这里要区别两种情况，一是凡夫的他心智对心的知，二是佛的他心智及知。前者确实不能如实知，这种智所知的他心都属虚妄分别的外境。就此而言，说有他心智与说唯识无境不矛盾。论云：“他心智者不如实知，何以故？以自内心虚妄分别，以为他心不能了知，何以故？以自心、意、意识杂故。是故如偈言，他心知于境，不如实觉知”，因为他心没有离开识境。“彼世间他心智者，于彼二法不如实知，以彼能取、可取境界虚妄分别故。彼世间人虚妄分别此唯是识。无量无边甚深境界，非是心识可测量故。”佛的他心智能如实知他心。因为佛的他心智所对的境界“非是心、意、意识思量境界”，而是“诸佛妙境界”，所以“唯佛如来以一切种智，于一切所知境界，皆如实而知”。[②]

护法的《成唯识宝生论》对此问题也有关注，如他对此难题作了这样的重构：“如唯有识，彼他心智，为知他心，为不知他心，为不了耶？若言不知者，何谓了他心？此名由智了他心故。如其不了，便成狂妄，即此能诠于焉有失。如其知者，于离识境而领受故，所成唯识理致便乖。”[③]简言之，承认有他心智，便会否认唯识无境的原则，若承认后者，便会得出不能如实知他心的结论，或会否认他心智的存在。护法对此问题的回答是，心外的确无境，包括无真实的他心。所谓他心知，实即“以他心为缘，了自心相，假说知他”。[④]他认为，强调心外无实境，

① [唐]玄奘、窥基编译：《成唯识论》，《大正藏》第31册，第69页。
② [唐]玄奘、窥基编译：《成唯识论》，《大正藏》第31册，第69-70页。
③ [古印度]护法：《成唯识宝生论》卷5，[唐]义净译，《大正藏》第31册，第96页。
④ [古印度]护法：《成唯识宝生论》卷5，[唐]义净译，《大正藏》第31册，第96页。

与强调他心智能如实知他心是实有，其实没有矛盾，“两共许成。”[①]因为佛教的他心知理论承认如实知他心有这样两个方面：一是于妄心之空无或究竟不存在，如实知其空无或不实，这不仅不与唯识无境的原则相矛盾，反倒是对它的一个证明；二是于真心之真，如实知其真。佛教的辩证法在于：真心不是妄心之外的另一个心，而恰恰是妄心的体空或本无本质，从言说的角度说，真心这一概念是描述妄心的空无本质的另一方式。

① [古印度]护法：《成唯识宝生论》卷5，[唐]义净译，《大正藏》第31册，第96页。

第十章
心理现象的特征问题

心理现象特征问题的现代心灵哲学研究是由19世纪末的奥地利哲学家、心理学家布伦塔诺（F. C. Brentano）所引发的。他看到心理现象事实上不同于、区别于非心的物理现象，但百思不得其解的是：是什么把心理现象与物理现象区别开来的？心理现象区别于物理现象的独特标志或特征是什么？这类问题实即关于心理现象的区分标准问题。经过长期探索，他找到的标准是意向性，认为心理现象区别于别的现象的标志性特征是它像箭一样，总对准、瞄准着它以外的某对象，即有指向、关涉对象的特性。就此而言，心理的意向性也可称作心理的对象性或指向性。由于有对象性时，心理一定会出现特定的表象或心理内容，因此后来的罗素等人把心有意向性等同于命题态度或心理内容。心的意向性标准在相当长的时间内被认为是天经地义、毋庸置疑的。只是到20世纪七八十年代，随着心灵哲学向纵深的推进，福多（J. Fodor）等一大批心灵哲学家发现：内容、意向性并不是一切心理现象的本质特征，它充其量只是部分心理现象的特征。用佛教的术语说，心的意向性特征充其量是心的有差别同分，而不是所有心理的无差别同分。因为依据与命题内容、经验两个维度的关系，所以心理现象可分为两类。一是由特定的态度（思想、信念等）加上“that—从句”表达的命题内容所构成的心理状态，即通常所说的命题态度（propositional attitude）。如，对“明天要下雨”这个句子所表达的命题内容可采取相信、期望、怀疑等不同的态度，由此就有不同的心理状态或命题态度。二是“质的状态”。这类心理现象没有明确的命题内容，只有质的感受、体验或现象学性质，例如疼痛、身体感觉、情感等。这里要注意的是，感觉、情感从表面上看似乎属于命题态度，例如感觉总是感觉到了什么，其后也有相应的内容。其实不然。因为这里的感觉、情感指的是当下的、直接的心理现象，是经验、体验本身，是对色、声、香、味、疼本身的感受。尽管它们也指向了某一对象，但这里的对象不能表现为命题，它们只是感觉体验到了质的特征或现象学性质。例如，看到西红柿时所体验到的、呈现在知觉面前的那种红的性质，它由外在的红所引起，但从形式到内容、功能作用，完全不同于外在的红。总之，两类心理现象的独特特征分别是意向性或命题内容和“感受的质”（qualia）。当然，这是有争论的。随之而来的一个新的变化是：不是一种关于心理现象的特征、标准独霸天下，而是多种观点相互竞争。质言之，特征问题是一个正在探讨中的问题，尚无定论。

佛教承认心理现象是自成一类的，并一直在寻找心理现象独有的标志或特征，也形成了内容极为丰富的理论。所揭示的特征，有些与西方心灵哲学有相似性或一致性，有些是佛教独有的看法。

第一节 佛教心理特征理论概说

佛教心理特征理论的丰富性、深刻性表现在：

第一，根据它的不同层次的“众同分”或共性理论，它认为，心理现象的特征有不同层次，一是所有一切心理现共有的特征，此即“遍行”心所法；二是次级的、只为一类心理现象中的所有个例共有的特性，例如，部派佛教对心所法的分类足以说明这一点。较高层次的是大地心所法。“地”即所至之处，大地指的是广泛的地方，如善心、恶心、非善非恶的无记心。大地心所法，即所有这些心共有的心所法，它们有十类：受、想、思、触、欲、作意、胜解、念、三摩地、慧。次一级的心所法是只伴随善心的心所法，可称作大善地法，如信、精进、轻安等。它们实际上是大地心所法的子类。它们共有的特征只是这个类别区别于别的类别的特征，如这些心所都具有善性。再次一级的是只伴随不善性的心法的心所法，如不信、懈怠等。它们与伴随善心的心所法同属大地法的并列子类。更低层级的心所法是伴随无记性心法的心所法，如无明、昏沉等。大乘佛教所说的“别境住”所列举的欲、念、胜解等也属于部分心理现象共有的特征。

第二，佛教心灵哲学的许多范畴，都有刻画心理现象之标志性特征的意义。例如，与第六识相对的“尘”或“法”（显现在意识面前的关于外物的影像、心像）有“心理表征”（representation）的意义，或类似于西方意向性理论所说“内存在对象”。这显然是心理现象所具有的特征，因为非心的事物不可能有此作用。有些非心事物能显示什么，如显示屏上可显示图像或符号，但它们不可能有对被显示符号的意识，更不可能完成有意识呈现这样的作用过程。另外，定学中常说的“守一不移”“安心于法性”“内住心”“外住心”等都有意向性的意义。而“摄心”“治心”则包含有调控、利用意向性的意义，如此等等。

第三，佛教发现的所有心理现象的、区别于非心理现象的共同特征不止一个、二个，而是多个。这是它不同于西方心灵哲学的一个特点。当然，对于这个“多”，不同的宗派说法不完全相同。例如，大乘一般主张有五个，即遍行心所法中所列举的作意、触、受、想、思。上座部主张有七个，即在前五遍行之上增加了一境性和名命根。用现代心灵哲学的术语说，作意、触、想有与意向性一致的内容，也有佛教独立发现的东西。受也是如此，它近于西方心灵哲学所说的“意识”或感受性质。这里，我们拟作重点剖析，以充分展示佛教“遍行心所法”理论中所表达的关于心理现象普遍而独有特征的思想。

所谓“遍行”，是指所有一切心理现象共有的东西。从字面上说，“遍行”即遍在于、遍行于八识心王法之中。作为心所法，遍行心所法像别的心所法一样，也是为心王所拥有的、伴随心王而发生的，因此是心王的随附性现象。不同于别的心所法的地方在于：不像别的心所法只伴随某一个或某几个心王，而能够伴随一切心王。只要心王出现，不管是哪一个识，一定同时具有上述遍行心所法。不然，就不名“遍行”。还要注意的是，遍行心所法，不仅遍行于心王，而且遍行于别的一切心所法，因此是一切心理现象中共同的、“遍行的”或普遍的特征。这样说的根据在于：心所法必然伴随心王而发生，既然如此，心王有遍行的特征，伴随它们的心所法也一定如此，因此遍行心所法也可理解为遍行于一切心所法之中。心法即八识心王，心所法即恒依心王而起、与心王相应、相联系，同时作为心王之眷属的心理现象，是伴随心王而出现的广泛的心理现象。论云：心所法“恒依心起，与心相应，系属于心。”[①]玛欣德说：“一切心就是所有的心、任何的心，

① [唐]玄奘、窥基编译：《成唯识论》卷5，《大正藏》第31册，第26页。

即八十九种心。遍（sādhāraṇa）的意思是全部都有。这七种心所是所有八十九种心都拥有的。它们是心理的基本作用，是心所在执行识知对象的过程中重要的作用。如果缺乏了这七种心所中的任何一种，心就不可能认知对象。”①

遍行的特征就是我们所说的一切心理现象中普遍的特性，当然也是非心事物不具有的东西。从定量的角度说，只有符合下述四个标准的东西才可被称作“遍行”。第一，遍行于一切性。所谓一切性是指善性、恶性和不善不恶的无记性。一切心理现象总会表现为三性中的某一性。而只有为三性心理普遍共有的，才能说是遍行心法。不然，就不名遍行。第二，遍行于一切地。一切地指三界（欲界、色界、无色界）九地（欲界一地即五趣地；加色界四地，即离生喜乐地、定生喜乐地、离喜妙乐地、舍念清净地；再加无色界四地，即空无边处地、识无边处地、无所有处地、非想非非想处地）。只有能同时出现于三界九地心理现象中的心所法，才能被称作遍行。第三，遍行于一切时。一切时指心理现象发生的时间，不外过去、现在、将来，从长短来说，不外这样几种情况，即永恒、持续一段时间、一瞬间。只有普遍存在于一切时间中的心理现象的特征才能被称作遍行。第四，一切俱，意为一遍行心所发生时，必定与其他的遍行心所俱时而起。大乘佛教认为，符合上述条件的心理特征只有五个，即触、作意、受、想、思。上座部则认为有七个。下面把两派的观点综合在一起，分别略作考释。

第一种遍行心所是触。触指的是心、心所法接触到所缘之境，形成感触。它以接触所缘境为性，以能为受、想、思等心所法作为所作为业。用意向性的术语说，触实际上是心关联于、关涉对象，具有对所缘境的“关于性”（about），因此也有西方人所说的“意向性”的意义。从翻译上说，与中文“触”对应的有两个梵文字：一是sparśa，指的是五遍行中的一种心所法。从所依赖的条件来说，这种触离不开根、境、识（了别作用）三种因素的和合作用，是三者结合在一起时产生的一种心理现象。由于八识分别有自己的根、境、识，因此当它们结合在一起时，都会产生相应的触。可见，八识都伴有触这种现象，都以之为自己的特性。中文“触”对应的第二个梵文词是spraṣṭavya，这里的触尽管也可看作是五遍行心所之一，但也可看作是六尘（对象）之中的一个法，即身根及身识所对应的触尘。这种语境中的触指的是“所触”即身根、身识所对应的对象。这样的作为对

① 玛欣德尊者：《阿毗达磨讲要》（上集），云南佛教协会印行2009年版，第162页。

象的触有十一种，如地水火风四大为能造之触，滑、涩、重、轻、冷、饥、渴为七种所造之触。触之所以是遍行的心理特征，是因为它不仅出现在一切认识活动（如八识）之中，而且在胜妙禅定中也有触的现象发生，如初禅进行到一定的程度可能会出现八触，它们分别是：动触、痒触、轻触、重触、冷触、暖触、涩触、滑触。

第二种遍行是作意（manaskāra），其字面意思为警觉，指的是诸心理现象的这样一种独特作用或特征，即接触到了对象，突然生起了对它的注意，并将心投注其上，开始作出观察、把握。可从性和业两个方面予以描述。性即事物本身具有的品性、造作。作意的性是：警觉进而能生起种种心理现象。业指的是有情所作出的、能连带引起一定后果的行动。作意的业是引心趣向境相，警觉、策动其他心所，引导它们趣向对象。这里尽管没有出现“意向性”一词，但说的事实上与西方人所说的意向性的品性和作用相同，例如，将心之“箭”投注于要予注意的对象之上，引心趣向境相，让其指向对象，因而有对对象的指向性或意向性。

作意的样式很多。有部的《阿毗达磨俱舍论》根据作意所指向的对象，把作意分为三种。一是自相作意。自相即特殊个别的性质、相状，这种作意是以事物的具体个别性质、相状为对象的作意。二是共相作意，即以事物的共性、共相为对象的作意。特别要关注的是四谛的十六行相：苦圣谛的非常、苦、空、非我，集圣谛的因、集、生、缘，灭圣谛的灭、静、妙、离，道圣谛的道、如、行、出。三是胜解作意，即在胜妙净行（如不净观、四无量心等）之类的心理操作中所生起的作意。如前所述，三界众生都有心理，尽管各不相同，但每一界众生的心理都有作意这一共性，当然表现方式不尽相同。如欲界有如下三种作意：闻所成、思所成、生所得；色界有闻所成、修所成、生所得三种作意，无色界只有修所成和生所得二种作意。《瑜伽师地论》卷第三十一列举了修行、心理调适过程中的四种作意。①调练心作意，即于应厌离之法，调适练习，令心厌离。②滋润心作意，即于可欣求之法，令心滋养，以让心生喜乐。③生轻安作意，即于可厌患之法，使心厌离，于可欣之法，令心向往、欣乐，进而获得寂静。④净智见作意，即以清净智慧，照了诸法的体性，以让心得寂静。

第三种遍行心所是受。后面将有专节讨论这一心理特征，这里从略。

第四种遍行心所是想。这里的想不同于日常生活和一个般心理学所说的思想，而有其特定的所指。此词译自梵文 Saṃjñā，本是合成词，接头语（saṃ）有一切之意，jñā 有知的意思。这里的“一切”指的是发生在心中的观念、印象、概念。可准确用今日西方心灵哲学的“表征”（representation）来表述。“想”指的是回想、忆想心内已有的一切表征、表象。中文的“想”的字面意义足以说明这一点。在中文，“想”也是合成词，上面是“相”，即心相、心理表征，下面的“心”指的是能让心相出现的地方。因此想所指的是让心相出现在心中这样的心理特点。很显然，它是一切心理活动的普遍特征，因为不管是感知，还是随后发生的理性思维活动，都离不开把心相呈现出来这样的过程。它以缘境、让种种心相呈现出来为性，以施设、安立名言或概念为业。不难看出，佛教的作为遍行心所的“想”十分接近于西方心灵哲学的“心理表征”，而心理表征同时又是意向性的本质特征。正是因为有这重意义，今日的意向性理论常把意向性与心理表征当作同义词看待。从形成所依的条件和过程来说，想依赖于眼耳鼻舌身意六根；当六根关联于六尘时，便有六识产生；而在每识产生时，都伴有相应的想发生。从样式、种类说，想有不同的形式。例如六根有六想。另外还有关于想的多种三分法。一是三恶想，即欲想、嗔恚想、杀害想。二是三善想，即出要想、不害想、不恚想。三是菩萨遇要救度的众生时所生的三想，即善知识想、他世富想、菩提基想。想也可作为禅定的观想之法，这又有多种分类，如九想、十想、十一想。以十想为例，它们分别是：无常想、苦想、无我想、食不净想、一切世间不可乐想、死想、不净想、断想、离欲想、尽想。

第五种遍行心所是思。思指的是一切心理活动中普遍共有一种的以思虑为特征的行为或造作。思译自梵语 cetanā 或 cint，指令心造作、心决定做什么，有思考、考察、思虑的意思，不能与“想”混同。因为想以让心呈现或以取相为特征，而思是关于心相的思考，是对它们的加工、整合。思以让心造作为性，以驱使心、心所，指挥身口意作善恶诸业为业。具言之，思的特点在于：将各种有善恶性质的境相、心相捉取到意识面前，对之作出处理，从而产生有善恶性质的心理行为。从外延来说，既包括认知性的加工活动，又包括决定身体行为的意志作用，即同时包括康德所说的理论理性作用和实践理性作用。思的样式很多，根据《成唯识论》卷一的分类，思有如下三种：①审虑思，相当于认知性的思虑和活动，即在内心把储存的认识材料提取出来，作出审查、加工；②决定思，即在思考的基础上，设想可能的行为方式，然后作出选择，相当于意志作用；③动发胜思，即作出行动决定，然后发动身语二业，进而有相应作用发生。

上座部除承认一切心理具有上述五种独有标志性特征之外，还增加了两种遍行心所即七遍行心所。其中第六种遍行心所是一境性。它指的是心理的这样的特点，即“心只取一个目标的状态”，“把心固定于所缘，特相是不散乱，作用是统一相应名法，表现为平静有。在一切心里都有这种心所”。①意思是说，心不同于非心的又一显著特点是，一次只能关注一个对象，而不能同时让两个以上的观念同时显现在意识面前。正如休谟和康德等西方哲学家所说，心在把握对象时，是一个接一个地予以把握的，因此心面前呈现出来的观念是纷至沓来的。就此而言，心是意识流，或一串观念。这一观点从现象学的角度说或相对于意识的觉知说绝对是千真万确的。它之所以是心的标志性特点，是因为所有非心的东西一次能同时容受很多东西，如一个杯子里能同时时容纳很多东西。而意识面前一次只能出现一个对象。心的一境性有两种情况，一是所有心理活动中的一境性，这是自动地、无意识地完成的。二是禅定中的有意识的心一境性。禅定的目的就是要消灭散乱心，让心纯一清净。是故旧译把禅定译为“一心”。两种一境性的区别在于：禅定的一境性除有自觉性之外，还有更明显、更强的特点，另外，这里所缘的境很少，且是经过长期的禅定实践所确定下来，如守呼吸、盯住鼻端、一心念佛等。

七遍行心所的最后一种是名命根。命根指的是生命的根本、基础。有多种命根，如色命根指的是物质性身体的命根。而心法的命根是“名命根”，指的是“维持心和心所的生命力，以使它们可以在其生命期间存在”。②每个心法和心所法都少不了它，因此是一切心的遍行或共性。非心的命根是色命根，心之所以不同于非心，是因为它们的命根是名命根。因此，心与非心可从命根上加以区别。这是佛教的一个独有的观点。名命根的特点可这样概括：“特相是维持相应名法，即维持跟它一同生起的那些心理作用。……心与心所能够执行各自的作用，是因为有命根在促成。”③

在关于心所法的分类中，佛教还列出一类心所，即别境心所法。它尽管不是全部心理的的共性，但可看作是其中的子类的标志性特征。今日西方心灵哲学也

① 玛欣德尊者：《阿毗达摩讲要》（上集），云南佛教协会印行 2009 年版，第 172 页。
② 玛欣德尊者：《阿毗达摩讲要》（上集），云南佛教协会印行 2009 年版，第 174 页。
③ 玛欣德尊者：《阿毗达摩讲要》（上集），云南佛教协会印行 2009 年版，第 175 页。

作过类似的工作。例如，现今争论得颇多的“感受性质”就只属于一部分心理现象的特征，它不会出现在一切心理现象中，如不会出现在信念、愿望等命题态度之中，只会出现在心理的部分子类（如躯体感觉、情绪）等之中。佛教的别境心所也是这样。它共有五个。一是欲，它所缘的境是所乐境，只会在有关的心理中才会出现。它以于喜乐的境生起希望为性，以追求、试图得到为业。二是胜解，即殊胜之了解，所缘的是决定境，以于所缘境给予肯定为性，以肯定、不能转变为业。三是念，即念于过去经验之境，所缘的是曾习境，令心明记不忘为性，使精神专注其上为业。四是定，三摩地有正定、等持之意，是圣者才会发生的心理操作或现象，以心专注一境为性，依定生慧为业。五是慧，是一类特殊的心理现象才有的特征，以明辨是非、分别善恶为性，以断除惑业为业。

第二节　意向性理论

“意向性”尽管不是我们每个人都会使用的概念，但每个人在清醒时与它所指的现象则须臾不离，甚至在无意识时也会让它以潜在形式发挥作用。除了真正进入了。“灭受想”之类的高级入定状态，我们在清醒时，总会有心理意识和言语活动，而一旦有这些活动，就必然要超出活动本身而关联于某种别的东西，如，在想时，绝不会什么也不想；在恨时，绝不会什么也不恨；在爱时，绝不会什么也不爱……这种贯穿在一切心理意识活动、过程、状态中的关联作用或关于性（aboutness）、指向性、超越性正好就是意向性。

在西方哲学中，意向性一直是一个贯穿始终的重大问题，甚至有人认为，全部哲学运动都是环绕它而展开的。到了现当代，它还成了一个多学科关注的焦点问题，如心理学、语言学、社会学、行为科学、进化论、人工智能、认知科学等都从自己特有的视角切入到这一领域中来，纷纷建立自己的意向性理论。中国古代哲学也注意到了宇宙中的这一神奇现象，如钱穆先生曾用自己独特的但不太“标准”的意向习语对中国文化重视心之意向特征这一点作了十分精彩的概述。他说：“人心能超出个体小我之隔膜与封蔽而相通，此为人兽之分别点。”①从作用上说，具有此特点的心能超越自身，指向过去和未来，能超越小我，把整个宇

① 钱穆：《灵魂与心》，广西师范大学出版社2004年版，第18页。

宙装于一心之中。西方哲学之所以重视意向性研究，是因为它有这样的体认，即意向性是揭开心之奥秘和本质的一把钥匙。

心灵哲学的意向性难题有时也被称作心理内容问题、心灵语言①的意义问题、表征问题和关于性问题。因为根据关于心灵的表征理论和计算理论，以心理表征为加工媒介的心理状态就是命题态度，而命题态度是有机体与心理表征或心灵语言的心理语句的关系。心理语句有句法和语义两种属性。句法属性是指心理语句有特定的物理关系和形式结构。语义属性是指心理语句也有意义、指称和真值条件，它们总是关于自身和外在的什么东西。心理内容有时也被称为"表征问题"。因为说命题态度有内容，就等于说包含在命题态度之内的心理语句总是指向或表征（represent）了它之外的什么东西。总之，"意向性""内容""意义""语义性""表征"等范畴的出现绝不是"无病呻吟"式的文字游戏，而反映了心灵哲学在向心灵深掘过程中发现了传统研究所未注意到的现象和问题。

当今的意向性关心的问题主要有：①表征的主体问题，即什么事物起着这种作用？意向性有无本体论或存在地位？②心理内容的本质以及与所指对象、外部环境的关系问题，即内容是什么？是关系属性还是非关系属性？其必要条件是主体内的机制，还是外在的指称？③自然化或存在问题，即心理内容在自然界的秩序中有无地位？能否用自然主义术语、物理主义原则予以说明？④心理内容的因果性问题，即它在自然界的因果链条中有无因果作用？心对身体的作用是由心理表征的句法结构还是由语义属性（内容）承当的？此外，还有意向性的结构、意向性与语言的关系、意向对象的形而上学问题等问题。

佛教文本中尽管没有出现"意向性"一词，但相近的词，以及西方研究中所涉及的许多维度和问题，还是客观存在着的。因此，我们重构佛教的意向性理论绝不是生搬硬套、牵强附会，而是有充分的文本根据的。例如形式接近或意义相同的词有，"攀缘""外住心""内住心""安心于……""作意""将心投注于……""引心趣境"等。西方"意向性"一词所说的是心的这样的特点，即心像猴子一样的不安分的本性，只要人清醒时，就一定不安分，总在那里攀附，如想、思、忧、信、疑等，而这些活动总是关于心外的什么东西的。用佛教的话说就是，心

① Mentalese，或 Language of thought，指的是心灵能直接加工的、类似于计算机的机器语言的形式化语言或心理表征。在其倡导者看来，心灵不可能加工自然语言，只能以这种语言为媒介。

老是喜欢攀缘，总是杂念纷纷。另外，西方意向性研究在向纵深推进时所发现的意向现象，如心理表征、心理内容、心理命题，佛教其实也涉及了，如前面说到的作为遍行心所的“想”（心中有相呈现）、作为第六识之对象的“法尘”、作为语言含义的“似尘”[①]等。最重要的是，佛教不仅提出和回答了意向性研究中必然要触及的本体论问题、决定因素问题（内容宽窄问题）、自然化问题、因果作用问题、形而上学问题等，而且有自己的独立品质，那就是通过探讨意向性的起源及其机理，揭示了意向性的危害作用，进而找到了调控意向性直至灭除意向性的方法和途径。

佛教论述意向性像论述其他现象一样，有两个维度：一是随顺世情、从世俗谛上切入；二是从胜义谛角度揭示其本质。就后一方面的观点来说，佛教认为，意向性作为妄心的普遍特性，也是因缘和合而生的，无常变化，生生灭灭，没有恒常不变的体性。从否定方面说，佛教不承认，妄心的这个特性像二元论所说的那样是实体性自我或精神实体的作用。总之，它毕竟空寂，不可得、不可说，但它又不停地攀缘，逐境而指向这、指向那。从根源上说，意向性不是从来就的，而是在无明的驱动下，随着第八识的见分的产生而出现的。从作用上说，它是众生流转生死的根源。因为有意向性其实就是有分别性。从世俗谛上说，佛教确有意向实在论倾向，即不仅承认意向性有假有、妙有的本体论地位，而且认为，它作为心之共同的区别于非心的特性普遍存在于一切心理现象之中。当然，这样说只是权宜、方便之说，因为一当把意向性的来龙去脉、庐山真面目揭示清楚了，佛教就会鼓励人们离弃它、超越它。原因在于：它是众生沉沦苦海的根源之一，是分别心的内在根源，只有断除人的这一喜欢攀缘的习气，人才能离苦得乐、去凡成圣。而要如此，就应学会“摄心”“治心”，不让它逐境、趣境，做到根尘不偶，关闭心意，如“制心一处，更莫异缘”，[②]直至完全断除此攀缘或心猿意马的习气。

要破，要解构，首先必须重构。佛教为了解构妄心及其好攀缘性或意向性，预备性的工作是重构，如“依世俗道理建立诸心差别转义”，[③]当然也依胜义的道

① 西方哲学家保尔在研究佛教意向性、意义理论时发现：佛教已有近于弗雷格的思想，如认识到语言的所指是外部实在，而语言的含义则是意向对象或“似尘”。参阅[美]蒂安娜·保尔：《中国六世纪的心识哲学——真谛的〈转识论〉》，秦瑜、庞玮译，中国古籍出版社 2011 年版，第 63 页。

②《陀罗尼经》，[唐]伽梵达摩译，《大正藏》第 20 册，第 108 页。

③ [古印度]弥勒菩萨：《瑜伽师地论》卷 63，[唐]玄奘译，《大正藏》第 30 册，第 651 页。

理，对各种心理现象作描述性研究，对它们进行分类，提示它们的共性和个性等。就意向性而言，佛教做了这些工作：如用大量事例证明意向性的“遍行于”一切心理现象的特点，进而从一个侧面证明了它的作为假有的本体论地位。它在六识和各种心所法中的普遍存在自不待言，因为六识的感知、了别、思量总是关于某对象的，同理，贪、嗔、忧等也一定是如此。方便言，六根都有其对应的境或尘，正是由于它们作为所缘缘，才有六识的生起。但严格说，“所有尘者，唯是似尘，都无实事，如人梦中所见色等，非有似有。”①所谓似尘其实是呈现在心中的表象或意向对象或心理表征。由于不是实，因此是“似”，但此似尘一定是心所指向的对象，故又确实是“尘”。第七识尽管不攀缘外法，但也有其意向性，即恒审执著于第八识，以为它是众生的不变的、主宰性的我。经云：“于此四大之中著如实相，而实不知真实之处，而复于中作大我想，作众生想，亦作常想，生常想已，即住此想，彼以痴故，堕于无明极深暗处，而不自觉。”②第七识指向和执著的那个我其实是臆造的，“但是思想移来，次第相续，故有生耳，若有人问，当云何答此但名字成就。”③即只是名字，并无对应的实指。七识之所以也有意向性，是因为它也有自己的根与尘。尘是阿赖耶识，根有二，一实依，即以本识为实依，本识是其实根；二是似依，即流转着的七识的前识是后识的似所依。

八识也有意向性，因为它有似依，如依在前的本识。它尽管没有通常所说的尘，但迷真法，此迷所显的法即为尘。八识的生起过程也能说明其有意向性。《大乘义章》云：“真与无明，共为本识”，④即本识由真心与无明、不生灭与生灭和合而有，“依本，共起阿陀那识”，然后，“依本，共起六种生识”。⑤从阿赖耶识与其余心、心所法的关系看，它无始以来与五遍行（作意、触、受、想、思）相应，因此永远伴随一切心理现象，但没有哪种心理现象能永远伴随它。“此触等五，与异熟行相虽异，而时依同所缘事等，故名相应。”⑥如前所述，作意、触、想都是意向性的内在构成要素。阿赖耶识恒与它们相应，因此一定也有意向性。另外，第八识也有能缘，即有了别内外境相的能力或作用。它尽管没有思量等认

① [隋]慧远：《大乘义章》卷3，《大正藏》第44册，第532页。
② 《大法炬陀罗尼经》卷17，[隋]闍那崛多译，《大正藏》第21册，第736页。
③ 《大法炬陀罗尼经》卷17，[隋]闍那崛多译，《大正藏》第21册，第736页。
④ [隋]慧远：《大乘义章》卷3末，《大正藏》第44册，第532页。
⑤ [隋]慧远：《大乘义章》卷3末，《大正藏》第44册，第532页。
⑥ [唐]玄奘、窥基编译：《成唯识论》卷3，《大正藏》第31册，第11页。

知作用，但有特定的了别作用。这作用可称作能缘、顿量或一味了别。就像一念眼识能通过了别作用，“知法自相”，阿赖耶识“一念顿知内身、外器无量百千差别。行解别知前事，名知自相，得名顿量，故知赖耶一一念中起多行解，行解既多，缘虑微细。世聪慧者，亦不能了。复次，赖耶识乃至一味了别而转。”“赖耶缘境微细，世聪慧者亦难了。”[①]由于有这样的认知作用，因此赖耶识也有见分、相分、证分、自证分等构成。第八识所缘的境有三种，即种子、五根身和器世界。前两法是内境，后一法是外境。这内境和外境都是第八识现行时，依亲因缘和业增上的力，变现出来的东西，如在内变作种子和根身，在外变现为器世界。《唯识三十颂》对第八识的意向性特点及结构作了这样的概括：“不可知执受处了。”执受处即所缘，即能缘的境，“境是识之所变，依于能缘的心。”“了即是了别，是此识的行相。此识的自体是了别，……这行相就是指‘见分’言。”[②]由于第八识的能缘、所缘甚深微细，是一般人所不可知的，因此说不可知。

第七和八识有意向性，其余六识以及各心所法更是如此，因为它们都有好攀缘的特性，不攀缘，就不是心。这被攀附的缘或境有两种，即亲所缘和疏所缘。当然，具体到每种心识，其所缘的境是各不相同的，因为每种心识都有其独有的对象。用现代心理学的话说，每种感性认识只对自己能反应的适宜刺激敏感，例如耳只能见色，不能闻声。余可类推。

除《大佛顶首楞严经》所说的作为诸法体性的大定之外，一般的禅定也有其意向性。因为禅定的要求是“一心”或“心一境性”“守一不移”。此“守一”，即一种特殊的意向性，是一心一意地指向一个对象，不令其动摇。而其所守的“一”，有多种形式，如数字、呼吸、某境相、佛像、佛号等。它们就是西方哲学所说的“心理表征”。用佛教的话说，此表征即“内化心境”。在修禅定时，一定会碰到外尘、外色、外境。行者要想入定，进入心一境性，就要转化它们。经过禅定的内化，它们不再表现为色，而成了内在的东西，此内在存在又不是有形质的性质。而成了心性的、观念性实在，可称作“内化心境”。遁伦云：“修方便时，想心所化色，当知此色俱是内化心境，法处所摄。”[③]这里的法不是外法，而只能是意识能够与之发生关系的、并可直接把握的内在观念性实在。例如，定心所缘

① [唐]遁伦：《瑜伽论记》卷13上，《大正藏》第42册，第598页。
② [日]井上玄真：《唯识三十论讲话》，白湖无言译，新文丰出版公司2011年版，第86页。
③ [唐]遁伦：《瑜伽论记》卷5上，《大正藏》第42册，第406页。

的一境（如数、息、佛名号等）就是一种观念性存在。

佛心有无意向性呢？自在真心有无意向性呢？就凡心意义上的意向性而言，佛心、真心是没有这种意向性的，因为佛心的特点是没有能所或主客分别、绝对如如不动的状态，而一般意向性是以心动、投注、攀缘为特点的。佛心实即无心，即无一般意义的妄心，不会出现妄心的变动之相，寂而常照，照而常寂，因此不可能有指向或攀缘活动的发生。质言之，佛心、真心绝对不动不变。不动即无住、无取、无著。什么是不住？“不住法者，即一切法无住处。”①众生所执着的住处，如我等，都是幻想，“彼一切住即是非住，但是思想移来，次第相续。……此但名字成就。”②真正的、极致的念佛、参禅也可不出现一般的意向性。如经云：“心即无念，意即无思，名心无动。于心无动，是真念佛。……无有色象，唯见清净，不见体相，同佛法身。无有别异，净如琉璃，内外明彻，了觉心性。”③“心性净者，则是如来菩提性也。菩提之性，体无染污，亦无色象，菩提之性与空俱等，菩提之性同于法界，法界性者，等同平等，平等性者，则同究竟，心性寂静，同为一体，是故菩提圣性无一无二，亦无别异。”④在这种彻底的等虚空的心态中，当然不会有一般意义的意向性。

但在特定意义上，又可说佛心以及回归佛心的心理运作或禅定中存在着意向性，例如就其有觉性、有照明而言，可以说它们有特殊的意向性。如前所述，真心有寂和照两大特点，即寂而常照，照而常寂。这里的照或明或觉是自照、自明、自觉，不假能所的分别，而且是体寂之明，即不离寂然、凝然之明。如果有能与所的分别，如《大佛顶首楞严经》所述，那么就开始了妄心的起源和发展历程。因此真心的意向性是住无所住、取无所取、明无所明。经云：“持真言者，以心置心，观自心，心作于一切诸佛……。”⑤如果说真心、佛心有其境界或所缘的话，那么只能说，这境界是无无，是无主客分别的一如一体。在佛心面前，一切如如，都是一个样子，心即境，境即心。如果要对所缘境作价值分别，那么只能说，好是好，不好也是好，没有什么不好。既然如此，没有丝毫理由不快乐。这有点意

① 《大法炬陀罗尼经》卷17，［隋］阇那崛多译，《大正藏》第21册，第736页。
② 《大法炬陀罗尼经》卷17，［隋］阇那崛多译，《大正藏》第21册，第736页。
③ 《大法炬陀罗尼经》卷17，［隋］阇那崛多译，《大正藏》第20册，第742页。
④ 《大法炬陀罗尼经》卷17，［隋］阇那崛多译，《大正藏》第20册，第743页。
⑤ 《不空羂索神变真言经》卷8，［唐］菩提流志译，《大正藏》第20册，第265页。

向性的味道，但又极为特别。因为它有行、有指、有意，但行无所行，指无所指，意无所意。如经云："光明照彻一切世界，如夜暗中而然大火，……于顺于违，心无垢浊，如清净池，处众无畏，犹如师子，智慧深广无量无边，无能至底，能生一切功德。"[①] "微妙寂静，不可思议，……住无所住，虚空境界，现证诸法本性清净真实之际，……常住不变，安乐寂静，其身充满一切刹土，普现一切众生之前，入于三际平等源底。"[②]澄观云："一真法界，本无内外，不属一多，佛自证穷，知物等有。欲令物悟，义分心境。"[③]佛所亲证的真如法界本一如一体，离言绝相，之所以起一与多、内与外等分别，"剖为心境二门"，是为了让众生也悟此法界，"境为所证，心为能证。……心则诸佛证之为法身，境则诸佛证之为净土。则二皆所证，智为能证，所证之境即大方广，能证之心则佛华严也。"[④]心与境本无分别，都是佛之所证的大法界，"佛境界即佛境也"，"如来心即佛心也。"[⑤]

佛之所以为佛，就是因为佛有自己的特殊的心。要成佛，就得有此心，而要有此心，就得知此心何性、何相。怎样知呢？从观佛心、观佛境都可找到答案，因为佛心佛境本无区别。要知佛心，"当观佛智慧。佛智无依无处，如空无所依，此令观佛心也。云何空廓心境耶？"[⑥]空廓即空掉，让其回复本来面目。"法性本空寂，无取亦无见，性空即是佛，不可得思量，即空心境也。无取即无境，无见即无心。"[⑦]简言之，佛的心境是无心无境。如想知佛境界，"当净其意，如虚空，远离妄想即诸取，令心所向皆无碍，亦空心境也。"[⑧]可见佛心即空心，空心即佛的如虚空一样的境界。"真心真境，本自无涯"，"随举其一，摄法无遗。"[⑨]

佛教尽管承认心理及其意向性特点，并随顺世情对之作出重构，但不能由此得出结论说，佛教像一般的意向实在论一样，绝对肯定其有本体论地位或实存性。因为佛教在这个问题上的态度极为辩证。一方面，它承认它有假有或妙有的地位，但另一方面，它又强调意向性是体空的。例如，意向性的作用足以证明它的假有

① 《守护国界主陀罗尼经》卷1，[唐]般若、牟尼室利译，《大正藏》第19册，第525页。
② 《守护国界主陀罗尼经》卷1，《大正藏》第19册，第526页。
③ [唐]澄观：《大方广佛华严经随疏演义钞》卷1，《大正藏》第36册，第2-3页。
④ [唐]澄观：《大方广佛华严经随疏演义钞》卷1，《大正藏》第36册，第3页。
⑤ [唐]澄观：《大方广佛华严经随疏演义钞》卷1，《大正藏》第36册，第3页。
⑥ [唐]澄观：《大方广佛华严经随疏演义钞》卷1，《大正藏》第36册，第3页。
⑦ [唐]澄观：《大方广佛华严经随疏演义钞》卷1，《大正藏》第36册，第3页。
⑧ [唐]澄观：《大方广佛华严经随疏演义钞》卷1，《大正藏》第36册，第3页。
⑨ [唐]澄观：《大方广佛华严经随疏演义钞》卷1，《大正藏》第36册，第3页。

的存在地位。但若从本质上看问题，又必须承认意向性是因缘和合的，因此不是实有。从发生学上说，意向性即是在无明驱使下最先产生的心理特性之一。按《大佛顶首楞严经》的描述，由于无明，因此人们误以为本明之真心是一个对象，既然是对象，就可认识、可“明”。当付诸行动去明时，有情便开始了主客分化、进而开始了让诸妄心逐渐发生的历史进程。很显然，这里的所谓“对象意识”“明”等都是意向性的标志。再者，意向性还是众生诸颠倒认识、“心倒”的根源。众生颠倒的表现是：相信诸法实有，可作依止。众生相信有八事（我、亲属、出生处、资财、容貌、族类、作业、尊重）可作为自己的依止处或住处，故相信“诸法一切皆住”。佛指出这是颠倒妄想。根源在于“心倒”，“当知彼等皆因无明我慢结使而生住著，故言住也。……彼既熏习增长是事已，终不舍离颠倒妄心，以心倒故。”①而心倒又根源于人在无明驱使下的攀缘习性或意向性特性。

存在且有用的东西，一定有其构成要素及其结构。佛教为了从根本上断除妄心及其意向性，随顺世情从共时态和历时态两方面对意向性的构成及结构作了事实求是的描述性重构。共时态结构的重构主要体现在佛教的四分学说之中。所谓四分，即把有意向特性的任何一个心理事件区分为这样四种构成：相分、见分、自证分、证自证分。根据这一理论，所谓意向性、攀缘，其实是让有关的境相显现在心中。这显现出来的东西尽管不是外在对象本身，但由于它是代表，心通过它可关联于外在对象，因此至少是“似尘”，是心相。这显现之相即相分，能识知此相分的东西即见分，对这一过程之结果的把握是自证分，清楚意识到全部过程尤其是自证分，则是证自证分。这就是关于意向性结构的四分学说。严格地说，见分和相分等构成只是八识心王的行相。但由于其他心法，如情、意、信等以及被归入心所法的大量心法，也都有一定的了别和被了别的构成成分，因此在宽泛的意义上也可说它们有同心王一样的行相。《成唯识论述记》云：“心、心所必有二相”，②即见分和相分。另外，见分是能量，相分是所量，不是只有八识才有量的作用，所有心所法也是如此。故可说，心王、心所在量境之时，其行相有见分和相分等不同方面。

应承认，佛教内部对此问题是有争论的。概括说，“安惠立唯一分，难陀立

①《大法炬陀罗尼经》卷 17，[隋]阇那崛多译，《大正藏》第 21 册，第 736 页。
② [唐]窥基：《成唯识论述记》卷 3，《大正藏》第 43 册，第 318 页。

二分，陈那立三分，护法立四分。”[①]其中，护法所立的“四分”被视为了法相宗的正义。

先看三分法。陈那约三分等明心、心所，即主张心、心所各有这样三分：见分、相分、自证分。他认为，就像在度量物体时有能量、所量、自体三分一样，“物为所量，尺为能量，解数之智名为量果。”[②]自证就像量物时的解数之智，即是伴随见分的见、意识。“若无自证分，相见二分无所依事。”“相唯所量，见为能量，自证为量果。”[③]

四分法即是在三分上再增加一分，即证自证分。其根据是：“第三分心，应有能照之分，心分摄故，犹如见分，见分返此，或无能证。”[④]意思是，既有量果，即自证分，“自证分至必有果”，[⑤]因此必有能证此自证分的能证。此即证自证分。有人指责说，立第三、第四分，将导致“无穷后退”，即证自证分还需能证，如此后退，以致无穷。窥基引经典论证说：“三、四二分由取自体，故现量摄，具所、能缘，恒但四分不减不增，无无穷过。”唯其如此，才“至唯识理成”。[⑥]识之四分区分的目的、实质在于：进一步证明一切唯识。根据四分理论，即使是由识所把握的境尘或内外世界，也不外是识的所分别或相分，是识的组成部分。当然，四分法客观上有揭示心之内在构成及共时性结构的作用，值得关注。在任何一心法或心所法中，只要如实去分析，一定能分析出这样的几个构成因素。最突出的是，任何心法，一定有其作用，这作用就是转变或转化，也可称作内化，如将所接触的外境转变为内在的心相或认识。这种转变作用就是见分。是故可以说，立转变名所变见分。这一成分即识的能分别的一面；相分即识的被分别或所取的一面，“所变相分”，名所分别，见所取故。这就是说，作为能变的识体有两方面，其见分有能取之用，相分有质碍之用。

四分法之提出有多方面的、充分的根据。从心灵哲学角度说，对心识的四分划分是佛教对心识自在构成、行相的深度解剖的产物。所谓行相是指心识在起作用、运转过程中表现出的相状，或它们的构成要素。也可以说是“心、心所自体

① [唐]玄奘、窥基编译：《成唯识论》卷3，《大正藏》第43册，第320页。
② [唐]窥基：《成唯识论述记》卷3，《大正藏》第43册，第319页。
③ [唐]玄奘、窥基编译：《成唯识论》卷3，《大正藏》第43册，第319页。
④ [唐]玄奘、窥基编译：《成唯识论》卷3，《大正藏》第43册，第319页。
⑤ [唐]玄奘、窥基编译：《成唯识论》卷3，《大正藏》第43册，第319页。
⑥ [唐]玄奘、窥基编译：《成唯识论》卷3，《大正藏》第43册，第320页。

相”。“于所缘相分之上有了别有，即行相。”[①]意为对所缘进行了别，知其有种种相状，这样的过程即行相。不仅心有见相二分，而且一切心、心所都是如此，“心、心所必有二相。”[②]

从认识论上说，有许多复杂的认识乃至心理现象，如果不诉诸像四分法这样的关于识心的多重构成论，就不能对之作出令人满意的解释。例如，不同心识在面对、识知同一对象时，有时有不同的印象。再则，同一认识主体在不同时空中面对同一对象，有时也有这种情况。如果认识由对象所决定且仅仅只是对象的反映，那么为什么会出现这样的情况？另外，有时有相反的情况，如不同的心识在面对不同对象时，往往产生相同的印象。如果只承认认识由对象所决定，就无法解释这类现象。而如果诉诸像四分法这样的多因素论，则不存在什么障碍。根据四分法，任何关于对象的认识既与对象（所量）的特点有关，又受认知主体（能量）及其状态的影响，同时也受认知过程的制约，是多因素共同作用的结果。只要其中一个因素有微妙变化，认知结果就会随之变化。特别是，人对对象的认识，不仅摄取了对象中的东西，对对象作了转变，而且还通过对主体及其内在资源（如种子）的转变，将对象没有的因素加到认识之中，因此认识就不是对象的简单的反映，而包含有复杂的内容和形式的转化。周贵华在概述这里包含的转变时说：“一者自识之转变，二者本识之种子转变。”[③]唯识家正是看到了心识产生时的这些复杂的情况，才提出了认识的见分与相分的区分。例如自识转变可称形式转变，“自识转变为能所形式之见分与相分故；后者可称内容转变，见分与相分之具体内容由相应之种子转变而起故。此二转变是见分与相分生起之主要原因。”[④]

四分是对心、心所法的构成要素的细分，换言之，任何一个心法、心所法，都有这四方面。先看相分，相即相状，即心识中显现出来的对象的相状、性质、特点，也可以说是心的所缘，只是这被缘的不是外在对象，而是心相。“缘于心，以心为相”。[⑤]换言之，相分是心所缘的境，由实境而来，但非实境本身，只是心中显现的境之影像。就像用镜子照自己，镜上所出现的面容，显然不是真实面容

---

① ［唐］窥基：《成唯识论述记》卷3，《大正藏》第43册，第317-318页。
② ［唐］窥基：《成唯识论述记》卷3，《大正藏》第43册，第318页。
③ 周贵华：《唯识通论》（下），中国社会科学出版社2009年版，第407页。
④ 周贵华：《唯识通论》（下），中国社会科学出版社2009年版，第407页。
⑤ ［日］井上玄真：《唯识三十论讲话》，白湖旡言译，新文丰出版公司2011年版，第88-89页。

本身，但与之有关。井上玄真说："相名相状，而此种种的差别相状为自心所缘者，即心所对之境是。自心生起缘虑作用时，即当那时自心上就有所缘的影像显现。"[①]八识都有自己特定的相分。前六识分别以出现在心中的六尘为相分，第七识以第八识的见分及其所伴随的我法之相状为相分。第八识则以种子、根身及其所随附的相状为相分。[②]相分有四种：一是实相名相，体即真如，此即真实相；二是境相名相，是与根相对的境界；三是相状名相，这是有为法的特点；四是义相名相，即能诠从所诠中解读出来的东西。

狭义的见分主要是指五根和自证分、证自证分以外的认识能力及活动或识的了别作用。它根源于第八识的见分。识的了别作用，根源于第八识的见分。《成唯识论述记》云："此了别体即是第八识的见分。"[③]见分能取的只是相分或所缘。如前所述，相分有四种，严格说，见分只能取后三相，不能取实相为相。见分有五类。一、证见名见，三根本智的见分属此类。二、照烛名见，这是根心的作用。三、能缘名见，四分中除相分外的三分都属这种见分，此即广义的见分，包括狭义见分、自证分、证自证分。四、念解名见，以念解诠义理。五、推度名见，以能量之心推度一切境界。

再看自证分。它指的是心识中的这样的作用或行相，即能亲自证知见分，证明见分缘相分是真实不虚的。陈那在二分之上再立这个第三分，认为它是能缘缘于所缘时的结果，即量知的结果，或量果。自证分的作用就是证知见分的作用及其结果，如观察现在能见色或闻声的心等而自知其作用，即是证知前见分的作用。如颂云："似境相所量（相分）；能取相（见分）自证；即能量及果；此三体无别。"[④]即任何一个心识都是这三者的三位一体。为什么要立自证分？根据主要有：第一，若无此分，相分和见分便无其所依之体，因为它们都是两种作用，而作用必有其体；第二，对境作量知，必有其果，此果即自证分；第三，若不立此分，就没法说明对过去经验的记忆，一般的人都能记忆过去发生的感情和思想；[⑤]第四，若无此分，任何心识都是不完整的。就像在用尺子度量某事物时一样，这里有三个

---

① [日]井上玄真：《唯识三十论讲话》，白湖无言译，新文丰出版公司2011年版，第88-89页。
② 梅光曦：《相宗纲要正续合编》，福建莆田广化寺佛经流通处印行，第70页。
③ [唐]窥基：《成唯识论述记》卷3，《大正藏》第43册，第320页。
④ 转引自[日]井上玄真：《唯识三十论讲话》，白湖无言译，新文丰出版公司2011年版，第88页。
⑤ [日]井上玄真：《唯识三十论讲话》，白湖无言译，新文丰出版公司2011年版，第90-91页。

事物，一是作为尺的能量，二是作为所量的被测量事物，三是量果。“心等量境，类亦应然，故立三种。若无自证分，相见二分无所依事。”①

证自证分是识体的这样的能力及活动，它能亲证第三自证分，证明自证分对见分的观照是真实不虚的。也可以说，它是“更于前自证分的返照作用”。立此分的根据是，第一，相分之出现是因为有作为能缘的见分，能缘见分的是自证分。同理，自证分不可能没有能缘，此能缘即证自证分。“假使不立这第四分，谁来证第三分？”第二，能量必有其量果，自证分量知见分，必有其果，这就是证自证分。为什么不立第五分？道理是：“这四分能量时，那量果就是第三自证分；复次自证分，也是能缘证自证分。”②

从四分的关系上说，自证分指的是自己认识自己的作用，自己有对相分的鉴照，当下能自了，当下有意识，故可称“自体分”“见分以为自用”。根据“有相唯识说”，见分、自证分、证自证分为识之体，相分为其用。其次，这四分还有这样的关系，“相、见名外”，因为所见的是外相，所缘的是外物，“三、四名内，证自体故。”③即前二分是外层的，因为相分在外，而见分缘外，后二分是内在的，因为它们都只缘内在的东西，自证分是其体。从量的角度说，如果见分是能量、相分是所量，那么自证分即量果。证自证分是对自证分的证知，是关于量果的意识。量即度量、量知。“第三体用名为自证，此第四分能证知彼”，④即第三自证分的证知。它是量知自证分的量果。从所缘对象上说，见分只以相分为所缘，自证分能缘见分和证自证分，证自证分只缘自证分。另外，它们之间还有能量、所量、量果的差别。见分缘相分时，见分是能量，相分是所量，自证分为量果。第三分缘见分是，它自己是能量，见分是所量，证自证分为量果。第三分缘第四分时，它自己是能量，第四分是所量，又是量果。第四分缘第三分时，它自己是能量，第三分为所量，同时也是量果。之所以不立第五分，是因为后二分的功能相同。最后，从与漏（或烦恼、染污心）的关系看，一切有漏的心、心所都有此四分，无漏心亦不例外，所不同的是，后者“非缠缚”，意为无漏心也有四种行相，但都表现为清净，没有缠缚。

① [唐]窥基：《成唯识论述记》卷3，《大正藏》第43册，第319页。
② [日]井上玄真：《唯识三十论讲话》，白湖无言译，新文丰出版公司2011年版，第91-92页。
③ [唐]窥基：《成唯识论述记》卷3，《大正藏》第43册，第320页。
④ 梅光曦：《相宗纲要正续合编》，福建甫田广化寺佛经流通处印行，第49页。

一般来说，四分是心法、心所法的构成及结构，因此对于妄心来说具有最大的普遍性，是它们的内在特征。佛心、清净真心有无此四分呢？回答是肯定的。当然，这里没有这样的能所关系，即把妄心当作能，把真心当作所。如果硬要这样区分，那么就会出现《大佛顶首楞严经》所描述的这样的情况：因明立所，所既妄立，立汝妄能。其结果是建立一种虚妄的能所、相分—见分关系。因为佛心的特点是：自明、体明、本明，性觉妙明，本觉明妙。所以就其本身说，佛心、真心内部是没有能所关系的。但如果为言说的方便或教化的需要，我们是可以从外面对之作出分析的，如说它有能明与所明。另一方面，应记住的是，这样的描述及说明，都是在俗谛、比喻的意义上说的。因为“若就胜义，离言绝虑，既无相、见，不可言心及心法等，离诸戏论，不可思议。……无分别故，所缘真如不离体故，如照自体，无别相分。”①也没有自证、证自证的问题。《大佛顶首楞严经》中也有这样的强调：真如本来分明，不假外明，若欲想明，便“因明立所”，所既妄立，便生汝妄能。这恰恰是离真起妄、由圣转凡的开始。

总之，佛教关于心法的四分说具体展示了心法的意向性的共时性构成及结构。下面，我们再来考释佛教对意向性结构的历时性分析。其基本观点是，意向性发生作用的过程是一个如流水一样的前后相续的过程。上座部把此流转过程概括为“九心轮”，认为心的作用过程像轮子转动一样。大致地说，它一转要经历这样九个阶段。一、有分心。这是意向性的初始阶段。在此阶段，心未能分别，只是随缘于境，开始转动。二、能引发心。在此阶段，有境出现，心欲攀缘。这时会出现警觉心，此即能引发。三、见心，即对境有识见。四、寻求心。在此阶段，心随境转，便会推究、搜寻。五、贯彻心，对善恶、好坏作出观察，如识其善恶，而安立心。六、安立心，即在有观察心之后，为之安立名字，即起语分别，说其善恶。七、势用心，随其善恶，便会产生相应的动作势用。八、返缘心，即返回前所作事。九、有分体心，即返缘完成，回归开始的有分，任运缘境。②

一般的经论把心的意向性过程概括为五个阶段，或者说，按心在知觉外境时依次产生的心理，把一个完成了的心从始至终的过程分为五阶段，即为五心。这个过程实即西方人在描述意向过程时所说的把对象弄到手的过程，或从心灵之箭

---

① [五代]延寿：《宗镜录》卷61，《大正藏》第48册，第761页。
② 可参阅[唐]窥基：《成唯识论掌中枢要》卷下，《大正藏》第43册，第635页。

射出到射中目标的过程。窥基说："初是眼识（率尔心），二是意识（寻求心），决定心后方有染净，此后乃有等流眼识、善、不善转。"[①]具言之，①率尔心，率尔即突然，如眼对外境，突然出现的心念，此心率然任运而起，因此没有善恶等性质。②寻求心，即认识活动发生后接着生生起的推寻、觅求、分别、知解之心。③决定心，已得到了对对象的确定的认识，此认识有善恶性质。④染净心，对外境的认识掺杂着好恶等情感，因此染净混杂。⑤等流心，由于已生起的心有善恶、染净的分别，进而各类心会随其类别而相续流转。[②]就此五心与八识的关系来说，至少前六识都有五心，即每一识都会经历这五个阶段。第七、第八识可能具有其中的部分阶段。如第七识缘境恒定即始终缘第八识，任运微细唯有后三，即有决定心、染净心、等流心。之所以无前两心，是因为它的所缘境恒一。第八识无染净心和寻求心。从五心与三性（善、恶、无记）的关系看，前三心在善恶上是无记的，即非善非恶，而后两心则可同时有善恶无记三性，也可能只有其中两性或一性。[③]

五心尽管是识的五个阶段，但中间没有间断性，甚至可以说"唯一刹那"，即川流不息的五心只发生在一个没有间断的时间点上，"一刹那五识生已，从此无间，必意识生，故五识率尔唯一刹那。"[④]

佛教的意向性理论也涉及了当今西方心灵哲学中内在主义和外在主义所争论的问题，即心理内容究竟是由内在因素决定的非关系属性（窄内容），还是由外在所指、环境所决定的关系属性（宽内容）？心理内容在不在头脑之内？作肯定回答的即内在主义，反之，即外在主义，同时兼容两种理论的即内容二因素论。佛教的观点接近于第三种，即既承认外在主义的合理性，又肯定内在主义的基本原则。

首先，佛教承认外部世界的义、境、实在、环境对内容之形成有不可否认的作用。这是其意义理论包含有外在主义成分的表现。其句义论足以表明这一点。句即言语符号，义即名称的所指或所诠指之物。表示所指的词有多种，如外境（bāhyam artham）。对于实在论者来说，外境是客观、自在、真实的存在，对于唯

① [唐]窥基：《大乘法苑义林章》卷1，《大正藏》第45册，第255页。
② [唐]窥基：《大乘法苑义林章》卷1，《大正藏》第45册，第256页。
③ [唐]窥基：《大乘法苑义林章》卷1，《大正藏》第45册，第257页。
④ [唐]窥基：《大乘法苑义林章》卷1，《大正藏》第45册，第256页。

识论者来说，识中所显现的外境是虚妄构想之物，是遍计所执的、依他而起的东西。再如“义”（artha）。《摄大乘论》将外境称作“义”，即名言句子所诠表的所指。最后，“所取”也是表示符号之所指的词。

佛教的意义或内容理论中占主导地位的思想是内在主义。它强调：内在因素在内容或意义形成中具有举足轻重的作用。《摄大乘论本》云：“诸义现前分明显现而非是有，云何可知？如世尊言，若诸菩萨成就四法，能随悟入一切唯识都无有义，一者成就相违识相智”，[①]即懂得这样的道理，即使是同一义或对象，如水，四种有情见之，其意义、内容根本不同，如天人视之为妙净地，饿鬼见时视作脓血，鱼见是窟宅。之所以有这种不同，是因为见者的心识各不相同。因此意义有由内在心理所决定的一面。这一论证在形式上极似普特南（H. W. Putnam）的“孪生地球人论证”。但两个论证的结论相反，后者证明的是外在主义。而前者证明的是内在主义。根据后者，假设有这样的孪生地球人，它们在分子水平上是完全一样的。所不同的是，孪生地球人 1 生活在孪生地球 1 上，那里的水由 XYZ 构成，孪生地球人 2 生活在孪生地球 2 之上，这里的水由 H_2O 构成。他们指称水的词都是“水”。当他们用“水”一词表达自己思想时，意义在表面上是一致，其实所指之义完全不同。而这种不同根源于所指的不同。因此意义不在头脑之中，而由外在所指所决定。这就是外在主义的意义理论。佛教的结论是内在主义。再看能帮人悟入唯识论的第二法是，“成就无所缘识现可得智”。[②]这种智的特点是能认识到这样的道理，识可缘“无”，如过去、未来，梦中的境缘、影缘，它们不是实有、实境，但人们可产生关于它们的认识，并可创立语词以述说它们。这些语词也可有其意义。这些说明，识之所缘尽管似外境显现，但外境可以是不存在的，就像梦中的境像似有，但实非有。由此也可得出这样的结论，即心理内容和语言的意义有由内心所决定的一面，因为识所缘的境可以不由外在实在所决定，而由内在心的作用所决定。“三者成就应离功用无颠倒智”。[③]这种智的反面是凡夫的颠倒智，如外境不真实，却视之为真实。无颠倒智能如实看到，外境是心识的虚妄分别，没有客观的真实性，因为它们随心识变化而变化。由此可引申的结论也是肯定内心在意义生成中的作用。“四者成就三种胜智随转妙智。何等

① ［古印度］无著菩萨：《摄大乘论本》卷 2，［唐］玄奘译，《大正藏》第 31 册，第 139 页。
② ［古印度］无著菩萨：《摄大乘论本》卷 2，［唐］玄奘译，《大正藏》第 31 册，第 139 页。
③ ［古印度］无著菩萨：《摄大乘论本》卷 2，［唐］玄奘译，《大正藏》第 31 册，第 139 页。

为三？一、得心自在一切菩萨得静虑者，随胜解力，诸义显现；二、得奢摩他修法观者，才作意时，诸义显现；三、已得无分别智者，无分别智现在前时，一切诸义皆不显现。”①这里的用意是，用修行达到一定境界的人所面对的心境关系来说明：心外无实境、实义，一切义都随心转，因此都在心中。第一种智是菩萨修静虑所得的智，有这种智，在静虑中，可随胜解力，让“诸义显现”，可见，义随心变。第二种智是得奢摩他定的人在修止观时所得的智，只要有一作意，诸义便可显现。第三种智是无分别智，有这种智，一切诸义皆可不显现。这更说明，义不是客观自在的东西，而是由心识决定的。总之，一切境、一切义都不是实境、实义。故可说：“诸义无义，道理成就。”②

佛教的内在主义还表现在：它坚持认为外境是心识的变现，完全由内在的识所决定。《唯识二十论》云：“内识生时似外境现，如有眩翳见发、蝇等，此中都无少分实义。”③意为当心识看见外物时，好像有外境显现，有对象被关于、意指，其实，它们都是心识的变现，就像空中本来无物，而眼有翳的人看到其中有毛发、蝇点似的东西一样。《摄大乘论》云：“如梦中都无其义，独唯有识；虽种种色、声、香、味、触、舍、林、地、山，似义影现，而于此中都无有义。”④

义随心转，但义是有还是无呢？这是意义理论中的本体论问题。它要回答的是，意义或心理内容有无本体论地位，在世界上是否是存在的。印度唯识宗对此有三种不同回答。一是“无相唯识”说。它认为凡夫的心识都是乱识，所显现的义或境皆源于遍计所执、虚乱分别，因此是虚无。这又有两种情况，①难陀的看法，认为所见的义、境是无，但见却是有。②安慧的激进的看法，认为所见之义和能见之心识都是无。二是“有相唯识说”。它认为心识在生起时，便是能变，即能转变，让似外境显现，或让见分、相分生起。在这里，不仅颠倒执著之识是有，而且其转变的见、相二分，也有假有的一面。三是“俱相唯识说”。它既重识之转变相（见分），又重视之显现相，前者非无，即是有相，后者非有，即是无相，可见它兼容了有相与无相，故被称作“俱相”。

西方意向性研究还有这样一个前沿和焦点问题，即意向性只是一种心理作

① [古印度]无著菩萨：《摄大乘论本》卷2，[唐]玄奘译，《大正藏》第31册，第139页。
② [古印度]无著菩萨：《摄大乘论本》卷2，[唐]玄奘译，《大正藏》第31册，第139页。
③ [古印度]世亲菩萨：《唯识二十论》，[唐]玄奘译，《大正藏》第31册，第74页。
④ [古印度]无著菩萨：《摄大乘论》卷中，[唐]玄奘译，《大正藏》第31册，第138页。

用，本身并无材料、能量，果如此，它如何可能发挥对身体、外物的作用呢？尤其是它如何可能把注意力投向对象进而把它们领纳于心中作为心相来观照？这一问题可简称为意向性的因果作用问题。为回答这类问题，西方心灵哲学开辟了“心灵自然化”这一研究领域。西方有学者认为，佛教也有类似的尝试，如断言真谛的《转识论》有现代心灵哲学、认知心理学的意趣，其表现是：“《转识论》提出了对认知功能的一种‘系统化’解读，即一连串强化某种行为和观念模式的刺激—反应图式。这种心灵观……极富魅力，……《转识论》中展现的意识流过程假设了一个潜意识‘清算所’（阿赖耶识）的存在，它以某种有点类似电脑的运作方式储存、整理和编制心理状态。”①就意向性或意义理论而言，真谛“以现象学的方式来研究心灵哲学，即从最基本的意识层面一步步地向语义话语层面的分析来推进”。其论题有这样的心理基础：“语言引发心理态势和情感；情感扭曲知觉；冥想不仅是一种修行实践，也是疗救扭曲之途。”②这种意义理论不仅揭示了意义的起源，而且肯定了意义对于人的巨大的因果作用。

佛教密宗对此问题的探讨较多、较深入。我们知道，佛教主要是把“气”作为说明那些有待解释的对象的解释项，即把它看作是对包括意向性在内的心理现象作出终极解释的“自然化基础”。气在佛教中极为重要，其重要性表现在：①它是生死之根本。②它是健康与否的一个决定因素，例如，上行气不调，则会生咳嗽；此气衰，则饮食不知味，打呵欠。下行气不调，则会半身不遂；衰则便秘。命根气不调，则发疯狂；若出，人则死亡。③它是能量，是心身有种种因果作用的根源。例如，心理之所以能发挥对身体、对外部世界的作用，是因为它与心理结合在一起，帮助心理完成它的因果作用。③陈健民先生说：“心之所在，气亦在焉；气之所至，心亦至焉。”④由于有这重关系，因此心尽管本身没吹灰之力，但因为心始终伴随着气，而气是作用之源，所以心对自身、身体有不可思议的因果作用。这一来，世间哲学难以说明的心如何有因果作用的问题便得到了顺理成章的说明。气为什么能有这样的作用？其内在秘密和机理何在？要解此谜，必须

---

① [美]蒂安娜·保尔：《中国六世纪的心灵哲学——真谛的〈转识论〉》，秦瑜、庞玮译，上海古籍出版社 2011 年版，前言第 4 页。

② [美]蒂安娜·保尔：《中国六世纪的心灵哲学——真谛的〈转识论〉》，秦瑜、庞玮译，上海古籍出版社 2011 年版，前言第 5 页。

③ 陈健民：《曲肱斋全集》（第 1 册），中国社会科学出版社 2002 年版，第 285 页。

④ 陈健民：《曲肱斋全集》（第 3 册），中国社会科学出版社 2002 年版，第 260 页。

全面了解佛教的气论。

“气”的梵语是prāna，可音译为“波那”或“蒲拉那”。“气”与“风”同义，后者的梵语是vāyu，是四大中的风大的一种形式。气尽管不可见，但却是维持生命的一个必要条件。可以说生命依气而生，依气而灭。《授记密意续》云：“有想及无想，施设有情处，彼皆从风生，亦复从风灭。”[①]生命的轮回实际上是心风存在方式的转换，《金刚鬘续》云：“生住及死灭，并安住中有，乃至世间观，皆心风变化。”[②]气的实质、相状在于：它是物，但又非有形，“气之为物，看之不见，触之无形。但又不是无。”[③]“气是常往来的，如水波上反石，波之所及无远弗届，互相呼吸。”在不同境界的生命身上，气的形态是不一样的：在凡夫身上，气以浊、粗为特点；而在得果位的行者上，则表现为光，明。因为“以气连络，上通诸佛，下度众生，完全是气的作用。故修菩提心者，用气收五浊恶世众生业气，化成清净光明”。[④]

根据佛教的观点，心的因果作用是借气完成的，因为气是心的所依、动力源泉。“心者，尽其所有分别，与气无二。彼具动摇、能动他、微细三相。”意为心由于与气合一，因此有这样的特点、相状，即能运动、能推动改变他物、微细。基于此，心意才有其作为。因此“气为一切之根本者”。[⑤]贪嗔痴疑慢的出现、发挥作用等都离不开气，都以气为体。

在世俗科学中，心与气被分隔开来了，心是心理学范畴，气是生理学范畴。佛教密宗的看法是：“心是体，气为用；心为静，气为动。心动则气行，心静则气定。”“一一心皆有一一气，心动气行，原无二致。心不能单独为心，气亦不能单独为气；二者原属一物，并非二物。”[⑥]这里的思想可准确概括为“心气不二论”。

《甚深内义》认为，两者尽管一致、不二，但在凡与圣、三界与净土中，它们的关系的具体表现方式是各不相同的。例如，在凡夫身上，“三界心及所知法，名为三毒相合气。……本来无我，妄执为我，生起痴者，则为痴气；又自己境由智慧显现五种光明，自己不知，妄加分别，生起贪爱，则为贪气；不了知前六识，

① 转引自陈兵《佛教心理学》（上），陕西师范大学出版社2015年版，第255页。
② 转引自陈兵《佛教心理学》（上），陕西师范大学出版社2015年版，第255页。
③ 转引自陈健民《曲肱斋全集》（第1册），中国社会科学出版社2002年版，第286页。
④ 转引自陈健民《曲肱斋全集》（第1册），中国社会科学出版社2002年版，第287-288页。
⑤ 转引自陈健民《曲肱斋全集》（第4册），中国社会科学出版社2002年版，第215页。
⑥ 转引自陈健民《曲肱斋全集》（第3册），中国社会科学出版社2002年版，第260-261页。

依于取舍，乃起嗔气，如上八、七、前六等识，为一切行气，说为三界之行气。”[①]在圣者身上，与心性之空性显现相一致，气的形式表现为最细气，如本体大智慧气、对治大智慧气等。不过，有一点是肯定的，即气的性质与心的性质是一致的，如随染污心有染污气，如“见浊则气亦浊，见邪则气亦邪。邪见邪气，而邪烦恼出焉。所生之五种使、五钝使，均以见浊，其气即坏。”[②]再如，行者要想有所成就，关键之一是要发菩提心。若能如此，气便长、通畅。每一菩提心的发与行，“均能使气调柔”。但气对菩提心也有作用。如“行菩提心，完全建立在气上”。“菩提心是从气来的，发菩提心的人，完全凭气的作用，使气化成智慧气，那就是菩提心了。”[③]可见两者可相互转化。

佛教意向性理论的独有课题甚至侧重点是：探讨如何调控意向性，最终如何伏断意向性。其必要性自不待言。因为有意向性，所以众生必有攀缘、分别、颠倒，有这些就必然沉沦苦海、无有出期。问题是，它作为人的品性，作为人的千百年来已经固定下来的习性，其调控、断除有无可能性呢？

回答是肯定的。道理很简单，有生便必有灭。只要弄清其生起的过程及根源，就知其伏断的原理和方法。如前所述，意向性的根源是无明驱使下的一念妄动。此一念妄动，就导致了后来的生死流转及种种烦恼。“若起一念，贪瞋痴等一切烦恼与心相合者，名为生死烦恼。若除此心，即得清净。诸佛当赞是法，名为解脱。譬如净水必无垢秽，以尘坌故令水浑浊。性本元净，以客尘烦恼深心令浊，真性不现，若欲令不乱浊者”，只要一念不生、“摄心不动”[④]就行了。另外，事实也说明了这一点。例如，佛成功地伏断了一般凡夫所具有的那种以能所二分为前提的意向性。佛是彻证无上菩提之人，而菩提的特点在于：无取无舍。“至于彼岸名为取舍。如来深入第一义谛，不见此岸，不见彼岸，以一切法无彼此故，是故菩提无有取舍。”“菩提无相亦无观察。”[⑤]所谓无相即眼识不可得，所谓无观察指眼识于色无分别，耳识于声不分别……“菩提非过去、非现在、非未来故，三际平等，断绝三轮。云何名为断绝三轮？于彼过去心不起故，于彼未来识不行

① 转引自陈健民《曲肱斋全集》（第3册），中国社会科学出版社2002年版，第260页。
② 转引自陈健民《曲肱斋全集》（第1册），中国社会科学出版社2002年版，第286-287页。
③ 转引自陈健民《曲肱斋全集》（第1册），中国社会科学出版社2002年版，第288页。
④《苏婆呼童子请问经》卷上，[唐]输波迦罗译，《大正藏》第18册，第722页。
⑤《守护国界主陀罗尼经》卷4，[唐]般若、牟尼室利译，《大正藏》第19册，第539页。

故，于此现在意不作故，此心意识无有住处。”①“菩提无身，菩提无为。”“菩提不可坏，无所证迹，”“菩提不可以身得，不可以心得。何以故？身无知故，心如幻故。如是正知，名得菩提。”②从菩提与语言的关系说，菩提本不可说，但为度众生，佛“随顺世谛说有菩提，当知菩提体不可得、无能说者”。之所以不能说，因为“无有所少分而住于法，以无住故，非是文字言说境界，譬如虚空无有住处，不可宣说”。③真心亦是如此，“如来如是如实观察一切诸法皆不可说”。④总之，佛心无分别，无攀缘，因此无意向性，“其心广大，等若虚空”，“心等虚空，无有休歇”。⑤“心等虚空，性如法界”。⑥“性自离念，离念无物，心等虚空，即证圣智，如如圣性二俱澄寂，空同无体，性体虚静。”⑦

佛进入这种心境的方法或断除意向性的方法其实很简单，那就是始终安心于法性。“一切法者，是最胜义，若能安心一切法处，名为胜义。如是胜义难可证知，难证知者即是涅槃。是涅槃中，无有一法而已得者，不可得故，无有言说。”⑧也可以说，制心一处，守护其心，可令心念不生，断除向外奔逸驰求之性。“是真言者，应常昼夜守护其心，恒不懈念，……心不杂念。”⑨

普贤的修为说明了上述道理。有一菩萨名普眼，不见与会的普贤，便问佛：“普贤菩萨，今何所在？”佛回答说：他就在此道场，“亲近我住，在吾左边，初无动移。”与会菩萨到处观看，还是不见，他们为何不能见普贤菩萨呢？佛说：“普贤菩萨住于法性之身，甚深微妙不可说见，”“同于如来，法身清净，……以得智藏法界为身。”⑩之所以不可见，因为他“秘密身相，体同虚空，身亦秘密，语亦秘密，意亦秘密。当知普贤圣力自在不可思议，而于法界能入能出，能见能现，能隐能没。”⑪其实，众生同普贤菩萨一样，除了有粗重身心之外，还有法性身心。只是由于未证真心，因此不知自己的这一重身心。如果能像普贤菩萨那样“以金

---

①《守护国界主陀罗尼经》卷4，[唐]般若、牟尼室利译，《大正藏》第19册，第539页。
②《守护国界主陀罗尼经》卷4，[唐]般若、牟尼室利译，《大正藏》第19册，第540页。
③《守护国界主陀罗尼经》卷4，[唐]般若、牟尼室利译，《大正藏》第19册，第540页。
④《守护国界主陀罗尼经》卷4，[唐]般若、牟尼室利译，《大正藏》第19册，第540页。
⑤《大乘瑜伽金刚性海曼殊师利千臂千钵大教王经》卷2，[唐]不空译，《大正藏》第20册，第733页。
⑥《大乘瑜伽金刚性海曼殊师利千臂千钵大教王经》卷2，[唐]不空译，《大正藏》第20册，第731页。
⑦《大乘瑜伽金刚性海曼殊师利千臂千钵大教王经》卷2，[唐]不空译，《大正藏》第20册，第739页。
⑧《大法炬陀罗尼经》卷8，[隋]阇那崛多译，《大正藏》第21册，第696页。
⑨《不空羂索神变真言经》卷7，[唐]菩提流志译，《大正藏》第20册，第259页。
⑩《大乘瑜伽金刚性海曼殊师利千臂千钵大教王经》卷5，[唐]不空译，《大正藏》第20册，第746页。
⑪《大乘瑜伽金刚性海曼殊师利千臂千钵大教王经》卷5，[唐]不空译，《大正藏》第20册，第746页。

刚慧三昧普入圣性，同一切法性法界，于一切世界无所依止，”[①]那么也可显现法性心身。“普贤知一切众生身心皆空，无去无来，性同普贤，无有差别，无依无作，性无动转，至于法界，到究竟处，譬如虚空，虚空之性不可得见。普贤身心，亦复如是。”[②]到了这样的境界，意向性是绝对不会出现的。

由上可知，断除意向性是完全有其可能性的，只要用佛教的方法去修心就行了。而修心之关键是让心坚固、清净、不动、广大。要如此，除发大菩提心、按修行仪轨调身、调息、调心之外，还应：“独坐坚净心，结身口清净，是住常止住，依法持禁戒，一心忆持咒，……不动心坚净，常忆佛菩提，……坚固具精进，广大心无量。”[③]“当住观察自三摩地，以自性成就真言。”有菩萨言：“世尊如来，我遍知已，我见自心形如月轮。一切如来咸告言，善男子，心自性光明，犹如遍修功用，随作随获，亦如素衣染色，随染随成。”[④]“一切如来告言，汝已发一切如来普贤心，获得齐等，金刚坚固，善住此一切如来普贤发心。”[⑤]

修心、制心既是究竟，又是方便，此亦是密宗所说的“三为”中的“以方便为究竟”(另“两为”是：以菩提心为体，以慈悲为根本)。修密法的关键是：“当净其心，如理思惟，以无所得智，无方处智”，“以是种种真如巧智，制御于心而为方便，观念诸佛常见目前。”[⑥]

佛教的全部内容不外两个方面，一摧邪法，二立正法。“摧邪法中，以无心意、无受行者，自无所著。‘以’谓由也，由无心意、无受行等，便能灭邪，故说为‘以’。言无心意，无忘心体，此言略少，若具，应言无心意识。”[⑦]

伏断意向性，当然绝非易拉事。只能一步步地来。在刚开始，学会摄心，学会调适意向性，尽量让它少往外跑，少攀缘，就不错了。怎样操作呢？阿难针对众生心乱难定，向佛请问“摄心之事”：“今欲摄心，云何降伏？”[⑧]佛的回答是：首先是要持律仪。其次是要忏悔。再则，要“心无散乱，一向专心，行三昧法，

① 《大乘瑜伽金刚性海曼殊师利千臂千钵大教王经》卷5，[唐]不空译，《大正藏》第20册，第746页。
② 《大乘瑜伽金刚性海曼殊师利千臂千钵大教王经》卷5，[唐]不空译，《大正藏》第20册，第746页。
③ 《一字佛顶轮王经》卷2，[唐]菩提流志译，《大正藏》第19册，第233页。
④ 《金刚顶一切如来真实摄大乘现证大教王经》卷上，[唐]不空译，《大正藏》第18册，第207页。
⑤ 《金刚顶一切如来真实摄大乘现证大教王经》卷上，[唐]不空译，《大正藏》第18册，第208页。
⑥ 《不空羂索神变真言经》卷1，[唐]菩提流志译，《大正藏》第20册，第228页。
⑦ [隋]慧远：《维摩义记》卷1末，《大正藏》第38册，第433页。
⑧ 《都摄一切咒王陀罗尼经》，《大正藏》第19册，第180页。

昼夜精勤，心无厌舍，求大涅槃清净胜果”。①

第三节 佛教的意义理论

如前所述，由于意向性、表征、意义、心理内容等问题往深处追溯，即会进至相同的根基，异流而同源，因此对这些问题的研究在今日西方心灵哲学中有合流的趋势。从入门方便来说，研究者是可以分别从自己喜爱和擅长的角度切入的，如要么从意向性理论切入，要么从语义学角度切入，等等。但随便从哪个角度切入进去，结果都会殊途同归，即落脚于对心理内容的研究。

佛教也有从语义学或语言哲学的意义论角度切入意向性研究的尝试。这已为许多西方哲学史家所关注。他们对此做了大量卓有成效的研究。作为一东方的学者，尽管站在近水楼台这样得天独厚的地位，但并未“先得月”，而又让西方人捷足先登了，实感汗颜。

美国哲学家保尔（D. Paul）通过自己的研究，在瑜伽行派中得到了这样的发现，即该派已认识到语言有意向性。例如，她看到语言一经说出，就有它的关于性或意向性，即指向了某种有意识的对象或被意指的对象（object intented），意向对象即所指（referent）。即使这对象没有实际的对应物，如人们有意说出的“空花”：尽管世界上不存在空花，但作为意识到的对象的空花，则是被意指的对象。保尔说：“语言从根本上来看是意向性的，……而不论那些对象实际上存在与否。”②陈朝真谛的看法与此大致相同，“《转识论》中称，要实现交流这一目的，人们无需任何真理观和客观存在的所指。只要有意指对象以及对意指对象达成的共识，人们就可以进行交流。”③例如，尽管神灵不存在，但由于人们有对其观念的某些共识，因此能相互谈论神灵。

保尔认为，佛教有意向性理论，但它是与语言理论联系在一起的。因此保尔采取了这样的研究路径，即通过考察佛教的语言理论来揭示它的意向理论及意义

① 《都摄一切咒王陀罗尼经》，《大正藏》第19册，第180页。

② ［美］蒂安娜·保尔：《中国六世纪的心识哲学——真谛的〈转识论〉》，秦瑜、庞玮译，上海古籍出版社2011年版，第61页。

③ ［美］蒂安娜·保尔：《中国六世纪的心识哲学——真谛的〈转识论〉》，秦瑜、庞玮译，上海古籍出版社2011年版，第63页。

理论。她说："瑜伽行派的语言观重点关注语言的交流功能，尤其是语词形成的随意性，语言指称（reference）的意向性，以及语言对态度和行为的影响。"[1]她还以古印度译经师、佛学理论家真谛为个案，探讨佛教心灵哲学的特点及内容，认识到了佛教也有像西方一样的倾向，即通过研究语言来研究意向性。她说："真谛对语言的分析重点在于'意向性'这一观念。"[2]还应说明的是，这不是保尔的独创，而是西方在佛教心灵哲学和语言哲学研究中的一种有代表性的倾向。当然，保尔在这一领域的建树比较突出。

保尔认为，真谛的《三无性论》提出了两个与语言指称有关的问题。第一，为万物命名是否是了解世界的关键？第二，用语言描述外部事物是否提供了关于事物的标准知识？真谛的看法是：命名是随意的活动，语言并不能提供关于事物的准确知识，这种知识只能由智慧的了悟来提供。"名言所显诸法自性即似尘识分，……如所显现，是相实无。"[3]瑜伽行派也认为，名称与所指之间没有反映与被反映的关系，因为这种对应是"任意的"。[4]"含义或意义就是由语言共同体对所指对象的这些功能性特征达成的共识。"[5]在这一点上，古老的佛教有近于现代逻辑学家和哲学家弗雷格（F. Frege）的思想，即都认为，语言的含义表述的不是实际的所指，而是近于抽象实在的东西。佛教还认识到，名称并不指谓客观世界，因为对象、共识、交流都建立在语言使用者（个体或群体）的意向之上。真谛对此提出了这样一些论证：（a）如果如反对者所说的那样，名称和所指必有关联，那么会得出这样的结论——命名在前，关于对象的认知在后。事实肯定不是这样。（b）如果名称意谓的是真实对象，那么没有听说某名称的人，就不可能理解此意指对象，而事实并非如此。（c）因为在没有听闻名称时，我们也能理解被意指对象，因此名称意指的不是真实对象。[6]

① [美]蒂安娜·保尔：《中国六世纪的心识哲学——真谛的〈转识论〉》，秦瑜、庞玮译，上海古籍出版社2011年版，第59页。
② [美]蒂安娜·保尔：《中国六世纪的心识哲学——真谛的〈转识论〉》，秦瑜、庞玮译，上海古籍出版社2011年版，第78页。
③ [美]蒂安娜·保尔：《中国六世纪的心识哲学——真谛的〈转识论〉》，秦瑜、庞玮译，上海古籍出版社2011年版，第60页。
④ [美]蒂安娜·保尔：《中国六世纪的心识哲学——真谛的〈转识论〉》，秦瑜、庞玮译，上海古籍出版社2011年版，第61页。
⑤ [美]蒂安娜·保尔：《中国六世纪的心识哲学——真谛的〈转识论〉》，秦瑜、庞玮译，上海古籍出版社2011年版，第61页。
⑥ [美]蒂安娜·保尔：《中国六世纪的心识哲学——真谛的〈转识论〉》，秦瑜、庞玮译，上海古籍出版社2011年版，第64页。

佛教在这个问题上的基本观点是：必须把意指对象与真实对象区别开来。前者是“似尘义”，后者是真实所指。这里的义是含义，而非实际所指。“若说分别体，谓三界心及心法。依止及境界更无别体。以似尘义，类为依止。以似尘义，类之名为境界耳。”①如前所述，似尘指的是心中显现出来的东西，它没有物质的构成和形体，因此不实际的尘。但它又不是纯心理的东西，而有对象的特点，因此是名副其实的似尘。

佛教有今日心灵哲学的近似思想，如强调：理解语言结构及其意向性是理解心识及其意向性的有效途径，因为两者大致相同。“依存于语言的心识活动为我们提供了一条理解心识结构的可能途径。”②之所以要根据前者说明后者，是因为后者难解，前者易解。“在交流这个层次上人们更容易觉察到心识……作为语言对象的制造者所起的作用。”③“真谛正是通过对语言进行原初性的批判反思，从而引导他的读者去理解心识的比较性或分别性，以及理解支撑我们对世界之物进行名分别和感知分别的心识结构的统一性和意向性。”④

西方意向性研究中有一古老而常新的领域，即“意向性的形而上学问题”。它有特定的含义，指对作为非存在的意向对象的研究。例如：“方的圆”肯定是没有实存地位的，但它可成为意向性的对象，即作为意向对象而存在。而一旦方的圆被人想到了，作为意向对象就不再是纯粹的无，而有其特定的“有”。另外，这对象尽管不实存，但我们的语言却可述说它。更神奇的是，这样的句子显然没有指称，但却有含义。神话小说、虚构作品中描述的东西在现实世界是无，但作品的字字句句都有含义。正是因为如此，人们才会津津有味地予以谈论。句子无指称，为何有含义呢？这就是所谓的“柏拉图胡须难题”。围绕这类问题，西方从中世纪开始，就一直不停地在研究、在争论，今日的心灵哲学更是如鱼得水。佛教中也有关心这一领域的表现，如对无句义的研究就是其中的一个表现。“无句”即是表述了不实际存在对象的语句。尤其是，佛教表述本无或毕竟空的语句

① [美]蒂安娜·保尔：《中国六世纪的心识哲学——真谛的〈转识论〉》，秦瑜、庞玮译，上海古籍出版社 2011 年版，第 63 页。

② [美]蒂安娜·保尔：《中国六世纪的心识哲学——真谛的〈转识论〉》，秦瑜、庞玮译，上海古籍出版社 2011 年版，第 75 页。

③ [美]蒂安娜·保尔：《中国六世纪的心识哲学——真谛的〈转识论〉》，秦瑜、庞玮译，上海古籍出版社 2011 年版，第 75 页。

④ [美]蒂安娜·保尔：《中国六世纪的心识哲学——真谛的〈转识论〉》，秦瑜、庞玮译，上海古籍出版社 2011 年版，第 76 页。

特别多。佛教承认，它们也是有意义的。经云："无句义是菩萨句义。何以故，……菩提不生，萨埵非有，句于其中，理不可得故，无句义是菩萨句义。"①

佛教不仅重视意义问题，而且在全面深入探讨的基础上，建立了有一定超前性的意义理论。这不仅得到了学界的认可，而且在其成为西方佛学研究中的一个独立的子领域的同时，诞生了大量基于新的解读框架的新成果。我国学界尽管也有重视的表现，但缺乏解释前结构的创新及相应的成果。因此，值得我们奋起直追。

意义理论有一个元哲学问题，即"意义"的意义究竟是什么？在西方语言哲学和语义学中，出现了许多以"'意义'的意义"为题的论著，足以说明上述问题的重要。佛教要解决意义的种种问题，尤其是要解决佛教解释学关于佛教文本的意义问题，当然也没法回避上述问题。在佛经中，与"意义"有关的词有很多，如"意""义""意义""真""实""第一义""顶义""微言大义"等。佛教在说明它们的意义时，不是直接宣陈或颁布自己的观点，而用了颇接近于西方语言哲学意义理论的一种方法，即通过分析语词的用法去揭示它们的意义。当然，必须承认，佛教中没有出现"语言的意义在于用法"这样的表述。但有理由说，佛教实际上一直遵循了这样的原则。例如慧远大师就做过这样的工作。

"义"译自梵语 artha，巴利语 attha。这两个词可音译为"阿他""阿陀"。它的用法很多，大致来说，在不同语境中分别有真实、作用、意思、道理、意义、价值、利益等意。慧远大师的《维摩义记》卷四在解释"依义不依语"时根据佛经对"义"的四种不同用法，把"义"的意义归结为如下四种。一、对相显实，所以名义。意思是说，义的第一种意义是指现象后的真实。二、对体彰用，义用名义。意即，义的第二种意义是指本体的义用或作用。三、对恶论善，义利名义。意即，义的第三种意义是指对人的利益、有利性、有用性。因善法对人有利，因此"善法名为义"，"不善名为非义"，"无记名为非义非非义"。②四、对因彰果，德义名义。种因必会得果，因此义的第四种意义是"得"或"德"。如菩萨所行，就是得方便，就是一种义，得无上菩提，也是义。总之，"诸经说义，具此多种。"③慧远还依据"语言的意义在于用法"的原则强调："依义不依语"中的"义"的

① 《大般若波罗蜜多经》卷 486，[唐]玄奘译，《大正藏》第 7 册，第 466 页。
② [隋]慧远：《维摩义记》卷 4，《大正藏》第 38 册，第 516 页。
③ [隋]慧远：《维摩义记》卷 4，《大正藏》第 38 册，第 516 页。

意义是指实相或“理法”。①从统计上说，佛教中所说的义或意义在大多数情况下指的就是这种理法。《大宝积经》卷五十二云：“理不可说，是名为义。”②

当然，“义”的用法和意义还有很多。如《大乘法苑义林章》举出境界之义与道理之义两种，并把这两种义与世间胜义、道理胜义、证得胜义、胜义胜义这四种胜义谛结合在一起加以讨论：强调前三种为“依诠谈旨”，故属境界之义；第四之胜义胜义谛为“废诠谈旨”，故属道理之义。《成唯识论》也有这样的说法，“然胜义谛。略有四种。一世间胜义。谓蕴处界等。二道理胜义。谓苦等四谛。三证得胜义。谓二空真如。四胜义胜义。谓一真法界”。③这最后一个胜义指的就是作为诸法之理体的理法或实相。《解深密经》云：“由十种相，了知于义。”④意为事物以十种相表现出来，这十相就是十义。它们分别是，尽所有性（所有种类）、如所有性（真如）、能取义（身内诸法，如心等）、所取义（外法）、建立义（器世间中的事物，如田地）、受用义（诸有情，能摄受诸事物）、颠倒义（无常计常）、无倒义（对治颠倒）、杂染义（三界中的杂染，如烦恼杂染、业杂染、生杂染）、清净义。《大乘法苑义林章》也列举了“义”的多义性，例如，“一境界名义，二道理名义。”⑤

佛教所说的“意义”最重要的一种用法是指作用、价值、有用性或利益。以龙树菩萨对空的分析为例。在他看来，解空有三个关键，那就是要正确理解空本身、空因缘和空义。《中论·观四谛品》云：“汝今实不能，知空、空因缘，及知于空义，是故自生恼。”⑥这就是说，若要在解空时不自生烦恼，一要知“云何是空相”，即要知空之本身；二要知“以何因缘说空”，说空有何根据，为何要说空；三要知“空义”。⑦这里的“义”就指作用、意义。知空义，就是要知道：解空、认识空有何作用。

佛经中除了这些用法之外，最常见的是在言语、文本能表达的意思、意趣、旨归等意义上予以使用的。“义”作为佛教文本的意义，通常又有这样一些用法。

---

① ［隋］慧远：《维摩义记》卷 4，《大正藏》第 38 册，第 516 页。
②《大宝积经》卷 52，［唐］菩提流志译，《大正藏》第 11 册，第 304 页。
③ ［唐］玄奘、窥基编译：《成唯识论》卷 9，《大正藏》第 31 册，第 48 页。
④《解深密经》卷 3，［唐］玄奘译，《大正藏》第 16 册，第 699 页。
⑤ ［唐］窥基：《大乘法苑义林章》卷 1，《大正藏》第 45 册，第 287 页。
⑥ ［古印度］龙树菩萨：《中观论》，［姚秦］鸠摩罗什译，《大正藏》第 30 册，第 32 页。
⑦ ［古印度］龙树菩萨：《中观论》，［姚秦］鸠摩罗什译，《大正藏》第 30 册，第 32 页。

义的第一种用法，是指言说、文字的字面意义，如佛经中常说的一字一句具无量义，此处的义即文字意义。这种义的样式很多，如《阿差末菩萨经》所说，义有近义、远义、正义、清义、深义、浅义之别。[①]义的第二种用法是指“度世之法”，它与识相对。如经云：“入于世法，是谓识著。度世之法，乃谓为义。”[②]义的第三种用法是指经典、文本的可言说的旨趣。菩萨有一任务即到经典中取义。“若于经典，致入道果，是谓取义。”“若于诸经，了了分别，清净章句，是谓取义。”[③]第四种用法指作为总持、作为诸经唯一主旨的义。

从动机上说，佛教关注和探讨意义问题既有相同于世间哲学的地方，又有其不同之处。相同表现在：佛教对意义的探讨也是要回答意义本身所缠绕的种种形而上学和语言哲学问题，如意义是什么？意义与符号、指称是什么关系？意义根源于什么？有无本体论地位？如果有，其本体论地位是什么？等等。佛教意义理论的独特的动机在于：它同时具有解脱论或人生哲学的动机，即同时是为了解决众生如何离苦得乐、如何转凡成圣的问题而探讨意义问题的。由这种双层动机所决定，佛教的意义理论始终有两个维度，即同时从哲学意义理论和解脱论的角度切入对意义问题的探讨。前一维度的表现十分明显，后一维度则主要表现在：佛教在重视对无量义探索的同时，更重视对此无量义中贯穿的一义性的追究。因为这个一义与众生的生存状态及其质量息息相关。这个义就是佛陀所发现的唯一的真实或谛理，是一切法或事物的本或实相或实性。佛陀发现、亲证了它，因此离苦得乐、转凡成圣；凡夫之所以为凡夫，沉沦苦海，就是因为迷失了它。就此而言，这个“义”不仅是无量义中的顶义，而且是人生哲学的“要义”或“法义”或“第一义”。它既是万物之本体，又是解脱之基础或解脱本身。潜在即为诸法谛理，证得即为圣者的一种心灵状态或一种极为特殊的现象学状态。进至此状态，万物向心显现的是一味真心，平等无二，情识、有为、无为皆溶合为一。如果真正体悟此法义，那么等于既体悟了佛法真义，又顿得彻底解脱。[④]

佛教意义理论也讨论了名实关系问题。除少数意义取消论或怀疑论之外，一般的意义理论都不否认语言符号有其意义，但对意义究竟是什么，则各执一词。

---

① 《阿差末菩萨经》卷 7，[西晋]竺法护译，《大正藏》第 13 册，第 609 页。
② 《阿差末菩萨经》卷 5，[西晋]竺法护译，《大正藏》第 13 册，第 603 页。
③ 《阿差末菩萨经》卷 5，[西晋]竺法护译，《大正藏》第 13 册，第 604 页。
④ 参阅《楞伽阿跋多罗宝经》卷 5，[刘宋]求那跋陀罗译，《大正藏》第 16 册，第 547 页。

如指称论认为，语言符号的意义就是它们的指称或所指的实在；观念论则认为，这意义就是语言使用者心中的观念或思想；行为主义则用说者的行为解释意义；生成论者则认为，文本既没有所谓的主观的“作者意义”，也没有由读者任意决定的“读者意义”，意义是随着阅读过程逐步派生或生成出来的。质言之，意义是由作者、文本、读者和阅读环境等共同决定的一种“函数”，是一种现象学性质的东西。从比较哲学的角度言，佛教的意义理论既有指称论的一面，又有现象学的元素。前一方面居主导地位。这主要体现在它关于符号与所指或名与实及其关系的理论之中。

佛教所说的名或语言是广义的，既包括文字、声音，也包括所有能表意的行为方式，如棒喝、扬眉瞬目、拈花微笑等身体语言，以及佛教独有的咒语、秘密语、无言之言、无说而说等。语言要表现的对象或实也是这样，有不同形式和层次的“实”，甚至有一种实是其他哲学或学说所未曾探讨或不承认的，如毕竟空无或体性空。总之，佛教所说的“名”和“实”都极其特殊和复杂，因此佛教关于名实关系的理论也极为复杂，须小心对待。大致来说，有两种情况，一是可言说的名实关系，二是不可言说的名实关系。

从体性上说，世界本无名无实，更无名实关系。佛教说名、实及名实关系，都是因众生有迷惑，而不得已对本无分别的世界的分别及对待。虚云老和尚说得好：“因迷惑而起物、有、色、妄、烦恼、众生等对待”，所以佛教才建立了种种名相，于是“立心、无、空、真、菩提、诸佛等假名。若根本不有迷，则物、色、妄、有、烦恼、众生等假名，固不能立，即心、无、空、真、菩提、诸佛等假名，亦有所立？”。[①]这就是说，“真心”“空”“诸佛”等词像“物”“有”等一样都是“因有妄物对待而立之假名”，是为破有而作的假施设。在特定的意义上，也可以说这些名相有对应之实，如“物”对应的是因缘和合的假有，“真”等词对应的是清净本然的空性或真如，它离诸名相，无有方所，是本有自尔之性德。为了破妄有，还可进一步说，此真如有不变和随缘之别。不变真如是：诸法的那个空无体性平等不变，无圣无凡，非善非恶，真实如常。随缘真如是指：诸法随缘生起差别相，有圣有凡，有善有恶。[②]总之，佛教为了破斥众生迷惑，救世度人，承

① 净慧法师主编：《虚云和尚全集》（第1册），中州古籍出版社2009年版，第181页。
② 净慧法师主编：《虚云和尚全集》（第1册），中州古籍出版社2009年版，第183页。

认有名与实及其关系。

其次，佛之言说有时用的尽管也是世俗语言，但由于它与一种特殊的实发生了关系，即要成为这种实的“指月之指”，因此它便成了不同于世俗“文语”的“义语”。前者是表述一般的实在的语言，后者是能表述毕竟空这种特殊实在的语言。很显然，义语体现的是一种特殊的名实关系。经云：“我所说者，义语非文。众生说者，文语非义。非义语者，皆悉空无，空无之言，无言于义，不言义者，皆是妄语。”①所谓“义”者，就是那真实不虚的空。佛的言语要说的就是它，因此是义语，而非一般的文或非义语。一般的言说之所以是“非义语”，是因为它们没有触及空义或空实。故可说，“不言义者，皆是妄语。”②佛语要说的义，是一般人难以理解、难以言说的一种真、一种如（无有变异、一如一体的东西），说实非实，说空不空，无性为性，无相为相。

佛教意义理论同时是佛教语言哲学和解释学的重要组成部分。它既回答了一般意义理论的问题，同时又论述了佛教文本的意义问题。我们知道：对于文本有无意义、有什么样的意义，在解释学中历来是有争论的。在佛教文本的意义问题上，佛教的基本观点是：佛教文本像其他文本一样，既有共性，又有其个性。共性表现在：它也是名言与意义的统一体。个性则在于：它同时表现为教本、行本、义本。智顗说：“教本者，金口所说一言为本，派（像水一样流出）出无量言教。”③所谓行本是指佛的言教是对治众生烦恼、指导人修行的依凭。所谓义本是指佛的言教是表达意义、汇聚意义的载体。这里有错综复杂的语义关系，如：“寻一句诠于一义，寻无量句诠于无量义，或寻一句诠于无量义，寻无量句诠于一义。”④佛教意义理论的特点还在于：通过语言符号说无量的目的是要“显示”诸法谛理，“寻诠”旨在“会入”佛陀所证得的那个客观真理。如前所述，这理也是一种“义”，即文字意义后面的客观意义。它实际上是万事万物的本来面目或实际。这种实际与科学所要认识的实际不可同日而语，因为它与人的解脱与否息息相关，与人的生存状况紧密相联。悟之，则解脱；迷之，则受苦受难。而对它的认识也不能诉诸理性、逻辑和自然科学的方式，只能靠人的实修实证，不能靠解悟，只能靠证

① 《金刚三昧经》，《大正藏》第9册，第371页。
② 《金刚三昧经》，《大正藏》第9册，第371页。
③ [隋]智顗说，灌顶记：《妙法莲华经玄义》卷8上，《大正藏》第33册，第775页。
④ [隋]智顗说，灌顶记：《妙法莲华经玄义》卷8上，《大正藏》第33册，第775页。

悟。就此而言，佛教意义理论有客观意义理论的一面。

但同时又应注意，佛教并不否认主观意义的存在，因为它承认佛教文本直接呈现的意义出自佛的“心口”。智顗大师把这种义称作“由义”，即由圣人心口流出。如果说佛经有其义，那么只能说：“经由为义，由圣人心口故。”①佛教文本所包含的其他一切义，如“一切世间义，一切出世间义，一切方便义，一切究竟义，皆由圣人心口，故以义为由”。②这些意义尽管有主观性，但又不是由圣人任意杜撰的，而有其客观的源泉和根据。因为佛教文本是证悟基础上对实理的昭示，类似于以手指月，所以是“契经”，即契合于谛理之经。文是其门，于门可得见此谛理。③

佛教文本的意义不仅同时具有主观性和客观性，而且还同时具有多义性和一义性。《文殊师利现宝藏经》指出：佛所教的内容既为多，又为一。多即不同的教法，无量无尽的意义；一即多义的最终归趣。而此一义又可用不方式来表述，如：“甘露教为佛教一，安稳教为佛教二，无放逸教为佛教三，无怨恨教为佛教四，无受住教为佛教五，正法藏教为佛教六，无诤讼教为佛教七，无所起教为佛教八，彼我无执教为佛教九，不诽谤教为佛教十。”④不管怎么说，它们说的不外是这个意义，即一切诸法皆空或无生。

佛教经常用例子说明佛教文本意义的多与一的关系。例如，大海是多、是大，但都具有咸味。同样，佛教文本也是一义一味的。经云：“犹如同大海同一咸味，佛法智海同一法味，亦复如是。若佛若法，悉皆平等，空、无相、愿，不生不起，一相平等，一味平等。”⑤《法集经》云：“譬如一切诸水入于大海，皆同一味，所谓咸味”，“菩萨亦复如是，入于第一义大海，所见一切诸法皆是一味，所谓真解脱味。”“一切诸法不违于空。”⑥若如是知，即等于真见菩提。诸法一味，即寂灭味、解脱味。

佛教经常把这种一义称作第一义，当然是可言说的第一义。从究竟理地上说，可言说的第一义仍属俗谛。因为有言皆妄。经云：“假名言说，名字论量，名为

① [隋]智顗说，灌顶记：《妙法莲华经玄义》卷8上，《大正藏》第33册，第776页。
② [隋]智顗说，灌顶记：《妙法莲华经玄义》卷8上，《大正藏》第33册，第776页。
③ 参阅[隋]智顗说，灌顶记：《妙法莲华经玄义》卷8上，《大正藏》第33册，第777页。
④《佛说文殊师利现宝藏经》卷下，[西晋]竺法护译，《大正藏》第14册，第459页。
⑤《大集大虚空藏菩萨所问经》卷7，[唐]不空译，《大正藏》第13册，第642页。
⑥《佛说法集经》卷6，[元魏]菩提流支译，《大正藏》第17册，第644页。

世谛。"[①]佛教意义理论的独特之处还在于：除了承认这种第一义之外，佛教还承认有不可言说的第一义。它是佛所发现的一种特殊的存在，它无形、无相、无性，因此在本质上是空无所有，故可称作"空"或"无"。但它又不是绝对的无，因为它真实地为佛智所证得了，所以又是真、是实。这种实际除了有认识论上的不能为世俗智慧所把握的特点之外，还有客观存在性或自在性。经云："第一义不生不灭，不败不坏，不增不减，文字章句所不能说，不可诠辩，绝于戏论。""第一义者，无言无说，本性清净，一切圣人内自证得，若佛出世，若不出世，法性常尔。"[②]此第一义是无言、绝对的第一义谛，此即一切诸法的真实之相，实在之谛理，亦是究竟法、无言语法、寂灭法、贤圣法。[③]不难看出，那客观的、不可言说的第一义不同于一般指称论所说的指称。它根本就不是任何事物或存在，不是通常所说的所指，但它又不是常识和世间哲学所说的任何形式的非存在，不仅不是绝对的无，而且是真正意义的"真""实""有"，因为它常住不变，存在于一切时和处，如如不动，即没有任何变异。就其作用来说，它尽管是本无，但有让众生离苦得乐的作用。它有近于弗雷格所说的"含义"的地方，但又有重大差别，因为它是圣者所证得的一种具有现象学性质的心理状态或生存状态，即圣者于一切时和处所体验到的无二无别、绝对平等、绝对空寂的状态，是圣者面前所显现出来的不可思议的境。佛说："所得法，不可见、不可闻，不可觉、不可识，不可取、不可著，……出离一切法相，无语无说无有文字。……此法如是，犹如虚空。"[④]

从两种第一义的关系上说，可言的"第一义"是真实存在的第一义的如实表述，因为说法者当如法说。"如法说"，即按客观存在的法事物去说。既然如此，语言所表达的第一义就一定是真实存在的第一义的反映。佛教文字、言语是随顺实在而说，把汇集佛言教的典籍称作契经就足以说明这一点。所谓契经即契合谛理的经典。

一般的意义理论都有这样的问题，即语言符号有无客观自在的意义？如果有，读者或听者能否接近这种意义？接近的途径和方式是什么？判断这种意义把

---

① 《大乘宝云经》卷6，[梁]曼陀罗仙共僧伽婆罗译，《大正藏》第16册，第272页。
② 《大乘宝云经》卷6，[梁]曼陀罗仙共僧伽婆罗译，《大正藏》第16册，第272页。
③ 《大乘宝云经》卷6，[梁]曼陀罗仙共僧伽婆罗译，《大正藏》第16册，第235-236页。
④ 《思益梵天所问经》卷1，[姚秦]鸠摩罗什译，《大正藏》第15册，第39页。

握对错的标准是什么？佛教通过“取语”和“取义”这对范畴回答了这些问题。

所谓取语，即获得关于文字的知解。通过这种方式得到的充其量是语言表层的意义。当然，这是文本理解不可或缺的环节。因为理解佛教当然要从言语文字入手，必须弄清或“取”文字的意义，即必须“取语”。正是看到了取语的必要性，佛教解释学便承认，佛教意义是可以“因言而入”的。其可能性的内在机理在于：只要正确理解，它们是能“显扬正法”①的。事实也是这样，许多证道者是因言而入的。但强调它必要并不等于说佛教的意义把握可以到此为止。因为它只是意义把握的必要条件，而非充分条件，只是证义的第一步。

要体悟到文字后面的实义，即获得与客观谛理相一致的意义认知，必须诉诸“取义”。《奋迅王问经》指出：正确理解佛经的标志是“于一切字惟取于义”，而“非取语”。②所谓“取义”即指得到了佛法实义，而理解了佛语，只是取语。佛教解释中常见的现象是：许多人只是取语而失义。正确的态度是：由语入义，或忘言得意。怎样才算是真正的取义？或“云何取义”？回答是：“若见空义不取不著，若无相义不取不著，若无愿义不取不著。”③总之，真正把握佛之言说的标志是：于言说而当体即空，不取不著，甚至“于所取义，不生分别，于不分别，亦不分别”。④于言、于义，有一点分别，甚至于“不分别”，有一点意识或分别，都是没有真实理解佛教文本意义的表现。概而言之，是否取义，是判断是否理解佛法的标准，而是否于语言文字，不生任何分别，是否有动摇，是否做到心行空寂或平等，是判断是否取义的标准。

根据《大方等大集经》，取义的出路只能是由文字入手，然后超出文字去把握文字后面的实义。到了取义的阶段，还停留于文字，那么文字就成了魔业，故经云：“施设文字，皆为魔业，乃至佛语，犹为魔业。无有言说，离诸文字，魔无能为。”⑤如是超越，即是超魔法门。这里讲的文字言说，不是佛讲说的言说，而是听者听到的。因为佛的言说，其体性与法性无二无别，所以不是魔业。如果听者执着为能说、所说，生起分别心，即在造作魔业，因为这样的分别背离了实义。

---

①《大集大虚空藏菩萨所问经》卷3，[唐]不空译，《大正藏》第13册，第622页。
②《奋迅王问经》卷下，[元魏]瞿昙般若流支译，《大正藏》第13册，第943页。
③《奋迅王问经》卷上，[元魏]瞿昙般若流支译，《大正藏》第13册，第938页。
④《奋迅王问经》卷上，[元魏]瞿昙般若流支译，《大正藏》第13册，第938页。
⑤《大集大虚空藏菩萨所问经》卷7，[唐]不空译，《大正藏》第13册，第642页。

由于佛教有两种意义：一是不可言说的意义，即废诠归旨的第一义谛；二是可言说的意义。因此，对于这两种意义来说，客观理解的标准便既有共同性，又存在着不同。共同性表现在：两种意义正确理解的标准都强调“取义”，而非“取语”。第二种意义的“取义”好理解，这里重点剖析一下对第一种意义的把握。因为佛教之言说、文字是一种信号，即法。所以读者、听者如果能够一碰到它们，便当机立断，让心大休息，或让心彻底停下来、空无化，那么就是彻底解了第一义。换言之，“深解诸法，悉为空寂。晓知法本，亦无有法，亦无非因法。”诸佛说法的目的是让人当下体认到：既无所说，亦无能说，所说出的文字语言当体即空。例如，佛说法有这样的特点，即在说法时，“不见所说，非真实法，假号言耳，内有六受，外有六入，五阴诸种及一切入，斯皆虚极，皆悉假号。……一切诸法本末清净，皆空、皆寂，无有其名。一切法性，及与名号，皆亦自然，悉无所有。”[①]简言之，如果读者、听者能够在接近佛教文本时真正做到当下不取不著，那么就等于获得了对文本的客观的、不差分毫的理解。因此，能否做到这一点，是判断是否真正把握了佛法大意的标准。仅停留于字面意义，即为得文失旨。

如是“取义”便有一箭双雕的作用，即一方面获得了关于文本的真义的如实理解，另一方面成就了去凡成圣的人生哲学大业。因为取义既是“取”佛之言说的真义，又是冥合诸法谛理。如偈云：“说此诸法以声音，而法及声不可得，能入诸法一相道，无上胜忍便能证。”[②]通过文字如实获得了文本的意义，同时等于证得了文本所述说的对象的本性。果真如此，被迷失的世界本体便立马显现在面前。它一如一体，无二无别，文字声音也融合于其中，没有任何区别了。到此境界，即完成了由凡夫向圣智的转化，亦即获得了对佛教文本的正确理解。

第四节　感受与欲望

最近，西方心灵哲学在探寻一切心理现象的普遍特征时碰到了严重的障碍，例如，过去一直认为心理现象的普遍特征是意向性这样的特征，因而是区分心与非心的标准，但一些人的新的研究说明：一方面，有一部分心理现象，如躯体感

① 《推断结经》卷 2，[姚秦]竺佛念译，《大正藏》第 10 册，第 977 页。
② 《诸法无形经》卷上，[姚秦]鸠摩罗什译，《大正藏》第 15 册，第 763 页。

觉、无名烦恼、情感体验等并没有意向性，至少没有命题态度所具有的、能表现为命题或心理语句的内容，但谁都不否认它们是心理现象；另一方面，在非心理的现象中，有些则具有意向性，如自然语言、大自然中的某些形象（山峰碰巧形成的似人头的形象、云彩的图像等）至少有派生的意向性。因此，如果硬要把意向性作为心理现象的特征，那么充其量它只能是部分心理现象的特征。这当然是有争论的。现今出现了这样一种新的倾向，即不去寻找所有心理现象的普遍特征，因为这太宏大，难以实现，转而研究作为其子类的心理现象或部分心理现象的共有特征。西方心灵哲学新开辟的“感受性质”（qualia）研究就是这种努力的一个结果。一般认为，感受性质是躯体感觉、情绪体验等非命题态度的共有特征，至少是部分心理的一种最为独特的特征。它之所以在当今颇受青睐，其中一个原因是：它向当今占主导地位的唯物主义、自然主义提出了挑战。由于它过去不曾为有关科学、哲学所注意，因此可看作是当今心灵哲学探险所发现的一种心理新大陆。

“感受性质”是一相当令人费解的述语。由于它要说的东西难以说出来，因此人们从不同的角度、用不同的方式试图把它说清楚，这一来，就产生了多种多样的表达方式，如，主观特性或特征、质的特征或内容、现象或现象学性质或特征，“在经验感觉起来是什么”（What it is like to be experiencing）等。尽管有这些不同，但它们要指谓的东西是基本一致的，即指我们经历一心理状态时所感受到的不同于大脑神经生理过程、心理过程的非物理的、现象学的性质特征或属性。所谓“经验的主观特征”或“质的特征”不是经验本身，也不是对经验本身的感受，更不是对引起经验的外部对象的感受，而是对经验呈现出来的质的特征的感受。例如，疼痛可以说是一种经验，疼痛的“剧烈”或“轻微”；“难以忍受”或“不太好受”等就是这种经验的质的特征。由于它只能为疼痛经验的主体主观地感受体验到，因此它们是经验的主观特征。所谓感受性质，即感受、体验到的经验本身的性质或质的特征，也指对经验的质的特征或内容的感受。这是当前有关争论中使用得最多的一个概念。所谓现象性质或现象学性质，主要是指在经验过程中内在地呈现或显现出来的可感受的性质。这里的现象学当然不是胡塞尔等人所说的现象学，而是汉密尔顿（W. Hamilton）、皮尔士（C. Peirce）等人所理解的那种意义上的现象学，即对心中被给予、被观察到的任何性质、特征、材料的描述和研究。因而现象学性质主要是指心内的经验所呈现或表现出的性质、特征。

有时，人们还在限定的用法中，把它称作经验或意识。

佛教心灵哲学尽管没有使用感受性质这个词，但有相近的词，如受、感受、意识等，所关心的问题和所提出的思想与现代心灵哲学有可比之处。佛教的独特的地方在于：不是把受看作是局部心理现象的子类共性或“有差别同分”，而把它看作是所有一切心理现象的特征，即心理在一切时、一切处、一切地、一切俱所具有的特征，乃至在接近圣位的心理中也会有受的出现。在西方，只是在最近，随着人们对思维等命题态度与感受性质的关系的探讨的展开，才在所谓的认知现象学中看到了感受性质的普遍性。本节的任务是考释佛教关于感受的理论及关于欲望的理论。

佛教对感受性质的研究出现在许多理论中，例如：第一，关于六识尤其是关于第六识（意识）的理论；第二，关于真心和妄心的现象学思想；第三，对作为遍行心所识之一的受的论述，等等。下面我们依次作出考释。先看佛教意识论中的有关思想。

作为第六识的“意识”，所指的心理现象的范围大于一般的理解，接近于西方心灵哲学对意识的广义的理解。这种意义的意识是指，对呈现出来的一切内现象的觉知、思考、思量，因此既包括觉知、经验、体验，又包括理性思维以及把握、领会、理解、意想等活动。首先，前一方面即西方心灵哲学所说的狭义的意识，相当于感受性质，或对呈现出来的现象学性质的感受、体验、原感觉。这可从意识的对象得到说明。其对象是法尘。这里的法尘的首要特点是“在内的”，即内在呈现出来的东西。其次，这能被呈现出来的东西是由前五识和别的心理活动所提供的、储存在心中的观念、表象、思想、经验等，近于西方现今所说的心理表征。它们在意识起作用时，都可作为影像、心像呈现出来，为意识所经验。因此这些呈现出来的法尘是西方人所说的典型的现象学材料。

就佛教对意识的分类来说，佛教把意识分为两大类。第一大类是五俱意识，即与前五识同时发生的意识。五识的每一识都有其特定的对象或境或所缘，如眼耳鼻舌身五识分别能感知的对象是色声香味触。这五识要得到关于对象的认知，除了每识自己要有作用外，除了离不开各自的扶尘根和胜义根的帮助之外，还离不开意识的作用，因为只有通过它，被前五识接触的境才能被心灵明了或觉知。在每种感知中，意识的作用就是明了所缘之境，就是觉知（awareness）或觉受，就是对五识所接触到的性质、特点、相状作出了别、形成经验。这伴随五种感性认识的并是它们之必要条件的意识就是五俱意识。从类别上说，五俱意识有两种。一是五同缘意识，即与前五识同时生起并缘同一对境的意识。二是不同缘意识，它虽与前五识俱起，但同时又缘别的境，这是它伴随的前五识所做不到的。前五识只能缘它们的自类境或适宜刺激，如眼只能见色，不能听声。而意识在伴随眼识时，既可觉知色（同缘意识），又可听声，或知觉别的刺激（不同缘意识）。很显然，这些关于意识的论述十分接近于西方心灵哲学所说的作为感觉性质的意识。

第二大类意识是不俱意识，即不与前五识同时发生的意识，而是独立发生的意识。它又有两种，一是五后意识，即在五识发生之后独立发生的意识，有两种情况：①将所储存的经验提取出来，让其显现，并形成内知觉或内经验，这就是西方人所说的现象学经验；②在此基础上对它们的思量、思考，以形成理性认识。这与感受性质无关。二是独头意识，即独立发生的与前五识无关的意识活动，有三种情况：①定中意识，即对定中所缘的一境性的感受；②独散意识，如追忆过去、预测未来、随心所欲地回想等；③梦中意识，即对梦中境现的觉知。这三种意识都有感受性质的意义。从比较研究的角度看，佛教关于意识经验的论述有弥补西方之不足的地方，例如，关注的感受性质的范围大大拓宽了。西方心灵哲学没法关注定中的经验意识，而这是一个十分宽广的现象学领域。其中的有些现象学性质在一般日常经验中是会被碰到的，但许多是不可能碰到的；有些是全新的心理形式。就此而言，佛教心灵哲学为全面深刻地认识人类的心理的真实面貌尤其是丰富多彩性作出了不可磨灭的贡献。

意识之所以有对呈现出来的内在心像、法尘的觉知、经验等方面的功能，是因为它有其特殊的构造。《大佛顶首楞严经》云："由生、灭等，二种相续，于妙圆中，黏湛发知。知精映法，揽法成根，根元目为，清净四大。因名意思，如幽室见，浮根四尘，流逸奔法。"[①]意识之所以有觉知功能，是由于在生灭二种相续的作用下，于妙觉圆湛性中，黏（依附）湛然之体（真心），从而形成了识精。这是人们的意识能够觉知现象学性质的根源。如此类推，前五识之所以有对对应外境的觉知，也是根源于每一根内通过"黏湛"形成了相应的识精。可见，佛教

① 圆瑛法师：《大佛顶首楞严经讲义》，宗教文化出版社2012年版，第380页。

在这里不满足于对感受性质作描述性研究，不满足于“知其然”，还试图“知其所以然”，即通过对表层心理后的隐结构的深挖，以找到感受性质所以产生、所以有作用的根据或内在机制。更难能可贵的是，佛教不仅重视挖掘感受性质的心理根源，而且注意寻找它们的物理机制，如，认为意识要发挥它的觉知、体验的作用，是没法离开根的作用的。这根有两种。一是浮尘根，即人的肉团心。它状如莲华，昼开夜合，在人身上，难以觅见，故说“因名意思”。“意”即意根，“思”是意根的功能作用。“意思”指的是思量处，即意根所在处。二是胜义根，它由清净四大所构成，此即文中所说“揽”四大法成根。意识知觉其对象不像眼等把握其对象，它是在内部进行的，就像在暗室中活动一样，故说“如幽室见”。[①]其他五根在形成自己的感受性质时，也是这样，即除了要依赖于相应识精的作用之外，还要有相应的浮尘根和胜义根的帮助。

再看佛教所包含的丰富的现象学思想。有现象学理解前结构的人在研究佛教时，都吃惊地发现：两千多年前的佛教在这方面已作出了卓越的贡献。因此，人们不再讨论佛教有无现象学思想，而是花大力气来研究它的具体内容。应承认，“现象学”一词当然没有出现于佛教经论之中，但佛教确实认识到：世界上除了存在着自在的东西以外，还存着带有现象学性质的事物、过程、事件和状态，如，显现在各种感官和意识面前的色声香味触法，显现在内知觉面前的各种心理现象，尤其是对真心的证得或“本地风光”的彻见。根据佛教的观点，意识所把握的对象不是自在的实在，而是有现象学性质的内在对象。因为“自心分别所见境界”，不是自在实在，而是“自心但随众缘，诸行种熟，自心变作种种分位”。[②]在这个对象的显现过程中，最重要的作用是心的作用，以及过去行业所熏种子的成熟或变现，当然还离不开“心所现众缘势力”。[③]正是这些因素的共同作用，才变生了“种种境界差别”，[④]才有千奇百怪、五彩缤纷的世界在心识面前的显现。

康德关于现象和物自体的理论以及现代的现象学、今日心灵哲学关于现象学性质的理论的一个重大贡献是：发现和确立了自然主义者所疏忽或遗漏了的一种高阶存在，即现象学性质，亦即显现在心意识面前的各种性质和状态。它们既不

① 圆瑛法师：《大佛顶首楞严经讲义》，宗教文化出版社2012年版，第380页。
② [古印度]护法：《大乘广百论释论》卷4，[唐]玄奘译，《大正藏》第30册，第206页。
③ [古印度]护法：《大乘广百论释论》卷4，[唐]玄奘译，《大正藏》第30册，第206页。
④ [古印度]护法：《大乘广百论释论》卷4，[唐]玄奘译，《大正藏》第30册，第206页。

存在于自在的事物之中，也不存在于意识之中。就此而言，它们在自在存在世界没有任何存在地位，因此可以说是绝对的无或绝对的空。但是一当心与外物及别的有关的因素发生了相互作用时，就会有一种新的存在显现出来，如显现在意识面前的颜色、声音等，就是这样的存在。它们不是事物本身所固有的性质，因此在自在的世界中仍是绝对的无，但它们对于意识来说，千真万确。由于它们是意识直接确认的存在，而外物的存在则是由此而推知的，因此对于意识来说，它们比外物更真实。佛教在两千多年前就认识到了这种存在样式，如，从俗谛的角度，不仅承认有自在的非心的现象、自在的妄心，而且发现了具有现象学性质的物理现象和心理现象。由于世间哲学后来也有大致相近的发现，因此我们没有理由说：这种发现是佛教独此一家的贡献。但又必须看到：佛教的有关理论与别的相近的理论相比又有其不共的一面，这表现在——佛教的发现是最早的，甚至比西方的发现早了两千多年。从内容上说，佛教尽管没有像今日的现象学那样去探究意向性、代现、意义等，但是它涉及了这类现象学没有触及过的大量的心理现象，这不仅表现在佛教对妄心的看法上，更表现在对显现出来的真心的看法之上。

作为妄心的现象学心理有两方面，一是显现在外面的现象学世界，二是显现于内的各种心理性质、过程、事件和状态。

先看前一方面。在佛教看来，整个世界及其所包含的一切事物，不论对于凡夫还是对于圣贤，都不过是一心。即使是常人视之为客观自在存在的山河大地、树木花草，只要被如此看、如此说，就不外是心的变现。《大方广佛华严经》《大佛顶首楞严经》等反复强调：心如工画师，造诸种种色，外部世界不过是它的“杰作”，换言之，外面的种种色形相都不过是心识的创造或变现。正如《宗镜录》所云：“于三界中所有至亲，莫过于心。”①万事万物、有为无为，不出一心，一心即一切，一切即一心。

再来看妄心的第二方面。它们是显现于内的各种心理现象。如前所述，佛教是以心为宗的宗教。《宗镜录》云：“清净之心，此是本师。”②如果心显现为妄心，即为凡夫，反之，让心复归它的清净本性，即转凡成圣。因此，学佛之人在本质上必然是以清净心为师的。既然如此，佛教心理哲学的一项重要工程，就是查明、

① [五代]延寿：《宗镜录》卷29，《大正藏》第48册，第588页。
② [五代]延寿：《宗镜录》卷29，《大正藏》第48册，第588页。

扫描一切显现出来的心理现象，然后一一对之作出甄别，看它们是对人有好处的、值得人安住的善心，还是对人不利、有害的恶心、烦恼心。佛教的五位七十五法或五位百法理论所做的就是这样一项工作。我们在前面已分析过佛教心理哲学关于心理现象扫描和分类的理论，在所梳理出来的心法和心所法中，有许多就属于具有现象学性质的心理现象，如善法中的信、精进、渐、愧、轻安、不放逸等，恶法中的贪、嗔、疑、慢、懈怠、昏沉、掉举等，就是如此。此外，佛教还认识到：存在着没有善恶性质的中性心理现象，如寻、伺、作意、触、受、想、思，等等。还要看到的是，佛教经论中还涉及并讨论过不包含在上述分类中的心理现象，如《大佛顶首楞严经》中论述过的神识、识精、第九识，密案的论典中讨论过的第十识等。

佛教在论述具有现象学性质的心理现象时的一项空前绝后的工作是：发现并探讨了真心的显现。佛教所说的真心有两种：一是自在的、作为一切诸法之体性的真心；二是作为现象学性质的真心。相关理论与内容笔者已在本书第六章第四节进行了论述与介绍，在此不再赘述。

佛教的感受性质学说还表现在关于作为遍行心所的受的论述之中。这种遍行心所以觉受为特点、相状。“受”的梵语是 Vedanā，又译作痛、觉，这里指的是领纳感，即领纳顺境、违境和非顺非违境之触而出现的心理状态，是与触紧密连在一起的遍行心所法。因为有对境像的接触，心便有受生起。之所以是遍行，是因为一切心理，不管是心王，还是心所，只要起作用，就一定有相应的受发生，即使是纯粹理性思维活动也是如此。总之，受以领纳为性，触为近因，以生起爱欲为业。因为有受，所以会进一步产生趋利避害的欲求。玛欣德说：“受是纯粹对某种体验的感受。受的特相是感受。作用是享受或体验对象的味。现起是让相应名法愉悦，也就是使跟它一起产生的那些心理作用有感受。近因是轻安，这特别是对乐受来说的。”①佛教对受的研究是真正心灵哲学性质的研究，这表现在：它不仅像西方最新的认知现象学一样看到了情感等有现象学性质，而且认识到思维等认知过程也是如此，最重要的是，相对于已有的研究而言，它观察、研究的维度既全面，又带有高屋建瓴的特点。例如，它从下述方面对受展开剖析。①受集。集是指引起受产生原因系列或集合。研究受的集，就是挖掘受的因果，如把

① 玛欣德尊者：《阿毗达磨讲要》（上集），云南佛教协会印行 2009 年版，第 163 页。

受放在十二因缘链中加以考察，以弄清它的来龙去脉。其基本结论是，受由无明、六入、取等而有，进一步又会产生有、生、老、病、死、烦、悲、恼、苦。②受味，即研究受的感受性质，研究它在体验面前的“滋味”、现象学特点。③受患，即研究受对于受的持有者的作用，尤其是负面的有害的作用。④受灭，即研究受之灭除的可能性及其根据，弄清受灭时的标志、境界、状态等。⑤受灭的方法。很显然，佛教的这些研究既有一致于西方心灵哲学的地方，又有其不共性，如对受灭的研究等。⑥受的归属或受所依存的载体问题。对此，有不同看法，如有论师认为，受只能是心的感受，或说是“心分位差别”。有部坚持认为，除心受外还有身受。后一看法是佛教通行的看法。

对于受可从不同的方面加以分析、说明。例如：可依相续、依种类、依自性、依人、依世间及出世间等来说明受。从相续、刹那性角度说，受有过去、现在、将来的状态。觉音尊者说：“‘依相续’说即属于一路线、一速行、一等至所摄的受及于一种境而起的为现在；在以前的为过去，在以后的为未来。”[①]依刹那说，属于生住灭三刹那所摄的、及在前际后际的中间而行自己的作用的受，为现在；在以前的，为过去；在以后的，为未来。从空间位置说，受又可分为内受和外受。从粗细上说，受有粗受和细受。从道德性质说，受有善、不善、无记之别，不善受为粗，善受为细。依自性说，受有苦、乐、不苦不乐之别。“苦受、因为无乐、不静、烦扰、恐怖及为他所克胜之故，比较其他（乐、舍）二受为粗。”[②]其他二受即乐受和舍受，因为有乐、静等性质，所以乐受和舍受是细受。相对于禅定来说，受有入定的受和不入定的受，前者为细，后者为粗。从世间说，受有世间的有漏之受和出世间的无漏之受。依劣胜说，粗受为劣，细受为胜。

在受的问题上，佛教不同于世间心灵哲学的特点是，不认为受是部分心理现象的特点，而认为它是一切心理共有的特点，因此是心的真正的无差别同分，或者说遍行于、普遍存在于一切心理之中。是故，它在佛教关于万法的分类体系中被放入“遍行心所法”之中。之所以是遍行，因为连禅定中也会出现这种心所法。遁伦说：“入定时，五识不行（不起作用），忽闻声触，即起领受”，[③]即有感受发

① ［古印度］觉音：《清净道论》，叶均译，中国佛教协会佛教文化教育基金委员会印行 1985 年版，第 438 页。
② ［古印度］觉音：《清净道论》，叶均译，中国佛教协会佛教文化教育基金委员会印行 1985 年版，第 439 页。
③ ［唐］遁伦：《瑜伽论记》卷 13 上，《大正藏》第 42 册，第 595 页。

生。之所以如此，又是因为人心有第八识。“若无第八，此何义成？”[①]定中有受的表现是，在定时，人能得到专一、分明、轻安等感受，“若无第八，起何领受？若有第八，第八领受。虽入定等，无余五识，觉受仍生。”[②]即使是无心定，也“必定有心”，[③]此心即第八识。

佛教研究受的一项重要而有特色的工作是：在对受全面的描述现象学研究的基础上，对受作出分类。这颇值得世间心灵哲学关注。它对受有多种不同的分类。

从主体而言，有心受和身受之分。此为二受说。从受的性质来说，有乐受、苦受、舍受三受。二受说与三受说的关系是互摄，即无相包含，不相矛盾。因为它们是根据不同标准所作的分类，都有周延性。例如：身受、心受都有苦、乐、无记三种形式；苦受、乐受和无记受也有身受与心身之别。

最常见的是把受分为五种，即五受说。首先，前两受是乐受和喜受。它们的特点按觉音的概括分别是：“领受顺境相，适悦身者，说名乐受，适悦心者，说名喜受。”这里的身是指五识，因它们依于相应的身根，才说名为身。其次二受是苦受和忧受，它们的特点分别是，“苦忧二受，领违境相，逼迫身者，说名苦受，逼迫心者，说名忧受。”最后一受是舍受，特点是，“但领中容境相，于身于心非逼非悦，故亦名为不苦不乐受。”[④]

六受是由六根、六识觉知六境，又合之六触所生的受，即眼受、耳受、鼻受、舌受、身受、意受。

十八受说是把受概括为十八种。分别为六种喜意近行、六种忧意近行、六种舍意近行。意近行指的是与意识相应。这是对喜、忧、舍三种基本受进一步划分的结果。

二十一受说是把受概括为二十一种，如乐依出离受，苦依出离受，不苦不乐依出离受；乐有爱味受，苦有爱味受，不苦不乐有爱味受；无爱味受，依耽嗜受，等等。若色、无色界系，若随顺离欲，名依出离受。乐有爱味受，是伴随着贪爱、爱的情感的受，若堕于界，名有爱味受。所谓无爱味受，是一种高级的受，即这样的一些感受，“随顺涅槃，随顺决择，毕竟出离，毕竟离垢，毕竟能令梵行圆

① [唐]遁伦：《瑜伽论记》卷13上，《大正藏》第42册，第595页。
② [唐]遁伦：《瑜伽论记》卷13上，《大正藏》第42册，第595页。
③ [唐]遁伦：《瑜伽论记》卷13上，《大正藏》第42册，第595页。
④ 梅光曦：《相宗纲要正续合编》，福建甫田广化寺佛经流通处印行，第48页。

满。”[①]若欲界系，若不顺离欲，名依耽嗜受。

三十六受说是把受概括为三十六种。其中包括：六沉嗜依喜、六出离依喜、六沉嗜依忧、六出离依忧、六沉嗜依舍、六出离依舍。这是由对喜、忧、舍三种基本受的进一步细分而形成的。

一百零八受说是对受的最细的一种分类。由于有情很多，如有三种三世有情，每世都有三十六受，因此总共加起来就成一百零八受。[②]

佛教的感受性质学说还体现在五阴说之中。五阴即色受想行识五种构成万物的复合元素。其中受想行属心法，但与色有密切关系，因为它们可与身贯通。如：受能让色身领境，想能驱动身体，行能让身体发生迁变——让毛发生长，让容颜、气息变化等。

受阴有五种。因为阴有五种，每种阴都有其特定的受，因此五阴便有五种受。一是“色受阴”。“所有色，彼一切四大及四大所造色，是名为色受阴。”二是“受受阴”。“谓六受身。何等为六？谓眼触生受，耳、鼻、舌、身、意触生受，是名受受阴。”即是说六根接触对应的对象所生的感受即为受受阴。三是“想受阴”。“谓六想身。何等为六？谓眼触生想，乃至意触生想，是名想受阴。”四是“行受阴”。“谓六思身，何等为六？谓眼触生思，乃至意识生思，是名行受阴。”五是“识受阴”。“谓六识身。何等为六？谓眼识身，乃至意识身，是名识受阴”。[③]

由于人的心理结构和精神境界各不相同，因此不同的人便有不同的感受性质。从大的方面说，人不外两大类，即凡夫和圣贤。凡夫受阴的状态是“愚痴无闻凡夫，无慧无明，于五受阴生我见系著，使心系著而生贪欲。”[④]如妄计五受阴有我相，进而心生贪著，由于无明、贪著，因此其受一般表现为苦受，或有漏之受。圣者则相反，其五受阴的特点是清净无染。“多闻圣弟子，有慧有明，于此五受阴，不为见我系著”，[⑤]不会生结缚，因而不仅不生贪著，反而能厌离、弃绝无明烦恼。之所以能如此，是因为他们如实知五受阴既无我、又不异我，平等不二。

如前所述，佛教讨论感受的目的是为了破除、断离。因为苦受、乐受等都不

---

① [唐]遁伦：《瑜伽论记》卷28，《大正藏》第30册，第440页。
②《阿毗达磨大毗婆沙论》卷139，[唐]玄奘译，《大正藏》第27册，第715页。
③《杂阿含经》卷2，[刘宋]求那跋陀罗译，《大正藏》第2册，第15-16页。
④《杂阿含经》卷2，[刘宋]求那跋陀罗译，《大正藏》第2册，第16页。
⑤《杂阿含经》卷2，[刘宋]求那跋陀罗译，《大正藏》第2册，第16页。

究竟，相对于究竟之极乐来说，都是毕竟苦。从解脱角度说，它们都是究竟解脱的障碍，因此若要想去凡成圣，一切受都应予伏断。怎样断？

《阿毗昙毗婆沙论》认为，有四法可断诸受。这四法是，苦迟慧断，苦速慧断，乐迟慧断，乐速慧断。它们之所以可断，是因为它们体空，毕竟无。①例如五阴“非我非我所，……是则为生灭，苦阴变易法，……彼但有言说。”②质言之，诸识心像外色一样毕竟空寂，了不可得，不值得执著、贪爱、依止。受之所以可断，是因为它所依存在的五阴本身是空的。《大般若波罗蜜多经》云：“以色不异本性空，本性空不异色，色即是本性空，本性空即是色。受想行识不异本性空，本性空不异受想行识。受想行识即是本性空，本性空即是受想行识。”③因此只要于五阴，既不起不空想，也不起空想，就能不起五阴。五阴不有，受自然不生。

与受密切相关的心理是欲。如前所述，受是以引发贪欲为业的。从它在佛教本体论范畴体系中的地位来说，欲是一种心所，或者说是一种心理特征，但不是在所有心理中都会出现的，充其量只会出现部分心理之中，或是部分心理产生的前提条件。例如，有善良愿望生起，会随附发生许多心理。正因为欲只会出现在部分心理之中，所以被定位在“五别境位”中。所谓别，即指特殊、特别、差别，别境即特别的情境、所缘境。欲是五种别境心所的第一个（其余四个分别是：胜解、念、定、慧）。由凡夫变为圣人离不开欲。是故欲是“别境”五心之一心。此别境是圣者必具的五种独有的心理。欲对于成圣的必要性在于：“入诸善法，欲为根本，本名正求，次生胜解，名欲思念。” “欲、愿体通闻、思二慧。”④

从其意义来说，“欲者，希求”，与之有关的是愿，“愿谓思念，复欲也。”“愿以欲、胜解为体。”⑤一般而言，欲与贪是同义词。“贪欲有种种名，初名爱，次名著，次名染，次名淫欲，”“此是结使，依止众生，众生名染者。”⑥

欲是涵盖需要、追求、索取、意志、意向、愿望、希望等的一个广泛概念。

---

① [古印度]迦旃延、五百罗汉：《阿毗昙毗婆沙论》卷47，[古印度]浮陀跋摩、道泰译，《大正藏》第28册，第357页。
② 《杂阿含经》卷13，[刘宋]求那跋陀罗译，《大正藏》第2册，第88页。
③ 《大般若波罗蜜多经》卷389，[唐]玄奘译，《大正藏》第6册，第1009页。
④ [唐]窥基：《金刚般若论会释》卷1，《大正藏》第40册，第721页。
⑤ [唐]窥基：《金刚般若论会释》卷1，《大正藏》第40册，第720-721页。
⑥ [古印度]龙树菩萨著、青目菩萨释：《中观论》卷1，[古印度]鸠摩罗什译，《大正藏》第30册，第8页。

《正法念处经》卷二九云："心求忆念，欲有所作，是名为欲。"①《界身足论》卷二列举了欲的多种形式："欲，能欲性、现欲性、喜乐性、趣向性、希求性、欣求性、欲有所作性"。②这里的列举其实有两个方面：一是横向的，如喜乐、希求、欣求等；二是纵向的，它排列的是欲望从潜在到现实的过程，如能欲性就是欲的根源及潜伏阶段，其他得到表现的则为现实的欲求。这里所说的"趣向性"十分接近于西方人所说的意向性。欲的特点是：无穷无尽，深不见底，广不见边，躁动不安、拼命表现自己。

关于欲的分类很多，如：

（1）二分法，即根据做人的追求，把欲分为圣寻求和非圣寻求。前者追求去凡成圣，追求由此岸世界进入彼岸涅槃世界。后者是沉迷凡夫的追求，包括马斯洛所说的五种需要，如富贵寿考，财色名食睡等。《本事经》卷四云："不知老病死，愁染法过患，希求深爱著，名非圣寻求。善知老病死，愁染法过患，希求彼寂灭，名真圣寻求。"③

（2）三分法，即根据欲的对象，把欲分为食睡淫三欲。当然，还有其他说法。

（3）四分法。这又有不同说法，如《大集经》卷二九说有色、形、天（积极上进）、欲欲（对能利益自己的东西的欲求）四欲。《中部·巴陀伽摩经》说的是对富有、美名、健康长寿、死后生天的四种欲求。此外，还有情、色、食、淫一种分法。

（4）五分法。也有不同说法。如《童蒙止观》所说的色声香味触五欲。还有讲财色食名睡五欲的。《瑜伽师地论》卷六四则分为：摄受求（占有女性、奴婢）、受用求、戏乐求、乏解了求（拼命满足欲望，不知过患）、求名声。

（5）六分法。《杂阿含》卷三四第一一六七经根据六根对六尘的贪执把欲分为六欲。

（6）十一分法。《善见律毗婆沙》卷十二根据人对异性的追逐将欲分为十一种形式：乐出乐（淫梦遗精）、正出乐、已出乐、欲乐、触乐、痒乐、见乐、坐乐、语乐、乐家乐、折林（与异性结誓）。

---

①《正法念处经》卷29，[元魏]瞿昙般若流支译，《大正藏》第17册，第170页。
②［古印度］世友著：《阿毗达磨界身足论》卷上，[唐]玄奘译，《大正藏》第26册，第614页。
③《本事经》卷4，[唐]玄奘译，《大正藏》第17册，第680页。

从欲与别的心的关系说，别的心“为欲所居”，欲像躲在重山中的盗贼一样，“心为窠窟”，欲“展转流驰，以成灾患”。①

在五位百位中，一种狭义的欲被放在五别境法中，除此之外，还有许多与认知、情感不同的狭义的欲。

另外，佛还在广义的意义上使用“欲”一词，认为它广泛渗透在一切心理现象之中。如：“思”中就有欲，此欲即为“思欲”或“欲心”。众生有思，名为欲心。《阿毗达磨俱舍论》认为，欲是一切心理现象中普遍具有的遍大地法，如果没有欲，就没有别的心理的发生，而且它与这些心理一同发生。

从与爱的关系看，“爱有三种，所谓欲爱、色爱、无色爱。何者欲爱？欲名放逸，放逸因缘则生贪触，以触因缘则生乐想。如是等法，众生乐著。欲心发动，如火所烧。……欲因缘故，于生死中受五阴身，具种种苦。”②可见欲是一种心理，是对所爱的东西的贪欲、欲望或放逸，是其他心、其他众苦的总根源。“一切受苦，皆因欲心集因缘。”③正因为欲心如此根本，所以佛教便把呵责欲心放到了重要的地位。正法中的主要内容之一就是“呵责欲法”。④

欲望的根源有三种情况。一是与生俱来的，如最初的一念无明妄动、欲明那本不是对象的妙明就是如此。二是凡夫个体的天生的欲望。就本然而言，真心没有欲望，就生命有始而言，众生的欲望是有因、有始的，但就每一凡夫个体而言，他们的许多欲望则是无因、无始的。尽管如此，这些欲望是可灭、可转的。三是由因缘条件新生的。《大乘显识经》卷下云：“互因生欲，犹如钻燧，两木互因，加之人工，而有火生。如是因识及因男女色声香味触等，而有欲生。”⑤从大的方面说，贪心是心身合一的产物。贪欲也可称作“我所”，意思是“我”所拥有的心。经云：“以于诸欲与身和合，即起贪心。”⑥密案以心气不二论论证了欲的根源，认为欲以生命本源中的明点红白菩提为体。欲有贪欲和善欲之分。前者以白菩提（白大）为体，以吸收外物、增益自我为目的；后者以红菩提（红大）为体，

①《出曜经》卷28，[姚秦]竺佛念译，《大正藏》第4册，第758页。
②《佛名经》卷1，[元魏]菩提流支译，《大正藏》第14册，第309页。
③《佛名经》卷1，[元魏]菩提流支译，《大正藏》第14册，第309页。
④《佛名经》卷1，[元魏]菩提流支译，《大正藏》第14册，第309页。
⑤《大乘显识经》卷下，[唐]地婆诃罗译，《大正藏》第12册，第183页。
⑥《大宝积经》，[唐]菩提流志译，《大正藏》第11册，第5页。

以破坏阴暗、放射光明为旨归。同样的欲望即可表现为阳性向上的善欲，又可表现为阴性向下的恶欲。

佛教对欲的态度是中道欲望观，认为在果地，圣者无欲。在最初的本觉状态，也不存在欲。但在因地修行中，人不能无欲。关键是逐渐伏断劣欲，发达胜欲。因此这种欲望观根本有别于外道的纵欲说、节欲说、绝欲说。

从真谛上说，一切体性本空，终不可得。“一念心六十刹那，或言三百亿刹那，刹那不住，念念无常，无常无主，烦恼本坏。无业无苦，生死灭故，名为涅槃。”①从俗谛上说，欲是有，且有作用，不可偏废，因为欲即趣，“趣即是有”，而趣有能趣与所趣两方面。“一切法趣欲事，是趣不过。”因为“欲事为法界故，一切法之根本。如初起欲觉，已具诸法，心粗不知，渐渐滑利。不能制御，便习其事。初试歇热，习之则惯。”由欲便有种种善恶行为，如或偷或不偷，“如是等种种求欲，而生罪过。”“欲罪既成，适有此有，则有生死，应遍受果”，如随报生于六道。“当知一切法，无不趣欲，欲法界外更无别法。”但从体性上说，欲法界同时又是即空即中的。“欲事尚不可得”，故是空，“空中无能趣所趣，故即辩真谛”。②欲既有又无，非有非无，因此是中。

欲的作用也有两面性。一是积极的，例如：要成就去凡成圣的伟业，没有强烈的善欲、大愿，是绝对不可能如愿的。这就是说，在成佛的过程中，欲（乐欲希慕）是必要条件。此必要条件很多，如“行五法”，包括欲、精进、念、巧慧、一心，就是正行止观的前提条件。而止观是成佛之阶。之所是必要条件，是因为：“若无乐欲希慕（欲），身心苦策（精进），念想方便（念），一心决志者，止观无由现前。”③“欲者，欲从欲界到初禅，精进者，欲界难过，若不精进，不能得出。”④要得般若，首先必须生起对般若的乐欲希慕。否则，一无是处。其他善法概不例外。二是消极有害的欲，可称作劣欲。而对于劣欲，行人的正确态度是：应伏、应断、应转化，因为它们危害极大。释太虚认为，在修行的一定阶段，行者的任务就是转劣欲，存胜欲，发挥其作用。

世界的所有人为灾难、个人的许多不幸都与欲望有关，但不能因此一概否定

① [隋]智顗说、灌顶记：《摩诃止观》卷3下，《大正藏》第46册，第32页。
② [隋]智顗说、灌顶记：《摩诃止观》卷4下，《大正藏》第46册，第46页。
③ [隋]智顗说、灌顶记：《摩诃止观》卷4下，《大正藏》第46册，第48页。
④ [隋]智顗说、灌顶记：《摩诃止观》卷4下，《大正藏》第46册，第48页。

欲望。因为，一方面，存在着好的、善良的欲望，另一方面，在去凡成圣的过程中如果没有欲望这一必要条件，也将如“蒸沙成饭”一样不可能，所以佛常说：欲为成佛之根本。《大般涅槃经》卷三八云：“善欲即是初发道信乃至阿耨多罗三藐三菩提之根本也，是故我说欲为根本。”再者，即使是佛菩萨也会有欲望。但这是“倒驾慈航”的示现。用《万善同归集》卷一引的《大智度论》的话说，佛有这样的欲：我本以欲心无厌足故得佛，是故今犹不息，虽更无功德可得，我欲心亦不休。另外，“佛为一大事因缘出现于世”，更能说明这一点。“为一大事因缘”就是一种欲望。“发菩提心”也是欲的形式。善欲还有很多形式，如《大方广佛华严经》卷五十四所说的菩萨应具的于无上菩提的“得最胜欲、甚深欲、广欲、大欲、种种欲、无能胜欲、无上欲、坚固欲”。胜欲在一定阶段为何要存、要发扬？因为这种欲是成就大行的原动力，没有它，就不可能成就大事业。所以佛教要求：修行之人应发大愿。常发的愿有：慈悲愿、求佛道愿、断烦恼愿（烦恼无尽誓愿断）。“求断名大求”。[①]“誓愿中有四心，一广大，二第一，三常心，四不颠倒。”[②]所谓广大是指，菩萨发愿普济无边万物；所谓第一是指，欲愿与涅槃寂灭、极乐；所谓常心是指，菩萨诲人不倦，永远不止息；所谓不颠倒是指，菩萨的发心没有能所之别。

做人境界、层次的差别实即心之清净程度的差别，而这又会体现在所存的欲愿之上。如：得小乘四果的人都是圣人，但他们有等级上的差别。初果圣人须陀洹的心理特点是：“远尘离垢，见法、得法、知法、入法，度诸疑惑，不由他度”，《瑜伽师地论》卷九五比喻概括说：“如大石楼，已善雕饰，八方猛风不能倾动，一切异论不能移转，所有悟解，不假他缘，不视他面。”[③]二果斯陀含果的心理特点是：断了粗嗔，不会因愚拂逆而发大火，断欲也有进步，欲望非常淡薄，但还有三分未断，如偶有对别境的贪执。《大智度论》卷二八云：“虽得初果第二道，犹为欲染之所蔽。”[④]例如：若见人外形端正殊好，还会有淫意之动。三果阿那含，断尽了欲界欲、嗔、恶作，欲取等九品欲界修惑，没有邪思维，颠倒想，没有两舌、恶口的习惯，不会再来欲界受生，命终后去色界修行，但还有属色界、无色

① [唐]太贤：《梵纲经古迹记》卷上，《大正藏》第40册，第692页。
② [隋]智顗：《金刚般若经疏》，《大正藏》第33册，第77页。
③ [古印度]弥勒菩萨：《瑜伽师地论》卷95，[唐]玄奘译，《大正藏》第30册，第844页。
④ [古印度]龙树菩萨著：《大智度论》卷6，[姚秦]鸠摩罗什译，《大正藏》，第25册，第102页。

界的贪嗔痴慢等未断。《大智度论》卷二八云："虽离欲染第三果，余残痴、慢犹覆心。"①四果阿罗汉的特点是：不生、杀贼、应供。杀贼即断尽三界一切烦恼贼，不再轮回生死。所断的烦恼有：色贪、无色贪、慢、掉举、无明、昏沉、无惭、无愧、邪智、邪精进、邪念、邪解脱。除了除灭了常人的心理现象之外，他还新增了常人没有的心理，如已知根。阿罗汉的清净心的表现是：去离忧患，脱于一切，缚结已解，冷而无暖。心净得念，无所贪乐，已度痴渊，如雁弃池，心空无想，度诸行地，如空中鸟，远逝无碍。不思如地，不动如山，真人无垢，生死世绝。"心意甚宁静，一切无执著，世界之生灭，我亦悉知晓。"②"于死无所俱，于生无所恋；我有遍知智，身躯抛一边。"③"我身甚轻松，喜悦心神爽；犹如一棉絮，随风而漂荡。"④

当然，当离苦得乐、去凡成圣的宏愿实现了时，所有一切欲望连同别的有为的心理都必须且必然断绝，不然，就与极圣境界存在着差别。因为究竟理地是不立一法的，极圣之心是绝对清净的，无丝毫念想，包括无任何欲念。

① [古印度]龙树菩萨著：《人智度论》卷6，[姚秦]鸠摩罗什译，《大正藏》，第25册，第102页。
②《长老偈·长老尼偈》，邓殿臣译，中国社会科学出版社1997年版，第6页。
③《长老偈·长老尼偈》，邓殿臣译，中国社会科学出版社1997年版，第11页。
④《长老偈·长老尼偈》，邓殿臣译，中国社会科学出版社1997年版，第46页。

中　篇

佛教的价值性心灵哲学

价值性心灵哲学的宗旨在于：探索心理对于做人、实现人生追求终极幸福或解脱理想的大用、妙用。由于要完成这一任务必然涉及对心之本质、奥秘、运作机理等心灵哲学问题的探讨，因此这一探讨可看作是心灵哲学的应有之义，至少是具有心灵哲学意义的工作。佛教的价值性心灵哲学除了关心一般价值性心灵哲学的课题之外，还有许多独有的但又没有偏离心灵哲学航道的话题及工作。

长此以往，作为一种学术研究课题的心灵之用、生存的意义或价值、幸福等由于属于规范性、应然性现象，因此一直没有跳出伦理学特别是人生哲学等学问的象牙塔。随着蒯因（V. O. Quine）的"伦理学即工程学"打响了第一枪，紧随其后的自然化运动在英美掀起了新的浪潮，诸如生存价值、幸福等传统的伦理学、人生哲学课题被纳入神经科学的研究范围。学科进行了再次分化，产生了神经伦理学、神经佛教学等过去未曾想过的研究领域。与之相应，与神经科学有皮毛关系的心灵哲学也在悄悄发生着变化。从动机上说，西方此前的心灵哲学研究主要出自求真性、认知性乃至纯形而上学的动机，目的是如实知心灵之自体。在最近，伴随神经科学的上述变化，解脱论、规范性或如小斯特劳森所说的伦理性的动机开始在心灵哲学中大行其道。相应地，其理论形态也开始发生了这样的变化，即除了主要表现为求真性心灵哲学之外，还出现了以探讨心灵之对于做人、完善人格、提升生活质量之作用的价值性心灵哲学。例如：美国当今十分活跃、热衷于比较研究的哲学家弗纳拉根（O. Flanagan）的心灵哲学研究就同时兼有这两种动机，进而表现为这两种形态。这在他的大量论著中得到了鲜明的体现，如《灵魂问题》（*The Problem of the Soul*）等是专治求真性心灵哲学的比较纯正的著作，而《菩萨的大脑：佛教自然化》（*The Bodhisattva's Brain：Buddhism Naturalized*）等则带有突出的价值论、神经幸福学追求。他最有影响的工作是提出了这样的主张，即心灵哲学的真正的困难问题不是"意识的产生问题"，而是生存的意义或价值问题，并作了自己的创造性解答。

最近，西方还出现了与佛教价值性心灵哲学有异曲同工之妙的"幸福的科学"。它主要是理查德·戴维森（Richard Davidson）等神经科学家试图建立的兼容经验性和规范性的学问。关心的问题主要是：真正的幸福、兴旺发达（flourishing）的生存状态究竟是什么？人这样的造物是否可能得到幸福？以什么方法能得到幸福？之所以说它具有经验科学的性质，是因为它的目的是基于二千多年来对人的科学研究成果，探讨人的幸福的种种问题。其独特之处在于：对于幸福的本质、原因、条件作经验科学的研究，所提出的各种关于幸福问题的观点都建立在历史和当代证据的基础之上。它研究的对象主要是佛教徒，尤其是有禅定工夫的佛教徒。之所以选择这样的样本，是因为它通过实验和统计发现：佛教徒的幸福指数最高。这一结论是建立在统计和比较研究的基础之上的。科学家根据大脑激活水平等指标对美国人的幸福指数作了统计分析。结论是：30%的美国人非常幸福。60%的人过得一般，10%的人不太幸福。弗拉纳根通过自己的研究得出了这样的结论：佛教徒的幸福指数比那30%的美国人的平均比例要高得多。①从此角度看，挖掘和研究的佛教价值性心灵哲学既有其学理的合理性，又有其学术的必要性。

① Flanagan O. *The Really Hard Problem：Meaning in a Material World*. Cambridge：The MIT Press，2007：4.

第十一章

佛教价值性心灵哲学的特质与凡心解剖

佛教价值性心灵哲学的主要工作就是从价值论或规范性的角度对凡心和圣心作出“活体解剖”，以弄清众生成凡成圣的根源及机理。本章的任务是：先概述佛教价值性心灵哲学的特质，然后考察佛教对凡心的“活体解剖”。

第一节　佛教价值性心灵哲学的特质

佛教的价值性心灵哲学既做了一般价值性心灵哲学该做的工作，如：研究圣心的标志性特点，圣心成就的机理、条件、途径和方法等，又有自己的独立建树。这表现在：

第一，它试图揭示心理的价值变化过程及其规律。根据佛教的探讨，心理变化不外两个方向：一是向好的方面变化，如，凡心变为圣心，染污烦恼之心变为清净极乐之心；二是向坏的方面变化，如，凡夫的心越变越糟糕。而此变化又有两种形式。“诸法变坏。略有二种。一世变坏。二理变坏。”[①]世变坏即现在的东西变成了过去；理变坏指一切染污法皆违理体。染污心亦不例外，也有此二种无常变坏。

第二，提出了“摄心、策心、伏心、持心、举心、舍心、制心、纵心”[②]等课题，并作了全面深入的探讨。用现代术语说，佛教在这方面所做的工作，有一

① ［古印度］五百大阿罗汉等，《阿毗达磨大毗婆沙论》卷 37，［唐］玄奘译，《大正藏》第 27 册，第 190 页。
② ［古印度］尊者舍利子：《阿毗达磨集异门足论》卷 2，［唐］玄奘译，《大正藏》第 26 册，第 370-371 页。

致于心理学对心理调适的原理及方法的研究，且有诸多超越。例如：它还关心这样一些有意义的子课题，即探讨“心何所依”[①]或转依，探讨什么是心的最可靠、最值得安住的处所，心灵的真正寄托是什么，怎样“正心”“安心”等。《法句经》云：“心正无不安。”[②]另外，还探讨了如何降伏心灵，尤其是降伏像烦恼、妄念之类的心魔。经云：“轻难护持，为欲所居，降心为善，以降便安。”[③]降心也可说是护心。不好好护持，则流转生死，反之则受乐。“众生心所误，尽受地狱苦，降心则致乐，护心忽复调。”“心为众妙门”，护好了，“便在泥洹门”[④]。“善守护自心，……永得尽苦恼。”[⑤]该经还对佛陀的“出世本怀”作了这样的表述，即降心魔，或降伏众生的心魔。“所以如来世尊出现于世。正欲降伏人心去秽恶行。”[⑥]

第三，着力揭示人们身心“何得不生苦恼忧感”[⑦]的机理和方法，或者说弄清心得解脱的原理及方法。护心也就是善摄其心。论云：“修禅定者。善摄其心。一切乱想不令妄干，行住坐卧系念在前。”[⑧]“定有二种，邪定正定”。“不善一心，是谓邪定，若善一心，是谓正定。”[⑨]根据诸经论：心的最好的安住法是，回归本然空寂状态，安住真实法。“心之自性非染非净，无所增减无所动转，……住真实法，此心真实故。”[⑩]所谓真实即空。经云：“诸法性空，是真实义。”[⑪]护心、降心、摄心也可以说是让心不放逸。而心不放逸法正是佛教的“宗极”[⑫]。就此而言，佛教是安心之教。因为关于安心、住心的言教弥漫一切经论，如《大方广佛华严经》中到处可见这样的告诫：“心不放逸”“咸起慈心”“心无违逆”“悟解自心”“心无倚著”“心无依住”“心无疲厌”“心无染著”“明照其心”“心恒入平等境界”“令心远离诸见牢狱”“于诸众生其心平等”“破心迷执”“使心清凉”“心常随顺”“心无吝惜”，等等，真是俯拾即是。另外，值得特别注意的是下述表述：“应以妙法治净自心”，“应以善法扶助自心”，“应以法雨润泽自心”，“应以精进

① 《大宝积经》卷108，[唐]菩提流志译，《大正藏》第11册，第603页。
② [古印度]法救：《法句经》卷下，[吴]维祇難等译，《大正藏》第4册，第574页。
③ 《出曜经》卷28，[姚秦]竺佛念译，《大正藏》第4册，第758页。
④ 《出曜经》卷28，[姚秦]竺佛念译，《大正藏》第4册，第764页。
⑤ [古印度]法救：《法集要颂经》卷1，[宋]天息灾译，《大正藏》第4册，第779页。
⑥ 《出曜经》卷28，《大正藏》第4册，第758页。
⑦ 《中阿含经》卷4，《大正藏》第1册，第444页。
⑧ [古印度]世亲菩萨：《发菩提心经论》卷下，[姚秦]鸠摩罗什译，《大正藏》第32册，第513页。
⑨ [古印度]优波底沙：《解脱道论》卷2，[南朝梁]婆罗译，《大正藏》第32册，第407页。
⑩ 《佛说未曾有正法经》卷5，[宋]法天译，《大正藏》第15册，第442页。
⑪ 《佛说未曾有正法经》卷5，[宋]法天译，《大正藏》第15册，第442页。
⑫ 《大宝积经》卷36，[唐]菩提流志译，《大正藏》第11册，第207页。

坚固自心”，“应以忍辱卑下自心，应以禅定清净自心，应以智慧明利自心，应以佛德发起自心，应以平等广博自心，应以十力四无畏明照自心”。由此可看出，修四摄六度，关键在治净自心。

第四，研究了灭心、断心的原理及方法。这是兼有价值性和求真性双重意义的心灵哲学工作，当然是佛教心灵哲学的特色之所在。根据佛教的幸福观、解脱理论，有心念生灭，就无真正的幸福和解脱。因此，在究竟的解脱境界，在最美妙的佛地，不仅要断灭有为不善心，而且在修行进到较高境界时，还要“灭觉观”。之所以要灭寂照之心，是因为有觉有照仍是妄念。“若觉观寂静正寂静灭没除，是名灭觉观。”①喜乐也是如此，也应灭除。这一工程用《法句经》的话说就是探讨“洗除心垢”“息心灭意”②的原理及方法。论云：“诸相与断灭，无失坏方便，彼二果差别，是诸经略义。”③我们之所以说这一研究具有求真性的意义，是因为它在解决有关问题时，必然要涉及对心的本质及结构的探讨，必然要把佛教倡导的“如实知心”的追求落到实处，尤其是要回答人为灭除心理现象是否可能这一重大的理论问题，甚至要涉及“灵魂是否不朽”这一古典心灵哲学问题。

第五，试图探讨怎样通过对心灵的认知、实证，达到了生脱死、超越生死的目的。《真心直说》在总结、提炼《大佛顶首楞严经》等有关经论关于此问题的论述的基础上，明确、概括地把这一课题表述为：真心出死。这也就是说，佛教在探讨心灵时有一不共的维度，即从生死的角度探讨心灵。其基本思想是：只有如实知心，才能知生死根源，明出生死之根本途径。生死之根源在于：“诸众生一心本性，非动非静，非生非灭，非净非染。由无明熏，动成妄念，流转生死，倍受诸苦。”④佛教不仅找到了出离生死的根据，而且找到了出离的关键，那就是：令心不动，回归本自真心。如果能如实知心，“了自心性，本来寂灭，令无动念”⑤，那么当下即得解脱，因为“有动者，皆是无明动念，无明亦无所起。知心无动，不起念者，契证心源，永无流转。”⑥

最后研究的是去凡成圣或得解脱、入涅槃的原理及方法。佛教的基本观点是：

① 《舍利弗阿毗昙论》卷 14，[姚秦]昙摩耶舍、昙摩崛多等译，《大正藏》第 28 册，第 622 页。
② [古印度]法救：《法句经》卷下，[吴]维祇難译，《大正藏》第 4 册，第 568-569 页。
③ [古印度]无著菩萨：《显扬圣教论》卷 20，[唐]玄奘译，《大正藏》第 31 册，第 583 页。
④ [唐]昙旷：《大乘起信论略述》卷上，《大正藏》第 85 册，第 1089 页。
⑤ [唐]昙旷：《大乘起信论略述》卷上，《大正藏》第 85 册，第 1089 页。
⑥ [唐]昙旷：《大乘起信论略述》卷上，《大正藏》第 85 册，第 1089 页。

凡圣皆系于一念心。念想即是佛，故经云：“想能作佛，离想无有。”①做人做得怎样，是成佛得极乐，还是流于凡俗而受苦，关键是要会想，如：想佛之所想，即是佛。因为三界无别法，唯是一心造。“如是三界，一切诸法，皆不离心。若能了知一切诸佛及一切法性惟心量，得随顺忍，或证欢喜地，舍身他世，速疾生于妙喜世界，或生极乐净佛土中。”②换言之，涅槃是极乐世界，而得涅槃不离心。因为涅槃不在别处，就在人心中。“以涅槃得依心起，故名在心中”③。佛教追求的解脱是全面的解脱。所谓全面，是指人身上的五个方面，即色受想行识五蕴，只有它们都得解脱，才为解脱。当然，“五蕴中，心为最胜”，因此“说心解脱，即说一切如说”④。另外，心所法皆依、皆随心王，而外在的色法、不相应行法都依于心、心所，因此才“偏说心，不说余蕴”。⑤“心是主故，若心清净，余蕴亦然。”⑥只要心解脱，余法亦皆解脱。圣者的特点是明解脱。明即明白、明了，有大智慧。有三种明：宿命智证明、死生智证明、漏尽智证明。解脱有三种。一、心解脱，其表现是：无贪、善根相应，已胜解、当胜解、今胜解。二、慧解脱。其表现是：无痴、善根相应。三、无为解脱，即通智抉择，达到了寂灭境界。⑦解脱的关键是心解脱。所谓心解脱，“离贪嗔痴，心得解脱。”⑧“自身中诸烦恼断，尔时，此心自在行世，在相续故，名得解脱。”⑨在这里，论者强调，清净心与烦恼心是不相杂的，两者迥然有别，是接续关系，如：认为只有断烦恼等，才能得解脱；未断，则不能说得解脱。故“解脱心必无烦恼”。⑩就像月亮一样，为烟、云等所障蔽，明月不显，只有除去障蔽才有明月出现。

概而言之，佛教的价值性心灵哲学有两个根本。一是弄清众生生死无常的根本。此根本即是众生迷失了真心，认妄为真，或以攀缘心为自己身上真实的心。二是弄清行者为何不得正果、圣人为何能成为圣人的根本。这个根本就是每个身上真实存在的真心，明此心，见其性，即为极圣，反之，即沦为凡夫。为揭示这

---

①《大方广佛华严经不思议佛境界分》，[唐]提云般若译，《大正藏》第10册，第908页。
②《大方广佛华严经不思议佛境界分》，[唐]提云般若译，《大正藏》第10册，第908页。
③[古印度]五百大阿罗汉等：《阿毗达磨大毗婆沙论》卷32，[唐]玄奘译，《大正藏》第27册，第163页。
④《阿毗达磨大毗婆沙论》卷27，[唐]玄奘译，《大正藏》第27册，第141页。
⑤《阿毗达磨大毗婆沙论》卷27，[唐]玄奘译，《大正藏》第27册，第141页。
⑥《阿毗达磨大毗婆沙论》卷27，[唐]玄奘译，《大正藏》第27册，第141页。
⑦[古印度]舍利弗：《阿毗达磨集异门足论》卷3，[唐]玄奘译，《大正藏》第26册，第375-376页。
⑧[古印度]五百大阿罗汉等：《阿毗达磨大毗婆沙论》卷27，[唐]玄奘译，《大正藏》第27册，第140页。
⑨[古印度]五百大阿罗汉等：《阿毗达磨大毗婆沙论》卷27，[唐]玄奘译，《大正藏》第27册，第140页。
⑩[古印度]五百大阿罗汉等：《阿毗达磨大毗婆沙论》卷27，[唐]玄奘译，《大正藏》第27册，第141页。

两个根本，佛教作了两大工作，一是扫描众生凡夫的心理，并勘验利害，揭示原因；二是扫描圣者的心理，并评价利害，揭示原因。

第二节　凡心的结构、特点与影响

凡心即凡夫现实表现出来的、能为自己和他人感知到的所有一切心理的总和，实即前面许多章节讨论过的妄心，或以烦恼为特征的心。从共时态结构看，它主要表现为八识和伴随它们而发生的一切心所法、部分行法。它们的总的特点是攀缘，或具有意向性。只要人是清醒的，此心就一刻不停地向外驰求，如《大佛顶首楞严经》所说，它们以“奔逸为性”。阿含类经把心的这个特点称作“放逸”。由于有这些特点，因此凡夫的心就有许多表现形式，如各种心法和心所法。经云：“因其尘劳，心性驰逸。”①

“凡心”一词是对凡夫之心的总的特点的概括，即他们的心以凡俗为特点。但这凡俗又通过各种具体的心理样式表现出来。《大乘悲分陀利经》描述凡心时的独创性的工作是对凡心的具体表现作了全面的描述，指出：“著五阴心，贪五欲心，喜心，掉心，怨心，欺心，浊心，粗心，恚心，不调心，不执心，不柔伏心，著非法心，无住心，相求心，散乱心，更相害心，离法心，无报心，计有法心，灭善心，不生善心，不求涅槃静心，不知应供养心，集一切使缚心，老病死无因缘心，受诸烦恼心，执一切障碍心，毁法幢心，竖见幢心，更相訾毁心，共相食噉心，自贵心，困他心，嫉妬炽盛心，共相杀心，贪欲无厌心，嫉他一切所有心，无思分心，盗窃心，邪淫心，欺调心，无愿心。是时众生无不尔者，于中展转相从闻如是声，所谓地狱声，畜生声，饿鬼声，病声，老声，死声，害声，难声……。”②该经的另一异译本《悲华经》在译这段文字时用了较通俗的语言，一并录出，可作比较：“坚著五阴危脆之身，五欲中深生贪著，常起忿恚之心。……远离善法，起无善心。……于诸善法，起违背心。于灭善法，起欢喜心。……于寂灭涅槃，起不救心。于持戒沙门婆罗门，所生不敬心。于诸缚结，起希求心。于老病死，起深信心。于诸烦恼，起受持心。于五盖法，起摄取心。于正法幢，

---

①《阿差末菩萨经》卷5，[西晋]竺法护译，《大正藏》第13册，第601页。

②《大乘悲分陀利经》卷5，《大正藏》第3册，第266页。

起远离心。于诸见幢，起竖起心。常起相违轻毁之心。共起斗争相食噉心。……于诸欲恶，起无厌离心。于他财物，起嫉妬心。于受恩中，起不报心。于诸众生，起贼盗心。”①有这些的心的后果是，“常闻地狱声、畜生声、饿鬼声、疾病声、老死声、恼害声、八难声……。”②意思是，有凡心的后果必定是，沉沦于地狱、饿鬼等诸恶趣。

从作用上说，凡心是让众生处在凡位、流转生死的攀缘心、妄心，亦是作为众生生死之根本的心。凡夫的特点是沉沦苦海，在六道中生生死死，无有出期。其根源就是把攀缘心当作自己的真心、真我。此即“认贼作父”。对于想成圣的修行人来说，如果有这一误认，那么修行的结果将是事与愿违。《大佛顶首楞严经》中有两处把这个道理说得极为透彻。其中一处说：“一切众生，从无始来，生死相续，皆由不知常住真心，性净明体，用诸妄想，此想不真，故有轮转。”③意为凡夫之所以为凡夫，根源在于：不知自己本有真心，让其为妄心所覆障，白白浪费这大好资源，反倒把妄想当作真我，一天到晚用的只是这个妄心。另一处说得更明白：“诸修行人，不能得成无上菩提，乃至别成声闻、缘觉及成外道、诸天魔王及魔眷属，皆由不知二种根本，错乱修习，犹如煮沙，欲成嘉馔，纵经尘劫，终不能得。”这里要揭示的既是修行人修行效果不佳的原因，又是凡夫之为凡夫的根源。“一者无始生死根本。”这个导致众生生生死死的根源就是“用攀缘心为自性者”④，即把妄心当作自己的真我、自性，而不知其后有妙明真心。妄心后隐藏有真心。若能让此心如实显现，人立马转凡成圣。

凡心实即妄心作主。有妄心，其身口意一定有这样的特点，如：内心染污、执著、外住，即心总停留于外面的事物之上，作诸恶业，身口意不清净等。⑤众生只要有这些心理行为，就一定愚不可及。经云：“一切众生凡有两种，一者有智，二者愚痴。若能修习身戒心慧，是名智者，”⑥反之，即让妄心作主，任其胡作非为，便为愚者。

《僧伽罗刹所集经》对凡夫之心的特点作了这样的形象的描述：“此心乱想不

① 《悲华经》卷6，[北凉]昙无谶译，《大正藏》第3册，第206页。
② 《悲华经》卷6，[北凉]昙无谶译，《大正藏》第3册，第206页。
③ 圆瑛法师：《大佛顶首楞严经讲义》，宗教文化出版社2012年版，第49页。
④ 圆瑛法师：《大佛顶首楞严经讲义》，宗教文化出版社2012年版，第76-78页。
⑤ 《长阿含经》卷6，[后秦]佛陀耶舍共竺佛念译，《大正藏》第1册，第39页。
⑥ 《大般涅槃经》卷31，[北凉]昙无谶译，《大正藏》第12册，第552页。

定，此心犹如疾风。此心不疲厌，缘恶招致殃。此心远驰，犹如梦想。此心贪著境界，犹彼猕猴。此心自然，行种种贪著，犹彼孔雀翅常自顾影。此心驰走，远思维财业。此心起诸阴盖，亦如野马疲厌不得。此心难制御，于境界不住。”①

《出曜经》的概括是“心走非一处，犹如日光明”②，在生死流转中川流不息，“经历生死，舍身受身，不可称记，或在三途八难之处，或在天上人中往来”③。这就是说，此心“无牢不可见”，④意即它没有不变的实体，没有牢固的构成，因此不可见。“心已离行，中间已灭，心为轻躁，难持难护。”⑤意即心为众结之首，众生之所以沉沦苦海，皆由此心有诸行，造诸恶业所致。圣人则不同，让心离行，即不造业，进而让三世之法“已灭”。“心为轻躁”的意思是：它变化极快，“一日一夜有九百九十九亿念，念念异想，造行不同。”⑥

凡心还有这样的特点，即让人贡高我慢、自赞毁他。《大般若波罗蜜多经》多处论及此心，探讨了它的生起、危害，揭示了“调伏”“远离”此心的方法⑦。该经指出：有妄心、贡高我慢之心，必生四法，即轻慢他人、于世间事贪著趣求、散乱用心、于眷属心生贪著。这四法就是四根绳索，将人牢牢捆缚，令其像囚禁在牢笼中一样，不得自由和解脱。⑧从做人的角度说，让妄心作主的直接后果是让人远离圣贤，成为可怜的小人。《大智度论》云：“一切烦恼心，小人所行，生小事，故名为小；复小于此，故名瞋恨、怨恼。”⑨小人最丰富的东西是痛苦烦恼，最突出的特点是背上沉重的负担，尤其是被自己的五阴压得喘不过气来。经云：“一切众生受五阴担。”⑩

让妄心作主的人必然不可能行于人生解脱的正道，只能行于邪道。若不悔改，将在生死苦海中越陷越深。经云：“若心行染欲，谄曲不实，是行邪道。”⑪此类人想得菩提，无有是处。反之，“用真实心，直行正道”，“心行善行，除彼妄想，

---

①《僧伽罗刹所集经》卷中，[符秦]僧伽跋澄等译，《大正藏》第4册，第130-131页。
②《出曜经》卷28，[姚秦]竺佛念译，《大正藏》第4册，第759页。
③《出曜经》卷28，[姚秦]竺佛念译，《大正藏》第4册，第759页。
④《出曜经》卷28，[姚秦]竺佛念译，《大正藏》第4册，第759页。
⑤《出曜经》卷28，[姚秦]竺佛念译，《大正藏》第4册，第759页。
⑥《出曜经》卷28，[姚秦]竺佛念译，《大正藏》第4册，第759页。
⑦《大般若波罗蜜多经》卷510，《大正藏》第7册，第550-551页。
⑧《护国尊者所问经》卷2，[宋]施护译，《大正藏》第12册，第5页。
⑨[古印度]龙树菩萨：《大智度论》卷20，[姚秦]鸠摩罗什译，《大正藏》第25册，第209页。
⑩《大方等大集经》卷24，《大正藏》第13册，第169页。
⑪《佛说大乘随转宣说诸法经》卷上，[宋]绍德等译，《大正藏》第15册，第774页。

无诸分别，了法空寂，无空见，无愿见，不起妄见，无性见，无相见，无佛见，无菩提见，常行正见”①，即是行于正道。果如此，“菩提愿足，如是之人身如无价珍”②，并且必得最终解脱。

《杂阿含经》指出：众生为妄心所困，必然不能如实知诸法，如，不能如实知色受想行识。而如果“不知、不明、不断、不离欲，则不能断苦”，“不能越生老病死怖”③。事实也是这样，凡夫之心给予凡夫的是生老病死。由于有妄心，因此必有种种愚痴迷惑，进而就会有种种行为，即造诸恶业。而恶业必然在八识中留下相应的种子。此种子在中阴中会在相应的条件下决定人往生何处，采取什么样的生命形态。质言之，众生之生是由过去的妄心所决定的。同样，病、老、死也是如此。经云：“四大假合，虚幻不实，稍乖保调，即生苦恼。”“五蕴幻身，四相迁变，始自婴儿童子，不觉长盛老年，眼暗耳聋，身心衰朽。”“人生浮世，寿有短长，一旦乖离，气绝神逝，永别恩爱，长处荒郊，眷属悲啼。”④

《瑜伽师地论》指出：众生之心心染污、混浊有三大坏处或过失，①不能如理作意，起心动念都乖道，都害己害人；②随眠，即贪瞋痴等烦恼深重；③起缠，众生有妄心像被绳索系缚一样，没有自由。⑤

凡心不仅从理论上会导致有害的后果，而且从事实出发，分析事实由以决定的条件，也可得出同样的结论。例如，每个人都能极为方便地对自己的生存状态作出价值评价，如问问自己：活得怎样？滋味如何？最常见的回答是：太苦、太累。这就是说，众生生存状态是悲惨的、恐怖的、不令人满意的。其最突出的表现是，众生生在苦中不知苦，有福有乐不知受。可以说，他们得了幸福麻痹症。《法华经》的“火宅譬”说明了这一点。这个比喻说明：众生如处于火宅中的人，乐著戏嬉，不知苦难逼近；自己快被大火烧死，却仍不惊不畏，了无出心。真是太麻痹了。佛教创立的目的就是要救众生出火宅。教主佛陀就像“火宅譬”中的慈父一样，肯定不忍心看作火宅中的孩子被烧死，而一定会设法救护。于是根据孩童们的喜好，用不同的东西，如羊车、鹿车、牛车，引诱他们出离火宅。佛说

①《佛说大乘随转宣说诸法经》卷上，[宋]绍德等译，《大正藏》第15册，第774页。
②《佛说大乘随转宣说诸法经》卷上，[宋]绍德等译，《大正藏》第15册，第774页。
③《杂阿含经》卷1，[刘宋]求那跋陀罗译，《大正藏》第2册，第1页。
④《毗婆尸佛经》卷上，[宋]法天译，《大正藏》第1册，第154-155页。
⑤［古印度］弥勒菩萨：《瑜伽师地论》卷51，[唐]玄奘译，《大正藏》第30册，第582页。

的八万四千法门就是这样的如同牛车等一样的方便法门。

佛经的另一常见的譬喻是“大富盲儿”。根据这个比喻，凡夫就像拥有万贯家财而在外乞讨的盲儿，由于无明等妄心的蒙蔽，不知自己有财富，因此到外面四处乞求。凡夫有财富的表现是：有像佛一样的真心。只因妄心作主，或为妄心所蒙蔽，而误以为自己没有真心。这与盲儿不知自己本有巨额财富毫无二致。

凡夫妄心从何而来？前面有关章节曾讨论过这个问题，这里为本章的逻辑的完整性起见，再略作论述。根据《大佛顶首楞严经》，众生本有如同圣人一样的真心，但之所以只表现为充满着痛苦、烦恼的妄心，根源在于迷，在于颠倒，即迷失了自己的真心，把虚妄不实的妄心错误当作是自己的真心，为其所转，跟着它的号令走。表面上是用它追求幸福，但实际上总是竹篮打水一场空。佛以手臂及其正倒为例，说明真心与对它的迷悟之间的关系。“若此颠倒，首尾相换，诸世间人，一倍瞻视。”佛为说明真心与妄心的关系，把手臂伸出来，一会手掌向上，即正向，一会覆倒过去。其实，人的心也是如此，如果将妄念清除干净，此心即真心。如果无明愚痴，任妄心来来去去，真心即倒过去了，随之则表现为妄心。是故经云：“则知汝身，与诸如来，清净法身，此类发明，如来之身，名正遍知，汝等之身，号性颠倒。”圆瑛法师注解说：“当知真心，本无迷悟。但为生佛，迷悟所依。悟时名正遍知，虽悟亦无所得；迷时号性颠倒，虽迷亦本不失。不过多一分迷执而已。”[①]

众生颠倒的根源何在？根源就是无明，由于无明，便迷真起妄。这就是性颠倒。众生颠倒的过程是：“由性明心，性明圆故，因明发性，性妄见生，从毕竟无，成究竟有。”[②]之所以有众生及其烦恼，最根本的原因就是最初的“觉明”这一一念妄动。真性本来是明的，但由于不觉（无明），因此妄起觉明之念。不觉故心动，心动即业起，由无明力转本有之智光，让能见之妄见生起。所既妄立，妄能随有。由妄见故，从毕竟无而成究竟有，无同异中，炽然成异，依能见而有境界之妄现。

上面的分析告诉我们：一切颠倒烦恼的总根源或“本因”是最初的一念无明妄想，既然如此，返本还原的出路就清楚了，那就是“除灭”此“乱想”[③]。为

① 圆瑛法师：《大佛顶首楞严经讲义》，宗教文化出版社 2012 年版，第 118-119 页。
② 圆瑛法师：《大佛顶首楞严经讲义》，宗教文化出版社 2012 年版，第 600 页。
③ 圆瑛法师：《大佛顶首楞严经讲义》，宗教文化出版社 2012 年版，第 612 页。

予灭除，佛制定了三渐次。渐次是进入五十五阶位的前提和基础，是故可以说，三渐次实三增进，它们能成就五十五位真菩提路。经云："汝今修证佛三摩地，于是（此）本因，元所乱想，立三渐次，方得除灭。……一者修习，除其助因，二者真修，刳其正性，三者增进，违其现业。"①第一渐次是正修习耳根圆通，实即永断五辛，即除灭葱、蒜、韭、薤、兴渠这五辛。之所以要除，是因为它们是助恶之因。第二渐次是真修，实即枯空淫、杀、盗、妄这样的性业之罪。第三是增进圣位，实即逆以根奔尘、习惯性攀缘这样的现业、惑业，做到根无所偶、根尘脱落、六根返源。三渐次中，前两种是戒行，亦即助行，后一种是空慧，乃为正修。

文殊菩萨通过反思自己心行上曾有的过失，说明了颠倒必让人堕妄心的道理。他往昔有这样的过失："行不清净，毁身口意"。这实即是讲其心有染污，而其根源是："我身前计有吾我，言是我所；所见颠倒，住于贪淫。心者无本，而想有心，不能明了心如幻化。"②他之所以能去妄心而返回真心，是因为他完成了这样的再颠倒："兴正真心，于诸佛法而无所著。""其心自然，而无所生，乃为一心。"③

诸经论还通过对凡心与圣心的比较，说明了凡心产生、存在和危害众生的表现及根源。以对身外的对象（色声香味触法六尘）的态度为例，凡夫和圣人相同的地方在于：都是以六根对六尘。不同在于：圣人行不退法或行关闭法、守护法（即于六尘不喜、不赞、不执取、不系著），"等心于香臭，无欲亦无违"④。而凡夫于六尘行的是退法，即不关闭、不守护六根，碰到这些东西便攀缘、追逐、乐著、驰求，有时鸡蛋里挑骨头，妄生分别心，如：别人本没有骂人，但偏要到别人的声音中找骂人的表现与根据，结果是庸人自扰，徒生烦恼。

必须指出：在面对六尘时，人们不可能不知觉。圣人之所以为圣人，首先，其特点是：于所知觉的尘不起分别，无动于衷，于尘离尘，持等心住，不动于心，尘来不随，念起不随。以眼根为例："起眼见已，永不缘著，内心安住不动，善

① 圆瑛法师：《大佛顶首楞严经讲义》，宗教文化出版社 2012 年版，第 612-613 页。
②《文殊悔过经》，[西晋]竺法护译，《大正藏》第 14 册，第 443 页。
③《文殊悔过经》，[西晋]竺法护译，《大正藏》第 14 册，第 443 页。
④《杂阿含经》卷 11，[刘宋]求那跋陀罗译，《大正藏》第 2 册，第 76 页。

修解脱，心不懈倦。耳鼻舌身意识法，亦复如是”[①]，而凡夫则不同，碰到事情总习惯于分析再分析，结果是惹出种种烦心事来。其次，在面对各种事物时，圣人的表现是：以无常观对待之，即总是看其因缘和合、无常如幻的本质，即使对心本身，也是“观心如幻”[②]，“见其心意诸根无常，知身不久，犹如流水，逝而不返，……心无所倚”[③]。而凡夫则以实在论立场对待一切事物，太爱把事情当真，看不穿、看不破。然后，就对心的态度来说，圣人的特点是见心无心，而凡夫则相反，见心有心。“若善男子有所求者，彼不证法”[④]，证法即证真如实性。“不证法故，彼则见心”[⑤]，此心即妄心。“若无所取，彼为证法”[⑥]，无所取，包括不取心，能证心和所证，“以证法故，则不见心”，[⑦]结果自然是妄心泯灭，于一切了无分别。凡夫由于把显现出来的东西当作真实，因此便拥有本不该有的妄心。最后，凡圣差别表现在：“生于分别之心，非谓圣人”[⑧]，反之无分别心，则无妄心，即为圣人。简言之，菩萨是不分别众生，凡夫是分别众生。而要不分别，必须有如是心：“不分别心、无骄慢心、无上下心、无挂碍心、是平等心、真正之心、平等施戒、平等慈悲，无有分别，犹如虚空。”[⑨]质言之，圣心于一切不生分别，“是名不分别众生”[⑩]。凡心之所以是凡心，之所以让凡夫沉沦苦海，是因为其心以分别为特点。

众生的虚妄分别有很多，概括说有十二种：如言语分别、可知分别、相分别、义分别、实体或自体分别、因分别、见分别、建立分别、生分别、不生分别、和合分别、缚与不缚分别。[⑪]

可见，凡心和圣心是正相反对的。圣心倒过来，即为凡心；凡心倒过来，即为圣心。因此，只要明白一方，就不难明白另一方，例如：知道了菩萨之心的特点，就不难知道凡心的特点。菩萨心的特点是返妄归真。他们之所以如此，是因

---

① 《杂阿含经》卷 11，[刘宋]求那跋陀罗译，《大正藏》第 2 册，第 77 页。
② 《普曜经》卷 1，[西晋]竺法护译，《大正藏》第 3 册，第 487 页。
③ 《普曜经》卷 4，[西晋]竺法护译，《大正藏》第 3 册，第 505 页。
④ 《大宝积经》卷 104，[唐]菩提流志译，《大正藏》第 11 册，第 584 页。
⑤ 《大宝积经》卷 104，[唐]菩提流志译，《大正藏》第 11 册，第 584 页。
⑥ 《大宝积经》卷 104，[唐]菩提流志译，《大正藏》第 11 册，第 584 页。
⑦ 《大宝积经》卷 104，[唐]菩提流志译，《大正藏》第 11 册，第 584 页。
⑧ 《入楞伽经》卷 7，[元魏]菩提流志译，《大正藏》第 16 册，第 557 页。
⑨ 《大方等大集经》卷 25，[北凉]昙无谶译，《大正藏》第 13 册，第 174 页。
⑩ 《大方等大集经》卷 25，[北凉]昙无谶译，《大正藏》第 13 册，第 174 页。
⑪ 《入楞伽经》卷 4，[元魏]菩提流志译，《大正藏》第 16 册，第 538 页。

为他们善在六处。反之，若不能如实知此六处，便会迷真心，而拥有妄心。论云："若诸菩萨善知六处，便能引发菩萨所有广大威德。"[①]这六处是，①善知心生。即能如实知十六行心之生起差别。一是善知不可觉知的坚住器识或阿陀识的生起，二是善知取诸境界的分别意识的生起，三是善知欲界内的诸识的生起，四是善知色界内的诸识的生起。……其他心行生起从略。②善知心住，即如实知、了别真如。③善知心出，如实知相缚和粗重缚。④善知心增，如果相续、粗重缚增加，知道随之增加对治的办法。⑤善知心灭，如实知对治相，缚心衰退时、损灭时，也知衰退、损灭。⑥善知加行，如实知解脱、胜处。用《大智度论》的话说，菩萨之所以为菩萨，之所以显现真心，是因为他们没有想颠倒、心颠倒、见颠倒。其表现是若菩萨念佛及僧，"于中不生佛想，不生僧想，无善根想，用是（此）心回心阿耨多罗三藐三菩提，是心中亦不生心想。"[②]如是想，如是安心，即灭想颠倒、心颠倒、见颠倒。而凡心则相反，于佛生佛想，于心生心想，看不到一切毕竟空寂，看到苦、空、无常、无我，于是有种种颠倒，进而让妄心作主，使自心表现为凡心。

总之，圣心凡心的差别清楚而简单。众生的心要么是圣心，要么是凡心。违圣心，必堕凡夫，只有顺圣心，成就圣心，才能转凡成圣。[③]

第三节　伏断妄心的可能性根据及机理

通过对妄心及其危害的分析，不难明白众生出离苦难、生死的出路。这就是要调控、治理、直至最后断灭妄心，去妄返真。但问题是：是否有这样的可能性呢？如果有，其机理是什么？

佛教的回答是肯定的。其根据有两方面：一是事实根据，即有许多人事实上已转妄复真、转凡成圣了，例如佛菩萨；二是内在的、客观的心理根据。前一方面留待下章考释，这里拟分析第二方面的根据。

妄心之所以可调节、伏断，可能性根据之一是：作为妄心之总根源的无明是可以伏断的。如前所述，无明即不觉，即对真心的无知，如：不知道真心是本明

① [古印度]弥勒菩萨：《瑜伽师地论》卷 77，[唐]玄奘译，《大藏经》第 30 册，第 728 页。
② [古印度]龙树菩萨：《大智度论》卷 61，[姚秦]鸠摩罗什译，《大正藏》第 25 册，第 490 页。
③ 参阅[古印度]世亲菩萨：《阿毗达磨俱舍论》卷 22，[唐]玄奘译，《大正藏》第 29 册，第 114 页。

的，是常乐我净的，具般若、解脱、极乐等妙德，不知道真心是包括幸福在内的一切价值的源泉。由于有这样的无始无明，因此众生不知真心本明，寂而常照，照而常寂，根本用不着从外面去明它，结果，当从外加明于它时，便有能所的分别，主体与客体的分化，进而有别的妄心的陆续的起源。如果能断伏无明，妄心便自然断灭。《宝云经》强调：无明是可以伏断的，因为它根源于不觉，即不觉真心是本明的，欲明它，根本无须从外面去明它。知道这个道理，让分别心休息，无明自然不起。用譬喻说，“譬如日出，众暗皆息。菩萨日出，能除众生无明之暗。”①意思是说，像太阳出来后，黑暗自然离去一样，无明就是黑暗，只要有觉悟，让真心现前，无明自然消失。如果无明可灭，那么由它派生出来的其他妄心就自然是可灭的。

可能性根据之二，妄心产生的认识论的最深刻根源是：阿赖耶识有见分，进而让其他诸识生起，因此只要将其转变，不再有见分，灭除其生灭性，回复其无生灭性，即除其染分，存其净分，转此识为大圆镜智，让清净阿摩罗识显现，妄心就会返妄复真。这一过程之所以可能，是因为许多人由凡转圣，进入密严净土。而此净土，恰恰是转依的产物。经云：“密严佛土，是转依识、超分别心。”②即只要超越分别之心，只要转依识即转阿赖耶识，那么就能灭除妄心成就密严净土。

凡圣都有第八识，这是妄心能断、圣贤可成就的重要心理保证。如来的第八识纯净无染，已转化成了大圆镜智。“大圆镜”是对第八净识的比喻性说明。“此中以喻显示大圆镜智，是能生现诸法影像平等因缘，谓诸如来第八净识，能现能生智等影像。”③成佛的过程即转凡成圣的过程，或者说是转依、有断有得（变现）的过程。转依即转变、断灭、成就，进而依止于该依止之处。一方面是烦恼所知二障种子断灭或“灭极”（彻底灭除、斩草除根），另一方面是本识中的成佛种子变为现实，得一切“白法”（善法），证得二道，即极清净出世智和无边所识境界智道。“二障种恒随，彼灭极广断，白法圆满故，依转二道成。”④如来转变后的所依是无漏不动法性。“彼处如来住，不动如山王”⑤，即如山王镇地，安住不动。

---

①《宝云经》卷3，[梁]曼陀罗仙译，《大正藏》第16册，第221页。
②《大乘密严经》卷中，[唐]地婆阿罗译，《大正藏》第16册，第735页。
③ [古印度]亲光菩萨：《佛地经论》卷4，[唐]玄奘译，《大正藏》第26册，第309页。
④ [古印度]无著菩萨：《大乘庄严经论》卷3，[唐]波罗颇蜜多译，《大正藏》第31册，第602页。
⑤ [古印度]无著菩萨：《大乘庄严经论》卷3，[唐]波罗颇蜜多译，《大正藏》第31册，第603页。

住于此地，又不舍大悲，悲悯声闻、缘觉，更救度贪执重的苦难众生。如偈云："尚悲乐灭人（即声闻缘觉），况著诸有者。"①经过这样的转依，佛便由凡夫转化成了"大我"之人。"清净空无我，佛说第一我，诸佛我净故，故佛名大我。"②

对于灭除妄心，一般人也许有这样的顾虑或疑惑，即妄心除了有让人生活在痛苦烦恼之中等作用之外，还有非善非恶的认知功能，如六根的识知面前的诸对象的作用。正是有这些功能，人才能在走到悬崖、火海前时知道避而远之，即六根有让人趋利避害的作用。如果灭除了妄心，人怎样生活于世界？佛教认为，妄心和六根都是应灭除的，灭除了不会有上述麻烦。因为真心是无所不能的。当真心真的现前时，即使没有六根，六根的功能照样会正常被履行。例如，《大佛顶首楞严经》曾讲到：有的人没有眼睛照样可以视物，没有耳朵照样可以听声音，这既可通过六根互用来实现，又可完全不诉诸诸根而完成上述功能，因为真心是本明的。所谓六根互用，即一根同时承担其他根的功能，如：眼睛既视物，又同时担负听声音的功能等。《大乘庄严经论》也论述过五根互用的情况，偈云："如是五根转，变化得增上，诸义遍所作，功德千二百。"③意思是，佛在得五根转化时，一是得"诸义遍所作"，此"作"即五根于一切境界可互用，每根不再只承担原来的那种只对适宜专门刺激作出反应的功能，而能拥有多种多样的功能，如，眼除了有看的功能之外，还有听、说、尝、触等功能。二是得功德一千二百种，即真心有无穷无尽的妙用。

妄心之所以可灭，凡心之所以可转，是因为，除了第八识能转之外，如，转第八识为清净大圆镜智，其余七识都有被转化的可能性。这里的关键当然是让诸根发生转化，尤其是让意根转化。这是完全有其可能性的。因为它们都是因缘和合的产物，所以只要不让有关的条件出现，诸根及诸识自然不起。如论云："如是意根转，变化得增上，极净无分别，恒随变化行。"意思是，"意根谓染污识，由此转故得极净无分别智。恒与一切变化随行、共所作。"④前五根也必转、可转。"如是五根转，变化得增上，诸义遍所作，功德千二百。"⑤五根转成妙观察智，

① [古印度]无著菩萨：《大乘庄严经论》卷3，[唐]波罗颇蜜多译，《大正藏》第31册，第603页。
② [古印度]无著菩萨：《大乘庄严经论》卷3，[唐]波罗颇蜜多译，《大正藏》第31册，第603页。
③ [古印度]无著菩萨：《大乘庄严经论》卷3，[唐]波罗颇蜜多译，《大正藏》第31册，第605页。
④ [古印度]无著菩萨：《大乘庄严经论》卷3，[唐]波罗颇蜜多译，《大正藏》第31册，第605页。
⑤ [古印度]无著菩萨：《大乘庄严经论》卷3，[唐]波罗颇蜜多译，《大正藏》第31册，第605页。

此变化可得二种增上：一得诸义遍所作，即五根可以互用；二是各根可以同时具足一千二百功德，即有无穷妙用，包括眼同时能发挥见闻觉知等功能。

成佛的过程是一个转化的过程。这里有许多转，如前面说的五根转、意根转，此外，还有受转，如偈云：“如是义受转，变化得增上，净土如所欲，受用皆现前。”[①]“义受”即五尘受，亦即由色声香味触五尘所产生的五种受。这五受是可转的，例如：只要根尘不偶，不发生接触关系，受自然不起。此五受转后可随意往生刹土清净，“所欲现前，随意受用。”[②]“意识”即第六识也是可转的。如偈云：“如是分别转，变化得增上，诸智所作业，恒时无碍行。”[③]“分别”指的是意识的作用。对分别作出转化就是让意识不起作用，或将它转变为成所作智。果如此，人便能于一切时处，无持无碍，得如所愿。随着识的变化，人得以安身立命的处所（器世界）或安立处也会随之变化。“如是安立转，变化得增上，住佛不动句，不住于涅槃”[④]。意为人的安立处所也是可转的。其转的结果就证得涅槃，住于不动。然而有此转的人的特点是，即使入涅槃，但又不住涅槃，因为有众生未度尽。染欲当然要转，且可转。染欲即欲望中的不清净的、有漏的欲望，或前面所说的劣欲。“如是欲染转，变化得增上，住佛无上乐，示现妻无染”[⑤]，即使有妻，也能做到无染。进到较高的境界，对空的认识也会转化，即更上一层楼，如所证空更究竟、更广大。“如是空想转，变化得增上，随欲一切得，所去皆无拥。”[⑥]总之，转的样式、内容无量，因此转凡成圣实即无量转。“如是无量转，如是无量化，不思议所作，诸佛依无垢。”[⑦]

让根、识、受等发生转化，或让妄心断绝，之所以是可能的，其最深刻的根源和机理在于：不管是染法，还是净法，它们的生起都有其可能性根源，这就是它们的种子都在第八识即本识之中。而大多数的种子，特别是染法的种子，如一切妄心的种子，不是本来就有的，而是新熏的，即都是由后天起惑造业进而熏习在本识中的。由于本识中有两类种子，借内识的迁引作用，因此就有两种相续，

① [古印度]无著菩萨：《大乘庄严经论》卷3，[唐]波罗颇蜜多译，《大正藏》第31册，第605页。
② [古印度]无著菩萨：《大乘庄严经论》卷3，[唐]波罗颇蜜多译，《大正藏》第31册，第605页。
③ [古印度]无著菩萨：《大乘庄严经论》卷3，[唐]波罗颇蜜多译，《大正藏》第31册，第605页。
④ [古印度]无著菩萨：《大乘庄严经论》卷3，[唐]波罗颇蜜多译，《大正藏》第31册，第605页。
⑤ [古印度]无著菩萨：《大乘庄严经论》卷3，[唐]波罗颇蜜多译，《大正藏》第31册，第605页。
⑥ [古印度]无著菩萨：《大乘庄严经论》卷3，[唐]波罗颇蜜多译，《大正藏》第31册，第605页。
⑦ [古印度]无著菩萨：《大乘庄严经论》卷3，[唐]波罗颇蜜多译，《大正藏》第31册，第605页。

即染法相续和净法相续。前一相续是指，由本识的迁引以及染污种子的现行，便有生命的前中后际之生死轮回。“净法相续，应知亦然，谓无始来，依附本识，有无漏种，由转识等数数熏发，渐渐增胜，乃至究竟得成佛时，转舍本来杂染识种，转得始起清净种识，任持一切功德种子，由本愿力，尽未来际，起诸妙用，相续无穷。”①由上不难看出，妄心是可灭的，因为它们不是从来就有的，而根源于有种子被熏习，所以只要从源头上不让作为其根源的染污种子得到熏习就行了。转妄成真、转染为净，乃至转凡成圣，之所以是可能的，是因为本识中本有无漏种子，只要为其提供生长的土壤条件，就能如愿。

《瑜伽师地论》指出：转有两种。一是权时转。“谓诸有情，乃至未成熟、未解脱，来诸佛世尊，有变化转。”②二是毕竟转，“谓如无尽不可思议诸佛，自性大光明转，如是能作一切有情所作事转。”③

在根与尘的关系中也能找到妄心转灭的可能性根据。具言之，根与尘和合，根攀缘尘，便有虚妄发生，有妄心出现，进而由圣成凡。反之，都摄六根，不让根尘偶合或和合，便回归真实，便灭妄归真，进而由凡转圣。因此，妄心生起的直接根源或诱因是根与尘的和合或交互作用，是根对法的攀附、分别。演福大师解释说：“和合者，妄识也，不和合者，真智也。既不和合，则显一切所说皆真实相，即诸佛教心之大要也。”④这也就是说，妄心起于分别、攀缘。只要断分别、攀缘，根尘不偶，妄心便自转或自断。经云：“欲求解脱，当断攀缘，一心无二，舍有心相，心性体空，于心性中无染无舍。若无取舍，即无所得，若无所得，即名菩提。何以故，众多烦恼皆一心生。心若不生，烦恼不生。”⑤也可以说，妄心赖以生起的一个原因是遇事习惯性地生分别心，而分别即颠倒。既然如此，若逆向操作，不生分别，不起颠倒，妄心便自然不起。经云：“若谓心生是为颠倒，谓心不生亦是颠倒，若能通达心及心所俱无所有，则非颠倒。”⑥“汝等欲闻，勿专听心，勿专系念，当起如幻如化等心，如是乃能解我所说，汝等若欲听我法者，

① [古印度]护法菩萨等：《成唯识论》卷 8，[唐]玄奘译，《大正藏》第 31 册，第 45 页。
② [古印度]弥勒菩萨：《瑜伽师地论》卷 74，[唐]玄奘译，《大正藏》第 30 册，第 707 页。
③ [古印度]弥勒菩萨：《瑜伽师地论》卷 74，[唐]玄奘译，《大正藏》第 30 册，第 707 页。
④ [明]宗泐：《楞伽阿跋多罗宝经注解》卷 1，《大正藏》第 39 册，第 353 页。
⑤《佛说法王经》，《大正藏》第 85 册，第 1384 页。
⑥《大般若波罗蜜多经》卷 598，[唐]玄奘译，《大正藏》第 7 册，第 1096 页。

当起是心。”[①]意为只要生起这样的心，即真正认识到，一切如幻如化，本来无有，就绝不会有妄心生起。而不起妄心其实就是回归于心的本性。因为心即非心。“唯如来等闻是深法，如实了达，不赞不毁，知心非心，不可得故。所以者何，一切法性悉皆平等，心及非心，俱不可得。”[②]“心非实心性，同佛心性不可思议。”[③]

妄心可以断灭的最重要的内在根据是佛教的佛性论。根据该理论，一切众生皆有佛性，即有转妄心为真心、转凡夫为圣贤的内外根据和原因，这是确定无疑的。佛教之所以建立佛性论，其动因有五。而此五动因实际上是要除灭五种过失：一是为了令众生远离下劣心；二是为了远离慢下品人；三是为了远离虚妄执；四是为了远离诽谤真实法；五是为了远离我执。

应承认，教内关于佛性有不同异说。如小乘诸部有这样一些不同的解释：①分别部说，空是佛性，因为凡圣以空为本，所以凡圣众生皆从空出。②毗昙萨婆多部说，本来无有性是佛性，只有如实修行，才能得佛性。③还有一种理论可称作区别论。它认为有这样几种情况，应区别对待，一是定无佛性，二是定有，三是不定有无。大乘中的理解也不尽相同。先看世亲的有关思想。这里重点考释他的专著《佛性论》中的思想。

世亲认为，佛性即如来性，亦是万事万物的本无体性。它是成佛的原因、根据，因此是成佛的可能性根据。如来由之所出，故又可称作如来性。如来性又有如下三无性：“一无相性，二无生性，三无真性，此三性摄如来性尽。何以故？以此三性通为体故。”[④]相无性即相无自性性，生无性即生无自性性，胜义无性指的是这样的体性，即一切诸法除真性外别无实性可得。三无性就是诸法体性，因此从本质上说，佛性就是诸法体性。

佛性作为真实的体性，一定有其相状、性相。此相状有十种。十种相实即是具体说明佛性的十个维度。它们分别是：自体相（即如来自性，以无我为相）、因相、果相、事能相、总摄相、分别相、阶位相、遍满相、无变异相、无差别相。接下来，《佛性论》从十个方面具体论述了佛性的体、相、因果，用等。[⑤]

---

① 《大般若波罗蜜多经》卷 575，[唐]玄奘译，《大正藏》第 7 册，第 973 页。
② 《大般若波罗蜜多经》卷 574，[唐]玄奘译，《大正藏》第 7 册，第 968 页。
③ 《大般若波罗蜜多经》卷 575，[唐]玄奘译，《大正藏》第 7 册，第 968 页。
④ [古印度]世亲菩萨：《佛性论》卷 2，[陈]真谛译，《大正藏》第 31 册，第 794 页。
⑤ 参阅[古印度]世亲菩萨《佛性论》卷 2，[陈]真谛译，《大正藏》第 31 册，第 796 页。

所谓体性，即一切法的清净自性。所谓因性，是指此清净自性同时是众生成佛的清净因，或让佛性圆满实现的“清净之因”，亦是证得无上法身的“清净波罗蜜”。它具体又表现为如下四因，即信乐大乘，无分别般若，虚空三昧，菩萨大悲。①“言因者有二，一佛性，二信乐。此两法佛性是无为信乐，是有为信乐？约性得佛性为了因，能显了正因性故。信乐约加行为生因，能生起众行故。”②此因即是让佛性成熟的缘因。就佛性之果相来说，只要条件具备，此佛性就会转化为现实的佛。当然，这是一个过程，主要有两个阶段：一是地前凡夫，佛性在此阶段不会有现实显现；二是在十地诸地中逐渐显现。③佛性的事能相是指，清净佛性可能作用的范围，能帮助做成的事情。它能成就两件大事，一是于生死苦中能生厌离，二是于涅槃，乐欲愿求。“若无清净之性，如是二事则不得成。”④佛性的总摄相是从总体上去判摄佛性，看它隶属于什么，与别法有何关系，以揭示它的总体性特点。佛性的分别相是指，在揭示其通相、共性的同时，分别揭示它的自性、自相。“分别者，是如来性，明一切法，如如清净，是其通相。”“如此等义，是佛性通相。”⑤佛性在不同众生有不同的具体表现，因此应分别论述，此即其分别性。大致有三种情况，“一者不证见佛性，名为凡夫，二者能见佛性，名为圣人，三者证至此理究竟清净，说名如来。”⑥佛性的阶位相说的是证佛性的阶次。遍满相说的是佛性的普遍存在性，即普遍圆满存在于一切法中，一切位中。就修行来说，众生大致可分为三位，即“颠倒虚妄，无倒圣道，德究竟清净”，⑦佛性于此三处，“平等通达”，“随道理遍满”⑧，就像虚空性普遍包含于金、银、土等一切事物之中一样。无变异相说的是佛性在一切时空中无变无易，例如：无前后际变异，无染净异，无生异，无转异，无依住异，无灭异，不管事物以什么形式存在，都圆满具足清净如来性⑨。佛性的无差别相的意思是：“此如来性已至极清净位”，“一切处皆如”，无二无别，因为一切诸法无自性。“如来性者，是真

---

① [古印度]世亲菩萨：《佛性论》卷2，[陈]真谛译，《大正藏》第31册，第797页。
② [古印度]世亲菩萨：《佛性论》卷2，[陈]真谛译，《大正藏》第31册，第798页。
③ [古印度]世亲菩萨：《佛性论》卷2，[陈]真谛译，《大正藏》第31册，第798页。
④ [古印度]世亲菩萨：《佛性论》卷2，[陈]真谛译，《大正藏》第31册，第799页。
⑤ [古印度]世亲菩萨：《佛性论》卷3，[陈]真谛译，《大正藏》第31册，第805页。
⑥ [古印度]世亲菩萨：《佛性论》卷3，[陈]真谛译，《大正藏》第31册，第805-806页。
⑦ [古印度]世亲菩萨：《佛性论》卷3，[陈]真谛译，《大正藏》第31册，第806页。
⑧ [古印度]世亲菩萨：《佛性论》卷3，[陈]真谛译，《大正藏》第31册，第806页。
⑨ [古印度]世亲菩萨：《佛性论》卷4，[陈]真谛译，《大正藏》第31册，第806页。

实谛，若如来出世，及不出世，性相常然。”[①]

从关系上说，佛性即法身、如来、真谛、如来藏、真心。它们义一名异。名之所以要异，是因为不同的人有不同的偏执，为对治，佛便使用了不同的名。如：对有身见的凡夫，佛把佛性说作法身；对二乘人，则说为如来；对心散动的人，则说为真谛、真如，等等。[②]

龙树菩萨论证说，妄心之所以可断，佛之所以可成，是因为一切众生皆有佛性。所谓佛即觉者，能善照达一切法，“众生身中有此觉者”[③]，故说一切众生有佛性。马鸣认为，说众生皆有佛性，等于说众生皆有真心，在圣不增，在凡不减。而真心有体大、相大、用大等特点。所谓用大，是指它有无穷妙用，例如，它既能随缘现起诸妄心，也能随缘灭诸妄心。有无妄心，关键是看为真心提供什么缘，为其提供染缘，即有妄心生起，反之，即会灭妄心。总之，真心“能生一切世间、出世间善因果故，一切诸佛本所乘故，一切菩萨皆乘此法到如来地故”[④]，因此众生皆有真心，是众生能断妄心的根本保证。《涅槃经》认为，众生心不异佛心，众生“虽受人身，心如佛心”[⑤]。凡夫不知自身藏有此宝藏，不知此秘密，因此佛教常说，这是佛教之“微密”。“众生是佛，故微密。”[⑥]

《大佛顶首楞严经》把众生身上的这个能断妄心的宝称作“如意珠”。经云：“我[⑦]与如来，宝觉圆明，真妙净心，无二、圆满。”“宝觉真心，各各圆满。”[⑧]意为最美好的东西都平等存在于每个人身上。但众生如大富盲儿，有富而不知，而外求。“于白衣中，系如意珠，不自觉知，穷露他方，乞食驰走，虽实贫穷，珠不曾失。”[⑨]既然如此，只要机缘成熟，此如意珠就会被识取，进而妄心被会伏断。“譬如琴、瑟、箜、篌、琵琶，虽有妙音，若无妙指，终不能发。汝与众生，亦复如是。宝觉真心，各各圆满，如我按指，海印发光，汝暂举心，尘劳先起。”[⑩]宝觉真心就是佛性，就是能灭一切妄心烦恼的可靠保证。众生不觉，因而如大富

① [古印度]世亲菩萨：《佛性论》卷4，[陈]真谛译，《大正藏》第31册，第811-812页。
② [古印度]世亲菩萨：《佛性论》卷4，[陈]真谛译，《大正藏》第31册，第812页。
③ [古印度]龙树菩萨：《释摩诃衍论》卷4，[姚秦]筏提摩多译，《大正藏》第32册，第629页。
④ [古印度]马鸣菩萨：《大乘起信论》，[陈]真谛译，《大正藏》第32册，第575-576页。
⑤《大般涅槃经》卷2，[北凉]昙无谶译，《大正藏》第12册，第372页。
⑥ [古印度]婆薮槃豆：《涅槃论》，[元魏]菩提达摩译，《大正藏》第26册，第278页。
⑦ 指富楼那。
⑧ 圆瑛法师：《大佛顶首楞严经讲义》，宗教文化出版社2012年版，第332-333页。
⑨ 圆瑛法师：《大佛顶首楞严经讲义》，宗教文化出版社2012年版，第339页。
⑩ 圆瑛法师：《大佛顶首楞严经讲义》，宗教文化出版社2012年版，第332页。

盲儿，本富而受着穷困之苦，若识得此真心，一切妄心便荡然无存。

就佛性的种类来说，一般认为佛性有三种，即成佛、灭妄心的原因或可能性根据有三种。关于三因的具体内容，有不同说法，但实质无异。一是世亲的观点，认为三因即应得因、加行因和圆满因。应得因者，二（人与法）空所显真如，由此空故，应得菩提心，及加行等，乃至道后法身，故称应得。意思是，由于真如，一定能得菩提心、加行因、证法身。由于有真如这样的体性，应该有成佛的可能性。所谓加行因者，谓菩提心，由此心故，能得三十七品、十地、十波罗蜜等助道之法，由这些法，人们能证法身。圆满因者，即由加行故，得因圆满及果圆满。因圆满者，谓福慧行，果圆满者，谓智断功德。三因的关系和实质是："前一则以无为如理为体，后二则以有为愿行为体。"①

较常见的观点是认为，三因佛性分别是，正因（真如理体）佛性、了因（智慧）佛性、缘因（作为助缘的一切善行）佛性。它们是成佛的三个种因。《涅槃经》认为，正因佛性是中道第一义空，其满显即是法身，了因佛性是智德，其满显即是般若，缘因缘性是断德，其满显即是解脱。《金光明经玄义》云："佛名为觉，性名不改，不改即是非常非无常，如土内金藏，天魔外道所不能坏，名正因佛性。了因佛性者，觉智非常非无常，……。缘因佛性者，一切非常非无常，功德善根资助觉智，开显正性。"②

三佛性也可这样概括：一是住自性性，或自性住佛性，即众生本有的常住不变的体性，相当于正因佛性；二是引出性，即通过修行之功，将本有佛性引发出来，此也是成佛之因，相当于缘因佛性和了因佛性；三是至得性，即指修行圆满，本有佛性了了显现，故有时被称作至得果佛性，实即佛性向现实的转化。三者的关系是：自性住佛性是本性，引出性是本性之引出，至得性是本性至果。

总之，佛教的佛性论，尤其是三因佛性说，不仅圆满揭示了妄心伏断的可能性根据——那就是，众生及妄心的体性本来就是空的，只要让其返妄归真，就自然大功告成——而且还具体说明了妄心伏断的条件与途径，例如：只要正因、了因、缘因这三因具足，那么妄心自然不起。

① [古印度]世亲菩萨：《佛性论》卷2，[陈]真谛译，《大正藏》第31册，第794页。
② [隋]智频说，灌顶录《金光明经主义》卷上，《大正藏》第39册，第4页。

第四节 妄心之调适、伏断方法

妄心的对治有两方面，或应分两阶段区别对待。这两阶段是一个循序渐进的过程，一般的凡夫在去凡成圣的征程上必须一步一个脚印，不能超越阶段。第一，对于初入门的人来说，当务之急是尽量不让有害自己和他人身心健康的妄心生起，或尽量设法加以转化、减轻，而让有利的心理时常现起。此即要找到如何减轻、转化、制伏劣心、保存和发挥胜心之作用的方法、途径。用《阿毗达磨俱舍论》的话说，众生现有的心理状态，有些是善的，对人是有好处的，有些则相反，因此应分别对待之，至少在成圣的初级阶段，应尽量让善心现起，而让恶心不起。应如实了知的善心、恶心主要有：离贪心——贪心，聚心（凝固之心）——散心，策心（与正勤相应）——沈心，小心（染心）——大心（净心），不掉心——掉心，定心——不定心，解脱心——不解脱心，等等，前者是应予保护和发扬的，后者是应予减轻和调节的。[①]第二，从胜义谛上说，一切有为之心，不管是染还是净，是恶、劣还是善、胜，只要有念想、有动变，就都是妄心，都是去凡成圣的障碍，都在断除之列。

对于初学者来说，要想减轻、调节妄心，以让自己的精神生活质量得到提升，当务之急是弄清起心、生心的方法。所谓生心或起心就是通过心理训练获得这样的心理自主能力，即想让什么心出现或生起，就让它出现，不让其出现，它就不出现。例如：有利于身心健康、有利于人格完满、有利于社会和谐的心就尽可能让它生起，让它占领心灵这块地盘，否则，就尽量不让其出现。当然不是人为压制，而是通过明白一定的道理让其不生。根据《大方广佛华严经》，正确生心的方法很多，例如：于一切时处，通过思维正教，观察菩萨净行，尽量让下述心理充盈自心——起增长菩萨福力心，起一切诸佛光明心，起获得一切法藏心，起增长一切大愿心，起现见十方诸法心，起明照诸法本性心，起散灭一切障碍心，起观察法界无暗心，起能坏内垢金刚心，起摧伏魔王军众心，起清净意宝庄严心。[②]

阿含经讲了大量适合初学者的简单明了的易行法，如要调适心理，务必努力

---

① [古印度]世亲菩萨著：《阿毗达磨俱舍论》卷26，[唐]玄奘译，《大正藏》第29册，第135-136页。
②《大方广佛华严经》卷8，[唐]般若译，《大正藏》第10册，第697页。

做到："精勤、专念一心，乐于闲静，不放逸。"[①]此是"戒具足"，是"世间不共"法，"以三昧心乃至得三明，灭诸痴冥，生智慧明，所谓漏尽智生。所以者何？斯由精勤专念不忘，乐独闲静不放逸故。"[②]

调适心理，实即学会安心。只要找到了可靠的寄托，心就舒适、快乐。其方法很简单，就是要学会"游戏此心"。所谓游戏此心，就是让心停留于慈悲喜舍之心，如"以慈心遍满一方，余方亦尔。广布无际，无二无量，无恨无害，游戏此心而自娱乐。悲喜舍心遍满一方，余方亦尔"[③]。心理生活的质量主要取决于它所停留的那个寄托。此寄托可靠，心就踏实，此寄托好，心态就好。根据佛教的安心理论，较好的既能自利又能利他的安心处就是慈悲喜舍。其正确的、合格的操作方法是：以慈心为例，在让心停留于慈心时，尽量让心量放大，如遍满一方乃至广布无际，同时尽量让心空无化，或空掉一切，既无害心，也无利心、满足心，一念不生。只有这样，才是游戏此心。因为从事相上说，有能行慈悲的心或人，有被利益的对象，所以行者应于此事而安其心。但从体性上说，一切毕竟空无，无能慈悲者，无所慈悲者，因此菩萨的慈悲是与空观结合在一起的慈悲。而空观又不离慈悲，因此是空悲双运、游戏此心。

《法句经》开示的调心方法是："心悦意清……心净欢然。""学取正智，意惟正道，一心受谛，不起为乐。""心空无想，度众行地，如空中鸟，远逝无碍。……虚心无患，……不动如山，真人无垢，……心已休息，言行亦正，从正解脱，寂然归灭。"[④]这种方法的目的是要让心情好起来，其具体行法是让心进行空无化操作，如让心休息，令其不动如山。而要如此，就必须让心无垢，让心像虚空一样，没有念头现起。

《般若经》指出了圆满调伏心性的下述方法：心无行动，即让心于一切都一个样子，没有行为，没有动变。如经云："菩萨摩诃萨于三界法不乐不动，是为菩萨摩诃萨应圆满调伏心性。"[⑤]这个方法的基本要求是：心无行动，即让心寂静，无行为，无动摇。如果能于一切法，乃至佛法，都能做到心无行动，那么当即安

---

① 《长阿含经》卷16，[后秦]佛陀耶舍共竺佛念译，《大正藏》第1册，第103页。
② 《长阿含经》卷16，[后秦]佛陀耶舍共竺佛念译，《大正藏》第1册，第104页。
③ 《长阿含经》卷16，[后秦]佛陀耶舍共竺佛念译，《大正藏》第1册，第106页。
④ [古印度]法救：《法句经》卷上，[吴]维祇難等译，《大正藏》第4册，第564页。
⑤ 《大般若波罗蜜多经》卷54，[唐]玄奘译，《大正藏》第5册，第308页。

心歇息，由凡转圣。“于一切三摩地门、陀罗尼门，心无行动；于诸眼色、眼识、眼触，离意染著，心无行动；……普于一切心意识中，心常寂定，无所取著，于心意识所生三受……，心无行动；……普于四念住、四正断，……行无行动；……于阿赖耶非阿赖耶、有取无取、有漏无漏、此岸彼岸……，心无行动。”[①]该经开示的可实施“心无行动”操作的情况有几十种之多。

《宝云经》也开示了许多调心方法，如强调用下述十法可让心善调顺，它们是：“质直柔软，无谄曲心，无恼害心，无垢污心，常清净心，无粗犷心，除嗔恚心，除粗恶语，多诸忍辱，能止争论。”[②]下述十法可让心得到治理：①菩提心坚牢。②修治菩提。③守护诸根。④趣向正道。⑤善持重担。⑥为众生故不辞劳苦。⑦正命自活。⑧能除谄曲虚妄之说。⑨幻惑悉除。⑩心常正直。[③]还有十法可让心胜大或成就胜大心：①圆满诸波罗蜜。②满足一切佛法。③广度众生。④成佛道树，修证菩提。⑤初成正觉，转于法轮。⑥别人不转，我转。⑦以正法摄取众生。⑧以智慧船度众生出生死海。⑨成众生之依止。⑩以大威德度众生。[④]

《大集经》认为，心态好的关键是知法性。菩萨之所以行菩萨行，如大地、大水，心无厌倦，原因在于：“菩萨知一切法相”，认识到一切法体性如空，“所作诸法亦无有实。……自性空故，无生无灭，……是故不见有法可生疲厌及疲厌者。所以者何，菩萨知一切法无二故，知生死性与涅槃性等，知涅槃性与一切法性等，知一切法性与无性等故，亦不恃不著。”[⑤]知法性是解脱的前提。如来之所以为究竟解脱者，是因为他如实知诸法不生不灭之本性。“如虚空性住，住无所住，法性亦如是住。如法性，众生性亦尔。……如一切法，如来亦如是住，住无所住。无住处故，无住无不住。是故不得言生，不能言灭。……如来出世事，甚深甚深，……若能如实解了缘生法者，名为佛出世。”[⑥]

《思益梵天所问经》认为四法可让心得坚固：“一者于诸众生起大悲心；二者精进不懈；三者信解生死如梦；四者正思量佛之智慧。”另还有四法能让人一其

① 《大乘大集地藏十轮经》卷 10，[唐]玄奘译，《大正藏》第 13 册，第 774-775 页。
② 《宝云经》卷 7，[梁]曼陀罗仙译，《大正藏》第 16 册，第 238 页。
③ 《宝云经》卷 3，[梁]曼陀罗仙译，《大正藏》第 16 册，第 222 页。
④ 《宝云经》卷 3，[梁]曼陀罗仙译，《大正藏》第 16 册，第 222-223 页。
⑤ 《大方等大集经》卷 16，[北凉]昙无谶译，《大正藏》第 13 册，第 112 页。
⑥ 《大方等大集经》卷 17，[北凉]昙无谶译，《大正藏》第 13 册，第 117 页。

心而无杂行："一者离声闻心，二者离辟支佛心，三者求法无厌，四者如所闻法广为人说。"反之，四法可让人无所恐畏、威仪失尽："一者失利，二者恶名，三者毁辱，四者苦恼"①。

《十善业经》指出：有十法可认众生离诸苦恼，它们分别是："①于诸众生，普施无畏，②常于众生，起大慈心，③永断一切嗔恚习气，④身常无病，⑤寿命长远，⑥恒为非人之所守护，⑦常无恶梦，寝觉快乐，⑧灭除怨结，众怨自解，⑨无恶道怖，⑩命终生天。"②其中，离嗔恚，让心平静极重要，因为这样的心行可让人获得得八种喜悦心法："无损恼心、无嗔恚心、无争讼心、柔和质直心、得圣者慈心、常作利益安众生心、身相端严众共尊敬、以和忍故速生梵世"。③

人要活得好，关键是"会想"。怎样做到"会想"？可从下述十方面努力：无常想、苦想、无我想、食不净想、一切世间不可乐想、死想、不净想、断想、离欲想、尽想④。

妄心的特点是狭劣、狭小、狭隘。因此调治妄心关键是将心量放大。在某种意义上说，成佛的过程就是心量放大的过程。进入了如此的良性循环，人就有救了。论云："生大心，生清净欢喜心，从大心发大业，从大业得大报，受大报时更生大心。如是展转增长，得成阿耨多罗三藐三菩提。"⑤

修心旨在"一其心"，即逐步让多心变少心，最后只是一心，不管外面如何变化，始终守一不移。如偈云："恬澹得一心，斯乐非天乐，……动止心常一，自以智慧眼，观知诸法实，……解慧心寂然，三界无能及。"⑥

禅定既是最佳境界，也是最好的心身调伏方法。定有身定和心定两种。在定的操作中，既可以心定心、以身定身，也可以身定心（如通过调节身体的状态而让心得安定），也可以心定身。这里重点说说以心定身。论云："比丘思惟心无常，知心无常，解心无常，受心无常，如是不放逸观得定，心住正住，得心乐、心调、

① 《思益梵天所问经》卷1，[姚秦]鸠摩罗什译，《大正藏》第15册，第35页。
② 《十善业经》，[唐]宝叉难陀译，《大正藏》第15册，第158页。
③ 《十善业经》，[唐]宝叉难陀译，《大正藏》第15册，第158页。
④ [古印度]龙树菩萨：《大智度论》卷23，[姚秦]鸠摩罗什译，《大正藏》第25册，第229页。
⑤ [古印度]龙树菩萨：《大智度论》卷10，[姚秦]鸠摩罗什译，《大正藏》第25册，第133页。
⑥ [古印度]龙树菩萨：《大智度论》卷13，[姚秦]鸠摩罗什译，《大正藏》第25册，第161页。

心轻、心软、心除，是名以心定身。”[①]此外，观心苦、观心无我，也可达到上述目的。再次，“思惟心灭，知灭、解灭、受灭，即无明灭则行灭，行灭则识灭，如是不放逸观得定，心住正住，”[②]得乐心、轻安心等，这样也可达到以心定身的目的。最后，如实知诸心，如有欲知有欲，也可殊途同归。

当然，得定是系统工程，务须“因缘具足”，才有理想效果，故可说“因缘具足，则能得定”[③]。应具足的因缘主要有：爱护解脱戒，成就威仪行，受持于戒，断邪命，行正命，善知识，善亲厚，善业，摄诸根门，饮食知足，勤行精进，初不睡眠，离障碍法，有觉有观，离生喜乐。

“制心修行”好比做清洁、做大扫除。清除一点污垢，心灵便得一处清净和安乐。如经云：“制心修行，当如拂净物，亦拂不净，亦拂屎尿、涕唾、脓血、死狗、死蛇、死人、污露，不以净悦，不净不忧。”“制心修行，子如扫帚，净亦扫，不净亦扫。”[④]

管理自心就像放牛时控制好绳索一样，牛一想偷吃，就管束它一下，心一有妄动，便把它拉回到宁静。论云：“已能住戒，当制五根”，即眼耳鼻舌身。为何要治五根？“五根贼祸，殃及累世，为害甚重，不可不慎，是故智者制而不随。”[⑤]管制它们的目的，就是不让它们放逸，不朝外驰逸，不去逐五欲。而管制的方法就是要像放牛一样，一有朝外偷吃庄稼的苗头，就予制止。论云：“勿令放逸，入于五欲。譬如牧牛之人，执杖视之，不令纵逸，犯人苗稼。”[⑥]这就是说，治心就是要“制心一处，更莫异缘”[⑦]。

自性清净心好比明月。可从三方面看心是否清净。“一者自性清净义，离贪欲垢故；二者清凉义，离瞋热恼故；三者光明义，离愚痴暗故。”[⑧]就是说，如果通过调适，将心中的贪欲、瞋恼和愚痴清除干净了，那么可说此心清净如明月。“唯见明朗，更无一物，亦不见身之于心，万法不可得，犹如虚空，亦莫作空解，……一切时处，作意与不作意，任运相应，无所挂碍，一切妄想，贪瞋痴等一切烦恼，

---

① 《舍利弗阿毗昙论》卷13，[姚秦]昙摩耶舍、昙摩崛多等译，《大正藏》第28册，第618页。
② 《舍利弗阿毗昙论》卷13，[姚秦]昙摩耶舍、昙摩崛多等译，《大正藏》第28册，第618页。
③ 《舍利弗阿毗昙论》卷14，[姚秦]昙摩耶舍、昙摩崛多等译，《大正藏》第28册，第620页。
④ 《大迦叶本经》，[西晋]竺法护译，《大正藏》第14册，第760页。
⑤ [古印度]世亲菩萨：《遗教经论》，[陈]真谛译，《大正藏》第26册，第285页。
⑥ [古印度]世亲菩萨：《遗教经论》，[陈]真谛译，《大正藏》第26册，第285页。
⑦ 《千手千眼观世音菩萨广大圆满无碍大悲心陀罗尼经》，[唐]伽梵达摩译，《大正藏》第20册，第108页。
⑧ 《无畏三藏禅要》，《大正藏》第18册，第945页。

不假断除，自然不起，性常清净。”①

怎样让染污意识变为清净，实现由染污心向清净心的转化？转化的方法是，“作如是念，今我此心于诸杂染，长夜爱乐。自知爱乐诸杂染已，便从有贪性出，于离贪性安止其心。尔时，其心于离贪性不能安住，亦不爱乐，更无异缘，唯有速疾还来趣入流散驰骋有贪性中。”②对于痴、瞋等染心，亦努力做到于念离念，不执著任何念，包括离本身。这样就能在安止其心时，让心由染转净。简言之，只要常行厌离操作，便“速能证得无上心清净性。所谓诸漏永尽。”③

再来看心之伏断的方法、途径。诸经论对此课题的探讨和论述极多，这里拟择其大要予以介绍。

伏断心灵无疑是世上最为艰难的课题，是故佛教强调：不经累世精进修行，是难以达此目的的。概括地说，由于这是一项系统工程，因此必须从各方面努力，如：践行戒定慧基本三学，六度万行一点也不能马虎。当然不同行者可根据自己的特殊情况选择不同的方法。例如：通过三昧大定可回归本然清净。“假使菩萨逮得斯定，则舍一切众想尘劳，便得佛法光明，以故世界名曰清净。……所以名清净者，谓真清净，真清净者亦无所生，亦无清净。其清净者本源清净，故名本清净。”④得清净的方法很多，如通过禅修灭除邪念，“蠲除诸所思想”，“为无所愿”⑤，远离一切，此即回归本净。至此，“本净明显，本净光耀。”“心之显明，犹族姓子，虚空、无处、无所志愿。……心本清净，心为显明。”⑥

要想让心得清净，“要离恶业，当学一切法，了知诸法，分别心生，虚妄不实，空智现前，业障自除，心得清净。”⑦

心净、无浑浊之心，是得菩萨净印三昧的保证。所谓心净，即以大智慧摄诸法，于一切法平等，让心无垢、无浑、无诸障碍，无有住处，其性坚固犹如金刚。要如此，必须深观诸法实性，最终证得此实性。经云：“若能如是正观察者，是无浊。”怎样观察？应如是观察，“一切诸法不可思惟，不作不行，清净寂静，无

①《无畏三藏禅要》，《大正藏》第18册，第945页。
②［古印度］弥勒菩萨：《瑜伽师地论》卷51，［唐］玄奘译，《大正藏》第30册，第582页。
③［古印度］弥勒菩萨：《瑜伽师地论》卷51，［唐］玄奘译，《大正藏》第30册，第582页。
④《持心梵天所问经》卷3，［西晋］竺法护译，《大正藏》第15册，第20页。
⑤《持心梵天所问经》卷3，［西晋］竺法护译，《大正藏》第15册，第20页。
⑥《持心梵天所问经》卷3，［西晋］竺法护译，《大正藏》第15册，第20页。
⑦《大乘随转宣说诸法经》卷中，［宋］绍德等译，《大正藏》第15册，第776页。

有尘垢，亦无过失，毕竟清净，如解脱性，法界不坏，无有分别；实性法性，无有差别；一切诸法，空无相愿，如解脱性，无碍平等。”①反之，若不能见诸法性净，则为渴爱烦恼所污。心清净的方法很多，但断除五盖障是其必要步骤，这五盖障是：贪欲、嗔恚、惛眠、掉悔恶作、疑。

要伏断妄心，“远离”是必须的功课。“远离之行有其二种，一身远离，二心远离。身远离者，若人出家，身处空闲，不染欲境，名身远离。若有出家，修清净心，不染欲境，名心远离。”②《楞伽阿跋多罗宝经》指出的出离、解脱的根本出路是：改造自心，如实修行四法，此四法是心灵之内行法。“一者善知自心现见”，“二者远离生住灭”③，即于相离相，于念离念，无住为住，三者善解外法（即心外之事物）的有与无，四者乐修内身证智。

“一心”也是伏断妄心的有用之法，亦即是解脱之法。经云：“常念一心，无有错乱”，是真正的出离之法。“云何一心？”“于一切时，常念一心，不失威仪，是为一心”，“常得安隐，无有畏怖，……无有怖畏，……心住清净，常怀慈悯，除去睡眠，系想在明，……内行寂灭，灭掉戏心，断除疑惑，……其心专一，在于善法。”④

伏为妄心的关键是空掉一切，包括空掉真心。《大智度论》云：“菩萨摩诃萨习应眼空，是名与般若波罗蜜相应；习应耳鼻舌身心空，是名与般若波罗蜜相应。”⑤另外，空掉色受想行识五阴，也可与般若相应，空掉十八界，更是如此。用《宝云经》的话说，伏断妄心就是要善住空趣。“虽知于空，而不取空相，不作空见，不依止空，不以此空因缘相貌堕于断见。”⑥有十法让人善住空趣，它们分别是：善知力空，善知无畏空，善知不共法空，善知戒聚空，善知定聚空，善知慧聚空，善知解脱聚空，善知解脱知见聚空，善知空空，善知实谛空。

《大方等大集经》强调：得解脱、心行平等的关键是证得诸法空无所有、平等不二的体性。“如是等法，其义甚深”⑦，所谓甚深，说的是其空无体性难识难

---

①《大方等大集经》卷9，[北凉]昙无谶译，《大正藏》第13册，第52页。
②《大乘本生心地观经》卷4，[唐]般若译，《大正藏》第3册，第306页。
③《楞伽阿跋多罗宝经》卷3，[刘宋]求那跋陀罗译，《大藏经》第16册，第529页。
④《长阿含经》卷13，[后秦]佛陀耶舍共竺佛念译，《大藏经》第1册，第84-85页。
⑤[古印度]龙树菩萨：《大智度论》卷36，[姚秦]鸠摩罗什译，《大藏经》第25册，第324页。
⑥《宝云经》卷3，[梁]曼陀罗仙译，《大藏经》第16册，第226页。
⑦《大方等大集经》卷9，[北凉]昙无识译，《大正藏》第13册，第53页。

知，但是，“若能信者，即得解脱”①。空掉一切心实际上就是要于心无心，让心无从生。“于一切心而无有心，其无心者则无所生，无所生者是初发心。”②“若以于心，不求于心，则无所获，心不可逮。以不得心，一切诸法亦不可得。”③至此即得大解脱。“以慧平等，于心、于道，亦无所倚。”④

心灵的空无化操作也可以说是让停下来，让心大休息。果如此，就是伏断妄心，以心作佛。“以心见佛，以心作佛，心即是佛，心即我身。”“三界所有，皆心所作。”⑤要想以心作佛，关键是让心彻底停下来，不取不著，乃至“不自知”，“不自见”，因为“若取心相，悉皆无智”。只有凝心不动，才“入诸法实相”⑥，才成佛。

空心就是将一切空无化，乃至将空无化本身也无掉，“了悟色空，心无耽著，悉能捐舍志乐。”⑦空心也可以说是守一不移。“意无所著，亦无疮痍，……悉皆平正，心不移动，得第一义。”⑧

将心等同于虚空也是伏断妄心的出路。许多方法可让心如虚空，如：不著心之所喜乐，心不喜乐，亦不嗔，于六尘不喜不忧，于一切法不喜不忧，于八风（利衰、毁誉、称讥、苦乐）不喜不忧，不著不嗔，等等。⑨

要与虚空等，关键是有大智慧。大智慧的表现是如实了知诸法性与虚空等。得此大智慧的表现是以智“入法性”。“若入一切诸法性清净者，则不求诸法有垢有净，亦不见诸法文字相貌，不受不著故。亦不见诸法障碍、盖缠及不障碍、盖缠，……离心意识，知诸法性与虚空等，智行无碍，过诸碍故，……是为菩萨行智与虚空等。”⑩

伏断妄心的入门方便是，从当下任何一念心入手。不管什么妄心，不管什么有为法，对于佛道来说都是邪道、非道。而此非道正是入正道的入口。经云：“行

①《大方等大集经》卷9，[北凉]昙无识译，《大正藏》第13册，第53页。
②［古印度］观无畏等者《诸佛要集经》卷上，[宋]日称等译，《大正藏》第17册，第759页。
③《佛升忉利天为母说法经》卷上，[西晋]竺法护译，《大正藏》第17册，第788页。
④《佛升忉利天为母说法经》卷上，[西晋]竺法护译，《大正藏》第17册，第789页。
⑤［古印度］龙树菩萨：《大智度论》卷29，[姚秦]鸠摩罗什译，《大正藏》第25册，第276页。
⑥［古印度］龙树菩萨：《大智度论》卷29，[姚秦]鸠摩罗什译，《大正藏》第25册，第276页。
⑦《巨力长者所问大乘经》卷上，[宋]智吉祥等译，《大正藏》第14册，第831页。
⑧《僧伽罗刹所集经》卷中，[符秦]僧伽跋澄等译，《大正藏》第4册，第125页。
⑨《宝云经》卷2，[梁]曼陀罗仙译，《大正藏》第16册，第221页。
⑩《大方等大集经》卷15，[北凉]昙无识译，《大正藏》第13册，第100页。

于非道，是为通达佛道。”[1]非道是指佛道以外的地狱、饿鬼、畜生等道。只要在行于非道时，做到无恼恚，心行平等，当下即是通达佛道。例如：即使下至地狱，也做到心无罪垢，即使表现为畜生，也没有愚痴、骄慢，总之，于非道仍心行平等，即是行于非道而通达佛道。同理，一念心动是邪道、非道，但只要做到于念离念，心行平等，妄心自伏，当即行于佛道。

在特定意义上，伏断妄心也是易行法。因为伏断了妄心即通达了佛土。因此至佛土既难又易。不得法，难于上青天，若得法，此岸彼岸无隔阂，妄心真心实一体，有道是：若菩萨想去往佛土，“举心便至”[2]，同理，若欲伏断妄心，只要把上面的尘垢清除掉，真心立马现前。

① 《维摩诘所说经》卷中，[姚秦]鸠摩罗什译，《大正藏》第 14 册，第 549 页。
② 《大宝积经》卷 20，[唐]菩提流志译，《大正藏》第 11 册，第 107 页。

第十二章
圣心与成佛根本

佛教心灵哲学的特质在于，不满足于世间心理学和心灵哲学对常见心理现象的承诺，且强调：这些心理现象不是心的全部，也许只是其中的很小且不重要的一部分，因为在它们之后还有心。例如：除妄心外还有真心；除凡心外还有圣心。圣心除了也有表层的心理（其中可能有为特定目的而“示现”的妄心）之外，主要以真心形式存在。既然世间心灵哲学面对圣心有遗漏，那么我们就不能再坐视不顾，否则就与“哲学”这个发誓要究一切对象之本质的学问名称不相符。“圣”这个词在佛教中是极为神圣的，代表的是佛教追求的理想人格的圆满或完成，是学佛之人的最高目标、终极境界。这一最高理想有多种表述方式，如“圣者”“圣人”“圣贤”“世尊”，等等。其心即为圣心，其所发现的真理即为圣法。《法集经》把佛的教法、证法称作“圣人实法”。“圣实法者，菩提之法，本性常寂名为真实，如菩提相，本性清净，一切诸法亦如是相，是则名为圣人实法。”①

第一节　圣人、仙人与圣心概说

为更好地理解圣心，我们先从圣人的概念说起。圣人的特点在于：“清净少欲，能度一切三有（三界）之海，故名为圣。圣者正也，能正法度，行处律仪及世间法度。”②《大宝积经》认为，无为即圣。“一切圣人以无为得名”。③无为即

①《佛说法集经》卷6，[元魏]菩提流支译，《大正藏》第17册，第647页。
②《大般泥洹经》卷5，[东晋]法显译，《大正藏》第12册，第861页。
③《大宝积经》卷150，[唐]菩提流志译，《大正藏》第11册，第589页。

无学、无著、无所生灭。有此三无特点，故被称作三无学人，其所学为三无学，他们的心行就是有时清净，有时示现为不清净。示现这个词说的是，佛作为极圣本没有烦恼之类的不清净心理，如经云：“十方如来，同一道故，出离生死，皆以直心。心言直故，如是乃至，终始地位，中间永无诸委曲相。”[①]甚至没有疾病及老死，但为了说明某些道理，或教化度人，而权且让它们显现在自己身上，如示现疾病就是为了说明：只要有作为，有四大和合的身体就会有病，甚至有老死。“明相精纯，一切变现，不为烦恼，皆合涅槃清净妙德。”[②]意思是说，佛心像无泥沙的水，精纯而无任何杂质，不管怎么搅动，皆不复浊。此佛心同时有大悲之性，于是倒驾慈航，示入生死苦海，变现种种心身现象，但本身不是烦恼，所有变现又不与其涅槃妙德相违。上面说的有时不清净，也是一种示现。经云：“无学学人分别现在一切诸法，有觉有观，正受三昧，永使断灭，不生尘劳，是谓有时清净。初习行人于现在法分别思惟，有觉有观，正受三昧，永使断灭，是谓有时不清净。”[③]

圣人既有想又无想，既有受又无受。无想、无受是真心的特点，但圣人有时要示现妄心，是故说其有想、有受。例如：在成佛的过程中，必须有追求成佛的心愿。此心愿就是有想，而成佛后就无想。经云：“求佛是想，得佛是无想；求清净法身是想，得清净法身是无想。”[④]再就受而言，圣人解脱时，既不有受，亦不无受。因为圣人“知一切法，观空无形，知其本空，如色无有色，于一切法亦不有受，亦不无受。”这就是圣人“于一切法而得解脱”。[⑤]有行与无行、有识与无识都应如是看。

何为贤圣？知空、行空者即贤圣。“贤圣者谓御空而无跡。”[⑥]知一切法悉非法，无求无得。圣人在行动上的特点是，“一切永空而以为行”，[⑦]此行即无相行，见一切法无有差别行。此行亦是慧行。此行也可以说是平等行、无处行。“心无所念于一切法”，“斯则名曰贤圣寂然”。[⑧]因为如来境界是，一切无有差别，空、

① 圆瑛法师：《大佛顶首楞严经讲义》，宗教文化出版社 2012 年版，第 50 页。
② 圆瑛法师：《大佛顶首楞严经讲义》，宗教文化出版社 2012 年版，第 362 页。
③《菩萨璎珞经》卷 12，[姚秦]竺佛念译，《大正藏》第 16 册，第 103 页。
④《菩萨璎珞经》卷 7，[姚秦]竺佛念译，《大正藏》第 16 册，第 71 页。
⑤《菩萨璎珞经》卷 9，[姚秦]竺佛念译，《大正藏》第 16 册，第 80 页。
⑥《文殊师利现宝藏经》卷上，[姚秦]竺佛念译，《大正藏》第 14 册，第 453 页。
⑦《持心梵天所问经》卷 3，[姚秦]竺佛念译，《大正藏》第 15 册，第 18 页。
⑧《持心梵天所问经》卷 3，[姚秦]竺佛念译，《大正藏》第 15 册，第 19 页。

无相、无作。“不行三界之行，……如是行名为圣行，一切圣人不行于行。”①

佛教中也有“仙”“人仙”的说法。如阿难问佛：摩迦陀国的优婆塞入灭后生于何处？佛的回答是这些人入灭后的生出、果报是“行者空，不见身”②成人仙。佛有时也把自己称作“人仙”。③当然，佛教中有时也有对仙的批判和否定的言论。这并不意味着佛教陷入了自相矛盾。因为人仙有不同种类，如：有修外道而成的，有修佛法而成的。前者是外道所追求的仙。这种仙也是通过修行而证得的。如佛经中提到：“外道五通神仙”“外道诸仙所得禅定三摩跋提”。④对这类仙，佛教是持否定态度的。通过修证佛法而成的仙有不同的层次，如生在天上的仙，得小乘果位的仙，经云：“往昔人仙，命终之后，生于人间，得为人王，证须陀洹果。”⑤最胜的仙是佛。马鸣云：“众过患耘除，未始不饶益，觉了诸法相，一切悉明解，如是之大仙，故称号为佛。”⑥

圣人之所以为圣人，关键是他有“圣心”。“圣心”这个概念道出了世间心灵哲学所没有注意到的许多心理现象，因此值得拥有“哲学”头衔的心灵哲学思考和注意。不然的话，就名不副实。圣心这个词在佛教经论中经常出现，指的是圣人所拥的心，即真心的完全显现，其上无染污、尘垢，绝对清净。经云：“诸漏已尽，无复烦恼，心得自在，心善解脱，慧善解脱……究竟彼岸，善达法性；……其心调伏，坚固不退；世间八风所不能动；……善能往反无量佛刹，以空境界住于无相；……善行一切诸佛境界；智慧无边，同于虚空。”⑦“奉贤圣戒，心知止足，无所希望，一哓即度，其行安隐，尽行安详，……坐起安雅，行无所坏，……根门寂定，心在安跡，诸根不乱，守护其心，救使无想在道，……断截所受，奉行善本，其心内住，远离内色，……不以想求，亦无所著。……心念无想，不念他有，不起愚痴，……常行慈心，其意清净，无有痴想，所在游行，心无所著，快善安隐。”⑧圣心不外两个特点：第一，从体上说，心进入了以智慧为基础的平等心状态，既如此，便能于动而不动，不动而动，心有行而心无著。第二，从用

① 《大方等大集经》卷 2，[北凉]昙无识译，《大正藏》第 13 册，第 11 页。
② 《持心梵天所问经》卷 3，[姚秦]竺佛念译，《大正藏》第 15 册，第 18 页。
③ 《佛说人仙经》，[宋]法贤译，《大正藏》第 1 册，第 214 页。
④ 《大法炬陀罗尼经》卷 5，[隋]闍那崛多译，《大正藏》第 21 册，第 682 页。
⑤ 《佛说人仙经》，[宋]法贤译，《大正藏》第 1 册，第 214 页。
⑥ [古印度]马鸣菩萨《大庄严论经》卷 1，[姚秦]鸠摩罗什译，《大正藏》第 4 册，第 257 页。
⑦ 《大乘宝云经》卷 1，[梁]曼陀罗仙共僧伽婆罗译，《大正藏》第 16 册，第 241 页。
⑧ 《佛说寂志果经》，[东晋]竺昙无兰译，《大正藏》第 1 册，第 274-275 页。

上说，此心即喜心、慈心，必发快乐和度人之大用，空悲双运。质言之，圣心是于心得自在者，由于能于心得自在，因此也能于诸法而得自在，是故有此心的圣人“能为心师”。

证得真心、有圣心的人也可称作“心王”。之所以如此称呼，是因为，“王心为身之主耳目处，其外任持六根，不坏善恶种子，使之亡乍来，无有限碍，自在如王。”[①]此名是解脱别名，或得道别名。

佛教所崇尚的圣人有不同的层次。一般来说，共有四类圣人，由低到高的顺序是：声闻、缘觉、菩萨和佛。本章先考察菩萨的圣心，兼及前两类圣人，最后剖析佛心。

第二节 菩萨的心理特点与圣人气象

佛教心灵哲学开辟了这样一个研究领域，即“菩萨心密”。这一研究的目的是要弄清菩萨作为圣人，其心理现象有哪些，有何特点，有何结构和内在的奥秘。当然，全面地说，菩萨之秘密还应包括身密和语密，但由于这两密由心所决定，因此菩萨的秘密可简称为心密。而此心密不外治心不动之法，[②]即于一切行，一心不乱、一念不生。

菩萨心密是大乘经论的一个主题。例如，《大方广佛华严经》对菩萨作了全面透彻的解剖和分析，在该经第三十六至四十三卷中，从内到外；从大到小；从心到身、到行，等等，全面揭示了菩萨的标志性特点，尤其是心行特点，细致周详，无不具足。在揭示菩萨的人格构成、心理结构，追溯菩萨成圣的根源、途径——心地法门时，该经概括说：“所演妙法无穷尽，心方便门得自在。……能令诸根悉清净，得住甚深微妙地。”“此辩尘劫演不尽，是名光照心法门，如来妙音深满足，众生随类悉得解。”[③]

般若类经的中心在于：论述菩萨行的般若波罗蜜是什么，如何行般若波罗蜜，行般若波罗蜜与行其他五度等是何关系，等等。具体而言之，菩萨认知上的特点是如实知心。所谓如实知心，即如实知心的这样的本质：“无心性”，也就是没有

---

① 《佛为心王菩萨说投陀经》卷上，《大正藏》第 85 册，第 1401-1402 页。
② 《如来不思议秘密大乘经》卷 6，[宋]法护译，《大正藏》第 11 册，第 716 页。
③ 《大方广佛华严经》卷 1，[东晋]佛驮跋陀罗译，《大正藏》第 9 册，第 399 页。

什么可取著的。经云：“若一切心无心性，故不应取著”，“如是诸心皆本性空”。“若心色等法无心色等性，故不应取著，则一切法皆应平等，都无差别。”[①]佛菩萨如实不取著，因此是佛菩萨。

菩萨的智慧上的特殊性表现在他们有“智心宝”。此智心宝既是菩萨的大心、平等心、不分别心，同时也是“诸佛共所加持深心坚固大悲宝性”。[②]它像摩尼宝一样超越于九种宝（金、银等）[③]之上，也超越于七种宝性（异生性善宝、须陀洹宝性、斯陀含宝性、阿那含宝性、阿罗汉宝性、声闻宝性、缘觉宝性）之上。从来源上说，此宝是通过修集六度四摄等而磨治成熟的。菩萨的有智心宝主要体现在证得了菩提。如通过依次修各种三昧，得金刚三昧，最后证得无上菩提。“是金刚三昧，不住不起，不灭不坏，不断不异，不脱不变。入慧明性，举起甚深，一合相智，不见身、心、法，然后成阿耨多罗三藐三菩提。”“此菩提智不离不生，无有众相，不可沮坏，如金刚山，无能倾动。金刚三昧，不退不没，入于毕竟大寂灭处，游戏自在三昧海中。”[④]

菩萨所证的菩提心有何“相貌”呢？可这样描述：“无有过失，不为一切烦恼之所染故；……相续不绝，不为余乘中所证故；……坚固难动，不为异论所牵夺故；……不可破坏，一切天魔不倾败故；……常恒不变，善根资粮所积集故；……不可动摇，必能独证诸佛法故；……妙善安住，于菩萨地善安住故；……譬如金刚，善能穿彻佛深法故；……胜善平等，于诸众生种种欲解无不等故；最胜清净，性不染故；……无有尘垢，发明慧故；……宽博无碍，含受一切众生性故；……广大无边，如虚空故；……无有障碍，令无碍智遍行一切、无缘大悲不断绝故；……应可亲近，为诸智者所称赞故；……为能建立，建立一切喜乐事故；……发生诸愿，由戒净故；……难可摧灭，由住忍故；……不可制伏，由正勤故；……最极寂静，由依一切大静虑故；……无所匮乏，由慧资粮善圆满故；……是如来十力、四无所畏、十八不共佛法之根本也。”[⑤]即是说，从体上说，菩提心即诸法真如本性，最为寂静，从用上说，是无上妙觉智慧，由此可通达无上佛道。“以此心用”，

---

①《大般若波罗蜜多经》卷411，《大正藏》第7册，第61页。

②《佛说海意菩萨所问净印法门经》卷2，[宋]惟净等译，《大正藏》第13册，第477页。

③《佛说海意菩萨所问净印法门经》所说的九宝分别是，一者金性；二者银性；三者颇胝迦性；四者吠琉璃性；五者码碯性；六者珊瑚性；七者赤珠性；八者鸡萨梨宝性；九者吉祥藏宝性。

④《金刚三昧本性清净不坏不灭经》，《大正藏》第15册，第698页。

⑤《大宝积经》卷36，[唐]菩提流志译，《大正藏》第11册，第206页。

即通过此妙觉的妙用，可“为生体”，即能证得或成为那有妙用的本体。它能生的用主要是：让人觉悟，证得诸法体性。菩萨凭此成为菩提萨埵，即觉有情，佛借此而成佛，故说是诸佛“十八不共法之根本”。①

菩萨证得无上菩提，实即如实证知心的实性、真如，此心即空心。“菩提即是诸法实性，……此即实际，实际即空心无退没。”②“仁者若菩提心有所得，无有是处，现在心不可得，未来心不可得，过去心不可得。若离，菩提心亦不可得，菩提心者不属因亦不属缘，不可名言，似有为法而可立相，非是造作，亦非不造作，亦不可得见，亦不可得知。……菩提心者不可名心，亦不可说名无为心，不可说名为色，亦不可说名为无色。……菩提及心同于法界。”③

菩萨的菩提的特点是：“一切处是菩提，烦恼是菩萨，诸所作是菩提，……涅槃界是菩提，虚妄是菩提，真实是菩提，蕴处界是菩提。”④因为一切法自性空，如虚空、菩提就是体性空，所以烦恼等都是菩提。

不执著菩提心之人可称作“摩诃萨”或大菩萨。他之所以证得菩提心但又不执著，而等同于虚空，是因为他有特殊的心。“以诸菩萨为欲证得一切智智（此智即佛智），发菩提心及无漏心、无等等心，不共声闻独觉等心，于如是心亦不执著，依如是义名摩诃萨。……于如是心不应执著，是故菩萨名摩诃萨。”⑤

菩萨心的根本性的、总体性的相状是空相。“空相者，心无心相，亦无作者。”⑥这也可看作是菩萨心的体性。菩萨之心的体性尽管是真心，是真如实性，但它本身还不是真心的圆满显现，只是快接近真心、快完全显现真心的心。既然如此，它就有它特有的表现方式，即是说它会通过一些特定的心理样式表现出来。根据诸经论的描述，菩萨之心有这样一些表现形式或样式：“无为心，……心如虚空平如掌者，……调心、戒静心、忍善心、进勤心、禅灭心、慧无行心、念处无念思维心、正舍无生灭生、神足无量心、信无数心、念自然心、三昧无三昧心、慧根无根心、力无伏心、觉分破意心、道无修心、止灭心、观无失心、修圣谛永断修心、思念佛无量相心、思念法法性等心、思念僧无住心、化众生极净心、摄正法

---

①《大宝积经》卷36，[唐]菩提流志译，《大正藏》第11册，第206页。
②《大般若波罗蜜多经》卷575，[唐]玄奘译，《大正藏》第7册，第973页。
③《大乘瑜伽金刚性海曼殊师利千臂千钵大教王经》卷4，[唐]不空译，《大正藏》第20册，第741页。
④《未曾有正法经》卷1，[宋]法天译，《大正藏》第15册，第429页。
⑤《大般若波罗蜜多经》卷538，[唐]玄奘译，《大正藏》第7册，第766页。
⑥《佛说华手经》卷7，[姚秦]鸠摩罗什译，《大正藏》第16册，第184页。

法性无破心、净佛土等虚空心、满相无相心、得忍无得心、无退转地无退不退心、庄严道场心、三界场心、于一切众生降魔心、摄一切众生心、菩提一切法等无觉心、转法轮一切法无转心、现大般涅槃生死实等心。”①

有情面对不同事物时都表现出不同的心态。所谓心态即对事情的心理态度。就其价值属性而言，心态是有好与坏、佳与不佳之分的。从心态所涉及的对象范围来说，有普遍常存的心态和个别的心态。普遍常存的心态是与一般事物有关的经常会表现出来的，个别的心态是与个别对象有关的特殊的心态。菩萨也有自己的心态。相对于凡心而言，它们都属于最佳心态，因为它们既利己又利他。这里我们重点考察一下菩萨面对不同事物经常表现出来的心态。例如：不倾动心就属于这一类，其特点是，“常依一切智智相应作意，修习发起一切所修所作事业而无骄逸，善现，是谓菩萨不倾动心。”②真利乐心也是菩萨经常性的心态，其特点是：利益安乐一切有情，方便安住此心。菩萨常存的心态还有“寂然”。这种心的特点是，“其心澹泊，寂寞定然，诸根不乱，专精无想，作性安隐，不卒不暴，庠序静思，舍不顺念，乐于一义，除众愦闹，好喜闲静，其身寂寞。心未曾乱思于闲居。……不堕邪见，而知止足；志性清净；……一心禅思，兴于慈悲。”③

菩萨的经常表现出来的心态还有不动心或坚固心。其表述各异，实质无异，如：可说这种心是“心不可坏如金刚”之心或金刚心，④也可说是空无心。“空无心故，不著是心”。⑤还可以说是“无等等心”，⑥“是心毕竟空，是中无有心相、非心相，诸相毕竟清净”，⑦因此是别的以著相为特点的有为心不可比的。此心也可以说是等心。所谓等心即等一切、与之完全没有的心，等同于虚空。也可说，等心即等心于一切众生。“菩萨得深心故，怨亲平等，视之无二。”⑧等心也可理解为四无量心。从价值上说，此心高贵，“亦美”，“菩萨不著是心，亦为尊贵。”⑨此心也可以说是深心。“深乐佛道，世世于世间心薄。”⑩也可称作“应萨婆若

---

①《大乘悲分陀利经》卷7，《大正藏》第3册，第279页。
②《大般若波罗蜜多经》卷411，[唐]玄奘译，《大正藏》第7册，第60页。
③《阿差末菩萨经》卷7，[西晋]竺法护译，《大正藏》第13册，第609页。
④ [古印度]龙树菩萨：《大智度论》卷45，[姚秦]鸠摩罗什译，《大正藏》第25册，第382-383页。
⑤ [古印度]龙树菩萨：《大智度论》卷45，[姚秦]鸠摩罗什译，《大正藏》第25册，第385页。
⑥ [古印度]龙树菩萨：《大智度论》卷45，[姚秦]鸠摩罗什译，《大正藏》第25册，第385页。
⑦ [古印度]龙树菩萨：《大智度论》卷45，[姚秦]鸠摩罗什译，《大正藏》第25册，第385页。
⑧ [古印度]龙树菩萨：《大智度论》卷49，[姚秦]鸠摩罗什译，《大正藏》第25册，第411页。
⑨ [古印度]龙树菩萨：《大智度论》卷45，[姚秦]鸠摩罗什译，《大正藏》第25册，第385页。
⑩ [古印度]龙树菩萨：《大智度论》卷49，[姚秦]鸠摩罗什译，《大正藏》第25册，第411页。

心”。[1]萨婆若心即佛心。“应”的意思是，初发心即有必成佛的心愿。如果菩萨上智利根，福德深厚，过去罪业少，烦恼少，那么初发心即应成佛心，即应得深心。此深心亦即直心或质直心，没有任何委曲变化，永远一样。它与诸法本性完全一致。如经云：“诸法直心、深心，以为根本。……若菩萨有直心、深心，是菩萨则得成就一切佛法。”[2]

菩萨特殊的心态也有很多，如在发心时就有特殊的表现。所谓发心即作为目的、动机、理想、抱负的心，也是时常所生、所存之心。他的发心是：菩提心、无等等心、不共声闻独觉心，并“于如是心亦不取著，由此义故名摩诃萨”。[3]《大般涅槃经》对菩萨特殊心态的描述相对于别的经更为全面，例如，该经认为，菩萨常持的心态是：“出世间心、出家心、无为之心、无诤讼心、无垢秽心、无系缚心、无取著心、无覆盖心、无无记心、无生死心、无疑网心、无贪欲心、无瞋恚心、无愚痴心、无骄慢心、无秽浊心、无烦恼心、无苦心、无量心、广大心、虚空心、无心、无无心、调心、不护心、无覆藏心、无世间心、常定心、常修心、常解脱心、无报心、无愿心、善愿心、无误心、柔软心、不住心、自在心、无漏心、第一义心、不退心、无常心、正直心、无谄曲心、纯善心、无多少心、无坚硬心、无凡夫心、无声闻心、无缘觉心。”[4]

从价值论上说，菩萨的心态是胜、是美、是善、是利、是极乐、是妙不可言。之所以如此，是因为菩萨的心是“大心、广心”。这类词语在佛教经论中出现的频率特高，到处可见如“大心不可坏如金刚”之类的表述。这类心之所以有上述价值属性，是因为菩萨从初发意，乃至阿耨多罗三藐三菩提，不生染心、嗔恨心、愚痴心，不生恼心，不生声闻、缘觉心。正是住于此心之中，菩萨才能堪为众生作上首。菩萨心之所以大而广，是因为菩萨住此心时，没有任何牵挂，真正做到无挂无碍，住无所住。有挂碍，有所住，就有界限或分隔，就不可能无限广大。

菩萨像佛一样，也是调御大夫，即善调适心态、善管治心灵的大丈夫，所用的方法就是游戏心灵，可称作“游心法”或“游戏心法”。“心法者，三界人之护也，安慰劝乐，悉令集会，安之以德，劝之以权，受之以慧，普修梵行于三界澹

① [古印度]龙树菩萨：《大智度论》卷49，[姚秦]鸠摩罗什译，《大正藏》第25册，第411页。
②《佛说法集经》卷6，[元魏]菩提流支译，《大正藏》第17册，第644页。
③《大般若波罗蜜多经》卷411，《大正藏》第7册，第61页。
④《大般涅槃经》卷18，[北凉]昙无谶译，《大正藏》第12册，第470页。

然。立在一处，亦无合离，使永执心莫知所存，不见形像、音声往来，”[①]将一切空掉，“了无所有”，使自执心无念无求，“见若不见，闻若不闻，淡然自守，是为菩萨等观游于心法。”[②]质言之，空悲双运即游戏心法。

菩萨之心作为圣心的一种当然有其自成一类的特点。这种心高于凡心和另两种圣心，如：高于声闻心和缘觉心，但低于佛心，当然，非常接近佛心。特别是，有些菩萨，如文殊、观世音等，本身其实已成佛了，只是为度众生而示现菩萨身。既然如此，他们的心就是佛心。概括地说，菩萨心相对于非菩萨心来说，有这样一个基本特点，即非常强的坚固不可动转的特点。它的坚固性在程度上高于凡心和其他两种圣心，但低于佛心。如经云：“譬如虚空，不可侵害，火不能焚，风不能转，……虚空无挂碍故，……心无挂碍，不为诸法之所动转，无乐欲，无厌舍，心若虚空，蕴等诸魔所不能动。”[③]尽管不动，但又有无穷的妙用。这里的辩证法在于：有为的、有限的心，充其量只有有限的用，而只有无限的心才有无限的用。正像虚空，什么都没有，但世间万物都离不开它。菩萨等虚空的心也是这样，无为而无不为。其妙用主要表现在两方面，即既自利，又利他。“菩萨心行无所著，智慧无限碍，而能广度众生，利益无量。”[④]

菩萨心态的特点当然还可从不同方面加以揭示，例如：从体上说，它不一不异，平静不动，因此“不可说一，不可说异”；[⑤]它不住一切相，因此可说深心“不住”。从阶位上说，它尽管步入了圣心的行列，既超越于凡心，也高于声闻心、缘觉心，但还不是真如心的完全显现，不是心的最高境界，比如说，它还不是佛心，还不圆满究竟。从根源上说，它仍是“依种子生，犹如乳等一切白法，随顺因缘”。它的体是善根，生起后有无穷妙用，“依行起行”，能次第生出善法，如“能发起求佛菩提”，能护念众生等。它尽管有作为，但又不离其不动本性，“如久卷物，虽暂牵舒放”，即展开、开放，但“还依本”，“随本因作为，还续如本”。[⑥]

菩萨之心的特点也可概括为“泰然”。此泰然不是凡夫心所追求的那种泰然，而有特定含意，指的是菩萨心的这样的特点，即达致究竟之境，超空有二边。“道

①《佛说普门品经》，[西晋]竺法护译，《大正藏》第11册，第771页。
②《佛说普门品经》，[西晋]竺法护译，《大正藏》第11册，第771页。
③《佛说未曾有正法经》卷2，[宋]法天译，《大正藏》第15册，第432页。
④《佛说未曾有正法经》卷2，[宋]法天译，《大正藏》第15册，第432页。
⑤《弥勒菩萨所问经论》卷3，[元魏]菩提流支译，《大正藏》第26册，第245页。
⑥《弥勒菩萨所问经论》卷3，[元魏]菩提流支译，《大正藏》第26册，第244页。

心无限，不有处所，无人无心，亦不可得；……其趣平等，则正等觉，无三界也；无声闻地，无缘觉处，无菩萨住；不处有为，不处无为，无有、无无、亦无过去当来现在之处；度无所度，生无所生，道跡本无，往来本无，不还本无，无著本无，……众生本无，佛道本无。无此本无乃真本无，无所适莫，是谓其心泰然。”①

菩萨之心也可称作决定心。有此决定心，即具备了成无上道心的条件。“若诸菩萨欲得修习诸佛所说念佛三昧，欲得亲近诸佛如来，复欲疾得阿耨多罗三藐三菩提者，应当安住决定之心，又应求舍不决定心，舍我见心，知无我心，”②同时观一切法空无所有。决定心是相对于不决定心而言的，不决定心即不确定心、动摇心、变异心。决定心即不动心、坚固心。

菩萨心的特点还在于：它极为清净。这是菩萨得佛授记的一个根据，例如，只有当行者有“净心”时，佛才为之作这样的成佛授记：“起善智乐调伏心，于众生所善坚誓。于结深河度众生，汝知炬妙世作佛。”③“起住妙意无恼心，宝轮最妙在汝手，多亿众生得悲心，汝当净意为世尊。”④所谓心清净是指心上无念想。有一念头，即为不净。如经云：“清净无垢，不受一切结恨、懈厌、瞋怒之瑕。”其心如海，“极幽深，难得其底，边际难限。……所了圣慧而甚邃远，心入玄妙，幽奥难量。”⑤菩萨有十五极净心，即无上心、随转心、波罗蜜心、真实义心、神力心、安心、乐心、解脱心、坚固心、不虚伪心、不净心（解行地菩萨的极净心）、净心（决定行地菩萨的净心）、快净心（究竟地菩萨的净心）、调伏心、俱生心。⑥心净还表现在：“戒清净、见清净、心清净、语清净、智清净。”心清净有十相，即“怜爱心而行惠施，珍宝心而行惠施，平等心而行惠施，调伏垢心而行惠施，欣乐心而行惠施，忍辱心而行惠施，以慈心而行惠施，以悲心而行惠施，以喜心而行惠施，以舍心而行惠施。”⑦

菩萨之心还有这样的特点，即无有畏怖、不没不悔，没有凡夫所具有的那些喜怒哀乐等情感。“菩萨摩诃萨行般若波罗蜜，于诸法无所见，是时不惊不畏不

① 《超日月三昧经》卷上，[西晋]聂承远译，《大正藏》第15册，第534-535页。
② 《菩萨念佛三昧经》卷4，[刘宋]功德直译，《大正藏》第13册，第815页。
③ 《大乘悲分陀利经》卷3，《大正藏》第3册，第256页。
④ 《大乘悲分陀利经》卷4，《大正藏》第3册，第258页。
⑤ 《持心梵天所问经》卷4，[西晋]竺法护译，《大正藏》第15册，第28页。
⑥ 《菩萨地持经》卷9，[北凉]昙无谶译，《大正藏》第30册，第945页。
⑦ [古印度]弥勒菩萨：《瑜伽师地论》卷70，[唐]玄奘译，《大正藏》第30册，第709页。

怖，心亦不没不悔。何以故，是菩萨摩诃萨不见色受想行识故。……不见菩萨，不见菩萨法，不见佛，不见佛法，不见佛道，是菩萨一切法不见故。……何因缘故，是菩萨心不没不悔？佛告须菩提，菩萨摩诃萨一切心、心数法，不可得、不可见，以是故，菩萨摩诃萨心不没不悔。”[①]菩萨之所以不惊不怖，是因为菩萨的意及意识不可得、不可见。一切都不得，乃至不得菩萨心，即是真菩萨。

菩萨的心理特点还在于：不还。不还是指这样的心态，即离开了过去所执著的法，永不再退回到原来的贪执状态，因而进入了无心、无住的境界。之所以如此，是因为菩萨已证得了这样的真理：“一切诸人与空无特许，不有身、不获、不住，彼则亦空。虚空无空，免一切想。……虚空之想，无弃不弃。所以者何，一切诸法皆为平等。一切众生而无所捐，等于所释，故无所得，已不有获，是以不来。此者乃计为之不还。”[②]有偈云：“晓了空无界，等心于人界，……其人而无心，退除于众想。”“晓知于往还，不著一切法，所住不可得，是故不还此。……逮致佛道明，则谓为不还。”[③]

菩萨之心还有“意力无边”[④]的特点。例如：“佛智猛利，速断烦恼及彼余习，……佛智能知自他相续，诸漏永尽，时分不谬”，[⑤]即在任何时候都不会有错。另外，佛菩萨的意力还表现在有漏尽力，即让自己漏尽，亦能知一切众生的诸漏，并令他人漏尽。

菩萨之心也以净土为理想和归宿，不过，菩萨追求的净土有自己的特点。佛说：“众生之类是菩萨佛土”，一切法是净土，心是净土，自心更是净土。之所以说众生是净土，是因为“菩萨随所化众生而取佛土，随所调伏众生而取佛土”。不仅众生是净土，自心也是净土。经云：“直心是菩萨净土。……深心是菩萨净土，……菩提心是菩萨净土，……布施是菩萨净土，……持戒是菩萨净土，……，四无量心是菩萨净土。”[⑥]总之，菩萨的六度万行是菩萨净土，因为菩萨成就这些行，均可成为众生的依止，使众生得大饶益，最终成就众生。菩萨怎样成就佛国净土？回答是：随其心净，则佛土净。“随说法净，则智慧净，随智慧净，则其

---

①《摩诃般若波罗蜜经》卷 2，[姚秦]鸠摩罗什译，《大正藏》第 8 册，第 232 页。
②《佛说阿惟越致遮经》卷中，[西晋]竺法护译，《大正藏》第 9 册，第 208 页。
③《佛说阿惟越致遮经》卷中，[西晋]竺法护译，《大正藏》第 9 册，第 208 页。
④ [古印度]五百大阿罗汉等：《阿毗达磨大毗婆沙论》卷 30，[唐]玄奘译，《大正藏》第 27 册，第 155 页。
⑤ [古印度]五百大阿罗汉等：《阿毗达磨大毗婆沙论》卷 30，[唐]玄奘译，《大正藏》第 27 册，第 158 页。
⑥《维摩诘所说经》卷上，[姚秦]鸠摩罗什译，《大正藏》第 14 册，第 538 页。

心净，随其心净则一切功德净，是故，……若菩萨欲得净土，当净其心”。认识佛土净、进入净佛土的条件是：必须有相应的智慧和行持。例如：释迦佛的国土本净，但对于许多众生来说则不然。是故佛说：“依佛智慧则能见此佛土清净。”如没有这样的智慧，佛的净土就只能是一种可能性。“我此土净而汝不见。”众生如有相应的净智、净心，当即可进入佛的净土。“若人心净，便见此土功德庄严。”①

菩萨心的特点还表现在它有无穷妙用。对菩萨之心“用”上的特点的最全面的描述是“八十法宝”说。所谓八十宝是指菩萨心有八十种珍贵之功用。它们分别是：一、不忘萨芸若（一切智，佛的全知之智）；二、不舍信；三、习诸功德不懈；四、坚其愿不舍；五、所有施与无所爱惜而复增益；六、心所作，但念菩萨；七、心庄严身，不犯身三事；八、心净者其语无恶；九、戒庄严；十、心庄严；十一、心无挂碍；十二、心忍辱；十三、不贪寿命；十四、无憎爱，无动摇；十五、心精进；十六、心想事成；十七、心行质直；十八、心在禅，自在；十九、心合智；二十、心乐闻法，勤习诵；二十一、平等说法；二十二、于法无虚饰；二十三、念正道；二十四、其心所闻所作如法；二十五、其心具足智慧；二十六、极慈而自护；二十七、无极哀、等一切；二十八、心愉悦；二十九、等观诸法；三十、不为生死所动；三十一、其心欲教一切人；三十二、将已法与人分享；三十三、无所不晓；三十四、亲近善知识；三十五、远离恶人；三十六、等一切；三十七、知生死；三十八、善治诸病；三十九、不轻无智者；四十、不贡高我慢；四十一、其心不谀谄；四十二、不忘所闻法；四十三、护诸佛法；四十四、报恩；四十五、不恩报；四十六、乐于山间；四十七、常欲舍家；四十八、乐道；四十九、知足；五十、于世事知足；五十一、不与众不知；五十二、不厌足诸功德；五十三、于满足智慧；五十四、常念佛；五十五、常念法；五十六、常念僧；五十七、常念戒；五十八、常念施；五十九、常念天上；六十、尽知本；六十一、知法、不坏法身；六十二、知一切人之所语；六十三、知自在；六十四、其心得陀罗尼；六十五、知本法；六十六、护慧；六十七、学圣谛，由之而解脱；六十八、护法；六十九、知无常、苦、我、无我；七十、视诸法无我；七十一、心入涅槃；七十二、知三解脱门；七十三、无有生灭；七十四、知幻；七十五、喜知十二因缘；七十六、不堕二边；七十七、以一事悉知一切法，不分别；七十八、其心

① 《维摩诘所说经》卷上，[姚秦]鸠摩罗什译，《大正藏》第14册，第538页。

具足诸行；七十九、心具法；八十、心合聚三十七品。①

一种心理状态是否是菩萨心，是有判断标准及方法的。如经云：可以“以三事验菩萨心。何谓为三？一者能舍一切所有而不望报，当知是为真菩萨心。二者求法无所贪惜，宁失身命而不舍法，是则名为真菩萨心。三者不逆甚深之法，以信解力于佛菩萨不生疑惑，是亦名为真菩萨心。”②反之，只要有一条不符合，就不是菩萨心。可以用比喻的方式说：菩萨心如大地、如水、如虚空。“此大地运载诸山河、石壁、树木丛林，一切药草、百谷苗稼及诸众生”，无有疲倦，“菩萨心亦如大地”，“淳至成就，故行菩萨行，无有疲倦。”“此大地住于水上，此水持地无有疲倦，诸菩萨心亦如大水。”③佛菩萨的心胸犹如虚空，如“超越世间毁誉八法”，“心行平等，犹若虚空”。④如果不能如大地、如虚空，就不是菩萨心。检验一种心理是不是菩萨心还有很多办法，例如：看某心是否能常一其心。所谓常一其心，是指不管外面怎么变化，心永远凝然如一，不动不变。只有常一其心才是大菩萨心。“菩萨摩诃萨若来若去，……饮食卧息，坐立睡觉，语默入出禅定，亦常一心。”⑤于身中循身观时，一心念入息时知入息，出息时知出息，入息长时知入息长，入息短时知入息短，出息短时知出息短。此外，要判断某心是不是菩萨心，还可看其是否坚固。因为菩萨可称作“坚心者”。既然菩萨有许多殊胜功德，为何仅称之为坚心？答曰：“菩萨有坚心功德，能成大业。”⑥坚心是菩萨诸功德中排“第一”的功德，也可以说，坚心是菩萨的体性，其余特点是其用，是故用“坚心”可概括菩萨的全部特点。这也是菩萨区别于其他行者的独有特点。

菩萨心作为圣心的一种是如何成就的呢？如前所述，包括菩萨在内的一切众生都有获得最佳心态或佛心的菩提种子，此种子能否结果，关键是看是否为其提供了必需的条件。摩诃萨或大菩萨之所以成了大菩萨，是因为他符合大菩萨的标准，即于众中成了上首的菩萨。他是怎样才成就上首的呢？其判断标准只能是看他的心是否成为金刚不坏之心，是否有大心，是否有大快心，是否有不动心？是否有利益安乐心？如经云：“菩萨摩诃萨生大心，不可坏，如金刚，是菩萨摩诃

①《伅真陀罗所问如来三昧经》卷上，[后汉]支娄迦谶译，《大正藏》第15册，第353-354页。
②《佛说华手经》卷6，[姚秦]鸠摩罗什译，《大正藏》第16册，第173页。
③《大方等大集经》卷16，[北凉]昙无谶译，《大正藏》第13册，第112页。
④《大集大虚空藏菩萨所问经》卷1，[唐]不空译，《大正藏》第13册，第616页。
⑤《摩诃般若波罗蜜经》卷5，《大正藏》第8册，第253页。
⑥[古印度]龙树菩萨：《十住毗婆沙论》卷1，[姚秦]鸠摩罗什译，《大正藏》第26册，第21页。

萨住是心中，于诸必定众中而为上首。”什么是大心呢？其标志是：“舍一切所有；……等心于一切众生，……以三乘度脱一切众生，令入无余涅槃，……解一切诸法不生相；……以萨婆若（佛智）心行六波罗蜜；……了达乃至无量相智门。”[①]何谓大快心？“菩萨摩诃萨从初发意乃至阿耨多罗三藐三菩提，不生染心、瞋恚心、愚痴心，不生恼心，不生声闻辟支佛心，是名菩萨摩诃萨处大快心”，能于一切时处生大快心，即能为众之上首。换言之，如果能证得不动之心，也能为众之上首。所谓不动心是指，“常念一切种智心，亦不念有是心。”有利益安乐心也是成为上首的标志，此心指“救济一切众生，不舍一切众生，是事亦不念有是心”。[②]有欲法喜法乐心也是大菩萨的标志。此心可分作欲法喜心和欲法乐心两方面。有信法、忍法、受法之心即是欲法喜心。常行诸佛法即是欲法乐心。

菩萨心也有其结构，此结构既可作共时性描述，前面对其心态及特点的描述包含这样的描述，也可作这样的历时性描述，即初发心、行相、住心、不退转心、成心。

首先，“发阿耨多罗三藐三菩提心，令不退转”，不堕于声闻缘觉地，“以不堕故，渐当得成无上菩提”。[③]

其次，菩萨的心行的特点是：行而无行，不行而行。“圣行者，佛及菩萨之所行处”。[④]圣人之所以为圣人，是因为他们“有圣法”，“常观诸法性空寂故，以是义故，故名圣人”，“有圣定慧故，故名圣人”。[⑤]有七圣财，故名圣人，这七财是：信、戒、惭、愧、闻、思、闻慧。可见佛教的圣人是解空、证空、行空的人。菩萨心行的特点还在于：既有为，又无为。大智故，不尽有为，因此为度众生广行六度万行，大悲故，不住无为，“观诸法虚妄、无牢、无人、无主、无相，本愿未满，而不虚福德、禅定、智慧，”修如此法。[⑥]“以无为故，得名圣人者，无为者无分别义也。”[⑦]菩萨既有悲心，又有空心，常行空悲双运。“大悲不行不转，不修不舍，亦能为于一切众生，……一切诸佛所有大悲，无量无边，其

① [古印度]龙树菩萨：《大智度论》卷45，[姚秦]鸠摩罗什译，《大正藏》第25册，第382页。
② [古印度]龙树菩萨：《大智度论》卷45，[姚秦]鸠摩罗什译，《大正藏》第25册，第382-383页。
③《佛说华手经》卷7，[姚秦]鸠摩罗什译，《大正藏》第16册，第184页。
④《大般涅槃经》卷11，[北凉]昙无谶译，《大正藏》第12册，第433页。
⑤《大般涅槃经》卷11，[北凉]昙无谶译，《大正藏》第12册，第433页。
⑥《维摩诘所说经》卷下，[姚秦]鸠摩罗什译，《大正藏》第14册，第554页。
⑦ [古印度]无著菩萨：《金刚般若论》卷下，[隋]达磨笈多译，《大正藏》第25册，第761页。

心平等。”①菩萨的心行法是安乐行，如，通过安住四法而安乐行。一、安住菩萨行处、亲近处。行处是指菩萨住忍辱地，柔和善顺，而不卒暴，心亦不惊；于法无所行，观诸法如实相，亦不行不分别，“是名菩萨摩诃萨行处。”再看亲近处。经云：“菩萨摩诃萨不亲近国王、王子、大臣官长，不亲近诸外道……若于房中，若经行处，若在讲堂中，不共住止，或时来者随宜说法，无所希求……如独入他家……但一心念佛，若在闲处，修摄其心。”这是初清净处。二、进一步还应如实观察诸法空相。“观如是法相，是名菩萨摩诃萨第二亲近处。”三、“于一切众生起大悲想，于诸如来起慈父想，于诸菩萨起大师想，于一切众生平等说法。”四、于在家出家人中生大悲心，对于不信之人，以神通力、智慧力，引之令得住是法中。②

再看菩萨的住心处和住心法。经云：“无根无住，……清净寂静，……不著于色，不著色心，是名寂静，乃至意法亦复如是，……菩提者不起不舍。”③菩萨住心的原则和方法是：住无所住，菩萨“应如是生清净心，而无所住，不住色生心，不住声香味触法生心，应无所住而生其心”④。行无所行，降伏其心，既无能降，又无所降。“调伏彼事中，远离取相心，及断种种疑，亦防生成心”。例如：在布施中，就应这样调伏其心，不见施物、受者及施者，“如是布施，不住于相想。”⑤菩萨的住心或安心处是空。如经云：“菩萨行处，一切诸法，空无所有，无有常住，亦无起灭，是名智者。”“在于闲处，修摄其心，安住不动，如须弥山，观一切法，皆无所有，犹如虚空，无有、坚固，不生不出，不动不退，常住一相。”⑥菩萨有十二种住，即十二种安心之处，它们分别是：种性住，胜解行住，极欢喜住，增上戒住，增上心住，增上慧住三种（一是觉分相应增上慧住，二是诸谛相应增上慧住，三是缘起流转止息相应增上慧住），有加行、有功用、无间缺道运转无相住，无加行、无功用、无间缺道运转无相住，无碍解住，最上成满菩萨住。⑦另一说法是说菩萨有九种心住。它们说的是在调心修定时，让心得安住的九个地

① 《大方等大集经》卷 2，[北凉]昙无谶译，《大正藏》第 13 册，第 11 页。
② 《添品妙法莲华经》卷 5，[隋]阇那崛多共笈多译，《大正藏》第 9 册，第 171-173 页。
③ 《大方等大集经》卷 2，[北凉]昙无谶译，《大正藏》第 13 册，，第 11 页。
④ [古印度]世亲菩萨：《金刚般若波罗蜜经论》卷上，[元魏]菩提流支译，《大正藏》第 25 册，第 786 页。
⑤ 参阅[古印度]世亲菩萨：《金刚般若波罗蜜经论》卷上，[元魏]菩提流支译，《大正藏》第 25 册，第 782 页。
⑥ 《妙法莲华经》卷 5，[姚秦]鸠摩罗什译，《大正藏》第 9 册，第 37 页。
⑦ [古印度]弥勒菩萨：《瑜伽师地论》卷 47，[唐]玄奘译，《大正藏》第 30 册，第 553 页。

方或九种方法，如内住、等住、安住、近住、调顺、寂静、最极寂静、专注一趣、等持。①

菩萨的不退转心和成心表现在："受持诸法，心无下劣；虽说诸法而于法相无所取著；无念无住，总持诸法如实相性；不取于法，不舍非法；非乐于法，非不乐法；虽能如是而离诸法相；以善调伏，心常安乐；善说诸法，而无扰乱；于诸法相，不离于身，亦不住身；……如虚空无来无去；同真际如如相；……体性本空，心行处灭；是心不可得，亦不可思议；……护持诸法，无所依止；……持一切法，无动无坏。"②

再来看菩萨的相、行、住等方面的特点。无著概括说，有五种真实菩萨相：一、怜悯，即有大慈大悲之心，以菩提心摄受、利益众生；二、爱语，通过语言让众生于佛法得正信；三、勇猛，难行能行，不退屈；四、开手，即以财物摄受众生；五、释义，以法摄受众生。③菩萨由于有五种真实之相，因此菩萨才成其为菩萨。"一者哀悯，二者爱语，三者勇猛，四者舒手惠施，五者能解甚深义理密意。"④

菩萨有十力，即"人不轻力、不为他所伏力、具福业力、具智慧力、具徒众力、得神通力、自在之力、陀罗尼力、菩萨定持不可动力、所言无二力"。⑤

菩萨之所以为菩萨，还在于：菩萨的身体及其与心的关系极为特别。经云："所现身相，犹如微尘，以此微身悉能遍至无量无边恒河沙等诸佛世界，无所障碍，而心常定，初不移动。"⑥有无量身力。"菩萨身具那罗延力。"⑦"那罗延"原是印度教中的有大力的大神祇。在佛教中则指金刚力士、坚固力士。这里的意思是有无比的大力量。为何菩萨缘集这样的身力？答言："欲现所有皆殊胜故，谓诸色力、族性、自在、眷属、财位、功德、名闻、智见、威猛，皆殊胜故，憍傲有情归伏受法。"⑧有如此大力，当然能摄受那些骄傲、不可一世的有情之人，更不用说教化有善根的众生。此身力的根源是，菩萨证得了无上菩提，并以之为

① [古印度]弥勒菩萨：《瑜伽师地论》卷30，[唐]玄奘译，《大正藏》第30册，第450页。
② 《不退转法论经》卷2，《大正藏》第9册，第232页。
③ [古印度]无著菩萨：《大乘庄严经论》卷13，[唐]波罗颇蜜多译，《大正藏》第31册，第656页。
④ [古印度]弥勒菩萨：《瑜伽师地论》卷47，[唐]玄奘译，《大正藏》第30册，第549页。
⑤ 《宝云经》卷2，[梁]曼陀罗仙译，《大正藏》第16册，第218页。
⑥ 《大般涅槃经》卷24，[北凉]昙无谶译，《大正藏》第12册，第504页。
⑦ [古印度]五百大阿罗汉等：《阿毗达磨大毗婆沙论》卷30，[唐]玄奘译，《大正藏》第27册，第155页。
⑧ [古印度]五百大阿罗汉等：《阿毗达磨大毗婆沙论》卷30，[唐]玄奘译，《大正藏》第27册，第155页。

所依。当然，无上菩提也有对此身力的依赖性，因为只有依此身力，才能存在并发挥作用。菩萨心的特点已如前述，例如：表现为有决定心。有决定心即菩萨让心进入这样坚决、确定、明了的状态："我今此身，于未来世，定当为阿耨多罗三藐三菩提器，心亦如是，不作狭小，不作变易，不作声闻辟支佛心，不作魔心及自乐心，乐生死心，常为众生求慈悲心，是名菩萨于自身中生决定心。"①菩萨的身心的特点还在于：其身心是法性身心、清净身心。"诸大菩萨摩诃萨身心圣智，性同一体。……身心净智，性同一体。……本来清净，自性真如，寂静无为，以无所得。"②

再看菩萨的人格结构或"圣者气象"。"佛慧无挂碍，其行不二；于是平等将护法相以法身体；清净之言，无有解说；鲜洁之心，而无有心；一切诸法，慧无阴蔽，无来无去；于一切智，悉悯普见，等入如来，证明要义。"③菩萨的人格结构在智慧上的表现是有十智，即因智、果智、义智、方便智、慧智、摄智、波罗蜜智、大悲智、成就众生智、不著一切法智。在出发点上的特点是有十发，即身发（令众生身业清净）、口发、意发、内发（一切内物不贪著）、外发（令众生住正行）、智发（具足佛著）、慈发、众生成熟发、有为智发（具足定聚）、无为智发（心不著三界）。在行上的表现是有十行，即波罗蜜行、摄行、慧行、方便行、大悲行、求助慧法行、求智法行、心清净行、观诸谛行、一切所爱无贪著行。在思维上的特点是有十思惟尽，即思惟事尽、思惟受尽、思惟法尽、思惟烦恼尽、思惟见尽、思惟邪尽、思惟爱尽、思惟不著尽、思惟结使尽、思惟著道场行尽。在治理上的特点是有十治法，即治悭贪心、治破戒心、治嗔恚心、治懈怠心、治不善觉观心、治愚痴心、治诸烦恼心、治颠倒道心、治心时非时自在行、治我观无我法。④人格上的特点还在于，菩萨安住十种正法，得十种清净。一是于甚深法，究竟清净。二是亲近善知识清净。三是能护诸佛正法清净。四是悉能分别空界清净。五是善入法界清净。六是智慧了诸心行清净。七是令诸菩萨善根清净。八是心常不著诸劫清净。九是智慧观察三世清净。十是成就诸佛种姓清净。⑤同

---

①《大般涅槃经》卷 24，[北凉]昙无谶译，《大正藏》第 12 册，第 506 页。
②《大教王经》，《大正藏》第 20 册，第 747 页。
③《文殊悔过经》，[西晋]竺法护译，《大正藏》第 14 册，第 442 页。
④《文殊师利问菩提经》，[姚秦]鸠摩罗什译，《大正藏》第 14 册，第 483 页。
⑤《大方广佛华严经》卷 33，[东晋]佛驮跋陀罗译，《大正藏》第 9 册，第 607 页。

时。菩萨安住正法具十种正智，即“分别众生心心行智、分别众生诸业报智、普照一切诸佛法智、于诸佛法得方便次第智、具足一切总持门智、成就一切文字辩智、善知众生一切语智、示现一切世界身智、具足普照一切众生智、于一切趣得一切智。”由于有此十智，因而菩萨有十种巧随顺入，如于“一切众生身悉入一身，于一身出无量诸身”，“于一切佛法悉入一法，令一法入一切佛法，”等等。[①]由于有智、有入法，进而便可安住十种直心，如“安住一切世界语言、非语言法直心，安住正念一切众生直心，安住虚空界直心，安住法界无量无边直心，安住一切佛、顺正法直心，安住甚深善法、不坏正法直心，安住除灭一切疑惑直心，安住等观三世法直心，安住三世诸佛平等直心，安住诸佛无量力直心。”安住十心，又可进一步得诸佛十种善巧方便法，如“普照一切诸佛深法，得巧方便，分别演说一切诸佛庄严之法，得巧方便，入不可坏诸佛法，得巧方便”，等等。[②]

菩萨之所以为菩萨，是因为菩萨有圣者气象。诸经开头一般都有对与会圣者人格形象、圣者气象的描述，如：“诸漏已尽，无复烦恼，心得好解脱，慧得好解脱，其心柔和，犹调伏象；内外清净究竟，断除五阴重担；所作已办，不受后有，犹如诸佛解脱无为。”[③]

从菩萨与小乘圣人的关系看，他们有心身上的一致性，如他们“诸漏已尽、皆得自在，其心调柔，如香象王随顺善道，心得解脱，智慧无碍，舍离重担，所作已办，永断诸有，所修禁戒，清净微妙，心到彼岸，威德巍巍，有大名称，具足成就，得八解脱。”[④]也有这样的描述：“诸漏已尽，无复烦恼，心得自在，心善解脱，慧善解脱。……其心调伏，坚固不退，世间八风，所不能动。……智慧无边，同于虚空，三昧微妙，甚深如海，心不摇动，如须弥山，清净无秽，犹如莲华，心善明净，如摩尼宝，其心皎洁，如炼真金。”[⑤]声闻缘觉与菩萨一样也有自己的十地，如声闻十地、缘觉十地、菩萨十地。这十地在形式内容上有一致性，当然有量和部分质的差别。[⑥]例如，菩萨在十地的每一地，其心均有两面：一是有较之以前的进步的、殊胜的心，二是有待调伏、矫正的心。就正面、进步的心而言，

---

①《大方广佛华严经》卷33，[东晋]佛驮跋陀罗译，《大正藏》第9册，第607页。
②《大方广佛华严经》卷33，[东晋]佛驮跋陀罗译，《大正藏》第9册，第608页。
③《力庄严三昧经》卷上，[隋]那连提耶舍译，《大正藏》第15册，第711页。
④《大方等无想经》卷1，[北凉]昙无谶译，《大正藏》第12册，第1077页。
⑤《大乘宝云经》卷1，[梁]曼陀罗仙共僧伽婆罗译，《大正藏》第16册，第241页。
⑥《大乘同性经》卷下，[宇文周]阇那耶舍译，《大正藏》第16册，第650页。

可这样概括：初地之所以为名“欢喜地”，是因为已证得了出世之心。“昔所未得，而今始得”，当然高兴，故名。二地之所以名为“无垢地”，是因为一切垢净，垢即“诸微细垢、犯戒、过失”等。[①]三地之所以名为“发光地”，是因为“无量智慧三昧光明”，“不可倾动，无能摧伏”，以陀罗尼为根本。四地之所以名为“焰慧地”，是因为此地菩萨“以智慧火烧诸烦恼，增长光明”。[②]五地之所以名为“难胜地”，是因为此地菩萨知修治烦恼难伏，但他们又能伏。通过方便修行而得胜智自在。这是极难得的，故名。六地之所以名为“现前地”，是因为此地菩萨通过修行让法相了了现前，“无相思惟，皆悉现前。”七地之所以名为“远行地”，是因为此地菩萨“远修行”，行至心灵之深远处，如进行“无漏、无间、无相思惟”，此地清净，无有障碍，远离凡夫生活之地。八地之所以名为“不动地”，是因为菩萨通过“无相思惟”而修得了自在，令心真正坚固起来了，“诸烦恼行不动令动”。九地之所以名为“善慧地”，是因为此地菩萨的智慧获得极大增长，以至自在无碍，即使说一切有差别相的法，仍是自在，“无患无累”。十地之所以为“法云地”，是因为此地菩萨“法身如虚空，智慧如大云”，能遍覆一切。[③]

首先，菩萨与声闻、缘觉圣人尽管有相同的心理，但也有超越的一面，这表现在：菩萨之心是“无夺心”，“永已舍施，更无夺心，……不住相心，不舍相心”，[④]“是心通一切法”。[⑤]然后，菩萨的心更清净、更广大。其更清净表现在有四种清净：一是增上意乐清净，这是初地特点；二是增上戒清净，为二地所有；三是增上心清净，为三地所有；四是增上慧净，为后七地共有。更广大的表现是，菩萨心等虚空，因此能够做到自利利他，无缘大慈、同体大悲。[⑥]应注意的是，菩萨与声闻缘觉的心的差别只是心量上的差别，质上没有根本不同，因为他们同有圣心。如经云：“无限、无碍，其心泰然，是菩萨学。有限、有碍，其心偏局，是声闻学。庶慕大乘，进退无慧，心存中跱（心中有所立），是缘觉学。”[⑦]换言之，菩萨是有“无等等心、不共声闻独觉等心”之人。“诸菩萨摩诃萨从初发心不见

---

① 《金光明最胜王经》卷4，[唐]义净译，《大正藏》第16册，第419页。
② 《金光明最胜王经》卷4，[唐]义净译，《大正藏》第16册，第419页。
③ 《金光明最胜王经》卷4，[唐]义净译，《大正藏》第16册，第419页。
④ 《合部金光明经》卷2，[隋]宝贵合，《大正藏》第16册，第370页。
⑤ 《合部金光明经》卷3，[隋]宝贵合，《大正藏》第16册，第372页。
⑥ 《解深密经》卷4，[唐]玄奘译，《大正藏》第16册，第703页。
⑦ 《超日月三昧经》卷上，[西晋]聂承远译，《大正藏》第15册，第534页。

少法有生有灭、有增有减、有往有来、有染有净，若不见法有生有灭、有增有减、有往有来、有染有净，亦不见有声闻、独觉、菩萨等心，是名菩萨摩诃萨无等等心、不共声闻独觉等心。”①当然，菩萨与声闻缘觉在心行上还有许多区别。《入楞伽经》对此讨论很多，如：卷第七从所证境界上说明了他们的区别。就他们都入灭尽定来说，菩萨从初地至七地都在修灭尽定，至第七地可入“念念入灭尽定”，其特点是：“远离一切诸法有无相”。②之所以如此，是因为菩萨已证得了三界唯心的真理。而小乘人“不能念念入灭尽定”，因为他们“缘有为行，入灭尽定，堕在可取、能取境界”，③有对三昧乐、涅槃相的执著。再如，菩萨与小乘人在心与法的关系问题上，认知、态度也有很大差别。“七地菩萨摩诃萨转灭声闻、辟支佛心意意识，……初地乃至六地菩萨摩诃萨，见于三界但是自心心意意识，离我、我所法，……不堕外法种种诸相。”④最后，尽管他们都有对涅槃的追求，但小乘人乐著三昧、涅槃，“生涅槃想”，⑤住于涅槃，而菩萨证涅槃而不住涅槃，入涅槃而不灭。总之，相对于小乘圣人来说，菩萨是有大乘相之人。有人问：“何等是菩萨摩诃萨大乘相？”佛答曰：“大乘相者，谓内空、外空、内外空、空空、大空、胜义空、有为空、无为空、毕竟空、无际空、散无散空、本性空、自共相空、一切法空、不可得空、无性空、自性空、无性自性空。”⑥质言之，菩萨的心空得更大、更多、更彻底。

研究以菩萨为代表的圣心，表面上只有人生哲学和解脱论的意义，其实实际上同时具有求真性心灵哲学的意义，因为佛教对圣心的研究、阐述既涉及对心的范围、深度的认识，更表明佛教对心的本质的认识有世间心灵哲学所未触及的方面。从特定意义说，世间心灵哲学对心的认识只局限在凡心及其本质之内。而佛教在关注凡心后的圣心时，不仅拓展了心的认识的范围，将对心的认识的层次向深度推进了，而且对心的本质形成了独到的认识。这不仅体现在佛教对菩萨心的结构、特点的上述说明之中，也体现在一些关于凡心、小乘心、菩萨心、佛心的本质与关系的比喻性说明中。例如：佛教用月的圆缺来说明它们的本质与关系。

---

①《大般若波罗蜜多经》卷486，[唐]玄奘译，《大正藏》第7册，第470页。
②《入楞伽经》卷7，[元魏]菩提流支译，《大正藏》第16册，第554页。
③《入楞伽经》卷7，[元魏]菩提流支译，《大正藏》第16册，第554页。
④《入楞伽经》卷7，[元魏]菩提流支译，《大正藏》第16册，第554页。
⑤《入楞伽经》卷7，[元魏]菩提流支译，《大正藏》第16册，第555页。
⑥《大般若波罗蜜多经》卷413，[唐]玄奘译，《大正藏》第7册，第72-73页。

根据这个比喻，凡心就像被乌云笼罩的月亮。在这里，月亮是真实存在的，但并未显现，显现的只是乌云。这意味着，凡心有对身体、环境等的依赖性，表现出浅层的本质特点。如果只注意这些，即使对其本质有详尽的认识，那么充其量只触及了表层的本质。根据佛教的观点，世间心灵哲学做得再好，也只是表面的。声闻和缘觉等小乘人的心就像从云缝里露出的月亮。在这里，妄心中的真心开始显露，但只是局部的。尽管如此，这个事实已开始有力地说明：心灵的内部构成、奥秘不只世间心灵哲学所认识到的那些，其后或其外，还有极其广大的心理世界，其本质也不只是世间心灵哲学所认识的那些。再进一步，菩萨之心像快圆满显现的月亮，即心的更多的内容和本质得到了更充分的显现，但还有欠缺。佛心则将心的全部本质完全、圆满地显现出来了。它像虚空一样，广大无边，寂然纯净，但本觉妙明，灵明不昧。

第三节　成圣的心理学机制与“增上心学”

从旨趣上说，佛教的心理哲学是圣学心理学或心理学圣学。因此它自然要探讨成圣的心理学机制以及成圣的心理操作方法。这类操作方法主要包括在佛学的定学之中，因此定学又被称作“增上心学”。“增上”即“增进助长”，具体而言之，如果一种作用有助于或无碍于某一物之发生、发展，那么即为增上。《阿毗达磨俱舍论》云：“即心一境相续转时，名三摩地，契经说此为增上心学故，心清净最胜，即四静虑故。”[①]从广义上说，“增上心学”可以理解为佛教中的这样一种理论和实践，即研究能推进由凡转圣之条件和作用并付诸实践的心“理”学。

佛教揭示去凡成圣的心理学机制的方法就是：分别解剖圣人和凡夫的心理状态、条件。很明显，圣人和凡夫的存在是客观的事实，而每种事实的成立都是依赖于特定的、相应的必要条件的。例如：凡夫作为凡夫是建立在相应的条件之上的，而圣人作为圣人也是如此。如果能分别找到决定凡夫和圣人的心理条件，那么无异于找到了由凡转圣的心理学机制。《大乘密严经》认为，众生之所以为众生，就是因为他们的阿赖耶识“为戏论熏习，诸业所系”，“阿赖耶识变似众境，

① ［古印度］世亲菩萨：《阿毗达磨俱舍论》卷28，［唐］玄奘译，《大正藏》第29册，第145页。

弥于世间，染意攀缘执我、我所”，[①]所以他们轮回不已。反之，“若自了知，如火焚薪，即皆息灭，入无漏位，名为圣人。”[②]之所以能如此，是因为此识既是染法之所依止，又是净法之所依止。它“如摩尼宝，体性清净，若有置于日月光中，随其所应，各雨其物。阿赖耶识亦复如是，是诸如来清净之藏。……若无漏相应，即雨一切诸功德法。”[③]可见，凡夫之为凡的心理学根源是：他们的阿赖耶识为戏论熏习，与有漏染法相应，进而“雨”的是一切恶法或善恶参半的法。圣者恰恰相反，其阿赖耶识与无漏相应，得到的是让里面的成佛种子得到生长的条件，因此“雨”的是一切功德法。不仅如此，阿赖耶识还是诸法的总根源。例如：人所得到的各种眼耳等识，以及诸外境，“皆阿赖耶识之所变现”，“一切众色皆阿赖耶”，“一切众生若坐若卧，若行若立，昏醉睡眠乃至狂走，莫不皆是阿赖耶识”。它还“为生死法之所摄持。往来诸趣，非我似我，如水中有物，虽无思觉而随于水，流动不住，阿赖耶识亦复如是”。“虽无分别，依身运行。”“是诸如来清净种性，于凡夫位，恒被杂染。”“能作世间，于世自在”。[④]成佛的秘密也在此识之中，只要离计分别让其自体清净之性显现，凡即转圣。《大乘密严经》云：“阿赖耶识是意等诸法习气所依，为分别心之所扰浊，若离分别，即成无漏，无漏即常，犹如虚空。”[⑤]

根据《大乘密严经》，阿赖耶识的体性是本净的，凡夫的也不例外。有道是：“一切众生阿赖耶识，本来而有圆满清净，出过于世，同于涅槃。”[⑥]尽管现实的人没有表现出这种圆满性，但每个人的圆满性丝毫不差，就像挂在天上的不圆之月一样，不管其表现如何，但它的圆满体性“未尝增减”。阿赖耶识也是这样，普现于一切众生之上，“性常圆洁，不增不减。”此识是“一切染净之法”[⑦]的所依，是众生成圣成凡的根据、原因。如果以先前业力和爱为因，那么就生于世间，如果能转染为净，不造众业，那么就可将清净本性显现出来。

《入楞伽经》的基本思想无二无别，当然，表述略有不同。根据此经，阿赖

① 《大乘密严经》卷下，[唐]地婆诃罗译，《大正藏》第16册，第741页。
② 《大乘密严经》卷下，[唐]地婆诃罗译，《大正藏》第16册，第741页。
③ 《大乘密严经》卷下，[唐]地婆诃罗译，《大正藏》第16册，第741页。
④ 《大乘密严经》卷下，[唐]地婆诃罗译，《大正藏》第16册，第741页。
⑤ 《大乘密严经》卷下，[唐]地婆诃罗译，《大正藏》第16册，第741页。
⑥ 《大乘密严经》卷中，[唐]地婆诃罗译，《大正藏》第16册，第737页。
⑦ 《大乘密严经》卷中，[唐]地婆诃罗译，《大正藏》第16册，第737-738页。

耶识中潜藏着如来藏，而如来藏是善因、不善因，能与六道作生死因缘。就其是人的善与不善、圣与凡的总根源来说，如来藏又可称作阿赖耶识。如来藏是清净相，是如来境界，与眼耳等识俱，但本身不生不灭，因为如来藏是诸法体性，超越见闻觉知。阿赖耶识者，“名如来藏，而与无明七识（即八识中的其余七识）共俱，如大海波，常不断绝。”①这与《唯识三十颂》所说的“恒转如瀑流”是一致的。它变化无常，但又相续不断。其体性也是清净的，“离无常过、离于我过，自性清净”。②它是执持诸识和生命的根本，凡圣皆不例外。一切凡夫及诸圣人，依此识“故有生有灭”。③它也是人们能由凡转圣的机制，正是因为依于它，所以“诸修行者，入自内身圣行所证，现法乐行，而不休息。”④在特定意义上，又应说：“如来藏识不在”⑤阿赖耶识中，因为七种识有生有灭，而如来藏不生不灭。

《解深密经》认为，第八识由于阿陀那（阿赖耶的功能之一）的依止、建立作用，便使人身上出现了这样的现象，即意识的流动、根身的变迁、内面所储存的种子的相续不断，但前后两个时间点又没有任何同一性。该经将此现象称作“瀑流”。由于此瀑流根源于阿陀那，因此也可把第八识称作恒转的瀑流。就像海水“自类恒流，无断无尽”⑥一样。还可以说，它就像镜面一样，镜子里面有很多影子，影子变动不居，尽管有多影出现，但不是“镜面转变为影”，“亦无受用灭尽可得”。同理，“瀑流阿陀那识为依止、为建立故，若于尔时，有一眼识生缘现前，即于此时一眼识转，若于尔时，乃至有五识身生缘现前，即于此时五识身转。”⑦如果能由此识的这样特点出发，深入谛观下去，那么就可通达佛所开示的心意识秘密行法，即通过谛观而彻悟诸法甚深的空无谛理。心外之法因前六识而假有，而此六识根源于此第八识。第八识是什么呢？用佛开示的秘密善巧方法谛观便知：它川流不息，无我，无有实体，本来空寂，不可得，不可见。“若诸菩萨于内各别，如实不见阿陀那，不见阿陀那识，不见阿赖耶，不见阿赖耶识，不见积集，不见心，不见眼色及眼识”，⑧不见其余诸识，这种观法及境界就是“胜义善

① 《入楞伽经》卷7，[元魏]菩提流支译，《大正藏》第16册，第556页。
② 《入楞伽经》卷7，[元魏]菩提流支译，《大正藏》第16册，第556页。
③ 《入楞伽经》卷7，[元魏]菩提流支译，《大正藏》第16册，第557页。
④ 《入楞伽经》卷7，[元魏]菩提流支译，《大正藏》第16册，第557页。
⑤ 《入楞伽经》卷7，[元魏]菩提流支译，《大正藏》第16册，第556页。
⑥ 《解深密经》卷1，[唐]玄奘译，《大正藏》第16册，第692页。
⑦ 《解深密经》卷1，[唐]玄奘译，《大正藏》第16册，第692页。
⑧ 《解深密经》卷1，[唐]玄奘译，《大正藏》第16册，第692页。

巧”，[①]如来之所以为如来，就是齐此善巧。换言之，如果行者能善行此法即为菩萨，“齐此名为于心意识一切秘密善巧菩萨”。[②]

《大佛顶首楞严经》认为，众生生死轮回的原因在于妄想当道、真心隐覆。“当知一切众生，从无始来生死相续，皆由不知常住真心、性净明体，用诸妄想，此想不真，故有轮回。”[③]因此要“出离生死，皆以直心”，因为“心言直故，如是乃至终始地位中间，永无诸委曲相”。[④]此心坚固如金刚，证得发明了它，以之为基础，就不会有生死的转化、不会有诸变动、“委曲”之相。该经卷第四指出：众生的特点在于“诸众生从无始来，循诸色声，逐念流转，曾不开悟性净妙常，不循所常，逐诸生灭，由是生生杂染流转。若弃生灭，守于真常，常光现前，尘根识心，应时销落，想相为尘，识情为垢，二俱远离，则汝法眼应时清明，云何不成无上知觉？”[⑤]该经卷第五指出：众生要解结，必先知结。什么是结？“使汝轮转生死结根，唯汝六根，更无他物。”[⑥]更根本的原因是无明。而知又是无明之本，经云：“知即无明本。”[⑦]既然如此，去凡成圣的出路便昭然若揭，那就是，“汝等一人，发真归元，此十方空皆悉销殒。”[⑧]即如果让六根泯灭，让心识转化，转识成智，实现心、六根的否定之否定，那么行者当即回归自性妙圆清净本元。[⑨]

《金刚心总持论》指出：“心是身主，身是心用。所以者何？佛由心成，道由心学，德由心积，功由心修，福由心作，祸由心为，心能作天堂，心能作地狱，心能作佛，心能作众生，是故心正成佛，心邪成魔。”[⑩]“一切诸佛及诸佛阿耨多罗三藐三菩提法，皆从自心流出。”这个作为本心、自性的心，即“金刚心”，“悟此心者，名悟佛心”。可见，心成即佛成。而要修心成佛，又必须了知“进道功程”。此进程有四步或可表述为“四句”。此四句是“超凡入圣，进道门路”。一是“悟身空”，即彻悟自身“种种不净，四大假合，终须败坏”。二是“悟心空”，即观自心，非生非灭，最圣最灵，遇境似有，境灭还无。“令悟真心常觉不昧，

① 《解深密经》卷1，[唐]玄奘译，《大正藏》第16册，第692页。
② 《解深密经》卷1，[唐]玄奘译，《大正藏》第16册，第692页。
③ 《大佛顶首楞严经》卷1，[唐]般剌蜜帝译，《大正藏》第19册，第106页。
④ 《大佛顶首楞严经》卷1，[唐]般剌蜜帝译，《大正藏》第19册，第107页。
⑤ 《大佛顶首楞严经》卷4，[唐]般剌蜜帝译，《大正藏》第19册，第124页。
⑥ 《大佛顶首楞严经》卷5，[唐]般剌蜜帝译，《大正藏》第19册，第124页。
⑦ 《大佛顶首楞严经》卷5，[唐]般剌蜜帝译，《大正藏》第19册，第124页。
⑧ 《大佛顶首楞严经》卷9，[唐]般剌蜜帝译，《大正藏》第19册，第147页。
⑨ 《大佛顶首楞严经》卷4，[唐]般剌蜜帝译，《大正藏》第19册，第123页。
⑩ 《金刚心总持论》，中国佛学院印行，第3-5页。

不随妄想流转，但依真性主行”。①三是“悟性空”，即观自性，“寂然不动，感而遂通，变化无穷，……明明了了，……灵灵寂寂，无为常为。”四是“悟法空”，即观如来的教法亦是空寂，本无能说、所说，但为教化众生，佛便方便导引。其实质是：“如水洗尘，似病与药，令证心空法了，病退药除。”②

《维摩诘所说经》指出：罪福、染净取决于心之所住。“心垢故众生垢，心净故众生净，心亦不在内、不在外、不在中间。如其心然，罪垢亦然，诸法亦然，不出于如。……一切众生心相无垢。”③这里的心即本体、如如之心。此心本净。之所以有染垢，是因为有妄想。一当妄想除灭，心即恢复清净。故可说：“妄想是垢，无妄想是净。”④因此灭罪、除垢的方法很简单，那就是让心空明起来，平直起来。因为直心是佛净土，所以随其心净，则佛土净。

《大方广佛华严经不思议佛境界分》也表达了心能贤圣、心能凡夫、心能天堂、心能地狱的思想，如说：“一切法，不离于想”，“想能作佛，离想无有。如是三界一切诸法，皆不离心，若能了知一切诸佛及一切法性惟心量”，⑤即能当得解脱，生于极乐净佛土中。

《佛说忠心经》指出：佛说法四十九年，说了不计其数的法，或者说，佛说了上语、中语和下语，不管什么语，它们都是善语，“语中深说度世之道，政心为本”。⑥

《宗镜录》指出：做人是成为凡夫还是圣贤，取决于心之所使，即是生活于哪一法界之中，“观根尘相对，一念心起，于十界中必属一界。”⑦只要心空，即生佛界。“以心空故，从心所生，一切皆空，此空亦空。若空非空，点空设假，假亦非假，无假无空，毕竟清净”，⑧当即成佛。因此可得出结论：“清净之心，此是本师。”⑨

佛教不仅揭示了去凡成圣的心理学根源与机制，而且还花大量的篇幅说明了

---

①《金刚心总持论》，中国佛学院印行，第3-5页。
②《金刚心总持论》，中国佛学院印行，“四句偈论第四”，第8-9页。
③《维摩诘所说经》卷上，[姚秦]鸠摩罗什译，《大正藏》第14册，第541页。
④《维摩诘所说经》卷上，[姚秦]鸠摩罗什译，《大正藏》第14册，第541页。
⑤《大方广佛华严经不思议佛境界分》，[唐]提云般若译，《大正藏》第10册，第908页。
⑥《佛说忠心经》，[东晋]竺昙无兰译，《大正藏》第17册，第550页。
⑦[宋]延寿：《宗镜录》卷2，《大正藏》第48册，第425页。
⑧[宋]延寿：《宗镜录》卷2，《大正藏》第48册，第425页。
⑨[宋]延寿：《宗镜录》卷29，《大正藏》第48册，第588页。

去凡成圣的心理学条件与方法。这一部分内容构成了佛教心理哲学的“增上心学”。其中的主要内容是定学，或者说就是广义的禅定。所谓“定”即指安定，是让动摇、纷扰、躁动的心回归到本来净清的状态。如禅宗所说：外离相为禅，内不散乱为定。此定学同是戒学、慧学。因为《大佛顶首楞严经》对戒的规定是：“摄心为戒”。戒当然会表现为种种对具体行为的约束、规范，而真正规范的戒行不外是把心管住，让其平直、不动不摇。慧学讲的是看待世界万物的智慧、观点和态度，目的是让人建立起一种过滤装置。有了这一装置，一切纷扰的刺激进到里面都能转化成平等不二的状态。因此，慧学的目的与戒学、定学的目的无二无别，即都是要让人的心平静下来。为什么要这样？因为平常心是道，直心是佛，心净则佛土净，“心靖则喜”。这里的“喜”是作为涅槃四德的大安乐，是无上的法喜，而“靖”有平等、不动摇、安定、平安、平定等意。

增上心学要解决的问题是：如何安心或住心，即如何善巧安心，如何让心系于最靠得住、永远靠得住的依止之上。例如“学四念处”，就是要“善系心住”，“外散之心，摄令休息，不起觉想”。①这就是佛教定学的任务，也是佛教心理哲学的任务。

阿含类经也有中道的思想，如强调：在行持和义理中都应贯彻这一原则。其基本精神是：不落二边，但又不是折中，不是模棱两可，更不是两极端的调和，而是出离种种执见，息灭一切戏论。中道在行为中的表现是：既不执着欲乐，又不堕入无义利的自苦。知见上不落一与异、断与常、有与无、来与去二边。心性的中道是：不勇不没，心住平等。②

《大佛顶首楞严经》不仅在揭示去凡成圣的心理学机制上做出了巨大的贡献，而且对成佛的顿渐二门作了详尽的论述。这里只讨论渐门。该经指出：去凡成圣不外是要审视、斩断烦恼根本。抓住了这一点就是抓住了问题的关键或主要矛盾，就是真正的在“解结”。要解结，先要知结及所结，“不见所结，云何知解？”③根据该经，结不外是人的分别心。而分别知见形成的根源是由器形异，把统一的世界析解为多。其实这是虚妄分别。因为眼之见，耳之听，等等，其实不是必然的，而是选择性产物。其根源在于“妄粘”，即错误的连接、攀附。“如太虚空，参合

①《杂阿含经》卷24，[刘宋]求那跋陀罗译，《大正藏》第2册，第172页。
②《杂阿含经》卷20，[刘宋]求那跋陀罗译，《大正藏》第2册，第145-146页。
③《大佛顶首楞严经》卷4，[唐]般剌蜜帝译，《大正藏》第19册，第122页。

群器，由器形异，名之异空。除器观空，说空为一。彼太虚空，云何为汝成同、不同？”[①]原因在于以其中的物为参照来识空，这一来，统一的空，就成了异。“六受用根，亦复如是”。[②]如果能逆转过来，眼见色而不生分别，还事物以平等不二、无分无别的本来面目，那么自然能让“心靖”。

当然，千百年形成的习惯，要“转”可不是那么容易的事情，非经累世的、刻苦的修行、改造，不足以达到目的。要如此，首先要发大心。发心有两种：一是以生灭心为本修因，这样发心，不可能得到佛乘的不生不灭；二是以无生灭心为本修因，“为因地心”。[③]唯其如此才能圆成果地修证。因为菩提自有，不从因缘，“因缘、自然，俱为戏论”。“成一体者，名和合性，非和合者，称本然性。本然非然，而合非合，合然俱离，离合俱非，此句方名无戏论法。”[④]总之，大休歇，一一如如，即是真发菩提心。其次，要成佛，必须具行六度万行，广学三无漏学。以后者为例，三无漏学讲的是这样的三原则，即摄心为戒，因戒生定，因定发慧。摄心为戒，即佛戒，故经云：“摄心，我名为戒。”[⑤]怎样摄心？回答是：只要做到心不缘色声香等一切魔事，就行了。若心散乱，不能除灭宿习，便一心诵咒。[⑥]

《大乘随转宣说诸法经》指出：是圣是凡，是解脱还是轮回，取决于心之所行。如果“心行染欲”，[⑦]跟着欲望、感觉走，那么将轮回苦海，永无出期。如果“心行善行”，[⑧]即进行空无化的心理操作，不管来什么念想，就清除什么念想，“除彼妄想，无诸分别，了法空寂，无空见，无愿见，……”，乃至，“无佛见，无菩提见”，[⑨]一念不生，便必得菩提。而得菩提“名为解脱”。[⑩]文殊菩萨问：“云何离除业障，得清净心？”佛答曰：“当学一切法，了知诸法”，也就是要让“空智现前”，[⑪]佛来佛斩，魔来魔斩，即用空智谛观所现起的诸法，“观想了知”它们

① 《大佛顶首楞严经》卷4，[唐]般刺蜜帝译，《大正藏》第19册，第123页。
② 《大佛顶首楞严经》卷4，[唐]般刺蜜帝译，《大正藏》第19册，第123页。
③ 《大佛顶首楞严经》卷4，[唐]般刺蜜帝译，《大正藏》第19册，第122页。
④ 《大佛顶首楞严经》卷4，[唐]般刺蜜帝译，《大正藏》第19册，第121页。
⑤ 《大佛顶首楞严经》卷6，[唐]般刺蜜帝译，《大正藏》第19册，第131页。
⑥ 《大佛顶首楞严经》卷7，[唐]般刺蜜帝译，《大正藏》第19册，第133页。
⑦ 《佛说大乘随转宣说诸法经》卷上，[宋]绍德等译，《大正藏》第15册，第774页。
⑧ 《佛说大乘随转宣说诸法经》卷上，[宋]绍德等译，《大正藏》第15册，第774页。
⑨ 《佛说大乘随转宣说诸法经》卷上，[宋]绍德等译，《大正藏》第15册，第774页。
⑩ 《佛说大乘随转宣说诸法经》卷上，[宋]绍德等译，《大正藏》第15册，第774页。
⑪ 《佛说大乘随转宣说诸法经》卷中，[宋]绍德等译，《大正藏》第15册，第776页。

的“生住异灭”。[①]如果这样加以谛观，那么必认识到它们“念念无常，刹那生灭，一切虚妄，无有真实”。[②]

《文殊师利问菩提经》认为，要成佛，必行菩萨道，而菩萨道即大悲。大悲以何为本？答言：“以直心为本”，而直心的本又是“于一切众生等心”，[③]即以平等心为本。等心又以无差别行为本。其后的本还可依次追至：深净心——无上菩提心——六波罗蜜——方便慧——不放逸——三善行——十善业——摄六根——正忆念——正观——坚念不忘心。坚念不妄心实即金刚不坏之心或如虚空之心。[④]

《大方广宝箧经》指出：要成佛，做好一个字就够了，那就是“净”。因为诸法的体性是净，所以回归此净即是佛。经云：“无生无灭，无去无来，是名为净。无妄想、无分别，无高无下，无作无不作，无暗无明，无恼无不恼，无缚无解，无生死无涅槃，是名为净。”“所言净者，实无有法。”若悟此理，便不难明白：“菩萨根本自净”。[⑤]

“政（正）心为本”是《佛说忠心经》所提出的一个宝贵命题。经云：“上语亦善，中语亦善，下语亦善。语中深说度世之道，政心为本。”眼耳鼻舌身，“是五者皆属心，心为本，佛言诸比丘，欲求道者，当端汝心。”[⑥]由上不难悟出如下用功的方法：“欲求道者，当端汝心，于闲处坐，自呼吸其气息，知息短长，长者不报，形体亦极，闭气不息，形体亦极。分别思惟，形体谁作者？心当视内，亦当视外。”[⑦]

第四节 菩萨的心路历程

佛教心灵哲学还基于个案研究和对心理的理论探讨，揭示了菩萨之转凡成圣的心理学原理和方法。菩萨作为圣人不是生下来就使然，而同样是“始自凡夫”。

①《佛说大乘随转宣说诸法经》卷中，[宋]绍德等译，《大正藏》第15册，第776页。
②《佛说大乘随转宣说诸法经》卷中，[宋]绍德等译，《大正藏》第15册，第776页。
③《文殊师利问菩提经》，[姚秦]鸠摩罗什译，《大正藏》第14册，第482页。
④《文殊师利问菩提经》，[姚秦]鸠摩罗什译，《大正藏》第14册，第482页。
⑤《大方广宝箧经》卷上，[刘宋]求那跋陀罗译，《大正藏》第14册，第469页。
⑥《佛说忠心经》，[东晋]竺昙无兰译，《大正藏》第17册，第550页。
⑦《佛说忠心经》，[东晋]竺昙无兰译，《大正藏》第17册，第551页。

其出发点是当下的随便一念妄心，将之一个一个地调适、改造，直至断除，最后才让真心如实显现，进而完成了转凡成圣的大业。

《维摩诘所说经》曾明确提出了这样的问题：解脱或成圣于何处求？从理体上说“解脱者无所言说”，因为它离言绝相，但从事上说，“言说文字皆解脱相”。因为解脱不在内，不在外，不在两中间，文字也有此体性，所以“无离文字说解脱也”。不仅文字是解脱相，“一切诸法”也是“解脱相”。应于何处求解脱？回答是：应于当下任何一念、一法求解脱。如经云：“不复以离淫怒痴为解脱。”[①]意思是，当下的包括淫怒等在内的念想都是进入解脱的入处，这些东西本身甚至就是解脱。因此菩萨的行处，恰恰是众污染、烦恼之处，如“六十二见、四颠倒、五覆盖、一切无功德辈，是菩萨行”。[②]此即烦恼即菩提，生死即涅槃。

《佛说须真天子经》的说法名异义同，如强调：菩提涅槃应于诸见、烦恼中求，“菩萨道于爱欲中求”。换言之，“菩萨不从三脱门而求道。”[③]其原理在于：空、无相、无愿三脱门中“无心意识，念亦无动”，而“有心意识、念动者，乃成其道”。[④]染污之心、烦恼无疑是“非道”，而事物的辩证法恰恰在于：要行圣道、通达圣道，只有“行于非道”。[⑤]可见，菩萨不拒绝诸恶之行，又离不开“非道”。因为人一开始不可能是圣贤，另外，这样行还有这样的作用，即转化声闻人，令入大乘。

转凡成圣，首先要知心始、心终。菩萨心的特点在于：精进。“云何菩萨心精进耶？所谓心始心终。云何心始？初发心故。云何心终？菩提心寂灭故？”[⑥]要成为菩萨，发心至关重要，是故应知“心始”。不仅救护自己要有好的发心，而且救护众生也是这样。有“三种随顺菩提门法”。[⑦]此三法实即救护众生时应具备的三种心态，具备了，就能收到更佳的自利利他、自觉觉他的效果，如让救护者和被救者同证菩提，同获妙心。“何等三种？一者无染清净心”。[⑧]无染的表现是：

---

①《维摩诘所说经》卷中，[姚秦]鸠摩罗什译，《大正藏》第 14 册，第 548 页。
②《佛说须真天子经》卷 4，[西晋]竺法护译，《大正藏》第 15 册，第 110 页。
③《佛说须真天子经》卷 4，[西晋]竺法护译，《大正藏》第 15 册，第 110 页。
④《佛说须真天子经》卷 4，[西晋]竺法护译，《大正藏》第 15 册，第 110 页。
⑤《维摩诘所说经》，[姚秦]鸠摩罗什译，《大正藏》第 14 册，第 549 页。
⑥《大方等大集经》卷 28，[北凉]昙无谶译，《大正藏》第 13 册，第 193 页。
⑦[古印度]婆薮槃豆菩萨：《无量寿经优波提舍》，[元魏]菩提流支译，《大正藏》第 26 册，第 232 页。
⑧[古印度]婆薮槃豆菩萨：《无量寿经优波提舍》，[元魏]菩提流支译，《大正藏》第 26 册，第 232 页。

不以求自乐为目的，或根本不有这样的念想，因此心纯净无染。“二者安清净心”。[①]安即安稳、平安。这种清净心的特点是由拔众生故而使然。“三者乐清净心”。[②]此清净心以乐为特点，而乐是由令众生得菩提为条件的。

发心实即让人进入这样一些心态，如：发菩提心者，所谓拔济苦恼诸众生故；发大悲心，平等福祐诸众生故；发大慈心，除灭诸众生诸苦蕴故；发安乐心，为息众生不善心故；发饶益心，救护畏怖众生故；发哀悯心，舍离执著障碍法故；发无著心，周遍法界诸佛刹故；发广大心，等虚空界无不往故；发无边心，见一切佛妙色身故；发无垢心，观三世法智无尽故；发清净心，为普入一切智智甚深海；发大智心。生如是种种心，即是发菩提心。

《大方等大集经》认为，有三十二种发心，这也是发心人应常持的三十二种心，或可称作“三十二菩萨宝心”。它们分别是：发心度一切众生；发心令金佛种不断绝；发心持佛法不灭尽；发心守护僧众；发心施众生圣法；发心为众生修集大慈，令众远离烦恼诸苦；发心为众生修集大悲；发心护持禁戒；发心修忍；发心精进；发心修定；发心修慧；发心知众生平等无二；发心破除三毒；安住善法、苦乐不动；发心得无怖无畏；发心庄严智慧；发心常闻佛佛法；发心如闻而说；发心得广大法聚；发心赞叹净戒；发心破众生七种慢；发心知众生上中下根；发心破诸魔恶业；发心施众生安乐；发心破众生苦心；发心具足成就得佛法；发心知有为法；发心乐一切助菩提法；发心为见空；无相愿；发心既畏诸有又护诸有；发心见生死过而不厌悔；发心得菩提；受无上乐舍。[③]

要发这样的菩提心，没有善根，心态不好，态度不端正，是不能如愿的。只有广积福德、无爱著、离骄慢、心无高下、心不舍众生，“恒观察如来境界，欣求修习，至究竟故，要恒利益安乐一切诸众生故，如是乃能发菩提心。”[④]反之，则不能发。

还有一种更高级的发菩萨心，其特点是发而无发，不发而发，例如“即发即离”，如经云：“过一切，发是发心住”，“无发是发菩提心住”。[⑤]这里的“过”或

① [古印度]婆薮槃豆菩萨：《无量寿经优波提舍》，[元魏]菩提流支译，《大正藏》第26册，第232页。
② [古印度]婆薮槃豆菩萨：《无量寿经优波提舍》，[元魏]菩提流支译，《大正藏》第26册，第232页。
③《大方等大集经》卷5，[北凉]昙无谶译，《大正藏》第13册，第31-32页。
④《大方广佛华严经》卷6，[唐]般若译，《大正藏》第10册，第681页。
⑤《伽耶山顶经》，[元魏]菩提流支译，《大正藏》第14册，第484页。

“无”就是要求在发心时不执著一切法，不破坏，如实际，不秽、不盖、不异、不一。这样的发心，才是真发菩提心。

要成就菩萨心，除正确发心之外，还要落实到心行中，如说而行。怎样起修用心呢？在真正实证实修的过程中，首先要抉择正法、邪法。要如此，又必须用心思维，然而思想有两种分别。一是用识心，如此用心，无异分别之上再分别，像《大佛顶首楞严经》说的，以妄心求出离，把妄心当自性，其结果如同煮沙成饭。二是“谛思惟”，即八正道的正思维，这是一种思慧，如实的、不分别的思维，以离、不分别为特点。只有如此“谛思惟”，才能“无忝哀慕”，①不辜负佛的哀悯和期望。

要成就菩萨心，最重要的心行是空行、慈悲行，空悲双运。空行即空心、无作、无住、无念。“菩萨具足修无相心，而心未曾住于作业。”②虽行三昧，但不取证；“行生死火，不为所烧，……成就方便入一切定，亦不为定之所诳惑，具方便故；虽行诸行，心无染著；虽为邪见说沙门果，亦自不证沙门道果。”③最重要的是，不离一切行，但于一切行无染著、不分别，心行平等。或于一切动中无动。因为所谓无动即是，“于法中，心无所著”。④无有动又名“如法住”，而如法住，即是住无所住。

精进空行即菩萨第一行，其特点是：于行时不见行，于法界无所坏，“已无所坏则无所近，亦不离法，亦无所违，不见尘劳，亦无结恨，是为菩萨第一之行”。⑤

空行即空住，最好的安住方法是空住，而空住实即让心安住于空。空住有两种。第一，尊胜空住，即通过观诸法无我而安住其心。之所以被称作“尊胜”，是因为这种空住是一切安住法中最好的。第二，引彼空住。“彼”即这一个或那一个，其操作方法是，随择心内呈现的任何一法，由此谛观，如实了知。这里的“实”就是空。让心安于其上，即引彼空住。论云：“谓如有一，若行若住，如实了知烦恼有无，知有烦恼便修断行，知无烦恼，便生欢喜。……于内烦恼，如实了知，有知为有，无知为无。”⑥佛菩萨在这方面为我们作了表率，因为他们是善

---

① 圆瑛法师：《大佛顶首楞严经讲义》，宗教文化出版社 2012 年版，第 151 页。
② ［古印度］世亲菩萨：《发菩提心经论》卷下，［姚秦］鸠摩罗什译，《大正藏》第 32 册，第 516 页。
③《大方等大集经》卷 11，［北凉］昙无谶译，《大正藏》第 13 册，第 68 页。
④《大方等大集经》卷 11，［北凉］昙无谶译，《大正藏》第 13 册，第 70 页。
⑤《持心梵天所问经》卷 4，［西晋］竺法护译，《大正藏》第 15 册，第 27 页。
⑥ ［古印度］弥勒菩萨：《瑜伽师地论》卷 90，［唐］玄奘译，《大正藏》第 30 册，第 812 页。

空住之人。如论云:“当知世尊于昔修习菩萨行位,多修空住故”,速证无上菩提。[①]

心之空行的关键是让一切心念彻底消灭,如不起色相应相心,不起受想行识相应相心,不起嗔恨俱行之心,不起悭贪俱行之心,不起忿恚俱行之心,不起懈怠俱行之心,不起散乱俱行之心,不起恶慧俱行之心,不起欲结俱行之心,不起缘色执俱行之心,不起无色执俱行之心,不起邪见俱行之心,不起执财俱行之心,不起执著富贵俱行之心,不起执著生灭俱行之心,不起声闻地俱行之心,不起独觉地俱行之心,不起执著诸菩萨行俱行之心,乃至不起执涅槃见之心,“是诸菩萨摩诃萨众,成就如是清净心故,于诸有情虽起遍满慈悲喜舍,而能遣除诸有情想,于有情想无执而住。”[②]

诸菩萨成就的根本的、总的心理操作是:于一切行不动心。如经云:“于色不住分别,无异分别;于受想行识,亦不住分别,无异分别;……于静虑、解脱、等持、等至,不起分别,无异分别;于苦集灭道,不起分别,无异分别;于慈悲喜舍,不起分别,无异分别;……于诸佛智力无异等,不起分别,无异分别;……于佛土清净,不起分别,无异分别;……”质言之,于一切都不分别,对不分别也不分别,真正做到言语道断,心行处灭。即使安住正念,也无心动,安住功德而离诸过患,得定慧力而不动摇,“湛然不动,难可测量。”[③]例如:菩萨虽六度万行,勇猛精进,但“不见行及不行法,……是诸菩萨都无所行,善能悟入遍知诸行,修行般若波罗蜜多”。[④]菩萨无善不修,无善不行,但“于所修善,其心坚固,……于一切法得大自在”。[⑤]

心之空行也可称作“真实其心”。这里的“真实”是使动词,即让心变得真实,使心真实,让心回归本然真如状态。其真实方法是:“增长正法,离杀、盗、淫、懒惰、贡高是非之心,舍存真我邪谤之说,除秽乱语灭诸诤论,心乐安住布施持戒,忍辱精进禅定智慧,诸波罗蜜悉皆具足。”[⑥]怎样安住万行而不动慧?“有四种法,若诸菩萨能具足者,即得安住无动无不动慧。何者为四?一者内心远离

① [古印度]弥勒菩萨:《瑜伽师地论》卷90,[唐]玄奘译,《大正藏》第30册,第813页。
②《大般若波罗蜜多经》卷598,[唐]玄奘译,《大正藏》第7册,第1098页。
③《大般若波罗蜜多经》卷599,[唐]玄奘译,《大正藏》第7册,第1100-1101页。
④《大般若波罗蜜多经》卷599,[唐]玄奘译,《大正藏》第7册,第1105页。
⑤《大般若波罗蜜多经》卷600,[唐]玄奘译,《大正藏》第7册,第1107页。
⑥《菩萨念佛三昧经》卷4,[刘宋]功德直译,《大正藏》第13册,第816页。

谄诳；二者内心清净，具善方便；三者深心方便而不退转；四者深心不舍所行。”[①]

怎样才能成“真实菩萨”？“有四种法，若诸菩萨能具足者，即得名为真实菩萨。何等为四？一者勤行精进，修诸波罗蜜多；二者趣大悲心，勤行化度一切众生；三者以精进力，勤行圆满一切佛法；四者能于无量生死之中，勤行摄化，不生疲倦。”[②]

心行空寂也可按部就班地进行，如：第一步，认识到万法唯心，从而空掉外法。第二步，“不取心意识”，从而空掉内法。菩萨“远离虚妄分别之心，远离能取、可取境界，名入涅槃，以如实智知一切诸法唯是自心，……是故菩萨不取心意识，不著外法实有之相”。[③]第三步，连空本身也加以空掉。

菩萨的空行是中道之行，例如：在常与无常的问题上，既破常论，强调无常，又破无常论，而强调有常。最后，于常、无常，双破、双弃。“如来应正遍知，非常、非无常。何以故？二边有过故。”对如来亦应如是观，既“不得言如来常，以非作法而言常故”，“亦不得言如来无常，言无常者，即是同于有为作法”。[④]菩萨中道行空的最重要的表现是空悲双运。例如，菩萨的“纯善心”是空悲兼有之心。“菩萨若行善心，即得心生欢喜，其心安住，是为菩萨具纯善心。”[⑤]也可这样表述：菩萨“虽行三界，而不坏法性，……；虽行于空，而挡众德本，……；……虽行无作，而现受身，……。”[⑥]不见众生，又不舍众，不见所施福德，又真实布施财物。“行寂灭，慈无所生。”[⑦]菩萨行的是等三世慈、无争慈、坚固慈、毕竟清净慈、无边慈、无等慈。但此慈又体性空寂，因此菩萨行无所行。以文殊菩萨为例，“虽不舍生死，而不为生死诸恶所染；虽不住无为，而恒修无为功德，虽具修行六波罗蜜，而示现声闻辟支佛行。”“虽于无相清净而善入诸相，亦不执于相；虽于无愿清净而善行三界，亦不著于界；虽于无生无灭清净而善说生灭，亦不受生灭。”[⑧]文殊师利本已于无量世堪作佛事，并获甚深智慧及辩才，但为度众

---

①《佛说海意菩萨所问净印法门经》卷 15，[宋]惟净等译，《大正藏》第 13 册，第 513 页。
②《佛说海意菩萨所问净印法门经》卷 15，[宋]惟净等译，《大正藏》第 13 册，第 513 页。
③《楞伽阿跋多罗宝经》卷 7，[刘宋]求那跋陀罗译，《大正藏》第 16 册，第 555 页。
④《楞伽阿跋多罗宝经》卷 7，[刘宋]求那跋陀罗译，《大正藏》第 16 册，第 555 页。
⑤《除盖障菩萨所问经》卷 4，[宋]法护等译，《大正藏》第 14 册，第 713 页。
⑥《维摩诘所说经》卷中，[姚秦]鸠摩罗什译，《大正藏》第 14 册，第 545 页。
⑦《维摩诘所说经》卷中，[姚秦]鸠摩罗什译，《大正藏》第 14 册，第 547 页。
⑧《文殊师利所说不思议佛境界经》卷下，[唐]菩提流志译，《大正藏》第 12 册，第 114 页。

生而生于世间。所行的法门即是“文殊师利所说不思议佛境界”。[①]

止观、修禅定等是成就菩萨心的重要而必须的途径。问题是，怎样提高止观效果？怎样真入定？怎样行心一境性？根据诸经论的论述，关键在用心，或“善摄其心”。所谓善摄其心，就是要用纯善心“观诸法，此法如幻，此法如梦，此法不善，此法是善，……菩萨作是思惟，彼一切法，心为依止，心为先导，应当善摄其心，善调伏心，善觉了心，由此即能善摄诸法，……如是即能正观诸法。此因缘故，得心寂止，以心系心，以心止心，以心住心，如是策勤心寂止故，即得心一境性。心一境故，即成三摩地”。[②]

菩萨行禅的特点是行亦无行，念亦无念。如经云：“菩萨住于禅波罗蜜，亦復教一切人行一心，菩萨住于等法，不见法有乱者、有一心者，须菩提，是为菩萨住于禅波罗蜜。……终不离是一心，亦复如幻师。”[③]

禅的心理操作的关键是“常一其心”。如经云：“其心常定，不处于诸乱，无乱不乱，亦不见乱，不见定意。……其心恢大，无所不通，不在生死，不在灭度。”[④]禅的形式很多，如有生禅、有相禅、无生禅、无相禅。以念制念是有生禅、渐禅。“菩萨禅即是动，不动不禅是无生禅。”[⑤]菩萨的住心方法就是这种无生禅。此住法可称作增上心住。它是菩萨的一种生活态度，其特点是，在定心中生活，在生活中定心，因此这一安心方法是将禅定融入生活的生活方式。论云：“菩萨安住增上心住，能以种种过患行相坏一切行，于彼诸行，深心厌离；于佛妙智，能以种种胜利行相，见大胜利；又于其中，能以淳净一味欲乐，深生爱慕；于有情界，能以种种苦恼行相观有为苦；于诸有情，兴悲恋心，生依义心；于一切行，无有放逸，为大菩提，炽然精进；……唯于法界一切分别现行杂染，生起对治无分别慧，观能成办彼智光明，唯是无倒胜三摩地；观所引发一切静虑，等持、等至，皆菩萨藏。”[⑥]

菩萨修禅定时常贯穿这样十二心行，即①燋结使行，究竟不发故；②正心住行，不随境界故；③无依止行，离欲界、色界、无色界故；④出过世行，降伏非

① 《文殊师利所说不思议佛境界经》卷下，[唐]菩提流志译，《大正藏》第 12 册，第 115 页。
② 《除盖障菩萨所问经》卷 4，[宋]法护等译，《大正藏》第 14 册，第 713 页。
③ 《放光般若经》卷 3，[西晋]无罗叉译，《大正藏》第 8 册，第 21 页。
④ 《光赞经》卷 5，[西晋]竺法护译，《大正藏》第 8 册，第 183 页。
⑤ 《金刚三昧经》，《大正藏》第 9 册，第 368 页。
⑥ [古印度]弥勒菩萨：《瑜伽师地论》卷 48，[唐]玄奘译，《大正藏》第 30 册，第 557 页。

圣、凡夫定故；⑤增益胜行，无我心故；⑥次第定行，分别禅故；⑦无所有行，离有想故；⑧无边之行，呵责有边三昧禅故；⑨以是定行，善寂静故；⑩调心行，无不知故；⑪寂静之行，护善根故；⑫方便境界行，菩萨修禅不舍不发，非慧、非慢、非见、非爱、非念修故。[①]

修禅时，下述十二种观行能得大利益。它们分别是，常无分别心，能灭一切烦恼；心住寂静念，不取诸境，不散乱；心无所著，能满诸行；出世间，不著诸有；观胜法，心无疲倦；柔软自在，不随禅生著，自在转诸禅；得无相心，不见诸物；心能静照无量境界；能灭观心，不见能观；证柔软心，灭诸觉观，以得调伏心；心能寂灭，诸根不动；心能于诸法中有大方便，生大菩提心。[②]

精进行禅者应作的观想是，念不净想、秽食想、一切世间无有乐想、无常想、无常为苦想、苦为非身想、非身为空想、弃离想、却淫想、灭尽想、无我想、身死为虫食想、血流想、脓胀想、青腐想、发落肉尽想、一切缚解想、骨节分散想、世间无归想、世间无牢固想、世间暗冥想、世为灾变可患厌想、一切世间归泥洹想。[③]

禅定不是佛教独有的炼心方法，但佛教在起修用心时完全不同于其他的方法。例如，同是修远离法，菩萨所行的与外道所行的就根本有别。后者的特点是，尽管身在空闲山泽、旷野之处，但心却在愦闹之中，心不清净。如是行，是不能得如所愿的，而菩萨所行的远离法不在于是否居山泽旷野之处，关键是看心的表现。如果心远离一切，包括远离般若、远离无上正等正觉，甚至远离远离本身，那么才是菩萨的真正的远离法。[④]菩萨的心行的特点还在于住平等心，或让心等虚空。“若菩萨摩诃萨欲疾证得所求无上正等菩提，于诸有情应平等住，于诸有情应起等心、慈心、悲心、喜心、舍心、利益心、安乐心、调柔心、恭敬心、无损心、无害心、质直心、如父心、如母心、如兄弟心、如姊妹心、为依怙心。亦以此心，应与其语。”[⑤]所谓心行平等，即让“心不缘于一切境界”。[⑥]这种平等，包括于平等心仍不动心，即“不见平等及不平等二相”。如果能“遍观智慧真性，

---

①《菩萨行方便境界神通变化经》卷上，[刘宋]求那跋陀罗译，《大正藏》第9册，第303页。
②《大萨遮尼乾子所说经》卷2，[元魏]菩提流支译，《大正藏》第9册，第323页。
③《禅行法想经》，[后汉]安世高译，《大正藏》第15册，第181页。
④《摩诃般若波罗蜜钞经》卷18，[前秦]昙摩蜱共竺佛念译，《大正藏》第8册，第353页。
⑤《大般若波罗蜜多经》卷549，[唐]玄奘译，《大正藏》第7册，第825页。
⑥《大方等大集经》卷15，[北凉]昙无谶译，《大正藏》第13册，第98页。

其心不为爱见所覆，于诸行中，行无所著”，即是“菩萨行禅波罗蜜与虚空等”。①

菩萨“虽修正断而心平等；虽修觉支而无分别；虽修净信而无所著；虽修道支而无功用；修诸妙定，无分别心；观察妙慧，无止息心；修奢摩他，无所见心；修佛随念，通达法界平等之心；修法随念，无所住心；修僧随念，本心清净；教化有情，不起分别；法界之心，摄一切法；如虚空心，严净佛土；无所得心，得无生忍；无进退心，得不退转；远离相心，不见有相；三界平等心，庄严菩提座；无所觉心，知一切法；”以无所得心，行六度四摄。②

菩萨在行禅时最重要的心理操作是始终让心行平等。如经云：“其心平等，解诸所有，悉无所有；其心平等，譬若如地，无所不忍；犹若如水，洗诸秽浊；心若如火，无所不烧；心若如风，普无所著，亦无恋慕；心如虚空，亦无结恨；等心疗治一切众生。”③“一切诸法，悉为平等，而无偏邪，是为思惟，若致平等，乃为贤圣之正见也。”“无相、无愿，解脱之相，则为一相，谓归无相已，能归此平等事者，是为贤圣之正见也。”④

生平等心也可理解为将心等同于虚空。怎样等虚空？做十件事，或具备下述十条件，可让心等虚空：“广大无碍、寂灭无相、无边空智、无边空慧、广大如法界、知一切法、相如虚空、一切法不住、出过一切形相、出过一切思议量数。”⑤还有十法也可让心如虚空，如：心有喜乐亦不著，心不喜乐亦不嗔，于色声香味等不著不嗔，于一切法不著不嗔，于八风（利衰、称讥、毁誉、苦乐）不著不嗔，等等。⑥心等虚空的十修行法还有很多，如：无垢，无碍，寂静，无相，无边智，平等随知一切法，了一切法如虚空、自性解脱，无住，出过诸境界相，出过寻伺。⑦

让心平等，也可理解为让心清净，像莲花一样出污泥而无染。修十种法可让心如莲华：离诸染污，远离恶，戒香充满，本体清净，面相熙怡，柔软不涩，见者皆吉，开敷具足，成熟清净，生已有想（护持已有的清净之想）。

心等虚空的境界主要是由禅定成就的。有人问佛：“云何菩萨摩诃萨行禅波

---

①《大方等大集经》卷 15，[北凉]昙无谶译，《大正藏》第 13 册，第 98 页。
②《大般若波罗蜜多经》卷 569，[唐]玄奘译，《大正藏》第 7 册，第 938 页。
③《宝女所问经》卷 3，[西晋]竺法护译，《大正藏》第 13 册，第 463 页。
④《无言童子经》卷上，[西晋]竺法护译，《大正藏》第 13 册，第 527 页。
⑤《宝云经》卷 2，[梁]曼陀罗仙译，《大正藏》第 16 册，第 221 页。
⑥《宝云经》卷 2，[梁]曼陀罗仙译，《大正藏》第 16 册，第 221 页。
⑦《除盖障菩萨所问经》卷 8，[宋]法护等译，《大正藏》第 14 册，第 724 页。

罗蜜与虚空等？”佛说：若行四法，即可等虚空。一、专其内心，不见内心，不生缘外界诸心，二、不见外心心行处，做到心行平等，三、知一切众生心平等，法界定性无摄亦无乱，四、知一切法无有戏论。[①]总之，只要让心平等，即能心等虚空。所谓心平等，即让心无高、无下，无分别、无非分别，无动转、无不动，无求、无非求，无作、无非作，无行、无非行，无取、无舍，无暗、无明，无知、无念，无非知、无非念，不一、不异，非二、非不二，不去、无不去。

当然，等虚空的境界也可通过其他途径来实现。如《大方等大集经》同时说明了如何通过修布施、忍辱、持戒、精进、般若而至等虚空境。就般若来说，“若菩萨成就四法，行般若波罗蜜与虚空等。”[②]一、以我净故，知众生亦净，二、以知净故，了知诸识亦净，三、以义净故，知文字亦净，四、以法界净故，知一切法亦净。

六波罗蜜是菩萨极富个性的心行方法。怎样才能真行六波罗蜜？关键是调伏心意。如经云：“施人、受人、财物不可得故，能具足檀那（布施）波罗蜜；罪、不罪，不可得故，具足尸罗（持戒）波罗蜜；心不动故，具足羼提（忍辱）波罗蜜；身心精进不懈怠故，具足毗梨耶（精进）波罗蜜；不乱不味故，具足禅那波罗蜜；知一切法不可得故，具足般若波罗蜜。”[③]要修六度，要找到五种依止，即物依止、思惟依止、心依止、方便依止、势力依止。这里重点分析一下心依止。“心依止修诸波罗蜜有六种，一者无厌心，二者广大心，三者胜喜心，四者胜利心，五者不染心，六者善净心。”[④]

六波罗蜜实即六种心态。经云：“一切悉舍，心无贪著，是檀（布施）波罗蜜；心善寂灭，毕竟无恶，是尸（持戒）波罗蜜；知心尽相，于诸尘中而无所伤，是羼提（忍辱）波罗蜜；勤观择心，知心离相，是毗梨耶（精进）波罗蜜；毕竟善寂，调伏其心，是禅波罗蜜；观心知心，通达心相是般若波罗蜜。”[⑤]从本质上说，六度即如。“如”的意思是不动不变，永无变易。在佛教看来，如是心的最佳状态，而行六度就是让心进入“如”的状态。“菩萨以如来道来，如者为谛，

① 《大方等大集经》卷 14，[北凉]昙无谶译，《大正藏》第 13 册，第 98 页。
② 《大方等大集经》卷 14，[北凉]昙无谶译，《大正藏》第 13 册，第 98 页。
③ 《摩诃般若波罗蜜经》卷 1，[姚秦]鸠摩罗什译，《大正藏》第 8 册，第 220 页。
④ [古印度]无著菩萨：《大乘庄严经论》卷 7，[唐]波罗颇蜜多译，《大正藏》第 31 册，第 628 页。
⑤ 《佛说首楞严三昧经》卷上，[姚秦]鸠摩罗什译，《大正藏》第 15 册，第 633 页。

无一道忘，如者为造主，如者为施，如者为戒，如者为忍辱，如者为精进，如者为一心（禅定），如者为智慧。”[①]

六度实即六种安心不动的方法，因为每一度都是自度度他的方法。例如，清净布施、持戒时的心不动均有二种：一、不净，二、清净。不净的表现是：于布施、持戒时有求，如求别人回报，求乐报，而有求即心有动，有心动即不净。清净的表现是：无求，而无求即心不动。例如，净持戒时清净的表现是：“行者作是念，一切善法，戒为根本，持戒之人，则心不悔，不悔则欢喜，欢喜则心乐，心乐得一心，一心则生实智，实智生则得厌，得厌则离欲，离欲得解脱，解脱得涅槃。”[②]

六波罗蜜实即六种摄心方法，而摄心的实质就是要把心调适为等虚空的状态。例如：布施时，正确的做法是做到心灵清净，让心若虚空。“修行布施波罗蜜多，犹若虚空。”[③]有四法可做到这一点：以我清净故有情清净，以有情清净故施即清净，以施清净故回向清净，以回向清净故即菩提清净。“常应一心勤行、无令放逸”，如此行布施是“发坚固施心”。若布施时，心不动，即“定心布施”。[④]修净戒时，也应让心犹若虚空。[⑤]如偈云：“护戒寂静心无垢，能除热恼无所得，身语意业无瑕疵，一切律仪皆具足。……慈心遍布如虚空，能静边执令清净。”[⑥]修忍辱、精进、禅定也应“犹若虚空”。成就四法可让心进至如虚空的禅境：第一，安心于内，内心无所见；第二，制心于外，外心无所得；第三，由自心平等故知一切有情心亦平等；第四，彼心平等思惟，证知皆如幻化。禅定实即让心不散乱，外离诸相。“以专注心，禅定清净”，“心无所住，名为专注”，“常令定心住于平等”，“心无有碍，犹如虚空”。[⑦]

怎样在不利环境（如遭受别人打骂）下做到广忍、快乐？可这样操作：观察别人的行为，无所来，无所去，空空如也。充其量来自于心，而心不外“犹于四大，四大还本，则亦无名，亦非彼我，亦非男女，亦非老少，计了无主，惭辱所

---

①《须真天子经》卷3，《大正藏》第15册，第108页。
②［古印度］提婆菩萨著、婆薮开士释：《百论》卷上，［姚秦］鸠摩罗什译，《大正藏》第30册，第169-170页。
③《大集大虚宝藏菩萨所问经》卷1，［唐］不空译，《大正藏》第13册，第616页。
④［古印度］龙树菩萨：《十住毗婆沙论》卷6，［姚秦］鸠摩罗什译，《大正藏》第26册，第49页。
⑤《大集大虚宝藏菩萨所问经》卷2，［唐］不空译，《大正藏》第13册，第617页。
⑥《大集大虚宝藏菩萨所问经》卷2，［唐］不空译，《大正藏》第13册，第617-618页。
⑦《大集大虚宝藏菩萨所问经》卷2，［唐］不空译，《大正藏》第13册，第619页。

在，无形立字，于两无之中，又亦无形。计此三者，空无所有”，[①]如此观已，则不会生嗔恚心。

般若行是菩萨成就菩萨心的关键操作。怎样行深般若波罗蜜多？《大般若波罗蜜多经》的一个主要内容是揭示如何行深般若波罗蜜多，在六百卷中，随处可见这方面的探讨，因此所揭示的方法很多。不过，诸行法中有一共同的操作，那就是一心不乱。有人问：“诸菩萨摩诃萨行深般若波罗蜜多，能如是知路非路者，心缘何住？”[②]意为，菩萨为行深般若波罗蜜多时，是怎样安住自己的心灵的？佛答曰：“诸菩萨摩诃萨行深般若波罗蜜多，心正无乱。”[③]换言之，菩萨在行此法时，善能伏心，令念不动。“若能伏心，则伏众法。”[④]菩萨在行深般若波罗蜜多时所住的心，还有很多描述方式，如：“心常清洁”“不缘外境，专念自心”“其心无二”“平等心”，[⑤]等等。真行深般若波罗蜜多的关键是让心安住真如法性。因为这是最可靠的安住处。事实足以证明，圣者之所以为圣者，是因为他们在修行时，证得并让心安住于真如法性。如经云：“一切圣者，如实悟入，无能修者，无所修法，无能行者，无所行法，无心无心所，无业无异熟，无苦无乐，如是观者名得平等，无异远离，随顺广大，无我、我所，无高无下，真实无尽，常住明净。所以者何？一切圣法由此成熟，因是性故，显现圣者。”[⑥]安心于法性实际上就是让心无所动。“心无所动，不惊、不怖，亦不退没，是即名为教菩萨摩诃萨般若波罗蜜多，是即了知般若波罗蜜多，是即安住般若波罗蜜多。”[⑦]

修般若波罗蜜多时的主要工作就是调心。十二种方法能帮修行者得大利益：如远离诸垢，能发大光明；觉了诸暗障碍；放智慧光明；如耕地，尽除杂草；勤断诸爱欲；如金刚杵，不为诸物所坏；如大日轮，离诸云翳；如大火烧诸秽草；如摩尼珠，能照一切；能住寂灭，究竟实际；灭有相心，无分别；无愿心，无求乐。[⑧]换言之，调心就是要让心行平等，而心行平等就是要这样摄心，如让“心无所缘，亦无所住”，“心不行无行处，心不想无想处，心不缘无缘处，心不著无

①《成具光明定意经》，[后汉]支曜译，《大正藏》第15册，第453页。
②《大般若波罗蜜多经》卷568，[唐]玄奘译，《大正藏》第7册，第933页。
③《大般若波罗蜜多经》卷568，[唐]玄奘译，《大正藏》第7册，第933页。
④《大般若波罗蜜多经》卷568，[唐]玄奘译，《大正藏》第7册，第933页。
⑤《大般若波罗蜜多经》卷568，[唐]玄奘译，《大正藏》第7册，第934-935页。
⑥《大般若波罗蜜多经》卷569，[唐]玄奘译，《大正藏》第7册，第937页。
⑦《佛母出生三法藏般若波罗蜜多经》卷1，[宋]施护译，《大正藏》第8册，第587页。
⑧《大萨遮尼乾子所说经》卷2，[元魏]菩提流支译，《大正藏》第9册，第323-324页。

著处，心不乱无乱处，心无高下，心无违顺，无忧无喜，无分别离分别”。[①]总之，菩萨调心就是什么都不依，让心弃绝一切。如“不以四无所畏、四无碍慧、佛十种力、十八法不共故，行般若波罗蜜，亦不以内空、外空、所有无所有空、空空、大空、毕竟空故，行般若波罗蜜。……亦不如、亦不法性，亦不真际故，行般若波罗蜜。”[②]

我们知道，菩萨的重要特点是大慈大悲。究竟怎样理解这一特点呢？佛经的回答是：“不起众生相，不空众生相，不见众生行，不别众生行，是为菩萨行第一空行。……菩萨如是住者，为处大慈大悲。”[③]质言之，行毕竟空，即真正的大慈大悲。

最高层次、最究竟的菩萨行是禅宗所概括的心行平直，于行时一念不生，如：在行布施、持戒时，究竟的菩萨行的特点是“不行施，不行禁戒，……不造言行，心无念行，一切无行，亦无因缘。”[④]究竟的心行实即安住实相行，亦即不行而行，行而无行。如下述对话说明了这个道理。问曰：“诸佛世尊缘心行乎？答曰：不也。”又问：“诸佛世尊发心行乎？答曰：不也。”问曰：“诸佛世尊灭心行乎？答曰：不也。”又问：“诸佛世尊行无为乎？答曰：不也。”[⑤]“行般若波罗蜜，亦不见般若波罗蜜，亦不见行者，亦不见不行者。”[⑥]为何不见，因为般若波罗蜜相貌、本质不可得见，行者、不行者的相貌、本质亦复如是，都体性空寂。“何以故，所有者无所有故，是故行般若波罗蜜无所见。”[⑦]“譬如幻士行内外空，亦无所有，菩萨行般若波罗蜜，其义亦如是。”连菩萨本身都无所有，“譬如鸟飞虚空无有足跡”，[⑧]其所行当然更是如此。“若于法性不违法性，不作种种分别”，[⑨]如没有关于能证法性与所证法性、法性与非法性的分别。

总之，菩萨成就其心靠的是一相法门。经云：“入于一相，谓远离相”，即是一相法门。还可这样表述：于真如，无所思维，“若于思惟，入不思惟，彼无所

---

①《大般若波罗蜜多经》卷570，[唐]玄奘译，《大正藏》第7册，第946页。
②《放光般若经》卷1，[西晋]无罗叉译，《大正藏》第8册，第6页。
③《放光般若经》卷1，[西晋]无罗叉译，《大正藏》第8册，第7页。
④《文殊支利普超三昧经》卷上，[西晋]竺法护译，《大正藏》第15册，第409页。
⑤《文殊支利普超三昧经》卷下，[西晋]竺法护译，《大正藏》第15册，第421页。
⑥《放光般若经》卷3，[西晋]无罗叉译，《大正藏》第8册，第16页。
⑦《放光般若经》卷3，[西晋]无罗叉译，《大正藏》第8册，第16页。
⑧《放光般若经》卷3，[西晋]无罗叉译，《大正藏》第8册，第18页。
⑨《大圣文殊师利菩萨佛刹功德庄严经》卷下，[唐]不空译，《大正藏》第11册，第917页。

思，亦不可得。”[①]若于究竟不染，亦不生心，不染著，可称作一相法门。若于平等行、平等想，亦不生心，不有所得，即是一相法门。

第五节　菩萨个案解剖

《大方广佛华严经》《大宝积经》等大乘经论为了说明菩萨的心理特点及心行，以文殊、普贤等菩萨为典型案例，具体剖析，更明确地展示了圣人转凡成圣的心理机制和心路历程。

普贤是成佛的典范，因此是解剖和揭示菩萨行愿的最好的案例。我们这里将以此为分析的重点。对于佛教的理解来说，全面的考察尽管是必要和重要的，但成功的案例分析有时可收到由一斑而窥全豹的效果。只要弄清了普贤菩萨行愿的内容及奥妙，就等于弄清了菩萨的全部行愿，因为佛法的特点是一法具万法，法法互具。从修证上说，只要像普贤菩萨那样所行和所住，就一定会成佛。《大方广佛华严经》云：“菩萨摩诃萨，入普贤菩萨所住，……令受持一切佛法，趣入无碍。……如是满足普贤行故，得如来力，净出离道，满一切智，以无碍辩才，神通变化，究竟调伏一切众生，具佛威德。……修习普贤广大之行，常能勤发无量众生，住不可说、不可说广大行三昧，现大自在，……常安住大悲，常利益众生，……证不思议解脱，住一切智解脱，到诸佛解脱彼岸。”[②]简言之，只要有普贤的行愿，就与佛无异，其知见、心行就等佛，如：“知一切佛平等性，则住一切智平等性。……住未足心，住不散乱心，住专一心，住勤修心，住决定心，住不变异心。”[③]

菩萨之所以为菩萨，是因为他们有独特的信，这信的数量有点特殊或例外，即不是十，而是十一种，它们分别是：“有根信、无浊信、清净信、极清净信、离垢信、明徹信、恭敬供养一切佛信、不退转信、不可尽信、无能坏信、大欢喜踊跃信不动心。”[④]

普贤的行、住、愿的总的精神是究竟的空行、空住、空愿，其特点是：行即

① 《大圣文殊师利菩萨佛刹功德庄严经》卷下，[唐]不空译，《大正藏》第 11 册，第 917 页。
② 《大方广佛华严经》卷 43，[唐]宝叉难陀译，《大正藏》第 10 册，第 227 页。
③ 《大方广佛华严经》卷 43，[唐]宝叉难陀译，《大正藏》第 10 册，第 227 页。
④ 《大方广佛华严经》卷 54，[唐]宝叉难陀译，《大正藏》第 10 册，第 287 页。

无行、愿即无愿、得即无得、住即无住、作即无作、依即无依。之所以如此，是因为他的心已返妄归真了。如经云："其心无碍不动，……心不退转，……常安住平等法界"，"圆满菩萨境界"。①由于有这样的体，因此必有相应的大用，如"通达出离之道"，"受持三世佛法"，"观察一切智门"，"思惟不变异法"，"明洁增上志乐"，"信解一切如来"，"摄受一切众生"。②这些心理状态，即普贤菩萨的心态，这些行法、住法即普贤的行法、住法。

普贤菩萨之所以为成佛的典范，是因为他有独特的能力、才智、知识、力量、气质、品性、行为方式、生活态度等。有意思的是，《大方广佛华严经》为了排列的美，当然也依客观的事实，用"十"这个完满的数字将普贤的能力等方面的特点和盘托出，应有尽有，不厌其烦，如说他有十种辩才、十种智观察、十种无垢、十种智印、十种智慧光明、十种随顺觉知、十种决定智、十种平等、十种受持、十种变化长养一切功德平等心、十种自在、十种遍入、十种不思议、十种巧分别智、十种神通、十种明、十种智通觉、十种出生智慧、十种依止、十种不可思议、十种巧方便微密语、十种巧方便分别智、十种正受三昧、十种定住、十种发金刚心庄严大乘、十种究竟大事、十种授记、十种善根回向、十种调顺、十种生、十种住、十种卧、十种行、十种观察、十种奋迅、十种师子吼、十种净施、十种净戒、十种净忍、十种净精进、十种净禅、十种净慧、十种净慈、十种净悲、③十种净喜、十种净舍、十种义、十种功德具、十种智具、十种明足、十种求法、十种明了法、十种向法、十种见佛、十种佛业、十种智业、十种佛摄持、十种示现事、④十种生、十种大庄严而自庄严、十种觉如来力、十种能转清净法轮、⑤十种证知、十种平等、十种力、十种无著。这里只介绍一下后四种。十种证知分别是：知一切法一相，知一切法无量相，知一切法在一念，知一切众生心行无碍，知一切众生诸根平等，知一切众生烦恼习气行，知一切众生心使行，知一切众生善行与不善行，知一切菩萨愿自在、住持变化，知一切如来具足十力成正等觉。十平等分别是：一切众生平等，一切法平等，一切刹平等，一切深心平等，一切

①《大方广佛华严经》卷43，[唐]宝叉难陀译，《大正藏》第10册，第226页。
②《大方广佛华严经》卷43，[唐]宝叉难陀译，《大正藏》第10册，第226-227页。
③《大方广佛华严经》卷41，[东晋]佛驮跋陀罗译，《大正藏》第9册，第658-661页。
④《大方广佛华严经》卷42，[东晋]佛驮跋陀罗译，《大正藏》第9册，第661-665页。
⑤《大方广佛华严经》卷43，[东晋]佛驮跋陀罗译，《大正藏》第9册，第667-669页。

善根平等，一切菩萨平等，一切愿平等，一切波罗蜜平等，一切行平等，一切佛平等。[①]十种力分别是：“深心力，不杂一切世情故；增上深心力，不舍一切佛法故；方便力，诸有所作究竟故；智力，了知一切心行故；愿力，一切所求令满故；行力，尽未来际不断故；乘力，能出生一切乘，而不舍大乘故；神变力，于一一毛孔中各各示现一切清净世界、一切如来出兴世故；菩提力，令一切众生发心成佛无断绝故；转法轮力，说一句法悉称一切众生诸根性欲故。”[②]十种无著分别是：于一切世界、众生、法、所作、善根、受生处、愿、行、菩萨、佛都无著无取。[③]

《大方广佛华严经》还用上述方法概括了普贤的心理上的作为、表现、特点及本性等，如：说普贤菩萨有十种发菩提心，即为调伏一切众而发菩提心，为除灭一切众生苦而发菩提心，为一切众生得安乐而发菩提心，等等。他常生起的十种心是：给侍心、欢喜心、无违心、随顺心、无异求心、一向心、同善根心、同愿心、如来心、同圆满行心。十种平等心是：积集一切功德平等心，发一切差别愿平等心，于一切众生身平等心，于一切众生业报平等心，于一切法平等心，于一切净秽同土平等心，于一切众生解平等心，于一切行无所分别平等心，于一切佛力无异平等心，于一切如来智慧平等心。十种不动心分别是：于一切所有，悉皆能舍不动心；思维观察一切佛法不动心；忆念供养一切诸佛不动心；于一切众生誓无恼害不动心；普摄众生、不拣怨亲不动心；求一切佛法无有休息不动心；一切众生数等不可说、不可说劫，行菩萨行，不生疲倦，亦无退转不动心；成就有根信、无浊信、清净信等不动心；成就出生一切智方便道不动心；闻一切菩萨行法，信受不谤不动心。[④]

菩萨在心理方面表现出来的特殊性，还有很多，如菩萨的十种周遍心是：周遍一切虚空心，周遍一切法界心，周遍一切三世心，周遍一切佛出现心，周遍一切众生心，周遍一切智慧心，周遍一切无边心，周遍一切无生心，周遍一切无碍心，周遍一切自在心。菩萨的十种深心是：不染一切世间法深心，不杂一切二乘道深心，了达一切佛菩提深心，随顺一切智智道深心，不为一切众魔外道所动深心，净修一切如来圆满智深心，受持一切所闻法深心，不著一切受生处深心，具

① 《大方广佛华严经》卷 53，[唐]宝叉难陀译，《大正藏》第 10 册，第 283 页。
② 《大方广佛华严经》卷 56，[唐]宝叉难陀译，《大正藏》第 10 册，第 295 页。
③ 《大方广佛华严经》卷 55，[唐]宝叉难陀译，《大正藏》第 10 册，第 283 页。
④ 《大方广佛华严经》卷 54，[唐]宝叉难陀译，《大正藏》第 10 册，第 287 页。

足一切微细智深心，修一切诸佛法深心。[①]菩萨的十种意是：上首意，发起一切善根故；安住意，深信坚固不动故；深入意，随顺佛法而解故；内了意，知诸众生心乐故；无乱意，一切烦恼不杂故；明净意，客尘不能染著故；善观众生意，无有一念失时故；善择所作意，未曾一处生过故；密护诸根意，调伏不令散驰故；善入三昧意，深入佛三昧无我、我所故。[②]此外，菩萨还发十种无畏心、发十种无疑心、十种无下劣心、十种如上增上心、十种不舍大深心，等等。

菩萨之所以为菩萨，是因为他们的每一种行法都是一种善巧方便或游戏。菩萨的最典型的游戏有十种，它们分别是：以众生身作刹身，而亦不坏众生身，是菩萨游戏；以刹身作众生身，而亦不坏于刹身，是菩萨游戏；于佛身示现声闻、独觉身，而不损灭如来身，是菩萨游戏；于声闻、独觉身，示现如来身，而不增长声闻、独觉身，是菩萨游戏；于菩萨行身示现成正觉身，而亦不断菩萨行身，是菩萨游戏；于成正觉身，示现修菩萨行身，而亦不减成菩萨身，是菩萨游戏；于涅槃界示现生死身，而不著生死，是菩萨游戏；于生死界示现涅槃，亦不究竟，入于涅槃，是菩萨游戏；入于三昧，而示现行住坐卧一切业，亦不舍三昧正受，是菩萨游戏；在一佛所，闻法受持，其身不动，而以三昧力于不可说诸佛会中，各各现身，亦不分身，亦不起定，而闻法受持，相续不断，是菩萨游戏。[③]

菩萨的十种独特之想分别是：于一切善根生自善根想，于一切善根生菩提种子想，于一切众生生菩提器想，于一切愿生自愿想，于一切法生出死想，于一切行生自行想，于一切法生佛法想，于一切语言生语言道想，于一切佛生慈父想，于一切如来生无二想。[④]若生此十想，安住其上，便能成就无上巧妙方便，成就一切方便，转一切想。

菩萨的十种正希望分别是：自住菩提心亦令众生住菩提心正希望；自离忿诤，也希望众生如此；自住佛法，远离愚痴，也希望众生如此；自修善根，专求正法，也希望众生如此；自究竟波罗蜜多，到彼岸，也希望众生如此；自生如来种姓家，也希望众生如此；自深入观察一切法空性，也希望众生如此；自不诽谤佛法，也希望众生如此；自满一切智愿，也希望众生如此；自深入如来智藏，也希望众生

① 《大方广佛华严经》卷56，[唐]宝叉难陀译，《大正藏》第10册，第298页。
② 《大方广佛华严经》卷57，[唐]宝叉难陀译，《大正藏》第10册，第303页。
③ 《大方广佛华严经》卷56，[唐]宝叉难陀译，《大正藏》第10册，第295页。
④ 《大方广佛华严经》卷36，[东晋]佛陀跋陀罗译，《大正藏》第9册，第632-633页。

如此。安住以上十法，可让人得如来无上平等大智正希望。①

菩萨的十种入众生心行分别是：入过去一切众生心行，入未来一切众生心行，入现在一切众生心行，入一切众生诸善根行，入一切众生不善根行，入一切众生心心所行，入一切众生诸根行，入一切众生种性行，入一切众生烦恼使习气行，入一切众生时、非时调伏行。②

菩萨的十种舍离忧恼心无厌悔分别是："供养一切佛舍离忧恼心无厌悔；亲近一切善知识舍离忧恼心无厌悔；专求一切法舍离忧恼心无厌悔；常闻正法舍离忧恼心无厌悔；常说正法舍离忧恼心无厌悔；教化调伏一切众生舍离忧恼心无厌悔；令一切众生安住佛道舍离忧恼心无厌悔；于一世界中行不可说不可说菩萨行舍离忧恼心无厌悔；游行一切世界教化众生舍离忧恼心无厌悔；出生一切佛法舍离忧恼心无厌悔。"③

菩萨亲近供养善知识所起的十种心分别是：起给侍心、欢喜心、无违心、随顺心、无异求心、一向心、同善根心、同愿心、如来心、同满行心。④有此十心，可得如下十种清净：正直心清净，色身清净，音声圆满清净，辩才清净，智慧清净，受生清净，眷属清净，果报清净，诸愿清净，诸行清净。⑤

菩萨的十种神通分别是：忆念宿命方便智通，天耳无碍方便智通，知他众生不可思议心行方便智通，天眼观察无有障碍方便智通，随众生心现不可思议大神通力方便智通，一身普现无量世界方便智通，一念遍入不可说不可说世界方便智通，庄严不可思议世界方便智通，示现不可说变化身方便智通，于不可说世界现或阿耨多罗三藐三菩方便智通。⑥

菩萨的十种解脱有：烦恼解脱；邪见解脱；炽然解脱；阴界入解脱；超出声闻缘觉地解脱；无生法忍解脱；不著一切佛刹一切众生一切诸法解脱；住无量无边诸菩萨住解脱，住离一切菩萨行；住如来地解脱；于一念中悉能了知一切三世诸法解脱。⑦

①《大方广佛华严经》卷36，[东晋]佛驮跋陀罗译，《大正藏》第9册，第633页。
②《大方广佛华严经》卷38，[东晋]佛驮跋陀罗译，《大正藏》第9册，第634页。
③《大方广佛华严经》卷38，[东晋]佛驮跋陀罗译，《大正藏》第9册，第634页。
④《大方广佛华严经》卷38，[东晋]佛驮跋陀罗译，《大正藏》第9册，第635页。
⑤《大方广佛华严经》卷38，[东晋]佛驮跋陀罗译，《大正藏》第9册，第635页。
⑥《大方广佛华严经》卷38，[东晋]佛驮跋陀罗译，《大正藏》第9册，第639页。
⑦《大方广佛华严经》卷38，[东晋]佛驮跋陀罗译，《大正藏》第9册，第640页。

菩萨的十种乐分别是：乐寂静，乐明慧，乐往诣一切佛所，乐一切佛，乐菩萨自在神力，乐三昧，乐陀罗尼门，乐辩才，乐菩提，乐转法轮。①

十种不舍深心分别是：觉一切佛菩提不舍深心，教化成熟一切众生不舍深心，不断一切诸佛种性不舍深心，亲近善知识不舍深心，于一切佛刹恭敬供养一切诸佛不舍深心，专求大乘及一切功德不舍深心，于一切佛所修行梵行护持净戒不舍深心，摄取一切菩萨不舍深心，闻持一切佛法不舍深心，修习一切菩萨行愿一向专求一切佛法不舍深心。②

菩萨的十种不可称量住分别是：住实际住而不受证一切所愿未成满；种如法界等清净善根，于彼善根无所染著；于诸佛法不生疑惑，一切诸法皆寂灭；离生死心，修菩萨行，满一切大愿；住一切法无所依止；知一切劫非劫；知一切法非行，不舍道行；解心是三界，心是三世，了知彼心无量无边；令一切众生安住智地；具足菩萨正行，而不取正觉。③

菩萨的十种须弥山王正直之心分别是：常修正念一切智法；观一切法空，一切法无所有；于无数无量劫行菩萨行，以一切行具足自净法，发心决定了知如来无量智法，趣向积聚诸白净法；为一切佛法等心，孝敬供养诸善知识，不起宠心不求利养，又复远离监法之心，但起无上孝敬供养一切施心；不因邪恶而舍菩提心，心行平等；功德无量，而又不著不乐；能速成正觉，但为化众生又精勤修习菩萨行；庄严一切而自庄严；自身清净，亦令一切众生清净；行一切法，而无有一切法。④

菩萨的十种不共法分别是：修习六波罗蜜，不由他悟，平等心施无所揑吝。于一切众生常起乐心，真实利益。善解回向，不求果报。善巧方便，究竟彼岸。正向圣行，游于生死，如圆观想。常在涅槃，而现生死门，游戏智慧通明。身口意业，智慧为首。成就大悲，不舍众生。为众生爱敬、恭养。智心坚固正直，以大庄严，而自庄严。于如来所，不舍恭敬供养之心。⑤

菩萨的十种发心分别是：发度脱一切众生心，发拔出众生烦恼心，发断除一

①《大方广佛华严经》卷38，[东晋]佛驮跋陀罗译，《大正藏》第9册，第640页。
②《大方广佛华严经》卷38，[东晋]佛驮跋陀罗译，《大正藏》第9册，第640-641页。
③《大方广佛华严经》卷38，[东晋]佛驮跋陀罗译，《大正藏》第9册，第641-642页。
④《大方广佛华严经》卷38，[东晋]佛驮跋陀罗译，《大正藏》第9册，第642-643页。
⑤《大方广佛华严经》卷40，[东晋]佛驮跋陀罗译，《大正藏》第9册，第650-651页。

切习气心，发断除一切疑惑心，发灭除众生苦恼心，发灭除恶道诸难心，发随顺一切佛教心，发一切菩萨所学心，发觉悟一切佛菩提心，发击大法鼓心。[①]

菩萨常发的十种无畏心主要有：灭一切业障发无畏心，佛灭度后受持守护正法发无畏心，降一切魔发无畏心，不惜身命发无畏心，如法调伏一切外道发无畏心，令一切众皆悉欢喜发无畏心，调伏天龙、夜叉、乾闼婆、阿修罗、迦楼罗、紧那罗、摩侯罗伽发无畏心，远离声闻缘觉无畏，修菩萨心行无畏，等。[②]菩萨为灭除疑惑而常发的十种无疑心主要有：于慈悲喜舍摄取一切众不生疑惑，等等。[③]

菩萨常发的十种不动心分别是：一切所有皆悉能舍发不动心，出生一切佛法发不动心，恭敬一切佛发不动心，等心观察众生发不动心，摄取一切众生发不动心，一向专求佛法、不休息而发不动心，修菩萨行发不动心，成就一切佛信发不动心，成就一切究竟智慧发不动心，成就菩萨诸行发不动心。[④]

普贤的心理方面的特点还有很多，如“起等虚空界广大心，拔一切现前执著心，集一切德无染心，净一切刹无想心，了一切法欢喜心，观一切境无碍心，入一切方周遍心，行一切行无障心，净一切智境界妙行自在心，观一切菩萨道场庄严清净明了心，深入一切如来法海广大心，调伏成熟一切众生周遍心，净一切佛刹无量心，了一切众会如影心，住一切劫无尽心，究竟如来力无所畏不共佛法无退转心”，[⑤]等等。

再看文殊师利心行方面的特点。他的总的特点是：“于诸菩萨，信解深妙，最第一尊”。他的出家方面的特殊性主要表现在：“不取袈裟，不著袈裟，是汝出家。”[⑥]他的获得无生法忍的方法和结果也是这样，“实无所得彼忍法故，不得法忍，得无所得，不得不失，如是得言得无生忍。”[⑦]

他的胜解、智慧方面的特点在下述对话中得到了充分展现。离垢施女深知文殊以信解深妙著称，便问：你是因十二因缘深而深妙，还是因自然深而深妙？若

①《大方广佛华严经》卷40，[东晋]佛驮跋陀罗译，《大正藏》第9册，第652页。
②《大方广佛华严经》卷37，[东晋]佛驮跋陀罗译，《大正藏》第9册，第637页。
③《大方广佛华严经》卷37，[东晋]佛驮跋陀罗译，《大正藏》第9册，第637页。
④《大方广佛华严经》卷38，[东晋]佛驮跋陀罗译，《大正藏》第9册，第640页。
⑤《大方广佛华严经》卷39，[唐]实叉难陀译，《大正藏》第10册，第838页。
⑥《圣善住意天子所问经》卷中，[元魏]毘目智仙共般若流支译，《大正藏》第12册，第127页。
⑦《圣善住意天子所问经》卷中，[元魏]毘目智仙共般若流支译，《大正藏》第12册，第126页。

是因前者，其问题在于：因缘及缘起无来无去，无可识别，因此本无所有，既然如起此，本不存在的因缘如何让你的信解深妙？同理，“假使自然深故，深者，则其自然无有自然，达自然者，亦无有所。”①如果是这样，自然怎么可能让你的信解变得深妙？文殊答曰：“本际深妙，故曰为深。”②离垢施女驳难说：“本际无际，以是之故，其二慧者为无有慧。”③文殊师利答曰：“若无智者，则为颠倒，其本际者，假有言耳。”④施女说：“其无智者，亦无颠倒，此之谓也。度于言说，亦不可得，而无颠倒。”文殊对曰：“吾以假言而说此耳。”⑤意思是说，要解决这里的问题，须区分不同的言说层次。从方便权说的角度，有因缘、有自然，进而有智、有解，也能因这样的智与解而获得深妙，但从究竟理地、废诠归实的层面讲，有得仍是妄念。因此说有深妙信解，不过是“假言而说”。⑥

文殊行持的特点是：破微细烦恼，让人证得甚深微妙法。有一类众生，证悟很高，但“深生忧悔，常不离心，于甚深法不能证入，我心分别，彼罪未忘，是故不能获深法忍”。⑦文殊最擅长教化这类众生。因为他有甚深、辩证、机智的才能，正是基于此，他成了释迦佛教化的娑婆世界中的上首菩萨。他不退于阿耨多罗三藐三菩提，究竟涅槃，但又不住涅槃，而广行教化。他教化的特点是：能够破除处在较高层次的新学菩萨的“执著心”，更难能可贵的是，他不只是善破粗烦恼，更善破微细烦恼。例如，文殊讲述了自己如何住于既刚又不刚的金刚心的经验之后，善住意天子赞叹说：“希有大士，仁由过去久供诸佛，殖众德本，故能宣说妙若斯也。”⑧这番话尽管表明说者达到了较高修证境界，如超越了粗重妄念，但话里无疑流露出这样的微细妄念，即仍执著于“供佛”“德”“善”等。文殊师利破斥说：“吾无供佛，不殖善根。所以者何？吾初不见宿昔所更，又亦不知当来所作。虽有所作，亦无有作。于诸佛法，未曾建立，云何能有殖众德本？”⑨

再看维摩诘菩萨。他的心行的总的特点是：“已曾供养无量诸佛，深植善本；

①《佛说离垢施女经》，[西晋]竺法护译，《大正藏》第12册，第92页。
②《佛说离垢施女经》，[西晋]竺法护译，《大正藏》第12册，第92页。
③《佛说离垢施女经》，[西晋]竺法护译，《大正藏》第12册，第92页。
④《佛说离垢施女经》，[西晋]竺法护译，《大正藏》第12册，第92页。
⑤《佛说离垢施女经》，[西晋]竺法护译，《大正藏》第12册，第92页。
⑥《佛说离垢施女经》，[西晋]竺法护译，《大正藏》第12册，第92页。
⑦《大宝积经》卷150，[唐]菩提流志译，《大正藏》第11册，第590页。
⑧《大宝积经》卷150，[唐]菩提流志译，《大正藏》第11册，第589页。
⑨《大宝积经》卷150，[唐]菩提流志译，《大正藏》第11册，第589-590页。

得无生忍，辩才无碍，游戏神通，逮诸总持；获无所畏，降魔劳怨；入深法门，善于智度；通达方便，大愿成就；明了众生心之所趣，又能分别诸根利钝；久于佛道，心已纯淑，决定大乘；诸有所作，能善思量；住佛威仪，心大如海。”①“彼上人者难为酬对，深达实相，善说法要，辩才无滞，智慧无碍，一切菩萨法式悉知，诸佛秘藏无不得入。”②

他有许多不可思议的特点，例如：他对坐禅或宴坐的理解和行法就极为特别，认为真正、合格的宴坐，不是身体的如法，而是心的如法。他说：“不于三界现身意，是为宴坐；……不舍道法而现凡夫事，是为宴坐；心不住内、亦不在外，是为宴坐；于诸见不动而修行三十七品，是为宴坐；不断烦恼而入涅槃，是为宴坐。”③总之，心行平直，一念不生，是为宴坐。即使身行凡夫事，即使示现烦恼，只要心坚固不动，就是真正的宴坐。

怎样才是真说法呢？他的看法是，“说法者，当如法说。”④如法即符合佛法，一致于诸法谛理。而最高境界的如法就是一心不动。如经云：“夫说法者，无说无示，其听法者，无闻无得，……说法当建是意，而为说法。”⑤简言之，真正好的说法，不体现在言辞多么漂亮动人之上，而要看说法的人是怎样住心的，例如：如果说者于说法时能做到一念不生、心行平直，那么就可说他是“如法说”。维摩诘菩萨的其他的心行方面的特点可如此类推，即心行是否如法，只能看心是否能做到一念不生、心行平等。

真实空行是菩萨行，而一切空行必落实于心行。在这方面，佛菩萨作出了表率。《佛说如来不思议秘密大乘经》宣说的是如来佛在燃灯佛前作菩萨时的秘密真实行法。其中包括身密法、语密法和心密法。此三法都不过是最上行空之法，其特点是既有求、有作、有为，如发救护众生之大愿、利乐有情，并真正如愿而行，同时，在发心与付诸行动时，又不生一念，真正做到平等不二、心平行直。例如，“心密”的内容及操作方法是：“修慈行即知无我，若修悲行即无众生，若修喜行即无寿者，若修舍行即无有人，若修布施行即心调伏，若修持戒行即心寂

① 《维摩诘所说经》卷上，[姚秦]鸠摩罗什译，《大正藏》第14册，第539页。
② 《维摩诘所说经》卷中，[姚秦]鸠摩罗什译，《大正藏》第14册，第544页。
③ 《维摩诘所说经》卷上，[姚秦]鸠摩罗什译，《大正藏》第14册，第539页。
④ 《维摩诘所说经》卷上，[姚秦]鸠摩罗什译，《大正藏》第14册，第540页。
⑤ 《维摩诘所说经》卷上，[姚秦]鸠摩罗什译，《大正藏》第14册，第540页。

静，若修忍辱行即心无尽相，若修精进行即心离相，若修禅定行即心安定，若修慧行即心无伺察，若修四念处行即心无念，亦无作意，若修四正断行即心正平等。”①佛的身密是：“如来于无思惟、无分别中，而能示现诸威仪相”。②已得法身，而“法身不生不灭，亦无所起，于中示现生灭起作，但为成熟诸有情故”。③其法身不动不变，因为法身无所分别，平等不二，但又能随其身，根据众生需要而现诸威仪。这样做，不为别事，只为救度众生。佛的秘密语业清净是：说法无穷，但“未尝宣说一字，亦无诠表”。④即是说，如来在说法时，心行平等，毫无动摇，因此不说而说，说而不说。“如来亦无出息、入息，若寻若伺，以无寻伺故，所出语言，离诸邪妄。”⑤由于如来说法时毕竟在定，因此尽管听者感觉到在为他们说法，但“如来心常安住，无分别舍”。⑥

《大宝积经》还描述了诸空天子——修空天子、解空天子、信空天子等——行空、证空的经验。这经验可概括为：“修习于空法，智者悟菩提，能坏诸牢狱，亦度结缚者。”“世尊解空故，不见于身命，无缘无自性，依是为世说。”“一切佛境界，诸法性自空，大雄于中学，悯济众生故。”“修习空法者，能乐佛境界，彼即供养佛，亦成无上供。”“修习空法故，导师得建立，通达空法已，成就世间亲。”“已得空寂定，佛子得成就，彼等供养佛，是修空法者。”“所有归空者，有智非愚痴，无著断烦恼，离垢得菩提。”⑦该经第七十至七十一卷，汇集的都是诸大菩萨领悟佛法真谛的“试卷”，一共有四百八十多条偈子。它们记录的是诸菩萨对佛法大义的领悟心得。基于这些描述和分析，《大宝积经》对菩萨有这样的定义：“菩萨等心，如空无异，无有思想，如是行者，乃为菩萨。”⑧总之，宝积部诸经倡导的作为菩萨“希有之法”的空行是平等空行。其特点是：与诸法平等空寂本性绝对相应，于一切时、一切事（如慈、悲、喜、忧等）都行平等之行、空行，生寂静之心。

大集部诸经在总结菩萨成功的秘密时指出：菩萨之所以由凡转圣，是因为他

① 《佛说如来不思议秘密大乘经》卷 4，[宋]法护译，《大正藏》第 11 册，第 711-712 页。
② 《佛说如来不思议秘密大乘经》卷 6，[宋]法护译，《大正藏》第 11 册，第 716 页。
③ 《佛说如来不思议秘密大乘经》卷 2，[宋]法护译，《大正藏》第 11 册，第 709 页。
④ 《佛说如来不思议秘密大乘经》卷 7，[宋]法护译，《大正藏》第 11 册，第 719 页。
⑤ 《佛说如来不思议秘密大乘经》卷 7，[宋]法护译，《大正藏》第 11 册，第 719 页。
⑥ 《佛说如来不思议秘密大乘经》卷 7，[宋]法护译，《大正藏》第 11 册，第 719 页。
⑦ 《大宝积经》卷 70，[唐]菩提流志译，《大正藏》第 11 册，第 397 页。
⑧ 《大宝积经》卷 117，[唐]菩提流志译，《大正藏》第 11 册，第 661 页。

们有自己的圣路和圣行，即对空有一个信解行证的过程。这圣路的起点是信。菩萨信什么？信空。这是解脱、至圣的必由之路，是逆生死的根本大法。而执我、执法，有求有取，必然会造业，而造业的必然后果是顺生死而流转。《佛说海意菩萨所问净印法门经》云：“世间众生，顺生死流，我大乘法，逆生死流。”①

要逆生死行，必须空行，空行即是菩萨行。从信空到证空的过程、道路即为“圣路”。经云：“灭尽者，为不复怀得于生死，等于所有，终始均平，无一切法而无增减，……求诸尘劳，无有吾我，以无吾我，便无所受，则无所生，无造业者，悉能善修于一切法，是则名曰为圣路。”②将一切灭尽，于一切尘劳中看到无我、无法。有此正见，就不会造业，进而就会出离生死。可见，圣路即顺法、顺道而行，或逆生死而行。“顺于法，御行如法”，“随法教，思惟于法”。③而顺法而行，实即顺空而行。因为法本是空。这里的法是作为万物体性的法，也是佛所说的法。“所谓法者，则不可获，无有文字而无言说，亦无辞意，无色无见，亦无所趣，无有言诲，亦无所教。离心意识，无有尘垢，以离瑕疵，远于贪欲。”④顺空而行的操作要求是：“便于空无，无所恐畏，游于无想，则无所著。观察无愿，五阴如幻。观诸四种⑤，亦如虚空，又诸入者，本净悉空。”⑥这是多么潇洒的行为方式和人生态度！佛教倡导的空行不是与世隔绝，不是完全抛弃现实生活，而是游于无明，这样，则无所著。意即：只要于无明、烦恼中，无取、无舍、无著、无施，就是如理如法的空行。这种空行是不舍有、不舍烦恼、不舍生死、不舍大悲的空行。有道是：烦恼即菩提，生死即涅槃。顺法即顺空，顺空即顺有。真正的顺法者，即能通达一切空性，无取无舍，心行平等，同时又“具足一切诸所言辞”。“顺法者，不乱经典”，“不远无常”，“不坏法界”，“不失道意”，“不没经典”，“不坏成就”，“不违律教”。⑦总之，顺法者，同时又不舍一法。

《阿差末菩萨经》在概述菩萨由凡转圣的心路历程时指出：菩萨之所以成为菩萨，是因为他们对空理有一个从解到了、达、入、住的过程。该经云：菩萨“悉

---

①《佛说海意菩萨所问净印法门经》卷2，[宋]惟净等译，《大正藏》第13册，第479页。
②《宝女所问经》卷1，[西晋]竺法护译，《大正藏》第13册，第454页。
③《宝女所问经》卷1，[西晋]竺法护译，《大正藏》第13册，第454页。
④《宝女所问经》卷1，[西晋]竺法护译，《大正藏》第13册，第455页。
⑤ 这里四种指的是“地、水、火、风”四大。
⑥《宝女所问经》卷1，[西晋]竺法护译，《大正藏》第13册，第455页。
⑦《宝女所问经》卷1，[西晋]竺法护译，《大正藏》第13册，第455-456页。

达本净，入于无本，悉解本无，了住本际，永无有际，晓解空义”。[①]万法之所有归趣，即为空空。

对该引证进行分析可知：从菩萨修证的过程上说，空有信空、解空、入空、行空、证空、住空等样式。而这些样式代表的是空对于修行者显现的空的由浅到深的程度上的差别。例如：修行者入圣路之初所信的空理，是肤浅的，随着用功的深入，空理及其大光明不断向他显现、放大，到最后实证空理、住入空理时，那“甚深”的空便完全展现在他面前，即进到了这样的境界——悉入如法甚深空处，此空同时是彻底的无，而此无、此境界则是真实。

菩萨的经验告诉我们：圣人之所以为圣人，是因为他们有圣行，而圣行即空行。基于此，《涅槃经》为圣人下了这样的定义：“常观诸法性空寂故，以是义故，故名圣人，有圣戒故，复名圣人，有圣定慧故，故名圣人。”[②]

佛在这方面作出了表率。他之所以是佛，不仅是因为他空掉了我与法，而且在于：他“空空”，甚至“空空空”。佛之所以为佛，是因为他对包括自己的色身在内的一切获得了如实的空观。例如，对色身，就进行了最为全面和深入的谛观。“吾从无数阿僧祇劫修眼清净，内外无阂，今获色身，身亦无身，色亦无色。”为什么呢？佛是这样观色身的：“知身空、色空，身色具空，知身色具空者，此空空空。知无身空、无色空，知无身无色俱空，此空空空。”

根据《菩萨处胎经》的说法，弥勒菩萨实即行空菩萨。他不仅自己真实行空，而且为三十三天演说“空行法”。这一举措得到了佛的高度赞扬。他所说的空行法的实质是让心大休歇，具体要求是：在一切心行中努力做到一切皆空，连要度的众生、所行的道场都是空。“此亦空寂，无形无质，如来身相亦是假号，乃至一究竟义，悉空无所有”。[③]有人不解地问：既然一切皆空，你为什么还要来十方刹土教化众生呢，众生不是空无吗？弥勒回答说：“行空菩萨，不见刹土，亦无有佛，佛自无佛。”[④]这就是说，行空菩萨的特点是：来到本无的佛土，教化本无的众生，在无人中说法。进一步的问题是：菩萨在无人中说法，有无践迹？是否说了“真法”“真正道”？弥勒回答说“无”，因为有道者，斯亦假号，言弥勒者

① 《阿差末菩萨经》卷5，[西晋]竺法护译，《大正藏》第13册，第602页。
② 《大般涅槃经》卷11，[北凉]昙无谶译，《大正藏》第12册，第433页。
③ 《菩萨处胎经》卷1，[姚秦]竺佛念译，《大正藏》第12册，第1018页。
④ 《菩萨处胎经》卷1，[姚秦]竺佛念译，《大正藏》第12册，第1018页。

亦是假号，如自性本际亦是假号，如来色身身自空，相相自空，本末本末空，彼此彼此空。“有为空、无为空、自性空，有以有为空，无以无为空，大空、取空，一相无相空，有余涅槃空，无余涅槃空。”[①]可见，菩萨的空行是彻底、究竟、中道的空行。

真正的空行必须落实于心，其原理在于：“一向无二心，自誓得成佛。”[②]这也是佛菩萨的成功经验：“吾我心尽断，不有我无我”，“诸佛世尊等，心普无有边，”“心净如佛心，是诸佛之法”。[③]文殊师利也是这样，“以空无心、离心三昧而为正受”。[④]

根据《大哀经》，东北方的住净离垢世界，有空城离垢心如来佛土，其上有一名叫觉无底离垢的菩萨，其心境是：“明识深妙法，等解指自然，省察诸空相，一切诸所法。……其心如虚空，清净慧无底。……无有众生想，其心谛离念，已除众妄想，善权普平等。”[⑤]此外，该经还描述了其他许多佛土的菩萨的共同的心理特点，不外“如空无边际”“意定不可动”，等等。

第六节　菩萨的心理变革

如前所述，成就菩萨的过程是个“转变”或“转依”的过程。凡夫之所以为凡夫，原因在于：以妄心为心的全部，为真实的心，进而以其内和其外的有生灭的、终究靠不住的事物为心之依靠或寄托。而菩萨则不同，通过转识成智、转迷成悟、转凡成圣的复杂操作，其心的所依发生了根本的转变，即由妄心转变为真心。这个转变过程实质上是一个变革过程，因为转凡成圣的过程极为痛苦和艰巨。它要抛弃的是无始以来伴随自己、为自己习惯了的心理结构、心行方式、性格、气质、人生态度、价值观、幸福观，等等；要建构的是崭新的、超凡脱俗的、为一般人难以理喻甚至耻笑的心理结构。例如，它要成就的心有如下特点：第一，此心是空心，它空掉一切，视世人所追求的价值一文不值。第二，此心圆满。当

---

①《菩萨处胎经》卷1，[姚秦]竺佛念译，《大正藏》第12册，第1018页。
②《中阴经》卷上，[姚秦]竺佛念译，《大正藏》第12册，第1062页。
③《中阴经》卷上，[姚秦]竺佛念译，《大正藏》第12册，第1062-1063页。
④《佛说如幻三昧经》卷上，[西晋]竺法护译，《大正藏》第12册，第134页。
⑤《大哀经》卷1，[西晋]竺法护译，《大正藏》第13册，第412页。

然，圆满是有程度差别的。从体性上说，一切众生皆有圆满无缺的明亮心性。就像月亮，不管是出、未出，还是半出，都圆满具足明性、圆性一样。十地菩萨都已让圆满心性得到了显现，但程度有差别，其显现的大小、圆满是不尽相同的。如果说第十地的菩萨显现出来的心像十五的圆月一样，“圆满可观、明相具足、其心淡泊、安住不动，不没不退，住首楞严三昧”，而九地、八地……初地菩萨显现的心相，分别像十四、十三、……初五的月亮。例如：初地菩萨“光明未显，然其明相皆悉具足。”①

变革心灵的过程也可这样来说明，即把它比作农民种庄稼。刚开始，菩萨的心灵变革仅像将种子播撒到田里。初发心时就是这样，如同农民种田时，将谷种撒在田中一样。第二阶段是行道心。这就像谷苗在人的呵护下生长。第三阶段是生起不退转心，如谷子开始成熟。第四阶段是一生补处心。一生补处是最近于佛位的最高菩萨位，这阶段就像田里的果实成熟了，它能让人品尝。可见菩萨由凡转圣的过程，是心灵成长的过程。换一种比喻可这样说：初发心像木匠收集建车骑的材料一样；行道心像木匠对木材进行加工处理；不退转心像木匠对木材进行组装一样；补处心像“车成致运”②一样。

心灵变革的过程实际上是圣心的成长过程，这当然是漫长而艰难的，需一步一个脚印地前行。根据《合部金光明经》，这一心灵变革过程要经历如下阶段：第一心，初发菩提心，“于一切寂静法中而得安住，依一切功德善根而得发出”，③此心是布施之因。第二心，“发心譬如大地持一一法事”，④此心是持戒之因。第三心，由上发心，心量增长，而必为忍辱之因。第四心，是生不退转心，此心将为精进之因。“譬如七宝楼，观有四阶道，清凉之风来吹四门。”⑤第五心，心生种种功德法藏，永不满足。此心是禅波罗蜜之因。第六心，出生能破生死大暗的心。此心是般若波罗蜜之因。第七心，生出能度生死险道的心，此因是方便胜智波罗蜜之因。第八心，生出能具足一切清净境界的心，此心像圆月一样圆满，是愿波罗蜜之因。第九心，此心的特点是善能清净，庄严佛土，功德普洽，广利一

---

①《金刚三昧本性清净不坏不灭经》，《大正藏》第 15 册，第 697 页。
②《文殊师利问菩提经》，[姚秦]鸠摩罗什译，《大正藏》第 14 册，第 482 页。
③《合部金光明经》卷 3，[隋]宝贵合，《大正藏》第 16 册，第 372 页。
④《合部金光明经》卷 3，[隋]宝贵合，《大正藏》第 16 册，第 373 页。
⑤《合部金光明经》卷 3，[隋]宝贵合，《大正藏》第 16 册，第 373 页。

切。此心是力波罗蜜之因。第十心，于一切境界，皆悉通达，于一切法自在，至灌顶位。此心是智波罗蜜之因。所谓灌顶位是十地之上的、仅次于妙觉佛位的位次。其觉悟与佛等齐，由于有等齐的作用在里面，没有完全做到让始觉与本觉合一，因此还须前进。[①]《六度集经》讲了许多菩萨由凡成圣的变革历程，其共同点在于："志行清净，众邪不能染其心……一心守真，戒具行高，志如天金。……慈心向彼，悲心追愍愍。"[②]

菩萨要成就的心是大心，其最高境界是"等虚空"。有这种心就会自然成就四种深利益菩提心：①广心利益，即菩萨生广摄一切众生的心；②第一心利益，即广利众生入无余涅槃而灭度的心；③常心利益，菩萨有这样的心，即如是灭度无量众生，而实无众生得灭度，但菩萨又取众生如我身，常不舍离；④不颠倒心利益，即在度众生时，不起众生相、人相、寿者相。[③]

菩萨要成就的是绝对寂静、清净的心，此心完全超染妄心、染心、垢心，一念不生，平等一如，即使有不利、违情的外缘和环境刺激，它仍八风吹不动。有十法可让人做到这一点，即让人的心恒常寂静而安乐住，让人完成由动乱心向寂静心的变革。经云："菩萨摩诃萨修行十法，在在处处，心恒寂静而安乐住，何等为十？所谓善修忆念，观察于身及受、心、法；善修忆念，观察境界、阿兰若处，……观察是身，从足至顶，唯见是身三十六物假合成人，念念生灭，无常败坏，筋脉连持，不净充满，无可乐者，如是观察，即生厌离。……"[④]菩萨之所以为菩萨，是因为他将染心改铸成了净心，其特点、标志是："菩萨悉皆成就大慈心、大悲心、柔软心、无爱浊心、调伏心、寂静心、忍辱心、禅定心、清净心、无障碍心、无垢心、无污心、真实心、喜法心。"[⑤]这些心是通过这样的心理操作完成的：断烦恼心、如地心、离世俗言语心、爱乐圣法心、求善法心、离我心、离生老病死寂灭心、烧诸烦恼心、解一切缚寂灭心、于一切法得不动心。如果有人证得了平等心、清净心等，佛便为其授记。《悲华经·诸菩萨本授记品》云："其心离垢，清净且起，今已授记。""摄护身心，善入禅定。……其心清净，无有浊

---

①《合部金光明经》卷3，[隋]宝贵合，《大正藏》第16册，第373页。
②《六度集经》卷3，[吴]康僧会译，《大正藏》第3册，第11-12页。
③《金刚般若波罗蜜经》卷上，[姚秦]鸠摩罗什译，《大正藏》第25册，第781-782页。
④《大乘宝云经》卷5，[梁]曼陀罗仙共僧伽婆罗译，《大正藏》第16册，第265-266页。
⑤《悲华经》卷1，[北凉]昙无谶译，《大正藏》第3册，第168页。

乱。……而与无量，众生受记。”①

菩萨要成就的心是自由自在之心。因为它等虚空，平等一如，再也没有什么东西能妨碍、阻挡它了。如《心经》所说：菩萨“无”掉了一切，包括空中无色，无受想行识，无眼耳鼻舌身意，无色声香味触法，无眼界，无意识界，无无明，亦无无明尽，无老死，亦无老死尽，无苦集灭道，无智以无得，以无所得故，菩萨心无挂碍。无挂碍故，无有恐怖，远离颠倒梦想，究竟涅槃。这种变革、转变看起来很难，却是可以实现的，如：只要戒自在、神通自在、智自在、慧自在，心便会自在。有智自在就能心自在。所谓智自在是指，“以一心知一切众生心，以一心性知一切心性，而于心智不作二行”。②《大集经》的主题就是宣讲“诸菩萨行无碍法门”，③此门即甘露门。无碍法门有许多具体操作方法，如虚空印法门的要求是：“如一切法，以虚空为门，无住处故。一切法无住处门，无形相故。一切法无形相门，过诸行处故。”④此门亦是寂静门，因为心意识本无。

要完成心灵变革，必须广行四摄六度。而行四摄六度的关键是心行，即空悲双运，“一心守真”，即在每一行中都始终如一地做到一心不乱，平等不二。例如：在参禅时，要做到“端其心，壹其意”，“菩萨禅度无极，一心如是”。⑤由于这种心行至关重要，因此经中置词很多，如说“一其心得禅”“一心入禅”，⑥等等。

《德光太子经》认为，菩萨要完成心灵变革，应常行八种心行：“常行慈心，常行哀心，常行悲心，常行护心，常行黠慧心，常行答问心，常行喜踊心，常行第一心。”⑦除了修布施等法之外，善护其心至关重要。经云：“其心不著尘垢法，……虽遇不贤常一心，……闲居寂寞无所起，其心不著财利色，……心不乱著诸恩爱，……总持辩才一其心。”⑧

佛曾以自己行菩萨道时的经历说明了“常一其心”的重要性和方法。佛告诸比丘：“皆悉寂静定意听，我前世初求得菩萨道时，戒行普具，精进一心，修集

① 《悲华经》卷1，[北凉]昙无谶译，《大正藏》第3册，第199-200页。
② 《自在王菩萨经》卷下，[姚秦]鸠摩罗什译，《大正藏》第13册，第930页。
③ 《大方等大集经》卷1，[北凉]昙无谶译，《大正藏》第13册，第5页。
④ 《大方等大集经》卷14，[北凉]昙无谶译，《大正藏》第13册，第93页。
⑤ 《六度集经》卷7，[吴]康僧会译，《大正藏》第3册，第39页。
⑥ 《六度集经》卷7，[吴]康僧会译，《大正藏》第3册，第41页。
⑦ 《佛说月明菩萨经》，[吴]支谦译，《大正藏》第3册，第411页。
⑧ 《佛说德光太子经》，[西晋]竺法护译，《大正藏》第3册，第412-413页。

智慧，行于善权，功德累积，不可称说。”[①]在大量佛经中，本缘部类的经收录的是佛陀之传记、传说、本生经[②]等。所谓“本生经”一词，梵、巴两语同为jātaka，音译为阇多伽等，意译作本起、本缘、本生谭、本生故事，是十二部经之一。根据本生经记述，佛菩萨转凡成圣的具体方法途径尽管千差万别，但有一点是共同的，那就是他们都善护其心，常一其心。《宝女所问经》卷四列举了一百多条菩萨行法，其中大部分属菩萨调伏心性、改造心灵所用的方法，如：“顺寂然，则为行法；而乐独一，则为行法；不厌闲居，则为行法；……专修慈心，则为行法；……欢喜爱法，则为行法；……兴显道心，则为行法；……弃捐重担，则为行法；心不怯弱，则为行法；思惟止足，则为行法；……一切诸法，无动无著，……。”[③]

关于心灵变革的心理操作原则及基本方法，般若类经讲得更多、更具体。例如，十地心行是菩萨心灵改造的高级的、重要的阶段，《大般若波罗蜜多经》强调，住十地时心行的总的原则是：“从趣地不念、不思维虽修治地业而不见彼地。”[④]尽管在每一地都有特殊的行法，但也有共同的心法，例如：都必须调伏心念，令其不动。不同在于，调治作为对象的具体心念不同，所用的方法不同。该经第四百九十卷论述了十地菩萨在每一地应完成的操作，强调如是修行圆满，便能进步，趣入下一地。每一地的操作主要是心理操作，例如，在初地，菩萨“应善修治十种胜业”：一、修治净胜意乐业；二、修治一切有情平等心业；三、修治布施业；四、修治亲近善友业；五、修治求法业；六、修治常乐出家业；七、修治爱乐佛身业；八、修治开阐法教业；九、修治破憍慢业；十、修谛语业。在修每一业时，关键是要有这样的心态，即“以无所得而为方便”。[⑤]住第二地时，应“修习八法思惟”：一、清净尸罗；二、知恩报恩；三、住安忍力；四、受胜欢喜；五、不舍有情；六、常起大悲；七、于师长以敬信心，谘承供养如事诸佛；八、勤求修习波罗蜜多。住三地时，应通过五法“精勤安住”：一、勤求多闻而无厌倦，于所闻法不著文字。二、以无染心常行法施。三、种诸善根。四、化有情、度生死，

① 《佛说菩萨睒子经》，《大正藏》第3册，第436页。
② 本生经记录的是佛、菩萨、佛弟子在过去永世劫中受生不同趣类行菩萨道的故事，其中以释尊、文殊、弥勒等佛菩萨的故事为主。
③ 《宝女所问经》卷4，[西晋]竺法护译，《大正藏》第13册，第470页。
④ 《大般若波罗蜜多经》卷490，[唐]玄奘译，《大正藏》第7册，第490页。
⑤ 《大般若波罗蜜多经》卷490，[唐]玄奘译，《大正藏》第7册，第490页。

不厌倦，同时不骄逸。五、住惭愧而无所执。住四地时，应于十法“受持不舍”。一、住阿练若常不舍离。二、常乐少欲。三、常乐喜足。四、常不舍离杜多功德。五、于诸学处常不弃舍。六、于诸欲乐，深生厌离。七、常乐发起涅槃俱心。八、于一切物常生厌离心。九、于一切时，心不沈没。十、不恋著一切事。另外，在四地，还应不舍如下十法。一、远离居家。二、远离苾刍尼。三、远离家悭。四、远离众会忿诤。五、远离自赞毁他。六、远离十恶业道。七、远离增上骄慢。八、远离颠倒。九、远离犹豫。十、远离贪瞋痴。住五地时，应圆满六法、远离六法。应圆满的六法是：布施等六度。应远离的六法是六下劣心，即声闻心、独觉心、热恼心、见乞者来不喜而发愁恼之心、舍所有物后的追恋忧悔心、于来求者方便矫乱心。住七地时，应远离下述二十法，即我执、断执、常执、相想执、见执、名色执、蕴执、处执、界执、谛执、缘起执、住著三界执、一切法执、一切法如理不如理执、依佛见执、依法见执、依僧见执、戒见执、空见执。住七地，还应圆满如下二十法，即通达空、证无相、知无愿、三轮清净、悲愍有情、于一切法平等、于诸有情平等、于真理趣究竟通达、无生忍智、说一切法一相理趣、灭除分别、远离诸想、远离诸见、远离烦恼、善巧止观、调伏心性、寂静心性、无碍智性、无所爱染、随心所欲住诸佛土。住八地时，应修如下四法，即悟入一切有情心行，游戏神通，见诸佛土如其所见自庄严种种佛土，承事供养诸佛世尊、于如来身如实观察。住九地时，应修如下四法，即根胜劣智（能让根性胜于小乘根性的智），严净佛土，如幻等持数入诸定，随诸有情，善根应熟故，入诸有自现化生。住十地时，应修如下十二法：一、摄受无边处所大愿，随有所愿，皆令证得。二、随诸天龙、非人等异类音智。三、无碍辩说。四、入胎具足。五、出生具足。六、家族具足。七、种姓具足。八、眷属具足。九、生身具足。十、出家具足。十一、庄严菩提树具足。十二、一切功德成办具足。[①]

《大方广佛华严经》把菩萨完成心灵改造的过程概括有为六行，即十信行、十住行、十行行、十回向行、十地行、等觉行。

十信行即最初十位的菩萨应修的十种心态：信心、念心、精进心、定心、慧心、戒心、回向心、护法心、舍心、愿心。

① 《大般若波罗蜜多经》卷490，［唐］玄奘译，《大正藏》第7册，第490-491页。

十住行分别是，一、初发心住，即通过见佛三十二相，或通过闻法，或通过观众生苦，而生起菩提心。在后面的每一位中，菩萨都要做两件事，一是修，二是学。二、治地住。菩萨在此阶位的心行是，发十种心，即大慈心、大悲心、乐心、安住心、欢喜心、度众生心、守护众生心、我所心、师心、如来心。同时学如十法，如：多闻、学离欲定、近善知识、不违其教、学无所畏、明解深义、了达正法、舍离疾冥、安住不动等。三、修行住。菩萨在此阶段的主要操作是十种观一切法。如：观一切无常、苦、空、无我、不自在，观一切法不可乐，观一切法无集散，观一切法不坚固，观一切法虚妄，等等。同时学十种法，如：分别知一切众生界，分别知一切法界，分别知地水火风界，分别知欲界、色界、无色界等。四、生贵住。此阶段的菩萨修如下十法：信佛不坏，究竟于法，寂然定意，分别众生，分别佛刹，分别世界，分别诸业，分别果报，分别生死，分别涅槃。应学的十法是：学分别去来今佛法，修行去来今佛法，具足去来今佛法，平等观察一切诸佛，等等。五、方便具足住。此阶段的菩萨闻十种法，并如教修行：所行善根悉为救护一切众生，饶益一切众生，安乐一切众生、哀愍一切众生，等等。应学的十法是：知众生无有边，知众生不可数，等等。六、正心住。此阶段菩萨闻十种法得决定心，如：闻赞佛毁佛，于佛法中心定不动；闻赞法毁法，于佛法中心定不动；闻赞毁菩萨，于佛法中心定不动，等。应学的十法是：一切法无相，一切法无性，一切法不可修，一切无所有，等等。七、不退住。在此阶段，菩萨由于听到十种法后坚固其心，因此不退转。如：闻有佛无佛，于佛法中不退转；闻有法无法，于佛法中不退转；闻有菩萨无菩萨，于佛法中不退转。应学的十法是：知一即是多，多即是一，随味知义，随义知味等。八、童真住。菩萨在此阶段因十种法而心得安立，如：身行清净、口行清净、意行清净、随意受生、知众生心，等等。应学的十法主要是：知一切佛刹、震动一切佛刹、持一切佛刹、观一切佛刹、诣一切佛刹，等等。九、法王子住。此阶段的菩萨善解十法，如：善解众生趣向，善解诸烦恼，善解诸习气，善解方便智，善解分别无量法，等等。应学的十法主要是：善知法王所住处，善知法王所行威仪，等等。十、灌顶住。此阶段菩萨的特点是成就十种智住，如：悉能震动无量世界，悉能照明无量世界，悉能住持无量世界等。应学十种智，如：三世智、一切佛法智、法界无障碍智、法界无量无边智，等等。[①]

---

①《大方广佛华严经》卷 8，[东晋]佛驮跋陀罗译，《大正藏》第 9 册，第 444-446 页。

十行实即十种佛如来之本行，菩萨效法，皆在成佛。一、欢喜行，即菩萨的令众皆欢喜的行。要行此行，必须有这样的心量、心行，即悉能舍弃一切所有，等心惠施，无怨无悔，不图回报，如在行布施时，不见施者、受者、财物，不见福田。二、饶益行。菩萨在行此法时，应持戒清净，于色声香味触法，心无染著，广为众生说无染法。安住一切最胜法中，平等正观一切众生，远离诸恶永舍虚妄，除灭一切烦恼习气。三、无嗔恨行。菩萨常能修习忍辱之法，谦卑恭敬，和颜爱语，不自害，不害他，为众生说一切法，教其远离一切恶，以大忍法而安己安人，心行平直。四、无尽行。菩萨勤修精进，在精进时，不为贪欲、瞋恚、骄慢等所乱、所动，心平行直。五、离痴乱行，在行禅定时，菩萨成就第一正念，不散乱，坚固不坏，舍离痴冥，于一切，一念不生，心行平等，安住三世平等正法。六、善现行。菩萨成就寂灭身口意业，无所有，无所示现，无缚无脱。诸所示现，无所依，无所住，随心住，无量心性等一切法性，示现无相相，善方便出生离生，不生不灭，寂灭涅槃。七、无著行。以无著心，于念念中能观察一切世界，严净一切佛刹，于诸佛刹，心无染著，于一切十方三世，心无染著。八、尊重行。由于进至此阶段的菩萨成就了尊重善根、不坏善根、最胜善根等，因此在修行时，心常爱乐诸佛妙法，一向专求无上菩提，不舍菩萨大愿。九、善法行。此菩萨能守护正法，以无碍智广为人说，同时于一切法无所障碍而作佛事。十、真实行。此阶段的菩萨成就了第一诚谛之语，如说能行，如行能说，学三世诸佛真实语，入三世诸佛性，与佛善根齐等，因此能随顺如来智慧，行持诸法正法。①

十回向实即菩萨以大悲心救护一切众生。如，第八如相回向的要求是："成就念智，安住不动，离痴正念，直心不动，成就坚固不可坏业，一切智境界得不退转，得大乘勇猛无畏之心，修习无尽善根，积集胜妙善根，修自净法，增长大悲。"②

十地是诸菩萨所入的佛菩萨的智地，是菩萨最上妙道，最上明净法门，一切佛法之根本。若菩萨依十地而行，具足十地，那么便能得一切智慧。③十地分别是：

一、欢喜地。此地在佛教阶位中的地位是出凡、近圣的阶位。"过凡夫地，入菩萨位，生在佛家，……过一切世间道，入出世间道，……在诸菩萨数，等入

① 参阅《大方广佛华严经》卷11，[东晋]佛驮跋陀罗译，《大正藏》第9册，第466-472页。
②《大方广佛华严经》卷20，[东晋]佛驮跋陀罗译，《大正藏》第9册，第524页。
③ 参阅《大方广佛华严经》卷23，[东晋]佛驮跋陀罗译，《大正藏》第9册，第542-543页。

三世如来种中，毕定究竟阿耨多罗三藐三菩提。”[①]此地的进入的条件是，发大菩提心，修诸善行，直心、深心淳至，量同佛力，趣向无碍智，随顺自然智，能受一切佛法，以智慧教化一切众生，究竟如虚空，尽未来际。此地的标志性特征，尤其是心理标志是，由于以不动法管束心行，因此“多喜多信，多清净，多踊悦，多调柔，多堪受，不好斗诤，不好恼乱众生，不好瞋恨”，[②]欢喜心充满。发大愿，行大行，自利利他，如“得利安心、柔软心、调顺心、寂静心、不放逸心、寂灭心、直心、和润心、不恚心、不浊心，如是则成信者”。[③]“悲心智慧者，方便合修行，深直心淳至，其力无有量。……其心不可动，犹如大山王。……其心常清净，堪受于大事。”[④]

二、离垢地。进入此地之菩萨的特点是：自然远离一切杀业，无嗔恨心，有惭有愧，于一切众生起慈悲心，常求乐事，知足，常真实语，甚至在梦中也是如此，无破坏心。住于善道，于众生生安隐心、乐心、慈心、悲心、哀愍心、利益心、爱护心、大师心、自己心。清净身口意业，令众生离诸贪著，住于寂静，断烦恼，进入涅槃，令他们抛弃狭劣心，住广大心。其进入条件是，“欲得第二地者，当生十种直心”。[⑤]即柔软心、调和心、堪受心、不放逸心、寂灭心、真心、不杂心，无贪吝心、胜心、大心。

三、发光地。其进入条件是：“净第二地已，欲得第三地，当以十种深心”，即净心、猛利心、厌心、离欲心、不退心、坚心、明盛心、无足心、胜心、大心。此地菩萨的特点是：能观一切有为法如实相，看到它们的无常、苦、空、无我、不净本性，知诸法无作无起，无来无去，进而厌离诸有为法，趣佛智慧。于众生转生十种心，如哀愍心等，同时以四无量心救度众生，以他心智知如实知众人心。住在明地，了断邪贪、邪嗔、邪痴，一切善根转增明净，充满忍辱心、美妙心、不坏心、不动心、不浊心、不高不下心、一切所作不图回报心、不谄曲心、不杂乱心。[⑥]

四、焰慧地。其进入条件是，“欲得第四地，当以十法明门”，即观察众生界、

---

① 《大方广佛华严经》卷23，[东晋]佛驮跋陀罗译，《大正藏》第9册，第544页。
② 《大方广佛华严经》卷23，[东晋]佛驮跋陀罗译，《大正藏》第9册，第544页。
③ 《大方广佛华严经》卷23，[东晋]佛驮跋陀罗译，《大正藏》第9册，第546页。
④ 《大方广佛华严经》卷23，[东晋]佛驮跋陀罗译，《大正藏》第9册，第547页。
⑤ 《大方广佛华严经》卷23，[东晋]佛驮跋陀罗译，《大正藏》第9册，第548页。
⑥ 参阅《大方广佛华严经》卷24，[东晋]佛驮跋陀罗译，《大正藏》第9册，第551-552页。

观察法界、观察世界、观察虚空界、观察识界、观察欲界、观察色界、观察无色界、观察胜信解界、观察大心界。此地菩萨的特点是：入于如来家，转有势力，具十种心或智慧，如，心不退转，于三宝中得不坏心，毕竟清净，知诸法不生不灭，等等。另外，还能精勤一心，除世间贪欲，勤精进，发心正断，救一切众生精进，直心清净。①

五、难胜地。其进入条件是，“欲得第五地，当以十平等心”，即过去佛法平等，未来佛法平等，现在佛法平等，戒净平等，心净平等，除见疑悔净平等，道非道净平等，行知见净平等，诸菩提分法转胜净平等，化众生净平等。此地菩萨由于善修菩提法，深心清净，生定不退心，如实知四谛，布施持戒，因此能广行六度万行，入诸佛无上之法，安住难胜地。住此地的菩萨，名作兜率陀天王，诸根猛利，悉能摧伏一切外道。他们常生这样的心，即我当于一切众生为胜、为首，乃至成为一切众生的依止者。②

六、现前地。其进入条件是，“欲入六地，当以十平等法”，即，以无性故，一切法平等；以无相故，一切法平等；以无生故，一切法平等；以无成故，一切法平等；以本来清净故，一切法平等；以无戏论故，一切法平等；以不取不舍故，一切法平等；以离故，一切法平等；以如幻梦影响水中月故，一切法平等；以有无不二故，一切法平等。住此地的菩萨的特点是：能忍随顺，无生法忍虽未现前，但心已成就胜利顺忍。大悲为首，随十二因缘无我、无人、无众生，三解脱门现前。无生无灭与悲和合，不舍众生，即得无障碍般若波罗蜜光明现前。住此地菩萨，得胜空三昧、性空三昧、第一义空三昧，“等万空三昧门现在前”。此地菩萨的更深的心随之现前，如深心、决定心、真心、甚深心、不转心、不舍心、广心、无边心、乐智心、慧方便和合心，“如是等心，转胜增长”。③

七、远行地。其进入条件是，“欲入第七地，从方便慧起十妙行”，如善修三解脱，而以慈悲心处在众生随诸佛平等法，而不舍供养诸佛；常乐思惟空智门，而广修集福德资粮；远离三界，而庄严三界，等等。此地菩萨的特点是：具十波罗蜜，入无量众生界，入诸佛清净国土，入无量佛法，入无量佛智，入无量众生心，入诸菩萨无量所行道，令众生得入。不为烦恼垢所染污，过贪欲等烦恼垢，但不

---

①《大方广佛华严经》卷 23，[东晋]佛驮跋陀罗译，《大正藏》第 9 册，第 553-554 页。
②《大方广佛华严经》卷 25，[东晋]佛驮跋陀罗译，《大正藏》第 9 册，第 555-556 页。
③《大方广佛华严经》卷 25，[东晋]佛驮跋陀罗译，《大正藏》第 9 册，第 558-559 页。

名有烦恼，不名无烦恼。之所以如此，是因为一切烦恼不起。成就甚深清净身口意业。世间经书，自然而得。其心之深、之妙，是此地以下众生所无可比拟的。①

八、不动地。其进入的条件及途径是，已习七地微妙行慧，慧方便道，具大愿力，自善根得力，常念并随顺如来力、无畏、不共法，直心深心清净，成就福德智慧，大慈大悲，救护众生，悟入诸法本来无生、无起、无相、无成、无坏、无来、无去，入如来智，一切心意识，忆想分别，无所贪著。证到此境界，即得无生法忍，入第八地不动地。此地菩萨也可称作深行菩萨。八地菩萨的根本特点是得无生法忍。因为此地菩萨彻证一切法的体性，因而离一切想、一切贪著、一切动心。忆想分别，皆悉灭尽。一切皆舍，不行二心，一切心意识不现前，乃至连涅槃心、佛心、菩提心也是如此。由于有此心行，一切法不再生起，因此此地菩萨便得第一无生法忍，不忍而忍，忍而无忍。尽管得甚深寂灭解脱，但又不舍众生，而会以更大的悲心、大心，救度众生。②此地的特点还可由其多名而略见一斑，经云："此地不可坏故，名为不动地。智慧不转故，名为不转地。一切世间不能测知故，名威德地。无色欲故，名童真地。随意受生故，名自在地。更不作故，名为成地。决定知故，名为究竟地。善发大愿故，名为变化地。不可坏故，名为住持地。先修善根故，名为无功力地。"③

九、善慧地。其进入条件是，以无量智慧善观佛道，转胜思惟如来智慧，入如来深密法藏，观察不思议大智慧，观察诸陀罗尼三昧，增进清净，修佛的不共法，不舍大悲，顺行诸佛转法轮力。如是思惟、修持，便可入第九地。此地菩萨的特点是有大智大慧，如实知善、不善、无记法行，有漏、无漏法行，世间、出世间法行，思议、不思议法行，声闻、缘觉、菩萨、如来法行。如实知八万四千诸欲差别相、诸性差别相、直心差别相。随如智知与行，即"名为安住善慧地"。④

十、法云地。九地圆满，便能进入第十地。经云："随顺菩提，成就无量念力，能于一念顷，至十方无量佛所。无量法明，无量法雨，皆能受持。"就像大海能受大雨一样，九地圆满的菩萨也能圆满无缺地接受圆满佛法的滋润。"如来微密雨，大法雨"，是九地菩萨以下菩萨不能接受的，只有进入法云地的十地菩

① 《大方广佛华严经》卷 25，[东晋]佛驮跋陀罗译，《大正藏》第 9 册，第 561-562 页。
② 《大方广佛华严经》卷 26，[东晋]佛驮跋陀罗译，《大正藏》第 9 册，第 564 页。
③ 《大方广佛华严经》卷 26，[东晋]佛驮跋陀罗译，《大正藏》第 9 册，第 565-566 页。
④ 《大方广佛华严经》卷 26，[东晋]佛驮跋陀罗译，《大正藏》第 9 册，第 567-568 页。

萨才能受持，是故，此地名为法云地。[1]此地菩萨除了能圆满受持一切佛法这一特点之外，还有一个特点，即“一念一时”，能于一切微尘世界，“皆悉周普，以雨善法、甘露法雨”，[2]灭诸众生的一切无明烦恼。是故名为法云地。

六行的最后一行是等觉行。菩萨通过前述的修行，依次获得了习种性（十住菩萨的共性，如通过修空观断除了见思二惑）、性种性（十行位菩萨的共性，如不住空而教化众生）、道种性（十回向位菩萨的共性，如以中道妙观，通达佛的一切教法）、圣种性（这是十地菩萨的共性，如通过修中道妙观而快圆满圣位），进一步修行，即能进入等觉位。这是菩萨的最高的、仅次于妙觉佛位的一个位次，其特点是菩萨的始觉与本觉完全等同，但由于还有等同的成分，还未完全成为一，因此与妙觉位尚有一定的差距。

总之，菩萨心灵改造的关键是：于一切行中，行无所行，心行平等。“菩萨住于法时，不见诸法如微尘相貌。……于所习慈，了无有我。于所习悲，了无众生。于所习喜，了无有命，于所习舍，了无有人。虽行布施，不见施物。虽行持戒，不见净心。……虽行正勤，不见心之生灭。……虽行于定，不见入定心。……虽行诸觉，心无分别。……虽修净土，其心平等，犹如虚空。虽修相好，心无诸相。虽得忍辱，心无所有。……虽行菩提，观诸法空，无菩提心。……虽复示现大般涅槃，于生死中，心等无异。”[3]

第七节　佛心与真心显现

佛是圣人中的极致，故也可称作“极圣”。其“极”体现在心灵的改造、转变达到了极致，即完全返妄归真、让真心显现出来了，因而佛有其特殊的心，即佛心。进到了此状态，就能被称作“妙觉”。妙觉是佛的标志性特征。如前所述，即使证得了等觉，也还不是佛，因为等觉位尽管很高，但它只是最高阶位菩萨的特点。就真心的显现程度说，佛以外的其他圣人尽管都有真心的证得与显现，但不圆满、不究竟，故只能是“亚圣”。

---

① 《大方广佛华严经》卷 27，[东晋]佛驮跋陀罗译，《大正藏》第 9 册，第 573 页。
② 《大方广佛华严经》卷 25，[东晋]佛驮跋陀罗译，《大正藏》第 9 册，第 573 页。
③ 《悲华经》卷 9，[北凉]昙无谶译，《大正藏》第 3 册，第 222-223 页。

一、佛心的构造与本质特点

佛之所以为佛，是因为他在一切方面，包括他的人格结构，较之凡夫，发生了根本性转变。如太虚法师所说："仰止唯佛陀，完成在人格，人成即佛成，是名真现实。"[①]因此所谓佛就是人格完满达到极致的人。其具体形式有很多，换言之，佛有很多种，如习气佛（由六波罗蜜功德所成之佛）、愿佛、果报佛、三昧佛、实佛、化佛、供养佛、形像佛、心佛。所谓心佛指的是，"诸菩萨等得心自在，是诸菩萨依心自在，于种种法随心成就，此诸菩萨随彼众生，应见佛身而可化者，即自在心即成佛身，是名心佛。"[②]简言之，心真的自在了的人就是心佛。"自心清净，能见于佛，知佛信佛，是名心佛。"[③]我们这里先重点剖析佛的人格结构的心理构件及其特点。

佛心的根本特点是完全回归真心，或让真心完全显现出来了。用圆瑛法师的话说，即是"复本心源，究竟清净，本觉到此，方得出缠，常住不变，轮回从此永卸矣"。[④]意思是，佛心是完全的返妄归真。这是认知、修证的最高成果，其解脱论的意义是，"出缠"，即摆脱了各种心灵的枷锁，彻底丢弃了生死重担。用心灵哲学的话说，是证得了真心实际上等于找到了心的最终本质和根源。人类探索心的目的就是要弄清这一点，各种心灵哲学概不例外，否则就不是心灵哲学。例如：唯物主义和二元论都自认为找到了这个根本，一个说，我们的感知、情感和思维活动是以大脑为基础的；一个说，人之所以能思，是因为其后有精神实体或心性本原。佛教的"旋汝倒闻机，反闻闻自性"[⑤]的追溯也带有这种穷本溯源的性质。因此，佛教是真正意义上的心灵哲学。这种追溯的起点当然是每个人当下能觉知的心理活动，如：闻、听、嗅、知等活动。只是要把通常的顺序颠倒过来，即不能让它们向外去追逐它们的对象，而应把关注的目标倒过来，去向内追溯这些活动由以发生的内在根据，去反观、反究这能观的能力本身，是故说"旋汝倒闻性"。由此追溯，下一个根据就是作为它们的直接基础的能力，如：闻性、听性、觉性等。这此能力的根据是什么呢？可以说是物质，也可以说是精神，即便

① 太虚：《即人成佛的真现实论》，《海潮音》，1927年第19卷第3期。
②《佛说法集经》卷1，[元魏]菩提流支译，《大正藏》第17册，第613页。
③《佛说法集经》卷1，[元魏]菩提流支译，《大正藏》第17册，第613页。
④ 圆瑛法师：《大佛顶首楞严经讲义》，宗教文化出版社2012年版，第187页。
⑤ 圆瑛法师：《大佛顶首楞严经讲义》，宗教文化出版社2012年版，第529页。

是这样，在佛教看来，它们显然还不是根本，不是最后的源头。如本书真心论中所述，这本原、源头，只能是阿赖耶识、识精，以及识精后的真心。从比较的角度说，凡心之所以为凡心，是因为凡夫把自己能知觉到的心（实即妄心）当作是心的全部，不知这些表面的心之后还有更真实、更根本、更广大的心灵世界。因此凡心的特点是“不知寂常心性”，[①]“遗此本明”，[②]“失汝元常”，[③]“失却本心”。[④]“一切众生从无始来，迷己为物，失于本心，为物所转”，“若能转物，则同如来”。[⑤]这里所说的元常、本明、本心，以及别的地方说到的如来藏、菩提、涅槃、妙明等都是真心的同义词。佛不同于凡夫在心理上的表现是，完全找回了真心，或者说完全彻底地认识到了妄心的本质，认识到了被凡夫迷失的东西，即妄心之后隐藏的真心。在佛教看来，妄心只是表面现象，且虚幻不实，其后还有更广大的世界，只有它才是真实的，才是妄心的体。经云：“本是妙明、无上菩提、净圆真心，妄为色、空，及与闻见。”[⑥]一切事物，包括一切心理现象，都“本如来藏”，[⑦]都以真心为体。如果说每一事物都因心成为一个整体的话，那么真心就是它们的真正的本体。外物“因心成体”，“何况清净，妙净明心，性一切心，而自无体？”[⑧]佛证得的这个真心，广大圆满，周遍一切，寂然不动，湛然常明，不生不灭。佛证得了它，因而彻底解脱，无丝毫烦恼。凡夫迷失它，因而沉沦生死。其实，人既有生死的一面，又有不灭的一面，因而人没有理由不快乐。是故佛反复告诫众生：“我今示汝，不生灭性。”[⑨]即要为你们示你们身上的不生灭性。由于佛证得了心的本质，找回了真心，因此佛于一切时处，就有这样的现象学真心及世界：无所住而生其心。根据安国玄挺的解释，这句话的意思是：“无所住者，不住色，不住声，不住迷，不住悟，不住体，不住用。而生其心者，即是一切处而显一心。”[⑩]可见，佛面前的心与世界一如一体，无二无别。这是多么美妙呀！进到了这样的心、这样的世界，哪还会有什么烦恼呢？这样的真心是不是不可认识的？如果能，

---

① 圆瑛法师：《大佛顶首楞严经讲义》，宗教文化出版社 2012 年版，第 91 页。
② 圆瑛法师：《大佛顶首楞严经讲义》，宗教文化出版社 2012 年版，第 80 页。
③ 圆瑛法师：《大佛顶首楞严经讲义》，宗教文化出版社 2012 年版，第 83 页。
④ 圆瑛法师：《大佛顶首楞严经讲义》，宗教文化出版社 2012 年版，第 108-109 页。
⑤ 圆瑛法师：《大佛顶首楞严经讲义》，宗教文化出版社 2012 年版，第 142-143 页。
⑥ 圆瑛法师：《大佛顶首楞严经讲义》，宗教文化出版社 2012 年版，第 155 页。
⑦ 圆瑛法师：《大佛顶首楞严经讲义》，宗教文化出版社 2012 年版，第 195 页。
⑧ 圆瑛法师：《大佛顶首楞严经讲义》，宗教文化出版社 2012 年版，第 85 页。
⑨ 圆瑛法师：《大佛顶首楞严经讲义》，宗教文化出版社 2012 年版，第 114 页。
⑩ [宋]延寿：《宗镜录》卷 98，《大正藏》第 48 册，第 944 页。

又该怎样去认识呢？佛的回答是：它绝对真实不虚，因此当然能被认识。认识的方法很多，如“汝可微细，披剥万象，析出精明”。[①]意思是，只要像剥蒜头一样，层层剥下去，进至事物极微、最后临近虚空的地方，就有可能先看到识精。如果把识精上夹杂的一点妄性去掉，就可见到心的真正本质，即真心。还可通过反闻闻自性的功夫去认识，等等。

彻见真心后的人，既可以以纯粹真心的形式存在，从此他再也没心身构造及烦恼之类的妄心，也可示现心身，乃至表现出烦恼之类的妄心。但这里表现出的心身及烦恼，只是示现，即为了说明有为法一定有生灭、一定有烦恼等道理而作的例示。如经云：“永断根本无明，明相精纯，一切变现，不为烦恼。”圆瑛法师解释说：“佛证极果，倒驾慈航，示入生死苦海，变现一切身心世界，或顺行，或逆施，皆不为烦恼，而成妙用。不为四缠五浊之所碍，皆合涅槃清净妙德，转五浊而成四德，一一自在无碍也。”[②]由于佛证得了真心，因此他表现出来的心就有一般人的心所没有的构件、结构及许多不可思议的特点。

第一，佛在认知上，有最圆满的智慧，遍知一切，包括彻底地、丝毫不差地、圆满无缺地认识了心，究竟了心的本质。如经云：“法尔真实，无所不知，无所不见，无所不解，无所不了，起大悲心，普摄世间。”[③]能知一切事物自相、共相。“自共相中，觉无邪乱。”[④]在特定意义上，也可以说如来有知觉。不过，这里的“知觉”是指究竟知、究竟觉。其表现是：“如实知人无我、法无我，如实能知二种障（惑障、智障），故远离二种烦恼（通别两种烦恼，或广义的烦恼，如贪嗔痴，狭义的烦恼即烦恼障中所指的烦恼）。”[⑤]佛在认知上的最重要的成果是如实知真心。此真心就是佛教要“求”的实或真。由于佛证得了真心，因此佛教常说佛“住真实际”。如经云：佛智无量，无障无碍；具十力，坚固不可沮坏；“如来常住，住真实际”；“如来无取一切法中，离于取著；如来于三世中无所依止；如来寂灭，无有处所。”[⑥]

由于一切生命都有一定程度的智慧——不同等级的圣人更是如此——因此

---

① 圆瑛法师：《大佛顶首楞严经讲义》，宗教文化出版社 2012 年版，第 147 页。
② 圆瑛法师：《大佛顶首楞严经讲义》，宗教文化出版社 2012 年版，第 362 页。
③《佛说光明童子因缘经》，[宋]施护译，《大正藏》第 14 册，第 855 页。
④ [古印度]尊者众贤：《阿毗达磨显宗论》卷 1，[唐]玄奘译，《大正藏》第 29 册，第 777 页。
⑤《楞伽阿跋多罗宝经》卷 5，[刘宋]求那跋陀罗译，《大藏经》第 16 册，第 541 页。
⑥《佛说德护长者经》卷上，[隋]那连提耶舍译，《大正藏》第 14 册，第 843 页。

智慧不为佛所独有。但佛智有其不共的特点，这表现在：佛智是如来大智。为说明这一特点，我们先从智与识的关系说起。首先，必须认识到，智不同于识，因为识住四处，即识随色住、随受住、随想住、随行住，而智的特点是："住五取蕴中，智蕴了知，此说明智。"所有智都有"明"的特点，即能明事理，对是非、邪正作出简择、决断。佛智是智慧中最高的形式，其作用和特点是："心持十方众生界，贪瞋痴行悉了知，一切意乐及所行，无增无减皆悟解。大智十力世间尊，十方乃至遍法界，调御不生分别心，一切佛子皆信解。"[①]"究竟普达，靡所不知，开畅世间度世之慧。""无所不达，应时现教。""悉无所著，普了众行。""探一切念而疗治之。""拔诸罣阂，犹著根原。"[②]由于它能帮人得究竟真理、究竟解脱，因此可以说是究竟智。如经云："断一切行、断一切智，名为佛智，无有无乘，无声无想无字，无有无量，无生无出无灭，无想无碍无障，无见寂静，无我无命无名，……无取无作无可显示，无念、念灭，即是佛智。"[③]总之，一念不生、心行平直即是佛智。如来智还可被称作如来菩提。它能"解一切义，灭除疑惑，不二等觉，无相无行，无退，无量无边，无缚无脱，远离二边，知处非处，知一切字、一切语言法，知一切众生、心心所行，知一切根烦恼习性，于一念中，悉知三世一切诸法。"[④]如偈云："菩提非二法，远离于二边，除灭一切恶，平等觉诸法，了达一切法，皆悉如虚空，非我非无我，等觉一切法。"[⑤]从与心的关系说，佛智即佛所证的真心。"如来清净法界智，无始时来本有，处烦恼而不灭，与净法相应，证清净而不增。"[⑥]由于佛智是正遍知、无所不知，有此智即有平等心，因此可以说，佛智同时是一种极妙、极清净、极圆满的心态。"欲知如来心，应解最胜智。如来智无量，最胜心亦然。……一切诸智慧，悉依善逝（如来）智。如来最胜智，寂然无所依。……法界无增减，最胜智如是，能起一切智。……非生非不生，皆悉无增减。……善逝智慧海，皆悉能润泽。……安住大乘藏，无量德庄严。……能止诸菩萨，不善根波浪。……菩萨普饶益，无量甚深智。……善逝清净智，无量无有边。悉能分别知，三世众生类。……如是无量法，如来悉了

① 《大乘菩萨藏正法经》卷 8，[宋]法护等译，那连提取舍译，《大正藏》第 11 册，第 797 页。
② 《持心梵天所问经》卷 2，[西晋]竺法护译，《大正藏》第 15 册，第 15 页。
③ 《大集大虚空藏菩萨所问经》卷 19，[唐]不空译，《大正藏》第 13 册，第 131 页。
④ 《大方广佛华严经》卷 35，[东晋]佛驮跋陀罗译，《大正藏》第 9 册，第 626 页。
⑤ 《大方广佛华严经》卷 35，[东晋]佛驮跋陀罗译，《大正藏》第 9 册，第 627 页。
⑥ 《大乐金刚不空真实三昧耶经般若波罗蜜多理趣释》卷上，[唐]不空译，《大正藏》第 19 册，第 607 页。

知。……如来方便智，摄取诸菩萨。……如来智如是，众生悉具有，颠倒妄想覆，众生不知见。”[①]从起源说，此智是通过调心而得。如“心无所著，迴向实际”，“发平等心、调伏心、爱乐心、适悦心、柔软心、无分别心，是名坚固被精进铠，即能趣证一切智。”[②]因此可以说，如来心即等正觉心或无量智。其本质特点是像虚空一样，不依于任何东西，但却能为一切万物之所依止。“如来智慧无量”，“心亦无量”，“悉为一切世间智慧、离世间智之所依止，而如来智无所依止”。[③]用比喻的方式说，如来智像清净法界一样无增无减，像大海水能润泽万物一样，佛智佛心“悉能泽润一切众生心”。佛正等觉有四种大智宝珠：一、无染巧妙方便清净智宝，二、分别演说有为无为清净智宝，三、分别演说一切诸法而不坏法界清净智宝，四、应化众生未曾失时清净智宝。[④]

第二，佛的特点不仅体现在“觉”（自觉觉他，觉行圆满）之上，还表现在心理结构和本质发生了根本、彻底的转变，如真正拥有“大心”“空心”。如经云：“依彼虚空无有边际，故谓之大”。由于有最高级的般若智慧，因此佛不仅空法，而且空我，乃至空空。由于空一切，是故能“于中不取亦不被缚”，因此其心等虚空。由于无缚、无挂碍，因此心才能广大无边、通透一切。“以无边心如是觉知。云何无边？谓佛如来于真实中不说诸界。”由于心无挂碍，因此佛心自在。“以何义心得自在？”答曰：“知此四大无识无心，是顽碍法遍一切处，无际无边，然而彼心复能入是无心法中，分别称量。……如此诸大四种界聚无边摄持，是故我今应当发彼无边神通，亦应成就无边神通，亦成就彼无边智业，乃至成就所有种种无边语言，而教化彼诸世界中一切众生。”[⑤]

佛心由凡转圣转的表现还有很多，例如：他于“诸圣人迷惑法中不生颠倒心，亦不生实心”，[⑥]即于法现前而不起思想，不动心念，是故虚妄法当即成为实法。这种态度即圣人的态度。凡夫的特点是于法有想念发生。“圣人能转心、意、意识、身相，离烦恼习故，是故圣人转彼迷惑法，名为真如。”在圣人面前，迷惑

---

① 《大方广佛华严经》卷35，[东晋]佛驮跋陀罗译，《大正藏》第9册，第624-625页。
② 《未曾有正法经》卷1，[宋]法天译，《大正藏》第15册，第428页。
③ 《大方广佛华严经》卷35，[东晋]佛驮跋陀罗译，《大正藏》第9册，第622页。
④ 《大方广佛华严经》卷35，[东晋]佛驮跋陀罗译，《大正藏》第9册，第622页。
⑤ 《大法炬陀罗尼经》卷12，[隋]阇那崛多译，《大藏经》第21册，第714-715页。
⑥ 《楞伽阿跋多罗宝经》卷4，[刘宋]求那跋陀罗译，《大藏经》第16册，第535页。

法即是真如法，无二无别。“真如法，离分别法。”[①]在佛眼中，自心、我法像一切法一样，“性自空寂，无我无作，无自无他，离五蕴界，是蕴入界，真实谛观，不可得故。……一切诸法，本自无色，无形无相。”“心亦不住，内外两间，法本性自，空寂清净，平等无二，无染无著，所以者何，心本无相。”“以菩提心，谛观五蕴，性自空寂，离我我相，离有情相，离受者相，离一切相。”[②]

第三，如来彻底证得了真心，拥有妙觉，因而不再像等觉圣人那样：尽管其始觉与本觉合一了，但仍有“等同”的痕迹。以妙觉形式出现的佛心，再没有把两者合在或揉在一起的痕迹，因为始觉与本觉悟已完全成了一体的东西。就此而言，如来即真心。因为他从心见佛，我心作佛，心无念想。而心无想念，即是涅槃，即是真心。如经云：“观彼如来，竟无来处，及以去处。我身亦尔，本无出趣，岂有转还？彼复应作如是思惟，今此三界唯是心有。何以故？随彼心念，还自见心，今我从心见佛，我心作佛，我心是佛，我心是如来，我心是我身。我心见佛，心不知心，心不见心。心有想念，则成生死，心无想念，即是涅槃。”[③]要作佛得从心入手。若心有念头生灭，即是生死凡夫，若见心无心，无念之生灭，心心平等，心当即是佛。

如来心之所以是如来心，是因为他没有常人所有的一切心，例如：“如来无高心，无下心，无憍慢心，无爱心，无贪心，无瞋心，无随贪心，无著心，无碍心，无障心，无杂心，无烦忧心，无随烦恼心，无痴心，无随瞋心，无随痴心。……诸如来自然寂静。”[④]而这些心恰恰是常人身上最常见的东西。

第四，就其定位来说，佛心不像凡心那样位于大脑或心脏中，或依附于被认识的对象之上，而是无位可定，住无所住。如经云：“诸佛之心都无所住。……如来之心不住色，不住受想行识。何以故？以色蕴等不可得故。”[⑤]如来之心甚至不住于内空、外空、内外空、空空、大空、胜义空、有为空、无为空、毕竟空、无际空、散空、无变易空、本性空、自性空、无性自性空，乃至“如来之心不住真如”。[⑥]原因同前，因为真如不可得。总之，如来之心于一切法都无所住。“如

① 《入楞伽经》卷 4，[元魏]菩提流支译，《大正藏》第 16 册，第 535 页。
② 《不空羂索神变真言经》卷 2，[唐]菩提流志译，《大正藏》第 20 册，第 235 页。
③ 《大方等大集经贤护分》卷 2，[隋]阇那崛多译，《大正藏》第 13 册，第 877 页。
④ 《法集经》卷 1，[元魏]菩提流支译，《大正藏》第 17 册，第 612 页。
⑤ 《大般若波罗蜜多经》卷 80，[唐]玄奘译，《大正藏》第 5 册，第 452 页。
⑥ 《大般若波罗蜜多经》卷 80，[唐]玄奘译，《大正藏》第 5 册，第 452 页。

来之心为何所住？……如来之心都无所住，以无所住故，名如来。谓不住有为界，亦不住无为界，亦非不住。”①

第五，从相状上说，如来心有十相。此相不是感性的、有形的、可捉摸的相，而是比喻意义上的相或特征。第一相是，“如来心意识俱不可得，但应以智无量故知如来心。譬如虚空为一切物所依，而虚空无所依，如来智慧亦復如是，为一切世间、出世间智所依，而如来智无所依。”②第二相是无增无减。第三相是，佛智海水流入一切众生心中，如来智平等无二，无有分别，但随众生心行异而所得智慧各异。第四相是，如来心有四智空，即无染著巧方便大智慧空、善分别有为法和无为法大智慧空、分别说无量法而坏法性大智慧空、知时非时未曾失误大智慧空。第五相是具足无量威德光明。第六相是遍一切，虽兼容无量而又无分别。第七相是普覆一切众生界，除灭一切诸烦恼，坚固不动，善巧方便。第八相是如来智慧，无所不知。第九相是能灭一切烦恼习气。第十相是量等大千世界，但又普入一一微尘之中。③

第六，如来心就其本质来说，是本空、本无，因此可以说，如来心即无心，亦即没有凡夫所具有的一切心。如经云：“如来不为心有所念，不分别名，不晓了识。如来无心，乃能入游无量之念，如倚虚空，造立一切。因其由趣，有所成就，又如虚空悉无所著。”④尽管无心，但又能遍一切处，体现在一切念想之中，利乐一切，就像虚空什么都没有，但能成就世界上的一切事物，为它们所利用。《大方广佛华严经》云：“功德无量，行无量故；充满十方，无来去故；离生住灭，无有行故；离心意识，无有身故；性如虚空，悉平等故；一切众生无我、我所，无有尽故；一切刹无尽，无有转故；不断未来际，无有退故；如来智无疑，无二平等，观察有为无为故，成等正觉，饶益众生，本行迴向，自在满足故。”⑤

第七，从与身的关系说，佛心没有五阴和全之身，但由于证得了真心，因此不仅有报身、化身，有清净的色身，而且同时成就如来法身。这法身就是如来的体，就是佛的一切心的依止。如来是通过十法而成就法身的，如等身、无二身、

①《大般若波罗蜜多经》卷 556，[唐]玄奘译，《大正藏》第 7 册，第 870 页。
②《大方广佛华严经》卷 51，[唐]实叉难陀译，《大正藏》第 10 册，第 271 页。
③《大方广佛华严经》卷 51，[唐]实叉难陀译，《大正藏》第 10 册，第 271-273 页。
④《如来兴显经》卷 3，[西晋]竺法护译，《大正藏》第 10 册，第 605 页。
⑤《大方广佛华严经》卷 34，[东晋]佛驮跋陀罗译，《大正藏》第 9 册，第 614 页。

清净身、无尽身、久习善身、非算数筹量甚深之身、不思议身、寂灭身、虚空身、智身。[①]如果把“实体”理解为本质、根本的所依、本体，佛教是承认“有实体”的。例如：佛证得法身，将苦、烦恼、相等一切都清除干净，并不意味着佛无体。“譬如浊水，澄渟清净，无復滓秽。为显水性本清净故，非谓无水。如是法身与烦恼离，苦集除已，无復余习，为显佛性本清净故，非谓无体。……如是法身一切众苦悉皆尽故，说为清净，非谓无体。……生死妄想既灭尽已，是觉清净，非谓无觉，……说为清净，非是诸佛无其实体。”[②]意为，尽管说佛灭除一切苦、相、生死等，达至绝对清净，但并不等于说他无实体。这实体就是法身或真心。

第八，从与佛性的关系说，佛由于证得了真心，因此他的佛性不再是潜在的，而变成了现实。如前所说，佛性是成佛的可能性根据、原因。佛之所以让佛性变成了现实，是因为佛彻证了诸法空性。龙树云：“为清净佛性，即空故，名性空。”[③]只有认清了空性或性空，才能认清佛性，因为“佛性即是空也”。[④]认清空即是万物本来就有的体性，就不难明白：“佛性者，即是诸法自性。何以故？自然有故。”[⑤]诸法本来自性真实，若有若无，二皆平等。

第九，佛也有一般意义上所说的心态，即对人、对事的心理反应及态度，但极为特殊。如《宝云经》所述：佛坐庄严师子座，“心意清净”，“不为八法[⑥]之所污染，得无所畏；智辩无滞；心无怯弱，犹如师子；意行清净，如明渊池；深广如海，能出众宝；犹如须弥，处于大海；如日盛明，照于一切。”[⑦]佛的心态是世界上最好的心态，因为它清净、平等。之所以如此，是因为它等虚空。“如虚空无心，心亦如是，如是心，心等如虚空。”[⑧]若计有人、有我的人，是无法心等虚空的，只有将我与非我的界限消灭殆尽，才有其可能。佛心由于心等虚空，因此能做到如空之行。所谓如空之行即不行之行，行时一念不生，心行平等，是如空空行。如空之行如何行？“无色欲行，是则空行，于欲界行，不为情行，亦不香行，亦不色行，亦不无色行，亦不身行，亦不心行。何以故？不行，是行是亦空

① 《宝云经》卷4，[梁]曼陀罗仙译，《大正藏》第16册，第228页。
② 《金光明最胜王经》卷2，[唐]义净译，《大正藏》第16册，第410页。
③ [古印度]龙树菩萨：《十八空论》，[陈]真谛译，《大正藏》第31册，第862页。
④ [古印度]龙树菩萨：《十八空论》，[陈]真谛译，《大正藏》第31册，第862页。
⑤ [古印度]龙树菩萨：《十八空论》，[陈]真谛译，《大正藏》第31册，第862页。
⑥ 即通常所说的称讥、利衰等八风。
⑦ 《宝云经》卷1，[梁]曼陀罗仙译，《大正藏》第16册，第209页。
⑧ 《须真天子经》卷2，[西晋]竺法护译，《大正藏》第15册，第103页。

故。”[①]如来就是善于如空之行的人。其名称本身就说明了这一点。如经云：“独步三界，静一心时，修致慧行，应得所得已自果之，明达诸法而如本无，斯谓如来。”[②]如来空行的特点是：心安住于空，而不动转。“当住正念，心不散乱，离诸痴恚，于一切法智慧通达，……住于无相”，或者说，住于总持法门，即“持一切法自性空”。[③]

第十，如来的心境也极为特别，那就是广大、纯净，视一切一如一体，平等不二。由于有这样的心境、心胸，因此能够做到无缘大慈，同体大悲。如经云：“如来知过去、当来亦如是，见诸法本无，故曰为如来。……平等不有念，常自然等正。无有、平等想，非思莫发念。……不得一切法，故曰为如来……其心与道同，觉了无形类。”[④]佛的安心方法是，“愍诸贫穷，而行惠施，无怨亲想，内心质直，外相柔和，离诸邪曲，守真实行，以无上法娱乐其心，寂然坚固，平等而住。”[⑤]

第十一，如来秘要有三，或有三密，即身密、语密、意密。所谓三密，实即以空有不二的心态对待身语意。具言之，身密是指：“如来于斯，无所思想，亦不惟念”，即不分别身，看空它，但又尽显其妙用，如让身“普现一切威仪礼节”，以至众生能见“如来至真妙德威仪”。[⑥]语密是指：“如来常定，如来至真，无出入息，无所息念，亦无所行，无復思想，悉无所行。虽口所宣，无想无行。……其舌之门，口宣音响，闻所宣言，莫不悦喜。”[⑦]心密或意密是指：从成道至涅槃，“如来无疑，亦不回转，心无思行，心无游行，心无不坚，心无所合，心无所散，心无乱，心无移，心无游，心无护，心无寂，心无失时，心无迷，心无求理，心无暗，心无生，心无喜，心无怯，心无住，心无想，心无望，心无求想，心无消灭，心无所观，心无御识，心无住处，心无观他，心目无睹，耳无所听，无鼻口身，心无想念，意不倚色，无声香味细滑，心不依法，心无乐处，心不非乐，心不住内亦不住外，心不入法，心不越慧，心不观过去，心不观当来，心不观现在，

① 《须真天子经》卷 3，[西晋]竺法护译，《大正藏》第 15 册，第 105 页。
② 《弘道广显三昧经》卷 1，[西晋]竺法护译，《大正藏》第 15 册，第 491 页。
③ 《未曾有正法经》卷 3，[宋]法天译，《大正藏》第 15 册，第 438-439 页。
④ 《阿惟越致遮经》卷下，[西晋]竺法护译，《大正藏》第 9 册，第 219-221 页。
⑤ 《未曾有正法经》卷 1，[宋]法天译，《大正藏》第 15 册，第 429 页。
⑥ 《大宝积经》卷 10，[唐]菩提流志译，《大正藏》第 11 册，第 53 页。
⑦ 参阅《大宝积经》卷 10，[唐]菩提流志译，《大正藏》第 11 册，第 55 页。

心如来圣，心清净巍巍，其心不造罪福之业，于一切法慧，无罣碍，而普示现已。”[①]总之，心空、无为，如如不动，但又无不为，或“不住无为”，“普造一切诸佛道事”，无行而无不行，“其行所在，至真示现”，“于一切法而得自在”，“转大法轮，为师子吼，充满一切，润以法施”。[②]

第十二，佛心是真正的无为而无不为，无一物而能变现一切，真是奥妙无穷。例如佛的每一念中，有十种无尽智，[③]十种未曾失时，[④]十种不可譬谕不可思议境界，[⑤]十种出生住持智慧，[⑥]十种无量内法。这里只介绍一下最后的一个十，即十种无量内法。一、内身清净随顺三世。二、教化众生的三轮内法。三、分别一切佛法的内深智慧陀罗尼。四、四辩法轮，于四众中转净法轮。五、大慈大悲，不舍一切众生。六、内常寂定，善观众生未曾失时。七、内有巧妙善根，调伏众生。八、内有一切法界，住无碍住。九、内一念中，悉能示现三世诸佛出兴于世。十、内有分别一切三世。[⑦]

每一念还有十种功德。它们分别是，一、本来修习一切功德，离恶清净。二、于三世如来家生，离恶清净。三、于未来际心无所著，离恶清净。四、不著一切三世诸法，离恶清净。五、离种种虚妄，以一庄严而自庄严，离恶清净。六、功德无尽，安住法界，离恶清净。七、色身净妙，无量无边，离恶清净。八、住四无畏，离恶恐怖，离恶清净。九、于不可说劫中灭度，离恶清净。十、远在不可说世界中住，离恶清净。[⑧]

第十三，佛有十种如山增上心，它们分别是，一、常作意勤修一切智法，是为第一如山增上心。二、恒观一切本性空寂，是为第二如山增上心。三、愿于一切劫行菩萨行，是为第三如山增上心。四、等心敬奉诸善识，是为第四如山增上心。五、能受一切苦，终不生乱心，是为第五如山增上心。六、忍辱柔和，虽广修一切功行，而不为其染著，是为第六如山增上心。七、虽能证得无上等正觉，但仍行菩萨行，是为第七如山增上心。八、即使碰到性不和善众生，仍所行无碍，

① 《大宝积经》卷11，[唐]菩提流志译，《大正藏》第11册，第59页。
② 参阅《大宝积经》卷11，[唐]菩提流志译，《大正藏》第11册，第60-62页。
③ 《大方广佛华严经》卷30，[东晋]佛驮跋陀罗译，《大正藏》第9册，第590页。
④ 《大方广佛华严经》卷30，[东晋]佛驮跋陀罗译，《大正藏》第9册，第591页。
⑤ 《大方广佛华严经》卷30，[东晋]佛驮跋陀罗译，《大正藏》第9册，第591页。
⑥ 《大方广佛华严经》卷30，[东晋]佛驮跋陀罗译，《大正藏》第9册，第591页。
⑦ 《大方广佛华严经》卷30，[东晋]佛驮跋陀罗译，《大正藏》第9册，第591页。
⑧ 《大方广佛华严经》卷30，[东晋]佛驮跋陀罗译，《大正藏》第9册，第591页。

是为第八如山增上心。九、努力与三世诸佛境界平等，是为第九如山增上心。十、勤修习增加上善业，清净对治，是为第十如山增上心。[1]

第十四，佛也有大慈大悲心，但在质和量上有别于菩萨的慈悲心。例如：在质上，它“逮得一切智，是诸天人师，常念利世间，慈悲心平等”。[2]“究竟成就大慈心力，能大饶益一切众生，无有害心，彼大慈心无碍故，无障故，常行故，自然照故，遍至一切世间境界入诸众生烦恼使故，……自体净故，而能清净一切浊水。”[3]质言之，佛的慈悲心更广大，如大悲之大有四个表现：一、资粮大；二、行相大；三、所缘大（以三界有情为缘）；四、平等大，诸佛皆等。表现在三方面：一、资粮等，因而圆满；二、法身等，因而成办一切；三、利他等，因而究竟。[4]从数量上说，佛有三十二大悲观心：一、见诸众生堕痴暗处而起大悲心。二、见诸众生堕无明所缠窟而起大悲心。三、见诸众生堕世间大险处而起大悲心。四、见诸众生堕离寂静处而起大悲心。五、见诸众生堕大瀑水随漂流而起大悲心。六、见诸众生堕在颠倒险难处而起大悲心。七、见诸众生堕恶道、离圣道而起大悲心。八、见诸众生为大烦恼所缚而起大悲心。……三十一、见诸众生常为境界缠心、生忧恼而起大悲心。三十二、见诸众生堕憍慢、我慢地而起大悲心。[5]

佛和菩萨一样也有慈、悲、喜、舍四无量心，但佛的特点在于，第一，佛有十种无量大慈之心，即平等大慈心、饶益大慈心、救护大慈心、哀愍大慈心、解脱大慈心、出生菩提大慈心、于诸众生无碍大慈心、虚空等大慈心、法缘大慈心（因觉悟众生、知真实法而生的慈心）、无缘大慈心。第二，佛有十种无量大悲心，即不共大悲心、不厌大悲心、入一切恶道大悲心、于天人受生大悲心、不舍一切邪定众生大悲心、不著已乐大悲心、不图回报大悲心、除众生颠倒大悲心、说真法性大悲心、说空空无所有大悲心。第三，佛有十种无量大喜心，即由众生生菩提心而起的大喜心、见诸众生舍有而生的大喜心、于犯罪戒教不生恶而生教化心的大喜心、于诸喜争讼众生而生的令和合得无上智的大喜心、见众生护正法而生的大喜心、见众生不著而生的大喜心、不共一切难摧伏的大喜心、不坏法界的大

---

① 《大方广佛华严经》卷55，[唐]实叉难陀译，《大正藏》第10册，第289-290页。
② 《大萨遮乾尼子所说经》卷6，[元魏]菩提流支译，《大正藏》第9册，第342页。
③ 《大萨遮乾尼子所说经》卷6，[元魏]菩提流支译，《大正藏》第9册，第345页。
④ [古印度]世亲菩萨：《阿毗达磨俱舍论》卷27，[唐]玄奘译，《大正藏》第29册，第141页。
⑤ 《大萨遮乾尼子所说经》卷6，[元魏]菩提流支译，《大正藏》第9册，第346页。

喜心、令众生灭除乱心得无上智的大喜心。第四，佛有十种无量大舍心，即：一、于众生恭敬供养不喜、于轻慢不生恼怒。二、常行世间，不为世间法所染。三、于器、非器心行平等。四、不授小乘法。五、远离一切习气烦恼。六、不赞叹二乘。七、远离一切言语、戏论。八、“若有众生待时受化，如来于中，暂时放舍。”九、“若有众生应受佛化，随彼应见种种色像，即能现故。”十、“无上无下、无取无舍，无虚无实，观察平等，安住真实。”①

第十五，佛有三念处，即无喜心，无瞋心、无嗔无喜心。所谓无喜心是指，佛即使碰到了恭敬之人，随顺受教之人，也不生喜心。原因在于佛“舍心平等，安住一心”。所谓无嗔心是指，即使佛面对“身不恭敬、耳不专听、违背圣教、不如说行”的众生，也不生嗔恨心。之所以如此，是因为佛舍心平等、安住一心。所谓无嗔无喜心是指，佛面对恭敬和不恭敬的人既不喜又不嗔。之所以如此，是因为佛舍心平等，安住一心。②“三念住”说明了佛八风吹不动的品格。也可这样表述：第一，弟子恭敬，佛缘之不生欢喜，舍而安住正念正知；第二，弟子不恭敬，不正受，佛缘之不生忧悲，舍而安住正念正知；第三，当碰到下述复杂情况时，佛依然以不动念而住之——一类弟子不恭敬，不正受，佛缘之不生忧悲，舍而安住正念正知；一类弟子恭敬、正行，佛缘之不生忧悲，舍而安住正念正知。③

下面，我们再来剖析佛的人格结构的其他方面及整体面貌。所谓人格结构，即一个人向世界呈现出来全部相状、特征。由于它极为复杂，因此可从不同方面去揭示，例如，观察佛的人格结构就有这样一些维度，即“如来境界，如来智行，如来神通，如来力，如来无畏，如来三昧，如来所住，如来最胜，如来身，如来智”，等等。从认识论上说，佛的全部特点是可知的，但要全面如实认识清楚，唯佛能行。当然借“诸佛加被之力、佛神通力、佛威德力、佛本愿力及自宿善根之力、亲近善友力、深净信解力、广大志乐力、趣向菩提清净心力、求一切智广大行愿力”，④一般人也获得了一定的观察和了知。

佛的总的人格特点是：第一，诸佛有极智，如有一心三智；第二，有自在大神通力，如有六神通；第三，诸佛有师子奋迅之力，其表现是能教化诸菩萨，调

①《大萨遮尼乾子所说经》卷8，[元魏]菩提流支译，《大正藏》第9册，第353页。
②《大萨遮尼乾子所说经》卷7，[元魏]菩提流支译，《大正藏》第9册，第347页。
③ [古印度]世亲菩萨：《阿毗达磨俱舍论》卷27，[唐]玄奘译，《大正藏》第29册，第140-141页。
④《大方广佛华严经》卷1，[唐]宝叉难陀译，《大正藏》第10册，第662页。

伏其心，令发道意；第四，诸佛有威猛大势之力。根据《大乘菩萨藏正法经》的概括，佛有十种不思议法，即最胜身相、妙好音声、最上大智、微妙光明、圆满戒定、广大神足、十种智力、四无所畏、大悲心、十八不共佛法。据《慧应三昧经》云：“佛身有百六十二事，难可得知。”①如非身、无作、无起、无灭、无有比、亦无所比、无习、一切净，等。这里兹列举心理方面的难知的特点：非心、非念、心念离于心、心等、心无所等、无所兴、非恐、非懼、非动、非摇、非明、非不明、非冥、非不冥、于色无所有、无爱欲、一切非我、离于非我、住无所住、无处、无从、非无从、非尽、不可尽、无所有、离于无所有、远离于字、远离于念、非倚、非不倚、非著、离诸著、一切人令得信、净无所净、于等无所等、与空等、无处等、无生等、不可得等、所安无所安、寂復寂、寂明中復明、所觉者已谛觉、度无所度，等等。②

就佛陀人格结构的内在方面说，有经概括得好：“诸漏已尽，无復烦恼；心善解脱，慧善解脱；如大龙王，诸有所作，悉已成办；释诸重担，逮得已利；尽诸有结，正智妙心，俱得解脱；诸心自在，到胜彼岸；……心能弃舍一切利养；正善出家极善具圆，满足诸愿，住涅槃道；……获诸总持，得一切智；……得无碍总持诸三摩地；……具大神通，游戏自在；……大慈大悲广遍十方一切世界；……通达空行及无相行，诸愿离著。”“善入一切佛之境界；心如虚空，具无边智；心如大海，深无涯底；心如须弥山王，坚固不动；心如莲华，离诸染著；心如妙宝，极善清净；心如真金，精炼莹洁。”③

佛有三明，即宿命智证明，死生智证明，漏尽智证明。

佛有四无畏，第一，正等觉无畏，十智为性，犹如初力。第二，漏永尽无畏，六十智为性，如第十力。第三，说障法无畏，八智为性，如第二力。第四，说出道无畏，九十智为性，如第七力。④

如来有十力。有不同说法。一种说法是：处非处智力，业异熟智力，种种胜解智力，种种界智力，遍趣行智力，静虑解脱等持等智力，根上下智力，宿住随念

① 《佛说慧印三昧经》，[吴]支谦译，《大正藏》第15册，第461页。
② 《佛说慧印三昧经》，[吴]支谦译，《大正藏》第15册，第461页。
③ 《除盖障菩萨所问经》卷1，[宋]法护等译，《大正藏》第14册，第704页。
④ [古印度]世亲菩萨：《阿毗达磨俱舍论》卷27，[唐]玄奘译，《大正藏》第29册，第140页。

智力，生死智力，漏尽智力。[①]另一说法是：佛悉了达一切法因果，名为初力；如实知去来，今所起业果报处，名为二力；如实知诸禅定、三昧，分别垢净、入出相，名为三力；如实知众生诸根利钝，名为四力；如实知众生所乐不同，名为五力；如实知世间种种异性，名为六力；如实知至一切处道，名为七力；如实知宿命事，名为八力；如实知生死事，名为九力；如实知漏尽事，名为十力。[②]

佛有十种自在，即命自在，得上甘露，其心理基础是有无嗔害心；心自在，能知一切惟是一心，其心理根源是有无等等心；物自在，于虚空中揽成珍宝，其心理根源是有平等心；业自在，远离一切烦恼习气及无明诸使，其心理根源是三业所作清净无染；生自在，于深禅定解脱三昧，随意回转，其心理基础是诸根为菩提心所摄；如意自在，于一切行，自然而行，其心理基础是舍诸一切；信自在，于诸入（色声香味触法）得自在观，常说三宝教化众生是其原因；愿自在，心生时，现前成就一切诸事；智自在，身口意业以智为本，常行法施不为利养是其因；法自在，住平等真如法界，无垢实际，常说常行真如平等法是其因。[③]

佛的独特之处还表现在有十八不共佛法。一、诸业无有失误，如身口意三业无失误。二、言无卒暴，卒暴即粗暴。无粗暴表现在：所发的音，所说的言语，由于长久离于诸爱恚，与世无争，无取无著，无系无缚，因此声音悦耳动听无卒暴。三、正念始终如一，不忘失。四、无不定心。五、无诸异想。有异想即杂念纷飞。因为佛所知、所见的世界，一如一体，如虚空，因此佛所见的皆同一，无差异，绝不会有异想。六、无简择舍。如来修于心，修于戒、修慧，因此“大舍成就”，即弃舍一切，而无分别。这种没有思量、不需思想斗争的平等舍是大舍，是圆满舍。七、志欲无有退灭。这种志欲是大菩提心，是大慈大悲的志愿。如来的特点是：虽证涅槃而永不舍此大志。八、正勤无灭。正勤是指不舍所化众生、哪怕只有一人，也不舍弃。如来的特点是永具此正勤。“如来长劫发起精进、赞叹精进，为诸众生说如是法，令彼勤修是（此）精进，故证圣解脱。”[④]九、于一切法、一切种、一切念，无有退灭，常为众生宣说妙法，无有断绝。十、三摩地无有退灭，即于正定，永不动摇、变化，常在定中。十一、智慧无有退灭。十二、解

① 《宝雨经》卷5，[唐]达摩流支译，《大正藏》第16册，第301页。
② [古印度]龙树菩萨：《十住毗婆沙论》卷1，[姚秦]鸠摩罗什译，《大正藏》第26册，第24页。
③ 《大萨遮尼乾子所说经》卷7，[元魏]菩提流支译，《大正藏》第9册，第348页。
④ 《大宝积经》卷40，[唐]菩提流志译，《大正藏》第11册，第230页。

脱无有退灭。十三、身业、智导不共。佛的身业以智为前导，随智而转。十四、语业以智为前导，随智而转。十五、意业以智为前导，随智而转。如来智遍至一切众心，随入一切众生意，随众生心而为说法，令其证入如来之心。十六、以无著无碍智善知无量无边过去世，由于知过去谢往、诸心相续，因此能让众生无碍入法，令其悟入佛智。十七、以无著无碍知善知未来世。十八、以无著无碍智善知现在世。①在十八共法中，最根本的不共是，佛心宁静坚固，始终定心，犹如金刚。如经云："如来应正等觉，始从证得无上正等菩提夜，乃至入无余依涅槃夜，于其中间常无误失，无卒暴音，无妄失念，无种种想，无不定心，无不择舍，志欲无退，精进无退，念无退，定无退，慧无退，解脱智见无退，一切身业，智为前导，随智而转，一切语业，智为前导，随智而转，一切意业，智为前导，随智则转，于过去世所起智见，无著无碍，于未来世所起智见，无著无碍，于现在世所起智见，无著无碍。如是十八佛不共法，无不皆以无所得为方便。"②

就外在的特征言，佛的完满的人格形象表现在他有三十二相、八十种好。由于一般论著对此说得较多，这里不拟复述，只讨论不太常见的特征概括。先看佛的十法界。这里的"法界"指佛身上的构成要素。就它们是真实存在且有明确界限来说，它们是法界，但就其本空、无量无边来说，它们不是有为法。佛的十法界分别是：一、色身清净，无量无边；二、无碍眼，无量无边，清净平等，觉一切法；三、无碍耳，无量无边，分别一切众生音声；四、鼻入，无量无边，清净究竟一切佛自在，到于彼岸；五、广长舌相，无量无边，出妙音声，普周法界；六、身业无量无边，随应众生，现如来身；七、意业无量无边，三世无碍，法身清净，不可破坏；八、无碍解脱法门无量无边，示现无尽神力自在；九、于一切世界、庄严佛刹，无量无边，以应众生；十、自在神力，悉皆满足，悉能觉悟诸佛正法。

再看佛的形色上的特点。从事相上说，佛有其以色形为体的身体，只是佛身具有这样一些柔和的特点，如"身不刚性，身不强性，身不硬性，身纯质性，身正直性，身润滑性，身柔软性。"正像其心有下述质直的特点一样，如"心不刚性，心不强性，心不硬性，心纯质性，心正直性，心润滑性，心柔软性，心调顺性。"③但从理体上说，佛不仅"尽色"，而且五阴皆尽。所谓尽色，即无物无性，

①《大宝积经》卷40，[唐]菩提流志译，《大正藏》第11册，第229-232页。
②《大般若波罗密多经》卷490，[唐]玄奘译，《大正藏》第7册，第489页。
③［古印度]尊者舍利子：《阿毗达摩集异门足论》卷2，[唐]玄奘译，《大正藏》第26册，第371页。

空掉物性。“所有作处，彼无有物，言无物者，彼无有性，是义不可说言如来有色，受想行识亦復如是。以尽色故，诸佛如来而得解脱。不生不灭，非不生灭，是亦无体。何者色尽？是色毕竟无性。彼何所尽，彼即尽体，彼无生处。” “诸佛世尊，穿徹通达，……无有边际，……本性寂静，……穷尽寂静。”①

从佛教的离言教的角度看，说佛尽五阴，仍是方便之说，而非究竟。有这样的问题，即如来是“离五阴”，还是“即五阴”？这是许多经论中常设的“如来性品”中的问题。有两种对立的观点。《顺中论》的看法别具一格，即持中道见。可这样表述：“非阴不离阴，此彼不相在，如来不有阴，何处有如来？”意思是：五阴中无如来，如来无五阴，但“离五阴亦无如来”。②真正的取、效法如来，就是无如来，此无即真有。如般若类经常说的，见空即见如来，同理，无如来即是成如来。许多人之所以不见佛，不见如来，不能成佛，是因为为戏论、边见、邪见所困。所谓戏论，即是“忆念取相，分别彼此”，③如或说佛灭，或说佛不灭。“如来过戏论，而人生戏论，戏论破慧眼，是皆不见佛。”④如来既有又空，既有世间性又无世间性。“以如是义故，受空、受者空，云何当以空，而说空如来？空则不可说，非空不可说，共不共叵说，但以假名说。”⑤“如来所有性，即是世间性，如来无有性，世间亦无性。”⑥

如来行上的特点在于：所行皆圆满究竟，故佛被称作法行王。他是通过成就十法，而成为行持佛法的上首、大王的。十成就分别是：一、自性成就；二、眷属有礼；三、智慧成就；四、常勤精进；五、尊重法；六、猛利；七、恩厚；八、善解世间所行法；九、能忍诸苦；十、不取颠倒法。⑦佛作为法行王生，能以八种心护持众生：一、念一切众生如念子想；二、于恶行众生，如病子想；三、于受苦众生，生大悲心；四、于胜乐众生生欢喜赞叹心；五、于怨家众生，生护过想；六、于亲友众生，生覆护想；七、能于资生之中，生如药想；八、于自身，生无我想。⑧

---

①《大威德陀罗尼经》卷13，[隋]阇那崛多译，《大正藏》第21册，第808页。
② [古印度]龙树菩萨著、无著菩萨释：《顺中论》卷4，[无魏]瞿昙般若流支译，《大正藏》第30册，第29页。
③ [古印度]龙树菩萨著、无著菩萨释：《顺中论》卷4，[无魏]瞿昙般若流支译，《大正藏》第30册，第29页。
④ [古印度]龙树菩萨著、无著菩萨释：《顺中论》卷4，[元魏]瞿昙般若流支译，《大正藏》第30册，第30-31页。
⑤ [古印度]龙树菩萨著、无著菩萨释：《顺中论》卷4，[元魏]瞿昙般若流支译，《大正藏》第30册，第30页。
⑥ [古印度]龙树菩萨著、无著菩萨释：《顺中论》卷4，[元魏]瞿昙般若流支译，《大正藏》第30册，第31页。
⑦《大萨遮尼乾子所说经》卷5，[姚秦]鸠摩罗什译，《大正藏》第9册，第337页。
⑧《大萨遮尼乾子所说经》卷5，[姚秦]鸠摩罗什译，《大正藏》第9册，第338页。

如来行更神奇的地方在于：如来行是“无碍行、如如行”，“过去不灭，未来不至，现在不起，如来行亦如是，不灭不至不起，佛子譬如法界无量无缚。何以故，法界无身故。如来行亦如是，无量无缚。何以故，如来行无身故。”①就像鸟飞虚空。可见，如来行是空行。有人问：“诸佛以何为行？答言：诸佛以第一义空为行。”②

如来住也极为特别。如经云：“住如来住，无所住故，而能普为一切众生示现开导如来之行。……安住无碍虚空之中，以清净眼，观察法界诸宫殿中”，救护不同根性众生。“周行无碍，解脱虚空，分别一切法界，饶益一切众生，广作佛事”，③但又一念不生，如不会有我有去来这样的念想。质言之，佛之所住即心住，住无所住，不生念住。“住无碍住，无碍心住，住大悲住”。④“成等正觉，念不二念，无相念，住佛所住；等一切佛，到无碍趣；得不还法无碍境界；住不思议，远离三界，于一切世界普现其身；知一切法，具足成就一切妙行；永灭疑惑，离虚妄身；能与一切菩萨无量智慧；住佛无二法，究竟到彼岸。”⑤

如来地的特点是——三净：一、烦恼净；二、苦净；三、相净。此净即空，空即诸法体性，非是无体。⑥

佛的人格的完满还体现在他有与他的心一致的生存环境或佛国。怎样观察佛国？一方面要承认，那里美妙、极乐、真实。另一方面又要如是观：“一切佛界皆为虚空之土，所以者何？悉如幻化所现满火而不具足，如虚空自然，以神足立耳。”“若男子女人，能入净法界者，无有所住及诸覆盖，亦不作想，无能令其意有所受住，是谓无所受住法门。”⑦

再看佛的涅槃。此涅槃是大般涅槃。它“如实际，如法界，如虚空界，如实性，如离欲际，如无相际，如我性际，如一切法性际”。“何以故？涅槃非生灭法，若法不生，当知不灭，去无所至。”⑧佛为何要涅槃？“欲令众生忧悲感慕”。⑨其

①《大方广佛华严经》卷35，[东晋]佛驮跋陀罗译，《大正藏》第9册，第626页。
②《思益梵天所问经》卷3，[姚秦]鸠摩罗什译，《大正藏》第15册，第49页。
③《大方广佛华严经》卷35，[东晋]佛驮跋陀罗译，《大正藏》第9册，第626页。
④《大方广佛华严经》卷31，[东晋]佛驮跋陀罗译，《大正藏》第9册，第599页。
⑤《大方广佛华严经》卷36，[东晋]佛驮跋陀罗译，《大正藏》第9册，第631页。
⑥《金光明最胜王经》卷2，[唐]义净译，《大正藏》第16册，第410页。
⑦《文殊师利现宝藏经》卷上，[西晋]竺法护译，《大正藏》第14册，第457页。
⑧《大方广佛华严经》卷36，[东晋]佛驮跋陀罗译，《大正藏》第9册，第628页。
⑨《大方广佛华严经》卷36，[东晋]佛驮跋陀罗译，《大正藏》第9册，第628页。

实，如来无有出世，无有涅槃，但“为化众生”，而“示现涅槃”。[①]佛涅槃的特点是以涅槃为乐。在佛看来，一切有为，苦空无常，只有涅槃才是真正的乐。“诸佛世尊更无余法，唯是究竟寂灭涅槃，……究竟寂灭者，是究竟定，究竟清凉，究竟尽，究竟乐，究竟安隐，……唯涅槃是乐。”[②]

如来有十种究竟清净，它们分别是：诸愿究竟清净；梵行禁戒究竟清净；佛刹究竟清净；眷属究竟清净；种姓究竟清净；色身相好究竟清净；法身究竟清净；智身究竟清净；解脱所作，已作永度彼岸，究竟清净；舍离优婆提究竟清净。[③]

如来有十种自在正法，它们分别是：一、于一切法，随意自在，说一切法而无障碍；二、随应众生，化不失时，随其所愿而为说法；三、庄严一切世界，而不恼乱一切众生；四、以智慧受持一切世界种种庄严，永离一切世界染污；五、若见一众生，度化不厌倦；六、往诣一切如来所，无任何障碍；七、于诸佛法得无挂碍；八、于一切境界能作佛事，并能六根互用，如以耳根行眼根事，等等；九、于一毛孔，悉能安置一切众生，普能游行无量世界；十、于一念中显现如来净身及法界。[④]

《大方广佛华严经》还以十为单位列举了佛的各方面的特点，如十种佛事，[⑤]十种无尽方便智慧大海，十种常法，[⑥]十种无量说佛法门，[⑦]常为众生作十种法，[⑧]十种坚固法，[⑨]十种无障碍住，[⑩]十种最胜无上庄严，十种不思议法，[⑪]十种巧妙方便，[⑫]十种法王无异之法，[⑬]十种最胜力、大力、无量力、大功德力，[⑭]十种定法，[⑮]十种清净法，[⑯]十种一切智住，[⑰]十种不思议三昧，

---

① 《大方广佛华严经》卷36，[东晋]佛驮跋陀罗译，《大正藏》第9册，第628页。
② 《大悲经》卷2，[高齐]那连提耶舍译，《大正藏》第12册，第951页。
③ 《大方广佛华严经》卷30，[东晋]佛驮跋陀罗译，《大正藏》第9册，第592页。
④ 《大方广佛华严经》卷30，[东晋]佛驮跋陀罗译，《大正藏》第9册，第593-594页。
⑤ 《大方广佛华严经》卷30，[东晋]佛驮跋陀罗译，《大正藏》第9册，第592页。
⑥ 《大方广佛华严经》卷30，[东晋]佛驮跋陀罗译，《大正藏》第9册，第592页。
⑦ 《大方广佛华严经》卷30，[东晋]佛驮跋陀罗译，《大正藏》第9册，第592页。
⑧ 《大方广佛华严经》卷30，[东晋]佛驮跋陀罗译，《大正藏》第9册，第592页。
⑨ 《大方广佛华严经》卷30，[东晋]佛驮跋陀罗译，《大正藏》第9册，第592页。
⑩ 《大方广佛华严经》卷30，[东晋]佛驮跋陀罗译，《大正藏》第9册，第593页。
⑪ 《大方广佛华严经》卷30，[东晋]佛驮跋陀罗译，《大正藏》第9册，第593-594页。
⑫ 《大方广佛华严经》卷30，[东晋]佛驮跋陀罗译，《大正藏》第9册，第594页。
⑬ 《大方广佛华严经》卷31，[东晋]佛驮跋陀罗译，《大正藏》第9册，第597页。
⑭ 《大方广佛华严经》卷31，[东晋]佛驮跋陀罗译，《大正藏》第9册，第597页。
⑮ 《大方广佛华严经》卷31，[东晋]佛驮跋陀罗译，《大正藏》第9册，第600页。
⑯ 《大方广佛华严经》卷31，[东晋]佛驮跋陀罗译，《大正藏》第9册，第600页。
⑰ 《大方广佛华严经》卷31，[东晋]佛驮跋陀罗译，《大正藏》第9册，第600页。

等等。[①]

总之，佛的根本特征在于：①觉知一切法，此法无所有，已觉无有法，是故名为佛。②以智离烦恼，是故名为佛。③能觉此身空，此身无所属。此身不牢固，牢固不可得。④觉无明无智，自性无所有。已得于明智，是故名为佛。⑤知想无相故，更不随此相，已修一切想，是故名为佛。⑥觉了受想行识的实性，如实能觉知，是故名为佛。⑦觉一切诸法，毕竟无有相，无分别戏论，是故名为佛。⑧不住一切法（甚至不住于佛、佛法，不住如），是故名为佛。⑨此心菩提等，亦觉知如幻。[②]

二、成佛的心理条件与操作

佛是一切真正价值的荟萃，集真、善、美、福、喜、乐、尊贵、自由、自在、解脱等于一体。只要明白了其殊胜和妙处，无人不想做佛。问题是，成佛是世界上最难的事情，既费时长，又得具备许多条件，而且还要落实于行动，勇猛精进。但佛教也有“至简”的一面，那就是看到了心为诸法之本这个道理，强调只要抓住了心这个牛鼻子，一切都会迎忍而解。

有一菩萨，名师子庄严王菩萨，问佛曰：“如来往昔修何胜行，今获如是人天中尊？”这大概是所有想成佛的人都会提出的问题。佛回答说，八曼荼罗是最胜法门，其关键是于每一法，都做到心不散乱，如修供养时做到“善心相续”，“心不散乱，一心供养”，[③]如此修实即修禅波罗蜜，乃至一时具修一切佛法。“十方如来，同一道故，出离生死，皆以直心。”[④]也可这样发问：我们要学佛，当以佛为师，佛又是以什么或以谁为师呢？回答很简单，那就是：佛是以心为师的。如前所述，佛面前的世界平等一如，之所以如此，是因为佛的心彻底平了。如经云：“当平心地，则世界地，一切皆平。”[⑤]欲平大地，当平心地，随其心平，则世界地平。试比较《维摩诘所说经》的命题：欲得净土，当净其心，随其心净，则佛土净。

---

① 《大方广佛华严经》卷 31，[东晋]佛驮跋陀罗译，《大正藏》第 9 册，第 600 页。
② 《广博严净不退转轮经》卷 5，[宋]智严译，《大正藏》第 9 册，第 279 页。
③ 《师子庄严王菩萨请问经》，[唐]那提译，《大正藏》第 14 册，第 698 页。
④ 圆瑛法师：《大佛顶首楞严经讲义》，宗教文化出版社 2012 年版，第 50 页。
⑤ 圆瑛法师：《大佛顶首楞严经讲义》，宗教文化出版社 2012 年版，第 442 页。

佛是善调身调心之人。有经云："有佛世尊，既能调身，亦能调心"。[1]本缘类经讲的是佛、菩萨因地修行、行菩萨道的故事。如《大方便佛报恩经》载："七十大菩萨摩诃萨，久于过去无量百千万亿微尘数阿僧祇劫中，已会供养无量百千万亿恒河沙世界微尘数诸佛，于诸佛所，常修梵行，供养诸佛，心不疲倦，以慈修身，善护佛法，不舍大悲，常于十方利益一切。"[2]佛成佛离不开供养、慈悲等行持，而真正如理如法的、有效果的行法则是平等不二的心行法。以三十七助道品为例，佛教对它们既作小乘的解释，又作大乘的解释。不管如何解释，其中心是强调它们是心行之法。如五无漏根的正确的操作方法是：一、信根，即"常信诸法，……不堕诸见，……不怀狐疑，亦无犹豫。"二、进根。在信的基础上，"精进诸根"。三、意根。"其意广大，不住崖际"，"静然不达意根，意广如空"。四、定根，专精不乱。五、慧根。心意常住寂静，专一守一。[3]五力也是如此，都是心之力，如信力即常怀笃心在一寂静，而不迷惑，且永不退转。精进力是这样的心力，即所生之处，常让心坚强不动。意力即所在念法心，不懈废，爱欲众难不能侵害。定力即心能定于一境的力量。慧力即这样的能力，于俗法、度世法，悉能晓了。七觉支也应如此理解。[4]

清净观是成佛的重要方法。要有效也运用这种方法，就必须处理好当下一念。其有效的观法是清净观，即观诸法寂然清净，一如一体，甚至观如来也应如此，如清净一如，"亦无身、无意、无心，无礼、无敬，无卒、无暴，无坏、无住，……如是为观如来而无我，不作等色，亦不以等为等，不以邪为邪"，而一一平等。简言之，看到一切平等无别，即为清净观。[5]这样观之所以是有效的，是因为它一致于心及万法本净的体性。何谓本净？"无我之本，无寿命本，无贪身本，而无愚痴恩爱之本，是我所非我所本，……于此诸本而行清净。""无取无舍，是谓为净，不起不灭是谓为净，无思无想无秽无洁，是谓为净，无高无下，是谓为净，……不脱亦不缚，是谓为净"。[6]简言之，心行不动不摇，是谓为本净。

成佛的过程是一个心理调适（修心、治心）的过程，而要规范地调治心理，

---

① 《贤愚经》卷 3，[元魏]慧觉等译，《大正藏》第 4 册，第 372 页。
② 《大方便佛报恩经》卷 2，《大正藏》第 3 册，第 130-131 页。
③ 《阿差末菩萨经》卷 6，[西晋]竺法护译，《大正藏》第 13 册，第 608 页。
④ 《阿差末菩萨经》卷 6，[西晋]竺法护译，《大正藏》第 13 册，第 608 页。
⑤ 《文殊师利现宝藏经》卷上，[西晋]竺法护译，《大正藏》第 14 册，第 456 页。
⑥ 《文殊师利现宝藏经》卷上，[西晋]竺法护译，《大正藏》第 14 册，第 455 页。

前提是有如佛智一样的大智慧。因为佛之所以为佛，之所以彻底地证得了真心，是因为佛有特殊不共的智慧。怎样才能获得佛智呢？论云："菩萨修行智慧有二十心"，[①]即通过生二十种心，就能生佛之大慧。它们分别是："当发善欲，亲近善友心；舍离憍慢，不放逸心；随顺教诲，乐听法心；闻法无厌，善思惟心；行四梵行，修正智心；观不净行，生厌离心；观四真谛，十六圣心；观十二因缘，修明慧心；闻诸波罗蜜，念欲修集心；观无常、苦、无我，寂灭心；观空、无相、无愿、无作心；观阴界入，多过患心；降伏烦恼，非伴侣心；护诸善法，自伴侣心；抑制恶法，令除断心；修习正法，令增广心；虽修二乘，常舍离心；闻菩萨藏，乐奉行心；自利利他，随顺增进护诸善业心；持真实行，求一切佛法。"[②]可见，一切根本的根本是心，因为要得智慧，也离不开正确的心理操作，即让心进到它应该进到的状态。

最高的智慧是无上等觉。这也是可以成就的，有经云："四法可至成就无上等觉。"而四法即一法，即心于动不动，于行无行。四法分别是：一、不贪诸法又不舍诸法，不受诸法，不觉诸法，例如：行于布施而不求果报；二、不见众生、寿命，但又不舍众生、寿命；三、不见色声香味触法，但又不舍弃它们；四、深观如是等法，但于佛正智不生觉观。[③]

心有真妄之别，因此在以心闻法、以心行持、以心证法时，是有重大乃至根本差别的。例如，佛在《大佛顶首楞严经》中就批评了阿难等人以缘虑心闻法的偏颇。这样闻法尽管比不闻法要好，但效果总是低级的，难以让认识、心性产生质的飞跃。而佛之所以能证极果，乃是因为佛是以心系心才成佛的，例如：他是以真心闻真法，以真心证真心，以大定得大定。由于诉诸真心，此真心与要证知的真心一致，因此方向正确、效果神速，且得果坚固不退转。例如：如来证得无上菩提之后，始终在大定之中，"不坏灭三摩地法"，"无心可转，无心所行，无心伺察，无心遍行，无心可增，无心可灭，无心散乱，无心可高，无心可下，无心摄护，无心隐密，无心随顺，无心违背，无心忱下，无心动转，无心喜悦，无心爱著，无心分别，无心离分别，无心计度，无心随识流转，无心依止眼耳鼻舌身意，无心依止色声香味触法，无心于彼法中行，无心于彼智中行，无心于彼过

① [古印度]世亲菩萨：《发菩提心经论》卷下，[姚秦]鸠摩罗什译，《大正藏》第32册，第514页。
② [古印度]世亲菩萨：《发菩提心经论》卷下，[姚秦]鸠摩罗什译，《大正藏》第32册，第514-515页。
③《大方等大集经》卷19，[北凉]昙无谶译，《大正藏》第13册，第131页。

去观察，无心于彼未来观察，无心于彼现在观察。如来应供正等正觉，如是安住三摩地中，心无少法而可生起，然于一切法中，以无碍知见而常随转，都无发悟，如来离心意识，于定分住亦不灭失，復常施作一切佛事。”①总之，佛心的特点是“百千劫中住一心”，永无动转，但又能应机施化、利益群生，此即常施一切佛事。

以真心证真心，就是要空行、空心、断一切念、弃一切法。如经云：“佛本以断一切诸法乃覩正觉。”“如来至真，皆除诸法。” “如是观佛，皆入一切诸法本无。”②这就是说，以真心证真心，就是要将一切空掉，让一如一体、无二无别的世界显现于自己面前，而这正是通往正觉的唯一道路。“一切诸法，归于本无，一切诸法皆如来法也。”③

圣行、梵行或清净行是诸佛世尊之行，其特点是：“安住于此大般涅槃，而作如是开示，分别演说其义，以是义故，名曰圣行。”④简言之，圣行就是安住无为而又无不为，住涅槃而又不舍众生。究其实质，圣行就是无念无求的清净行，就是于一切行动时，一念不生，一心不起。这是不难做到的，例如住七善法可人完成上述圣行，一知法，二知义，三知时，四知足，五自知，六知众，七知尊卑。⑤当然，还有其他许多行法，如行慈悲喜舍也是行梵行。⑥

佛心行的特点也可以说是心行平等，生等心，视一切平等无异，甚至“视坏法”、恶事、恶人“等如一子”。经云：“如来善修如是平等，于诸众生，同一子想。”⑦若人修此法，其好处是“寿命长”。⑧

佛教一切经教都离不开这样的中心，即教人如何成佛。而佛是心得解脱之人，是善安心之人，因此成佛的必由之路也只能是管控好心灵。如文殊师利所说，佛所到达的“究竟之地”可通过十法来进入，十法实即一法，即“无疲厌心”地做好每件该作的事情。如“以广大心，亲近供养，心无疲厌”。积集善根，究竟不退，心无疲厌。勤求佛法，究竟不退，心无疲厌。勤行十摄六度，究竟不退，心无疲厌。普修甚深三昧，究竟不退，心无疲厌。次第趣入三世流转一切法，心无

---

①《大乘菩萨藏正法经》卷 9，[宋]法护等译，《大正藏》第 11 册，第 800 页。
②《持人菩萨经》卷 1，[西晋]竺法护译，《大正藏》第 14 册，第 628 页。
③《持人菩萨经》卷 1，[西晋]竺法护译，《大正藏》第 14 册，第 628 页。
④《大般涅槃经》卷 14，[北凉]昙无谶译，《大正藏》第 12 册，第 448 页。
⑤《大般涅槃经》卷 15，[北凉]昙无谶译，《大正藏》第 12 册，第 451 页。
⑥《大般涅槃经》卷 15，[北凉]昙无谶译，《大正藏》第 12 册，第 452 页。
⑦《大般涅槃经》卷 3，[北凉]昙无谶译，《大正藏》第 12 册，第 381 页。
⑧《大般涅槃经》卷 3，[北凉]昙无谶译，《大正藏》第 12 册，第 381 页。

疲厌。令一切世界清净，心无疲厌。教化调伏众生，心无疲厌。于一切刹，行菩萨行，心无疲厌。成就如来一切智力，心无疲厌。果能如此，最终便能舍离一切生死流转，成就如来，“得心清净”。①

当然，管控心灵是世界是最难的事情。因为无心之心，像大城市一样，太复杂、太麻烦、太难调治。是故佛教把待管控的心称作“心城”。该怎样予以管理？《大方广佛华严经》的回答是：“应善巧守护心城，谓不贪一切生死境界。应庄严心城，谓观察趣求如来十力。应净治心城，谓毕竟远离悭嫉谄诳。应清凉心城，谓思惟一切诸法实性。应增长心城，谓以大精进成办一切助道之法。应严饰心城，谓建立一切禅定解脱自在宫殿。应照耀心城，谓普入一切如来道场，听受般若波罗蜜法。应增益心城，谓普能出生一切如来诸方便海。应坚固心城，谓恒勤修习增长普贤清净行愿。应防护心城，谓常能御捍烦恼恶友一切魔军。应廓彻心城，谓开引诸佛普智光明。应善补心城，谓受持诸佛甘露法雨。应扶助心城，意为深信一切佛功德海。应广大心城，谓大慈遍及一切世间。应普覆心城，谓集众善法以覆其上。应宽博心城，谓大悲哀愍一切众生。”②该经还列举了许多方法，如：应严肃心城、决定心城、安立心城、莹彻心城、住持心城、令心城富实、令心城明了、令心城自在清净，另外，还应知心城如幻。总之，如果能如是净修心城，则能随所修行而证入菩提。因为净心之法，思心智心，至无淫怒之态，得净心之道。……净心智心，即是开解智心之道。净心即心端之法，而心端则等于得到了度世之道。

四摄六度当然是转凡心为佛心的基本方法，因此也是佛驾轻就熟地使用的方法。不过，佛在使用这些方法时始终没有偏离这样的“宗”，即以真心为本。例如行布施时，不外两种心理操作，一是狭劣心行，二是以广大心行。两者的果报判然有别。“若心狭劣者，虽多行布施，受者不清净，故令果报少。……能生广大心，果报无有量。”③佛之心行的特点在于：以广大心、真实心行布施，即于一切行都让心保持不动，于行离行，于念离念。

只要坚持上述用心方法，佛的八万四千法门就没大小、优劣的区别。换句话说，法之所以有大乘小乘之别，根源在于用心有大小之别。如果能像佛那样以广大心，行通常所说的小乘的安那般那法，那么此法就是最上佛法。例如据《杂阿

① 《大方广佛华严经》卷 4，[唐]实叉难陀译，《大正藏》第 10 册，第 676-677 页。
② 《大方广佛华严经》卷 30，[唐]实叉难陀译，《大正藏》第 10 册，第 797-798 页。
③ 《菩萨本缘经》卷上，[吴]支谦译，《大正藏》第 3 册，第 52 页。

含经》记载，有一次，佛两月坐禅，除送饮食的人外，不许其他人来打扰，所用的方法就是安那般那。“以安那般那念，坐禅思惟住，……入息时念入息，如实知，出息时念出息，如实知。若长若短，一切身觉入息念如实知，一切身觉出息念如实知，身行休息。”①这样行安那般那法之所以是大乘法，是因为佛在行的过程中始终以真心为基础，例如：在每一行持中都坚持“如实知”。如前所述，如实知心就是无上菩提。

佛还常用无取著法。佛正是凭此法而获三十二相、八十种好。无取著法者，“谓大涅槃，若有取者，则常轮转，往来生死，受种种苦，若离取著，能灭苦源，菩萨如是不取著故，具足成就三十二相，復能为人说无住法。”无取著法之所以有如此妙果，是因为它与真心、实相一致，而真心、实相体现的是这样的本质，即“一切诸法皆无所住”。这种本质是不难证得的，例如随取一法，追问它的所依，最后都会追到虚空。月轮光明的所依条件就可这样追溯：月光—地—水—火—风—空—“虚空无相，无有依住”。②

佛心行的特点还在于：“能转物”。而一般人的特点是为物所转，如面对金钱，为金钱所转，成为其拜物教徒。其根源是：失却本心。佛“能转物”，转万物为自己，打破心物的分别界限，知天地与我同根，万物与我皆一体，一切无挂无碍，一如一体，如融冰为水，水自然不阻碍冰。经云：“若能转物，则同如来。身心圆明，不动道场。”③

第八节 价值、境界与心灵

“境界”一词出现在佛教经论中的概率非常高，在不同用法中有不同意义。作为值得人们进入的理想处所的境界实即广义价值论中的价值。佛教尽管没有使用“价值论”一词，但确有这方面的思想，因此我们不妨把佛教这方面的思想称作价值论。它的特点在于：第一，从与心的关系的角度论述价值，特别是把心看作是价值的基础，因为价值也属于法，而一切法以心为本；第二，佛教认为，在特定意义上，作为解脱之基础的真心本身就是价值；第三，佛教关注的价值范围

① 《杂阿含经》卷29，[后秦]佛陀耶舍共竺佛念译，《大正藏》第2册，第207页。
② 《大法炬陀罗尼经》卷4，[隋]阇那崛多译，《大正藏》第21册，第676页。
③ 圆瑛法师：《大佛顶首楞严经讲义》，宗教文化出版社2012年版，第143页。

极为广泛，既包括工具性价值，如四摄六度等，又涉及目的性价值，如境界、幸福、解脱、涅槃等。还有一些法本身既是工具性价值，又是目的性价值，如真心、般若、菩提、佛性等。

要理解佛教的价值论，首先要理解“端正法”和“正法”两个概念。端正法是相对于正法而言的入门方便法。这是佛说法的起点，或者说是佛教教育学的基础教育中的教法。而正法是高级阶段为掌握了基础知识的受众所说的法。佛在对众生说法时，如遇初学者，则先说此端正法。经云：“如诸佛法，先说端正法，闻者欢悦。谓说施、说戒、说生天法，毁呰欲为灾患，生死为秽，称叹无欲为妙道品白净。”①端正法的内容是教人们如何满足基本的生存需要，如何获得富贵寿考、名闻利养之类的实用价值，进而阐述欲望和生死的过患。佛教认为，在生存的一定阶段，这些价值是不能毁弃的。此法的特点是承认世人所追求的价值的价值，尊重世人对负面价值的否定，如重生厌死，承认追求财色名食睡的暂时的必要性，合理性。佛在教化这类人时，有时还用世俗价值作引诱，如《法华经》曾记述：为引导众生出火宅，佛便用牛车、羊车等引导众生。

正法的内容主要是讲空的，是自净法。自净法的作用是：断疑度惑，让人真得解脱。从佛教教育学的角度说，正法是不适于向初学者传授的法。《诸法本无经》云：“空见者，无相见者，无愿见者，无生见者，无有见者，无相貌见者，涅槃见者，佛陀见者，菩提见者”，如此等关于诸法体性的甚深之见、之法，“初业菩萨前不应说”。②说了，效果会适得其反，例如可能断人的善根，或把受众挡在佛教的大门之外。因此佛法教育的第一步是向初学者传授端正法，等听者“有欢喜心、具足心、柔软心、堪耐心、胜上心、一向心、无疑心、无盖心，有能、有力堪受正法”③时，再讲正法。

由于佛教有两类法，每类法所崇尚的价值是不一样的，因此佛教有两类价值观，其中一类是端正法所承认的价值。如，端正法承认世人所追逐的珍宝的价值。佛教承认这样一些珍宝：金银、水晶（精）、琉璃、摩尼、真（珍）珠、碧玉、白珂、砗磲、珊瑚、琥珀、玛瑙、玳瑁、赤石、璇珠等。端正法也重生厌死，如

①《中阿含经》卷9，[东晋]瞿昙僧伽提婆译，《大正藏》第1册，第480页。
②《诸法本无经》卷上，[隋]阇那崛多译，《大正藏》第15册，第762页。
③《中阿含经》卷9，[东晋]瞿昙僧伽提婆译，《大正藏》第1册，第479页。

说“圣众清净，不受死尸”，[①]若恶生，不符梵行。

另一类是正法中崇尚的价值，如强调这样一些无量珍宝，即四念处、四正勤、四如意足等三十七助道品。在正法的价值观中，不移动心解脱、苦集灭道等当然是更高级的价值。从究竟理地上说，其中又未曾有法，即强调这些价值是体空的。

另外，在端正法和正法中，价值又各有工具性和目的性之别。如：世俗有漏幸福是端正法中的目的性价值，金钱等是工具性价值。而无漏幸福、涅槃是正法中的目的性价值，四摄六度、三十七助道品是工具性价值。从究竟的角度说，端正法所承认的价值只是权宜之计，是引导的方便，一当引导的目的达到了，如将被教化的人转化过来了，让他们生起了欢喜心，形成了对正法的认同之心，那么佛就要开始教化他们超越端正法，直至抛弃世俗的价值观。这里重点剖析一下佛教正法中的价值观。

在正法中，佛教使用了常用的价值概念，承认这些概念所表述的对象是有用的、值得追求和享受的，但赋予了完全不同于世间价值观的内涵。例如佛教强调乐的确是一种价值，但认为乐有两种，即有乐与圣乐，有乐即在有形物质基础上的世俗之乐，这些乐尽管有一定的价值，但却是有漏的，即夹杂着烦恼的，充满着有害性、不利性；圣乐是无漏之乐，是正法倡导的乐，其样式有：“无欲之乐、离乐、息乐、正觉之乐、无食之乐、非生死乐。”[②]

道也是价值。如何是道？常见的回答是平常心是道。《大哀经》的回答也是这样，只是表述方式不同罢了。如：“道者无往、无来现在。”“道者无身，亦復无数。”“道者无取，亦无所依。”“道者则空。”“道等如空”，“道者无有言辞，亦无身心、法与非法。无道不道，无诚无欺，……于一切法而无有道。”[③]

真正最有价值的东西是好的心态，例如：一心，就是这样的心态。在佛教看来，一心既是一种美好的生存状态，同时也是大智慧。可以说，佛教的智慧就是一心智慧。所谓一心，就是不分别，就是不二。[④]“一心”也可以说是一种禅定状态，甚至是判断禅定是正还是邪的标准。具言之，能做到一心，就是正确的定法，反之即邪。佛教承认的好心态还有很多，如欢喜心、具足心、柔软心、堪耐

① 《中阿含经》卷 9，[东晋]瞿昙僧伽提婆译，《大正藏》第 1 册，第 479 页。
② 《中阿含经》卷 49，[东晋]瞿昙僧伽提婆译，《大正藏》第 1 册，第 738 页。
③ 《大哀经》卷 3，[西晋]竺法护译，《大正藏》第 13 册，第 422-423 页。
④ 《阿差末菩萨经》卷 5，[西晋]竺法护译，《大正藏》第 13 册，第 600 页。

心、升上心、一向心、无疑心、无盖心等。

根据这一价值观，心有动变，或表现为具体的妄心，即为有害价值，反之，若予以灭除，则为正价值。而世间价值观津津乐道的那些价值，如珍宝等，则毫无价值。如论云："爱、恚永断，违、顺平等，拔诤论根，灭憍慢本，视诸珍宝犹如瓦砾；于一切法觉照无遗；无相似爱及恚慢等，诸烦恼习已永断。"佛尽管断一切烦恼习气，但佛为度众生，说明某些道理，有时又运用似慢言（如成就十力、四无畏）、似痴言、似烦恼言等。有此表现，"皆为有情获利乐故"。①

佛是最高的目的性价值。因为行者的一切努力都是成佛。佛的特点是："六根清净，六根离障，一切无碍，是即解脱。不见六根相，清净无有相，常不间断，即是佛"。佛即觉者，所谓觉，即是"心体离念"，"离念是佛"。"等虚空界，无所不遍，法界一相，即是如来平等法身。于此法身说名本觉。"②

成佛即让真心显现。就此而言，真心也是最高的价值。因为证得真心，就拥有一切价值，如证得真正的真善美福等。真心之所以同时是价值，是因为证得真心会伴有这样一些无漏的快乐和利益：①身心荡然，得无挂碍。②是诸大众，各各自知，心遍十方，见十方空，如观手中所持叶物。③一切世间，诸所有物，皆即菩提，妙明元心。心精遍圆，含裹十方。④反观父母所生之身，犹彼十方虚空之中，吹一微尘，若存若亡。⑤了然自知，获本妙心，常住不灭。③

如果说上面所说的真心是果真心的话，那么佛教强调的作为工具性价值的真心则是因真心或道真心。因为佛在因地修行时是以真心而证得真心的。一般的人要想如理如法修行，即使不能完全用真心，但至少也应在真心上截取其心光，这比用妄心修行的效果要好得多。用妄心修行尽管也有用，但对于实现成佛这一最高目的来说，只能是如"煮沙成饭"。

佛教正法并不绝对否认世间价值观所承认的价值，如像世间价值观一样承认：疾病、衰老、死亡是有害的，是应当超越的。不仅如此，为对治它们，还对它们出现的根源作了探讨，认为它们的根源是："于三学（戒定慧）起邪行"，"若于三学起正行时，即能超越如是三事"。正法承认三种世人所乐著的价值，指出：

---

① [古印度]五百大阿罗汉等：《阿毗达磨大毗婆沙论》卷16，[唐]玄奘译，《大正藏》第27册，第77页。
②《大乘无生方便门》，《大正藏》第85册，第1273页。
③ 圆瑛法师：《大佛顶首楞严经讲义》，宗教文化出版社2012年版，第280-283页。

“有三种法，是诸世间所爱所乐，依内而说，一者势力，二者妙色，三者寿命。”① 正法对如何获得这三种价值作了自己的探讨，强调：于三学正行，得此三价值在所不难。另外，正法也不绝对否定财色（有形物质）等的价值以及追求它们的动机，认为在求正法的一定阶段或条件下是可以有这样的动机的，因为这样做总是有其好处的。有四种这样的动机：一为色为财，为相好庄严；二为非色，即灭烦恼；三为神通；四为正为。这四种动机是可以实现的，例如：只要追求正法，这四种动机皆可满足，因为法可成为它们的因。如偈云：“为色、为非色、为神通、为正法，相好及病愈，自在无尽因。”②再者，佛教不否认寿命的价值，例如许多经都设有寿量品，专门探讨其意义及延长寿命的原理和方法。如经云：“有二因缘，得寿命长。云何为二？一者不害生命，二者施他饮食。”③佛教对贫富的看法也有一致于世间的地方，如承认贫穷是不好的，宝贵是好的，并探讨了如何避免贫穷、如何获得富贵的方法，如经云：“悭贪之事为贪匮门，布施之义为大富门。”④要得大富大贵，最好的办法就是修福，“修薄福故，生贱处”，⑤反之，生宝贵处。

正法承认，正信像正智一样，也是价值。论云：“佛法大海，信为能入，智为能度，如是义者，即是信。若人心中有信清净，是人能入佛法”，“能得沙门果”，不信就不能入，不能得。从信与利的关系来说，利有多种，如现世利、后世利、涅槃利等，要得利，必先有信。因为“诸利根本，信为大力”。⑥

再看佛教的喜乐观。前面已述，佛教承认的乐有凡乐和圣乐两种，每种乐又有质、量、程度上的差别。阿难以打破砂锅问到底的方式，就喜乐问题不断向佛发问。阿难问：“喜为何义？”佛答曰：“喜者令止义。”接下来，阿难和佛的问与答有一长串：何为止义？止者令乐义。何为乐义？乐者令定（止息、定心）义。何者为定义？定者令见如实知如真义。见如实知如真又是何义？此义见厌义。如何是厌义？厌者令无欲。无欲为何义？无欲者令解脱义，即抛弃、断结一切贪瞋痴淫等。总之，喜乐即定心，即心得解脱，即不动心。⑦

---

① [古印度]弥勒菩萨：《瑜伽师地论》卷94，[唐]玄奘译，《大正藏》第30册，第835页。
② [古印度]无著菩萨：《大乘庄严经论》卷5，[唐]波罗颇蜜多译，《大正藏》第31册，第618页。
③《金光明最胜王经》卷1，[唐]义净译，《大正藏》第16册，第404页。
④《佛说文殊师利净律经》，[西晋]竺法护译，《大正藏》第14册，第451页。
⑤《阿差末菩萨经》卷5，[西晋]竺法护译，《大正藏》第13册，第600页。
⑥ [古印度]龙树菩萨：《大智度论》卷1，[姚秦]鸠摩罗什译，《大正藏》第25册，第63页。
⑦《中阿含经》卷10，[东晋]瞿昙僧伽提婆译，《大正藏》第1册，第485页。

佛教的较高层次的乐是无为之乐，甚或无乐之乐。七法可至此乐。“一守清净，不乐有为。二守无欲，不贪利养。三守忍辱，无所诤讼。四守空行，不入众聚。五守法意，不起众想。六守一心，坐禅定意。七守约损，衣食粗疏，草蓐为床。”[①]反之，有贪著世间价值，如“有贪慕家居、恩爱及乐世间荣名及之寿者，终不得是度世之道。道从心生，心净者乃得道。”[②]

佛教不仅承认人可得到幸福，而且找到了幸福的无量形式及其根源——福田。其中一种福田就是心空。如论云：“人心空故名福田。所以者何？以空相故，诸贪恚等烦恼不起，不生恶业。又诸贤圣得不作法，故名福田。又是人等所得禅定，皆悉清净，永离大小诸烦恼故，又弃舍忧乐，故名福田，又能断除五种心缚，心得清净，故名福田。”[③]“悟法性空，生大欢喜，即时获得无生法忍。”[④]无生法忍是八地以上圣者才有的生存状态。这种幸福也可理解为寂然淡泊。“好喜澹泊，寂然为上，靖默为业。”“向于无为，而崇灭度，至重泥洹，究竟具足，得其边际。”[⑤]安稳也是幸福或幸福的源泉。有人问：汝“以何法教训诲弟子得安隐？”佛回答说：“从本以来，诲诸弟子得安隐处，净修梵行，非汝所及。”汝等“所行者皆为卑陋”，尽管方式各不相同，但有一共同点，即“以无数众苦，苦役此身”。[⑥]此法不净，“有垢秽”。因为这些行法“常自计念我”，如得供养后，“乐著坚固，爱染不舍，不晓远离，不知出要”，“闻他正义，不肯印可”，[⑦]这都是垢秽的表现。而佛教给弟子的道理及方法则相反，它们是“清净无垢秽法”。其特点是无我执，如得供养心不贪著，晓了远离，知出要法。行禅时，“有人无人，不以为异”，“闻他正义，欢喜印可”。“以慈心遍满一方，余方亦尔。慈心广大，无二无量，……悲喜舍心，亦復如是”。[⑧]

佛教承认有理想国，但理想国不在心外，而在心内。不错，世上有无量佛国净土，那里不仅充满钱财珍宝，“各各自足，不相侵夺”，自由自在，而且各自“娱乐快乐”，“不生恶心，贪求他国，各各自生利益之心，生于慈心、安乐之心、不

---

①《般泥洹经》卷上，《大正藏》第1册，第176页。
②《般泥洹经》卷上，《大正藏》第1册，第177页。
③［古印度］诃梨跋摩：《成实论》卷1，［姚秦］鸠摩罗什译，《大正藏》第32册，第246页。
④《未曾有正法经》卷5，［宋］法天译，《大正藏》第15册，第443页。
⑤《宝女所问经》卷3，［西晋］竺法护译，《大正藏》第13册，第464页。
⑥《长阿含经》卷8，［后秦］佛陀耶舍共竺佛念译，《大正藏》第1册，第47-48页。
⑦《长阿含经》卷8，［后秦］佛陀耶舍共竺佛念译，《大正藏》第1册，第48页。
⑧《长阿含经》卷8，［后秦］佛陀耶舍共竺佛念译，《大正藏》第1册，第48页。

诤讼心、不破坏心、无系缚心，无楚挞心。各于其上（于各自国土之上），自生欢乐，上下和穆，犹如水乳。心相爱念，增诸善根。”①但这些理想国都不离自心。有道是：西方不离方寸，随其心净而佛土净。

佛的极乐世界之所以是极乐，不是因为那里的菩萨有一切物宝，而是因为有心宝。如：他们“所说语言与一切智相应，于所受用，皆无摄取；遍游佛刹，无爱无厌，亦无希求，……无自想，无烦恼想，无我想，无斗诤、相违、怨瞋之想，何以故，彼诸菩萨，于一切众生，有大慈悲利益心故，有柔软无障碍心、不浊心，无忿恨心，有平等调伏寂静之心、忍心、忍调伏心，……无散乱心、无覆蔽心，净心、极净心、明耀心、无尘心、大威德心、善心、广大心、无比心、甚深心、爱法心、喜法心、善意心、舍离一切执著心、断一切众生烦恼心、闭一切恶趣心故。”②

佛教的“如来在自心之中”的命题说的也是这个道理。追求幸福、解脱，不外是想成为像如来一样的人，因为他具有一切最美好、最高级的价值。《大乘宝要义论》卷九引《楞伽阿跋多罗宝经》话说：“如来自性明亮、清净、本来清净，……如来具三十二相，在一切有情身中，如无价宝，为弊垢衣之所缠覆。”③

佛境界当然是佛教最高的价值，是诸如来“自性第一义心”。④中文表述“心”字词较单一。梵文在这里用了不同于“思虑心”（citta）的“心”字，此心可译为“汗栗驮”，此心如树木心，有中心、核心、根本、关键等意。所谓境界是佛菩萨证得的真实，是显现在圣人面前的真实世界。此世界对于进入其中的人来说，具有价值论意义，因为它既向人展示了美好前景，又能让人享乐不尽。根据一种概括，佛教憧憬的境界有七种，前六种是佛菩萨共同的，后一境唯佛能证。一是心境界，即圣心所至的第一义处，后面依次是慧境界、智境界、见境界、过二见境界、过佛子地境界、如来自到境界。后面六境是圣人入于心境界后必然伴随的境界，因为心能发慧，心至真自然有慧境界。慧力既胜，则成智用。智用既成，则正见现前。正见现前，则必然超越断常二见，乃至超越菩萨诸地，最后进到唯佛能进的最高境界。

---

①《合部金光明经》卷5，[隋]宝贵合，《大正藏》第16册，第383页。
②《大宝积经》卷18，[唐]菩提流志译，《大正藏》第11册，第98-99页。
③《大乘宝要义论》卷9，[宋]法护等译，《大正藏》第32册，第70页。
④《楞伽阿跋多罗宝经》卷1，[刘宋]求那跋陀罗译，《大正藏》第16册，第483页。

佛的境界也可以说是等虚空境界。这是心量放大、精神提升，直至最后达到极致的结果。佛说首楞严三昧经就调治心灵、令其进入等虚空境的方法。要得佛说首楞严三昧经，必须让心灵不断放大，如“先当学爱乐心”，依次应学的是：深心、大慈心、大悲心、四圣梵行。通过这些步骤成就六波罗蜜，然后通达方便。①也可以说，佛说首楞严三昧经之境是佛的最高、究竟境界。因为它有这样一些只有靠佛智才能获得的特点：“示现于般涅槃而不永灭；示诸形色而不坏色相；遍游一切诸国土，而于国土无所分别；悉能得值一切诸佛，而不分别平等法性；示现遍行一切诸行，而能善知诸行清净……遍行一切三界之中，而于法相无所动转；示现遍生诸趣道中，而不分别有诸道相。”②

佛之境界也是佛所证得的诸法体性。经云：“一切诸法所有境界，计彼诸法无有境界，则如来界也。一切诸法以为境界，无斯诸界乃曰有界，所有界者亦如来界。”③这就是说，无有境界即如来境界，如来境界，一无所有，如如一体，无二无别。这种作为无境界的如来之境是相对于方便境界而言的。所谓方便而言的境界，有相状、有所得，而究竟境界，无境界、无所得。“圣心解脱，无有境界，是故我今无境界可得”。④关于佛说首楞严三昧经之境，也应如是看。一方面，三昧是成佛之重要保证，因此真实不虚，但如果入此三昧的人有关于“真”的念想，即为不究竟，故文殊师利为破此妄念，便说三昧如幻。关于“十方佛土、一切境界”，也应如是观。善住意天子在文殊启发下认识到：此境界极乐、美妙、真实不虚，但又不执著，无念想。之所以如此，是因为他认识到：“如是十方所有境界”虚妄不实。因为“一切皆虚无有实也。所以者何？一切诸法本无有生。……穷其体实，了不可得，不作不生，不起不灭。”⑤

从体性上说，佛境界就是诸法的寂灭体性。佛教为什么要以寂灭为最高境界？因为一方面它是全部世界的本来面目，另一方面人真的进到这个境界就能做到绝对无苦、最乐、最美。如经云：“若尽诸烦恼，则得最上乐，此为寂静道，智者如实说，又彼诸如来，常赞寂静法，得至不灭处，诸苦则不生。”⑥

---

①《佛说首楞严三昧经》卷上，[姚秦]鸠摩罗什译，《大正藏》第15册，第633-634页。
②《佛说首楞严三昧经》卷上，[姚秦]鸠摩罗什译，《大正藏》第15册，第630页。
③《持人菩萨经》卷1，[西晋]竺法护译，《大正藏》第14册，第628-629页。
④《文殊师利所说不思议佛境界经》卷上，[唐]菩提流志译，《大正藏》第12册，第109页。
⑤《大宝积经》卷150，[唐]菩提流志译，《大藏经》第11册，第590页。
⑥［古印度]观无误尊者：《诸法集要经》卷9，[宋]日称等译，《大正藏》第17册，第504页。

境界也可以理解为“地”或“所行境界”。这里所谓地，既可指菩萨修行所达到的阶位，所进入的境界，如，一般经论所说的欢喜地等十地，也可指行人修行时所用的法门、所观的境。根据《瑜伽师地论》的概括，行人修行所观的境从低到高有十七种，此十七境即十七地：五识身相应地、意地、有寻有伺地、无寻唯伺地、无寻无伺地、三摩呬多地、非三摩呬多地、有心地、无心地、闻所成地、思所成地、修所成地、声闻地、独觉地、菩萨地、有余依地、无余依地。最低级的境界是凡夫的五识身相应地。有意地、有寻有伺等三地、三摩呬多地、有心地、无心地、修所成地等，都是凡夫之地，是较低的境界。例如：五识身相应地，其特点是跟着感觉走，随波逐流，轮回生死。①最后五地是圣人所行之地，是圣人境界，例如声闻地的特点是，“声为上首，从师友所，闻此教声，展转修证，永出世间，小行小果，故名声闻。”独觉地的特点是，“常乐寂静，不欲杂居，修加行满，无师友教，自然独悟，永出世间，中行中果，故名独觉。”菩萨地的特点是，“希求大觉，悲愍有情，或求菩提，志愿坚猛，长时修证，永出世间，大行大果。”②

如来境界是什么样的境界？其特点是什么？这种境界是最高级、最圆满的境界。从表面上看，此境界集一切美好的、无漏的价值于一体，看似高不可攀，其实就在眼皮子底下，例如：只要有如来的心胸，只要证得了真心，当下任何一色一香，一念一想，无不是如来境界。《大方广佛华严经》云：“一切众生是如来境界。一切世间、一切刹、一切法、一切众生行，如如不坏境界，无碍法界境界，实际无际境界，无量虚空境界，非境界境界，是如来境界。”③之所以如此，是因为如来境界无量，而一切众生、一切世界都像虚空一样无量。如来境界至一切处，而无所至，众生等亦复如是。

佛境界也可以说是法界、众生界。“虚空性界是法界也。……超越一切境界，是虚空界也。”④此界即佛界。由于虚空界、法性不离有为诸法，因此一切有为法，如眼耳鼻舌身识、生老病死等都是佛境界。当然无为界也是佛境界，总之一切都是佛境界。“一切界为如来界，一切佛土诸所有境，众生之界，则悉无本。……又本际者，无际疆畔，犹如虚空，无有边崖，亦无有界，亦不不

① 参阅[古印度]弥勒菩萨：《瑜伽师地论》，[唐]玄奘译，《大正藏》第30册，第885-886页。
② [古印度]弥勒菩萨：《瑜伽师地论》，[唐]玄奘译，《大正藏》第30册，第887页。
③《大方广佛华严经》卷35，[东晋]佛驮跋陀罗译，《大正藏》第9册，第625页。
④《商主天子所问经》，[隋]闍那崛多译，《大正藏》第15册，第121页。

有。”[1]

从描述的角度说，佛的无上境界有多种，概括说有十二种。偈云：“安立及性界，所成能成就，持决定依止，通达及广大，品行及生界，最胜等应知。”[2]这里说的是无上境界的种类，共有十二种。一、安立法名境界。即波罗蜜等诸法，是佛所安立的名字，它们本身就是境界。二、法性境界，即诸法如如不动的体性。三、所成就境界，即通过行诸波罗蜜、通达法界所获得的境界。四、能成境界，即修定时，心安住的境界。五、持境界，即闻慧境界。六、决持境界，即思慧境界，已知慧思所选择的法能持，确定不移。七、定依止境界，即定依止之处，即慧，因此此境界即修慧境界。八、通达境界，即于初地中所见的境界。九、相续境界，即修道境界，直入第七地之中。十、胜得境界，是修行至七地中所证得的高于世、出世道的境界。十一、生境界，即是进入了或生在第八地中。十二、最胜境界，即九地、十地和佛地。[3]

涅槃是佛教追求的最高目标，最理想的境界，一切修行最后要达到的结果，正等觉所觉，智者的真实理趣。涅槃的名称很多，据说有六十六名，如无生、无长、无灭等。论云：“是涅槃无生、无长、无灭，非因缘所作，违反有为，故说无为。”[4]涅槃还可被称作无下、无流、真谛（非虚妄、非颠倒、非相违）、彼岸、恒在无争（不动本有）、无失、无坏、寂静、极妙、爱尽、安（真实善法）、止、无灾、非作、无等（无法能比）、离欲、净、解脱、甚深、圣果、无畏、众圣之舍、归依处、无垢（离一切不净、烦恼）、大乐、不动（散心不证）、无著，等等。[5]

涅槃的名称多，其义也多，有的经说它有如下十义：①诸佛如来究竟断尽诸烦恼、所知二障。②诸佛如来善能解了有情无性及法无性。③能转身依、法依。④于诸有情，任运休息化因缘。⑤证得真实无差别相、平等法身。⑥了知生死、涅槃无二性。⑦于一切法了其根本、证清净。⑧于一切法，无生、无灭，善修行。⑨真如法界，实际平等，得正智。⑩于诸法性及涅槃性，得无差别。[6]

---

①《如来兴显经》卷3，[西晋]竺法护译，《大正藏》第10册，第608页。
② [古印度]世亲菩萨：《中边分别论》卷下，[陈]真谛译，《大正藏》第31册，第463页。
③ [古印度]世亲菩萨：《中边分别论》卷下，[陈]真谛译，《大正藏》第31册，第463页。
④ [古印度]婆薮跋摩：《四谛论》卷3，[陈]真谛译，《大正藏》第32册，第390页。
⑤ 参阅[古印度]婆薮跋摩：《四谛论》卷3，[陈]真谛译，《大正藏》第32册，第390-391页。
⑥《金光明最胜王经》卷1，[唐]义净译，《大正藏》第16册，第407页。

涅槃既有多义性，又有一义性。涅槃的一义性表现在：涅槃即空。换句话说，涅槃与空无二无别，等而无异。此处所说的空，是中道之空、毕竟空，既不同于片面的顽空论的脱离真有的空，又有别于片面的实有论的脱离空无的有。此毕竟空既性空，又具有永不灭的性质，因此是真正的实、真正的有、真正的真。就像如来一样，他尽管体空，毕竟无所有，来无所来，去无所去，但又永恒常住，性实不灭。如经云："如来性实不永灭，是故当知是常住法，不变易法。"①

由于行者的智慧有大小、圆缺程度上的差别，因此涅槃也有大小之别。小乘人能进入的是小涅槃，佛菩萨所达到的是大涅槃。"大涅槃者，即是诸佛如来法界。"②得此涅槃，尽管一无所得，但同时又究竟解脱，常乐我净。就此而言，涅槃即真解脱。经云："涅槃者多义。大者非涅槃，名涅槃者无识，大乘涅槃，是说大般涅槃。小涅槃者，如缘觉声闻涅槃。大者非涅槃，涅槃如虚空故。小者是自业，非他业。……我说死名涅槃。如来不死。"③这就是说，如来没有"死"这种意义的涅槃。如来所入涅槃是大涅槃，即不生不死的平等不二的境界。有一事实不容否认，即如来之色身也表现出了病痛和灭度。怎样看待如来身上的这些现象？《文殊师利问经》的回答是："如来慧身示现涅槃，非真涅槃。"④意即如来为了说明因缘和合之物有生有灭的道理，而示现了涅槃，此涅槃即死。同样的道理，如来也示现了疾病。但由于如来法身是非秽身，非是血肉身，而是金刚身，不破身，因此如来没有这种涅槃。这种涅槃也不是真涅槃，即不是大涅槃。佛涅槃的特点在于：此涅槃是不离生死、不离有为的涅槃，即证涅槃而不寂灭，于六度万行中涅槃，例如于行布施中也可得涅槃，"布施及布施果报，无我、无我所。如来善知布施及布施果，远离分别心，无有颠倒，是故如来，名得涅槃。"可见，只要一念不生，"远离分别心，无有颠倒"，⑤不管做什么，都可看作是证涅槃、住涅槃，其他诸行可如此类推。

如来大涅槃有如下四相。一者自正。佛由于深明因缘，因此能自观己身犹如火聚，进而不执著己身。换言之，自正即自得大涅槃。二者正他，为欲调伏众生，

① 《大般涅槃经》卷 4，[北凉]昙无谶译，《大正藏》第 12 册，第 389 页。
② 《大般涅槃经》卷 4，[北凉]昙无谶译，《大正藏》第 12 册，第 389 页。
③ 《文殊师利问菩提经》卷上，[姚秦]鸠摩罗什译，《大正藏》第 14 册，第 494 页。
④ 《文殊师利问菩提经》卷上，[姚秦]鸠摩罗什译，《大正藏》第 14 册，第 493 页。
⑤ 《佛说法集经》卷 1，[元魏]菩提流支译，《大正藏》第 17 册，第 611 页。

广说诸法无我无常，以令众生解脱。换言之，正他即为他人广说如来常存不变。三者能随问答，若有人来问，随问随答，广为有求者解说甚深微妙义理。四者善解因缘义。“能说法者，及闻法者，皆不可思议，是名善解因缘义。”[①]意为针对不同众生，善解因缘之义。以上四义实即一义，即空义，“大涅槃，等无有异”。[②]佛证得的大般涅槃也有其特殊的“味”，即“八味具足。……一者常，二者恒，三者安，四者清凉，五者不老，六者不死，七者无垢，八者快乐。”如果有人“安住是中，復能处处示现涅槃”。[③]

佛的大涅槃也可理解为究竟的、真正的解脱。经云：“夫涅槃者，名为解脱。”[④]此解脱是有色还是无色？“或有是色，或非是色。言非色者，即是声闻缘觉解脱。言是色者，即是诸佛如来解脱。”“是故，解脱亦色、非色。”[⑤]这就是说，真正的解脱不是灰身灭智，不是抛弃色声，而是于此色身证解脱。只要证得了此色身的非色身，证得了它的空性，彻见它的真空不碍妙有、空性即实性或永恒常住性，那么当下即得诸佛如来解脱。涅槃经最突出的特点是：不仅对解脱的体性以及与空无、涅槃、佛性、如来等的关系作了作了全面深入的解说，而且对这种解脱的相状、进入的原理原则及方法作了精彩的论述。从总相上说，“解脱者名断一切有为之法，”“名不空空，空空者名无所有，无所有者即是外道尼犍子等所计解脱。”[⑥]这就是说，真正的解脱之人既断有为之法，超凡脱俗，同时又根本有别于外道尼犍子。所谓“外道尼犍子”，指的是古印度的六师外道之一，其开祖为勒沙婆，中兴之祖为尼犍陀若提子，简称为尼犍子。这一外道的特点是：修苦行、离世间的衣食束缚，以远离烦恼之结、三界之系缚，故有离系、无继、无结等译名。不难看出，他们做到了真正的解脱的一个方面，即无所有、空空。但问题是，如果只做到“空空”还不是真解脱，还只是外道的境界。只有同时做到“不空空”，才算得到了真解脱。因为佛教的空不是顽空，不是脱离真际的空，佛所证得的空本身就是一种真有，一种奇妙的有。解脱也是这样。经云：“解脱者名空、不空，如水、酒、酪、酥、蜜等瓶，虽无水、酒、酪、酥、蜜时，犹故得名为水等瓶，

①《大般涅槃经》卷4，[北凉]昙无谶译，《大正藏》第12册，第387页。
②《大般涅槃经》卷4，[北凉]昙无谶译，《大正藏》第12册，第387页。
③《大般涅槃经》卷3，[北凉]昙无谶译，《大正藏》第12册，第385页。
④《大般涅槃经》卷5，[北凉]昙无谶译，《大正藏》第12册，第391页。
⑤《大般涅槃经》卷5，[北凉]昙无谶译，《大正藏》第12册，第392页。
⑥《大般涅槃经》卷5，[北凉]昙无谶译，《大正藏》第12册，第395页。

而是瓶等不可说空及以不空。若言空者，则不得有色香味触，若言不空，而復无有水酒等实。”解脱亦复如是，“若言空者，则不得有常乐我净”，而事实上有常乐我净，它们是涅槃四德。“若言不空，谁受是常乐我净者？”意即如果说解脱不空，那么又找不到常乐我净的受者，因为常乐我净本性即空。“解脱者名日离爱”、“无爱无疑”。[①]

为了说明解脱的本质特点及其与别法的不一不异的关系，涅槃经从不同的方面对之作了论述。如说“解脱者名为寂静纯一无二，如空野象独一无侣”，“独一无二即真解脱”。“真解脱者即是如来”，“又解脱者名为坚实”，“真解脱者远离一切诸有流等”，[②]“解脱者名能觉了、增益于我”，“解脱者名舍诸有”，“解脱者名曰决定”，“解脱者名曰水大”。水大即地水火风中的水，其作用是能滋润一切草木等，解脱也是如此，因为得解脱者能救度“一切有生之类”。[③]由于得解脱是证得了诸法的真空不碍妙有的本体，因此得解脱有无穷的妙用。既然如此，若从用上描述解脱，便有无量的描述方法。如可之样描述：“解脱者名曰为入”，“为善”，“名出世法，于一切法最为出过”。解脱“名曰不动”，“名无涛波”，“譬如宫殿”，“名曰所用”，“舍婴儿行”，即除舍五阴，“名曰究竟”，如被系者从系得脱，洗浴清净，然后还家。解脱还可“名无作乐”，“名断四种毒蛇烦恼”，“名离诸有，灭一切苦，得一切乐，永断贪欲、瞋恚、愚痴，拔断一切烦恼根本，拔根本者即真解脱”。[④]

解脱也可理解为获得了最佳心态。佛教崇尚的最佳心态是：畅适心、调善心、柔软心、清净心、离盖心、充美心、归依佛心、归依法心、归依僧心、不动菩提心、不退转心、无等心、无等等心、越过一切三界心、大慈心、大悲心、大喜心、大舍心、坚固心、不可坏心、不朽败心、成立一切菩萨地心。这些心态的共同特点是如如不动。如经云：“乐在无欲，心存远离，喜于无诤，受尽欣悦，亦乐受尽，心不移动，得知如真，从是心解，得心解已，比丘息根，作已不观，无所求作，犹如石山，风不能动，色声香味，身触亦然，爱不爱法，不能动心。”[⑤]“不

---

① 《大般涅槃经》卷 5，[北凉]昙无谶译，《大正藏》第 12 册，第 395 页。
② 《大般涅槃经》卷 5，[北凉]昙无谶译，《大正藏》第 12 册，第 394-395 页。
③ 《大般涅槃经》卷 5，[北凉]昙无谶译，《大正藏》第 12 册，第 395 页。
④ 《大般涅槃经》卷 5，[北凉]昙无谶译，《大正藏》第 12 册，第 395 页。
⑤ 《中阿含经》卷 29，[东晋]瞿昙僧伽提婆译，《大正藏》第 1 册，第 613 页。

动心解脱，一切有结尽，……无忧无尘安，是说不移动。”[①]这些都是“胜心”，[②]不同于烦恼等伪劣心。有这样的胜心无异于让心进入了一种绝对可靠的住处，即“心住一境，摄念而住”，[③]此境即空境。

解脱也可说是自在、自由。很显然，得自在是众生修学的最高理想，有无量妙处。如论云：“菩萨如是普于一切得自在故，获得五种最上胜利。一者获得心极寂静，由住最静故，不由烦恼寂静故。二者能于一切明处，无所罣礙，清净鲜白，妙智见转。三者为利诸有情故，流转生死，无有厌倦。四者善入一切如来密意言义。五者所得大乘胜解。”[④]自在有十种，即寿命自在、得心自在、众具自在、作业自在、生处自在、解脱自在、神通自在、愿自在、法自在、智自在。[⑤]

《大般涅槃经》对解脱的相状、特点的描述之细密、全面，可以说是举世无双的。这里有选择地列举若干描述。一、“解脱亦色、非色”。如果只承认解脱非色，即完全没有形色，灰身灭智，那么这样的解脱是声闻缘觉解脱。如来解脱的特点是不离色。“言是色者，即是诸佛如来解脱。”是故佛教的解脱是“亦色、非色”。[⑥]二、“真解脱者，名曰远离一切系缚”，这是一种生存状态，其特点是，无有生，亦无和合，其性清净。三、“解脱者名曰虚无，虚无即是解脱，解脱即是如来。”[⑦]来无所来，去无所去，一切如如。“如来即是虚无，非作所作。”[⑧]四、解脱也可以说是无为法，其特点是不生不灭，无作无行，行无所行，不行而行。五、解脱可以说是无病，没有一切诸漏疮疣。六、解脱即无有斗争，无争即绝对安静、安隐。七、解脱即无有等侣，意即解脱是最高、唯一的价值，无可比拟，最美、最幸福、最吉祥、最快乐。八、解脱即无忧愁。九、解脱即无有尘垢。十、解脱即真实，坚如金刚。十一、解脱名为无逼切。十二、解脱是无动法。十三、解脱是虚寂，无有不定。十四、解脱是无量法。十五、解脱是恒法。十六、解脱是无边。十七、解脱是甚深。十八、解脱名无屋宅，是人的最美的安住之宅，但由于它像虚空，无屋，故名。十九、解脱名不可取。二十、解脱名一味。二十一、解

---

① 《中阿含经》卷 29，[东晋]瞿昙僧伽提婆译，《大正藏》第 1 册，第 614 页。
② 《大宝积经》卷 36，[唐]菩提流志译，《大正藏》第 11 册，第 204 页。
③ 《大宝积经》卷 36，[唐]菩提流志译，《大正藏》第 11 册，第 205 页。
④ [古印度]弥勒菩萨：《瑜伽师地论》卷 36，[唐]玄奘译，《大正藏》第 30 册，第 491 页。
⑤ [古印度]坚意菩萨：《入大乘论》卷下，[北凉]道泰等译，《大正藏》第 32 册，第 44 页。
⑥ 《大般涅槃经》卷 5，[北凉]昙无谶译，《大正藏》第 12 册，第 392 页。
⑦ 《大般涅槃经》卷 5，[北凉]昙无谶译，《大正藏》第 12 册，第 392 页。
⑧ 《大般涅槃经》卷 5，[北凉]昙无谶译，《大正藏》第 12 册，第 392 页。

脱名寂静。二十二、解脱名平等。二十三、解脱名无异处。二十四、解脱名断绝。还有其他很多说法，如无迮、灭诸爱、无爱、灭尽爱、归处、无所畏、拔诸因缘、伏骄慢、伏诸放逸、除无明、能觉了增益于我、决定、入、出世法、无涛波、所用、婴儿行、无作乐、离诸有、不空空。①

怎样进入解脱之境？关键是无取著。在特定意义上可以说，不取著本身就是真解脱。如经云："若不取著，即是最上，若是最上，是即解脱。何处解脱？于我执所，而得解脱，有情寿命乃至于一切分别执所，而得解脱。""舍而不取，舍故寂灭，解脱除遣，最胜解脱，离诸系缚。"②另外，如实了知心性也是得解脱的条件。③

要得解脱，无疑要靠心。用什么心才能得解脱？有两种维度的回答。以世谛言，可以用过去心、现在心、未来心来得解脱。但问题是"过去世心已灭之想，未来世心未至之想，现在世心不住之想"，因此这三心如何能得解脱？文殊师利从第一义谛角度强调："第一义中都无有心系缚、解脱。"因此无解脱心。如果是这样，人们为什么要出家修道？听到文殊师利的话，许多比丘"说粗语"，"背众而去"。④但是他们后来在大德引导下，通过思考自心有何性相、有无各种颜色、是实还是不实、是常还是不常，终于明白了文殊师利所说的道理，认识到：所谓的心，非色、无常、不实，无形体，非内、非外、非中间，根本就没有形成。既然如此，哪有什么解脱及解脱心呢？这些比丘之所以不解文殊之意，根源在于："颠倒""执我、我所，而起于心，行诸境界，起攀缘心"。若明白了此心体性空无、不实，便会明白："若不实，妄想则是不生、不住、不灭。若其非是生住灭者，无有系缚，"因此自然便无解脱。明白了上述道理后，诸愤愤离去的比丘顿得"无漏解脱"。⑤

总之，不究竟的解脱是有相解脱、不彻底的解脱，而第一义解脱的特点无能解脱之心、无所解脱之境，心绝对平等一如。"若有二相，非是解脱"。"无有动摇，亦无妄想，无不妄想，无二无一，……始见于一切诸法平等，亦无平等，无

① 参阅《大般涅槃经》卷5，[北凉]昙无谶译，《大正藏》第12册，第392-394页。
② 《大宝积经》卷35，[唐]菩提流志译，《大正藏》第11册，第201页。
③ 《未曾有正法经》卷5，[宋]法天译，《大正藏》第15册，第442页。
④ 《大宝积经》卷26，[唐]菩提流志译，《大正藏》第11册，第143页。
⑤ 《大宝积经》卷26，[唐]菩提流志译，《大正藏》第11册，第144页。

不平等”。“如是诸法，悉见平等，喻如虚空，……如是解者，名善解脱”。[①]

如来境界本质上是心境界，亦是如来显现出来的现象学真心，只要心无量，至一切处而无所至，如来境界就当即现前。《大方广佛华严经》云：“譬如大龙，随心降雨，雨不从内，亦不从外，如来境界，亦復如是，随心所念，于念念中，出生无量不思议智，彼诸智慧悉无来处。”“一切大海水，皆从龙王心愿所起，如来智海亦復如是，悉从大愿力起。”“如来智海无量无边，不可言说，不可思议”。像大海一样“深广无量，从初发心乃至不断菩萨无量行故。知见道品宝无量，不断三宝故。知见无量众生欢喜，长养一切声闻、学、无学及缘觉故。知见大地无量，从欢喜地乃至究竟无碍智地故。”[②]这就是佛的等正觉、无量境界。这种境界也可以理解为如来证得了真心时所观、所看到的世界，这世界完全不同于一般人所面对的世界，因为如来看到的世界一如一味一体，无二无别，平等平等。如经云：“佛观法界，皆一味。”“观察众生及佛、世界，解脱、涅槃，等无差别。”[③]因为一切事物、世界，犹如虚空。如偈云：“普照物皆同，而宝无分别，佛无上智宝，光明照世间。同一菩提色，离诸分别心。”[④]

从道德性质上说，如来境界是无漏界，即绝对没有一点烦恼、染污、缠缚的清净世界，因此不同于世间的有漏的境界。论云：“此即无漏界，不思议善常，安乐解脱身，大牟尼名法。”其特点是：诸漏永尽，得大安乐，此境界是不可思议的善与常，绝对清净，或“性净圆明”，从功能作用上说，它“含容无边希有大功德”，因此是宝藏，具有“藏义”。同时由于能生一切妙果，因此又具“因义”，如“能生五乘、世、出世间利乐事”。[⑤]

从根源上说，如来境界是依赖于如来圣智的。如经云：“微妙一相，本来寂静，是诸佛、菩萨观行之人内证境界”。[⑥]而圣智是通过向身内求证而得的。《楞伽阿跋多罗宝经》特别强调“如来自身内证智”，如说：“能入一切诸佛法中，入诸佛法者，乃至能入如来自身内证智地”。“内身修行，证圣人智”。[⑦]所谓内身修

①《大宝积经》卷26，[唐]菩提流志译，《大正藏》第11册，第144-145页。
②《大方广佛华严经》卷35，[东晋]佛驮跋陀罗译，《大正藏》第9册，第625页。
③《大方等大集经》卷3，[北凉]昙无谶译，《大正藏》第13册，第21页。
④《大萨遮尼乾子所说经》卷2，[元魏]菩提流支译，《大正藏》第9册，第327页。
⑤ [古印度]护法等菩萨：《成唯识论》卷10，[唐]玄奘译，《大正藏》第31册，第57页。
⑥《大乘密严经》卷下，[唐]地婆诃罗译，《大正藏》第16册，第739页。
⑦《楞伽阿跋多罗宝经》卷7，[刘宋]求那跋陀罗译，《大正藏》第16册，第557页。

行就是要勤修圣智三相。三相实即圣智的三个标志，具此三标志，即有圣智。(1)无所有相，即无二乘外道所具有的相。(2) 自愿自相或自愿住持相，意即诸佛从本立愿修行。(3) 圣智究竟相或自觉知相，即自证中道智相。[①]

佛教承认的“好”或价值还包括“减负”或弃重担。因为人如果没有负担，当然好，当然就是幸福和解脱。所不同的是，佛教所说的重担的范围大得多，既包括肉肩上的重担，还包括学习、生活、工作上的压力，更包括心中的念想。在佛教看来，一个念头就是一付担子，念头越多，担子越重。佛教的一个任务是教人如何“放下”舍弃重担。有一故事说明了这一点。一次，一个弟子拿了一盆花来看望佛，佛见到后便说：“放下”。弟子把花放下了。佛又说：“放下”。该弟子莫明其妙。这个“放下”的意味极为深长，它要求放下的是心中更微妙的一切。佛是放下重担的典范，也可以说，放下一切是佛的成佛之因。经载：“断生死道，断诸戏论道，尽弃重担，灭聚落刺，断诸有结，正智得解脱。”[②]

最后再看佛教关于贫富与幸福、解脱关系的理论。佛教认为，它们没有必然关联，因为极贫之人也可幸福。如佛在世时的舍卫城有一贫穷到极点的人须赖，他就极其幸福，获得了解脱。其根源在于，他有这样的行持和心态：“执坚固德，善行纯备，心无恚怒。执志坚强，无有瑕秽，生起经行，不失威仪，……饮食坐卧，常怀等心，……少欲知足，易充易可，……利衰毁誉，心不倾动；至心坚固，离于贡高；摄持谦顺，心靖纯淑；质直善说，言信不华；……普城所敬，无有厌足；诸造见者，与之说事，莫不欢喜；食节衣粗，又致供者，让而不受”[③]树叶为器，茅草为席；多余衣食，转施他人，于一切法，无有欲求。不仅自己得大安乐，还能令别人得大安乐，因此为上所敬，为下所效。

---

① 《楞伽阿跋多罗宝经》卷 2，[刘宋]求那跋陀罗译，《大正藏》第 16 册，第 524 页。
② [古印度]龙树菩萨：《大智度论》卷 61，[姚秦]鸠摩罗什译，《大正藏》第 25 册，第 490 页。
③ 《须赖经》，[曹魏]白延译，《大正藏》第 12 册，第 57 页。

下　篇

非佛教的哲学—宗教派别的心灵哲学

在中西文化交流的大视野下，我们发现我们的近邻——印度，从古至今都是一个追求崇高精神生活、寻求无漏幸福的民族，古印度和印度所有哲学思想的终极归属都是求得解脱，抵达终极的幸福。这一特点不仅体现在佛教中，也同样体现在非佛教的哲学—宗教派别身上。特别是在古代，它们有着极为广博、发达、精深的解脱论思想。值得强调的是，这种解脱论的基础之一是相应的心灵哲学，其表现是重视对心灵的本质、结构的关注，对人伦道德、心灵状态、幸福、快乐乃至个人解放的内在心理机制、原理和具体实现的条件、方法等问题的不断探求。就此而言，在研究古印度的解脱论时，注重从心灵哲学的角度来梳理、挖掘古印度这些派别的思想，不仅是有意义的，也是有可能的。而且，有些思想尽管久远，但是却有现代和后现代的意义，例如：它有丰富的现象学思想，正理——胜论派的二元论及其论证，与笛卡尔二元论以及现当代的新二元论及其相关论著惊人相似，如，都有隐私论证、诉诸语言的论证、认识鸿沟论证、死（僵）尸论证或沼泽人论证等，它对唯物主义的批判甚至有类似内格尔蝙蝠论证的地方。古印度心灵哲学的这一特点及原因已引起了学界注意，但探讨只是开始。

古印度非佛教的宗派的心灵哲学是在与佛教的相互斗争、影响中形成和发展起来的，大致经历了三个发展阶段。

第一阶段是古印度心灵哲学的萌芽阶段，时间跨度为前 16 世纪至前 6 世纪。流行的主要是带有常识性质的心灵哲学思想。它们主要记载于窄义的吠陀和奥义书之中。①吠陀的梵语是“veda”，原义是“知识”，特别是指宗教方面的知识。吠陀是现存古印度最早的宗教历史文献，主要讲的是对神的崇拜和祭祀，它由一大批在相当长时间内产生的文献构成。涉及宇宙的起源（金胎论、金卵论）、人的本性、人与世界的关系、“有”和“无”的辩证关系（“彼一”超出有和无的概念范围，在彼一之外没有任何别的东西）等哲学内容，也包含古印度人民对心、意识、灵魂等的看法。广义吠陀除狭义的四吠陀之外，还包括后来的奥义书。狭义吠陀流行于前 1500—前 800 年，印度后世哲学中的所谓正统派和非正统派的划分标准就是对吠陀的态度，承认吠陀权威的为正统派，反对吠陀权威的为非正统派。吠陀对后世思想界所起的主要影响表现在对婆罗门教系统哲学派别的影响，特别是对弥漫差派和吠檀多派的影响。②奥义书是古印度最早提出大量哲学思想的典籍。由于此时古印度人才开始提出思辨性较强的哲学理论，因此有初步根据把它看作是古印度理论化心灵哲学的开端。奥义书的梵语是“Upaniṣad”，原义是“近坐”或“坐在某人身旁”，引申为师生对坐时所传的“奥秘教义”。奥义书的成书时间大体是公元前800—前500年，在论述关于“梵我同一”“宇宙起源”“轮回解脱”的理论时，表达了对宇宙之心、人之心、心与身的关系的看法。由于这些看法有对常识心理学反思和超越的一面，因此具有理论化心灵哲学的性质。从方法论上说，奥义书在论证观点时已开始使用“遮诠法”，即从反面作否定的表述，排除对象不具有的属性或方面，目的是使人用智慧悟知真法。

第二阶段是对广义吠陀的反思时期，出现了不同思想倾向。时间跨度为公元前6世纪至公元后4世纪。维护和论证吠陀权威的构成了所谓“正统六派”，它们分别是：数论派、瑜伽派、胜论派、正理派、弥曼差派和吠檀多派。反吠陀权威的构成了“异流三派”，它们分别是佛教、耆那教和顺世论。本篇将对除了佛教之外的其他八个派别的心灵哲学思想及其所缠绕的解脱论思想做一个梳理。

第三阶段是公元后的印度心灵哲学。印度思想的一大特点是：重收敛式思维。主要派别产生后，后来的学人一般认为它们穷尽了真理，因此需做的工作就是对之作“契理契机”的解释。

第十三章
奥义书中的心灵哲学

奥义书一词的梵文是 Upaniṣad，原义是“坐在某人身旁”，后来逐渐具有了从导师那里接受某种秘密教义的意思。奥义书是吠陀的结尾部分，又被称为“吠檀多”（vedānta）。巫白慧先生说：“吠檀多，按《秃顶奥义》和《白骡奥义》的解释，是‘知识’，是‘密义’；换句话说，就是一种朴素的、带有神秘主义色彩的思辨哲学。因此，吠檀多，按文献说，是吠陀文献的终结；按义理说，是吠陀哲学的总结。正因如此，奥义书是传统印度哲学的思想渊源，印度古今一切哲学流派，包括佛教哲学在内，都可以寻根于此书。”[①]这意味着，奥义书中有印度人思辨的最早记录。在奥义书中对世界的本质、人在宇宙中的地位等形而上问题的解答是通过对话与论辩的形式展现的，表现了试图掌握世界与人的本质的人类心灵的求索与追求。由于它们不是一种系统的哲学，也不是一时一人所作，因此它们所包含的大部分内容是不统一的。而且它们并不包含任何综合性的哲学体系，包含的是可以构成种种哲学体系的一些基本观念。这些潜在的观念意蕴丰富，此后众多各不相同的体系都从这一富矿中汲取灵感。不过，尽管这些奥义书的作者众多，创作的时期又相当长，但其主旨的一致性——对精神真实的探索——还是清晰可辨的。

第一节　奥义书对心灵本体论地位的论证

奥义书的内容是驳杂的，但它们的核心内容是探讨世界的终极原因和人的本

① 巫白慧：《印度哲学：吠陀经探义和奥义书解析》，东方出版社 2000 年版，第 291 页。

质。其中的两个基本概念是梵（brahman）和自我、我（ātman）。

在吠陀神曲中，一元论已初露端倪：世界由唯一的本体所创生的观念已经形成。奥义书继承这一倾向并发扬光大。他们只承认唯一的精神本体。此精神本体无限、永恒、不可理解、自在，是世界的创生者、维持者和毁灭者；是宇宙的光、主和生命，独一无二，是崇拜的唯一对象。“他们说道：‘尊者啊，你是导师，你是导师！你的这些教导，我们都已铭记在心。请你再解答一个疑问。火、风、太阳、时间、气息、食物、梵天、楼陀罗和毗湿奴，有些人沉思这一个，有些人沉思那一个。请告诉我们哪一个最好？’他告诉他们说：‘这些都是至高的、不死的梵的主要形相。无论沉思其中哪一个，都会在世上快乐。因为前人已经说过：梵就是所有这一切。’”[①]在古印度人的意识中根深蒂固的多神观念很轻易地就被奥义书抛弃了，众神都服从唯一的神，如果没有了梵，阿耆尼连一片草叶也烧不着，伐由连稻草也吹不动。有时众神被视为唯一神的组成部分。但奥义书并不是简单地抛弃吠陀的多神论，而是使其唯心哲学与吠陀的固定的神学教义尽可能保持一致。

在吠陀中，自然的运动与秩序是其关注的核心，它们的神代表着宇宙力量。而在奥义书中，人们开始探索内心世界：“这是我内心的自我，小于米粒，小于麦粒，小于芥子，小于黍粒，小于黍籽。这是我内心的自我，大于地，大于空，大于天，大于这些世界。包含一切行动，一切愿望，一切香，一切味，涵盖这一切，不说话，不旁骛。这是我内心的自我。它是梵。死后离开这里，我将进入它。信仰它，就不再有疑惑。”[②]这就是说，它的注意力从外在的客观事实转向了躲在意识背后的内在永恒的自我。根据奥义书，人的灵魂是整个宇宙景观的窥视孔，内心世界如同反映真理的清澈的湖泊。内在永恒的自我与巨大的宇宙力量是一体的、同一的。梵就是我，我就是梵。万物因之而生的唯一的最高力量就是每个人心中的最高我。总之，它以独特的方式，论证和确立了心灵的特殊的本体论地位。

在吠陀与梵书中，其原始宗教的表现形式是祭祀。人与神的关系是机械的、予取与得失的关系。而在奥义书中，我们看到一种精神生活的回归。它们宣告通过举行祭祀并不能使灵魂得到解脱。只有通过建立在对宇宙本质之洞察基础上的

① 《奥义书》，黄宝生译，商务印书馆 2012 年版，“弥勒奥义书”第 366-367 页。
② 《奥义书》，黄宝生译，商务印书馆 2012 年版，“歌者奥义书”第 159 页。

宗教生活，人们才能获得最后的解脱。圆满是内在的和精神的，而不是外在的和机械的。一个人的灵魂与遍在的大我的合一是精神生活的本质。通过举行仪式与祭祀是不能达到解脱的。奥义书的智者并不是简单而直接地反对祭祀，而是以一种新的精神重新解释和定义。他们说一切祭祀都是个人自我的实现。生命本身就是一种祭祀。“确实，人就是祭祀。他最初的二十四年是早晨祭品。……饥，渴，不娱乐，这是他的净化仪式。然后，吃喝，娱乐，这是他的准备仪式。然后，笑，吃，交欢，这是他歌唱赞歌和颂歌。然后，苦行，布施，正直，不杀生，说真话，这些是他付给祭祀的酬金。”①

第二节　奥义书心灵哲学的主要内容

奥义书的核心思想如前一节所示，它关心的重点从外部世界转向了内部世界，确立了心灵的本体论地位，其表现之一是特别重视“心”，乃至将心提高到最高、最胜、最尊的地位。如果是这样，它就必须进一步回答心灵本身及其与非心理的东西的关系等心灵哲学问题。事实也是这样，它对广泛的心灵哲学问题作了极富现代意义因而受到今日西方有关学者高度关注的回答，用今日心灵哲学的概念框架说：奥义书对心的探索、解了、论说大多数具有现代心灵哲学的意趣。正是基于此，我们才断言奥义书有自己的心灵哲学。本节的任务是对奥义书心灵哲学思想重视心的表现、关注心灵的动机和目的以及理解维度、一般特点作一概括说明。在奥义书中，“心”的同义语可以是“自我”“大梵”“阿特曼”（ātman），不过，多名一实，以上名相，皆可指代最高精神实体，当然其中的有些词也可用来描述人的心理现象。

一、自我（ātman）论及其心灵观

古印度哲学—宗教派别中的基于有我—无我论而建立的心灵观大致有两大倾向：一是佛教的以辩证的有我—无我论为核心的自我理论；二是佛教外的胜论、数论等学派的以实我论为基础的有我论（当然有例外）。它们坚持自奥义书以来的传统看法，认为自我是人或心灵的中心、核心、基础，它常住、整一、有主宰

① 《奥义书》，黄宝生译，商务印书馆 2012 年版，“歌者奥义书”第 161-162 页。

力量，与作为宇宙灵魂的梵天有相即的关系，有同一的本质。从作用上说，它们在人的心灵生活中发挥着主体、所有者、统摄者的作用。这里重点考释后一类非佛教的心灵观。

既然心的核心、主宰是“我”，那么它们所说的“我”指什么呢？应肯定，不同宗派有不同的说法。概而言之，有这样一些说法：①指通常所说的自己；②行为的主体；③实体性自我，有常、一、主、宰四义；④自我意识，这种意识的特点是以“我”为中心、我慢；⑤独立自在的真宰，一切法的根源、体性，如，数论哲学所立的神我，就是真我、纯粹精神、灵我；⑥胜论派所理解的我是实体性的、永远不灭的“我”，有四义或四个特点，即常、一、主、宰、以自在为性。

综上所述，这些宗派一般承认心灵世界有一实我作为它的基础和组织者。但有什么根据相信它存在于心中呢？胜论派的看法是，判断一物是否存在，应看其德（属性）、业（作用）。例如：风，尽管没有部分，但它有德、业，因此可说它真实存在。“我”也是这样，它没有部分，但有它特有的德与业，因而没有根据否认它存在。数论派是以突出包括计数在内的认知方法的一个宗派。其自我论的特点是，通过分析人体的构造、构成因素，揭示自我的存在及特点。它在人身上认识到的数有：自我、气息、光、心（意）、我慢（自我意识）、思想（心）、五种行动器官（语言、双手、双脚、肛门、生殖器）、五种感觉器官、五大元素（地水火风空）。不难看出，它根据它的本体论标准，肯定了自我、心、意等的存在地位。

奥义书所说的“自我”有两种。一是作为本原的梵或宇宙自我，如《大森林奥义书》说：“这自我是一切众生的主人，一切众生的国王。正如那些辐条安置在轮毂和轮辋中，一切众生、一切天神、一切世界、一切气息和一切自我都安置在这自我中”[①]。二是作为人我的自我，它根源于梵。“确实，梵有两种形态：有形和无形，有死和不死，固定和活动，sat 和 tya。”[②]如果说前者是大我，那么后者即小我。它有五个层次：食物构成的自我，气息构成的自我，思想构成的自我，知识构成的自我，欢喜构成的自我（确认梵，与梵合一）。

奥义书承诺自我的存在地位是有其本体论依据的。我们知道，它极重视探讨

---

①《奥义书》，黄宝生译，商务印书馆 2012 年版，“大森林奥义书”第 51 页。
②《奥义书》，黄宝生译，商务印书馆 2012 年版，“大森林奥义书”第 44 页。

什么是真实存在这个元本体论问题。在《由谁奥义书》中，学生们问道：“由谁的意愿和指令，思想出现？由谁促使最初的生命气息启动？由谁的意愿，人们说这样的语言？是哪位天神，安排这眼睛和耳朵。”①奥义书思想家们怀疑我们获得经验的感官是不自在的，认为它们自身是躲在它们背后的更高意志的产物。知识、意识、感官及其对象都是有限的、有条件的。在道德领域，我们发现我们并不能从有限者那里得到真正的幸福。现世的快乐是短暂的，会为生老病死所中断。只有无限者才能给予持久的欢乐。奥义书的智者试图带领我们走向无限的存在（sat）、绝对的真理（satya）和纯粹的喜乐（ānanda），肯定每个人的心灵都在祈祷“将我从不存在带往存在！将我从黑暗带往光明！将我从死亡带往永生！”②

在《歌者奥义书》中所叙述的教师生主神与学生因陀罗的对话中，我们看到对自我定义的一种发展，它把自我分为四个阶段：①身体我；②经验我；③超验我；④绝对我。这里更多是从形而上学而不是心理学的角度来讨论这个问题。什么是人们自我的本质？生主神以真正的自我应该拥有的一般特点开始讨论。“这个自我摆脱罪恶，无老，无死，无忧，不饥，不渴，以真实为欲望，以真实为意愿。应该寻找它，应该认识它。”③正是主体在经历变化，他是醒、梦、熟睡、死、轮回和最后解脱等各种状态的共有要素。永恒、持续、统一、永远活动是他的特点。生主神接下来阐明人类的自我完全由主观构成，他绝对不可能成为一个对象（客体）。正是人在观看，他不是被观看的对象。不能把一些性质的集合称为“我”，我在它们之上或处于它们的后面来监视所有这些性质。因此，任何成为一个对象的事物都不属于我。必须把不属于我或不同于我的一切事物去掉。

生主神为了让因陀罗产生对真我的认识，不断用通常人们的看法去促使因陀罗反思从而帮助他树立真我观。第一个反思的观点是主张生老病死的身体是真正的自我。第二个反思的观点是把自我等同于变动之中的意识体验。这是经验我。因陀罗认识到这个经验我躲不过经验中的事件。它不可能是主体，因为每时每刻都处于变化之中。经验我自身并不是永恒的。

生主神试图在强调不受任何经验变化影响的自我。他努力阐明的是自我并不

① 《奥义书》，黄宝生译，商务印书馆 2012 年版，“由谁奥义书”第 253 页。
② 《奥义书》，黄宝生译，商务印书馆 2012 年版，“大森林奥义书”第 25-26 页。
③ 《奥义书》，黄宝生译，商务印书馆 2012 年版，“歌者奥义书”第 219 页。

排除意识状态，但自我不是意识状态。接下来，因陀罗向生主神解释他的困难："它进入熟睡，彻底平静，不做梦。这是自我。它不死，无畏，它是梵……它在此刻不知道自己，不知道'我是它'，甚至也不知道啊其他这些生物。它实际上已经毁灭。我实在看不出其中的好处。"[①]

在看到因陀罗的积极的反思与认识的转变后，生主神正面指出："这个身体由死神掌控，必然死亡。但它是不死的、无身体的自我居处。有身体者受苦乐爱憎控制。确实，有身体者不能摆脱苦乐爱憎。而苦乐爱憎不接触无身体者。"[②]自我并不是抽象的本体，而是一种积极的宇宙意识，在自身中存在，为自身而存在。他既是同一又是变异，既是主体又是客体。我们在经验中所认识的对象都是建立在自我之上。他不是任何有限的事物，但却是它们的基础。他是普遍的自我（遍在我），既超越又内在。整个宇宙都被他包摄并在其中呼吸。他是一切创造得以进行的普遍的空间，是创造的生命原理，包摄一切。宇宙万物无不被包摄在我们的无限自我之中。包摄一切的自我是唯一的真实，他自身包含了自然的一切事实与一切经验的历史。我们的小我被他所包摄，为他所超越。这一主体不仅仅是流动的表象，后者只是他不完美的呈现。奥义书认为这个主体是一切个体得以存在的普遍的基础。他隐藏于万物中，渗透于万物中。只有自我才是在醒、梦、熟睡、死、轮回和最后解脱诸种状态中持续存在的永恒的主体。他是遍在的，纵览所有的世界，既是普遍的主体，又是普遍的客体。如奥义书所说："你不能观看观看的观看者。你不能听取听取的听取者。你不能思考思考的思考者。你不能认知认知的认知者。居于你一切中的这个自我就是你的自我，此外的一切都是痛苦。"[③]自我就是一切，就是整个宇宙。

这个遍在我的性质不能被感知。它不是一种经验，一个对象，尽管所有的对象都是为了他。"对于自我，只能称说'不是这个，不是那个'。不可把握，因为它不可把握。不可毁灭，因为它不可毁灭。不可接触，因为它不可接触。不受束缚，不受侵扰，不受伤害。"[④]奥义书拒绝把自我等同于身体、连续的意识状态或一系列的表象。

---

①《奥义书》，黄宝生译，商务印书馆 2012 年版，"歌者奥义书"第 222 页。
②《奥义书》，黄宝生译，商务印书馆 2012 年版，"歌者奥义书"第 222-223 页。
③《奥义书》，黄宝生译，商务印书馆 2012 年版，"大森林奥义书"第 59-60 页。
④《奥义书》，黄宝生译，商务印书馆 2012 年版，"大森林奥义书"第 90 页。

《蛙氏奥义书》通过对意识的分析得出了相同的结论。灵魂具有三种状态，它们都被包含在第四种状态中。第一种状态是醒位，自我意识到对象的世界。它享用粗食（即感官接触并认识外在物质对象）。这一状态是完全依赖身体的。第二种状态是梦位，自我享用细食，以醒位经验的材料为自己造作一个形式的新世界。其精神自由自在，不受身体的束缚。第三种状态是熟睡位，无欲无梦。据说灵魂在此位短暂地与梵合一，享受喜乐。在熟睡位中，我们超越了所有的欲望，并且不再有精神的烦恼。在无梦的熟睡状态下，我们感受到绝对的喜乐，与外部纷乱的世界切断了联系。灵魂生来神圣。却被束缚在肉体中。在熟睡位，灵魂已经从身体的束缚中解脱出来，重获自己的本性。但《蛙氏奥义书》并不止步于此，它指出无梦的熟睡位并不是最高的状态，最高者是灵魂的第四位（turīya，亦称灵魂的第四境），即纯粹无对象的认识主体状态。这是一种纯粹的直觉意识，那里外在与内在的认识都消失了。而在熟睡位中，灵魂远远高于多变的感官生活之上，与梵合一。在第四种状态中，第四位与熟睡位相比，更多的是以直接的方式来表现："不认知内在，不认识外在，不认知内在和外在这两者。不是智慧密集，不是认知，也不是不认知。不可目睹，不可言说，不可执取，无特征，不可思议，不可名状，以确信唯一自我为本质，灭迹戏论，平静，吉祥，不二。这被认为是'第四位'（caturtha）。这是自我。这是应知者。"①

从对前三种状态——醒位、梦位和熟睡位——的分析中，可得出结论：尽管它们并不是非存在，但都是不真实的。换言之，醒位是不真实的；梦中所见与我们其他的经验不一致，因此是不真实的；在无梦的熟睡位，我们对任何外在与内在的事物都没有特别的认识。而自我（ātman）既不是醒位、梦位，也不是熟睡位，而是第四位，见识其他三种状态并超越它们。如汉译《阿毗达磨大毗婆沙论》卷二百所载："有我士夫，其量广大，边际难测，光色如日，诸冥暗者，虽在其前，而不能见。要知此我，方能越度生老病死，异此更无越度理趣。"②

自我问题是奥义书中所讨论的最重要的问题之一，而关于自我的认识与反思恰也是心灵哲学的子问题，如何看待自我，关系到如何构建自我，如何完善自我，在下一节对解脱的探究，对幸福观的建构中，将会有更详细的讨论。

---

①《奥义书》，黄宝生译，商务印书馆 2012 年版，"蛙氏奥义书"第 309 页。
②《阿毗达磨大毗婆沙论》，[唐]玄奘译，《大正藏》第 27 册，第 999 页。

二、一元论观念的终极真实——梵

梵是奥义书从客观的视角对终极真实的定义。在《梨俱吠陀》中，我们已经看到其中出现了一元论的观念。奥义书以一种更加具有逻辑色彩的方式继续对这一客观宇宙本体进行探索。奥义书的目的是要指出：在智性的层次还存在着二元要素和外部性；在知识和道德中都存在着主体与客体关系。当然，它同时又认为：一定还存在着比智性层次更高的境界，它超越主客二分性，达到了存在的统一。从关系上说，终极真实不同于思维，因为它超越了思维及其二分性，实现了个体与终极真实的合一。

在对存在的搜罗和探寻中，它不仅肯定了终极真实、思维的存在，而且对喜乐（ānanda）给予了充分的肯定，认为它是诸存在的最高结果，在这里，认识者、被认识者与知识融为一体了。当然，这里所说的"喜乐"尽管是心理的样式，但不是在人的经验中体验到的低级的心理，而指的是积极的享受，是存在的圆满。万物由它而生，靠它而存在，最后复归于它。无生命的世界、植物界、动物界和人类社会都是梵的表现。"正如那些辐条安置在轮毂和轮辋中，一切众生、一切天神、一切世界、一切气息和一切自我都安置在这自我中"[①]

这样的"喜乐"与"梵"是密不可分的。在奥义书中，对梵的描述分为两种："确实，梵有两种形态：有形和无形，有死和不死，固定和活动，sat 和 tya。"[②]由于对于无形的、无生灭的绝对的梵来说，人类的认识能力不足以认识和表现它，因此只能用"遮诠法"来加以把握。对梵的这种描述在奥义书中很常见，如经常可能看到："婆罗门们所说的这个不灭者不粗，不细，不短，不长，不红，不湿，无影，无暗，无风，无空间，无接触，无味，无香，无眼，无耳，无语，无思想，无光热，无气息，无嘴，无量，无内，无外。它不吃任何东西，任何东西也不吃它"[③]；"在这世界上，没有控制他的主人和统治者，他没有标志，而他是原因，感官之主之主，他既没有父母，也没有主子"[④]。

而对有形体的、有生灭的相对的梵的描述，则可采用正面的、积极的方式，如可说："他是梵。他是因陀罗。他是生主，所有天神，五大元素：地、风、空、

① 《奥义书》，黄宝生译，商务印书馆 2012 年版，"大森林奥义书"第 51 页。
② 《奥义书》，黄宝生译，商务印书馆 2012 年版，"大森林奥义书"第 44 页。
③ 《奥义书》，黄宝生译，商务印书馆 2012 年版，"大森林奥义书"第 65 页。
④ 《奥义书》，黄宝生译，商务印书馆 2012 年版，"白骡奥义书"第 332 页。

水和光，各种各样微小的混合物，各种各样的种子，卵生物，胎生物，湿生物，热生物，芽生物，马，牛，人，象，任何一种生物：动物，飞禽和植物。这一切以智慧为眼，立足智慧。世界以智慧为眼。智慧即根基，智慧即梵。”①这种对梵的具体的描述是一种施设方便，因为人类的思维不足以理解绝对的梵，是不得已而为之。而绝对的梵没有任何规定性，是不可定义、不可描述的本体，是一种超越时空的绝对存在。一切现象皆是其不完美的显现。

三、梵我合一

如前所述，自我有两种指称，即大我与作为人的心理样式之一的小我。在讨论梵与自我的关系时，这里所涉及的自我主要指后者，具言之，梵指的是客观的宇宙本体，自我指的是主观的意识本体。在奥义书看来，二者可以融为一体。根据《梨俱吠陀》，超验的大神可以转化成内在的本体。如果是这样，无限者就不是超越有限者，而是在有限者之中。如《歌者奥义书》说：“确实，梵是所有这一切，出生、解体和呼吸都出自它。应该内心平静，崇拜它。确实，人由意欲构成。人死后成为什么，按照人在指责格世界的意欲。因此，应该具有意欲。由思想构成，以气息为身体，以光为形貌，以真理为意念，以空为自我，包含一切行动，一切愿望，一切香，一切味，涵盖这一切，不说话，不旁骛。这是我内心的自我，小于米粒，小于麦粒，小于芥子，小于黍粒，小于黍籽。这是我内心的自我，大于地，大于空，大于天，大于这些世界。包含一切行动，一切愿望，一切香，一切味，涵盖这一切，不说话，不旁骛。这是我内心的自我。它是梵。死后离开这里，我将进入它。信仰它，就不再有疑惑。”②

第三节　心灵与解脱

古印度人善于沉思，有很强烈的宗教情怀，对于人的精神的探讨是相当细致的。从吠陀时代把人的个体精神归于宇宙精神（小我与梵我），一直到佛教对心灵的刨根究底的探讨，无不反映了古印度人的这种思考。而这种探讨尽管不无纯

① 《奥义书》，黄宝生译，商务印书馆 2012 年版，“爱多雷奥义书”第 230 页。
② 《奥义书》，黄宝生译，商务印书馆 2012 年版，“歌者奥义书”第 159 页。

学理的意义，但更多是服从于解脱论的动机。因此我们考察古印度非佛教宗派的极为发达的解脱论思想是有重要的心灵哲学意义的，因为里面浸透着这些宗派的思想者对心灵的认知。奥义书中体现的解脱论思想也是通过对人的微观探讨，对心灵的解剖，对灵魂、自我的关注这一路径来切入和展开的。

一、知心是寻求解脱的前提

奥义书所代表的古印度传统哲学认为，由于人身中"ātman"与宇宙的本源"梵"是一致的，因此它不可能是粗俗可见的事物，只能是超言绝相、不可言说的、神圣的精神性主体。《大森林奥义书》说："你不能观看观看的观看者。你不能听取听取的听取者。你不能思考思考的思考者。你不能认知认知的认知者。居于你一切中的这个自我就是你的自我，此外的一切都是痛苦。"[①]就是说，ātman是我们内在的一切体验、行为、思想的主体，是一个绝对的精神主体。它是我们的认识得以发生、感觉能够成立的源泉。而这个ātman因为和宇宙的本质是同一的，因此就具有永恒、快乐、自足、清静的性格。印度古代哲人通过对人的个体精神和宇宙精神的合一这种理想的追求，体现了重视精神而鄙视物质的倾向，这也是印度多数哲学—宗教派别的共同取向。佛教虽然也重视人的精神自由，但是佛教认为并没有永恒的精神存在，主张无我，认为一切皆由因缘构成，反对婆罗门教所主张的梵我。佛教认为人的精神都是现象层面的，并不永恒，也不快乐。只有消除无明，进入涅槃，对佛教而言才是一个真正的解脱之道。

奥义书认为，人解脱与否，以及解脱所达到的程度都与心的状态息息相关，例如心摆脱束缚的程度越高，解脱的境界就越高。从大的方面说，人的心理状态有四个层次，相应地解脱有四个等级。这就是它的"四位说"。四位分别是，第一，醒位（buddhānta），即人清醒的时候。此时主观与客观相对立，主观精神受到客观世界的严重束缚，既执著于自己，又生起关于对象世界的种种幻象，并受其诱惑吸引，迷失精神的自我，因此是不自由的，且痛苦的。第二，梦位（svapnānta），即睡觉但有梦的阶段。奥义书认为此时主观精神虽然脱离了客观世界的束缚，精神本身成了主宰。但是由于梦中的景象往往是醒着的时候的经验残余，实际上并没有完全摆脱客观外界的束缚，因此梦中还会有恐怖、高兴等种种

① 《奥义书》，黄宝生译，商务印书馆2012年版，"大森林奥义书"第59-60页。

受对象制约的感受，仍然是不自由的。第三，熟眠位（samprasāda），即睡觉连梦也不做的阶段。就摆脱客观外界的影响与束缚而言，这时比梦位更进一步，但是束缚着 ātman 的肉体依然存在，ātman 本身还不能得到充分的自由，自然也不是真正的解脱。第四，死位（mṛta），即通过修行而抛弃肉体的阶段，此时的 ātman 不但完全不受客观外界的影响与束缚，而且抛弃了身体的限制，达到真正的自由与解脱。在这四个层次中，前两个层次属于精神受到束缚而不自由的状态。第三熟眠位是精神达到安乐、欢喜的状态，而第四位则是精神的本来状态，是自我的主体彻底的显现。

奥义书把梦作为自我的四部分之一。第一位醒位（buddhānta），即人清醒的时候。第二位梦位（svapnānta），即睡觉但有梦的阶段。《奥义书》中对这一阶段作了描述："这个人睡着时，由智力构成的那个人依靠智力收回那些生命气息，躺在心内空间中。一旦控制住那些生命气息，那个人便可说是睡着了。确实，气息已被控制，语言已被控制，眼睛已被控制，耳朵已被控制，思想已被控制"[①]这就是说当人入睡时，自我将各种感觉器官的作用加以封闭，人也不再言语，气息也处在平缓的状态。在这个对外感知作用暂停的时候，人的梦开始自由地巡行。"他在梦中漫游，那儿是他的世界。确实，他成为伟大的国王，伟大的婆罗门。他上下漫游。正像伟大的国王，带着臣民，在自己的国土中随意游荡，他带着那些生命气息在自己的身体中随意游荡。"[②]此时主观精神脱离了客观世界的束缚，精神本身成了主宰，随梦所至之处，一切都是梦的领地，自由自在，随意畅游，没有限制。第三位熟眠位，即睡觉而连梦也不做的阶段。《奥义书》说："然后，一旦进入熟睡，他就一无所知。有名为'利益'的七万两千条脉管从心中向外延伸，布满心包。他通过这些脉管进入心包，躺在那里。正像王子、伟大的国王或伟大的婆罗门，进入极乐境界后，躺下休息，他也是这样躺下休息。"[③]这个阶段是熟睡的阶段，如同一个出外巡行的大王在巡行后处于休息状态。第四位死位（mṛta），即通过修行而抛弃肉体的阶段，此时的 ātman 不但完全不受客观外界的影响与束缚，而且抛弃了身体的限制，达到真正的自由与解脱。"正像蜘蛛沿着蛛丝向上移动，正像火花从火中向上飞溅，确实，一切气息，一切世界，一切天

---

① 《奥义书》，黄宝生译，商务印书馆 2012 年版，"大森林奥义书"第 42 页。
② 《奥义书》，黄宝生译，商务印书馆 2012 年版，"大森林奥义书"第 42 页。
③ 《奥义书》，黄宝生译，商务印书馆 2012 年版，"大森林奥义书"第 42 页。

神，一切众生，都从这自我中出现。他的奥义是真实中的真实。确实，生命气息是真实，而他是生命气息中的真实。”①在这个阶段不仅梦没有了，而且连身体也没有，进入了一个真实自我的状态。

奥义书关于梦的观念反映了古印度传统哲学中对于梦的认识。在梵我一如的背景下，梦被视为摆脱身体束缚，进入彻底自由状态的一个阶段，经过修炼，最后可达到完全无梦，乃至没有肉体束缚的状态。这是解脱的最高境界。

二、人性与解脱

要揭示解脱的可能性根据及具体方法和途径，必不可少的一环是探究和弄清人的本性，特别是人的心性。奥义书也有这样的体认和逻辑。它之前的《梨俱吠陀》《夜柔吠陀》《娑摩吠陀》《阿闼婆吠陀》四吠陀，就已有许多关于世界本原的思考和对于人的地位及本性的认识。特别是在《梨俱吠陀》中，吠陀诗人对于人的本性问题进行了初步的探讨。比如《原人歌》当中就说：“原人之神，微妙现象，千头千眼，又具千足；包摄大地，上下四维；巍然站立，十指以外。”又说：“唯此原人，是诸一切；既属过去，亦为未来；唯此原人，不死之主，享受牺牲，升华外物。”②明确地提出了“原人”的本源思想，认为原人是一个人格化的主宰一切的神灵。他以其身体的各部分创造了人类，创造了神灵，创造了太阳和月亮，创造了时间和空间。因此，人的本质来源于人格化的“原人”，人的种姓的不同则是由“原人”身体不同部位造成的：婆罗门从原人的口产生，刹帝利从原人的双臂产生，吠舍由原人的双腿产生，首陀罗由原人的双足产生。“原人之口，是婆罗门；彼之双臂，是刹帝利；彼之双腿，产生吠舍；彼之双足，出首陀罗。”③从《原人歌》可以看出，古代印度人不仅探寻了宇宙的本源问题，由此也设定了人的地位，即人是由原人所造，原人的不同部位造就了不同等级的人。此外从吠陀诗人设定“原人”这一概念上可以看出，古代哲人是从人类自身的生存繁殖状况来比拟宇宙和人类产生的本原的。

奥义书时期，古代印度思想家进一步从梵我关系的角度，对人的本性问题提

---

①《奥义书》，黄宝生译，商务印书馆 2012 年版，“大森林奥义书”第 42 页。
②《梨俱吠陀神曲选》，巫白慧译，商务印书馆 2010 年版，第 253 页。
③《梨俱吠陀神曲选》，巫白慧译，商务印书馆 2010 年版，第 255 页。

出了他们的看法。他们以具有抽象本体特征的“梵”取代了原来的“原人”“生主”等人格化的神灵概念。用梵文中性名词“梵”（brahman）代替了阴性名词“梵天”（brahmā），认为梵是“全世界之主”或“天地的护持者”。梵具有两重属性：一方面可以展现在现象界之中有名称和形态，另一方面是隐没不可见的。“梵创造宇宙之后，乃自入其中；入乎其中后，乃化为存在着与超越者，可表现者与不可表现者。”[①]这就是说，梵作为宇宙的创造者是不可见的，它超越人的一切理智和感官；同时梵作为宇宙的根基和起因，又体现在他所创造的具体事物中间。在《大森林奥义书》中，对梵的形象作了六个方面的概括，即智、爱乐、有、无终、妙乐和安固。在《他氏奥义书》中则对梵作了如下描述：“他是梵。他是因陀罗。他是生主，所有天神，五大元素：地、风、空、水和光，各种各样微小的混合物，各种各样的种子，卵生物，胎生物，湿生物，热生物，芽生物，马，牛，人，象，任何一种生物：动物，飞禽和植物。这一切以智慧为眼，立足智慧。世界以智慧为眼。智慧即根基，智慧即梵。”[②]

除“梵”之外，奥义书中还有另外一个概念——ātman，即“自我”“神我”“灵魂”，用来指称人的灵魂和本质。如《歌者奥义书》：“这是我内心的自我，小于米粒，小于麦粒，小于芥子，小于黍粒，小于黍籽。这是我内心的自我，大于地，大于空，大于天，大于这些世界。”[③]这就是说，ātman 既是个体的灵魂之我，同时又包容万物的宇宙万物的原理。换言之，我们可以说，人的这种本质和世界的本质是相统一的。在这个意义上，ātman 既是大我，即梵；又是小我，即个体的灵魂。个体的小我和本体的大我的同一，就实现了人的真正自由，这就是“梵我一如”。

① 李建欣：《奥义书“梵我一如”思想简析》，《世界宗教研究》2002 年第 4 期，第 12 页。
② 《奥义书》，黄宝生译，商务印书馆 2012 年版，“爱多雷椰奥义书”第 230 页。
③ 《奥义书》，黄宝生译，商务印书馆 2012 年版，“歌者奥义书”第 159 页。

第十四章
数论派哲学的心灵哲学及其解脱论思想

数论派是古印度正统六派中较古老的一支，也是我国古代思想文献中除印度佛教外，论及最频繁、介绍最详细的古印度思想流派之一。数论，是梵名 sāmkhya 的意译，在汉译中常音译为僧佉。sāmpkhya 原意是“数”“计算”等，又转义为“审择”。《成唯识论述记》说：“梵云僧怯，此翻为数，即智慧数。数度诸法，根本立名。从数起论，名为数论。”①《百论疏》云：“僧佉此云制数论，明一切法不出二十五谛，故一切法摄人二十五谛中，名为制数论。”②数论还有异名，或者根据其传说的创始人转称为迦毗罗（劫比罗，Kapila）论，或者根据迦毗罗的大弟子伐里沙被称为雨众外道，等等。

数论派有名副其实的心灵哲学思想这一点不仅得到了现今比较哲学家的认可，而且其在印度乃至人类思想史上的地位也被充分肯定，如著名比较学者德雷弗斯和汤普森说：“即使与这一观点联系在一起的二元论形而上学在印度哲学史上遭到了拒斥，但数论派的心灵模型却被其他印度宗派别借鉴，例如：它成了哲学家钵颠阇利（Patañjali，公元前 2 世纪）的瑜伽心灵观的一个基础，这种心灵观类似于数论派。瑜伽派的观点也依赖于被动自我与能动心理活动（citta，心）的对立，而心包括理智、自我感和思量。与此同时，伊玛卡拉（Íamkara，788 年—820 年）尽管粗暴地对待数论派的二元论，但在他的不二吠檀多（advaita vedānta）中却接受了它的心灵模型，强调自我的超越性与属于人的‘内感觉’（antaḥkaraṇa）

① [唐]窥基：《成唯识论述记》卷 1，《大正藏》第 43 册，第 252 页。
② [隋]吉藏：《百论疏》卷上，《大正藏》第 42 册，第 245 页。

的心理活动之间存在明显差异。因此数论派的观点可以看作是印度教心灵观的代表，这特别表现在，它强调被动的明见性意识与心理活动之间的区别。”①

第一节 数论派及其心灵哲学的形而上学前提

由于数论被认为是源于吠陀（veda），因此属于正统派。现今一般认为，公元前 5 世纪至前 4 世纪出现了原始的较为系统的数论思想。按照古印度宗派思想史的一般情况看，宗派建立的标志是口耳相传的经典的最初集出。数论相传的创始人是迦毗罗，即所谓的“黄赤色仙人”。汉文典籍认为最初的数论经典是迦毗罗所传的《僧佉经》。德·恰托巴底亚耶认为，虽然数论思想非常古老，影响十分广泛，像史诗《摩诃婆罗多》、医书《遮罗迦本集》、律书《摩奴法典》以及神话类《往世书》等都浸透了数论的思想，但要勾勒出数论的最初面貌却已属不可能。②诚然，要恢复最初面貌确实不大可能，因为“最初”的含义就相当模糊与不确定，加之这些思想如何产生、具体内容和论证是怎样的，大都缺乏真实的历史记录。但是现今印度与中国保留的有关文献还是具有宝贵的史料价值的，只要细心加以研究，我们是可以勾勒和窥见数论早期的思想面目的。

一般认为，公元初古印度著名医学家遮罗迦（Caraka）的医学著作《遮罗迦本集》（carakasamhitā）中有关数论的内容是现存最早的关于数论的系统论述。这种数论观点承认原初物质分为非变异（avyākṛta，或译为未开展、未显现等）与变异（演化，vikāra）两个部分，非变异的部分是思（cetanā），又称神我（puruṣa）。原初物质含有萨埵（sattva）、罗阇（rājas）、达摩（tāmas）三德（guṇa）成分，此三者的相互作用导致原初物质的开展，而罗阇、达摩二者的影响则引起演生、解灭过程。演化的总过程可以简单描述为：由非变异的思（神我）转变生成觉（buddhi，或大，mahat，即统觉），再由统觉生成我慢（自我意识，ahaṃkāra），复从我慢生出五元素即五界（dhātu，bhūta，即地、水、火、风、空），以及十根（indriya，包括五知根即五感觉器官耳、身、眼、舌、鼻根，与五作根即五行动器

① Dreyfus G，Thompson E. “Asian Perspectives：Indian Theories of Mind ”. In Zelazo P D，Moscovitch M，Thompson E（eds.）. *Cambridge Handbook of Consciousness*. Cambridge：Cambridge University Press，2007：89-114.

② [印]德·恰托巴底亚耶：《印度哲学》，黄宝生、郭良鋆译，商务印书馆 1980 年版，第 113-114 页。

官舌、手、足、排泄器官、生殖器官），并由此结合转变形成世界。当世界劫灭（pralaya）时，所有的生成物（evolutes）皆复归于原初物质，而成未显现的状态。再发生演化时，又从思开始转变生成觉，等等。如此周而复始，形成循环。遮罗迦将所有的范畴总括为二十四谛，即十根、意（manas）、五境（indriyārtha，即感觉对象）、八种原初物质（prakṛti，即原初物质神我、觉、我慢、五界）。遮罗迦没有直接提到"五唯（pañcatanmātra）"。其中要注意，世界的生成物的基本元素（界，dhātu）被认为是地、水、风、火、空（五界），及思（神我），正是这些构成要素的结合而成森罗万象。而思（神我）以及心本身并不直接就是意识，意识要在心、根与思（神我）相遇合时才能发生。值得注意的是：在这种数论形式中，思（神我）是作为非变异之物，是自足存在的，而且与地等五界一样，完全是物质性的，而且意识的形成也归于物质的功能，虽然思之名有精神性色彩。显然，这是一种唯物主义的理论，在此系统中，完全没有了神的地位。这样的完全唯物主义的数论，代表的是数论体系性发展的第一阶段，被称为原始数论时期。[①]

真正成熟的数论建立时期被称为古典数论阶段，形成了数论的典型形态。数论最典型的立场是以原质与神我（puruṣa）为核心观念的二元论。需在前面的一元思想基础上再分离出纯粹精神的要素而成神我性质的概念，才真正可以认为形成了数论的基本观念范型。应该说，在《吠陀》以及早期奥义书中，具有观照力的精神因素已出现了，如"遍照者""识""末那"（manas）等观念，但纯粹静观而没有造作力的精神要素——神我观念，却是数论自己的发展结果。原质与神我这样的二元观念的具体出现时间已不可考。但有一点是肯定的，数论典型系统思想的形成有赖于前述二元观念的建立。

总之，从原始数论到古典数论，关键在于精神因素被独立为静观性质的神我观念，而与物质性质的原质观念并立。在将物质性原初物质与精神性神我区分开来后，再由原初物质通过萨埵、罗阇、达摩三德的相互作用而连锁演变出现象世界，这就构成了古典数论最基本的哲学主张。自在黑（Īśvarakṛṣṇa）所著的《数论颂》（sāṃkhya-kārikā）是现存的古典数论最典型也是最完整的表述。在自在黑

① 参阅黄心川：《印度哲学史》，商务印书馆 1989 年版，第 278-279 页。

所述的体系中，神我只起静观的作用，而原初物质则转变为觉（或大），觉又转变为我慢，又进一步转变为五知根（buddhīndriya，即耳、身、眼、舌、鼻根）、心（manas）、五作根（karmendriya，即舌、手、足、排泄器官、生殖器官）、五唯（tanmātra，即色、声、香、味、触）、五大（mahābhūta，即火、空、地、水、风）。这样生成的现象事物，从根本上而言皆是物质性的，即使是意识，也仅是物质的功能而已。这与原始数论的思想倾向一致。

原始数论、古典数论及其进一步的演变形态都反映在古印度史诗《摩诃婆罗多》（Mahābhārata）中。在该史诗中，出现了二十四谛、二十五谛、一十六谛等几种形式的数论学说。其中，有与前述纯粹唯物主义的原始数论一致的般尸诃数论，也有与奥义书的主流梵我论、有神论和唯心主义相调和的数论体系。[①]这说明原始数论的唯物主义，受到吠陀以及奥义书系统的梵我论、唯心主义与有神论传统的压力，演变到《数论颂》掺入静观的精神因素神我，而成心物一元理论，又进一步被改造为“梵我论”式有神论的体系。

从古典的无神论数论到有神论数论的演变是有线索可寻的。在中期奥义书中直接将神我解释为超越性的不可分别、周遍一切而为世界主的“大梵”，如《羯陀奥义书》（Kaṭha Upaniṣad）认为：原初物质（非变异、未显）高于根（感官）、心、萨埵、我，但神我高于原初物质，而无有高于神我者。如说：“高于未显者，又有彼神我，独一而遍漫，无方复无相。生人若知彼，解脱得永生”。[②]而在同期的《白净识者奥义书》（Svetāśvatara Upaniṣad）中，提到“僧佉”（sāmkhya）与“瑜伽”（yoga），试图将数论的一些主要概念与原则融入到以“大梵”为根本的一神论中。[③]这种努力在《摩诃婆罗多》子篇的《薄伽梵歌》（Bhagavad-gitā）中有了结果，表现为二元展开的一元论。《薄伽梵歌》区分了三种神我（布鲁舍，puruṣa），即易逝的、不灭的、最高的神我。最高的神我又称无上我，即是大梵，它不可名状，只有以否定的描述来显其存在，所以“非有非无”。就它与万物的关系而言，“它在万有之外亦在其中，它既是静物又是动物，它极近却又相距辽远，它不可知乃微妙之故。它既独立完整不可分割，却又分别居于万有之中，它

① 参阅汤用彤：《印度哲学史略》，上海世纪出版集团2006年版，第73页；黄心川：《印度哲学史》，商务印书馆1989年版，第280页。
② 《五十奥义书》，徐梵澄译，中国社会科学出版社1995年版，第366页。
③ 参阅《五十奥义书》，徐梵澄译，中国社会科学出版社1995年版，第369-415页。

是毁灭者又是创生者，它被称为万有之载承。……是智慧、可知、凭智可悟。”①即此最高的神我是超越性存在，又是宇宙灵魂、万有之主及本原。它直接表现（vibhūti）为两种原质（原初物质、自性，prakṛti），一者是低级的原质，有八个方面即地、水、火、风、空、心、觉及我慢；另一者是高级的原质，称有命（jīvabhūtā），转化为生命。这两种原质相当于数论的物质性原质与精神性神我二者，是不变、不灭的。有生灭的宇宙万有皆由此两种原质转变而成，但这种转变需借助三德（萨埵、罗阇、达摩）具有的不可思议的幻力（摩耶，māyā）实现。《薄伽梵歌》显然将二元论的数论统一为一元论的体系，将宇宙的本原与归宿最终建立在无上我之上，而回到了奥义书最推崇的梵我论形式上来。古典数论的无神论与二元论传统在这里被改造，由此指示了数论进一步发展的方向。

这就到了古典数论阶段之后的阶段，即后期数论发展阶段，亦即有神论数论阶段。此时，吠陀传统经过奥义书的理论发展，以及无数释评家的诠释，形成了印度教的理论体系。在此影响下，二元论的数论体系被重新解释与改造，以符合印度教的有神论与一元论的主导方向。像前面已述的中晚期的奥义书以及史诗《摩诃婆罗多》所述的调和的努力，在此阶段的数论发展中蔚为大流。在此阶段出现的《数论经》（有说为 9 世纪，有说为 14 世纪所作）以及对之的注释反映了这种调和的倾向。相对于《数论颂》的思想，在《数论经》中有两点具有特别重要的意义。第一，安立了“自在天”的存在。自在天是超越性的，既不是解脱的，也不是受束缚的，甚至也不是别的什么东西，不能通过一般的认识把握。自在天是一切的知者与一切的作者。但自在天与神我、原质的关系并没有被界说清楚。第二，安立了业。原质由于业的存在而展开，业因此成为创造的因，业的差别决定了轮回的不同，业的消除意味创造的结束。②在引入自在天后，一方面靠近了有神论的一元论，但引入业后，人的自主选择性又增强了，从而削弱了神的力量。

第二节　数论派的心灵哲学思想

《数论颂》是古典数论的一部代表性著作，全文约有七十颂。《数论颂》的思

① [古印度]毗耶婆：《薄伽梵歌》，张保胜译，中国社会科学出版社 1991 年版，第 151-152 页。
② 参阅《数论经》，姚卫群编译：《古印度六派哲学经典》，商务印书馆 2003 年版，第 177-188 页。

想如同属于《吠陀》系统的其他思想体系一样，根本上是一个宗教思想体系。从整体特征上看，可以说《数论颂》是围绕从世间的苦与轮回解脱这个目的展开的。但它并没有仅仅停留在简单的价值判断与空洞的宗教诉求上面，而是建立了包括心理样式论、心理现象的范围种类论、心理现象发生论、心理现象作用论、因果论、解脱论在内的一个完整思想结构。《数论颂》所代表的思想，在吠陀传统的主流有神论与一元论外，确立了无神论与非一元论的传统。

一、心物二分图式与心的根源

数论派的方案奠基于二元论的形而上学，这种形而上学又是以物质的原质（pradhāna）或物质性（prakṛti）与精神性自我（ātman）或人（puruṣa）的对立为基础的。原质是普遍的物质基质，自我之外的一切现象都从它突现出来，并由之进化。这些构成多样世界的现象是三种性质（guṇa）的物理转化，而这三种性质又是构成原初自然的东西。它们分别是，萨埵（sattva，喜）、罗阇（rājas，忧）、达摩（tāmas，闇）。它们都是原则或力量，而不是建筑的材料。所有物质现象，包括理智和知觉器官，都被认为是由这三种原则构成的。不包含在这个经常转化过程中的一个原则就是自我，因为自我是恒常的、非物质的、有意识或能觉知的。自我也可理解为有意识的在场，正是这种在场见证了自然的转化，当然，自我并不参与其中。即使自我可见证从多样世界的种种变化而来的各种经验，但它本身仍是被动的。

即使数论派的心灵分析是二元论的，但不能把它看作是古典的心身二元论。在数论派看来，心灵包含有一种非物质的精神元素，即自我。而自我又不同于心灵。确切地说，当日常觉知对象所涉及的心理活动发生时，自我是纯粹的到场，或纯粹的明见性（witnessing）。这种纯明见性，由于没有受物质世界的多样性的影响，因此不足以让心理活动出现，因为心理活动具有表征性或语义性，它需要的不只是被动的反映。心理活动是对对象的把握，这种活动离不开对对象的能动的介入，离不开概念和观念的形成，而观念、概念的形成是世界有目的行为不可缺少的。然而，自我不能说明这样的活动，因为它没有任何变化，且是被动的。因此要说明我们的认识活动，我们必须有渗透在多样性世界中的别的要素。因为渗透在变化着的世界中的任何要素一定是从原初物质中突现出来的，进而是物质性的，由此可以说，对心理状态的分析不能局限于它们的精神维度（自我），而必须涉及物质要素。因此对于数论派来说，心理活动离不开这样两类基本实体的共同作用，即被动的意识和物质自性，它们是构成宇宙的要素。

难能可贵的是，该派对心理生活、心理活动的分析进到了心的根源的层面。这种分析是从觉悟（buddhi）开始的，“觉悟”可译为“理智”，指的是对对象作出区分和经验对象的能力。这种能力提供了前反思的、前主观的基础，被决定的心理状态正是从这个基础中产生出来的；它也是所有前基本倾向的源头所在，而正是这些倾向导致了这些经验。这个理智是从原初物质中突现出来的，因此是能动的，不同于非物质的、被动的自我。自我被隐喻性地看成一道光，因为它被动地照亮对象，从而使理智对这些对象的分辨成为可能。理智以表征的方式起作用，能接受被认知事物的形式。这种表征能力朝两个方面运作：一是对有意识的、未卷入的自我；二是对那些对象。理智由于有澄明和清澈透明（sattva）的性质，因此能通过反思自我而得到关于它的形式。这样一来，当理智实际地经历这些经验时，自我仿佛体验到了对象的多样性，因为自我仅只是见证了它们。理智的这种取代意识功能的能力对理智理解对象是极有帮助的，因为理智本身是能动的，但又是无意识的，只有当理智得到了自我的光照，并在对象之上反思它时，对对象的觉知才会出现，这就像当光投射到胶片时图像会随之出现一样。通过这种方式，理智就能得到对象的形式，进而对之作出分辨。

然而，理智对自我的反思和对象形式的获取，不足以成为经验的全部决定因素。经验要成为完整的认知，还必须有主体极和客体极的出现。经验必定是对把握了特定对象的特定个体的经验。主体极的形成就是“自我感”（ahaṃkāra）的功能表现，因为对个体主体性或自身性的感知与具身性连在一起。这种感知使我们的大多数经验多姿多彩，而这些经验又包含对成为与客体对立的主体的感知。另一方面，客体极的确立又是“思量”（manas）作用的表现，思量监视着各种感知，它的专有功能就是分辨，而这种功能又让思量作为理智和诸感知之间的中介起作用。思量可以把感觉印象与对象组织起来，并把它们整合为由记忆和经验所形成的时间构架。通过这样的方式，我们对世界上的对象的经验便得以形成。

在揭示心的起源时，该派强调，心理事件是在超越性自我和多样的心理活动这两种异质因素相结合的基础上产生出来的。印度教传统的基本预设是：心理生活与恒常的自我有关。然而不可否认的是，由于心理生活也包含变化，因此心理生活不可能还原为自我这个单一的不动不变的因素。如前所述，它是由复杂多样的因素共同决定的。

二、实存样式的具体展开

数论可以算作一个实有主义流派，承认世界从本体到现象的实有性。它继承的是从吠陀到奥义书的传统中的实有主义思想，而与该传统中强调本体实有而现象虚幻的思想判然不同。后者经过吠檀多派的发展（幻化论，vivartavāda），成为后来印度思想主流印度教的哲学理论的最基本的特色。在从吠陀到奥义书的思想传统中，提出了各种实体作为世界万有的本体与本原、本源，比如无、有、原人、生主、太一（唯一物）、金胎、理法、遍照者、水、地、火、梵、我等，这些大多作为本体不仅与现象有关，而且还是现象发生的最终因。既作为本体又同时作为因是这些实体的共同特征，而且精神因素与物质因素皆是统一于最终实体的。这显示了一种一元论的理论趣向。《数论颂》将物质与精神现象统一于最终实体原质，与这种一元论传统相似，但它却将最终的精神性实体与物质性实体区分开来，构成了一种特殊的二元论，即在本体论上最终有两个实体——原质（自性，prakṛti）与神我（puruṣa），而在发生论上又是一元论，即以原质为事物之发生因（及质料因），神我作为静观者不参与世界的发生与演变。这样的一种特殊二元论，其两个核心观念原质与神我的关系常用一个比喻说明：装有一假肢的残疾人，看起来由两只脚支撑着，但其中一支是假腿，假腿能帮助保持整个身体的平衡，但并不属于身体的一部分。

具体而言，在《数论颂》的二元论中，神我是一个静观的精神性实体，不直接发生现象世界，而原质则在三德的相互作用中生起世界万有。原质与神我构成了宇宙的终极实体，而原质所生起的万有，即是次级存在，因为它们依存于原质。这样，在与原质相关连的发生链上，有本有的存在（原质）与次级的存在（所生之万物）两类。《数论颂》进一步将次级实体再分为两类，即作为次级实体的部分与依之建立的其他事物。虽然《数论颂》没有详细讨论后者，但可以推论后者不再是实体，因为《数论颂》只承认终极实体与次级实体两类为谛（tattva），亦即真实的存在。《数论顷》共区分出二十五种实体，称二十五谛（pancaviṃśati-tattvāni），其中终极实体有两种，即原质与神我，次级实体有二十三种，即觉（大，buddhi）、我慢（ahaṃkāra）、心（manas）、五知根（buddhīndriya，耳 srota、皮或说身 tvak、眼 cakṣus、舌 rasanā、鼻 ghrāṇa）、五作根（karmendriya，舌 vāk、手 pāni、足 pāda、排泄器官 pāyu、生殖器官 upastha）、五唯（pañca-tan-mātrani，色 rūpa、声 sabda、香 gandha、味 rasa、触 sparśa）、五大（panca-mahā-bhūtāni，火 agni、空 ākāsa、地 pṛthvī、水 āpas、风 vāyu）。但在此二十五谛（二十五种实体）中，本体只有两种：原质与神我。

（一）原质

原质（原初物质，prakṛti），在汉译佛经中还被译为自性、本、胜因、世性、胜性、冥谛等。其意义来源于般陀那（pradhāna），后者是最初、原始、主要或第一之义，转义为原始或者最初之物质之义。这样，在数论中，原质又叫根本原质（mūla-prakṛti）。它指差别万象还没有开展或演化之前的物质状态，在此意义上，它就是万物的质料。所以，原质在《数论颂》中被称为“未显”（或未开展，avyākṛta）。由于万有生起于原质，在灭坏时又归于原质，而且前后原质具有同一性，因此，原质又被释为“非变异”。

原质是万有生起的最终因，万有依存于它，没有离开原质的独立存在，因此，原质是宇宙的本体与本源。它直接导致了宇宙现象的展开，是宇宙进程中的实际原因。可以认为，《数论颂》中的原质，完全摒除了吠陀、奥义书传统中的唯心主义与有神论因素，把造物主、宇宙精神、超越存在之类排除在宇宙进程之外。在这方面，与顺世论（Lokāyata）的唯物主义有一致之处。实际世界的万有，不论感觉、意识、思维等精神方面，还是物质性的种种差别存在，皆是由原质决定的。换言之，万有作为原质的产物，依存于原质，原质的存在性质决定了万有的存在性质。这样，万有由于原质的恒常实有性，因此成为真实性存在。

《数论颂》的精神是理性主义的，它对原质的成立进行了论证，提出了五种理由。如汉译《金七十论》卷上本颂说：“别类有量故，同性、能生故，因果差别故，遍相无别故。”[①]根据《金七十论》，此五种理由的论证理路可以这么理解：

第一，别类有量故：宇宙的具体事物千差万别，它们都是有限量的，皆通过

① 《金七十论》卷上，[陈]真谛译，《大正藏》第 54 册，第 1248 页。

对物限量而成，而且每一有限量事物，一定来自有限量的事物。比如，具体的瓦罐，质量与形体都是有限度的，它是通过限量的陶土烧制所成。但如果将一切差别、限量算在内，则最终必有一事物本身无限量，而成为一切有限量事物的基础。

第二，同性故：宇宙每一类事物虽包括不计其数的具体事物，存在无量差别，但有共同性，比如，不论是冷水、热水，皆具湿性；而不同类事物间，也是如此。故，一切事物最终必然具有共同性。

第三，能生故：宇宙的任何具体事物皆有事物作为其能生物而得以产生，而且任一具体之物总以具体之物为能生物。这样，一切具体之物之总括最终必然为一无能生物的非具体之物所产生。

第四，因果差别故：现见原因和结果是有差别的，因与果具有不同的功能作用，而且具有具体功用之物必以具有具体功用之物为因，但后者必蕴涵前者存在的可能。比如瓦罐能盛水，制陶器之土却不能，但陶土蕴涵制成瓦罐的可能。如果这样推论下去，必然会发现最终有一无具体功用但蕴涵有一切具体功用之物作为宇宙万有的最终因。

第五，遍相无别故：因产生果，因此，当果灭坏时必然复归于因。比如土烧制成陶器，当陶器灭坏成尘时，又成土的形态。由此必然推出，各异之宇宙万有在劫灭时必然回归于宇宙演化前的物质形态，亦即纯粹的、无差别的最终因。

《数论颂》将原质与其所转变而成的次级存在觉等二十三谛作了比较，认为原质在九个方面与觉等不同，而在六个方面与觉等相似。觉等一十三种次级存在是有因（以原质为最终因）、无常（转变无常）、为多、不遍一切处、有变化、可还原（可最终还原为原质）、有部分、依赖他物（最终依赖于原质）、从属他物（最终从属于原质），而原质具有与此九种相反的特性，即无因、是常、唯一、遍一切处、无变化、不可还原、不含部分、非依赖他物、非从属他物九方面。《数论颂》还从与觉等相似的方面归纳出原质有六种性质，即：①原质具有三德，三者平衡则原质处于未转变（演化）状态，三者失衡则原质开始转变的过程；②原质与其所转变之现象界是不可分的；③原质是神我之所知，而且唯是所知；④原质相对一切认识者都是平等的，即具有客观性；⑤原质没有感知、思维能力；⑥原质是能生者，即为万物之最终因。

总之，《数论颂》认为原质微细，是宇宙万有展开的根本与最终因，就未解脱之人而言，不能被直接感知，因此，只有在演化发生时通过所转变而成的觉等才能通过比量而知。但原质概念受到了众多批评。比如，吠檀多者认为原质并不是完全没有差别的超越存在，不同于大梵，因而绝非最终本体；大乘佛教则批评原质作为常物，绝不能生起变化之现象，在它看来，变化之果与因也必须是变化的，因为必须满足因果平等原则。

（二）神我

在《数论颂》的二元论中，与原质形成对照的是神我。神我（puruṣa），又称我知者、人我、我、神等，它是生命体的真正精神主体。但作为精神性终极实体的神我与物质性终极实体的原质从逻辑上看地位是不平等的：原质是积极性的动力因素，是宇宙演化的本源；神我只是一个消极的旁观者，不直接参与宇宙的演变进程。《数论颂》说，神我具有“见证、独存、冷漠、观看、无活动”的特性。[①]换言之，神我虽是真正的知者，但独立于现象界，只是作为旁观者观看一切，如同隐士遗世独立，对世间一切漠不关心。它既非创造者，也非被创造者。它被变化的现象界所围绕，永恒不动。因此，虽然神我是精神性主体，但生命体的感觉、意识功能并非直接产生于神我。当然，在古典数论的发生论思想中，神我并非对万有的生起完全没有用处。实际上，《数论颂》认为，原质必须有神我的配合才有现象界的生起，虽然这种配合绝非动力性的，而是完全消极的。对此，《数论颂》举了跛者与盲者合作行路来说明。跛者可以看路，但脚坏不能行路，而盲者眼坏不能看路，但有脚可以行路。二者单独则不能行路，但相配则可顺利到达目的地。神我与原质的关系正是如此。神我是知者（见者，drastr），但非作者（karl）；原质虽是作者，但非知者。知者与作者相配和合才有现象世界的生起与展开。在这种配合中，神我由于被原质及其所转变而成的生灭性质之万有所包围，虽非作者，但现似作者；原质及觉等由于神我的配合，虽非真正的知者，但现似知者。按照《数论颂》，神我与原质的配合展开的是轮回的世界，而二者的分离则导致解脱。具体而言，当静观的神我认识到神我、原质及原质所转变而成的觉等二十三，并且认识到神我与它们的不同时，神我与原质相离，原质不再转变为觉等，即达到解脱状态。

---

① 《金七十论》卷上，[陈]真谛译，《大正藏》第54册，第1249-1250页。

《数论颂》还以五因证明神我的存在，如《金七十论》卷上本颂说："聚集为他故，异三德、依故，食者、独离故，五因立我有。"①按照《金七十论》的解释，此五因可略释为：

第一，聚集为他故：世界一切聚合之物皆是为他使用而非自用，即使用者必是他者，譬如床席等物，必为人寝息之用而设。五大聚合名身，此身绝非为自，必为他用，觉等皆是如此。由此推论，宇宙万有的出现皆为他设，他者即神我。这是一种目的论论证，认为万有只是作为手段出现，而目的为神我。

第二，异三德故：原质与次生的觉等二十三谛皆不离萨埵、罗阇、达摩三德，在三德的相互作用中受三德的缠缚而转变，是不自在的。但这种不离三德的不自在已被洞察，说明在以原质为最终因转变而成的现象界以外，存在离于三德的自在之物，即静观常住之神我。

第三，依故：原质如果没有神我配合，就不能转变而成现象万有，如同没有内在之我身体就不能有作用，没有控制者马车就不能行驶。因此，从现象的展开知有神我。

第四，食者故：世间存有甜、酸、咸、辣、苦、涩六味饮食，必有食者。同样如此，原质所起觉等二十三谛亦为"所食"，必有"能食者"。此"能食者"即神我。换言之，任何一种经验，必然有经验者，由此推论下去，全体现象事物作为经验，必有最终的经验者存在，此即神我。

第五，独离故：如果唯有身体，而无离于身体自存的神我，则圣人所说解脱方便即归无用。因为身体属于轮回，是苦的，只有将之离弃才能解脱。由此知别有神我。

《数论颂》还认为，神我有众多而非一个，每一生命体皆有一神我。《数论颂》以五因作了论证。如《金七十论》卷上说："生、死、根别故，作事不共故，三德别异故，各我义成立。"②其中，"生、死、根别故"对应两个论证，意为：当一个生命体的根（器官）有缺陷，如盲、聋、哑、残、跛时，并不意味所有生命体皆如此；进一步，一个生命体的生和死，并不意味所有生命体的生与死。因此，各个生命体是不同的生命单元，也就对应不同的神我。"作事不共故"意为：各

①《金七十论》卷上，[陈]真谛译，《大正藏》第54册，第1249页。
②《金七十论》卷上，[陈]真谛译，《大正藏》第54册，第1249页。

个生命体的行为千差万别，如有的行善、有的作恶等，因此，所有生命体不可能共一个神我，否则所有生命体的行为必然相同，但事实上并非如此。这说明神我是众多的。“三德别异故”意为：萨埵占优势之生命体性喜，罗阇占优者性忧而达摩占优者性痴暗，如果所有生命体共有一个神我，这些差别是不会出现的。由此可知神我的众多。总之，这五种论证均是从生命个体的种种差别出发展廾的。

《数论颂》所说的神我的众多性，与从吠陀到奥义书的传统所言完全不同，后者一般认为“梵我”或“神我”是一非多。因此，神我的众多性，以及神我与万有之终极因的分离，遭到了吠檀多派的猛烈批评，以至在数论的进一步发展中，神我与原质的二元性，被统一到超越性的“大梵”或“最高神我”上了。

三、心理现象的范围种类论

心理现象的范围、标准和分类问题是当今西方心灵哲学的重要且颇有争论的研究领域。笔者在此就不对其进行过多讨论，而是考察心理的范围种类的思想，然后分析它新发现的、不为别的心灵哲学体系所注意的心理样式，特别是它的“内、外作具论”。

由于数论派承认的心理现象的个例多，范围大，因此所面临的分类工作便比一般的要繁难许多。这里，我们用关于心的认识论——逻辑学分类法予以剖析。

在《因明论》中，心被赋予的意义是“觉”“了别”，意思是说，心是明了、见境的能力或作用。当然，这里的作为对象的境，不一定实有，如人想到“兔角”“龟毛”，确有其心理对象，但此对象在现实世界则不存在。人在觉知对象时，所完成的心理活动或过程，也可称作“量”。所谓量即测量、量知、了别、显现、思虑、推度，用现在的话说，即是一种把握对象相状、性质的认知作用。

《数论颂》对认知的来源、标准、功能、对象、认识的目以及认识的机理等都有论及。这里我们先依据《金七十论》的长行解释，揭示其对心理现象分类的思想。

四、量论

《数论颂》在认识论方面，首先谈到量（pramāṇa）的问题，在此基础上，才谈认识的其他问题。《金七十论》卷上说："证、比及圣言，能通一切境，故立量有三，境成立从量。"[①]意思是说：量可概括为三种——现量（证量，pratyakṣa-pramāṇa）、比量（anumāna-pramāṇa）及圣言量（圣教量，āptavacana-pramāṇa），包括象义准等其他六量在内的一切量，皆不出此三量。如果从所知境角度而言，一切所知也是如此。所知境实际即前述二十五谛，它的成立，完全是依据于三量。因此，量涉及认识的来源与标准也就是真理的来源与标准问题，具有最基本的意义。由于量也是特定形式的心理样式，因此我们对该派的量论稍作展开。

第一，现量。现量即感觉（或知觉），是五知根对五境（五尘，即五唯）的认识，即耳对声、皮对触、眼对色、舌对味、鼻对香所生。现量是确定的无疑惑与无错乱的认识，不能直接显现于他人，只能自知，所以，《金七十论》说："是智从根尘生，不可显现，非不定、无二"。[②]因此，现量的认识阶段尚未加入概念活动，没有分别思维等作用，仅以直觉去感知尘境之自相，这在该论中被称为"唯解不能知"。五知根被称为"外作具"，他们对境的认识是现量。但"内作具"即觉、我慢、心，也可以与外作具五知根的任一根共取（感知）一境，此种认识还是现量吗？还有神我作为静观者，其认识照理应该属于现量。在数论的后来发展中，内、外作具对五尘的这种认识均被判为现量，但性质不同，前者称"无分别现量"，后者称"有分别现量"。

虽然建立在根与尘基础上的现量是可靠的，但《数论颂》认为在八种情况下由于根不能感知尘境而不能形成现量。此八种局限如《金七十论》卷上本颂所说："最远及最近，根坏、心不定，细微及覆障，伏逼、相似聚。"[③]

即是说：①极远之物不能见；②极近之物不能见，如眼中之灰尘；③根遭损坏不能感知，如耳聋不能闻声；④心不定不能感知，比如，尽管说得清清楚楚，但心神涣散的人仍听不见东西；⑤细微之物不能感知；⑥被覆障之物不能感知，比如被墙所隔之物不能见；⑦被逼伏不能感知，如太阳出来，星月就不再显现，因而不能见到；⑧相似之物聚在一起难以区分，因而不能感知，比如，一粒豆混在大量同类的豆中不能区分而见。

正因为根尘之现量有这些局限性，所以必须以比量、圣言量来补充，否则就

① 《金七十论》卷上，[陈]真谛译，《大正藏》第 54 册，第 1245 页。
② 《金七十论》卷上，[陈]真谛译，《大正藏》第 54 册，第 1246 页。
③ 《金七十论》卷上，[陈]真谛译，《大正藏》第 54 册，第 1246 页。

不能对一切境界构成完全的认识。

第二，比量《金七十论》说："比量者，以证为前"。[①]即比量是在现量的基础上从已知推知（比知）未知的认识。依据比量得知的事物，是未显现在前的，不能通过诸根直接感知，而是由于现前现量证知的事物的激发而间接获得认识。这要求有观察者已经知悉的已知类事物，并且已知类事物与未知类事物相连属，形成了确定的相随关系。在此条件下，一已知类事物的现前才能当下引起一未知类事物被认知，实际上就是推理。所以，《数论颂》说比量以"相、有相为先"，即在感知"相（约相当于中词）"的基础上，通过将"相"与"有相（约相当于大词与小词）"联系起来，成立比量。也就是《金七十论》所说的："相、有相应不相离，因证此相故，比量乃得成。"[②]

比量被分为三种，即有前（pūrvavat）、有余（śeṣavat）与平等比量（sāmānyatodṛṣṭa）。有前比量者，即是见前事比知后事，从原因推知结果，如见黑云当知必下雨；有余比量者，即见后事比知前事，从结果推知原因，如见江中新充满浊水可知上游下雨了；平等比量者，即同类推理，由此及彼，从特殊类推知特殊类，如看见此处柳枝发芽，可推知其他地方柳枝也在发芽。

第三，圣言量。圣言量即来自圣人或者圣典吠陀的言教。此等言教由于源于圣人证知的境界而极可信赖，因此可以作为知识的来源与真理的标准。《数论颂》认为有境界非是世人现量、比量所能证知，必须依据圣言量才能有所认识，比如天界等。但要注意，虽然数论派属于承认吠陀权威的正统派，但它对吠陀的权威性并不是绝对尊崇，如《数论颂》在开篇即有所质疑。

五、神我及内、外作具——心理样式的新发现

《数论颂》认为，在二十三谛中，有认识功能的是神我、觉、我慢、心、五知根。其中，按其认识功能的性质可分为三类。

第一，神我：它是真正的能知者，其认识之境是全部二十五谛。但神我属于静观类型，本身不参与万有演化过程。原质为欲实现神我的目的而转变生成现象界，一旦神我作为见者见知二十五谛，并洞悉神我与原质的根本不同，演化过程

① 《金七十论》卷上，[陈]真谛译，《大正藏》第54册，第1246页。
② 《金七十论》卷上，[陈]真谛译，《大正藏》第54册，第1246页。

即终止，万物回归原质，神我与原质相离，而成就解脱。

第二，外作具：五知根、五作根。五知根的认识对象唯是外境五尘，而且各有自己确定之境，如耳对声、皮对触、眼对色、舌对味、鼻对香，所以称外作具。称外作具的还有五作根，各能捉持五外尘，但非如五知根是能照。十根唯取现在现前之境。

第三，内作具：觉、我慢、心。就其自身的不共认识功能而言，此三不取外尘，但以十外作具为其境，因此，被称为内作具。此三与十根配合，也如同十根能取外境，而且所取外境可以是过去、现在、未来三世之境，而非如十根唯取现在之境。觉能决知三世境，我慢以三世境为我之所有者（“我所”），心分别三世境。此时十根称为门，而觉等三称门主。其中要注意，《数论颂》认为，就内、外作具取境而言，只有觉才是其取境之主体，所以其功能相当于统觉，在此意义上，唯觉堪称作具。正是在觉的协助下，神我作为真正的知者才能洞悉二十五谛之差别，从而获得解脱。

认识也可说有静态认识与动态认识之别。前者即神我的认识。神我是真正的知者（见者，drastr），但他仅作为旁观者并不参与内、外作具的认识过程，不过，其最终对二十五谛及其差别的洞悉，需要借助于作具的认识。因此，虽然他不直接介入，但亦在场。动态的认识即是内、外作具的认识。它们构成了一个认识的动态过程。这个过程首先要求外境的存在，以及根不损坏。在此前提下，展开了认识过程。外境引起根（感官）的感知，五知根分别感知五尘，而五作根除舌（口）唯取声外，余四者皆可取五尘。依于外作具，心产生“此物、彼物”的分别作用。接着我慢于此产生自我意识，即产生所取境是“我的（我所）”之认识。最后是觉于所取境作决定判断。相反的过程也存在，是一个由觉到我慢再到心再到外作具的行动发生过程。

从前面的分析可知，《数论颂》的认识论认为外境是客观的，而认识的基础是对外境的反映。它将认识分为了三个层次，即外作具对外境的直接感知，内作具在前者的基础上将认识范围扩大并对认识作进一步加工，最高层次是神我对二十五谛所摄的全体境界的证知。此三层次境界逐次扩大。前两个层次属于轮回境界，而最后境界的证知可导致解脱。在这里凸显出《数论颂》的认识论的矛盾。内、外作具的认识皆属轮回，自然在解脱时要灭除，结果却引入神我作为导致断灭轮回而解脱的真知者。但它既非作者，仅是如同镜子的静观者，又如何能引起原质停止转变而解脱呢？我们将在第三节详细论述。

六、心理现象发生论

在《数论颂》的宇宙论中，世界万有是在因果关系的动态的交涉中显现出来的，或者更准确地说，是在转变、演化的种种因果过程中显现出来的。在此呈现因果关系的发生过程中，最根本的是原质在神我的配合下转变（pariṇāma）成觉等二十三种次级存在。必须注意，虽然神我作为静态的旁观者并不是现象世界演化的动力因素，但原质的转变乃至连锁的种种演化，是与神我有关联的。事实上，原质正是为了实现神我的"知"的目的，而转变生起世界万有的。当原质内部三德的平衡状态被打破时，原质即作为最终因而肇始了世界的演化过程。要特别注意的是，原质的转变并非是由外部力量的推动而开始的，而是原质所具三德萨埵、罗阇、达摩相互作用失去平衡所致。静态的神我与平衡的原质突然相互迎合而有世界的演化，在道理上相当不可思议，这是《数论颂》的宇宙论最特异之见解。

具体的转变、演化过程是这样的：在神我的静观下，原质借助于三德的相互作用转变为觉（大）。觉亦具有三德，三德的相互作用又推动觉转变出我慢。我慢又在三德的相互作用下转变出十六谛，首先是五唯即声、触、色、味、香，然后是五知根即耳、皮（身）、眼、舌、鼻，然后是五作根即舌（口）、手、足、生殖器官（男、女根）、排泄器官（大遗），再然后是心（心根）。其中五唯又转变出五大即空、风、火、水、地，具体而言，声唯转变出空大，触唯转变出风大，色唯转变出火大，味唯转变出水大，香唯转变出地大。此等二十三种次级存在可略释如下：

觉（buddhi），又常名大（mahat），或名想、遍满、智、慧，其义是决智，或说统觉。其由萨埵占优，可具法、智慧、离欲、自在四相；由达摩占优，可具相反的非法、非智、爱欲、不自在四相。前四若增长，则指向升进解脱的方向；后四者若增长，则指向堕落轮回的方向。

我慢（ahaṃkāra）即我执，也就是自我意识。分变异我慢、大初我慢、焰炽我慢三种。变异我慢者，依萨埵增胜而立，能生十一根（五知根、五作根、心根）；大初我慢者，依达摩增胜而立，能生五唯、五大；焰炽我慢者，依罗阇增长而立，作为萨埵、达摩的伴侣，能生十一根与五唯、五大。

十根者，谓五知根（buddhīndriya）与五作根（karmendriya）。五知根者，即能取五唯者，其中耳根取声，皮根取触，眼根取色，舌根取味，鼻根取香。而五作根，即能作诸事者，其中舌作语言，手作执持，足作行步，男女根作戏乐及繁殖，大遗根除弃粪秽。

心（manas）又称心根，即能分别者。分二：与知根相应者，作用同知根；与作根相应者，作用同作根。

五唯（pañca-tan-mātrani），又称五唯量、五微尘、五尘，相当于五境，是微细之物质元素。由于能生五大之粗物质原素，是物质之本，因此称“唯”。

五大（panca-mahā-bhūtāni），即五粗大物质原素，为五唯所生。这与佛教的一般看法相反，后者认为五尘（色、声、香、味、触），是为五大（地、水、火、风、空）所造。

由上可知，此二十三谛，即统括了整个现象界的一切物质与精神现象，皆是以原质为最终因生起的。此中构成的因果关系，是链式的。原质唯是因，非果，而觉、我慢、五唯是因也是果，十根、心、五大唯是果。

七、心理现象作用论

在《数论颂》所述的因果过程中，处于因果联系的原质及其转变所生的觉、我慢、十根、心、五唯、五大等一十三种次级存在皆具三德。在因转变为果的过程中，转变的内在机制是三德的相互作用。换言之，三德实即是真正的动力因素，正是在三德的相互作用下才有因的转变而生成果。

在《数论颂》中，德（guṇa）是与实体相对的概念。德为实体所具的“性质”或“属性”。德有三，即萨埵（sattva）、罗阇（rājas）、达摩（tāmas）。这三种德虽非实体，但却具有功能作用，或者说，其本身就是三种功能作用。三德的含义如《金七十论》卷上所说，是“喜、忧、闇为体”，[①]即萨埵以喜为体，罗阇以忧为体，达摩以暗痴为体，这显然是从心理的体验角度谈的。如果从其客观的作用看，则萨埵具有“轻、光相”，罗阇具有“持、动相”，而达摩具有“重、覆相”。举例言之：当萨埵占优时，肢体变得轻快，觉变得明晰，根变得敏锐；当罗阇居

① 《金七十论》卷上，[陈]真谛译，《大正藏》第54册，第1247页。

于主导地位时，看到的是兴奋与冲动；而达摩增胜时，则肢体变得沉重，根被覆蔽。三德的作用被《金七十论》概括为三“事”，即萨埵能“照”（prakāśa）、罗阇能“造”（pravṛtti）、达摩能“缚”（niyama），如说：“是三德何所作初能作光照，次则作生起，后能作系缚，是三德家事。”①根据三德的性质，三德还常被译为勇、尘、暗，贪、嗔、痴，乐、苦、舍，黄、赤、黑，染、粗、黑，等等。

《数论颂》将三德间的相互作用归纳为五个方面，即相伏、相依、相生、相并、互起。《金七十论》卷上的长行解释如下。

第一，相伏：如果喜增多，则能伏忧与暗痴；如果忧增多，则能伏喜与暗痴；若暗痴增多，则能伏忧与喜。如同日光明耀，则星月不现。

第二，相依：三德互相支持与依存，能办一切事，如同三杖相依其上则能持物。

第三，相生：二者能相互促生，共办一事。有时喜能生忧与暗痴，有时忧能生喜与暗痴，有时暗痴能生忧与喜。如同油、灯芯、火三者互助产生灯光。

第四，相并：三德虽然性各不同，但可以互相配合。喜有时与忧相配合，有时与暗痴相配合；忧有时与喜相配合，有时与暗痴相配合；暗痴有时与喜相配合，有时与忧相配合。

第五，互起：三德互作自事及他事，即三德可互相转化。如喜德作喜乐，名作自事，如作忧、暗痴，名作他事。如同高贵家族有美女，夫婿及至亲为其生喜乐，是作自事；但同族有丑女，定为其而生忧恼，是作他事；而婢女忧其役使，心转暗痴，亦是作他事。同样，忧德、暗痴德亦作自、他事。

按照《数论颂》，三德的相互作用而使原质生觉、觉生我慢等因果成立，并使生命体在天上、人间、禽兽三种世间升堕轮回。

八、因果论

《数论颂》提出的关于因果关系的理论可概括为“因中有果说”（satkārya-vāda）。根据这一理论：在因果关系中，果已经在因中蕴涵着，果只是因中之果的展开或显现而已。具体而言，由于现象界万有的生成即原质的开显，因此，原质中本然地具有万有的果性。该说认为生成物绝非全新的东西，万有究极而言只是原质的转变而已，而且万有的消灭最终要归于或者说要还原于原质。

---

①《金七十论》卷上，[陈]真谛译，《大正藏》第 54 册，第 1247 页。

这意味着在宇宙的演化与万有的生灭中，原质是守恒的。由于万有的生成最终归结为原质的转变，原质所生成之物的存在性就与原质的存在性关联在一起，原质的实存性决定其生成物也是实存的。因此，生成物虽是变异的（vyākta），显现出无常性，但不是幻性的无常，而被称为转变无常。

《数论颂》在具体论证上述理论时主要是以五因成立因中有果。如《金七十论》卷上说："我义中有五因，能显因中定有果。何等有五因无不可作故，必须取因故，一切不生故，能作所作故，随因有果故，故说因有果。"[①]按照该论，此五因可被解释为：

第一，无不可作故：世界万有绝不可能无因而生。换言之，世界上每一事物的生起与存在必须以另外的事物的存在作为原因，而且，作为原因的事物必须蕴涵作为结果的事物，才可能生成该结果。否则，该果不会出现。比如，从沙中不能榨出油来，因为沙中并不蕴涵油性，而从麻中可以榨出油，因为麻中含油性。因此，原质是因为蕴涵有觉等，才能生成觉等。

第二，必须取因故：在因果关系中，一定的果必相应有一定的因。因此，要实现特定的果，必须具备特定的因，除此，不可能从其他的事物中实现此果。这意味着因中必有果，否则，可以以其他事物作为因来实现此果。比如，要得奶酪，必须以奶作为原料，这说明奶中蕴涵奶酪。否则，为何不取水来制奶酪呢？因此，觉等唯从原质生成，说明原质含有觉等。

第三，一切不生故：这是使用反证法。如果因中不蕴涵果，果就不需从相应的因产生。这样，果就可从任一物中产生，换言之，从任一物可以产生一切物。但这是不可能的。比如，不能想象从沙石、草木能生出牛奶、人等。因此，因中必有果。

第四，能作所作故：因方面的各种条件与果构成确定的能作、所作关系，能作具足，则所作就可生成，而能作不具足就不能成就所作。比如，陶工借助工具用土能制出瓶瓮，但不能从其他的东西（如草木等）制出瓶瓮。由能作能造作所作，可知能作必蕴涵所作。因此，原质能生成觉等，说明原质蕴涵觉等。

第五，随因有果故：世界上任一事物必然由具同类性质的事物所生出，即果与因在性质上是相同的。比如，麦芽与麦种是同类的东西，麦芽才能由麦种所产

① 《金七十论》卷上，[陈]真谛译，《大正藏》第54册，第1246页。

生。因与果性质的一致性说明因中必有果。否则，果的性质不与因的一致，麦种就可生出豆芽了。

“因中有果说”在古印度思想中具有独特性。它强调果是因转变而成的，因果间有东西贯串前后，从而与胜论派的“因中无果说”（asatkārya-vāda）形成了鲜明对照。后者认为万有由众因和合而成，因此果必定与因相异。进一步看，“因中有果说”实际是一种实有主义因果论，由肯定最终因原质的实有性，也就肯定了原质转变所生成之物的实有性。如果将其与印度最重要的两个哲学流派——大乘佛教以及印度教吠檀多派——的因果论比较，可看出它们间有本质的区别。大乘佛教，不论是中观学派（Mādhyamika）还是瑜伽行派（Yogācāra），皆承许一切事物皆是因缘和合而生，唯假安立，因此无不变的自性，如梦如幻。因、果皆是如此。而吠檀多派的幻论认为现象皆是虚幻，但本体为实，实际给出了一种因真实而果虚幻的因果论。

第三节　解脱及其心理实质和机理

数论的出发点和归属是人的救度和苦之解脱，具有宗教的性质，如其核心经典《数论颂》在开篇就谈尘世生活之苦，在最后谈神我与原质（自性）及其关系时则过渡到了解脱问题，强调只有让两者分离开来才有真正的解脱可言。但是由于苦难、解脱都有心的维度，而且其根源、机制、方法和途径都与心息息相关，因此它的解脱研究便有浓厚的心灵哲学色彩。我们前面所述的它的心理样式论、心理现象的范围种类论、心理现象发生论、心理现象作用论、因果论都是其解脱论的有机构成。这里，我们再根据《数论颂》探讨它建立于心灵哲学之上的解脱论的具体内容。它有两方面，即轮回原理以及解脱的原理。

一、轮回原理

《数论颂》对现世的总体判断，遵循了古印度主流思想的传统，是否定性的。现世的存在被看做是苦，生命体生生世世处于受苦的连锁即轮回中，从而被归为无意义。因此，生命的真正意义与最高目的不是加入苦的轮转，而是追求苦的脱离即解脱。《数论颂》认为生命体受三苦的逼迫，三苦即为依内苦（adhyātmika）、依外苦（ādhibhautika）、依天苦（ādhidaivika）。其中，依内苦又可分为身苦，即生理方面的苦，如，风、热、痰不平衡所起者，以及心苦即心理方面的苦，如，与所爱的对象别离之苦、与憎恨的对象聚集之苦、所追求之东西不能得到之苦；依外苦是由其他人、禽兽、毒蛇、山崩、堤溃等所引起的，属于其他生命体以及突发自然灾难所带来的；依天苦则是由四季寻常的寒暑、风雨、雷电所造成的。此等诸苦是人生之常相，而且生命体在三道升沉轮转，皆有忧恼苦之逼迫。

《数论颂》将生命体轮转之世间分为三道，即天道、人道、兽道。其中的天道分八，即梵王生、世主生、天帝生、乾达婆生、阿修罗生、夜叉生、罗刹生、沙神生；人道唯一；兽道分五，即四足生、飞行生、胸行生、傍形生、不行生。如《金七十论》所说，生命体依法、智、离欲、自在和非法、非智、欲、不自在八种而轮转三道。天道、人道、兽道都是有生有灭的，但作为轮回主体的是细身，它在各道间轮转时不变。细身即觉、我慢、五唯所和合者，包含微细的物质与精神因素。从原质转变最初即成此细身。细身在各道皆有具体的形态出现，比如在人道，它与父母所生之粗身和合即是具体之人。细身如与法（无嗔恚、恭敬师傅、内外清净、损减饮食、不放逸五夜摩，以及不杀、不盗、十语、梵行、无谄曲五尼夜摩）等相应，则生天道、人道；若与法等相反的非法等相应，则生兽道。

二、解脱原理

世间的生存被判为苦的各种形态，都是应予舍弃的。只有彻底舍弃世间之苦才有解脱可言。在这方面，不论是古印度思想的主流六派还是非主流的佛教、耆那教等，皆采取相似的立场。从苦的轮转到解脱，不是自然达成的，必然要通过一定的方法、行为、过程实现。数论派在《数论颂》中，根据二十五谛对此问题做了回答，并提出了它的解脱观。

在《数论颂》的解脱观中，突出了智慧作为解脱的关键。《金七十论》卷中本颂说："因智厌解脱，翻此则系缚。"[①]即系缚自身而轮转天、人、兽三道的根本原因是对二十五谛的无知，如果证知二十五谛，而厌离细身（或说厌离原质等二十四谛），真我（神我）与原质分离，即得解脱。《数论颂》及其释论《金七十

① 《金七十论》卷中，［陈］真谛译，《大正藏》第54册，第1255页。

论》详细说明了由“智厌”得解脱的具体方法，即可以通过八种以智厌为核心的成就达到解脱。这八种成就是通过思量、闻、读诵、离苦（分三）、善友、布施而得的。此八成就通过智厌的修行即可实现。思量成就意为，修道者通过思维而得对一十五谛的正确认识即正智，由此智慧而起六观行而厌离原质等二十四谛：首先观五大过失，见过失而生厌即离五大，名思量位；接着依次观十一根（五知根、五作根、心根）、五唯、我慢（及八自在）、觉、原质过失，见过失而生厌即逐次离此十一根等，分别名持位、如位、至位、缩位、独存位。由思量位渐次到独存位，真我（神我）离五大乃至原质而独存，即是解脱。这是思量成就。而闻等余七种是分别通过从他听闻、从师诵持、为离内苦三苦而求师、依善友传、依供养布施而得师等八种方式，得到关于一十五谛之正智，并依正智入六观行而得厌离，最终达到解脱。

按照《数论颂》及其释论《金七十论》，此达到解脱的机理还可这么理解：依智通过六观行，厌五大则五大还归五唯，厌十一根、五唯则十一根、五唯还归我慢，厌我慢则我慢还归觉，厌觉则觉还归原质，厌原质则原质与神我分离，此时原质转变为现象界的过程彻底终止，神我独存，即解脱。

数论派的心灵哲学的突出特点在于认为“精神”不限于人。从本原上说，万物之体为自性、神我。自性即原质（prakṛti）、本因或胜因（praddhāna）、非变（avyakṛta）、冥然（tamas）等意，指冥然无知之物质本原。人生现象或世间事物是由它演化（或转变）出来的，而且最后还要回归于它。神我是决定万物产生、运作的一种精神性实体。人及世间事物的生成与构造的发生顺序是：自性在“神我”的“观照”下，首先由“自性”生出“觉”（理性、知性），从觉生出我慢（自我意识或自我性），从我慢一方面生出十一根（眼、耳、鼻、舌、皮、发声器官、手、足、排泄器官、生殖器官、心），另一方面，又生出五性（香、味、色、触、声），进而五性又生出五大（地、水、火、风、空）。这就是数论派的二元二十五谛。从本原上说数论坚持的是二元论，但从本体论上说，数论坚持的是多元论，认为世界有二十五实。在“自我意识”的问题上，数论师不赞成我遍多身，但又承认我具有遍满性。

第十五章

瑜伽派哲学的心灵哲学

从学说史角度看，瑜伽学派的哲学一直是与数论思想密不可分的，是数论思想与瑜伽思想（指单纯的瑜伽思想，而非指作为宗派的瑜伽学说）的一种结合。数论学说与瑜伽学说间的这种互相涉入的关系，使之在印度传统思想中被称作数论-瑜伽学说。但两者也有差别，较之数论派注重哲理研究，瑜伽派更注重修持，而修持不外是要更好地进行心理管理，当然也包含有对心理现象的生灭的研究。所有这些，使瑜伽派在印度哲学思想史上独树一帜。

心理现象如何生起、持续（住）、转化、消灭，这是一切心灵哲学的共有课题。瑜伽派像佛教一样认为：要回答如何调（适）、治（理）、伏断心理等问题，要达（通达）心、晓（了）心、知心。它事实上赞成佛教这样的观点："当晓是心，而不可尽，……当达是心，不令懈怠，则知其心为不可尽。"[①]这里当"达"的"心"是指真心、智心，只有达此心，才有可能调治心，乃至伏断心。

本章的任务就是探究瑜伽派关于心理之生与灭的理论，尤其是还原、重构瑜伽派关于为何要灭心、灭心如何可能以及怎样灭除的理论。瑜伽派认为，要知心理为何能灭，必须知道心、身以及它们所组成的整体是如何生起的。因此本章将花一定篇幅论述瑜伽派的心身（生命）起源理论。

① 《阿差末菩萨经》卷2，[西晋]竺法护译，《大正藏》第13册，第397页。

第一节　以心为本：瑜伽学派的实质与特点

从瑜伽梵文——yoga 的词源看，词根是 yuj，原意是给牛马装上套具，以驾驭牛马，后引申为联系、结合、冥想、活动、心的统一等多种含义，在中国古代译籍中一般译为“相应”。yoga 在《瑜伽经》中称为“对心的变化的抑制”，①即一种对身心的调控、抑制的实践方法，但与“相应”一义还是不无关系。“相应”确实是瑜伽内在的最基本含义。总起来看，在印度思想的不同传统中，“瑜伽”所表现出的种种含义可归结为四种：最初仅指获得交感、通灵之神通力的一种巫术；在奥义书（Upaniṣad）以及后来的《薄伽梵歌》（Bhagavad-gitā）中指处于与超我分离状态之尘俗有罪之个我与超我合一；在古典数论与古典瑜伽学说中，则指通过控制人的身体和精神的活动，使最高的精神神我观照到自身与原质等的不同而获解脱；而在大乘佛教中指智慧与真理的无差别、平等之冥合。这些都与“相应”之义内在地关联在一起。

在瑜伽思想中，构成“相应”的本义需具有能、所两方面，其中所观的一方可为一物，也可以为一切对象物；而能观之一方可观照一物，亦可进行整全的观照。但要完成后一种观照，本质上要能够做出对一切事物的平等的静观。根据瑜伽派，数论所说的原质及其所演生的一切，可看作是所观，而静观的神我则是能观。这两方面所形成的能、所关系，与瑜伽思想的核心观念“相应”相合。所以数论的二元论与瑜伽学说后来能够融合绝非偶然，应该说二者具有内在联系。正因为如此，虽然瑜伽思想被六派或非六派的各种思想流派所吸收与发展，但瑜伽学说基本的同盟一直是数论思想。

在奥义书中，则可看到瑜伽思想的具体表述及其思想发展，可以说，奥义书传统是瑜伽思想发展的关键环节。这主要有两条发展线索：一是就瑜伽的本质与目的而言的发展，即阐发“相应”之意义；二是对瑜伽方法的探索，如形成控制“思虑”“感官”“出入息”等的禅定方法。第一方面在初期的奥义书中就有直接明确的反映，主张“相应”即是思维与对象相合，由此而得创生或者解脱。如《爱多列雅奥义书》（Aitareya Upaniṣad）第三章云：“彼（指“自我”ātman）乃凝集

---

① 姚卫群编译：《古印度六派哲学经典》，商务印书馆 2003 年版，第 189 页。

其思虑于水，水受彼思虑之凝集已，形质遂生。”[①]再如，《唱赞奥义书》（Chāndogya Upaniṣad）第二篇第二十三章云：“创造主凝思虑于诸界，诸界得其化育，三明遂生。彼更凝思虑于‘是’，此得其化育，三音遂生：地（bhūḥ），空（bhuvaḥ），天（svaḥ）。”[②]此中所说的创造主（自我、梵）将思虑集中于所想象之对象，则导致对象得以化育而创生形质。这里虽然针对的是超越的创造主的行为，但实际上说明了瑜伽的特质，即思虑与对象（不论是否为想象者）相合。又如，第八篇第五章云：“所谓玄默（mauna，即静思维之寂默）者，亦即修学之贞行（即梵行）也，唯以此贞行得知‘自我’而加以思维。”[③]此中将沉静思维（玄默）所观、所守之对象限定为“自我”，即最高之超越存在。由于“自我”是一切存在的创造者、本体与最终因，因此思虑观守“自我”而与之合一，即得解脱，如第七篇第二十五章云：“有如是见，如是思，如是知此‘自我’者，（如是）乐于‘自我’，嬉游于‘自我’，合于‘自我’，得至欢于‘自我’者，乃为自主之人，在一切界，皆任彼所欲为。”[④]因此系思于“自我”，并进而与之合一，就可获得解脱之快乐、自在。这成为奥义书中所规定瑜伽的重要含义之一，后被印度六派哲学共同奉守。但在早期的奥义书中对瑜伽的具体方法、技术方面提得不多，只是笼统提到如控制“思虑”“感官”“出入息”等，说明这方面的发展还没有系统化。如前文提及的“玄默”（mauna）以及在《唱赞奥义书》第七篇第六章出现的“静虑”（dhyāna）、在《泰迪黎邪奥义书》（Taittirīya Upaniṣad）第一卷第九章出现的“静定”，表明的是对思虑的控制而使心思专注于一境。又如，在《唱赞奥义书》第一篇第三章谈到“入息”（prāṇa）、“出息”（apāna）、“充周气”（vyāna）、作不作“吐纳”等，从中可看出制息、调息等调控呼吸的方面。在《泰迪黎耶奥义书》第二卷第四章直接提到“瑜伽”一语，但没有界定。

中期奥义书对“瑜伽”作了界定，对其方法、技术也有所涉及。《羯陀奥义书》（Kaṭha Upaniṣad）第二部分第六轮有这样的表述：“坚定地持守诸根（indriyadharanām），称为瑜伽。”[⑤]这从制束感官（根）的角度明确了瑜伽的含义。

---

① 《五十奥义书》，徐梵澄译，中国社会科学出版社 1995 年版，第 23 页。
② 《五十奥义书》，徐梵澄译，中国社会科学出版社 1995 年版，第 118 页。
③ 《五十奥义书》，徐梵澄译，中国社会科学出版社 1995 年版，第 238 页。
④ 《五十奥义书》，徐梵澄译，中国社会科学出版社 1995 年版，第 229 页。
⑤ 《五十奥义书》，徐梵澄译，中国社会科学出版社 1995 年版，第 367 页。

《羯陀奥义书》还认为对诸根的御束关键在心意，因此，瑜伽也就是对心意的调制。如第一部分第三轮说："彼是无知人，常不制其意，诸根如野马，不服御夫辔。而彼有智人，常自绾其意，诸根如良马，善服御夫辔。"①因此有根据说，瑜伽学即心理管理学。

对诸根、心意之御束、调制，只是给出了瑜伽的外在含义，与"瑜伽"一语的本义——给牛马装上套具相当，而其内在含义所指之静虑（dhyāna），则合于"相应"义。在奥义书中，瑜伽的最根本"相应"义是梵我同一，这实际上是瑜伽最终要达到的目的，如《羯陀奥义书》第二部分第二轮说："太古识'彼'（指'自我'）真，修'瑜伽'可致"，即通过"人而祛欲情，忧断彼可见，清净心意根，'自我'得大现"。②中期奥义书还认为，实现瑜伽的条件、方法、技术皆是瑜伽。瑜伽的上述诸含义在《白净识者奥义书》中有一全面说明，对此黄心川说："同一时期的《白骡奥义》（即《白净识者奥义书》）（Ⅱ.8.15）还进一步阐述了瑜伽的各种行法：身体的姿势（胸、颈、头要保持一致，伸向上方，使意通过各种器官进入心）、呼吸的调整（呼吸要长而细，让气息从鼻孔出入）、修行的场所（安静的地方）、修行中容易出现的幻觉（雾、烟、太阳、荧光、闪电、水晶、明月等形相）、瑜伽的现实作用（超出生、老、病、死的束缚）和瑜伽所达到的最终目的（亲证梵我，获得最后的解脱）。"③

中期的奥义书涉及了瑜伽思想的诸多方面，具备了《瑜伽经》（Yoga-sūtra）所说的瑜伽诸支作法的雏形，这在属后期奥义书的《慈氏奥义书》（Maitrāyana Upaniṣad）北本第六章中被整理为六支作法，如说："奏此和合之功，其术如是：制气（prāṇāyāma）、敛识（pratyāhāra）、静虑（dhyāna）、凝神（dhāranā）、观照（tarka）、入定（samādhi），是谓瑜伽六支。"④对此六支作法的意义，《慈氏奥义书》第六章又说道："明者若摄敛意识，由外返内，气息习调，物念皆寂，则当定于无想""'高于是者，凝神。则以舌端抵前上颚，而收摄语言、心思、呼吸，由是修观而见大梵也。'……此解脱相也。"⑤即安立此诸瑜伽支并予以修习，并

①《五十奥义书》，徐梵澄译，中国社会科学出版社1995年版，第356页。
②《五十奥义书》，徐梵澄译，中国社会科学出版社1995年版，第352、354页。
③ 黄心川：《印度哲学史》，商务印书馆1989年版，第310页。
④《五十奥义书》，徐梵澄译，中国社会科学出版社1995年版，第458页。
⑤《五十奥义书》，徐梵澄译，中国社会科学出版社1995年版，第458-459页。

非是世间性的身心调适，而是为了止息欲念，消除罪恶，最终与“自我”（“大梵”）相合一，而达解脱。

瑜伽与数论的联合发展是一个历史事实，如从中期的奥义书中可看到二者的关涉。前文提到的《白净识者奥义书》，不仅说明了瑜伽的基本作法，而且有众多数论思想的术语出现在里面，在某种意义上，可说是数论思想与瑜伽思想的一个交织。如说：“‘神我’‘自性’‘原质’或‘原素’‘显了’与‘非显了’‘三德’‘五十有’，皆与数论同撰，尤以牝羊牡羊之喻说‘自性’与‘神我’之关系，极为明显。”①

在史诗时代，瑜伽思想已经与数论思想相提并论。在著名的史诗《摩诃婆罗多》（Mahābhārata）中，瑜伽思想与数论思想融合在一起，而且在奥义书的基础上，特标出有神论因素。该史诗中最重要的哲学篇章《薄伽梵歌》（Bhagavad-gitā）直接称自己为瑜伽论（Yogasāstra）。可以说，这是从奥义书通向《瑜伽经》的桥梁。因为，《薄伽梵歌》将通向、把握真理（最高神我）所需的一切如思想、方法等皆称为瑜伽，真可谓将瑜伽之义发挥到极致。它特别强调智瑜伽与有为瑜伽的作用，宣称解脱之路唯此二者。在它那里，前者属数论派，后者属瑜伽派。而且《薄伽梵歌》认为这两种瑜伽并非互不相容，相反是一体之两支，如说：“愚夫说数论和瑜伽有别，学者与愚夫则迥然不同，只要正确坚持其一，也能喜获双成。信数论者能达之境，信瑜伽者也能够到达，把数论和瑜伽视为一体，才算是正确的观察。”②《薄伽梵歌》吸收了数论的二十四谛，但并不满意用二十四谛说明现象界的发生与演变、消灭，无意将现象的最终本质与最终因归为原质与神我，而是在二者之后建立“无上我”（paramātman，最高神我 uttamapuruṣa，大梵 brahman），又称大自在天（Maheśvara），不仅将数论的二元论变成了一元论，而且变成了有神论的一元论。结果，最高的存在既是无相之超越者，又是自在之神，这奠定了后来印度教统一各派的思想基础。在《瑜伽经》中引入神也受此影响。《薄伽梵歌》的瑜伽思想除了如《奥义书》那样规定了瑜伽行者（即修行者）的食物、衣着、修行场所、作式，以及注重调心、克制欲望、控制出入息等外，还强调有为之行与虔信（奉献，bhakti）对修习瑜伽以与“无上我”相合而解脱的

①《五十奥义书》，徐梵澄译，中国社会科学出版社 1995 年版，第 370 页。

② [古印度]毗耶娑：《薄伽梵歌》，张保胜译，中国社会科学出版社 1991 年版，第 65 页。

重要性。

瑜伽派学说的系统表达最早见于钵颠阇梨（Patañjali）所编著的《瑜伽经》，后者原型约在公元前1世纪前出现，在公元4至6世纪编纂定型。所以，《瑜伽经》是漫长的思想发展过程的产物。《瑜伽经》将瑜伽定义为对心的变化的抑制，这偏向于从技术角度界定。在《慈氏奥义书》瑜伽六支的基础上，《瑜伽经》建立瑜伽八支行法，即制戒、遵行、坐法、调息（制气）、制感（敛识）、执持（凝神）、冥想（静虑）、入定（等持）。[1]相对前述六支，增加了制戒、遵行、坐法，去除了观照。这样八支就分为了两部分，一部分即前两支，是道德禁戒、劝诫的瑜伽前行；另一部分即后六支，是调整身体、调控呼吸、调束心意的瑜伽正行。这些瑜伽行法是与数论的思想体系糅合在一起的，即数论是瑜伽学说的思想本体。但与古典数论不同的是，受《薄伽梵歌》的影响，引入了自在天（Isvara）神的观念。由于古典数论本身的无神论特征，使神概念在瑜伽学说中显得格格不入。学界一般将《瑜伽经》以及注的思想称为古典瑜伽，而之前的称为早期瑜伽。

第二节　《瑜伽经》对心的求真性探究

《瑜伽经》是瑜伽派的最早的也是根本的经典。在《瑜伽经》中，可以看到数论思想的成分，比如原质与神我等，但主要是瑜伽思想，比如瑜伽八支行法，甚至还出现了神的概念等。《瑜伽经》的出现肯定与数论派有关，它在一定程度上可看成数论思想与瑜伽思想的结合。但不能否认的是，《瑜伽经》在哲学思想方面并没有多少展开，其内容的重心是瑜伽思想，由此也可知其独立开派之理由所在。而且，从《瑜伽经》中数论思想的成分看，并没有完整出现数论的标准学说，比如二十五谛说，似乎可以说明《瑜伽经》所吸收的数论思想属于前古典数论时期的东西。总之，《瑜伽经》是在显而易见的数论形而上学思想的背景中专力发挥瑜伽思想的一部经典，用拉达克里希南的话说："钵颠阇梨是在数论的形而上学思想背景上将瑜伽的诸概念予以了系统化"。[2]具言之，数论思想为瑜伽派提供了哲学基础，而瑜伽思想的独创性主要表现在对心灵管理的原理和方法作了

① 参阅《瑜伽经》，姚卫群编译：《古印度六派哲学经典》，商务印书馆2003年版，第198页。
② Radhakrishnan S. *Indian Philosophy.* vol. 2，London：George Allen&Unwin Ltd，1962：342.

深入全面的探索。如下面将看到的，在这个过程中，它也阐发了有一定现代意义的思想，如认识到深层意识中存在着纯意识，等等。

《瑜伽经》虽然以阐述作为实践方法的瑜伽思想为主，但在这个过程中也触及了大量深层次的心灵哲学问题，并作了不无特点的探讨。其中许多思想还有现代意义。

一、神我论思想及意识深层构成、本质的新发现

在心灵哲学本体论方面，《瑜伽经》借鉴数论派的思想，明确肯定了神我等心理现象的本体论地位。如前所述，数论的二元论承认原质（自性）与神我为宇宙最为根本的存在，而其余的事物由原质转变生起，是依存于原质的次级存在；在宇宙论方面，则持“因中有果”的转变说，即在原质与神我结合的情况下，由三德间的相互作用而引发宇宙的演化进程，转变生起觉等次级事物，而在神我与原质分离之时，宇宙的转变过程即中止，现象即消灭，重归于原质。《瑜伽经》对这些有所继承。它亦承认有两种基本存在，即实在（Prakṛti，即原质，自性）与神我。同数论一样，神我被认为是一种静观性存在，它与实在构成真正的能观与所观。

该经在具体规定神我时，也提出了自己的新的观点，如：认为神我是根本之意识（即纯粹意识）。这一看法尽管与吠檀多派的看法有一致之处，但对人类深入认识深层心理的构成和特点是极有意义的。当代现象学在对心灵的深掘中也有近似发现。该经还认为：相对于由实在产生的次级意识心（citta）而言，神我是主宰性的，不会如心一样有变化。在说明实在及其本质时，《瑜伽经》认为，实在（自性）是其他事物的所依存之本体与生起之本源，具有萨埵、罗阇、达摩这三德的特性，对应于三德相互作用变化的不同阶段，实在可以转变为特殊的、非特殊的、无差别的、形象性的，以及本体的形态。在说明神我与实在的关系时，该经说：“实在和神我是彼此完全不同的，因为（实在）为其他（物而存在），经验（存在于二者）无差别的观念中。通过对自身对象的总制，（获得）神我的知识。”[1]这就是说，实在（原质）与神我完全不同，而世间之经验（bhoga，即受用，属烦恼性质）起源于对原质与神我之差别的无知，当一者的差别被认识到时，

① 姚卫群编译：《古印度六派哲学经典》，商务印书馆 2003 年版，第 204-205 页。

神我即遗世独立，而获解脱。换言之，当无明（avidyā）等消除时，实在（原质）便离开神我，三德的变化过程即终止，三德又回到潜伏状态，万物消归实在（原质），最后，“绝对独存（kaivalya）”也就达到了。

《瑜伽经》在本体论、宇宙论方面与数论思想最大的不同在于引入了神（自在天，Īśvara）的概念。《瑜伽经》是在神我概念的基础上引入神概念的。《瑜伽经》云：“自在天是（与一般神我）不同的神我，他不为烦恼、业、异熟和意乐所触及。”①此中认为，自在天是特殊神我（殊胜神我，puruṣaviśeṣa）。将神与神我联系起来，当然是来自奥义书的影响。自在天概念由于是借助于神我概念而引入的，因此其基本含义有两个方面。一是，神我作为静观、恒常之纯粹精神，不管是否与原质相合，其本身与任何其他事物在性质上完全不同。换言之，不管是否处于宇宙演化或生命之业报轮回中，其静观、恒常的本性不变。自在天概念强调了神我的这方面意义，并将之解释为神具有亘古不变之解脱性，所以，《瑜伽经》说神“不为烦恼、业、异熟和意乐所触及”，即是说，“神我是在业报轮回的束缚之下，而神则是断灭了尘世的系缚而获得解脱的‘独存者’，它不受‘时间的限定’，也不为烦恼、业、果报、潜在力（过去的业）所触动。”②二是，自在天概念还强调了神我本身作为纯粹意识的本质，因此称神为至上的、全知的种子（sarvajña-bīja）。

从思想发生的逻辑看，要在数论思想的基础上建立有神论学说，将作为纯粹精神的静观性、恒常之神我区分为两类，并将其一赋予有主宰力之神的含义，是相当勉强的。也正是如此，《瑜伽经》的神我概念被认为是外在的，根本游离于数论的无神论思想之外，而且与瑜伽思想的意趣亦不相符。从前文的分析可知，由于《瑜伽经》的自在天概念在相当程度上来源于神我概念，实际相当于在成为“独存者”后的神我，因此，其作为创造者或者动力因的一面并没有得到揭示。虽然《瑜伽经》引入自在天概念的初衷，肯定是为了解决动力因问题，因为实在（原质，自性）的恒常的未显性，以及神我的恒常的静观性，很难说明宇宙现象怎么能够突然开始演化，但事实上《瑜伽经》由于强调自在天与神我相似的特性，因此以自在天作为动力因来说明事物的产生与演化的目的并没有实现。在《瑜伽

① 姚卫群编译：《古印度六派哲学经典》，商务印书馆 2003 年版，第 192 页。
② 黄心川：《印度哲学史》，商务印书馆 1989 年版，第 314 页。

经》中，自在天主要是作为修定时观想之对象而体现在瑜伽思想中的。但无论如何，在宇宙演化进程以及宗教修持中加入神的作用，是古印度吠陀奥义书传统的一个惯常做法。特别在印度教兴起后，在主流吠檀多思想影响下，包括数论体系在内的古印度正统学派，就基本上完全“有神论化”了。

二、心的机能的探究与整合

《瑜伽经》对心的探讨是比较多的，特别是对作为心理样式的认识有较多论述，如：主张有自在天的全知性认识、神我的静观性认识，以及心的（citta）认识。前二者皆是完善的，是如同镜面之映现，而后者不同，它是在相互作用中的一种动态的局限的呈现。由于《瑜伽经》的思想关注的是解脱与轮回，并认为其根本在于获得关于心的认识，因此，心的认识无疑是它的重点探讨的对象。

相对于数论之心义，《瑜伽经》所说的心的含义一般较为宽泛，相当于数论的内作具（内部作用器官），即包括意（心根）、觉（统觉）和我慢（自我意识）及其相应的心理机能，有时也狭义地指觉。《瑜伽经》将众多的心理机能统归于心，使心具有复杂的心理活动与功能。这与中国哲学将不同的机能分别授予不同的主体，或赋予不同的主体以不同的功能，如魂、魄、精神、心、灵，形成了鲜明的对比。根据该经，心的活动或者说“变化”略分为两种：一种是情意性的，另一种是认识性的。情意的活动被称为“痛苦的”，相当于烦恼，分无明、我见、贪、嗔与现贪，此五者在《瑜伽经》中被认为是世间轮回的根源，即由此诸烦恼，而有造业，以致受苦轮回不断。认识的活动被称为是“非痛苦的”，又分为受烦恼支配性的与脱离烦恼支配性的两种。前者迷惑于万象之差别，后者受神我之吸引，最高称辨别智，以达到认识实在（原质）与神我的区别为目的。具体又可分为正知、不正知、分别知、睡眠、记忆。在钵颠阇梨后，古典瑜伽又根据《瑜伽经》将从世间的轮回状态到解脱状态过程的不同心的活动归纳为五种状态，即下述五心地（cittabhūmi）。

一、忧心（kṣipta），即心随境转：外界事物川流不息，转变不停，心为之牵引、束缚，骚动不宁，苦乐交变。

二、盲心（būdha），即心思昏暗不明、不能专一：心在极度烦恼（如强烈的冲动或盛怒）的情况下，对事物失去判断能力的昏懵状态。

三、迁心（vikṣipta），即心的流荡、散乱：是心在烦恼缠缚下的不稳定状态。

四、一心（ekāgra），即“心一境性”：心专注于一境（某一事物或对象），对对象有清楚、如实的认知，是制心的基础，但还不能使心的活动与作用断灭。

五、灭心（niruddha），即心的活动与作用断灭：所谓心无所知，苦乐俱灭。灭心一般指现行的情意与认知活动的断灭，而这些活动所熏习的潜在势力即种子仍在，此即“有种三昧（sabīja-samādhi）”。当种子亦断灭时，称“无种三昧（nirbīja-samādhi）”。此时，神我与原质完全分离，保持纯粹与绝对的自由，即“绝对独存”。

三、关于心的现象学思想

《瑜伽经》认为，心的认识（知）的产生必须要有对象，它不能直接认识自身，即没有“自明独照性”。这种心当然指的是表层的认知性的心，而非前面所说的深层的纯意识。这种认知性的心对自己的认识必须将自己对象化后才能实现，但这已经不是直接的认识了。不过，心可以成为其他心的认识对象，而且一直是神我的认识对象，它的一切变化形态都在神我中无遗地呈现。现象事物相对于心有独立实在性，因此，存在被认知与未被认知两种情形。当其作用于心时，心对其即有反映，即此时物使心“着色”，而成为心的认识对象，心即发生认识。如《瑜伽经》云：“由于心需要着色，因此，对象是被认知的（或）未被认知的。”[①]从中可看出，心对事物的认识作用的发生，还需靠物对心的牵引。对此，毗耶娑将物比喻为“磁铁”，将心喻为“铁”，以磁铁对铁的吸引作用解释外界事物对心的认识作用的发生所起的牵引作用。反过来，事物必须在心中被心对象化或说反映后，才能被认识。而心对事物的反映或说物在心中的映像是具有主体相对性的，换言之，不同的认识主体的心对对象的反映不同，即物在各个心中的映像是有差别的。而且，即使是对同一物，由于心的变化性，物显现的样态也会有前后的不同。所以《瑜伽经》说：“由于当对象相同时，心（的状态）不同，因此，这（对象在心中）的存在方式不同。”[②]由于事物必须在心中显现才能被认识，而且显现是具有相对性的，那事物未被认知前的存在或者未被认知的性质的存在如何得到

① 姚卫群编译：《古印度六派哲学经典》，商务印书馆2003年版，第212页。
② 姚卫群编译：《古印度六派哲学经典》，商务印书馆2003年版，第212页。

保证？这在《瑜伽经》中是通过神我以及神自在天的静观来保证的。

总的来看，《瑜伽经》关注的是通过瑜伽修持而断灭轮回、获得解脱的问题。由于瑜伽修持的前提、过程及结果皆与认识论紧密相关，换言之，瑜伽修持只有相应于正确的认识才能进行，因此，《瑜伽经》对认识的形式与内容有明确说明。该经将认识的形式与内容区分为五种，即正知、不正知、分别、睡眠和记忆。略述如下：

一、正知（pramāṇa）即量，亦即正确的认识，是有根据且如实的认识，亦是正确认识的标准，分为现量、比量与圣教量（圣典或权威意见）。这明显沿袭了数论的说法。

二、不正知（似知、颠倒，viparyaya），亦即错误的认识，是有根据但不如实的认识。如《瑜伽经》云："不正知是（对事物的）虚假的认识，（它）具有不（表明）这（事物特性）的形式。"[①]这种认识与前述的正知一样，有实在的认识对象，但它不能反映认识对象的本来面目，认识的结果相对于认识对象而言是虚假的、颠倒的。

三、分别（分别知，vikalpa），亦即虚妄构想，是没有实在对象之想象。《瑜伽经》对之是这样界定的："分别知由言语表达的认识产生，（它）没有实在性。"[②]即这种认识是依据语言的传述而构想的，本来语言不能描述殊相，只能描述共相，而且又是经过心灵的想象，因此不能把握具体事物。或者如毗耶娑所说，在想象与语言所描述的共相相符的情况下，分别亦可以是真实的。比如有人说"首陀罗的牛"，这在听者心中便生起了"首陀罗"与"牛"两个表象，但由于"首陀罗"是限定"牛"的，"首陀罗的牛"指牛，而非指人，因此"牛"的表象是如实的，而"首陀罗"表象则不真实。[③]

四、睡眠（nirdrā），指在睡眠情况下的认识活动相应的认识，这是一种无根据的认识。如《瑜伽经》云："睡眠是（心的）变化，它依赖于不存在的原因。"[④]在觉醒的时候我们有睡眠状态的一些回忆，说明睡眠时心的认识活动并没有停止，否则醒来不会知道做梦等经历。但要注意的是，《瑜伽经》强调睡眠时的认

① 姚卫群编译：《古印度六派哲学经典》，商务印书馆 2003 年版，第 190 页。
② 姚卫群编译：《古印度六派哲学经典》，商务印书馆 2003 年版，第 190 页。
③ 参阅黄心川：《印度哲学史》，商务印书馆 1989 年版，第 317 页。
④ 姚卫群编译：《古印度六派哲学经典》，商务印书馆 2003 年版，第 190 页。

识，只是心自身的种种波动，并没有外在的真实认识对象。

五、记忆（smṛti），按照《瑜伽经》的说法，是“未遗忘的感觉印象”。[①]即由过去的感觉、经验在心中重新现起而得的认识。此中，《瑜伽经》肯定了过去感觉经验在心中重新现起的可能性与可靠性，并由此许可通过记忆获得的认识的可靠。

四、意识理论与二元——超二元问题

对人、世界是否作心物二元划分，自古以来，就是心灵哲学的一个有争论的问题。瑜伽派对此也表达了自己的见解。但学界在解读时，却有不同的看法。有的认为，它坚持的是二元论立场，因为它认为世界的本原是 puruṣa（纯识，真我）和 prakṛiti（无意识的原质，物质本原，冥谛）；强调纯识与冥谛的二元对立，认为通过对纯识与冥谛的分析，可以说明实在的、存在的、认识的、伦理的、美学的各个方面，也就是说，实在是这些方面的统一。冥谛与有意识心灵的关系是，冥谛是物质的根源，从中也可产生知觉作用或决智（budhi），冥谛所派生出来的这些东西有能量、质碍性，但没有意识作用；只有当纯识与决智联系在一起时，人才有知觉作用发生。有这种作用，就表明人身上有了有意识的心灵。也有解读认为，它在人的构成问题上，坚持多元论，认为人由身体、诸根、心、纯识构成，其中所说的“心”是中间性存在，作用有五种：正知、不正知、分别知、睡眠、记忆。

印度著名心灵哲学家罗摩克里希纳·拉奥（K. Ramakrishna Rao）最近提出：瑜伽派坚持的是以意识理论为中心的超二分图式。他还基于比较研究提出：当代西方意识理论有向印度靠拢的一面。至少有些人的意识理论是这样，如维尔曼斯（M. Velmans）就是如此。拉奥通过把他的思想与瑜伽派的意识理论作了比较。例如，瑜伽派的意识理论有如下要点：①物质和意识是主宰宇宙的基本原则。②意识根本不同于物质，不可还原为物质的样式。③每个识都是独特的，在与心身复合体发生关系时，都有特殊的经验。④意识通过心灵这个工具照亮物质宇宙。⑤意识不同于心灵，心灵不同于脑。⑥心灵与脑、与意识，可以相互作用。主体与客体的分化根源于心与脑、感觉系统的相互作用。⑦意识本身没有形式、形相。在

① 姚卫群编译：《古印度六派哲学经典》，商务印书馆 2003 年版，第 190 页。

人身上，意识通过照亮心中的物质而获得了物质对象的形式。⑧通过接近意识，心灵现实化于宇宙之中。⑨意识本身具有无差别的主观性。经验的主观性来自于心灵与意识的联系。⑩意识本身没有内容，意向性是心灵的特点，而非意识的特点。⑪有两种认知方式，一是无须感觉介入的认知，二是以感觉为中介的认知。[①]

维尔曼斯的意识理论与上述观点十分接近，可以这样概括：①宇宙中存在着物质（包括人的身体）和意识（包括经验），物和识是宇宙的组成部分。②意识有神经关联物，在大脑中，还有伴随意识发生的过程。但意识和身体状态在本体论上是各自独立的，没有同一性，意识不同于大脑，两者不能还原。③我们每个人都有关于更大宇宙的有意识的观点。④我们是这样一种过程的组成部分，通过这一过程，宇宙看到了自己，并创造了主客的区分。⑤意识、大脑、心灵是有区别的概念，心灵包括意识和某些大脑状态。⑥意识与物质在心灵中交织在一起。⑦物质给予意识以形式。⑧通过意识，物质宇宙得到了实现。⑨意识使现象性觉知有了主观性，意识使被知觉对象、事件和过程成了主观上真实的东西。⑩意向性是意识的特点，意识总是关于某物的意识。⑪有两种基本的认知方式，一是亲知或直接认知，二是通过描述间接认知。

我们认为，瑜伽派在人和世界的划分问题上坚持的是超心物二分图式。

五、心的人为转化与生灭

心灵之灭，有两种形式。一是自然灭。这种灭对于人来说，本身还是一苦，且是最可怕的苦。麻烦还在于：它灭了还会再来、再生，因此顺着这种生灭流转，人永无出离苦海的希望。二是人为灭，即为达到解脱或成佛目的而有意识、有目的、有步骤自觉予以断灭，甚至永远断灭，不令再生。可见，人为灭不同于自然灭。下面略加分析。

自然灭是凡夫心识或妄心相续流转的一个环节，开始于生，中经住驻、变异，最后随着一期生命的结束而走向消灭。这种消灭不是真正的消灭，而是因为心识离开原先寄存的身体，所以就其失去此身体，在此身体中不能再继续而言，它消失了。正像有生必有灭一样，有这样的灭又必然有相续的生，因为只要因缘具足

① Ramakrishna R K. *Consciousness Studies：Cross-Cultural Perspectives*. Jefferson：McFarland &Company，Inc.，2002：269.

就一定如此。

另一种是人为灭。下面我们从心灵哲学角度讨论妄心的人为的生灭的问题。对于解脱来说，断灭妄心的确有其必要性。但问题是：这是否有其可能性呢？如果有，其根据、机理何在？瑜伽派从多方面作了解答，其中最重要的根据是它关于心理、生命乃至整个世界的起源理论。因为只要能够通过刨根究底的探讨查明妄心不是从来就有的，不是无原因地产生的，而有其生起的根源，有其因缘或条件，那么就等于找到了人为灭除妄心的可能性根据。道理很简单，既然生是有根源的，是由因缘条件具足而生的，那么只要斩断这个根源，不为其提供条件，甚至只要让它缺一缘，它就不可能发生。瑜伽派也承认这样的逻辑学原则的普遍必然性，即缺缘不生。意为一事物的必要条件（因缘）中的一个具备了，不一定会让该事物产生，但若任一必要条件不具备，那么可以肯定：该事物不管多么必要，被构想得多么美好，也不会出现。

首先，伏灭心灵之所以是可能的，关键是心灵是由相应因缘具足才有其生和住的。其生、住分别有两种形式：一是相生、相住；二是流注或相续生、流注住。有业力在阿赖耶识中的熏习，便有心识的相生、相住；有前因后果的链条，便有心识的相续生起、相续住相。既然如此，若不提供或斩断相应的因缘，相应的心识便不会有其生起和住相。

按照《瑜伽经》的说法，解脱即神我脱离业与烦恼造成的轮回，或者随顺数论的看法，是神我与原质彻底分离，而获得独存的状态。要达到这种结果，必须断灭心行，以及业、烦恼之习气种子。《瑜伽经》认为，这需要修持瑜伽才能实现。《瑜伽经》的瑜伽思想分为两方面，一是瑜伽行法或者说瑜伽修持法，二是修持瑜伽所达到的境界。

瑜伽修持法可概括为八支行法。《瑜伽经》将瑜伽修持分为八支，即制戒（夜摩，yāma）、遵行（尼夜靡，niyāma）、坐法（āsana）、调息（pranāyāma）、制感（pratyāhāra）、执持（总持，dhāranā）、冥想（静虑、遵行禅定、禅那，dhyāna）、入定（等持、三昧、三摩地，samādhi）。此八支是由后期《奥义书》的《慈氏奥义书》（Maitrāyana Upaniṣad）北本第六章所说的瑜伽六支发展而来的，即在六支调息、制感、冥想、执持、观照、入定中，将观照摄入冥想，再换上制戒、遵行、坐法三支瑜伽助行，而成为八支。八支中，前两支制戒、遵行相当于戒或律仪，是对修瑜伽者的宗教伦理要求，是修行的基础；坐法等后六支相当于具体的瑜伽行法，其中，坐法、调息、制感等三属于外在的、调身的瑜伽行，是瑜伽正行的前行阶段，而执持、冥想、入定是内在的、调心的瑜伽行，是瑜伽修持的正行。在古典瑜伽中，常将八支中注重行为自律与调身的前五支合称行瑜伽，而将注重调心禅修的后三支称智瑜伽。略述如下。

第一，制戒，即禁戒，是对应该禁止的行为的规定，是消极性的遮止。分为五种：①不杀生（非暴力，ahiṃsa），不伤害生命；②不妄语（satya），如实的思想和言论；③不偷盗（asteya），不取不属于自己的东西；④梵行（不淫，brahmacarya），不作淫行；⑤不贪（aparigraha），不贪别人的财物等，并能舍弃。此五戒与耆那教的五戒相当，与佛教的五戒也相近，只有第五戒不同，这说明在古印度不管正统还是非正统各派最基本的戒律基本上是一致的。《瑜伽经》云："（制戒是）伟大的誓言，（它是）普遍的，不受生命的状态、空间、时间和场合的限制。"[①]此中，强调五戒的重要性、普遍性以及绝对性。该经还说明了持守禁戒的果，即获得慈爱、福顺、财富、健康、洞察力等。

第二，遵行，是对应该遵行的行为的规定，属于积极性的提倡。分为五个方面：①清净（sauca），又分外清净与内清净。其中，由对身体的污垢与缺陷等的厌恶，开始清净身体，不再对之执著，并由此远离他人，这是外清净方面；当心的污垢被去除而得清净时，心获得欢喜，并易于调制与产生正知，这是内清净方面。②满足（知足，saṃtosa），即不希求自己分外之物，内心平静、轻松，由此可以获得"至上之幸福"。③苦行（tapas），即通过忍耐饥、渴等苦，以及采取其他种种自我折磨的修行方法，去除身心之污垢，由此可得身体与感官的种种神通（超自然之力）。④读诵（svādhyāya），即读诵、学习吠陀经典，念诵咒音，而与神自在天感应道交。⑤念神（Īśvara-pranidhāna），即虔信自在天，由此可得等持（三昧）。

第三，坐法，即按一定坐姿调整身体。从坐法开始正式进入瑜伽修持阶段。瑜伽修持涉及身体、呼吸（息）、心的调制，而对身体的安定是基础，因此，坐姿的调整非常重要。《瑜伽经》谈到坐法时，要求身体稳固、放松，切忌用力，精神怡然。"进而觉得此身舒展，等同宇宙而无限量，内外自他一切对待，悉皆

① 姚卫群编译：《古印度六派哲学经典》，商务印书馆2003年版，第199页。

泯灭。”[①]对瑜伽修行的场所的选择，在奥义书中已有所说明，但《瑜伽经》则没有谈及。《瑜伽经》对坐姿也没有说明，不过，在毗耶娑的注释书——《瑜伽论》中则列举有莲花坐、勇士坐等十余种坐姿，在后来的哈他瑜伽（Hathayoga）中更发展到八十四种之多。[②]

第四，调息，即调整呼吸。这是紧接在坐法完成后之步骤。对调息的具体做法，《瑜伽经》有明确说明：“表现为外部的、内部的和完全抑制的（调息），通过位置、时间和数量来调节。（它因而是）长（时间）的和细微的。第四个（调息步骤）涉及呼吸的外部和内部的范围。”[③]即认为调息有吸气、呼气和止息三种作用，即后来所谓的满相（吸气满于胸腹）、虚相（吐气虚于胸腹）、瓶相（贮气满于胸腹）。在进行此三种调息时，要注意气息在身体内外出入的范围（位置）、要注意呼吸之间的间隔（时）、要注意呼吸的次数（数），呼吸绵长而细微，心专注而明了，由此可徐徐达到等持（三昧）。

第五，制感，即制根（感官，indriya），亦即使眼等感觉器官与对象分离，予以调服，即把感官置于心的控制之下。

第六，执持，即“心注一处”。在调服感官后，使心不弛散，专注或凝聚一处，所谓制心不动。所专注之对象可以是身体的肚脐、鼻尖等，也可是外界的神像，等等。

第七，冥想，亦称禅定。《瑜伽经》云：“静虑是观念在那里的持续”。[④]即在执持基础上，进一步使所专注或凝聚之对象和心相（表象）融合。这需经一个过程，在冥想开始时，心只能观想到对象的一部分，到最后能进到观想全体。

第八，入定，亦即三摩地。这是静虑的进一步发展，是瑜伽修持的最后阶段。在三摩地状态中，消除了精神涣散，精神集中得以实现。此时对自我的认识似乎消失如同虚空，对象占据整个心中，或说整个心被对象之光照耀着。换言之，心与对象冥合为一，主观消融于客观之中。

在论述瑜伽修持之境界时，该经强调：虽然入定（等持、三昧）阶段是瑜伽修持的最后阶段，但其境界还是有不同层次的。《瑜伽经》对入定的境界作了较

① 传印法师：《印度学讲义》，宗教文化出版社 2011 年版，第 158 页。
② 参阅传印法师：《印度学讲义》，宗教文化出版社 2011 年版，第 158 页。
③ 姚卫群编译：《古印度六派哲学经典》，商务印书馆 2003 年版，第 201 页。
④ 姚卫群编译：《古印度六派哲学经典》，商务印书馆 2003 年版，第 202 页。

为细致的区分。前述等持所述的境界能达到主观如同虚空消融于所观对象，但这并非是瑜伽修持最高境界，因为此时还有心行与习气种子存在。入定的最高境界是法云三摩地（法云三昧，dharma-megha-samādhi），或者说无种入定（无种三昧，nirbīja-samādhi）。于此三摩地，断灭了心行以及摧毁了习气种子，神我从轮回的现象之网中脱离，并最终与原质分离，获得“绝对独存”（kaivalya）。因此，从前述等持到最终的法云三摩地，存在境界的飞跃。这种飞跃，在修持上《瑜伽经》没有说明，所以就有猜测，认为《瑜伽经》对入定的层次区分可能是受大乘佛教的影响后增加上去的，因为“法云”以及“无种”与佛教的最后第十地法云地以及无杂染种子之佛地名有相同之处。但这不是定论。

《瑜伽经》将三摩地阶段总略分为有想三摩地（有心三昧、有智三昧，samprajñāta-samādhi）及无想三摩地（无心三昧、无智三昧，asamprajñāta-samādhi）两个阶段。有想三摩地心念犹存，专注或凝集于某一对象，还掺杂有语言、概念以及意义的差别，及有受熏习而积淀之业习种子，所以又称“有种三摩地”（sabīja-samādhi）；无想三摩地已经没有专注或凝集的对象，心的一切变化与作用皆已断灭，而且一切业习种子也已断除，故又称“无种三摩地”。其中，有想三摩地被分为四种阶段，即有寻、有伺、欢喜、自存三摩地，下面按后来瑜伽派的诠释略加说明。

第一，有寻三摩地（粗考三昧，savitarka samādhi）：修持者专注于五大、五作根等粗大之物。

第二，有伺三摩地（细考三昧，savicāra-samādhi）：修持者专注于五唯、五知根等精细之物。

第三，欢喜三摩地（anandānugata-samādhi）：当萨埵压倒罗阇、达摩时，修持者便体验到喜欢的心理感受，此时外界对象即与觉、我慢、意（心）等融合为一。

第四，自存三摩地（asmitānugata-samādhi）：在萨埵占主导的情况下，修持者专注于我慢即自我意识，并将自己的心与自我意识等同起来，此时即在心中产生“我存”的直接体验，乃至喜德之情悄然断灭，主客观完全融合，便进入了自存三摩地境界。

在《瑜伽经》中，还谈到四种等至（samāpatti），此四皆属于有想三摩地，即有寻、有伺、无寻（nirvitarka-）、无伺（nirvicāra-）等至。在该经中，等至与入定（等持）的含义相当。相较于前述四种三摩地，有寻等至、有伺等至实即有寻三摩地、有伺三摩地，但无寻、无伺等至在前四种三摩地中似无对应物，需略加分析。《瑜伽经》云："无寻（等至是这样一种状态）：记忆停止，（心在其中）仅作为客体照耀，就如同（它）没有自己的特性一样。"又说："无伺（等至）的纯粹（心）流（产生）主体的光辉。"[①]即在无寻等至中，对过去物象之忆念不生，自心虚化，而仅存客体光明之相；在无伺等至中，离于外物，唯有自心主体光明之相。该经还强调，在无寻、无伺等至这种高级三摩地中，心所缘之境界绝非语言或推理所涉的共相之物，而是殊相，换言之，此类三摩地获得的是直接的认识。可以看出，欢喜三摩地与无寻等至相当，此时，客体进入内心，而成心内之物；而自存三摩地与无伺等至一致，此时，客体与内心完全相融，而无物显现。

上述有想三摩地后的下一个阶段，即无想三摩地。在此三摩地中，心行断灭，烦恼除尽，一切业习潜势力即种子被摧毁，轮回之苦乐彻底消除，此时神我与原质分离，获得独存，即是解脱的实现。

第三节　心的探讨的解脱论维度

毋庸置疑，《瑜伽经》的主要内容属于解脱论，例如：它预设了这样的宗教价值判断，即现实世界是轮回的、痛苦的，而自在世界是解脱的。由此出发，它对现实的境况和理想的世界作了细致的描述，进而对从轮回之此岸到达解脱之彼岸的方法，即瑜伽修持法，作了全面深入的阐述。我们之所以在心灵哲学的著作中涉及这些内容，是因为该派在论述解脱的有关问题时，不是纯宗教性、信仰性的讨论，而进到了心理生活的内在世界及机理之中，其中许多具有纯正的心灵哲学意义。

一、轮回、苦难与心灵

在《瑜伽经》中，轮回是一种苦、乐交替的生存状态，但根本上是一种烦恼

① 姚卫群编译：《古印度六派哲学经典》，商务印书馆2003年版，第193-194页。

缠缚的苦难生活。轮回的直接原因是业。该经认为，“如果根源存在，这（业的意乐）就成熟为生命状态、生命时间和生命经历。”[①]其中“根源”指烦恼，“业的意乐”指业习种子。即烦恼是产生业的根源，也是业成熟为生命之助力。在烦恼的缘助下，业成熟、转变为果即生命形态及其相续。换言之，业与人自己过去的行为有关，过去的行为在心中常残留或说熏习种种潜伏的印象或势力即业习种子，这些业习种子在一定烦恼状态下成熟，即转变生起现在或将来的生命及其相续。造业有善有恶，果有乐有苦。其中，善业产生乐果，恶业产生苦果。《瑜伽经》进一步指出，轮回中所谓之乐，由于会变化实即还是苦性质的。所以它说：“由于变化、忧虑和习惯的苦，还由于‘德’的作用的对立，差别的一切确实是苦的。”[②]

产生业的根源是烦恼这样的心理形式，即由于烦恼的存在，就有杀生等罪恶产生，并因此增长业习种子。烦恼具有五类：无明（avidyā）、我见（asmitā）、贪（rāga）、嗔（dveṣa）与现贪（abhiniveśa）。略释如下。

第一，无明，即对世界的错误认识。《瑜伽经》认为，“无明是其他（烦恼）的基础，（无论这些烦恼是）暂时停止的，（还是）轻微的，交替（出现）的，（或是正在）发生的。”[③]因此，无明是最基本的烦恼。具体而言，无明是一种颠倒性认识，即把一种事物颠倒为相反性质的另一种事物，概括地讲，把无常、不净、苦、无我颠倒为常、净、乐、我，这与佛教所说的“四颠倒”相似。由无明存在，而使神我与原质相合以及不能分离，是轮回世间一切苦难之根源。

第二，我见（自我意识），即将能见作用与认识作用等同的谬见；误认为心为神我或者神我为心之见。

第三，贪，即对快乐的渴求、耽著。

第四，嗔，即对痛苦的嫌恶。

第五，现贪，又称有爱，即对生存之执著，对死亡之恐惧。

二、解脱及其心理根据和方法

从前文已知，轮回的苦难最根本的原因是无明，因此，消灭了无明，也就消

① 姚卫群编译：《古印度六派哲学经典》，商务印书馆2003年版，第196页。
② 姚卫群编译：《古印度六派哲学经典》，商务印书馆2003年版，第196页。
③ 姚卫群编译：《古印度六派哲学经典》，商务印书馆2003年版，第195页。

灭了烦恼，业也随之消灭，业报轮回即被打破，而获解脱。无明的消灭，需要正智的产生。正智亦即辨别智（vivekaja-jñāna）。由此智，即可辨别神我与原质之别，使神我独存而解脱。《瑜伽经》说辨别智有七位之差别，按照《瑜伽论》，此七者为：一切皆知、无物可知、烦恼退治、达辨别智、达觉位、降服三德（自性）、成就三摩地。依前四者，可得身解脱；依后三者，可得心解脱。

而正智的获得，要通过瑜伽修持实现。按照前面瑜伽行法，《瑜伽经》的瑜伽修持的逻辑过程是这样的：首先要通过将心专注一处来消减精神涣散与烦恼，其中精神涣散包括病、昏沉、疑惑、放逸、懈怠、欲念、妄见、不入地、不专注、痛苦、忧愁、动摇、呼吸不规则等；然后断灭心行，从而消除精神涣散与烦恼；最终灭尽业习种子，达到无种三摩地，原质与神我得以纯净，从而神我获得纯粹与绝对的自由，即独存（kaivalya），亦即解脱。

对于想灭除烦恼的人来说，如实知心、如理证心的任务，就是如实知一切染污心理的本质及危害，进而通过实证实修，像打扫镜面上的灰尘一样，将所有一切妄心清除干净，让其后的真心显现出来，成为自己的主人或主宰。此过程即去妄返真或返朴归真的过程。当然，这是一个由低到高、由粗心到细心、由浅至深、由妄到真，直至最后扫除真心的过程。这也就是说，灭心的过程，像搞建设一样，必须循序渐进，从初级阶段开始，努力将觉照之心训练出来，即开发和提高自己的返观自观能力或“反闻闻自性”的能力，以便有可能用这种能力去盯住要对治的妄心。有了这样的能力之后，上智利根之外的一般人所能做的不可能是速断速离，而只能是调适、减轻、降伏、转化之类的工作。有了这样的功夫之后，再一个妄念一个妄念地渐除，不断扩大扫除的范围。就像清扫一个操场的垃圾一样，必须一块一块地消除。如《大方广佛华严经》所说，断除妄念应从这样一些心理开始，如舍憍慢心，离诸放逸心，息除战斗伤害之心，息灭贪嗔痴疑慢心，离懈怠心、怯弱心，无怒害心，无怨结心，无嫉悭心，无谄诳心，无险曲心，无贪爱心，无幻伪心，无下劣心，无高慢心，无邪僻心，无障碍心，无执著心，等等。[①]然后经历中间阶段，慢慢进到高级阶段。

综上所述，瑜伽派至少在人的整体把握上，坚持了超二元论立场，认为人由身体、诸根、心、纯识构成，其中所说的“心”是中间性存在，作用有五种：正

① 参阅《大方广佛华严经》卷 10，[东晋]佛驮跋陀罗译，《大正藏》第 10 册，第 706 页。

知、不正知、分别知、睡眠、记忆。

心是纯识与无意识对象相互关联的桥梁，既相似于纯识，又有别于它。区别有如下几点：①心有变化；②心本身没有自己的目标，只是执行纯识的目标；③心可以进入世界，获取形式。纯识没有这些特点。认识根源于心，当心通过它的三种功能（末那识、决智、经验的自我）与对象发生关系时，便有认知发生。这三种功能具体作用是：末那识（manas）表现为一种加工机能，其作用是对感官挖掘的材料作出反映，分出对象的特点；决智的作用是对信息作出反应；经验的自我对杂乱信息有整合作用。

在“自我意识”的问题上，瑜伽派坚持实有论，具体而言即人我独存。瑜伽修行的目的之一就是修行者通过训练摆脱掉“辨别智”，然后就可以摧毁罪恶的种子，进入绝对独存的状态。在这种状态中，自性和神我具有同样清净的性质。

第十六章

胜论派、正理派哲学及其解脱论思想

胜论派与数论派一样，其基本思想在古代就通过佛教传到了中国，而为中国佛教思想界所熟知；也如同数论派，它在中国是作为佛教的主要批判对象而被介绍的。正理派是胜论派之姊妹派，在对宇宙万有的看法方面，它与胜论派持有基本一致的立场，所以在印度哲学史上，一般将二者并称为正理-胜论派（nyāya-vaiśeṣika）。但正理派与胜论派的思想倾向还是有差异的，前者偏重对知识的来源、标准、方法以及推理、论辩等的说明，即强调所谓的“量论”方面，或者说“因明论”方面；后者则偏重对宇宙万有的解析与说明，即强调概念分析方面。在此意义上，二者得以各自立派。两派成立的先后，从各自的根本经典的思想特征看，应该是胜论在先，正理论在后。随着正理派的出现，它的因明思想被各派广泛吸收，使各派对真理与知识的客观探讨变为可能，并且使各派在共许知识与文化背景下的论辩有规矩可循，对印度宗教思想在哲学意义上的深化起了推动作用。在心灵哲学方面，它们的思想也有一些差异，因此这里分开来加以考释。

第一节　胜论派基本哲学思想概述

“胜论”的梵文为 Vaiśeṣika，在中国的佛教典籍中有种种译名，比如音译有吠世史迦、毗世师、卫世师等，而意译有胜论、胜宗等。胜论的梵文 Vaiśeṣika 明显是来源于 Viśeṣa，后者在汉译佛典中常译为殊胜，实即差异之义，或者由差异显为特殊、优越之义。

对于胜论的起源以及早期的发展线索，学术界有不同说法，至今仍处于迷雾之中。从胜论的思想特点看，它是分析性而非综合性的，没有多少玄想或思辨色彩。这与吠陀奥义书的整体思想倾向完全不同。学术界一般认为，虽然胜论承认吠陀的权威，而且它的许多概念在奥义书中就已出现，比如：胜论的实句义的九事（地、水、火、风、空、时、方、我、意）等，但看不到吠陀奥义书传统对范畴分类法的形成有什么直接影响，因此，胜论的起源不能追溯到吠陀奥义书那里去。由于胜论思想具有鲜明特色，因此从思想史角度而言，不可能一蹴而就，当然有其源头与发展过程。在较早的古印度著名思想流派中，不论是正统还是非正统的方面，皆有可与胜论相联系之处。较早的正统哲学是弥曼差派（Mimāmsā）与数论派，二者应该早于胜论思想。数论将宇宙万象作为原质的展开的因中有果思想，正好与胜论的多元主义的因中无果论相对立，虽然不可能是胜论的直接来源，但是胜论的兴起或许跟为了抗衡数论的思想有关。弥曼差思想与胜论的关系如何呢？著名的印度哲学史家达斯古普塔（S. Dasgupta）与拉达克里希南一样，认为胜论思想的出现早于佛陀时代，而且认为胜论代表了弥曼差思想的较古的一支。[①]后面这种观点太极端，经不起严格的分析考虑，但从胜论思想的一些内容看，它与弥曼差派的思想确有一致之处，虽然难于确切断定二者谁先出现，但说它受过早期弥曼差思想的影响是有其可能性的。

一些学者倾向于认为胜论起源于佛陀时代反婆罗门的非正统思想，即所谓的“沙门思潮”，因为其精神不仅与沙门思想一致，而且在学说之具体内容方面也多有相合之处。沙门思想多持元素说，或者极微说，特别是顺世派（Lokāyata）。顺世派作为一个典型的唯物主义流派，其主要学说是极微说。该学说将任何存在都归于极微的合成，与胜论的因中无果说颇为一致。不过，与胜论相合最多的要数耆那派思想，以至该派学者认为胜论起源于该派。中国学者汤用彤曾经列举了二者的相合之处，如说：“计耆那与胜论之同处有四：一、耆那教计极微（补特迦罗）是常，胜论亦同；二、耆那谓有五实，谓命、法、非法、虚空、补特迦罗，胜论有九实，地、水、风、火即补特迦罗也，我即命也，空即虚空也；三、耆那常立二句义，一实二变，或立三句义，一实二德三变，与胜论之六句义虽不同，

① 参阅 Dasgupta S，*A History of Indian Philosophy*，V0l. 1，Delhi：Motilal Banarsidass，1975：280-285.

然说者谓胜宗羯那陀原立三句义（实德业），此三虽内容与彼不同，然或可证胜宗句义本从二句义或三句义演进渐加详密也；四、二宗均主因中无果，且于极微外立自我。”[①]鉴于胜论与“沙门思想”间具有明显的相关性，后者被认为是其思想来源并非是毫无根据的猜测。

总之，胜论思想与早期的古印度正统思想如弥曼差派以及非正统的“沙门思想”极有关联，笔者认为，胜论可能受到了这些流派的综合性影响，因此将其来源归于某一具体流派似乎不恰当。

胜论最早的经典是《胜论经》（Vaiśeṣika-sūtra），这是其立派之基石与标志。该经的作者传说为迦那陀（Kanada），因为“Kana”有“原子”之义，所以据义释为“原子论者”。又名优楼迦（Ulūka，可指鸱鸺或獯猴），如《百论疏》卷上说：“优楼迦此云鸺鹠仙，亦云鸺角仙，亦云臭胡仙。此人释迦未兴八百年前已出世，而白日造论，夜半游行。欲供养之，当于夜半营办饮食，仍与眷属来受供养。所说之经名卫世师，有十万偈，明于六谛，因中无果，神觉异义，以斯为宗。”[②]又如《成唯识论述记》卷一（末）说：“成劫之末，人寿无量，外道出世，名云露迦，此云鸺鹠。昼避色声，匿迹山薮，夜绝视听，方行乞食。时人谓似鸺鹠，因以名也，谓即獯猴之异名焉，旧云优娄佉讹也。”[③]而《大庄严论经》卷一说明了此名是来自一个比喻，如说：“譬如鸱鸺夜则游行，能有力用，昼则藏窜，无有力用。毗世师论亦复如是，佛日既出，彼论无用。”[④]另外，他还有蹇拏仆（Kaṇabhuj，即食谷者，意译为“食米仙人”）之称呼。虽然在中印的典籍中皆有其生平之传说，认为迦那陀是佛陀之前的人，但叙述多带有神话色彩，并不可靠。学界一般认为迦那陀属佛陀时代之后的人，生活在公元前 2 世纪左右。

按照思想发展史的一般规律看，《胜论经》的出现当然绝非是一个孤立的现象。如前所述，它源于古印度早期思想流派的正统与非正统思想，而且胜论的典型思想形态的形成一定经过了一个发展过程。佛教有部的《阿毗达磨大毗婆沙论》以及古印度著名的古医学家遮罗迦（Caraka）的医书曾引用属于胜论的观点，二者差不多是在迦腻色迦（Kaniṣka）时代。因此，《胜论经》作为胜论思想的漫长

① 汤用彤：《印度哲学史略》，上海世纪出版集团 2006 年版，第 100 页。
② [隋]吉藏：《百论疏》卷上，《大正藏》第 42 册，第 244 页。
③ [唐]窥基：《成唯识论述记》卷 1（末），《大正藏》第 43 册，第 255 页。
④ [古印度]马鸣菩萨：《大庄严论经》卷 1，[姚秦]鸠摩罗什译，《大正藏》第 4 册，第 259 页。

发展过程的结果被认为是不晚于此时出现的。换言之，现今所说的《胜论经》经过长期的编纂，大约完成于1世纪左右。《胜论经》共十卷，主要思想是六句义、极微说（相当于原子论）以及因中无果说。

《胜论经》最主要的释本为《摄句义法论》（Padārtha-dharma-saṃgraha），在5世纪上半叶由波罗奢思多跋陀（Pragastapāda）所著。该书在释解《胜论经》的同时，对《胜论经》的思想进行了发挥。其与《胜论经》在思想方面的主要差异，用汤用彤的话说，大致有："（一）世界之创始与坏灭。（二）火大对于余大之影响。（三）数为意识所成，彼体此体亦然。（四）合、离二者步骤之分析。（五）动之步骤。（六）悟他比量。此六者均《胜论经》之所全未言者也。而波氏言德有二十四（经仅有十七），同异和合三句义之性质及因明之意见，均与《胜论经》殊异。"[①]此书与《胜论经》同为印度胜论传统中最为重要之著作。大约亦在5世纪《摄句义法论》问世稍后，还出现有慧月（Maticandra）所著的《胜宗十句义论》（Daśa-Padārtha-sāstra）。此论唯在我国保存下来。在此论中，慧月将《胜论经》的六句义发展为十句义，即在实、德、业、同、异、和合六句义基础上，增加有能、无能、俱分、无说四句义，构成十句义。

按照黄心川的划分，胜论的历史发展可分为三个阶段，即"①早期胜论；②古典胜论，即以《胜论经》和钵罗奢思多波陀的疏为中心内容的胜论，这种胜论的流行时期大约自公元前后至八九世纪，亦即从印度奴隶制开始衰落以至封建制度得到完全巩固时期；③后期胜论——胜论、正理论完全结合的胜论，即彻底唯心主义化和神学化的胜论。这个时期大约在九十世纪以后，亦即印度封建生产关系开始停滞以后的一段时期。"[②]对照此分期，早期胜论相应于《胜论经》出现前的阶段，《胜论经》与《摄句义法论》代表了古典胜论时期的胜论思想。古典胜论阶段是胜论思想成熟时期，其基本哲学思想可概括为三方面：一是句义说，即范畴说，将世界之一切归入六个范畴，所谓实、德、业、同、异、和合六句义。后来慧月又增加有能、无能、俱分、无说四句义，为十句义；二是极微说，即原子论，认为世界万物皆由极微所组成，极微具有常住不变之性质；三是因中无果说，强调一切事物的存在性以及属性皆是极微和合而形成的，果的性质不可能在因中

① 汤用彤：《印度哲学史略》，上海世纪出版集团2006年版，第102页。
② 黄心川：《印度哲学史》，商务印书馆1989年版，第340页。

先在地具有，这与数论的因中有果说正相对立。在古典胜论时期，胜论派在论辩与修持的竞争中有相当大的发展，在我国唐初的《成唯识论述记》卷一（末）说到胜论派形成了十八部分派。[①]当然，胜论分支不一定恰为十八部，但这种说法足以表明胜论的分派还是相当多的。

随后是后期胜论阶段。此阶段有两个特点：第一是放弃了古典胜论的无神论特点，开始与吠陀奥义书传统的有神论方面合流。这是由古印度当时的思想状况决定的。在此时期，婆罗门教已经经过吠檀多思想转变为印度教，趋于兴盛，而非正统派别趋于消沉，特别是佛教已奄奄一息，有神论在印度大陆彻底占据了统治地位。所以作为正统流派的胜论，引入有神论，如同数论一样被有神论化，是相当自然的。神在后期胜论中成为了宇宙的最终因，以及将极微和合组成事物的不可见的神秘之力或规律。由于强调神的超越性，因此胜论原先的唯物性的实在论最终向超越性的实在论转化，这也是印度正统各派的共同发展趋势。第二是胜论的著述开始将正理论纳入其中，胜论与正理论合流。由于胜论的思想特征是重分析而非综合，在论证问题时为了显得可信，不得不采取一套行之有效的论证方法，因此，将正理论引入其中是必然的。也正因为如此，胜论与正理论常合称为正理-胜论派（Nyāya-Vaiśeṣika）。

第二节　胜论派的心灵哲学思想

胜论派的心灵哲学思想主要有：坚持有我论。此派的六句义或九句义都立我为实句义。不仅如此，它还用这种我作为说明人事实上具有的人格同一性的根据。此派认为，我指个人的灵魂或意识的主体，不同的身体有不同的我，它的存在是根据身体中存在着许多生命现象（呼吸、感觉、欲望等）而被证实的。意，是我（灵魂）与外感官的联络者，当五感官与外界接触时，人有时产生认识，有时不产生认识，这就是意存在的证明。概言之，我即灵魂或意识的主体，意即连接我与外界的桥梁。以下通过对该派经典《胜论经》的研读做一个具体分析。

《胜论经》第一卷阐述了五句义或说五范畴，即实、德、业、同、异；第二、第三卷阐述了实句义之九事；第四卷主要阐述了极微及其性质；第五卷阐述了业

① 参阅[唐]窥基：《成唯识论述记》卷1末，《大正藏》第43册，第255页。

句义以及“不可见力”；第六卷阐述了法、非法；第七卷阐述了德、极微及和合句义；第八、第九、第十卷主要阐述了现量、比量即感知和推理，以及因果。就胜论整体的哲学思想而言，它并不像数论一样注重对现象世界给出一个发生论的说明，即不力图描述世界在时序上的演进，而是试图对万象予以种种解析。换言之，数论给出一个“动态性”演化图像，而胜论给出种种“静态性”的分析图。《胜论经》在这方面起了奠基作用，并且提供了胜论的基本概念框架。《胜论经》的重点在对这些概念的区分、界定、诠释方面，即事相论方面。事相论的主要内容可概括为三方面，即句义说、极微说、因中无果说。

一、意义论

在心灵哲学中，意义或心理内容、意向性是最重要的前沿焦点问题。《胜论经》最具心灵哲学意义的工作是对意义问题作了不无现代意义的探讨。它采用分析的方法，将世界一切现象还原为实体、性质以及相互联系，并将这些摄入六句义。正因为“句义”（padartha）具有概摄性意义，所以在现代常被译为范畴，但其实际意义与范畴概念有所不同。“句义”由“句”与“义”组合而成，“所谓‘句’（pada）是‘言语’或‘概念’的意思，‘义’（artha）是‘客观实在’或‘事物’的意思。‘句义’就是‘概念相对应的实在物’的意思。”①这种解释基本上是合理的。但“句义”实际还可理解为概念或者范畴之义。六句义分别是实（dravya）、德（guṇa）、业（karma）、同（sāmānya）、异（viśeṣa）、和合（samavāya），或可以比附译为哲学范畴实体、性质、运动、普遍、特殊、内属，当然它们并不构成严格的对应。在胜论派在后续发展中，又在《胜论经》的六句义基础上，增添了四句义，即俱分、有能、无能、无说四句义，构成十句义，如《胜宗十句义论》（Daśa-padārtha-śātstra）所示。下面予以简单说明。

实（dravya），即实体，是世界一切现象之本质存在。《胜论经》说：“实的特性是有业与德，并是和合因。”②意思是，实作为与性质（德）、运动（业）等表观差异性质不同的纯粹之实体，是性质、运动等依存之基础（基体），而且与性质、运动等不相分离，构成本质与现象的不一不异之关系。由于实为德、业所依

① 黄心川：《印度哲学史》，商务印书馆1989年版，第345页。
② 姚卫群编译：《古印度六派哲学经典》，商务印书馆2003年版，第3页。

存，因此实即是德、业存在之根本原因，所以《胜论经》说“实是实、德、业的共同因”。[①]但需知，该经认为从发生学看，实只能由实产生，德只能由德产生，否认德能从实产生，所谓“实、德的共同性是它们产生同类物”。[②]《胜论经》将实分为九种，即地、水、火、风、空、时、方（空间）、我（阿特曼、灵魂）、意“九事”，略述于下。

（1）地、水、火、风、空。此五是物质的五个基本元素。其中，地、水、火、风四者由更小的存在，即极微（或说为原子）所构成。虽然能构成物极微是常住不变的，但所构成物四元素因有聚散，是无常的。五者中的空与前四者截然不同，不由极微所构成。

地（pṛthivi）具有色（rūpa）、味（rasa）、香（gantha）、触（sparśa）四德，即地通过四德得到表征。其中色、香、触亦为其他原素所具有，只有香是地所独具。胜论派认为，青色是地的色，苦味是其味，好香、恶香皆为其香，不冷不热是其触。

水（āp）具有色、味、触三德，并且具流动性与黏着性。胜论派认为，白色是水的色，甘味为其味，冷为其触。

火（tejas）具色、触二德，并以光耀为色，热为触。

风（vāyu）唯有触德。胜论派认为，风以非冷非热为触。

空（ākāsa）有声德。它无活动、无作用，实有，常住不变，周遍一切。《胜论经》认为空不具色、味、香、触这些可触物之德，并否定出与人为其特征。由于声不是可触物之德，遂被认为是不可触之空之德。声由于为因所生起，是无常的。无活动、无作用之空唯有通过声而非通过色、味、香、触被感知。

（2）时、方。此二者即时间与空间。在《胜论经》中，空间与时间皆具有不同于现象性事物的绝对性，是“常、一”之实体。

时（kāla）即时间。《胜论经》认为，时间是实体并且常住不变，而“此、彼、同时、慢、快这类概念是时的（存在）标志”。[③]因此，时间之体是通过差异、变化及运动被认识的，表现为此时、彼时、同时、慢、快等差别性的时间性概念，但其自身始终是完整之“一”。

① 姚卫群编译：《古印度六派哲学经典》，商务印书馆 2003 年版，第 3 页。
② 姚卫群编译：《古印度六派哲学经典》，商务印书馆 2003 年版，第 2 页。
③ 姚卫群编译：《古印度六派哲学经典》，商务印书馆 2003 年版，第 10 页。

方（diś）即空间。《胜论经》认为空间是实体并常住不变，如同时间一样，本是不可分割，但由于世界万有位置的布置不同，因此表现为“此处”“彼处”的差别。

（3）我、意。此二者是构成主观世界之要素，不同于是构成客观世界之因素的前七者。

德相当于性质，即依存于实体之属性。如《胜论经》云：“德的特性是依一实，没有德，不是合与离的因。”①即德依存于实，不是实，而是实之属性；而且由于不是实，因此不再具有属性（德）；另外，德也与非实体的、作为离与合原因的业（运动）不同。在《胜论经》中，德分为十七种，而在胜论思想后来的发展中，德的种类又有增加，比如，钵罗奢思多波陀（Prasastapāda）所著的《摄句义法论》（Padārtha-dharma-saṃgraha）列了二十四种德。《胜论经》所列的十七种德为：

（1）色、味、香、触四德。色（rūpa）是眼根所取（感知）之境（对象），胜论派将之分为白、青、黄、赤、绿、褐、杂色（citra）七种；味（rasa）是舌所取之境，胜论派将之分为甘、酸、咸、辛、涩、苦六种；香（gandha）是鼻所取之境，胜沦派将之分为好香、恶香两种；触（sparśa）是皮肤所取之境，胜论派将之分为冷、热、不冷不热三种。此四者皆为极微所和合而成之粗物。

（2）数、量二德。数（samkhyā）是可应用于九实（实之九事）之数的概念，计数可从一到无穷；量（parimāṇa）即事物所包容量，胜论派将之分为极微、大、短、长、圆五者。

（3）别异。别异（别异性、别体，pṛthaktva）指事物之各个不同，通于九实。但不同于异句义。

（4）合、离二德。合（结合性，samyoga）与离（分离性，vibhāga）指事物通过业（运动）而成的结合与分离之状态。《胜论经》云：“合是随一业生、俱业生和合生。”②其中，随一业生，即运动的事物和静止的事物的结合状态；俱业生，即运动着的事物的结合状态；合生，即通过外界力量而成的静止的事物的结合状态，如，风使静止的竹竹相合。与上述合相反即是离。

① 姚卫群编译：《古印度六派哲学经典》，商务印书馆2003年版，第3页。
② 姚卫群编译：《古印度六派哲学经典》，商务印书馆2003年版，第33页。

（5）彼、此二德。彼（远、彼体，paratva）指空间上的远处和时间上的过去；此（近、此体，aparatva）指空间上的近处和时间上的现在。

（6）觉。觉（统觉，buddhi）是一切感知、认识、推理作用的原因，胜论派认为它包括现量（pratyakṣa）、比量（anumāna）、记忆（smṛti），等等。

（7）乐、苦二德。乐（sukha）与苦（duhkha）是指心理上的感受。对乐与苦，《胜论经》并没有直接定义，在其释书《摄句义法论》中这样认为：适悦为乐，逼恼为苦。《胜论经》认为乐、苦不同于借助于感觉与推理的疑惑与确定，也不像认识可产生于过去的事物，以及并不必然伴随由根、境相对而产生的认识，由此将乐、苦与一般的认识作用区别开来。

（8）欲、嗔、勤勇三德。前二者作为心理功能，是情感作用的动力因。欲（iccha），即希求之心；嗔（dveṣa），即嫌恶之心；勤勇（prayatna），即意志之努力，或说以欲或嗔为动机而发起的策励。

在上述十七种德中，觉以前之十一种属客观方面；从觉开始的后六种属主观方面，是“我”之属性。《摄句义法论》在上述十七种外，又增加重（gurutva）、液性（dravatva）、润（sneha）、声（sabda）、法（dharma）、非法（adharma）、行（saṃskāra）。

业（karma），又译为运动。业是运动状态本身，指物体空间位置之移动，是物体的动态特性。它不同于实（实体），亦不同于德。前者是其所依存者，后者是实体的静态属性。业存在于有形的或具体的实体（如地、水、风、火等）中，而不存在于时间、空间等抽象的或无形式的实体中。《胜论经》说：“取、舍、屈、伸、行是业”，[①]即业分为取、舍、屈、伸、行五种。其中。取是向上运动，舍是向下的运动；屈是使直伸之物弯曲的运动状态，或者是远端向近端的运动；而伸与之相反。取、舍是垂直运动；屈、伸是水平运动。行是前四者所不摄的所有运动。

同（sāmānya），又译为普遍性；异（visesa），又译为特殊性。这是一对相对的范畴。同是使宇宙所有或部分事物具有共同特点或相同本质的原因；异是使宇宙中所有事物具有相异特点或特殊本质的原因。《胜论经》云：“同与异依赖于觉。”[②]即一般而言，同、异是相对的，依赖于观察者的认识角度，比如，石头与

① 姚卫群编译：《古印度六派哲学经典》，商务印书馆2003年版，第2页。
② 姚卫群编译：《古印度六派哲学经典》，商务印书馆2003年版，第4页。

人作为存在物看是同，但作为具体物看是异。但这种相对性在《胜论经》那里并不意味着同、异没有实在性。“胜论不像唯心主义者那样把普遍性和特殊性仅仅看作是一种脱离具体事物的纯然主观的概念形式，而看作是一种既依存于具体事物但又和事物有着区别的一种独立的存在。”[①]即同与异虽然是事物之属性，但绝非全然是依附性的，自身还有其独立的存在性。

《胜论经》谈到同，首先指“有”（有性，sattet 或 bhava），即事物之存在性。“有”是所有存在形态即实、德、业作为存在物所共同者，因此是最一般之“同”，或者说是最高的、绝对的“同”。《胜论经》认为，“有”作为实、德、业之共同性，既依存于实、德、业，又是实、德、业存在的内在根据。在这种关系中，有与实、德、业既有联系，又有区别，实、德、业通过“有”具有独立之存在性而显示出来。在《胜论经》中，还谈到次一级的“同”，即实性（dravyatva）、德性（guṇatva）与业性（karmatva）。《胜论经》说：“实性、德性、业性是同和异。”[②]意为，实性、德性、业性分别相对于实、德、业而言，是同，但相对于实、德、业并列的层次，是异。胜论派还承认有最低一级的同，即具体事物类的共同性，如存在于所有瓶中的瓶性，存在于各种运动中的取性或舍性等。

由前文可知，异与同一样，一般而言，是相对性的。就像前述的实性、德性、业性，从不同角度看，是异，也是同。但该经也认为，有一最高级之“异”，即“边异”（antyaviśeṣa）。它是事物间的最终或最根本之差别性，而此“异”是绝对的。此绝对之“异”——“边异”，正与绝对之“同”——“有”相对。

和合（samavāya），又译为内属。和合是指特定的连属关系。在《胜论经》中，它首先是使实与德、业相合、相属而不相离的原因，即它首先反映的是德业与实的连属关系；其次，它反映整体与部分的连属关系。如《胜论经》云：“和合（的观念）产生于（与整体不可分的）特殊（构成要素与整体的合）。”[③]这说明整体与部分或者部分与整体间的连属构成和合。在《摄句义法论》第二章中，对和合有一清晰的阐述：“和合是一种关系，这种关系存在于不可分的事物中，彼此间具有包含物与被包含物的特性。这种关系是‘这存在于那中’的观念的

① 黄心川：《印度哲学史》，商务印书馆 1989 年版，第 350 页。
② 姚卫群编译：《古印度六派哲学经典》，商务印书馆 2003 年版，第 5 页。
③ 姚卫群编译：《古印度六派哲学经典》，商务印书馆 2003 年版，第 34 页。

基础。”①

再看俱分、有能、无能、无说。前面所述的六句义是《胜论经》提出的，而俱分、有能、无能、无说四句义是胜论派后来陆续提出的，由《胜宗十句义论》总结进十句义之中。

俱分（sādṛśya），又译为亦同亦异、统一。它是相对于前述的同与异建立的，略相当于事物中同与异的统一性，用以表明在一种事物或存在中既有同亦有异的方面。

有能（sakti），又译为可能。《胜宗十句义论》云：“有能句义云何？谓（与）实德业和合，（凡）共（一）或非（共）一（所）造各自果（时之）决定所须（者），如是名为有能句义。”②即凡能使实、德、业生出自己的共同结果或单独结果的内在决定者或者原因，即是有能。

无能（asakti），又译为非可能。《胜宗十句义论》云：“无能句义云何？谓（与）实德业和合，（凡）共（一）或非（共）一不造余果（时之）决定所须（者），如是名为无能句义。”③即凡使实、德、业仅能生出自己的结果而不能生出其他结果（余果）的内在决定者或者原因，即是无能。

无说（abhāva），又译为非存在，指非存在的事物。在《胜论经》中有对非存在的论说。如《胜论经》说：“1.（果）在（产生）以前不存在，因为没有业与德的表现。2. 存在（可以成为）非存在。……4. 存在也是非存在。5. 与（上述）不同的（非存在）是（绝对的）非存在。”④此中对非存在的说明，被后来胜论派依次总结为未生无、已灭无、更互无、毕竟无。此四种“无”可以略释为：①未生无（prāgābhava），指事物未生之前不存在，即实、德、业还未结合起来的一种非存在；②已灭无（pradhvamsabhāva），指事物已灭后不存在，即实德业在结合为物之后又消灭的一种非存在；③更互无（anyonyabhāva），指两物相互排斥之非存在，如，牛非马性，马非牛性；④毕竟无（atyantabhāva），指绝对之无，即过去、现在和将来都不会出现的一种非存在，如龟毛兔角。在《胜宗十句义论》中还提到第五种非存在：不会无（asamsarga-abhāva），指不能和合之非存在，也就

---

① 姚卫群编译：《古印度六派哲学经典》，商务印书馆2003年版，第46页。
② [古印度]慧月菩萨：《胜宗十句义论》，[唐]玄奘译，《大正藏》第54册，第1263页。
③ [古印度]慧月菩萨：《胜宗十句义论》，[唐]玄奘译，《大正藏》第54册，第1263页。
④ 姚卫群编译：《古印度六派哲学经典》，商务印书馆2003年版，第37-38页。

是说，由事物间不能和会而成物之非存在。如云："无说句义云何？谓五种无名无说句义。何者为五？一未生无，二已灭无，三更互无，四不会无，五毕竟无，是谓五无。未生无者，谓实德业因缘不会犹未得生，名未生无；已灭无者，谓实德业或因势尽，或违缘生虽生而坏，名已灭无；更互无者，谓诸实等彼此互无，名更互无；不会无者，谓有性实等随于是处无合无和合，名不会无；毕竟无者，谓无因故三时不生，毕竟不起，名毕竟无。"[①]从中可以看出，将非存在称为无说，是因为非存在并非存在物，所以无法以物名指称，而得称无说。

二、极微说与身体哲学

胜论的极微说主要承自于六师说中的顺世论的极微说。顺世论坚持的是唯物主义，认为世界万物是以客观物质为本的，意识只是物质之功能，而且客观物质均可以还原为地、水、火、风四种元素，四种元素又可各自还原为没有内部结构的、不可分的最小物质单元——极微（paramāṇu）。质言之，物质世界皆由极微合成。身体作为物质的一种形式，也是由极微构成的。因此，要认识人的身体，必须先认识极微。在某种意义上可以说，它的极微论就是它的身体哲学。

《胜论经》中对极微学说并没有系统的发展，而是多采用古印度哲学中已相当流行的旧说。古印度极微说的极微概念是根据还原的分析方法提出的——将宏观物质不断还原为细小之构成物而到最终不可分的极限，所得者即极微。《胜论经》的极微概念也是这样提出的。胜论派后来的一些大师[如弥室罗（Saṅkara Miśra）等]就是这么诠释极微的。在《胜论经》中大致可以看出极微概念成立的逻辑过程。《胜论经》认为，实必是由实产生的，而且实可是多实和合而成，在此基础上，该经进一步认为可感知之物质世界是有因的，而且是由物质和合而成的。循着这样的思路，千差万别、变化无常的物质世界就可无限追寻即细分下去。但这种细分并非没有止境，当到达"存在并且无因的（东西）"[②]时，细分停止。此中所谓"存在并且无因的"东西，即是极微（paramāṇu）。在论述极微的性质时，《胜论经》指出：

第一，极微是最微细之物质元素，是物质经过细分还原而达到的物质存在的终

① [古印度]慧月菩萨：《胜宗十句义论》，[唐]玄奘译，《大正藏》第54册，第1264页。
② 姚卫群编译：《古印度六派哲学经典》，商务印书馆2003年版，第19页。

极与基础。一切物质最终皆由极微组成，概莫能外。《胜论经》将极微称为微小，因为其无差别，不能再分；相应地，将现象物质称为大，因为其是有差别、可分者。

第二，一切极微是自足之存在，因此是无因的，所以《胜论经》说极微是“存在并且无因的”。这就不同于一般现象物质，因为这些物质具有派生性，皆有生起之因，最终都依赖于极微之存在。如《胜论经》云：“由于因（指极微）存在，果才存在”。[①]此中即是说，极微作为因存在，才有现象之果存在。

第三，极微是常住不变的，不同于现象事物是变化无常的。极微的恒常性，来源于人对物质存在的坚信以及观察。如，可以观察到这样的事实：陶器由土制成，最终灭坏而复归于土。以陶器与土的关系譬喻现象物与极微的关系，表明了现象的无常性与基质极微的常住性间的对比。

第四，极微是圆形之球体（parimaṇḍala）。如《胜论经》说：“（作为极微的量，）圆体是常住的。”[②]即极微作为最小物质存在，应是收摄性的，即边界应该内缩，因此必是球体形状，这也保证其常住不变。

第五，极微的运动（业）不是自发的，是由“不可见力”（adṛṣṭam）所发动的，如《胜论经》所说：“火向上燃烧，风横向地吹，极微和意最初的业，这些是由不可见力引起的。”[③]此中把一切精神与物质现象的运动（业）皆归为“不可见力”，将运动的原因神秘化。

第六，极微分有地、水、火、风类。由于《胜论经》认为极微是常住的，而且不依存于其他，因此，各种实必定具有自己种类之极微。

第七，极微是不可被感知的；可感知性是极微所组成的物质的特性。所以《胜论经》云：“这（极微的）果是（其存在）标志”，并说：“感觉是（对）大的（物体产生的），因为（大的物体包含）多实和色。”[④]即极微的存在并非是直接感知的结果，而是通过现象物的分析得到确认的。

第八，极微和合而成现象物质的具体方式在《胜论经》中没有具体说明，但在后来的胜论派著述则有叙述，一般是这样的：极微结合的最基本也是最初的形式是两极微成对地结合，在我国佛教文献中将其称为“子微”（dvyanuka），结合

---

① 姚卫群编译：《古印度六派哲学经典》，商务印书馆 2003 年版，第 19 页。
② 姚卫群编译：《古印度六派哲学经典》，商务印书馆 2003 年版，第 32 页。
③ 姚卫群编译：《古印度六派哲学经典》，商务印书馆 2003 年版，第 25 页。
④ 姚卫群编译：《古印度六派哲学经典》，商务印书馆 2003 年版，第 19、20 页。

前称“父微”与“母微”，“子微”之量即是“父微”与“母微”之量，为二极微量；再两两“子微”合为“孙微”（tryanuka），此“孙微”即为四极微量；“孙微”被认为是能使人产生知觉的最小量，称光尘（trasareṇu）；如是辗转两两结合，从而产生大干世界的千差万别的现象事物。

三、自我论与意论

胜论派认为，我、意，此二者是构成主观世界之要素。我（ātman），即个体灵魂。《胜论经》认为，我存在于身体之中，是生命与认识能力所依存之主体。《胜论经》是这样立论的：“呼气、吸气、闭眼、睁眼、有生命、意的活动、其他感官的作用、乐、苦、欲、嗔、勤勇，是我（存在）的标志。”[①]即认为身体的动作、行为，心理的活动，感官的感知，并非是身体或者感官的功能，而是我之功能。换言之，身体依于我而有动作，意（心）与感官依于我才有感知与认识活动。但反对的意见认为：不管是判断、感觉、行为，皆首先与身心有关，“自我意识”实际只是身体的一种感觉，不能认为一定有我在内在起统合与支配作用。以判断句“这是迦那陀”为例：不能认为它等同于“‘我’是迦那陀”，从前者到后者，并没有一个感觉与推理的必然性根据，不像“见烟即知有火”这样有严格的因果关系。因此，反对者认为断言有“我”，实际是来自传承即教导；无法得到感觉与推理的确证。《胜论经》则强调“自我意识”绝非是身体之感觉，当人们谈及“我”时，是将之与“地”“火”等物明确区别开来的，因此，“迦那陀在行走”的判断，是指“我”在行走，而非是“身体”在行走。该经认为：“我”存在不仅来自传承之教言，而且可以通过德而被感知。它还强调两点：一者，“我”并非只有一个，是有众多，因为生命体或者说感知与认识之主体明显是众多的；二者，“我”作为恒常之实体，是周遍一切的。

意（manas），即心。在《胜论经》中，意是我与根（indriya 感觉器官）间的中介或者说联络者，换言之，意相当于一个传导与引领、执行中枢。身体活动、认识活动与心理活动虽然是由我最终主宰，但需经意作为使者的传导与贯彻，方能发生。比如，就感知而言，当外境与根遇合时，由意传导于我，在我的主导下，由意引动根而产生感知。正如《胜论经》所言：“在我与根的境接触时，认识的

① 姚卫群编译：《古印度六派哲学经典》，商务印书馆 2003 年版，第 16 页。

存在与非存在是意（存在）的标志。”[①]即我与根境遇合时，依赖于意的中介作用才会有认识发生，否则没有意的参与，认识就不会发生。在胜论派的著述中，对意（心）的存在大致是这样论证的：首先，由感知外界物质性对象需要物质性感官（如感知声音需要耳根），而推知感知内部非物质性对象（如意识、感情等）需要内在的非物质性器官，也就是意，或者说心；其次，当外界多重物质性对象同时出现，有相应的多种物质性感官同时、个别地去感知而不出现紊乱，说明内在有种机制能调整、统合这些器官的个别功能，发挥这种机能的就是意（心）。《胜论经》对意有一种特别的见解，认为意不遍在，因而是微小的，但由于其循身运行速度极快，因此就像遍在于身体一样。在《成唯识论》中将《胜论经》的此“意”释为我，实际是一种误解。

四、因中无果说与心理因果性问题

《胜论经》对因果问题的探讨有双重意义。一是心灵哲学意义，即回答了心与身之间的因果关系问题，或心对身有无因果作用，如果有，是如何行使这种作用的。二是形而上学的意义，即为回答作为个例的心理因果性问题，异自觉上升到一般的因果关系的层面加以探讨，以便为个例的探讨奠定形而上学之基。

在从形而上学角度探讨因果关系时，《胜论经》强调：“没有因就没有果，但并不是没有果就没有因。”[②]此中一方面强调不能无中生有，必须有因才有果，因是果生起的必要条件；另一方面强调不能因为果没有出现就认为不存在因，或者说有因就必生果，比如极微，它绝对是纯因，但必须在“不可见力”的引动下、在别的条件配合下才可能和合为果。按照《胜论经》，和合产生果之因可以分为两类，即和合因与非和合因。前者是产生果的根本原因或者说直接原因，而后者是产生果的配合性原因。在非和合因中，有一类是引动和合因的动力因素，如“不可见力”，可以单独列为一因，即动力因。这样，《胜论经》实际上将因果关系建立在此和合因、非和合因、动力因上。

《胜论经》的因果关系论是与极微说联系在一起的，认为最终的、最根本的、最真实的因果关系是极微与其所造物的关系，作为因之极微和合而成作为现象之

① 姚卫群编译：《古印度六派哲学经典》，商务印书馆 2003 年版，第 15 页。
② 姚卫群编译：《古印度六派哲学经典》，商务印书馆 2003 年版，第 4 页。

果。这样的说法在批评者看来是不可理喻的，因为二者间是天地悬隔：极微是微细不可感知的、常住的，而现象物是粗显可感知的、变化的，两者如何转化、过渡至少是胜论派说明上的一道难以逾越的鸿沟。在因中是否有果这一问题上，《胜论经》的看法是："（果）在（产生）以前不存在，因为没有业与德的表现。"[①]从此中可以得知：在果没有产生之前，是不可能在因那里找到果的。换言之，果不可能如数论所认为的那样——蕴涵在因中。因为，作为因的极微，是绝没有果之业与德的，而没有业与德，是绝不会有业与德所依存的作为果之实的。由于极微不含有果性，因此其和合为果就不能解释为果是因中果性的显现。果性完全是在极微和合为现象物时当下由和合而具有的。这样，就果与因的关系而言，《胜论经》揭示的就是与数论派的"因中有果说"正相对立的"因中无果说"。当然，在《胜论经》中并没有明言"因中无果说"这个术语，它是在胜论派的后续发展中才被阐明的。

后来胜论派将"因中无果说"从因与果的区别角度总结为下述七点：①因与果的概念相异。例如，在概念上极微与陶罐不是一类东西。②因与果的名称相异。例如，在名称上极微与陶罐是不同的。③因与果在结果上相异。例如，作为因的极微并不只可用于合成陶罐。④因与果在时间上相异。因先于果出现，如先有极微存在，然后才有陶罐出现。⑤因与果的形状相异。如，极微是微细不可见的，而陶罐是粗显之形。⑥因与果在数量上相异。如，极微是多，而陶罐是一。⑦因与果在造作性上相异。如，极微是自然存在的，而陶罐需人工做成。实际上，按照《胜论经》等，还可补充一条，即：因与果在存在性上相异。如，极微是恒常性，而陶罐是无常性即变化性。由上述诸义，可以看出胜论派建立"因中无果说"的根据。

五、量论及其心灵哲学意蕴

《胜论经》强调作为知识的来源、获得途径以及标准的量有四种，即现量（pratyakṣa，感觉或说知觉）、比量（anumāna，推理）、记忆（smṛti）和圣教量（传承，āgamika）。在《胜论经》中，现量是我、意、根、境四者相合产生的，是对境的直接感知；比量，实际就是推理，是在我与意结合下，通过"表征"（liṅga，

① 姚卫群编译：《古印度六派哲学经典》，商务印书馆2003年版，第37页。

旧译相）而得到之认识；记忆，按《胜论经》的话说，是“产生于我与意的特殊结合及潜在的印象（saṃskāra）”，[①]换言之，是在我与意结合下潜在印象的复现；圣教量即是吠陀等神圣经典的教言。

总的来看，《胜论经》的认识论的基础是现量，即感觉认识。比量与记忆皆离不开感觉认识，以现量为基础。但由于它引入吠陀传统，将吠陀的教言作为传承归为知识的来源之一，因此吠陀似乎也构成了真理的一种独立来源。但要看到，它在诉诸吠陀的支持时是犹豫不决的。换言之，它虽然强调吠陀在真理方面的权威性，但实际上是将吠陀作为第二等的论据使用的。比如，在论证“我”的存在时，有观点指责其论证仅依靠的是传承（圣教量），但《胜论经》予以否认，如该经说：“（对）我（的认识）不（依赖于）传承”；“如果我的（存在）标志被看到，那将只有一种确信，因为（它）将像感觉一样明显”；“我（的认识）是不同的东西（我）的感觉，因为它存在于（自己的）个我中，不存在于别的什么地方”。[②]此中认为“自我意识”是一种对“我”的现量认识，完全可以作为“我”存在的最基本根据，这实际上已置圣教量的力量于可有可无的地位。当然，《胜论经》虽然骨子里不满意吠陀作为独立性的真理来源，但它毕竟还是公开承认吠陀作为圣教量（传承）的地位的。然而我们完全可以说，尽管《胜论经》不止于将圣教量用作表征自己的正统性地位的一种装饰，但也顶多表明圣教量是在不违背现量、比量的意义上被引述的。由此，在《胜论经》中，圣教量（传承）的作用是外在性的，认识的来源、途径、标准应该是现量、比量、记忆。

按照《胜论经》的认识论思想，胜论派一般将认识分为两类，即确切认识（prama）与非确切认识（aprama）。

确切认识即前述现量、比量、记忆、传承。其中，《胜论经》对比量（推理）的说明最为细致。在前已述，比量是通过“表征”而得到之认识。其中，“表征”在《胜论经》中与因（hetu）、证明（apadega）、相（nimitta）、量（根据，pramāṇa）等同义。对于推理，《胜论经》云：“（推理）以这样的特征为基础：此是彼的果；此是彼的因；此与彼合；此与彼矛盾；此与彼和合。”[③]此中，即将比量分为了五种：①此是彼的果——从结果推知原因，如从烟的存在推知火的存在。②此是彼

① 姚卫群编译：《古印度六派哲学经典》，商务印书馆 2003 年版，第 40 页。
② 姚卫群编译：《古印度六派哲学经典》，商务印书馆 2003 年版，第 19、17、18 页。
③ 姚卫群编译：《古印度六派哲学经典》，商务印书馆 2003 年版，第 39 页。

的因——从原因推知结果，如出生后始聋者见击鼓即推知有声。③此与彼合——在有内在联系的两物中，从已知推知未知，如见人知其有意识。④此与彼矛盾——在有矛盾关系的两物中，从已知推知未知，如看见风雹推知农作物受损，或从农作物受损推知有过风雹。⑤此与彼和合——从有和合关系的一事推知另一事，如从热水推知水被火烧过。

非确切认识是指对对象性质的认识与真实性质不一致，在《胜论经》中略有三种：疑惑、无知、梦。其中，疑惑（saṃśaya）产生于“对（诸事物的）相同特性的感觉，对相异特性的非感觉，以及对相异特性的记忆”。[①]如，看到在远处直立着一个东西，可能是人，也可能是树，但不能确定，这就是疑惑。因为在那个东西上，看到了此二者的相同特性——直立性，且虽然知道二者相异的特性，但却不能看到二者相异的特性。无知（无明，avidyā）产生于“根的缺陷和潜在印象的缺陷”，[②]即由于感官的缺陷或者习惯力造成的错误印象产生的虚假认识。梦产生于“我与意的特殊结合及潜在印象”，以及“法”（dharma），此中指出了梦产生的方式以及原因。[③]

第三节　基于心灵哲学的幸福论

胜论派尽管比较重视探讨自我、极微、因果关系之类的形而上学和心灵哲学问题，但并未偏离解脱论、幸福哲学这类价值论主题。《胜论经》已经表露出了这个倾向：认为生命的存在是苦乐交替之生活，是生死的轮回即合（samyoga）与离（vibhāga）。而这种生存的根本原因在于对乐的耽求，对苦的憎避，由此形成欲（icchā）与嗔（dveṣa）的心理势力，在此二者的推动下，则产生法（dharma）与非法（adharma）之行为，而法与非法即是生死的直接原因。与此生存状态相对的宗教理想生存境界就是解脱（mokṣa）。这在《胜论经》的开篇就已谈及。《胜论经》认为生命的进趋目标应该有两个，即所谓的“升天”（崇高，abhyudaya）以及“至善”（niḥśreyasa）。按照弥室罗的解释，前者关乎真理的认识，后者涉及苦的熄灭，此二者实际是《胜论经》的解脱的含义。但这还不是《胜论经》对解

① 姚卫群编译：《古印度六派哲学经典》，商务印书馆 2003 年版，第 11 页。
② 姚卫群编译：《古印度六派哲学经典》，商务印书馆 2003 年版，第 40 页。
③ 姚卫群编译：《古印度六派哲学经典》，商务印书馆 2003 年版，第 40 页。

脱的直接定义。《胜论经》认为，我脱离身体即是解脱，即将身体消失而我得以独存定义为解脱。这与《奥义书》、数论等的解脱思想是一致的。从前述解脱的两种不同角度的定义看，我的独存是纯粹结果上的，而息苦与认识真理两者亦可以看作达到解脱的途径。

在《胜论经》中，认识真理就是认识法，或者说获得六句义方面的知识，如说："至善来自对真理的认识，来自特别的法，即借助（关于）实、德、业、同、异、和合句义的相似与差别（的知识）获得。"①按照《胜论经》的本意，认识真理应该是达到解脱境界的根本途径。但在此方面，《胜论经》并没有详加论述。相反，它通过给出法的另外的解释来强调戒律与修持对解脱的重要性。这是受《吠陀经》的直接影响。具体而言，《胜论经》强调遵循婆罗门教的四行期的必要性，认为是否遵行四行期是获得法或者非法的因。在具体规定行持时，它说："（遵守关于）沐浴、禁食、梵行、师家住、林中隐居、祭祀、布施、供奉、方位、星宿、圣典、时节（的规定），导致不可见的果报。"②其中不可见的果报即升天。当然，这些行持与前述的认识真理的方式是极不相同的，因为它达到的果报相对解脱而言是较为低级的。

《胜论经》云："解脱被认为依于我的德行。"③德行是去除我之非法方面而产生我之法的方面，不论是认识真理还是戒律等行持，都是属于法的方面，都是达到解脱的德行。我一直处在身体的系缚中，被神秘的不可见力（adrstam）所支配。这种"不可见力"是世界的动力因，万物包括身心之一切皆由之发动。德行是用来反抗与消除"不可见力"的。当德行圆满，将非法去除净尽，"不可见力"即得以消除，身体亦就消失，我脱离身体的束缚，即是解脱。如《胜论经》所说："当这（不可见力）不存在时，（我与身的）合就不存在，（身体）不出现，（这就是）解脱。"④

第四节　正理派哲学要义与人我论、句义说

正理派（Naiyāyika）之"正理"梵文为Nyāya，"正理"是意译，也有译为

---

① 姚卫群编译：《古印度六派哲学经典》，商务印书馆2003年版，第1页。
② 姚卫群编译：《古印度六派哲学经典》，商务印书馆2003年版，第29页。
③ 姚卫群编译：《古印度六派哲学经典》，商务印书馆2003年版，第30页。
④ 姚卫群编译：《古印度六派哲学经典》，商务印书馆2003年版，第26页。

“尼桑”，还有音译为“尼夜耶”的，它的词根是“ld”。Nyāya的本义是“确定正确含义或正当事物的方法”，后成为了因明学研究之统称。它常被称为“因明学”（hetu-vidyā），或者“思辨学”（tarka-vidyā），或者“论究学”（ānvisiki）。一般认为，正理论的主要原理在公元前3世纪已建立，但直到4世纪左右《正理经》（《尼夜耶经》，Nyāya-sūtra）的编辑完成，才标志正理派作为学派走向成熟。正理论的思想特色反映在三方面，即量论、辩论与推理形式、解脱论。其中，最有代表性的是其关于辩论与推理之学说，下面主要从该方面考察正理派的心灵哲学思想。

一、人我论

正理派的“人我论”认为人是多元组合体，“我”居十二谛首位，“我”的特点有：每人各有一个“我”，与身根相异，其体是实常。“我”是根据人的欲、嗔、勤、勇、苦、乐、智推知出来的。因为有这些现象就表明其后有我，不然它们的存在和作用就无法予以说明。另外，“我”是诸根所依止，善恶果报皆由我受。若不承认有我，就没法说明果报之类的现象。

从“我”与心身的关系看，“我”是一种有别于它们的独立的存在。例如：居十二谛第六位的是“意”，即四心，心的特点是细小如微尘。心的作用表现在与外五根相应能照外事。心的本体是实常，它既不是“我”也不是“身”。总之，心、我、身这三者是相异的。《正理经》内容、结构足以说明这一点。它共分五卷，基本上是围绕十六谛（tattva；或句义，padārtha）的诠释立说，具体而言：卷一述十六范畴；卷二述疑惑、四种认识方法；卷三述灵魂、身体、知觉及其对象、知性、心；卷四述意志、轮回、业报、苦及解脱、谬误、全体及部分；卷五述错误的非难、失败的原因。

二、句义说及其心灵哲学意义

《正理经》开门见山地给出该经的思想纲要即十六句义：量、所量、疑、动机、见边、宗义、论式、思择、决了、论议、论诤、坏义、似因、曲解、倒难、堕负。《正理经》称此十六句义为谛（tattva，真理），并认为获得此十六谛的知识（jñāna），即可达到至善（niḥśreyasa），也就是解脱。因此，十六谛是《正理经》

的思想核心，从结构与性质上看，也是全篇思想内容之纲。

十六谛是围绕论辩说（即论辩与推理方面）建立的。在十六谛中，量、所量与疑三谛属于量论方面，相当于认识论方面，是论辩与推理的基础；其余十三谛属于论辩与推理方面。在属于论辩说的十三谛中，又可以分为三者：一者，动机、见边、宗义、论式、思择、决了六项是论辩与论证的基本结构，其中的论式在后期被陈那（Diṅnaga，约 5 世纪）、法称（Dharmakīrti，约 7 世纪）等发展为与西方三段论逻辑论式相当的形式；二者，论议、论诤、坏义三项是进行论辩与推理的方式；三者，似因、曲解、倒难、堕负四项是关于论辩与推理失败以及失败的原因方面的。可以看到，十六谛构成了一个论辩说体系。它的形成，在印度思想史上占有重要地位，对古印度的正统与非正统流派学说的体系化作出了重要的贡献。

第五节　量论及其心灵哲学意义

不可否认，古印度哲学的量论主要属于认识论和逻辑学范畴，但由于各派在分析量的形式时涉及了对心理样式的搜索与探讨，对量的结构与本质的探讨涉及了对心的一般结构与本质的探讨，因此我们认为可从心灵哲学角度就它进行探讨。

量的梵文是 pramāṇa，来源于 mā，原意是“度量”，引申为“尺度”或“标准”之义。在量论中，其转义为认识，并可引申为认识的来源、根据、标准，以及认识的工具与方法等众多含义。因此，量是获取知识的根据与基础。换言之，必须基于量，才能获取可靠之知识，而且至少与此四量之一相合，才能判为正确的知识。《正理经》的主要特色之一就是对量的强调，将之放在十六谛的第一位，表明量在其体系中的中心位置。在我们看来，对量的如此的定位和本体论范畴化，本身不仅具有形而上学的意义，而且有重要的心灵哲学意义。因为该派不仅把它看作谛，而且看作首要的一谛，这表明该派承诺了作为心理样式的量的本体论地位。此外，它的量论还有价值论意义，因为该派强调：只有通过量以及在量基础上的论辩获得正确的认识，人才能获得解脱。量属于正确的认识，必有自己的认识对象，也就是所量。与确定的所量如实相应的认识，才能是量，否则必然不属量的范围。这样的分析用今日的观点看，表达的是关于心的构成的现象学思想。下面具体加以考释。

根据《正理经》，量（pramāṇa）有两大类。一是属于知识性的正确无误的认识。它可分为四种，即现量、比量、譬喻量、圣教量。二是不属于知识性的且有误的心理样式。它可分为两种，即疑与错误的认识（mithyājñāna）。先看前一类量。

现量（pratyakṣa），粗略地讲，是眼、耳、鼻、舌、皮五根（感官）直接感知境（对象）所产生的正确无误的认识。《正理经》云："现量是根境相合产生的认识，不可言说，无误，确定。"[①]此中通过指出现量产生的方式以及对其性质的限定给出了现量的完整定义。根据这一定义，一种认知只有同时具备下述条件才可看作是现量。一是根对境的直接感知，即在根功能没有遭到损坏的前提下，并且在没有障碍的情况下，根与其相应之境（如眼与色）直接相对。二是确定，指确定、无疑惑的认识。比如较远处的一个草人，一方面觉得它是一个真人，另一方面又觉得它是一个假人，这种疑惑不定的认识，不是现量。三是不可言说，即所产生的认识具有纯粹性，还未被概念化，因此，只能为自己所了解，不能传递与他人共同分享。换言之，现量必须是纯粹的感觉材料，还未经意识整理并安立名言。四是无错谬，即对境如实感知，否则即非现量。如，将火把快速旋转，则在视觉中呈现火轮相，此时火轮相即非如实之认识，不是现量。

后来，正理派对现量作了进一步区分，如，将之略分为两种，即无分别现量（nirvikalpa-pratyakṣa）与有分别现量（savikalpa—pratyakṣa）。前者指狭义的纯粹的直接感知；后者指广义的一般经验，即自己亲身体验、经历。在进一步发展中，又将现量区分为世间现量（laukika-pratyakṣa）与非世间现量（alaukika-pratyakṣa）两种。

比量（anumāna），即在现量之基础上，通过推理对未得直接观察的事物而获得的认识。换言之，比量是以所获得的现量为先，通过一种恒常、普遍的联系而比知未知事物。《正理经》如同数论，将比量分为三种：①有前比量（pūrvavat），即从因推果，如见黑云，知要下雨；②有余比量（viśeṣavat），即从果推因，如见河下游涨满浊水，知上游下雨；③平等比量（sāmānyatadṛṣṭa），即同类推理，如见白人需要吃饭，知黑人也需要吃饭。后来，正理派如同佛教因明学，亦将比量

① 姚卫群编译：《古印度六派哲学经典》，商务印书馆2003年版，第64页。

区分为为自比量（svārtha-anumāna）与为他比量（parārtha-anumāna）两种。前者是悟自，是一种内心的推理过程；后者是悟他，需借助语言与论式来表达。

从关系上看，现量是直接获得的认识，而比量是在现量基础上通过推理比知而有的认识。因此，前者是直接的，后者是间接的。但就一个人的知识而言，通过现量获得者毕竟有限，主要是通过比量获得的。不过，比量由于是间接的，其可靠性依赖于推理的可靠性，因此，对比量的研究是与对推理的研究联系在一起的。在《正理经》及其主要注释《正理疏》所代表的古典正理论时代，比量的推理环节还不严格，由此经常受到责难，甚至被认为不是量。比如，由河水上涨就判断上游下了雨，反对者认为涨水也可能是下游堤坝阻拦的结果，等等。这其中由于没有使用恒常、普遍之联系作为推理的前提，导致推理的结果不可靠。在正理派对比量的后期发展以及佛教因明学的发展中，此类问题得到了有效解决。

譬喻量（upamāna）者，即由已知推知与其同类的未知事物，属于类比推理。如《正理经》云："譬喻量是根据（未知事物与以前）熟知的（事物的）相似来获得（关于）未知事物的（知识）。"[①]根据此定义，很难与前述的平等比量区别开来。正理派是这样解释二者的区别的：平等比量是由已知事物去类比未知事物；而譬喻量则是在未知某事物仅知其类名称的情况下，通过已知的事物来类比确定该事物。比如，未见过野牛的人曾听见别人说过野牛的形状与家牛相似，后来他在森林中看见一个类似家牛的动物便推定其即野牛。譬喻量由于其与比量的类似，遭到责难，被认为不能独立成量。这在《正理经》中就有记载，如反对者说："譬喻量与比量无差别，因为（二者都）通过现量使关于未知（物的认识）确立。"[②]实际上《正理经》没有作出有力的辩护，可以说其建立譬喻量的理由并不充分。六派的数论、胜论以及非六派的佛教等，一般都取消了譬喻量，将之归为比量，或者现量。

圣教量者，梵文是"sabda"，直译是声量或言量，又有圣言量、传承量、证言量等称法，即从权威的言教获得的认识。如《正理经》云："言量是可信赖之人的言教。"[③]该经又将之分为根据可见之物（dṛṣṭārtha）与不可见之物（adṛṣṭārtha）所立两种圣教量。其中，"可见"指世间一般可感之物，"不可见"指作祭祀升天

① 姚卫群编译：《古印度六派哲学经典》，商务印书馆2003年版，第64-65页。
② 姚卫群编译：《古印度六派哲学经典》，商务印书馆2003年版，第77页。
③ 姚卫群编译：《古印度六派哲学经典》，商务印书馆2003年版，第65页。

堂等物。显然，圣教量主要体现的是宗教性。在古印度不管是否正统流派，普遍承许圣教量，表明了印度思想的宗教性特征。该派把圣教量看作独立的量一直受到了部分人的批评，特别是一些反对者认为圣教量与比量没有区别，如说："言量就是比量，因为（由它所表明的）事物不是被感知的，而是被推论出来的。"[①]他们进一步指责被宗为圣教量的吠陀不可靠，不是量，"因为其中有虚假、矛盾和重复的过失"。[②]对此等批评，《正理经》也没有给出有力的反驳。确实，如果圣教量是正确的认识，必定合于现量与比量，因此从量的角度而言，是没有独立性的。这导致佛教瑜伽行派的部分因明学者彻底取消了圣教量。但圣教量多有不能用一般的现量与比量去说明且具有神秘色彩的成分，因此，圣教量作为宗教性的保证，在古印度宗教流派中一般都一直得到承认。

再看第二大类量。疑（saṃśaya）者，如前所述，是指一种在认识上的不确定心理状态，即对于境的认识不能确定而形成的犹豫的心理状态。《正理经》将之判为"探寻思索"，[③]并根据情况的不同分为五种，如说："有许多事物同有的特性、有不能确定属何种事物的特性、有矛盾（的说法）、有感知的无规律性、有不可感知（的无规律性）。"[④]此中所说五种可略释为：一者，比如在昏暗的光中见到一个高的东西，不能判断它是一根柱子还是一个人，因为二者都有高的特性；二者，比如在听到声音时，不能确定它为常还是非常，因为声音的特性既不存在于无常性质之人等中，亦不存在于常住的极微中；三者，比如对于"我"，正理派认为有，而佛教则认为无，不能决定；四者，比如有时所感知之水是存在的，如在罐中，有时所感知之水是不存在的，如在海市蜃楼中，所以有时在感知到水时不能确定所感之水是否存在；五者，比如旱地无水当然感知不到水，但在萝卜中有水也感知不到，所以，有时在某处感知不到水时，不能确定是否有水存在。《正理经》关于疑的分析是对《胜论经》的相关分析的深入，[⑤]不仅将所分种类由三种扩展为五种，而且分析角度也有所不同。

《正理经》对错误认识的分析主要是相对于现量与比量而言的。相对于现量

① 姚卫群编译：《古印度六派哲学经典》，商务印书馆 2003 年版，第 77 页。
② 姚卫群编译：《古印度六派哲学经典》，商务印书馆 2003 年版，第 78 页。
③ 姚卫群编译：《古印度六派哲学经典》，商务印书馆 2003 年版，第 66 页。
④ 姚卫群编译：《古印度六派哲学经典》，商务印书馆 2003 年版，第 66 页。
⑤ 姚卫群编译：《古印度六派哲学经典》，商务印书馆 2003 年版，第 11 页。

而言者，该经所列举的错误的认识（mithyopalabdhi）是错觉（mithyabuddhi），它是对境的错误呈现。对错觉的结构《正理经》有一分析，它说："错觉的两重性是可能的，因为有本质与显现的区分。"[①]即错觉在本质与显现两方面有不同的表现，比如将一个柱子错当成人，即产生"这是一个人"的错觉时，按照《正理经》的意思，称柱子为"这"是正确的，而断言是"人"才是错误的。这说明在错觉中有二分结构，即对境的直接反映是如实的，但由意识予以判断时则发生了错误。相对于比量而言的错误认识，《正理经》也有涉及。比量的成立依赖于反映论证过程的论式的正确无误，因此，论式的错误即造成认识的错误。在宗、因、喻、合、结的五支法论式中，关键是前三支。《正理经》时代对宗、因、喻的错误分析得较为粗略，主要谈到了因的错误，即所谓的"似因"（hetvābhāsa）。并将其分为五种，即不定、相违、问题相似、未证明、过时。总的来看，《正理经》的比量形式还主要是用于论辩而不是用于自己认识的，因此，对这方面出现的错误认识直接讨论的很少。

就量的构成而言，一般认为，它有三个构成方面，即能量、所量和量果。前面的考释其实是对正理派关于能量与量果的思想的考释，这里再来看它对所量的分析。

所量（prameya）即是认识的对象，与量构成相对应的关系。就具体内容而言，它包括自然与精神世界的一切对象。《正理经》将它们归纳为十二种，即我、身、根、境、觉、意、作业、过失、再生、果报、苦、解脱。此中既包括实体对象：我、身、根、境、觉、意；也包括依据其解脱论的价值观建立的概念范畴：作业、过失、再生、果报、苦、解脱。从心灵哲学角度看，它对所量的分析，既涉及对心理主体、功能作用的分析，如我、意、觉等，又涉及对心理基础、条件的分析。这里包含有十分合理的思想，如认识到，我、意等既是主体、能，又是对象、所，同时还心的条件。下面略述如下：

第一，我（ātman），是一种独立的实体，即灵魂。它是一种个体性存在，不同的生命有着不同的灵魂。《正理经》认为："我（存在）的标志是欲、嗔、勤勇、乐、苦及认识作用。"[②]这与胜论所说基本一致。

---

① 姚卫群编译：《古印度六派哲学经典》，商务印书馆 2003 年版，第 123 页。
② 姚卫群编译：《古印度六派哲学经典》，商务印书馆 2003 年版，第 65 页。

第二，身（śarīra），即身体。《正理经》认为："身是作业、根、情感的依托体。"①身虽然是情感等的所依处，但是物质性的，由元素地、水、火、风、空五大（bhutani）组成，并以地大为主。这与胜论所说一致。

第三，根（indriya），即感觉器官，分鼻、舌、眼、皮、耳，由地、水、火、风、空组成，其所感知之境分别是香、味、色、触、声五德（性质），与胜论一致。

第四，境（artha），即感觉的对象，分地、水、火、风、空五大，以及由五大所显之香、味、色、触、声五德。此中，除空外，地、水、火、风四者皆为极微所构成。这与胜论所说一致。

第五，觉（buddhi），相当于知性。如《正理经》所说："觉、领悟、认识（这三个词）无意义差别。"②此中认为觉与领悟（upalabdhi）、认识（jñāna）含义相同，是广义的认识作用。《正理经》强调觉并非遍于身，而且是非常住的，但它能连续不断地把握其认识对象。

第六，意（manas），即我与根间的中介或者说联络机关，与胜论所说一致。《正理经》强调认识的最终依处是我（ātman），而意是根与我间的中介，诸根对境的认识（感知）须由意一一传递给我。正因为有意的中介传递，所以诸根的认识才避免同时到达我，否则我就会陷入同时又看、又听等困境。因此，诸根的认识有时看似同时产生，但实际并非如此。对此，《正理经》这样解释道：由于意是微小的，一次只能传递一认识，但意的运动速度极快如"旋火轮"，意可以快速依次接触诸根，因此，诸根的认识可以似同时产生。③

第七，作业（pravṛtti），即身体、语言与意识的活动。《正理经》认为，身、语、意三活动是过失（doṣa）——贪、嗔、痴的体现。由此，可以看到《正理经》对现世生存完全持否定态度。

第八，过失（doṣa），即贪（rāga）、嗔（dveṣa）与痴（moha）。此三者一般称为烦恼，它们是一切现世行为的根本因。而在三者中，《正理经》认为最基本的是痴，有痴之人才会起贪、嗔，而无痴之人，则不会生贪、嗔。

第九，彼有（pretyabhāva），指此生灭后，重新获得生命。即我脱离一个身体，又入一个身体，一期一期再生，所以《正理经》又称之为再生（punarutpatti），

① 姚卫群编译：《古印度六派哲学经典》，商务印书馆 2003 年版，第 65 页。
② 姚卫群编译：《古印度六派哲学经典》，商务印书馆 2003 年版，第 65 页。
③ 姚卫群编译：《古印度六派哲学经典》，商务印书馆 2003 年版，第 107 页。

或者轮回。

第十，果（phala），即果报。《正理经》认为，果是由前述的作业与过失所造成的。但该经又说自己的作业与过失并非是果报的唯一原因，还有神也可以造成果报。显然，在《正理经》的果报理论中，神是一外在因素。将神加入其中，使此果报理论失去了内在一致性。

第十一，苦（duḥkha）。苦以困恼（bādhana）为特征。《正理经》认为，生命一诞生，即由苦伴随，不可能有停息，所谓的乐，实际亦是苦。这从感受的角度对生命的存在意义完全予以了否定。

第十二，解脱（apavarga），即苦的完全离系（tatatyantavimokṣa）。生存处于困恼或者说苦的状态，我被缚于身体之中再生不停，一旦将苦彻底灭除，我即脱离身体之束缚，而得解脱。

除了前述的十二种所量外，在《正理经》中还提到神（Īśvara）的问题。《正理经》的思想如同古典胜论思想一样，是一种实在论性质的学说，神概念并非是其思想的性质、结构与内容所必需的。特别是《正理经》提倡通过论辩与论证的途径去认识真理，更凸显神概念在正理论中的外在性。之所以在《正理经》中提到神，可以说是为了表明正理论思想的正统性质而做的思想妥协。但正理派在后来的发展中，如在正理论师如邬陀衍那（Udayana）、筏遮塞波底．弥室罗（Vacaspati-miśra）等的著述中，受印度教神学思想的影响，偏离了《正理经》以及《正理疏》代表的实在论色彩的正理论传统，将神奉为世界的最终因与主宰者，正理论在本体论方面遂成为一种以神为核心概念的一元论学说。

在前述十二所量中，前六者给出了《正理经》的自然事物与精神事物的所有实体，这些与胜论相当一致；而后六者给出了解脱论意义上轮回状态及其因果，以及解脱的概念安立。十二所量实际上说明了《正理经》的自然观、人生观与解脱观。

正理派根本经典《正理经》的主要内容是量论与论辩说，但二者的建立是为了表明获得正确认识的来源、标准与方法。换言之，其目的是为了帮助人获得正确的认识，它试图通过量论与论辩说指出一条真理之路，以获得解脱。

《正理经》的解脱观的基础是对生命现实生存状态的否定。生存的真实面目是苦（duḥkha），而所谓的乐只是人们的一种错觉。在渗透着苦的生存中，“我”被五大元素合成之身体所缠缚，不得自在，由此不断在生生死死的再生即轮回中流转。如《正理经》所说：“生的出现就是苦，因为它与种种苦恼联系在一起。”[①]这种苦的轮回的原因是贪、嗔、痴三种过失（烦恼），特别是痴，它是贪嗔的基础。因此，世间一切的根本原因是痴。由此，即有作业，也就会产生果报，即轮回的苦果。要从苦中脱离出来，换言之，要获得解脱，首先是要彻底去除痴。但要消灭痴，唯有通过获得正确认识来达到。《正理经》通过安立十六谛而致力于获得正确认识的目的就在于此。《正理经》云：“当苦、生、作业、过失（烦恼）、错误的认识被依次灭除时，解脱就会因对它们的持续灭除（而获得）。”[②]即通过获得正确认识，就消除了错误认识，或者说消灭痴，以及以之为基础的贪嗔。在消灭过失（烦恼）之后，随即消除作为烦恼表现之作业，从而灭除轮回之再生，也就彻底灭苦。而灭苦之状态即解脱。

总之，胜论派的基本哲学体系是关于“句义”（padārtha）的理论。此派认为，世间现象归根结底可以概括为若干“句义”。所谓“句义”就是指“与概念相对应的实在物”。它用句义来区分自然现象，此派的各种哲学思想一般都包含在对各个句义的具体解释之中。

胜论派的世界观是：物质世界是由极微聚合而成，极微有存在、最小、常住的特点。从本体论上说，胜论派坚持的是多元唯实论。它把实体的基本构成要素分解成七大范畴，其中首要范畴“物质”被进一步划分为九种不同的“原子”。

胜论派的心灵哲学思想主要有：坚持有我论，此派的六句义或九句义立我实句义，认为人是多元组合体，“我”居十二谛首位，其特点是人各有一个我，与身根相异，其体是实常。“意”居十二谛第六位，即四心，心的特点是细小如微尘；其作用表现在与外五根相应能照外事；其本体是实常，但既不是“我”也不是“身”，心、我、身这三者是相异的。

在“自我与人格同一性”的问题上，此派认为，我指个人的灵魂或意识的主

① 姚卫群编译：《古印度六派哲学经典》，商务印书馆2003年版，第116页。
② 姚卫群编译：《古印度六派哲学经典》，商务印书馆2003年版，第63页。

体，不同的身体有不同的我，它的存在是根据身体中存在着许多生命现象（呼吸、感觉、欲望等）而被证实的；意是我（灵魂）与外感官的联络者，当五感官与外界接触时，人有时产生认识，有时不产生认识，这就是意存在的证明。概言之，我即灵魂或意识的主体，意即连接我与外界的桥梁。

第十七章
弥曼差派与吠檀多派哲学的心灵哲学

在古印度六派哲学的发展过程中，弥曼差派与早期吠檀多派本来是一个派别，后来才逐渐分离成为弥曼差派和吠檀多派。前者主要研究吠陀本集和梵书的祭祀、仪礼部分，故又被称为“前弥曼差”（Pūrva-Mīmāṃsā）或“业弥曼差”（Karma-Mīmāṃsā）；后者主要研究吠陀所属最后部分奥义书的哲学部分，因而被称为“后弥曼差”（Uttara-Mīmāṃsā）或“智弥曼差”（Jñāna-kaṇḍa），因为吠檀多主要以奥义书的中心哲学概念“梵”作为研究对象，所以也被称为“梵弥曼差”（Brahma-Mīmāṃsā）。在古印度正统六派哲学中，吠檀多和弥曼差两派是最能代表婆罗门教精神的，因此学界一般将两派的教说相结合起来，可看作婆罗门教哲学的总成。本章将对两个派别的心灵哲学思想分别加以考释。

第一节　弥曼差派哲学的心灵哲学思想

数论、胜论在中国的古代佛教文献中很早就频频出现，弥曼差之名则较少也较晚出现。弥曼差派在中国佛教典籍中一般被称为弥含娑学派、弥息伽学派、弭曼差学派等，这些名称皆是梵文 Mīmāṃsā 的音译。Mīmāṃsā 派生于词根 man（思维），有思维、审察、论究等义。由于弥曼差派持“声是常”之见（sabda-nityata-vādin），因此有时又被称为声论学派。在中国的古代佛教文献中，弥曼差派即是以此思想面貌被提及的。

该派的根本经典是《弥曼差经》（Mīmāṃsā-sūtra），又称《前弥曼差经》

（Pūrva-Mīmāṃsā-sūtra），约在公元前 2 世纪初现雏形，在 1 世纪定型。相传《弥曼差经》的作者是阇弥尼（jaimini）。准确来说，该经实际是经过漫长时间编纂而成的，阇弥尼应是众多作者中贡献最大的一位。《弥曼差经》在正统六派的经典中篇幅最大，内容非常庞杂。《弥曼差经》的主要内容是对祭祀的方方面面的解释与探讨，特别是对与祭仪相关的各种细节的分析、讨论，非常烦琐枯燥。但对于祭祀原理的阐述，也有无神论的性质。

一、神的本体论地位问题

《弥曼差经》对祭祀之所以能产生作用建立了说明性的理论，即提出了祭祀的原理。该经认为吠陀是天启经典，因此，吠陀中的祭祀思想绝非是人所能创设的。它是神所揭示的原理。但《弥曼差经》并没有就此滑进吠陀传统的有神论之窠臼，为神在祭祀过程以及作用机制中安排任何角色。换言之，在祭祀原理中，祭祀产生效果（结果）并非是由于神的恩典，而是由于一种因果之力的发动或者说作用，完全属自然性质。在这里，《弥曼差经》引入了一个主要概念——“无前”（apūrva）来说明这种作用机理。《弥曼差经》云：“（存在着）动因。而这（又促使人们）开始（作祭祀）。”[①]此中的“动因”即“无前”。对此，夏伯拉（gabara）解释道：“存在着一种作为‘无前’的东西，因为在‘人（如果）希求（达到）天堂，就要作祭祀’的教令中，（某种）行为被要求。如果不是如此，不存在那种作为‘无前’的东西，那教令将是没有意义的，因为祭祀行为自身是可灭的。所以，如果祭祀不产生任何其他事物而消灭，那么由于因不再存在，（表现为天堂等的）果就绝不会出现。由此（可知），祭祀确实产生某种东西。”[②]显然，“无前”说实际上相当于一种业力说，意思是，当没有行祭祀时没有产生作用之因存在，也就不会有作为果报之效果出现；但在行祭祀后，祭祀行为即产生业力，此业力作为动力因，引起效果即果报生起。此中之业力在祭祀前无，而在祭祀后方有，因此称为“无前”。作为祭祀所产生之业力，“无前”在祭祀结束后不会消灭，而是持续地存在，直到引起相应之果报。显然，“无前”这种业力，将祭祀与果报联系起来，使祭祀能够在后来引起果报的发生。“无前”说的建立，显然是为

① 姚卫群编译：《古印度六派哲学经典》，商务印书馆 2003 年版，第 227 页。
② 姚卫群编译：《古印度六派哲学经典》，商务印书馆 2003 年版，第 227 页。

了说明在祭祀结束后为何还会有果报产生。在吠陀中，断言果报是由祭祀产生的，这为《弥曼差经》所谨遵。由于果报一定是在祭祀后才能实现（比如升天一定是在死后才能实现的），因此，不可能在举行祭祀的同时获得升天之果报。这要求必须对不同时之祭祀与果报间的因果机制予以说明。引入“无前”作为业力，其实是想说明有先后关系的两件事为何有关联，以及两者有因果作用的内在机制。“无前”是在祭祀过程中由祭祀行为自然引起的，属于自然现象，服从机械性的“自然法则”，由此，在祭祀引起最终的果报的作用机制中，无须超自然之力量或者说神的介入。这样，“无前”说便具有了无神论之“自然性”的特征。

因为以“无前”为基本概念之业力说给出的是一种自然因果之说，完全排除了神在祭祀与果报的因果关系中的作用，因此，有理由说《弥曼差经》在整体上具有无神论性质。《弥曼差经》避而不谈神的问题，其注释书《夏波罗注》（Sabra-bhāṣya）更直接否定了主宰神的存在，认为吠陀中提到的各种神祇仅仅是“名称”或“声音”而已。而随后的两大注释家——童中师（Kumārīla-Bhaṭṭa）与光显（Prabhākara）进一步通过“无前”说论证了祭祀与果报说的无神论性质，并对其他正统流派的神创说予以了批判。

二、“声”论中的意义实在论

《弥曼差经》有一项重要观点，即所谓的“声常住论”（sabda-nityata-vāda）。在该经中，强调“声”（sabda）具有常住性（nityata），目的并非是为了论证其是作为物理存在的常在，或者概念的永恒；而是为了表达一种宗教意义，即为了论证吠陀语言的神圣性、吠陀语言所表述的内容之真理性，以及依据吠陀吟诵、祈祷之祭祀结果的有效性。在阇弥尼看来，吠陀之语是神的教令，即神圣之天启。因此，吠陀并非是僵死或者速朽之文献，吠陀的语言并非是偶然发生的，而是活生生的、具有永恒内在神秘之力量的圣言。正因为如此，在祭祀中，通过吟诵吠陀之言辞，就可产生“无前”这样一种因果的作用力，进而引起快乐、幸福乃至升天的果报。而且，吠陀文句既然是天启的，就不可能在时间的流逝中发生传诵错误，这就要求吠陀之语声（言语）具有恒定不变性。在宗尊《吠陀》并秉承“祭祀至上”的前提下，如果考虑到吠陀语声与一切语声之关系，就很容易把吠陀的语声看成一切言语的最终实在，即一切言语仅是其外在之显现，而达成一切言语之恒常论与显现论。

《弥曼差经》论证声常住说（声显说）的理由很多，如：第一，“（声）确实是常住的，因为（它的）显现（可达到使）人（知道其意义的）目的。”①意思是说，我们使用语言（概念等），目的是为了传达一定的意义，达成交流，如果声是无常，即如果声一发出就不再存在，结果是语言也就不能作为传达意义之载体，也就不能通过语言形成交流。在此情况下，即使发出声，也不能具有语言的功用。但事实上，声一直作为语言为人类所共享，这说明声并非是无常的。第二，“（声是常住的，）因为在所有的地方，（声都可以）同时（表示一种类）。”②意为，声作为语言，不仅可以指称一个特殊（具体）事物，而且还可以作为类概念指称一个种类的事物。比如，当说出“牛”这个词时，可指一切牛。在此意义上，从指称一个类的角度看，由于类是永恒性的，因此指称类之声也必是永恒的。而且其与特定时空无关，即在一切时间、地方皆如此，故是常住的。第三，“（声是常住的，）因为（它本身）没有数。”③即是说，一切事物在每次出现时都会带上该次出现之标记，但名称或概念在发挥指称功能时不会出现这种情况，比如，当八次使用“牛”这一概念时，不会看到“牛”概念与八有什么关联，而仍是单纯、直接、恒常地指称“牛”类事物。因此，作为名称或概念之声也相应具有恒常性。第四，“（声是常住的，）因为（它）不具关联性。”④此中，“关联性”意指对他物的依赖性。引文意为，由于声的存在并不依存于他物（质料因），它以自身作为存在之原因，因此，它不会因为他物之坏灭而遭破坏，这说明其具常住性。第五，“（声是常住的，）因为见不到（由空气这类质料）结合的（声）。”⑤此中所述，是反对有观点认为声产生于空气，即空气通过聚散而产生了声；它认为声并非由空气产生，否则，声作为空气的产物，一定具有人们的感官可以感知的空气的分子，但事实上没有这种感知，因此，声不产生于空气，是常住的。第六，“（声是常住的，）还因为（在圣典中可）见到（论述声常住论的）标志。”⑥即在吠陀经文中有直接表明声为常住的文句，由于吠陀作为圣教量之神圣性，因此这就保证了声

① 姚卫群编译：《古印度六派哲学经典》，商务印书馆2003年版，第220页。
② 姚卫群编译：《古印度六派哲学经典》，商务印书馆2003年版，第221页。
③ 姚卫群编译：《古印度六派哲学经典》，商务印书馆2003年版，第221页。
④ 姚卫群编译：《古印度六派哲学经典》，商务印书馆2003年版，第221页。
⑤ 姚卫群编译：《古印度六派哲学经典》，商务印书馆2003年版，第221页。
⑥ 姚卫群编译：《古印度六派哲学经典》，商务印书馆2003年版，第221页。

常住论的真理性。由此六条理由，《弥曼差经》试图建立声常住论（声显说）。

《弥曼差经》通过将声体性的恒存与显现的待缘相区分，论证了声常住论的一种变形，即声显说：将人之努力等外缘以及种种差别归之于声的显现方面，从而认为声体性保持恒常不变。它与声的无常说以及声生说形成了鲜明对比。声无常说主张声的无常性；而声生说主张声在创生前是不存在的，在创生后则恒常存在。此两种声论一直遭到弥曼差派的批判。声显说这样一种声的实体主义，明显具有无神论倾向。因为声之体性是依据自身存在的，并非源于神的创造，或者依存于神之体性。这与其祭祀说的无神论倾向相互呼应。

三、自我与价值性心灵哲学

弥曼差派认为，人的认知行为本身足以表明：作为经验世界认知者的永恒自我一定是存在的。例如：“我知 X ”这种认知是一个有力的证据，它表明 X 和自我都具有自发的存在性。这种论证是有其力量的，因为凭借认知的确可以肯定自我和世界的存在，认知行为可以将作为认知者的自我与作为认知对象的外部世界联系在一起。

弥曼差派在形成之初主要是强调祭祀的重要性，认为祭祀行为能产生种种好的结果。在这些结果中，此派多次提到天堂。如《弥曼差经》中认为：“那（祭祀行为可达）天堂。因为这对一切人来说，都无例外。”①夏伯拉在给《弥曼差经》作注释时说：“如果祭祀不被作为涉及天堂的要求，那么它将由此而成为某种无成果的事情。”②弥曼差派在这里说的天堂接近一般派别中说的解脱状态，然而又与通常说的解脱有一些差别：它没有明确把灭除无知与达到这种状态联系起来。但这是早期弥曼差派的情况，后来的弥曼差派多少有一些变化。弥曼差派在 7 至 8 世纪的重要人物枯马立拉就认为：“对于那些理解了我的真实本质的人来说，由于所有他们过去的业都通过经历而耗尽，还由于不存在需要消除的业的残余物，因此，也就不再出现身体。”③这里说的“不再出现身体”也就是解脱状态。这种状态的产生与人的正确认识有关，正确认识涉及“我”，“我”这一概念在弥曼差派后来的句义论中存在，因而此派的解脱概念多少与其理论体系相关。而且，在

① 姚卫群编译：《古印度六派哲学经典》，商务印书馆 2003 年版，第 228 页。
② 姚卫群编译：《古印度六派哲学经典》，商务印书馆 2003 年版，第 230 页。
③ 姚卫群编译：《古印度六派哲学经典》，商务印书馆 2003 年版，第 230 页。

早期弥曼差派中虽然没有强调说解脱需要掌握此派的智慧，但弥曼差派的“声常住论”是直接论证祭祀神圣性的，而作祭祀升天堂实际也是要达到没有痛苦的幸福境界，因此声常住论等也还是与解脱观念相关的。

第二节　吠檀多派的心灵哲学思想

“吠檀多”一词是梵文 Vedānta 的音译，意思为“吠陀之终”。吠檀多派哲学是以奥义书为研究对象的，具体地说，吠檀多派哲学的研究对象还包括《薄伽梵歌》（Bhagavad-gitā）和《梵经》（Brahma-sūtra）两部经典著作。吠檀多是关于修行的“知识”，是教派内部不宜于人的“密义”，这主要是早期的理解；实际上，到了稍后时期，吠檀多讨论的都是深奥的哲学道理。因此，吠檀多便具有两个层次的意味：从历史沿革来看，它仍属于吠陀体系，因为它研究的文献都是吠陀的末分；从思想内容上来看，它已经超越了早期的实在论的范围，提出了更高层次的哲学问题，而且，既对上古时代的吠陀思想作了总结，又有自己的创造性发挥，进而让印度的哲学思想步入了新的时代。

吠檀多派主要经典——《梵经》认为：“人生的目的”是“解脱”。而通过祭祀去寻求现世和来世的幸福，并不是人真正的目的。要想得到解脱，必须通过对梵的认识。获得这种认识与实行祭祀，是有根本区别的事情。由于吠檀多派与弥曼差派在目的、手段等问题上有不同的看法，因此在理论上出现裂痕，分裂为两派就变成了非常自然的事情。

吠檀多派哲学自诞生至今至少有 1500 年的复杂的发展历史。在这个过程中，出现了各种流派。其中最重要的五个流派是：商羯罗的不二一元论、罗摩奴阇的制限不二一元论、摩陀婆的二元论、尼跋伽的二元不二论、筏罗婆的纯粹不二一元论。

一、意识及其种类

印度的意识理论有三个根本问题：①意识一定会像它表现于对象之上一样表现自身吗？②意识就其本质而言是不是关于对象的？③意识有没有自己的形式、结构和内容？吠檀多派还有这样的问题：意识是属于人的还是不属于人的？为了回答这些问题，它将意识分为两大类，即纯意识和经验意识两种形式。纯意识是绝对、永恒、终极的真实。经验意识由于受到心灵、理智、感官、身体的限制，因此只能是有限的、不真实的，是最高意识存在的表现。最高意识不仅是个体的基础，而且是他的全部活动的基础，贯穿他的生命史的全部。人能够超越有限性，获得对最高意识的理解，其路径是铲除无知，意识到个体意识与最高意识的同一性。一旦有此意识，人就马上认识到经验世界的虚幻本质，进至解脱之境。它对意识的更细的一种分类是把意识分为如下四类：①经验意识——经验意识是始终与客观存在的事物相联系的。②客观意识——此种意识也是客观的，但是它与经验意识不同。③主观意识或精神意识——这种意识不与客体发生联系，是纯主观性的。④超意识——这种意识既不与客体也不与主体发生联系，它是超越人的主客观差别的。

二、自我论

《梵经》是一部对吠檀多哲学的本体概念“梵”（Brahman）进行研究的著作，同时也回答了印度哲学一直关心的有我—无我问题。其基本观点是“梵我不一不异说”。首先，《梵经》在解释 ātman 时，继承了奥义书的观点，把它称为“有身我”或“监视者”或者“生命我”。作为个我，它具有身体，并对身体或感官进行监视，具有生命的原理。这个个我也是认识的主体，可称为“知者”。它也是“能作者”，即 ātman 是活动的能动的主体。《梵经》还表达了这样的思想，即 ātman 是不活动的，如果要活动的话，它就必须与诸机能相结合，只有在相结合时才是能作者。

我们知道，奥义书所确立的哲学体系可概括为“原人即梵，原人即我，原人、梵、我三位一体”①。奥义书认为，ātman 在外形上就是原人，在内则是精神世界的基础。《广森林奥义》说：“太初之际，唯我独存，原人为形，环顾四周，除我之外，不见其他。”②在这里把原人和梵我等同，很明显具有原始哲学的特征。同时，奥义书也把一切众生称作“个我”或“生命我”，而一切众生所依靠和存在的内在意识的原人则是“大我”。大我和无相梵是同一真理模式——非此也，非

① 巫白慧：《印度哲学：吠陀经探义和奥义书解析》，东方出版社 2000 年版，第 292 页。
② 巫白慧：《印度哲学：吠陀经探义和奥义书解析》，东方出版社 2000 年版，第 292 页。

彼也。通过分析奥义书关于个我的规定，可以看出《梵经》对个我的规定是对奥义书理论的继承，仍然是原人理论的延续和发展。

个我与梵的关系问题是“不一不异论”的核心问题。《梵经》认为，它们的关系不只是简单的部分与整体的关系，而应该从两个方面来加以分析。

首先，从“不异”来看，《梵经》说个我是梵的“部分”。这个“部分”应该如何理解呢？①可理解为根源和派生物的关系。具言之，最高我是根源，个我只是梵的派生物。《梵经》用比喻的方式说，它们的关系犹如作为光源的灯火与光明的关系，或者太阳与照射在水面的光影的关系。②从本质上讲，它们是同一的，只是在空间位置上有所不同罢了。一切个我都归于梵。《阿闼婆吠陀》系的学派关于梵的赞歌说：“渔夫、奴仆、赌博者都是梵”，这就说明个我与梵是无区别的。但这与后期的不二一元论所主张的全同是不一样的，因为它们在某些点上是不一的，只是在精神性、主体性、常住性上不异。③可理解为包含与被包含的关系。个我作为amsa，它并不是量上的一部分，它与全体在本质上是同一的，部分之中有全体，在逻辑上是相互蕴涵关系。最高我是全体，它是不可分割的；个我是最高我中的极小一点，它既蕴涵在全体之中，又可以是独立的一点。中村元指出，《梵经》中对“部分”用了两个词：amsa和avayava。前者与最高我的性质是同一的，是不可分割的；后者是可以分割的，它是有一定大小的部分。[①]《梵经》在说个我是最高我的部分时，说“不异”是用的前者，说“不一”是用的后者。

其次，从“不一”来看最高我与个我的关系：①最高我是宇宙成立的原理，是世界的支配者，而个我并不具备创造或毁灭世界的能力，它只是从属者。②二者成立的自身本质不同，梵是由萨埵而成的最高我，个我却不具此性质。③梵是超越一切罪恶的，也不会感受苦乐；而个我却是要感受果报所带来的苦乐的。

通过对《梵经》的“不一不异说”的分析，可以看出后世的吠檀多学者进一步发展自身学说的可能性。《梵经》的学说实际上仍属原始哲学，实在论的味道很浓，还没有完全摆脱奥义书原人理论的形式，哲学理论也没有完全地上升到纯粹抽象的地步，只有到了“不二一元论”的出现，才可以说吠檀多哲学完全成熟了。“不一不异说”在理论上将作为行为者的个我，与享受果报的个我完全同一，

① [日]中村元：《梵经哲学》，岩波书店1951年版，第447页。

于是，享受业的果报的个我自然会流人生死轮回之中，这个个我被称为“有身我”。“有身我”与 ātman 在本质上是有区别的。这种理论反映出《梵经》没有解决个我的哲学抽象问题，个我始终与原人的形象相关，于是就不能达到梵我的完全的同一。

提蒲（G. Thibaut）在评价商羯罗的《梵经注》时提出，《梵经》与《梵经注》有四点不同之处，也即《梵经》有四个缺陷：《梵经》对实在本体梵没有区分“上智”（para-vidyā）和“下智”（apara-vidyā）；没有区分绝对梵与人格神；不承认宇宙非实在论；不承认个我与最高我的绝对同一。以上四点其实正是商羯罗的不二一元论的主要观点。这里我们对之略作分析。

商羯罗（约 700—750，一说 780—820）是古印度吠檀多派哲学家、婆罗门教改革家，生于南印度的摩拉巴尔。他直接继承了吠陀的冥思方式与奥义书“万物一体”的理论，又吸收了大乘佛教思想及耆那教部分教义，改革婆罗门教为印度教，对佛教、耆那教造成了极大之冲击。他的纯粹不二论体系认为：现实世界皆为幻相而非真实，唯有个人之精神（我），和宇宙之最高原则（梵），方为同一不二之真实存在。商羯罗不同意顺世派对心身关系的论述，也不同意佛教的无我说。他主张“有我说”，认为在肉身的我之中有一个精神的我存在，肉身之我是会消亡的，但精神之我却是不会消亡的，它将永远存在。这个精神之我就是 ātman。ātman 就是我，我即是指 ātman。ātman 是肉身之我的本质，居于肉身之中的 ātman 就是“个我”，是具有限定性的 ātman。这种限定性包括粗身与细身、主要生气、五种行动机能器官、五种感觉器官、内官等。所谓细身是由细微元素组成，而粗身则是由细微元素混合而成。粗身即是可感觉到的肉身，人死，粗身即遭毁灭。细身为微少透明之物，是粗身的种子。细身在 ātman 轮回之时伴随转世。所谓生气，主要包括呼气、吸气、媒气、上气和等气。其中，媒气为呼气与吸气之间结合物；上气是人在死亡之际把 ātman 从身体中引导出来之物；等气是消化之气。行动器官指与行动有关的语、手、足、排便器官和生殖器官。感觉器官指听、触、视、味、嗅。内官在大致指人的统觉机能、识别能力等。身体为外壳，在身体的深处存在着 ātman，这个 ātman 就是个我。个我与梵是同一体，即梵我同一。个我是 ātman 在肉体中的表现，ātman 决定和限制了个我。ātman 是自由和不受限制的，个我则是局限的。个我不是人的肉身，它是深藏于身体之中的物。那么，它的本性是什么呢？商羯罗认为，个我的本性与梵同样，都是精神性的，二者都是精神的存在。个我不是由物质元素所构成的。个我由于是精神性的，因此它也是独立性的，是不受肉体限制的。总之，商羯罗认为个我在性质和形状上都和身体不同，身体的形状可以看到，而个我的性质如意识、记忆等是不能看到的。

三、心灵观

在心灵观问题上，吠檀多派的基本观点是，人心中的核心和主角是真我，但它又不是有些派别所说的超经验的东西，而就是经验或意识本身。根据商羯罗所支持的不二论吠檀多派的观点，“自我就是经验的对象，……即关于某物的经验，它不只在经验中作为某物显现，而且它要么存在于经验的里面，要么在它之上。”① 根据这种观点，经验不是对主体发生的，而是作为主体而出现的。当然，这不是说经验与自我、心灵完全没有区别。它认为，经验有两种，一是经验本身，二是意识。它在特定意义上可等同于自我，即如果自我指的是不变的心理现象，那么经验就是自我。不管是哪种经验，由于都与意识有关，因此都不同于心灵。因为经验是自我的本质，心灵指的是变化着的心理状态。这里的经验或意识有特定含义，指的是心理现象中的恒常的东西，而非刹那生灭的经验。确切地说，意识是持续的东西，正是在这里，川流不息的经验得以表现自身。就认知作用而言，意识是经验的自明性，或经验的经验、照亮。在这里，不二吠檀多派有近于佛教的地方，如：认为经验有自照、自明的本性。当然，这种自明性不是个别心理状态的特点，而是意识本身的特点。意识像光一样，是所有事物有可见性的条件，因此，它的显现出来，不需要别的光来照亮，也不需要二阶觉照，不需要作主客体。这些思想为西方今日的许多现象学家（如扎哈维等）所继承和发展。

正是在这里，吠檀多继续有关思想，论证了一种以意识一元论为特点的心灵观。它强调有意识的、被意识到的、被知觉到的都只是意识，因此心灵中只有意识或觉知，或人只有意识。这一“只有觉知”或“只有意识”的结论主要根源于对知觉的分析。商羯罗说：“意识有知识之光作为它的本质。它的知识不依赖于任何别的东西。因此它总是为我所知的，就像太阳在照明时并不需要别的光一

① Hacker P. *Kleine Schriften*. Wiesbaden：Franz Steiner，1978：275.

样。”[①]作为明证性、自明性意识的自我就是这样的光。他还说：“ātman 在本质上既不是可知的，也不是不可知的。”[②]既然光在本质上是无法区分的，因此正像太阳中没有白天和黑夜一样，ātman 中也不能作出可知和不可知的区分。同理，既然光是一种照明的东西，因此它不会照自己。既然光本身没法作出能照和所照的区别，因此阿特曼绝不会看自己。从这些论述中，我们可窥见这样一种独特的心灵观：

心灵中没有主宰，没有执行者，没有起支撑作用的东西，也不能作主客、阶次划分。心既觉知外物，又明了自己。里面并不存在另一个能照的主体。因为光是自明的。它发光照自己不是因为里面又出现了一个发光体。

因为经验、意识就像光一样，光可照亮他物，在这个层面上，光有能照和被照的不同。但在光内部，则不能做这样的划分。它是通体透明的。一有光明，它全体就都是明亮的，内部没有能照和所照。心理状态是借助意识的光明这一中介来表现自身，正是在这个过程中，它们表现自己的存在。而意识之光直接是自显现的。各种经验也是在呈现于意识时而获得自己的存在的。显现的、无常的经验是在一种意识中表现出来的。它们本身具有意识的特征，即明白外面的，自身也得到明白。就像以光照物那样，当物被明亮时，光本身也明亮起来。光的比喻还能说明：在意识中，不存在实体性、主宰性、持续性实在。

从比较上说，这种心灵观十分相似于现象学的有关观点。它表达了这样的现象学，即意识就是意识到经验的呈现，或将经验呈现出来。这里的经验既包括来自于外的，又包括来自于内的，全面地说，意识是作为呈现我们所碰到的一切东西的作用而存在的。经验的呈现，就是世界的呈现。而经验的呈现指的是某种发生的东西的呈现，因此经验的呈现就是把这个某物呈现出来。即使它也承认意识中有我的存在和作用，但我不是意识之外或之上的第二个东西，而是作为呈现而存在的。这意思是说，一切都是呈现于我的。我能研究这些以各种方式给予我的东西，我也能思考这些事物的所与的方式。另外，自我不是被看的事物，而是看本身。商羯罗说：“我不是这个对象，我是那使一切对象显现出来的东西。”[③]这种心灵观，心的构成和本质主要体现在“呈现”这一概念之上。它指的不是我能

① Saṅkara，*Uadésasāhasn*，I. 15. 40-41.
② Saṅkara，*Uadésasāhasn*，I . 15. 48-50.
③ Śañkara，*Vivckeacūdāmani*，Verse，p. 493.

发现里面的现象，而是在那里有现象出现。这也可称作“意识的透明性”。它说的是这样的事实，如：一个人在注意对对象的意识时，他没法不注意意识所意识到的一切。

正是因为吠檀多派思想中有许多闪光的思想，因此当代才回响着“回到吠檀多派”这样的声音。法斯清（W. Fasching）在许多论著中对吠檀多在自我及其心灵观问题上的思想作了较全面、详细的考察，最后得出结论说：“这种观点抓住了经验本质中某种关键的东西。”因为他认为，承认我即意识，就是承认：我在于意识有明见性这一本质。“明见性意识这个概念允许对真实发生在这个过程中的东西作出比无我论更可信的描述。”①

四、不二论及其对二分图式的超越

根据赖尔和罗蒂等人看法，西方思想占主导地位的“权威的”倾向是心物二分图式或二元论。但印度则比较复杂，例如：佛教外的其他宗派在人、世界的划分问题上的看法不完全一致，既有坚持二元论的，也有其反面。对此，学界的看法没有太大的争论，但对占主导地位的倾向是什么，则各执一词。印度比较学者罗摩克里希纳·拉奥认为，古印度哲学由于与西方文化有共同的渊源，因此与西方哲学的共同性较多，如重视语言问题，长于语言分析，关注心灵内容（如注重分析命题态度），重视心灵的认知功能，重视因明（逻辑）。在关于人和世界的总的看法上，它也西方大体相同，即占主导地位的倾向是心物二分。②笔者不赞成这一看法，认为有的尽管坚持的是比较严格的二元论，但古印度思想的主要的倾向是超二分图式。这首先表现在古印度居主导地位的吠檀多派的思想之中。

吠檀多派所说的不二，意即无二，主张世界是绝对一元的，因此也被称之为不二论。这不仅是最为典型的超二分图式，而且是二元论的最为明确的超越。如果该派思想真的是古印度思想的主流，那么超二分图式则是古印度在世界和人的整体把握与划分上的主流思想。它认为，梵与作为纯意识的自我是同一的，而物质世界是不真实的，是无知或幻觉的产物。天帝只有从经验的观点看，才是真实

① Fasching W. *I am of the Nature of Seeing*. Oxford：Oxford University Press，2011：213.
② Ramakrishna R K. *Consciousness Studies：Cross-Cultural Perspectives*. Jefferson：McFarland &Company，Inc.，Publishers，2002：194.

的。还有许多派别，有的反对不二论，而主张多元存在，如：认为天帝也是存在的，这样便导致了有神论。适任不二论继承了不二论的基本思想，但又试图为个体灵魂和外在物质找到存在地位，如：认为天帝是最高存在，而个体灵魂和各种形式的物质则是天帝的身体。不管哪种形式，都有超二分图式而主张多元论的特点。

不二论的基本观点可概括为：只有觉知或纯意识（awareness only，cinmatra）。这有两层含义：①被看到的一切在本质上都是纯意识，就其本性而言，纯意识是不二的，即没有差别，尤其没有主客、能所差别。主客二分的观念是无知的产物。②所有显现出来的东西不过是梵以不同形式表现出来的样式。即使可以说有被觉知的对象，但由于被觉知的对象就在觉知之中，因此对象就是觉知，与觉知没有区别。基于这些论证可得出的结论是：一切都是意识，只有意识。换言之，真实可看作是梵，是纯意识，世界则是幻觉。但个别自我通过修炼可同一于绝对真实，或回归绝对真实。

不二吠檀多派也承认 ātman 的存在，因此相同于弥曼差派，而有别于佛教。但又应看到，它对 ātman 有特殊的规定，如，强调应从三方面加描述或理解：第一，可称作梵天（brahman）指的是作为一切实在的普遍和单个基础的意识，它是最初的天、最初的神；第二，指的是这样的意识，即作为每一个个别存在之基础的意识；第三，灵魂（jīva），指的是每一个别存在中的经验意识。三种 ātman 是同素异形体。第一个 ātman 从隐喻上说的，后两个是它的异形体，它们有相同的构成材料，又有不同的结构和作用。总之，如果说有 ātman 或自我的话，那么它指的不是具有个别意识的自我，不是一个东西，不是作为常一不变实在的 ātman，不是作为所有者、支撑者的我，而就是意识本身。它所做的事情是，把自己当作是个别的。换言之，自我就是觉知，或其内在本质是觉知。而觉知即是非二元的明了（seeing），即是恒常的明、看，即清清楚楚、永不间断的明见、明证（witnessing）。这种明不是某个主体的行动。这就是说，该派不否认人有真我，但认为它不是超经验的东西，而就是经验或意识本身。根据商羯罗所支持的不二论吠檀多派的观点："自我就是经验的对象，……即关于某物的经验，它不只在经验中作为某物显现，而且它要么存在于经验的里面，要么在它之上。"[①]经验不是对主体发生的，

① Hacker P. *Kleine Schriften*. Wiesbaden：Franz Steiner，1978：275.

而是作为主体而出现的。该派还对经验和心灵作了区分，如认为，经验就是意识，而它不同于心灵，因为意识是自我的本质，心灵指的是变化着的心理状态。可见，这里的经验或意识有特定的含义，指的是心理现象中的恒常的东西，而非刹那生灭的经验。该派承认，“我”当然有持续性，但不能理解为一个对象在时间中的持续存在。这里的持续应根据呈现本身的状态来理解，在这里，过去的时间是由总是作为现在的现象构成的。因此，主体的持续，不足以证明人们所得到的关于某种对象的持续存在的经验，相反，只能说明主体是任何经验的可能性的条件。现代不二论者莎玛（A. Shama）在回答“我是否是真实的”时说：“当我们说‘我是这，我是那’时，就是不真实的。”①反之，当我们说“我不是这、不是那”时，就是真实的。质言之，当一个人不再去在世界上寻找自己时，他才算是真实地认识了自己。

商羯罗还主张：现实世界只是“幻”或摩耶，不是真实的存在，只有个人的我和宇宙的梵才是同一“不二”的真实存在。这就是带有一元论色彩的“不二论”。根据吠檀多派的观点，常人的执梵我为虚无、物质世界为实存的观点，不仅是颠倒的观点，而且也是导致人生痛苦不堪、轮回受罪的总根源。既然如此，人要获得解脱，别无他途，就是回归与梵我彻底合一的状态。为什么是这样呢？根据他的不二论，“（觉醒的个我与）那（进入睡眠的个我是）同一的。”②人如果坚守这种同一，那么就不会受轮回等苦。现实生活中，这两者在一般人那里是分离的，因此便饱受诸苦。既然如此，要达到做人的最高目的，即解脱，就是要回归这种合一状态。这也意味着，人身上和世界即可以表现为一，这是认识了真理和获得了解脱的表现，也可表现为多（但不是心和身、心和物，而是心、意识、物等），但这是愚痴和不解脱的表现。

五、宇宙动因与心理因果性问题

《梵经》的哲学立场就是：现象世界是真实的和实在的，它并不像后期的不二一元论认为世界是虚幻不实的，一切的产生是由于主观认识发生了误识所造成的那样。所以可以肯定《梵经》哲学是实在论的哲学。

① Shama A. *The Experiential Dimension of Advaita Vadānta.* Delhi：Motilal Banarsidass，1993：96-97.
② 姚卫群编译：《古印度六派哲学经典》，商务印书馆 2003 年版，第 315-316 页。

从《梵经》对梵的定义也可以看出其持开展说的端倪来。《梵经》（Ⅰ.1，2）说：“（梵）是（世界的）生起（也即：生起、存继、归灭）的根源。”商羯罗以及罗摩奴阇的注释都承认这一观点。商羯罗引用《鹧鸪氏奥义》（Ⅲ，1）说：“梵是一切生物生、住、灭的根源。”[①]

《梵经》与数论在因中有果论上持同样的立场，虽然它们关于最终的因的性质的观点不一样，但关于世界产生的观点是一样的。《梵经》（Ⅰ.1，5）说：“（数论所说的自性）不是（世界的原因，因为奥义书）未论及。”[②]商羯罗评论认为非精神的自性是不能作为世界的原因的。

梵作为终极原因，其功能有：①梵是世界的质料因。在商羯罗和罗摩奴阇等的注解中，质料因（upādāna）一词等同于自性（prakṛti）。但由于属于吠檀多哲学，因此它又包含着具有精神作用的动力因的意义。②梵是世界的动力因，因为梵是世界的创造者。吠檀多派的“创造者”一词不是指数论的神我，而是指最高梵。商羯罗在谈到世界的创造时，他用了一个“主宰神”来与哲学本体梵相区别，《梵经》根据奥义书的思想作出了同样的结论：梵是世界创造的动力因。③梵是世界创造的形相因。理由：吠陀（天启圣典）的语产生宇宙万有，吠陀即为神明，是常住性的；吠陀“直接启明”的可靠性是毋庸置疑的；古传即“推论”，它来源于其他的认识。这两种认识的来源可以证明对一切的创造是以语为先导的。梵事先潜在于一切现象之中，而一切的现象的显现都以梵为依据。如，“牛”这一生物的存在是以“牛”这一“语”（或名称）的存在作为依据的，而“牛”这一语早已潜在于梵之中，它会随着现象世界的产生而显现出来。而作为形而上学原理的“语”实际上就是超越于人间的神圣的吠陀之语，这个语是世界展现的根本原因。④创造世界是梵自身的独自活动，梵自身是现象世界显现的目的因。梵显现世界是为了游戏，这就是梵显现世界的原因。在晚期的奥义书中已经出现了主宰神为了游戏创造世界的说法，而《梵经》肯定了梵创造世界纯粹是为了自身的目的，而不是为了别的什么原因。

关于世界的生起和归灭，《梵经》主要根据奥义书的思路作出了解释。根据《歌者奥义》（Ⅵ.2，3）的观点，世界发展的本原是“有”，发展的动力是“意欲”，

① [日]中村元：《梵经哲学》，岩波书店1951年版，第118页。
② 姚卫群编译：《古印度六派哲学经典》，商务印书馆2003年版，第249页。

由此生火，火生水，水又生食（即地）。“有”在这三个元素中以个而入于其中，并以名（名称，nāma）和色（形态，rūpa）来对世界加以展开，现象世界得以成立。后世觉得仅有三元素是不够的。《鹧鸪氏奥义》提出，由我生空，空生风，风生火，火生水，水生地。《梵经》采用这种说法来解释宇宙的展开：首先，它是肯定和继承了《鹧鸪氏奥义》的“梵是世界生、住、灭的根源”的观点；其次，它一再强调虚空并不从其他根本元素而生，这是因为在古奥义书中虚空被视为“阿特曼”，或者被视为“不死者”，与绝对原理是同一的。甚至虚空并不仅仅是“空间”（space），而具有哲学原理的意味。

这五个元素在创造世界之时，最高神已经蕴涵于元素之中，由创造的“意欲”推动而进行创造。另外，《梵经》作者在谈元素时引用了《鹧鸪氏奥义》的五元素说，但在解释自然界的形成时，却遵循《歌者奥义》的说法，认为只有地、水、火三元素是质料因，风和空并不是构成要素。例如，地、水、火三元素是一切物体的构成要素，我们在现实生活中所经验的地就具有水、火的要素，只不过地元素占压倒的成分，显示出了地的特征而已。无论如何，现象世界的开展依赖着世界原因梵，因为它在开展之前是从属于梵的；同样，在开展之后仍然与梵不离。世界的开展是如此，世界的归灭则逆向而行，由地归水，水归火，火归风，风归空，空最后归于梵。世界的生起—存续—归灭的过程是无限往复的，这被称为“回归”。这种无限的循环是“无始”的。无限回归的世界在各劫中的“名称与形态”都是一样的。个我也在这无限的循环中流转轮回。

六、智能论

西方心灵哲学和人工智能哲学认为，要建构出能模拟乃至超越人类智能的人工智能，必须“师法自然”，弄清人类智能的发生过程及运作机理。而要如此，有关学科的一项不可推卸的责任就是对智能展开深入细致的解剖和研究。古印度哲学尽管没有人工智能的意识，但有对智能的关注和解剖。古印度宗教和哲学派对智能的理解，是超越知识论立场的，多数情况下，他们更加关注同宗教修行和解脱联系起来的智慧和能力。比如：商羯罗所区分的上智和下智；佛教中的般若之智。下面便以这两种有代表性的观点，来说明印度古代的智能观。

商羯罗是吠檀多不二一元论的代表，认为智慧（jñāna）是实现解脱的完美之道，这种智慧并非智能上的知识，而是精神上所洞见的智慧。知识可以分成两个层次：至上和非至上。至上的知识就是“梵知”“上智”，是一种高级的认识活动。非至上的知识就是“下智”，是一种低级的认识活动。在“梵知”中，人实现了对于恒常的绝对者（梵）的认识，认识对象、认识者和认识活动实现了合一，人不再受时空、因果等经验范畴限制。而“下智”则来源于现象世界，它是受时、空、因果等限制的，它的来源有六个方面：感觉、推理、证言、类比、推定、非实在的知识。[①]

从人的智能源泉看，商羯罗认为ātman是认识的主体。为什么这样说呢？他认为，在对外界对象的知觉中，除了眼耳等感觉器官外，内官起到了很大的作用。所谓内官，就是今天所谓的统觉能力。这种能力发生时，对象被把握成了一定的经验形象，为认识进一步的加工提供了基础的材料。因此，内官并不能等于认识主体，它只是起到外界对象与认识主体之间的联络作用，犹如佛教中末那识对阿赖耶识所起的作用一般。真正的认识主体是ātman。但是按照不二一元论幻现论的主张，绝对意义上的ātman及梵是无形象、无差别的，是不能用语言描述的，它是唯一，除它之外，其他都不实在。那么，它如何能够作为一个有差别的认识主体呢？不二一元论认为，从经验相对性的立场，绝对的梵又可以呈现为世界的创造者——上帝。整个世界都是上帝的魔法所现，这个魔法遮蔽了真实，投射出了非真实，造就了我们所谓的常识世界。因此，从这个角度看，无论是上智和下智都是ātman所表现的智能，前者是一种真实的智慧，能够使我们认识自我的恒常本质，获得解脱；而后者则是幻现的产物，本质上是无知和无明。

要获得上智，就要通过一种被称为知识瑜伽的训练，它分为两个阶段。第一阶段是道德、智能的和情绪的精神训练。它包括区别恒常与非恒常、抛弃自私心以及养成平静、自制、放弃、信心、定等心境，最后还有精进专一于追求解脱。第二个阶段包括研读、内省和沉思三个方面。研读是指研读或聆听圣者讲授吠檀多经典。研读必须是全身心的投入和体验，并不仅仅是一种知识的获得。内省则是通过学习经典之后，反观内心，对所获得的教义进行反复的思考，对其中的疑问初步进行化解。沉思则通过进一步对梵的认知和直觉，来催生真正的智慧，使

① 参阅黄心川：《印度哲学史》，商务印书馆1989年版，第433-434页。

人成为一个在生前就获得解脱的人，称为有身解脱。[①]

因此，真正有智能的人不是博览群书的有知识的人，而是能够消灭心中的疑惑，使人从不洁变为清净，不再轮回。这才是真正的智者。

七、心物关系论

作为古印度哲学最正统的派别，吠檀多中有很多不同的流派。其中，商羯罗的不二论、罗摩奴阇的制限不二论都是相当重要的流派。他们都承认梵天世界创造者的地位，但是在梵天和世界关系上，有不同的看法。商羯罗认为梵是一种没有任何属性的精神实体，但是当人们用下智去看梵时，为它附加了很多属性，由此有了上梵和下梵的区别。上梵是一个不变的心体，是非经验和非现象的，只有它的实存性和精神性是可以肯定的。下梵是经验和现象的，具有强烈的人格性，它具有意志，具体创造世界，变化出有情众生。商羯罗认为上梵是真实的，而下梵是虚的。因此，世界也可以分成两重，从上梵的角度看，梵是一个魔术师，他通过一种魔力——摩耶创造出世界。摩耶是一种无明或虚假的心识，心识动便有了万物的产生；心识不动，一切皆空。从下梵的角度看，世界产生的过程是由一个唯一的常住不变的我，产生了无数个体的人我，这个我受到了肉体的限制而不自由。由此，商羯罗所认为的心物关系应当是首先有一个绝对的客观精神，一个绝对唯一的我或心，此心以魔力变现出现实的心和物。而从根本上来讲，现象世界的一切都是虚幻不真实，唯有不变的梵、真我、心是真实永恒的。

罗摩奴阇的制限不二论则认为梵是唯一的本体，梵就是毗湿奴。此神蕴含无数的个人心灵和唯一的物质形式，心和物都是神的属性。在世界的最初阶段，个人精神以及物质尚未发展的微细物就是梵的身体一部分，和梵没有差别，这是梵的“因态”。当这个梵由于他自己的意志的力量而展开他自己时，他身体中的物质部分即成为物质世界；他身体中的个人精神则变成了有情的心灵或灵魂；梵本身则变化为各种化身，成为世界的支配者，这是梵的“果态”。这样梵与世界的关系就形成了统治与被统治的关系。同时，又因为梵的身体中的两种属性心物、精神与物质造成了世界的二元化，所以罗摩奴阇的思想就是局限的一元论，使一

① 参阅[印]摩诃提瓦:《印度教导论》，林煌洲译，东大图书公司 2002 年版，第 101-104 页。

元论和二元论的调和，因此被称为制限一元论。[①]

综上所述，古印度哲学对心物关系的考察是在各派别互相影响中形成的，比如，佛教万法唯识的心物观对于商羯罗的不二论的心物观就产生了很大的影响。而数论二元论的心物观对罗摩奴阇提出的制限一元论是有影响的。

八、从小我到大我：梵我一如的解脱论思想

吠檀多派的解脱观念与此派的梵我关系理论有着最为直接的关系。尽管在此派中存在许多分支，对梵与我的关系有种种论述，但各分支中思想家多数是将梵看作最高实体，而且将是否有对梵的正确理解或完美认识视为是否达到解脱的标志。此派各主要分支的代表人物或文献在这方面都有相关论述。跋达罗衍那在《梵经》中的不少观点虽然不是很清晰，但他在这个问题上也还是有所表述，如《梵经》中提到，人的最高目的解脱是通过关于梵的知识获得的。商羯罗在《梵经注》中也说："对于那达到了梵我同一状态的人来说，就不可能证明他的世俗生活能像以前一样继续下去。"这里实际是表明：获得了梵我不二的认识，就不会继续处在轮回状态中，这也就是达到了解脱。罗摩努阇在《梵经注》中说："在接近解脱时，我们必须理解那对最高我的直觉，最高我是个我的本质状态，而这种状态产生于对无明的消除。"这里说的"对最高我的直觉"实际就是他所主张的限定不二论，即在不否定个我（或现象界）是梵的实在属性的前提下，承认最高的实体是梵。有了对梵我的这种体悟，就能进入解脱。摩陀婆在《梵经注》中归纳前人观点时也说："通过直接认识那 ātman，可获得解脱。"在摩陀婆看来，无论是大我（梵或最高神）还是小我（现象界）都不是虚无的，对于梵我知识的正确领悟是达到解脱的根本途径。人若能够超于有限性，获得对最高意识的理解，其路径是铲除无知，意识到个体意识与最高意识的同一性。一旦有此意识，人就马上认识到经验世界的虚幻本质，进至解脱之境。

《梵经》认为，解脱是人生的最高意义和终极目的，而获得解脱的手段是使 ātman 与梵结合而成为"无区别"。《梵经》关于解脱的思想有两个特点：①特别强调个人的自我解脱，认为通过个我潜在能力的获得便可达到"喜乐"的理想境界。②一般认为，解脱在现世的可能性不大，只有在死后才能获得。因为《梵经》

① 参阅李世杰：《印度哲学讲义》，新文丰出版公司 1979 年版，第 254 页。

的这种解脱观容易使修行者丧失信心，所以后世的吠檀多学者进行了修正，提出两种解脱："生前解脱"和"渐进解脱"，以与究极的解脱相区别。

总而言之，在这六派中，哲学的内容与宗教的目的是紧密联系在一起的。各派的基本哲学模式及其中包含的主要思想，被视为是最高的智慧。在各派看来，有了这种智慧，就能消除无知，引导人们不再继续错误的或无意义的行为，不再产生相应的业力，从而使轮回状态终止，使人脱离痛苦，达到最后的解脱。这种智慧解脱的思路，在古印度六派哲学中一直非常流行。

综上所述，弥曼差派的主要哲学理论有：①"声常住论"，即认为吠陀的言语或知识是先天本有的，不是人造的，它常住不灭，并绝对正确，这一理论还蕴含了"类"和"个别"的辩证关系。②"量论"，量即获得正确认识的方式或方法，具体分为六类：现量、比量、譬喻量、圣教量、义准量、无体量，其中"无体量"是认识非存在的能力。③"句义论"，与胜论派的句义论没有本质差别，只不过此派认为世界现象可分析为五句义或八句义。④自我有真实的本体论地位。

吠檀多派讨论的主要哲学问题有表象世界、个体自我和绝对实在的本质及相互关系。此派认为最根本的实在就是梵，它是宇宙精神或最高的识，存在于表象世界之后，同时又作为理智原则主宰着表象世界。商羯罗认为，真实存在的仅是梵，梵是一切的根本，现象世界是梵的一种幻变。关于梵与我的关系问题，跋达罗衍那持"不一不异论"，他认为梵与被造物"我"是不同的，因而"不一"，但小我有梵性，因而"不二"。商羯罗则持"不二论"，下梵（被造物）与上梵的区别是人的认识的产物，因此是不二的。

第十八章

古印度“异端”二派的唯物主义心灵哲学

“唯物主义者”的梵语名词是“Carvaka”（斫婆伽）。一种观点认为，“斫婆伽”最初指的是一位宣扬唯物主义的智者的名字。另一种观点认为，“斫婆伽”最初是一个常用的描述唯物主义者的名词，因他们宣扬“吃喝、快乐”（carv，吃）的哲学而得名。无论谁是古印度唯物主义的创立者，“斫婆伽”已成为“唯物主义者”的同义语。用以指称唯物主义的另一个梵语词汇是 lokāyatanta，即普通人们的观点，在中国文献中常常将其音译为“路迦耶陀”“路哥夜多”“卢迦臾多”等，意译为“顺世外道”“世间行”“世论”“自性论”“现在涅槃论”“无后世论”“断灭论”等。[①]因此，唯物主义者也被称为 lokāyatika。由于顺世论作为素朴的唯物主义思想带有日常经验的色彩，源远流长，因此不能将其归为某一祖师的创发。但一般认为是“沙门六师”中的阿耆多·翅舍钦婆罗最早较系统地表述了这种唯物主义思想，因而对顺世论思想的发展影响巨大。在此意义上，多有将其称为顺世论的祖师。在佛经中，翅舍钦婆罗的观点有如下的典型表达：“无布施，无供牲，无祭祀，无善恶业之异熟果，无今世，无他世，无父无母，无化生有情，世间无有沙门、婆罗门之正住正行，自知、证知今世、他世。人由四大种而成，死即地归还于地身，水归还于水身，火归还于火身，风归还于风身，诸根移入于虚空。四人以担架为第五，从尸体运往到火葬止，虽（对死者言诸赞）语，（但被火化后）骨成鸽色，供物变为灰。布施之说，唯对愚者之所设；若说人（死后）之存在，此为无根之妄言而已。愚者及智者，身之死殁，即断灭、消失，死后没

① 参阅黄心川：《印度哲学史》，商务印书馆 1989 年版，第 98 页。

有任何物之存在。”①

第一节　顺世论的唯物主义心灵哲学

一、知识论——顺世论哲学基础

知识论是顺世论哲学的理论基础。知识论的主要问题是：我们能在多大程度上认识现实？知识是如何产生和发展的？知识的各种不同的来源是什么？最后一个问题构成古印度知识论主要问题之一。

顺世论认为，知识一般可分为两种，即理解（anubhāva，随受）与记忆（smaraṇa）。理解又可分为两种，即感知与假设（kalpana）。感知是通过五种感官——视觉、味觉、嗅觉、触觉和听觉——而获得的，其感觉对象分别为色、味、气、触与声。各个感官产生关于它们各自对象的知识。在顺世论看来，通过感官的感觉是存在的唯一标准，一切未被感知到的事物都被视为根本不存在。就此而言，这种认识论也包含着一种特殊的本体论，即把是否感知看作是区分存在与非存的标准。不仅如此，顺世论还在此基础上提出了自己的真理标准理论：认为关于感觉对象即色、味、气等的知识是唯一有效的知识（pramāṇa）。眼、耳、鼻、舌、身等感官，作为这种有效知识的来源，被称为有效知识的手段。因果原理不被承认，因为感觉并没有提供支持其存在的证据。对各自独立、自足的两个事件的感知不足以建立它们之间的因果关系。要确定一个给定的先决条件是否是真正的原因，还需要发现这个概念中确定的必然性与相关性的因素。但这种确定性是永远不能获得的。普遍的命题是不可能通过我们有限的感觉而确立的。感觉是以感官与其对象的实际接触为前提的，因而它必然被限于现在，具有此时此地的特点。感觉并不能扩大到过去与未来，因而不能建立事物间的普遍联系。换言之，感觉只能为我们提供特殊的真理，而关于特殊事实的知识不能成为普遍有效的知识。在顺世论看来，一切其他形式的知识，既不是有效的知识，又不是记忆，只能将其归入假设之中，尤其是推理的知识与证言的知识（圣言量）。

在试图否定推理认识的有效性或推理是有效知识的一种来源时，顺世论认

① 《长阿含经》卷 17，《大正藏》第 1 册，第 130 页。

为：无论何时，要获得关于一个未曾见到的对象的知识，总需建立一种普遍的信念（aitihya）作为其前提。因此，从认识对象这方面来看，如此产生的知识都是不确定的。而关于其认识对象都不确定的知识不可能是有效的。

在描述推理认识的原因时，正理派说，在一个人认识到一种事物与另一种事物之间存在一种必然相随的关系后，当他在一个具体的地方发现具有必然相随关系的一种事物时，那么他可以确定，在同一地方与其具有必然相随关系的另一事物肯定会出现。后一种知识就是一种推理性认识，而前面可以确定的必然相随的关系被称为推理。例如，一个人已确定烟必然以火为先；当其他时间，这一个人看到山上有烟升起时，即使他并没真正看到火，他也能得出结论：山上一定有火。虽没有看到但可以肯定山上有火就是一种推理性认识。对烟与火这种必然相随关系的确定方式即所谓的推理。因此，具有推理性认识性质的知识是确定性的知识，这无疑是一种有效的知识，其认识手段也是可靠的。

对于正理派的这种说法，顺世论作了断然的否定。在顺世论看来，所谓必然相随的确定性知识只是一种出于无知的假设而已，其根据是人们没法确定一种事物是否会与另一种事物必然相随。获得确定性知识的最终手段只能是感觉；而感觉只能够揭示一个事物与另一个事物之间的个别关系。虽然为时空相隔的个体也属于类，但那些独立的个体不能被感知。因此，通过感官是不可能获得作为一个类别的烟与作为另一类别的火之间的必然相随的知识的。如果接受了“烟必然伴随以火”等的流行观念，人们会认为烟可能确实伴随以火。但这不是一种确定的知识。因此，人们在这种知识的基础上所获得的关于未看到却可以肯定的火的出现的判断是不可靠的。所以，这种推理性认识不是一种有效的知识形式，它的认识手段、流行的观念或必然相随的观念也都是不可靠的。

顺世论还认为：推理不能确立普遍联系。因为推理是把确立一种普遍联系作为它的结论，所以它实际上是以另一种普遍联系作为它的必要前提的。换言之. 获得一个普遍结论的过程总是像循环论证一样。一种普遍必然的联系（vyāpti）是由推理（anumāna）得出的，而推理又必须以一种普遍必然的联系作为其前提。显然，推理本身并不足以产生一种普遍的命题。

顺世论认为，证言也具有不可靠性。一种正统观点认为，圣贤的证言（圣言量）是知识的有效而可靠的来源，在实践上，我们常常是按照从权威那里得到的知识而行动的，顺世论不赞成这种观点。顺世论认为，证言由言词（sadba）构成。由于言词是经由耳朵听到的，它们是被感知的，因此关于言词的知识是经由感觉的知识，进而是相当有效的。但由于这些言语所指称的事物不在我们的感知之中，而且旨在给予我们那些未感知对象的知识，因此免不了有错误和疑问。这是因为我们常常被权威所误导。例如：吠陀被许多人视如权威，但事实上，吠陀是一些狡猾的祭司为以欺骗无知者和轻信者为生而编造的著作而已。吠陀以虚假的希望和允诺劝人举行吠陀仪式，唯一获益的是那些主持仪式的祭司。因此，顺世论彻底否认印度正统派圣典——吠陀——的权威性：认为吠陀中的一些咒语没有传达任何意义；有一些咒语是模糊不清的；有一些是荒诞不经的；有一些是自相矛盾的；有一些是重复一些人们早已知道的东西。

二、灵肉的本质、关系论

如前所述，顺世论的本体论是由其知识论的结论逻辑地推导出的。如果感觉是知识的唯一可靠来源，那么从逻辑上我们只能肯定可以被感知的对象的真实，即只能把是否感觉到当作事物是否存在的标准。有了这一标准，它就可以回答包括心灵哲学在内的许多问题，例如：神、灵魂、天界、生前或死后的生命和任何不被感知的东西是否存在？心身之间是否具有普遍的依赖性？心灵是否一定来自于身体？等等。它的基本观点是，脱离物质的神灵、离开身体的心灵都是不存在的，至于心身关系，我们只知道它们之间的具体的关系，而不知道它们的普遍关系，因为它们都超出了被感知的范围。对于感觉这个最终的裁判官来说，包括身体在内的物质对象是其存在能够被接受、其真实性能够被肯定的唯一对象。正是在此意义上，人们把顺世论看作是唯物主义的哲学派别。

它的唯物主义不仅体现在上述本体论之中，还体现在关于事物的构成要素的理论之中。关于物质世界的性质，大多数印度思想家认为，它由五种要素（pañcabhūta）构成：空（ākāsa）、风（vāyu）、火（agni）、水（āpas）、地（pṛthvī）。但顺世论拒绝承认空，因为它的存在不能被感知，是推断出来的。因此，顺世论认为物质世界是由四种可被感知的要素构成的。“大种为性，四大种外，无别有物。”[①]不仅无生命的物质对象，而且有生命的有机物像植物体、动物体都是由这

① ［古印度］护法：《大乘广百论释论》卷2，［唐］玄奘译，《大正藏》第30册，第195页。

四种要素构成的，四要素的聚合使它们得以产生，他们灭后又回归到四要素。“此唯执有实常四大生一切有情，一切有情禀此而有，更无余物，后死灭时，还归四大。”①根据这一观点，人也是一种物质存在，因为人也由这四种要素构成。

如果是这样，心灵有无存在地位呢？顺世论祖师阿耆多认为，除了肉体外，一切都是不真实的。他与拘舍罗的自然主义观点形成对照，他着力反对的不是婆罗门教，而是婆浮陀·伽旃那和其他思想家。因为他们在肉体与灵魂、物质与精神之间作出断然、绝对的区分，简单地说，他们将灵魂视为独立于任何肉体或物质的存在本体。阿耆多在这个问题上的思想不太明确：一方面，他不绝对否认心灵或精神的独立存在，但又认为肉体与精神是一个东西或是合一的；另一方面，他有时又有这样的说法，即不能将身体与灵魂等同。他试图确立的是：经验的事实是一个活生生的整体，人们的意识能够从各个方面感知它。总之，他认为，婆浮陀·伽旃那在存在元素之间所作出的区分是靠不住的。如果说有区别的话，一切区分都只是我们意识行为的区别，在具体的活生生的个人身上不存在实际的区分。阿耆多的继承人弊宿（Payasi）的表达可能更容易被理解：灵魂并不是与身体不同的另一个实体。当一个人从他的刀鞘中拔出刀时，会说，“这是刀，那是鞘”，然而我们却不能将灵魂与身体分开，说这是灵魂，那是身体。弊宿的论据是对二元论思想家的严峻挑战，他们认为“灵魂存在于身体中，就像火存在于引火的柴中一样，”即普遍性寓于特殊性中。阿耆多与弊宿都是以形式不能离开物质而存在为根据来看待肉体的。

在所有学派中，唯物主义即顺世论对心理本质的看法别具一格，即把心理的东西还原为物理事件。对于它的倡导者来说，心理状态并没有任何自主的本体论地位，完全可以还原为物理过程。它们只是身体的属性，正像啤酒使人醉是啤酒的属性一样。但多数其他思想家断然拒绝这一观点，主张心灵既不能被取消，又不能还原为物质的东西。

顺世论承认意识的存在可以由感觉来证实，但他们否认意识是任何一种未被感知的、非物质或精神本体的性质。由于意识是在由物质要素所构成的能感知的生命体中被感知的，因此它一定是这一生命体自身的性质。人们所说的灵魂只不过是这一有意识的生命体而已。非物质的灵魂是从来没有被感知的。相反，在我

① [唐]窥基：《成唯识伦述记》卷1末，《大正藏》第43册，第263页。

们的日常经验与判断中，像“我很胖”“我很瘦弱”“我看不见”等，是我们拥有自我与身体同一的直接证据。如果“我”即自我与身体不同一，那将是没有意义的。

顺世论指出，最初没有在任何一种单一要素中呈现的性质可以在这些要素合和以后出现。例如，槟榔叶、石灰和槟榔都不是红色，但当它们被放进嘴里咀嚼时就变成红色的了。或者，同一件东西被放置在不同的条件下可能会产生原先没有的性质。同样道理，物质要素以一种特殊的方式和合产生有意识的生命体。意识是物质的派生物或副产品，并不存在断言它独立于身体而存在的证据。

如果脱离身体的一个灵魂的存在是不能被证实的，也就不可能证明它的不死。相反，身体的死亡意味着个体的终结。既然如此，关于前生、后世、再生、天界或地狱的享受行为的果报等说法在顺世论看来都是毫无意义的。

顺世论认为，上述逻辑也适用于一般人所信仰的神。相信神存在的人可能这样推论说：一个陶罐被制造出来，除了泥土这一物质因外，显然还陶工的功劳。同样的道理，物质世界的出现一定也有它的制造者。顺世论认为，物质要素本身都具备它各自固定的性质，通过它们的自身的性质和它们内在的规律，可以和合在一起以形成这个世界，因此不需要神；也没有证据证明世界的物质是任何设计的产物。可见，顺世论坚持的是无神论立场。

顺世论试图只靠自性来解释世界，有时被称为自然主义或今日所说的物理主义，也被称为机械主义。因为它否认世界背后有任何有意识目的的存在，并且把世界解释为只是物质要素机械的或偶然的和合。顺世论也可以被称为实证主义，因为它只相信确然的事实或可观察到的现象。

三、顺世论基于物理主义的幸福观

顺世论作为迄今为止人们所知的古印度唯物主义的突出代表，在唯物论方面的成就自然值得大书特书。此外，它对古印度哲学的贡献也值得提出来重新评述。通过质疑流行观念的可靠性，顺世论不仅提出了许多新的问题，而且对之作了独辟蹊径的解答。我们可以说顺世论在很大程度上将古印度哲学从教条主义中解放出来了。

顺世论最有争议的地方大概算是他们的快乐伦理学了。对快乐的追求本身并不能成为人们谴责的对象：一定形式的快乐也被其他哲学家视为追求的目标。当快乐的性质是粗俗的并且只是为了自己的时候，它就会被人们非议了。一些顺世论者确实在提倡一种粗俗的感官享乐的生活。但有证据表明，还有一些顺世论者通过教化在追求一些更为精致的快乐。

第二节 耆那教的心灵哲学思想

“耆那”（Jaina）的意思是“胜者”“完成了修行的人”。因此，耆那教（Jainism）就是“胜者的教”。[①]耆那教的得名与其祖师大雄有关。大雄（前599—527年）即若提子·筏驮摩那（Nataputta Varddhamana），是与佛陀同时代的“六师”之一，生于王族，30岁时出家修行，四处游行乞食；经过12年的苦行修炼，修成正果，获得完全智，人们尊称他为大雄（Mahavira，伟大的英雄），或耆那，即“胜者”，离系出世（Nigantha）；他的信徒在佛经中被称为尼犍子或尼乾外道。

耆那教主要有两个教派：白衣派与空衣派（或天衣派）。白衣派就是其教徒都身穿白衣；空衣派就是其教徒都不穿衣服、裸体。这两个派别对耆那教的基本教义都没有不同看法，不过空衣派所持有的几个教义是：①像祖师这样的圣者不靠食物而生活；②大雄的胚胎不是从阿难陀神的子宫进入大雄母亲的子宫，像白衣派所传说的那样；③拥有财产和穿衣服的僧人是不能达到解脱的；④妇女不能达到解脱。

耆那教与佛教一样，都是不接受吠陀权威的非正统派，属于沙门思潮，它认为他们的思想体系只是“耆那”（胜者）的启示，他们声称只接受与现实一致的学说。耆那教哲学思想的中心特征是它对实体的分类、它的知识论以及著名的或然论和七支论法。耆那教与其他印度思想体系一样，它的解脱论也被结合到了它的哲学思想中。

一、方法论与认识论

耆那教最有特色的工作是对方法论问题做了十分有个性的探讨。它之所以重视方法论，是因为它观察到在所有的研究中都出现了许多相互对立的观点，而每种观点都宣称自己是正确的，其余的都不可取。例如：在心灵的本质、心身关系、

① 黄心川：《印度哲学史》，商务印书馆1989年版，第142页。

我与五蕴的关系等问题上，众说纷纭，莫衷一是。面对这种状况，该如何抉择？耆那教的基本立场是：应先解决有关的方法论问题。为此，它别出心裁地提出了它的观点构成论与或许说。这种方法论不仅适用于解决其他哲学问题，同样也适用于解决心灵哲学问题。根据这一方法论，每种心灵哲学理论既不绝对正确，也不绝对错误，在特定的条件下，“也许”都是对的。

“观点构成论”（nayavāda）[①]是耆那教特有的观念：站在一个特定的立场并不是说就否定了其他的立场。站在一个立场看是正确的判断，站在另一立场看就不一定正确。只站在一个或几个特定的立场是不能达到对一个事物的全面的认识的。

在形成对事物的判断时，一般有两种方法：一是我们虽注意到了任何一种事物的多种性质或特点，但我们仍把它们视为是统一的，或把它们统一到这一事物本身之上。因此，当我们说“这是一本书”时，并没有注意不同于这本书的性质或特点，其性质或特点并没有被认为可以独立于这本书而存在。二是我们可能注意到个别的性质，并将事物本身视为并不存在的幻象。这两种观点分别被称为“实义分”（dravyanaya）和“转义分”（paryāyanaya）。实义分是从实体的立场所形成的认识，包含三种形式（七分的前三种）：①通例分（naigamanaya）；②摄持分（saṃgrahanaya）；③随说分（vyavahāranaya）。而转义分是从变化或条件的立场所形成的认识，包含四种形式（七分的后四种）：④正观分（ṛjusūtranaya）；⑤声音分（sabdanaya）；⑥定义分（samabhirudhanaya）；⑦如义分（evambhūtanaya）。略析如下：

第一，通例分。就是从最普通的观点来认识事物，并不从事物一般的属性或任何它们特殊的属性来认识它们，只是从看到它们第一眼时它们所呈现的样子来认识。这个从经验出发的观点也许是从这一假设获得的：一个事物既拥有最一般的属性，也拥有最特殊的属性；如果我们在同一时刻强调它们中的这个方面，就会忽视另一方面。根据耆那教的说法，这是正理派与胜论解释经验的立场。

第二，摄持分。只是从最一般的观点来认识事物的方法，因而我们从最一般、最基本的方面来谈及各个事物。耆那教认为这是吠檀多认识事物的方法。

第三，随说分。对事物真正本质的把握要从对事物的实际体验入手，事物本

① 参阅巫白慧：《耆那教的逻辑思想》，《南亚研究》1984 年第 2 期，第 1-11 页。

身是一般性与特殊性的统一，过去是这样，将来还是如此，尽管总要经历一些微小的变化。例如，一本书总要拥有所有书共同的属性，但它必然还有一些个性。所有这些特性共同构成我们日常经验中“书”的本质，这些特性中的任何一种都不能独立出去而作为“书”这一概念继续存在下去。耆那教认为这是数论认识事物的方法。

第四，正观分。这是佛教的观点，它不相信有事物存在，无论过去还是未来，坚持认为一个事物只是一些性质的聚合，它们会在某个特定的时机产生果报。在每一时刻都会有新的性质的重新聚合。它们被认为是事物的真正本质。在某一特定的时刻或瞬间对事物的状态进行描述，忽视它的持续性和同一性，对它来说真实的就是顷刻间呈现的。一个事物即是眼前所呈现的样子。

第五，声音分。这一观点是建立在这一事实之上：一个名称具有这样的功能，即让我们意识到这一名称所指代或意指的这一特殊的客观对象的存在，无论这一对象是一个事物、性质、关系或行为。每一名称都有它自己的含义，不同的词语也可以指称同一个对象。词语与其含义的关系是相对的，而如果我们忘记了这一点，就会犯错误。

第六，定义分。根据词语的来源来区分它们。这是声音分的一种应用。

第七，如义分。这是定义分的特殊形式。在一个事物所呈现的各个方面和阶段中，只有一个方面或阶段为词语的词根所反映，而当前人们正是在这一含义下使用这一词语的，这一含义是这一词语的原意。人们以不同的眼光看待同一事物，其结果是用另外一个词语来表达这同一个事物。

在这七分中，前一分都比后一分的范围要宽，通例分范围最宽，如义分范围最窄。每一分都代表了认识事物诸多立场中的其中之一。如果把其中任何一分视为对事物完整的认识，我们的判断就出了错。按照耆那教的说法，正理—胜论、数论、吠檀多不二论和佛教正是分别采纳了前四种立场，每一个都认为由他的立场所得到的解释才是绝对的真理，从而排斥所有其他观点。耆那教认为，这正是他们的错误之所在。每一个立场都只代表了众多认识事物的立场之一种，由任何一种立场所得出的认识在有限的意义上、在一定的条件下都是正确的；从无数个立场可以得出对事物无数个判断。而根据观点构成论，每一种肯定或判断都不能是绝对的，因为甚至对于同一个事物的认识来说，与之相对立的判断从另一种立场来看也可能是正确的。因此，每一种判断的成立都是有条件的，从绝对的立场来看都是不可思议的。因而为了保证每一种判断的正确性，都应在其前面加上一个短语——syad，其含义是“也许，或许”。以此表明，每一个判断都是相对的，都是从某一特定的立场、在有所保留的前提下作出的，因而无论如何不是绝对的。没有什么判断是绝对正确的，也没有什么判断是绝对错误的。所有的判断在某种意义上是正确的，在另外一种意义上可能是错误的。这就是耆那教的著名学说——或许论（syadvāda）。

或许论的得名是因为它认为所有的知识都只能是或然的、可能的。每一个命题告诉我们的只是也许、可能、大概这一类的回答。对于任何一个事物，我们都不能绝对地肯定或否定。由于事物的极端复杂性，因此没有什么是可以肯定的。当然，它并不否定任何论断的可能性，尽管它否认任何绝对或无条件的论断。它认为，只有相对或有条件的论断才能反映真正的事实。每一个命题都可能是正确的，但只是在某种条件下正确，换言之，都是有前提的。按照这一观点，耆那教有七种不同的方式来论述一个事物及其属性，也就是耆那教的“七支论法”（saptabhaṅgi）。它运用七种不同判断方式，分别与共同地进行肯定和否定，以此区分事物的几种属性。它们分别是：①是；②不是；③是又不是；④不可描述；⑤是但不可描述；⑥不是且不可描述；⑦是又不是且不可描述。略释如下：

第一，或许 S 是 P。这是一个肯定判断。例如，我们可以说“罐子是存在的”，但这里的存在是被罐子的形式所限定和规定的。“罐子是存在的”并不意味着它是绝对的存在，而是为罐子的形式所限定的有限的存在，即它并不意味着“泥土是存在的”“树是存在的”等。

第二，或许 S 不是 P。这是一个否定的判断。“罐子的存在”同时是对世界上所有其他事物存在的否定；罐子的每一个属性（比如红色）都是对所有同类其他无数种属性（比如黑色、蓝色、金黄等）的否定。我们说“罐子是存在的”就等于说除它之外的所有事物都是不存在的。从一个立场看，“罐子是存在的”这个判断是对存在的肯定；但从另一个立场看，它意味着是对（除此之外的所有事物）存在的否定。

第三，或许 S 是 P 又不是 P。这是一个复合判断。“罐子是存在的”这一判断或许是对存在的肯定，或许是对存在的否定。比如，我们说“这个罐子在这里”，它自然显示了“这个罐子不在那里”。因此我们看到，“罐子是存在的”这一判断只是在这里才成立，在别处就不成立。综合这两个方面，我们应该说“或许在一定意义上罐子是存在的”，与“或许在一定意义上罐子是不存在的”。如果我们强调它成立的方面，就说“罐子是存在的”；如果我们强调另一方面，我们会说“罐子是不存在的”。由于人们强调重点的不同，因此会使用不同的判断形式。

第四，或许S是不能描述的。如果我们对肯定与否定这两个方面都不强调，而是试图综合这两个互相对立或矛盾的判断，我们会说罐子的属性或罐子的存在是不确定的、无法形容的、不可思议的。我们怎能肯定同一个事物的存在与不存在这两个方面呢，因此我们除了保持沉默外别无他法。

第五，或许S是P，但不可描述。这是第一种判断与第四种判断的综合。

第六，或许S不是P且不可描述。这是第二种判断与第四种判断的综合。

第七，或许S是P又不是P且不可描述。这是第三种判断与第四种判断的综合。

在这七个判断形式中，前两个是主要的。“七支论法”强调的是肯定与否定的相对性。所有的判断都有两种形式。一切事物都是既存在又不存在。耆那教认为，其他古印度思想体系都从它们自己的立场出发，认为自己的观点是绝对正确的、唯一正确的。它们并没有认识到：任何一种关于事物的判断都是有条件的，只是在一定的条件下、一定的环境中或某种意义上才是成立的。绝对正确、放之四海而皆准的判断是没有的。是、不是、不可描述这三个逻辑范畴是适用于任何一个判断的，不存在什么绝对而普遍的肯定或否定。所有的判断都只是在一定条件下才是有效的。因此，观点构成论与或然论的关系是：由于从任何一个立场出发的任何一个判断都有多种形式，这是或然论所表明的，因此这样一个判断的有效性只能是有条件的。

非一端论（ankantavāda）也是耆那教的一种方法论立场。耆那教认为：对任何事物的认识都不能仅执一端，持片面之见；换言之，对于任何事物都不能绝对地肯定，因为一切判断只是在特定的条件和限制下才能成立。因此，非一端论又被称为“相对多元论”或“多元实在论”。

耆那教非一端论的提出绝不是毫无依据的，而是在对当时社会中流行的两种观点进行批判的背景下产生的。一种是奥义书中的观点：认为世界的本体是常，是梵或我。例如，一个事物（像泥团）呈现各种形式，要经历各种变化（罐、盘等），如在《歌者奥义》中可看到：“我儿，正如由一块泥团可以认识一切由泥团所制成的器皿——改变的只是词语。名称，其本质还是‘泥团’。”①我们可以感知的、有形的东西，或者其他可感觉到的性质，并不是真实的存在，因为它们总是处于变化之中。它们只是如幻象一般，我们的理性并不能从中抽象出什么概念。另一种观点以佛教为代表：认为人们所能感知的只是事物变动不居的性质，在生、住、灭之后并没有什么永恒的本体。我们对泥团感知的是一些具体的性质，我们对罐子的感知也是如此。除了这些性质之外，我们并没有感知到不拥有任何性质的本体。因此，永恒不变的本体只是无知的臆想，因为世间存在的只是诸多性质的短暂聚合。性质的存在并不意味着这些性质所依附的本体的存在，因为所谓的纯粹本体既不为感觉器官所感知，也不能推断出来，它并不存在。我们应把性质的每一次变化看作一种新的存在。

耆那教是与佛教以及与一部分晚出的奥义书同时代的思想成果，它提出了自己独特的、既不同于奥义书又不同于佛教的看法。它认为，事物的性质每时都在发生变化，但并不是说所有的性质都在发生变化。因此，当一个罐子做成时，泥团消失了；罐子被制作出来，但泥土是可以保持不变的。也就是说，所有新性质的产生都意味着一些老性质的消失；虽然新性质产生了，但有一些东西是保持不变的。泥土在这种形式中消失了，在另外一种形式中表现出来，而且在另外一种形式中还保持不变。正是这些保持不变的性质才使一个事物历各种变化仍然始终如一。因而，实体既不是绝对不变的性质或存在，也不是无时不在变化的性质或存在，而是包含它们两者。正像经验所证实的那样，实体包含了每时不断失去一些老性质、获得新性质的永恒过程。因此，耆那教是在普通经验基础上对吠檀多的极端实在论与佛教的无常论这两个极端的一种调和。

耆那教的非一端论认为：当我们说到一个金罐时，它作为一个实体的存在具有这种原于聚合的性质，而不是另外一种实体，像空间。也就是说，一个金罐只是在实体的一种意义上成立，而不是在“实体”的任何一种意义上都成立。因此，耆那教认为对一个事物的肯定只是在其有限的意义上。这样，一切事物都拥有无

① Hume R E. *The Thirteen Pirncipal Upanishads*. Oxford：Oxford University Press，1995：240.

限的性质，每一种性质只能在特定的意义上被肯定。一个普通的事物（像罐子）会成为无数个肯定的对象，从无穷的观点看会拥有无限多个性质，而它们在特定而不是绝对的意义上都是正确的。

耆那教哲学家指出：每一个事物都有无穷的方面，可以从不同的立场对其所是所非作出判断。因此，我们通常对于一个事物所作出的每一个判断，只是从一个特定的立场来看该事物的某个方面是正确的。我们不应忘记我们的知识与判断时的有限性，不要以为任何一个观点是关于一个事物的全部真理。我们应维护我们的观点，同时也要学会欣赏他人观点正确的可能性。从不同的立场来看，事物会拥有这种或那种性质，或者会处于这种或那种关系中，用耆那教的专门术语来表达就是“观点”（naya）。

再看耆那教的知识论。我们之所以关注这一理论，是因为它里面包含有对与认识有关的许多心理样式的探讨。耆那教认为知识不会因其自身而受到重视，任何事物的效力都在于它能直接帮助我们趋利避害，知识也不例外。我们运用知识可以适应环境，获得对我们有利的事物，避开对我们有害的事物。在这一点上，对知识产生的条件我们是不甚关心的，因为它对实现我们的目的并无多大助益。

经验表明：真正的知识一方面向我们呈现主体或认识者，另一方面呈现外在对象的正确图像及其所有属性；当然知识不可能直接给我们带来我们想得到的事物，但由于它忠实地向我们传达周围客观对象的属性，因此能使我们采取趋利避害的举动；如果知识不具备这些功能，这将是不可能的。因此，知识的有效性表现在：它是我们实现我们目标的最真实、最快捷、最必需的手段。虚假的知识是那种在它们并不存在的关系中呈现事物。如，在光线不好的地方，一段绳子会使人产生蛇的幻象，即在蛇并不存在的地方却感觉到了它的存在。问题在于：在一段绳子存在的地方却感觉到蛇的存在。因此，错误在于对经验中客观事物的歪曲反映，真正的知识是那种客观、忠实地反映了外在对象而在后来也没有发现矛盾的认识。

耆那教把知识分为间接知识（parokṣa）与直接知识（pratyakṣa）两种：间接知识是依靠感官这一中介所获得的知识，直接知识是不通过感官而直接获得的知识。间接知识有两种：一是觉知智（mati）；二是所闻智（śruta）。觉知智是通过正常的感官和意识所获得的普通认识，它包括记忆、建立在观察之上的归纳和演绎推理等。在觉知智产生之前我们总是先得到感觉表象（darśana）。意识有两种表现形式：一种是感觉（darśana），另一种是理性（jñāna）。在感觉中，事物的细节没有捕捉到，它只是把握住了事物的共性，而理性既捕捉到细节，又把握了事物的个性。前者是简单的理解，后者是理性的认识。感觉包含五个阶段：①触执（vyañjanavagraha），即刺激物作用于感觉器官的神经末梢，使主体与对象产生一定的关系。②义执（arthavagraha），即意识被激发起来，有了感觉，这时人们只是意识到了外在对象。③意愿（iśa），即意识想要认识外在对象的细节及它与其他事物的异同。④无碍（avaya），即对现在和过去进行重新综合，认识到这个认识对象是这一个而不是其他任何一个。⑤执持（dharana），这时我们认识了感觉所显示的事物的属性。

耆那教认为：感觉向我们显示外在对象及其他的颜色、形状等多种属性，而且是在感觉中。知识产生于灵魂内部，就好像去掉了以前遮蔽它的遮蔽物一样。关于外在对象的知识是通过感觉器官获得的，外在有形的感官与灵魂的无形的官能或洞察力是截然不同的，只有它才配得上被称作感官。我们拥有五个这样的感官。但耆那教认为：根据我们的经验，我们只能获得与五种感官相应的五种感觉知识，因此不如说是“自我”在去掉了遮蔽物以后获得了与外在感官相应的那些不同种类的感觉知识，因为以前遮蔽物的存在使知识不能呈现给自我。因此，外在感觉的过程并不包含任何独立的、性质不同的感官的作用，尽管感觉知识在灵魂中的产生是与具体的感官联系在一起的。灵魂与身体的各个部分相联系，如，视觉知识是通过与眼睛相关的那部分的作用在灵魂中产生的知识。例如：我看到眼前有一朵玫瑰，在我看到它之前，有关玫瑰的知识已经存在于我的灵魂中了，只不过处于被遮蔽的状态，因而它不能自己呈现出来；观看玫瑰的行为意味着一种适应性进入玫瑰与我之中，玫瑰就成为可见的了，遮蔽我关于玫瑰知识的东西被清除了。

从内在原因讲，遮蔽物的清除是由个人的业所决定的；从外在的原因讲，它由被感知物体的出现、光线、感官的能力和其他条件所决定。

所闻智是来源于符号或言辞的知识。它分为四种：联想、注意、理解和综合所闻智。对于耆那教来说，所闻智就是来自于耆那教圣典的知识。他们相信它们能传播正确的知识，因为它们是那些过着世俗生活，但后来通过正智、正行克服了所有的欲望，去除无明的人们的言辞。

直接知识包括三种：①极限智（avadhi）；②他心智（manaḥparyāya）；③完全智（kevala）。极限智是关于跨越时空的远距离事物的直接知识，它是由超人的感知力（类似千里眼、顺风耳）所获得的知识；他心智是关于他人思想的直接知识，就像传心术、心灵感应之类可以洞察他人的思想意识；完全智可以领会所有的事物及其变化，它是不被时间、空间或对象所限制的无限知识。对于达到圆满意识的人来说，一切都是自明的。这种知识独立于感官，只能感觉到却不能描述，只有那些摆脱所有系缚的高尚灵魂才可能获得。

所有的知识都在灵魂之中，只有当遮蔽物被清除之后它才显露出来。阻挡知识显露的障碍物是欲望和情感，它们严重阻碍灵魂充分发挥它本有的功能。正是对物质生活的挂心，才使我们的知识只限于那些直接有用的东西。当灵魂不再受遮蔽知识的物质的影响而自由地发挥作用时，它就能无所不知，全知全能，能认识一切事物，无论它是属于过去、现在，还是未来的。

二、心物关系论

耆那教认为我们所认识的每一个对象都拥有无数的性质，包括肯定的与否定的性质。肯定性质确定一个对象，像一个人，他的身高、体重、外貌、家庭、民族、国籍、受教育程度、出生地点与时间、就业状况、习惯、年龄等，以及他所拥有的与世界上其他物体之间无数的关系。否定性质确定一个对象不是什么。为了更全面地认识对象，我们需要知道它与其他任何物体的不同，因此一个对象的否定性质比肯定性质还要多得多。如果我们再把时间因素考虑进去，要知道随着时间的流逝，一个对象又会拥有一些新的性质，失去一些旧的性质。因此一个对象拥有无数个性质。所以耆那教的学者说，能全面地认识一个对象的人，就能认识每一个事物。当然对耆那教来说，只有获得解脱的人才能拥有关于一个对象的全部知识。

耆那教接受一般哲学关于实体的概念。但他们指出，每一个实体都拥有两种性质：本质的与偶然的。只要实体存在，这个实体的本质属性会一直伴随着它；没有这些本质属性，该实体将不再是它本身了。一个实体的偶然属性会不断地来去，一个接着一个。正是由于这些偶然属性，一个实体才经历变化。耆那教称本质的、不变的属性为德（guṇa），一个偶然的、不断变化的属性为式（paryāya）。一个实体由此而确定：既拥有德，又拥有式。

世界是由不同种类的实体构成的。终极实体的本质属性被保持着，世界是永恒的；偶然属性变化着，世界在变化着。变化与永恒都是真实的。变化是实体的真实的一面，而永恒是实体真实的另一面。当我们想到耆那教关于或然论的观点，即每一个判断都是相对而不是绝对的看似矛盾的说法，这一观点就并不矛盾。

实体是真实的。其真实性由三个要素构成：常、生、灭。在实体中存在不变的本质，因此它是永恒的；它又有不断变化的生与灭。因此真实的三要素都存在于实体中。

耆那教关于实体的最宽泛的分类有广延的与非广延的两种。只有一种实体即时间（kāla）缺少广延性，其余的实体都具有广延性。它们总被称为有身（astikāya），因为这种实体都像身体（kāya）一样存在着（asti），都拥有广延性。

拥有广延性的实体又被分为两种，即灵魂（jīva，命）与非灵魂（ajīva，非命）。灵魂又分为解脱的（mukta）、受束缚的（baddha）两种。受束缚的灵魂又分为两种：运动的（trasa）与不动的（sthavara）。不动的生命体拥有最不发达的身体。它们分别生活于由地、水、火、风所构成的四种身体或植物中；它们只拥有触觉，因而，它们拥有触觉的意识。可运动的生命拥至少有两个感官：触觉与味觉；蚂蚁拥有三个感官：触觉、味觉与嗅觉；蜜蜂拥有四个感官：触觉、味觉、嗅觉与视觉；而更高级的动物像兽、鸟、人拥有五个感官：触觉、味觉、嗅觉、视觉与听觉。

拥有广延性的非灵魂实体是法（dharma）、非法（adharma）、空（ākāśa）与补特伽罗（pudgala）。

这里重点看看耆那教关于灵魂的论述。耆那教认为，灵魂是一个有意识的实体。而意识是灵魂的本质。它总是呈现在灵魂中，尽管其性质与程度各不相同。从理论上讲，灵魂按照意识的发达程度被排成一连续的系列。其最高程度的是达到圆满的灵魂，克服了所有的业并且达到了完全智；最低程度的是存在于地、水、火、风或植物等身体中的最不发达的灵魂。在它们当中，生命与意识似乎都不存在。但即使在这里，关于触觉的意识还是被呈现的：由于业障的影响之强大，因此意识还处于沉睡状态。处于中间的是拥有二至五个感觉的灵魂，例如，虫子、蚂蚁、蜜蜂和人就是如此。

正是因为灵魂能够认识事物、实施行为、享受快乐、忍受痛苦，并且表达自己和其他事物，所以灵魂是永恒的，但它会经历一些变化。它与身体不同，它的存在直接为意识本身所证实。

由于其过去的业所产生的力量，因此一个灵魂会连续寓居于各种不同的身体之中。像一盏灯一样，它会照亮它所寓居的整个身体，或使其产生意识。尽管它不具有形式（murti），但会像灯一样拥有它寓居的身体的大小与形式。正是在这种意义上说，一个灵魂尽管没有形式，却占有空间或拥有广延性。灵魂并不是无限的，但它与身体一样延伸，正像它能够直接认识身体中的对象一样。意识除了身体之外。它并不到处呈现。

灵魂所依存的物质世界是由灵魂占据的身体与形成它们环境的其他物体所组成的。但除了这些物质实体，还有空间、时间以及运动、静止的条件，缺少了它们，世界及其事件不可能得到圆满的解释。

在耆那教哲学中，物质被称作补特伽罗（pudgala）。从词源学上说，它的意思是“能够聚合与分解的事物”。物质实体能够聚合起来以形成更大的物体，也可以分解成更小的物体。不可再分的、最小的物质颗粒被称作原子（aṇu）；两个或更多的原子聚合在一起形成复合体（saṃghāta 或 skandha）。我们的身体与自然物体都是这样的物质原子复合体。意识、言语和呼吸也是物质的产物。

一个物质实体（补特伽罗）拥有触、味、嗅、色四个性质。这些性质都为原子及它们的产物复合体所拥有。声音与这四个性质不同，不是最初的性质。耆那教指出：声与光、热、暗、粗、细等都是由于物质的偶然变化才产生的。

耆那教也讨论了空间，认为空间的功能是为一切具有广延性的物质的存在提供场所。灵魂、物质、法与非法都存在于空间中。尽管空间是不可被感知的，但它的存在可以通过以下的推理而被认识：具有广延性的物质只有在一定的场所才能延伸，而这被称作空间。尽管延伸正是一些物质的属性，缺少这一属性的物质不可能在空间中延伸，但一个物质要延伸，它必然要求有空间。这是一个必要条件。耆那教区分了两种空间，即包含灵魂和其他实体生命的世界（lokakasa）的空间，与超越这一世界的空间。

空间与时间密切相关。耆那教认为，时间使持续、变化、运动、实体的更替成为可能。与空间一样，时间尽管不能被感知，但可以推断出来。没有了时间，实体不可能拥有刚才所提到的那些属性，尽管单靠时间不可能使一个实体拥有那些属性。没有时间，一个事物不可能存在或持续存在；持续意味着存在被延长的时间。如果没有时间，状态的改变也不可能被感知。同样，只有以时间的存在为前提，作为一个物体连续状态的假设的运动才能被感知。最后，关于新与旧、早与晚的分别，如果没有时间就不能得到解释。因此，这些都是可推断时间之存在的根据。

与空间和时间一样，法与非法也可以通过推理证明其存在。运动与静止是这种推理的根据。耆那教认为，正如河中一条鱼的运动一样，尽管最初是由鱼自己启动的，但如果没有水这种介质作为必要条件，鱼的游动是不可能的。同样，一个灵魂或一个物体的运动也需要辅助条件，这样的条件就是被称为法的实体。法只有助于可运动的物体的运动；它不可能使一个不能运动的物体运动，正像水不能使一条鱼游动一样。相反，非法是有助于物体静止或不运动的实体，正像树荫有助于旅游者休息，或者地支撑着事物的存在一样。然而它不可能制止一个运动物体的运动。法与非法是这样对立的。它们同样都是永恒的、无形的、不运动的，而且都充满了整个世间。作为运动与静止的条件，它们都是被动的，并不是主动的。法与非法在这里是在其技术意义上被使用，而不是在它们的普通道德意义上被使用。

可见，耆那教之所以讨论空间、时间、法与非法，是因为它们是包括心和身在内的事物存在和变化的因果条件，它们都具有特殊的地位。因果条件可被分为三种：作者、工具、材料。空间、时间等可归入工具条件的范畴，但应将它们与普通的条件区分开来，比普通的工具条件更间接、被动。

三、德性心灵哲学

耆那教哲学最重要的部分是它的解脱论。虽然包括本体论或知识论在内的任何一种知识对耆那教都是有用的，都有助于耆那教作出正确的行为，但正确行为的目标当然是解脱。从消极方面讲，是消除一切对灵魂的束缚；从积极方面讲，是达到圆满。

束缚在古印度哲学中一般是指个人从出生开始所要承受的一切苦难。这一抽象的概念由不同的体系根据他们对个人与世界的观念作出不同的解释。对于耆那教徒来说，受苦的个人是一个被称作灵魂的活着的、有意识的实体。这个灵魂本身是圆满的。它自身有无穷的潜力。如果能够在其自身消除一切挡道的障碍，灵魂就能获得无限的知识、最高的信仰、无限的能力和无边的喜乐。正像云开雾散、太阳光芒四射照亮整个世界一样，只要障碍被消除，灵魂就会获得完全智和其他固有的圆满。但这些障碍是什么，它们又是怎样逐步影响了原本圆满的灵魂的呢？耆那教认为，这些障碍由染污灵魂并且抑制了灵魂的本性的物质颗粒构成。换言之，我们发现在任何一个灵魂中，由于灵魂将它与物质性的身体等同，因此形成了限制。这个身体由物质的微粒所构成，为了形成一个特殊身体，特别的物质微粒按照特别的方式安排、聚合起来。在这一身体的形成中，指导性的力量是灵魂自身的欲望。简单地说，一个灵魂获得了它内在渴望的身体。业是人过去的思想、言语与行为，必然在自身产生寻求满足的盲目的欲求与渴望。一个灵魂中的这些欲求把它吸引到特殊的物质微粒这边来，并把它们聚合为下意识渴望的身体。这种带有其欲求或业力的灵魂被耆那教视为身体的聚合者，为其生成因，而物质（补特伽罗）被视为质料因。灵魂因而获得了有机物，它不仅有粗大的可感知的身体，而且还由控制和限制灵魂潜力的感觉、意识、生命力和所有其他要素所构成。

我们从父母那里获得的身体并不只是偶然的所得。我们过去的业决定了我们要出生的家庭、身体的特点：肤色、身高、外貌、寿命，以及它所拥有的感觉器官和运动器官的数目与性质。所有这些都可以说是由于过去的业，其中每一种都可以说是由于某种特殊的业。因此耆那教提到许多种业，并根据它的异熟而命名；也说业遮蔽知识、信仰，产生虚幻的想法，产生快乐与痛苦的情感，等等。

带来束缚的情感是愤怒、骄傲、幻觉和贪婪。由于被灵魂所吸引的物质微粒的性质和数量取决于它的业，因此这些微粒本身被称为业质或简称业。这些业质流入灵魂的过程被称为业的漏入（āsrava）。因此，束缚在耆那教的哲学中逐渐具有了这样的意义：为情欲所左右的灵魂因为他的业接纳了物质。由于灵魂的情欲是内在的，是束缚的主要原因，物质漏入灵魂只是它的结果，因此耆那教指出，灵魂的束缚或堕落是由思想开始的。耆那教常提到两种束缚：①内在的或恶念的束缚，即灵魂受恶念的束缚；②它的结果——物质束缚，即灵魂与物质的实际结合。

被束缚的灵魂是有希望的，因为解脱并没有从它身上消失。如果灵魂的束缚是与物质的结合，那么解脱一定意味着灵魂与物质的彻底分离。这既可通过制止新业漏入灵魂，也可通过彻底消除灵魂与其结合的物质而实现。前一个过程被称为制御（saṃvara），后一个被称为消业（nirjara），即灵魂中的业被烧毁或耗尽。

我们知道灵魂的情欲或贪求导致它与物质的结合。在探究这些情欲的成因时，我们发现它们最终来自于我们的无知。我们对灵魂与其他事物本性的无明导致产生愤怒、骄傲和贪婪等情感。无明是可以克服的，因此解脱是可能的。要克服无明，首先必须依靠知识。因此，耆那教强调正确知识（或关于真实的知识）的必要性。正确的知识只有通过认真学习已经获得解脱的祖师或其他圣贤的教诲才能得到。但在我们感到有必要学习他们的教诲之前，我们必须对其本质有一个总体的了解，并且对这些祖师的能力产生信仰。这种建立在初步了解基础上的信仰为获得正确的知识开辟了道路。但仅靠知识显然是不够的，除非把它们应用于实践中。因此，正确的行为被耆那教视为获得解脱的除知识和信仰之外的第三个必不可少的条件。正确的行为要求一个人在拥有正确知识的前提下，控制自己的情欲、感官、思想、言语和行为。这能够使他停止新业的漏入并消除旧业。因而能够逐渐消灭把灵魂引入束缚状态的物质。

正因如此，正确的信仰、正确的知识和正确的行为逐渐被耆那教伦理学视为高尚生活的三宝（triratna）。在耆那教的第一部经典《真理证得经》中，乌玛斯瓦米就称这为耆那教的基本教诲。解脱的道路存在于三者之中。解脱是这三者的共同结果。

正确的信仰（samyag-darśana），乌玛斯瓦米将之定义为尊重真理的态度。只有在挡在中途的业被减少或耗尽时，信仰才会产生。正确的知识（samyag-jñāna）是对自我与非自我本性的深入认识，没有疑惑、错误和不确定性。如同在正确信仰中一样，一些业会挡在获得正确知识的中途。为了获得完满的知识，应努力消除这些业。这一过程的圆满是获得绝对的完全智（kevalajñāna）。正确的行为（samyak-caritra）被简单描述为禁止做有害的事，只做有益的事。一言以蔽之，有助于自我摆脱使一个人受束缚和受苦的业的行为。为了制御新业的漏入和消灭旧业，一个人必须：①持守五誓戒（pañca-mahavrata）；②在行走、说话、接受布施和其他事物与回应自然的呼唤时要极其小心（samiti），以免对任何生命造成伤害；③对思想、言语和身体行动要节制（gupti）；④履行十种法：原谅、谦卑、坦诚、诚实、清净、自制、苦行（内与外）、牺牲、不执著、禁欲；⑤对所接受的教诲的关于自我与世界的基本真谛进行反省；⑥顽强战胜由饥渴、冷热等产生的一切困苦和不适；⑦获得平静、清净、不贪和完美的行为。

但耆那教思想家对于上述所有这些步骤的必要性的看法并不一致。有些人只选择前面的五誓戒作为完美行为的必要条件。这五誓戒是：

不害（ahiṃsa），即禁止伤害一切生命。他们认为生命不仅存在于运动的实体中，也存在于不运动的实体中。耆那教不害的态度是他们本体论的逻辑结果：一切灵魂潜在的都是平等的，以及出于对互惠原则的认识，即我们受到怎样的对待，我们就应该怎样对待其他生命。耆那教还认为，仅仅不伤害生命是不够的，一个人甚至不应想或谈论伤害生命的事，不允许也不鼓励别人伤害生命。否则，不害的誓戒就没有得到彻底的持守。

不妄语（satyam）。它要求不仅不说谎话，而且要说真实、友善和动听的话。

不偷盗（asteyam）。耆那教尊重他人财产的神圣性，如同他们的生命一样。他们认为夺去一个人的财产就等于剥夺了一个人赖以为生的必要条件。因此，这一誓戒可以说是与不害的誓戒在逻辑上是不可分的，财产的神圣性是生命神圣性的逻辑结果。

不贪恋感官享乐（brahmacaryam）。一般把这一誓戒解释为禁欲。实际上，耆那教赋予它更深的含义，它被解释为放弃一切形式的欲望。要彻底持守这一誓戒，一个人必须远离一切形式的自我享乐——外在的与内在的，微细的与粗大的，世俗的与超世俗的，直接的与间接的。

无所有（aparigraha）。这一条被解释为放弃对五种感觉对象声、触、色、味、嗅的执著。因为对世俗物质的执着意味着为这个世界所束缚，而这种力量会带来再生，没有对执著的放弃，解脱是不可能的。

知识、信仰与行为是不可分割地联系在一起的：一个的进退会影响另外两个；行为的圆满、知识的圆满与信仰的圆满共同前进。当一个人通过这三个方面的全面进步成功地克服了一切情欲和业（新的与旧的）的力量，灵魂就会摆脱物质的束缚，获得解脱。摆脱了物质的羁绊，灵魂就实现了它内在的本性，获得了四圆满：无限的知识、无上的信仰、无穷的能力和无尽的喜乐。

总之，耆那教的主要哲学理论是“七谛论”，即命我、非命我、漏、缚、遮、灭、解脱。涉及对万物的最基本的理论分析是前两谛，命我（灵魂）和非命我（非灵魂），此派在总的方面把所有事物都分为这两大类。

综上所述，古印度“异端”二派中顺世论的理论基础是极微论，其基本观点是认为只存在着极微及其合成的事物。它关于世界基础的论述是一种元素理论，即认为世界最终由地、水、火、风四大构成，人的身体也是“四大”结合的产物。

耆那教的心灵哲学突出的特点与数论派相似，都认为“精神”或“灵魂”不限于人有，灵魂存在于各种事物中，既存在于生物中，也存在于地、水等一般所谓的非生物中。人身体存在的基础是补特伽罗，即物质，它的基本形态是极微及其复合物，同时是构成身、语、意和呼吸的基础。

在心身关系问题上，耆那教认为，人的意识与身体是不能分开的，身体存在，意识才存在，身体毁灭了，意识也就消失了。精神来自物质，人身中本无神，如果说有神，那么神即身，因为觉、声、视、思皆出于身。身由四大合成，知觉即自四大出，正如谷、水各不是酒，但合在一起可变酒一样。

结　语

印度心灵哲学对世界心灵哲学的贡献是有目共睹的，已得到了西方学者的高度评价。著名印度哲学研究专家、比较学家乔治·德雷弗斯（Georges Dreyfus）和埃文·汤普森（Evan Thompson）尽管认为印度心灵哲学有很多局限性，如常常与教条性的阐释缠绕在一起，因此自然会像别的人类理解一样受到批评、修改和挑战，但他们同时强调："我们应该严肃对待这些阐释，应该用法称所表现出的那种批判精神和严谨的哲学思维方法来对之作出考察。只有这样，我们才能说对这种传统的见解采取了公正的态度。"[①]在揭示印度心灵哲学的合理性和理论建树时，他们指出："印度心灵哲学是多种多样的，由于争论、问题和张力而生机勃勃。这一内容丰富的传统为当代心灵科学和哲学提供了大量资源，例如它有关于人的认知的各方面的丰富的现象学研究，对禅定意识的多种层次和类型所做的探讨。""印度佛教对心灵与意识本质的分析是很丰富和复杂的。阿毗达磨把心灵看作是意识断片所组成的流，并把心王与心所区别开来了，从而为这种分析提供了基础。""这一传统还强调意识具有意向本质，认为意向性是一种关于别的某物的能力。然而，正如我们所看到的，这个概念远非自明，需要进一步的哲学澄清。这种澄清正是法称哲学的一个重要任务。在完成这一任务时，法称批判性地探讨了人的大量认知形式，把认知的概念样式与知觉样式区别开来，进而强调前者有构成性本质，认为它与语言有直接的联系。"[②]

古印度哲学由于与西方文化有共同的渊源，因此与西方哲学的共同性较多，如：重视语言问题，长于语言分析，关注心灵内容（如注重分析命题态度），重

① Dreyfus G，Thompson E.（Eds.）"Asian Perspectives：Indian Theories of Mind". In Moscovitch M. et al（eds.）. *Cambridge Handbook of Consciousness*. Cambridge：Cambridge University Press，2007：89.

② Dreyfus G，Thompson E.（Eds.）"Asian Perspectives：Indian Theories of Mind". In Moscovitch M. et al（eds.）. *Cambridge Handbook of Consciousness*. Cambridge：Cambridge University Press，2007：89.

视研究心灵的认知功能和因明（逻辑）等。有根据说，古印度有极为广博、发达、精深的心灵哲学，有些思想尽管久远，但是却有现代和后现代的意义，例如它有丰富的现象学思想，正理—胜论派的二元论及其论证，与笛卡尔二元论以及现当代的新二元论及其论证惊人相似，如：都有隐私论证、诉诸语言的论证、认识鸿沟论证、死（僵）尸论证或沼泽人论证等，它对唯物主义的批判甚至有类似于内格尔蝙蝠论证的地方。另外，佛教不把躯体、语言、心灵看作三种孤立的实在，而看作是描述整体的人的不可分割的方式。这一思路现在成了心灵哲学的现象学进路以及认知科学的最新第三方案即具身主义方案（第一是计算主义、第二是联结主义）的主要原则。

在前面诸章，我们分别考察了古印度各派的心灵哲学思想，看到的是它们的差异和个性。这里不可回避的问题是，它们的思想有无一致性，如果有，其表现是什么？传印法师对印度诸学派的一般关系的说明有一部分是适用于它们的心灵哲学思想的关系的。他说："诸学派虽云信念不一，思想体系不相同，皆个个自异其说。但是，考其所欲达到的目的，都不外乎是追求人生的最终解脱。就是说，如何才能摆脱现实假象的束缚，以安住到不动的真性中，在这一点上，大家是一致的。……因此围绕'解脱观'这一中心问题，在对待与之相关联而来的前提问题和后存问题等方面，也不无许多相一致的地方。"①具体而言之，诸派共同的思想有：①出发点——现实世界苦而非乐，虚而非实。一般都有这样的关于现实人生生存状态的价值判断："圣者啊！吾人此身何所由？皮、骨、筋、髓、血、肉、精、黏液、眼脂、粪、尿、风、胆汁、痰、泪之所成；全体恶息无核心，耽著爱欲都为何？""爱憎贪疾怖落胆，嫉爱别离怨憎念，饥渴老死病忧患，恼乱此身无间歇。"②②人生目的——求解脱。③关于解脱可能性的理论基础：轮回说、善恶业说。④轮回、业力说的理论基础：有我（Ātman）论、灵魂不灭论。⑤器世界观或物质世界观，承认有这样一个世界，它们中的事物由四大或五大构成。在时间上，执"劫波"说，认为，宇宙接成住坏空而演化。⑥有情观，诸派都把关心的范围推广到一切有情。对有情之生理、心理的看法也有一致之处，如认为他们有细身（sūkama-sar-ina，灵魂身）和粗身（sthula-sarira）诸部分。在心理主

① 传印法师：《印度学讲义》，宗教文化出版社 2011 年版，第 98 页。
② 传印法师：《印度学讲义》，宗教文化出版社 2011 年版，第 99 页。

体问题，都承认各种感觉有自己的主体，如：五识都有自己的根，即有眼耳鼻舌身五根，而意“是五根的总机关”。在诸有情的形成方式问题上，一般都认为，有四种生的方式，即胎生、卵生、湿生、化生或芽化。⑦各派都建立了修行观或宗教实践观，主要论述的是解脱的心身调适方式（修行），共同的看法是强调禁戒、瑜伽、神通。[①]⑧境界论，都探讨了解脱后的终极归宿、境界问题，如认为不生灭是解脱的终极境界，在这里，有情绝对安稳，恒常不变，没有时空限制，总之，这是一个“言诠不及、意虑不到的妙乐境界”。⑨出家行仪，诸派都重出家，并强调要剃除须发、穿着出家人的法衣，在饮食起居上也有特殊的规定。[②]

具体就它们在心灵哲学问题上的看法而言，它们也有这种既不同又相同或相似的关系。例如：就动机而言，古印度心灵哲学不仅有与西方一致的理论的、求真性的动机，而且有强烈的实践、解脱、生命关怀的动机，或价值论、解脱论动机，如，关心这种研究对治疗心理疾病、实现人生离苦得乐、去凡成圣目的的作用。这就是说，印度建立关于心、意识的理论，是要治疗疾病，传播心理整合、调治的方法。事实上，各派都建立了自己的一套标准的技术，它们能让人的意识得到升华。

我们之所以说古印度有真正上的现代意义的心灵哲学，是因为它自觉或不自觉涉及乃至探讨了一系列规范的心灵哲学问题。而正是这些问题，使心灵哲学成了不同于其他相近学科的一门哲学分支。古印度心灵哲学涉及的主要心灵哲学问题有：

第一，语义学问题与心理语言的本质问题。这是心灵哲学的逻辑起点。在分析心理语词时，首先要做的工作是探讨心理语词的语义学问题，即它们的意义与所指问题。古印度的语言学和内省心理学高度发达，因此古印度心灵哲学也十分重视对心理语言的分析。有西方学者甚至认为，古印度哲学与西方一样，在特定意义上已成为主要关乎逻辑和语言分析的一门学科。古印度哲学涉及的心理语言在世界上是范围最大的，除共同的之外，古印度还常讨论末那识、阿赖耶识、第九识、第十识、等同心、平等心等，而各派对它们的意义作了不同的分析。

---

① 传印法师：《印度学讲义》，宗教文化出版社 2011 年版，第 102 页。
② 传印法师：《印度学讲义》，宗教文化出版社 2011 年版，第 104-105 页。

第二，心理类型学问题，即诸心理语词所指称的具体心理现象的表现形式、范围、分类及特殊本质问题。由于古印度心灵哲学看到的心理现象的范围比一般的大，各派所做的分类互不相同，各派内部差异也较大，因此古印度心灵哲学的心理类型学极为复杂，需专门考释。

第三，本体论问题，即被称之为心理的东西或心灵或精神在世界上有无存在地位的问题。如果有，它们有什么样的存在地位，在本体论范畴体系中有何地位。由于各派的本体论标准各不相同，因此关于心理现象的存在地位的看法各不相同。

第四，心的归属问题。这是东方心灵哲学独有的问题。西方人一般认为，心是人（充其量包括动物）独有的，只能归属于人。而古印度哲学像中国的理学、心学一样认为人以外的天地万物也有心。有些正统派甚至认为作为万物本原的梵本身就是一种特殊的心或纯识。当然，这是有争论的，本书的任务就是弄清各派不同的看法及其争论。

第五，关于人和世界的结构图景或是否能作二元划分的问题。西方的常识心理学和现代以前的主流心灵哲学一般坚持对人和对世界的心物二元划分，认为人和世界分别有精神与物质，主体和客体两大方面。古印度心灵哲学尽管一般承认心的存在地位，有的派别，如瑜伽派、数论派、吠檀多派等一般坚持二分法，但大多数派别，尤其是佛教是反对或超越二分法的，例如：佛教依相分、依法的性质分五位法，依构成分五蕴、四大等。还有的派别把识与心区别开来，强调两者的区别是根本的、第一性的，一个不能还原为另一个。因为心有物理的方面，能用物质形式描述和说明，所以如果要对人或者世界进行划分，那么应作心、意、物三分。

第六，认识论问题，即如何认识自心、他心的问题。古印度心灵哲学一致于西方而有别于中国的地方是它注意从认知的角度去研究心灵，其表现是它探讨了心灵如何超出自身，去认识外物，这种探讨构成了它的知觉理论。各派在这些方面论述很多。本书在前面对之作了微观探讨。

第七，具身性问题与心理现象学。有些派别之所以反对二元划分，是因为它们早就看到了心的具身性特点，例如：佛教认为，作为真实显现出来的心绝不是与物截然对立的心，而同时包含有主客的相互作用，是由不同的“分”或因素（相分、见分、证分、自证分、证自证分）而构成的动力学现象。梁漱溟先生尽管没有现代西方心灵哲学视角，但也注意到了佛教等派别对心的带有现象学性质的看法。这些看法是超前的，值得专门研究。

第八，自我与人格同一性问题。在这里，古印度心灵哲学提出的问题很多，有些为西方心灵哲学注意到了，有些则没有。概括说，有这样一些子问题：①世界是有我还是无我。佛教否定世界有实体性的、常一不变的人我和法我。而其他派别则有三种有我论，如认为我体常恒周遍、量同虚空，有的认为我虽常而有不定性等。②关于“我”的界定问题。有的认为，我具有三义，即实体性、常一性、主宰性。佛教认为，没有这样的我，“我”只是指称五蕴因缘和合的“假名”，这种我即是有，但也是变化不定的。③关于我与蕴（色受想行识之类的构成要素）的关系问题。有的认为我即蕴，有的认为我离蕴，有的认为不即不离或非即非离。④关于我与身的关系问题。有的认为我即身，有的予以否认。⑤关于我与人格的事实上的同一性的关系问题。有的认为我是人格同一的基础，有的否定。

第九，意识问题。这是古印度心灵哲学研究得最多、最深入的问题。其细密和繁复程度，即使是今日西方的意识理论也望尘莫及。如果西方心灵哲学知道古印度的这一理论，那么就不会妄言自己的理论有这“新”那“新”。古印度心灵哲学提出和讨论的意识子问题有：意识的构成要素（有的说有五十二种之多）、意识的种类、意识生起的原因、意识与身心的关系、意识与心所法的关系、意识与对象的关系（是否一定指向对象、有意向性）、有没有不表现于身、对象之上的纯识、有无自己的形式、内容和结构、是否只有人才具有，等等。各派尤其是佛教都建立了自己的理论体系，值得专门研究。

其他的心灵哲学问题还有很多，如：心、意、识的关系问题，意向性问题，意义、情感、自由意志、知觉、信念、愿望、真心、妄心、禅定所引发的心灵哲学问题，幸福的脑科学、认知科学和心灵哲学问题，心与解脱的关系问题。

围绕这些问题，古印度哲学家做了大量深入的研究，形成了许多有个性的心灵哲学理论。与中国和西方的同类理论相比，它们既有共性，又有自己的有特色的理论建树。这些已在前面诸章作了考释，不再重复。除此之外，我们认为，古印度心灵哲学不同于西方的特点还有很多，如，就总的致思取向而言，西方心灵哲学总的倾向是认为：①心灵和意识在本质上是没有区别的，至少，意识是心灵的一个方面或特点。②重视意向性、内容，认为意向性是心灵的标志性特征。③它的目的是得到关于心灵是什么的理性理解及说明。④如果说有实用目的，也只表现在：它关心心理健康。而古印度心灵哲学则明显有这样的倾向：①把心或心灵与意识区别开来了。②认为存在着没有意向性的纯意识，当然可以说，有些或多数心理现象有意向性。③注意研究到达纯意识的方法、途径。④不仅关注意识、心的表象，更注重它后面的本体世界。⑤注重向内掌握，强调人有独立、内在的经验，因此重视对心的心理学分析，而不注重对心的物理学、心理学说明。占主导地位的方法是以内省为基础的第一人称方法。对心的深掘的一个重要结果是，各派都认识到：有意识的表层心理后面还有深广的无意识世界，例如，佛教认识到其后有第七识、第八识、第九识、无明、真心等。

在心灵观、心物结构图景问题上，古印度的特点也是十分鲜明的。西方占主导地位的是各种形式的二元对立，如灵与肉、感性与理性、物质世界与精神世界、主与客、我与非我，此外，还有二元的伦理观，如善——理性、恶——欲望、精神人格——肉体人格的对立。钱穆先生说："在此世界中，物质与精神高到底融不成一结，不免要永远冲突。""大抵西方人对世界始终不脱二元论的骨子。"而"这种二元世界观，实从二元的人生观而来"。即使西方哲学也在努力探讨心物的统一，但那只是"在对立下求统一"，即是先分开了，然后再去建立统一。[①]而古印度心灵哲学占主导地位的倾向是超二分。

在意识问题上，西方哲学强调科学在认识意识中的突出地位，试图形成关于意识的科学理论。由此所决定，研究意识的方法主要是分析的、实证的、观察的，等。在古印度，至少在多数派别的思想中，意识被看作是有精神性根源的自主的原则。另外，在西方，唯物主义一般居主导地位，总的倾向是试图根据物理的东西去说明意识。而在古印度则不同，它尽管也有根据四大特别是其中的风或气说明意识的产生和能动性作用，但一般是把意识当作自在的、有自己独立能力的实在：它不仅有认识世界的能力，而且有改变世界的作用。从结论上说，西方人一

① 参阅钱穆：《灵魂与心》，广西师范大学出版社 2004 年版，第 1-4 页。

般认为，意识离不开中枢过程。而古印度主流的派别基于对心灵现象的认识，一般反对根据物理学、生理学说明意识。

古印度心灵哲学尽管发生在古代，有的甚至发生在离我们极为遥远的古代，但它里面包含了许多具有现代或后现代意义的思想，如，将意向性、自明性意识同时作为心理现象的标志性特征，认为任何心理现象只要发生，就一定在指向了对象、有关于对象的意识的，同时有对意识全过程的自明性意识，即同时意识到对象和意识自身。如果对自身的意识可以称作自我意识的话，那么自我意识有两种形式：一是反思性的自我意识（在意识到对象时，由于同时生起了反省、反思这样的二阶活动，因此有对意识自身的意识）；二是前反思性自我意识（对意识自身的意识不依主客二分，不需要再生起第二个反省活动，意识对自身的意识是直接的、自明的）。这些看法开了西方现象学的先河。另外，有些学派在意向性或心理内容问题上表达了十分接近于福多的方法论的唯我论的内在主义思想，认识到：要对心理作完全科学的解释，只能借头脑之内的东西。这种解释是因果解释中的一种，即构成上局域性的因果解释。一方面，要说明心理现象的形成，以及相同和不同的特点，必须根据头脑内的原因来解释。另一方面，要解释人的行为，也必须根据发生于发脑中的东西。因为只有局域性现象才有名副其实的因果效力。既然如此被引起的事物源自身体内部，那么能引起这些事物的东西本身也一定是内在的。这些带有现代色彩的思想已受到了今日西方心灵哲学的关注和研究。[①]再者，古印度有些派别，如佛教等，对量与自证分的论述不仅回答了意向性的结构和作用等方面的问题，而且较好地回答了西方心灵哲学正在争论的是否有认识自己心灵的优越而不可错通道的问题。量指的是人的可靠的、无欺诳的认知，可看作知识对错之标准。所谓自证分指的是人的心理的四种构成因素（四分：见分、相分、自证分、证自证分），也可说是认识中的一个知道认识发生了认知作用。唯识宗主要代表人物陈那最先在阐释量论时阐发了关于自证分的学说。他认为，量作为结果真实无欺，这个结果就是自证，或者说量本身构成了自证分，而这种自证就是自我觉知。这里所说的自证、自我觉知近乎布伦塔诺所说的意向性。所谓意向性就是内存在的对象被知觉到了，或呈现心中，被人意识到了，或

① Arnold D. “ Svasavititti as Methological Solipsism：‘ Narrow Content ’ and the Problem of Intentionality in Buddhist Philosophy of Mind ”. In Jay L. Garfield et al（Eds，）. *Pointing at Mood.* Oxford：Oxford University Press，2007：147.

被内知觉到了。这就是说，绝对真实的内知觉除了有一个专门的对象呈现在意识面前之外，还有一个能区分、分辨的作用过程，即内知觉的直接的、不可错的自我明见性，此即自证分。对于所有形式的关于对象的知识来说，内知觉都有这种既认识对象又明见全部意识过程及结果的特点。因此，当我们说心理现象是通过内知觉而把握的东西时，我们所说的不过是这些知觉直接就是自明的。与内知觉相比，外知觉不能通过间接证明被认定为真实的。而内知觉，只要发生了，就一定是真实的。因此可以说，心理现象是知觉所关于的现象。质言之，自证分，即对心理事件的出现及内容的直接的、免错的觉知，它的对象就是当下显现给人的东西。因此，意向内容和这些认知的现象学特征之间是有同一性的。具言之，人在思考世界上的事态时，在以特定方式去表征它们时可能犯错误，但对于那显现在内知觉面前的东西是不会犯觉知的错误的。即是说，只要觉知了显现在意识面前的东西，这觉知就一定是真实不虚的。佛教之所以肯定现量真实无欺，也是基于其特有的现象学分析。佛教在表达自己关于意识和意向的理论时，对西方今日争论得不可开交的是否有优越的、可免错第一人称自我认识通道也阐发了自己极有超前性、且不无启发意义的见解，如：强调不能绝对说有可免错的自我认识。因为不能说人对自我的认识都是正确的，对对象的认识也是这样，只有人对当下呈现在意识面前的内容、表象的认识是不可错的，它是人通过自证分而得到的亲知。这一看法的合理性也得到了部分西方学者的认可，如阿诺德（D. Arnold）说："基于相同的理由，陈那表达了相似的意思，即值得认作知识标准（作为量）的唯一的东西不过是，任何知觉显现给我的方式。更明确地说，陈那看作标准的是这样的概念上更基本的事实，即认知以一种或另一种方式显现出来。"①在这里，即使可以承认有外部对象存在并出现在认知中了，或对认识、心理的出现是不可或缺的，但它对内容并没有决定作用。因为认知对象完全是根据觉知来判断的。在这里，外对象是不可能进入心灵之中、不可能影响内容的，在心灵中起作用的东西是心内的东西。人不可能有关于自在存在对象的经验。一切经验都是主观的东西。由之所决定，人的自我认知或自证分不能确保自己对对象和自我的认识是正确的，但只要通过自证分认识到了有内容呈现，这种自我认知就是可免错的、

① Arnold D. " Svasavititti as Methological Solipsism: ' Narrow Content ' and the Problem of Intentionality in Buddhist Philosophy of Mind ". In Jay L. Garfield et al（Eds，）. *Pointing at Mood.* Oxford: Oxford University Press，2007：151.

无欺诳的认识。总之。可免错的自我认知是有特定限制的，而非一切自我认知都是如此。当然，我们这里强调的只是古印度的思想有与现代思想的一致性，而并未对它作真假判断。因为这是一个复杂的、正在探讨中的问题，究竟谁是谁非，还有待未来认识的验证。

后　记

本书是国家社会科学基金重大招标项目“东西方心灵哲学及其比较研究”（项目批注号 12&ZD120）的最终成果之一，是由高新民、江雨博士（中共湖北省委党校）和徐弢教授（武汉大学）共同完成的。多年来，江雨博士一直对印度哲学尤其对印度六派哲学情有独钟、孜孜以求，正好由我所主持的重大项目也涉及这方面的内容。基于这样的考虑，她的硕士、博士论文的选题均是我按照我们团队整体的研究计划而设计的。作为江雨的指导老师，她的硕、博论文的整个写作提纲、写作计划、写作目标都是在我的指导下完成的。在初稿写作完成后，我又多次对其进行了大量的修改，可谓数易其稿。本书的后面六章内容就是在其博士论文的基础上扩展而来的。因此，这些章节的质量我应负主要责任。徐弢教授是国内从事宗教学研究的知名学者，同时也是我们学术团队的主要成员之一，他的加入，使我们成果的品质提升到了一个较高的层次。另外，研究生罗岩超、卢锐、束海波、李佳佳、曹蕾、张文龙在核对引文、规范注释等方面做了大量有益的工作，没有他们不计辛劳的付出，本书决计不会这么顺利付梓。尤其是罗岩超博士，在接到我的邀请后，欣然答应，第一时间和出版社取得了联系，沟通、交流、商讨编辑校对事宜。在收到本书的样稿后，罗岩超博士把本书扫描成电子本，按照章节分发给参与者。其时，武汉正值新冠病毒肆虐，市面上的打印店几近全部关门，我不知道他是怎么把这个事办成的，但我知道肯定费了不少周折。嗣后，他主动承担了本书大量的校对工作，同时对其他参与者所校对的内容进行了认真细心的检查，查缺补漏，为本书的质量保障做出了重要的贡献。本书能够顺利出版，还得益于科学出版社各位领导的厚爱和大力支持。众所周知，学术著作的出版，在当下是比较困难的。即使是这样，他们还是以长远的学术眼光和出版家独有的胆识、气魄为本系列丛书的出版铺平了道路。值得一提的是，责任编辑邹聪女士、唐傲先生，他们的热忱、严谨、认真、负责以及在编校本书过程中所付出的巨大心血，令我感动不已。在此，对这些为本书能够顺利出版做出贡献的同志表示衷心的感谢。当然，限于作者学识和能力，本书虽多次修改，但就所涉及的领域来看，许多部分还属于草创，错谬之处实属难免，敬请有关专家和读者不吝指正！

高新民

2020 年 7 月 20 日